수능 기출

수학 영역

미적분

거인의 어깨가 필요할 때

만약 내가 멀리 보았다면, 그것은 거인들의 어깨 위에 서 있었기 때문입니다.

If I have seen farther, it is by standing on the shoulders of giants.

오래전부터 인용되어 온 이 경구는, 성취는 혼자서 이룬 것이 아니라 많은 앞선 노력을 바탕으로 한 결과물이라는 의미를 담고 있습니다. 과학적으로 큰 성취를 이룬 뉴턴(Newton, I.; 1642~1727)도 과학적 공로에 관해 언쟁을 벌이며 경쟁자에게 보낸 편지에 이 문장을 인용하여 자신보다 앞서 과학적 발견을 이룬 과학자들의 도움을 많이 받았음을 고백하였다고 합니다.

수학은 어렵고, 잘하기까지 오랜 시간이 걸립니다. 그렇기에 수학을 공부할 때도 거인의 어깨가 필요합니다.

<각 GAK>은 여러분이 오를 수 있는 거인의 어깨가 되어 여러분의 수학 공부 여정을 함께 하겠습니다. <각 GAK>의 어깨 위에서 여러분이 원하는 수학적 성취를 이루길 진심으로 기원합니다.

수능 **1등급 각** 나오는

교재 활용법

- 최신 수능 경향 문제로 필요충분하게 수능 완성!
- 외형 중심 유형 분류가 아닌 학습 효율을 높인 유형 구성!

1 기출 문제를 가로-세로 학습하면 생기는 일?

- 왼쪽에는 대표 기출 문제, 오른쪽에는 유사 기출 문제를 배치하여 ❶ 가로로 익히고 ❷ 세로로 반복하는 학습!
- 가로로 배치된 유사 기출 문제를 함께 풀거나 시간차를 두고 풀어 보면서 사고를 확장시켜 보자!

2 손도 대지 못하는 문제가 있다면?

(1단계) 개념 카드의 실전 개념을 보면서 *A STEP* 문제를 풀어 보자! ······▸ ❸

(2단계) 해설에서 풀이는 보지 말고 해결 각 잡기 를 읽고 문제를 다시 풀어 보자! ······▸ ❹

(3단계) 풀이의 아랫부분은 가리고 풀이를 한 줄씩 또는 STEP 별로 확인해 보자. ······▸ ❺

3 *B STEP* 문제의 오답 정리까지 마쳤다면?

- 수능 완성을 위해 엄선된 고난도 기출 문제인 *C STEP*으로 실력을 향상시켜 보자! ······▸ ❻
- 틀리거나 어려웠던 문항에서 자신의 어떤 부분이 부족했는지 치열하게 고민해 보고 기록해 두자!

❸ *A STEP* 기본 다지고,

001 2023년 10월 교육청 23번

$\lim_{n\to\infty}\frac{2n^2+3n-5}{n^2+1}$의 값은? [2점]

① $\frac{1}{2}$ ② 1 ③ $\frac{3}{2}$ ④ 2 ⑤ $\frac{5}{2}$

002 2021학년도 9월 평가원 가형 2번

$\lim_{n\to\infty}\frac{(2n+1)^2-(2n-1)^2}{2n+5}$의 값은? [2점]

① 1 ② 2 ③ 3 ④ 4 ⑤ 5

003 2022년 10월 교육청 23번

첫째항이 1이고 공차가 2인 등차수열 $\{a_n\}$에 대하여

$\lim_{n\to\infty}\frac{a_n}{3n+1}$의 값은? [2점]

① $\frac{2}{3}$ ② 1 ③ $\frac{4}{3}$ ④ $\frac{5}{3}$ ⑤ 2

004 2020학년도 수능(홀) 나형

$\lim_{n\to\infty}\frac{\sqrt{9n^2+4}}{5n-2}$의 값은? [2점]

① $\frac{1}{5}$ ② $\frac{2}{5}$ ④ $\frac{4}{5}$ ⑤ 1

005 2024학년도 6월 평가원 2

$\lim_{n\to\infty}(\sqrt{n^2+9n}-\sqrt{n^2+4n})$의

① $\frac{1}{2}$ ② 1 ④ 2 ⑤ $\frac{5}{2}$

006 2023학년도 6월 평가원 2

$\lim_{n\to\infty}\frac{1}{\sqrt{n^2+3n}-\sqrt{n^2+n}}$의

① 1 ② $\frac{3}{2}$ ④ $\frac{5}{2}$ ⑤ 3

8 Ⅰ. 수열의 극한

개념 카드 ③

실전 개념 1 삼각함수 > 유형 01

(1) **csc θ, sec θ, cot θ의 정의**

각 θ를 나타내는 동경과 원점 O를 중심으로 하고 반지름의 길이가 r인 원의 교점을 $P(x, y)$라 할 때,

$\csc\theta=\frac{r}{y}\ (y\neq0)$, $\sec\theta=\frac{r}{x}\ (x\neq0)$, $\cot\theta=\frac{x}{y}\ (y\neq0)$

와 같이 정의된 함수를 각각 θ의 코시컨트함수, 시컨트함수, 코탄젠트함수라 한다.

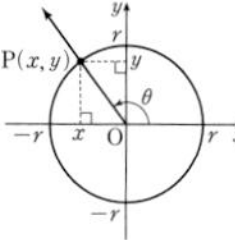

참고 $\csc\theta=\frac{1}{\sin\theta}$, $\sec\theta=\frac{1}{\cos\theta}$, $\cot\theta=\frac{1}{\tan\theta}=\frac{\cos\theta}{\sin\theta}$

(2) **삼각함수 사이의 관계**

① $\tan^2\theta+1=\sec^2\theta$　　② $1+\cot^2\theta=\csc^2\theta$

STEP B 유형 & 유사로 익히면…

유형 01 $\frac{\infty}{\infty}$ 꼴의 극한

013 2013학년도 6월 평가원 나형 23번

두 상수 a, b에 대하여 $\lim_{n\to\infty}\frac{an^2+bn+7}{3n+1}=4$일 때, $a+b$의 값을 구하시오. [3점]

014 2009년 9월 교육청 가형 18번 (고2)

$\lim_{n\to\infty}\frac{(a^2-2a-3)n^2+(a+1)n+5}{n+2}=b\ (b\neq0)$를 만족시키는 두 실수 a, b에 대하여 $a+b$의 값은? (단, n은 자연수이다.) [3점]

① 3　② 4　③ 5　④ 6　⑤ 7

015 2011년 4월 교육청 가/나형

자연수 n에 대하여 $f(n)=\frac{1^2+2^2+3^2+\cdots+n^2}{3+5+7+\cdots+(2n+1)}$일 때, $\lim_{n\to\infty}\frac{f(n)}{n}$의 값은? [3점]

① $\frac{1}{4}$　② $\frac{1}{3}$　③ $\frac{5}{12}$　④ $\frac{1}{2}$　⑤ $\frac{7}{12}$

016 2008년 5월 교육청 나형 22번

$\lim_{n\to\infty}\frac{(3n+1)^3}{1\times2+2\times3+\cdots+n(n+1)}$의 값을 구하시오. [3점]

017 2010학년도 6월 평가원 나형 7번

수열 $\{a_n\}$에서 $a_n=\log\frac{n+1}{n}$일 때,

$\lim_{n\to\infty}\frac{n}{10^{a_1+a_2+\cdots+a_n}}$

의 값은? [3점]

① 1　② 2　③ 3　④ 4　⑤ 5

018 2007년 5월 교육청 나형 7번

$\lim_{n\to\infty}\frac{n^3+3n}{\left[\left(1+\frac{1}{2}\right)\left(1+\frac{1}{3}\right)\left(1+\frac{1}{4}\right)\cdots\left(1+\frac{1}{n}\right)\right]^2}$의 값은? [3점]

① $\frac{1}{4}$　② $\frac{1}{2}$　③ 1　④ 2　⑤ 4

⑥ STEP C 수능 완성!

> 정답과 해설 31쪽

107 2023년 3월 교육청 29번

자연수 n에 대하여 x에 대한 부등식 $x^2-4nx-n<0$을 만족시키는 정수 x의 개수를 a_n이라 하자. 두 상수 p, q에 대하여

$\lim_{n\to\infty}(\sqrt{na_n}-pn)=q$

일 때, $100pq$의 값을 구하시오. [4점]

108 2024년 3월 교육청 29번

자연수 n에 대하여 함수 $f(x)$를

$f(x)=\frac{4}{n^3}x^3+1$

이라 하자. 원점에서 곡선 $y=f(x)$에 그은 접선을 l_n, 접선 l_n의 접점을 P_n이라 하자. x축과 직선 l_n에 동시에 접하고 점 P_n을 지나는 원 중 중심의 x좌표가 양수인 것을 C_n이라 하자. 원 C_n의 반지름의 길이를 r_n이라 할 때, $40\times\lim_{n\to\infty}n^2(4r_n-3)$의 값을 구하시오. [4점]

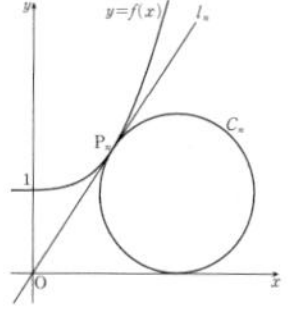

정답과 해설

$2a-15=0$, $(a+3)(a-5)=0$
$=5$ ($\because a<-4$ 또는 $a>4$)
-1, 즉 $a=-4$일 때
서 $f(x)=-\frac{a}{4}$이므로 $f\left(\frac{a}{4}\right)=-\frac{a}{4}$
㉡에서 $-\frac{a}{4}=\frac{5}{4}$이므로 $a=-5$
$a=-4$이므로 주어진 조건을 만족시키지 않는다.
에서 모든 a의 값은 $\frac{5}{2}$, 5이므로 그 합은
$\frac{15}{2}$

$f(x)$가 $|x|<1$, $x=1$, $|x|>1$, $x=-1$로 나뉘어서 정의된 이므로 함숫값 $f\left(\frac{a}{4}\right)$를 구할 때도 $\left|\frac{a}{4}\right|<1$, $\frac{a}{4}=1$, $\left|\frac{a}{4}\right|>1$, -1로 나누어서 구해야 한다.

093 답 ③

④ **해결 각 잡기**

- 직선 $y=g(x)$는 원점과 점 $(3, 3)$을 지나므로 함수 $g(x)$를 구할 수 있다.
- $h(2)$의 값은 $f(2)$, $g(2)$의 값을 이용하여 구하고 $h(3)$의 값은 $f(3)$, $g(3)$의 값을 이용하여 구한다. 이때 두 함숫값의 대소 관계를 고려하여 극한값을 구한다.

⑤ **STEP 1** 원점과 점 $(3, 3)$을 지나는 직선의 방정식은 $y=x$이므로 $g(x)=x$

STEP 2 $f(2)=4$, $g(2)=2$이므로

$h(2)=\lim_{n\to\infty}\frac{\{f(2)\}^{n+1}+5\{g(2)\}^n}{\{f(2)\}^n+\{g(2)\}^n}$

$=\lim_{n\to\infty}\frac{4^{n+1}+5\times2^n}{4^n+2^n}=\lim_{n\to\infty}\frac{4+5\times\left(\frac{1}{2}\right)^n}{1+\left(\frac{1}{2}\right)^n}=4$

Contents

차례

수능 1등급 각 나오는

학습 계획표 4주 28일

- 일차별로 학습 성취도를 체크해 보세요. 성취도가 △, ×이면 반드시 한 번 더 복습합니다.
- 복습할 문항 번호를 메모해 두고 2회독 할 때 중점적으로 점검합니다.

학습일			문항 번호	성취도	복습 문항 번호
1주	1일차		001~048	○ △ ×	
	2일차		049~082	○ △ ×	
	3일차		083~106	○ △ ×	
	4일차		107~142	○ △ ×	
	5일차		143~172	○ △ ×	
	6일차		173~190	○ △ ×	
	7일차		191~228	○ △ ×	
2주	8일차		229~258	○ △ ×	
	9일차		259~300	○ △ ×	
	10일차		301~322	○ △ ×	
	11일차		323~358	○ △ ×	
	12일차		359~380	○ △ ×	
	13일차		381~408	○ △ ×	
	14일차		409~452	○ △ ×	
3주	15일차		453~480	○ △ ×	
	16일차		481~506	○ △ ×	
	17일차		507~534	○ △ ×	
	18일차		535~560	○ △ ×	
	19일차		561~582	○ △ ×	
	20일차		583~606	○ △ ×	
	21일차		607~638	○ △ ×	
4주	22일차		639~666	○ △ ×	
	23일차		667~698	○ △ ×	
	24일차		699~726	○ △ ×	
	25일차		727~748	○ △ ×	
	26일차		749~784	○ △ ×	
	27일차		785~806	○ △ ×	
	28일차		807~830	○ △ ×	

01

수열의 극한

개념 카드

실전 개념 1 수열의 극한값의 계산

> 유형 01, 02, 04, 09, 13

(1) $\frac{\infty}{\infty}$ **꼴의 극한**

분모의 최고차항으로 분모, 분자를 각각 나눈다.

(2) $\infty-\infty$ **꼴의 극한**

① 다항식은 최고차항으로 묶는다.

② 무리식은 근호를 포함한 쪽을 유리화한다.

실전 개념 2 수열의 극한의 성질

> 유형 03

수렴하는 두 수열 $\{a_n\}$, $\{b_n\}$에 대하여 $\lim_{n\to\infty} a_n=\alpha$, $\lim_{n\to\infty} b_n=\beta$ (α, β는 실수)일 때

(1) $\lim_{n\to\infty} ca_n=c\lim_{n\to\infty} a_n=c\alpha$ (단, c는 상수이다.)

(2) $\lim_{n\to\infty} (a_n+b_n)=\lim_{n\to\infty} a_n+\lim_{n\to\infty} b_n=\alpha+\beta$

(3) $\lim_{n\to\infty} (a_n-b_n)=\lim_{n\to\infty} a_n-\lim_{n\to\infty} b_n=\alpha-\beta$

(4) $\lim_{n\to\infty} a_nb_n=\lim_{n\to\infty} a_n\lim_{n\to\infty} b_n=\alpha\beta$

(5) $\lim_{n\to\infty} \frac{a_n}{b_n}=\frac{\lim_{n\to\infty} a_n}{\lim_{n\to\infty} b_n}=\frac{\alpha}{\beta}$ (단, $b_n\neq0$, $\beta\neq0$)

실전 개념 3 등비수열의 수렴과 발산

> 유형 05 ~ 07, 10 ~ 13

등비수열 $\{r^n\}$에서

(1) $r>1$일 때, $\lim_{n\to\infty} r^n=\infty$ (발산)

(2) $r=1$일 때, $\lim_{n\to\infty} r^n=1$ (수렴)

(3) $|r|<1$일 때, $\lim_{n\to\infty} r^n=0$ (수렴)

(4) $r\leq-1$일 때, 진동한다. (발산)

참고 **등비수열의 수렴 조건**

① 등비수열 $\{r^n\}$이 수렴하기 위한 필요충분조건 → $-1<r\leq1$

② 등비수열 $\{ar^{n-1}\}$이 수렴하기 위한 필요충분조건 → $a=0$ 또는 $-1<r\leq1$

실전 개념 4 수열의 극한의 대소 관계

> 유형 08, 13

수렴하는 두 수열 $\{a_n\}$, $\{b_n\}$에 대하여 $\lim_{n\to\infty} a_n=\alpha$, $\lim_{n\to\infty} b_n=\beta$ (α, β는 실수)일 때

(1) 모든 자연수 n에 대하여 $a_n\leq b_n$이면 $\alpha\leq\beta$

(2) 수열 $\{c_n\}$이 모든 자연수 n에 대하여 $a_n\leq c_n\leq b_n$을 만족시키고 $\alpha=\beta$이면

$\lim_{n\to\infty} c_n=\alpha$

A STEP 기본 다지고,

001 2023년 10월 교육청 23번

$\lim_{n\to\infty}\frac{2n^2+3n-5}{n^2+1}$의 값은? [2점]

① $\frac{1}{2}$ ② 1 ③ $\frac{3}{2}$ ④ 2 ⑤ $\frac{5}{2}$

002 2021학년도 9월 평가원 가형 2번

$\lim_{n\to\infty}\frac{(2n+1)^2-(2n-1)^2}{2n+5}$의 값은? [2점]

① 1 ② 2 ③ 3 ④ 4 ⑤ 5

003 2022년 10월 교육청 23번

첫째항이 1이고 공차가 2인 등차수열 $\{a_n\}$에 대하여

$\lim_{n\to\infty}\frac{a_n}{3n+1}$의 값은? [2점]

① $\frac{2}{3}$ ② 1 ③ $\frac{4}{3}$ ④ $\frac{5}{3}$ ⑤ 2

004 2020학년도 수능(홀) 나형 3번

$\lim_{n\to\infty}\frac{\sqrt{9n^2+4}}{5n-2}$의 값은? [2점]

① $\frac{1}{5}$ ② $\frac{2}{5}$ ③ $\frac{3}{5}$ ④ $\frac{4}{5}$ ⑤ 1

005 2024학년도 6월 평가원 23번

$\lim_{n\to\infty}(\sqrt{n^2+9n}-\sqrt{n^2+4n})$의 값은? [2점]

① $\frac{1}{2}$ ② 1 ③ $\frac{3}{2}$ ④ 2 ⑤ $\frac{5}{2}$

006 2023학년도 6월 평가원 23번

$\lim_{n\to\infty}\frac{1}{\sqrt{n^2+3n}-\sqrt{n^2+n}}$의 값은? [2점]

① 1 ② $\frac{3}{2}$ ③ 2 ④ $\frac{5}{2}$ ⑤ 3

007 2009년 3월 교육청 나형 3번

$\lim_{n\to\infty}\frac{\sqrt{n+2}-\sqrt{n}}{\sqrt{n+1}-\sqrt{n}}$의 값은? [2점]

① $\frac{1}{2}$ ② $\frac{\sqrt{2}}{2}$ ③ 1
④ $\sqrt{2}$ ⑤ 2

008 2018년 4월 교육청 나형 22번

두 수열 $\{a_n\}$, $\{b_n\}$에 대하여

$\lim_{n\to\infty}a_n=2$, $\lim_{n\to\infty}b_n=1$

일 때, $\lim_{n\to\infty}(a_n+2b_n)$의 값을 구하시오. [3점]

009 2015년 9월 교육청 가형 4번 (고2)

수열 $\left\{\left(\frac{x-3}{2}\right)^n\right\}$이 수렴하도록 하는 모든 정수 x의 값의 합은? [3점]

① 10 ② 11 ③ 12
④ 13 ⑤ 14

010 2024년 3월 교육청 23번

$\lim_{n\to\infty}\frac{2^{n+1}+3^{n-1}}{2^n-3^n}$의 값은? [2점]

① $-\frac{1}{3}$ ② $-\frac{1}{6}$ ③ 0
④ $\frac{1}{6}$ ⑤ $\frac{1}{3}$

011 2025학년도 6월 평가원 23번

$\lim_{n\to\infty}\frac{\left(\frac{1}{2}\right)^n+\left(\frac{1}{3}\right)^{n+1}}{\left(\frac{1}{2}\right)^{n+1}+\left(\frac{1}{3}\right)^n}$의 값은? [2점]

① 1 ② 2 ③ 3
④ 4 ⑤ 5

012 2010년 4월 교육청 나형 3번

수열 $\{a_n\}$이 $3n-1<na_n<3n+2$를 만족시킬 때, $\lim_{n\to\infty}a_n$의 값은? [3점]

① $\frac{1}{3}$ ② $\frac{1}{2}$ ③ 2
④ 3 ⑤ 5

STEP B 유형 & 유사로 익히면…

유형 01 $\frac{\infty}{\infty}$ 꼴의 극한

013 2013학년도 6월 평가원 나형 23번

두 상수 a, b에 대하여 $\lim_{n\to\infty}\frac{an^2+bn+7}{3n+1}=4$일 때, $a+b$의 값을 구하시오. [3점]

014 2009년 9월 교육청 가형 18번 (고2)

$\lim_{n\to\infty}\frac{(a^2-2a-3)n^2+(a+1)n+5}{n+2}=b\ (b\neq0)$를 만족시키는 두 실수 a, b에 대하여 $a+b$의 값은?

(단, n은 자연수이다.) [3점]

① 3 ② 4 ③ 5 ④ 6 ⑤ 7

015 2011년 4월 교육청 가/나형 13번

자연수 n에 대하여 $f(n)=\frac{1^2+2^2+3^2+\cdots+n^2}{3+5+7+\cdots+(2n+1)}$일 때, $\lim_{n\to\infty}\frac{f(n)}{n}$의 값은? [3점]

① $\frac{1}{4}$ ② $\frac{1}{3}$ ③ $\frac{5}{12}$ ④ $\frac{1}{2}$ ⑤ $\frac{7}{12}$

016 2008년 5월 교육청 나형 22번

$\lim_{n\to\infty}\frac{(3n+1)^3}{1\times2+2\times3+\cdots+n(n+1)}$의 값을 구하시오. [3점]

017 2010학년도 6월 평가원 나형 7번

수열 $\{a_n\}$에서 $a_n=\log\frac{n+1}{n}$일 때,

$$\lim_{n\to\infty}\frac{n}{10^{a_1+a_2+\cdots+a_n}}$$

의 값은? [3점]

① 1 ② 2 ③ 3 ④ 4 ⑤ 5

018 2007년 5월 교육청 나형 7번

$\lim_{n\to\infty}\frac{n^2+3n}{\left\{\left(1+\frac{1}{2}\right)\left(1+\frac{1}{3}\right)\left(1+\frac{1}{4}\right)\cdots\left(1+\frac{1}{n}\right)\right\}^2}$의 값은? [3점]

① $\frac{1}{4}$ ② $\frac{1}{2}$ ③ 1 ④ 2 ⑤ 4

> 정답과 해설 5쪽

019 2016년 10월 교육청 나형 8번

모든 항이 양수인 수열 $\{a_n\}$에 대하여 $\dfrac{1+a_n}{a_n}=n^2+2$가 성립할 때, $\lim_{n\to\infty} n^2a_n$의 값은? [3점]

① 1　② 2　③ 3
④ 4　⑤ 5

020 2013년 9월 교육청 B형 24번 (고2)

자연수 n에 대하여 x에 대한 이차방정식

$$x^2-10nx+n^2+1=0$$

의 두 근을 α_n, β_n이라 할 때, $\lim_{n\to\infty}\left(\dfrac{\beta_n}{\alpha_n}+\dfrac{\alpha_n}{\beta_n}\right)$의 값을 구하시오. [3점]

021 2013학년도 6월 평가원 나형 20번

닫힌구간 $[-2, 5]$에서 정의된 함수 $y=f(x)$의 그래프가 그림과 같다.

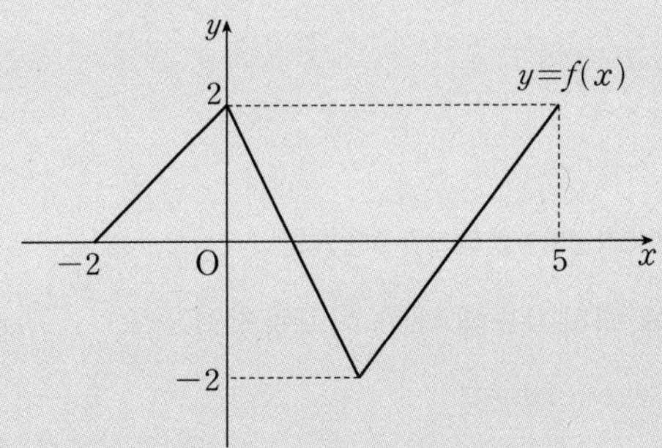

$\lim_{n\to\infty}\dfrac{|nf(a)-1|-nf(a)}{2n+3}=1$을 만족시키는 상수 a의 개수는? [4점]

① 1　② 2　③ 3
④ 4　⑤ 5

022 2006년 5월 교육청 나형 20번

$\lim_{n\to\infty}\dfrac{1}{n^k}\left\{\left(n+\dfrac{1}{n}\right)^{10}-\dfrac{1}{n^{10}}\right\}$이 수렴하기 위한 k의 최솟값을 구하시오. [3점]

유형 02 $\infty-\infty$ 꼴의 극한

023 2022년 3월 교육청 25번

$\lim_{n\to\infty}(\sqrt{an^2+n}-\sqrt{an^2-an})=\frac{5}{4}$를 만족시키는 모든 양수 a의 값의 합은? [3점]

① $\frac{7}{2}$ ② $\frac{15}{4}$ ③ 4 ④ $\frac{17}{4}$ ⑤ $\frac{9}{2}$

024 2008년 4월 교육청 나형 4번

$\lim_{n\to\infty}(\sqrt{n^2+an+3}-\sqrt{n^2+bn+2})=5$를 만족하는 두 실수 a, b에 대하여 $a-b$의 값은? [3점]

① 2 ② 5 ③ 8 ④ 10 ⑤ 12

025 2016학년도 9월 평가원 A형 27번

양수 a와 실수 b에 대하여

$$\lim_{n\to\infty}(\sqrt{an^2+4n}-bn)=\frac{1}{5}$$

일 때, $a+b$의 값을 구하시오. [4점]

026 2016학년도 9월 평가원 B형 24번

자연수 n에 대하여 x에 대한 이차방정식

$$x^2+2nx-4n=0$$

의 양의 실근을 a_n이라 하자. $\lim_{n\to\infty}a_n$의 값을 구하시오. [3점]

> 정답과 해설 7쪽

유형 03 수열의 극한의 성질

027 2008학년도 6월 평가원 나형 7번

수렴하는 수열 $\{a_n\}$에 대하여 $\lim_{n\to\infty}\frac{2a_n-3}{a_n+1}=\frac{3}{4}$일 때, $\lim_{n\to\infty}a_n$의 값은? [3점]

① 1　② 2　③ 3　④ 4　⑤ 5

028 2014년 7월 교육청 B형 6번

수렴하는 수열 $\{a_n\}$에 대하여 $\lim_{n\to\infty}\frac{4a_n+3}{2-a_n}=2$일 때, $\lim_{n\to\infty}a_n$의 값은? [3점]

① $\frac{1}{8}$　② $\frac{1}{7}$　③ $\frac{1}{6}$　④ $\frac{1}{5}$　⑤ $\frac{1}{4}$

029 2017년 3월 교육청 나형 24번

두 수열 $\{a_n\}$, $\{b_n\}$이

$$\lim_{n\to\infty}(a_n-1)=2,\ \lim_{n\to\infty}(a_n+2b_n)=9$$

를 만족시킬 때, $\lim_{n\to\infty}a_n(1+b_n)$의 값을 구하시오. [3점]

030 2019년 3월 교육청 나형 24번

두 수열 $\{a_n\}$, $\{b_n\}$에 대하여

$$\lim_{n\to\infty}(a_n+2b_n)=9,\ \lim_{n\to\infty}(2a_n+b_n)=90$$

일 때, $\lim_{n\to\infty}(a_n+b_n)$의 값을 구하시오. [3점]

031 2025학년도 수능(홀) 25번

수열 $\{a_n\}$에 대하여 $\lim_{n\to\infty}\frac{na_n}{n^2+3}=1$일 때, $\lim_{n\to\infty}(\sqrt{a_n^2+n}-a_n)$의 값은? [3점]

① $\frac{1}{3}$　② $\frac{1}{2}$　③ 1　④ 2　⑤ 3

032 2022년 3월 교육청 24번

수열 $\{a_n\}$이 $\lim_{n\to\infty}(3a_n-5n)=2$를 만족시킬 때, $\lim_{n\to\infty}\frac{(2n+1)a_n}{4n^2}$의 값은? [3점]

① $\frac{1}{6}$　② $\frac{1}{3}$　③ $\frac{1}{2}$　④ $\frac{2}{3}$　⑤ $\frac{5}{6}$

033 2020년 3월 교육청 가형 25번

두 수열 $\{a_n\}$, $\{b_n\}$이

$$\lim_{n\to\infty} n^2 a_n = 3,\ \lim_{n\to\infty} \frac{b_n}{n} = 5$$

를 만족시킬 때, $\lim_{n\to\infty} na_n(b_n+2n)$의 값을 구하시오. [3점]

034 2024년 3월 교육청 24번

두 수열 $\{a_n\}$, $\{b_n\}$이

$$\lim_{n\to\infty} na_n = 1,\ \lim_{n\to\infty} \frac{b_n}{n} = 3$$

을 만족시킬 때, $\lim_{n\to\infty} \frac{n^2 a_n + b_n}{1+2b_n}$의 값은? [3점]

① $\frac{1}{3}$ ② $\frac{1}{2}$ ③ $\frac{2}{3}$
④ $\frac{5}{6}$ ⑤ 1

035 2012학년도 9월 평가원 가/나형 25번

수열 $\{a_n\}$과 $\{b_n\}$이

$$\lim_{n\to\infty} (n+1)a_n = 2,\ \lim_{n\to\infty} (n^2+1)b_n = 7$$

을 만족시킬 때, $\lim_{n\to\infty} \frac{(10n+1)b_n}{a_n}$의 값을 구하시오.

(단, $a_n \neq 0$) [3점]

036 2017년 4월 교육청 나형 12번

두 수열 $\{a_n\}$, $\{b_n\}$이

$$\lim_{n\to\infty} \frac{a_n}{3n} = 2,\ \lim_{n\to\infty} \frac{2n+3}{b_n} = 6$$

을 만족시킬 때, $\lim_{n\to\infty} \frac{a_n}{b_n}$의 값은? (단, $b_n \neq 0$) [3점]

① 10 ② 12 ③ 14
④ 16 ⑤ 18

037 2012년 7월 교육청 가/나형 26번

모든 항이 양수인 수열 $\{a_n\}$이 $\lim_{n\to\infty}(\sqrt{a_n+n}-\sqrt{n})=5$를 만족시킬 때, $\lim_{n\to\infty}\frac{a_n}{\sqrt{n}}$의 값을 구하시오. [4점]

038 2023년 3월 교육청 26번

두 수열 $\{a_n\}$, $\{b_n\}$에 대하여

$$\lim_{n\to\infty}(n^2+1)a_n=3,\ \lim_{n\to\infty}(4n^2+1)(a_n+b_n)=1$$

일 때, $\lim_{n\to\infty}(2n^2+1)(a_n+2b_n)$의 값은? [3점]

① -3 ② $-\frac{7}{2}$ ③ -4

④ $-\frac{9}{2}$ ⑤ -5

039 2012년 3월 교육청 나형 28번

두 수열 $\{a_n\}$, $\{b_n\}$은 다음 조건을 만족시킨다.

(가) $\lim_{n\to\infty}a_n=\infty$

(나) $\lim_{n\to\infty}(2a_n-5b_n)=3$

$\lim_{n\to\infty}\frac{2a_n+3b_n}{a_n+b_n}=\frac{q}{p}$일 때, $p+q$의 값을 구하시오.

(단, p, q는 서로소인 자연수이다.) [4점]

040 2015년 3월 교육청 A형 17번 / B형 15번

두 수열 $\{a_n\}$, $\{b_n\}$이 다음 조건을 만족시킨다.

(가) $\sum_{k=1}^{n}(a_k+b_k)=\frac{1}{n+1}\ (n\geq1)$

(나) $\lim_{n\to\infty}n^2b_n=2$

$\lim_{n\to\infty}n^2a_n$의 값은? [4점]

① -3 ② -2 ③ -1

④ 0 ⑤ 1

유형 04 등차수열의 극한

041 2017년 10월 교육청 나형 13번

등차수열 $\{a_n\}$이 $a_3=5$, $a_6=11$일 때,

$\lim_{n\to\infty}\sqrt{n}(\sqrt{a_{n+1}}-\sqrt{a_n})$의 값은? [3점]

① $\frac{1}{2}$ ② $\frac{\sqrt{2}}{2}$ ③ 1

④ $\sqrt{2}$ ⑤ 2

042 2012년 11월 교육청 B형 25번 (고2)

수열 $\{a_n\}$이 $a_1=1$, $a_2=4$이고, 모든 자연수 n에 대하여

$$a_{n+2}-a_{n+1}=a_{n+1}-a_n$$

을 만족시킬 때, $\lim_{n\to\infty}\frac{a_na_{n+1}}{1+2+3+\cdots+n}$의 값을 구하시오.

[3점]

043 2014년 10월 교육청 A형 9번

첫째항이 2이고 공차가 3인 등차수열 $\{a_n\}$의 첫째항부터 제n항까지의 합을 S_n이라 할 때, $\lim_{n\to\infty}\frac{S_n}{a_na_{n+1}}$의 값은? [3점]

① 2 ② 1 ③ $\frac{1}{2}$

④ $\frac{1}{3}$ ⑤ $\frac{1}{6}$

044 2016년 6월 교육청 나형 16번 (고2)

등차수열 $\{a_n\}$에 대하여

$$a_1=1,\ a_2+a_4=18$$

이다. $S_n=\sum_{k=1}^{n}a_k$라 할 때, $\lim_{n\to\infty}(\sqrt{S_{n+1}}-\sqrt{S_n})$의 값은? [4점]

① $\sqrt{2}$ ② $2\sqrt{2}$ ③ $3\sqrt{2}$

④ $4\sqrt{2}$ ⑤ $5\sqrt{2}$

> 정답과 해설 11쪽

045 2023년 3월 교육청 25번

등차수열 $\{a_n\}$에 대하여

$$\lim_{n\to\infty}\frac{a_{2n}-6n}{a_n+5}=4$$

일 때, a_2-a_1의 값은? [3점]

① -1　② -2　③ -3
④ -4　⑤ -5

046 2024년 3월 교육청 26번

수열 $\{a_n\}$이 모든 자연수 n에 대하여

$$a_{n+1}-a_n=a_1+2$$

를 만족시킨다. $\lim_{n\to\infty}\frac{2a_n+n}{a_n-n+1}=3$일 때, a_{10}의 값은?

(단, $a_1>0$) [3점]

① 35　② 36　③ 37
④ 38　⑤ 39

047 2019년 10월 교육청 나형 9번

두 수열 $\{a_n\}$, $\{b_n\}$에 대하여 이차방정식 $a_nx^2+2a_{n+1}x+a_{n+2}=0$의 두 근이 -1, b_n일 때, $\lim_{n\to\infty}b_n$의 값은? [3점]

① -2　② $-\sqrt{3}$　③ -1
④ $\sqrt{3}$　⑤ 2

048 2014년 3월 교육청 A형 27번

첫째항이 1이고 공차가 6인 등차수열 $\{a_n\}$에 대하여

$$S_n=a_1+a_2+a_3+\cdots+a_n$$
$$T_n=-a_1+a_2-a_3+\cdots+(-1)^na_n$$

이라 할 때, $\lim_{n\to\infty}\frac{a_{2n}T_{2n}}{S_{2n}}$의 값을 구하시오. [4점]

유형 05 지수 꼴의 수열의 극한

049 2013년 9월 교육청 B형 6번 (고2)

$\lim_{n\to\infty}\frac{a\times 4^{n+1}-1}{2^{2n-1}+3^{n+1}}=4$를 만족시키는 실수 a의 값은? [3점]

① $\frac{1}{2}$ ② 1 ③ $\frac{3}{2}$
④ 2 ⑤ $\frac{5}{2}$

050 2010학년도 6월 평가원 나형 28번

수열 $\{a_n\}$에 대하여 $\lim_{n\to\infty}\frac{5^n a_n}{3^n+1}$이 0이 아닌 상수일 때, $\lim_{n\to\infty}\frac{a_n}{a_{n+1}}$의 값은? [3점]

① $\frac{2}{3}$ ② $\frac{4}{5}$ ③ $\frac{5}{3}$
④ $\frac{9}{5}$ ⑤ $\frac{8}{3}$

051 2018년 4월 교육청 나형 14번

$\lim_{n\to\infty}\frac{3n-1}{n+1}=a$일 때, $\lim_{n\to\infty}\frac{a^{n+2}+1}{a^n-1}$의 값은?

(단, a는 상수이다.) [4점]

① 1 ② 3 ③ 5
④ 7 ⑤ 9

052 2019년 3월 교육청 나형 13번

$\lim_{n\to\infty}\frac{\left(\frac{m}{5}\right)^{n+1}+2}{\left(\frac{m}{5}\right)^n+1}=2$가 되도록 하는 자연수 m의 개수는?

[3점]

① 5 ② 6 ③ 7
④ 8 ⑤ 9

053 2020년 4월 교육청 가형 8번

수열 $\left\{\frac{(4x-1)^n}{2^{3n}+3^{2n}}\right\}$이 수렴하도록 하는 모든 정수 x의 개수는?

[3점]

① 2 ② 4 ③ 6
④ 8 ⑤ 10

054 2009년 3월 교육청 가/나형 8번

수열 $\{\sqrt{16^n+a^n}-4^n\}$이 수렴하도록 하는 자연수 a의 개수는? [3점]

① 1 ② 2 ③ 3
④ 4 ⑤ 5

055 2017년 6월 교육청 가형 19번 (고2)

자연수 k에 대하여

$$a_k=\lim_{n\to\infty}\frac{2\times\left(\frac{k}{10}\right)^{2n+1}+\left(\frac{k}{10}\right)^{n}}{\left(\frac{k}{10}\right)^{2n}+\left(\frac{k}{10}\right)^{n}+1}$$

이라 할 때, $\sum_{k=1}^{20}a_k$의 값은? [4점]

① 26 ② 28 ③ 30 ④ 32 ⑤ 34

056 2015학년도 수능(홀) A형 28번

자연수 k에 대하여

$$a_k=\lim_{n\to\infty}\frac{\left(\frac{6}{k}\right)^{n+1}}{\left(\frac{6}{k}\right)^{n}+1}$$

이라 할 때, $\sum_{k=1}^{10}ka_k$의 값을 구하시오. [4점]

057 2021년 7월 교육청 25번

자연수 r에 대하여 $\lim_{n\to\infty}\frac{3^n+r^{n+1}}{3^n+7\times r^n}=1$이 성립하도록 하는 모든 r의 값의 합은? [3점]

① 7 ② 8 ③ 9 ④ 10 ⑤ 11

058 2024학년도 9월 평가원 29번

두 실수 a, b $(a>1,\ b>1)$이

$$\lim_{n\to\infty}\frac{3^n+a^{n+1}}{3^{n+1}+a^n}=a,\ \lim_{n\to\infty}\frac{a^n+b^{n+1}}{a^{n+1}+b^n}=\frac{9}{a}$$

를 만족시킬 때, $a+b$의 값을 구하시오. [4점]

유형 06 등비수열의 극한

059 2023학년도 수능(홀) 25번

등비수열 $\{a_n\}$에 대하여 $\lim_{n\to\infty}\frac{a_n+1}{3^n+2^{2n-1}}=3$일 때, a_2의 값은? [3점]

① 16　② 18　③ 20　④ 22　⑤ 24

060 2021년 3월 교육청 25번

모든 항이 양수인 수열 $\{a_n\}$이 모든 자연수 n에 대하여

$a_{n+1}=a_1a_n$

을 만족시킨다. $\lim_{n\to\infty}\frac{3a_{n+3}-5}{2a_n+1}=12$일 때, a_1의 값은? [3점]

① $\frac{1}{2}$　② 1　③ $\frac{3}{2}$　④ 2　⑤ $\frac{5}{2}$

061 2016학년도 수능(홀) B형 25번

첫째항이 1이고 공비가 r $(r>1)$인 등비수열 $\{a_n\}$에 대하여 $S_n=\sum_{k=1}^{n}a_k$일 때, $\lim_{n\to\infty}\frac{a_n}{S_n}=\frac{3}{4}$이다. r의 값을 구하시오. [3점]

062 2016학년도 6월 평가원 A형 12번

공비가 3인 등비수열 $\{a_n\}$의 첫째항부터 제n항까지의 합 S_n이

$\lim_{n\to\infty}\frac{S_n}{3^n}=5$

를 만족시킬 때, 첫째항 a_1의 값은? [3점]

① 8　② 10　③ 12　④ 14　⑤ 16

> 정답과 해설 16쪽

유형 07 등비수열의 수렴 조건

063 2021년 3월 교육청 24번

수열 $\{a_n\}$의 일반항이

$$a_n=\left(\frac{x^2-4x}{5}\right)^n$$

일 때, 수열 $\{a_n\}$이 수렴하도록 하는 모든 정수 x의 개수는? [3점]

① 7　② 8　③ 9　④ 10　⑤ 11

064 2010년 4월 교육청 나형 19번

수열 $\{(x+2)(x^2-4x+3)^{n-1}\}$이 수렴하도록 하는 모든 정수 x의 합을 구하시오. [3점]

065 2022학년도 수능 예시문항 24번

정수 k에 대하여 수열 $\{a_n\}$의 일반항을

$$a_n=\left(\frac{|k|}{3}-2\right)^n$$

이라 하자. 수열 $\{a_n\}$이 수렴하도록 하는 모든 정수 k의 개수는? [3점]

① 4　② 8　③ 12　④ 16　⑤ 20

066 2011년 9월 교육청 가형 8번 (고2)

등비수열 $\{(4\sin x-3)^n\}$이 수렴하기 위한 필요충분조건은 $\alpha<x<\beta$이다. 이때, $\beta-\alpha$의 값은? (단, $0\leq x<2\pi$) [4점]

① $\frac{\pi}{3}$　② $\frac{\pi}{2}$　③ $\frac{2}{3}\pi$　④ $\frac{5}{6}\pi$　⑤ π

유형 08 수열의 극한의 대소 관계

067 2020학년도 9월 평가원 나형 10번

모든 항이 양수인 수열 $\{a_n\}$이 모든 자연수 n에 대하여 부등식

$$\sqrt{9n^2+4}<\sqrt{na_n}<3n+2$$

를 만족시킬 때, $\lim_{n\to\infty}\frac{a_n}{n}$의 값은? [3점]

① 6　② 7　③ 8　④ 9　⑤ 10

068 2023년 3월 교육청 24번

수열 $\{a_n\}$이 모든 자연수 n에 대하여

$$3^n-2^n<a_n<3^n+2^n$$

을 만족시킬 때, $\lim_{n\to\infty}\frac{a_n}{3^{n+1}+2^n}$의 값은? [3점]

① $\frac{1}{6}$　② $\frac{1}{3}$　③ $\frac{1}{2}$　④ $\frac{2}{3}$　⑤ $\frac{5}{6}$

069 2022년 3월 교육청 27번

수열 $\{a_n\}$이 모든 자연수 n에 대하여

$$a_n^{\ 2}<4na_n+n-4n^2$$

을 만족시킬 때, $\lim_{n\to\infty}\frac{a_n+3n}{2n+4}$의 값은? [3점]

① $\frac{5}{2}$　② 3　③ $\frac{7}{2}$　④ 4　⑤ $\frac{9}{2}$

070 2024년 3월 교육청 25번

수열 $\{a_n\}$이 모든 자연수 n에 대하여

$$2n+3<a_n<2n+4$$

를 만족시킬 때, $\lim_{n\to\infty}\frac{(a_n+1)^2+6n^2}{na_n}$의 값은? [3점]

① 1　② 2　③ 3　④ 4　⑤ 5

071 2021년 3월 교육청 26번

수열 $\{a_n\}$이 모든 자연수 n에 대하여

$2n^2-3<a_n<2n^2+4$

를 만족시킨다. 수열 $\{a_n\}$의 첫째항부터 제n항까지의 합을 S_n이라 할 때, $\lim_{n\to\infty}\frac{S_n}{n^3}$의 값은? [3점]

① $\frac{1}{2}$ ② $\frac{2}{3}$ ③ $\frac{5}{6}$
④ 1 ⑤ $\frac{7}{6}$

072 2012년 3월 교육청 가/나형 12번

수열 $\{a_n\}$이 모든 자연수 n에 대하여 $n<a_n<n+1$을 만족시킬 때, $\lim_{n\to\infty}\frac{1}{n^2}\sum_{k=1}^{n}a_k$의 값은? [3점]

① $\frac{1}{2}$ ② 1 ③ $\frac{3}{2}$
④ 2 ⑤ $\frac{5}{2}$

073 2010학년도 6월 평가원 나형 5번

두 수열 $\{a_n\}$, $\{b_n\}$이 모든 자연수 n에 대하여 다음 조건을 만족시킬 때, $\lim_{n\to\infty}b_n$의 값은? [3점]

(가) $20-\frac{1}{n}<a_n+b_n<20+\frac{1}{n}$
(나) $10-\frac{1}{n}<a_n-b_n<10+\frac{1}{n}$

① 3 ② 4 ③ 5
④ 6 ⑤ 7

074 2014년 3월 교육청 A형 20번

두 수열 $\{a_n\}$, $\{b_n\}$이 모든 자연수 n에 대하여 다음 조건을 만족시킨다.

(가) $4^n<a_n<4^n+1$
(나) $2+2^2+2^3+\cdots+2^n<b_n<2^{n+1}$

$\lim_{n\to\infty}\frac{4a_n+b_n}{2a_n+2^nb_n}$의 값은? [4점]

① $\frac{1}{4}$ ② $\frac{1}{2}$ ③ 1
④ 2 ⑤ 4

유형 09 수열의 합과 일반항 사이의 관계를 이용한 수열의 극한

075 2023년 3월 교육청 27번

$a_1=3$, $a_2=-4$인 수열 $\{a_n\}$과 등차수열 $\{b_n\}$이 모든 자연수 n에 대하여

$$\sum_{k=1}^{n}\frac{a_k}{b_k}=\frac{6}{n+1}$$

을 만족시킬 때, $\lim_{n\to\infty}a_nb_n$의 값은? [3점]

① -54 ② $-\frac{75}{2}$ ③ -24

④ $-\frac{27}{2}$ ⑤ -6

076 2024년 3월 교육청 27번

$a_1=3$, $a_2=6$인 등차수열 $\{a_n\}$과 모든 항이 양수인 수열 $\{b_n\}$이 모든 자연수 n에 대하여

$$\sum_{k=1}^{n}a_k(b_k)^2=n^3-n+3$$

을 만족시킬 때, $\lim_{n\to\infty}\frac{a_n}{b_nb_{2n}}$의 값은? [3점]

① $\frac{3}{2}$ ② $\frac{3\sqrt{2}}{2}$ ③ 3

④ $3\sqrt{2}$ ⑤ 6

077 2013년 3월 교육청 B형 27번

수열 $\{a_n\}$이 자연수 n에 대하여

$$\sum_{k=1}^{n}(-1)^k a_k=n^3$$

을 만족시킬 때, $\lim_{n\to\infty}\frac{a_{2n-1}+a_{2n}}{n}$의 값을 구하시오. [4점]

078 2021년 3월 교육청 27번

수열 $\{a_n\}$이 모든 자연수 n에 대하여

$$\sum_{k=1}^{n}\frac{a_k}{(k-1)!}=\frac{3}{(n+2)!}$$

을 만족시킨다. $\lim_{n\to\infty}(a_1+n^2a_n)$의 값은? [3점]

① $-\frac{7}{2}$ ② -3 ③ $-\frac{5}{2}$

④ -2 ⑤ $-\frac{3}{2}$

> 정답과 해설 20쪽

유형 10 지수 꼴의 수열의 극한으로 정의된 함수 (1)

079 2008년 5월 교육청 나형 21번

함수 $f(x)=\lim_{n\to\infty}\frac{x^{n+2}-6x+2}{x^n+1}$에 대하여 $f\left(-\frac{1}{2}\right)+f(4)$의 값을 구하시오. [3점]

080 2008년 9월 교육청 가형 6번 (고2)

양의 실수 전체의 집합에서 정의된 함수

$$f(x)=\lim_{n\to\infty}\frac{ax^n+bx+1}{x^n+1}\ (a,\ b\text{는 유리수})$$

이 $f(\sqrt{2}+1)+f(\sqrt{2}-1)=2+\sqrt{2}$를 만족할 때, $a+b$의 값은? [3점]

① -3 ② -1 ③ 1
④ 3 ⑤ 5

081 2016년 6월 교육청 나형 19번 (고2)

함수

$$f(x)=\lim_{n\to\infty}\frac{ax^n}{1+x^n}\ (x>0)$$

에 대하여 $\sum_{k=1}^{10}f\left(\frac{k}{5}\right)=33$이다. 상수 a의 값은? [4점]

① 6 ② 8 ③ 10
④ 12 ⑤ 14

082 2012년 4월 교육청 나형 19번

함수 $f(x)=\lim_{n\to\infty}\frac{\left(x^2+\frac{1}{2}\right)^n-2}{\left(x^2+\frac{1}{2}\right)^n+2}$에 대하여

$f\left(\frac{\sqrt{2}}{2}\right)+\lim_{x\to\frac{\sqrt{2}}{2}-}f(x)$의 값은? [4점]

① $-\frac{4}{3}$ ② -1 ③ 0
④ 1 ⑤ $\frac{4}{3}$

유형 11 지수 꼴의 수열의 극한으로 정의된 함수 (2)

083 2021학년도 6월 평가원 가형 7번

함수

$$f(x)=\lim_{n\to\infty}\frac{2\times\left(\frac{x}{4}\right)^{2n+1}-1}{\left(\frac{x}{4}\right)^{2n}+3}$$

에 대하여 $f(k)=-\frac{1}{3}$을 만족시키는 정수 k의 개수는? [3점]

① 5 ② 7 ③ 9 ④ 11 ⑤ 13

084 2022년 4월 교육청 26번

함수

$$f(x)=\lim_{n\to\infty}\frac{3\times\left(\frac{x}{2}\right)^{2n+1}-1}{\left(\frac{x}{2}\right)^{2n}+1}$$

에 대하여 $f(k)=k$를 만족시키는 모든 실수 k의 값의 합은? [3점]

① -6 ② -5 ③ -4 ④ -3 ⑤ -2

085 2016년 10월 교육청 나형 20번

두 함수

$$f(x)=\lim_{n\to\infty}\frac{2x^{2n+1}}{1+x^{2n}},\ g(x)=x+a$$

의 그래프의 교점의 개수를 $h(a)$라 할 때, $h(0)+\lim_{a\to 1+}h(a)$의 값은? (단, a는 실수이다.) [4점]

① 1 ② 2 ③ 3 ④ 4 ⑤ 5

086 2015년 6월 교육청 가형 21번 (고2)

실수 전체의 집합에서 정의된 함수 $f(x)$가

$$f(x)=\lim_{n\to\infty}\frac{x^{2n-1}+x}{x^{2n}+2}$$

이다. x에 대한 방정식 $f(x)-ax^2=0$이 서로 다른 네 실근을 가지도록 하는 양수 a에 대하여 $60a$의 값은? [4점]

① 30 ② 35 ③ 40 ④ 45 ⑤ 50

087 2014학년도 6월 평가원 A형 10번

함수

$$f(x)=\begin{cases} x+a & (x\le 1) \\ \lim\limits_{n\to\infty}\dfrac{2x^{n+1}+3x^n}{x^n+1} & (x>1) \end{cases}$$

이 실수 전체의 집합에서 연속일 때, 상수 a의 값은? [3점]

① 2 ② 4 ③ 6
④ 8 ⑤ 10

088 2014년 4월 교육청 A형 17번

함수

$$f(x)=\lim_{n\to\infty}\frac{x^{2n+1}+ax^2+bx-2}{x^{2n}+1}$$

가 실수 전체의 집합에서 연속일 때, 두 상수 a, b의 곱 ab의 값은? [4점]

① -2 ② -1 ③ 0
④ 1 ⑤ 2

089 2017년 9월 교육청 가형 26번 (고2)

일차함수 $f(x)=3x+a$와 함수

$$g(x)=\begin{cases} -x+2 & (x\le -1) \\ \lim\limits_{n\to\infty}\dfrac{x^{2n+1}+3}{x^{2n}+1} & (x>-1) \end{cases}$$

에 대하여 함수 $f(x)g(x)$가 실수 전체의 집합에서 연속일 때, $f(11)$의 값을 구하시오. (단, a는 상수이다.) [4점]

090 2009학년도 수능(홀) 가형 6번

함수 $f(x)=x^2-4x+a$와 함수 $g(x)=\lim\limits_{n\to\infty}\dfrac{2|x-b|^n+1}{|x-b|^n+1}$에 대하여 $h(x)=f(x)g(x)$라 하자. 함수 $h(x)$가 모든 실수 x에서 연속이 되도록 하는 두 상수 a, b의 합 $a+b$의 값은?

[3점]

① 3 ② 4 ③ 5
④ 6 ⑤ 7

091 2021학년도 수능(홀) 가형 18번

실수 a에 대하여 함수 $f(x)$를

$$f(x)=\lim_{n\to\infty}\frac{(a-2)x^{2n+1}+2x}{3x^{2n}+1}$$

라 하자. $(f\circ f)(1)=\frac{5}{4}$가 되도록 하는 모든 a의 값의 합은? [4점]

① $\frac{11}{2}$ ② $\frac{13}{2}$ ③ $\frac{15}{2}$

④ $\frac{17}{2}$ ⑤ $\frac{19}{2}$

→ **092** 2005년 7월 교육청 가형 14번

삼차함수 $y=f(x)$가 극댓값 $\frac{1}{2}$, 극솟값 -2를 가질 때, 함수 $g(x)$를 다음과 같이 정의한다.

$$g(x)=\lim_{n\to\infty}\frac{1}{1+\{f(x)\}^{2n}}$$

이때, 실수 전체의 집합에서 함수 $y=g(x)$는 $x=\alpha$에서 불연속이다. α의 개수는? [4점]

① 1 ② 2 ③ 3

④ 4 ⑤ 5

> 정답과 해설 25쪽

유형 12 지수 꼴의 수열의 극한으로 정의된 함수 (3)

093 2016년 3월 교육청 나형 12번

그림과 같이 곡선 $y=f(x)$와 직선 $y=g(x)$가 원점과 점 $(3,\ 3)$에서 만난다. $h(x)=\lim_{n\to\infty}\dfrac{\{f(x)\}^{n+1}+5\{g(x)\}^{n}}{\{f(x)\}^{n}+\{g(x)\}^{n}}$일 때, $h(2)+h(3)$의 값은? [3점]

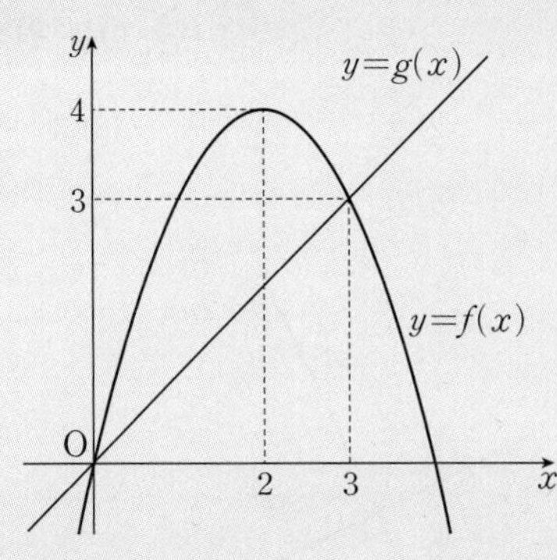

① 6 ② 7 ③ 8 ④ 9 ⑤ 10

094 2024년 5월 교육청 26번

열린구간 $(0,\ \infty)$에서 정의된 함수

$$f(x)=\lim_{n\to\infty}\frac{x^{n+1}+\left(\frac{4}{x}\right)^{n}}{x^{n}+\left(\frac{4}{x}\right)^{n+1}}$$

이 있다. $x>0$일 때, 방정식 $f(x)=2x-3$의 모든 실근의 합은? [3점]

① $\frac{41}{7}$ ② $\frac{43}{7}$ ③ $\frac{45}{7}$ ④ $\frac{47}{7}$ ⑤ 7

유형 13 수열의 극한의 활용

095 2016학년도 수능(홀) A형 10번

수열 $\{a_n\}$에 대하여 곡선 $y=x^2-(n+1)x+a_n$은 x축과 만나고, 곡선 $y=x^2-nx+a_n$은 x축과 만나지 않는다. $\lim_{n\to\infty}\frac{a_n}{n^2}$의 값은? [3점]

① $\frac{1}{20}$ ② $\frac{1}{10}$ ③ $\frac{3}{20}$
④ $\frac{1}{5}$ ⑤ $\frac{1}{4}$

096 2016학년도 6월 평가원 B형 10번

자연수 n에 대하여 직선 $y=2nx$ 위의 점 $\mathrm{P}(n,\ 2n^2)$을 지나고 이 직선과 수직인 직선이 x축과 만나는 점을 Q라 할 때, 선분 OQ의 길이를 l_n이라 하자. $\lim_{n\to\infty}\frac{l_n}{n^3}$의 값은?

(단, O는 원점이다.) [3점]

① 1 ② 2 ③ 3
④ 4 ⑤ 5

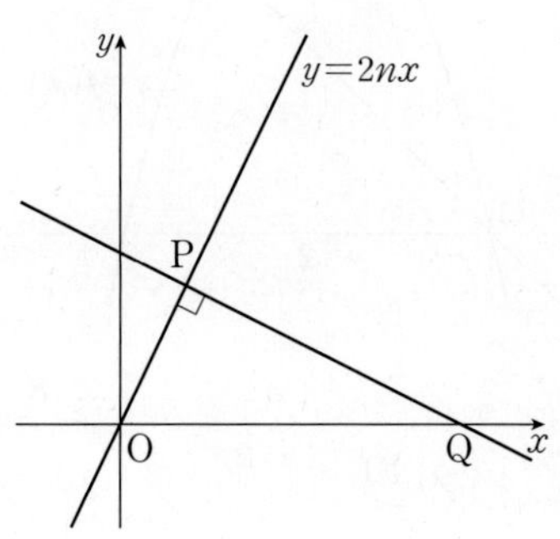

097 2010년 7월 교육청 가형 6번

자연수 n에 대하여 곡선 $y=x^2$과 직선 $y=-x+n$이 만나서 생기는 두 교점 사이의 거리를 l_n이라 할 때, $\lim_{n\to\infty}\frac{{l_n}^2}{n}$의 값은? [3점]

① 5 ② 6 ③ 7
④ 8 ⑤ 9

098 2024년 3월 교육청 28번

자연수 n에 대하여 직선 $y=2nx$가 곡선 $y=x^2+n^2-1$과 만나는 두 점을 각각 A_n, B_n이라 하자. 원 $(x-2)^2+y^2=1$ 위의 점 P에 대하여 삼각형 $\mathrm{A}_n\mathrm{B}_n\mathrm{P}$의 넓이가 최대가 되도록 하는 점 P를 P_n이라 할 때, 삼각형 $\mathrm{A}_n\mathrm{B}_n\mathrm{P}_n$의 넓이를 S_n이라 하자. $\lim_{n\to\infty}\frac{S_n}{n}$의 값은? [4점]

① 2 ② 4 ③ 6
④ 8 ⑤ 10

> 정답과 해설 27쪽

099 2014년 7월 교육청 A형 12번

그림과 같이 자연수 n에 대하여 직선 $x=n$이 두 곡선 $y=2^x$, $y=\left(\frac{1}{3}\right)^x$과 만나는 점을 각각 P_n, Q_n이라 하자. 사다리꼴 $\mathrm{P}_n\mathrm{Q}_n\mathrm{Q}_{n+1}\mathrm{P}_{n+1}$의 넓이를 A_n이라 할 때, $\lim_{n\to\infty}\frac{A_n}{2^{n-1}}$의 값은? [3점]

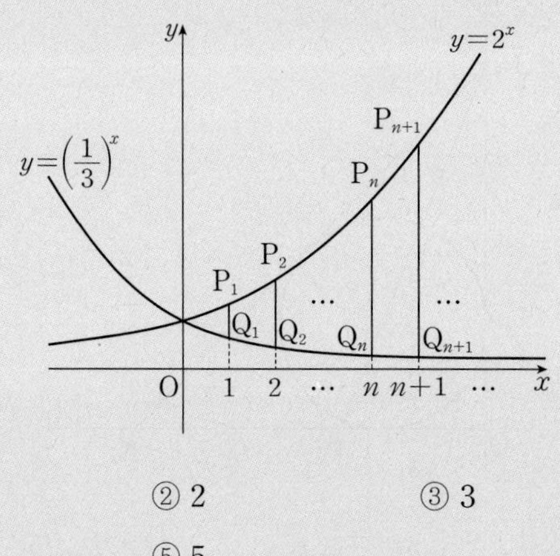

① 1　② 2　③ 3　④ 4　⑤ 5

100 2012학년도 6월 평가원 가/나형 20번

자연수 n에 대하여 직선 $x=n$이 두 곡선 $y=2^x$, $y=3^x$과 만나는 점을 각각 P_n, Q_n이라 하자. 삼각형 $\mathrm{P}_n\mathrm{Q}_n\mathrm{P}_{n-1}$의 넓이를 S_n이라 하고, $T_n=\sum_{k=1}^{n}S_k$라 할 때, $\lim_{n\to\infty}\frac{T_n}{3^n}$의 값은?

(단, 점 P_0의 좌표는 $(0,\ 1)$이다.) [4점]

① $\frac{5}{8}$　② $\frac{11}{16}$　③ $\frac{3}{4}$　④ $\frac{13}{16}$　⑤ $\frac{7}{8}$

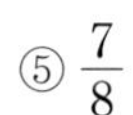

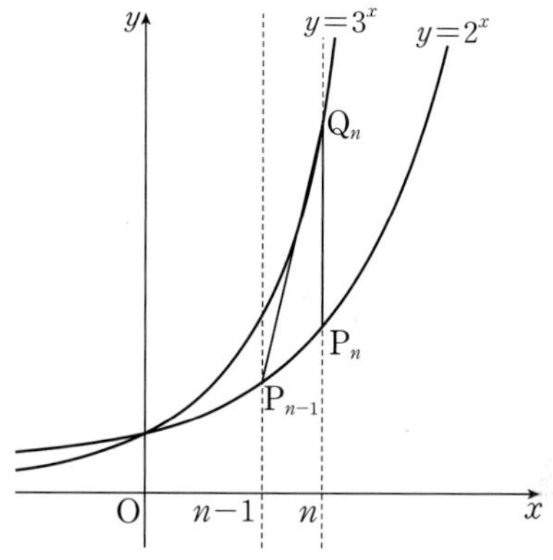

101 2021년 3월 교육청 28번

자연수 n에 대하여 $\angle \mathrm{A}=90°$, $\overline{\mathrm{AB}}=2$, $\overline{\mathrm{CA}}=n$인 삼각형 ABC에서 $\angle \mathrm{A}$의 이등분선이 선분 BC와 만나는 점을 D라 하자. 선분 CD의 길이를 a_n이라 할 때, $\lim_{n\to\infty}(n-a_n)$의 값은? [4점]

① 1　② 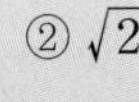 $\sqrt{2}$　③ 2

④ $2\sqrt{2}$　⑤ 4

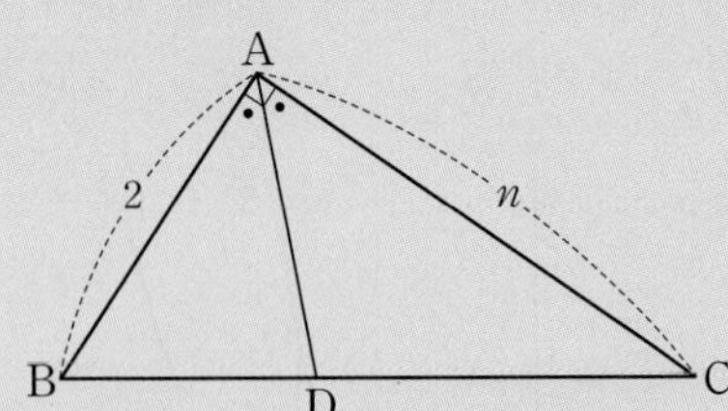

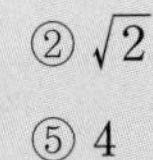

102 2015년 4월 교육청 A형 20번

자연수 n에 대하여 그림과 같이 두 점 $\mathrm{A}_n(n,\ 0)$, $\mathrm{B}_n(0,\ n+1)$이 있다. 삼각형 $\mathrm{OA}_n\mathrm{B}_n$에 내접하는 원의 중심을 C_n이라 하고, 두 점 B_n과 C_n을 지나는 직선이 x축과 만나는 점을 P_n이라 하자. $\lim_{n\to\infty}\frac{\overline{\mathrm{OP}_n}}{n}$의 값은? (단, O는 원점이다.) [4점]

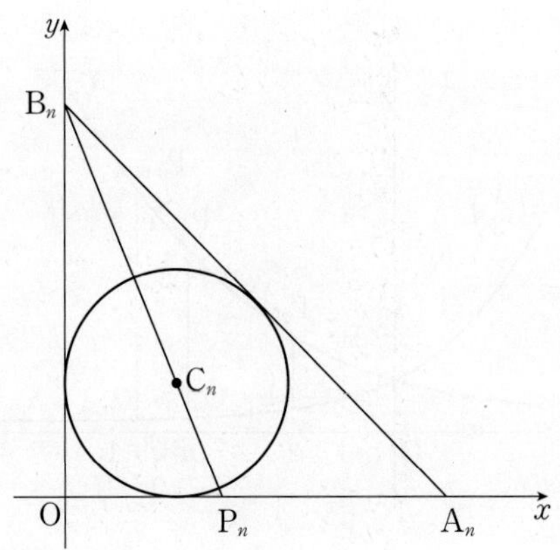

① $\frac{\sqrt{2}-1}{2}$　② $\sqrt{2}-1$　③ $2-\sqrt{2}$

④ $\frac{\sqrt{2}}{2}$　⑤ $2\sqrt{2}-2$

> 정답과 해설 29쪽

103 2020년 4월 교육청 가형 27번

자연수 n에 대하여 점 $(1,\ 0)$을 지나고 점 $(n,\ n)$에서 직선 $y=x$와 접하는 원의 중심의 좌표를 $(a_n,\ b_n)$이라 할 때, $\lim_{n\to\infty}\frac{a_n-b_n}{n^2}$의 값을 구하시오. [4점]

104 2013년 3월 교육청 A형 21번

자연수 n에 대하여 곡선 $y=x^2$ 위의 점 $\mathrm{P}_n(n,\ n^2)$을 중심으로 하고 y축에 접하는 원을 C_n이라 하자. 원점을 지나고 원 C_n에 접하는 직선 중에서 y축이 아닌 직선의 기울기를 a_n이라 할 때, $\lim_{n\to\infty}\frac{a_n}{n}$의 값은? [4점]

① $\frac{1}{2}$ ② $\frac{3}{4}$ ③ 1
④ $\frac{5}{4}$ ⑤ $\frac{3}{2}$

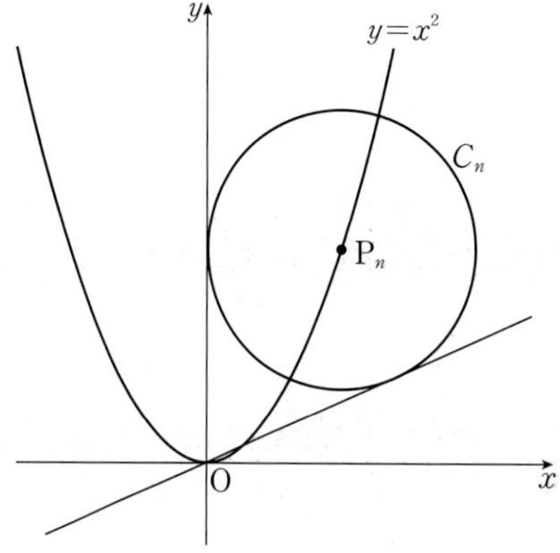

105 2022년 3월 교육청 28번

자연수 n에 대하여 좌표평면 위의 점 A_n을 다음 규칙에 따라 정한다.

(가) A_1은 원점이다. (나) n이 홀수이면 A_{n+1}은 점 A_n을 x축의 방향으로 a만큼 평행이동한 점이다. (다) n이 짝수이면 A_{n+1}은 점 A_n을 y축의 방향으로 $a+1$만큼 평행이동한 점이다.

$\lim_{n\to\infty}\frac{\overline{A_1A_{2n}}}{n}=\frac{\sqrt{34}}{2}$일 때, 양수 a의 값은? [4점]

① $\frac{3}{2}$　② $\frac{7}{4}$　③ 2　④ $\frac{9}{4}$　⑤ $\frac{5}{2}$

106 2023년 3월 교육청 28번

$a>0$, $a\neq1$인 실수 a와 자연수 n에 대하여 직선 $y=n$이 y축과 만나는 점을 A_n, 직선 $y=n$이 곡선 $y=\log_a(x-1)$과 만나는 점을 B_n이라 하자. 사각형 $A_nB_nB_{n+1}A_{n+1}$의 넓이를 S_n이라 할 때,

$$\lim_{n\to\infty}\frac{\overline{B_nB_{n+1}}}{S_n}=\frac{3}{2a+2}$$

을 만족시키는 모든 a의 값의 합은? [4점]

① 2　② $\frac{9}{4}$　③ $\frac{5}{2}$　④ $\frac{11}{4}$　⑤ 3

> 정답과 해설 31쪽

107 2023년 3월 교육청 29번

자연수 n에 대하여 x에 대한 부등식 $x^2-4nx-n<0$을 만족시키는 정수 x의 개수를 a_n이라 하자. 두 상수 p, q에 대하여

$$\lim_{n\to\infty}(\sqrt{na_n}-pn)=q$$

일 때, $100pq$의 값을 구하시오. [4점]

108 2024년 3월 교육청 29번

자연수 n에 대하여 함수 $f(x)$를

$$f(x)=\frac{4}{n^3}x^3+1$$

이라 하자. 원점에서 곡선 $y=f(x)$에 그은 접선을 l_n, 접선 l_n의 접점을 P_n이라 하자. x축과 직선 l_n에 동시에 접하고 점 P_n을 지나는 원 중 중심의 x좌표가 양수인 것을 C_n이라 하자. 원 C_n의 반지름의 길이를 r_n이라 할 때, $40\times\lim_{n\to\infty}n^2(4r_n-3)$의 값을 구하시오. [4점]

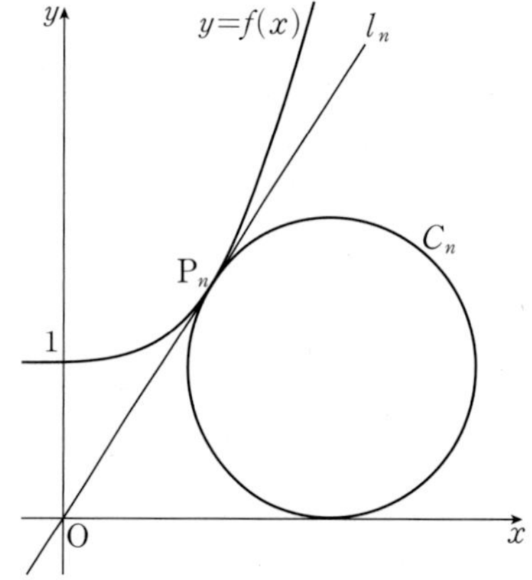

109 2022년 3월 교육청 29번

실수 t에 대하여 직선 $y=tx-2$가 함수

$$f(x)=\lim_{n\to\infty}\frac{2x^{2n+1}-1}{x^{2n}+1}$$

의 그래프와 만나는 점의 개수를 $g(t)$라 하자. 함수 $g(t)$가 $t=a$에서 불연속인 모든 a의 값을 작은 수부터 크기순으로 나열한 것을 a_1, a_2, $\cdots$, a_m (m은 자연수)라 할 때, $m\times a_m$의 값을 구하시오. [4점]

110 2021년 3월 교육청 29번

자연수 n에 대하여 곡선 $y=x^2$ 위의 점 $\mathrm{P}_n(2n,\ 4n^2)$에서의 접선과 수직이고 점 $\mathrm{Q}_n(0,\ 2n^2)$을 지나는 직선을 l_n이라 하자. 점 P_n을 지나고 점 Q_n에서 직선 l_n과 접하는 원을 C_n이라 할 때, 원점을 지나고 원 C_n의 넓이를 이등분하는 직선의 기울기를 a_n이라 하자. $\lim_{n\to\infty}\frac{a_n}{n}$의 값을 구하시오. [4점]

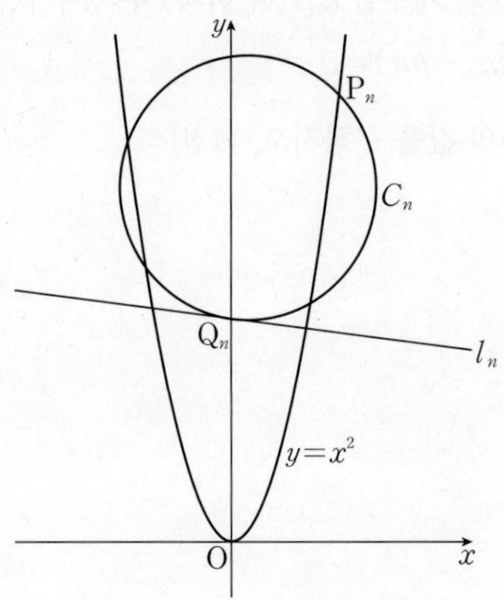

111 2016년 7월 교육청 나형 29번

그림과 같이 한 변의 길이가 4인 정삼각형 ABC와 점 A를 지나고 직선 BC와 평행한 직선 l이 있다. 자연수 n에 대하여 중심 O_n이 변 AC 위에 있고 반지름의 길이가 $\sqrt{3}\left(\frac{1}{2}\right)^{n-1}$인 원이 직선 AB와 직선 l에 모두 접한다. 이 원과 직선 AB가 접하는 점을 P_n, 직선 $\mathrm{O}_n\mathrm{P}_n$과 직선 l이 만나는 점을 Q_n이라 하자. 삼각형 $\mathrm{BO}_n\mathrm{Q}_n$의 넓이를 S_n이라 할 때, $\lim_{n\to\infty} 2^n S_n = k$이다. k^2의 값을 구하시오. [4점]

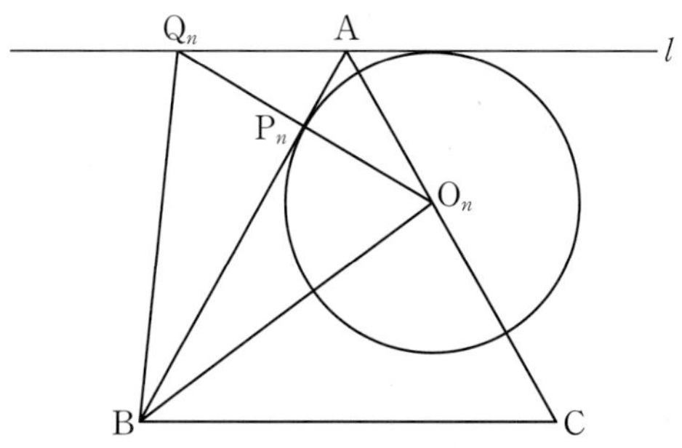

112 2022년 3월 교육청 30번

그림과 같이 자연수 n에 대하여 곡선

$$T_n : y=\frac{\sqrt{3}}{n+1}x^2 \ (x\geq 0)$$

위에 있고 원점 O와의 거리가 $2n+2$인 점을 P_n이라 하고, 점 P_n에서 x축에 내린 수선의 발을 H_n이라 하자. 중심이 P_n이고 점 H_n을 지나는 원을 C_n이라 할 때, 곡선 T_n과 원 C_n의 교점 중 원점에 가까운 점을 Q_n, 원점에서 원 C_n에 그은 두 접선의 접점 중 H_n이 아닌 점을 R_n이라 하자. 점 R_n을 포함하지 않는 호 $\mathrm{Q}_n\mathrm{H}_n$과 선분 $\mathrm{P}_n\mathrm{H}_n$, 곡선 T_n으로 둘러싸인 부분의 넓이를 $f(n)$, 점 H_n을 포함하지 않는 호 $\mathrm{R}_n\mathrm{Q}_n$과 선분 OR_n, 곡선 T_n으로 둘러싸인 부분의 넓이를 $g(n)$이라 할 때,

$\lim_{n\to\infty}\frac{f(n)-g(n)}{n^2}=\frac{\pi}{2}+k$이다. $60k^2$의 값을 구하시오.

(단, k는 상수이다.) [4점]

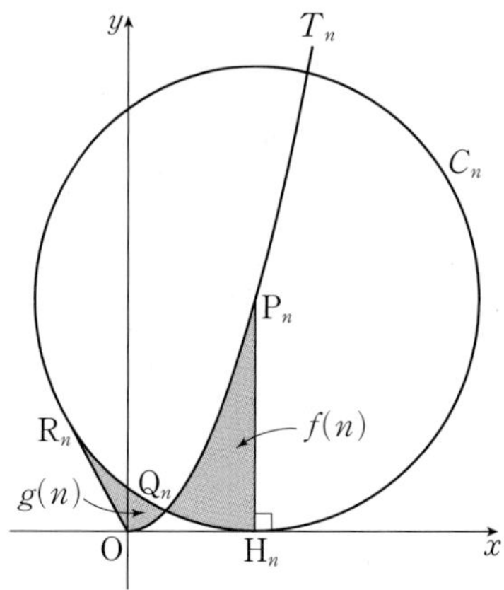

02

급수

개념 카드

실전 개념 1 급수

> 유형 01, 06, 08

(1) **급수:** 수열 $\{a_n\}$의 각 항을 차례대로 덧셈 기호 $+$로 연결한 식 $a_1+a_2+a_3+\cdots+a_n+\cdots$을 급수라 하고, 이것을 기호로 $\sum_{n=1}^{\infty} a_n$과 같이 나타낸다.

(2) **부분합:** 급수 $\sum_{n=1}^{\infty} a_n$에서 첫째항부터 제n항까지의 합 S_n을 이 급수의 제n항까지의 부분합이라 한다.

→ $S_n=a_1+a_2+a_3+\cdots+a_n=\sum_{n=1}^{n} a_k$

(3) **급수의 합:** 급수 $\sum_{n=1}^{\infty} a_n$의 부분합으로 이루어진 수열 $\{S_n\}$이 일정한 값 S에 수렴할 때, 즉 $\lim_{n\to\infty} S_n=\lim_{n\to\infty}\sum_{k=1}^{n} a_k=S$일 때, 이 급수는 S에 수렴한다고 한다. 이때 S를 급수의 합이라 한다.

→ $a_1+a_2+a_3+\cdots+a_n+\cdots=S$ 또는 $\sum_{n=1}^{\infty} a_n=S$

실전 개념 2 급수와 수열의 극한값 사이의 관계

> 유형 02, 05, 07

(1) 급수 $\sum_{n=1}^{\infty} a_n$이 수렴하면 $\lim_{n\to\infty} a_n=0$이다.

(2) $\lim_{n\to\infty} a_n\neq 0$이면 급수 $\sum_{n=1}^{\infty} a_n$은 발산한다.

실전 개념 3 급수의 성질

> 유형 04, 07

두 급수 $\sum_{n=1}^{\infty} a_n$, $\sum_{n=1}^{\infty} b_n$이 수렴하고, 그 합을 각각 S, T라 할 때

(1) $\sum_{n=1}^{\infty} ca_n=c\sum_{n=1}^{\infty} a_n=cS$ (c는 상수)

(2) $\sum_{n=1}^{\infty} (a_n\pm b_n)=\sum_{n=1}^{\infty} a_n\pm\sum_{n=1}^{\infty} b_n=S\pm T$ (복부호 동순)

실전 개념 4 등비급수

> 유형 03 ~ 12

(1) **등비급수:** 첫째항이 a, 공비가 r인 등비수열 $\{ar^{n-1}\}$의 각 항의 합으로 이루어진 급수

$$\sum_{n=1}^{\infty} ar^{n-1}=a+ar+ar^2+\cdots+ar^{n-1}+\cdots$$

을 첫째항이 a, 공비가 r인 등비급수라 한다.

(2) **등비급수의 수렴과 발산:** 등비급수 $\sum_{n=1}^{\infty} ar^{n-1}=a+ar+ar^2+\cdots+ar^{n-1}+\cdots$ $(a\neq 0)$은

① $|r|<1$일 때, 수렴하고 그 합은 $\frac{a}{1-r}$이다.

② $|r|\geq 1$일 때, 발산한다.

 기본 다지고,

113 2018년 4월 교육청 나형 23번

$\sum_{n=1}^{\infty}\frac{2}{(n+1)(n+2)}$의 값을 구하시오. [3점]

114 2021학년도 9월 평가원 가형 4번

$\sum_{n=1}^{\infty}\frac{2}{n(n+2)}$의 값은? [3점]

① 1 ② $\frac{3}{2}$ ③ 2 ④ $\frac{5}{2}$ ⑤ 3

115 2015년 7월 교육청 A형 25번

$\sum_{n=1}^{\infty}\frac{84}{(2n+1)(2n+3)}$의 값을 구하시오. [3점]

116 2012년 3월 교육청 나형 5번

$\sum_{n=1}^{\infty}a_n=3$일 때, $\lim_{n\to\infty}\frac{2a_n-3}{a_n+1}$의 값은? [3점]

① -3 ② -2 ③ -1 ④ 0 ⑤ 1

117 2015학년도 6월 평가원 A형 25번

수열 $\{a_n\}$에 대하여 급수 $\sum_{n=1}^{\infty}\left(a_n-\frac{5n}{n+1}\right)$이 수렴할 때, $\lim_{n\to\infty}a_n$의 값을 구하시오. [3점]

118 2015학년도 수능(홀) A형 24번

두 수열 $\{a_n\}$, $\{b_n\}$에 대하여

$$\sum_{n=1}^{\infty}a_n=4,\ \sum_{n=1}^{\infty}b_n=10$$

일 때, $\sum_{n=1}^{\infty}(a_n+5b_n)$의 값을 구하시오. [3점]

> 정답과 해설 34쪽

119 2011년 9월 교육청 가형 22번 (고2)

수열 $\{a_n\}$, $\{b_n\}$에 대하여 $\sum_{n=1}^{\infty}(2a_n-3)=300$, $\sum_{n=1}^{\infty}(2b_n+3)=180$일 때, $\sum_{n=1}^{\infty}(a_n+b_n)$의 값을 구하시오. [3점]

120 2019학년도 6월 평가원 나형 11번

급수 $\sum_{n=1}^{\infty}\left(\frac{x}{5}\right)^n$이 수렴하도록 하는 모든 정수 x의 개수는? [3점]

① 1 ② 3 ③ 5
④ 7 ⑤ 9

121 2019년 3월 교육청 나형 5번

수열 $\{a_n\}$은 첫째항이 3이고 공비가 $\frac{1}{2}$인 등비수열이다. $\sum_{n=1}^{\infty}a_n$의 값은? [3점]

① 4 ② 5 ③ 6
④ 7 ⑤ 8

122 2009학년도 6월 평가원 나형 18번

공비가 $\frac{1}{5}$인 등비수열 $\{a_n\}$에 대하여 $\sum_{n=1}^{\infty}a_n=15$일 때, 첫째항 a_1의 값을 구하시오. [3점]

123 2010년 10월 교육청 나형 3번

등비급수 $\sum_{n=1}^{\infty}5\left(\frac{3}{4}\right)^{n-1}$의 값은? [2점]

① 5 ② 10 ③ 15
④ 20 ⑤ 25

124 2013년 3월 교육청 A형 6번

급수 $\sum_{n=1}^{\infty}\frac{1+(-1)^n}{3^n}$의 합은? [3점]

① $\frac{1}{8}$ ② $\frac{1}{4}$ ③ $\frac{3}{8}$
④ $\frac{1}{2}$ ⑤ $\frac{5}{8}$

STEP B 유형 & 유사로 익히면…

유형 01 두 분수의 차를 이용하는 급수

125 2016년 9월 교육청 가형 11번 (고2)

첫째항이 5이고, 공차가 2인 등차수열 $\{a_n\}$에 대하여 급수 $\sum_{n=1}^{\infty}\frac{2}{a_na_{n+1}}$의 값은? [3점]

① $\frac{1}{10}$ ② $\frac{1}{5}$ ③ $\frac{3}{10}$ ④ $\frac{2}{5}$ ⑤ $\frac{1}{2}$

126 2024년 5월 교육청 24번

첫째항이 1이고 공차가 d $(d>0)$인 등차수열 $\{a_n\}$에 대하여 $\sum_{n=1}^{\infty}\left(\frac{n}{a_n}-\frac{n+1}{a_{n+1}}\right)=\frac{2}{3}$일 때, d의 값은? [3점]

① 1 ② 2 ③ 3 ④ 4 ⑤ 5

127 2020년 4월 교육청 가형 15번

첫째항이 양수이고 공차가 3인 등차수열 $\{a_n\}$과 모든 항이 양수인 수열 $\{b_n\}$이 다음 조건을 만족시킬 때, a_1의 값은? [4점]

> (가) 모든 자연수 n에 대하여
>
> $$\log a_n+\log a_{n+1}+\log b_n=0$$
>
> (나) $\sum_{n=1}^{\infty}b_n=\frac{1}{12}$

① 2 ② $\frac{5}{2}$ ③ 3 ④ $\frac{7}{2}$ ⑤ 4

128 2025학년도 9월 평가원 29번

수열 $\{a_n\}$의 첫째항부터 제m항까지의 합을 S_m이라 하자. 모든 자연수 m에 대하여

$$S_m=\sum_{n=1}^{\infty}\frac{m+1}{n(n+m+1)}$$

일 때, $a_1+a_{10}=\frac{q}{p}$이다. $p+q$의 값을 구하시오.

(단, p와 q는 서로소인 자연수이다.) [4점]

129 2018년 6월 교육청 나형 13번 (고2)

자연수 n에 대하여 x에 대한 이차방정식

$$x^2-2nx+n^2-1=0$$

의 두 근의 곱을 a_n이라 할 때, $\sum_{n=2}^{\infty}\frac{2}{a_n}$의 값은? [3점]

① $\frac{1}{2}$ ② 1 ③ $\frac{3}{2}$
④ 2 ⑤ $\frac{5}{2}$

130 2013년 7월 교육청 A형 10번

모든 자연수 n에 대하여 수열 $\{a_n\}$은 다음 두 조건을 만족시킨다. 이때 $\sum_{n=1}^{\infty}a_n$의 값은? [3점]

> (가) $a_n \neq 0$
> (나) x에 대한 다항식 $a_nx^2+a_nx+2$를 $x-n$으로 나눈 나머지가 20이다.

① 10 ② 12 ③ 14
④ 16 ⑤ 18

131 2018년 9월 교육청 나형 21번 (고2)

공차가 양수인 등차수열 $\{a_n\}$이 다음 조건을 만족시킨다.

> (가) 모든 자연수 n에 대하여
> $\frac{a_1+a_2+a_3+\cdots+a_{2n-1}+a_{2n}}{a_1+a_2+a_3+\cdots+a_{n-1}+a_n}$은 일정한 값을 가진다.
> (나) $\sum_{n=1}^{\infty}\frac{2}{(2n+1)a_n}=\frac{1}{10}$

a_{10}의 값은? [4점]

① 190 ② 192 ③ 194
④ 196 ⑤ 198

132 2013년 9월 교육청 B형 19번 (고2)

첫째항과 공차가 모두 2인 등차수열 $\{a_n\}$에 대하여 수열 $\{b_n\}$을 다음과 같이 정의한다.

$$b_n=\frac{a_2+a_4+a_6+\cdots+a_{2n}}{a_1+a_3+a_5+\cdots+a_{2n-1}}$$

이때, $\sum_{n=1}^{\infty}(b_{n+1}-b_n)$의 값은? [4점]

① -2 ② -1 ③ 0
④ 1 ⑤ 2

유형 02 급수의 수렴 조건 (1)

133 2015년 7월 교육청 B형 6번

수열 $\{a_n\}$에 대하여 $\sum_{n=1}^{\infty}(a_n-2)=4$일 때,

$\lim_{n\to\infty}\left(4a_n+\frac{3n^2-1}{n^2+1}\right)$의 값은? [3점]

① 10 ② 11 ③ 12

④ 13 ⑤ 14

134 2018년 3월 교육청 나형 24번

수열 $\{a_n\}$의 첫째항부터 제n항까지의 합을 S_n이라 하자. $\lim_{n\to\infty} S_n=7$일 때, $\lim_{n\to\infty}(2a_n+3S_n)$의 값을 구하시오. [3점]

135 2025학년도 6월 평가원 25번

수열 $\{a_n\}$이

$$\sum_{n=1}^{\infty}\left(a_n-\frac{3n^2-n}{2n^2+1}\right)=2$$

를 만족시킬 때, $\lim_{n\to\infty}(a_n{}^2+2a_n)$의 값은? [3점]

① $\frac{17}{4}$ ② $\frac{19}{4}$ ③ $\frac{21}{4}$

④ $\frac{23}{4}$ ⑤ $\frac{25}{4}$

136 2023년 4월 교육청 25번

수열 $\{a_n\}$에 대하여 급수 $\sum_{n=1}^{\infty}\left(a_n-\frac{2^{n+1}}{2^n+1}\right)$이 수렴할 때,

$\lim_{n\to\infty}\frac{2^n\times a_n+5\times 2^{n+1}}{2^n+3}$의 값은? [3점]

① 6 ② 8 ③ 10

④ 12 ⑤ 14

> 정답과 해설 38쪽

137 2021년 10월 교육청 24번

수열 $\{a_n\}$에 대하여 $\sum_{n=1}^{\infty}\frac{a_n-4n}{n}=1$일 때, $\lim_{n\to\infty}\frac{5n+a_n}{3n-1}$의 값은? [3점]

① 1 ② 2 ③ 3
④ 4 ⑤ 5

138 2021학년도 6월 평가원 가형 5번

수열 $\{a_n\}$에 대하여 $\sum_{n=1}^{\infty}\frac{a_n}{n}=10$일 때, $\lim_{n\to\infty}\frac{a_n+2a_n^2+3n^2}{a_n^2+n^2}$의 값은? [3점]

① 3 ② $\frac{7}{2}$ ③ 4
④ $\frac{9}{2}$ ⑤ 5

02

139 2013년 수능(홀) 나형 19번

수열 $\{a_n\}$에 대하여

$$\sum_{n=1}^{\infty}\left(na_n-\frac{n^2+1}{2n+1}\right)=3$$

일 때, $\lim_{n\to\infty}(a_n^2+2a_n+2)$의 값은? [4점]

① $\frac{13}{4}$ ② 3 ③ $\frac{11}{4}$
④ $\frac{5}{2}$ ⑤ $\frac{9}{4}$

140 2017년 4월 교육청 나형 16번

수열 $\{a_n\}$에 대하여

$\sum_{n=1}^{\infty}\frac{2^n a_n-2^{n+1}}{2^n+1}=1$일 때, $\lim_{n\to\infty}a_n$의 값은? [4점]

① 1 ② 2 ③ 3
④ 4 ⑤ 5

141 2011학년도 9월 평가원 나형 11번

두 수열 $\{a_n\}$, $\{b_n\}$에 대하여 급수 $\sum_{n=1}^{\infty}\left(a_n-\frac{3n}{n+1}\right)$과 $\sum_{n=1}^{\infty}(a_n+b_n)$이 모두 수렴할 때, $\lim_{n\to\infty}\frac{3-b_n}{a_n}$의 값은?

(단, $a_n\neq 0$) [3점]

① 1 ② 2 ③ 3
④ 4 ⑤ 5

142 2013년 4월 교육청 A형 10번

두 수열 $\{a_n\}$, $\{b_n\}$이 다음 조건을 만족시킬 때, $\lim_{n\to\infty}a_n$의 값은? [3점]

(가) $\frac{2n^3+3}{1^2+2^2+3^2+\cdots+n^2}<a_n<2b_n$ $(n=1, 2, 3, \cdots)$

(나) $\sum_{n=1}^{\infty}(b_n-3)=2$

① 3 ② 4 ③ 5
④ 6 ⑤ 7

유형 03 급수의 수렴 조건 (2); 등비급수

143 2018년 3월 교육청 나형 11번

등비급수 $\sum_{n=1}^{\infty}\left(\frac{2x-3}{7}\right)^n$이 수렴하도록 하는 정수 x의 개수는? [3점]

① 2 ② 4 ③ 6
④ 8 ⑤ 10

144 2012년 4월 교육청 나형 6번

등비급수 $\sum_{n=1}^{\infty}\frac{(3^a+1)^n}{6^{3n}}$이 수렴하도록 하는 자연수 a의 개수는? [3점]

① 2 ② 3 ③ 4
④ 5 ⑤ 6

유형 04 등비급수의 합

145 2015학년도 6월 평가원 B형 25번

공비가 양수인 등비수열 $\{a_n\}$이

$$a_1+a_2=20,\ \sum_{n=3}^{\infty}a_n=\frac{4}{3}$$

를 만족시킬 때, a_1의 값을 구하시오. [3점]

146 2021학년도 9월 평가원 가형 8번

등비수열 $\{a_n\}$에 대하여 $\lim_{n\to\infty}\frac{3^n}{a_n+2^n}=6$일 때, $\sum_{n=1}^{\infty}\frac{1}{a_n}$의 값은? [3점]

① 1 ② 2 ③ 3
④ 4 ⑤ 5

147 2015년 3월 교육청 A형 12번

모든 항이 양의 실수인 수열 $\{a_n\}$이

$$a_1=k,\ a_na_{n+1}+a_{n+1}=ka_n^2+ka_n\ (n\geq 1)$$

을 만족시키고 $\sum_{n=1}^{\infty} a_n=5$일 때, 실수 k의 값은?

(단, $0<k<1$) [3점]

① $\frac{5}{6}$ ② $\frac{4}{5}$ ③ $\frac{3}{4}$
④ $\frac{2}{3}$ ⑤ $\frac{1}{2}$

148 2024학년도 9월 평가원 26번

공차가 양수인 등차수열 $\{a_n\}$과 등비수열 $\{b_n\}$에 대하여

$a_1=b_1=1,\ a_2b_2=1$이고

$$\sum_{n=1}^{\infty}\left(\frac{1}{a_na_{n+1}}+b_n\right)=2$$

일 때, $\sum_{n=1}^{\infty} b_n$의 값은? [3점]

① $\frac{7}{6}$ ② $\frac{6}{5}$ ③ $\frac{5}{4}$
④ $\frac{4}{3}$ ⑤ $\frac{3}{2}$

149 2013년 10월 교육청 B형 28번

수열 $\{a_n\}$이 $a_1=\frac{1}{8}$이고,

$$a_na_{n+1}=2^n\ (n\geq 1)$$

을 만족시킬 때, $\sum_{n=1}^{\infty}\frac{1}{a_{2n-1}}$의 값을 구하시오. [4점]

150 2010학년도 6월 평가원 나형 13번

수열 $\{a_n\}$에서 $a_1=1$이고, 자연수 n에 대하여

$$a_na_{n+1}=\left(\frac{1}{5}\right)^n$$

이다. $\sum_{n=1}^{\infty} a_{2n}$의 값은? [4점]

① $\frac{1}{6}$ ② $\frac{1}{5}$ ③ $\frac{1}{4}$
④ $\frac{1}{3}$ ⑤ $\frac{1}{2}$

151 2015년 6월 교육청 가형 19번 (고2)

첫째항이 1인 두 등비수열 $\{a_n\}$, $\{b_n\}$이 다음 조건을 만족시킬 때, $\sum_{n=1}^{\infty}(a_n^2+b_n^2)$의 값은? [4점]

> (가) $\sum_{n=1}^{\infty}a_n$, $\sum_{n=1}^{\infty}b_n$이 각각 수렴한다.
>
> (나) $\sum_{n=1}^{\infty}(a_n+b_n)=\frac{9}{4}$이고 $\sum_{n=1}^{\infty}(a_n-b_n)=\frac{3}{4}$이다.

① $\frac{9}{4}$ ② $\frac{11}{4}$ ③ $\frac{13}{4}$
④ $\frac{15}{4}$ ⑤ $\frac{17}{4}$

152 2018년 11월 교육청 가형 13번 (고2)

두 등비수열 $\{a_n\}$, $\{b_n\}$에 대하여 $a_1=b_1=1$이고 $\sum_{n=1}^{\infty}a_n=4$, $\sum_{n=1}^{\infty}b_n=2$일 때, $\sum_{n=1}^{\infty}a_nb_n$의 값은? [3점]

① $\frac{6}{5}$ ② $\frac{7}{5}$ ③ $\frac{8}{5}$
④ $\frac{9}{5}$ ⑤ 2

153 2022학년도 수능(홀) 25번

등비수열 $\{a_n\}$에 대하여

$$\sum_{n=1}^{\infty}(a_{2n-1}-a_{2n})=3,\ \sum_{n=1}^{\infty}a_n^2=6$$

일 때, $\sum_{n=1}^{\infty}a_n$의 값은? [3점]

① 1 ② 2 ③ 3
④ 4 ⑤ 5

154 2010년 9월 교육청 가형 11번 (고2)

등비수열 $\{a_n\}$에 대하여 $\sum_{n=1}^{\infty}a_{2n}=2$, $\sum_{n=1}^{\infty}a_{3n}=\frac{6}{7}$일 때, 수열 $\{a_n\}$의 공비는? [3점]

① $\frac{1}{6}$ ② $\frac{1}{5}$ ③ $\frac{1}{4}$
④ $\frac{1}{3}$ ⑤ $\frac{1}{2}$

155 2017년 3월 교육청 나형 26번

수열 $\{a_n\}$이 모든 자연수 n에 대하여

$$a_1=3,\ a_{n+1}=\frac{2}{3}a_n$$

을 만족시킬 때, $\sum_{n=1}^{\infty} a_{2n-1}=\frac{q}{p}$이다. $p+q$의 값을 구하시오.

(단, p와 q는 서로소인 자연수이다.) [4점]

156 2011년 3월 교육청 나형 12번

첫째항이 1인 등비수열 $\{a_n\}$에 대하여 $\sum_{n=1}^{\infty} a_n=3$일 때,

$\sum_{n=1}^{\infty}(a_{3n-2}-a_{3n-1})$의 값은? [3점]

① $\frac{7}{19}$ ② $\frac{8}{19}$ ③ $\frac{9}{19}$

④ $\frac{10}{19}$ ⑤ $\frac{11}{19}$

157 2010년 3월 교육청 가형 24번

수열 $\{a_n\}$을 다음과 같이 정의한다.

(가) $a_1=2$

(나) $a_{n+1}=(a_n{}^2+a_n$을 5로 나눈 나머지$)$ $(n=1, 2, 3, \cdots)$

$\sum_{n=1}^{\infty}\frac{a_n}{3^n}=\frac{q}{p}$일 때, $p+q$의 값을 구하시오.

(단, p, q는 서로소인 자연수이다.) [4점]

158 2013학년도 6월 평가원 가/나형 18번

2보다 큰 자연수 n에 대하여 $(-3)^{n-1}$의 n제곱근 중 실수인 것의 개수를 a_n이라 할 때, $\sum_{n=3}^{\infty}\frac{a_n}{2^n}$의 값은? [4점]

① $\frac{1}{6}$ ② $\frac{1}{4}$ ③ $\frac{1}{3}$

④ $\frac{5}{12}$ ⑤ $\frac{1}{2}$

유형 05 급수의 수렴 조건과 급수의 합

159 2023학년도 6월 평가원 27번

첫째항이 4인 등차수열 $\{a_n\}$에 대하여 급수

$$\sum_{n=1}^{\infty}\left(\frac{a_n}{n}-\frac{3n+7}{n+2}\right)$$

이 실수 S에 수렴할 때, S의 값은? [3점]

① $\frac{1}{2}$　② 1　③ $\frac{3}{2}$　④ 2　⑤ $\frac{5}{2}$

160 2023년 10월 교육청 27번

모든 항이 자연수인 등비수열 $\{a_n\}$에 대하여

$$\sum_{n=1}^{\infty}\frac{a_n}{3^n}=4$$

이고 급수 $\sum_{n=1}^{\infty}\frac{1}{a_{2n}}$이 실수 S에 수렴할 때, S의 값은? [3점]

① $\frac{1}{6}$　② $\frac{1}{5}$　③ $\frac{1}{4}$　④ $\frac{1}{3}$　⑤ $\frac{1}{2}$

유형 06 수열의 합과 일반항 사이의 관계를 이용한 급수의 합

161 2010년 10월 교육청 나형 26번

수열 $\{a_n\}$의 첫째항부터 제n항까지의 합 S_n이 $S_n=n^2+2n$일 때, 급수 $\sum_{n=1}^{\infty}\frac{2}{a_na_{n+1}}$의 값은? [3점]

① $\frac{1}{3}$ ② $\frac{1}{4}$ ③ $\frac{1}{5}$
④ $\frac{1}{6}$ ⑤ $\frac{1}{7}$

162 2015년 9월 교육청 나형 17번 (고2)

수열 $\{a_n\}$이 $\sum_{k=1}^{n}\frac{a_k}{k}=n^2+3n$을 만족시킬 때, $\sum_{n=1}^{\infty}\frac{1}{a_n}$의 값은? [4점]

① $\frac{1}{3}$ ② $\frac{1}{2}$ ③ $\frac{2}{3}$
④ $\frac{5}{6}$ ⑤ 1

163 2011학년도 6월 평가원 나형 12번

수열 $\{a_n\}$이

$$7a_1+7^2a_2+\cdots+7^na_n=3^n-1$$

을 만족시킬 때, $\sum_{n=1}^{\infty}\frac{a_n}{3^{n-1}}$의 값은? [4점]

① $\frac{1}{3}$ ② $\frac{4}{9}$ ③ $\frac{5}{9}$
④ $\frac{2}{3}$ ⑤ $\frac{7}{9}$

164 2015학년도 사관학교 A형 12번

수열 $\{a_n\}$의 첫째항부터 제n항까지의 합을 S_n이라 하면

$$S_{2n-1}=\frac{2}{n+2},\ S_{2n}=\frac{2}{n+1}\ (n\geq1)$$

이 성립한다. $\sum_{n=1}^{\infty}a_{2n-1}$의 값은? [3점]

① -2 ② -1 ③ 0
④ 1 ⑤ 2

> 정답과 해설 45쪽

유형 07 급수의 여러 가지 성질

165 2007년 3월 교육청 가형 5번

두 급수 $\sum_{n=1}^{\infty}(a_n-1)$, $\sum_{n=1}^{\infty}(b_n+1)$이 모두 수렴할 때, **보기**에서 옳은 것을 모두 고른 것은? [3점]

보기

ㄱ. $\lim_{n\to\infty} a_n=1$

ㄴ. $\sum_{n=1}^{\infty} b_n$은 발산한다.

ㄷ. $\sum_{n=1}^{\infty}(a_n+b_n)$은 수렴한다.

① ㄱ ② ㄱ, ㄴ ③ ㄱ, ㄷ
④ ㄴ, ㄷ ⑤ ㄱ, ㄴ, ㄷ

166 2009년 3월 교육청 가형 28번

두 수열 $\{a_n\}$, $\{b_n\}$에 대하여

$$a_n+b_n=2+\frac{1}{n}\ (n=1,\ 2,\ 3,\ \cdots)$$

일 때, 옳은 것만을 **보기**에서 있는 대로 고른 것은? [4점]

보기

ㄱ. $\lim_{n\to\infty}(a_n+b_n)=2$

ㄴ. 수열 $\{a_n\}$이 수렴하면 수열 $\{b_n\}$도 수렴한다.

ㄷ. $\sum_{n=1}^{\infty} a_n$이 수렴하면 $\sum_{n=1}^{\infty} b_n$도 수렴한다.

① ㄱ ② ㄱ, ㄴ ③ ㄱ, ㄷ
④ ㄴ, ㄷ ⑤ ㄱ, ㄴ, ㄷ

167 2011년 4월 교육청 나형 20번

두 수열 $\{a_n\}$, $\{b_n\}$에 대하여 옳은 것만을 **보기**에서 있는 대로 고른 것은? [4점]

보기

ㄱ. 수열 $\{a_n\}$에서 $a_n=\frac{1}{\sqrt{n+1}+\sqrt{n}}$일 때, $\sum_{n=1}^{\infty} a_n$은 발산한다.

ㄴ. 두 수열 $\{a_n\}$, $\{b_n\}$이 각각 수렴하면 $\sum_{n=1}^{\infty} a_nb_n=\sum_{n=1}^{\infty} a_n\sum_{n=1}^{\infty} b_n$이다.

ㄷ. 수열 $\{a_n\}$이 $a_1=1$, $a_{n+1}=\frac{1}{n+1}a_n\ (n=1,\ 2,\ 3,\ \cdots)$을 만족시킬 때, $\sum_{n=1}^{\infty}\frac{a_{n+2}}{a_n}=\frac{1}{2}$이다.

① ㄱ ② ㄴ ③ ㄱ, ㄷ
④ ㄴ, ㄷ ⑤ ㄱ, ㄴ, ㄷ

168 2007학년도 6월 평가원 나형 28번

두 등비수열 $\{a_n\}$, $\{b_n\}$에 대하여 **보기**에서 항상 옳은 것을 모두 고른 것은? [4점]

보기

ㄱ. 두 등비급수 $\sum_{n=1}^{\infty} a_n$, $\sum_{n=1}^{\infty} b_n$이 수렴하면 $\sum_{n=1}^{\infty} a_nb_n$은 수렴한다.

ㄴ. 두 등비급수 $\sum_{n=1}^{\infty} a_n$, $\sum_{n=1}^{\infty} b_n$이 발산하면 $\lim_{n\to\infty}(a_n+b_n)\neq 0$이다.

ㄷ. 두 등비급수 $\sum_{n=1}^{\infty} a_n^3$, $\sum_{n=1}^{\infty} b_n^3$이 수렴하면 $\sum_{n=1}^{\infty}(a_n+b_n)$은 수렴한다.

① ㄱ ② ㄴ ③ ㄱ, ㄴ
④ ㄱ, ㄷ ⑤ ㄴ, ㄷ

유형 08 급수의 활용 (1)

169 2022년 4월 교육청 27번

자연수 n에 대하여 곡선 $y=x^2-2nx-2n$이 직선 $y=x+1$과 만나는 두 점을 각각 P_n, Q_n이라 하자. 선분 $\mathrm{P}_n\mathrm{Q}_n$을 대각선으로 하는 정사각형의 넓이를 a_n이라 할 때, $\sum_{n=1}^{\infty}\frac{1}{a_n}$의 값은?

[3점]

① $\frac{1}{10}$ ② $\frac{2}{15}$ ③ $\frac{1}{6}$

④ $\frac{1}{5}$ ⑤ $\frac{7}{30}$

170 2008학년도 수능(홀) 나형 24번

$n\geq 2$인 자연수 n에 대하여 중심이 원점이고 반지름의 길이가 1인 원 C를 x축 방향으로 $\frac{2}{n}$만큼 평행이동시킨 원을 C_n이라 하자. 원 C와 원 C_n의 공통인 현의 길이를 l_n이라 할 때, $\sum_{n=2}^{\infty}\frac{1}{(nl_n)^2}=\frac{q}{p}$이다. $p+q$의 값을 구하시오.

(단, p, q는 서로소인 자연수이다.) [4점]

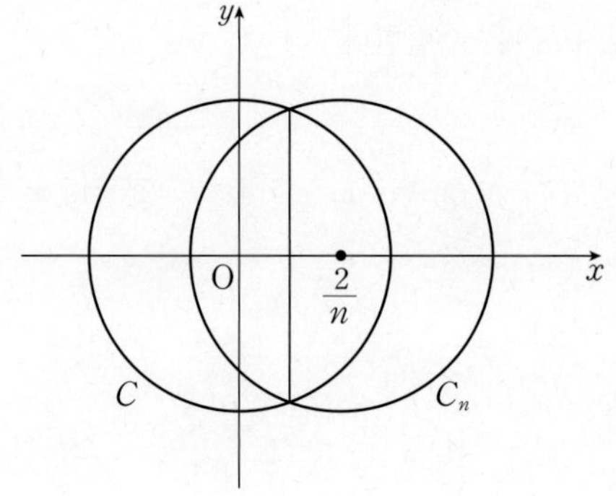

171 2016학년도 9월 평가원 A형 20번

자연수 n에 대하여 직선 $y=\left(\frac{1}{2}\right)^{n-1}(x-1)$과 이차함수 $y=3x(x-1)$의 그래프가 만나는 두 점을 $A(1, 0)$과 P_n이라 하자. 점 P_n에서 x축에 내린 수선의 발을 H_n이라 할 때, $\sum_{n=1}^{\infty}\overline{P_nH_n}$의 값은? [4점]

① $\frac{3}{2}$　② $\frac{14}{9}$　③ $\frac{29}{18}$

④ $\frac{5}{3}$　⑤ $\frac{31}{18}$

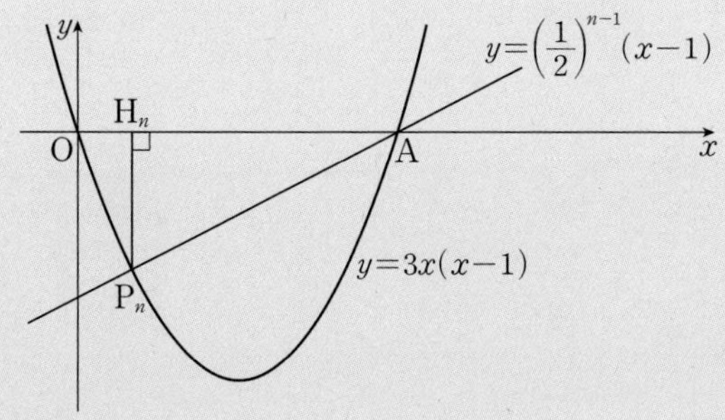

172 2012학년도 수능(홀) 나형 28번

좌표평면에서 자연수 n에 대하여 점 P_n의 좌표를 $(n, 3^n)$, 점 Q_n의 좌표를 $(n, 0)$이라 하자. 사각형 $P_nQ_{n+1}Q_{n+2}P_{n+1}$의 넓이를 a_n이라 할 때, $\sum_{n=1}^{\infty}\frac{1}{a_n}=\frac{q}{p}$이다. p^2+q^2의 값을 구하시오.

(단, p와 q는 서로소인 자연수이다.) [4점]

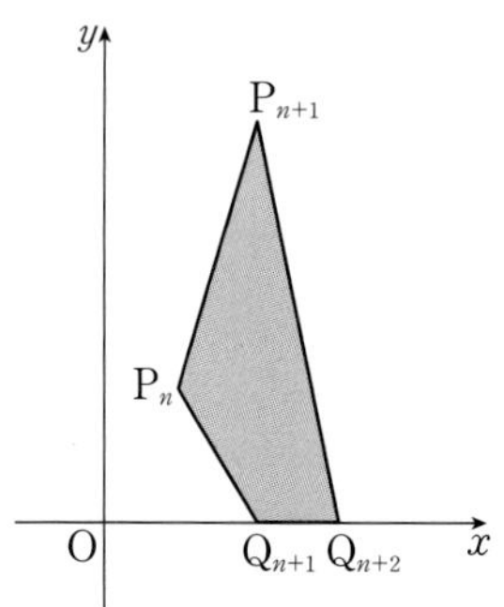

유형 09 급수의 활용 (2)

173 2023학년도 9월 평가원 27번

그림과 같이 $\overline{A_1B_1}=4$, $\overline{A_1D_1}=1$인 직사각형 $A_1B_1C_1D_1$에서 두 대각선의 교점을 E_1이라 하자. $\overline{A_2D_1}=\overline{D_1E_1}$, $\angle A_2D_1E_1=\frac{\pi}{2}$이고 선분 D_1C_1과 선분 A_2E_1이 만나도록 점 A_2를 잡고, $\overline{B_2C_1}=\overline{C_1E_1}$, $\angle B_2C_1E_1=\frac{\pi}{2}$이고 선분 D_1C_1과 선분 B_2E_1이 만나도록 점 B_2를 잡는다. 두 삼각형 $A_2D_1E_1$, $B_2C_1E_1$을 그린 후 모양의 도형에 색칠하여 얻은 그림을 R_1이라 하자.

그림 R_1에서 $\overline{A_2B_2}:\overline{A_2D_2}=4:1$이고 선분 D_2C_2가 두 선분 A_2E_1, B_2E_1과 만나지 않도록 직사각형 $A_2B_2C_2D_2$를 그린다. 그림 R_1을 얻은 것과 같은 방법으로 세 점 E_2, A_3, B_3을 잡고 두 삼각형 $A_3D_2E_2$, $B_3C_2E_2$를 그린 후 모양의 도형에 색칠하여 얻은 그림을 R_2라 하자.

이와 같은 과정을 계속하여 n번째 얻은 그림 R_n에 색칠되어 있는 부분의 넓이를 S_n이라 할 때, $\lim_{n\to\infty} S_n$의 값은? [3점]

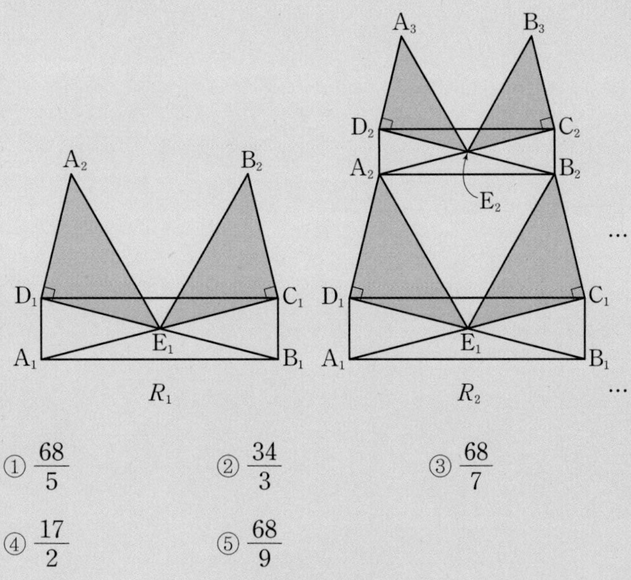

① $\frac{68}{5}$　　② $\frac{34}{3}$　　③ $\frac{68}{7}$

④ $\frac{17}{2}$　　⑤ $\frac{68}{9}$

174 2023학년도 수능(홀) 27번

그림과 같이 중심이 O, 반지름의 길이가 1이고 중심각의 크기가 $\frac{\pi}{2}$인 부채꼴 OA_1B_1이 있다. 호 A_1B_1 위에 점 P_1, 선분 OA_1 위에 점 C_1, 선분 OB_1 위에 점 D_1을 사각형 $OC_1P_1D_1$이 $\overline{OC_1} : \overline{OD_1} = 3 : 4$인 직사각형이 되도록 잡는다. 부채꼴 OA_1B_1의 내부에 점 Q_1을 $\overline{P_1Q_1} = \overline{A_1Q_1}$, $\angle P_1Q_1A_1 = \frac{\pi}{2}$가 되도록 잡고, 이등변삼각형 $P_1Q_1A_1$에 색칠하여 얻은 그림을 R_1이라 하자.

그림 R_1에서 선분 OA_1 위의 점 A_2와 선분 OB_1 위의 점 B_2를 $\overline{OQ_1} = \overline{OA_2} = \overline{OB_2}$가 되도록 잡고, 중심이 O, 반지름의 길이가 $\overline{OQ_1}$, 중심각의 크기가 $\frac{\pi}{2}$인 부채꼴 OA_2B_2를 그린다. 그림 R_1을 얻은 것과 같은 방법으로 네 점 P_2, C_2, D_2, Q_2를 잡고, 이등변삼각형 $P_2Q_2A_2$에 색칠하여 얻은 그림을 R_2라 하자.

이와 같은 과정을 계속하여 n번째 얻은 그림 R_n에 색칠되어 있는 부분의 넓이를 S_n이라 할 때, $\lim_{n \to \infty} S_n$의 값은? [3점]

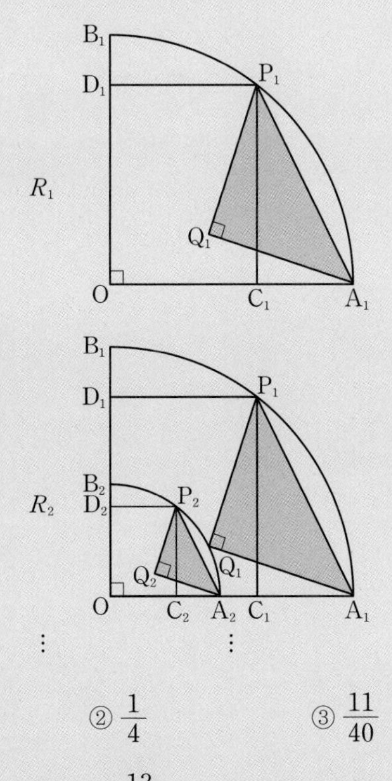

① $\frac{9}{40}$ ② $\frac{1}{4}$ ③ $\frac{11}{40}$

④ $\frac{3}{10}$ ⑤ $\frac{13}{40}$

175 2022년 10월 교육청 27번

그림과 같이 $\overline{A_1B_1}=1$, $\overline{B_1C_1}=2\sqrt{6}$인 직사각형 $A_1B_1C_1D_1$이 있다. 중심이 B_1이고 반지름의 길이가 1인 원이 선분 B_1C_1과 만나는 점을 E_1이라 하고, 중심이 D_1이고 반지름의 길이가 1인 원이 선분 A_1D_1과 만나는 점을 F_1이라 하자. 선분 B_1D_1이 호 A_1E_1, 호 C_1F_1과 만나는 점을 각각 B_2, D_2라 하고, 두 선분 B_1B_2, D_1D_2의 중점을 각각 G_1, H_1이라 하자.

두 선분 A_1G_1, G_1B_2와 호 B_2A_1로 둘러싸인 부분인 모양의 도형과 두 선분 D_2H_1, H_1F_1과 호 F_1D_2로 둘러싸인 부분인 모양의 도형에 색칠하여 얻은 그림을 R_1이라 하자.

그림 R_1에서 선분 B_2D_2가 대각선이고 모든 변이 선분 A_1B_1 또는 선분 B_1C_1에 평행한 직사각형 $A_2B_2C_2D_2$를 그린다.

직사각형 $A_2B_2C_2D_2$에 그림 R_1을 얻은 것과 같은 방법으로 모양의 도형과 모양의 도형을 그리고 색칠하여 얻은 그림을 R_2라 하자.

이와 같은 과정을 계속하여 n번째 얻은 그림 R_n에 색칠되어 있는 부분의 넓이를 S_n이라 할 때, $\lim_{n\to\infty} S_n$의 값은? [3점]

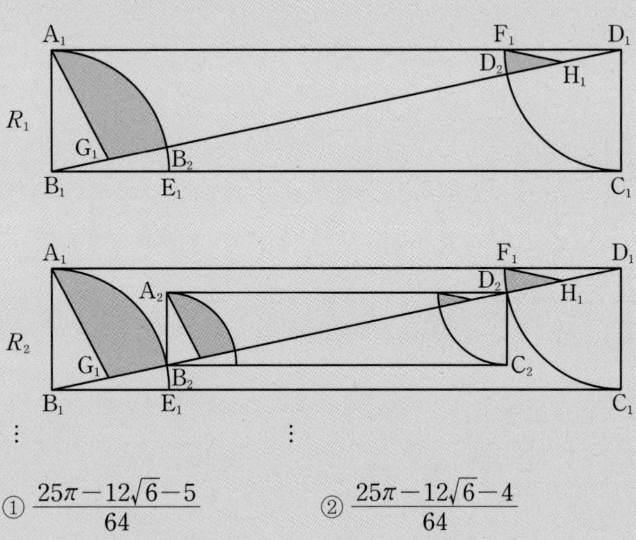

① $\dfrac{25\pi-12\sqrt{6}-5}{64}$ ② $\dfrac{25\pi-12\sqrt{6}-4}{64}$

③ $\dfrac{25\pi-10\sqrt{6}-6}{64}$ ④ $\dfrac{25\pi-10\sqrt{6}-5}{64}$

⑤ $\dfrac{25\pi-10\sqrt{6}-4}{64}$

176 2023학년도 6월 평가원 26번

그림과 같이 $\overline{A_1B_1}=2$, $\overline{B_1A_2}=3$이고 $\angle A_1B_1A_2=\frac{\pi}{3}$인 삼각형 $A_1A_2B_1$과 이 삼각형의 외접원 O_1이 있다.
점 A_2를 지나고 직선 A_1B_1에 평행한 직선이 원 O_1과 만나는 점 중 A_2가 아닌 점을 B_2라 하자. 두 선분 A_1B_2, B_1A_2가 만나는 점을 C_1이라 할 때, 두 삼각형 $A_1A_2C_1$, $B_1C_1B_2$로 만들어진 모양의 도형에 색칠하여 얻은 그림을 R_1이라 하자.
그림 R_1에서 점 B_2를 지나고 직선 B_1A_2에 평행한 직선이 직선 A_1A_2와 만나는 점을 A_3이라 할 때, 삼각형 $A_2A_3B_2$의 외접원을 O_2라 하자. 그림 R_1을 얻은 것과 같은 방법으로 두 점 B_3, C_2를 잡아 원 O_2에 모양의 도형을 그리고 색칠하여 얻은 그림을 R_2라 하자.
이와 같은 과정을 계속하여 n번째 얻은 그림 R_n에 색칠되어 있는 부분의 넓이를 S_n이라 할 때, $\lim_{n\to\infty} S_n$의 값은? [3점]

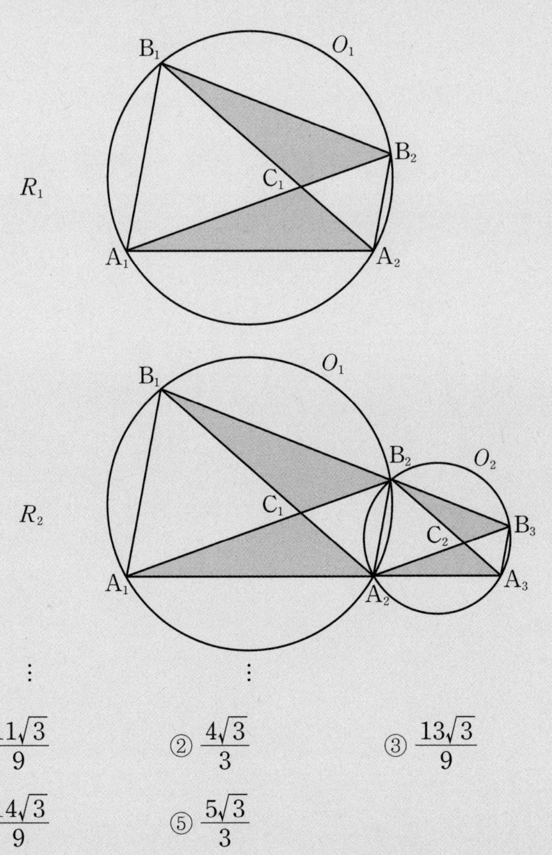

① $\frac{11\sqrt{3}}{9}$　② $\frac{4\sqrt{3}}{3}$　③ $\frac{13\sqrt{3}}{9}$
④ $\frac{14\sqrt{3}}{9}$　⑤ $\frac{5\sqrt{3}}{3}$

177 2021년 10월 교육청 26번

그림과 같이 길이가 2인 선분 A_1B를 지름으로 하는 반원 O_1이 있다. 호 BA_1 위에 점 C_1을 $\angle BA_1C_1=\frac{\pi}{6}$가 되도록 잡고, 선분 A_2B를 지름으로 하는 반원 O_2가 선분 A_1C_1과 접하도록 선분 A_1B 위에 점 A_2를 잡는다. 반원 O_2와 선분 A_1C_1의 접점을 D_1이라 할 때, 두 선분 A_1A_2, A_1D_1과 호 D_1A_2로 둘러싸인 부분과 선분 C_1D_1과 두 호 BC_1, BD_1로 둘러싸인 부분인 모양의 도형에 색칠하여 얻은 그림을 R_1이라 하자.

그림 R_1에서 호 BA_2 위에 점 C_2를 $\angle BA_2C_2=\frac{\pi}{6}$가 되도록 잡고, 선분 A_3B를 지름으로 하는 반원 O_3이 선분 A_2C_2와 접하도록 선분 A_2B 위에 점 A_3을 잡는다. 반원 O_3과 선분 A_2C_2의 접점을 D_2라 할 때, 두 선분 A_2A_3, A_2D_2와 호 D_2A_3으로 둘러싸인 부분과 선분 C_2D_2와 두 호 BC_2, BD_2로 둘러싸인 부분인 모양의 도형에 색칠하여 얻은 그림을 R_2라 하자.

이와 같은 과정을 계속하여 n번째 얻은 그림 R_n에 색칠되어 있는 부분의 넓이를 S_n이라 할 때, $\lim_{n\to\infty} S_n$의 값은? [3점]

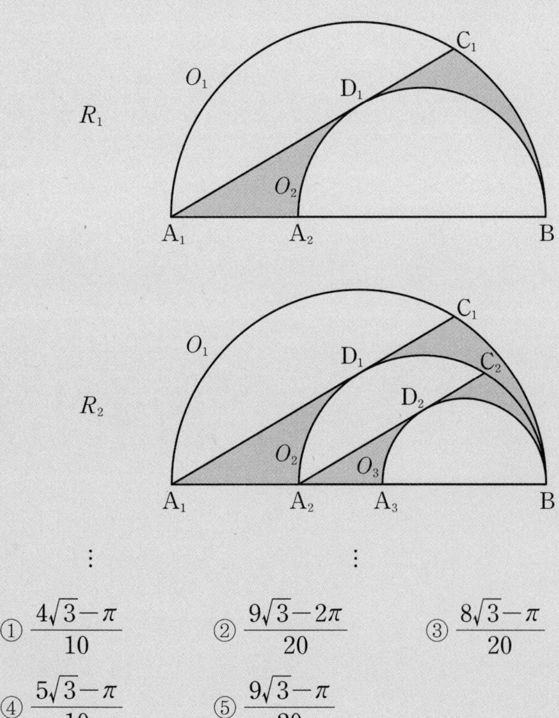

① $\frac{4\sqrt{3}-\pi}{10}$ ② $\frac{9\sqrt{3}-2\pi}{20}$ ③ $\frac{8\sqrt{3}-\pi}{20}$

④ $\frac{5\sqrt{3}-\pi}{10}$ ⑤ $\frac{9\sqrt{3}-\pi}{20}$

178 2022학년도 9월 평가원 27번

그림과 같이 $\overline{AB_1}=1$, $\overline{B_1C_1}=2$인 직사각형 $AB_1C_1D_1$이 있다. $\angle AD_1C_1$을 삼등분하는 두 직선이 선분 B_1C_1과 만나는 점 중 점 B_1에 가까운 점을 E_1, 점 C_1에 가까운 점을 F_1이라 하자. $\overline{E_1F_1}=\overline{F_1G_1}$, $\angle E_1F_1G_1=\frac{\pi}{2}$이고 선분 AD_1과 선분 F_1G_1이 만나도록 점 G_1을 잡아 삼각형 $E_1F_1G_1$을 그린다.
선분 E_1D_1과 선분 F_1G_1이 만나는 점을 H_1이라 할 때, 두 삼각형 $G_1E_1H_1$, $H_1F_1D_1$로 만들어진 ⩘ 모양의 도형에 색칠하여 얻은 그림을 R_1이라 하자.
그림 R_1에 선분 AB_1 위의 점 B_2, 선분 E_1G_1 위의 점 C_2, 선분 AD_1 위의 점 D_2와 점 A를 꼭짓점으로 하고 $\overline{AB_2}:\overline{B_2C_2}=1:2$인 직사각형 $AB_2C_2D_2$를 그린다. 직사각형 $AB_2C_2D_2$에 그림 R_1을 얻은 것과 같은 방법으로 ⩘ 모양의 도형을 그리고 색칠하여 얻은 그림을 R_2라 하자.
이와 같은 과정을 계속하여 n번째 얻은 그림 R_n에 색칠되어 있는 부분의 넓이를 S_n이라 할 때, $\lim_{n\to\infty} S_n$의 값은? [3점]

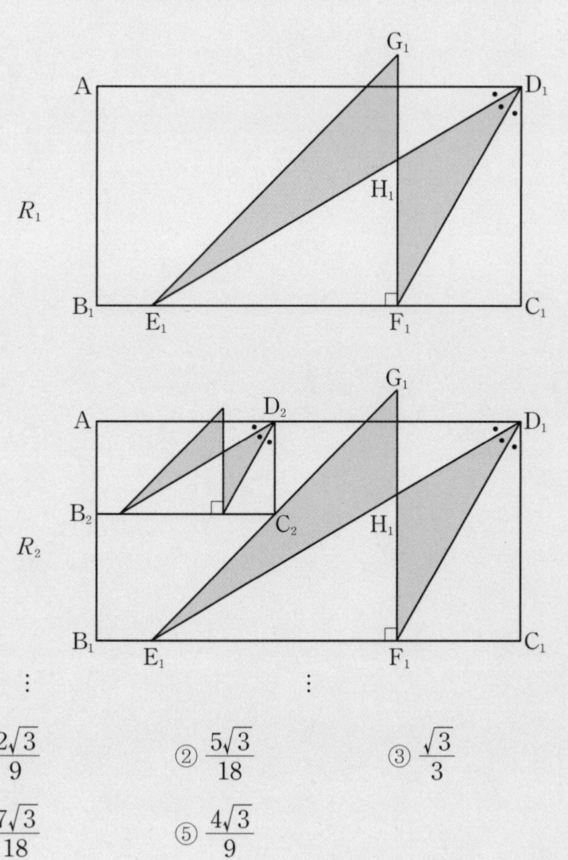

① $\frac{2\sqrt{3}}{9}$ ② $\frac{5\sqrt{3}}{18}$ ③ $\frac{\sqrt{3}}{3}$
④ $\frac{7\sqrt{3}}{18}$ ⑤ $\frac{4\sqrt{3}}{9}$

179 2021년 7월 교육청 26번

그림과 같이 한 변의 길이가 4인 정사각형 $OA_1B_1C_1$의 대각선 OB_1을 $3:1$로 내분하는 점을 D_1이라 하고, 네 선분 A_1B_1, B_1C_1, C_1D_1, D_1A_1로 둘러싸인 ⌝ 모양의 도형에 색칠하여 얻은 그림을 R_1이라 하자.

그림 R_1에서 중심이 O이고 두 직선 A_1D_1, C_1D_1에 동시에 접하는 원과 선분 OB_1이 만나는 점을 B_2라 하자. 선분 OB_2를 대각선으로 하는 정사각형 $OA_2B_2C_2$를 그리고 정사각형 $OA_2B_2C_2$에 그림 R_1을 얻는 것과 같은 방법으로 ⌝ 모양의 도형을 그리고 색칠하여 얻은 그림을 R_2라 하자.

이와 같은 과정을 계속하여 n번째 얻은 그림 R_n에 색칠되어 있는 부분의 넓이를 S_n이라 할 때, $\lim_{n\to\infty} S_n$의 값은? [3점]

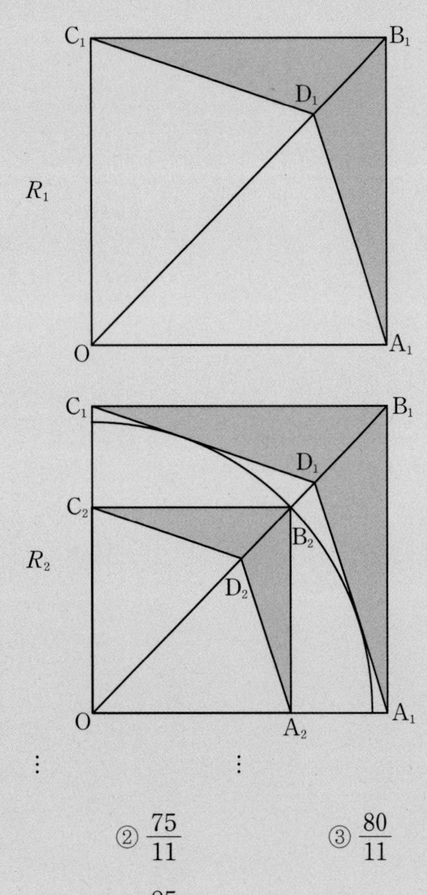

⋮ ⋮

① $\frac{70}{11}$ ② $\frac{75}{11}$ ③ $\frac{80}{11}$

④ $\frac{80}{9}$ ⑤ $\frac{85}{9}$

> 정답과 해설 51쪽

180 2020년 4월 교육청 가형 18번

그림과 같이 두 선분 A_1B_1, C_1D_1이 서로 평행하고 $\overline{A_1B_1}=10$, $\overline{B_1C_1}=\overline{C_1D_1}=\overline{D_1A_1}=6$인 사다리꼴 $A_1B_1C_1D_1$이 있다. 세 선분 B_1C_1, C_1D_1, D_1A_1의 중점을 각각 E_1, F_1, G_1이라 하고 두 개의 삼각형 $C_1F_1E_1$, $D_1G_1F_1$을 색칠하여 얻은 그림을 R_1이라 하자.

그림 R_1에 선분 A_1B_1 위의 두 점 A_2, B_2와 선분 E_1F_1 위의 점 C_2, 선분 F_1G_1 위의 점 D_2를 꼭짓점으로 하고 두 선분 A_2B_2, C_2D_2가 서로 평행하며 $\overline{B_2C_2}=\overline{C_2D_2}=\overline{D_2A_2}$, $\overline{A_2B_2}:\overline{B_2C_2}=5:3$인 사다리꼴 $A_2B_2C_2D_2$를 그린다.

그림 R_1을 얻는 것과 같은 방법으로 사다리꼴 $A_2B_2C_2D_2$에 두 개의 삼각형을 그리고 색칠하여 얻은 그림을 R_2라 하자.

이와 같은 과정을 계속하여 n번째 얻은 그림 R_n에 색칠되어 있는 부분의 넓이를 S_n이라 할 때, $\lim_{n\to\infty} S_n$의 값은? [4점]

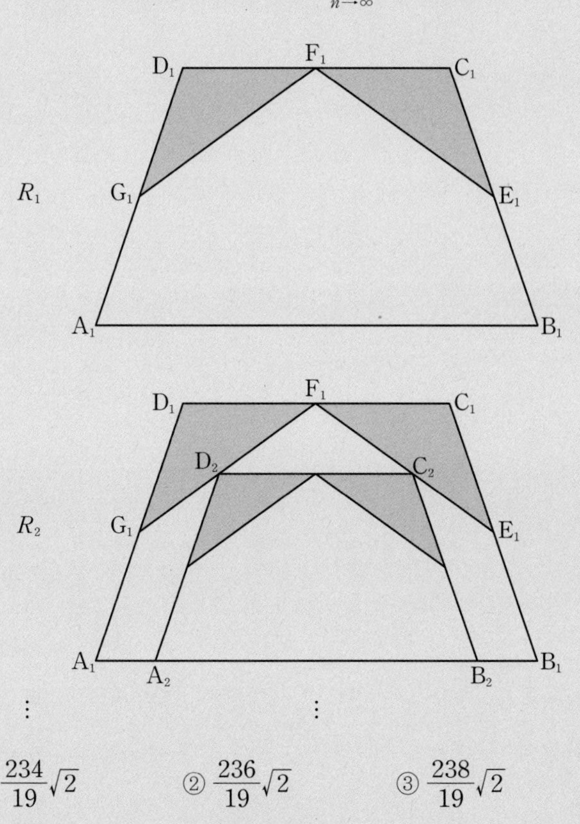

① $\frac{234}{19}\sqrt{2}$ ② $\frac{236}{19}\sqrt{2}$ ③ $\frac{238}{19}\sqrt{2}$

④ $\frac{240}{19}\sqrt{2}$ ⑤ $\frac{242}{19}\sqrt{2}$

181 2020학년도 6월 평가원 나형 17번

그림과 같이 한 변의 길이가 4인 정사각형 $A_1B_1C_1D_1$이 있다. 선분 C_1D_1의 중점을 E_1이라 하고, 직선 A_1B_1 위에 두 점 F_1, G_1을 $\overline{E_1F_1}=\overline{E_1G_1}$, $\overline{E_1F_1}:\overline{F_1G_1}=5:6$이 되도록 잡고 이등변삼각형 $E_1F_1G_1$을 그린다. 선분 D_1A_1과 선분 E_1F_1의 교점을 P_1, 선분 B_1C_1과 선분 G_1E_1의 교점을 Q_1이라 할 때, 네 삼각형 $E_1D_1P_1$, $P_1F_1A_1$, $Q_1B_1G_1$, $E_1Q_1C_1$로 만들어진 모양의 도형에 색칠하여 얻은 그림을 R_1이라 하자.

그림 R_1에 선분 F_1G_1 위의 두 점 A_2, B_2와 선분 G_1E_1 위의 점 C_2, 선분 E_1F_1 위의 점 D_2를 꼭짓점으로 하는 정사각형 $A_2B_2C_2D_2$를 그리고, 그림 R_1을 얻는 것과 같은 방법으로 정사각형 $A_2B_2C_2D_2$에 모양의 도형을 그리고 색칠하여 얻은 그림을 R_2라 하자.

이와 같은 과정을 계속하여 n번째 얻은 그림 R_n에 색칠되어 있는 부분의 넓이를 S_n이라 할 때, $\lim_{n\to\infty} S_n$의 값은? [4점]

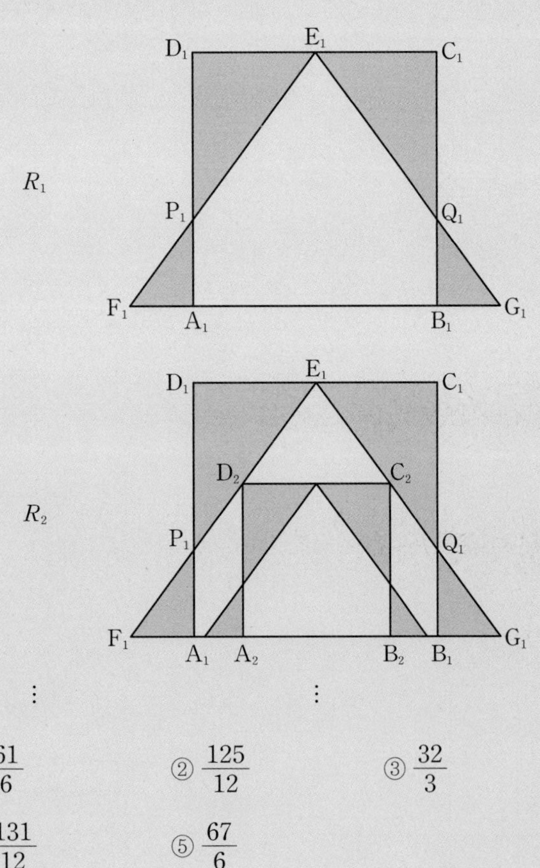

⋮ ⋮

① $\frac{61}{6}$ ② $\frac{125}{12}$ ③ $\frac{32}{3}$

④ $\frac{131}{12}$ ⑤ $\frac{67}{6}$

> 정답과 해설 52쪽

182 2019학년도 수능(홀) 나형 16번

그림과 같이 $\overline{\mathrm{OA_1}}=4$, $\overline{\mathrm{OB_1}}=4\sqrt{3}$인 직각삼각형 $\mathrm{OA_1B_1}$이 있다. 중심이 O이고 반지름의 길이가 $\overline{\mathrm{OA_1}}$인 원이 선분 $\mathrm{OB_1}$과 만나는 점을 $\mathrm{B_2}$라 하자. 삼각형 $\mathrm{OA_1B_1}$의 내부와 부채꼴 $\mathrm{OA_1B_2}$의 내부에서 공통된 부분을 제외한 모양의 도형에 색칠하여 얻은 그림을 R_1이라 하자.

그림 R_1에서 점 $\mathrm{B_2}$를 지나고 선분 $\mathrm{A_1B_1}$에 평행한 직선이 선분 $\mathrm{OA_1}$과 만나는 점을 $\mathrm{A_2}$, 중심이 O이고 반지름의 길이가 $\overline{\mathrm{OA_2}}$인 원이 선분 $\mathrm{OB_2}$와 만나는 점을 $\mathrm{B_3}$이라 하자. 삼각형 $\mathrm{OA_2B_2}$의 내부와 부채꼴 $\mathrm{OA_2B_3}$의 내부에서 공통된 부분을 제외한 모양의 도형에 색칠하여 얻은 그림을 R_2라 하자.

이와 같은 과정을 계속하여 n번째 얻은 그림 R_n에 색칠되어 있는 부분의 넓이를 S_n이라 할 때, $\lim_{n\to\infty} S_n$의 값은? [4점]

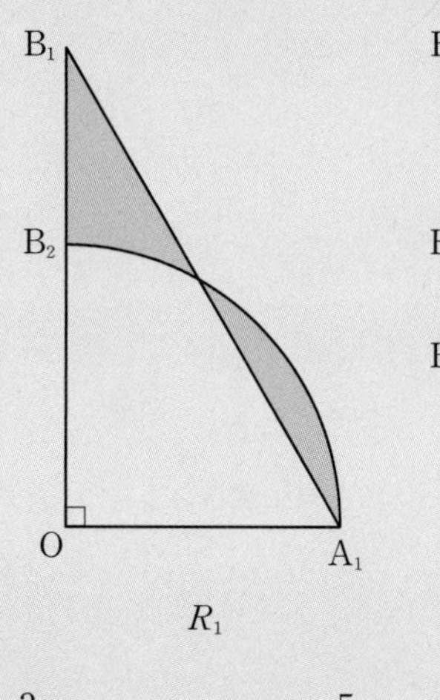

R_1

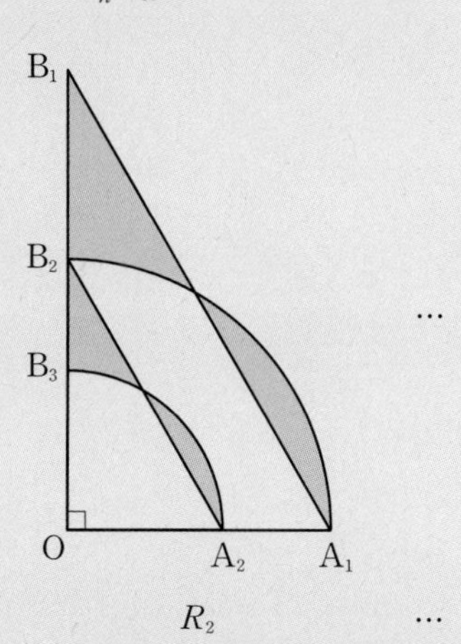

R_2 …

① $\frac{3}{2}\pi$ ② $\frac{5}{3}\pi$ ③ $\frac{11}{6}\pi$

④ 2π ⑤ $\frac{13}{6}\pi$

유형 10 급수의 활용 (3); 도형의 개수가 늘어나는 경우

183 2012학년도 9월 평가원 나형 9번

그림과 같이 두 대각선의 길이가 각각 8, 4인 마름모 내부에 두 대각선의 교점을 중심으로 하고 짧은 대각선의 길이의 $\frac{1}{2}$을 지름으로 하는 원을 그려서 얻은 그림을 R_1이라 하자.
그림 R_1에 있는 마름모에 긴 대각선의 양 끝점으로부터 그 대각선과 원의 두 교점 중 가까운 점까지의 선분을 각각 긴 대각선으로 하고, 마름모의 이웃하는 두 변 위에 짧은 대각선의 양 끝점이 놓이도록 마름모를 2개 그린다.
새로 그려진 각 마름모에서, 두 대각선의 교점을 중심으로 하고 짧은 대각선의 길이의 $\frac{1}{2}$을 지름으로 하는 원을 그려서 얻은 그림을 R_2라 하자.
그림 R_2에 있는 작은 두 마름모에 긴 대각선의 양 끝점으로부터 그 대각선과 원의 두 교점 중 가까운 점까지의 선분을 각각 긴 대각선으로 하고, 마름모의 이웃하는 두 변 위에 짧은 대각선의 양 끝점이 놓이도록 마름모를 4개 그린다.
새로 그려진 각 마름모에서, 두 대각선의 교점을 중심으로 하고 짧은 대각선의 길이의 $\frac{1}{2}$을 지름으로 하는 원을 그려서 얻은 그림을 R_3이라 하자.
이와 같은 방법으로 n번째 얻은 그림 R_n에 있는 모든 원의 넓이의 합을 S_n이라 할 때, $\lim_{n\to\infty} S_n$의 값은? [3점]

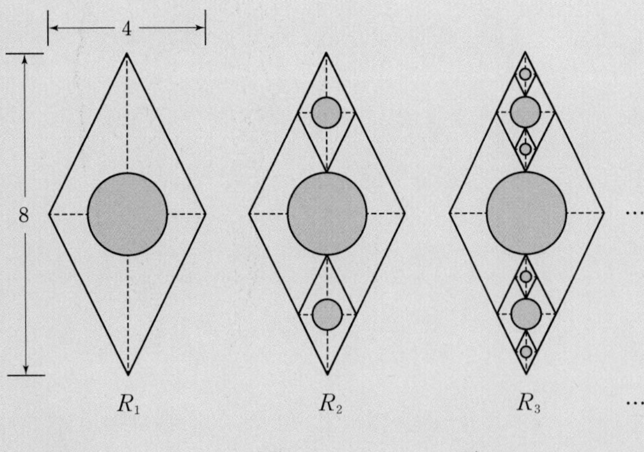

① $\frac{16}{13}\pi$　　② $\frac{32}{25}\pi$　　③ $\frac{4}{3}\pi$

④ $\frac{32}{23}\pi$　　⑤ $\frac{16}{11}\pi$

> 정답과 해설 53쪽

184 2016년 10월 교육청 나형 19번

한 변의 길이가 4인 정사각형 ABCD가 있다. 그림과 같이 선분 BC를 1 : 3으로 내분하는 점을 E, 선분 DA를 1 : 3으로 내분하는 점을 F라 하고 평행사변형 BEDF를 색칠하여 얻은 그림을 R_1이라 하자.

그림 R_1에서 정사각형 안에 있는 각 직각삼각형에 내접하는 가장 큰 정사각형을 각각 그리자. 새로 그려진 각 정사각형에 그림 R_1을 얻은 것과 같은 방법으로 평행사변형을 색칠하여 얻은 그림을 R_2라 하자.

그림 R_2에서 새로 그려진 정사각형 안에 있는 각 직각삼각형에 내접하는 가장 큰 정사각형을 각각 그리자. 새로 그려진 각 정사각형에 그림 R_1을 얻은 것과 같은 방법으로 평행사변형을 색칠하여 얻은 그림을 R_3이라 하자.

이와 같은 과정을 계속하여 n번째 얻은 그림 R_n에 색칠되어 있는 모든 평행사변형의 넓이의 합을 S_n이라 할 때, $\lim_{n\to\infty} S_n$의 값은? [4점]

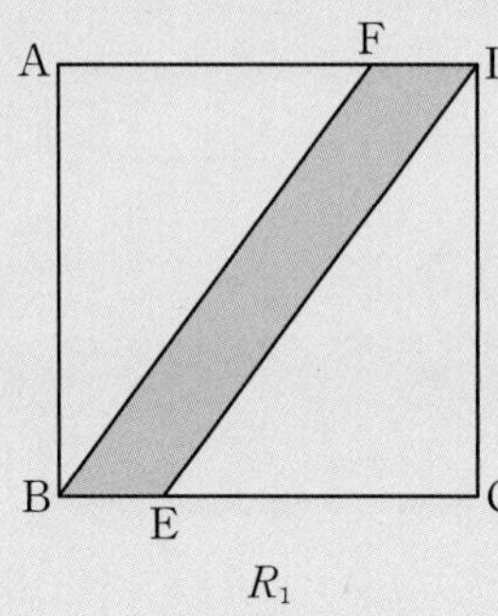

R_1

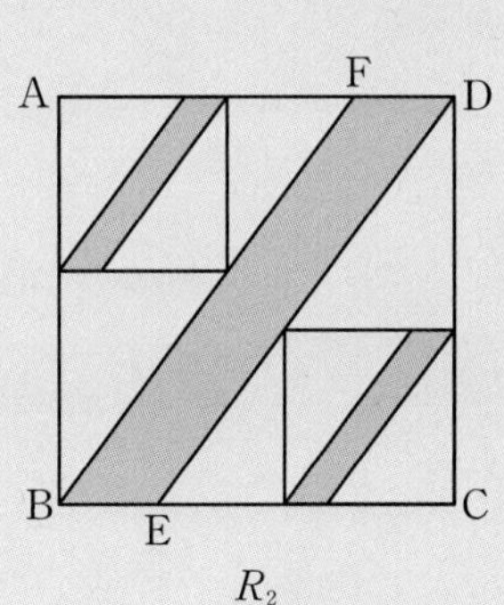

R_2

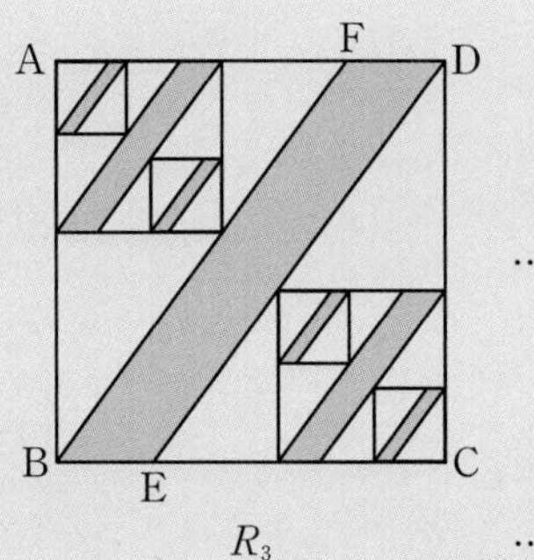

R_3

…

① $\frac{28}{5}$ ② $\frac{98}{17}$ ③ $\frac{196}{33}$

④ $\frac{49}{8}$ ⑤ $\frac{196}{31}$

185 2016학년도 수능(홀) A형 15번 / B형 13번

그림과 같이 한 변의 길이가 5인 정사각형 ABCD의 대각선 BD의 5등분점을 점 B에서 가까운 순서대로 각각 P_1, P_2, P_3, P_4라 하고, 선분 BP_1, P_2P_3, P_4D를 각각 대각선으로 하는 정사각형과 선분 P_1P_2, P_3P_4를 각각 지름으로 하는 원을 그린 후, 모양의 도형에 색칠하여 얻은 그림을 R_1이라 하자.

그림 R_1에서 선분 P_2P_3을 대각선으로 하는 정사각형의 꼭짓점 중 점 A와 가장 가까운 점을 Q_1, 점 C와 가장 가까운 점을 Q_2라 하자. 선분 AQ_1을 대각선으로 하는 정사각형과 선분 CQ_2를 대각선으로 하는 정사각형을 그리고, 새로 그려진 2개의 정사각형 안에 그림 R_1을 얻는 것과 같은 방법으로 모양의 도형을 각각 그리고 색칠하여 얻은 그림을 R_2라 하자.

그림 R_2에서 선분 AQ_1을 대각선으로 하는 정사각형과 선분 CQ_2를 대각선으로 하는 정사각형에 그림 R_1에서 그림 R_2를 얻는 것과 같은 방법으로 모양의 도형을 각각 그리고 색칠하여 얻은 그림을 R_3이라 하자.

이와 같은 과정을 계속하여 n번째 얻은 그림 R_n에 색칠되어 있는 부분의 넓이를 S_n이라 할 때, $\lim_{n\to\infty} S_n$의 값은? [4점]

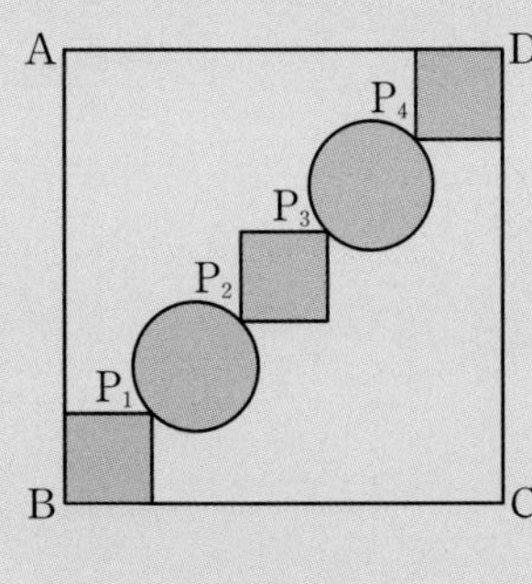

R_1

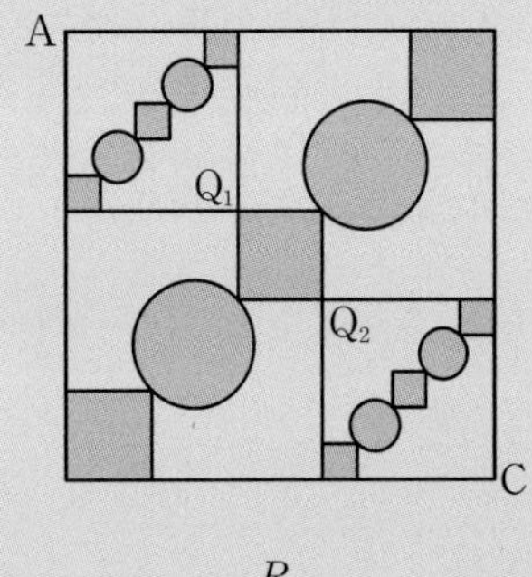

R_2

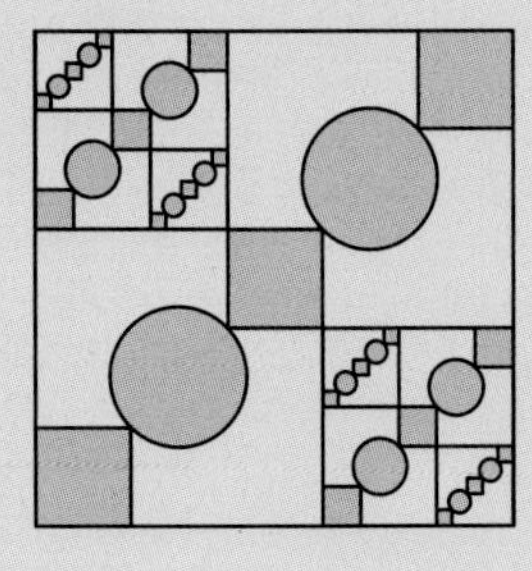
R_3

…

① $\frac{24}{17}(\pi+3)$ ② $\frac{25}{17}(\pi+3)$ ③ $\frac{26}{17}(\pi+3)$

④ $\frac{24}{17}(2\pi+1)$ ⑤ $\frac{25}{17}(2\pi+1)$

> 정답과 해설 54쪽

186 2020학년도 9월 평가원 나형 18번

그림과 같이 중심이 O, 반지름의 길이가 2이고 중심각의 크기가 90°인 부채꼴 OAB가 있다. 선분 OA의 중점을 C, 선분 OB의 중점을 D라 하자. 점 C를 지나고 선분 OB와 평행한 직선이 호 AB와 만나는 점을 E, 점 D를 지나고 선분 OA와 평행한 직선이 호 AB와 만나는 점을 F라 하자. 선분 CE와 선분 DF가 만나는 점을 G, 선분 OE와 선분 DG가 만나는 점을 H, 선분 OF와 선분 CG가 만나는 점을 I라 하자. 사각형 OIGH를 색칠하여 얻은 그림을 R_1이라 하자.

그림 R_1에 중심이 C, 반지름의 길이가 $\overline{CI}$, 중심각의 크기가 90°인 부채꼴 CJI와 중심이 D, 반지름의 길이가 $\overline{DH}$, 중심각의 크기가 90°인 부채꼴 DHK를 그린다. 두 부채꼴 CJI, DHK에 그림 R_1을 얻는 것과 같은 방법으로 두 개의 사각형을 그리고 색칠하여 얻은 그림을 R_2라 하자.

이와 같은 과정을 계속하여 n번째 얻은 그림 R_n에 색칠되어 있는 부분의 넓이를 S_n이라 할 때, $\lim_{n\to\infty} S_n$의 값은? [4점]

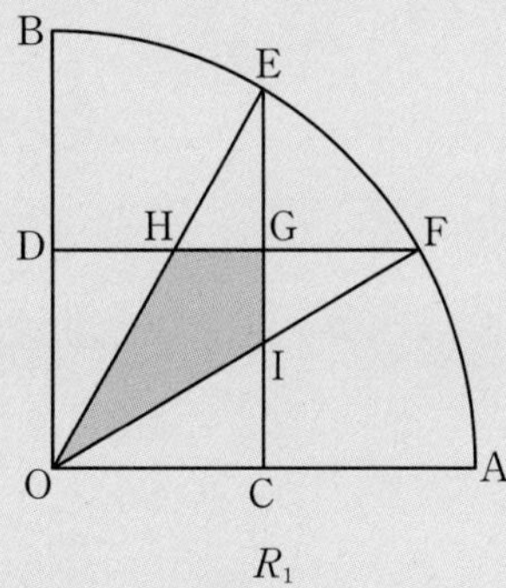

R_1

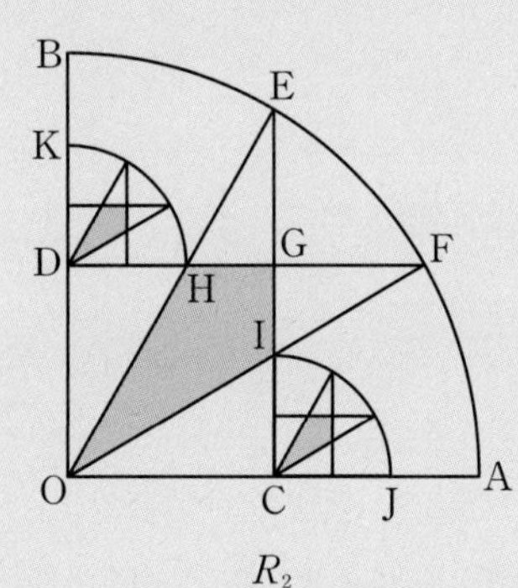

R_2

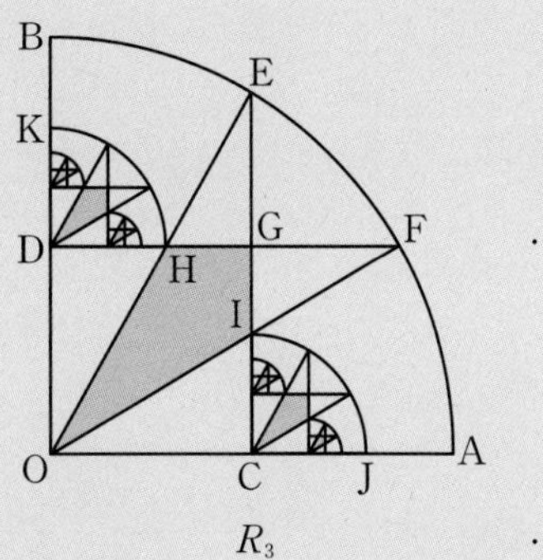

R_3

…

① $\frac{2(3-\sqrt{3})}{5}$ ② $\frac{7(3-\sqrt{3})}{15}$ ③ $\frac{8(3-\sqrt{3})}{15}$

④ $\frac{3(3-\sqrt{3})}{5}$ ⑤ $\frac{2(3-\sqrt{3})}{3}$

02

유형 11 급수의 활용 (4); 사인법칙 또는 코사인법칙을 이용하는 경우

187 2022학년도 6월 평가원 26번

그림과 같이 중심이 O_1, 반지름의 길이가 1이고 중심각의 크기가 $\frac{5\pi}{12}$인 부채꼴 $O_1A_1O_2$가 있다. 호 A_1O_2 위에 점 B_1을 $\angle A_1O_1B_1=\frac{\pi}{4}$가 되도록 잡고, 부채꼴 $O_1A_1B_1$에 색칠하여 얻은 그림을 R_1이라 하자.

그림 R_1에서 점 O_2를 지나고 선분 O_1A_1에 평행한 직선이 직선 O_1B_1과 만나는 점을 A_2라 하자. 중심이 O_2이고 중심각의 크기가 $\frac{5\pi}{12}$인 부채꼴 $O_2A_2O_3$을 부채꼴 $O_1A_1B_1$과 겹치지 않도록 그린다. 호 A_2O_3 위에 점 B_2를 $\angle A_2O_2B_2=\frac{\pi}{4}$가 되도록 잡고, 부채꼴 $O_2A_2B_2$에 색칠하여 얻은 그림을 R_2라 하자.

이와 같은 과정을 계속하여 n번째 얻은 그림 R_n에 색칠되어 있는 부분의 넓이를 S_n이라 할 때, $\lim_{n\to\infty} S_n$의 값은? [3점]

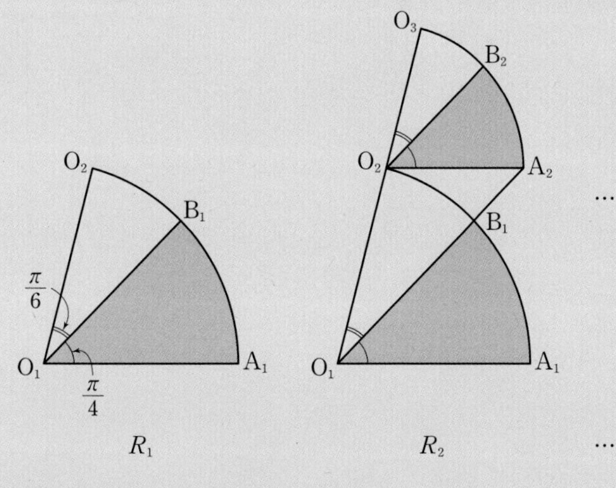

① $\frac{3\pi}{16}$　② $\frac{7\pi}{32}$　③ $\frac{\pi}{4}$　④ $\frac{9\pi}{32}$　⑤ $\frac{5\pi}{16}$

> 정답과 해설 55쪽

188 2020년 7월 교육청 가형 18번

그림과 같이 한 변의 길이가 8인 정삼각형 $A_1B_1C_1$의 세 선분 A_1B_1, B_1C_1, C_1A_1의 중점을 각각 D_1, E_1, F_1이라 하고, 세 선분 A_1D_1, B_1E_1, C_1F_1의 중점을 각각 G_1, H_1, I_1이라 하고, 세 선분 G_1D_1, H_1E_1, I_1F_1의 중점을 각각 A_2, B_2, C_2라 하자. 세 사각형 $A_2C_2F_1G_1$, $B_2A_2D_1H_1$, $C_2B_2E_1I_1$에 모두 색칠하여 얻은 그림을 R_1이라 하자.

그림 R_1에서 삼각형 $A_2B_2C_2$에 그림 R_1을 얻은 것과 같은 방법으로 세 사각형 $A_3C_3F_2G_2$, $B_3A_3D_2H_2$, $C_3B_3E_2I_2$에 모두 색칠하여 얻은 그림을 R_2라 하자.

이와 같은 과정을 계속하여 n번째 얻은 그림 R_n에 색칠되어 있는 부분의 넓이를 S_n이라 할 때, $\lim_{n \to \infty} S_n$의 값은? [4점]

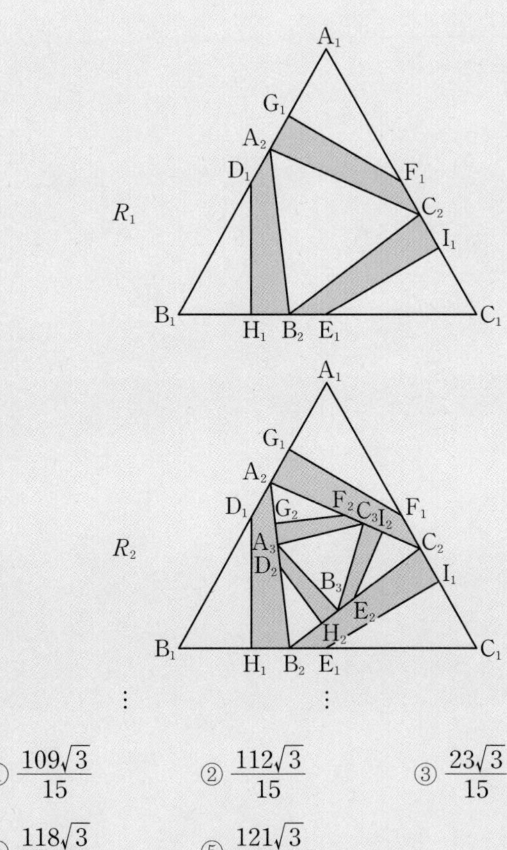

① $\frac{109\sqrt{3}}{15}$ ② $\frac{112\sqrt{3}}{15}$ ③ $\frac{23\sqrt{3}}{15}$

④ $\frac{118\sqrt{3}}{15}$ ⑤ $\frac{121\sqrt{3}}{15}$

유형 12 급수의 활용 (5): 삼각함수의 덧셈정리를 이용하는 경우

189 2023년 7월 교육청 27번

그림과 같이 $\overline{AB_1}=\overline{AC_1}=\sqrt{17}$, $\overline{B_1C_1}=2$인 삼각형 AB_1C_1이 있다. 선분 AB_1 위의 점 B_2, 선분 AC_1 위의 점 C_2, 삼각형 AB_1C_1의 내부의 점 D_1을 $\overline{B_1D_1}=\overline{B_2D_1}=\overline{C_1D_1}=\overline{C_2D_1}$, $\angle B_1D_1B_2=\angle C_1D_1C_2=\frac{\pi}{2}$가 되도록 잡고, 두 삼각형 $B_1D_1B_2$, $C_1D_1C_2$에 색칠하여 얻은 그림을 R_1이라 하자.

그림 R_1에서 선분 AB_2 위의 점 B_3, 선분 AC_2 위의 점 C_3, 삼각형 AB_2C_2의 내부의 점 D_2를 $\overline{B_2D_2}=\overline{B_3D_2}=\overline{C_2D_2}=\overline{C_3D_2}$, $\angle B_2D_2B_3=\angle C_2D_2C_3=\frac{\pi}{2}$가 되도록 잡고, 두 삼각형 $B_2D_2B_3$, $C_2D_2C_3$에 색칠하여 얻은 그림을 R_2라 하자.

이와 같은 과정을 계속하여 n번째 얻은 그림 R_n에 색칠되어 있는 부분의 넓이를 S_n이라 할 때, $\lim_{n\to\infty} S_n$의 값은? [3점]

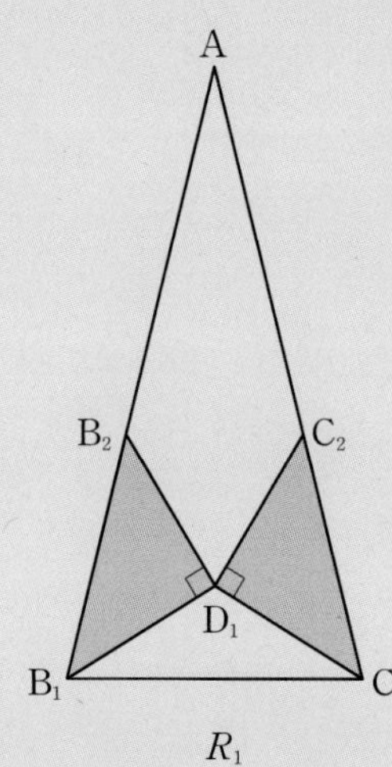

R_1

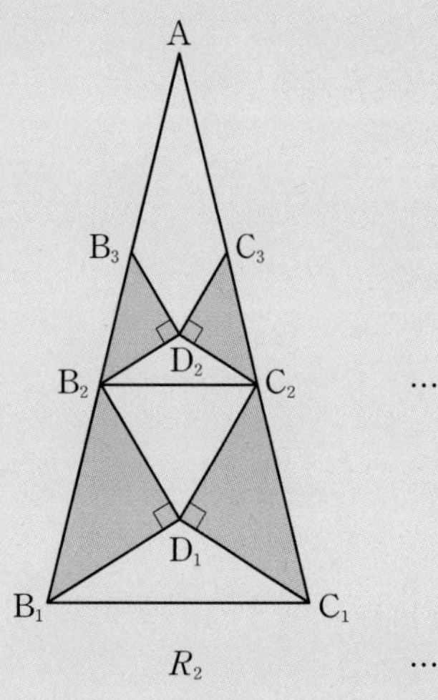

R_2

…

① 2 ② $\frac{33}{16}$ ③ $\frac{17}{8}$ ④ $\frac{35}{16}$ ⑤ $\frac{9}{4}$

> 정답과 해설 56쪽

190 2021학년도 수능(홀) 가형 14번

그림과 같이 $\overline{AB_1}=2$, $\overline{AD_1}=4$인 직사각형 $AB_1C_1D_1$이 있다. 선분 AD_1을 $3:1$로 내분하는 점을 E_1이라 하고, 직사각형 $AB_1C_1D_1$의 내부에 점 F_1을 $\overline{F_1E_1}=\overline{F_1C_1}$, $\angle E_1F_1C_1=\frac{\pi}{2}$가 되도록 잡고 삼각형 $E_1F_1C_1$을 그린다. 사각형 $E_1F_1C_1D_1$을 색칠하여 얻은 그림을 R_1이라 하자.

그림 R_1에서 선분 AB_1 위의 점 B_2, 선분 E_1F_1 위의 점 C_2, 선분 AE_1 위의 점 D_2와 점 A를 꼭짓점으로 하고 $\overline{AB_2}:\overline{AD_2}=1:2$인 직사각형 $AB_2C_2D_2$를 그린다. 그림 R_1을 얻은 것과 같은 방법으로 직사각형 $AB_2C_2D_2$에 삼각형 $E_2F_2C_2$를 그리고 사각형 $E_2F_2C_2D_2$를 색칠하여 얻은 그림을 R_2라 하자.

이와 같은 과정을 계속하여 n번째 얻은 그림 R_n에 색칠되어 있는 부분의 넓이를 S_n이라 할 때, $\lim_{n\to\infty} S_n$의 값은? [4점]

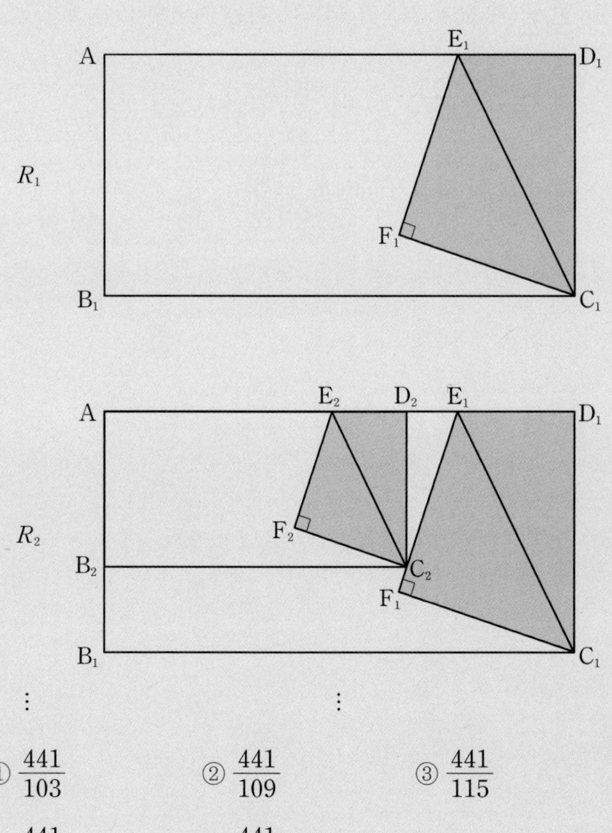

① $\frac{441}{103}$ ② $\frac{441}{109}$ ③ $\frac{441}{115}$

④ $\frac{441}{121}$ ⑤ $\frac{441}{127}$

191 2021년 4월 교육청 30번

함수 $f(x)$를

$$f(x)=\lim_{n\to\infty}\frac{ax^{2n}+bx^{2n-1}+x}{x^{2n}+2}\ (a,\ b\text{는 양의 상수})$$

라 하자. 자연수 m에 대하여 방정식 $f(x)=2(x-1)+m$의 실근의 개수를 c_m이라 할 때, $c_k=5$인 자연수 k가 존재한다. $k+\sum_{m=1}^{\infty}(c_m-1)$의 값을 구하시오. [4점]

192 2024년 5월 교육청 30번

수열 $\{a_n\}$은 공비가 0이 아닌 등비수열이고, 수열 $\{b_n\}$을 모든 자연수 n에 대하여

$$b_n=\begin{cases} a_n & (|a_n|<\alpha) \\ -\dfrac{5}{a_n} & (|a_n|\ge\alpha) \end{cases}\ (\alpha\text{는 양의 상수})$$

라 할 때, 두 수열 $\{a_n\}$, $\{b_n\}$과 자연수 p가 다음 조건을 만족시킨다.

(가) $\sum_{n=1}^{\infty}a_n=4$

(나) $\sum_{n=1}^{m}\frac{a_n}{b_n}$의 값이 최소가 되도록 하는 자연수 m은 p이고, $\sum_{n=1}^{p}b_n=51$, $\sum_{n=p+1}^{\infty}b_n=\frac{1}{64}$이다.

$32\times(a_3+p)$의 값을 구하시오. [4점]

> 정답과 해설 57쪽

193 2024학년도 수능(홀) 29번

첫째항과 공비가 각각 0이 아닌 두 등비수열 $\{a_n\}$, $\{b_n\}$에 대하여 두 급수 $\sum_{n=1}^{\infty} a_n$, $\sum_{n=1}^{\infty} b_n$이 각각 수렴하고

$$\sum_{n=1}^{\infty} a_n b_n = \left(\sum_{n=1}^{\infty} a_n\right) \times \left(\sum_{n=1}^{\infty} b_n\right),$$

$$3 \times \sum_{n=1}^{\infty} |a_{2n}| = 7 \times \sum_{n=1}^{\infty} |a_{3n}|$$

이 성립한다. $\sum_{n=1}^{\infty} \frac{b_{2n-1}+b_{3n+1}}{b_n} = S$일 때, $120S$의 값을 구하시오. [4점]

194 2024년 7월 교육청 29번

첫째항이 1이고 공비가 0이 아닌 등비수열 $\{a_n\}$에 대하여 급수 $\sum_{n=1}^{\infty} a_n$이 수렴하고

$$\sum_{n=1}^{\infty} (20a_{2n} + 21|a_{3n-1}|) = 0$$

이다. 첫째항이 0이 아닌 등비수열 $\{b_n\}$에 대하여 급수 $\sum_{n=1}^{\infty} \frac{3|a_n|+b_n}{a_n}$이 수렴할 때, $b_1 \times \sum_{n=1}^{\infty} b_n$의 값을 구하시오. [4점]

03

지수함수와 로그함수의 미분

개념 카드

실전 개념 1 지수함수의 극한

지수함수 $y=a^x$ $(a>0,\ a\neq1)$에서

(1) $a>1$일 때, $\lim_{x\to\infty} a^x=\infty$, $\lim_{x\to-\infty} a^x=0$

(2) $0<a<1$일 때, $\lim_{x\to\infty} a^x=0$, $\lim_{x\to-\infty} a^x=\infty$

실전 개념 2 로그함수의 극한

로그함수 $y=\log_a x$ $(a>0,\ a\neq1)$에서

(1) $a>1$일 때, $\lim_{x\to0+} \log_a x=-\infty$, $\lim_{x\to\infty} \log_a x=\infty$

(2) $0<a<1$일 때, $\lim_{x\to0+} \log_a x=\infty$, $\lim_{x\to\infty} \log_a x=-\infty$

실전 개념 3 e의 정의를 이용한 지수함수와 로그함수의 극한

> 유형 01 ~ 06, 08, 09

(1) 무리수 e의 정의

$$e=\lim_{x\to0}(1+x)^{\frac{1}{x}}=\lim_{x\to\infty}\left(1+\frac{1}{x}\right)^x$$

(2) 자연로그

무리수 e를 밑으로 하는 로그 $\log_e x$를 자연로그라 하고, 간단히 $\ln x$와 같이 나타낸다.

(3) e의 정의를 이용한 지수함수와 로그함수의 극한

① $\lim_{x\to0}\frac{\ln(1+x)}{x}=1$　　② $\lim_{x\to0}\frac{e^x-1}{x}=1$

③ $\lim_{x\to0}\frac{\log_a(1+x)}{x}=\frac{1}{\ln a}$　　④ $\lim_{x\to0}\frac{a^x-1}{x}=\ln a$

실전 개념 4 지수함수와 로그함수의 도함수

> 유형 07, 08

(1) $y=e^x$이면 $y'=e^x$

(2) $y=a^x$ $(a>0,\ a\neq1)$이면 $y'=a^x\ln a$

(3) $y=\ln x$이면 $y'=\frac{1}{x}$

(4) $y=\log_a x$ $(a>0,\ a\neq1)$이면 $y'=\frac{1}{x\ln a}$

참고 **합성함수의 미분법**

미분가능한 두 함수 $y=f(u)$, $u=g(x)$에 대하여 합성함수 $y=f(g(x))$는 미분가능하며 그 도함수는

$y'=f'(g(x))g'(x)$

예 ① $y=e^{3x} \longrightarrow y'=e^{3x}\times3=3e^{3x}$

② $y=\ln x^2 \longrightarrow y'=\frac{1}{x^2}\times2x=\frac{2}{x}$

기본 다지고,

195 2015학년도 9월 평가원 B형 2번

$\lim_{x\to0}(1+x)^{\frac{5}{x}}$의 값은? [2점]

① $\frac{1}{e^5}$ ② $\frac{1}{e^3}$ ③ 1
④ e^3 ⑤ e^5

196 2018년 3월 교육청 가형 3번

$\lim_{x\to0}(1+2x)^{\frac{1}{x}}$의 값은? [2점]

① $\frac{1}{e^2}$ ② $\frac{1}{2e}$ ③ $\frac{1}{e}$
④ $2e$ ⑤ e^2

197 2012학년도 6월 평가원 가형 2번

$\lim_{x\to0}(1+3x)^{\frac{1}{6x}}$의 값은? [2점]

① $\frac{1}{e^2}$ ② $\frac{1}{e}$ ③ $\sqrt{e}$
④ e ⑤ e^2

198 2017학년도 6월 평가원 가형 4번

$\lim_{x\to0}\frac{e^{5x}-1}{3x}$의 값은? [3점]

① $\frac{4}{3}$ ② $\frac{5}{3}$ ③ 2
④ $\frac{7}{3}$ ⑤ $\frac{8}{3}$

199 2024학년도 9월 평가원 23번

$\lim_{x\to0}\frac{e^{7x}-1}{e^{2x}-1}$의 값은? [2점]

① $\frac{1}{2}$ ② $\frac{3}{2}$ ③ $\frac{5}{2}$
④ $\frac{7}{2}$ ⑤ $\frac{9}{2}$

200 2014학년도 6월 평가원 B형 23번

$\lim_{x\to0}\frac{e^{2x}+10x-1}{x}$의 값을 구하시오. [3점]

> 정답과 해설 61쪽

201 2023학년도 9월 평가원 23번

$\lim_{x \to 0} \frac{4^x - 2^x}{x}$의 값은? [2점]

① $\ln 2$　② 1　③ $2\ln 2$　④ 2　⑤ $3\ln 2$

202 2019학년도 6월 평가원 가형 2번

$\lim_{x \to 0} \frac{\ln(1+12x)}{3x}$의 값은? [2점]

① 1　② 2　③ 3　④ 4　⑤ 5

203 2024학년도 수능(홀) 23번

$\lim_{x \to 0} \frac{\ln(1+3x)}{\ln(1+5x)}$의 값은? [2점]

① $\frac{1}{5}$　② $\frac{2}{5}$　③ $\frac{3}{5}$　④ $\frac{4}{5}$　⑤ 1

204 2019학년도 수능(홀) 가형 2번

$\lim_{x \to 0} \frac{x^2+5x}{\ln(1+3x)}$의 값은? [2점]

① $\frac{7}{3}$　② 2　③ $\frac{5}{3}$　④ $\frac{4}{3}$　⑤ 1

205 2018년 11월 교육청 가형 2번 (고2)

함수 $f(x)=e^x+x$에 대하여 $f'(0)$의 값은? [2점]

① 1　② 2　③ 3　④ 4　⑤ 5

206 2020학년도 6월 평가원 가형 2번

함수 $f(x)=7+3\ln x$에 대하여 $f'(3)$의 값은? [2점]

① 1　② 2　③ 3　④ 4　⑤ 5

STEP B 유형 & 유사로 익히면…

유형 01 무리수 e의 정의

207 2009학년도 6월 평가원 가형 27번

함수 $f(x)=\left(\frac{x}{x-1}\right)^{x}(x>1)$에 대하여 **보기**에서 옳은 것만을 있는대로 고른 것은? [3점]

보기
ㄱ. $\lim_{x\to\infty} f(x)=e$
ㄴ. $\lim_{x\to\infty} f(x)f(x+1)=e^{2}$
ㄷ. $k\geq 2$일 때, $\lim_{x\to\infty} f(kx)=e^{k}$이다.

① ㄱ　② ㄷ　③ ㄱ, ㄴ
④ ㄴ, ㄷ　⑤ ㄱ, ㄴ, ㄷ

→ **208** 2011년 4월 교육청 가형 3번

$\lim_{x\to\infty}\left(1+\frac{1}{x}\right)^{-2x}$의 값은? [2점]

① $\frac{1}{e^{2}}$　② $\frac{1}{e}$　③ 1
④ e　⑤ e^{2}

유형 02 밑이 e인 지수함수와 로그함수의 그래프

209 2019년 3월 교육청 가형 5번

함수 $y=\ln(x-a)+b$의 그래프는 점 $(2, 5)$를 지나고, 직선 $x=1$을 점근선으로 갖는다. $a+b$의 값은?

(단, a, b는 상수이다.) [3점]

① 3　② 4　③ 5
④ 6　⑤ 7

→ **210** 2016년 3월 교육청 가형 6번

자연수 n에 대하여 함수 $y=e^{-x}-\frac{n-1}{e}$의 그래프와 함수 $y=|\ln x|$의 그래프가 만나는 점의 개수를 $f(n)$이라 할 때, $f(1)+f(2)$의 값은? [3점]

① 1　② 2　③ 3
④ 4　⑤ 5

유형 03 로그함수의 극한

211 2019년 3월 교육청 가형 7번

함수 $f(x)=\ln(ax+b)$에 대하여 $\lim_{x\to 0}\frac{f(x)}{x}=2$일 때, $f(2)$의 값은? (단, a, b는 상수이다.) [3점]

① $\ln 3$　② $2\ln 2$　③ $\ln 5$　④ $\ln 6$　⑤ $\ln 7$

212 2022년 4월 교육청 25번

$\lim_{x\to 0+}\frac{\ln(2x^2+3x)-\ln 3x}{x}$의 값은? [3점]

① $\frac{1}{3}$　② $\frac{1}{2}$　③ $\frac{2}{3}$　④ $\frac{5}{6}$　⑤ 1

213 2023학년도 수능(홀) 23번

$\lim_{x\to 0}\frac{\ln(x+1)}{\sqrt{x+4}-2}$의 값은? [2점]

① 1　② 2　③ 3　④ 4　⑤ 5

214 2022년 10월 교육청 24번

미분가능한 함수 $f(x)$에 대하여

$$\lim_{x\to 0}\frac{f(x)-f(0)}{\ln(1+3x)}=2$$

일 때, $f'(0)$의 값은? [3점]

① 4　② 5　③ 6　④ 7　⑤ 8

215 2018학년도 사관학교 가형 9번

함수 $f(x)$가 $\lim_{x\to\infty}\left\{f(x)\ln\left(1+\frac{1}{2x}\right)\right\}=4$를 만족시킬 때,

$\lim_{x\to\infty}\frac{f(x)}{x-3}$의 값은? [3점]

① 6 ② 8 ③ 10
④ 12 ⑤ 14

216 2011학년도 6월 평가원 가형 29번

세 양수 a, b, c에 대하여

$$\lim_{x\to\infty}x^a\ln\left(b+\frac{c}{x^2}\right)=2$$

일 때, $a+b+c$의 값은? [4점]

① 5 ② 6 ③ 7
④ 8 ⑤ 9

217 2013년 10월 교육청 B형 9번

연속함수 $f(x)$에 대하여

$$\lim_{x\to0}\frac{\ln\{1+f(2x)\}}{x}=10$$

일 때, $\lim_{x\to0}\frac{f(x)}{x}$의 값은? [3점]

① 1 ② 2 ③ 3
④ 4 ⑤ 5

218 2016학년도 사관학교 B형 26번

이차함수 $f(x)$가

$$f(1)=2,\ f'(1)=\lim_{x\to0}\frac{\ln f(x)}{x}+\frac{1}{2}$$

을 만족시킬 때, $f(8)$의 값을 구하시오. [4점]

> 정답과 해설 63쪽

유형 04 지수함수의 극한 (1)

219 2018학년도 수능(홀) 가형 2번

$\lim_{x\to 0}\frac{\ln(1+5x)}{e^{2x}-1}$의 값은? [2점]

① 1 ② $\frac{3}{2}$ ③ 2 ④ $\frac{5}{2}$ ⑤ 3

220 2017학년도 수능(홀) 가형 2번

$\lim_{x\to 0}\frac{e^{6x}-1}{\ln(1+3x)}$의 값은? [2점]

① 1 ② 2 ③ 3 ④ 4 ⑤ 5

221 2020학년도 수능(홀) 가형 2번

$\lim_{x\to 0}\frac{6x}{e^{4x}-e^{2x}}$의 값은? [2점]

① 1 ② 2 ③ 3 ④ 4 ⑤ 5

222 2020학년도 6월 평가원 가형 3번

$\lim_{x\to 0}\frac{e^{2x}+e^{3x}-2}{2x}$의 값은? [2점]

① $\frac{1}{2}$ ② 1 ③ $\frac{3}{2}$ ④ 2 ⑤ $\frac{5}{2}$

223 2013년 3월 교육청 B형 3번

$\lim_{x\to 0}\frac{1-e^{-x}}{x}$의 값은? [2점]

① $-e$ ② -1 ③ 0 ④ 1 ⑤ e

224 2013학년도 6월 평가원 가형 8번

함수 $f(x)$가 $x>-1$인 모든 실수 x에 대하여 부등식

$$\ln(1+x)\le f(x)\le \frac{1}{2}(e^{2x}-1)$$

을 만족시킬 때, $\lim_{x\to 0}\frac{f(3x)}{x}$의 값은? [3점]

① 1 ② e ③ 3 ④ 4 ⑤ $2e$

유형 05 지수함수의 극한 [2]

225 2024학년도 6월 평가원 25번

$\lim_{x\to 0}\frac{2^{ax+b}-8}{2^{bx}-1}=16$일 때, $a+b$의 값은?

(단, a와 b는 0이 아닌 상수이다.) [3점]

① 9 ② 10 ③ 11 ④ 12 ⑤ 13

226 2009년 7월 교육청 26번

$\lim_{x\to 0}\frac{a^x+b}{\ln(x+1)}=\ln 3$ $(a>0,\ a\neq 1)$을 만족하는 상수 a, b에 대하여 $a-b$의 값은? [3점]

① 1 ② 2 ③ 3 ④ 4 ⑤ 5

227 2008학년도 6월 평가원 가형 26번

양수 a가 $\lim_{x\to 0}\frac{(a+12)^x-a^x}{x}=\ln 3$을 만족시킬 때, a의 값은? [3점]

① 2 ② 3 ③ 4 ④ 5 ⑤ 6

228 2010학년도 6월 평가원 가형 29번

함수 $f(x)$에 대하여 옳은 것만을 **보기**에서 있는 대로 고른 것은? [4점]

보기

ㄱ. $f(x)=x^2$이면 $\lim_{x\to 0}\frac{e^{f(x)}-1}{x}=0$이다.

ㄴ. $\lim_{x\to 0}\frac{e^x-1}{f(x)}=1$이면 $\lim_{x\to 0}\frac{3^x-1}{f(x)}=\ln 3$이다.

ㄷ. $\lim_{x\to 0}f(x)=0$이면 $\lim_{x\to 0}\frac{e^{f(x)}-1}{x}$이 존재한다.

① ㄱ ② ㄷ ③ ㄱ, ㄴ ④ ㄴ, ㄷ ⑤ ㄱ, ㄴ, ㄷ

> 정답과 해설 66쪽

유형 06 지수함수와 로그함수의 연속

229 2012학년도 9월 평가원 가형 9번

함수 $f(x)$가

$$f(x)=\begin{cases} \dfrac{e^{3x}-1}{x(e^x+1)} & (x\neq0) \\ a & (x=0) \end{cases}$$

이다. $f(x)$가 $x=0$에서 연속일 때, 상수 a의 값은? [3점]

① 1 ② $\frac{3}{2}$ ③ 2 ④ $\frac{5}{2}$ ⑤ 3

230 2012년 11월 교육청 B형 22번 (고2)

함수 $f(x)=\begin{cases} \dfrac{e^{2x-2}-1}{x-1} & (x\neq1) \\ a & (x=1) \end{cases}$가 $x=1$에서 연속일 때, 상수 a의 값을 구하시오. [3점]

231 2017년 7월 교육청 가형 6번

함수 $f(x)=\begin{cases} \dfrac{e^{ax}-1}{3x} & (x<0) \\ x^2+3x+2 & (x\geq0) \end{cases}$이 실수 전체의 집합에서 연속일 때, 상수 a의 값은? (단, $a\neq0$) [3점]

① 6 ② 7 ③ 8 ④ 9 ⑤ 10

232 2019학년도 사관학교 가형 23번

함수

$$f(x)=\begin{cases} -14x+a & (x\leq1) \\ \dfrac{5\ln x}{x-1} & (x>1) \end{cases}$$

이 실수 전체의 집합에서 연속일 때, 상수 a의 값을 구하시오. [3점]

233 2016학년도 6월 평가원 B형 16번

두 함수

$$f(x)=\begin{cases} ax & (x<1) \\ -3x+4 & (x\ge1) \end{cases},\ g(x)=2^x+2^{-x}$$

에 대하여 합성함수 $(g\circ f)(x)$가 실수 전체의 집합에서 연속이 되도록 하는 모든 실수 a의 값의 곱은? [4점]

① -5 ② -4 ③ -3
④ -2 ⑤ -1

234 2014학년도 수능(홀) B형 12번

이차항의 계수가 1인 이차함수 $f(x)$와 함수

$$g(x)=\begin{cases} \dfrac{1}{\ln(x+1)} & (x\neq0) \\ 8 & (x=0) \end{cases}$$

에 대하여 함수 $f(x)g(x)$가 구간 $(-1,\ \infty)$에서 연속일 때, $f(3)$의 값은? [3점]

① 6 ② 9 ③ 12
④ 15 ⑤ 18

유형 07 지수함수와 로그함수의 도함수

235 2020학년도 수능(홀) 가형 22번

함수 $f(x)=x^3\ln x$에 대하여 $\dfrac{f'(e)}{e^2}$의 값을 구하시오. [3점]

236 2018학년도 수능(홀) 가형 23번

함수 $f(x)=\ln(x^2+1)$에 대하여 $f'(1)$의 값을 구하시오. [3점]

> 정답과 해설 67쪽

237 2018년 7월 교육청 가형 5번

함수 $f(x)=x\ln x$에 대하여 $\lim_{h\to 0}\frac{f(1+h)-f(1)}{h}$의 값은? [3점]

① 1 ② 2 ③ 3 ④ 4 ⑤ 5

238 2012년 10월 교육청 가형 4번

함수 $f(x)=x^2+x\ln x$에 대하여 $\lim_{h\to 0}\frac{f(1+2h)-f(1-h)}{h}$의 값은? [3점]

① 6 ② 7 ③ 8 ④ 9 ⑤ 10

239 2015학년도 6월 평가원 B형 4번

함수 $f(x)=e^{3x}+10x$에 대하여 $f'(0)$의 값은? [3점]

① 17 ② 16 ③ 15 ④ 14 ⑤ 13

240 2018학년도 6월 평가원 가형 3번

함수 $f(x)=e^{3x-2}$에 대하여 $f'(1)$의 값은? [2점]

① e ② $2e$ ③ $3e$ ④ $4e$ ⑤ $5e$

241 2017학년도 6월 평가원 가형 5번

함수 $f(x)=(2x+7)e^x$에 대하여 $f'(0)$의 값은? [3점]

① 6 ② 7 ③ 8 ④ 9 ⑤ 10

242 2022년 4월 교육청 23번

함수 $f(x)=(x+a)e^x$에 대하여 $f'(2)=8e^2$일 때, 상수 a의 값은? [2점]

① 1 ② 2 ③ 3 ④ 4 ⑤ 5

243 2017학년도 9월 평가원 가형 11번

함수 $f(x)=\log_3 x$에 대하여 $\lim_{h\to 0}\frac{f(3+h)-f(3-h)}{h}$의 값은? [3점]

① $\frac{1}{2\ln 3}$　② $\frac{2}{3\ln 3}$　③ $\frac{5}{6\ln 3}$

④ $\frac{1}{\ln 3}$　⑤ $\frac{7}{6\ln 3}$

→ **244** 2021년 4월 교육청 24번

함수 $f(x)=\log_3 6x$에 대하여 $f'(9)$의 값은? [3점]

① $\frac{1}{9\ln 3}$　② $\frac{1}{6\ln 3}$　③ $\frac{2}{9\ln 3}$

④ $\frac{5}{18\ln 3}$　⑤ $\frac{1}{3\ln 3}$

245 2015년 7월 교육청 B형 5번

곡선 $y=2^{2x-3}+1$ 위의 점 $\left(1, \frac{3}{2}\right)$에서의 접선의 기울기는? [3점]

① $\frac{1}{2}\ln 2$　② $\ln 2$　③ $\frac{3}{2}\ln 2$

④ $2\ln 2$　⑤ $\frac{5}{2}\ln 2$

→ **246** 2023년 4월 교육청 26번

두 함수 $f(x)=a^x$, $g(x)=2\log_b x$에 대하여

$$\lim_{x\to e}\frac{f(x)-g(x)}{x-e}=0$$

일 때, $a\times b$의 값은? (단, a와 b는 1보다 큰 상수이다.) [3점]

① $e^{\frac{1}{e}}$　② $e^{\frac{2}{e}}$　③ $e^{\frac{3}{e}}$

④ $e^{\frac{4}{e}}$　⑤ $e^{\frac{5}{e}}$

유형 08 지수함수와 로그함수의 미분가능성

247 2017년 10월 교육청 가형 25번

함수

$$f(x)=\begin{cases} x+1 & (x<0) \\ e^{ax+b} & (x\geq 0) \end{cases}$$

은 $x=0$에서 미분가능하다. $f(10)=e^k$일 때, 상수 k의 값을 구하시오. (단, a와 b는 상수이다.) [3점]

248 2016년 4월 교육청 가형 16번

함수 $f(x)=xe^{-2x+1}$에 대하여 함수

$$g(x)=\begin{cases} f(x)-a & (x>b) \\ 0 & (x\leq b) \end{cases}$$

가 실수 전체에서 미분가능할 때, 두 상수 a, b의 곱 ab의 값은? [4점]

① $\frac{1}{10}$　② $\frac{1}{8}$　③ $\frac{1}{6}$
④ $\frac{1}{4}$　⑤ $\frac{1}{2}$

249 2017학년도 사관학교 가형 20번

지수함수 $f(x)=a^x$ $(0<a<1)$의 그래프가 직선 $y=x$와 만나는 점의 x좌표를 b라 하자. 함수

$$g(x)=\begin{cases} f(x) & (x\leq b) \\ f^{-1}(x) & (x>b) \end{cases}$$

가 실수 전체의 집합에서 미분가능할 때, ab의 값은? [4점]

① e^{-e-1}　② $e^{-e-\frac{1}{e}}$　③ $e^{-e+\frac{1}{e}}$
④ e^{e-1}　⑤ e^{e+1}

250 2019년 10월 교육청 가형 17번

실수 전체의 집합에서 미분가능한 함수 $f(x)$가 다음 조건을 만족시킨다.

> (가) $x>0$일 때, $f(x)=axe^{2x}+bx^2$
> (나) $x_1<x_2<0$인 임의의 두 실수 x_1, x_2에 대하여
> $f(x_2)-f(x_1)=3x_2-3x_1$

$f\left(\frac{1}{2}\right)=2e$일 때, $f'\left(\frac{1}{2}\right)$의 값은? (단, a, b는 상수이다.) [4점]

① $2e$　② $4e$　③ $6e$
④ $8e$　⑤ $10e$

유형 09 지수함수와 로그함수의 극한의 활용

251 2017년 3월 교육청 가형 13번

좌표평면 위의 한 점 $\mathrm{P}(t,\ 0)$을 지나는 직선 $x=t$와 두 곡선 $y=\ln x$, $y=-\ln x$가 만나는 점을 각각 A, B라 하자. 삼각형 AQB의 넓이가 1이 되도록 하는 x축 위의 점을 Q라 할 때, 선분 PQ의 길이를 $f(t)$라 하자. $\lim\limits_{t \to 1+}(t-1)f(t)$의 값은? (단, 점 Q의 x좌표는 t보다 작다.) [3점]

① $\frac{1}{2}$　② 1　③ $\frac{3}{2}$　④ 2　⑤ $\frac{5}{2}$

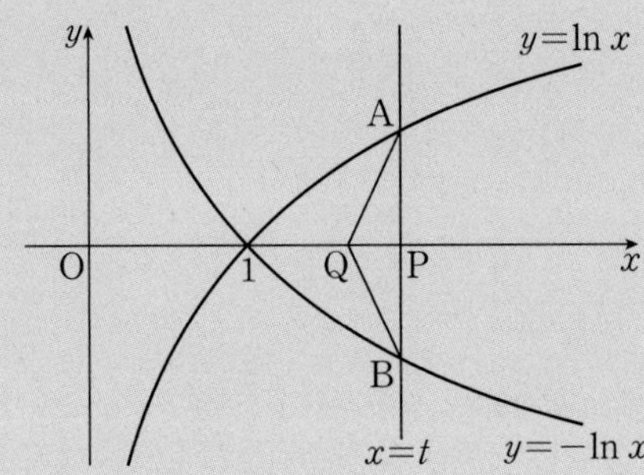

252 2025학년도 6월 평가원 26번

양수 t에 대하여 곡선 $y=e^{x^2}-1\,(x \geq 0)$이 두 직선 $y=t$, $y=5t$와 만나는 점을 각각 A, B라 하고, 점 B에서 x축에 내린 수선의 발을 C라 하자. 삼각형 ABC의 넓이를 $S(t)$라 할 때, $\lim\limits_{t \to 0+}\frac{S(t)}{t\sqrt{t}}$의 값은? [3점]

① $\frac{5}{4}(\sqrt{5}-1)$　② $\frac{5}{2}(\sqrt{5}-1)$　③ $5(\sqrt{5}-1)$　④ $\frac{5}{4}(\sqrt{5}+1)$　⑤ $\frac{5}{2}(\sqrt{5}+1)$

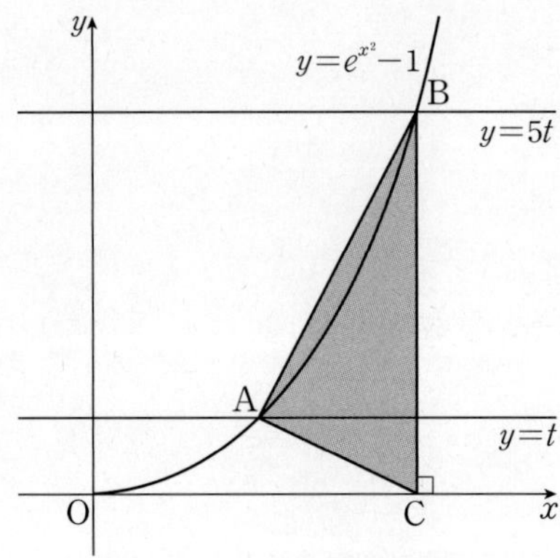

정답과 해설 70쪽

253 2021년 4월 교육청 26번

좌표평면에서 양의 실수 t에 대하여 직선 $x=t$가 두 곡선 $y=e^{2x+k}$, $y=e^{-3x+k}$과 만나는 점을 각각 P, Q라 할 때, $\overline{PQ}=t$를 만족시키는 실수 k의 값을 $f(t)$라 하자. 함수 $f(t)$에 대하여 $\lim_{t \to 0+} e^{f(t)}$의 값은? [3점]

① $\frac{1}{6}$ ② $\frac{1}{5}$ ③ $\frac{1}{4}$
④ $\frac{1}{3}$ ⑤ $\frac{1}{2}$

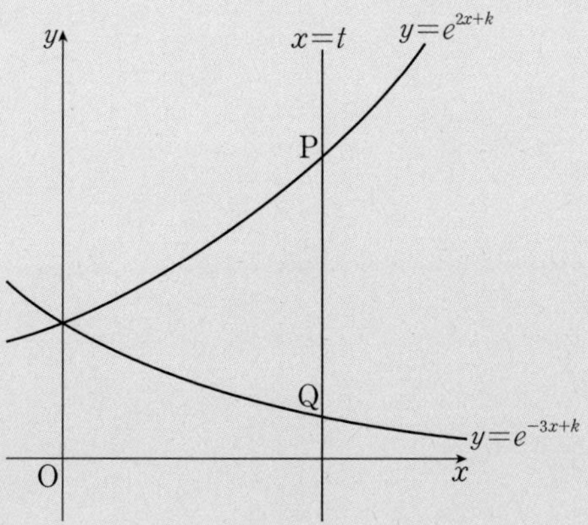

254 2024년 5월 교육청 25번

곡선 $y=e^{2x}-1$ 위의 점 $P(t, e^{2t}-1)(t>0)$에 대하여 $\overline{PQ}=\overline{OQ}$를 만족시키는 x축 위의 점 Q의 x좌표를 $f(t)$라 할 때, $\lim_{t \to 0+} \frac{f(t)}{t}$의 값은? (단, O는 원점이다.) [3점]

① 1 ② $\frac{3}{2}$ ③ 2
④ $\frac{5}{2}$ ⑤ 3

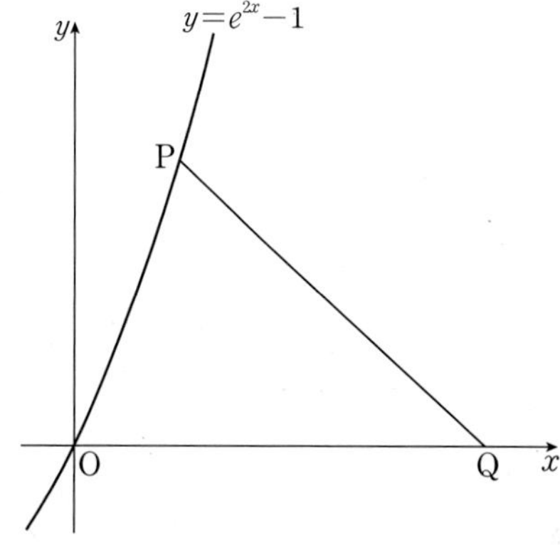

255 2014년 3월 교육청 B형 14번

2보다 큰 실수 a에 대하여 두 곡선 $y=2^x$, $y=-2^x+a$가 y축과 만나는 점을 각각 A, B라 하고, 두 곡선의 교점을 C라 하자. 직선 AC의 기울기를 $f(a)$, 직선 BC의 기울기를 $g(a)$라 할 때, $\lim_{a \to 2+} \{f(a)-g(a)\}$의 값은? [4점]

① $\frac{1}{\ln 2}$ ② $\frac{2}{\ln 2}$ ③ $\ln 2$

④ $2\ln 2$ ⑤ 2

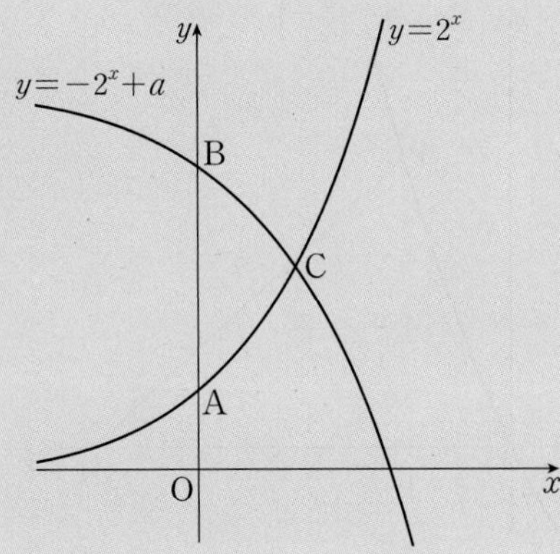

256 2018년 4월 교육청 가형 17번

$a>e$인 실수 a에 대하여 두 곡선 $y=e^{x-1}$과 $y=a^x$이 만나는 점의 x좌표를 $f(a)$라 할 때, $\lim_{a \to e+} \frac{1}{(e-a)f(a)}$의 값은? [4점]

① $\frac{1}{e^2}$ ② $\frac{1}{e}$ ③ 1

④ e ⑤ e^2

257 2021학년도 6월 평가원 가형 16번

양수 t에 대하여 다음 조건을 만족시키는 실수 k의 값을 $f(t)$라 하자.

> 직선 $x=k$와 두 곡선 $y=e^{\frac{x}{2}}$, $y=e^{\frac{x}{2}+3t}$이 만나는 점을 각각 P, Q라 하고, 점 Q를 지나고 y축에 수직인 직선이 곡선 $y=e^{\frac{x}{2}}$과 만나는 점을 R라 할 때, $\overline{\mathrm{PQ}}=\overline{\mathrm{QR}}$이다.

함수 $f(t)$에 대하여 $\lim_{t\to 0+} f(t)$의 값은? [4점]

① $\ln 2$ ② $\ln 3$ ③ $\ln 4$
④ $\ln 5$ ⑤ $\ln 6$

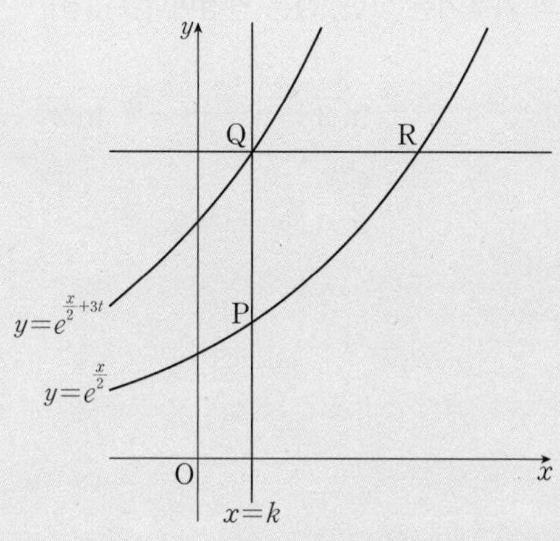

258 2016년 3월 교육청 가형 14번

좌표평면에 두 함수 $f(x)=2^x$의 그래프와 $g(x)=\left(\frac{1}{2}\right)^x$의 그래프가 있다. 두 곡선 $y=f(x)$, $y=g(x)$가 직선 $x=t(t>0)$과 만나는 점을 각각 A, B라 하자. 점 A에서 y축에 내린 수선의 발을 H라 할 때, $\lim_{t\to 0+}\frac{\overline{\mathrm{AB}}}{\overline{\mathrm{AH}}}$의 값은? [4점]

① $2\ln 2$ ② $\frac{7}{4}\ln 2$ ③ $\frac{3}{2}\ln 2$
④ $\frac{5}{4}\ln 2$ ⑤ $\ln 2$

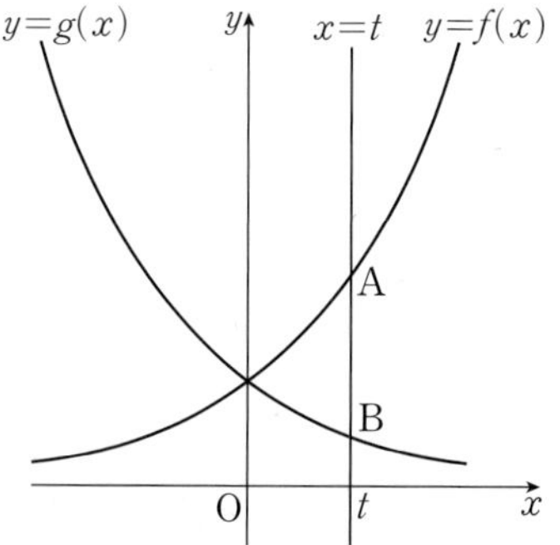

STEP C 수능 완성!

259 2009학년도 9월 평가원 가형 29번

$a>0$, $b>0$, $a\neq1$, $b\neq1$일 때, 함수

$$f(x)=\frac{b^x+\log_a x}{a^x+\log_b x}$$

에 대하여 **보기**에서 옳은 것만을 있는 대로 고른 것은? [4점]

보기

ㄱ. $1<a<b$이면 $x>1$인 모든 x에 대하여 $f(x)>1$이다.

ㄴ. $b<a<1$이면 $\lim_{x\to\infty}f(x)=0$이다.

ㄷ. $\lim_{x\to0+}f(x)=\log_a b$

① ㄱ ② ㄴ ③ ㄱ, ㄷ
④ ㄴ, ㄷ ⑤ ㄱ, ㄴ, ㄷ

260 2020학년도 9월 평가원 가형 15번

함수 $y=e^x$의 그래프 위의 x좌표가 양수인 점 A와 함수 $y=-\ln x$의 그래프 위의 점 B가 다음 조건을 만족시킨다.

(가) $\overline{\mathrm{OA}}=2\overline{\mathrm{OB}}$

(나) $\angle\mathrm{AOB}=90°$

직선 OA의 기울기는? (단, O는 원점이다.) [4점]

① e ② $\frac{3}{\ln 3}$ ③ $\frac{2}{\ln 2}$
④ $\frac{5}{\ln 5}$ ⑤ $\frac{e^2}{2}$

261 2017년 10월 교육청 가형 17번

$t<1$인 실수 t에 대하여 곡선 $y=\ln x$와 직선 $x+y=t$가 만나는 점을 P라 하자. 점 P에서 x축에 내린 수선의 발을 H, 직선 PH와 곡선 $y=e^x$이 만나는 점을 Q라 할 때, 삼각형 OHQ의 넓이를 $S(t)$라 하자. $\lim_{t \to 0+} \frac{2S(t)-1}{t}$의 값은? [4점]

① 1 ② $e-1$ ③ 2
④ e ⑤ 3

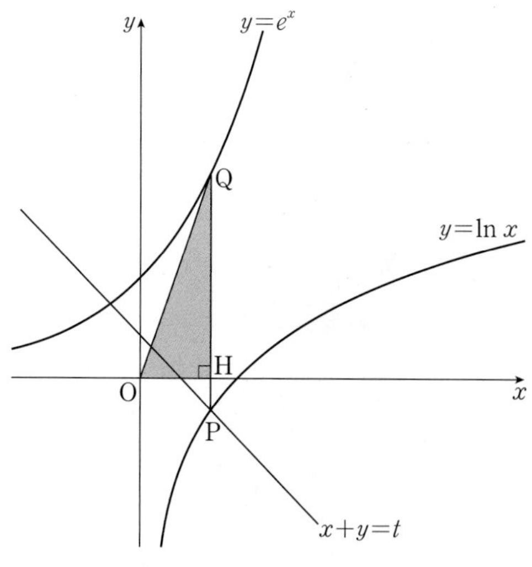

262 2015년 11월 교육청 가형 21번 (고2)

곡선 $y=\ln(x+1)$ 위를 움직이는 점 $\mathrm{P}(a, b)$가 있다. 점 P를 지나고 기울기가 -1인 직선이 곡선 $y=e^x-1$과 만나는 점을 Q라 하자. 두 점 P, Q를 지름의 양 끝점으로 하는 원의 넓이를 $S(a)$, 원점 O와 선분 PQ의 중점을 지름의 양 끝점으로 하는 원의 넓이를 $T(a)$라 할 때, $\lim_{a \to 0+} \frac{4T(a)-S(a)}{\pi a^2}$의 값은? (단, $a>0$) [4점]

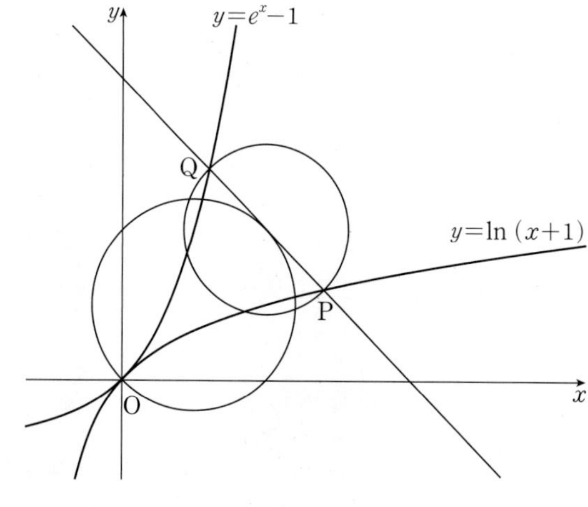

① 1 ② $\frac{5}{4}$ ③ $\frac{3}{2}$
④ $\frac{7}{4}$ ⑤ 2

04

삼각함수의 덧셈정리

개념 카드

실전 개념 1 삼각함수

> 유형 01

(1) **$\csc\theta$, $\sec\theta$, $\cot\theta$의 정의**

각 θ를 나타내는 동경과 원점 O를 중심으로 하고 반지름의 길이가 r인 원의 교점을 $\mathrm{P}(x,\ y)$라 할 때,

$$\csc\theta=\frac{r}{y}\ (y\neq0),\ \sec\theta=\frac{r}{x}\ (x\neq0),\ \cot\theta=\frac{x}{y}\ (y\neq0)$$

와 같이 정의된 함수를 각각 θ의 코시컨트함수, 시컨트함수, 코탄젠트함수라 한다.

참고 $\csc\theta=\frac{1}{\sin\theta}$, $\sec\theta=\frac{1}{\cos\theta}$, $\cot\theta=\frac{1}{\tan\theta}=\frac{\cos\theta}{\sin\theta}$

(2) **삼각함수 사이의 관계**

① $\tan^2\theta+1=\sec^2\theta$　　② $1+\cot^2\theta=\csc^2\theta$

실전 개념 2 삼각함수의 덧셈정리

> 유형 02 ~ 09

(1) $\sin(\alpha+\beta)=\sin\alpha\cos\beta+\cos\alpha\sin\beta$

$\sin(\alpha-\beta)=\sin\alpha\cos\beta-\cos\alpha\sin\beta$

(2) $\cos(\alpha+\beta)=\cos\alpha\cos\beta-\sin\alpha\sin\beta$

$\cos(\alpha-\beta)=\cos\alpha\cos\beta+\sin\alpha\sin\beta$

(3) $\tan(\alpha+\beta)=\dfrac{\tan\alpha+\tan\beta}{1-\tan\alpha\tan\beta}$

$\tan(\alpha-\beta)=\dfrac{\tan\alpha-\tan\beta}{1+\tan\alpha\tan\beta}$

실전 개념 3 배각의 공식

> 유형 05, 06, 08, 09

(1) $\sin2\alpha=2\sin\alpha\cos\alpha$

(2) $\cos2\alpha=\cos^2\alpha-\sin^2\alpha=2\cos^2\alpha-1=1-2\sin^2\alpha$

(3) $\tan2\alpha=\dfrac{2\tan\alpha}{1-\tan^2\alpha}$

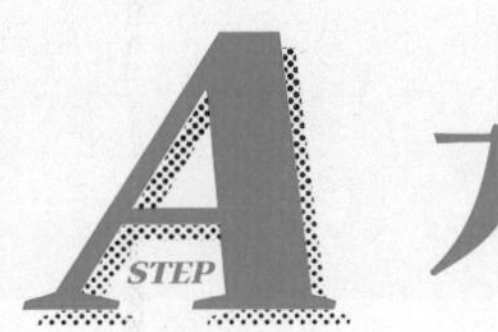

기본 다지고,

263 2019년 3월 교육청 가형 2번

$\cos\theta=\frac{2}{3}$일 때, $\sec\theta$의 값은? [2점]

① 1 ② $\frac{5}{4}$ ③ $\frac{3}{2}$

④ $\frac{7}{4}$ ⑤ 2

264 2019학년도 6월 평가원 가형 23번

$\cos\theta=\frac{1}{7}$일 때, $\sec^2\theta$의 값을 구하시오. [3점]

265 2019학년도 수능(홀) 가형 23번

$\tan\theta=5$일 때, $\sec^2\theta$의 값을 구하시오. [3점]

266 2020학년도 6월 평가원 가형 23번

$\cos\theta=\frac{1}{7}$일 때, $\csc\theta\times\tan\theta$의 값을 구하시오. [3점]

267 2017학년도 9월 평가원 가형 5번

$\cos(\alpha+\beta)=\frac{5}{7}$, $\cos\alpha\cos\beta=\frac{4}{7}$일 때, $\sin\alpha\sin\beta$의 값은? [3점]

① $-\frac{1}{7}$ ② $-\frac{2}{7}$ ③ $-\frac{3}{7}$

④ $-\frac{4}{7}$ ⑤ $-\frac{5}{7}$

268 2017학년도 6월 평가원 가형 7번

$\tan\left(\alpha+\frac{\pi}{4}\right)=2$일 때, $\tan\alpha$의 값은? [3점]

① $\frac{1}{3}$ ② $\frac{4}{9}$ ③ $\frac{5}{9}$

④ $\frac{2}{3}$ ⑤ $\frac{7}{9}$

> 정답과 해설 75쪽

269 2018년 3월 교육청 가형 23번

$\tan\alpha=4$, $\tan\beta=-2$일 때, $\tan(\alpha+\beta)=\frac{q}{p}$이다. $p+q$의 값을 구하시오. (단, p와 q는 서로소인 자연수이다.) [3점]

270 2017년 10월 교육청 가형 7번

함수 $f(x)=\cos 2x\cos x-\sin 2x\sin x$의 주기는? [3점]

① 2π ② $\frac{5}{3}\pi$ ③ $\frac{4}{3}\pi$
④ π ⑤ $\frac{2}{3}\pi$

271 2012학년도 9월 평가원 가형 5번

좌표평면에서 두 직선 $y=x$, $y=-2x$가 이루는 예각의 크기를 θ라 할 때, $\tan\theta$의 값은? [3점]

① 2 ② $\frac{7}{3}$ ③ $\frac{8}{3}$
④ 3 ⑤ $\frac{10}{3}$

272 2015년 4월 교육청 B형 3번

$\tan\theta=\frac{1}{2}$일 때, $\tan 2\theta$의 값은? [2점]

① $\frac{3}{2}$ ② $\frac{4}{3}$ ③ $\frac{5}{4}$
④ $\frac{6}{5}$ ⑤ 1

273 2013학년도 수능(홀) 가형 2번

$\sin\theta=\frac{1}{3}$일 때, $\sin 2\theta$의 값은? $\left(단, 0<\theta<\frac{\pi}{2}이다.\right)$ [2점]

① $\frac{7\sqrt{2}}{18}$ ② $\frac{4\sqrt{2}}{9}$ ③ $\frac{\sqrt{2}}{2}$
④ $\frac{5\sqrt{2}}{9}$ ⑤ $\frac{11\sqrt{2}}{18}$

274 2015학년도 6월 평가원 B형 3번

$\sin\theta=\frac{2}{3}$일 때, $\cos 2\theta$의 값은? [2점]

① $\frac{1}{18}$ ② $\frac{1}{9}$ ③ $\frac{1}{6}$
④ $\frac{2}{9}$ ⑤ $\frac{5}{18}$

STEP B 유형 & 유사로 익히면…

유형 01 $\csc\theta$, $\sec\theta$, $\cot\theta$의 정의

275 2020학년도 9월 평가원 가형 9번

$\frac{\pi}{2}<\theta<\pi$인 θ에 대하여 $\cos\theta=-\frac{3}{5}$일 때, $\csc(\pi+\theta)$의 값은? [3점]

① $-\frac{5}{2}$ ② $-\frac{5}{3}$ ③ $-\frac{5}{4}$
④ $\frac{5}{4}$ ⑤ $\frac{5}{3}$

→ 276 2022년 4월 교육청 24번

$\sec\theta=\frac{\sqrt{10}}{3}$일 때, $\sin^2\theta$의 값은? [3점]

① $\frac{1}{10}$ ② $\frac{3}{20}$ ③ $\frac{1}{5}$
④ $\frac{1}{4}$ ⑤ $\frac{3}{10}$

277 2008년 3월 교육청 4번 (고2)

$\sin\theta-\cos\theta=\frac{1}{2}$일 때, $\sec\theta\csc\theta$의 값은? [3점]

① $\frac{8}{5}$ ② 2 ③ $\frac{8}{3}$
④ 4 ⑤ 8

→ 278 2016년 7월 교육청 6번

$\sin\theta-\cos\theta=\frac{\sqrt{3}}{2}$일 때, $\tan\theta+\cot\theta$의 값은? [3점]

① 6 ② 7 ③ 8
④ 9 ⑤ 10

> 정답과 해설 76쪽

유형 02 삼각함수의 덧셈정리 (1); $\sin(\alpha\pm\beta)$, $\cos(\alpha\pm\beta)$

279 2019년 10월 교육청 가형 8번

$0<\alpha<\beta<2\pi$이고 $\cos\alpha=\cos\beta=\frac{1}{3}$일 때, $\sin(\beta-\alpha)$의 값은? [3점]

① $-\frac{4\sqrt{2}}{9}$ ② $-\frac{4}{9}$ ③ 0
④ $\frac{4}{9}$ ⑤ $\frac{4\sqrt{2}}{9}$

280 2018년 10월 교육청 가형 7번

$\sin\alpha=\frac{3}{5}$, $\cos\beta=\frac{\sqrt{5}}{5}$일 때, $\sin(\beta-\alpha)$의 값은?

(단, α, β는 예각이다.) [3점]

① $\frac{3\sqrt{5}}{20}$ ② $\frac{\sqrt{5}}{5}$ ③ $\frac{\sqrt{5}}{4}$
④ $\frac{3\sqrt{5}}{10}$ ⑤ $\frac{7\sqrt{5}}{20}$

281 2005학년도 수능(홀) 가형 26번

$\sin\alpha=\frac{1}{3}$일 때, $\cos\left(\frac{\pi}{3}+\alpha\right)$의 값은? $\left(단, 0<\alpha<\frac{\pi}{2}\right)$ [3점]

① $\frac{2\sqrt{2}-\sqrt{3}}{6}$ ② $\frac{2-\sqrt{3}}{6}$ ③ $\frac{\sqrt{2}-1}{3}$
④ $\frac{\sqrt{3}-\sqrt{2}}{6}$ ⑤ $\frac{\sqrt{3}-1}{3}$

282 2010년 4월 교육청 가형 26번

$\cos\alpha=-\frac{1}{3}$, $\sin\beta=\frac{\sqrt{2}}{4}$일 때, $\cos(\alpha-\beta)$의 값은?

$\left(단, \frac{\pi}{2}\le\alpha\le\pi, 0\le\beta\le\frac{\pi}{2}\right)$ [3점]

① $\frac{3-\sqrt{14}}{12}$ ② $\frac{-4+\sqrt{14}}{12}$ ③ $\frac{4-\sqrt{14}}{12}$
④ $\frac{-3+\sqrt{14}}{12}$ ⑤ $\frac{3+\sqrt{14}}{12}$

04

283 2016년 4월 교육청 가형 8번

$\sin\theta=\frac{\sqrt{3}}{3}$일 때, $2\sin\left(\theta-\frac{\pi}{6}\right)+\cos\theta$의 값은?

$\left(\text{단, } 0<\theta<\frac{\pi}{2}\right)$ [3점]

① $\frac{1}{2}$ ② $\frac{\sqrt{3}}{3}$ ③ 1

④ $\sqrt{3}$ ⑤ 2

284 2013년 11월 교육청 B형 6번 (고2)

$\sin\theta+\cos\theta=\frac{\sqrt{2}}{3}$일 때, $\cos^2\left(\theta+\frac{\pi}{4}\right)$의 값은? [3점]

① $\frac{4}{9}$ ② $\frac{5}{9}$ ③ $\frac{2}{3}$

④ $\frac{7}{9}$ ⑤ $\frac{8}{9}$

285 2009년 7월 교육청 가형 27번

$\sin\alpha=\frac{2}{3}\left(0<\alpha<\frac{\pi}{2}\right)$, $\cos\beta=\frac{1}{2}\left(0<\beta<\frac{\pi}{2}\right)$이고

$\sin(\alpha+\beta)$, $\sin(\alpha-\beta)$를 두 근으로 하는 이차방정식이

$x^2+\frac{a}{3}x+\frac{b}{36}=0$일 때, 상수 a, b의 곱 ab의 값은? [3점]

① 18 ② 19 ③ 20

④ 21 ⑤ 22

286 2019년 7월 교육청 가형 15번

$\tan\alpha=-\frac{5}{12}\left(\frac{3}{2}\pi<\alpha<2\pi\right)$이고 $0\le x<\frac{\pi}{2}$일 때, 부등식

$$\cos x\le\sin(x+\alpha)\le 2\cos x$$

를 만족시키는 x에 대하여 $\tan x$의 최댓값과 최솟값의 합은?

[4점]

① $\frac{31}{12}$ ② $\frac{37}{12}$ ③ $\frac{43}{12}$

④ $\frac{49}{12}$ ⑤ $\frac{55}{12}$

정답과 해설 78쪽

유형 03 삼각함수의 덧셈정리 (2); $\tan(\alpha \pm \beta)$

287 2018년 7월 교육청 가형 25번

$\tan(\alpha-\beta)=\frac{7}{8}$, $\tan\beta=1$일 때, $\tan\alpha$의 값을 구하시오.

$\left(단, 0<\alpha<\frac{\pi}{2}, 0<\beta<\frac{\pi}{2}\right)$ [3점]

288 2022학년도 9월 평가원 24번

$2\cos\alpha=3\sin\alpha$이고 $\tan(\alpha+\beta)=1$일 때, $\tan\beta$의 값은?

[3점]

① $\frac{1}{6}$ ② $\frac{1}{5}$ ③ $\frac{1}{4}$
④ $\frac{1}{3}$ ⑤ $\frac{1}{2}$

289 2005년 5월 교육청 가형 30번

이차방정식 $2x^2-px+1=0$의 두 근이 $\tan\alpha$, $\tan\beta$일 때, $\tan(\alpha+\beta)=3$을 만족시키는 p의 값을 구하시오. [3점]

290 2018학년도 사관학교 가형 8번

그림과 같이 직선 $3x+4y-2=0$이 x축의 양의 방향과 이루는 각의 크기를 θ라 할 때, $\tan\left(\frac{\pi}{4}+\theta\right)$의 값은? [3점]

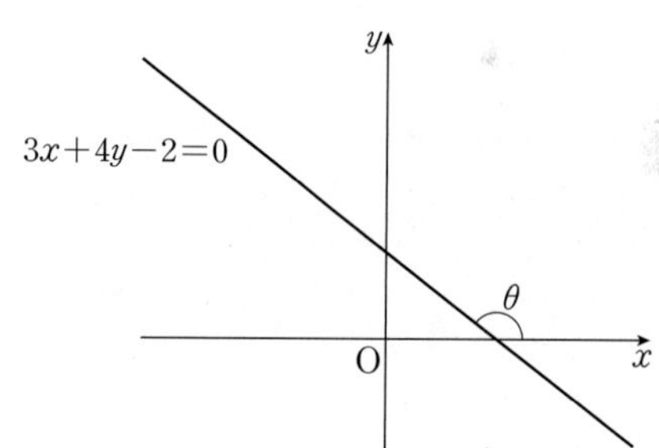

① $\frac{1}{14}$ ② $\frac{1}{7}$ ③ $\frac{3}{14}$
④ $\frac{2}{7}$ ⑤ $\frac{5}{14}$

유형 04 삼각함수의 덧셈정리 (3): 식의 변형

291 2008학년도 9월 평가원 가형 26번

두 실수 x, y에 대하여

$$\sin x+\sin y=1,\ \cos x+\cos y=\frac{1}{2}$$

일 때, $\cos(x-y)$의 값은? [3점]

① $\frac{5}{8}$ ② $\frac{3}{8}$ ③ $\frac{1}{8}$ ④ $-\frac{3}{8}$ ⑤ $-\frac{5}{8}$

292 2008년 4월 교육청 가형 27번

$\sin\alpha+\cos\beta+\sin\gamma=0$, $\cos\alpha+\sin\beta+\cos\gamma=0$을 만족할 때, $\sin(\alpha+\beta)$의 값은? [3점]

① -1 ② $-\frac{1}{2}$ ③ 0 ④ $\frac{1}{2}$ ⑤ 1

293 2012년 11월 교육청 B형 11번 (고2)

이차방정식 $25x^2-25x+4=0$의 두 근이 $\sin(a+b)$, $\sin(a-b)$일 때, $\frac{\tan a}{\tan b}$의 값은? $\left(\text{단, } 0<b<a<\frac{\pi}{4}\right)$ [4점]

① $\frac{3}{5}$ ② $\frac{3}{4}$ ③ $\frac{4}{5}$ ④ $\frac{4}{3}$ ⑤ $\frac{5}{3}$

294 2020년 7월 교육청 가형 26번

삼각형 ABC에 대하여 $\angle A=\alpha$, $\angle B=\beta$, $\angle C=\gamma$라 할 때, α, β, γ가 이 순서대로 등차수열을 이루고 $\cos\alpha$, $2\cos\beta$, $8\cos\gamma$가 이 순서대로 등비수열을 이룰 때, $\tan\alpha\tan\gamma$의 값을 구하시오. (단, $\alpha<\beta<\gamma$) [4점]

유형 05 배각의 공식

295 2010년 10월 교육청 가형 26번

$\sin 2\theta=\frac{1}{4}$일 때, $\sin\theta+\cos\theta$의 값은? $\left(\text{단, } 0<\theta<\frac{\pi}{2}\right)$ [3점]

① $\frac{\sqrt{6}}{2}$　② $\frac{\sqrt{5}}{2}$　③ 1　④ $\frac{\sqrt{3}}{2}$　⑤ $\frac{\sqrt{2}}{2}$

296 2006년 4월 교육청 가형 26번

$\sin\theta+\cos\theta=\frac{\sqrt{15}}{3}$일 때, $\cos 2\theta$의 값은? $\left(\text{단, } 0<\theta<\frac{\pi}{4}\right)$ [3점]

① $\frac{\sqrt{2}}{3}$　② $\frac{\sqrt{3}}{3}$　③ $\frac{2}{3}$　④ $\frac{\sqrt{5}}{3}$　⑤ $\frac{\sqrt{6}}{3}$

297 2011학년도 9월 평가원 가형 26번

$\cos\theta=\frac{\sqrt{5}}{3}$일 때, $\sin\theta\cos 2\theta$의 값은? $\left(\text{단, } 0<\theta<\frac{\pi}{2}\right)$ [3점]

① $\frac{2}{27}$　② $\frac{1}{9}$　③ $\frac{4}{27}$　④ $\frac{5}{27}$　⑤ $\frac{2}{9}$

298 2016학년도 6월 평가원 B형 4번

$\tan\theta=\frac{1}{7}$일 때, $\sin 2\theta$의 값은? [3점]

① $\frac{1}{5}$　② $\frac{11}{50}$　③ $\frac{6}{25}$　④ $\frac{13}{50}$　⑤ $\frac{7}{25}$

299 2010학년도 수능(홀) 가형 26번

$\tan\theta = -\sqrt{2}$일 때, $\sin\theta\tan 2\theta$의 값은? $\left(\text{단, } \frac{\pi}{2} < \theta < \pi\right)$ [3점]

① $\frac{2\sqrt{3}}{3}$ ② $\sqrt{3}$ ③ $\frac{4\sqrt{3}}{3}$

④ $\frac{5\sqrt{3}}{3}$ ⑤ $2\sqrt{3}$

300 2014년 7월 교육청 B형 5번

$0 < \theta < \frac{\pi}{4}$인 θ에 대하여 $(1+\tan\theta)\tan 2\theta = 3$일 때, $\tan\theta$의 값은? [3점]

① $\frac{1}{5}$ ② $\frac{3}{10}$ ③ $\frac{2}{5}$

④ $\frac{1}{2}$ ⑤ $\frac{3}{5}$

유형 06 삼각함수의 덧셈정리의 활용 (1): 두 직선이 이루는 각의 크기

301 2016학년도 9월 평가원 B형 11번

좌표평면에서 두 직선 $x-y-1=0$, $ax-y+1=0$이 이루는 예각의 크기를 θ라 하자. $\tan\theta = \frac{1}{6}$일 때, 상수 a의 값은? (단, $a>1$) [3점]

① $\frac{11}{10}$ ② $\frac{6}{5}$ ③ $\frac{13}{10}$

④ $\frac{7}{5}$ ⑤ $\frac{3}{2}$

302 2012년 7월 교육청 가형 10번

그림과 같이 두 직선 $y=\frac{1}{3}x$, $y=2x+10$ 위의 두 점 A, B와 교점 P를 세 꼭짓점으로 하는 삼각형 PAB가 있다. $\angle B = 90^\circ$이고 $\overline{PB}=12$일 때, $\overline{PA}$의 값은? [3점]

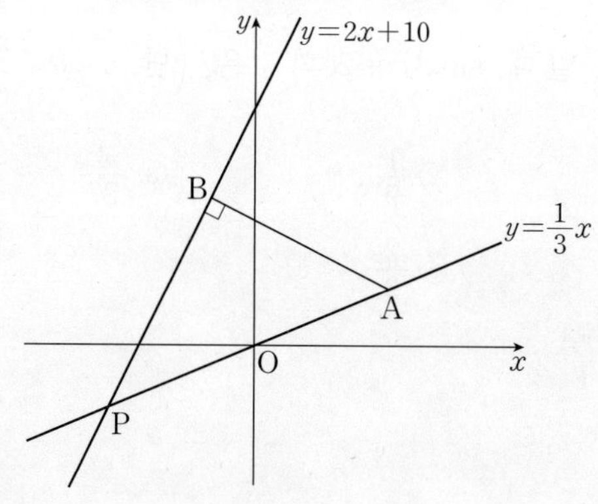

① $12\sqrt{2}$ ② $12\sqrt{3}$ ③ 18

④ $18\sqrt{2}$ ⑤ $18\sqrt{3}$

303 2010년 7월 교육청 가형 27번

점 $(6, 2)$에서 원 $x^2+y^2=1$에 두 접선을 그었을 때, 두 접선이 x축의 양의 방향과 이루는 각은 각각 α, β이다.

$\tan(\alpha+\beta)$의 값은? [3점]

① $\frac{1}{2}$ ② $\frac{3}{4}$ ③ 1

④ $\frac{5}{4}$ ⑤ $\frac{3}{2}$

304 2018학년도 9월 평가원 가형 15번

곡선 $y=1-x^2$ $(0<x<1)$ 위의 점 P에서 y축에 내린 수선의 발을 H라 하고, 원점 O와 점 $\mathrm{A}(0, 1)$에 대하여

$\angle \mathrm{APH}=\theta_1$, $\angle \mathrm{HPO}=\theta_2$라 하자. $\tan\theta_1=\frac{1}{2}$일 때,

$\tan(\theta_1+\theta_2)$의 값은? [4점]

① 2 ② 4 ③ 6

④ 8 ⑤ 10

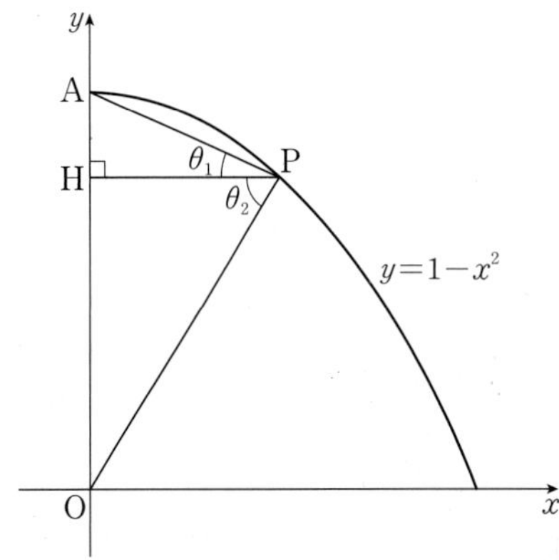

305 2015년 3월 교육청 B형 12번

그림과 같이 원점에서 x축에 접하는 원 C가 있다. 원 C와 직선 $y=\frac{2}{3}x$가 만나는 점 중 원점이 아닌 점을 P라 할 때, 원 C 위의 점 P에서의 접선의 기울기는? [3점]

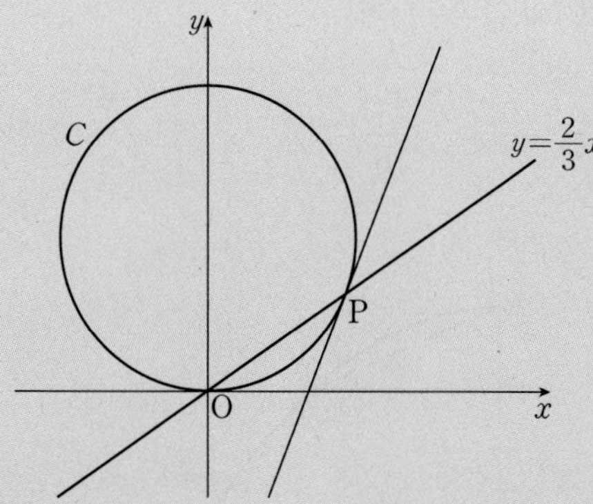

① $\frac{4}{3}$ ② $\frac{8}{5}$ ③ $\frac{28}{15}$
④ $\frac{32}{15}$ ⑤ $\frac{12}{5}$

306 2014학년도 수능 예시문항 B형 16번

그림과 같이 직선 $y=1$ 위의 점 P에서 원 $x^2+y^2=1$에 그은 접선이 x축과 만나는 점을 A라 하고, $\angle AOP=\theta$라 하자. $\overline{OA}=\frac{5}{4}$일 때, $\tan 3\theta$의 값은? $\left(\text{단, } 0<\theta<\frac{\pi}{4}\text{이다.}\right)$ [4점]

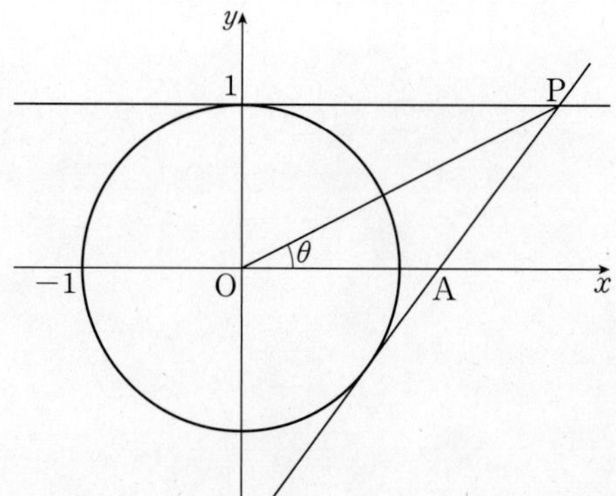

① 4 ② $\frac{9}{2}$ ③ 5
④ $\frac{11}{2}$ ⑤ 6

307 2008년 7월 교육청 가형 29번

두 직선 $y=x+a$, $y=\frac{1}{3}x+b$가 원 $x^2+y^2=r^2$에 접하는 점을 각각 P_1, P_2라 하고 $\angle P_1OP_2=\alpha$일 때, $\tan\alpha$의 값은?

(단, $a<0$, $b<0$) [4점]

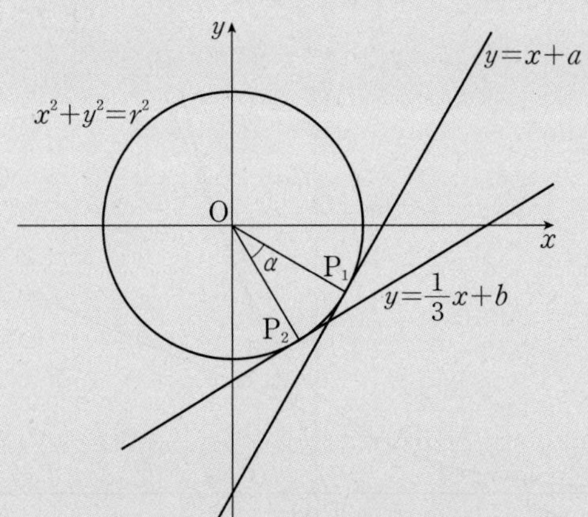

① $\frac{1}{4}$ ② $\frac{1}{2}$ ③ $\frac{3}{4}$

④ 1 ⑤ $\frac{5}{4}$

308 2016년 3월 교육청 가형 26번

그림과 같이 기울기가 $-\frac{1}{3}$인 직선 l이 원 $x^2+y^2=1$과 점 A에서 접하고, 기울기가 1인 직선 m이 원 $x^2+y^2=1$과 점 B에서 접한다. $100\cos^2(\angle AOB)$의 값을 구하시오.

(단, O는 원점이다.) [4점]

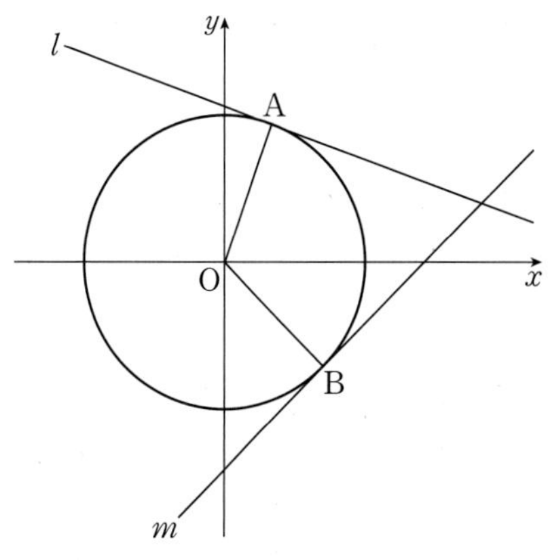

309 2016년 11월 교육청 가형 17번 (고2)

그림과 같이 곡선 $y=\frac{2}{x}$ 위의 두 점 $\mathrm{A}(-1,\ -2)$, $\mathrm{B}(1,\ 2)$에 대하여 $\angle\mathrm{APB}=\frac{\pi}{4}$가 되도록 점 $\mathrm{P}\left(a,\ \frac{2}{a}\right)$를 정할 때, 상수 a의 값은? (단, $a>1$) [4점]

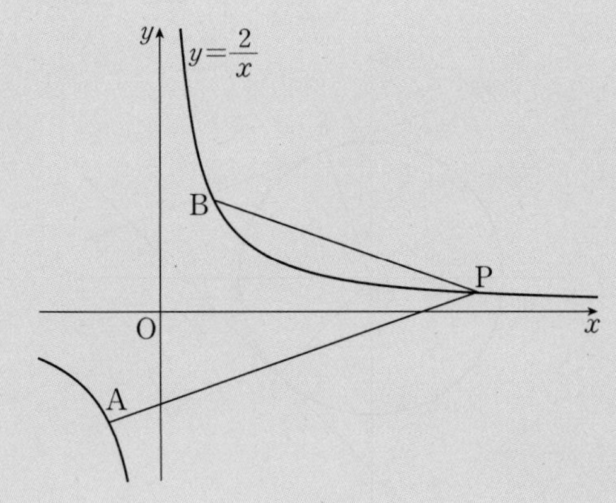

① $3+\sqrt{2}$ ② $2+2\sqrt{2}$ ③ $4+\sqrt{2}$ ④ $4\sqrt{2}$ ⑤ $3+2\sqrt{2}$

310 2018년 4월 교육청 가형 16번

그림과 같이 곡선 $y=e^x$ 위의 두 점 $\mathrm{A}(t,\ e^t)$, $\mathrm{B}(-t,\ e^{-t})$에서의 접선을 각각 l, m이라 하자. 두 직선 l과 m이 이루는 예각의 크기가 $\frac{\pi}{4}$일 때, 두 점 A, B를 지나는 직선의 기울기는?

(단, $t>0$) [4점]

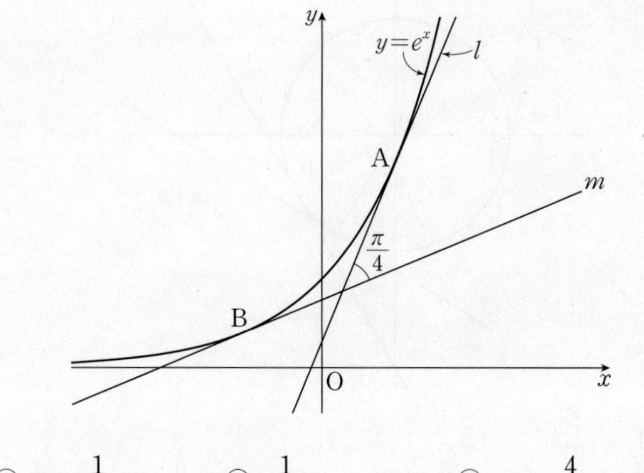

① $\frac{1}{\ln(1+\sqrt{2})}$ ② $\frac{1}{\ln 2}$ ③ $\frac{4}{3\ln(1+\sqrt{2})}$ ④ $\frac{7}{6\ln 2}$ ⑤ $\frac{3}{2\ln(1+\sqrt{2})}$

> 정답과 해설 85쪽

유형 07 삼각함수의 덧셈정리의 활용 (2); sin, cos

311 2017년 3월 교육청 가형 10번

점 O를 중심으로 하고 반지름의 길이가 각각 1, $\sqrt{2}$인 두 원 C_1, C_2가 있다. 원 C_1 위의 두 점 P, Q와 원 C_2 위의 점 R에 대하여 $\angle QOP=\alpha$, $\angle ROQ=\beta$라 하자. $\overline{OQ}\perp\overline{QR}$이고

$\sin\alpha=\frac{4}{5}$일 때, $\cos(\alpha+\beta)$의 값은?

$\left(\text{단, } 0<\alpha<\frac{\pi}{2},\ 0<\beta<\frac{\pi}{2}\right)$ [3점]

① $-\frac{\sqrt{6}}{10}$ ② $-\frac{\sqrt{5}}{10}$ ③ $-\frac{1}{5}$

④ $-\frac{\sqrt{3}}{10}$ ⑤ $-\frac{\sqrt{2}}{10}$

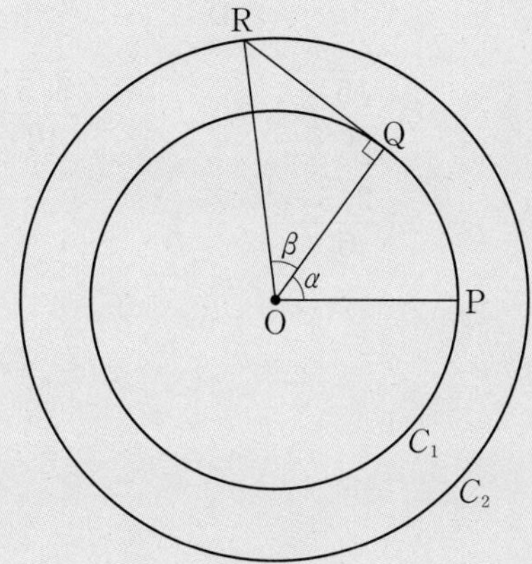

312 2016년 10월 교육청 가형 7번

그림과 같이 평면에 정삼각형 ABC와 $\overline{CD}=1$이고 $\angle ACD=\frac{\pi}{4}$인 점 D가 있다. 점 D와 직선 BC 사이의 거리는? (단, 선분 CD는 삼각형 ABC의 내부를 지나지 않는다.)

[3점]

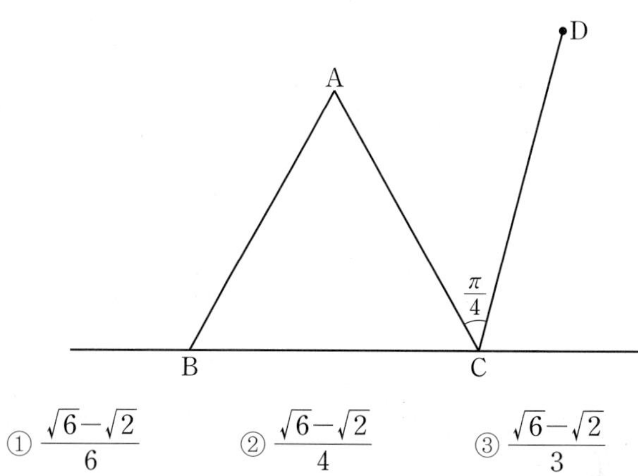

① $\frac{\sqrt{6}-\sqrt{2}}{6}$ ② $\frac{\sqrt{6}-\sqrt{2}}{4}$ ③ $\frac{\sqrt{6}-\sqrt{2}}{3}$

④ $\frac{\sqrt{6}+\sqrt{2}}{6}$ ⑤ $\frac{\sqrt{6}+\sqrt{2}}{4}$

313 2013년 3월 교육청 B형 18번

그림과 같이 $\overline{AB}<\overline{AC}$인 삼각형 ABC에서 $\angle ABC=\alpha$, $\angle ACB=\beta$라 하자. 또, $\overline{AB}=\overline{AD}$가 되도록 변 AC 위에 점 D를 잡고 $\angle DBC=\theta$라 하자. $\cos\alpha=\frac{\sqrt{10}}{10}$, $\cos\beta=\frac{\sqrt{5}}{5}$일 때, $\sin 2\theta$의 값은? [4점]

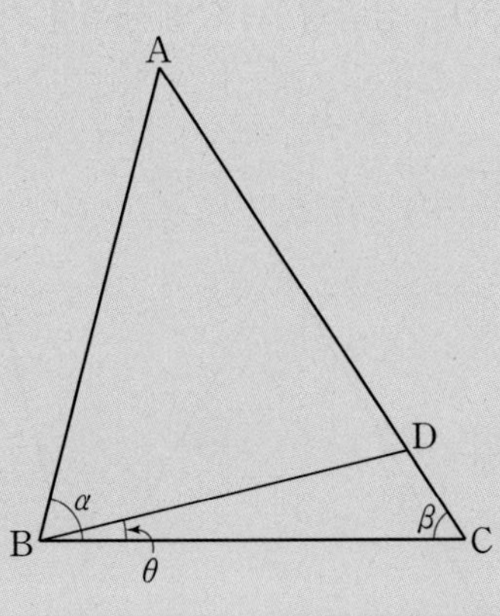

① $\frac{\sqrt{2}}{10}$ ② $\frac{\sqrt{3}}{10}$ ③ $\frac{1}{5}$

④ $\frac{\sqrt{5}}{10}$ ⑤ $\frac{\sqrt{6}}{10}$

➔ 314 2018학년도 수능(홀) 가형 14번

그림과 같이 $\overline{AB}=5$, $\overline{AC}=2\sqrt{5}$인 삼각형 ABC의 꼭짓점 A에서 선분 BC에 내린 수선의 발을 D라 하자. 선분 AD를 3 : 1로 내분하는 점 E에 대하여 $\overline{EC}=\sqrt{5}$이다. $\angle ABD=\alpha$, $\angle DCE=\beta$라 할 때, $\cos(\alpha-\beta)$의 값은? [4점]

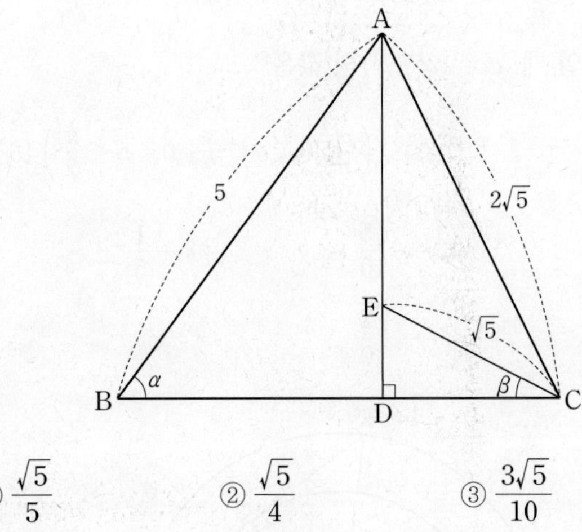

① $\frac{\sqrt{5}}{5}$ ② $\frac{\sqrt{5}}{4}$ ③ $\frac{3\sqrt{5}}{10}$

④ $\frac{7\sqrt{5}}{20}$ ⑤ $\frac{2\sqrt{5}}{5}$

> 정답과 해설 86쪽

유형 08 삼각함수의 덧셈정리의 활용 (3); tan

315 2020학년도 수능(홀) 가형 10번

$\overline{AB}=\overline{AC}$인 이등변삼각형 ABC에서 $\angle A=\alpha$, $\angle B=\beta$라 하자. $\tan(\alpha+\beta)=-\frac{3}{2}$일 때, $\tan\alpha$의 값은? [3점]

① $\frac{21}{10}$ ② $\frac{11}{5}$ ③ $\frac{23}{10}$

④ $\frac{12}{5}$ ⑤ $\frac{5}{2}$

316 2019년 3월 교육청 가형 15번

그림과 같이 한 변의 길이가 1인 정사각형 ABCD가 있다. 선분 AD 위의 점 E와 정사각형 ABCD의 내부에 있는 점 F가 다음 조건을 만족시킨다.

> (가) 두 삼각형 ABE와 FBE는 서로 합동이다.
>
> (나) 사각형 ABFE의 넓이는 $\frac{1}{3}$이다.

$\tan(\angle ABF)$의 값은? [4점]

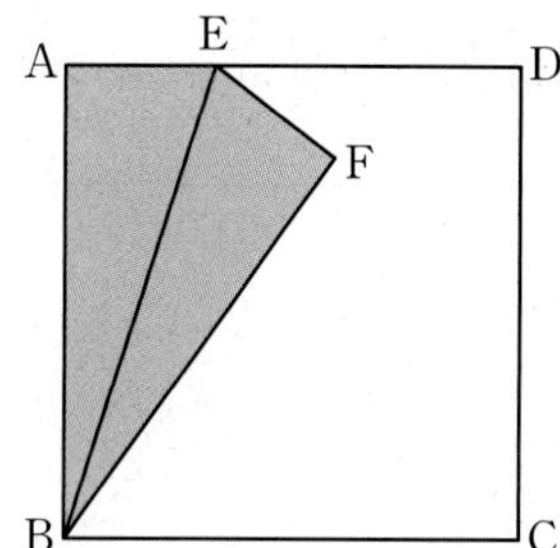

① $\frac{5}{12}$ ② $\frac{1}{2}$ ③ $\frac{7}{12}$

④ $\frac{2}{3}$ ⑤ $\frac{3}{4}$

04

317 2017년 4월 교육청 가형 16번

그림과 같이 선분 AB의 길이가 8, 선분 AD의 길이가 6인 직사각형 ABCD가 있다. 선분 AB를 1 : 3으로 내분하는 점을 E, 선분 AD의 중점을 F라 하자. $\angle EFC=\theta$라 할 때, $\tan\theta$의 값은? [4점]

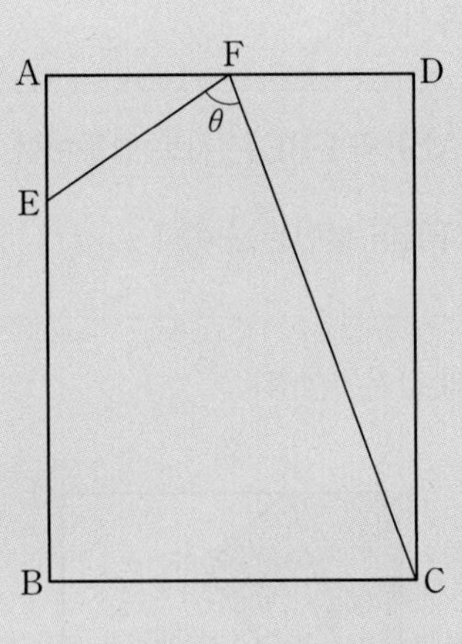

① $\frac{22}{7}$ ② $\frac{26}{7}$ ③ $\frac{30}{7}$

④ $\frac{34}{7}$ ⑤ $\frac{38}{7}$

318 2011년 7월 교육청 가형 8번

그림과 같이 $\overline{AB}:\overline{BC}=3:4$인 직사각형 ABCD에서 선분 CD를 2 : 1로 내분하는 점을 P, 선분 AD의 중점을 Q라 하자. $\angle BPQ=\theta$일 때, $\cos 2\theta$의 값은? [3점]

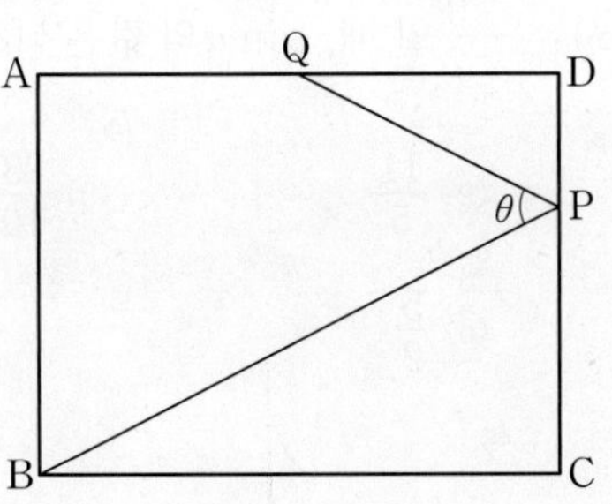

① $-\frac{9}{25}$ ② $-\frac{7}{25}$ ③ $-\frac{4}{25}$

④ $-\frac{1}{25}$ ⑤ 0

유형 09 삼각함수의 덧셈정리의 활용 (4); 도형, 좌표평면

319 2010년 7월 교육청 B형 20번

그림과 같이 반지름의 길이가 6이고 중심각의 크기가 $\frac{\pi}{2}$인 부채꼴 OAB가 있다. $\angle COA=\theta$ $\left(0<\theta<\frac{\pi}{4}\right)$가 되도록 호 AB 위의 점 C를 잡고, 점 C에서의 접선이 변 OA의 연장선, 변 OB의 연장선과 만나는 점을 각각 P, Q라 하자. $\overline{PQ}=15$일 때, $\tan 2\theta$의 값은? [4점]

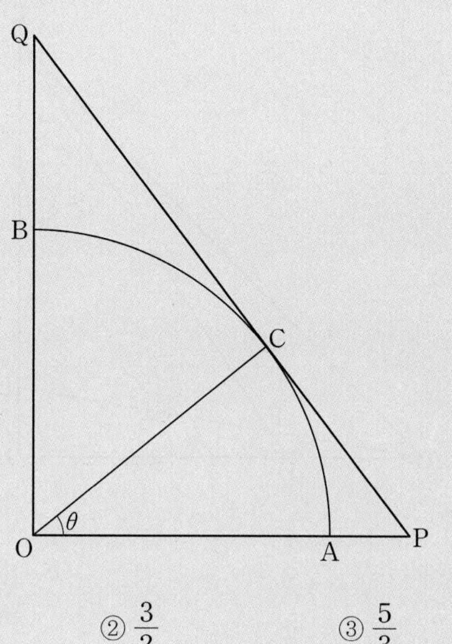

① $\frac{4}{3}$ ② $\frac{3}{2}$ ③ $\frac{5}{3}$ ④ $\frac{11}{6}$ ⑤ 2

320 2013년 11월 교육청 B형 17번 (고2)

그림과 같이 원 $x^2+y^2=1$ 위의 점 $A(-1, 0)$을 지나는 직선이 제1사분면에서 원과 만나는 점을 P, 점 P에서의 접선이 x축과 만나는 점을 Q라 하자. 삼각형 POQ의 넓이가 $\frac{3}{8}$일 때, $\angle PAO=\theta$이다. $\tan\theta$의 값은? (단, 점 O는 원점이다.) [4점]

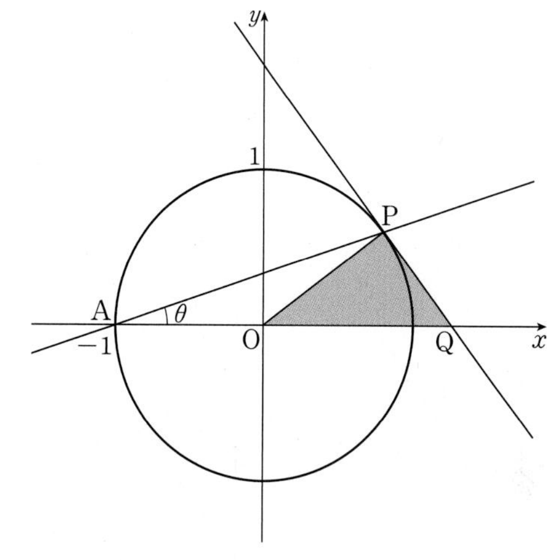

① $\frac{2}{9}$ ② $\frac{\sqrt{3}}{6}$ ③ $\frac{1}{3}$ ④ $\frac{\sqrt{6}}{6}$ ⑤ $\frac{4}{9}$

정답과 해설 88쪽

321 2019년 4월 교육청 가형 29번

그림과 같이 중심이 점 A$(1,\ 0)$이고 반지름의 길이가 1인 원 C_1과 중심이 점 B$(-2,\ 0)$이고 반지름의 길이가 2인 원 C_2가 있다. y축 위의 점 P$(0,\ a)(a>\sqrt{2})$에서 원 C_1에 그은 접선 중 y축이 아닌 직선이 원 C_1과 접하는 점을 Q, 원 C_2에 그은 접선 중 y축이 아닌 직선이 원 C_2와 접하는 점을 R라 하고 $\angle$RPQ$=\theta$라 하자. $\tan\theta=\dfrac{4}{3}$일 때, $(a-3)^2$의 값을 구하시오. [4점]

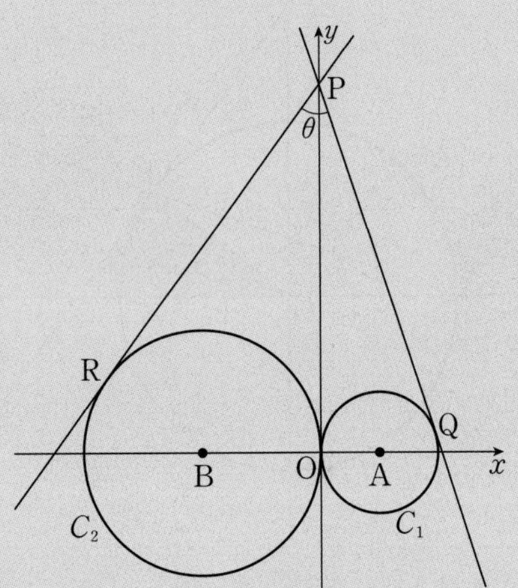

322 2024년 7월 교육청 26번

그림과 같이 $\overline{\mathrm{AB}}=\overline{\mathrm{BC}}=1$이고 $\angle\mathrm{ABC}=\dfrac{\pi}{2}$인 삼각형 ABC가 있다. 선분 AB 위의 점 D와 선분 BC 위의 점 E가

$$\overline{\mathrm{AD}}=2\overline{\mathrm{BE}}\ (0<\overline{\mathrm{AD}}<1)$$

을 만족시킬 때, 두 선분 AE, CD가 만나는 점을 F라 하자. $\tan(\angle\mathrm{CFE})=\dfrac{16}{15}$일 때, $\tan(\angle\mathrm{CDB})$의 값은?

$\left(\text{단, } \dfrac{\pi}{4}<\angle\mathrm{CDB}<\dfrac{\pi}{2}\right)$ [3점]

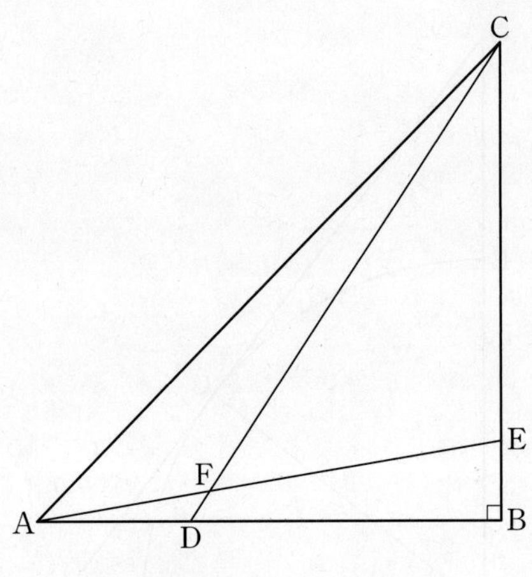

① $\dfrac{9}{7}$ ② $\dfrac{4}{3}$ ③ $\dfrac{7}{5}$

④ $\dfrac{3}{2}$ ⑤ $\dfrac{5}{3}$

> 정답과 해설 89쪽

323 2022년 4월 교육청 29번

그림과 같이 좌표평면 위의 제2사분면에 있는 점 A를 지나고 기울기가 각각 m_1, m_2 $(0<m_1<m_2<1)$인 두 직선을 l_1, l_2라 하고, 직선 l_1을 y축에 대하여 대칭이동한 직선을 l_3이라 하자. 직선 l_3이 두 직선 l_1, l_2와 만나는 점을 각각 B, C라 하면 삼각형 ABC가 다음 조건을 만족시킨다.

> (가) $\overline{AB}=12$, $\overline{AC}=9$
>
> (나) 삼각형 ABC의 외접원의 반지름의 길이는 $\frac{15}{2}$이다.

$78\times m_1\times m_2$의 값을 구하시오. [4점]

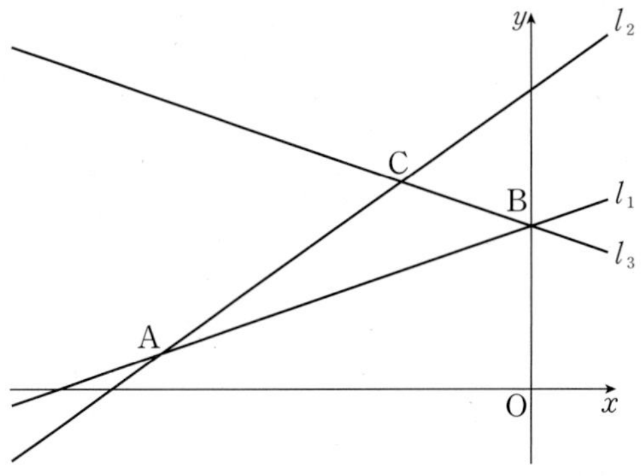

324 2021년 4월 교육청 29번

그림과 같이 $\angle BAC=\frac{2}{3}\pi$이고 $\overline{AB}>\overline{AC}$인 삼각형 ABC가 있다. $\overline{BD}=\overline{CD}$인 선분 AB 위의 점 D에 대하여 $\angle CBD=\alpha$, $\angle ACD=\beta$라 하자. $\cos^2\alpha=\frac{7+\sqrt{21}}{14}$일 때, $54\sqrt{3}\times\tan\beta$의 값을 구하시오. [4점]

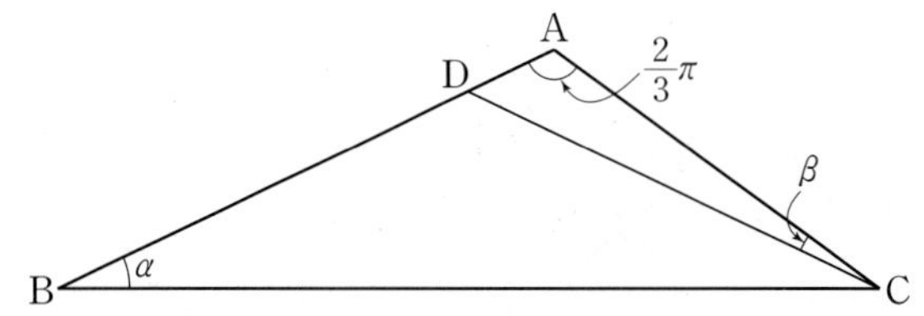

325 2011년 11월 교육청 가형 30번 (고2)

그림과 같이 자연수 n에 대하여 원 $x^2+y^2=1$과 두 직선 $y=nx$, $y=(n+1)x$가 제1사분면에서 만나는 점을 각각 P_n, P_{n+1}이라 하자. 제1사분면에 있는 원 위의 호 $\mathrm{P}_n\mathrm{P}_{n+1}$의 길이를 l_n이라 할 때, $\sum_{k=1}^{n} l_k \geq \frac{\pi}{6}$를 만족시키는 n의 최솟값을 구하시오. [4점]

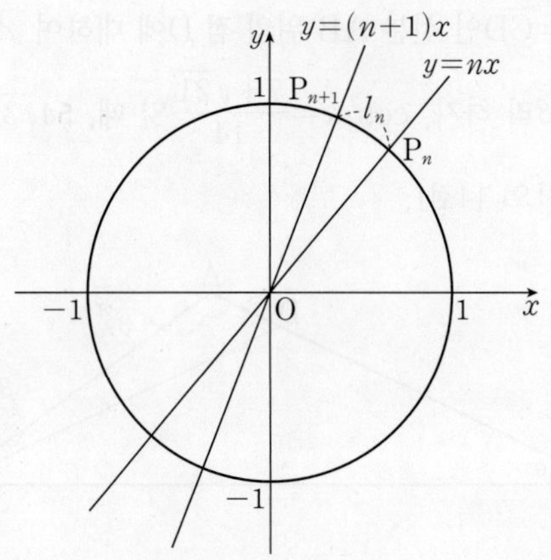

326 2018년 11월 교육청 가형 29번 (고2)

그림과 같이 $\overline{\mathrm{AB}}=\overline{\mathrm{AC}}=10$, $\overline{\mathrm{BC}}=12$인 이등변삼각형 ABC가 있다. 선분 AB 위에 $\angle\mathrm{DCB}=\theta$, $\sin\theta=\frac{\sqrt{10}}{10}$이 되도록 점 D를 잡고, 선분 AC 위에 $\angle\mathrm{EBA}=2\theta$가 되도록 점 E를 잡는다. 선분 BE와 선분 CD가 만나는 점을 F, 점 F에서 선분 BC에 내린 수선의 발을 H라 할 때, 선분 FH의 길이는 $\frac{q}{p}$이다. $p+q$의 값을 구하시오.

(단, p, q는 서로소인 자연수이다.) [4점]

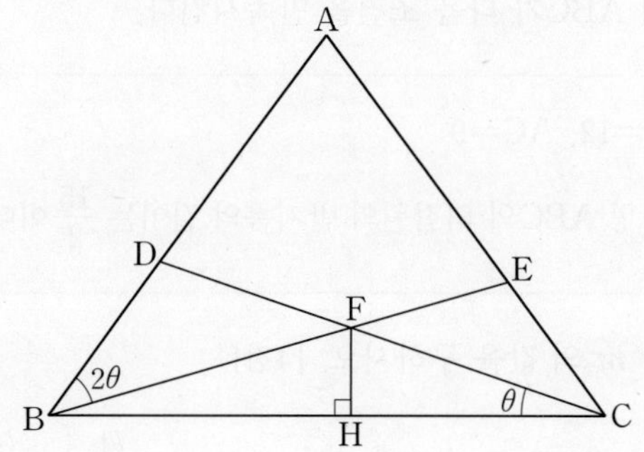

> 정답과 해설 90쪽

327 2015년 10월 교육청 B형 29번

좌표평면에 함수 $f(x)=\sqrt{3}\ln x$의 그래프와 직선 $l : y=-\frac{\sqrt{3}}{2}x+\frac{\sqrt{3}}{2}$이 있다. 곡선 $y=f(x)$ 위의 서로 다른 두 점 $\mathrm{A}(\alpha, f(\alpha))$, $\mathrm{B}(\beta, f(\beta))$에서의 접선을 각각 m, n이라 하자. 세 직선 l, m, n으로 둘러싸인 삼각형이 정삼각형일 때, $6(\alpha+\beta)$의 값을 구하시오. [4점]

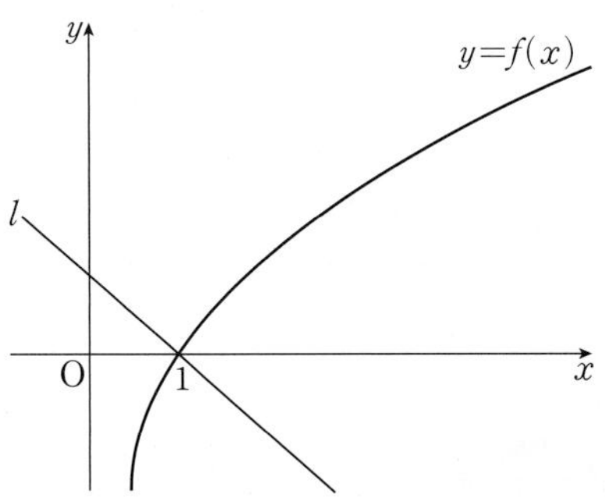

328 2023년 4월 교육청 29번

그림과 같이 중심이 O, 반지름의 길이가 8이고 중심각의 크기가 $\frac{\pi}{2}$인 부채꼴 OAB가 있다. 호 AB 위의 점 C에 대하여 점 B에서 선분 OC에 내린 수선의 발을 D라 하고, 두 선분 BD, CD와 호 BC에 동시에 접하는 원을 C라 하자. 점 O에서 원 C에 그은 접선 중 점 C를 지나지 않는 직선이 호 AB와 만나는 점을 E라 할 때, $\cos(\angle\mathrm{COE})=\frac{7}{25}$이다. $\sin(\angle\mathrm{AOE})=p+q\sqrt{7}$일 때, $200\times(p+q)$의 값을 구하시오. (단, p와 q는 유리수이고, 점 C는 점 B가 아니다.) [4점]

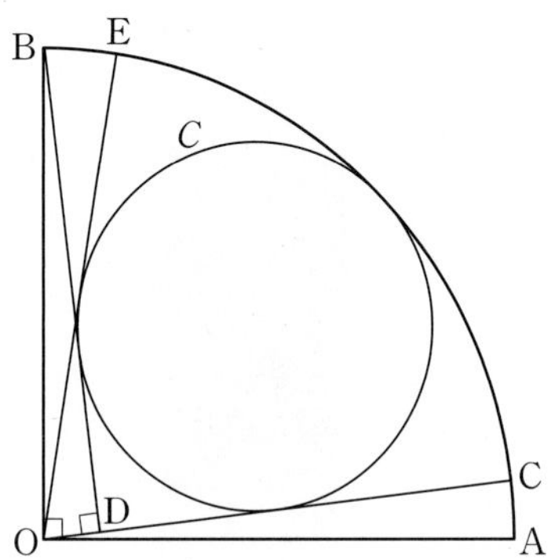

05

삼각함수의 미분

개념 카드

실전 개념 1 삼각함수의 극한

> 유형 01~03, 06~11

(1) 삼각함수의 극한

삼각함수 $y=\sin x$, $y=\cos x$, $y=\tan x$는 정의역의 각 점에서 연속이므로 임의의 실수 a에 대하여

① $\lim_{x \to a} \sin x = \sin a$

② $\lim_{x \to a} \cos x = \cos a$

③ $\lim_{x \to a} \tan x = \tan a$ $\left(\text{단, } a \neq n\pi + \frac{\pi}{2} \text{ (}n\text{은 정수)}\right)$

(2) 삼각함수의 극한의 기본 공식

x의 단위가 라디안일 때,

① $\lim_{x \to 0} \frac{\sin x}{x} = 1$, $\lim_{x \to 0} \frac{x}{\sin x} = 1$

② $\lim_{x \to 0} \frac{\tan x}{x} = 1$, $\lim_{x \to 0} \frac{x}{\tan x} = 1$

③ $\lim_{x \to 0} \frac{\sin mx}{\sin nx} = \frac{m}{n}$, $\lim_{x \to 0} \frac{\tan mx}{\tan nx} = \frac{m}{n}$ (단, $m \neq 0$, $n \neq 0$)

실전 개념 2 삼각함수의 연속

> 유형 04

(1) 두 함수 $y=\sin x$, $y=\cos x$는 모든 실수의 집합에서 연속이다.

(2) 함수 $y=\tan x$는 $x \neq n\pi + \frac{\pi}{2}$ (n은 정수)인 모든 실수의 집합에서 연속이다.

실전 개념 3 삼각함수의 도함수

> 유형 05

① $y=\sin x \Longrightarrow y'=\cos x$

② $y=\cos x \Longrightarrow y'=-\sin x$

③ $y=\tan x \Longrightarrow y'=\sec^2 x$

기본 다지고,

329 2017학년도 6월 평가원 가형 22번

$\lim_{x\to0}\frac{\sin 2x}{x\cos x}$의 값을 구하시오. [3점]

330 2011년 10월 교육청 가형 2번

$\lim_{x\to0}\frac{\sin 2x-\sin x}{x}$의 값은? [2점]

① -2　② -1　③ 0　④ 1　⑤ 2

331 2015년 7월 교육청 B형 22번

$\lim_{x\to0}\frac{\sin^2 x}{1-\cos x}$의 값을 구하시오. [3점]

332 2012년 10월 교육청 가형 3번

$\lim_{x\to0}\frac{e^{2x}-1}{\sin 3x}$의 값은? [2점]

① $\frac{1}{3}$　② $\frac{2}{3}$　③ 1　④ $\frac{3}{2}$　⑤ 2

333 2016학년도 수능(홀) B형 2번

$\lim_{x\to0}\frac{\ln(1+5x)}{\sin 3x}$의 값은? [2점]

① 1　② $\frac{4}{3}$　③ $\frac{5}{3}$　④ 2　⑤ $\frac{7}{3}$

334 2014년 3월 교육청 B형 3번

$\lim_{x\to0}\frac{3x+\tan x}{x}$의 값은? [2점]

① 1　② 2　③ 3　④ 4　⑤ 5

> 정답과 해설 92쪽

335 2016학년도 9월 평가원 B형 2번

$\lim_{x \to 0} \frac{\tan x}{xe^x}$의 값은? [2점]

① 1 ② 2 ③ 3
④ 4 ⑤ 5

336 2012년 11월 교육청 B형 3번 (고2)

$\lim_{x \to 0} \frac{\sin 2x \tan x}{x^2}$의 값은? [2점]

① 1 ② 2 ③ 3
④ 4 ⑤ 5

337 2015학년도 9월 평가원 B형 3번

함수 $f(x)=\sin x-4x$에 대하여 $f'(0)$의 값은? [2점]

① -5 ② -4 ③ -3
④ -2 ⑤ -1

338 2015학년도 수능(홀) B형 23번

함수 $f(x)=\cos x+4e^{2x}$에 대하여 $f'(0)$의 값을 구하시오. [3점]

339 2019년 10월 교육청 가형 23번

함수 $f(x)=\sin x-\sqrt{3}\cos x$에 대하여 $f'\left(\frac{\pi}{3}\right)$의 값을 구하시오. [3점]

340 2019년 3월 교육청 가형 4번

함수 $f(x)=\frac{x}{2}+\sin x$에 대하여 $\lim_{x \to \pi} \frac{f(x)-f(\pi)}{x-\pi}$의 값은? [3점]

① $-\frac{5}{2}$ ② -2 ③ $-\frac{3}{2}$
④ -1 ⑤ $-\frac{1}{2}$

STEP B 유형 & 유사로 익히면…

유형 01 삼각함수의 극한 (1)

341 2017년 3월 교육청 가형 23번

함수 $f(\theta)=1-\dfrac{1}{1+2\sin\theta}$일 때, $\lim\limits_{\theta\to 0}\dfrac{10f(\theta)}{\theta}$의 값을 구하시오. [3점]

342 2005년 7월 교육청 가형 26번

두 함수 $f(x)=2x$, $g(x)=\sin x$에 대하여 $\lim\limits_{x\to 0}\dfrac{f(g(x))}{g(f(x))}$의 값은? [3점]

① 0 ② $\dfrac{1}{4}$ ③ $\dfrac{1}{2}$ ④ 1 ⑤ 2

343 2013학년도 사관학교 이과 2번

$\lim\limits_{x\to\frac{\pi}{2}}\dfrac{\cos^2 x}{(2x-\pi)^2}$의 값은? [2점]

① $\dfrac{1}{4}$ ② $\dfrac{1}{2}$ ③ 1 ④ 2 ⑤ 4

344 2007년 7월 교육청 가형 26번

$\lim\limits_{x\to 1}\dfrac{\sin(1-\sqrt{x})}{x-1}$의 값은? [3점]

① -2 ② $-\dfrac{1}{2}$ ③ 0 ④ $\dfrac{1}{2}$ ⑤ 2

유형 02 삼각함수의 극한 (2)

345 2008년 5월 교육청 가형 30번

$\lim_{x \to 0} \frac{3x \sin(\sin 2x)}{1-\cos x}$의 값을 구하시오. [4점]

346 2006학년도 수능(홀) 가형 26번

$\lim_{\theta \to 0} \frac{\sec 2\theta - 1}{\sec \theta - 1}$의 값은? [3점]

① 1 ② 2 ③ 3 ④ 4 ⑤ 5

347 2005년 5월 교육청 가형 28번

$\lim_{x \to 0} \frac{ax \sin 2x}{\cos x - 1} = 8$일 때, a의 값은? [3점]

① -2 ② -1 ③ 1 ④ 2 ⑤ 3

348 2006년 5월 교육청 가형 27번

$\lim_{x \to 0} \frac{1-\cos kx}{2\sin^2 x} = 1$을 만족하는 양수 k의 값은? [3점]

① 1 ② 2 ③ 3 ④ 4 ⑤ 5

349 2015년 4월 교육청 B형 24번

함수 $f(x)$에 대하여 $\lim_{x \to 0} f(x)\left(1-\cos \frac{x}{2}\right) = 1$일 때,

$\lim_{x \to 0} x^2 f(x)$의 값을 구하시오. [3점]

350 2009학년도 6월 평가원 가형 28번

연속함수 $f(x)$가 $\lim_{x \to 0} \frac{f(x)}{1-\cos(x^2)} = 2$를 만족시킬 때,

$\lim_{x \to 0} \frac{f(x)}{x^p} = q$이다. $p+q$의 값은? (단, $p>0$, $q>0$이다.) [3점]

① 4 ② 5 ③ 6 ④ 7 ⑤ 8

유형 03 삼각함수의 극한 [3]

351 2011학년도 6월 평가원 가형 26번

$\lim_{x\to0}\frac{e^{2x^2}-1}{\tan x\sin 2x}$의 값은? [3점]

① $\frac{1}{4}$ ② $\frac{1}{2}$ ③ 1 ④ 2 ⑤ 4

352 2010년 7월 교육청 가형 26번

$\lim_{x\to0}\frac{e^{x\sin x}+e^{x\sin 2x}-2}{x\ln(1+x)}$의 값은? [3점]

① 1 ② 2 ③ 3 ④ 4 ⑤ 5

353 2007학년도 6월 평가원 가형 30번

두 양수 a, b가 $\lim_{x\to0}\frac{\sin 7x}{2^{x+1}-a}=\frac{b}{2\ln 2}$를 만족시킬 때, ab의 값을 구하시오. [4점]

354 2007년 수능(홀) 가형 26번

$\lim_{x\to a}\frac{2^x-1}{3\sin(x-a)}=b\ln 2$를 만족시키는 두 상수 a, b에 대하여 $a+b$의 값은? [3점]

① $\frac{1}{6}$ ② $\frac{1}{5}$ ③ $\frac{1}{4}$ ④ $\frac{1}{3}$ ⑤ $\frac{1}{2}$

> 정답과 해설 94쪽

유형 04 삼각함수의 연속

355 2008년 7월 교육청 가형 27번

함수 $f(x)=\begin{cases} \dfrac{\sin x-a}{x-\dfrac{\pi}{2}} & \left(x\neq\dfrac{\pi}{2}\right) \\ b & \left(x=\dfrac{\pi}{2}\right)\end{cases}$ 가 $x=\dfrac{\pi}{2}$에서 연속일 때,

상수 a, b의 합 $a+b$의 값은? [3점]

① 1 ② 2 ③ 3 ④ 4 ⑤ 5

356 2005학년도 6월 평가원 가형 27번

실수 x에 대하여 함수 $f(x)$를

$$f(x)=\begin{cases} \dfrac{\sin 2(x-1)}{x-1} & (x\neq1) \\ a & (x=1)\end{cases}$$

로 정의한다. $x=1$에서 $f(x)$가 연속일 때, a의 값은? [3점]

① 0 ② 1 ③ 2 ④ $\dfrac{1}{2}$ ⑤ $\dfrac{3}{2}$

357 2013년 4월 교육청 B형 10번

함수

$$f(x)=\begin{cases} \dfrac{e^x-\sin 2x-a}{3x} & (x\neq0) \\ b & (x=0)\end{cases}$$

가 $x=0$에서 연속일 때, 두 상수 a, b에 대하여 $a+b$의 값은? [3점]

① $\dfrac{1}{3}$ ② $\dfrac{2}{3}$ ③ 1 ④ $\dfrac{4}{3}$ ⑤ $\dfrac{5}{3}$

358 2021학년도 6월 평가원 가형 10번

실수 전체의 집합에서 연속인 함수 $f(x)$가 모든 실수 x에 대하여

$$(e^{2x}-1)^2f(x)=a-4\cos\frac{\pi}{2}x$$

를 만족시킬 때, $a\times f(0)$의 값은? (단, a는 상수이다.) [3점]

① $\dfrac{\pi^2}{6}$ ② $\dfrac{\pi^2}{5}$ ③ $\dfrac{\pi^2}{4}$ ④ $\dfrac{\pi^2}{3}$ ⑤ $\dfrac{\pi^2}{2}$

유형 05 삼각함수의 도함수

359 2016학년도 수능(홀) B형 23번

함수 $f(x)=4\sin 7x$에 대하여 $f'(2\pi)$의 값을 구하시오. [3점]

360 2019학년도 6월 평가원 가형 6번

함수 $f(x)=\tan 2x+3\sin x$에 대하여

$\lim_{h\to 0}\frac{f(\pi+h)-f(\pi-h)}{h}$의 값은? [3점]

① -2 ② -4 ③ -6
④ -8 ⑤ -10

361 2023년 4월 교육청 24번

함수 $f(x)=e^x(2\sin x+\cos x)$에 대하여 $f'(0)$의 값은? [3점]

① 3 ② 4 ③ 5
④ 6 ⑤ 7

362 2015년 11월 교육청 가형 6번 (고2)

함수 $f(x)=(x+\pi)\sin x$에 대하여 $f'(0)$의 값은? [3점]

① $-\pi$ ② $-\frac{\pi}{2}$ ③ 0
④ $\frac{\pi}{2}$ ⑤ π

> 정답과 해설 96쪽

363 2016년 3월 교육청 가형 8번

함수 $f(x)=\sin x+a\cos x$에 대하여 $\lim_{x\to\frac{\pi}{2}}\frac{f(x)-1}{x-\frac{\pi}{2}}=3$일 때, $f\left(\frac{\pi}{4}\right)$의 값은? (단, a는 상수이다.) [3점]

① $-2\sqrt{2}$　② $-\sqrt{2}$　③ 0
④ $\sqrt{2}$　⑤ $2\sqrt{2}$

364 2016년 11월 교육청 가형 15번 (고2)

실수 a에 대하여 함수 $f(x)=\sin x+\cos x$가

$$\lim_{x\to a}\frac{\{f(x)\}^2-\{f(a)\}^2}{x-a}=1$$

을 만족시킬 때, $\cos^2 a$의 값은? [4점]

① $\frac{1}{4}$　② $\frac{3}{8}$　③ $\frac{1}{2}$
④ $\frac{5}{8}$　⑤ $\frac{3}{4}$

365 2020학년도 6월 평가원 가형 12번

함수 $f(x)=\sin(x+\alpha)+2\cos(x+\alpha)$에 대하여 $f'\left(\frac{\pi}{4}\right)=0$일 때, $\tan\alpha$의 값은? (단, α는 상수이다.) [3점]

① $-\frac{5}{6}$　② $-\frac{2}{3}$　③ $-\frac{1}{2}$
④ $-\frac{1}{3}$　⑤ $-\frac{1}{6}$

366 2024학년도 6월 평가원 27번

실수 t $(0<t<\pi)$에 대하여 곡선 $y=\sin x$ 위의 점 $\mathrm{P}(t, \sin t)$에서의 접선과 점 P를 지나고 기울기가 -1인 직선이 이루는 예각의 크기를 θ라 할 때, $\lim_{t\to\pi-}\frac{\tan\theta}{(\pi-t)^2}$의 값은? [3점]

① $\frac{1}{16}$　② $\frac{1}{8}$　③ $\frac{1}{4}$
④ $\frac{1}{2}$　⑤ 1

05

유형 06 삼각함수의 극한을 이용하여 함수의 식 구하기

367 2019학년도 사관학교 가형 14번

다항함수 $f(x)$에 대하여 함수 $g(x)=f(x)\sin x$가 다음 조건을 만족시킬 때, $f(4)$의 값은? [4점]

(가) $\lim_{x\to\infty}\frac{g(x)}{x^2}=0$

(나) $\lim_{x\to 0}\frac{g'(x)}{x}=6$

① 11 ② 12 ③ 13
④ 14 ⑤ 15

368 2008학년도 6월 평가원 가형 29번

다항함수 $g(x)$에 대하여 함수 $f(x)=e^{-x}\sin x+g(x)$가

$$\lim_{x\to 0}\frac{f(x)}{x}=1,\ \lim_{x\to\infty}\frac{f(x)}{x^2}=1$$

을 만족시킬 때, **보기**에서 옳은 것을 모두 고른 것은? [4점]

보기

ㄱ. $g(0)=0$

ㄴ. $\lim_{x\to\infty}\frac{g(x)}{x^2}=1$

ㄷ. $\lim_{x\to 0}\frac{f(x)}{g(x)}=1$

① ㄱ ② ㄴ ③ ㄱ, ㄴ
④ ㄴ, ㄷ ⑤ ㄱ, ㄴ, ㄷ

> 정답과 해설 97쪽

유형 07 삼각함수의 극한의 좌표평면에의 활용

369 2021년 4월 교육청 27번

그림과 같이 곡선 $y=x\sin x$ 위의 점 $\mathrm{P}(t,\ t\sin t)$ $(0<t<\pi)$를 중심으로 하고 y축에 접하는 원이 선분 OP와 만나는 점을 Q라 하자. 점 Q의 x좌표를 $f(t)$라 할 때, $\lim_{t\to 0+}\frac{f(t)}{t^3}$의 값은?

(단, O는 원점이다.) [3점]

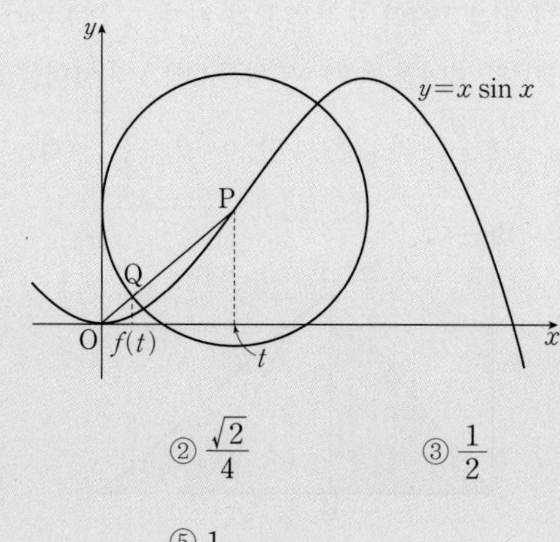

① $\frac{1}{4}$ ② $\frac{\sqrt{2}}{4}$ ③ $\frac{1}{2}$

④ $\frac{\sqrt{2}}{2}$ ⑤ 1

370 2020학년도 수능(홀) 가형 24번

좌표평면에서 곡선 $y=\sin x$ 위의 점 $\mathrm{P}(t,\ \sin t)$ $(0<t<\pi)$를 중심으로 하고 x축에 접하는 원을 C라 하자. 원 C가 x축에 접하는 점을 Q, 선분 OP와 만나는 점을 R라 하자.

$\lim_{t\to 0+}\frac{\overline{\mathrm{OQ}}}{\overline{\mathrm{OR}}}=a+b\sqrt{2}$일 때, $a+b$의 값을 구하시오.

(단, O는 원점이고, a, b는 정수이다.) [3점]

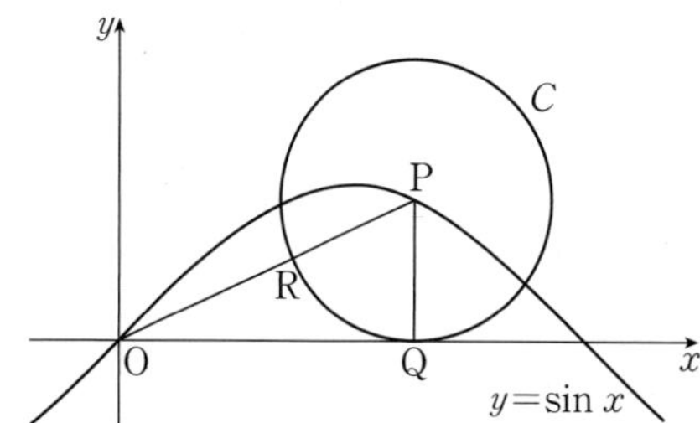

유형 08 삼각함수의 극한의 도형에의 활용 (1)

371 2021학년도 수능(홀) 가형 24번

그림과 같이 $\overline{AB}=2$, $\angle B=\frac{\pi}{2}$인 직각삼각형 ABC에서 중심이 A, 반지름의 길이가 1인 원이 두 선분 AB, AC와 만나는 점을 각각 D, E라 하자. 호 DE의 삼등분점 중 점 D에 가까운 점을 F라 하고, 직선 AF가 선분 BC와 만나는 점을 G라 하자. $\angle BAG=\theta$라 할 때, 삼각형 ABG의 내부와 부채꼴 ADF의 외부의 공통부분의 넓이를 $f(\theta)$, 부채꼴 AFE의 넓이를 $g(\theta)$라 하자. $40\times\lim_{\theta\to0+}\frac{f(\theta)}{g(\theta)}$의 값을 구하시오.

$\left(\text{단, } 0<\theta<\frac{\pi}{6}\right)$ [3점]

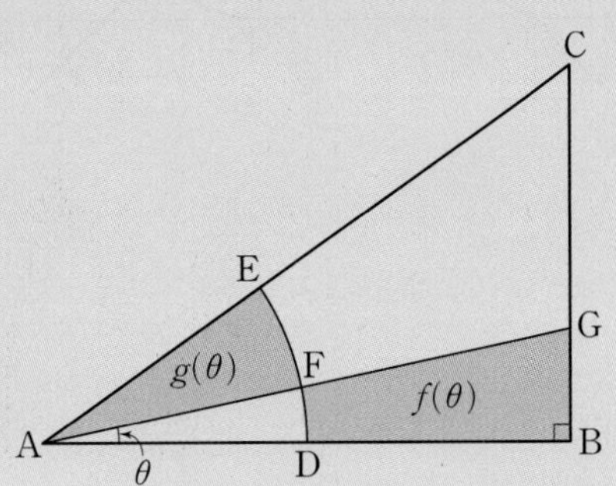

372 2020학년도 9월 평가원 가형 20번

그림과 같이 반지름의 길이가 1이고 중심각의 크기가 $\frac{\pi}{2}$인 부채꼴 OAB가 있다. 호 AB 위의 점 P에서 선분 OA에 내린 수선의 발을 H, 점 P에서 호 AB에 접하는 직선과 직선 OA의 교점을 Q라 하자. 점 Q를 중심으로 하고 반지름의 길이가 $\overline{QA}$인 원과 선분 PQ의 교점을 R라 하자. $\angle POA=\theta$일 때, 삼각형 OHP의 넓이를 $f(\theta)$, 부채꼴 QRA의 넓이를 $g(\theta)$라 하자. $\lim_{\theta\to0+}\frac{\sqrt{g(\theta)}}{\theta\times f(\theta)}$의 값은? $\left(\text{단, } 0<\theta<\frac{\pi}{2}\right)$ [4점]

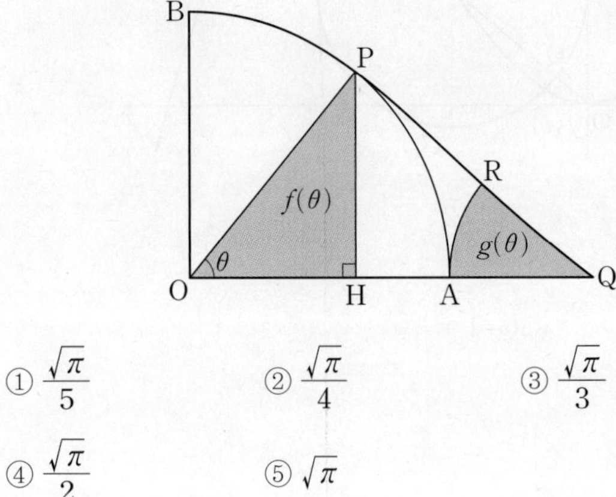

① $\frac{\sqrt{\pi}}{5}$ ② $\frac{\sqrt{\pi}}{4}$ ③ $\frac{\sqrt{\pi}}{3}$

④ $\frac{\sqrt{\pi}}{2}$ ⑤ $\sqrt{\pi}$

> 정답과 해설 98쪽

373 2012년 10월 교육청 가형 20번

그림과 같이 길이가 2인 선분 AB를 지름으로 하는 반원 위의 점 C를 $\widehat{AC}=\widehat{BC}$가 되도록 잡는다. 호 BC 위를 움직이는 점 P에 대하여 선분 AP와 선분 BC가 만나는 점을 Q라 하고, $\angle PAB=\theta$라 하자. 삼각형 BPQ의 넓이를 $S(\theta)$라 할 때, $\lim_{\theta \to 0+} \frac{S(\theta)}{\theta^2}$의 값은? $\left(\text{단, } 0<\theta<\frac{\pi}{4}\right)$ [4점]

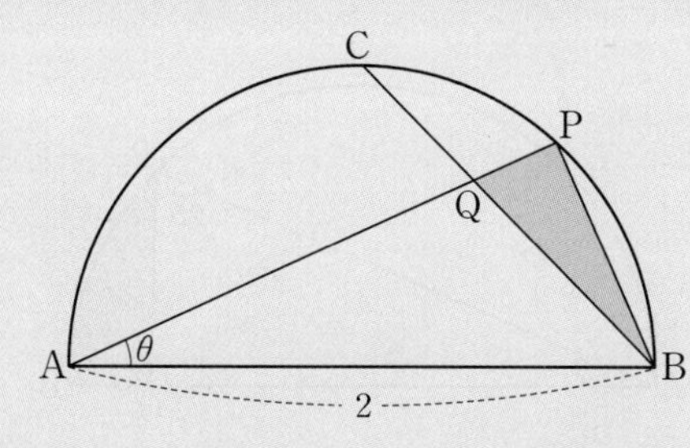

① $\frac{\sqrt{2}}{2}$ ② 1 ③ $\sqrt{2}$
④ 2 ⑤ $2\sqrt{2}$

374 2017학년도 수능(홀) 가형 14번

그림과 같이 반지름의 길이가 1이고 중심각의 크기가 $\frac{\pi}{2}$인 부채꼴 OAB가 있다. 호 AB 위의 점 P에서 선분 OA에 내린 수선의 발을 H, 선분 PH와 선분 AB의 교점을 Q라 하자. $\angle POH=\theta$일 때, 삼각형 AQH의 넓이를 $S(\theta)$라 하자. $\lim_{\theta \to 0+} \frac{S(\theta)}{\theta^4}$의 값은? $\left(\text{단, } 0<\theta<\frac{\pi}{2}\right)$ [4점]

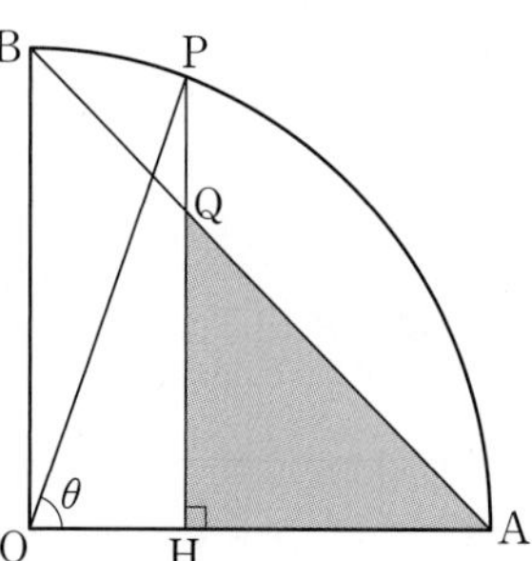

① $\frac{1}{8}$ ② $\frac{1}{4}$ ③ $\frac{3}{8}$
④ $\frac{1}{2}$ ⑤ $\frac{5}{8}$

375 2022학년도 수능 예시문항 28번

그림과 같이 길이가 2인 선분 AB를 지름으로 하는 반원의 호 위에 점 P가 있고, 선분 AB 위에 점 Q가 있다. $\angle PAB=\theta$이고 $\angle APQ=\frac{\theta}{3}$일 때, 삼각형 PAQ의 넓이를 $S(\theta)$, 선분 PB의 길이를 $l(\theta)$라 하자. $\lim_{\theta \to 0+} \frac{S(\theta)}{l(\theta)}$의 값은?

$\left(\text{단, } 0<\theta<\frac{\pi}{4}\right)$ [4점]

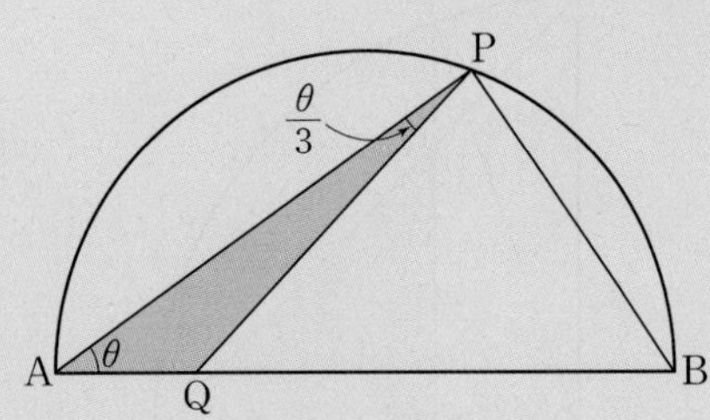

① $\frac{1}{12}$　② $\frac{1}{6}$　③ $\frac{1}{4}$

④ $\frac{1}{3}$　⑤ $\frac{5}{12}$

376 2015년 7월 교육청 B형 29번

그림과 같이 길이가 12인 선분 AB를 지름으로 하는 반원의 호 AB 위에 $\angle PAB=\theta \left(0<\theta<\frac{\pi}{6}\right)$인 점 P가 있다. $\angle APQ=3\theta$가 되도록 선분 AB 위의 점 Q를 잡을 때, 두 선분 PQ, QB와 호 BP로 둘러싸인 부분의 넓이를 $S(\theta)$라 하자. $\lim_{\theta \to 0+} \frac{S(\theta)}{\theta}$의 값을 구하시오. [4점]

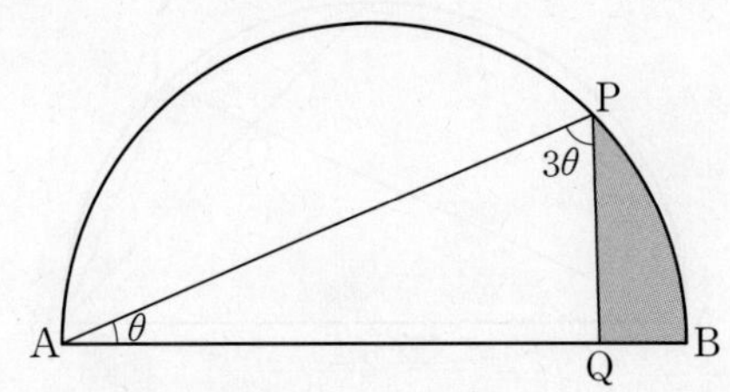

유형 09 삼각함수의 극한의 도형에의 활용 (2)

377 2023년 4월 교육청 27번

그림과 같이 좌표평면 위에 점 A$(0, 1)$을 중심으로 하고 반지름의 길이가 1인 원 C가 있다. 원점 O를 지나고 x축의 양의 방향과 이루는 각의 크기가 θ인 직선이 원 C와 만나는 점 중 O가 아닌 점을 P라 하고, 호 OP 위에 점 Q를 $\angle\mathrm{OPQ}=\frac{\theta}{3}$가 되도록 잡는다. 삼각형 POQ의 넓이를 $f(\theta)$라 할 때, $\lim_{\theta\to0+}\frac{f(\theta)}{\theta^3}$의 값은?

(단, 점 Q는 제1사분면 위의 점이고, $0<\theta<\pi$이다.) [3점]

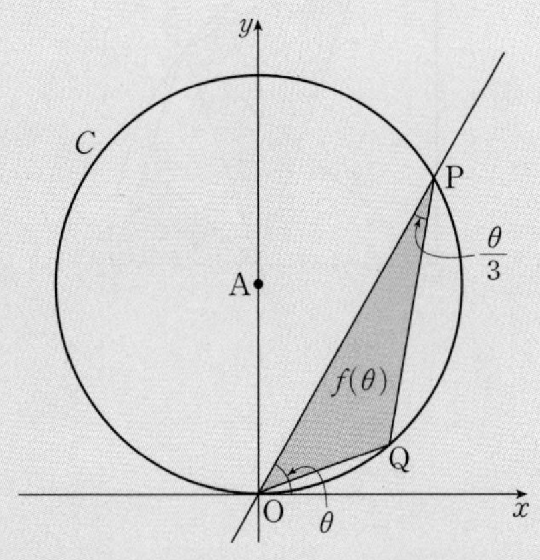

① $\frac{2}{9}$ ② $\frac{1}{3}$ ③ $\frac{4}{9}$ ④ $\frac{5}{9}$ ⑤ $\frac{2}{3}$

378 2023년 7월 교육청 28번

그림과 같이 중심이 O이고 길이가 2인 선분 AB를 지름으로 하는 원이 있다. 원 위에 점 P를 $\angle\mathrm{PAB}=\theta$가 되도록 잡고, 점 P를 포함하지 않는 호 AB 위에 점 Q를 $\angle\mathrm{QAB}=2\theta$가 되도록 잡는다. 직선 OQ가 원과 만나는 점 중 Q가 아닌 점을 R, 두 선분 PA와 QR가 만나는 점을 S라 하자. 삼각형 BOQ의 넓이를 $f(\theta)$, 삼각형 PRS의 넓이를 $g(\theta)$라 할 때, $\lim_{\theta\to0+}\frac{g(\theta)}{f(\theta)}$의 값은? $\left(\text{단, } 0<\theta<\frac{\pi}{6}\right)$ [4점]

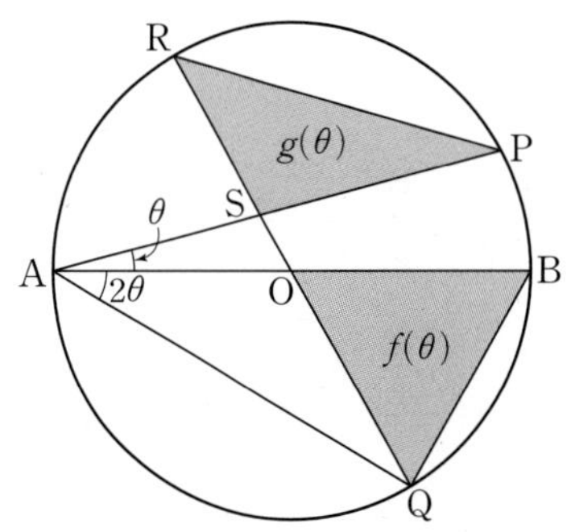

① $\frac{11}{10}$ ② $\frac{6}{5}$ ③ $\frac{13}{10}$ ④ $\frac{7}{5}$ ⑤ $\frac{3}{2}$

379 2023년 10월 교육청 29번

그림과 같이 $\overline{AB}=\overline{AC}$, $\overline{BC}=2$인 삼각형 ABC에 대하여 선분 AB를 지름으로 하는 원이 선분 AC와 만나는 점 중 A가 아닌 점을 D라 하고, 선분 AB의 중점을 E라 하자. $\angle BAC=\theta$일 때, 삼각형 CDE의 넓이를 $S(\theta)$라 하자. $60\times\lim_{\theta\to0+}\frac{S(\theta)}{\theta}$의 값을 구하시오. $\left(단,\ 0<\theta<\frac{\pi}{2}\right)$ [4점]

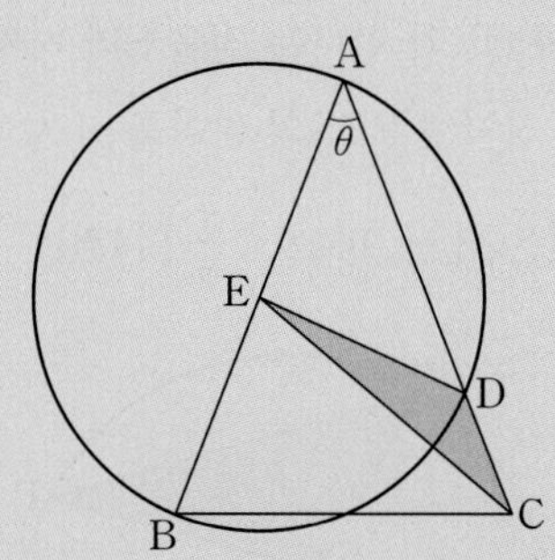

380 2023학년도 9월 평가원 28번

그림과 같이 반지름의 길이가 1이고 중심각의 크기가 $\frac{\pi}{2}$인 부채꼴 OAB가 있다. 호 AB 위의 점 P에 대하여 $\overline{PA}=\overline{PC}=\overline{PD}$가 되도록 호 PB 위에 점 C와 선분 OA 위에 점 D를 잡는다. 점 D를 지나고 선분 OP와 평행한 직선이 선분 PA와 만나는 점을 E라 하자. $\angle POA=\theta$일 때, 삼각형 CDP의 넓이를 $f(\theta)$, 삼각형 EDA의 넓이를 $g(\theta)$라 하자. $\lim_{\theta\to0+}\frac{g(\theta)}{\theta^2\times f(\theta)}$의 값은? $\left(단,\ 0<\theta<\frac{\pi}{4}\right)$ [4점]

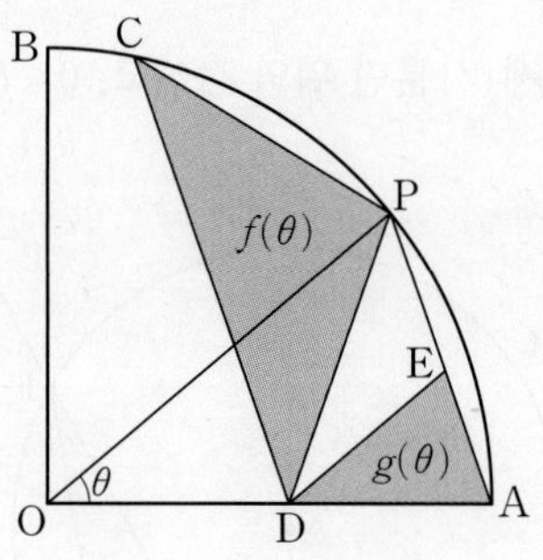

① $\frac{1}{8}$ ② $\frac{1}{4}$ ③ $\frac{3}{8}$

④ $\frac{1}{2}$ ⑤ $\frac{5}{8}$

유형 10 삼각함수의 극한의 도형에의 활용 (3)

381 2016년 4월 교육청 가형 2번

그림과 같이 길이가 2인 선분 AB를 지름으로 하는 반원이 있다. 호 AB 위의 한 점 P에 대하여 $\angle PAB=\theta$라 하자. 선분 PB의 중점 M에서 선분 PB에 접하고 호 PB에 접하는 원의 넓이를 $S(\theta)$, 선분 AP 위에 $\overline{AQ}=\overline{BQ}$가 되도록 점 Q를 잡고 삼각형 ABQ에 내접하는 원의 넓이를 $T(\theta)$라 하자.

$\lim_{\theta \to 0+} \frac{\theta^2 \times T(\theta)}{S(\theta)}$의 값을 구하시오. $\left(\text{단, } 0<\theta<\frac{\pi}{4}\right)$ [4점]

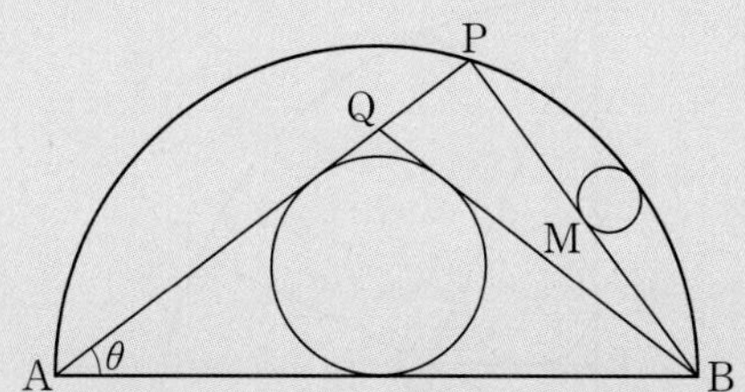

382 2017학년도 9월 평가원 가형 20번

그림과 같이 한 변의 길이가 1인 정사각형 ABCD가 있다. 변 CD 위의 점 E에 대하여 선분 DE를 지름으로 하는 원과 직선 BE가 만나는 점 중 E가 아닌 점을 F라 하자. $\angle EBC=\theta$라 할 때, 점 E를 포함하지 않는 호 DF를 이등분하는 점과 선분 DF의 중점을 지름의 양 끝점으로 하는 원의 반지름의 길이를 $r(\theta)$라 하자. $\lim_{\theta \to \frac{\pi}{4}-} \frac{r(\theta)}{\frac{\pi}{4}-\theta}$의 값은? $\left(\text{단, } 0<\theta<\frac{\pi}{4}\right)$

[4점]

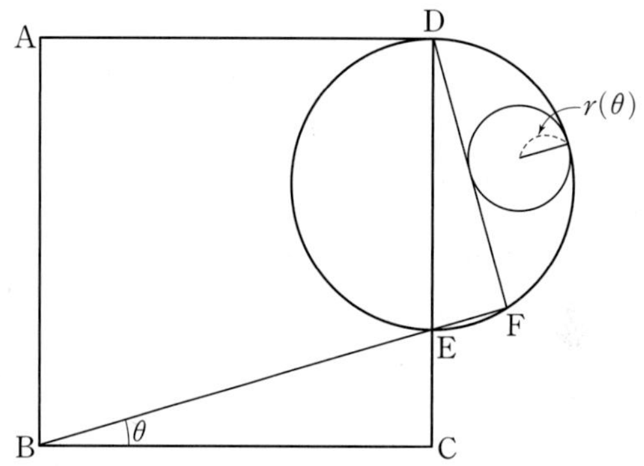

① $\frac{1}{7}(2-\sqrt{2})$ ② $\frac{1}{6}(2-\sqrt{2})$ ③ $\frac{1}{5}(2-\sqrt{2})$

④ $\frac{1}{4}(2-\sqrt{2})$ ⑤ $\frac{1}{3}(2-\sqrt{2})$

05

383 2016년 3월 교육청 가형 21번

그림과 같이 중심이 원점 O이고 반지름의 길이가 1인 원 C가 있다. 원 C가 x축의 양의 방향과 만나는 점을 A, 원 C 위에 있고 제1사분면에 있는 점 P에서 x축에 내린 수선의 발을 H, $\angle\mathrm{POA}=\theta$라 하자. 삼각형 APH에 내접하는 원의 반지름의 길이를 $r(\theta)$라 할 때, $\lim\limits_{\theta\to0+}\frac{r(\theta)}{\theta^2}$의 값은? [4점]

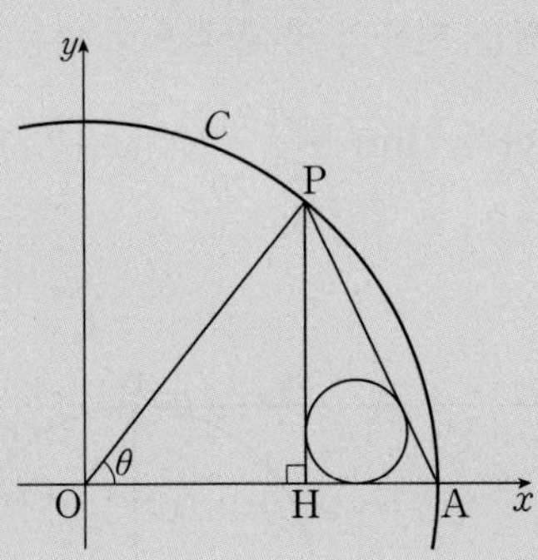

① $\frac{1}{10}$ ② $\frac{1}{8}$ ③ $\frac{1}{6}$

④ $\frac{1}{4}$ ⑤ $\frac{1}{2}$

384 2017년 3월 교육청 가형 17번

그림과 같이 반지름의 길이가 1이고 중심각의 크기가 $\frac{\pi}{2}$인 부채꼴 OAB가 있다. 호 AB 위의 점 P에 대하여 점 B에서 선분 OP에 내린 수선의 발을 Q, 점 Q에서 선분 OB에 내린 수선의 발을 R라 하자. $\angle\mathrm{BOP}=\theta$일 때, 삼각형 RQB에 내접하는 원의 반지름의 길이를 $r(\theta)$라 하자. $\lim\limits_{\theta\to0+}\frac{r(\theta)}{\theta^2}$의 값은?

$\left(\text{단, } 0<\theta<\frac{\pi}{2}\right)$ [4점]

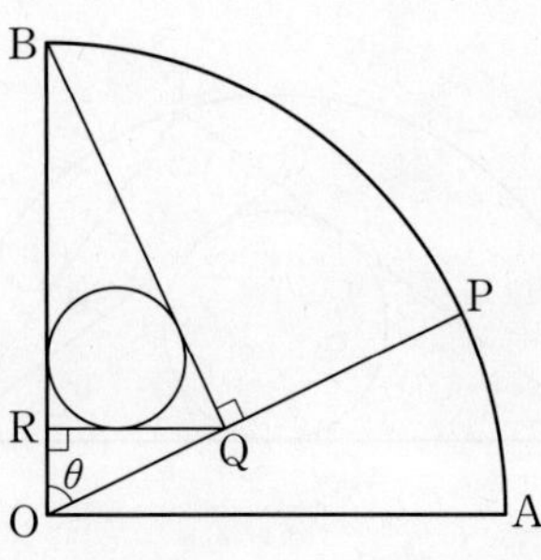

① $\frac{1}{2}$ ② 1 ③ $\frac{3}{2}$

④ 2 ⑤ $\frac{5}{2}$

유형 11 삼각함수의 극한의 도형에의 활용 (4)

385 2018년 4월 교육청 가형 20번

그림과 같이 길이가 4인 선분 AB를 지름으로 하는 반원 위에 두 점 P, Q를 $\angle PAB=\theta$, $\angle QAB=2\theta$가 되도록 잡는다. 선분 AB의 중점 O에 대하여 선분 OQ와 선분 AP가 만나는 점을 R라 하자. 호 PQ와 두 선분 QR, RP로 둘러싸인 부분의 넓이를 $S(\theta)$라 할 때, $\lim_{\theta \to 0+} \frac{S(\theta)}{\theta}$의 값은?

$\left(단,\ 0<\theta<\frac{\pi}{4}\right)$ [4점]

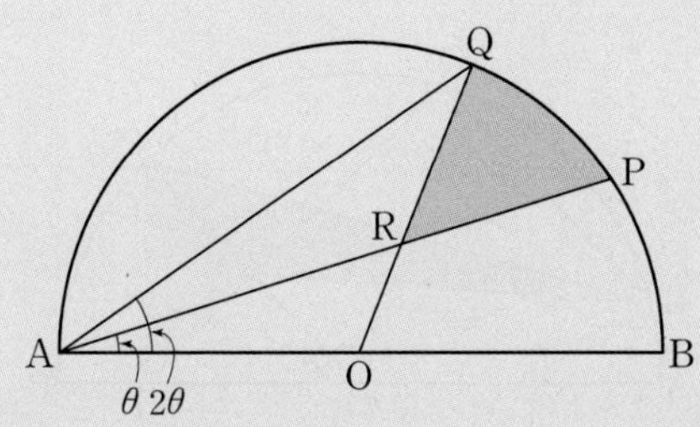

① $\frac{4}{3}$　② $\frac{5}{3}$　③ 2　④ $\frac{7}{3}$　⑤ $\frac{8}{3}$

386 2022학년도 6월 평가원 28번

그림과 같이 길이가 2인 선분 AB를 지름으로 하는 반원의 호 AB 위에 점 P가 있다. 선분 AB의 중점을 O라 할 때, 점 B를 지나고 선분 AB에 수직인 직선이 직선 OP와 만나는 점을 Q라 하고, $\angle OQB$의 이등분선이 직선 AP와 만나는 점을 R라 하자. $\angle OAP=\theta$일 때, 삼각형 OAP의 넓이를 $f(\theta)$, 삼각형 PQR의 넓이를 $g(\theta)$라 하자. $\lim_{\theta \to 0+} \frac{g(\theta)}{\theta^4 \times f(\theta)}$의 값은?

$\left(단,\ 0<\theta<\frac{\pi}{4}\right)$ [4점]

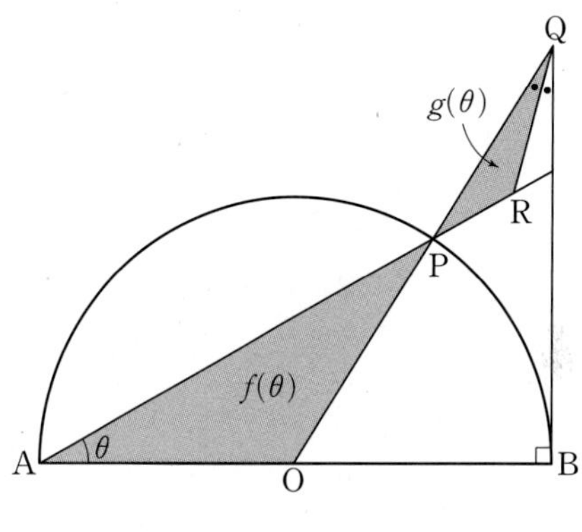

① 2　② $\frac{5}{2}$　③ 3　④ $\frac{7}{2}$　⑤ 4

05

> 정답과 해설 106쪽

387 2019학년도 6월 평가원 가형 16번

그림과 같이 반지름의 길이가 1이고 중심각의 크기가 $\frac{\pi}{2}$인 부채꼴 OAB가 있다. 호 AB 위의 점 P에서 선분 OA에 내린 수선의 발을 H라 하고, 호 BP 위에 점 Q를 $\angle\text{POH}=\angle\text{PHQ}$가 되도록 잡는다. $\angle\text{POH}=\theta$일 때, 삼각형 OHQ의 넓이를 $S(\theta)$라 하자. $\lim_{\theta\to0+}\frac{S(\theta)}{\theta}$의 값은? $\left(\text{단, } 0<\theta<\frac{\pi}{6}\right)$ [4점]

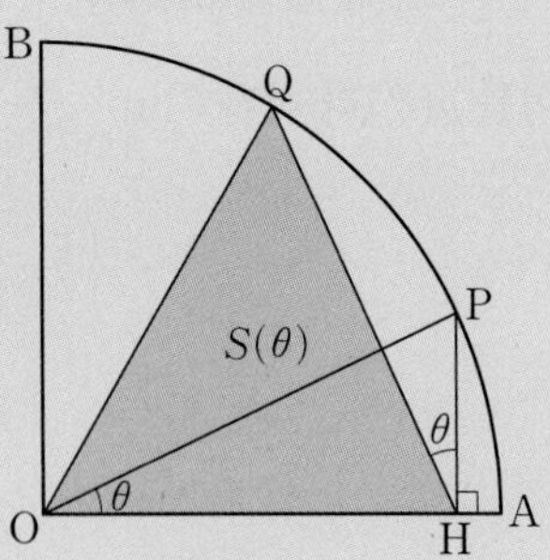

① $\frac{1+\sqrt{2}}{2}$ ② $\frac{2+\sqrt{2}}{2}$ ③ $\frac{3+\sqrt{2}}{2}$
④ $\frac{4+\sqrt{2}}{2}$ ⑤ $\frac{5+\sqrt{2}}{2}$

388 2019년 3월 교육청 가형 19번

그림과 같이 중심이 O이고 길이가 2인 선분 AB를 지름으로 하는 반원이 있다. 호 AB 위의 점 P에서 선분 AB에 내린 수선의 발을 H라 하고, 점 H를 지나고 선분 OP에 수직인 직선이 선분 OP, 호 AB와 만나는 점을 각각 I, Q라 하자. 점 Q를 지나고 직선 OP에 평행한 직선이 호 AB와 만나는 점 중 Q가 아닌 점을 R라 하자. $\angle\text{POB}=\theta$일 때, 두 삼각형 RIP, IHP의 넓이를 각각 $S(\theta)$, $T(\theta)$라 하자. $\lim_{\theta\to0+}\frac{S(\theta)-T(\theta)}{\theta^3}$의 값은? $\left(\text{단, } 0<\theta<\frac{\pi}{2}\right)$ [4점]

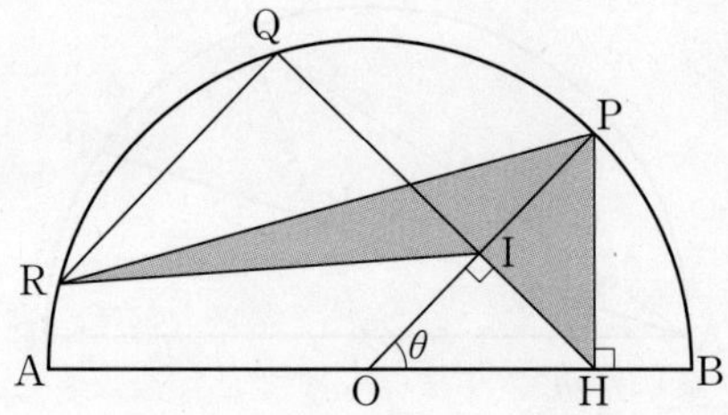

① $\frac{\sqrt{2}-1}{4}$ ② $\frac{\sqrt{2}-1}{2}$ ③ $\sqrt{2}-1$
④ $\frac{2\sqrt{2}-1}{4}$ ⑤ $\frac{2\sqrt{2}-1}{2}$

> 정답과 해설 108쪽

389 2010학년도 6월 평가원 가형 27번

$\lim_{x \to 0} \frac{e^{1-\sin x}-e^{1-\tan x}}{\tan x-\sin x}$의 값은? [3점]

① $\frac{1}{e}$　② $\frac{2}{e}$　③ 1
④ e　⑤ $2e$

390 2022년 4월 교육청 30번

함수 $f(x)=a\cos x+x\sin x+b$와 $-\pi<\alpha<0<\beta<\pi$인 두 실수 α, β가 다음 조건을 만족시킨다.

> (가) $f'(\alpha)=f'(\beta)=0$
> (나) $\frac{\tan\beta-\tan\alpha}{\beta-\alpha}+\frac{1}{\beta}=0$

$\lim_{x \to 0} \frac{f(x)}{x^2}=c$일 때, $f\left(\frac{\beta-\alpha}{3}\right)+c=p+q\pi$이다. 두 유리수 p, q에 대하여 $120\times(p+q)$의 값을 구하시오.

(단, a, b, c는 상수이고, $a<1$이다.) [4점]

05

391 2021학년도 6월 평가원 가형 28번

그림과 같이 $\overline{AB}=1$, $\overline{BC}=2$인 두 선분 AB, BC에 대하여 선분 BC의 중점을 M, 점 M에서 선분 AB에 내린 수선의 발을 H라 하자. 중심이 M이고 반지름의 길이가 $\overline{MH}$인 원이 선분 AM과 만나는 점을 D, 선분 HC가 선분 DM과 만나는 점을 E라 하자. $\angle ABC=\theta$라 할 때, 삼각형 CDE의 넓이를 $f(\theta)$, 삼각형 MEH의 넓이를 $g(\theta)$라 하자.

$\lim_{\theta \to 0+} \frac{f(\theta)-g(\theta)}{\theta^3}=a$일 때, $80a$의 값을 구하시오.

$\left(단,\ 0<\theta<\frac{\pi}{2}\right)$ [4점]

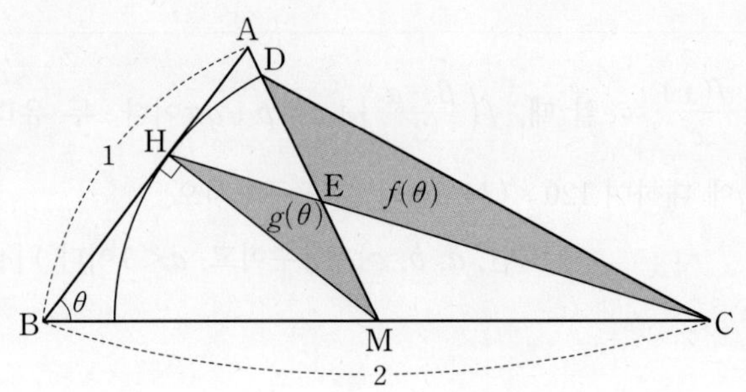

392 2018학년도 6월 평가원 가형 28번

그림과 같이 반지름의 길이가 1이고 중심각의 크기가 θ인 부채꼴 OAB에서 호 AB의 삼등분점 중 점 A에 가까운 점을 C라 하자. 변 DE가 선분 OA 위에 있고, 꼭짓점 G, F가 각각 선분 OC, 호 AC 위에 있는 정사각형 DEFG의 넓이를 $f(\theta)$라 하자. 점 D에서 선분 OB에 내린 수선의 발을 P, 선분 DP와 선분 OC가 만나는 점을 Q라 할 때, 삼각형 OQP의 넓이를 $g(\theta)$라 하자. $\lim_{\theta \to 0+} \frac{f(\theta)}{\theta \times g(\theta)}=k$일 때, $60k$의 값을 구하시오. $\left(단,\ 0<\theta<\frac{\pi}{2}이고,\ \overline{OD}<\overline{OE}이다.\right)$ [4점]

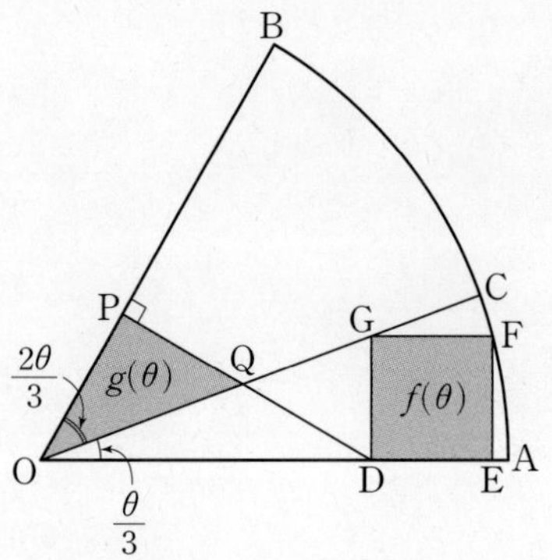

393 2020년 10월 교육청 가형 21번

그림과 같이 길이가 2인 선분 AB를 지름으로 하는 반원이 있다. 호 AB 위의 점 P와 선분 AB 위의 점 C에 대하여 $\angle PAC=\theta$일 때, $\angle APC=2\theta$이다. $\angle ADC=\angle PCD=\frac{\pi}{2}$인 점 D에 대하여 두 선분 AP와 CD가 만나는 점을 E라 하자. 삼각형 DEP의 넓이를 $S(\theta)$라 할 때, $\lim_{\theta \to 0+} \frac{S(\theta)}{\theta}$의 값은? $\left(\text{단, } 0<\theta<\frac{\pi}{6}\right)$ [4점]

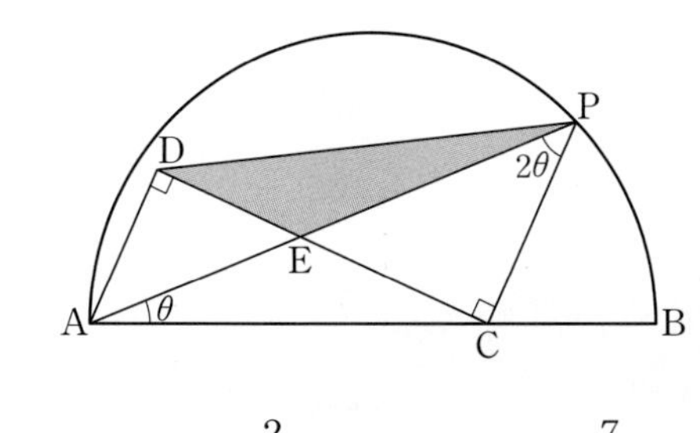

① $\frac{5}{9}$　② $\frac{2}{3}$　③ $\frac{7}{9}$
④ $\frac{8}{9}$　⑤ 1

394 2021년 10월 교육청 28번

그림과 같이 $\overline{AB}=1$, $\overline{BC}=2$인 삼각형 ABC에 대하여 선분 AC의 중점을 M이라 하고, 점 M을 지나고 선분 AB에 평행한 직선이 선분 BC와 만나는 점을 D라 하자. $\angle BAC$의 이등분선이 두 직선 BC, DM과 만나는 점을 각각 E, F라 하자. $\angle CBA=\theta$일 때, 삼각형 ABE의 넓이를 $f(\theta)$, 삼각형 DFC의 넓이를 $g(\theta)$라 하자. $\lim_{\theta \to 0+} \frac{g(\theta)}{\theta^2 \times f(\theta)}$의 값은?

(단, $0<\theta<\pi$) [4점]

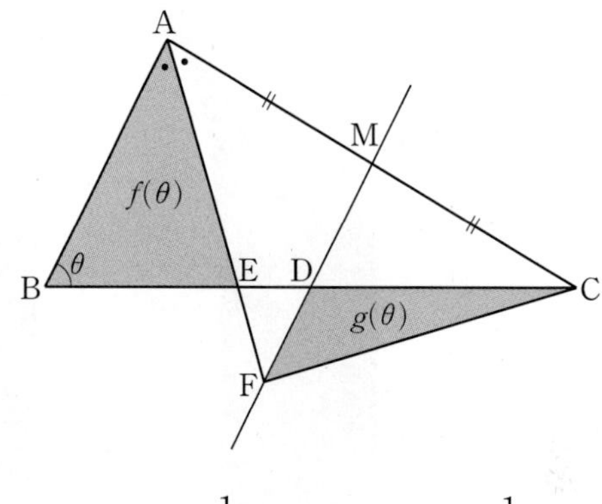

① $\frac{1}{8}$　② $\frac{1}{4}$　③ $\frac{1}{2}$
④ 1　⑤ 2

06

여러 가지 미분법

개념 카드

실전 개념 1 여러 가지 미분법 (1)

> 유형 01, 02, 08

(1) **함수 $y=x^n$ (n은 실수)의 도함수**

$y=x^n \Longrightarrow y'=nx^{n-1}$

(2) **삼각함수의 도함수**

① $y=\sin x \Longrightarrow y'=\cos x$
② $y=\cos x \Longrightarrow y'=-\sin x$
③ $y=\tan x \Longrightarrow y'=\sec^2 x$
④ $y=\sec x \Longrightarrow y'=\sec x \tan x$
⑤ $y=\csc x \Longrightarrow y'=-\csc x \cot x$
⑥ $y=\cot x \Longrightarrow y'=-\csc^2 x$

(3) **함수의 몫의 미분법**

두 함수 $f(x)$, $g(x)$ $(g(x)\neq 0)$가 미분가능할 때

① $\left\{\dfrac{g(x)}{f(x)}\right\}'=\dfrac{g'(x)\times f(x)-g(x)\times f'(x)}{\{f(x)\}^2}$

② $\left\{\dfrac{1}{f(x)}\right\}'=-\dfrac{f'(x)}{\{f(x)\}^2}$

(4) **합성함수의 미분법**

두 함수 $y=f(u)$, $u=g(x)$가 미분가능할 때, 합성함수 $y=f(g(x))$는 미분가능하며 그 도함수는

$$\frac{dy}{dx}=\frac{dy}{du}\times\frac{du}{dx} \text{ 또는 } y'=f'(g(x))g'(x)$$

실전 개념 2 여러 가지 미분법 (2)

> 유형 03 ~ 06

(1) **매개변수로 나타낸 함수의 미분법**

두 함수 $x=f(t)$, $y=g(t)$가 각각 미분가능하고 $f'(t)\neq 0$이면 다음이 성립한다.

$$\frac{dy}{dx}=\frac{\frac{dy}{dt}}{\frac{dx}{dt}}=\frac{g'(t)}{f'(t)}$$

(2) **음함수의 미분법**

x에 대한 함수 y가 방정식 $f(x, y)=0$의 꼴로 주어졌을 때, y를 x의 함수로 보고 각 항을 x에 대하여 미분하여 $\dfrac{dy}{dx}$를 구한다.

(3) **역함수의 미분법**

미분가능한 함수 $f(x)$에 대하여 역함수 $y=f^{-1}(x)$가 존재하고 미분가능할 때

$$\frac{dy}{dx}=\frac{1}{\frac{dx}{dy}} \text{ 또는 } (f^{-1})'(x)=\frac{1}{f'(y)} \left(\text{단, } \frac{dx}{dy}\neq 0,\ f'(y)\neq 0\right)$$

실전 개념 3 이계도함수

> 유형 07

함수 $y=f(x)$의 도함수 $f'(x)$가 미분가능할 때, $f'(x)$의 도함수

$$\lim_{\Delta x\to 0}\frac{f'(x+\Delta x)-f'(x)}{\Delta x}$$

를 $f(x)$의 이계도함수라 하고, 기호로 $f''(x)$, y'', $\dfrac{d^2}{dx^2}f(x)$, $\dfrac{d^2y}{dx^2}$와 같이 나타낸다.

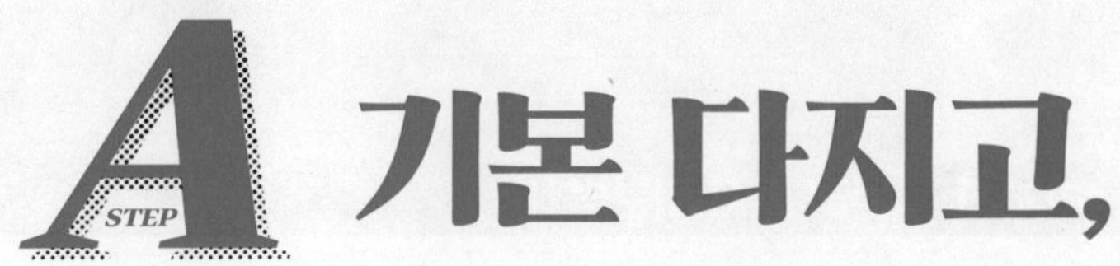

395 2014년 3월 교육청 B형 22번

함수 $f(x)=8x-\frac{4}{x}$에 대하여 $f'(1)$의 값을 구하시오. [3점]

396 2017년 4월 교육청 가형 23번

함수 $f(x)=-\frac{1}{x^2}$에 대하여 $f'\left(\frac{1}{3}\right)$의 값을 구하시오. [3점]

397 2018년 4월 교육청 가형 23번

함수 $f(x)=x\sqrt{x}$에 대하여 $f'(16)$의 값을 구하시오. [3점]

398 2019년 4월 교육청 가형 5번

함수 $f(x)=\frac{1}{x-2}$에 대하여 $\lim_{h \to 0}\frac{f(a+h)-f(a)}{h}=-\frac{1}{4}$을 만족시키는 양수 a의 값은? [3점]

① 4 ② $\frac{9}{2}$ ③ 5 ④ $\frac{11}{2}$ ⑤ 6

399 2016학년도 9월 평가원 B형 5번

함수 $f(x)=(2e^x+1)^3$에 대하여 $f'(0)$의 값은? [3점]

① 48 ② 51 ③ 54 ④ 57 ⑤ 60

400 2020학년도 사관학교 가형 22번

함수 $f(x)=(3x+e^x)^3$에 대하여 $f'(0)$의 값을 구하시오. [3점]

401 2018학년도 9월 평가원 가형 23번

함수 $f(x)=-\cos^2 x$에 대하여 $f'\left(\frac{\pi}{4}\right)$의 값을 구하시오. [3점]

402 2018학년도 6월 평가원 가형 6번

매개변수 t로 나타내어진 곡선

$x=t^2+2,\ y=t^3+t-1$

에서 $t=1$일 때, $\frac{dy}{dx}$의 값은? [3점]

① $\frac{1}{2}$ ② 1 ③ $\frac{3}{2}$

④ 2 ⑤ $\frac{5}{2}$

403 2016년 10월 교육청 6번

매개변수 θ로 나타내어진 함수

$$\begin{cases} x=2\sin\theta-1 \\ y=4\cos\theta+\sqrt{3} \end{cases}$$

에 대하여 $\theta=\frac{\pi}{3}$일 때, $\frac{dy}{dx}$의 값은? [3점]

① $-2\sqrt{3}$ ② $-2\sqrt{2}$ ③ $-\sqrt{3}$

④ $-\sqrt{2}$ ⑤ $-\frac{\sqrt{2}}{2}$

404 2018년 4월 교육청 가형 8번

곡선 $x^3+xy-y^2=0$ 위의 점 $(2,\ 4)$에서의 접선의 기울기는? [3점]

① $\frac{13}{6}$ ② $\frac{7}{3}$ ③ $\frac{5}{2}$

④ $\frac{8}{3}$ ⑤ $\frac{17}{6}$

> 정답과 해설 112쪽

405 2023학년도 6월 평가원 25번

함수 $f(x)=x^3+2x+3$의 역함수를 $g(x)$라 할 때, $g'(3)$의 값은? [3점]

① 1　② $\frac{1}{2}$　③ $\frac{1}{3}$　④ $\frac{1}{4}$　⑤ $\frac{1}{5}$

406 2011년 7월 교육청 가형 9번

$-\frac{\pi}{4}<x<\frac{\pi}{4}$에서 정의된 함수 $f(x)=\sin 2x$의 역함수를 $g(x)$라 할 때, $g'\left(\frac{1}{2}\right)$의 값은? [3점]

① $\frac{\sqrt{3}}{3}$　② $\frac{\sqrt{2}}{2}$　③ 1　④ $\sqrt{2}$　⑤ $\sqrt{3}$

407 2016년 4월 교육청 가형 9번

실수 전체의 집합에서 증가하고 미분가능한 함수 $f(x)$가 $\lim_{x\to1}\frac{f(x)-2}{x-1}=\frac{1}{3}$을 만족시킨다. $f(x)$의 역함수를 $g(x)$라 할 때, $g(2)+g'(2)$의 값은? [3점]

① $\frac{4}{3}$　② 2　③ $\frac{8}{3}$　④ $\frac{10}{3}$　⑤ 4

408 2024년 5월 교육청 23번

함수 $f(x)=\sin 2x$에 대하여 $f''\left(\frac{\pi}{4}\right)$의 값은? [2점]

① -4　② -2　③ 0　④ 2　⑤ 4

유형 & 유사로 익히면…

> 정답과 해설 113쪽

유형 01 함수의 몫의 미분법

409 2021학년도 수능(홀) 가형 23번

함수 $f(x)=\dfrac{x^2-2x-6}{x-1}$에 대하여 $f'(0)$의 값을 구하시오. [3점]

410 2016년 3월 교육청 가형 3번

함수 $f(x)=\dfrac{e^x}{x}$에 대하여 $f'(2)$의 값은? [2점]

① $\dfrac{e^2}{4}$ ② $\dfrac{e^2}{2}$ ③ e^2

④ $2e^2$ ⑤ $4e^2$

411 2018학년도 수능(홀) 가형 9번

실수 전체의 집합에서 미분가능한 함수 $f(x)$에 대하여 함수 $g(x)$를

$$g(x)=\frac{f(x)}{e^{x-2}}$$

라 하자. $\lim_{x\to 2}\dfrac{f(x)-3}{x-2}=5$일 때, $g'(2)$의 값은? [3점]

① 1 ② 2 ③ 3

④ 4 ⑤ 5

412 2021학년도 6월 평가원 11번

실수 전체의 집합에서 미분가능한 함수 $f(x)$에 대하여 함수 $g(x)$를

$$g(x)=\frac{f(x)}{(e^x+1)^2}$$

라 하자. $f'(0)-f(0)=2$일 때, $g'(0)$의 값은? [3점]

① $\dfrac{1}{4}$ ② $\dfrac{3}{8}$ ③ $\dfrac{1}{2}$

④ $\dfrac{5}{8}$ ⑤ $\dfrac{3}{4}$

413 2020학년도 9월 평가원 가형 8번

함수 $f(x)=\frac{\ln x}{x^2}$에 대하여 $\lim_{h\to0}\frac{f(e+h)-f(e-2h)}{h}$의 값은? [3점]

① $-\frac{2}{e}$ ② $-\frac{3}{e^2}$ ③ $-\frac{1}{e}$

④ $-\frac{2}{e^2}$ ⑤ $-\frac{3}{e^3}$

414 2020학년도 6월 평가원 가형 16번

실수 전체의 집합에서 미분가능한 함수 $f(x)$에 대하여 함수 $g(x)$를

$$g(x)=\frac{f(x)\cos x}{e^x}$$

라 하자. $g'(\pi)=e^{\pi}g(\pi)$일 때, $\frac{f'(\pi)}{f(\pi)}$의 값은?

(단, $f(\pi)\neq0$) [4점]

① $e^{-2\pi}$ ② 1 ③ $e^{-\pi}+1$

④ $e^{\pi}+1$ ⑤ $e^{2\pi}$

유형 02 합성함수의 미분법

415 2018학년도 6월 평가원 가형 23번

함수 $f(x)=\sqrt{x^3+1}$에 대하여 $f'(2)$의 값을 구하시오. [3점]

416 2017년 3월 교육청 가형 3번

함수 $f(x)=e^{x^2-1}$에 대하여 $f'(1)$의 값은? [2점]

① 1 ② 2 ③ 3

④ 4 ⑤ 5

> 정답과 해설 114쪽

417 2017학년도 9월 평가원 가형 9번

실수 전체의 집합에서 미분가능한 함수 $f(x)$가 모든 실수 x에 대하여

$$f(2x+1)=(x^2+1)^2$$

을 만족시킬 때, $f'(3)$의 값은? [3점]

① 1 ② 2 ③ 3 ④ 4 ⑤ 5

418 2013학년도 9월 평가원 가형 22번

양의 실수 전체의 집합에서 정의된 미분가능한 함수 $f(x)$가

$$f(x^3)=2x^3-x^2+32x$$

를 만족시킬 때, $f'(1)$의 값을 구하시오. [3점]

419 2019년 4월 교육청 가형 8번

실수 전체의 집합에서 미분가능한 함수 $f(x)$가 모든 실수 x에 대하여 $f(5x-1)=e^{x^2-1}$을 만족시킬 때, $f'(4)$의 값은? [3점]

① $\frac{1}{10}$ ② $\frac{1}{5}$ ③ $\frac{3}{10}$ ④ $\frac{2}{5}$ ⑤ $\frac{1}{2}$

420 2022학년도 수능(홀) 24번

실수 전체의 집합에서 미분가능한 함수 $f(x)$가 모든 실수 x에 대하여

$$f(x^3+x)=e^x$$

을 만족시킬 때, $f'(2)$의 값은? [3점]

① e ② $\frac{e}{2}$ ③ $\frac{e}{3}$ ④ $\frac{e}{4}$ ⑤ $\frac{e}{5}$

421 2013년 7월 교육청 B형 12번

함수 $f(x)$가

$$f(\cos x)=\sin 2x+\tan x\ \left(0<x<\frac{\pi}{2}\right)$$

를 만족시킬 때, $f'\left(\frac{1}{2}\right)$의 값은? [4점]

① $-2\sqrt{3}$ ② $-\sqrt{3}$ ③ 0
④ $\sqrt{3}$ ⑤ $2\sqrt{3}$

422 2025학년도 9월 평가원 27번

실수 전체의 집합에서 미분가능한 함수 $f(x)$가 모든 실수 x에 대하여

$$f(x)+f\left(\frac{1}{2}\sin x\right)=\sin x$$

를 만족시킬 때, $f'(\pi)$의 값은? [3점]

① $-\frac{5}{6}$ ② $-\frac{2}{3}$ ③ $-\frac{1}{2}$
④ $-\frac{1}{3}$ ⑤ $-\frac{1}{6}$

423 2023년 7월 교육청 24번

함수 $f(x)=\ln(x^2-x+2)$와 실수 전체의 집합에서 미분가능한 함수 $g(x)$가 있다. 실수 전체의 집합에서 정의된 합성함수 $h(x)$를 $h(x)=f(g(x))$라 하자. $\lim_{x\to 2}\frac{g(x)-4}{x-2}=12$일 때, $h'(2)$의 값은? [3점]

① 4 ② 6 ③ 8
④ 10 ⑤ 12

424 2017년 7월 교육청 가형 25번

두 함수 $f(x)=kx^2-2x$, $g(x)=e^{3x}+1$이 있다. 함수 $h(x)=(f\circ g)(x)$에 대하여 $h'(0)=42$일 때, 상수 k의 값을 구하시오. [3점]

> 정답과 해설 115쪽

425 2018년 4월 교육청 가형 11번

함수 $f(x)=\frac{x}{2}+2\sin x$에 대하여 함수 $g(x)$를

$g(x)=(f\circ f)(x)$라 할 때, $g'(\pi)$의 값은? [3점]

① -1　② $-\frac{7}{8}$　③ $-\frac{3}{4}$

④ $-\frac{5}{8}$　⑤ $-\frac{1}{2}$

426 2017학년도 6월 평가원 가형 15번

두 함수 $f(x)=\sin^2 x$, $g(x)=e^x$에 대하여

$\lim_{x\to\frac{\pi}{4}}\frac{g(f(x))-\sqrt{e}}{x-\frac{\pi}{4}}$의 값은? [4점]

① $\frac{1}{e}$　② $\frac{1}{\sqrt{e}}$　③ 1

④ $\sqrt{e}$　⑤ e

427 2019년 7월 교육청 가형 12번

실수 전체의 집합에서 미분가능한 두 함수 $f(x)$, $g(x)$에 대하여 함수 $h(x)$를

$$h(x)=(g\circ f)(x)$$

라 할 때, 두 함수 $f(x)$, $h(x)$가 다음 조건을 만족시킨다.

> (가) $f(1)=2$, $f'(1)=3$
>
> (나) $\lim_{x\to 1}\frac{h(x)-5}{x-1}=12$

$g(2)+g'(2)$의 값은? [3점]

① 5　② 7　③ 9

④ 11　⑤ 13

428 2019년 10월 교육청 가형 12번

실수 전체의 집합에서 미분가능한 두 함수 $f(x)$, $g(x)$에 대하여 함수 $h(x)$를 $h(x)=(f\circ g)(x)$라 하자.

$$\lim_{x\to 1}\frac{g(x)+1}{x-1}=2,\ \lim_{x\to 1}\frac{h(x)-2}{x-1}=12$$

일 때, $f(-1)+f'(-1)$의 값은? [3점]

① 4　② 5　③ 6

④ 7　⑤ 8

06

유형 03 매개변수로 나타낸 함수의 미분법

429 2017학년도 9월 평가원 가형 14번

매개변수 t $(t>0)$으로 나타내어진 함수

$$x=t-\frac{2}{t},\ y=t^2+\frac{2}{t^2}$$

에서 $t=1$일 때, $\frac{dy}{dx}$의 값은? [4점]

① $-\frac{2}{3}$ ② -1 ③ $-\frac{4}{3}$ ④ $-\frac{5}{3}$ ⑤ -2

430 2017년 7월 교육청 가형 9번

매개변수 t $(t>0)$으로 나타내어진 함수

$$x=t+\sqrt{t},\ y=t^3+\frac{1}{t}$$

에서 $t=1$일 때, $\frac{dy}{dx}$의 값은? [3점]

① $\frac{2}{3}$ ② 1 ③ $\frac{4}{3}$ ④ $\frac{5}{3}$ ⑤ 2

431 2018년 7월 교육청 가형 7번

매개변수 t로 나타내어진 곡선

$$x=e^{2t-6},\ y=t^2-t+5$$

에서 $t=3$일 때, $\frac{dy}{dx}$의 값은? [3점]

① $\frac{1}{2}$ ② 1 ③ $\frac{3}{2}$ ④ 2 ⑤ $\frac{5}{2}$

432 2022학년도 9월 평가원 25번

매개변수 t로 나타내어진 곡선

$$x=e^t-4e^{-t},\ y=t+1$$

에서 $t=\ln 2$일 때, $\frac{dy}{dx}$의 값은? [3점]

① 1 ② $\frac{1}{2}$ ③ $\frac{1}{3}$ ④ $\frac{1}{4}$ ⑤ $\frac{1}{5}$

433 2018년 10월 교육청 가형 25번

매개변수 t $(t>0)$으로 나타내어진 함수

$$x=\ln t,\ y=\ln(t^2+1)$$

에 대하여 $\lim_{t\to\infty}\frac{dy}{dx}$의 값을 구하시오. [3점]

434 2021학년도 9월 평가원 가형 7번

매개변수 t $(t>0)$으로 나타내어진 함수

$$x=\ln t+t,\ y=-t^3+3t$$

에 대하여 $\frac{dy}{dx}$가 $t=a$에서 최댓값을 가질 때, a의 값은? [3점]

① $\frac{1}{6}$ ② $\frac{1}{5}$ ③ $\frac{1}{4}$
④ $\frac{1}{3}$ ⑤ $\frac{1}{2}$

435 2024학년도 수능(홀) 24번

매개변수 t $(t>0)$으로 나타내어진 곡선

$$x=\ln(t^3+1),\ y=\sin \pi t$$

에서 $t=1$일 때, $\frac{dy}{dx}$의 값은? [3점]

① $-\frac{1}{3}\pi$ ② $-\frac{2}{3}\pi$ ③ $-\pi$
④ $-\frac{4}{3}\pi$ ⑤ $-\frac{5}{3}\pi$

436 2022학년도 6월 평가원 24번

매개변수 t로 나타내어진 곡선

$$x=e^t+\cos t,\ y=\sin t$$

에서 $t=0$일 때, $\frac{dy}{dx}$의 값은? [3점]

① $\frac{1}{2}$ ② 1 ③ $\frac{3}{2}$
④ 2 ⑤ $\frac{5}{2}$

437 2024학년도 9월 평가원 24번

매개변수 t로 나타내어진 곡선

$$x=t+\cos 2t,\ y=\sin^2 t$$

에서 $t=\frac{\pi}{4}$일 때, $\frac{dy}{dx}$의 값은? [3점]

① -2 ② -1 ③ 0
④ 1 ⑤ 2

438 2011년 4월 교육청 가형 20번

매개변수 θ로 나타내어진 함수

$$x=\tan\theta,\ y=\cos^2\theta\ \left(\text{단, } -\frac{\pi}{2}<\theta<\frac{\pi}{2}\right)$$

에 대하여 이 곡선 위의 점 $\left(1,\ \frac{1}{2}\right)$에서의 접선의 기울기는? [3점]

① -1 ② $-\frac{1}{2}$ ③ 0
④ $\frac{1}{2}$ ⑤ 1

439 2016년 7월 교육청 가형 11번

좌표평면 위를 움직이는 점 P의 좌표 $(x,\ y)$가 $t\ (t>0)$을 매개변수로 하여

$$x=2t+1,\ y=t+\frac{3}{t}$$

으로 나타내어진다. 점 P가 그리는 곡선 위의 한 점 $(a,\ b)$에서의 접선의 기울기가 -1일 때, $a+b$의 값은? [3점]

① 6 ② 7 ③ 8
④ 9 ⑤ 10

440 2022년 10월 교육청 25번

매개변수 $t\ (0<t<\pi)$로 나타내어진 곡선

$$x=\sin t-\cos t,\ y=3\cos t+\sin t$$

위의 점 $(a,\ b)$에서의 접선의 기울기가 3일 때, $a+b$의 값은? [3점]

① 0 ② $-\frac{\sqrt{10}}{10}$ ③ $-\frac{\sqrt{10}}{5}$
④ $-\frac{3\sqrt{10}}{10}$ ⑤ $-\frac{2\sqrt{10}}{5}$

> 정답과 해설 117쪽

유형 04 음함수의 미분법

441 2020학년도 수능(홀) 가형 5번

곡선 $x^2-3xy+y^2=x$ 위의 점 $(1,\ 0)$에서의 접선의 기울기는? [3점]

① $\frac{1}{12}$ ② $\frac{1}{6}$ ③ $\frac{1}{4}$
④ $\frac{1}{3}$ ⑤ $\frac{5}{12}$

442 2020학년도 6월 평가원 가형 6번

곡선 $x^2+xy+y^3=7$ 위의 점 $(2,\ 1)$에서의 접선의 기울기는? [3점]

① -5 ② -4 ③ -3
④ -2 ⑤ -1

443 2019학년도 수능(홀) 가형 7번

곡선 $e^x-xe^y=y$ 위의 점 $(0,\ 1)$에서의 접선의 기울기는? [3점]

① $3-e$ ② $2-e$ ③ $1-e$
④ $-e$ ⑤ $-1-e$

444 2023년 7월 교육청 25번

곡선 $2e^{x+y-1}=3e^x+x-y$ 위의 점 $(0,\ 1)$에서의 접선의 기울기는? [3점]

① $\frac{2}{3}$ ② 1 ③ $\frac{4}{3}$
④ $\frac{5}{3}$ ⑤ 2

445 2023학년도 6월 평가원 24번

곡선 $x^2-y\ln x+x=e$ 위의 점 $(e,\ e^2)$에서의 접선의 기울기는? [3점]

① $e+1$ ② $e+2$ ③ $e+3$
④ $2e+1$ ⑤ $2e+2$

→ **446** 2011학년도 수능(홀) 가형 27번

좌표평면에서 곡선 $y^3=\ln(5-x^2)+xy+4$ 위의 점 $(2,\ 2)$에서의 접선의 기울기는? [3점]

① $-\frac{3}{5}$ ② $-\frac{1}{2}$ ③ $-\frac{2}{5}$
④ $-\frac{3}{10}$ ⑤ $-\frac{1}{5}$

447 2020학년도 9월 평가원 가형 6번

곡선 $\pi x=\cos y+x\sin y$ 위의 점 $\left(0,\ \frac{\pi}{2}\right)$에서의 접선의 기울기는? [3점]

① $1-\frac{5}{2}\pi$ ② $1-2\pi$ ③ $1-\frac{3}{2}\pi$
④ $1-\pi$ ⑤ $1-\frac{\pi}{2}$

→ **448** 2025학년도 6월 평가원 24번

곡선 $x\sin 2y+3x=3$ 위의 점 $\left(1,\ \frac{\pi}{2}\right)$에서의 접선의 기울기는? [3점]

① $\frac{1}{2}$ ② 1 ③ $\frac{3}{2}$
④ 2 ⑤ $\frac{5}{2}$

449 2021학년도 6월 평가원 가형 25번

곡선 $x^3-y^3=e^{xy}$ 위의 점 $(a,\ 0)$에서의 접선의 기울기가 b일 때, $a+b$의 값을 구하시오. [3점]

450 2011년 10월 교육청 가형 5번

곡선 $x^3+xy+y^3-8=0$과 x축이 만나는 점에서의 접선의 기울기는? [3점]

① -6 ② -5 ③ -4
④ -3 ⑤ -2

451 2017년 10월 교육청 24번

곡선 $x^2-y^2-y=1$ 위의 점 $\mathrm{A}(a,\ b)$에서의 접선의 기울기가 $\frac{2}{15}a$일 때, b의 값을 구하시오. [3점]

452 2019학년도 6월 평가원 가형 9번

곡선 $e^x-e^y=y$ 위의 점 $(a,\ b)$에서의 접선의 기울기가 1일 때, $a+b$의 값은? [3점]

① $1+\ln(e+1)$ ② $2+\ln(e^2+2)$
③ $3+\ln(e^3+3)$ ④ $4+\ln(e^4+4)$
⑤ $5+\ln(e^5+5)$

유형 05 역함수의 미분법 (1)

453 2018학년도 수능(홀) 가형 11번

실수 전체의 집합에서 미분가능한 두 함수 $f(x)$, $g(x)$가 있다. $f(x)$가 $g(x)$의 역함수이고 $f(1)=2$, $f'(1)=3$이다. 함수 $h(x)=xg(x)$라 할 때, $h'(2)$의 값은? [3점]

① 1 ② $\frac{4}{3}$ ③ $\frac{5}{3}$
④ 2 ⑤ $\frac{7}{3}$

454 2022년 7월 교육청 26번

양의 실수 전체의 집합에서 정의된 미분가능한 두 함수 $f(x)$, $g(x)$에 대하여 $f(x)$가 함수 $g(x)$의 역함수이고, $\lim_{x\to 2}\frac{f(x)-2}{x-2}=\frac{1}{3}$이다. 함수 $h(x)=\frac{g(x)}{f(x)}$라 할 때, $h'(2)$의 값은? [3점]

① $\frac{7}{6}$ ② $\frac{4}{3}$ ③ $\frac{3}{2}$
④ $\frac{5}{3}$ ⑤ $\frac{11}{6}$

455 2018년 7월 교육청 가형 14번

함수 $f(x)=\frac{x^2-1}{x}$ $(x>0)$의 역함수 $g(x)$에 대하여 $g'(0)$의 값은? [4점]

① $\frac{1}{4}$ ② $\frac{1}{2}$ ③ $\frac{3}{4}$
④ 1 ⑤ $\frac{5}{4}$

456 2019학년도 수능(홀) 가형 9번

함수 $f(x)=\frac{1}{1+e^{-x}}$의 역함수를 $g(x)$라 할 때, $g'(f(-1))$의 값은? [3점]

① $\frac{1}{(1+e)^2}$ ② $\frac{e}{1+e}$ ③ $\left(\frac{1+e}{e}\right)^2$
④ $\frac{e^2}{1+e}$ ⑤ $\frac{(1+e)^2}{e}$

457 2017년 3월 교육청 가형 24번

구간 $(-1, \infty)$에서 정의된 함수 $f(x)=xe^x+e$의 역함수를 $g(x)$라 할 때, $60g'(e)$의 값을 구하시오. [3점]

458 2020학년도 9월 평가원 가형 24번

정의역이 $\left\{x \middle| -\frac{\pi}{4}<x<\frac{\pi}{4}\right\}$인 함수 $f(x)=\tan 2x$의 역함수를 $g(x)$라 할 때, $100\times g'(1)$의 값을 구하시오. [3점]

459 2023학년도 사관학교 미적분 24번

함수 $f(x)=x^3+3x+1$의 역함수를 $g(x)$라 하자. 함수 $h(x)=e^x$에 대하여 $(h \circ g)'(5)$의 값은? [3점]

① $\frac{e}{8}$ ② $\frac{e}{7}$ ③ $\frac{e}{6}$
④ $\frac{e}{5}$ ⑤ $\frac{e}{4}$

460 2024년 5월 교육청 27번

함수 $f(x)=x^3+x+1$의 역함수를 $g(x)$라 하자. 매개변수 t로 나타내어진 곡선

$$x=g(t)+t,\ y=g(t)-t$$

에서 $t=3$일 때, $\frac{dy}{dx}$의 값은? [3점]

① $-\frac{1}{5}$ ② $-\frac{3}{10}$ ③ $-\frac{2}{5}$
④ $-\frac{1}{2}$ ⑤ $-\frac{3}{5}$

461 2019학년도 6월 평가원 가형 25번

함수 $f(x)=3e^{5x}+x+\sin x$의 역함수를 $g(x)$라 할 때, 곡선 $y=g(x)$는 점 $(3,\ 0)$을 지난다. $\lim_{x\to3}\frac{x-3}{g(x)-g(3)}$의 값을 구하시오. [3점]

➔ **462** 2019학년도 9월 평가원 가형 6번

$x\ge\frac{1}{e}$에서 정의된 함수 $f(x)=3x\ln x$의 그래프가 점 $(e,\ 3e)$를 지난다. 함수 $f(x)$의 역함수를 $g(x)$라고 할 때, $\lim_{h\to0}\frac{g(3e+h)-g(3e-h)}{h}$의 값은? [3점]

① $\frac{1}{3}$ ② $\frac{1}{2}$ ③ $\frac{2}{3}$
④ $\frac{5}{6}$ ⑤ 1

463 2017년 7월 교육청 가형 16번

함수 $f(x)=\tan^3 x\ \left(-\frac{\pi}{2}<x<\frac{\pi}{2}\right)$의 역함수를 $g(x)$라 할 때, 곡선 $y=g(x)$ 위의 점 $(1,\ g(1))$에서의 접선의 기울기는? [4점]

① $\frac{1}{6}$ ② $\frac{1}{3}$ ③ $\frac{1}{2}$
④ $\frac{2}{3}$ ⑤ $\frac{5}{6}$

➔ **464** 2019년 7월 교육청 가형 9번

함수 $f(x)=e^{x^3+2x-2}$의 역함수를 $g(x)$라 할 때, $g'(e)$의 값은? [3점]

① $\frac{1}{e}$ ② $\frac{1}{3e}$ ③ $\frac{1}{5e}$
④ $\frac{1}{7e}$ ⑤ $\frac{1}{9e}$

465 2014학년도 9월 평가원 B형 27번

함수 $f(x)=\ln(\tan x)$ $\left(0<x<\frac{\pi}{2}\right)$의 역함수 $g(x)$에 대하여 $\lim_{h\to0}\frac{4g(8h)-\pi}{h}$의 값을 구하시오. [4점]

466 2021학년도 9월 평가원 가형 15번

열린구간 $\left(-\frac{\pi}{2}, \frac{\pi}{2}\right)$에서 정의된 함수

$$f(x)=\ln\left(\frac{\sec x+\tan x}{a}\right)$$

의 역함수를 $g(x)$라 하자. $\lim_{x\to-2}\frac{g(x)}{x+2}=b$일 때, 두 상수 a, b의 곱 ab의 값은? (단, $a>0$) [4점]

① $\frac{e^2}{4}$ ② $\frac{e^2}{2}$ ③ e^2
④ $2e^2$ ⑤ $4e^2$

467 2023년 10월 교육청 26번

함수 $f(x)=e^{2x}+e^x-1$의 역함수를 $g(x)$라 할 때, 함수 $g(5f(x))$의 $x=0$에서의 미분계수는? [3점]

① $\frac{1}{2}$ ② $\frac{3}{4}$ ③ 1
④ $\frac{5}{4}$ ⑤ $\frac{3}{2}$

468 2014학년도 사관학교 B형 9번

모든 실수 x에서 미분가능하고 역함수가 존재하는 함수 $f(x)$에 대하여

$$\lim_{x\to1}\frac{f(x)-2}{x-1}=\frac{1}{2},\ \lim_{x\to2}\frac{f(x)-3}{x-2}=4$$

가 성립한다. 함수 $f(x)$의 역함수를 $g(x)$라 할 때, $\lim_{x\to3}\frac{g(g(x))-1}{x-3}$의 값은? [3점]

① $\frac{1}{4}$ ② $\frac{1}{2}$ ③ 1
④ 2 ⑤ 4

유형 06 역함수의 미분법 (2)

469 2020학년도 수능(홀) 가형 26번

함수 $f(x)=(x^2+2)e^{-x}$에 대하여 함수 $g(x)$가 미분가능하고

$$g\left(\frac{x+8}{10}\right)=f^{-1}(x),\ g(1)=0$$

을 만족시킬 때, $|g'(1)|$의 값을 구하시오. [4점]

470 2013학년도 6월 평가원 가형 26번

실수 전체의 집합에서 증가하고 미분가능한 함수 $f(x)$가 있다. 곡선 $y=f(x)$ 위의 점 $(2,\ 1)$에서의 접선의 기울기는 1이다. 함수 $f(2x)$의 역함수를 $g(x)$라 할 때, 곡선 $y=g(x)$ 위의 점 $(1,\ a)$에서의 접선의 기울기는 b이다. $10(a+b)$의 값을 구하시오. [4점]

471 2022학년도 사관학교 27번

양의 실수 t에 대하여 곡선 $y=\ln(2x^2+2x+1)\ (x>0)$과 직선 $y=t$가 만나는 점의 x좌표를 $f(t)$라 할 때, $f'(2\ln 5)$의 값은? [3점]

① $\frac{25}{14}$ ② $\frac{13}{7}$ ③ $\frac{27}{14}$ ④ 2 ⑤ $\frac{29}{14}$

472 2016학년도 수능(홀) B형 21번

$0<t<41$인 실수 t에 대하여 곡선 $y=x^3+2x^2-15x+5$와 직선 $y=t$가 만나는 세 점 중에서 x좌표가 가장 큰 점의 좌표를 $(f(t),\ t)$, x좌표가 가장 작은 점의 좌표를 $(g(t),\ t)$라 하자. $h(t)=t\times\{f(t)-g(t)\}$라 할 때, $h'(5)$의 값은? [4점]

① $\frac{79}{12}$ ② $\frac{85}{12}$ ③ $\frac{91}{12}$ ④ $\frac{97}{12}$ ⑤ $\frac{103}{12}$

> 정답과 해설 123쪽

473 2018년 3월 교육청 가형 21번

함수 $f(x)=(x^2+ax+b)e^x$과 함수 $g(x)$가 다음 조건을 만족시킨다.

> (가) $f(1)=e$, $f'(1)=e$
> (나) 모든 실수 x에 대하여 $g(f(x))=f'(x)$이다.

함수 $h(x)=f^{-1}(x)g(x)$에 대하여 $h'(e)$의 값은?

(단, a, b는 상수이다.) [4점]

① 1 ② 2 ③ 3 ④ 4 ⑤ 5

474 2025학년도 수능(홀) 27번

최고차항의 계수가 1인 삼차함수 $f(x)$에 대하여 함수 $g(x)$를

$$g(x)=f(e^x)+e^x$$

이라 하자. 곡선 $y=g(x)$ 위의 점 $(0, g(0))$에서의 접선이 x축이고 함수 $g(x)$가 역함수 $h(x)$를 가질 때, $h'(8)$의 값은?

[3점]

① $\frac{1}{36}$ ② $\frac{1}{18}$ ③ $\frac{1}{12}$ ④ $\frac{1}{9}$ ⑤ $\frac{5}{36}$

유형 07 이계도함수

475 2018학년도 6월 평가원 가형 9번

함수 $f(x)=\frac{1}{x+3}$에 대하여 $\lim_{h\to 0}\frac{f'(a+h)-f'(a)}{h}=2$를 만족시키는 실수 a의 값은? [3점]

① -2 ② -1 ③ 0 ④ 1 ⑤ 2

476 2017년 4월 교육청 가형 13번

함수 $f(x)=12x\ln x-x^3+2x$에 대하여 $f''(a)=0$인 실수 a의 값은? [3점]

① $\frac{1}{2}$ ② $\frac{\sqrt{2}}{2}$ ③ 1 ④ $\sqrt{2}$ ⑤ 2

477 2008년 10월 교육청 가형 27번

실수 전체의 집합에서 이계도함수를 갖는 함수 $f(x)$가 다음 조건을 만족시킨다.

> (가) $f(1)=2$, $f'(1)=3$
>
> (나) $\lim_{x\to 1}\frac{f'(f(x))-1}{x-1}=3$

$f''(2)$의 값은? [3점]

① 1 ② 2 ③ 3 ④ 4 ⑤ 5

478 2020년 7월 교육청 가형 15번

두 함수 $f(x)$, $g(x)$가 실수 전체의 집합에서 이계도함수를 갖고 $g(x)$가 증가함수일 때, 함수 $h(x)$를

$$h(x)=(f\circ g)(x)$$

라 하자. 점 $(2,\ 2)$가 곡선 $y=g(x)$의 변곡점이고 $\frac{h''(2)}{f''(2)}=4$이다. $f'(2)=4$일 때, $h'(2)$의 값은? [4점]

① 8 ② 10 ③ 12 ④ 14 ⑤ 16

유형 08 여러 가지 미분법의 도형에의 활용

479 2014학년도 6월 평가원 B형 8번

점 A$(1, 0)$을 지나고 기울기가 양수인 직선 l이 곡선 $y=2\sqrt{x}$와 만나는 점을 B, 점 B에서 x축에 내린 수선의 발을 C, 직선 l이 y축과 만나는 점을 D라 하자. 점 B$(t, 2\sqrt{t})$에 대하여 삼각형 BAC의 넓이를 $f(t)$라 할 때, $f'(9)$의 값은? [3점]

① 3 ② $\frac{10}{3}$ ③ $\frac{11}{3}$

④ 4 ⑤ $\frac{13}{3}$

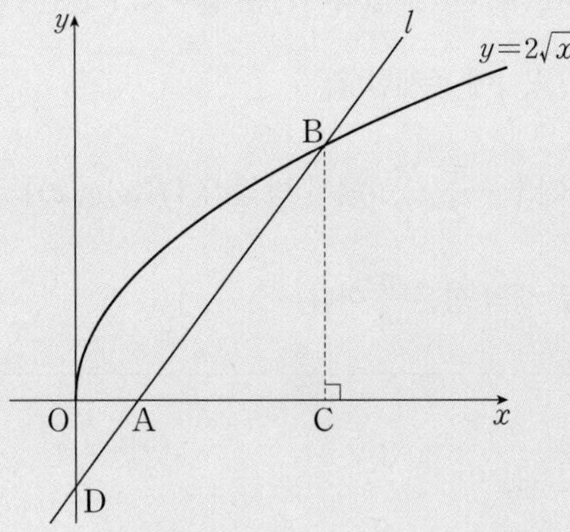

480 2017년 10월 교육청 가형 12번

그림과 같이 $\overline{BC}=1$, $\angle ABC=\frac{\pi}{3}$, $\angle ACB=2\theta$인 삼각형 ABC에 내접하는 원의 반지름의 길이를 $r(\theta)$라 하자.

$h(\theta)=\frac{r(\theta)}{\tan\theta}$일 때, $h'\left(\frac{\pi}{6}\right)$의 값은? $\left(\text{단, } 0<\theta<\frac{\pi}{3}\right)$ [3점]

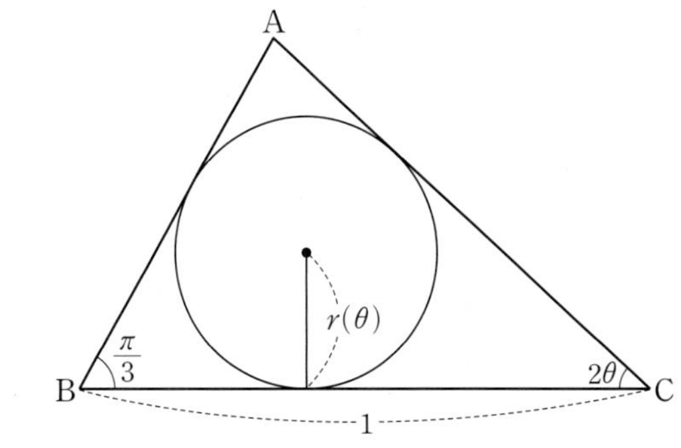

① $-\sqrt{3}$ ② $-\frac{\sqrt{3}}{3}$ ③ $\frac{\sqrt{3}}{6}$

④ $\frac{\sqrt{3}}{3}$ ⑤ $\sqrt{3}$

481 2021년 7월 교육청 29번

함수 $f(x)=x^3-x$와 실수 전체의 집합에서 미분가능한 역함수가 존재하는 삼차함수 $g(x)=ax^3+x^2+bx+1$이 있다. 함수 $g(x)$의 역함수 $g^{-1}(x)$에 대하여 함수 $h(x)$를

$$h(x)=\begin{cases} (f\circ g^{-1})(x) & (x<0 \text{ 또는 } x>1) \\ \dfrac{1}{\pi}\sin \pi x & (0\leq x\leq 1) \end{cases}$$

이라 하자. 함수 $h(x)$가 실수 전체의 집합에서 미분가능할 때, $g(a+b)$의 값을 구하시오. (단, a, b는 상수이다.) [4점]

482 2024년 5월 교육청 28번

두 상수 a $(a>0)$, b에 대하여 두 함수 $f(x)$, $g(x)$를

$$f(x)=a\sin x-\cos x,\ g(x)=e^{2x-b}-1$$

이라 하자. 두 함수 $f(x)$, $g(x)$가 다음 조건을 만족시킬 때, $\tan b$의 값은? [4점]

> (가) $f(k)=g(k)=0$을 만족시키는 실수 k가 열린구간 $\left(-\dfrac{\pi}{2}, \dfrac{\pi}{2}\right)$에 존재한다.
>
> (나) 열린구간 $\left(-\dfrac{\pi}{2}, \dfrac{\pi}{2}\right)$에서 방정식 $\{f(x)g(x)\}'=2f(x)$의 모든 해의 합은 $\dfrac{\pi}{4}$이다.

① $\dfrac{5}{2}$ ② 3 ③ $\dfrac{7}{2}$
④ 4 ⑤ $\dfrac{9}{2}$

> 정답과 해설 127쪽

483 2022학년도 6월 평가원 30번

$t>\frac{1}{2}\ln 2$인 실수 t에 대하여 곡선 $y=\ln(1+e^{2x}-e^{-2t})$과 직선 $y=x+t$가 만나는 서로 다른 두 점 사이의 거리를 $f(t)$라 할 때, $f'(\ln 2)=\frac{q}{p}\sqrt{2}$이다. $p+q$의 값을 구하시오.

(단, p와 q는 서로소인 자연수이다.) [4점]

484 2013학년도 9월 평가원 가형 21번

최고차항의 계수가 1인 삼차함수 $f(x)$의 역함수를 $g(x)$라 할 때, $g(x)$가 다음 조건을 만족시킨다.

(가) $g(x)$는 실수 전체의 집합에서 미분가능하고 $g'(x)\le\frac{1}{3}$이다.

(나) $\lim_{x\to3}\frac{f(x)-g(x)}{(x-3)g(x)}=\frac{8}{9}$

$f(1)$의 값은? [4점]

① -11　② -9　③ -7　④ -5　⑤ -3

485 2021학년도 수능(홀) 28번

두 상수 a, b $(a<b)$에 대하여 함수 $f(x)$를

$$f(x)=(x-a)(x-b)^2$$

이라 하자. 함수 $g(x)=x^3+x+1$의 역함수 $g^{-1}(x)$에 대하여 합성함수 $h(x)=(f\circ g^{-1})(x)$가 다음 조건을 만족시킬 때, $f(8)$의 값을 구하시오. [4점]

> (가) 함수 $(x-1)|h(x)|$가 실수 전체의 집합에서 미분가능하다.
> (나) $h'(3)=2$

486 2023학년도 9월 평가원 29번

함수 $f(x)=e^x+x$가 있다. 양수 t에 대하여 점 $(t,\ 0)$과 점 $(x,\ f(x))$ 사이의 거리가 $x=s$에서 최소일 때, 실수 $f(s)$의 값을 $g(t)$라 하자. 함수 $g(t)$의 역함수를 $h(t)$라 할 때, $h'(1)$의 값을 구하시오. [4점]

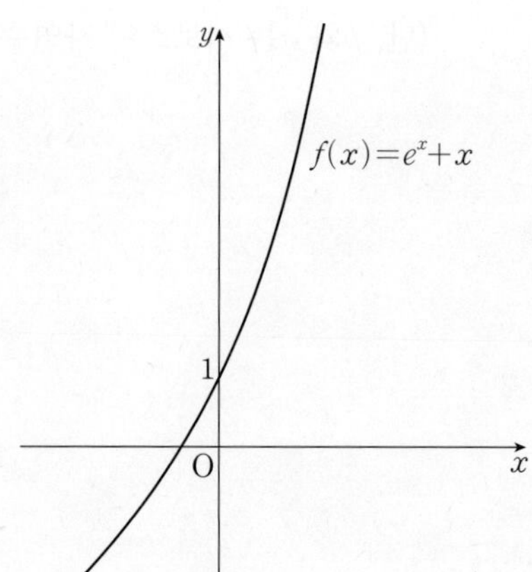

487 2024학년도 9월 평가원 30번

길이가 10인 선분 AB를 지름으로 하는 원과 선분 AB 위에 $\overline{AC}=4$인 점 C가 있다. 이 원 위의 점 P를 $\angle PCB=\theta$가 되도록 잡고, 점 P를 지나고 선분 AB에 수직인 직선이 이 원과 만나는 점 중 P가 아닌 점을 Q라 하자. 삼각형 PCQ의 넓이를 $S(\theta)$라 할 때, $-7\times S'\left(\frac{\pi}{4}\right)$의 값을 구하시오.

$\left(단,\ 0<\theta<\frac{\pi}{2}\right)$ [4점]

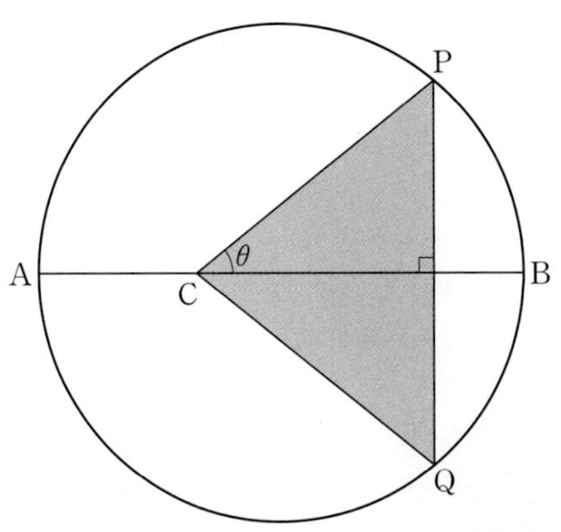

488 2024년 5월 교육청 29번

그림과 같이 길이가 3인 선분 AB를 삼등분하는 점 중 A와 가까운 점을 C, B와 가까운 점을 D라 하고, 선분 BC를 지름으로 하는 원을 O라 하자. 원 O 위의 점 P를 $\angle BAP=\theta\ \left(0<\theta<\frac{\pi}{6}\right)$가 되도록 잡고, 두 점 P, D를 지나는 직선이 원 O와 만나는 점 중 P가 아닌 점을 Q라 하자. 선분 AQ의 길이를 $f(\theta)$라 할 때, $\cos\theta_0=\frac{7}{8}$인 θ_0에 대하여 $f'(\theta_0)=k$이다. k^2의 값을 구하시오.

$\left(단,\ \angle APD<\frac{\pi}{2}이고\ 0<\theta_0<\frac{\pi}{6}이다.\right)$ [4점]

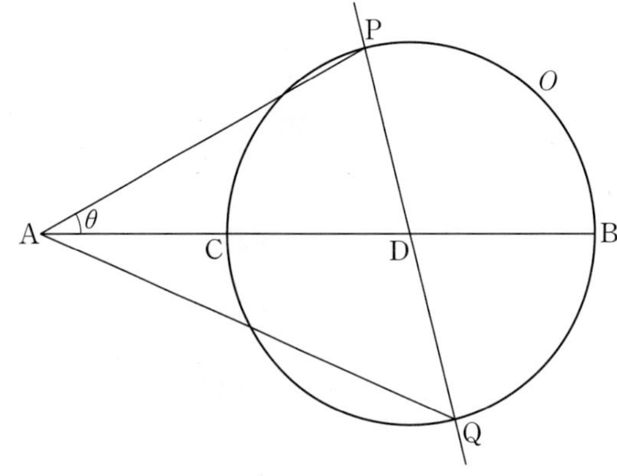

07

도함수의 활용 (1)

개념 카드

실전 개념 1 접선의 방정식

> 유형 01 ~ 08

$y=f(x)$가 $x=a$에서 미분가능할 때, 곡선 $y=f(x)$ 위의 점 $(a, f(a))$에서의 접선의 방정식은

$$y-f(a)=f'(a)(x-a)$$

참고 ① **매개변수로 나타낸 곡선 $x=f(t)$, $y=g(t)$에서 $t=a$에 대응하는 점에서의 접선의 기울기**

매개변수로 나타낸 함수의 미분법을 이용하여 $\frac{g'(t)}{f'(t)}$를 구하고, $\frac{g'(t)}{f'(t)}$에 $t=a$를 대입하여 기울기를 구한다.

② **곡선 $f(x, y)=0$ 위의 점 (a, b)에서의 접선의 기울기**

음함수의 미분법을 이용하여 $\frac{dy}{dx}$를 구하고, $\frac{dy}{dx}$에 $x=a$, $y=b$를 대입하여 기울기를 구한다.

실전 개념 2 함수의 증가와 감소

> 유형 10

함수 $f(x)$가 어떤 열린구간에서 미분가능하고, 이 구간의 모든 x에 대하여

(1) $f'(x)>0$이면 $f(x)$는 이 구간에서 증가한다.

(2) $f'(x)<0$이면 $f(x)$는 이 구간에서 감소한다.

실전 개념 3 변곡점

> 유형 11 ~ 13

(1) **함수의 오목과 볼록**

이계도함수를 갖는 함수 $y=f(x)$에 대하여 어떤 구간에서

① $f''(x)>0$이면 곡선 $y=f(x)$는 이 구간에서 아래로 볼록하다.

② $f''(x)<0$이면 곡선 $y=f(x)$는 이 구간에서 위로 볼록하다.

(2) **변곡점**

① 변곡점

곡선 $y=f(x)$ 위의 점 $\mathrm{P}(a, f(a))$에 대하여 $x=a$의 좌우에서 곡선의 모양이 아래로 볼록에서 위로 볼록으로 바뀌거나 위로 볼록에서 아래로 볼록으로 바뀔 때, 이 점 P를 곡선 $y=f(x)$의 변곡점이라 한다.

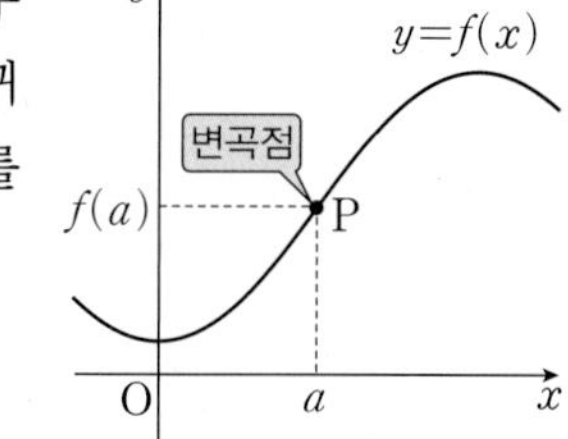

② 변곡점의 판정

이계도함수를 갖는 함수 $f(x)$에 대하여 $f''(a)=0$이고, $x=a$의 좌우에서 $f''(x)$의 부호가 바뀌면 점 $(a, f(a))$는 곡선 $y=f(x)$의 변곡점이다.

STEP B 유형 & 유사로 익히면…

유형 01 접선의 방정식 (1): 곡선 위의 점이 주어진 경우

489 2012년 3월 교육청 가형 23번

곡선 $y=e^{3-x}$ 위의 점 $(3,\ 1)$에서의 접선 및 x축, y축으로 둘러싸인 도형의 넓이를 구하시오.

(단, e는 자연로그의 밑이다.) [3점]

→ 490 2019년 3월 교육청 가형 8번

좌표평면에서 곡선 $y=\dfrac{1}{x-1}$ 위의 점 $\left(\dfrac{3}{2},\ 2\right)$에서의 접선과 x축 및 y축으로 둘러싸인 부분의 넓이는? [3점]

① 8 ② $\dfrac{17}{2}$ ③ 9
④ $\dfrac{19}{2}$ ⑤ 10

491 2016학년도 9월 평가원 B형 10번

곡선 $y=\ln 5x$ 위의 점 $\left(\dfrac{1}{5},\ 0\right)$에서의 접선의 y절편은? [3점]

① $-\dfrac{5}{2}$ ② -2 ③ $-\dfrac{3}{2}$
④ -1 ⑤ $-\dfrac{1}{2}$

→ 492 2017학년도 6월 평가원 가형 11번

곡선 $y=\ln(x-3)+1$ 위의 점 $(4,\ 1)$에서의 접선의 방정식이 $y=ax+b$일 때, 두 상수 a, b의 합 $a+b$의 값은? [3점]

① -2 ② -1 ③ 0
④ 1 ⑤ 2

> 정답과 해설 133쪽

493 2020년 7월 교육청 가형 10번

함수 $f(x)=\tan 2x+\frac{\pi}{2}$의 그래프 위의 점 $\mathrm{P}\left(\frac{\pi}{8},\ f\left(\frac{\pi}{8}\right)\right)$에서의 접선의 y절편은? [3점]

① $\frac{1}{2}$ ② $\frac{3}{4}$ ③ 1
④ $\frac{5}{4}$ ⑤ $\frac{3}{2}$

494 2018년 3월 교육청 가형 13번

$0<x<\frac{\pi}{2}$에서 정의된 함수 $f(x)=\ln(\tan x)$의 그래프와 x축이 만나는 점을 P라 하자. 곡선 $y=f(x)$ 위의 점 P에서의 접선의 y절편은? [3점]

① $-\pi$ ② $-\frac{5}{6}\pi$ ③ $-\frac{2}{3}\pi$
④ $-\frac{\pi}{2}$ ⑤ $-\frac{\pi}{3}$

495 2019학년도 9월 평가원 가형 26번

미분가능한 함수 $f(x)$와 함수 $g(x)=\sin x$에 대하여 합성함수 $y=(g\circ f)(x)$의 그래프 위의 점 $(1,\ (g\circ f)(1))$에서의 접선이 원점을 지난다.

$$\lim_{x\to 1}\frac{f(x)-\frac{\pi}{6}}{x-1}=k$$

일 때, 상수 k에 대하여 $30k^2$의 값을 구하시오. [4점]

496 2015학년도 6월 평가원 B형 26번

양의 실수 전체의 집합에서 미분가능한 함수 $f(x)$에 대하여 함수 $g(x)$를

$$g(x)=f(x)\ln x^4$$

이라 하자. 곡선 $y=f(x)$ 위의 점 $(e,\ -e)$에서의 접선과 곡선 $y=g(x)$ 위의 점 $(e,\ -4e)$에서의 접선이 서로 수직일 때, $100f'(e)$의 값을 구하시오. [4점]

07

497 2016학년도 6월 평가원 B형 14번

닫힌구간 $[0, 4]$에서 정의된 함수

$$f(x)=2\sqrt{2}\sin\frac{\pi}{4}x$$

의 그래프가 그림과 같고, 직선 $y=g(x)$가 $y=f(x)$의 그래프 위의 점 $\mathrm{A}(1, 2)$를 지난다. 일차함수 $g(x)$가 닫힌구간 $[0, 4]$에서 $f(x) \le g(x)$를 만족시킬 때, $g(3)$의 값은? [4점]

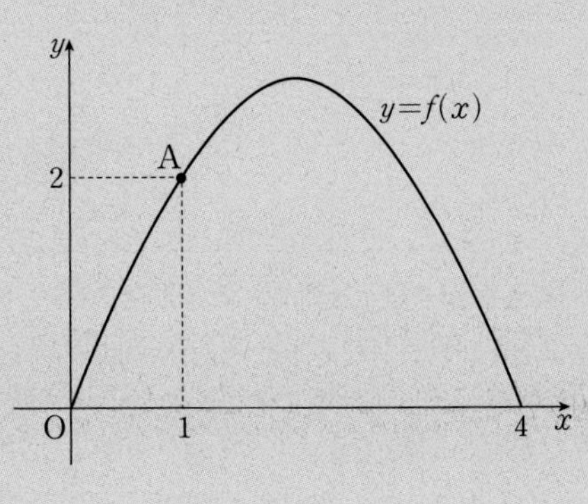

① π ② $\pi+1$ ③ $\pi+2$
④ $\pi+3$ ⑤ $\pi+4$

498 2018년 3월 교육청 가형 15번

실수 전체의 집합에서 미분가능한 함수 $f(x)$에 대하여 곡선 $y=f(x)$ 위의 점 $(4, f(4))$에서의 접선 l이 다음 조건을 만족시킨다.

> (가) 직선 l은 제2사분면을 지나지 않는다.
> (나) 직선 l과 x축 및 y축으로 둘러싸인 도형은 넓이가 2인 직각이등변삼각형이다.

함수 $g(x)=xf(2x)$에 대하여 $g'(2)$의 값은? [4점]

① 3 ② 4 ③ 5
④ 6 ⑤ 7

> 정답과 해설 135쪽

유형 02 접선의 방정식 (2); 기울기가 주어진 경우

499 2016년 3월 교육청 가형 23번

곡선 $y=\ln(x-7)$에 접하고 기울기가 1인 직선이 x축, y축과 만나는 점을 각각 A, B라 할 때, 삼각형 AOB의 넓이를 구하시오. (단, O는 원점이다.) [3점]

→ **500** 2018학년도 사관학교 가형 23번

직선 $y=-4x$가 곡선 $y=\dfrac{1}{x-2}-a$에 접하도록 하는 모든 실수 a의 값의 합을 구하시오. [3점]

유형 03 접선의 방정식 (3); 곡선 밖의 점이 주어진 경우

501 2016학년도 수능(홀) B형 7번

곡선 $y=3e^{x-1}$ 위의 점 A에서의 접선이 원점 O를 지날 때, 선분 OA의 길이는? [3점]

① $\sqrt{6}$ ② $\sqrt{7}$ ③ $2\sqrt{2}$
④ 3 ⑤ $\sqrt{10}$

→ **502** 2022학년도 6월 평가원 25번

원점에서 곡선 $y=e^{|x|}$에 그은 두 접선이 이루는 예각의 크기를 θ라 할 때, $\tan\theta$의 값은? [3점]

① $\dfrac{e}{e^2+1}$ ② $\dfrac{e}{e^2-1}$ ③ $\dfrac{2e}{e^2+1}$
④ $\dfrac{2e}{e^2-1}$ ⑤ 1

07

유형 04 매개변수로 나타낸 곡선의 접선의 방정식

503 2022학년도 수능 예시문항 25번

매개변수 t로 나타낸 곡선

$$x=e^t+2t,\ y=e^{-t}+3t$$

에 대하여 $t=0$에 대응하는 점에서의 접선이 점 $(10,\ a)$를 지날 때, a의 값은? [3점]

① 6　② 7　③ 8　④ 9　⑤ 10

504 2020학년도 사관학교 가형 23번

매개변수 t로 나타내어진 곡선

$$x=2\sqrt{2}\sin t+\sqrt{2}\cos t,\ y=\sqrt{2}\sin t+2\sqrt{2}\cos t$$

가 있다. 이 곡선 위의 $t=\frac{\pi}{4}$에 대응하는 점에서의 접선의 y절편을 구하시오. [3점]

유형 05 음함수로 나타낸 곡선의 접선의 방정식

505 2019학년도 9월 평가원 가형 11번

곡선 $e^y\ln x=2y+1$ 위의 점 $(e,\ 0)$에서의 접선의 방정식을 $y=ax+b$라 할 때, ab의 값은? (단, a, b는 상수이다.) [3점]

① $-2e$　② $-e$　③ -1　④ $-\frac{2}{e}$　⑤ $-\frac{1}{e}$

506 2016년 10월 교육청 가형 14번

곡선 $x^2+5xy-2y^2+11=0$ 위의 점 $(1,\ 4)$에서의 접선과 x축 및 y축으로 둘러싸인 부분의 넓이는? [4점]

① 1　② 2　③ 3　④ 4　⑤ 5

> 정답과 해설 136쪽

유형 06 공통인 접선

507 2010학년도 수능(홀) 가형 27번

곡선 $y=e^x$ 위의 점 $(1, e)$에서의 접선이 곡선 $y=2\sqrt{x-k}$에 접할 때, 실수 k의 값은? [3점]

① $\frac{1}{e}$ ② $\frac{1}{e^2}$ ③ $\frac{1}{e^4}$
④ $\frac{1}{1+e}$ ⑤ $\frac{1}{1+e^2}$

508 2022학년도 6월 평가원 27번

두 함수

$$f(x)=e^x,\ g(x)=k\sin x$$

에 대하여 방정식 $f(x)=g(x)$의 서로 다른 양의 실근의 개수가 3일 때, 양수 k의 값은? [3점]

① $\sqrt{2}e^{\frac{3\pi}{2}}$ ② $\sqrt{2}e^{\frac{7\pi}{4}}$ ③ $\sqrt{2}e^{2\pi}$
④ $\sqrt{2}e^{\frac{9\pi}{4}}$ ⑤ $\sqrt{2}e^{\frac{5\pi}{2}}$

유형 07 두 접선이 서로 수직일 조건

509 2020학년도 9월 평가원 가형 13번

양수 k에 대하여 두 곡선 $y=ke^x+1$, $y=x^2-3x+4$가 점 P에서 만나고, 점 P에서 두 곡선에 접하는 두 직선이 서로 수직일 때, k의 값은? [3점]

① $\frac{1}{e}$ ② $\frac{1}{e^2}$ ③ $\frac{2}{e^2}$
④ $\frac{2}{e^3}$ ⑤ $\frac{3}{e^3}$

510 2024학년도 6월 평가원 29번

세 실수 a, b, k에 대하여 두 점 $\mathrm{A}(a, a+k)$, $\mathrm{B}(b, b+k)$가 곡선 $C: x^2-2xy+2y^2=15$ 위에 있다. 곡선 C 위의 점 A에서의 접선과 곡선 C 위의 점 B에서의 접선이 서로 수직일 때, k^2의 값을 구하시오. (단, $a+2k\neq0$, $b+2k\neq0$) [4점]

07

유형 08 접선의 방정식의 활용

511 2015학년도 수능(홀) B형 14번

$a>3$인 상수 a에 대하여 두 곡선 $y=a^{x-1}$과 $y=3^x$이 점 P에서 만난다. 점 P의 x좌표를 k라 할 때, 점 P에서 곡선 $y=3^x$에 접하는 직선이 x축과 만나는 점을 A, 점 P에서 곡선 $y=a^{x-1}$에 접하는 직선이 x축과 만나는 점을 B라 하자. 점 H$(k, 0)$에 대하여 $\overline{\mathrm{AH}}=2\overline{\mathrm{BH}}$일 때, a의 값은? [4점]

① 6 ② 7 ③ 8
④ 9 ⑤ 10

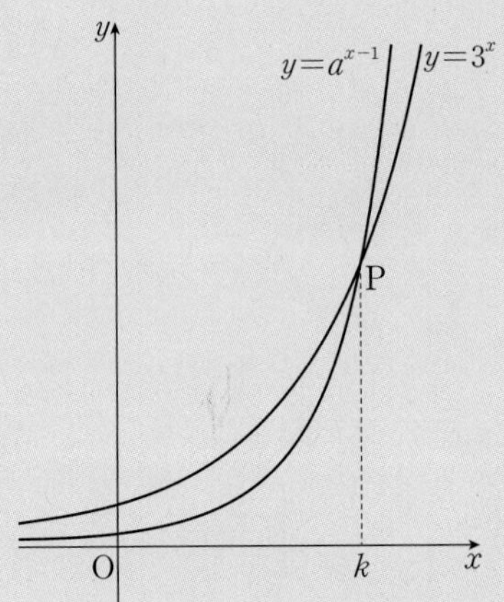

512 2015년 3월 교육청 B형 14번

그림과 같이 함수 $f(x)=\log_2\left(x+\frac{1}{2}\right)$의 그래프와 함수 $g(x)=a^x$ $(a>1)$의 그래프가 있다. 곡선 $y=g(x)$가 y축과 만나는 점을 A, 점 A를 지나고 x축에 평행한 직선이 곡선 $y=f(x)$와 만나는 점 중 점 A가 아닌 점을 B, 점 B를 지나고 y축에 평행한 직선이 곡선 $y=g(x)$와 만나는 점을 C라 하자. 곡선 $y=g(x)$ 위의 점 C에서의 접선이 x축과 만나는 점을 D라 하자. $\overline{\mathrm{AD}}=\overline{\mathrm{BD}}$일 때, $g(2)$의 값은? [4점]

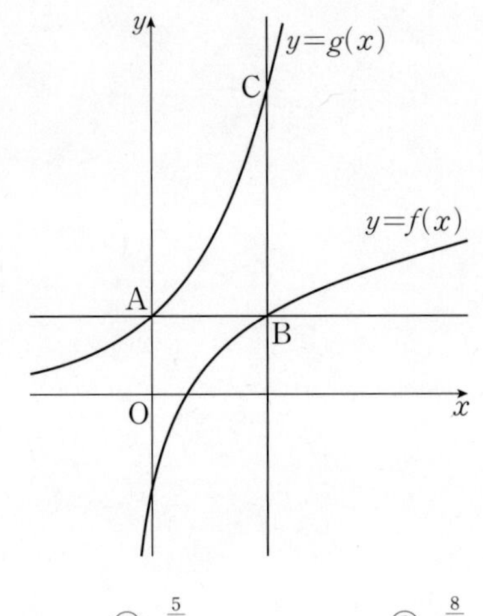

① $e^{\frac{2}{3}}$ ② $e^{\frac{5}{3}}$ ③ $e^{\frac{8}{3}}$
④ $e^{\frac{11}{3}}$ ⑤ $e^{\frac{14}{3}}$

> 정답과 해설 138쪽

513 2009년 7월 교육청 가형 29번

그림과 같이 함수 $y=\ln x+4$, $y=e^{x-4}$의 그래프의 두 교점의 x좌표를 각각 a, b라 하자. 일차함수 $y=-x+k$의 그래프가 $a\le x\le b$에서 두 함수의 그래프와 만나는 두 점 사이의 거리가 최대가 될 때, 상수 k의 값은? [4점]

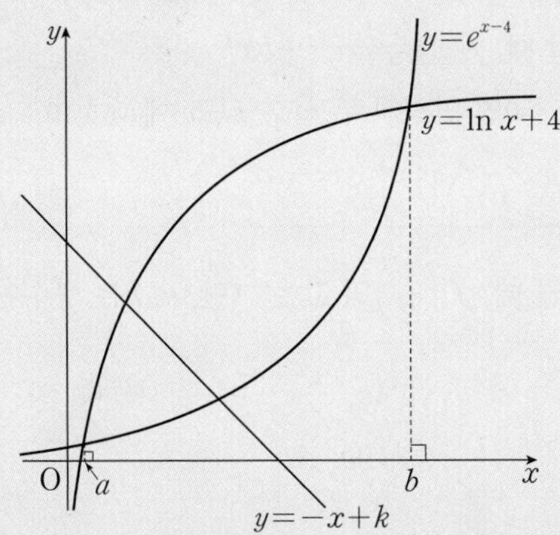

① $\frac{7}{2}$ ② 4 ③ $\frac{9}{2}$

④ 5 ⑤ $\frac{11}{2}$

514 2010년 7월 교육청 가형 28번

함수 $f(x)=\ln\frac{x}{k}$ (k는 자연수)의 역함수를 $y=g(x)$라 할 때, 곡선 $y=f(x)$ 위의 점과 곡선 $y=g(x)$ 위의 점 사이의 최단 거리를 l_k라 하자. $l_k\ge 3\sqrt{2}$를 만족시키는 k의 최솟값은? (단, $e=2.7$로 계산한다.) [3점]

① 11 ② 10 ③ 9

④ 8 ⑤ 7

07

유형 09 평균값 정리

515 2012학년도 사관학교 이과 2번

함수 $f(x)=x\ln x$에 대하여 등식

$f(e^2)-f(e)=e(e-1)f'(c)$를 만족시키는 c가 열린구간 $(e,\ e^2)$에 존재한다. $\ln c$의 값은? [2점]

① $\frac{3}{e}$ ② $\frac{e+2}{e}$ ③ $\frac{2}{e-1}$

④ $\frac{e}{e-1}$ ⑤ $\frac{2e}{e+1}$

516 2019년 10월 교육청 가형 17번

실수 전체의 집합에서 미분가능한 함수 $f(x)$가 다음 조건을 만족시킨다.

(가) $x>0$일 때, $f(x)=axe^{2x}+bx^2$

(나) $x_1<x_2<0$인 임의의 두 실수 $x_1,\ x_2$에 대하여

$f(x_2)-f(x_1)=3x_2-3x_1$

$f\left(\frac{1}{2}\right)=2e$일 때, $f'\left(\frac{1}{2}\right)$의 값은? (단, $a,\ b$는 상수이다.) [4점]

① $2e$ ② $4e$ ③ $6e$

④ $8e$ ⑤ $10e$

유형 10 함수의 증가·감소

517 2016년 3월 교육청 가형 9번

실수 전체의 집합에서 함수 $f(x)=(x^2+2ax+11)e^x$이 증가하도록 하는 자연수 a의 최댓값은? [3점]

① 3 ② 4 ③ 5 ④ 6 ⑤ 7

518 2016년 10월 교육청 가형 13번

함수 $f(x)=e^{x+1}(x^2+3x+1)$이 구간 (a, b)에서 감소할 때, $b-a$의 최댓값은? [3점]

① 1 ② 2 ③ 3 ④ 4 ⑤ 5

519 2017년 7월 교육청 가형 17번

함수 $f(x)=\frac{1}{2}x^2-3x-\frac{k}{x}$가 열린구간 $(0, \infty)$에서 증가할 때, 실수 k의 최솟값은? [4점]

① 3 ② $\frac{7}{2}$ ③ 4 ④ $\frac{9}{2}$ ⑤ 5

520 2018년 4월 교육청 가형 25번

함수 $f(x)=\frac{x}{x^2+x+8}$에 대하여 부등식 $f'(x)>0$의 해가 $\alpha<x<\beta$일 때, $\alpha^2+\beta^2$의 값을 구하시오. [3점]

유형 11 변곡점

521 2020학년도 6월 평가원 가형 11번

함수 $f(x)=xe^x$에 대하여 곡선 $y=f(x)$의 변곡점의 좌표가 (a, b)일 때, 두 수 a, b의 곱 ab의 값은? [3점]

① $4e^2$ ② e ③ $\frac{1}{e}$

④ $\frac{4}{e^2}$ ⑤ $\frac{9}{e^3}$

522 2019학년도 6월 평가원 가형 26번

좌표평면에서 점 $(2, a)$가 곡선 $y=\frac{2}{x^2+b}$ $(b>0)$의 변곡점일 때, $\frac{b}{a}$의 값을 구하시오. (단, a, b는 상수이다.) [4점]

523 2019년 4월 교육청 가형 25번

곡선 $y=\frac{1}{3}x^3+2\ln x$의 변곡점에서의 접선의 기울기를 구하시오. [3점]

524 2011학년도 9월 평가원 가형 27번

곡선 $y=\left(\ln \frac{1}{ax}\right)^2$의 변곡점이 직선 $y=2x$ 위에 있을 때, 양수 a의 값은? [3점]

① e ② $\frac{5}{4}e$ ③ $\frac{3}{2}e$

④ $\frac{7}{4}e$ ⑤ $2e$

> 정답과 해설 141쪽

525 2021년 7월 교육청 27번

곡선 $y=xe^{-2x}$의 변곡점을 A라 하자. 곡선 $y=xe^{-2x}$ 위의 점 A에서의 접선이 x축과 만나는 점을 B라 할 때, 삼각형 OAB의 넓이는? (단, O는 원점이다.) [3점]

① e^{-2} ② $3e^{-2}$ ③ 1
④ e^2 ⑤ $3e^2$

526 2017학년도 사관학교 가형 26번

곡선 $y=\sin^2 x$ $(0\le x\le \pi)$의 두 변곡점을 각각 A, B라 할 때, 점 A에서의 접선과 점 B에서의 접선이 만나는 점의 y좌표는 $p+q\pi$이다. $40(p+q)$의 값을 구하시오.

(단, p, q는 유리수이다.) [4점]

527 2020년 7월 교육청 가형 15번

두 함수 $f(x)$, $g(x)$가 실수 전체의 집합에서 이계도함수를 갖고 $g(x)$가 증가함수일 때, 함수 $h(x)$를

$$h(x)=(f\circ g)(x)$$

라 하자. 점 $(2, 2)$가 곡선 $y=g(x)$의 변곡점이고 $\frac{h''(2)}{f''(2)}=4$이다. $f'(2)=4$일 때, $h'(2)$의 값은? [4점]

① 8 ② 10 ③ 12
④ 14 ⑤ 16

528 2009학년도 9월 평가원 가형 27번

좌표평면에서 곡선

$$y=\cos^n x\left(0<x<\frac{\pi}{2},\ n=2, 3, 4, \cdots\right)$$

의 변곡점의 y좌표를 a_n이라 할 때, $\lim_{n\to\infty} a_n$의 값은? [3점]

① $\frac{1}{e^2}$ ② $\frac{1}{e}$ ③ $\frac{1}{\sqrt{e}}$
④ $\frac{1}{2e}$ ⑤ $\frac{1}{\sqrt{2e}}$

529 2019년 3월 교육청 가형 20번

함수 $f(x)=x^2+ax+b\left(0<b<\frac{\pi}{2}\right)$에 대하여 함수 $g(x)=\sin(f(x))$가 다음 조건을 만족시킨다.

> (가) 모든 실수 x에 대하여 $g'(-x)=-g'(x)$이다.
> (나) 점 $(k, g(k))$는 곡선 $y=g(x)$의 변곡점이고, $2kg(k)=\sqrt{3}g'(k)$이다.

두 상수 a, b에 대하여 $a+b$의 값은? [4점]

① $\frac{\pi}{3}-\frac{\sqrt{3}}{2}$ ② $\frac{\pi}{3}-\frac{\sqrt{3}}{3}$ ③ $\frac{\pi}{3}-\frac{\sqrt{3}}{6}$
④ $\frac{\pi}{2}-\frac{\sqrt{3}}{3}$ ⑤ $\frac{\pi}{2}-\frac{\sqrt{3}}{6}$

530 2018학년도 6월 평가원 가형 20번

양수 a와 실수 b에 대하여 함수 $f(x)=ae^{3x}+be^{x}$이 다음 조건을 만족시킬 때, $f(0)$의 값은? [4점]

> (가) $x_1<\ln\frac{2}{3}<x_2$를 만족시키는 모든 실수 x_1, x_2에 대하여 $f''(x_1)f''(x_2)<0$이다.
> (나) 구간 $[k, \infty)$에서 함수 $f(x)$의 역함수가 존재하도록 하는 실수 k의 최솟값을 m이라 할 때, $f(2m)=-\frac{80}{9}$이다.

① -15 ② -12 ③ -9
④ -6 ⑤ -3

> 정답과 해설 143쪽

유형 12 변곡점의 존재 조건

531 2020학년도 수능(홀) 가형 11번

곡선 $y=ax^2-2\sin 2x$가 변곡점을 갖도록 하는 정수 a의 개수는? [3점]

① 4 ② 5 ③ 6 ④ 7 ⑤ 8

532 2020학년도 9월 평가원 가형 26번

함수 $f(x)=3\sin kx+4x^3$의 그래프가 오직 하나의 변곡점을 가지도록 하는 실수 k의 최댓값을 구하시오. [4점]

유형 13 변곡점과 함수의 그래프

533 2012년 7월 교육청 가형 13번

다항함수 $y=f(x)$의 도함수 $y=f'(x)$의 그래프가 그림과 같을 때, 옳은 것만을 **보기**에서 있는 대로 고른 것은? [4점]

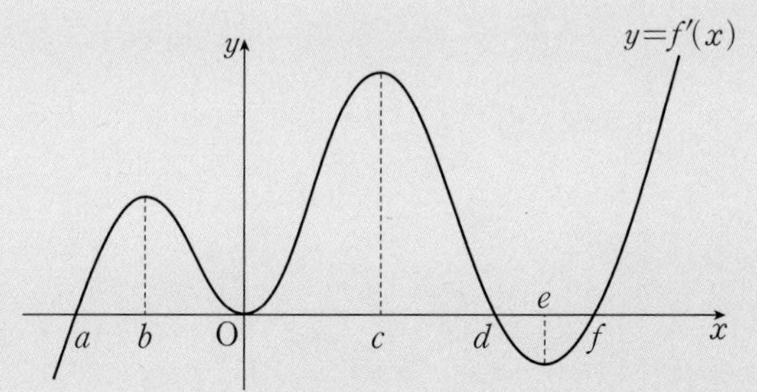

보기

ㄱ. 구간 $[a, f]$에서 $f(x)$의 변곡점은 4개이다.
ㄴ. 구간 $[a, e]$에서 $f(x)$가 극대가 되는 x의 개수는 1개이다.
ㄷ. 구간 $[a, e]$에서 $f(x)$의 최댓값은 $f(c)$이다.

① ㄱ ② ㄷ ③ ㄱ, ㄴ ④ ㄴ, ㄷ ⑤ ㄱ, ㄴ, ㄷ

534 2008학년도 수능(홀) 가형 27번

함수 $f(x)=x+\sin x$에 대하여 함수 $g(x)$를

$$g(x)=(f\circ f)(x)$$

로 정의할 때, **보기**에서 옳은 것을 모두 고른 것은? [3점]

보기

ㄱ. 함수 $f(x)$의 그래프는 열린구간 $(0, \pi)$에서 위로 볼록하다.
ㄴ. 함수 $g(x)$는 열린구간 $(0, \pi)$에서 증가한다.
ㄷ. $g'(x)=1$인 실수 x가 열린구간 $(0, \pi)$에 존재한다.

① ㄱ ② ㄷ ③ ㄱ, ㄴ ④ ㄴ, ㄷ ⑤ ㄱ, ㄴ, ㄷ

535 2018년 7월 교육청 가형 27번

원 $x^2+y^2=1$ 위의 임의의 점 P와 곡선 $y=\sqrt{x}-3$ 위의 임의의 점 Q에 대하여 $\overline{\mathrm{PQ}}$의 최솟값은 $\sqrt{a}-b$이다. 자연수 a, b에 대하여 a^2+b^2의 값을 구하시오. [4점]

536 2024학년도 사관학교 28번

양의 실수 t와 상수 $k(k>0)$에 대하여 곡선 $y=(ax+b)e^{x-k}$이 직선 $y=tx$와 점 (t, t^2)에서 접하도록 하는 두 실수 a, b의 값을 각각 $f(t)$, $g(t)$라 하자. $f(k)=-6$일 때, $g'(k)$의 값은? [4점]

① -2 ② -1 ③ 0 ④ 1 ⑤ 2

> 정답과 해설 145쪽

537 2018학년도 6월 평가원 가형 16번

실수 k에 대하여 함수 $f(x)$는

$$f(x)=\begin{cases} x^2+k & (x\le 2) \\ \ln(x-2) & (x>2) \end{cases}$$

이다. 실수 t에 대하여 직선 $y=x+t$와 함수 $y=f(x)$의 그래프가 만나는 점의 개수를 $g(t)$라 하자. 함수 $g(t)$가 $t=a$에서 불연속인 a의 값이 한 개일 때, k의 값은? [4점]

① -2 ② $-\frac{9}{4}$ ③ $-\frac{5}{2}$
④ $-\frac{11}{4}$ ⑤ -3

538 2020학년도 6월 평가원 가형 21번

함수 $f(x)=\frac{\ln x}{x}$와 양의 실수 t에 대하여 기울기가 t인 직선이 곡선 $y=f(x)$에 접할 때 접점의 x좌표를 $g(t)$라 하자. 원점에서 곡선 $y=f(x)$에 그은 접선의 기울기가 a일 때, 미분가능한 함수 $g(t)$에 대하여 $a\times g'(a)$의 값은? [4점]

① $-\frac{\sqrt{e}}{3}$ ② $-\frac{\sqrt{e}}{4}$ ③ $-\frac{\sqrt{e}}{5}$
④ $-\frac{\sqrt{e}}{6}$ ⑤ $-\frac{\sqrt{e}}{7}$

07

539 2019년 10월 교육청 가형 21번

정수 n에 대하여 점 $(a,\ 0)$에서 곡선 $y=(x-n)e^x$에 그은 접선의 개수를 $f(n)$이라 하자. **보기**에서 옳은 것만을 있는 대로 고른 것은? [4점]

보기

ㄱ. $a=0$일 때, $f(4)=1$이다.

ㄴ. $f(n)=1$인 정수 n의 개수가 1인 정수 a가 존재한다.

ㄷ. $\sum_{n=1}^{5} f(n)=5$를 만족시키는 정수 a의 값은 -1 또는 3이다.

① ㄱ ② ㄱ, ㄴ ③ ㄱ, ㄷ
④ ㄴ, ㄷ ⑤ ㄱ, ㄴ, ㄷ

540 2024학년도 수능(홀) 27번

실수 t에 대하여 원점을 지나고 곡선 $y=\frac{1}{e^x}+e^t$에 접하는 직선의 기울기를 $f(t)$라 하자. $f(a)=-e\sqrt{e}$를 만족시키는 상수 a에 대하여 $f'(a)$의 값은? [3점]

① $-\frac{1}{3}e\sqrt{e}$ ② $-\frac{1}{2}e\sqrt{e}$ ③ $-\frac{2}{3}e\sqrt{e}$
④ $-\frac{5}{6}e\sqrt{e}$ ⑤ $-e\sqrt{e}$

541 2019년 7월 교육청 가형 21번

$0<t<1$인 실수 t에 대하여 직선 $y=t$와 함수 $f(x)=\sin x\left(0<x<\frac{\pi}{2}\right)$의 그래프가 만나는 점을 P라 할 때, 곡선 $y=f(x)$ 위의 점 P에서 그은 접선의 x절편을 $g(t)$라 하자. $g'\left(\frac{2\sqrt{2}}{3}\right)$의 값은? [4점]

① -28　② -24　③ -20　④ -16　⑤ -12

542 2020학년도 수능(홀) 가형 30번

양의 실수 t에 대하여 곡선 $y=t^3\ln(x-t)$가 곡선 $y=2e^{x-a}$과 오직 한 점에서 만나도록 하는 실수 a의 값을 $f(t)$라 하자. $\left\{f'\left(\frac{1}{3}\right)\right\}^2$의 값을 구하시오. [4점]

08

도함수의 활용 (2)

개념 카드

실전 개념 1 함수의 극대·극소

> 유형 01 ~ 08

(1) 함수의 극대·극소의 판정

미분가능한 함수 $f(x)$에 대하여 $f'(a)=0$이고, $x=a$의 좌우에서 $f'(x)$의 부호가

① 양$(+)$에서 음$(-)$으로 바뀌면 $f(x)$는 $x=a$에서 극대이고, 극댓값은 $f(a)$이다.

② 음$(-)$에서 양$(+)$으로 바뀌면 $f(x)$는 $x=a$에서 극소이고, 극솟값은 $f(a)$이다.

(2) 이계도함수를 이용한 함수의 극대·극소의 판정

이계도함수를 갖는 함수 $f(x)$에 대하여 $f'(a)=0$일 때

① $f''(a)<0$이면 $f(x)$는 $x=a$에서 극대이다.

② $f''(a)>0$이면 $f(x)$는 $x=a$에서 극소이다.

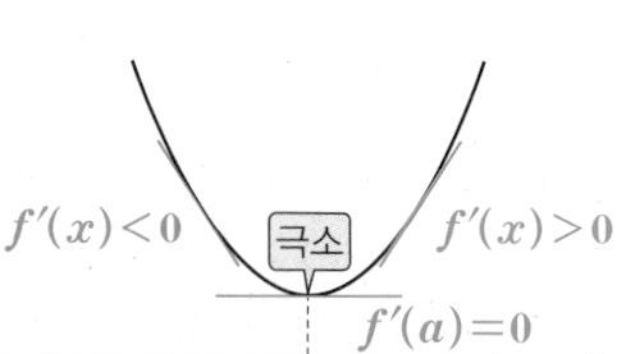

실전 개념 2 함수의 최대·최소

> 유형 01 ~ 03, 05, 08, 09

닫힌구간 $[a, b]$에서의 연속함수 $f(x)$의 극댓값, 극솟값과 구간의 양 끝 값에서의 함숫값인 $f(a)$, $f(b)$ 중에서 가장 큰 값이 최댓값이고, 가장 작은 값이 최솟값이다.

실전 개념 3 방정식과 부등식에의 활용

> 유형 01, 03, 05 ~ 08

(1) 방정식의 실근의 개수

① 방정식 $f(x)=0$의 서로 다른 실근의 개수는 함수 $y=f(x)$의 그래프와 x축의 교점의 개수와 같다.

② 방정식 $f(x)=g(x)$의 서로 다른 실근의 개수는 두 함수 $y=f(x)$, $y=g(x)$의 그래프의 교점의 개수와 같다.

(2) 부등식의 증명

① 어떤 구간에서 부등식 $f(x)\geq 0$이 성립함을 보이려면 그 구간에 속하는 모든 x에 대하여 $(f(x)$의 최솟값$)\geq 0$임을 보이면 된다.

② 어떤 구간에서 부등식 $f(x)\geq g(x)$가 성립함을 보이려면 $h(x)=f(x)-g(x)$로 놓고 그 구간에 속하는 모든 x에 대하여 $(h(x)$의 최솟값$)\geq 0$임을 보이면 된다.

실전 개념 4 속도와 가속도

> 유형 10 ~ 12

(1) 수직선 위를 움직이는 점 P의 시각 t에서의 위치 x가 $x=f(t)$일 때,

시각 t에서의 점 P의 속도는 $v=\dfrac{dx}{dt}=f'(t)$, 가속도는 $a=\dfrac{dv}{dt}=f''(t)$이다.

(2) 평면 위를 움직이는 점 P의 시각 t에서의 위치 (x, y)가 $x=f(t)$, $y=g(t)$일 때,

시각 t에서의 점 P의 속도는 $v=\left(\dfrac{dx}{dt}, \dfrac{dy}{dt}\right)=(f'(t), g'(t))$,

가속도는 $a=\left(\dfrac{d^2x}{dt^2}, \dfrac{d^2y}{dt^2}\right)=(f''(t), g''(t))$이다.

STEP B 유형 & 유사로 익히면…

유형 01 함수의 그래프의 개형 (1); 유리함수

543 2018년 3월 교육청 가형 10번

함수 $f(x)=\dfrac{x-1}{x^2-x+1}$의 극댓값과 극솟값의 합은? [3점]

① -1 ② $-\dfrac{5}{6}$ ③ $-\dfrac{2}{3}$

④ $-\dfrac{1}{2}$ ⑤ $-\dfrac{1}{3}$

➜ **544** 2006학년도 수능(홀) 가형 30번

양수 a에 대하여 닫힌구간 $[-a, a]$에서 함수

$$f(x)=\frac{x-5}{(x-5)^2+36}$$

의 최댓값을 M, 최솟값을 m이라 할 때, $M+m=0$이 되도록 하는 a의 최솟값을 구하시오. [4점]

545 2016년 3월 교육청 가형 19번

함수 $f(x)=\dfrac{x}{x^2+1}$에 대하여 **보기**에서 옳은 것만을 있는 대로 고른 것은? [4점]

보기

ㄱ. $f'(0)=1$

ㄴ. 모든 실수 x에 대하여 $f(x)\geq -\dfrac{1}{2}$이다.

ㄷ. $0<a<b<1$일 때, $\dfrac{f(b)-f(a)}{b-a}>1$이다.

① ㄱ ② ㄷ ③ ㄱ, ㄴ

④ ㄴ, ㄷ ⑤ ㄱ, ㄴ, ㄷ

➜ **546** 2012년 4월 교육청 가형 21번

함수 $f(x)=\ln(2x^2+1)$에 대하여 옳은 것만을 **보기**에서 있는 대로 고른 것은? [4점]

보기

ㄱ. 모든 실수 x에 대하여 $f'(-x)=-f'(x)$이다.

ㄴ. $f(x)$의 도함수 $f'(x)$의 최댓값은 $\sqrt{2}$이다.

ㄷ. 임의의 두 실수 x_1, x_2에 대하여

$|f(x_1)-f(x_2)|\leq\sqrt{2}|x_1-x_2|$이다.

① ㄱ ② ㄷ ③ ㄱ, ㄴ

④ ㄴ, ㄷ ⑤ ㄱ, ㄴ, ㄷ

> 정답과 해설 149쪽

547 2010년 7월 교육청 가형 29번

함수 $f(x)=\dfrac{x-\frac{1}{2}}{(x^2-2x+2)^2}$에 대한 설명으로 옳은 것만을 **보기**에서 있는 대로 고른 것은? [4점]

보기

ㄱ. 곡선 $y=f(x)$ 위의 점 $\left(1, \dfrac{1}{2}\right)$에서의 접선과 원점 사이의 거리는 $\dfrac{\sqrt{2}}{4}$이다.

ㄴ. 함수 $f(x)$의 최솟값은 $-\dfrac{1}{8}$이다.

ㄷ. 방정식 $f(x)-f(10)=0$의 서로 다른 실근의 개수는 2개이다.

① ㄱ　② ㄴ　③ ㄱ, ㄷ　④ ㄴ, ㄷ　⑤ ㄱ, ㄴ, ㄷ

548 2019년 4월 교육청 가형 20번

좌표평면 위에 원 $x^2+y^2=9$와 직선 $y=4$가 있다. $t\neq-3$, $t\neq3$인 실수 t에 대하여 직선 $y=4$ 위의 점 $\mathrm{P}(t, 4)$에서 원 $x^2+y^2=9$에 그은 두 접선의 기울기의 곱을 $f(t)$라 할 때, **보기**에서 옳은 것만을 있는 대로 고른 것은? [4점]

보기

ㄱ. $f(\sqrt{2})=-1$

ㄴ. 열린구간 $(-3, 3)$에서 $f''(t)<0$이다.

ㄷ. 방정식 $9f(x)=3^{x+2}-7$의 서로 다른 실근의 개수는 2이다.

① ㄱ　② ㄷ　③ ㄱ, ㄴ　④ ㄴ, ㄷ　⑤ ㄱ, ㄴ, ㄷ

08

유형 02 함수의 그래프의 개형 (2): 지수를 포함한 함수

549 2020학년도 9월 평가원 가형 11번

함수 $f(x)=(x^2-3)e^{-x}$의 극댓값과 극솟값을 각각 a, b라 할 때, $a\times b$의 값은? [3점]

① $-12e^2$ ② $-12e$ ③ $-\frac{12}{e}$

④ $-\frac{12}{e^2}$ ⑤ $-\frac{12}{e^3}$

→ **550** 2021학년도 수능(홀) 가형 7번

함수 $f(x)=(x^2-2x-7)e^x$의 극댓값과 극솟값을 각각 a, b라 할 때, $a\times b$의 값은? [3점]

① -32 ② -30 ③ -28

④ -26 ⑤ -24

551 2015학년도 9월 평가원 B형 20번

3 이상의 자연수 n에 대하여 함수 $f(x)$가

$$f(x)=x^ne^{-x}$$

일 때, **보기**에서 옳은 것만을 있는 대로 고른 것은? [4점]

보기

ㄱ. $f\left(\frac{n}{2}\right)=f'\left(\frac{n}{2}\right)$

ㄴ. 함수 $f(x)$는 $x=n$에서 극댓값을 갖는다.

ㄷ. 점 $(0, 0)$은 곡선 $y=f(x)$의 변곡점이다.

① ㄴ ② ㄷ ③ ㄱ, ㄴ

④ ㄱ, ㄷ ⑤ ㄱ, ㄴ, ㄷ

→ **552** 2016학년도 6월 평가원 B형 21번

2 이상의 자연수 n에 대하여 실수 전체의 집합에서 정의된 함수

$$f(x)=e^{x+1}\{x^2+(n-2)x-n+3\}+ax$$

가 역함수를 갖도록 하는 실수 a의 최솟값을 $g(n)$이라 하자. $1\le g(n)\le 8$을 만족시키는 모든 n의 값의 합은? [4점]

① 43 ② 46 ③ 49

④ 52 ⑤ 55

> 정답과 해설 152쪽

유형 03 함수의 그래프의 개형 (3); 로그를 포함한 함수

553 2012학년도 6월 평가원 가형 8번

함수

$$f(x)=\frac{1}{2}x^2-a\ln x\ (a>0)$$

의 극솟값이 0일 때, 상수 a의 값은? [3점]

① $\frac{1}{e}$ ② $\frac{2}{e}$ ③ $\sqrt{e}$

④ e ⑤ $2e$

554 2015학년도 사관학교 B형 25번

자연수 n에 대하여 함수 $f(x)=x^n\ln x$의 최솟값을 $g(n)$이라 하자. $g(n)\le-\frac{1}{6e}$을 만족시키는 모든 n의 값의 합을 구하시오. [3점]

555 2003학년도 수능(홀) 자연계 29번

x에 대한 방정식 $\ln x-x+20-n=0$이 서로 다른 두 실근을 갖도록 하는 자연수 n의 개수를 구하시오. [3점]

556 2024학년도 6월 평가원 26번

x에 대한 방정식 $x^2-5x+2\ln x=t$의 서로 다른 실근의 개수가 2가 되도록 하는 모든 실수 t의 값의 합은? [3점]

① $-\frac{17}{2}$ ② $-\frac{33}{4}$ ③ -8

④ $-\frac{31}{4}$ ⑤ $-\frac{15}{2}$

557 2016년 4월 교육청 가형 18번

양의 실수 t에 대하여 곡선 $y=\ln x$ 위의 두 점 $\mathrm{P}(t,\ \ln t)$, $\mathrm{Q}(2t,\ \ln 2t)$에서의 접선이 x축과 만나는 점을 각각 $\mathrm{R}(r(t),\ 0)$, $\mathrm{S}(s(t),\ 0)$이라 하자. 함수 $f(t)$를 $f(t)=r(t)-s(t)$라 할 때, 함수 $f(t)$의 극솟값은? [4점]

① $-\frac{1}{2}$　② $-\frac{1}{3}$　③ $-\frac{1}{4}$　④ $-\frac{1}{5}$　⑤ $-\frac{1}{6}$

➜ **558** 2011년 4월 교육청 가형 8번

함수 $f(x)=2\ln(5-x)+\frac{1}{4}x^2$에 대하여 옳은 것만을 **보기**에서 있는 대로 고른 것은? [4점]

보기

ㄱ. 함수 $f(x)$는 $x=4$에서 극댓값을 갖는다.

ㄴ. 곡선 $y=f(x)$의 변곡점의 개수는 2이다.

ㄷ. 방정식 $f(x)=\frac{1}{4}$의 실근의 개수는 1이다.

① ㄱ　② ㄴ　③ ㄱ, ㄷ　④ ㄴ, ㄷ　⑤ ㄱ, ㄴ, ㄷ

> 정답과 해설 155쪽

559 2009학년도 수능(홀) 가형 28번

함수 $f(x)=4\ln x+\ln(10-x)$에 대하여 **보기**에서 옳은 것만을 있는 대로 고른 것은? [3점]

보기

ㄱ. 함수 $f(x)$의 최댓값은 $13\ln 2$이다.

ㄴ. 방정식 $f(x)=0$은 서로 다른 두 실근을 갖는다.

ㄷ. 함수 $y=e^{f(x)}$의 그래프는 구간 $(4,\ 8)$에서 위로 볼록하다.

① ㄱ ② ㄷ ③ ㄱ, ㄴ
④ ㄴ, ㄷ ⑤ ㄱ, ㄴ, ㄷ

560 2012학년도 사관학교 이과 20번

함수 $f(x)=\frac{1}{x}\ln x$에 대하여 **보기**에서 옳은 것만을 있는 대로 고른 것은? [4점]

보기

ㄱ. 함수 $f(x)$의 최댓값은 $\frac{1}{e}$이다.

ㄴ. $2011^{2012}>2012^{2011}$

ㄷ. 열린구간 $(0,\ e)$에서 $y=f(x)$의 그래프는 위로 볼록하다.

① ㄱ ② ㄱ, ㄴ ③ ㄱ, ㄷ
④ ㄴ, ㄷ ⑤ ㄱ, ㄴ, ㄷ

유형 04 함수의 그래프의 개형 (4): 삼각함수를 포함한 함수

561 2013년 4월 교육청 B형 5번

열린구간 $(0,\ 2\pi)$에서 정의된 함수 $f(x)=e^x(\sin x+\cos x)$의 극댓값을 M, 극솟값을 m이라 할 때, Mm의 값은? [3점]

① $-e^{2\pi}$ ② $-e^{\pi}$ ③ $\frac{1}{e^{3\pi}}$
④ $\frac{1}{e^{2\pi}}$ ⑤ $\frac{1}{e^{\pi}}$

562 2013년 3월 교육청 B형 19번

열린구간 $(0,\ 2\pi)$에서 정의된 함수 $f(x)=\frac{\sin x}{e^{2x}}$가 $x=a$에서 극솟값을 가질 때, $\cos a$의 값은? [4점]

① $-\frac{2\sqrt{5}}{5}$ ② $-\frac{\sqrt{5}}{5}$ ③ 0
④ $\frac{\sqrt{5}}{5}$ ⑤ $\frac{2\sqrt{5}}{5}$

유형 05 함수의 그래프의 개형 (5): 여러 가지 함수

563 2016년 7월 교육청 가형 16번

닫힌구간 $[0,\ 2\pi]$에서 x에 대한 방정식
$\sin x-x\cos x-k=0$의 서로 다른 실근의 개수가 2가 되도록 하는 모든 정수 k의 값의 합은? [4점]

① -6 ② -3 ③ 0
④ 3 ⑤ 6

564 2020학년도 사관학교 가형 19번

함수 $f(x)=xe^{2x}-(4x+a)e^x$이 $x=-\frac{1}{2}$에서 극댓값을 가질 때, $f(x)$의 극솟값은? (단, a는 상수이다.) [4점]

① $1-\ln 2$ ② $2-2\ln 2$ ③ $3-3\ln 2$
④ $4-4\ln 2$ ⑤ $5-5\ln 2$

> 정답과 해설 156쪽

565 2007년 7월 교육청 가형 29번

함수 $f(x)=e^{\frac{2}{x}}$에 대하여 **보기**의 설명 중 옳은 것을 모두 고른 것은? [4점]

보기

ㄱ. $\lim_{x\to\infty} f(x)=1$

ㄴ. 함수 $f(x)$는 극값을 갖지 않는다.

ㄷ. $x>0$에서 함수 $f(x)$는 증가함수이다.

① ㄱ ② ㄷ ③ ㄱ, ㄴ

④ ㄴ, ㄷ ⑤ ㄱ, ㄴ, ㄷ

566 2016년 4월 교육청 가형 14번

다음은 모든 실수 x에 대하여 $2x-1\ge ke^{x^2}$을 성립시키는 실수 k의 최댓값을 구하는 과정이다.

> $f(x)=(2x-1)e^{-x^2}$이라 하자.
>
> $f'(x)=($ (가) $)\times e^{-x^2}$
>
> $f'(x)=0$에서 $x=-\frac{1}{2}$ 또는 $x=1$
>
> 함수 $f(x)$의 증가와 감소를 조사하면
>
> 함수 $f(x)$의 극솟값은 (나) 이다.
>
> 또한 $\lim_{x\to\infty} f(x)=0$, $\lim_{x\to-\infty} f(x)=0$이므로
>
> 함수 $y=f(x)$의 그래프의 개형을 그리면
>
> 함수 $f(x)$의 최솟값은 (나) 이다.
>
> 따라서 $2x-1\ge ke^{x^2}$을 성립시키는 실수 k의 최댓값은
>
> (나) 이다.

위의 (가)에 알맞은 식을 $g(x)$, (나)에 알맞은 수를 p라 할 때, $g(2)\times p$의 값은? [4점]

① $\frac{10}{e}$ ② $\frac{15}{e}$ ③ $\frac{20}{\sqrt[4]{e}}$

④ $\frac{25}{\sqrt[4]{e}}$ ⑤ $\frac{30}{\sqrt[4]{e}}$

08

유형 06 함수의 그래프의 개형 (6): 합성함수

567 2019년 3월 교육청 가형 11번

함수 $f(x)=\tan(\pi x^2+ax)$가 $x=\frac{1}{2}$에서 극솟값 k를 가질 때, k의 값은? (단, a는 상수이다.) [3점]

① $-\sqrt{3}$　② -1　③ $-\frac{\sqrt{3}}{3}$　④ 0　⑤ $\frac{\sqrt{3}}{3}$

→ **568** 2017년 3월 교육청 가형 18번

그림은 함수 $f(x)=x^2e^{-x+2}$의 그래프이다.

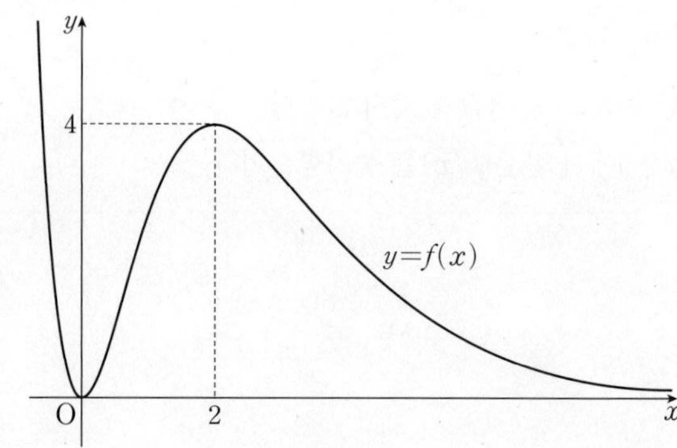

함수 $y=(f\circ f)(x)$의 그래프와 직선 $y=\frac{15}{e^2}$의 교점의 개수는? (단, $\lim_{x\to\infty}f(x)=0$) [4점]

① 2　② 3　③ 4　④ 5　⑤ 6

569 2022학년도 수능(홀) 28번

함수 $f(x)=6\pi(x-1)^2$에 대하여 함수 $g(x)$를

$$g(x)=3f(x)+4\cos f(x)$$

라 하자. $0<x<2$에서 함수 $g(x)$가 극소가 되는 x의 개수는? [4점]

① 6 ② 7 ③ 8

④ 9 ⑤ 10

570 2023학년도 6월 평가원 28번

최고차항의 계수가 $\frac{1}{2}$인 삼차함수 $f(x)$에 대하여 함수 $g(x)$가

$$g(x)=\begin{cases} \ln|f(x)| & (f(x)\neq 0) \\ 1 & (f(x)=0) \end{cases}$$

이고 다음 조건을 만족시킬 때, 함수 $g(x)$의 극솟값은? [4점]

> (가) 함수 $g(x)$는 $x\neq 1$인 모든 실수 x에서 연속이다.
> (나) 함수 $g(x)$는 $x=2$에서 극대이고,
> 함수 $|g(x)|$는 $x=2$에서 극소이다.
> (다) 방정식 $g(x)=0$의 서로 다른 실근의 개수는 3이다.

① $\ln\frac{13}{27}$ ② $\ln\frac{16}{27}$ ③ $\ln\frac{19}{27}$

④ $\ln\frac{22}{27}$ ⑤ $\ln\frac{25}{27}$

08

유형 07 함수의 그래프의 개형 (7): 연속, 미분가능성

571 2016년 3월 교육청 가형 30번

함수 $f(x)=x^2e^{ax}$ $(a<0)$에 대하여 부등식 $f(x)\geq t$ $(t>0)$을 만족시키는 x의 최댓값을 $g(t)$라 정의하자. 함수 $g(t)$가 $t=\frac{16}{e^2}$에서 불연속일 때, $100a^2$의 값을 구하시오.

(단, $\lim_{x\to\infty}f(x)=0$) [4점]

→ **572** 2018학년도 사관학교 가형 28번

함수 $f(x)=(x^3-a)e^x$과 실수 t에 대하여 방정식 $f(x)=t$의 실근의 개수를 $g(t)$라 하자. 함수 $g(t)$가 불연속인 점의 개수가 2가 되도록 하는 10 이하의 모든 자연수 a의 값의 합을 구하시오. (단, $\lim_{x\to-\infty}f(x)=0$) [4점]

> 정답과 해설 161쪽

573 2021학년도 사관학교 가형 20번

세 상수 a, b, c $(a>0,\ c>0)$에 대하여 함수

$$f(x)=\begin{cases} -ax^2+6ex+b & (x<c) \\ a(\ln x)^2-6\ln x & (x\geq c) \end{cases}$$

가 다음 조건을 만족시킨다.

> (가) 함수 $f(x)$는 실수 전체의 집합에서 연속이다.
> (나) 함수 $f(x)$의 역함수가 존재한다.

$f\left(\dfrac{1}{2e}\right)$의 값은? [4점]

① $-4\left(e^2+\dfrac{1}{4e^2}\right)$　② $-4\left(e^2-\dfrac{1}{4e^2}\right)$
③ $-3\left(e^2+\dfrac{1}{4e^2}\right)$　④ $-3\left(e^2-\dfrac{1}{4e^2}\right)$
⑤ $-2\left(e^2+\dfrac{1}{4e^2}\right)$

574 2025학년도 6월 평가원 29번

함수 $f(x)=\dfrac{1}{3}x^3-x^2+\ln(1+x^2)+a$ (a는 상수)와 두 양수 b, c에 대하여 함수

$$g(x)=\begin{cases} f(x) & (x\geq b) \\ -f(x-c) & (x<b) \end{cases}$$

는 실수 전체의 집합에서 미분가능하다. $a+b+c=p+q\ln 2$일 때, $30(p+q)$의 값을 구하시오.

(단, p, q는 유리수이고, $\ln 2$는 무리수이다.) [4점]

575 2015년 4월 교육청 B형 21번

함수 $f(x)=\begin{cases}(x-2)^2e^x+k & (x\ge0)\\ -x^2 & (x<0)\end{cases}$에 대하여 함수 $g(x)=|f(x)|-f(x)$가 다음 조건을 만족하도록 하는 정수 k의 개수는? [4점]

> (가) 함수 $g(x)$는 모든 실수에서 연속이다.
> (나) 함수 $g(x)$는 미분가능하지 않은 점이 2개다.

① 3 ② 4 ③ 5
④ 6 ⑤ 7

576 2013년 4월 교육청 B형 30번

함수 $f(x)=x+\cos x+\frac{\pi}{4}$에 대하여 함수 $g(x)$를

$$g(x)=|f(x)-k| \ (k\text{는 } 0<k<6\pi\text{인 상수})$$

라 하자. 함수 $g(x)$가 실수 전체의 집합에서 미분가능하도록 하는 모든 k의 값의 합을 $\frac{q}{p}\pi$라 할 때, $p+q$의 값을 구하시오. (단, p와 q는 서로소인 자연수이다.) [4점]

> 정답과 해설 163쪽

577 2013학년도 수능(홀) 가형 21번

함수 $f(x)=kx^2e^{-x}$ $(k>0)$과 실수 t에 대하여 곡선 $y=f(x)$ 위의 점 $(t,\ f(t))$에서 x축까지의 거리와 y축까지의 거리 중 크지 않은 값을 $g(t)$라 하자. 함수 $g(t)$가 한 점에서만 미분가능하지 않도록 하는 k의 최댓값은? [4점]

① $\frac{1}{e}$　　② $\frac{1}{\sqrt{e}}$　　③ $\frac{e}{2}$

④ $\sqrt{e}$　　⑤ e

578 2019학년도 사관학교 가형 21번

함수 $f(x)=|x^2-x|e^{4-x}$이 있다. 양수 k에 대하여 함수 $g(x)$를

$$g(x)=\begin{cases} f(x) & (f(x)\le kx) \\ kx & (f(x)>kx) \end{cases}$$

라 하자. 구간 $(-\infty,\ \infty)$에서 함수 $g(x)$가 미분가능하지 않은 x의 개수를 $h(k)$라 할 때, **보기**에서 옳은 것만을 있는 대로 고른 것은? [4점]

보기

ㄱ. $k=2$일 때, $g(2)=4$이다.

ㄴ. 함수 $h(k)$의 최댓값은 4이다.

ㄷ. $h(k)=2$를 만족시키는 k의 값의 범위는 $e^2\le k<e^4$이다.

① ㄱ　　② ㄱ, ㄴ　　③ ㄱ, ㄷ

④ ㄴ, ㄷ　　⑤ ㄱ, ㄴ, ㄷ

08

유형 08 함수의 그래프의 개형 (8): 극점의 x좌표를 구할 수 없는 경우

579 2011년 10월 교육청 가형 17번

양의 실수 전체의 집합에서 정의된 함수 $f(x)=e^x+\frac{1}{x}$이 $x=\alpha$에서 극값을 가질 때, 옳은 것만을 **보기**에서 있는 대로 고른 것은? (단, e는 자연로그의 밑이다.) [4점]

보기

ㄱ. $e^\alpha=\frac{1}{\alpha^2}$

ㄴ. 곡선 $y=f(x)$의 변곡점이 존재한다.

ㄷ. 함수 $f(x)$는 $x=\alpha$에서 최솟값을 갖는다.

① ㄱ ② ㄴ ③ ㄱ, ㄴ
④ ㄱ, ㄷ ⑤ ㄱ, ㄴ, ㄷ

→ **580** 2012학년도 수능(홀) 가형 18번

정의역이 $\{x\,|\,0\le x\le \pi\}$인 함수 $f(x)=2x\cos x$에 대하여 옳은 것만을 **보기**에서 있는 대로 고른 것은? [4점]

보기

ㄱ. $f'(a)=0$이면 $\tan a=\frac{1}{a}$이다.

ㄴ. 함수 $f(x)$가 $x=a$에서 극댓값을 가지는 a가 구간 $\left(\frac{\pi}{4}, \frac{\pi}{3}\right)$에 있다.

ㄷ. 구간 $\left[0, \frac{\pi}{2}\right]$에서 방정식 $f(x)=1$의 서로 다른 실근의 개수는 2이다.

① ㄱ ② ㄷ ③ ㄱ, ㄴ
④ ㄴ, ㄷ ⑤ ㄱ, ㄴ, ㄷ

> 정답과 해설 167쪽

유형 09 함수의 최대·최소의 활용

581 2017학년도 수능(홀) 가형 15번

곡선 $y=2e^{-x}$ 위의 점 $\mathrm{P}(t, 2e^{-t})$ $(t>0)$에서 y축에 내린 수선의 발을 A라 하고, 점 P에서의 접선이 y축과 만나는 점을 B라 하자. 삼각형 APB의 넓이가 최대가 되도록 하는 t의 값은? [4점]

① 1 ② $\frac{e}{2}$ ③ $\sqrt{2}$
④ 2 ⑤ e

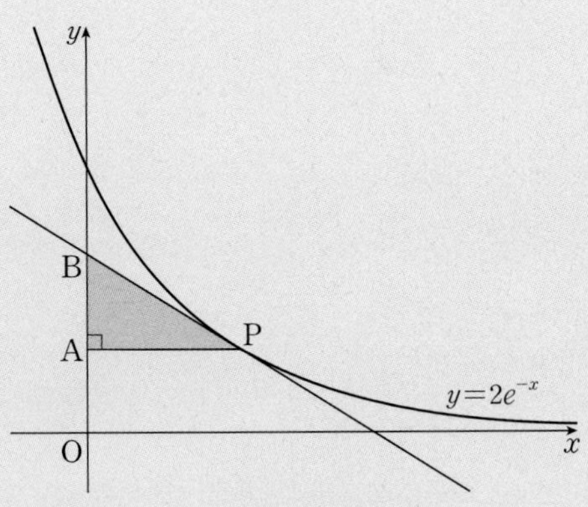

582 2025학년도 6월 평가원 27번

상수 a $(a>1)$과 실수 t $(t>0)$에 대하여 곡선 $y=a^x$ 위의 점 $\mathrm{A}(t, a^t)$에서의 접선을 l이라 하자. 점 A를 지나고 직선 l에 수직인 직선이 x축과 만나는 점을 B, y축과 만나는 점을 C라 하자. $\frac{\overline{\mathrm{AC}}}{\overline{\mathrm{AB}}}$의 값이 $t=1$에서 최대일 때, a의 값은? [3점]

① $\sqrt{2}$ ② $\sqrt{e}$ ③ 2
④ $\sqrt{2e}$ ⑤ e

08

유형 10 직선 운동에서의 속도와 가속도

583 2015년 7월 교육청 B형 26번

수직선 위를 움직이는 점 P의 시각 t에서의 위치 $x(t)$가

$$x(t)=t+\frac{20}{\pi^2}\cos(2\pi t)$$

이다. 점 P의 시각 $t=\frac{1}{3}$에서의 가속도의 크기를 구하시오. [4점]

584 2012년 3월 교육청 가형 9번

원점을 동시에 출발하여 수직선 위를 움직이는 두 점 P, Q의 시각 t에서의 위치 x_{P}, x_{Q}는 다음과 같다.

$$x_{\mathrm{P}}=t^2-at,\ x_{\mathrm{Q}}=\ln(t^2-t+1)$$

두 점 P, Q가 서로 반대 방향으로 움직이는 시각 t의 범위가 $\frac{1}{2}<t<2$일 때, 실수 a의 값은? [3점]

① 2 ② $\frac{5}{2}$ ③ 3 ④ $\frac{7}{2}$ ⑤ 4

> 정답과 해설 168쪽

유형 11 평면 운동에서의 속도와 가속도

585 2019년 10월 교육청 가형 7번

좌표평면 위를 움직이는 점 P의 시각 t에서의 위치 (x, y)가

$$x=2t+\sin t,\ y=1-\cos t$$

이다. 시각 $t=\frac{\pi}{3}$에서 점 P의 속력은? [3점]

① $\sqrt{3}$　② 2　③ $\sqrt{5}$　④ $\sqrt{6}$　⑤ $\sqrt{7}$

586 2020년 7월 교육청 가형 25번

좌표평면 위를 움직이는 점 P의 시각 t $(t>0)$에서의 위치 (x, y)가

$$x=3t-\frac{2}{\pi}\cos \pi t,\ y=6\ln t-\frac{2}{\pi}\sin \pi t$$

이다. 시각 $t=\frac{1}{2}$에서 점 P의 속력을 구하시오. [3점]

587 2017학년도 수능(홀) 가형 10번

좌표평면 위를 움직이는 점 P의 시각 t $(t>0)$에서의 위치 (x, y)가

$$x=t-\frac{2}{t},\ y=2t+\frac{1}{t}$$

이다. 시각 $t=1$에서 점 P의 속력은? [3점]

① $2\sqrt{2}$　② 3　③ $\sqrt{10}$　④ $\sqrt{11}$　⑤ $2\sqrt{3}$

588 2021년 10월 교육청 가형 25번

좌표평면 위를 움직이는 점 P의 시각 t $(t>2)$에서의 위치 (x, y)가

$$x=t\ln t,\ y=\frac{4t}{\ln t}$$

이다. 시각 $t=e^2$에서 점 P의 속력은? [3점]

① $\sqrt{7}$　② $2\sqrt{2}$　③ 3　④ $\sqrt{10}$　⑤ $\sqrt{11}$

589 2019학년도 9월 평가원 가형 10번

좌표평면 위를 움직이는 점 P의 시각 $t\ (t\geq 0)$에서의 위치 $(x,\ y)$가

$$x=3t-\sin t,\ y=4-\cos t$$

이다. 점 P의 속력의 최댓값을 M, 최솟값을 m이라 할 때, $M+m$의 값은? [3점]

① 3 ② 4 ③ 5
④ 6 ⑤ 7

590 2019학년도 수능(홀) 가형 24번

좌표평면 위를 움직이는 점 P의 시각 $t\ (t\geq 0)$에서의 위치 $(x,\ y)$가

$$x=1-\cos 4t,\ y=\frac{1}{4}\sin 4t$$

이다. 점 P의 속력이 최대일 때, 점 P의 가속도의 크기를 구하시오. [3점]

591 2020학년도 6월 평가원 가형 15번

좌표평면 위를 움직이는 점 P의 시각 $t\ (t>0)$에서의 위치 $(x,\ y)$가

$$x=2\sqrt{t+1},\ y=t-\ln(t+1)$$

이다. 점 P의 속력의 최솟값은? [4점]

① $\frac{\sqrt{3}}{8}$ ② $\frac{\sqrt{6}}{8}$ ③ $\frac{\sqrt{3}}{4}$
④ $\frac{\sqrt{6}}{4}$ ⑤ $\frac{\sqrt{3}}{2}$

592 2020학년도 수능(홀) 가형 9번

좌표평면 위를 움직이는 점 P의 시각 $t\ \left(0<t<\frac{\pi}{2}\right)$에서의 위치 $(x,\ y)$가

$$x=t+\sin t\cos t,\ y=\tan t$$

이다. $0<t<\frac{\pi}{2}$에서 점 P의 속력의 최솟값은? [3점]

① 1 ② $\sqrt{3}$ ③ 2
④ $2\sqrt{2}$ ⑤ $2\sqrt{3}$

유형 12 변화율

593 2008학년도 9월 평가원 가형 28번

좌표평면 위에 그림과 같이 중심각의 크기가 90°이고 반지름의 길이가 10인 부채꼴 OAB가 있다. 점 P가 점 A에서 출발하여 호 AB를 따라 매초 2의 일정한 속력으로 움직일 때, $\angle AOP=30^\circ$가 되는 순간 점 P의 y좌표의 시간(초)에 대한 변화율은? [3점]

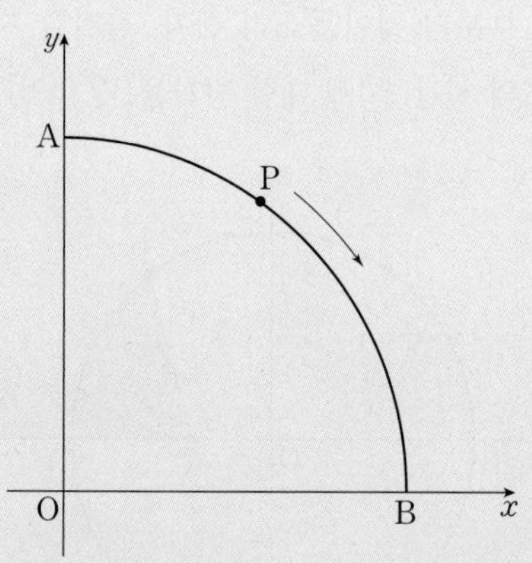

① $-\frac{1}{2}$　② $-\frac{\sqrt{2}}{2}$　③ $-\frac{\sqrt{3}}{2}$
④ -1　⑤ -2

594 2008년 7월 교육청 가형 30번

점 P는 원점 O를 출발하여 곡선 $y=\sqrt{x}$를 따라 원점에서 멀어지고 있다. 점 P의 x좌표가 매초 2의 속도로 일정하게 변할 때, 직선 OP의 기울기가 10이 되는 순간 점 P의 y좌표의 시간(초)에 대한 순간변화율을 구하시오. [4점]

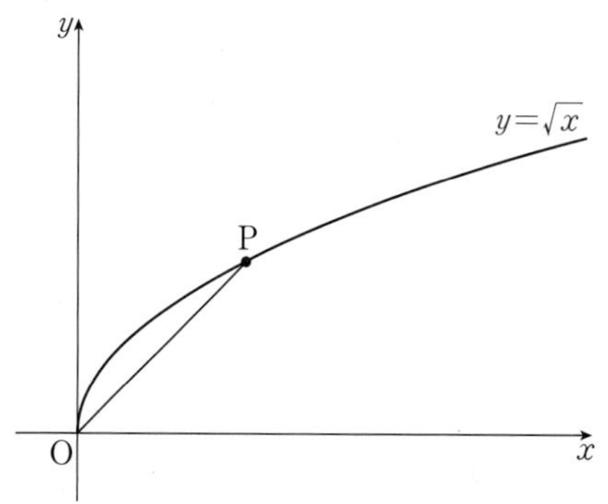

> 정답과 해설 171쪽

595 2013년 3월 교육청 B형 14번

두 곡선 $y=4^x$, $y=2^x$과 y축 위의 점 $\mathrm{P}(0,\ a)$ $(a>1)$가 있다. 점 P를 지나고 x축과 평행한 직선이 두 곡선 $y=4^x$, $y=2^x$과 만나는 점을 각각 A, B라 하자. 또, 점 B를 지나고 y축과 평행한 직선이 곡선 $y=4^x$과 만나는 점을 C라 하고, 점 C를 지나고 x축과 평행한 직선이 곡선 $y=2^x$과 만나는 점을 D라 하자. 점 P가 점 $(0,\ 2)$를 출발하여 y축의 양의 방향으로 매초 1의 일정한 속도로 움직인다. 점 P가 점 $(0,\ 4)$를 지나는 순간, 삼각형 ADC의 넓이의 시간(초)에 대한 순간변화율은? [4점]

① $5+\dfrac{3}{2\ln 2}$ ② $5+\dfrac{5}{2\ln 2}$ ③ $7+\dfrac{1}{2\ln 2}$
④ $7+\dfrac{3}{2\ln 2}$ ⑤ $7+\dfrac{5}{2\ln 2}$

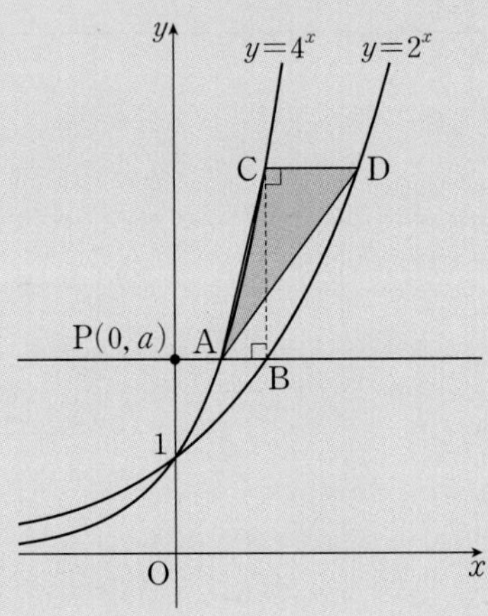

596 2008학년도 수능(홀) 가형 29번

그림과 같이 좌표평면에서 원 $x^2+y^2=1$ 위의 점 P는 점 $\mathrm{A}(1,\ 0)$에서 출발하여 원 둘레를 따라 시계 반대 방향으로 매초 $\dfrac{\pi}{2}$의 일정한 속력으로 움직이고 있다. 점 Q는 점 A에서 출발하여 점 $\mathrm{B}(-1,\ 0)$을 향하여 매초 1의 일정한 속력으로 x축 위를 움직이고 있다. 점 P와 점 Q가 동시에 점 A에서 출발하여 t초가 되는 순간, 선분 PQ, 선분 QA, 호 AP로 둘러싸인 어두운 부분의 넓이를 S라 하자. 출발한 지 1초가 되는 순간, 넓이 S의 시간(초)에 대한 변화율은? [4점]

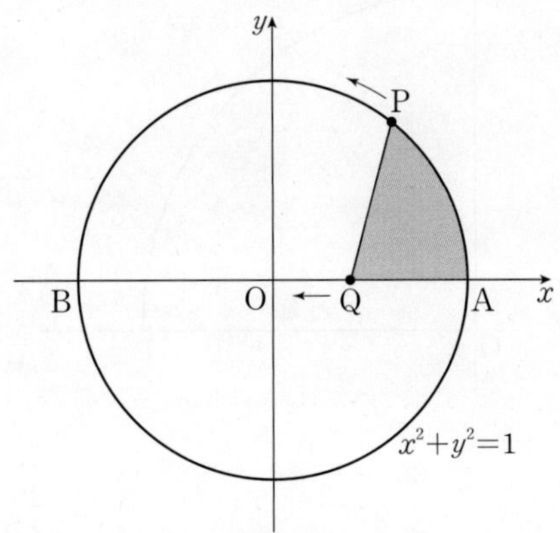

① $\dfrac{\pi}{4}-1$ ② $\dfrac{\pi}{4}$ ③ $\dfrac{\pi}{4}+\dfrac{1}{3}$
④ $\dfrac{\pi}{4}+\dfrac{1}{2}$ ⑤ $\dfrac{\pi}{4}+1$

> 정답과 해설 172쪽

597 2019학년도 9월 평가원 가형 20번

열린구간 $(0,\ 2\pi)$에서 정의된 함수 $f(x)=\cos x+2x\sin x$가 $x=\alpha$와 $x=\beta$에서 극값을 가진다. **보기**에서 옳은 것만을 있는 대로 고른 것은? (단, $\alpha<\beta$) [4점]

보기

ㄱ. $\tan(\alpha+\pi)=-2\alpha$

ㄴ. $g(x)=\tan x$라 할 때, $g'(\alpha+\pi)<g'(\beta)$이다.

ㄷ. $\dfrac{2(\beta-\alpha)}{\alpha+\pi-\beta}<\sec^2\alpha$

① ㄱ　② ㄷ　③ ㄱ, ㄴ　④ ㄴ, ㄷ　⑤ ㄱ, ㄴ, ㄷ

598 2025학년도 수능(홀) 30번

두 상수 $a\ (1\le a\le 2)$, b에 대하여 함수 $f(x)=\sin(ax+b+\sin x)$가 다음 조건을 만족시킨다.

(가) $f(0)=0$, $f(2\pi)=2\pi a+b$

(나) $f'(0)=f'(t)$인 양수 t의 최솟값은 4π이다.

함수 $f(x)$가 $x=\alpha$에서 극대인 α의 값 중 열린구간 $(0,\ 4\pi)$에 속하는 모든 값의 집합을 A라 하자. 집합 A의 원소의 개수를 n, 집합 A의 원소 중 가장 작은 값을 α_1이라 하면, $n\alpha_1-ab=\dfrac{q}{p}\pi$이다. $p+q$의 값을 구하시오.

(단, p와 q는 서로소인 자연수이다.) [4점]

599 2023년 10월 교육청 30번

두 정수 a, b에 대하여 함수

$$f(x)=(x^2+ax+b)e^{-x}$$

이 다음 조건을 만족시킨다.

> (가) 함수 $f(x)$는 극값을 갖는다.
> (나) 함수 $|f(x)|$가 $x=k$에서 극대 또는 극소인 모든 k의 값의 합은 3이다.

$f(10)=pe^{-10}$일 때, p의 값을 구하시오. [4점]

600 2014년 4월 교육청 B형 30번

함수 $f(x)=\dfrac{\ln x^2}{x}$의 극댓값을 α라 하자. 함수 $f(x)$와 자연수 n에 대하여 x에 대한 방정식 $f(x)-\dfrac{\alpha}{n}x=0$의 서로 다른 실근의 개수를 a_n이라 할 때, $\sum_{n=1}^{10} a_n$의 값을 구하시오. [4점]

> 정답과 해설 174쪽

601 2024학년도 6월 평가원 28번

두 상수 a $(a>0)$, b에 대하여 실수 전체의 집합에서 연속인 함수 $f(x)$가 다음 조건을 만족시킬 때, $a\times b$의 값은? [4점]

> (가) 모든 실수 x에 대하여
> $$\{f(x)\}^2+2f(x)=a\cos^3\pi x\times e^{\sin^2\pi x}+b$$
> 이다.
>
> (나) $f(0)=f(2)+1$

① $-\frac{1}{16}$　② $-\frac{7}{64}$　③ $-\frac{5}{32}$

④ $-\frac{13}{64}$　⑤ $-\frac{1}{4}$

602 2023학년도 6월 평가원 가형 30번

양수 a에 대하여 함수 $f(x)$는

$$f(x)=\frac{x^2-ax}{e^x}$$

이다. 실수 t에 대하여 x에 대한 방정식

$$f(x)=f'(t)(x-t)+f(t)$$

의 서로 다른 실근의 개수를 $g(t)$라 하자. $g(5)+\lim_{t\to5}g(t)=5$일 때, $\lim_{t\to k-}g(t)\neq\lim_{t\to k+}g(t)$를 만족시키는 모든 실수 k의 값의 합은 $\frac{q}{p}$이다. $p+q$의 값을 구하시오.

(단, p와 q는 서로소인 자연수이다.) [4점]

603 2014학년도 수능(홀) B형 30번

이차함수 $f(x)$에 대하여 함수 $g(x)=f(x)e^{-x}$이 다음 조건을 만족시킨다.

> (가) 점 $(1, g(1))$과 점 $(4, g(4))$는 곡선 $y=g(x)$의 변곡점이다.
>
> (나) 점 $(0, k)$에서 곡선 $y=g(x)$에 그은 접선의 개수가 3인 k의 값의 범위는 $-1<k<0$이다.

$g(-2)\times g(4)$의 값을 구하시오. [4점]

604 2025학년도 6월 평가원 28번

함수 $f(x)$가

$$f(x)=\begin{cases}(x-a-2)^2e^x & (x\geq a)\\ e^{2a}(x-a)+4e^a & (x<a)\end{cases}$$

일 때, 실수 t에 대하여 $f(x)=t$를 만족시키는 x의 최솟값을 $g(t)$라 하자. 함수 $g(t)$가 $t=12$에서만 불연속일 때, $\dfrac{g'(f(a+2))}{g'(f(a+6))}$의 값은? (단, a는 상수이다.) [4점]

① $6e^4$ ② $9e^4$ ③ $12e^4$
④ $8e^6$ ⑤ $10e^6$

> 정답과 해설 177쪽

605 2022학년도 9월 평가원 29번

이차함수 $f(x)$에 대하여 함수 $g(x)=\{f(x)+2\}e^{f(x)}$이 다음 조건을 만족시킨다.

> (가) $f(a)=6$인 a에 대하여 $g(x)$는 $x=a$에서 최댓값을 갖는다.
> (나) $g(x)$는 $x=b$, $x=b+6$에서 최솟값을 갖는다.

방정식 $f(x)=0$의 서로 다른 두 실근을 α, β라 할 때, $(\alpha-\beta)^2$의 값을 구하시오. (단, a, b는 실수이다.) [4점]

606 2023학년도 수능(홀) 30번

최고차항의 계수가 양수인 삼차함수 $f(x)$와 함수 $g(x)=e^{\sin \pi x}-1$에 대하여 실수 전체의 집합에서 정의된 합성함수 $h(x)=g(f(x))$가 다음 조건을 만족시킨다.

> (가) 함수 $h(x)$는 $x=0$에서 극댓값 0을 갖는다.
> (나) 열린구간 $(0,\ 3)$에서 방정식 $h(x)=1$의 서로 다른 실근의 개수는 7이다.

$f(3)=\frac{1}{2}$, $f'(3)=0$일 때, $f(2)=\frac{q}{p}$이다. $p+q$의 값을 구하시오. (단, p와 q는 서로소인 자연수이다.) [4점]

08

09

여러 가지 적분법 (1)

개념 카드

실전 개념 1 여러 가지 함수의 부정적분

> 유형 01, 02

(1) 함수 $y=x^n$의 부정적분 (단, $n\neq-1$, C는 적분상수)

$$\int x^n\,dx=\frac{1}{n+1}x^{n+1}+C$$

(2) 지수함수의 부정적분 (단, C는 적분상수)

① $\int e^x\,dx=e^x+C$

② $\int a^x\,dx=\frac{a^x}{\ln a}+C$ (단, $a>0$, $a\neq1$)

(3) 삼각함수의 부정적분 (단, C는 적분상수)

① $\int \sin x\,dx=-\cos x+C$

② $\int \cos x\,dx=\sin x+C$

③ $\int \sec^2 x\,dx=\tan x+C$

④ $\int \csc^2 x\,dx=-\cot x+C$

⑤ $\int \sec x\tan x\,dx=\sec x+C$

⑥ $\int \csc x\cot x\,dx=-\csc x+C$

실전 개념 2 치환적분법

> 유형 03 ~ 06, 09 ~ 13

(1) 치환적분법

미분가능한 함수 $g(t)$에 대하여 $x=g(t)$로 놓으면

$$\int f(x)\,dx=\int f(g(t))g'(t)\,dt$$

(2) 유리함수의 부정적분 (단, C는 적분상수)

$$\int \frac{f'(x)}{f(x)}\,dx=\ln|f(x)|+C$$

(3) 정적분의 치환적분법

닫힌구간 $[a, b]$에서 연속인 함수 $f(x)$에 대하여 미분가능한 함수 $x=g(t)$의 도함수 $g'(t)$가 닫힌구간 $[\alpha, \beta]$에서 연속이고, $a=g(\alpha)$, $b=g(\beta)$이면

$$\int_a^b f(x)\,dx=\int_\alpha^\beta f(g(t))g'(t)\,dt$$

실전 개념 3 부분적분법

> 유형 07 ~ 10, 12

(1) 부분적분법

두 함수 $f(x)$, $g(x)$가 미분가능할 때

$$\int f(x)g'(x)\,dx=f(x)g(x)-\int f'(x)g(x)\,dx$$

(2) 정적분의 부분적분법

두 함수 $f(x)$, $g(x)$가 미분가능하고 $f'(x)$, $g'(x)$가 닫힌구간 $[a, b]$에서 연속일 때

$$\int_a^b f(x)g'(x)\,dx=\Big[f(x)g(x)\Big]_a^b-\int_a^b f'(x)g(x)\,dx$$

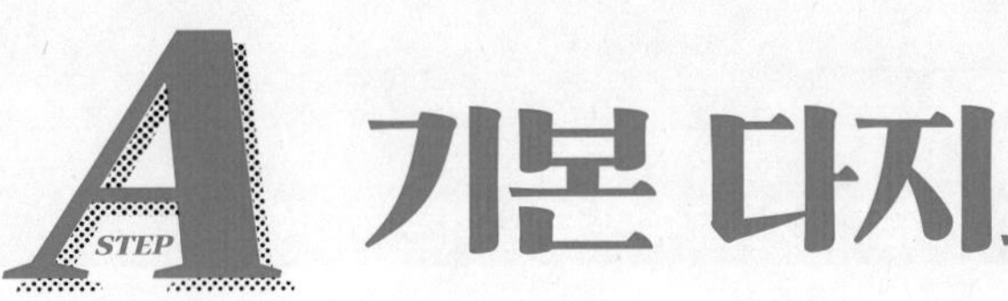

607 2015학년도 수능(홀) B형 22번

$\int_0^1 3\sqrt{x}\,dx$의 값은? [3점]

① 1 ② 2 ③ 3 ④ 4 ⑤ 5

608 2016학년도 9월 평가원 B형 22번

$\int_1^{16} \frac{1}{\sqrt{x}}\,dx$의 값을 구하시오. [3점]

609 2019년 4월 교육청 가형 6번

$\int_1^{16} \frac{1}{x\sqrt{x}}\,dx$의 값은? [3점]

① $\frac{3}{2}$ ② $\frac{4}{3}$ ③ $\frac{5}{4}$ ④ $\frac{6}{5}$ ⑤ $\frac{7}{6}$

610 2017학년도 수능(홀) 가형 3번

$\int_0^{\frac{\pi}{2}} 2\sin x\,dx$의 값은? [2점]

① 0 ② $\frac{1}{2}$ ③ 1 ④ $\frac{3}{2}$ ⑤ 2

611 2016년 10월 교육청 가형 4번

$\int_0^{\frac{\pi}{3}} \tan x \cos x\,dx$의 값은? [3점]

① $\frac{3}{4}$ ② $\frac{4-\sqrt{2}}{4}$ ③ $\frac{4-\sqrt{3}}{4}$ ④ $\frac{1}{2}$ ⑤ $\frac{4-\sqrt{5}}{4}$

612 2011년 10월 교육청 가형 4번

함수 $f(x)$의 도함수가 $f'(x)=\sin x$일 때, $f(\pi)-f(0)$의 값은? [3점]

① -2 ② -1 ③ 0 ④ 1 ⑤ 2

613 2016년 7월 교육청 가형 4번

$\int_0^{\frac{\pi}{3}} \cos\left(\theta+\frac{\pi}{6}\right) d\theta$의 값은? [3점]

① $-\frac{\sqrt{3}}{2}$ ② $-\frac{1}{2}$ ③ 0
④ $\frac{1}{2}$ ⑤ $\frac{\sqrt{3}}{2}$

614 2020학년도 6월 평가원 가형 5번

$\int_0^{\ln 3} e^{x+3} dx$의 값은? [3점]

① $\frac{e^3}{2}$ ② e^3 ③ $\frac{3}{2}e^3$
④ $2e^3$ ⑤ $\frac{5}{2}e^3$

615 2015학년도 9월 평가원 B형 4번

$\int_0^1 2e^{2x} dx$의 값은? [3점]

① e^2-1 ② e^2+1 ③ e^2+2
④ $2e^2-1$ ⑤ $2e^2+1$

616 2018학년도 6월 평가원 가형 24번

$\int_2^4 2e^{2x-4} dx=k$일 때, $\ln(k+1)$의 값을 구하시오. [3점]

617 2016년 4월 교육청 가형 7번

$\int_{\frac{1}{2}}^1 \sqrt{2x-1}\, dx$의 값은? [3점]

① $\frac{1}{15}$ ② $\frac{2}{15}$ ③ $\frac{1}{5}$
④ $\frac{4}{15}$ ⑤ $\frac{1}{3}$

618 2015학년도 6월 평가원 B형 6번

$\int_e^{e^3} \frac{\ln x}{x} dx$의 값은? [3점]

① 1 ② 2 ③ 3
④ 4 ⑤ 5

619 2016년 10월 교육청 가형 23번

함수 $f(x)=8x^2+1$에 대하여

$\int_{\frac{\pi}{6}}^{\frac{\pi}{2}} f'(\sin x)\cos x\,dx$의 값을 구하시오. [3점]

620 2019년 3월 교육청 가형 24번

함수 $f(x)$의 도함수가 $f'(x)=\frac{1}{x}$이고 $f(1)=10$일 때,

$f(e^3)$의 값을 구하시오. [3점]

621 2016학년도 수능(홀) B형 4번

$\int_0^e \frac{5}{x+e}\,dx$의 값은? [3점]

① $\ln 2$ ② $2\ln 2$ ③ $3\ln 2$

④ $4\ln 2$ ⑤ $5\ln 2$

622 2017학년도 9월 평가원 가형 6번

$\int_0^3 \frac{2}{2x+1}\,dx$의 값은? [3점]

① $\ln 5$ ② $\ln 6$ ③ $\ln 7$

④ $3\ln 2$ ⑤ $2\ln 3$

623 2025학년도 수능(홀) 24번

$\int_0^{10} \frac{x+2}{x+1}\,dx$의 값은? [3점]

① $10+\ln 5$ ② $10+\ln 7$ ③ $10+2\ln 3$

④ $10+\ln 11$ ⑤ $10+\ln 13$

624 2018학년도 사관학교 가형 4번

$\int_0^{\frac{\pi}{3}} \tan x\,dx$의 값은? [3점]

① $\frac{\ln 2}{2}$ ② $\frac{\ln 3}{2}$ ③ $\ln 2$

④ $\ln 3$ ⑤ $2\ln 2$

> 정답과 해설 181쪽

625 2018년 10월 교육청 가형 9번

$\int_{1}^{e}(1+\ln x)\,dx$의 값은? [3점]

① e　② $e+1$　③ $e+2$　④ $2e$　⑤ $2e+1$

626 2017학년도 수능(홀) 가형 9번

$\int_{1}^{e}\ln\frac{x}{e}\,dx$의 값은? [3점]

① $\frac{1}{e}-1$　② $2-e$　③ $\frac{1}{e}-2$　④ $1-e$　⑤ $\frac{1}{2}-e$

627 2017년 10월 교육청 가형 4번

$\int_{0}^{1}xe^{x}\,dx$의 값은? [3점]

① 1　② 2　③ e　④ $1+e$　⑤ $2e$

628 2021학년도 9월 평가원 가형 6번

$\int_{1}^{2}(x-1)e^{-x}\,dx$의 값은? [3점]

① $\frac{1}{e}-\frac{2}{e^2}$　② $\frac{1}{e}-\frac{1}{e^2}$　③ $\frac{1}{e}$　④ $\frac{2}{e}-\frac{2}{e^2}$　⑤ $\frac{2}{e}-\frac{1}{e^2}$

629 2006학년도 9월 평가원 26번

$\int_{2\pi}^{3\pi}x\sin x\,dx$의 값은? [3점]

① π　② 2π　③ 3π　④ 4π　⑤ 5π

630 2017년 4월 교육청 가형 15번

$\int_{0}^{\frac{\pi}{2}}(x+1)\cos x\,dx$의 값은? [4점]

① $\frac{\pi}{4}$　② $\frac{\pi}{2}$　③ $\frac{3}{4}\pi$　④ π　⑤ $\frac{5}{4}\pi$

STEP B 유형 & 유사로 익히면…

유형 01 함수 $y=x^n$의 부정적분과 정적분

631 2017년 7월 교육청 가형 5번

$\int_{0}^{4}(5x-3)\sqrt{x}\,dx$의 값은? [3점]

① 47 ② 48 ③ 49
④ 50 ⑤ 51

→ **632** 2015년 4월 교육청 B형 25번

모든 실수 x에서 연속인 함수 $f(x)$에 대하여

$$f'(x)=\begin{cases} 3\sqrt{x} & (x>1) \\ 2x & (x<1) \end{cases}$$

이다. $f(4)=13$일 때, $f(-5)$의 값을 구하시오. [3점]

633 2016년 7월 교육청 가형 8번

연속함수 $f(x)$의 도함수 $f'(x)$가

$$f'(x)=\begin{cases} \dfrac{1}{x^2} & (x<-1) \\ 3x^2+1 & (x>-1) \end{cases}$$

이고 $f(-2)=\dfrac{1}{2}$일 때, $f(0)$의 값은? [3점]

① 1 ② 2 ③ 3
④ 4 ⑤ 5

→ **634** 2021학년도 수능(홀) 가형 15번

$x>0$에서 미분가능한 함수 $f(x)$에 대하여

$$f'(x)=2-\frac{3}{x^2},\ f(1)=5$$

이다. $x<0$에서 미분가능한 함수 $g(x)$가 다음 조건을 만족시킬 때, $g(-3)$의 값은? [4점]

> (가) $x<0$인 모든 실수 x에 대하여 $g'(x)=f'(-x)$이다.
> (나) $f(2)+g(-2)=9$

① 1 ② 2 ③ 3
④ 4 ⑤ 5

> 정답과 해설 182쪽

유형 02 지수함수와 로그함수의 부정적분과 정적분

635 2016년 3월 교육청 가형 4번

$\int_{1}^{2}\frac{3x+2}{x^2}dx$의 값은? [3점]

① $2\ln 2-1$ ② $3\ln 2-1$ ③ $\ln 2+1$
④ $2\ln 2+1$ ⑤ $3\ln 2+1$

636 2016년 3월 교육청 가형 7번

함수 $f(x)$가 모든 실수에서 연속일 때, 도함수 $f'(x)$가

$$f'(x)=\begin{cases} e^{x-1} & (x\le 1) \\ \frac{1}{x} & (x>1) \end{cases}$$

이다. $f(-1)=e+\frac{1}{e^2}$일 때, $f(e)$의 값은? [3점]

① $e-2$ ② $e-1$ ③ e
④ $e+1$ ⑤ $e+2$

637 2016년 4월 교육청 가형 25번

$\int_{1}^{5}\left(\frac{1}{x+1}+\frac{1}{x}\right)dx=\ln a$일 때, 실수 a의 값을 구하시오. [3점]

638 2018년 7월 교육청 가형 9번

$\int_{3}^{6}\frac{2}{x^2-2x}dx$의 값은? [3점]

① $\ln 2$ ② $\ln 3$ ③ $\ln 4$
④ $\ln 5$ ⑤ $\ln 6$

639 2025학년도 9월 평가원 24번

양의 실수 전체의 집합에서 정의된 미분가능한 함수 $f(x)$가 있다. 양수 t에 대하여 곡선 $y=f(x)$ 위의 점 $(t,\ f(t))$에서의 접선의 기울기는 $\frac{1}{t}+4e^{2t}$이다. $f(1)=2e^2+1$일 때, $f(e)$의 값은? [3점]

① $2e^{2e}-1$ ② $2e^{2e}$ ③ $2e^{2e}+1$
④ $2e^{2e}+2$ ⑤ $2e^{2e}+3$

640 2011학년도 수능(홀) 가형 29번

실수 전체의 집합에서 미분가능하고, 다음 조건을 만족시키는 모든 함수 $f(x)$에 대하여 $\int_0^2 f(x)\,dx$의 최솟값은? [4점]

> (가) $f(0)=1,\ f'(0)=1$
> (나) $0<a<b<2$이면 $f'(a)\le f'(b)$이다.
> (다) 구간 $(0,\ 1)$에서 $f''(x)=e^x$이다.

① $\frac{1}{2}e-1$ ② $\frac{3}{2}e-1$ ③ $\frac{5}{2}e-1$
④ $\frac{7}{2}e-2$ ⑤ $\frac{9}{2}e-2$

641 2018학년도 수능(홀) 가형 15번

함수 $f(x)$가

$$f(x)=\int_0^x \frac{1}{1+e^{-t}}\,dt$$

일 때, $(f\circ f)(a)=\ln 5$를 만족시키는 실수 a의 값은? [4점]

① $\ln 11$ ② $\ln 13$ ③ $\ln 15$
④ $\ln 17$ ⑤ $\ln 19$

642 2020학년도 사관학교 가형 20번

두 상수 $a,\ b$와 함수 $f(x)=\frac{|x|}{x^2+1}$에 대하여 함수

$$g(x)=\begin{cases} f(x) & (x<a) \\ f(b-x) & (x\ge a) \end{cases}$$

가 실수 전체의 집합에서 미분가능할 때, $\int_a^{a-b} g(x)\,dx$의 값은? [4점]

① $\frac{1}{2}\ln 5$ ② $\ln 5$ ③ $\frac{3}{2}\ln 5$
④ $2\ln 5$ ⑤ $\frac{5}{2}\ln 5$

> 정답과 해설 183쪽

유형 03 치환적분법 (1); $\sin ax$, $\cos ax$ 꼴

643 2018년 4월 교육청 가형 5번

$\int_0^{\frac{\pi}{6}} \cos 3x\,dx$의 값은? [3점]

① $\frac{1}{6}$ ② $\frac{1}{4}$ ③ $\frac{1}{3}$
④ $\frac{5}{12}$ ⑤ $\frac{1}{2}$

644 2013년 7월 교육청 B형 4번

$\int_0^{\frac{\pi}{4}} \sin 2x\,dx$의 값은? [3점]

① $\frac{1}{2}$ ② 1 ③ $\frac{3}{2}$
④ 2 ⑤ $\frac{5}{2}$

유형 04 치환적분법 (2); 로그함수

645 2018학년도 9월 평가원 가형 8번

$\int_1^e \frac{3(\ln x)^2}{x}dx$의 값은? [3점]

① 1 ② $\frac{1}{2}$ ③ $\frac{1}{3}$
④ $\frac{1}{4}$ ⑤ $\frac{1}{5}$

646 2017년 3월 교육청 가형 4번

$\int_1^{e^2} \frac{(\ln x)^3}{x}dx$의 값은? [3점]

① $2\ln 2$ ② 2 ③ $4\ln 2$
④ 4 ⑤ $6\ln 2$

647 2022년 7월 교육청 24번

$\int_{1}^{e}\left(\frac{3}{x}+\frac{2}{x^2}\right)\ln x\,dx-\int_{1}^{e}\frac{2}{x^2}\ln x\,dx$의 값은? [3점]

① $\frac{1}{2}$ ② 1 ③ $\frac{3}{2}$
④ 2 ⑤ $\frac{5}{2}$

648 2024학년도 9월 평가원 25번

함수 $f(x)=x+\ln x$에 대하여 $\int_{1}^{e}\left(1+\frac{1}{x}\right)f(x)\,dx$의 값은?

[3점]

① $\frac{e^2}{2}+\frac{e}{2}$ ② $\frac{e^2}{2}+e$ ③ $\frac{e^2}{2}+2e$
④ e^2+e ⑤ e^2+2e

649 2019학년도 사관학교 가형 8번

실수 전체의 집합에서 연속인 함수 $f(x)$에 대하여

$$\int_{1}^{e^2}\frac{f(1+2\ln x)}{x}dx=5$$

일 때, $\int_{1}^{5}f(x)\,dx$의 값은? [3점]

① 6 ② 7 ③ 8
④ 9 ⑤ 10

650 2007학년도 수능(홀) 27번

1보다 큰 실수 a에 대하여 $f(a)=\int_{1}^{a}\frac{\sqrt{\ln x}}{x}dx$라 할 때, $f(a^4)$과 같은 것은? [3점]

① $4f(a)$ ② $8f(a)$ ③ $12f(a)$
④ $16f(a)$ ⑤ $20f(a)$

유형 05 치환적분법 (3); 삼각함수

651 2014년 4월 교육청 B형 15번

$\int_{e^2}^{e^3}\frac{a+\ln x}{x}dx=\int_{0}^{\frac{\pi}{2}}(1+\sin x)\cos x\,dx$가 성립할 때, 상수 a의 값은? [4점]

① -2 ② -1 ③ 0
④ 1 ⑤ 2

652 2021년 7월 교육청 24번

$\int_{0}^{\frac{\pi}{4}}2\cos 2x\sin^2 2x\,dx$의 값은? [3점]

① $\frac{1}{9}$ ② $\frac{1}{6}$ ③ $\frac{2}{9}$
④ $\frac{5}{18}$ ⑤ $\frac{1}{3}$

653 2012년 4월 교육청 가형 16번

정적분 $\int_{0}^{\frac{\pi}{2}}\sin 2x(\sin x+1)\,dx$의 값은? [3점]

① $\frac{1}{3}$ ② $\frac{2}{3}$ ③ 1
④ $\frac{4}{3}$ ⑤ $\frac{5}{3}$

654 2019학년도 9월 평가원 가형 25번

$\int_{0}^{\frac{\pi}{2}}(\cos x+3\cos^3 x)\,dx$의 값을 구하시오. [3점]

유형 06 치환적분법 (4)

655 2019년 3월 교육청 가형 6번

$\int_{0}^{\sqrt{3}} 2x\sqrt{x^2+1}\,dx$의 값은? [3점]

① 4　② $\frac{13}{3}$　③ $\frac{14}{3}$　④ 5　⑤ $\frac{16}{3}$

656 2019학년도 6월 평가원 가형 11번

$\int_{1}^{\sqrt{2}} x^3\sqrt{x^2-1}\,dx$의 값은? [3점]

① $\frac{7}{15}$　② $\frac{8}{15}$　③ $\frac{3}{5}$　④ $\frac{2}{3}$　⑤ $\frac{11}{15}$

657 2020년 7월 교육청 가형 12번

$x>1$인 모든 실수 x의 집합에서 정의되고 미분가능한 함수 $f(x)$가

$$\sqrt{x-1}f'(x)=3x-4$$

를 만족시킬 때, $f(5)-f(2)$의 값은? [3점]

① 4　② 6　③ 8　④ 10　⑤ 12

658 2019학년도 수능(홀) 가형 16번

$x>0$에서 정의된 연속함수 $f(x)$가 모든 양수 x에 대하여

$$2f(x)+\frac{1}{x^2}f\left(\frac{1}{x}\right)=\frac{1}{x}+\frac{1}{x^2}$$

을 만족시킬 때, $\int_{\frac{1}{2}}^{2} f(x)\,dx$의 값은? [4점]

① $\frac{\ln 2}{3}+\frac{1}{2}$　② $\frac{2\ln 2}{3}+\frac{1}{2}$　③ $\frac{\ln 2}{3}+1$　④ $\frac{2\ln 2}{3}+1$　⑤ $\frac{2\ln 2}{3}+\frac{3}{2}$

> 정답과 해설 187쪽

유형 07 부분적분법 (1)

659 2018년 4월 교육청 가형 13번

실수 전체의 집합에서 연속인 함수 $f(x)$의 도함수 $f'(x)$가

$$f'(x)=\begin{cases} 2x+3 & (x<1) \\ \ln x & (x>1) \end{cases}$$

이다. $f(e)=2$일 때, $f(-6)$의 값은? [3점]

① 9 ② 11 ③ 13 ④ 15 ⑤ 17

660 2018학년도 6월 평가원 가형 14번

$\int_2^6 \ln(x-1)\,dx$의 값은? [4점]

① $4\ln 5-4$ ② $4\ln 5-3$ ③ $5\ln 5-4$ ④ $5\ln 5-3$ ⑤ $6\ln 5-4$

661 2020학년도 6월 평가원 가형 10번

$\int_1^e x^3\ln x\,dx$의 값은? [3점]

① $\frac{3e^4}{16}$ ② $\frac{3e^4+1}{16}$ ③ $\frac{3e^4+2}{16}$ ④ $\frac{3e^4+3}{16}$ ⑤ $\frac{3e^4+4}{16}$

662 2017학년도 6월 평가원 가형 16번

$\int_1^e x(1-\ln x)\,dx$의 값은? [4점]

① $\frac{1}{4}(e^2-7)$ ② $\frac{1}{4}(e^2-6)$ ③ $\frac{1}{4}(e^2-5)$ ④ $\frac{1}{4}(e^2-4)$ ⑤ $\frac{1}{4}(e^2-3)$

663 2020학년도 수능(홀) 가형 8번

$\int_{e}^{e^2} \frac{\ln x - 1}{x^2} dx$의 값은? [3점]

① $\frac{e+2}{e^2}$ ② $\frac{e+1}{e^2}$ ③ $\frac{1}{e}$

④ $\frac{e-1}{e^2}$ ⑤ $\frac{e-2}{e^2}$

664 2023학년도 사관학교 26번

구간 $(0, \infty)$에서 정의된 미분가능한 함수 $f(x)$가 있다. 모든 양수 t에 대하여 곡선 $y=f(x)$ 위의 점 $(t, f(t))$에서의 접선의 기울기는 $\frac{\ln t}{t^2}$이다. $f(1)=0$일 때, $f(e)$의 값은? [3점]

① $\frac{e-2}{3e}$ ② $\frac{e-2}{2e}$ ③ $\frac{e-1}{3e}$

④ $\frac{e-2}{e}$ ⑤ $\frac{e-1}{e}$

665 2019학년도 수능(홀) 가형 25번

$\int_{0}^{\pi} x\cos(\pi - x)\, dx$의 값을 구하시오. [3점]

666 2023학년도 9월 평가원 24번

$\int_{0}^{\pi} x\cos\left(\frac{\pi}{2} - x\right) dx$의 값은? [3점]

① $\frac{\pi}{2}$ ② π ③ $\frac{3\pi}{2}$

④ 2π ⑤ $\frac{5\pi}{2}$

> 정답과 해설 189쪽

유형 08 부분적분법 (2)

667 2015년 10월 교육청 B형 27번

실수 전체의 집합에서 미분가능한 함수 $f(x)$가 다음 조건을 만족시킨다.

> (가) $f(1)=2$
>
> (나) $\int_0^1 (x-1)f'(x+1)\,dx=-4$

$\int_1^2 f(x)\,dx$의 값을 구하시오. (단, $f'(x)$는 연속함수이다.)

[4점]

668 2020학년도 9월 평가원 가형 17번

두 함수 $f(x)$, $g(x)$는 실수 전체의 집합에서 도함수가 연속이고 다음 조건을 만족시킨다.

> (가) 모든 실수 x에 대하여 $f(x)g(x)=x^4-1$이다.
>
> (나) $\int_{-1}^1 \{f(x)\}^2 g'(x)\,dx=120$

$\int_{-1}^1 x^3 f(x)\,dx$의 값은? [4점]

① 12 ② 15 ③ 18
④ 21 ⑤ 24

669 2015년 4월 교육청 B형 17번

자연수 n에 대하여 함수 $f(n)=\int_1^n x^3 e^{x^2}\,dx$라 할 때, $\frac{f(5)}{f(3)}$의 값은? [4점]

① e^{14} ② $2e^{16}$ ③ $3e^{16}$
④ $4e^{18}$ ⑤ $5e^{18}$

670 2012학년도 6월 평가원 가형 19번

정의역이 $\{x\,|\,x>-1\}$인 함수 $f(x)$에 대하여

$f'(x)=\frac{1}{(1+x^3)^2}$이고, 함수 $g(x)=x^2$일 때,

$$\int_0^1 f(x)g'(x)\,dx=\frac{1}{6}$$

이다. $f(1)$의 값은? [4점]

① $\frac{1}{6}$ ② $\frac{2}{9}$ ③ $\frac{5}{18}$
④ $\frac{1}{3}$ ⑤ $\frac{7}{18}$

671 2023년 7월 교육청 26번

함수 $f(x)$는 실수 전체의 집합에서 도함수가 연속이고

$$\int_1^2 (x-1)f'\left(\frac{x}{2}\right)dx=2$$

를 만족시킨다. $f(1)=4$일 때, $\int_{\frac{1}{2}}^{1} f(x)\,dx$의 값은? [3점]

① $\frac{3}{4}$ ② 1 ③ $\frac{4}{5}$

④ $\frac{3}{2}$ ⑤ $\frac{7}{4}$

672 2011학년도 수능(홀) 가형 28번

실수 전체의 집합에서 미분가능한 함수 $f(x)$가 있다. 모든 실수 x에 대하여 $f(2x)=2f(x)f'(x)$이고,

$$f(a)=0,\ \int_{2a}^{4a}\frac{f(x)}{x}dx=k\ (a>0,\ 0<k<1)$$

일 때, $\int_a^{2a}\frac{\{f(x)\}^2}{x^2}dx$의 값을 k로 나타낸 것은? [3점]

① $\frac{k^2}{4}$ ② $\frac{k^2}{2}$ ③ k^2

④ k ⑤ $2k$

> 정답과 해설 190쪽

673 2023년 7월 교육청 29번

함수 $f(x)$는 실수 전체의 집합에서 도함수가 연속이고 다음 조건을 만족시킨다.

> (가) $x<1$일 때, $f'(x)=-2x+4$이다.
> (나) $x\geq 0$인 모든 실수 x에 대하여
> $f(x^2+1)=ae^{2x}+bx$이다. (단, a, b는 상수이다.)

$\int_0^5 f(x)\,dx=pe^4-q$일 때, $p+q$의 값을 구하시오.

(단, p, q는 유리수이다.) [4점]

674 2023년 10월 교육청 28번

함수

$$f(x)=\sin x\cos x\times e^{a\sin x+b\cos x}$$

이 다음 조건을 만족시키도록 하는 서로 다른 두 실수 a, b의 순서쌍 (a, b)에 대하여 $a-b$의 최솟값은? [4점]

> (가) $ab=0$
> (나) $\int_0^{\frac{\pi}{2}} f(x)\,dx=\frac{1}{a^2+b^2}-2e^{a+b}$

① $-\frac{5}{2}$ ② -2 ③ $-\frac{3}{2}$
④ -1 ⑤ $-\frac{1}{2}$

유형 09 항등식과 부정적분

675 2014년 7월 교육청 B형 9번

$x>0$에서 미분가능한 함수 $f(x)$가 다음 조건을 만족시킨다.

> (가) $f\left(\frac{\pi}{2}\right)=1$
>
> (나) $f(x)+xf'(x)=x\cos x$

$f(\pi)$의 값은? [3점]

① $-\frac{2}{\pi}$　② $-\frac{1}{\pi}$　③ 0　④ $\frac{1}{\pi}$　⑤ $\frac{2}{\pi}$

676 2015년 7월 교육청 B형 19번

구간 $(0, \infty)$에서 연속인 함수 $f(x)$의 한 부정적분을 $F(x)$라 할 때, 함수 $F(x)$가 다음 조건을 만족시킨다.

> (가) 모든 양수 x에 대하여 $F(x)+xf(x)=(2x+2)e^x$
>
> (나) $F(1)=2e$

$F(3)$의 값은? [4점]

① $\frac{1}{4}e^3$　② $\frac{1}{2}e^3$　③ e^3　④ $2e^3$　⑤ $4e^3$

677 2017년 10월 교육청 가형 16번

연속함수 $f(x)$가 다음 조건을 만족시킨다.

> (가) $x\neq0$인 실수 x에 대하여 $\{f(x)\}^2f'(x)=\frac{2x}{x^2+1}$
>
> (나) $f(0)=0$

$\{f(1)\}^3$의 값은? [4점]

① $2\ln 2$　② $3\ln 2$　③ $1+2\ln 2$　④ $4\ln 2$　⑤ $1+3\ln 2$

678 2019년 7월 교육청 가형 26번

실수 전체의 집합에서 미분가능한 함수 $f(x)$가 다음 조건을 만족시킨다.

> (가) $f(1)=0$
>
> (나) 0이 아닌 모든 실수 x에 대하여
> $\frac{xf'(x)-f(x)}{x^2}=xe^x$이다.

$f(3)\times f(-3)$의 값을 구하시오. [4점]

> 정답과 해설 192쪽

유형 10 그래프가 대칭인 함수의 정적분

679 2016년 10월 교육청 19번

연속함수 $f(x)$가 다음 조건을 만족시킬 때,

$\int_0^a \{f(2x)+f(2a-x)\}dx$의 값은? (단, a는 상수이다.) [4점]

> (가) 모든 실수 x에 대하여 $f(a-x)=f(a+x)$이다.
>
> (나) $\int_0^a f(x)\,dx=8$

① 12 ② 16 ③ 20
④ 24 ⑤ 28

680 2016년 3월 교육청 가형 28번

함수 $f(x)=\dfrac{e^{\cos x}}{1+e^{\cos x}}$에 대하여

$$a=f(\pi-x)+f(x),\ b=\int_0^\pi f(x)\,dx$$

일 때, $a+\dfrac{100}{\pi}b$의 값을 구하시오. [4점]

681 2018학년도 사관학교 가형 25번

도함수가 실수 전체의 집합에서 연속인 함수 $f(x)$가 다음 조건을 만족시킨다.

> (가) 모든 실수 x에 대하여 $f(-x)=-f(x)$이다.
>
> (나) $f(\pi)=0$
>
> (다) $\int_0^\pi x^2 f'(x)\,dx=-8\pi$

$\int_{-\pi}^{\pi} (x+\cos x)f(x)\,dx=k\pi$일 때, k의 값을 구하시오. [3점]

682 2016년 3월 교육청 가형 16번

함수 $f(x)=\lim\limits_{n\to\infty}\dfrac{x^{2n}+\cos 2\pi x}{x^{2n}+1}$에 대하여 함수 $g(x)$를

$$g(x)=\int_{-x}^{2} f(t)\,dt+\int_2^x tf(t)\,dt$$

라 할 때, $g(-2)+g(2)$의 값은? [4점]

① -2 ② 0 ③ 2
④ 4 ⑤ 6

유형 11 주기함수의 정적분

683 2010년 10월 교육청 가형 28번

연속함수 $f(x)$가 다음 조건을 만족시킨다.

> (가) 모든 실수 x에 대하여 $f(x)=f(x+2)$이다.
> (나) $\int_1^{\frac{3}{2}} f(2x)\,dx=7$, $\int_1^{\frac{4}{3}} f(3x)\,dx=1$

$\int_{2001}^{2012} f(x)\,dx$의 값은? [3점]

① 65 ② 71 ③ 82
④ 88 ⑤ 99

684 2016년 4월 교육청 가형 27번

모든 실수 x에 대하여 연속인 함수 $f(x)$가 다음 조건을 만족시킨다.

> (가) 모든 실수 x에 대하여 $f(x+2)=f(x)$이다.
> (나) $0\le x\le 1$일 때, $f(x)=\sin \pi x+1$이다.
> (다) $1<x<2$일 때, $f'(x)\ge 0$이다.

$\int_0^6 f(x)\,dx=p+\frac{q}{\pi}$일 때, $p+q$의 값을 구하시오.

(단, p, q는 정수이다.) [4점]

685 2014학년도 사관학교 B형 21번

함수 $f(x)$가 다음 조건을 만족시킨다.

> (가) $0\le x<1$일 때, $f(x)=e^x-1$이다.
> (나) 모든 실수 x에 대하여
> $f(x+1)=-f(x)+e-1$이다.

$\int_0^3 f(x)\,dx$의 값은? [4점]

① $2e-3$ ② $2e-1$ ③ $2e+1$
④ $2e+3$ ⑤ $2e+5$

686 2019년 7월 교육청 가형 20번

실수 전체의 집합에서 미분가능한 함수 $f(x)$가 모든 실수 x에 대하여

$f(1+x)=f(1-x)$, $f(2+x)=f(2-x)$

를 만족시킨다. 실수 전체의 집합에서 $f'(x)$가 연속이고, $\int_2^5 f'(x)\,dx=4$일 때, **보기**에서 옳은 것만을 있는 대로 고른 것은? [4점]

> **보기**
> ㄱ. 모든 실수 x에 대하여 $f(x+2)=f(x)$이다.
> ㄴ. $f(1)-f(0)=4$
> ㄷ. $\int_0^1 f(f(x))f'(x)\,dx=6$일 때, $\int_1^{10} f(x)\,dx=\frac{27}{2}$이다.

① ㄱ ② ㄷ ③ ㄱ, ㄴ
④ ㄴ, ㄷ ⑤ ㄱ, ㄴ, ㄷ

유형 12 정적분으로 정의된 함수; 아래끝과 위끝이 상수일 때

687 2013학년도 수능(홀) 가형 12번

연속함수 $f(x)$가

$$f(x)=e^{x^2}+\int_0^1 tf(t)dt$$

를 만족시킬 때, $\int_0^1 xf(x)\,dx$의 값은? [3점]

① $e-2$ ② $\frac{e-1}{2}$ ③ $\frac{e}{2}$

④ $e-1$ ⑤ $\frac{e+1}{2}$

688 2017년 7월 교육청 가형 27번

함수 $f(x)$가

$$f(x)=e^x+\int_0^1 tf(t)dt$$

를 만족시킬 때, $f(\ln 10)$의 값을 구하시오. [4점]

유형 13 정적분의 도형에의 활용

689 2016년 3월 교육청 가형 11번

그림과 같이 제1사분면에 있는 점 P에서 x축에 내린 수선의 발을 H라 하고, $\angle\text{POH}=\theta$라 하자. $\frac{\overline{\text{OH}}}{\overline{\text{PH}}}$를 $f(\theta)$라 할 때, $\int_{\frac{\pi}{6}}^{\frac{\pi}{3}} f(\theta)\,d\theta$의 값은? (단, O는 원점이다.) [3점]

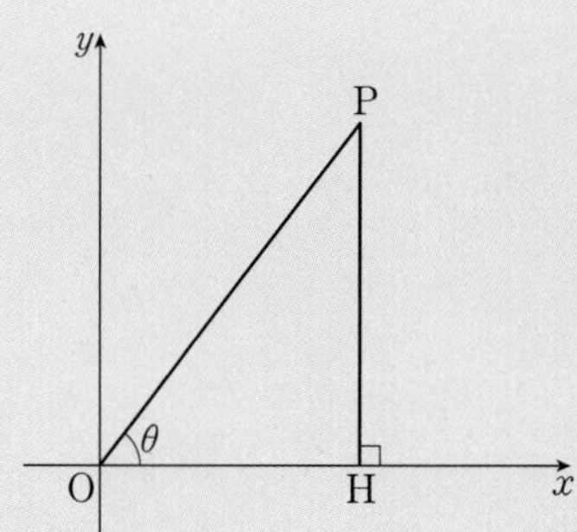

① $\frac{1}{2}\ln 3$ ② $\ln 3$ ③ $\ln 6$

④ $2\ln 3$ ⑤ $2\ln 6$

690 2022학년도 9월 평가원 28번

좌표평면에서 원점을 중심으로 하고 반지름의 길이가 2인 원 C와 두 점 $\text{A}(2,\ 0)$, $\text{B}(0,\ -2)$가 있다. 원 C 위에 있고 x좌표가 음수인 점 P에 대하여 $\angle\text{PAB}=\theta$라 하자.
점 $\text{Q}(0,\ 2\cos\theta)$에서 직선 BP에 내린 수선의 발을 R라 하고, 두 점 P와 R 사이의 거리를 $f(\theta)$라 할 때, $\int_{\frac{\pi}{6}}^{\frac{\pi}{3}} f(\theta)\,d\theta$의 값은? [4점]

① $\frac{2\sqrt{3}-3}{2}$ ② $\sqrt{3}-1$ ③ $\frac{3\sqrt{3}-3}{2}$

④ $\frac{2\sqrt{3}-1}{2}$ ⑤ $\frac{4\sqrt{3}-3}{2}$

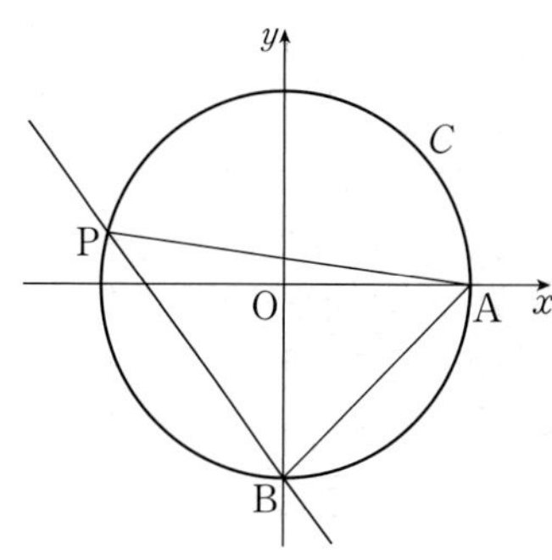

09

691 2021년 10월 교육청 29번

함수 $f(x)=\sin(ax)(a\neq0)$에 대하여 다음 조건을 만족시키는 모든 실수 a의 값의 합을 구하시오. [4점]

> (가) $\int_0^{\frac{\pi}{a}} f(x)\,dx \geq \frac{1}{2}$
>
> (나) $0<t<1$인 모든 실수 t에 대하여
>
> $$\int_0^{3\pi} |f(x)+t|\,dx = \int_0^{3\pi} |f(x)-t|\,dx$$
>
> 이다.

692 2015학년도 9월 평가원 B형 30번

양의 실수 전체의 집합에서 감소하고 연속인 함수 $f(x)$가 다음 조건을 만족시킨다.

> (가) 모든 양의 실수 x에 대하여 $f(x)>0$이다.
>
> (나) 임의의 양의 실수 t에 대하여 세 점
>
> $$(0,\ 0),\ (t,\ f(t)),\ (t+1,\ f(t+1))$$
>
> 을 꼭짓점으로 하는 삼각형의 넓이가 $\frac{t+1}{t}$이다.
>
> (다) $\int_1^2 \frac{f(x)}{x}\,dx=2$

$\int_{\frac{7}{2}}^{\frac{11}{2}} \frac{f(x)}{x}\,dx = \frac{q}{p}$라 할 때, $p+q$의 값을 구하시오.

(단, p와 q는 서로소인 자연수이다.) [4점]

> 정답과 해설 198쪽

693 2022년 7월 교육청 28번

실수 전체의 집합에서 도함수가 연속인 함수 $f(x)$가 모든 실수 x에 대하여 다음 조건을 만족시킨다.

(가) $f(-x)=f(x)$
(나) $f(x+2)=f(x)$

$\int_{-1}^{5} f(x)(x+\cos 2\pi x)\,dx=\frac{47}{2}$, $\int_{0}^{1} f(x)\,dx=2$일 때, $\int_{0}^{1} f'(x)\sin 2\pi x\,dx$의 값은? [4점]

① $\frac{\pi}{6}$ ② $\frac{\pi}{4}$ ③ $\frac{\pi}{3}$ ④ $\frac{5}{12}\pi$ ⑤ $\frac{\pi}{2}$

694 2019학년도 수능(홀) 가형 21번

실수 전체의 집합에서 미분가능한 함수 $f(x)$가 다음 조건을 만족시킬 때, $f(-1)$의 값은? [4점]

(가) 모든 실수 x에 대하여
$2\{f(x)\}^2 f'(x)=\{f(2x+1)\}^2 f'(2x+1)$이다.
(나) $f\left(-\frac{1}{8}\right)=1$, $f(6)=2$

① $\frac{\sqrt[3]{3}}{6}$ ② $\frac{\sqrt[3]{3}}{3}$ ③ $\frac{\sqrt[3]{3}}{2}$ ④ $\frac{2\sqrt[3]{3}}{3}$ ⑤ $\frac{5\sqrt[3]{3}}{6}$

695 2020학년도 9월 평가원 가형 30번

실수 전체의 집합에서 미분가능한 함수 $f(x)$가 모든 실수 x에 대하여

$$f'(x^2+x+1)=\pi f(1)\sin \pi x+f(3)x+5x^2$$

을 만족시킬 때, $f(7)$의 값을 구하시오. [4점]

696 2023학년도 9월 평가원 30번

최고차항의 계수가 1인 사차함수 $f(x)$와 구간 $(0, \infty)$에서 $g(x)\ge 0$인 함수 $g(x)$가 다음 조건을 만족시킨다.

(가) $x\le -3$인 모든 실수 x에 대하여 $f(x)\ge f(-3)$이다. (나) $x>-3$인 모든 실수 x에 대하여 $g(x+3)\{f(x)-f(0)\}^2=f'(x)$이다.

$\int_4^5 g(x)\,dx=\frac{q}{p}$일 때, $p+q$의 값을 구하시오.

(단, p와 q는 서로소인 자연수이다.) [4점]

> 정답과 해설 201쪽

697 2022년 10월 교육청 28번

닫힌구간 $[0,\ 4\pi]$에서 연속이고 다음 조건을 만족시키는 모든 함수 $f(x)$에 대하여 $\int_0^{4\pi} |f(x)|\,dx$의 최솟값은? [4점]

> (가) $0 \le x \le \pi$일 때, $f(x) = 1 - \cos x$이다.
> (나) $1 \le n \le 3$인 각각의 자연수 n에 대하여
> $$f(n\pi + t) = f(n\pi) + f(t)\ (0 < t \le \pi)$$
> 또는
> $$f(n\pi + t) = f(n\pi) - f(t)\ (0 < t \le \pi)$$
> 이다.
> (다) $0 < x < 4\pi$에서 곡선 $y = f(x)$의 변곡점의 개수는 6이다.

① 4π ② 6π ③ 8π
④ 10π ⑤ 12π

698 2024학년도 수능(홀) 28번

실수 전체의 집합에서 연속인 함수 $f(x)$가 모든 실수 x에 대하여 $f(x) \ge 0$이고, $x < 0$일 때 $f(x) = -4xe^{4x^2}$이다. 모든 양수 t에 대하여 x에 대한 방정식 $f(x) = t$의 서로 다른 실근의 개수는 2이고, 이 방정식의 두 실근 중 작은 값을 $g(t)$, 큰 값을 $h(t)$라 하자. 두 함수 $g(t)$, $h(t)$는 모든 양수 t에 대하여

$$2g(t) + h(t) = k\ (k\text{는 상수})$$

를 만족시킨다. $\int_0^7 f(x)\,dx = e^4 - 1$일 때, $\frac{f(9)}{f(8)}$의 값은?

[4점]

① $\frac{3}{2}e^5$ ② $\frac{4}{3}e^7$ ③ $\frac{5}{4}e^9$
④ $\frac{6}{5}e^{11}$ ⑤ $\frac{7}{6}e^{13}$

10

여러 가지 적분법 (2)

개념 카드

실전 개념 1 정적분으로 정의된 함수의 미분

> 유형 01 ~ 03, 05, 07, 08

(1) 정적분으로 정의된 함수의 미분

① $\dfrac{d}{dx}\displaystyle\int_a^x f(t)\,dt=f(x)$ (단, a는 실수)

② $\dfrac{d}{dx}\displaystyle\int_x^{x+a} f(t)\,dt=f(x+a)-f(x)$ (단, a는 실수)

(2) 정적분으로 정의된 함수 구하기

$\displaystyle\int_a^x f(t)\,dt=g(x)$ (a는 상수) 꼴의 등식이 주어질 때

(i) 양변에 $x=a$를 대입한다. → $\displaystyle\int_a^a f(t)\,dt=g(a)=0$

(ii) 양변을 x에 대하여 미분한다. → $f(x)=g'(x)$

실전 개념 2 정적분으로 정의된 함수의 극한

> 유형 04

함수 $f(t)$의 한 부정적분을 $F(t)$라 하면 $F'(t)=f(t)$이므로

(1) $\displaystyle\lim_{x\to a}\frac{1}{x-a}\int_a^x f(t)\,dt=\lim_{x\to a}\frac{F(x)-F(a)}{x-a}=F'(a)=f(a)$

(2) $\displaystyle\lim_{x\to 0}\frac{1}{x}\int_a^{x+a} f(t)\,dt=\lim_{x\to 0}\frac{F(x+a)-F(a)}{x}=F'(a)=f(a)$

실전 개념 3 역함수와 정적분

> 유형 06

두 함수 $f(x)$와 $g(x)$가 서로 역함수 관계일 때

(1) $f(g(x))=x$, $g(f(x))=x$이므로 양변을 x에 대하여 미분하면

$f'(g(x))g'(x)=1$, $g'(f(x))f'(x)=1$

$\therefore f'(x)=\dfrac{1}{g'(f(x))}$, $g'(x)=\dfrac{1}{f'(g(x))}$

(2) $\displaystyle\int_a^b g(x)\,dx$에서 $g(x)=t$로 놓으면 $x=f(t)$이므로 $\dfrac{dx}{dt}=f'(t)$

→ $\displaystyle\int_a^b g(x)\,dx=\int_{g(a)}^{g(b)} tf'(t)\,dt$

STEP B 유형 & 유사로 익히면…

유형 01 정적분으로 정의된 함수 (1)

699 2013학년도 6월 평가원 가형 10번

연속함수 $f(x)$가 모든 실수 x에 대하여

$$\int_0^x f(t)\,dt=e^x+ax+a$$

를 만족시킬 때, $f(\ln 2)$의 값은? (단, a는 상수이다.) [3점]

① 1 ② 2 ③ e
④ 3 ⑤ $2e$

→ 700 2018학년도 6월 평가원 가형 12번

양의 실수 전체의 집합에서 연속인 함수 $f(x)$가

$$\int_1^x f(t)\,dt=x^2-a\sqrt{x}\ (x>0)$$

을 만족시킬 때, $f(1)$의 값은? (단, a는 상수이다.) [3점]

① 1 ② $\frac{3}{2}$ ③ 2
④ $\frac{5}{2}$ ⑤ 3

701 2013년 10월 교육청 B형 7번

연속함수 $f(x)$가 모든 실수 x에 대하여

$$\int_0^x f(t)\,dt=\cos 2x+ax^2+a$$

를 만족시킬 때, $f\left(\frac{\pi}{2}\right)$의 값은? (단, a는 상수이다.) [3점]

① $-\frac{3}{2}\pi$ ② $-\pi$ ③ $-\frac{\pi}{2}$
④ 0 ⑤ $\frac{\pi}{2}$

→ 702 2020년 10월 교육청 가형 12번

연속함수 $f(x)$가 모든 양의 실수 t에 대하여

$$\int_0^{\ln t} f(x)\,dx=(t\ln t+a)^2-a$$

를 만족시킬 때, $f(1)$의 값은? (단, a는 0이 아닌 상수이다.) [3점]

① $2e^2+2e$ ② $2e^2+4e$ ③ $4e^2+4e$
④ $4e^2+8e$ ⑤ $8e^2+8e$

703 2019년 4월 교육청 가형 13번

실수 전체의 집합에서 미분가능한 함수 $f(x)$가

$$xf(x)=3^x+a+\int_0^x tf'(t)\,dt$$

를 만족시킬 때, $f(a)$의 값은? (단, a는 상수이다.) [3점]

① $\frac{\ln 2}{6}$　② $\frac{\ln 2}{3}$　③ $\frac{\ln 2}{2}$
④ $\frac{\ln 3}{3}$　⑤ $\frac{\ln 3}{2}$

704 2019학년도 사관학교 가형 12번

실수 전체의 집합에서 미분가능한 함수 $f(x)$가 모든 실수 x에 대하여

$$xf(x)=x^2e^{-x}+\int_1^x f(t)\,dt$$

를 만족시킬 때, $f(2)$의 값은? [3점]

① $\frac{1}{e}$　② $\frac{e+1}{e^2}$　③ $\frac{e+2}{e^2}$
④ $\frac{e+3}{e^2}$　⑤ $\frac{e+4}{e^2}$

유형 02 정적분으로 정의된 함수 (2)

705 2018학년도 사관학교 가형 7번

실수 전체의 집합에서 연속인 함수 $f(x)$가 모든 실수 x에 대하여

$$\int_1^x (x-t)f(t)\,dt=e^{x-1}+ax^2-3x+1$$

을 만족시킬 때, $f(a)$의 값은? (단, a는 상수이다.) [3점]

① -3　② -1　③ 0
④ 1　⑤ 3

706 2018년 3월 교육청 가형 27번

실수 전체의 집합에서 연속인 함수 $f(x)$가 모든 실수 x에 대하여

$$x\int_0^x f(t)\,dt-\int_0^x tf(t)\,dt=ae^{2x}-4x+b$$

를 만족시킬 때, $f(a)f(b)$의 값을 구하시오.

(단, a, b는 상수이다.) [4점]

10

유형 03 정적분으로 정의된 함수 [3]

707 2014학년도 6월 평가원 B형 27번

함수 $f(x)=\dfrac{1}{1+x}$에 대하여

$$F(x)=\int_0^x tf(x-t)\,dt\ (x\geq 0)$$

일 때, $F'(a)=\ln 10$을 만족시키는 상수 a의 값을 구하시오. [4점]

708 2011학년도 9월 평가원 가형 28번

실수 전체의 집합에서 연속인 함수 $f(x)$가 모든 실수 t에 대하여

$$\int_0^2 xf(tx)\,dx=4t^2$$

을 만족시킬 때, $f(2)$의 값은? [3점]

① 1　② 2　③ 3　④ 4　⑤ 5

709 2009학년도 수능(홀) 가형 29번

함수 $f(x)$를

$$f(x)=\int_a^x \{2+\sin(t^2)\}\,dt$$

라 하자. $f''(a)=\sqrt{3}a$일 때, $(f^{-1})'(0)$의 값은?

$\left(\text{단, } a\text{는 } 0<a<\sqrt{\dfrac{\pi}{2}}\text{인 상수이다.}\right)$ [4점]

① $\dfrac{1}{10}$　② $\dfrac{1}{5}$　③ $\dfrac{3}{10}$　④ $\dfrac{2}{5}$　⑤ $\dfrac{1}{2}$

710 2017년 7월 교육청 가형 20번

최고차항의 계수가 1인 이차함수 $f(x)$에 대하여 함수 $g(x)$가

$$g(x)=\int_0^x \frac{t}{f(t)}\,dt$$

일 때, 함수 $g(x)$는 다음 조건을 만족시킨다.

(가) 모든 실수 x에 대하여 $g'(-x)=-g'(x)$이다.
(나) 점 $(1, g(1))$은 곡선 $y=g(x)$의 변곡점이다.

$g(1)$의 값은? [4점]

① $\dfrac{1}{5}\ln 2$　② $\dfrac{1}{4}\ln 2$　③ $\dfrac{1}{3}\ln 2$　④ $\dfrac{1}{2}\ln 2$　⑤ $\ln 2$

> 정답과 해설 205쪽

711 2012년 10월 교육청 가형 15번

두 함수 $f(x)$, $g(x)$가 모든 실수 x에 대하여 다음 조건을 만족시킬 때, $f(0)$의 값은? (단, a는 상수이다.) [4점]

> (가) $\int_{\frac{\pi}{2}}^{x} f(t)\,dt=\{g(x)+a\}\sin x-2$
>
> (나) $g(x)=\int_{0}^{\frac{\pi}{2}} f(t)\,dt\cos x+3$

① 1　② 2　③ 3　④ 4　⑤ 5

712 2012학년도 9월 평가원 가형 20번

구간 $\left[0, \frac{\pi}{2}\right]$에서 연속인 함수 $f(x)$가 다음 조건을 만족시킬 때, $f\left(\frac{\pi}{4}\right)$의 값은? [4점]

> (가) $\int_{0}^{\frac{\pi}{2}} f(t)\,dt=1$
>
> (나) $\cos x\int_{0}^{x} f(t)\,dt=\sin x\int_{x}^{\frac{\pi}{2}} f(t)\,dt$ $\left(단, 0\leq x\leq\frac{\pi}{2}\right)$

① $\frac{1}{5}$　② $\frac{1}{4}$　③ $\frac{1}{3}$　④ $\frac{1}{2}$　⑤ 1

유형 04 정적분으로 정의된 함수의 극한

713 2019학년도 6월 평가원 가형 15번

함수 $f(x)=a\cos(\pi x^2)$에 대하여

$$\lim_{x\to 0}\left\{\frac{x^2+1}{x}\int_1^{x+1} f(t)\,dt\right\}=3$$

일 때, $f(a)$의 값은? (단, a는 상수이다.) [4점]

① 1 ② $\frac{3}{2}$ ③ 2 ④ $\frac{5}{2}$ ⑤ 3

714 2007년 10월 교육청 가형 26번

$\lim_{n\to\infty}\left(n\int_0^{\frac{1}{n}}\frac{1}{\sqrt{x+1}}\,dx\right)$의 값은? [3점]

① 1 ② $\sqrt{2}$ ③ 2 ④ $2\sqrt{2}$ ⑤ 4

유형 05 정적분으로 정의된 함수와 정적분의 계산

715 2010학년도 9월 평가원 가형 28번

함수 $f(x)=\int_0^x \frac{1}{1+t^6}\,dt$에 대하여 상수 a가 $f(a)=\frac{1}{2}$을 만족시킬 때, $\int_0^a \frac{e^{f(x)}}{1+x^6}\,dx$의 값은? [3점]

① $\frac{\sqrt{e}-1}{2}$ ② $\sqrt{e}-1$ ③ 1 ④ $\frac{\sqrt{e}+1}{2}$ ⑤ $\sqrt{e}+1$

716 2017학년도 사관학교 가형 18번

함수 $f(x)=\int_1^x e^{t^3}\,dt$에 대하여 $\int_0^1 xf(x)\,dx$의 값은? [4점]

① $\frac{1-e}{2}$ ② $\frac{1-e}{3}$ ③ $\frac{1-e}{4}$ ④ $\frac{1-e}{5}$ ⑤ $\frac{1-e}{6}$

> 정답과 해설 207쪽

717 2017년 3월 교육청 가형 16번

연속함수 $f(x)$가

$$\int_{-1}^{1} f(x)\,dx=12,\ \int_{0}^{1} xf(x)\,dx=\int_{0}^{-1} xf(x)\,dx$$

를 만족시킨다. $\int_{-1}^{x} f(t)\,dt=F(x)$라 할 때, $\int_{-1}^{1} F(x)\,dx$의 값은? [4점]

① 6 ② 8 ③ 10
④ 12 ⑤ 14

718 2022학년도 사관학교 29번

실수 전체의 집합에서 연속인 함수 $f(x)$가 다음 조건을 만족시킨다.

> (가) $-1\le x\le 1$에서 $f(x)<0$이다.
> (나) $\int_{-1}^{0} |f(x)\sin x|\,dx=2,\ \int_{0}^{1} |f(x)\sin x|\,dx=3$

함수 $g(x)=\int_{-1}^{x} |f(t)\sin t|\,dt$에 대하여

$\int_{-1}^{1} f(-x)g(-x)\sin x\,dx=\frac{q}{p}$이다. $p+q$의 값을 구하시오. (단, p와 q는 서로소인 자연수이다.) [4점]

719 2018년 7월 교육청 가형 20번

양의 실수 전체의 집합에서 미분가능한 두 함수 $f(x)$와 $g(x)$가 다음 조건을 만족시킨다.

> (가) 모든 양의 실수 x에 대하여 $g(x)=\int_{1}^{x}\frac{f(t^2+1)}{t}dt$
>
> (나) $\int_{2}^{5}f(x)\,dx=16$

$g(2)=3$일 때, $\int_{1}^{2}xg(x)\,dx$의 값은? [4점]

① 2 ② 4 ③ 6 ④ 8 ⑤ 10

720 2014학년도 수능(홀) B형 21번

연속함수 $y=f(x)$의 그래프가 원점에 대하여 대칭이고, 모든 실수 x에 대하여

$$f(x)=\frac{\pi}{2}\int_{1}^{x+1}f(t)\,dt$$

이다. $f(1)=1$일 때,

$$\pi^2\int_{0}^{1}xf(x+1)\,dx$$

의 값은? [4점]

① $2(\pi-2)$ ② $2\pi-3$ ③ $2(\pi-1)$ ④ $2\pi-1$ ⑤ 2π

> 정답과 해설 208쪽

721 2020년 7월 교육청 가형 19번

실수 전체의 집합에서 $f(x)>0$이고 도함수가 연속인 함수 $f(x)$가 있다. 실수 전체의 집합에서 함수 $g(x)$가

$$g(x)=\int_0^x \ln f(t)\,dt$$

일 때, 함수 $g(x)$와 $g(x)$의 도함수 $g'(x)$는 다음 조건을 만족시킨다.

> (가) 함수 $g(x)$는 $x=1$에서 극값 2를 갖는다.
> (나) 모든 실수 x에 대하여 $g'(-x)=g'(x)$이다.

$\int_{-1}^1 \frac{xf'(x)}{f(x)}dx$의 값은? [4점]

① -4　② -2　③ 0　④ 2　⑤ 4

722 2017년 3월 교육청 가형 21번

구간 $[0,\ 1]$에서 정의된 연속함수 $f(x)$에 대하여 함수

$$F(x)=\int_0^x f(t)\,dt\ (0\le x\le 1)$$

은 다음 조건을 만족시킨다.

> (가) $F(x)=f(x)-x$
> (나) $\int_0^1 F(x)\,dx=e-\frac{5}{2}$

보기에서 옳은 것만을 있는 대로 고른 것은? [4점]

보기

ㄱ. $F(1)=e$

ㄴ. $\int_0^1 xF(x)\,dx=\frac{1}{6}$

ㄷ. $\int_0^1 \{F(x)\}^2dx=\frac{1}{2}e^2-2e+\frac{11}{6}$

① ㄴ　② ㄷ　③ ㄱ, ㄴ　④ ㄴ, ㄷ　⑤ ㄱ, ㄴ, ㄷ

10

유형 06 역함수와 적분법

723 2017년 10월 교육청 가형 14번

미분가능한 두 함수 $f(x)$, $g(x)$에 대하여 $g(x)$는 $f(x)$의 역함수이다. $f(1)=3$, $g(1)=3$일 때,

$$\int_1^3 \left\{ \frac{f(x)}{f'(g(x))} + \frac{g(x)}{g'(f(x))} \right\} dx$$

의 값은? [4점]

① -8 ② -4 ③ 0

④ 4 ⑤ 8

724 2019년 4월 교육청 가형 27번

실수 전체의 집합에서 미분가능한 두 함수 $f(x)$, $g(x)$가 있다. $g(x)$가 $f(x)$의 역함수이고 $g(2)=1$, $g(5)=5$일 때, $\int_1^5 \frac{40}{g'(f(x))\{f(x)\}^2} dx$의 값을 구하시오. [4점]

> 정답과 해설 210쪽

725 2018년 3월 교육청 가형 17번

실수 전체의 집합에서 미분가능한 함수 $f(x)$의 역함수를 $g(x)$라 하자. 두 함수 $f(x)$, $g(x)$가 다음 조건을 만족시킨다.

> (가) $f(0)=1$
>
> (나) 모든 실수 x에 대하여 $f(x)g'(f(x))=\dfrac{1}{x^2+1}$이다.

$f(3)$의 값은? [4점]

① e^3 ② e^6 ③ e^9 ④ e^{12} ⑤ e^{15}

726 2024학년도 수능(홀) 25번

양의 실수 전체의 집합에서 정의되고 미분가능한 두 함수 $f(x)$, $g(x)$가 있다. $g(x)$는 $f(x)$의 역함수이고, $g'(x)$는 양의 실수 전체의 집합에서 연속이다. 모든 양수 a에 대하여

$$\int_1^a \frac{1}{g'(f(x))f(x)}dx=2\ln a+\ln(a+1)-\ln 2$$

이고 $f(1)=8$일 때, $f(2)$의 값은? [3점]

① 36 ② 40 ③ 44 ④ 48 ⑤ 52

727 2021년 10월 교육청 27번

미분가능한 함수 $f(x)$가 다음 조건을 만족시킨다.

(가) $x_1 < x_2$인 임의의 두 실수 x_1, x_2에 대하여 $f(x_1) > f(x_2)$이다.

(나) 닫힌구간 $[-1,\ 3]$에서 함수 $f(x)$의 최댓값은 1이고 최솟값은 -2이다.

$\int_{-1}^{3} f(x)\,dx=3$일 때, $\int_{-2}^{1} f^{-1}(x)\,dx$의 값은? [3점]

① 4　② 5　③ 6　④ 7　⑤ 8

728 2023학년도 수능(홀) 29번

세 상수 a, b, c에 대하여 함수 $f(x)=ae^{2x}+be^{x}+c$가 다음 조건을 만족시킨다.

(가) $\lim_{x\to-\infty}\frac{f(x)+6}{e^{x}}=1$

(나) $f(\ln 2)=0$

함수 $f(x)$의 역함수를 $g(x)$라 할 때, $\int_{0}^{14} g(x)\,dx=p+q\ln 2$이다. $p+q$의 값을 구하시오.

(단, p, q는 유리수이고, $\ln 2$는 무리수이다.) [4점]

> 정답과 해설 211쪽

729 2017년 3월 교육청 가형 28번

연속함수 $f(x)$와 그 역함수 $g(x)$가 다음 조건을 만족시킨다.

> (가) $f(1)=1$, $f(3)=3$, $f(7)=7$
> (나) $x\neq3$인 모든 실수 x에 대하여 $f''(x)<0$이다.
> (다) $\int_1^7 f(x)\,dx=27$, $\int_1^3 g(x)\,dx=3$

$12\int_3^7 |f(x)-x|\,dx$의 값을 구하시오. [4점]

730 2025학년도 9월 평가원 28번

함수 $f(x)$는 실수 전체의 집합에서 연속인 이계도함수를 갖고, 실수 전체의 집합에서 정의된 함수 $g(x)$를

$$g(x)=f'(2x)\sin\pi x+x$$

라 하자. 함수 $g(x)$는 역함수 $g^{-1}(x)$를 갖고,

$$\int_0^1 g^{-1}(x)\,dx=2\int_0^1 f'(2x)\sin\pi x\,dx+\frac{1}{4}$$

을 만족시킬 때, $\int_0^2 f(x)\cos\frac{\pi}{2}x\,dx$의 값은? [4점]

① $-\frac{1}{\pi}$ ② $-\frac{1}{2\pi}$ ③ $-\frac{1}{3\pi}$
④ $-\frac{1}{4\pi}$ ⑤ $-\frac{1}{5\pi}$

10

유형 07 정적분으로 정의된 함수의 그래프의 개형

731 2018년 4월 교육청 가형 27번

자연수 n에 대하여 양의 실수 전체의 집합에서 정의된 함수

$$f(x)=\int_1^x \frac{n-\ln t}{t}\,dt$$

의 최댓값을 $g(n)$이라 하자. $\sum_{n=1}^{12} g(n)$의 값을 구하시오. [4점]

732 2018년 10월 교육청 가형 13번

실수 전체의 집합에서 정의된 함수

$$f(x)=\int_0^x \frac{2t-1}{t^2-t+1}\,dt$$

의 최솟값은? [3점]

① $\ln\frac{1}{2}$ ② $\ln\frac{2}{3}$ ③ $\ln\frac{3}{4}$
④ $\ln\frac{4}{5}$ ⑤ $\ln\frac{5}{6}$

733 2017학년도 6월 평가원 가형 20번

함수 $f(x)=\frac{5}{2}-\frac{10x}{x^2+4}$와 함수 $g(x)=\frac{4-|x-4|}{2}$의 그래프가 그림과 같다.

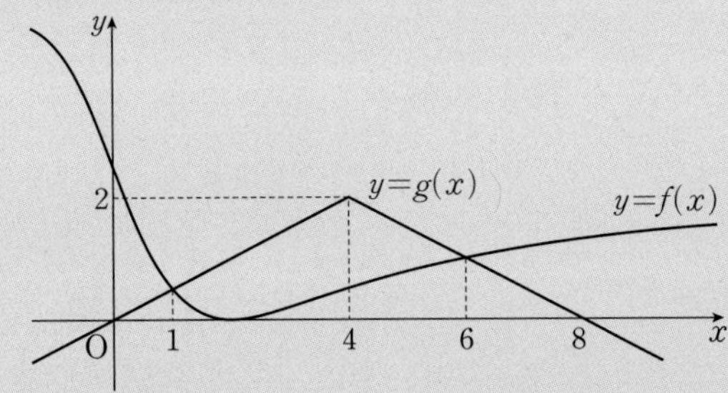

$0\le a\le 8$인 a에 대하여 $\int_0^a f(x)\,dx+\int_a^8 g(x)\,dx$의 최솟값은? [4점]

① $14-5\ln 5$ ② $15-5\ln 10$ ③ $15-5\ln 5$
④ $16-5\ln 10$ ⑤ $16-5\ln 5$

734 2019년 10월 교육청 가형 20번

함수 $f(x)=\int_x^{x+2}|2^t-5|\,dt$의 최솟값을 m이라 할 때, 2^m의 값은? [4점]

① $\left(\frac{5}{4}\right)^8$ ② $\left(\frac{5}{4}\right)^9$ ③ $\left(\frac{5}{4}\right)^{10}$
④ $\left(\frac{5}{4}\right)^{11}$ ⑤ $\left(\frac{5}{4}\right)^{12}$

> 정답과 해설 213쪽

735 2013년 4월 교육청 B형 20번

그림은 함수 $f(x)=\begin{cases} 1 & (x\le 0) \\ -x+1 & (x>0) \end{cases}$의 그래프이다.

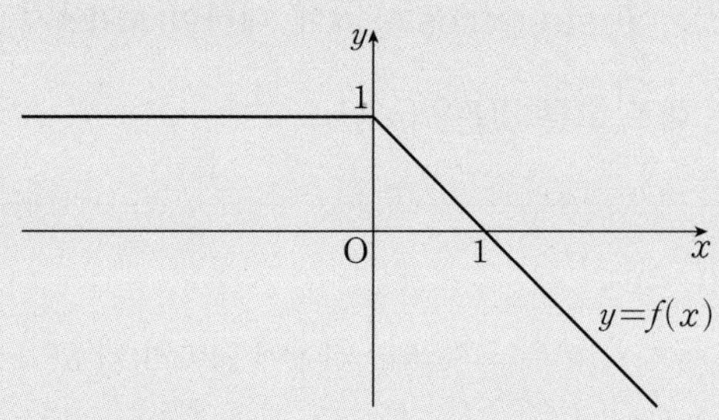

실수 전체의 집합에서 미분가능한 함수 $g(x)$를

$$g(x)=\int_{-1}^{x} e^t f(t)\,dt$$

라 할 때, 옳은 것만을 **보기**에서 있는 대로 고른 것은? [4점]

보기

ㄱ. $g(0)=1-\dfrac{1}{e}$

ㄴ. 함수 $g(x)$는 극댓값 $e-\dfrac{1}{e}$을 갖는다.

ㄷ. 방정식 $g(x)=0$의 실근의 개수는 2이다.

① ㄱ ② ㄴ ③ ㄱ, ㄷ
④ ㄴ, ㄷ ⑤ ㄱ, ㄴ, ㄷ

736 2016학년도 9월 평가원 B형 21번

함수 $f(x)$를

$$f(x)=\begin{cases} |\sin x|-\sin x & \left(-\dfrac{7}{2}\pi\le x<0\right) \\ \sin x-|\sin x| & \left(0\le x\le \dfrac{7}{2}\pi\right) \end{cases}$$

라 하자. 닫힌구간 $\left[-\dfrac{7}{2}\pi, \dfrac{7}{2}\pi\right]$에 속하는 모든 실수 x에 대하여 $\displaystyle\int_a^x f(t)\,dt\ge 0$이 되도록 하는 실수 a의 최솟값을 α, 최댓값을 β라 할 때, $\beta-\alpha$의 값은? $\left(\text{단, } -\dfrac{7}{2}\pi\le a\le \dfrac{7}{2}\pi\right)$ [4점]

① $\dfrac{\pi}{2}$ ② $\dfrac{3}{2}\pi$ ③ $\dfrac{5}{2}\pi$
④ $\dfrac{7}{2}\pi$ ⑤ $\dfrac{9}{2}\pi$

10

> 정답과 해설 215쪽

유형 08 정적분으로 정의된 함수의 그래프의 대칭

737 2010년 10월 교육청 가형 29번

다항함수 $f(x)$가 모든 실수 x에 대하여 $f(-x)=-f(x)$를 만족시킨다. 함수 $g(x)$를

$$g(x)=\frac{d}{dx}\int_{-\frac{\pi}{2}}^{x}\cos x\times f(t)\,dt$$

라 할 때, 옳은 것만을 **보기**에서 있는 대로 고른 것은? [4점]

보기

ㄱ. $g(0)=0$

ㄴ. 모든 실수 x에 대하여 $g(-x)=-g(x)$이다.

ㄷ. $g'(c)=0$인 실수 c가 열린구간 $\left(-\frac{\pi}{2}, \frac{\pi}{2}\right)$에서 적어도 두 개 존재한다.

① ㄱ ② ㄱ, ㄴ ③ ㄱ, ㄷ
④ ㄴ, ㄷ ⑤ ㄱ, ㄴ, ㄷ

738 2018년 3월 교육청 가형 20번

함수 $f(x)=\int_{0}^{x}\sin(\pi\cos t)\,dt$에 대하여 **보기**에서 옳은 것만을 있는 대로 고른 것은? [4점]

보기

ㄱ. $f'(0)=0$

ㄴ. 함수 $y=f(x)$의 그래프는 원점에 대하여 대칭이다.

ㄷ. $f(\pi)=0$

① ㄱ ② ㄷ ③ ㄱ, ㄴ
④ ㄴ, ㄷ ⑤ ㄱ, ㄴ, ㄷ

> 정답과 해설 216쪽

739 2017학년도 9월 평가원 가형 21번

양의 실수 전체의 집합에서 미분가능한 두 함수 $f(x)$와 $g(x)$가 모든 양의 실수 x에 대하여 다음 조건을 만족시킨다.

(가) $\left(\dfrac{f(x)}{x}\right)'=x^2e^{-x^2}$

(나) $g(x)=\dfrac{4}{e^4}\displaystyle\int_1^x e^{t^2}f(t)\,dt$

$f(1)=\dfrac{1}{e}$일 때, $f(2)-g(2)$의 값은? [4점]

① $\dfrac{16}{3e^4}$ ② $\dfrac{6}{e^4}$ ③ $\dfrac{20}{3e^4}$
④ $\dfrac{22}{3e^4}$ ⑤ $\dfrac{8}{e^4}$

740 2022학년도 수능 예시문항 29번

함수 $f(x)=e^x+x-1$과 양수 t에 대하여 함수

$$F(x)=\int_0^x \{t-f(s)\}\,ds$$

가 $x=\alpha$에서 최댓값을 가질 때, 실수 α의 값을 $g(t)$라 하자.

미분가능한 함수 $g(t)$에 대하여 $\displaystyle\int_{f(1)}^{f(5)}\frac{g(t)}{1+e^{g(t)}}\,dt$의 값을 구하시오. [4점]

10

741 2024학년도 9월 평가원 28번

실수 $a(0<a<2)$에 대하여 함수 $f(x)$를

$$f(x)=\begin{cases} 2|\sin 4x| & (x<0) \\ -\sin ax & (x\geq 0) \end{cases}$$

이라 하자. 함수

$$g(x)=\left|\int_{-a\pi}^{x} f(t)\,dt\right|$$

가 실수 전체의 집합에서 미분가능할 때, a의 최솟값은? [4점]

① $\frac{1}{2}$ ② $\frac{3}{4}$ ③ 1

④ $\frac{4}{5}$ ⑤ $\frac{3}{2}$

742 2017학년도 수능(홀) 가형 21번

닫힌구간 $[0, 1]$에서 증가하는 연속함수 $f(x)$가

$$\int_0^1 f(x)\,dx=2,\ \int_0^1 |f(x)|\,dx=2\sqrt{2}$$

를 만족시킨다. 함수 $F(x)$가

$$F(x)=\int_0^x |f(t)|\,dt\ (0\leq x\leq 1)$$

일 때, $\int_0^1 f(x)F(x)\,dx$의 값은? [4점]

① $4-\sqrt{2}$ ② $2+\sqrt{2}$ ③ $5-\sqrt{2}$

④ $1+2\sqrt{2}$ ⑤ $2+2\sqrt{2}$

> 정답과 해설 217쪽

743 2021학년도 9월 평가원 가형 20번

함수 $f(x)=\sin(\pi\sqrt{x})$에 대하여 함수

$$g(x)=\int_0^x tf(x-t)\,dt \ (x\geq 0)$$

이 $x=a$에서 극대인 모든 a를 작은 수부터 크기순으로 나열할 때, n번째 수를 a_n이라 하자. $k^2<a_6<(k+1)^2$인 자연수 k의 값은? [4점]

① 11 ② 14 ③ 17 ④ 20 ⑤ 23

744 2024학년도 수능(홀) 30번

실수 전체의 집합에서 미분가능한 함수 $f(x)$의 도함수 $f'(x)$가

$$f'(x)=|\sin x|\cos x$$

이다. 양수 a에 대하여 곡선 $y=f(x)$ 위의 점 $(a,\ f(a))$에서의 접선의 방정식을 $y=g(x)$라 하자. 함수

$$h(x)=\int_0^x \{f(t)-g(t)\}\,dt$$

가 $x=a$에서 극대 또는 극소가 되도록 하는 모든 양수 a를 작은 수부터 크기순으로 나열할 때, n번째 수를 a_n이라 하자. $\frac{100}{\pi}\times(a_6-a_2)$의 값을 구하시오. [4점]

745 2018학년도 6월 평가원 가형 30번

실수 a와 함수 $f(x)=\ln(x^4+1)-c$ ($c>0$인 상수)에 대하여 함수 $g(x)$를

$$g(x)=\int_a^x f(t)\,dt$$

라 하자. 함수 $y=g(x)$의 그래프가 x축과 만나는 서로 다른 점의 개수가 2가 되도록 하는 모든 a의 값을 작은 수부터 크기순으로 나열하면 α_1, α_2, $\cdots$, α_m (m은 자연수)이다. $a=\alpha_1$일 때, 함수 $g(x)$와 상수 k는 다음 조건을 만족시킨다.

> (가) 함수 $g(x)$는 $x=1$에서 극솟값을 갖는다.
>
> (나) $\displaystyle\int_{\alpha_1}^{\alpha_m} g(x)\,dx=k\alpha_m\int_0^1 |f(x)|\,dx$

$mk\times e^c$의 값을 구하시오. [4점]

746 2022학년도 수능(홀) 30번

실수 전체의 집합에서 증가하고 미분가능한 함수 $f(x)$가 다음 조건을 만족시킨다.

> (가) $f(1)=1$, $\displaystyle\int_1^2 f(x)\,dx=\frac{5}{4}$
>
> (나) 함수 $f(x)$의 역함수를 $g(x)$라 할 때, $x\geq1$인 모든 실수 x에 대하여 $g(2x)=2f(x)$이다.

$\displaystyle\int_1^8 xf'(x)\,dx=\frac{q}{p}$일 때, $p+q$의 값을 구하시오.

(단, p와 q는 서로소인 자연수이다.) [4점]

> 정답과 해설 220쪽

747 2018학년도 9월 평가원 가형 21번

수열 $\{a_n\}$이

$$a_1=-1,\ a_n=2-\frac{1}{2^{n-2}}\ (n\geq 2)$$

이다. 구간 $[-1,\ 2)$에서 정의된 함수 $f(x)$가 모든 자연수 n에 대하여

$$f(x)=\sin(2^n\pi x)\ (a_n\leq x\leq a_{n+1})$$

이다. $-1<\alpha<0$인 실수 α에 대하여 $\int_{\alpha}^{t}f(x)\,dx=0$을 만족시키는 $t\ (0<t<2)$의 값의 개수가 103일 때, $\log_2(1-\cos(2\pi\alpha))$의 값은? [4점]

① -48 ② -50 ③ -52 ④ -54 ⑤ -56

748 2020학년도 6월 평가원 가형 30번

상수 a, b에 대하여 함수 $f(x)=a\sin^3 x+b\sin x$가

$$f\left(\frac{\pi}{4}\right)=3\sqrt{2},\ f\left(\frac{\pi}{3}\right)=5\sqrt{3}$$

을 만족시킨다. 실수 $t(1<t<14)$에 대하여 함수 $y=f(x)$의 그래프와 직선 $y=t$가 만나는 점의 x좌표 중 양수인 것을 작은 수부터 크기순으로 모두 나열할 때, n번째 수를 x_n이라 하고

$$c_n=\int_{3\sqrt{2}}^{5\sqrt{3}}\frac{t}{f'(x_n)}dt$$

라 하자. $\sum_{n=1}^{101}c_n=p+q\sqrt{2}$일 때, $q-p$의 값을 구하시오.

(단, p와 q는 유리수이다.) [4점]

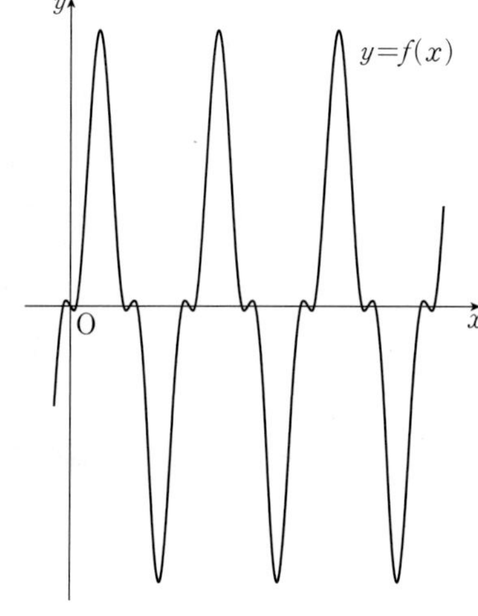

11

정적분의 활용

개념 카드

실전 개념 1 정적분과 급수 사이의 관계

> 유형 01 ~ 06

연속함수 $f(x)$에 대하여

(1) $\lim_{n \to \infty} \sum_{k=1}^{n} f\left(a+\frac{b-a}{n}k\right)\frac{b-a}{n}=\int_a^b f(x)\,dx$

(2) $\lim_{n \to \infty} \sum_{k=1}^{n} f\left(a+\frac{p}{n}k\right)\frac{p}{n}=\int_a^{a+p} f(x)\,dx=\int_0^p f(a+x)\,dx$

실전 개념 2 넓이

> 유형 07 ~ 09

(1) **곡선과 x축 사이의 넓이:** 함수 $f(x)$가 닫힌구간 $[a, b]$에서 연속일 때, 곡선 $y=f(x)$와 x축 및 두 직선 $x=a$, $x=b$로 둘러싸인 도형의 넓이 S는

$$S=\int_a^b |f(x)|\,dx$$

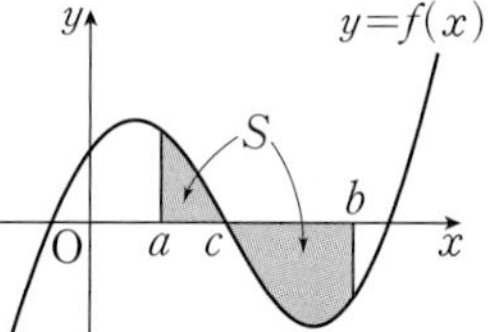

(2) **두 곡선 사이의 넓이:** 두 함수 $f(x)$, $g(x)$가 닫힌구간 $[a, b]$에서 연속일 때, 두 곡선 $y=f(x)$, $y=g(x)$ 및 두 직선 $x=a$, $x=b$로 둘러싸인 도형의 넓이 S는

$$S=\int_a^b |f(x)-g(x)|\,dx$$

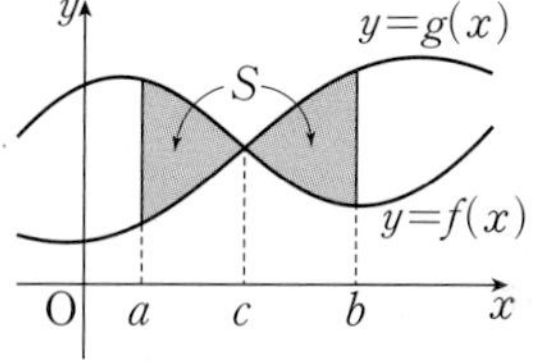

실전 개념 3 입체도형의 부피

> 유형 10, 11

닫힌구간 $[a, b]$에서 x좌표가 x인 점을 지나고 x축에 수직인 평면으로 자른 단면의 넓이가 $S(x)$인 입체도형의 부피 V는

$$V=\int_a^b S(x)\,dx$$

(단, $S(x)$는 닫힌구간 $[a, b]$에서 연속이다.)

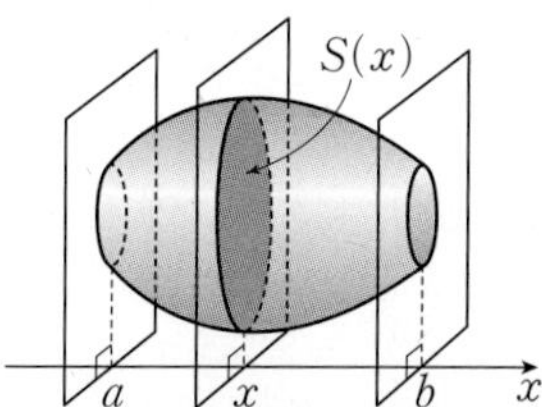

실전 개념 4 움직인 거리와 곡선의 길이

> 유형 12, 13

(1) **점이 움직인 거리:** 좌표평면 위를 움직이는 점 P의 시각 t에서의 위치 (x, y)가 $x=f(t)$, $y=g(t)$일 때, 시각 $t=a$에서 $t=b$까지 점 P가 움직인 거리 s는

$$s=\int_a^b \sqrt{\left(\frac{dx}{dt}\right)^2+\left(\frac{dy}{dt}\right)^2}\,dt=\int_a^b \sqrt{\{f'(t)\}^2+\{g'(t)\}^2}\,dt$$

(2) **곡선의 길이**

① 곡선 $x=f(t)$, $y=g(t)$ $(a \le t \le b)$의 겹치는 부분이 없을 때, 곡선의 길이 l은

$$l=\int_a^b \sqrt{\left(\frac{dx}{dt}\right)^2+\left(\frac{dy}{dt}\right)^2}\,dt=\int_a^b \sqrt{\{f'(t)\}^2+\{g'(t)\}^2}\,dt$$

② 곡선 $y=f(x)$ $(a \le x \le b)$의 길이 l은

$$l=\int_a^b \sqrt{1+\left(\frac{dy}{dx}\right)^2}\,dx=\int_a^b \sqrt{1+\{f'(x)\}^2}\,dx$$

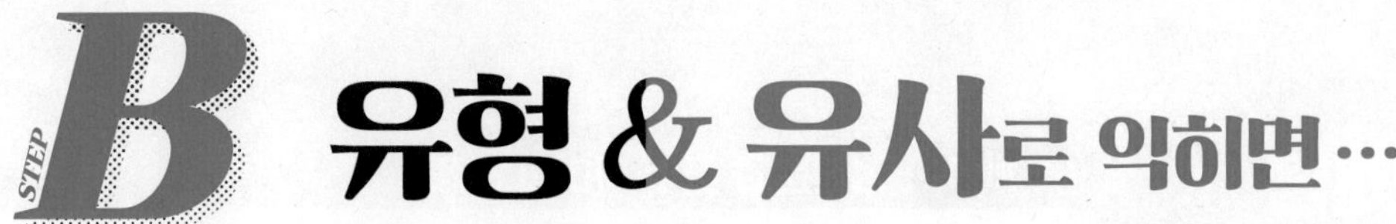

유형 01 정적분과 급수 사이의 관계 (1); 다항함수

749 2011년 7월 교육청 나형 23번

$\lim_{n\to\infty}\sum_{k=1}^{n}\left(1+\frac{2k}{n}\right)^3\frac{1}{n}$의 값을 구하시오. [3점]

750 2021학년도 9월 평가원 가형 25번

$\lim_{n\to\infty}\sum_{k=1}^{n}\frac{2}{n}\left(1+\frac{2k}{n}\right)^4=a$일 때, $5a$의 값을 구하시오. [3점]

751 2020학년도 수능(홀) 나형 11번

함수 $f(x)=4x^3+x$에 대하여 $\lim_{n\to\infty}\sum_{k=1}^{n}\frac{1}{n}f\left(\frac{2k}{n}\right)$의 값은? [3점]

① 6 ② 7 ③ 8 ④ 9 ⑤ 10

752 2014학년도 수능(홀) A형 29번

함수 $f(x)=3x^2-ax$가

$$\lim_{n\to\infty}\frac{1}{n}\sum_{k=1}^{n}f\left(\frac{3k}{n}\right)=f(1)$$

을 만족시킬 때, 상수 a의 값을 구하시오. [4점]

753 2011년 10월 교육청 나형 17번

삼차함수 $f(x)=3x^3+4x^2-2x-1$에 대하여

$$\lim_{n\to\infty}\sum_{k=1}^{n}\frac{1}{n}f\left(-1+\frac{2k}{n}\right)$$

의 값은? [4점]

① $-\frac{1}{3}$ ② $-\frac{1}{6}$ ③ 0

④ $\frac{1}{6}$ ⑤ $\frac{1}{3}$

754 2014학년도 사관학교 A형 26번

함수 $f(x)=3x^2+2x+1$에 대하여

$$\lim_{n\to\infty}\frac{4}{n}\left\{f\left(1+\frac{1}{2n}\right)+f\left(1+\frac{2}{2n}\right)+f\left(1+\frac{3}{2n}\right)+\cdots+f\left(1+\frac{n}{2n}\right)\right\}$$

의 값을 구하시오. [4점]

유형 02 정적분과 급수 사이의 관계 (2): 여러 가지 함수

755 2023학년도 수능(홀) 24번

$\lim_{n\to\infty}\frac{1}{n}\sum_{k=1}^{n}\sqrt{1+\frac{3k}{n}}$의 값은? [3점]

① $\frac{4}{3}$ ② $\frac{13}{9}$ ③ $\frac{14}{9}$

④ $\frac{5}{3}$ ⑤ $\frac{16}{9}$

756 2021학년도 수능(홀) 가형 11번

$\lim_{n\to\infty}\frac{1}{n}\sum_{k=1}^{n}\sqrt{\frac{3n}{3n+k}}$의 값은? [3점]

① $4\sqrt{3}-6$ ② $\sqrt{3}-1$ ③ $5\sqrt{3}-8$

④ $2\sqrt{3}-3$ ⑤ $3\sqrt{3}-5$

11

757 2023년 10월 교육청 24번

$\lim_{n\to\infty}\frac{2\pi}{n}\sum_{k=1}^{n}\sin\frac{\pi k}{3n}$의 값은? [3점]

① $\frac{5}{2}$ ② 3 ③ $\frac{7}{2}$
④ 4 ⑤ $\frac{9}{2}$

758 2019년 3월 교육청 가형 12번

함수 $f(x)=\sin(3x)$에 대하여 $\lim_{n\to\infty}\sum_{k=1}^{n}\frac{\pi}{n}f\left(\frac{k\pi}{n}\right)$의 값은? [3점]

① $\frac{2}{3}$ ② 1 ③ $\frac{4}{3}$
④ $\frac{5}{3}$ ⑤ 2

759 2016년 7월 교육청 가형 14번

함수 $f(x)=\frac{1}{x^2+x}$의 그래프는 그림과 같다.

$\lim_{n\to\infty}\frac{2}{n}\sum_{k=1}^{n}f\left(1+\frac{2k}{n}\right)$의 값은? [4점]

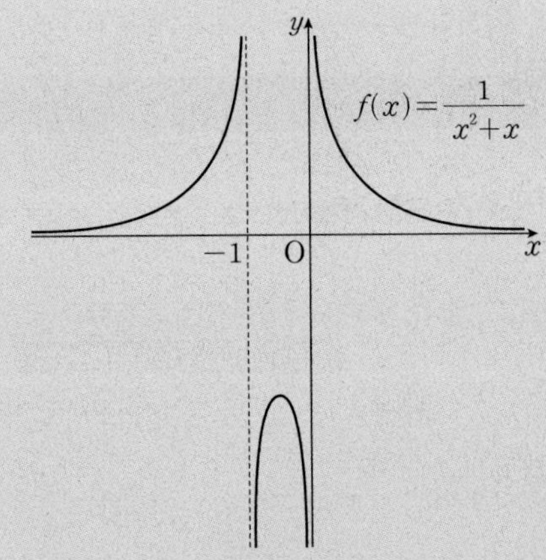

① $\ln\frac{9}{8}$ ② $\ln\frac{5}{4}$ ③ $\ln\frac{11}{8}$
④ $\ln\frac{3}{2}$ ⑤ $\ln\frac{13}{8}$

760 2024학년도 사관학교 24번

함수 $f(x)=\frac{x+1}{x^2}$에 대하여 $\lim_{n\to\infty}\frac{1}{n}\sum_{k=1}^{n}f\left(\frac{n+k}{n}\right)$의 값은? [3점]

① $\frac{1}{2}+\frac{1}{2}\ln 2$ ② $\frac{1}{2}+\ln 2$ ③ $1+\frac{1}{2}\ln 2$
④ $1+\ln 2$ ⑤ $\frac{3}{2}+\frac{1}{2}\ln 2$

> 정답과 해설 225쪽

유형 03 정적분과 급수 사이의 관계 (3); 식의 변형

761 2022년 10월 교육청 26번

$\lim_{n\to\infty}\sum_{k=1}^{n}\frac{k}{(2n-k)^2}$의 값은? [3점]

① $\frac{3}{2}-2\ln 2$ ② $1-\ln 2$ ③ $\frac{3}{2}-\ln 3$

④ $\ln 2$ ⑤ $2-\ln 3$

762 2022학년도 수능(홀) 26번

$\lim_{n\to\infty}\sum_{k=1}^{n}\frac{k^2+2kn}{k^3+3k^2n+n^3}$의 값은? [3점]

① $\ln 5$ ② $\frac{\ln 5}{2}$ ③ $\frac{\ln 5}{3}$

④ $\frac{\ln 5}{4}$ ⑤ $\frac{\ln 5}{5}$

763 2020년 10월 교육청 가형 14번

함수 $f(x)=\cos x$에 대하여 $\lim_{n\to\infty}\sum_{k=1}^{n}\frac{k\pi}{n^2}f\left(\frac{\pi}{2}+\frac{k\pi}{n}\right)$의 값은? [4점]

① $-\frac{5}{2}$ ② -2 ③ $-\frac{3}{2}$

④ -1 ⑤ $-\frac{1}{2}$

764 2018년 3월 교육청 가형 28번

함수 $f(x)=\ln x$에 대하여 $\lim_{n\to\infty}\sum_{k=1}^{n}\frac{k}{n^2}f\left(1+\frac{k}{n}\right)=\frac{q}{p}$일 때, $p+q$의 값을 구하시오. (단, p와 q는 서로소인 자연수이다.) [4점]

11

765 2023학년도 사관학교 25번

함수 $f(x)=x^2e^{x^2-1}$에 대하여 $\lim_{n\to\infty}\sum_{k=1}^{n}\frac{2}{n+k}f\left(1+\frac{k}{n}\right)$의 값은? [3점]

① e^3-1 ② $e^3-\frac{1}{e}$ ③ e^4-1

④ $e^4-\frac{1}{e}$ ⑤ e^5-1

➜ **766** 2014년 7월 교육청 A형 16번

이차함수 $f(x)=x^2+1$에 대하여 $\lim_{n\to\infty}\sum_{k=1}^{n}f\left(1+\frac{k}{n}\right)\frac{k^2+2nk}{n^3}$의 값은? [4점]

① $\frac{26}{5}$ ② $\frac{31}{5}$ ③ $\frac{36}{5}$

④ $\frac{41}{5}$ ⑤ $\frac{46}{5}$

유형 04 정적분과 급수 사이의 관계 (4); 역함수

767 2011학년도 사관학교 이과 8번

함수 $f(x)=\frac{x^3}{9}$의 역함수를 $g(x)$라 할 때, $\lim_{n\to\infty}\sum_{k=1}^{n}g\left(\frac{3k}{n}\right)\frac{1}{n}$의 값은? [3점]

① $\frac{9}{4}$ ② $\frac{15}{4}$ ③ $\frac{21}{4}$

④ $\frac{27}{4}$ ⑤ $\frac{33}{4}$

➜ **768** 2015학년도 사관학교 B형 13번

모든 실수에서 연속이고 역함수가 존재하는 함수 $y=f(x)$의 그래프는 제1사분면에 있는 두 점 $(2,\ a)$, $(4,\ a+8)$을 지난다. 함수 $f(x)$의 역함수를 $g(x)$라 할 때,

$$\lim_{n\to\infty}\frac{2}{n}\sum_{k=1}^{n}f\left(2+\frac{2k}{n}\right)+\lim_{n\to\infty}\frac{8}{n}\sum_{k=1}^{n}g\left(a+\frac{8k}{n}\right)=50$$

을 만족시키는 상수 a의 값은? [3점]

① 7 ② 8 ③ 9

④ 10 ⑤ 11

> 정답과 해설 227쪽

유형 05 정적분과 급수 사이의 관계 (5): 함수의 그래프가 주어진 경우

769 2015학년도 9월 평가원 A형 14번

이차함수 $y=f(x)$의 그래프는 그림과 같고, $f(0)=f(3)=0$이다. $\lim_{n\to\infty}\frac{1}{n}\sum_{k=1}^{n}f\left(\frac{k}{n}\right)=\frac{7}{6}$일 때, $f'(0)$의 값은? [4점]

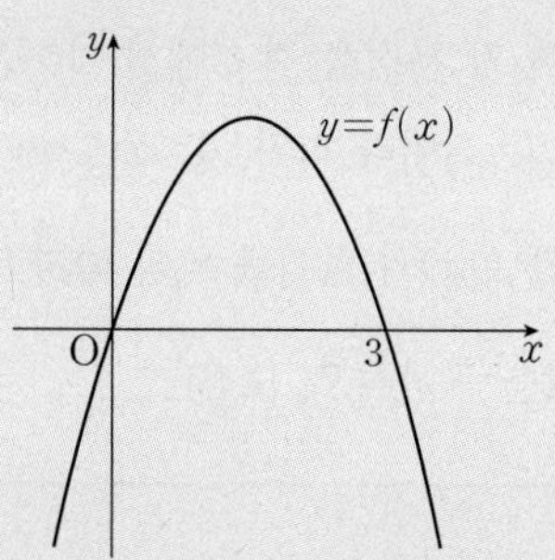

① $\frac{5}{2}$　② 3　③ $\frac{7}{2}$
④ 4　⑤ $\frac{9}{2}$

770 2013학년도 6월 평가원 가형 19번

사차함수 $y=f(x)$의 그래프가 그림과 같을 때,

$$\lim_{n\to\infty}\frac{1}{n}\sum_{k=1}^{n}f\left(m+\frac{k}{n}\right)<0$$

을 만족시키는 정수 m의 개수는? [4점]

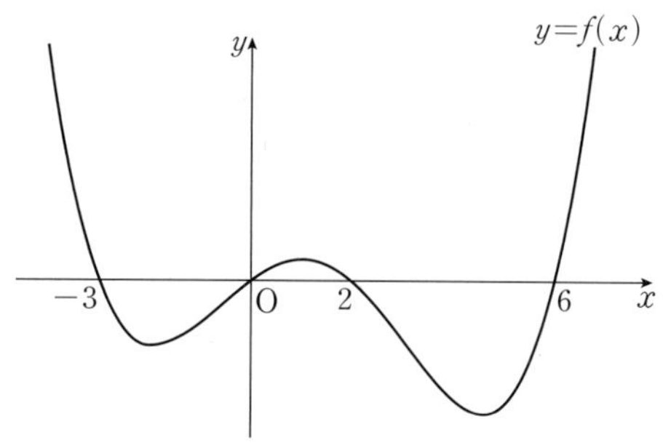

① 3　② 4　③ 5
④ 6　⑤ 7

유형 06 정적분과 급수 사이의 관계의 활용

771 2015년 4월 교육청 B형 28번

그림과 같이 중심각의 크기가 $\frac{\pi}{2}$이고, 반지름의 길이가 8인 부채꼴 OAB가 있다. 2 이상의 자연수 n에 대하여 호 AB를 n등분한 각 분점을 점 A에서 가까운 것부터 차례로 P_1, P_2, P_3, $\cdots$, P_{n-1}이라 하자. $1 \le k \le n-1$인 자연수 k에 대하여 점 B에서 선분 OP_k에 내린 수선의 발을 Q_k라 하고, 삼각형 OQ_kB의 넓이를 S_k라 하자. $\lim_{n\to\infty}\frac{1}{n}\sum_{k=1}^{n-1}S_k=\frac{\alpha}{\pi}$일 때, α의 값을 구하시오. [4점]

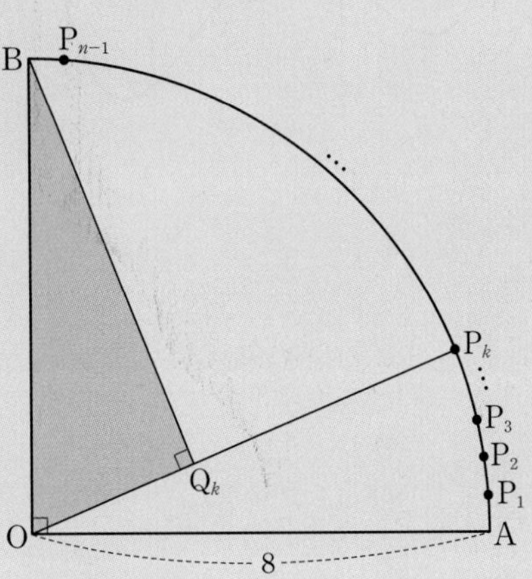

772 2013년 4월 교육청 B형 29번

그림과 같이 한 변의 길이가 1인 정사각형 ABCD가 있다. 2 이상의 자연수 n에 대하여 변 BC를 n등분한 각 분점을 점 B에서 가까운 것부터 차례로 P_1, P_2, P_3, $\cdots$, P_{n-1}이라 하고, 변 CD를 n등분한 각 분점을 점 C에서 가까운 것부터 차례로 Q_1, Q_2, Q_3, $\cdots$, Q_{n-1}이라 하자. $1 \le k \le n-1$인 자연수 k에 대하여 사각형 AP_kQ_kD의 넓이를 S_k라 하자. $\lim_{n\to\infty}\frac{1}{n}\sum_{k=1}^{n-1}S_k=\alpha$일 때, 150α의 값을 구하시오. [4점]

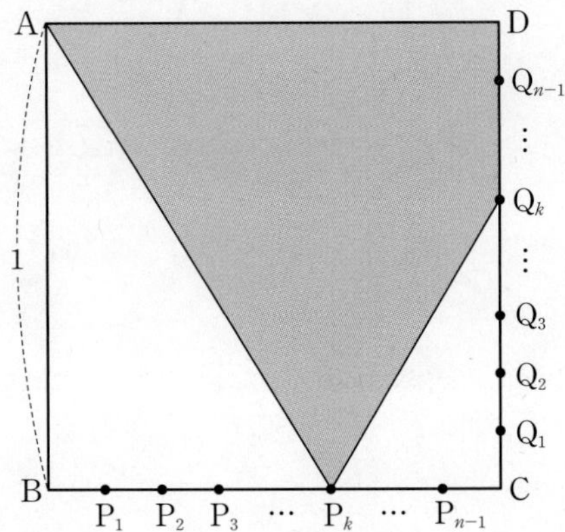

> 정답과 해설 229쪽

773 2014학년도 6월 평가원 B형 18번

함수 $f(x)=e^x$이 있다. 2 이상인 자연수 n에 대하여 닫힌구간 $[1, 2]$를 n등분한 각 분점(양 끝점도 포함)을 차례로

$$1=x_0, x_1, x_2, \cdots, x_{n-1}, x_n=2$$

라 하자. 세 점 $(0, 0)$, $(x_k, 0)$, $(x_k, f(x_k))$를 꼭짓점으로 하는 삼각형의 넓이를 A_k $(k=1, 2, \cdots, n)$이라 할 때, $\lim_{n\to\infty}\frac{1}{n}\sum_{k=1}^{n}A_k$의 값은? [4점]

① $\frac{1}{2}e^2-e$ ② $\frac{1}{2}(e^2-e)$ ③ $\frac{1}{2}e^2$

④ e^2-e ⑤ $e^2-\frac{1}{2}e$

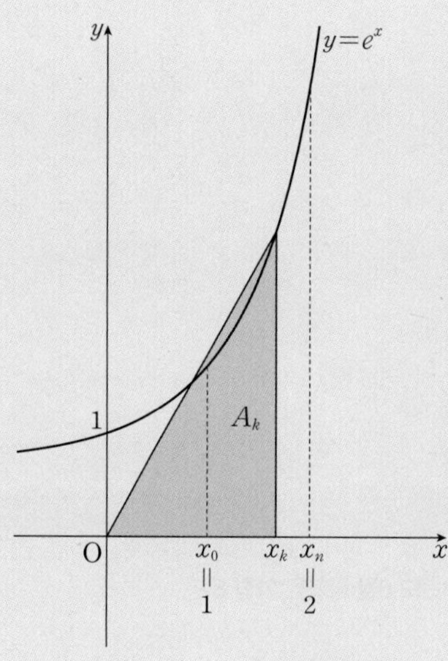

774 2014년 4월 교육청 B형 28번

그림과 같이 곡선 $y=-x^2+1$ 위에 세 점 $A(-1, 0)$, $B(1, 0)$, $C(0, 1)$이 있다. 2 이상의 자연수 n에 대하여 선분 OC를 n등분할 때, 양 끝점을 포함한 각 분점을 차례로 $O=D_0$, D_1, D_2, $\cdots$, D_{n-1}, $D_n=C$라 하자. 직선 AD_k가 곡선과 만나는 점 중 A가 아닌 점을 P_k라 하고, 점 P_k에서 x축에 내린 수선의 발을 Q_k라 하자. $(k=1, 2, \cdots, n)$ 삼각형 AP_kQ_k의 넓이를 S_k라 할 때, $\lim_{n\to\infty}\frac{1}{n}\sum_{k=1}^{n}S_k=\alpha$이다. 24α의 값을 구하시오. [4점]

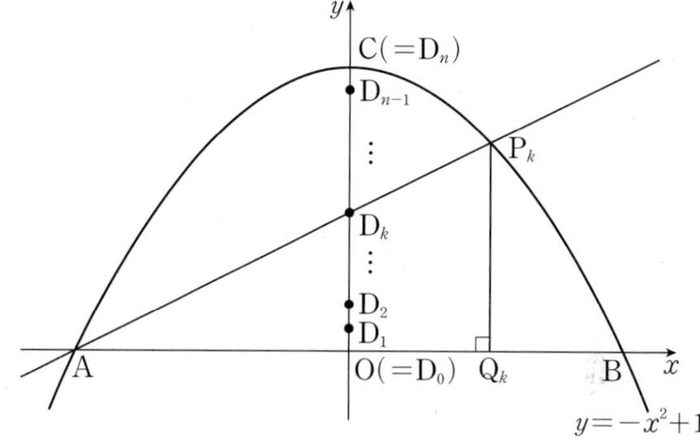

유형 07 곡선과 x축으로 둘러싸인 부분의 넓이

775 2021학년도 수능(홀) 가형 8번

곡선 $y=e^{2x}$과 x축 및 두 직선 $x=\ln\frac{1}{2}$, $x=\ln 2$로 둘러싸인 부분의 넓이는? [3점]

① $\frac{5}{3}$ ② $\frac{15}{8}$ ③ $\frac{15}{7}$

④ $\frac{5}{2}$ ⑤ 3

776 2017년 4월 교육청 가형 10번

좌표평면 위의 곡선 $y=\sqrt{x}-3$과 x축 및 y축으로 둘러싸인 부분의 넓이는? [3점]

① 7 ② $\frac{15}{2}$ ③ 8

④ $\frac{17}{2}$ ⑤ 9

777 2017학년도 사관학교 가형 12번

곡선 $y=\tan\frac{x}{2}$와 직선 $x=\frac{\pi}{2}$ 및 x축으로 둘러싸인 부분의 넓이는? [3점]

① $\frac{1}{4}\ln 2$ ② $\frac{1}{2}\ln 2$ ③ $\ln 2$

④ $2\ln 2$ ⑤ $4\ln 2$

778 2019학년도 6월 평가원 가형 8번

곡선 $y=|\sin 2x|+1$과 x축 및 두 직선 $x=\frac{\pi}{4}$, $x=\frac{5\pi}{4}$로 둘러싸인 부분의 넓이는? [3점]

① $\pi+1$ ② $\pi+\frac{3}{2}$ ③ $\pi+2$

④ $\pi+\frac{5}{2}$ ⑤ $\pi+3$

> 정답과 해설 230쪽

779 2019년 10월 교육청 가형 9번

모든 실수 x에 대하여 $f(x)>0$인 연속함수 $f(x)$에 대하여 $\int_3^5 f(x)\,dx=36$일 때, 곡선 $y=f(2x+1)$과 x축 및 두 직선 $x=1$, $x=2$로 둘러싸인 부분의 넓이는? [3점]

① 16 ② 18 ③ 20 ④ 22 ⑤ 24

780 2012년 10월 교육청 가형 9번

연속함수 $f(x)$의 그래프가 x축과 만나는 세 점의 x좌표는 0, 3, 4이다. 그림과 같이 곡선 $y=f(x)$와 x축으로 둘러싸인 두 부분 A, B의 넓이가 각각 6, 2일 때, $\int_0^2 f(2x)dx$의 값은? [3점]

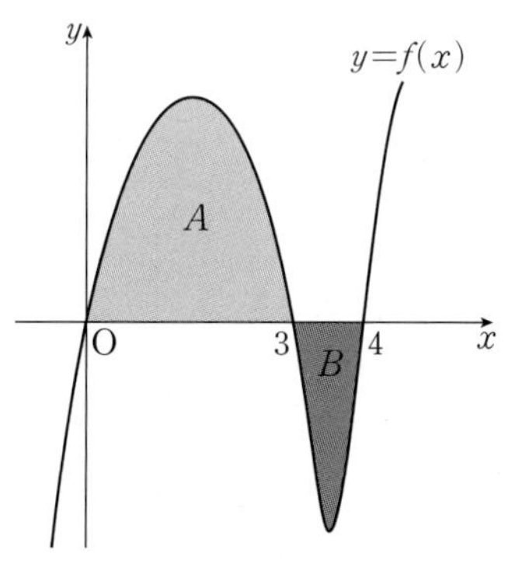

① 2 ② 4 ③ 6 ④ 8 ⑤ 10

781 2017년 3월 교육청 가형 9번

곡선 $y=\sin^2 x\cos x\left(0\le x\le\frac{\pi}{2}\right)$와 x축으로 둘러싸인 도형의 넓이는? [3점]

① $\frac{1}{4}$ ② $\frac{1}{3}$ ③ $\frac{1}{2}$ ④ 1 ⑤ 2

782 2022학년도 수능 예시문항 27번

곡선 $y=x\ln(x^2+1)$과 x축 및 직선 $x=1$로 둘러싸인 부분의 넓이는? [3점]

① $\ln 2-\frac{1}{2}$ ② $\ln 2-\frac{1}{4}$ ③ $\ln 2-\frac{1}{6}$ ④ $\ln 2-\frac{1}{8}$ ⑤ $\ln 2-\frac{1}{10}$

783 2019년 7월 교육청 가형 14번

함수 $f(x)=\dfrac{2x-2}{x^2-2x+2}$에 대하여 곡선 $y=f(x)$와 x축 및 y축으로 둘러싸인 영역을 A, 곡선 $y=f(x)$와 x축 및 직선 $x=3$으로 둘러싸인 영역을 B라 하자. 영역 A의 넓이와 영역 B의 넓이의 합은? [4점]

① $2\ln 2$ ② $\ln 6$ ③ $3\ln 2$
④ $\ln 10$ ⑤ $\ln 12$

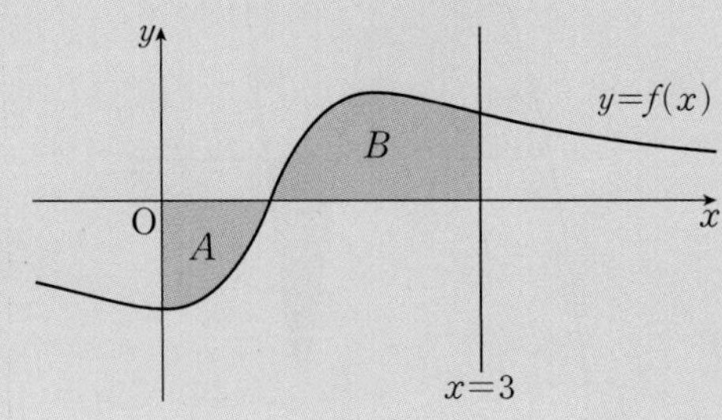

784 2007학년도 9월 평가원 가형 30번

자연수 n에 대하여 구간 $[(n-1)\pi, n\pi]$에서 곡선 $y=\left(\dfrac{1}{2}\right)^n \sin x$와 x축으로 둘러싸인 부분의 넓이를 S_n이라 하자. $\sum_{n=1}^{\infty} S_n=\alpha$일 때, 50α의 값을 구하시오. [4점]

> 정답과 해설 232쪽

유형 08 두 곡선으로 둘러싸인 부분의 넓이

785 2018년 3월 교육청 가형 12번

그림과 같이 곡선 $y=xe^x$ 위의 점 $(1,\ e)$를 지나고 x축에 평행한 직선을 l이라 하자. 곡선 $y=xe^x$과 y축 및 직선 l로 둘러싸인 도형의 넓이는? [3점]

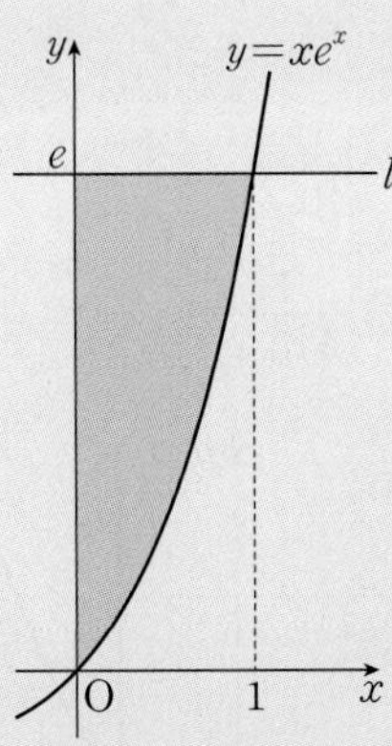

① $2e-3$　② $2e-\frac{5}{2}$　③ $e-2$　④ $e-\frac{3}{2}$　⑤ $e-1$

786 2012학년도 수능(홀) 가형 16번

그림에서 두 곡선 $y=e^x$, $y=xe^x$과 y축으로 둘러싸인 부분 A의 넓이를 a, 두 곡선 $y=e^x$, $y=xe^x$과 직선 $x=2$로 둘러싸인 부분 B의 넓이를 b라 할 때, $b-a$의 값은? [4점]

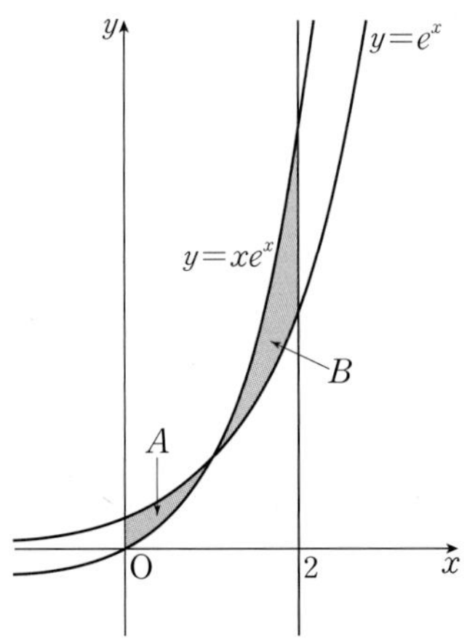

① $\frac{3}{2}$　② $e-1$　③ 2　④ $\frac{5}{2}$　⑤ e

787 2019학년도 9월 평가원 가형 9번

그림과 같이 두 곡선 $y=2^x-1$, $y=\left|\sin\frac{\pi}{2}x\right|$가 원점 O와 점 (1, 1)에서 만난다. 두 곡선 $y=2^x-1$, $y=\left|\sin\frac{\pi}{2}x\right|$로 둘러싸인 부분의 넓이는? [3점]

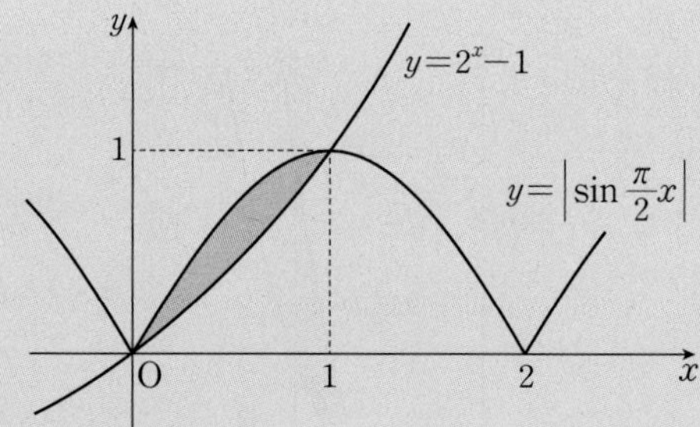

① $-\frac{1}{\pi}+\frac{1}{\ln 2}-1$　② $\frac{2}{\pi}-\frac{1}{\ln 2}+1$

③ $\frac{2}{\pi}+\frac{1}{2\ln 2}-1$　④ $\frac{1}{\pi}-\frac{1}{2\ln 2}+1$

⑤ $\frac{1}{\pi}+\frac{1}{\ln 2}-1$

➜ **788** 2016년 3월 교육청 가형 13번

좌표평면에 두 함수 $f(x)=2^x$의 그래프와 $g(x)=\left(\frac{1}{2}\right)^x$의 그래프가 있다. 두 곡선 $y=f(x)$, $y=g(x)$가 직선 $x=t$ $(t>0)$과 만나는 점을 각각 A, B라 하자. $t=1$일 때, 두 곡선 $y=f(x)$, $y=g(x)$와 직선 AB로 둘러싸인 부분의 넓이는? [3점]

① $\frac{5}{4\ln 2}$　② $\frac{1}{\ln 2}$　③ $\frac{3}{4\ln 2}$

④ $\frac{1}{2\ln 2}$　⑤ $\frac{1}{4\ln 2}$

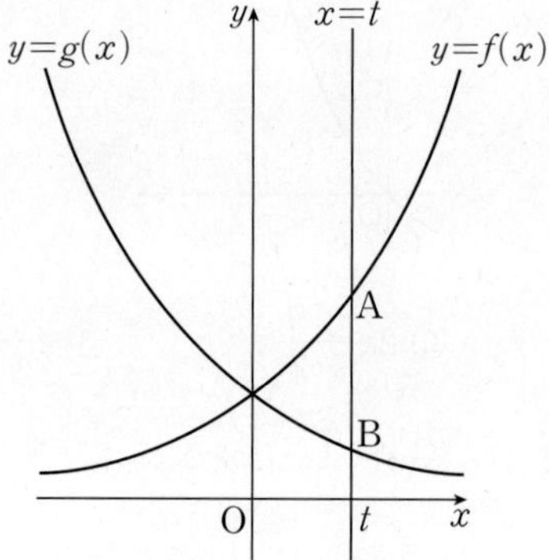

> 정답과 해설 233쪽

789 2018년 7월 교육청 가형 13번

점 (1, 0)에서 곡선 $y=e^x$에 그은 접선을 l이라 하자. 곡선 $y=e^x$과 y축 및 직선 l으로 둘러싸인 부분의 넓이는? [3점]

① $\frac{1}{2}e^2-2$ ② $\frac{1}{2}e^2-1$ ③ e^2-3
④ e^2-2 ⑤ e^2-1

790 2015년 7월 교육청 B형 28번

양의 실수 k에 대하여 곡선 $y=k\ln x$와 직선 $y=x$가 접할 때, 곡선 $y=k\ln x$, 직선 $y=x$ 및 x축으로 둘러싸인 부분의 넓이는 ae^2-be이다. $100ab$의 값을 구하시오.
(단, a와 b는 유리수이다.) [4점]

791 2009학년도 9월 평가원 가형 28번

좌표평면에서 곡선 $y=\frac{xe^{x^2}}{e^{x^2}+1}$과 직선 $y=\frac{2}{3}x$로 둘러싸인 두 부분의 넓이의 합은? [3점]

① $\frac{5}{3}\ln 2-\ln 3$ ② $2\ln 3-\frac{5}{3}\ln 2$
③ $\frac{5}{3}\ln 2+\ln 3$ ④ $2\ln 3+\frac{5}{3}\ln 2$
⑤ $\frac{7}{3}\ln 2-\ln 3$

792 2016년 7월 교육청 나형 28번

$f(1)=1$인 이차함수 $f(x)$와 함수 $g(x)=x^2$이 다음 조건을 만족시킨다.

> (가) 모든 실수 x에 대하여 $f(-x)=f(x)$이다.
> (나) $\lim_{n\to\infty}\frac{1}{n}\sum_{n=1}^{n}\left\{f\left(\frac{k}{n}\right)-g\left(\frac{k}{n}\right)\right\}=27$

두 곡선 $y=f(x)$와 $y=g(x)$로 둘러싸인 부분의 넓이를 구하시오. [4점]

유형 09 두 도형의 넓이의 비교

793 2017학년도 9월 평가원 가형 13번

함수 $y=\cos 2x$의 그래프와 x축, y축 및 직선 $x=\frac{\pi}{12}$로 둘러싸인 영역의 넓이가 직선 $y=a$에 의하여 이등분될 때, 상수 a의 값은? [3점]

① $\frac{1}{2\pi}$ ② $\frac{1}{\pi}$ ③ $\frac{3}{2\pi}$

④ $\frac{2}{\pi}$ ⑤ $\frac{5}{2\pi}$

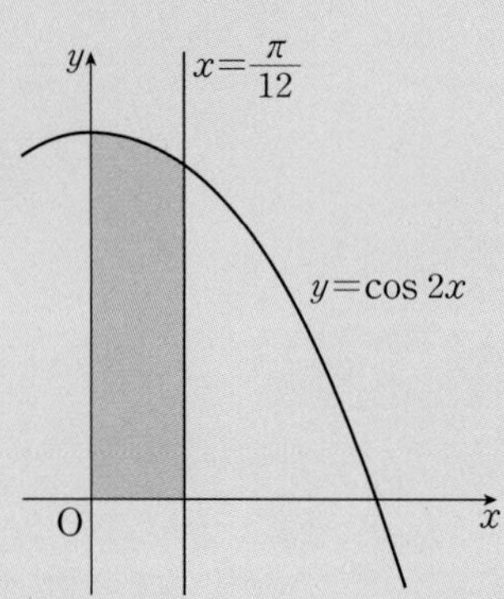

794 2015학년도 6월 평가원 B형 9번

함수 $y=e^x$의 그래프와 x축, y축 및 직선 $x=1$로 둘러싸인 영역의 넓이가 직선 $y=ax$ $(0<a<e)$에 의하여 이등분될 때, 상수 a의 값은? [3점]

① $e-\frac{1}{3}$ ② $e-\frac{1}{2}$ ③ $e-1$

④ $e-\frac{3}{4}$ ⑤ $e-\frac{2}{3}$

795 2018학년도 수능(홀) 가형 12번

곡선 $y=e^{2x}$과 y축 및 직선 $y=-2x+a$로 둘러싸인 영역을 A, 곡선 $y=e^{2x}$과 두 직선 $y=-2x+a$, $x=1$로 둘러싸인 영역을 B라 하자. A의 넓이와 B의 넓이가 같을 때, 상수 a의 값은? (단, $1<a<e^2$) [3점]

① $\frac{e^2+1}{2}$　② $\frac{2e^2+1}{4}$　③ $\frac{e^2}{2}$

④ $\frac{2e^2-1}{4}$　⑤ $\frac{e^2-1}{2}$

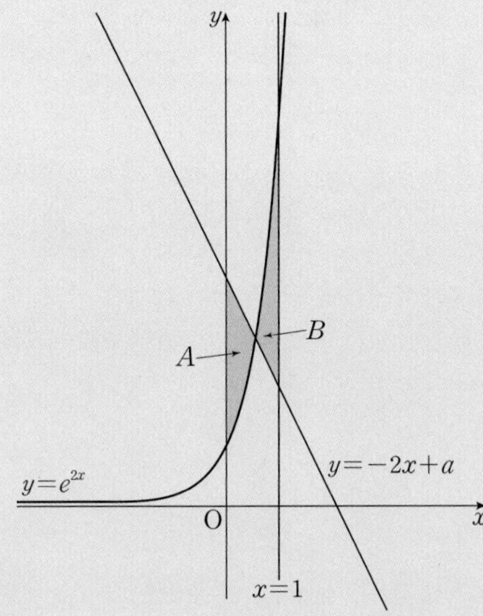

→ **796** 2009년 10월 교육청 가형 27번

곡선 $y=\ln(x+1)$과 두 직선 $x=0$, $y=a$로 둘러싸인 부분의 넓이와 곡선 $y=\ln(x+1)$과 두 직선 $x=e-1$, $y=a$로 둘러싸인 부분의 넓이가 서로 같을 때, 실수 a의 값은? [3점]

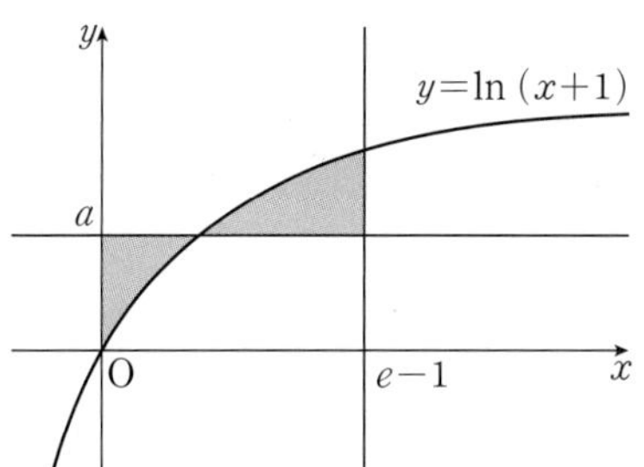

① $\frac{1}{e-1}$　② $\frac{2}{e-1}$　③ $\frac{2}{e}$

④ $\frac{1}{e+1}$　⑤ $\frac{2}{e+1}$

797 2019년 4월 교육청 가형 18번

닫힌구간 $\left[0, \frac{\pi}{2}\right]$에서 정의된 함수 $f(x)=\sin x$의 그래프 위의 한 점 $\mathrm{P}(a, \sin a)$ $\left(0<a<\frac{\pi}{2}\right)$에서의 접선을 l이라 하자. 곡선 $y=f(x)$와 x축 및 직선 l로 둘러싸인 부분의 넓이와 곡선 $y=f(x)$와 x축 및 직선 $x=a$로 둘러싸인 부분의 넓이가 같을 때, $\cos a$의 값은? [4점]

① $\frac{1}{6}$ ② $\frac{1}{3}$ ③ $\frac{1}{2}$

④ $\frac{2}{3}$ ⑤ $\frac{5}{6}$

798 2018년 4월 교육청 가형 15번

곡선 $y=\frac{1}{x}$과 두 직선 $x=1$, $x=2$ 및 x축으로 둘러싸인 부분의 넓이를 S라 하자. 곡선 $y=\frac{1}{x}$과 두 직선 $x=1$, $x=a$ 및 x축으로 둘러싸인 부분의 넓이가 $2S$가 되도록 하는 모든 양수 a의 값의 합은? [4점]

① $\frac{15}{4}$ ② $\frac{17}{4}$ ③ $\frac{19}{4}$

④ $\frac{21}{4}$ ⑤ $\frac{23}{4}$

> 정답과 해설 237쪽

799 2020년 10월 교육청 가형 27번

실수 전체의 집합에서 도함수가 연속인 함수 $f(x)$에 대하여 $f(0)=0$, $f(2)=1$이다. 그림과 같이 $0\le x\le 2$에서 곡선 $y=f(x)$와 x축 및 직선 $x=2$로 둘러싸인 두 부분의 넓이를 각각 A, B라 하자. $A=B$일 때, $\int_0^2 (2x+3)f'(x)\,dx$의 값을 구하시오. [4점]

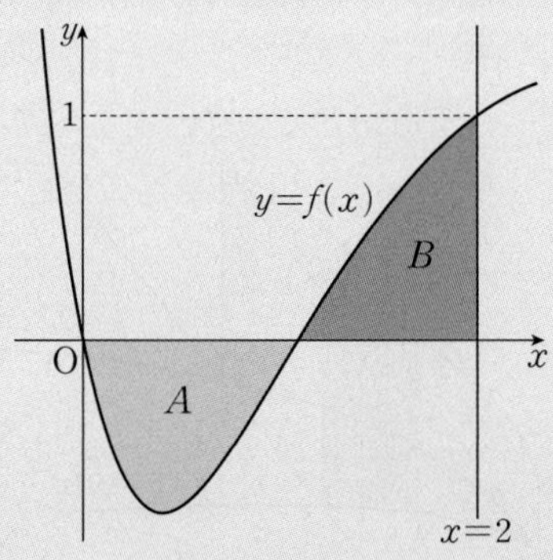

800 2012학년도 9월 평가원 가형 16번

그림과 같이 곡선 $y=x\sin x$ $\left(0\le x\le \frac{\pi}{2}\right)$에 대하여 이 곡선과 x축, 직선 $x=k$로 둘러싸인 영역을 A, 이 곡선과 직선 $x=k$, 직선 $y=\frac{\pi}{2}$로 둘러싸인 영역을 B라 하자. A의 넓이와 B의 넓이가 같을 때, 상수 k의 값은? $\left(\text{단, } 0\le k\le \frac{\pi}{2}\right)$ [4점]

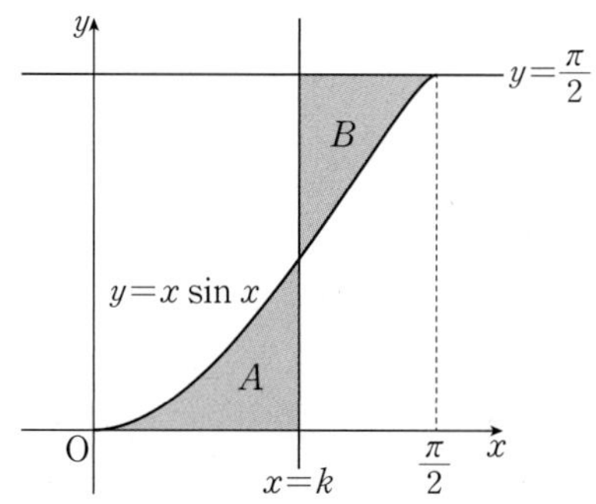

① $\frac{\pi}{4}-\frac{1}{\pi}$　② $\frac{\pi}{4}$　③ $\frac{\pi}{2}-\frac{2}{\pi}$　④ $\frac{\pi}{4}+\frac{1}{\pi}$　⑤ $\frac{\pi}{2}-\frac{1}{\pi}$

유형 10 입체도형의 부피 (1)

801 2017학년도 수능(홀) 가형 11번

그림과 같이 곡선 $y=\sqrt{x}+1$과 x축, y축 및 직선 $x=1$로 둘러싸인 도형을 밑면으로 하는 입체도형이 있다. 이 입체도형을 x축에 수직인 평면으로 자른 단면이 모두 정사각형일 때, 이 입체도형의 부피는? [3점]

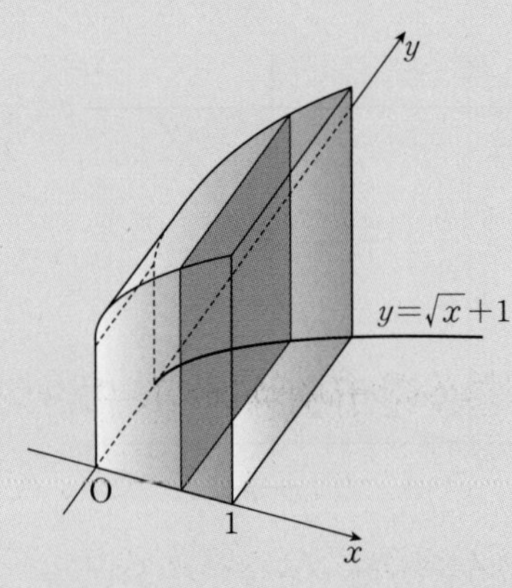

① $\frac{7}{3}$ ② $\frac{5}{2}$ ③ $\frac{8}{3}$

④ $\frac{17}{6}$ ⑤ 3

→ **802** 2019년 3월 교육청 가형 28번

그림과 같이 두 곡선 $y=2\sqrt{2x}+1$, $y=\sqrt{2x}$와 y축 및 직선 $x=2$로 둘러싸인 도형을 밑면으로 하는 입체도형이 있다. 이 입체도형을 x축에 수직인 평면으로 자른 단면이 모두 정사각형일 때, 이 입체도형의 부피를 V라 하자. $30V$의 값을 구하시오. [4점]

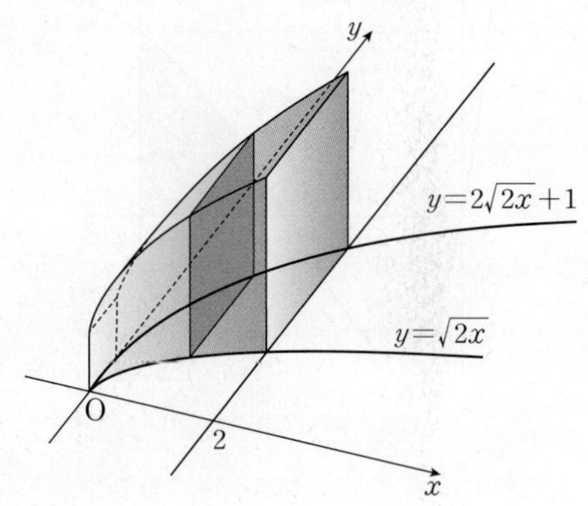

> 정답과 해설 238쪽

803 2023년 10월 교육청 25번

그림과 같이 곡선 $y=\frac{2}{\sqrt{x}}$와 x축 및 직선 $x=1$, $x=4$로 둘러싸인 부분을 밑면으로 하고 x축에 수직인 평면으로 자른 단면이 모두 정사각형인 입체도형의 부피는? [3점]

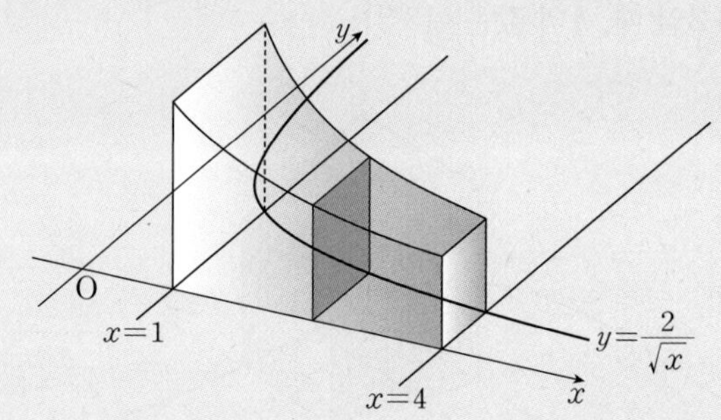

① $6\ln 2$ ② $7\ln 2$ ③ $8\ln 2$
④ $9\ln 2$ ⑤ $10\ln 2$

804 2017년 7월 교육청 가형 15번

그림과 같이 곡선 $y=3x+\frac{2}{x}$ $(x>0)$와 x축 및 직선 $x=1$, 직선 $x=2$로 둘러싸인 도형을 밑면으로 하는 입체도형이 있다. 이 입체도형을 x축에 수직인 평면으로 자른 단면이 모두 정삼각형일 때, 이 입체도형의 부피는? [4점]

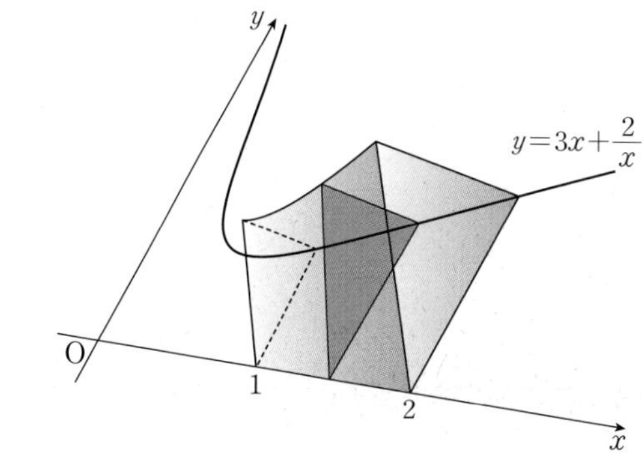

① $\frac{35\sqrt{3}}{4}$ ② $\frac{37\sqrt{3}}{4}$ ③ $\frac{39\sqrt{3}}{4}$
④ $\frac{41\sqrt{3}}{4}$ ⑤ $\frac{43\sqrt{3}}{4}$

805 2020학년도 수능(홀) 가형 12번

그림과 같이 양수 k에 대하여 곡선 $y=\sqrt{\frac{e^x}{e^x+1}}$과 x축, y축 및 직선 $x=k$로 둘러싸인 부분을 밑면으로 하고 x축에 수직인 평면으로 자른 단면이 모두 정사각형인 입체도형의 부피가 $\ln 7$일 때, k의 값은? [3점]

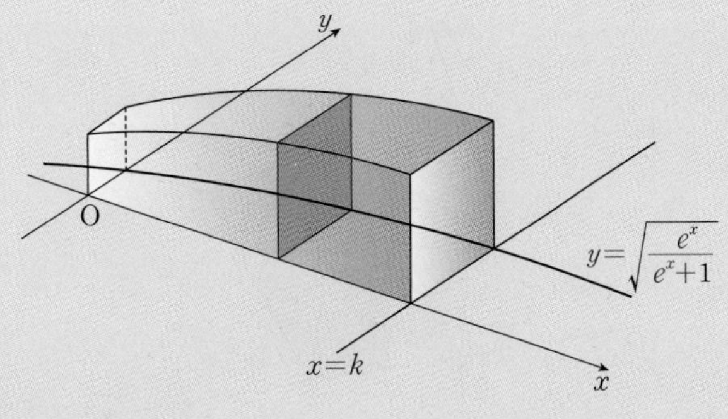

① $\ln 11$ ② $\ln 13$ ③ $\ln 15$
④ $\ln 17$ ⑤ $\ln 19$

➜ **806** 2023학년도 9월 평가원 26번

그림과 같이 양수 k에 대하여 곡선 $y=\sqrt{\frac{kx}{2x^2+1}}$와 x축 및 두 직선 $x=1$, $x=2$로 둘러싸인 부분을 밑면으로 하고 x축에 수직인 평면으로 자른 단면이 모두 정사각형인 입체도형의 부피가 $2\ln 3$일 때, k의 값은? [3점]

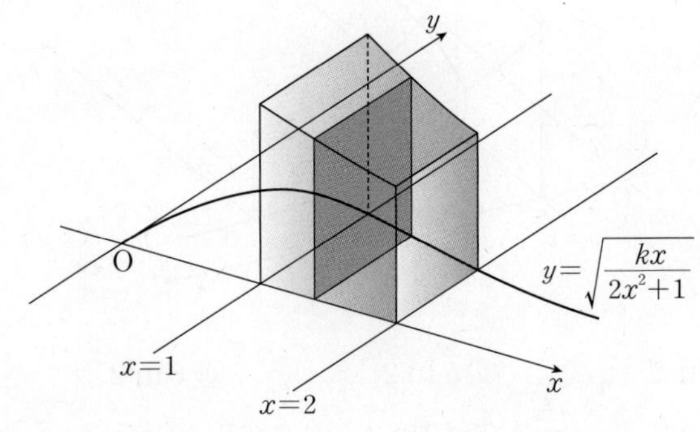

① 6 ② 7 ③ 8
④ 9 ⑤ 10

> 정답과 해설 239쪽

807 2017년 4월 교육청 가형 27번

그림과 같이 곡선 $y=\sqrt{x+\frac{\pi}{4}\sin\left(\frac{\pi}{2}x\right)}$와 x축 및 두 직선 $x=1$, $x=4$로 둘러싸인 도형을 밑면으로 하는 입체도형이 있다. 이 입체도형을 x축에 수직인 평면으로 자른 단면이 모두 정사각형일 때, 이 입체도형의 부피를 구하시오. [4점]

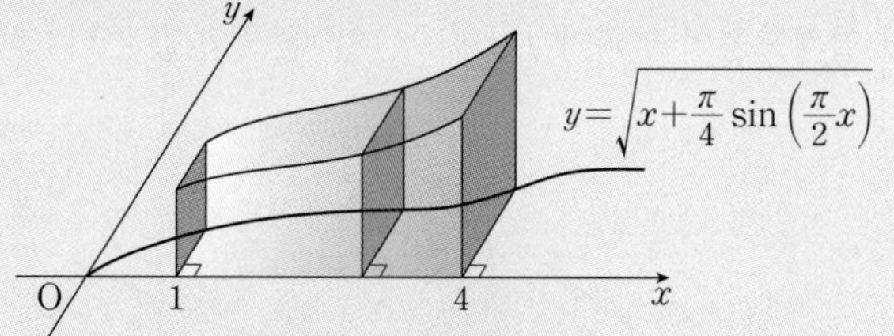

808 2023학년도 수능(홀) 26번

그림과 같이 곡선 $y=\sqrt{\sec^2 x+\tan x}\left(0\le x\le\frac{\pi}{3}\right)$와 x축, y축 및 직선 $x=\frac{\pi}{3}$로 둘러싸인 부분을 밑면으로 하는 입체도형이 있다. 이 입체도형을 x축에 수직인 평면으로 자른 단면이 모두 정사각형일 때, 이 입체도형의 부피는? [3점]

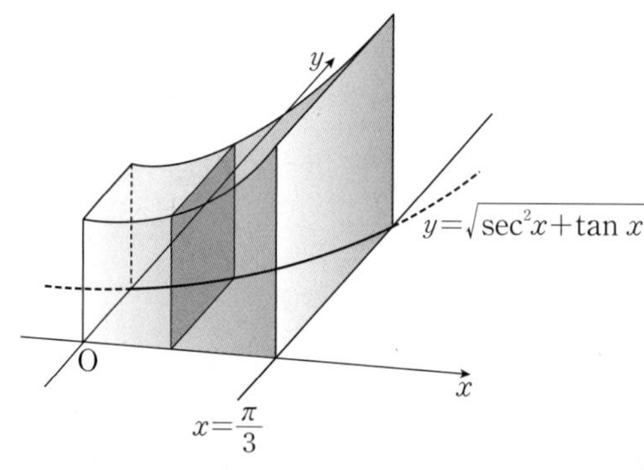

① $\frac{\sqrt{3}}{2}+\frac{\ln 2}{2}$ ② $\frac{\sqrt{3}}{2}+\ln 2$ ③ $\sqrt{3}+\frac{\ln 2}{2}$
④ $\sqrt{3}+\ln 2$ ⑤ $\sqrt{3}+2\ln 2$

11

유형 11 입체도형의 부피 (2)

809 2018년 10월 교육청 가형 16번

그림과 같이 함수 $f(x)=\sqrt{x\sin x^2}$ $\left(\frac{\sqrt{\pi}}{2}\le x\le\frac{\sqrt{3\pi}}{2}\right)$에 대하여 곡선 $y=f(x)$와 곡선 $y=-f(x)$ 및 두 직선 $x=\frac{\sqrt{\pi}}{2}$, $x=\frac{\sqrt{3\pi}}{2}$로 둘러싸인 도형을 밑면으로 하는 입체도형이 있다. 이 입체도형을 x축에 수직인 평면으로 자른 단면이 모두 정사각형일 때, 이 입체도형의 부피는? [4점]

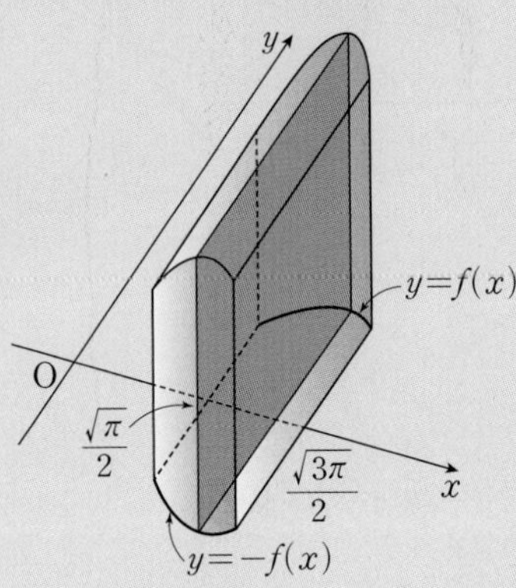

① $2\sqrt{2}$ ② $2\sqrt{3}$ ③ 4
④ $4\sqrt{2}$ ⑤ $4\sqrt{3}$

810 2020학년도 9월 평가원 가형 14번

그림과 같이 양수 k에 대하여 함수 $f(x)=2\sqrt{x}e^{kx^2}$의 그래프와 x축 및 두 직선 $x=\frac{1}{\sqrt{2k}}$, $x=\frac{1}{\sqrt{k}}$로 둘러싸인 부분을 밑면으로 하고 x축에 수직인 평면으로 자른 단면이 모두 정삼각형인 입체도형의 부피가 $\sqrt{3}(e^2-e)$일 때, k의 값은? [4점]

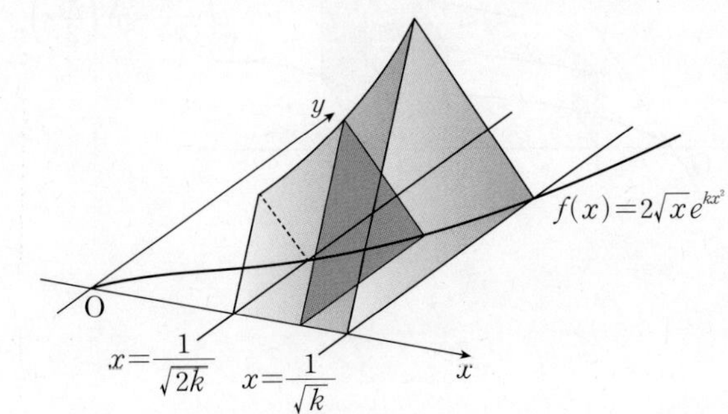

① $\frac{1}{12}$ ② $\frac{1}{6}$ ③ $\frac{1}{4}$
④ $\frac{1}{3}$ ⑤ $\frac{1}{2}$

811 2016년 7월 교육청 가형 27번

그림과 같이 함수 $f(x)=\sqrt{x}e^{\frac{x}{2}}$에 대하여 좌표평면 위의 두 점 $\mathrm{A}(x,\ 0)$, $\mathrm{B}(x,\ f(x))$를 이은 선분을 한 변으로 하는 정사각형을 x축에 수직인 평면 위에 그린다. 점 A의 x좌표가 $x=1$에서 $x=\ln 6$까지 변할 때, 이 정사각형이 만드는 입체도형의 부피는 $-a+b\ln 6$이다. $a+b$의 값을 구하시오.

(단, a와 b는 자연수이다.) [4점]

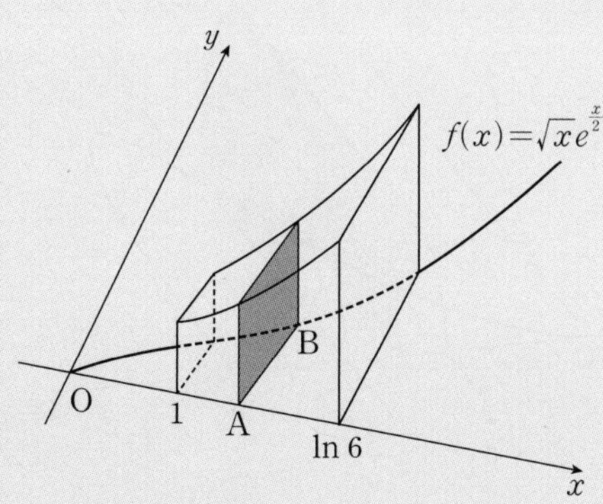

812 2024학년도 수능(홀) 26번

그림과 같이 곡선 $y=\sqrt{(1-2x)\cos x}$ $\left(\frac{3}{4}\pi\le x\le\frac{5}{4}\pi\right)$와 x축 및 두 직선 $x=\frac{3}{4}\pi$, $x=\frac{5}{4}\pi$로 둘러싸인 부분을 밑면으로 하는 입체도형이 있다. 이 입체도형을 x축에 수직인 평면으로 자른 단면이 모두 정사각형일 때, 이 입체도형의 부피는? [3점]

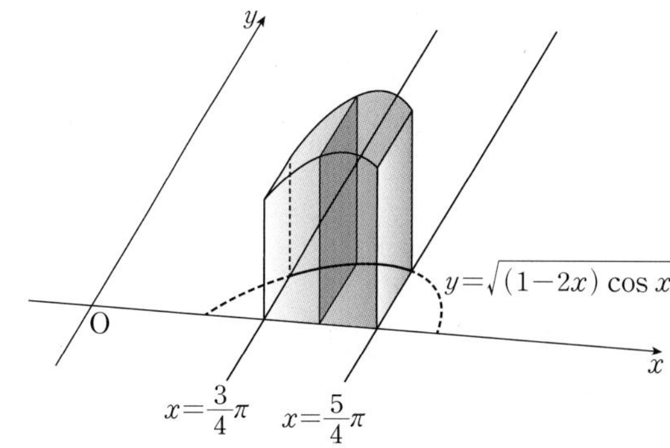

① $\sqrt{2}\pi-\sqrt{2}$ ② $\sqrt{2}\pi-1$ ③ $2\sqrt{2}\pi-\sqrt{2}$
④ $2\sqrt{2}\pi-1$ ⑤ $2\sqrt{2}\pi$

813 2016년 4월 교육청 가형 19번

그림과 같이 함수 $f(x)=\sqrt{x(x^2+1)\sin(x^2)}$ $(0\le x\le\sqrt{\pi})$에 대하여 곡선 $y=f(x)$와 x축으로 둘러싸인 부분을 밑면으로 하는 입체도형이 있다. 두 점 $\mathrm{P}(x,\ 0)$, $\mathrm{Q}(x,\ f(x))$를 지나고 x축에 수직인 평면으로 입체도형을 자른 단면이 선분 PQ를 한 변으로 하는 정삼각형이다. 이 입체도형의 부피는?

[4점]

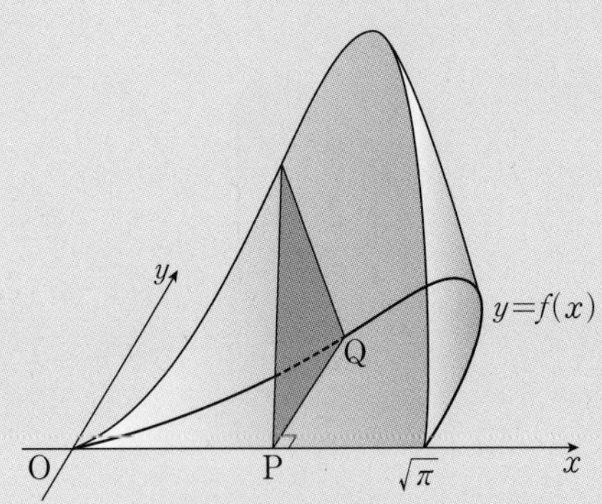

① $\dfrac{\sqrt{3}(\pi+2)}{8}$ ② $\dfrac{\sqrt{3}(\pi+3)}{8}$ ③ $\dfrac{\sqrt{3}(\pi+4)}{8}$

④ $\dfrac{\sqrt{3}(\pi+2)}{4}$ ⑤ $\dfrac{\sqrt{3}(\pi+3)}{4}$

➔ 814 2025학년도 9월 평가원 26번

그림과 같이 곡선 $y=2x\sqrt{x\sin x^2}$ $(0\le x\le\sqrt{\pi})$와 x축 및 두 직선 $x=\sqrt{\dfrac{\pi}{6}}$, $x=\sqrt{\dfrac{\pi}{2}}$로 둘러싸인 부분을 밑면으로 하는 입체도형이 있다. 이 입체도형을 x축에 수직인 평면으로 자른 단면이 모두 반원일 때, 이 입체도형의 부피는? [3점]

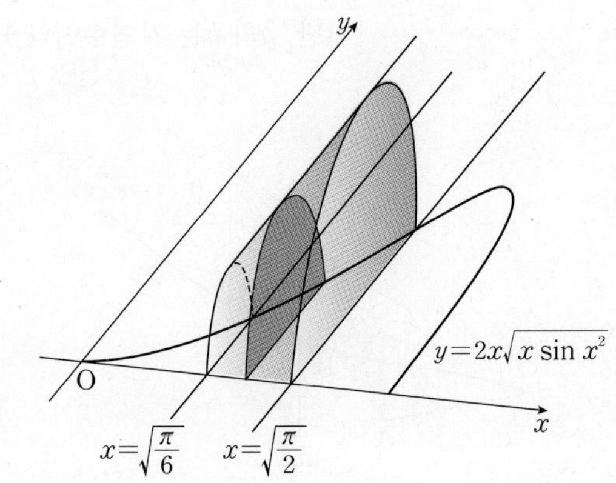

① $\dfrac{\pi^2+6\pi}{48}$ ② $\dfrac{\sqrt{2}\pi^2+6\pi}{48}$ ③ $\dfrac{\sqrt{3}\pi^2+6\pi}{48}$

④ $\dfrac{\sqrt{2}\pi^2+12\pi}{48}$ ⑤ $\dfrac{\sqrt{3}\pi^2+12\pi}{48}$

815 2017년 3월 교육청 가형 19번

곡선 $y=e^x$과 y축 및 직선 $y=e$로 둘러싸인 도형을 밑면으로 하는 입체도형이 있다. 이 입체도형을 y축에 수직인 평면으로 자른 단면이 모두 정삼각형일 때, 이 입체도형의 부피는? [4점]

① $\frac{\sqrt{3}(e+1)}{4}$ ② $\frac{\sqrt{3}(e-1)}{2}$ ③ $\frac{\sqrt{3}(e-1)}{4}$

④ $\frac{\sqrt{3}(e-2)}{2}$ ⑤ $\frac{\sqrt{3}(e-2)}{4}$

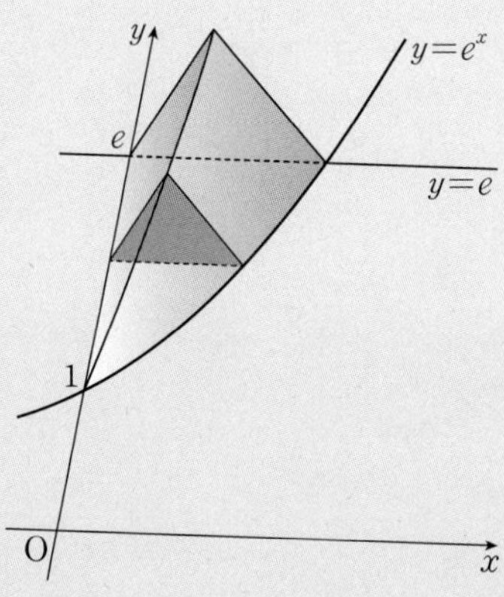

816 2016년 3월 교육청 가형 20번

그림과 같이 함수

$$f(x)=\begin{cases} e^{-x} & (x<0) \\ \sqrt{\ln(x+1)+1} & (x\geq 0) \end{cases}$$

의 그래프 위의 점 $\mathrm{P}(x,\ f(x))$에서 x축에 내린 수선의 발을 H라 하고, 선분 PH를 한 변으로 하는 정사각형을 x축에 수직인 평면 위에 그린다. 점 P의 x좌표가 $x=-\ln 2$에서 $x=e-1$까지 변할 때, 이 정사각형이 만드는 입체도형의 부피는? [4점]

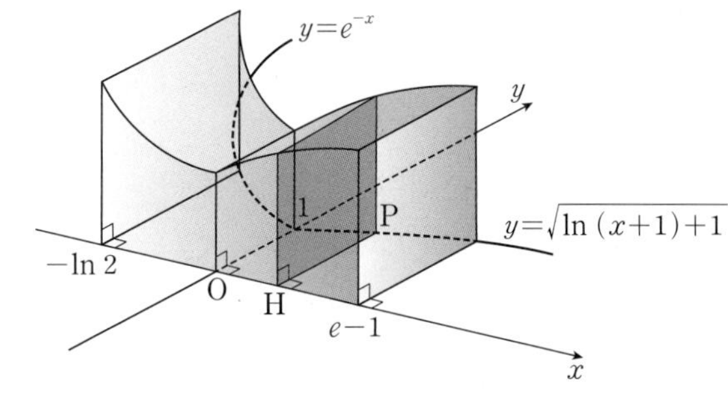

① $e-\frac{3}{2}$ ② $e+\frac{2}{3}$ ③ $2e-\frac{3}{2}$

④ $e+\frac{3}{2}$ ⑤ $2e-\frac{2}{3}$

유형 12 움직인 거리

817 2010학년도 수능(홀) 가형 30번

좌표평면 위를 움직이는 점 P의 시각 t에서의 위치 (x, y)가

$$\begin{cases} x=4(\cos t+\sin t) \\ y=\cos 2t \end{cases} \quad (0\leq t\leq 2\pi)$$

이다. 점 P가 $t=0$에서 $t=2\pi$까지 움직인 거리 (경과 거리)를 $a\pi$라 할 때, a^2의 값을 구하시오. [4점]

818 2022학년도 수능(홀) 27번

좌표평면 위를 움직이는 점 P의 시각 t $(t>0)$에서의 위치가 곡선 $y=x^2$과 직선 $y=t^2x-\frac{\ln t}{8}$가 만나는 서로 다른 두 점의 중점일 때, 시각 $t=1$에서 $t=e$까지 점 P가 움직인 거리는? [3점]

① $\frac{e^4}{2}-\frac{3}{8}$ ② $\frac{e^4}{2}-\frac{5}{16}$ ③ $\frac{e^4}{2}-\frac{1}{4}$

④ $\frac{e^4}{2}-\frac{3}{16}$ ⑤ $\frac{e^4}{2}-\frac{1}{8}$

유형 13 곡선의 길이

819 2008학년도 수능(홀) 가형 30번

$x=0$에서 $x=6$까지 곡선 $y=\frac{1}{3}(x^2+2)^{\frac{3}{2}}$의 길이를 구하시오. [4점]

820 2016년 7월 교육청 가형 25번

좌표평면 위의 곡선 $y=\frac{1}{3}x\sqrt{x}$ $(0\leq x\leq 12)$에 대하여 $x=0$에서 $x=12$까지의 곡선의 길이를 l이라 할 때, $3l$의 값을 구하시오. [3점]

> 정답과 해설 242쪽

821 2019학년도 6월 평가원 가형 12번

$x=0$에서 $x=\ln 2$까지의 곡선 $y=\frac{1}{8}e^{2x}+\frac{1}{2}e^{-2x}$의 길이는? [3점]

① $\frac{1}{2}$ ② $\frac{9}{16}$ ③ $\frac{5}{8}$ ④ $\frac{11}{16}$ ⑤ $\frac{3}{4}$

822 2024학년도 9월 평가원 27번

$x=-\ln 4$에서 $x=1$까지의 곡선 $y=\frac{1}{2}(|e^x-1|-e^{|x|}+1)$의 길이는? [3점]

① $\frac{23}{8}$ ② $\frac{13}{4}$ ③ $\frac{29}{8}$ ④ 4 ⑤ $\frac{35}{8}$

823 2008학년도 9월 평가원 가형 27번

실수 전체의 집합에서 이계도함수를 갖고

$$f(0)=0,\ f(1)=\sqrt{3}$$

을 만족시키는 모든 함수 $f(x)$에 대하여

$$\int_0^1 \sqrt{1+\{f'(x)\}^2}\,dx$$

의 최솟값은? [3점]

① $\sqrt{2}$ ② 2 ③ $1+\sqrt{2}$ ④ $\sqrt{5}$ ⑤ $1+\sqrt{3}$

824 2022학년도 사관학교 25번

매개변수 t로 나타내어진 곡선

$$x=e^t\cos(\sqrt{3}t)-1,\ y=e^t\sin(\sqrt{3}t)+1\ (0\le t\le \ln 7)$$

의 길이는? [3점]

① 9 ② 10 ③ 11 ④ 12 ⑤ 13

11

C STEP 수능 완성!

825 2019년 4월 교육청 가형 16번

두 곡선 $y=(\sin x)\ln x$, $y=\frac{\cos x}{x}$와 두 직선 $x=\frac{\pi}{2}$, $x=\pi$로 둘러싸인 부분의 넓이는? [4점]

① $\frac{1}{4}\ln \pi$　② $\frac{1}{2}\ln \pi$　③ $\frac{3}{4}\ln \pi$

④ $\ln \pi$　⑤ $\frac{5}{4}\ln \pi$

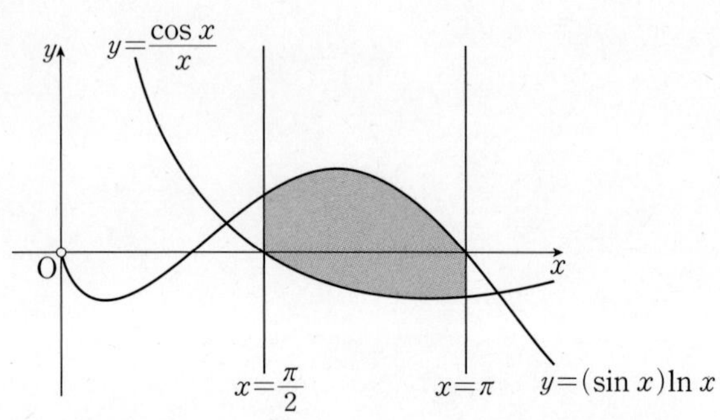

826 2015학년도 수능(홀) B형 28번

양수 a에 대하여 함수 $f(x)=\int_0^x (a-t)e^t\,dt$의 최댓값이 32이다. 곡선 $y=3e^x$과 두 직선 $x=a$, $y=3$으로 둘러싸인 부분의 넓이를 구하시오. [4점]

> 정답과 해설 244쪽

827 2018학년도 9월 평가원 가형 18번

실수 전체의 집합에서 미분가능한 함수 $f(x)$가 $f(0)=0$이고 모든 실수 x에 대하여 $f'(x)>0$이다. 곡선 $y=f(x)$ 위의 점 $\mathrm{A}(t,\ f(t))\ (t>0)$에서 x축에 내린 수선의 발을 B라 하고, 점 A를 지나고 점 A에서의 접선과 수직인 직선이 x축과 만나는 점을 C라 하자. 모든 양수 t에 대하여 삼각형 ABC의 넓이가 $\frac{1}{2}(e^{3t}-2e^{2t}+e^{t})$일 때, 곡선 $y=f(x)$와 x축 및 직선 $x=1$로 둘러싸인 부분의 넓이는? [4점]

① $e-2$ ② e ③ $e+2$
④ $e+4$ ⑤ $e+6$

828 2023학년도 사관학교 28번

$0<a<1$인 실수 a에 대하여 구간 $\left[0,\ \frac{\pi}{2}\right)$에서 정의된 두 함수

$$y=\sin x,\ y=a\tan x$$

의 그래프로 둘러싸인 부분의 넓이를 $f(a)$라 할 때, $f'\left(\frac{1}{e^2}\right)$의 값은? [4점]

① $-\frac{5}{2}$ ② -2 ③ $-\frac{3}{2}$
④ -1 ⑤ $-\frac{1}{2}$

11

> 정답과 해설 245쪽

829 2015학년도 사관학교 B형 30번

함수 $f(x)=-xe^{2-x}$과 상수 a가 다음 조건을 만족시킨다.

> 곡선 $y=f(x)$ 위의 점 $(a,\ f(a))$에서의 접선의 방정식을 $y=g(x)$라 할 때,
> $x<a$이면 $f(x)>g(x)$이고, $x>a$이면 $f(x)<g(x)$이다.

곡선 $y=f(x)$와 접선 $y=g(x)$ 및 y축으로 둘러싸인 부분의 넓이는 $k-e^2$이다. k의 값을 구하시오. [4점]

830 2025학년도 수능(홀) 28번

실수 전체의 집합에서 미분가능한 함수 $f(x)$의 도함수 $f'(x)$가

$$f'(x)=-x+e^{1-x^2}$$

이다. 양수 t에 대하여 곡선 $y=f(x)$ 위의 점 $(t,\ f(t))$에서의 접선과 곡선 $y=f(x)$ 및 y축으로 둘러싸인 부분의 넓이를 $g(t)$라 하자. $g(1)+g'(1)$의 값은? [4점]

① $\frac{1}{2}e+\frac{1}{2}$ ② $\frac{1}{2}e+\frac{2}{3}$ ③ $\frac{1}{2}e+\frac{5}{6}$
④ $\frac{2}{3}e+\frac{1}{2}$ ⑤ $\frac{2}{3}e+\frac{2}{3}$

MEMO

MEMO

MEMO

수능기출 가

펴 낸 날 2025년 1월 5일(초판 1쇄)
펴 낸 이 주민홍
펴 낸 곳 (주)NE능률

지 은 이 백인대장 수학연구소
개발책임 차은실
개 발 김은빛, 김화은, 정푸름
디자인책임 오영숙
디 자 인 안훈정, 기지영, 오솔길
제작책임 한성일

등록번호 제1-68호
I S B N 979-11-253-4953-2

대표전화 02 2014 7114
홈페이지 www.neungyule.com
주 소 서울시 마포구 월드컵북로 396(상암동) 누리꿈스퀘어 비즈니스타워 10층

거인의 어깨가 필요할 때

만약 내가 멀리 보았다면, 그것은 거인들의 어깨 위에 서 있었기 때문입니다.

If I have seen farther, it is by standing on the shoulders of giants.

오래전부터 인용되어 온 이 경구는, 성취는 혼자서 이룬 것이 아니라
많은 앞선 노력을 바탕으로 한 결과물이라는 의미를 담고 있습니다.
과학적으로 큰 성취를 이룬 뉴턴(Newton, I.; 1642~1727)도
과학적 공로에 관해 언쟁을 벌이며 경쟁자에게 보낸 편지에
이 문장을 인용하여 자신보다 앞서 과학적 발견을 이룬 과학자들의
도움을 많이 받았음을 고백하였다고 합니다.

수학은 어렵고, 잘하기까지 오랜 시간이 걸립니다.
그렇기에 수학을 공부할 때도 거인의 어깨가 필요합니다.

<각 GAK>은 여러분이 오를 수 있는 거인의 어깨가 되어
여러분의 수학 공부 여정을 함께 하겠습니다.
<각 GAK>의 어깨 위에서 여러분이 원하는
수학적 성취를 이루길 진심으로 기원합니다.

빠른 정답

01 수열의 극한

001 ④ 002 ④ 003 ① 004 ③ 005 ⑤ 006 ① 007 ⑤

008 4 009 ⑤ 010 ① 011 ② 012 ④ 013 12 014 ⑤

015 ② 016 81 017 ① 018 ⑤ 019 ① 020 98 021 ②

022 10 023 ④ 024 ④ 025 110 026 2 027 ③ 028 ③

029 12 030 33 031 ② 032 ⑤ 033 21 034 ③ 035 35

036 ⑤ 037 10 038 ⑤ 039 23 040 ① 041 ② 042 18

043 ⑤ 044 ① 045 ③ 046 ④ 047 ③ 048 6 049 ①

050 ③ 051 ⑤ 052 ① 053 ② 054 ④ 055 ④ 056 33

057 ④ 058 18 059 ⑤ 060 ④ 061 4 062 ② 063 ①

064 2 065 ③ 066 ③ 067 ④ 068 ② 069 ① 070 ⑤

071 ② 072 ① 073 ③ 074 ③ 075 ① 076 ② 077 12

078 ③ 079 21 080 ④ 081 ① 082 ① 083 ② 084 ④

085 ④ 086 ③ 087 ② 088 ⑤ 089 30 090 ③ 091 ③

092 ④ 093 ③ 094 ④ 095 ⑤ 096 ④ 097 ④ 098 ③

099 ③ 100 ③ 101 ③ 102 ② 103 2 104 ① 105 ①

106 ② 107 50 108 270 109 28 110 12 111 192 112 80

02 급수

113 1 114 ② 115 14 116 ① 117 5 118 54 119 240

120 ⑤ 121 ③ 122 12 123 ④ 124 ② 125 ② 126 ③

127 ⑤ 128 57 129 ③ 130 ⑤ 131 ① 132 ② 133 ②

134 21 135 ③ 136 ④ 137 ③ 138 ① 139 ① 140 ②

141 ② 142 ④ 143 ③ 144 ③ 145 16 146 ③ 147 ①

148 ⑤ 149 16 150 ③ 151 ① 152 ③ 153 ② 154 ⑤

155 32 156 ③ 157 15 158 ① 159 ③ 160 ① 161 ①

162 ② 163 ① 164 ② 165 ⑤ 166 ② 167 ③ 168 ④

169 ② 170 19 171 ② 172 37 173 ③ 174 ② 175 ④

176 ② 177 ② 178 ③ 179 ③ 180 ⑤ 181 ② 182 ④

183 ④ 184 ⑤ 185 ② 186 ① 187 ③ 188 ② 189 ③

190 ③ 191 13 192 138 193 162 194 12

03 지수함수와 로그함수의 미분

195 ⑤ 196 ⑤ 197 ③ 198 ② 199 ④ 200 12 201 ①

202 ④ 203 ③ 204 ③ 205 ② 206 ① 207 ③ 208 ①

209 ④ 210 ③ 211 ③ 212 ③ 213 ④ 214 ③ 215 ②

216 ① 217 ⑤ 218 23 219 ④ 220 ② 221 ③ 222 ⑤

223 ④ 224 ③ 225 ① 226 ④ 227 ⑤ 228 ③ 229 ②

230 2 231 ① 232 19 233 ⑤ 234 ② 235 4 236 1

237 ① 238 ④ 239 ⑤ 240 ③ 241 ④ 242 ⑤ 243 ②

244 ① 245 ② 246 ③ 247 10 248 ④ 249 ① 250 ④

251 ② 252 ② 253 ② 254 ④ 255 ④ 256 ② 257 ③

258 ① 259 ③ 260 ③ 261 ① 262 ⑤

04 삼각함수의 덧셈정리

263 ③ 264 49 265 26 266 7 267 ① 268 ① 269 11

270 ⑤ 271 ④ 272 ② 273 ② 274 ② 275 ③ 276 ①

277 ③ 278 ③ 279 ① 280 ② 281 ① 282 ③ 283 ③

284 ⑤ 285 ⑤ 286 ④ 287 15 288 ② 289 3 290 ②

291 ④ 292 ② 293 ⑤ 294 5 295 ② 296 ④ 297 ①

298 ⑤ 299 ③ 300 ⑤ 301 ④ 302 ① 303 ② 304 ④

305 ⑤ 306 ④ 307 ② 308 20 309 ② 310 ① 311 ⑤

312 ⑤ 313 ① 314 ⑤ 315 ④ 316 ⑤ 317 ③ 318 ②

319 ① 320 ③ 321 11 322 ④ 323 18 324 18 325 3

326 43 327 32 328 79

05 삼각함수의 미분

329 2 330 ④ 331 2 332 ② 333 ③ 334 ④ 335 ①

336 ② 337 ③ 338 8 339 2 340 ⑤ 341 20 342 ④

343 ① 344 ② 345 12 346 ④ 347 ① 348 ② 349 8

350 ② 351 ③ 352 ③ 353 14 354 ④ 355 ① 356 ③

357 ② 358 ⑤ 359 28 360 ① 361 ① 362 ⑤ 363 ②

364 ⑤ 365 ④ 366 ③ 367 ② 368 ③ 369 ③ 370 2

371 60 372 ④ 373 ④ 374 ① 375 ③ 376 18 377 ③

378 ② 379 30 380 ④ 381 4 382 ④ 383 ④ 384 ①

385 ⑤ 386 ① 387 ① 388 ② 389 ④ 390 135 391 15

392 20 393 ④ 394 ③

06 여러 가지 미분법

395 12 396 54 397 6 398 ① 399 ③ 400 12 401 1

402 ④ 403 ① 404 ④ 405 ② 406 ① 407 ⑤ 408 ①

409 8 410 ① 411 ② 412 ③ 413 ⑤ 414 ④ 415 2

416 ② 417 ④ 418 12 419 ④ 420 ④ 421 ① 422 ②

423 ② 424 4 425 ③ 426 ④ 427 ③ 428 ⑤ 429 ①

430 ③ 431 ⑤ 432 ④ 433 2 434 ⑤ 435 ② 436 ②

437 ② 438 ② 439 ② 440 ⑤ 441 ④ 442 ⑤ 443 ③

444 ① 445 ① 446 ⑤ 447 ④ 448 ③ 449 4 450 ①

451 7 452 ① 453 ③ 454 ② 455 ② 456 ⑤ 457 60

458 25 459 ③ 460 ⑤ 461 17 462 ① 463 ① 464 ③

465 16 466 ③ 467 ⑤ 468 ② 469 5 470 15 471 ①

472 ④ 473 ④ 474 ① 475 ① 476 ④ 477 ① 478 ①

479 ⑤ 480 ② 481 15 482 ② 483 11 484 ① 485 72

486 3 487 32 488 40

07 도함수의 활용 (1)

489 8　490 ①　491 ④　492 ①　493 ③　494 ④　495 10
496 50　497 ③　498 ④　499 32　500 16　501 ⑤　502 ④
503 ②　504 6　505 ⑤　506 ①　507 ②　508 ④　509 ①
510 5　511 ④　512 ③　513 ④　514 ④　515 ④　516 ④
517 ①　518 ③　519 ③　520 16　521 ④　522 96　523 3
524 ⑤　525 ①　526 30　527 ①　528 ③　529 ③　530 ③
531 ④　532 2　533 ③　534 ⑤　535 26　536 ③　537 ④
538 ②　539 ③　540 ①　541 ②　542 64

08 도함수의 활용 (2)

543 ③　544 11　545 ③　546 ⑤　547 ⑤　548 ③　549 ④
550 ①　551 ③　552 ④　553 ④　554 21　555 18　556 ②
557 ③　558 ③　559 ③　560 ⑤　561 ①　562 ①　563 ⑤
564 ④　565 ③　566 ③　567 ②　568 ③　569 ②　570 ⑤
571 25　572 49　573 ③　574 55　575 ①　576 37　577 ⑤
578 ②　579 ④　580 ⑤　581 ④　582 ②　583 40　584 ⑤
585 ⑤　586 13　587 ③　588 ④　589 ④　590 4　591 ⑤
592 ③　593 ④　594 10　595 ④　596 ④　597 ③　598 17
599 91　600 34　601 ②　602 16　603 72　604 ④　605 24
606 31

09 여러 가지 적분법 (1)

607 ②　608 6　609 ①　610 ⑤　611 ④　612 ⑤　613 ④
614 ④　615 ①　616 4　617 ⑤　618 ④　619 6　620 13
621 ⑤　622 ③　623 ④　624 ③　625 ①　626 ②　627 ①
628 ①　629 ⑤　630 ②　631 ②　632 23　633 ③　634 ②
635 ⑤　636 ⑤　637 15　638 ①　639 ④　640 ③　641 ④
642 ①　643 ③　644 ①　645 ①　646 ④　647 ③　648 ②
649 ⑤　650 ②　651 ②　652 ⑤　653 ⑤　654 3　655 ③
656 ②　657 ⑤　658 ②　659 ④　660 ③　661 ②　662 ⑤
663 ⑤　664 ④　665 2　666 ②　667 6　668 ②　669 ③
670 ④　671 ④　672 ④　673 12　674 ④　675 ②　676 ④
677 ②　678 72　679 ②　680 51　681 8　682 ③　683 ④
684 12　685 ①　686 ⑤　687 ④　688 12　689 ①　690 ①
691 14　692 127　693 ①　694 ④　695 93　696 283　697 ②
698 ②

10 여러 가지 적분법 (2)

699 ①　700 ②　701 ②　702 ③　703 ④　704 ②　705 ⑤
706 64　707 9　708 ④　709 ④　710 ④　711 ④　712 ④
713 ⑤　714 ①　715 ②　716 ⑤　717 ④　718 19　719 ①
720 ①　721 ①　722 ④　723 ①　724 12　725 ④　726 ④
727 ⑤　728 26　729 24　730 ③　731 325　732 ③　733 ④
734 ③　735 ③　736 ①　737 ⑤　738 ⑤　739 ③　740 12
741 ②　742 ④　743 ①　744 125　745 16　746 143　747 ②
748 12

11 정적분의 활용

749 10　750 242　751 ④　752 12　753 ⑤　754 33　755 ③
756 ①　757 ②　758 ①　759 ④　760 ②　761 ②　762 ③
763 ④　764 5　765 ①　766 ①　767 ①　768 ③　769 ②
770 ⑤　771 32　772 100　773 ③　774 11　775 ②　776 ⑤
777 ③　778 ③　779 ②　780 ①　781 ②　782 ①　783 ④
784 100　785 ⑤　786 ③　787 ②　788 ④　789 ⑤　790 50
791 ①　792 54　793 ③　794 ③　795 ①　796 ①　797 ②
798 ②　799 7　800 ③　801 ④　802 340　803 ③　804 ①
805 ②　806 ③　807 7　808 ④　809 ①　810 ③　811 12
812 ③　813 ①　814 ③　815 ⑤　816 ④　817 64　818 ①
819 78　820 56　821 ⑤　822 ①　823 ②　824 ④　825 ④
826 96　827 ①　828 ②　829 9　830 ②

01 수열의 극한

본문 8쪽 ~ 9쪽

A 기본 다지고,

001 답 ④

$$\lim_{n\to\infty}\frac{2n^2+3n-5}{n^2+1}=\lim_{n\to\infty}\frac{2+\frac{3}{n}-\frac{5}{n^2}}{1+\frac{1}{n^2}}=2$$

002 답 ④

$$\lim_{n\to\infty}\frac{(2n+1)^2-(2n-1)^2}{2n+5}=\lim_{n\to\infty}\frac{8n}{2n+5}=\lim_{n\to\infty}\frac{8}{2+\frac{5}{n}}=4$$

003 답 ①

등차수열 $\{a_n\}$의 일반항은 $a_n=1+(n-1)\times2=2n-1$이므로

$$\lim_{n\to\infty}\frac{a_n}{3n+1}=\lim_{n\to\infty}\frac{2n-1}{3n+1}=\lim_{n\to\infty}\frac{2-\frac{1}{n}}{3+\frac{1}{n}}=\frac{2}{3}$$

004 답 ③

$$\lim_{n\to\infty}\frac{\sqrt{9n^2+4}}{5n-2}=\lim_{n\to\infty}\frac{\sqrt{9+\frac{4}{n^2}}}{5-\frac{2}{n}}=\frac{3}{5}$$

005 답 ⑤

$$\lim_{n\to\infty}(\sqrt{n^2+9n}-\sqrt{n^2+4n})$$

$$=\lim_{n\to\infty}\frac{(\sqrt{n^2+9n}-\sqrt{n^2+4n})(\sqrt{n^2+9n}+\sqrt{n^2+4n})}{\sqrt{n^2+9n}+\sqrt{n^2+4n}}$$

$$=\lim_{n\to\infty}\frac{5n}{\sqrt{n^2+9n}+\sqrt{n^2+4n}}$$

$$=\lim_{n\to\infty}\frac{5}{\sqrt{1+\frac{9}{n}}+\sqrt{1+\frac{4}{n}}}=\frac{5}{1+1}=\frac{5}{2}$$

006 답 ①

$$\lim_{n\to\infty}\frac{1}{\sqrt{n^2+3n}-\sqrt{n^2+n}}$$

$$=\lim_{n\to\infty}\frac{\sqrt{n^2+3n}+\sqrt{n^2+n}}{(\sqrt{n^2+3n}-\sqrt{n^2+n})(\sqrt{n^2+3n}+\sqrt{n^2+n})}$$

$$=\lim_{n\to\infty}\frac{\sqrt{n^2+3n}+\sqrt{n^2+n}}{2n}$$

$$=\lim_{n\to\infty}\frac{\sqrt{1+\frac{3}{n}}+\sqrt{1+\frac{1}{n}}}{2}=\frac{1+1}{2}=1$$

007 답 ⑤

$$\lim_{n\to\infty}\frac{\sqrt{n+2}-\sqrt{n}}{\sqrt{n+1}-\sqrt{n}}$$

$$=\lim_{n\to\infty}\frac{(\sqrt{n+2}-\sqrt{n})(\sqrt{n+2}+\sqrt{n})(\sqrt{n+1}+\sqrt{n})}{(\sqrt{n+1}-\sqrt{n})(\sqrt{n+1}+\sqrt{n})(\sqrt{n+2}+\sqrt{n})}$$

$$=\lim_{n\to\infty}\frac{2(\sqrt{n+1}+\sqrt{n})}{\sqrt{n+2}+\sqrt{n}}$$

$$=\lim_{n\to\infty}\frac{2\left(\sqrt{1+\frac{1}{n}}+1\right)}{\sqrt{1+\frac{2}{n}}+1}=\frac{2\times2}{2}=2$$

008 답 4

$$\lim_{n\to\infty}(a_n+2b_n)=\lim_{n\to\infty}a_n+2\lim_{n\to\infty}b_n=2+2\times1=4$$

009 답 ⑤

수열 $\left\{\left(\frac{x-3}{2}\right)^n\right\}$은 공비가 $\frac{x-3}{2}$인 등비수열이므로 이 수열이 수렴하려면

$-1<\frac{x-3}{2}\le1$

$-2<x-3\le2\qquad\therefore 1<x\le5$

따라서 모든 정수 x는 2, 3, 4, 5이므로 구하는 합은

$2+3+4+5=14$

010 답 ①

$$\lim_{n\to\infty}\frac{2^{n+1}+3^{n-1}}{2^n-3^n}=\lim_{n\to\infty}\frac{2\times2^n+\frac{1}{3}\times3^n}{2^n-3^n}$$

$$=\lim_{n\to\infty}\frac{2\times\left(\frac{2}{3}\right)^n+\frac{1}{3}}{\left(\frac{2}{3}\right)^n-1}=-\frac{1}{3}$$

011 답 ②

$$\lim_{n\to\infty}\frac{\left(\frac{1}{2}\right)^n+\left(\frac{1}{3}\right)^{n+1}}{\left(\frac{1}{2}\right)^{n+1}+\left(\frac{1}{3}\right)^n}=\lim_{n\to\infty}\frac{\left(\frac{1}{2}\right)^n+\frac{1}{3}\times\left(\frac{1}{3}\right)^n}{\frac{1}{2}\times\left(\frac{1}{2}\right)^n+\left(\frac{1}{3}\right)^n}$$

$$=\lim_{n\to\infty}\frac{1+\frac{1}{3}\times\left(\frac{2}{3}\right)^n}{\frac{1}{2}+\left(\frac{2}{3}\right)^n}=\frac{1}{\frac{1}{2}}=2$$

012 답 ④

$3n-1<na_n<3n+2$에서

$3-\frac{1}{n}<a_n<3+\frac{2}{n}$

이때 $\lim_{n\to\infty}\left(3-\frac{1}{n}\right)=\lim_{n\to\infty}\left(3+\frac{2}{n}\right)=3$이므로

$\lim_{n\to\infty}a_n=3$

본문 10쪽 ~ 34쪽

B 유형 & 유사로 익히면…

013 답 12

해결 각 잡기

$\frac{\infty}{\infty}$ 꼴의 극한

(i) 분모의 최고차항으로 분자, 분모를 각각 나눈다.

(ii) $\lim_{n\to\infty}\frac{1}{n}=0$임을 이용하여 극한값을 구한다.

$\lim_{n\to\infty}a_n=\infty$, $\lim_{n\to\infty}b_n=\infty$, $\lim_{n\to\infty}\frac{a_n}{b_n}=\alpha$ (α는 $\alpha\neq0$인 상수)이면 (a_n의 차수)$=$(b_n의 차수)이고, 최고차항의 계수의 비가 α이다.

STEP 1 $a\neq0$이면 $\lim_{n\to\infty}\frac{an^2+bn+7}{3n+1}=\infty$ (또는 $-\infty$)이므로

$a=0$

STEP 2 $\therefore \lim_{n\to\infty}\frac{an^2+bn+7}{3n+1}=\lim_{n\to\infty}\frac{bn+7}{3n+1}$

$=\lim_{n\to\infty}\frac{b+\frac{7}{n}}{3+\frac{1}{n}}=\frac{b}{3}$

즉, $\frac{b}{3}=4$이므로 $b=12$

$\therefore a+b=0+12=12$

014 답 ⑤

STEP 1 $a^2-2a-3\neq0$이면

$\lim_{n\to\infty}\frac{(a^2-2a-3)n^2+(a+1)n+5}{n+2}=\infty$ (또는 $-\infty$)이므로

$a^2-2a-3=0$, $(a+1)(a-3)=0$

$\therefore a=-1$ 또는 $a=3$

STEP 2 (i) $a=-1$일 때

$\lim_{n\to\infty}\frac{(a^2-2a-3)n^2+(a+1)n+5}{n+2}=\lim_{n\to\infty}\frac{5}{n+2}=0$

즉, $b=0$이므로 조건을 만족시키지 않는다.

(ii) $a=3$일 때

$\lim_{n\to\infty}\frac{(a^2-2a-3)n^2+(a+1)n+5}{n+2}=\lim_{n\to\infty}\frac{4n+5}{n+2}$

$=\lim_{n\to\infty}\frac{4+\frac{5}{n}}{1+\frac{2}{n}}=4$

$\therefore b=4$

STEP 3 (i), (ii)에 의하여 $a=3$, $b=4$

$\therefore a+b=3+4=7$

015 답 ②

STEP 1 $1^2+2^2+3^2+\cdots+n^2=\frac{n(n+1)(2n+1)}{6}$,

$3+5+7+\cdots+(2n+1)=\sum_{k=1}^{n}(2k+1)$

$=2\times\frac{n(n+1)}{2}+n$

$=n(n+1)+n$

$=n(n+2)$

이므로

STEP 2 $f(n)=\frac{1^2+2^2+3^2+\cdots+n^2}{3+5+7+\cdots+(2n+1)}$

$=\frac{\frac{n(n+1)(2n+1)}{6}}{n(n+2)}$

$=\frac{n(n+1)(2n+1)}{6n(n+2)}=\frac{2n^3+3n^2+n}{6n^2+12n}$

STEP 3 $\therefore \lim_{n\to\infty}\frac{f(n)}{n}=\lim_{n\to\infty}\frac{2n^3+3n^2+n}{6n^3+12n^2}$

$=\lim_{n\to\infty}\frac{2+\frac{3}{n}+\frac{1}{n^2}}{6+\frac{12}{n}}=\frac{2}{6}=\frac{1}{3}$

참고

자연수의 거듭제곱의 합

(1) $\sum_{k=1}^{n}k=1+2+3+\cdots+n=\frac{n(n+1)}{2}$

(2) $\sum_{k=1}^{n}k^2=1^2+2^2+3^2+\cdots+n^2=\frac{n(n+1)(2n+1)}{6}$

(3) $\sum_{k=1}^{n}k^3=1^3+2^3+3^3+\cdots+n^3=\left\{\frac{n(n+1)}{2}\right\}^2$

016 답 81

STEP 1 $1\times2+2\times3+\cdots+n(n+1)$

$=\sum_{k=1}^{n}k(k+1)$

$=\sum_{k=1}^{n}k^2+\sum_{k=1}^{n}k$

$=\frac{n(n+1)(2n+1)}{6}+\frac{n(n+1)}{2}$

$=\frac{n(n+1)}{2}\left(\frac{2n+1}{3}+1\right)$

$=\frac{n(n+1)}{2}\times\frac{2n+4}{3}$

$=\frac{n(n+1)(n+2)}{3}$

STEP 2 $\therefore \lim_{n\to\infty}\frac{(3n+1)^3}{1\times2+2\times3+\cdots+n(n+1)}$

$=\lim_{n\to\infty}\frac{27n^3+27n^2+9n+1}{\frac{n(n+1)(n+2)}{3}}$

$=\lim_{n\to\infty}\frac{81n^3+81n^2+27n+3}{n^3+3n^2+2n}$

$=\lim_{n\to\infty}\frac{81+\frac{81}{n}+\frac{27}{n^2}+\frac{3}{n^3}}{1+\frac{3}{n}+\frac{2}{n^2}}=81$

017 답 ①

STEP 1 $a_1+a_2+a_3+\cdots+a_n$

$=\log\frac{2}{1}+\log\frac{3}{2}+\log\frac{4}{3}+\cdots+\log\frac{n+1}{n}$

$=\log\left(\frac{2}{1}\times\frac{3}{2}\times\frac{4}{3}\times\cdots\times\frac{n+1}{n}\right)$

$=\log(n+1)$

STEP 2 $\therefore \lim_{n\to\infty}\frac{n}{10^{a_1+a_2+\cdots+a_n}}=\lim_{n\to\infty}\frac{n}{10^{\log(n+1)}}$

$=\lim_{n\to\infty}\frac{n}{n+1}$

$=\lim_{n\to\infty}\frac{1}{1+\frac{1}{n}}=1$

018 답 ⑤

STEP 1 $\left\{\left(1+\frac{1}{2}\right)\left(1+\frac{1}{3}\right)\left(1+\frac{1}{4}\right)\cdots\left(1+\frac{1}{n}\right)\right\}^2$

$=\left(\frac{3}{2}\times\frac{4}{3}\times\frac{5}{4}\times\cdots\times\frac{n+1}{n}\right)^2$

$=\left(\frac{n+1}{2}\right)^2$

$=\frac{n^2+2n+1}{4}$

STEP 2 $\therefore \lim_{n\to\infty}\frac{n^2+3n}{\left\{\left(1+\frac{1}{2}\right)\left(1+\frac{1}{3}\right)\left(1+\frac{1}{4}\right)\cdots\left(1+\frac{1}{n}\right)\right\}^2}$

$=\lim_{n\to\infty}\frac{n^2+3n}{\frac{n^2+2n+1}{4}}$

$=\lim_{n\to\infty}\frac{4n^2+12n}{n^2+2n+1}$

$=\lim_{n\to\infty}\frac{4+\frac{12}{n}}{1+\frac{2}{n}+\frac{1}{n^2}}=4$

019 답 ①

STEP 1 $\frac{1+a_n}{a_n}=n^2+2$에서

$\frac{1}{a_n}+1=n^2+2$, $\frac{1}{a_n}=n^2+1$

$\therefore a_n=\frac{1}{n^2+1}$

STEP 2 $\therefore \lim_{n\to\infty}n^2a_n=\lim_{n\to\infty}\frac{n^2}{n^2+1}$

$=\lim_{n\to\infty}\frac{1}{1+\frac{1}{n^2}}=1$

020 답 98

해결 각 잡기

이차방정식의 근과 계수의 관계

이차방정식 $ax^2+bx+c=0$의 두 근을 α, β라 하면

$\alpha+\beta=-\frac{b}{a}$, $\alpha\beta=\frac{c}{a}$

STEP 1 $x^2-10nx+n^2+1=0$의 두 근이 α_n, β_n이므로 이차방정식의 근과 계수의 관계에 의하여

$\alpha_n+\beta_n=10n$, $\alpha_n\beta_n=n^2+1$

$\therefore \alpha_n{}^2+\beta_n{}^2=(\alpha_n+\beta_n)^2-2\alpha_n\beta_n$

$=(10n)^2-2(n^2+1)$

$=98n^2-2$

STEP 2 $\therefore \lim_{n\to\infty}\left(\frac{\beta_n}{\alpha_n}+\frac{\alpha_n}{\beta_n}\right)=\lim_{n\to\infty}\frac{\alpha_n{}^2+\beta_n{}^2}{\alpha_n\beta_n}$

$=\lim_{n\to\infty}\frac{98n^2-2}{n^2+1}$

$=\lim_{n\to\infty}\frac{98-\frac{2}{n^2}}{1+\frac{1}{n^2}}=98$

021 답 ②

해결 각 잡기

- 절댓값 기호 안의 식의 값이 0 이상이거나 0 미만인 경우로 나누어 식을 간단히 한 후 0이 아닌 극한값이 존재함을 이용하여 푼다. 이때 극한값에서 함숫값 $f(a)$는 상수로 생각한다.
- $f(a)=-1$을 만족시키는 상수 a의 개수는 함수 $y=f(x)$의 그래프와 직선 $y=-1$의 교점의 개수와 같다.

STEP 1 (i) $nf(a)-1\geq0$일 때

$\lim_{n\to\infty}\frac{|nf(a)-1|-nf(a)}{2n+3}=\lim_{n\to\infty}\frac{nf(a)-1-nf(a)}{2n+3}$

$=\lim_{n\to\infty}\frac{-1}{2n+3}=0$

즉, 주어진 조건을 만족시키지 않는다.

(ⅱ) $nf(a)-1<0$일 때

$$\lim_{n\to\infty}\frac{|nf(a)-1|-nf(a)}{2n+3}=\lim_{n\to\infty}\frac{-(nf(a)-1)-nf(a)}{2n+3}$$
$$=\lim_{n\to\infty}\frac{-2nf(a)+1}{2n+3}$$
$$=\lim_{n\to\infty}\frac{-2f(a)+\frac{1}{n}}{2+\frac{3}{n}}$$
$$=-f(a)$$

즉, $-f(a)=1$에서 $f(a)=-1$

(ⅰ), (ⅱ)에 의하여

$f(a)=-1$

STEP 2 주어진 함수 $y=f(x)$의 그래프와 직선 $y=-1$의 교점의 개수가 2이므로 $f(a)=-1$을 만족시키는 상수 a의 개수는 2이다.

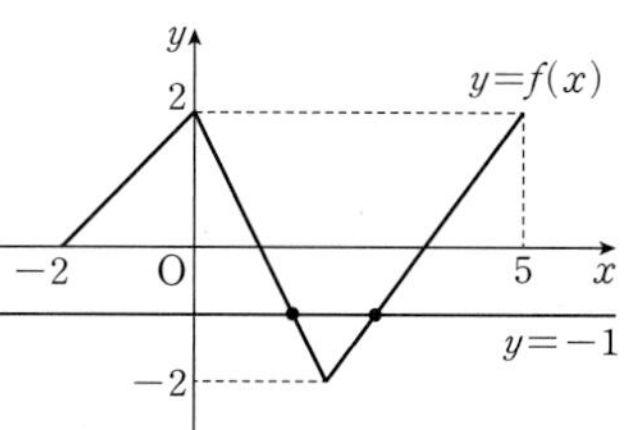

다른 풀이 **STEP 1**

$|nf(a)-1|=n\left|f(a)-\frac{1}{n}\right|$이므로

$$\lim_{n\to\infty}\frac{|nf(a)-1|-nf(a)}{2n+3}=\lim_{n\to\infty}\frac{n\left|f(a)-\frac{1}{n}\right|-nf(a)}{2n+3}$$
$$=\lim_{n\to\infty}\frac{\left|f(a)-\frac{1}{n}\right|-f(a)}{2+\frac{3}{n}}$$
$$=\frac{|f(a)|-f(a)}{2}=1$$

$\therefore |f(a)|-f(a)=2$ …… ㉠

이때 $|f(a)|=k\ (k>0)$라 하면

(ⅰ) $f(a)=k$일 때

㉠에서 $|f(a)|-f(a)=k-k=0\neq 2$

즉, 주어진 조건을 만족시키지 않는다.

(ⅱ) $f(a)=-k$일 때

㉠에서 $|f(a)|-f(a)=k-(-k)=2k=2$

$\therefore k=1$

(ⅰ), (ⅱ)에 의하여

$f(a)=-1$

022 답 10

해결 각 잡기

$\frac{\infty}{\infty}$ 꼴의 극한

(1) (분자의 차수)=(분모의 차수)
→ 극한값의 최고차항의 계수의 비이다. (수렴)

(2) (분자의 차수)<(분모의 차수) → 극한값은 0이다. (수렴)

(3) (분자의 차수)>(분모의 차수) → 극한값은 없다.
(∞ 또는 $-\infty$로 발산)

STEP 1 $\lim_{n\to\infty}\frac{1}{n^k}\left\{\left(n+\frac{1}{n}\right)^{10}-\frac{1}{n^{10}}\right\}$

$=\lim_{n\to\infty}\frac{1}{n^k}\left\{\left(\frac{n^2+1}{n}\right)^{10}-\frac{1}{n^{10}}\right\}$

$=\lim_{n\to\infty}\frac{1}{n^k}\left\{\frac{(n^2+1)^{10}}{n^{10}}-\frac{1}{n^{10}}\right\}$

$=\lim_{n\to\infty}\left\{\frac{1}{n^k}\times\frac{(n^2+1)^{10}-1}{n^{10}}\right\}$

$=\lim_{n\to\infty}\frac{(n^2+1)^{10}-1}{n^{k+10}}$ …… ㉠

STEP 2 $(n^2+1)^{10}-1$의 최고차항은 n^{20}이므로 ㉠이 수렴하려면

$k+10\geq 20$ $\quad\therefore k\geq 10$

따라서 k의 최솟값은 10이다.

023 답 ④

해결 각 잡기

- a가 양수이므로 주어진 극한은 $\infty-\infty$ 꼴이다.
- 근호를 포함한 $\infty-\infty$ 꼴의 극한은 유리화하여 극한값을 구한다.

STEP 1 $\lim_{n\to\infty}(\sqrt{an^2+n}-\sqrt{an^2-an})$

$=\lim_{n\to\infty}\frac{(\sqrt{an^2+n}-\sqrt{an^2-an})(\sqrt{an^2+n}+\sqrt{an^2-an})}{\sqrt{an^2+n}+\sqrt{an^2-an}}$

$=\lim_{n\to\infty}\frac{(a+1)n}{\sqrt{an^2+n}+\sqrt{an^2-an}}$

$=\lim_{n\to\infty}\frac{a+1}{\sqrt{a+\frac{1}{n}}+\sqrt{a-\frac{a}{n}}}=\frac{a+1}{2\sqrt{a}}$

STEP 2 즉, $\frac{a+1}{2\sqrt{a}}=\frac{5}{4}$이므로 $5\sqrt{a}=2a+2$

양변을 제곱하여 정리하면

$4a^2-17a+4=0$, $(4a-1)(a-4)=0$

$\therefore a=\frac{1}{4}$ 또는 $a=4$

따라서 모든 양수 a의 값의 합은

$\frac{1}{4}+4=\frac{17}{4}$

024 답 ④

STEP 1 $\lim_{n\to\infty}(\sqrt{n^2+an+3}-\sqrt{n^2+bn+2})$

$=\lim_{n\to\infty}\frac{(\sqrt{n^2+an+3}-\sqrt{n^2+bn+2})(\sqrt{n^2+an+3}+\sqrt{n^2+bn+2})}{\sqrt{n^2+an+3}+\sqrt{n^2+bn+2}}$

$=\lim_{n\to\infty}\frac{(a-b)n+1}{\sqrt{n^2+an+3}+\sqrt{n^2+bn+2}}$

$=\lim_{n\to\infty}\frac{a-b+\frac{1}{n}}{\sqrt{1+\frac{a}{n}+\frac{3}{n^2}}+\sqrt{1+\frac{b}{n}+\frac{2}{n^2}}}=\frac{a-b}{2}$

STEP 2 즉, $\frac{a-b}{2}=5$이므로

$a-b=10$

025 답 110

해결 각 잡기

- $b\le0$이면 주어진 극한값은 존재하지 않으므로 $b>0$이다.
- $b>0$이므로 $\infty-\infty$ 꼴임을 이용한다.

STEP 1 $b\le0$이면 $\lim_{n\to\infty}(\sqrt{an^2+4n}-bn)=\infty$이므로

$b>0$

STEP 2 $\therefore \lim_{n\to\infty}(\sqrt{an^2+4n}-bn)$

$$=\lim_{n\to\infty}\frac{(\sqrt{an^2+4n}-bn)(\sqrt{an^2+4n}+bn)}{\sqrt{an^2+4n}+bn}$$

$$=\lim_{n\to\infty}\frac{(a-b^2)n^2+4n}{\sqrt{an^2+4n}+bn}$$

STEP 3 $a-b^2\ne0$이면 $\lim_{n\to\infty}\frac{(a-b^2)n^2+4n}{\sqrt{an^2+4n}+bn}=\infty$ (또는 $-\infty$)이므로

$a-b^2=0$ $\quad\therefore a=b^2$ $\quad\cdots\cdots$ ㉠

$$\therefore \lim_{n\to\infty}\frac{(a-b^2)n^2+4n}{\sqrt{an^2+4n}+bn}=\lim_{n\to\infty}\frac{4n}{\sqrt{an^2+4n}+bn}$$

$$=\lim_{n\to\infty}\frac{4}{\sqrt{a+\frac{4}{n}}+b}=\frac{4}{\sqrt{a}+b}$$

STEP 4 즉, $\frac{4}{\sqrt{a}+b}=\frac{1}{5}$이므로

$\sqrt{a}+b=20$ $\quad\cdots\cdots$ ㉡

㉠을 ㉡에 대입하면

$\sqrt{b^2}+b=20$, $b+b=20$ ($\because b>0$)

$2b=20$ $\quad\therefore b=10$

$b=10$을 ㉠에 대입하면

$a=10^2=100$

$\therefore a+b=100+10=110$

026 답 2

STEP 1 이차방정식 $x^2+2nx-4n=0$을 풀면

$x=-n\pm\sqrt{n^2+4n}$

이때 양의 실근이 a_n이므로

$a_n=-n+\sqrt{n^2+4n}$ #

STEP 2 $\therefore \lim_{n\to\infty}a_n=\lim_{n\to\infty}(-n+\sqrt{n^2+4n})$

$$=\lim_{n\to\infty}\frac{(-n+\sqrt{n^2+4n})(-n-\sqrt{n^2+4n})}{-n-\sqrt{n^2+4n}}$$

$$=\lim_{n\to\infty}\frac{4n}{n+\sqrt{n^2+4n}}$$

$$=\lim_{n\to\infty}\frac{4}{1+\sqrt{1+\frac{4}{n}}}=2$$

 # 참고

자연수 n에 대하여 $\sqrt{n^2+4n}>\sqrt{n^2}=n$이므로

$-n+\sqrt{n^2+4n}>0$ $\quad\therefore a_n=-n+\sqrt{n^2+4n}$

027 답 ③

해결 각 잡기

수열 $\{a_n\}$이 수렴하므로 $\lim_{n\to\infty}a_n=\alpha$로 놓고 푼다.

수열 $\{a_n\}$이 수렴하므로 $\lim_{n\to\infty}a_n=\alpha$ (α는 실수)라 하면

$\lim_{n\to\infty}\frac{2a_n-3}{a_n+1}=\frac{3}{4}$에서 $\frac{2\alpha-3}{\alpha+1}=\frac{3}{4}$

$8\alpha-12=3\alpha+3$, $5\alpha=15$ $\quad\therefore \alpha=3$

$\therefore \lim_{n\to\infty}a_n=3$

다른 풀이

$\frac{2a_n-3}{a_n+1}=b_n$이라 하면 $2a_n-3=a_nb_n+b_n$

$(2-b_n)a_n=b_n+3$ $\quad\therefore a_n=\frac{b_n+3}{2-b_n}$

$\lim_{n\to\infty}\frac{2a_n-3}{a_n+1}=\frac{3}{4}$에서 $\lim_{n\to\infty}b_n=\frac{3}{4}$이므로

$$\lim_{n\to\infty}a_n=\lim_{n\to\infty}\frac{b_n+3}{2-b_n}=\frac{\frac{3}{4}+3}{2-\frac{3}{4}}=\frac{3+12}{8-3}=\frac{15}{5}=3$$

028 답 ③

수열 $\{a_n\}$이 수렴하므로 $\lim_{n\to\infty}a_n=\alpha$ (α는 실수)라 하면

$\lim_{n\to\infty}\frac{4a_n+3}{2-a_n}=2$에서 $\frac{4\alpha+3}{2-\alpha}=2$

$4\alpha+3=4-2\alpha$, $6\alpha=1$ $\quad\therefore \alpha=\frac{1}{6}$

$\therefore \lim_{n\to\infty}a_n=\frac{1}{6}$

다른 풀이

$\frac{4a_n+3}{2-a_n}=b_n$이라 하면 $4a_n+3=2b_n-a_nb_n$

$(4+b_n)a_n=2b_n-3$ $\quad\therefore a_n=\frac{2b_n-3}{4+b_n}$

$\lim_{n\to\infty}\frac{4a_n+3}{2-a_n}=2$에서 $\lim_{n\to\infty}b_n=2$이므로

$$\lim_{n\to\infty}a_n=\lim_{n\to\infty}\frac{2b_n-3}{4+b_n}=\frac{2\times2-3}{4+2}=\frac{1}{6}$$

029 답 12

해결 각 잡기

상수 p, q, r, s에 대하여

$\lim_{n\to\infty}(pa_n+qb_n)=\alpha$, $\lim_{n\to\infty}(ra_n+sb_n)=\beta$ (α, β는 실수)

일 때, $\lim_{n\to\infty}a_n$, $\lim_{n\to\infty}b_n$의 값은 다음과 같은 순서로 구한다.

(i) $pa_n+qb_n=c_n$, $ra_n+sb_n=d_n$으로 놓고, a_n, b_n을 c_n, d_n에 대한 식으로 나타낸다.

(ii) $\lim_{n\to\infty}c_n=\alpha$, $\lim_{n\to\infty}d_n=\beta$임을 이용하여 $\lim_{n\to\infty}a_n$, $\lim_{n\to\infty}b_n$의 값을 구한다.

STEP 1 $a_n-1=c_n$이라 하면 $a_n=c_n+1$이고

$\lim_{n\to\infty}(a_n-1)=2$에서 $\lim_{n\to\infty}c_n=2$이므로

$$\begin{aligned}\lim_{n\to\infty}a_n&=\lim_{n\to\infty}(c_n+1)\\&=\lim_{n\to\infty}c_n+\lim_{n\to\infty}1\\&=2+1=3\end{aligned}$$

$a_n+2b_n=d_n$이라 하면 $b_n=\frac{1}{2}(d_n-a_n)$이고

$\lim_{n\to\infty}(a_n+2b_n)=9$에서 $\lim_{n\to\infty}d_n=9$이므로

$$\begin{aligned}\lim_{n\to\infty}b_n&=\lim_{n\to\infty}\frac{1}{2}(d_n-a_n)\\&=\frac{1}{2}\left(\lim_{n\to\infty}d_n-\lim_{n\to\infty}a_n\right)\\&=\frac{1}{2}\times(9-3)=3\end{aligned}$$

STEP 2 $\therefore \lim_{n\to\infty}a_n(1+b_n)=\lim_{n\to\infty}a_n\times\lim_{n\to\infty}(1+b_n)$
$=3\times(1+3)=12$

030 답 33

STEP 1 $a_n+2b_n=c_n$ …… ㉠, $2a_n+b_n=d_n$ …… ㉡이라 하자.
$2\times$㉡$-$㉠을 하면

$3a_n=2d_n-c_n \qquad \therefore a_n=\frac{1}{3}(2d_n-c_n)$

$2\times$㉠$-$㉡을 하면

$3b_n=2c_n-d_n \qquad \therefore b_n=\frac{1}{3}(2c_n-d_n)$

$\therefore a_n+b_n=\frac{1}{3}(2d_n-c_n)+\frac{1}{3}(2c_n-d_n)=\frac{1}{3}(c_n+d_n)$

STEP 2 $\lim_{n\to\infty}(a_n+2b_n)=9$, $\lim_{n\to\infty}(2a_n+b_n)=90$에서

$\lim_{n\to\infty}c_n=9$, $\lim_{n\to\infty}d_n=90$이므로

$$\begin{aligned}\lim_{n\to\infty}(a_n+b_n)&=\lim_{n\to\infty}\frac{1}{3}(c_n+d_n)\\&=\frac{1}{3}\left(\lim_{n\to\infty}c_n+\lim_{n\to\infty}d_n\right)\\&=\frac{1}{3}\times(9+90)=33\end{aligned}$$

다른 풀이

$\lim_{n\to\infty}(a_n+2b_n)=9$, $\lim_{n\to\infty}(2a_n+b_n)=90$이므로

$\lim_{n\to\infty}(a_n+2b_n)+\lim_{n\to\infty}(2a_n+b_n)=9+90$

$\lim_{n\to\infty}3(a_n+b_n)=99$

$\therefore \lim_{n\to\infty}(a_n+b_n)=\frac{1}{3}\times99=33$

031 답 ②

STEP 1 $\lim_{n\to\infty}\frac{na_n}{n^2+3}=\lim_{n\to\infty}\frac{\frac{a_n}{n}}{1+\frac{3}{n^2}}=1$이므로

$\lim_{n\to\infty}\frac{a_n}{n}=1$

STEP 2 $\therefore \lim_{n\to\infty}(\sqrt{a_n^2+n}-a_n)=\lim_{n\to\infty}\frac{n}{\sqrt{a_n^2+n}+a_n}$

$$\begin{aligned}&=\lim_{n\to\infty}\frac{1}{\sqrt{\left(\frac{a_n}{n}\right)^2+\frac{1}{n}}+\frac{a_n}{n}}\\&=\frac{1}{1+1}=\frac{1}{2}\end{aligned}$$

032 답 ⑤

STEP 1 $\lim_{n\to\infty}(3a_n-5n)=\lim_{n\to\infty}n\left(3\times\frac{a_n}{n}-5\right)=2$이므로

$\lim_{n\to\infty}\left(3\times\frac{a_n}{n}-5\right)=0 \qquad \therefore \lim_{n\to\infty}\frac{a_n}{n}=\frac{5}{3}$

STEP 2 $\therefore \lim_{n\to\infty}\frac{(2n+1)a_n}{4n^2}=\lim_{n\to\infty}\frac{\left(2+\frac{1}{n}\right)\times\frac{a_n}{n}}{4}=\frac{2\times\frac{5}{3}}{4}=\frac{5}{6}$

다른 풀이

$3a_n-5n=b_n$이라 하면 $a_n=\frac{b_n+5n}{3}$

$\lim_{n\to\infty}(3a_n-5n)=2$에서 $\lim_{n\to\infty}b_n=2$이므로

$$\begin{aligned}\lim_{n\to\infty}\frac{(2n+1)a_n}{4n^2}&=\lim_{n\to\infty}\left(\frac{2n+1}{4n^2}\times\frac{b_n+5n}{3}\right)\\&=\lim_{n\to\infty}\frac{(2n+1)(b_n+5n)}{12n^2}\\&=\lim_{n\to\infty}\frac{\left(2+\frac{1}{n}\right)\left(\frac{b_n}{n}+5\right)}{12}\\&=\frac{2\times5}{12}=\frac{5}{6}\end{aligned}$$

033 답 21

해결 각 잡기

$\lim_{n\to\infty}n^2a_n=3$ (수렴), $\lim_{n\to\infty}\frac{b_n}{n}=5$ (수렴)이므로 $na_n(b_n+2n)$을 n^2a_n과 $\frac{b_n}{n}$에 대한 식으로 나타낸다.

$$\begin{aligned}\lim_{n\to\infty}na_n(b_n+2n)&=\lim_{n\to\infty}n^2a_n\left(\frac{b_n}{n}+2\right)\\&=\lim_{n\to\infty}n^2a_n\times\lim_{n\to\infty}\left(\frac{b_n}{n}+2\right)\\&=3\times(5+2)=21\end{aligned}$$

034 답 ③

해결 각 잡기

$\lim_{n\to\infty}na_n=1$ (수렴), $\lim_{n\to\infty}\frac{b_n}{n}=3$ (수렴)이므로 $\frac{n^2a_n+b_n}{1+2b_n}$을 na_n과 $\frac{b_n}{n}$에 대한 식으로 나타낸다.

$$\lim_{n\to\infty}\frac{n^2a_n+b_n}{1+2b_n}=\lim_{n\to\infty}\frac{na_n+\frac{b_n}{n}}{\frac{1}{n}+\frac{2b_n}{n}}$$
$$=\frac{1+3}{2\times3}=\frac{2}{3}$$

035 답 35

해결 각 잡기

$\lim_{n\to\infty}(n+1)a_n=2$ (수렴), $\lim_{n\to\infty}(n^2+1)b_n=7$ (수렴)이므로 $\frac{(10n+1)b_n}{a_n}$을 $(n+1)a_n$과 $(n^2+1)b_n$에 대한 식으로 나타낸다.

$$\lim_{n\to\infty}\frac{(10n+1)b_n}{a_n}=\lim_{n\to\infty}\left\{\frac{(n^2+1)b_n}{(n+1)a_n}\times\frac{(n+1)(10n+1)}{n^2+1}\right\}$$
$$=\lim_{n\to\infty}\frac{(n^2+1)b_n}{(n+1)a_n}\times\lim_{n\to\infty}\frac{(n+1)(10n+1)}{n^2+1}\ \#$$
$$=\frac{7}{2}\times\lim_{n\to\infty}\frac{\left(1+\frac{1}{n}\right)\left(10+\frac{1}{n}\right)}{1+\frac{1}{n^2}}$$
$$=\frac{7}{2}\times10=35$$

 # 참고

$\lim_{n\to\infty}(n+1)a_n$, $\lim_{n\to\infty}(n^2+1)b_n$, $\lim_{n\to\infty}\frac{(n+1)(10n+1)}{n^2+1}$의 값이 각각 존재하므로 수열의 극한의 성질을 이용할 수 있다.

036 답 ⑤

해결 각 잡기

$\lim_{n\to\infty}\frac{a_n}{3n}=2$ (수렴), $\lim_{n\to\infty}\frac{2n+3}{b_n}=6$ (수렴)이므로 $\frac{a_n}{b_n}$을 $\frac{a_n}{3n}$과 $\frac{2n+3}{b_n}$에 대한 식으로 나타낸다.

$$\lim_{n\to\infty}\frac{a_n}{b_n}=\lim_{n\to\infty}\left(\frac{a_n}{3n}\times\frac{2n+3}{b_n}\times\frac{3n}{2n+3}\right)$$
$$=\lim_{n\to\infty}\frac{a_n}{3n}\times\lim_{n\to\infty}\frac{2n+3}{b_n}\times\lim_{n\to\infty}\frac{3}{2+\frac{3}{n}}$$
$$=2\times6\times\frac{3}{2}=18$$

037 답 10

STEP 1 $\sqrt{a_n+n}-\sqrt{n}=b_n$이라 하면

$\sqrt{a_n+n}=b_n+\sqrt{n}$

양변을 제곱하면

$a_n+n=b_n^{\,2}+2\sqrt{n}b_n+n$

$\therefore\ a_n=b_n^{\,2}+2\sqrt{n}b_n$

STEP 2 $\lim_{n\to\infty}(\sqrt{a_n+n}-\sqrt{n})=5$에서 $\lim_{n\to\infty}b_n=5$이므로

$$\lim_{n\to\infty}\frac{a_n}{\sqrt{n}}=\lim_{n\to\infty}\frac{b_n^{\,2}+2\sqrt{n}b_n}{\sqrt{n}}$$
$$=\lim_{n\to\infty}\left(\frac{b_n^{\,2}}{\sqrt{n}}+2b_n\right)$$
$$=2\times5=10$$

038 답 ⑤

STEP 1 $(n^2+1)a_n=c_n$, $(4n^2+1)(a_n+b_n)=d_n$이라 하면

$a_n=\frac{c_n}{n^2+1}$, $b_n=\frac{d_n}{4n^2+1}-\frac{c_n}{n^2+1}$ #

$$\therefore\ a_n+2b_n=\frac{c_n}{n^2+1}+2\left(\frac{d_n}{4n^2+1}-\frac{c_n}{n^2+1}\right)$$
$$=\frac{2d_n}{4n^2+1}-\frac{c_n}{n^2+1}$$

STEP 2 $\lim_{n\to\infty}(n^2+1)a_n=3$, $\lim_{n\to\infty}(4n^2+1)(a_n+b_n)=1$에서

$\lim_{n\to\infty}c_n=3$, $\lim_{n\to\infty}d_n=1$이므로

$$\lim_{n\to\infty}(2n^2+1)(a_n+2b_n)$$
$$=\lim_{n\to\infty}(2n^2+1)\left(\frac{2d_n}{4n^2+1}-\frac{c_n}{n^2+1}\right)$$
$$=\lim_{n\to\infty}\left(\frac{4n^2+2}{4n^2+1}\times d_n-\frac{2n^2+1}{n^2+1}\times c_n\right)$$
$$=\lim_{n\to\infty}\frac{4n^2+2}{4n^2+1}\times\lim_{n\to\infty}d_n-\lim_{n\to\infty}\frac{2n^2+1}{n^2+1}\times\lim_{n\to\infty}c_n$$
$$=\lim_{n\to\infty}\frac{4+\frac{2}{n^2}}{4+\frac{1}{n^2}}\times\lim_{n\to\infty}d_n-\lim_{n\to\infty}\frac{2+\frac{1}{n^2}}{1+\frac{1}{n^2}}\times\lim_{n\to\infty}c_n$$
$$=1\times1-2\times3$$
$$=1-6=-5$$

 # 참고

$(4n^2+1)(a_n+b_n)=d_n$에서 $a_n+b_n=\frac{d_n}{4n^2+1}$이므로

$$b_n=\frac{d_n}{4n^2+1}-a_n=\frac{d_n}{4n^2+1}-\frac{c_n}{n^2+1}$$

039 답 23

해결 각 잡기

$2a_n-5b_n=c_n$이라 하면 $\lim_{n\to\infty}a_n=\infty$, $\lim_{n\to\infty}c_n=3$이므로 b_n을 a_n과 c_n에 대한 식으로 나타낸다.

STEP 1 $c_n=2a_n-5b_n$이라 하면 $b_n=\frac{1}{5}(2a_n-c_n)$

조건 ㈎에서 $\lim_{n\to\infty}a_n=\infty$, 조건 ㈏에서 $\lim_{n\to\infty}c_n=3$이므로

$$\lim_{n\to\infty}\frac{c_n}{a_n}=0$$

STEP 2 $\therefore \lim_{n\to\infty}\frac{2a_n+3b_n}{a_n+b_n}=\lim_{n\to\infty}\frac{2a_n+3\times\frac{1}{5}(2a_n-c_n)}{a_n+\frac{1}{5}(2a_n-c_n)}$

$$=\lim_{n\to\infty}\frac{16a_n-3c_n}{7a_n-c_n}$$

$$=\lim_{n\to\infty}\frac{16-3\times\frac{c_n}{a_n}}{7-\frac{c_n}{a_n}}=\frac{16}{7}$$

따라서 $p=7$, $q=16$이므로

$p+q=7+16=23$

다른 풀이

조건 (나)에서 $\lim_{n\to\infty}(2a_n-5b_n)=3$이므로

$\lim_{n\to\infty}a_n\left(2-5\times\frac{b_n}{a_n}\right)=3$

이때 조건 (가)에서 $\lim_{n\to\infty}a_n=\infty$이므로

$\lim_{n\to\infty}\left(2-5\times\frac{b_n}{a_n}\right)=0$

$\therefore \lim_{n\to\infty}\frac{b_n}{a_n}=\frac{2}{5}$

$\therefore \lim_{n\to\infty}\frac{2a_n+3b_n}{a_n+b_n}=\lim_{n\to\infty}\frac{2+3\times\frac{b_n}{a_n}}{1+\frac{b_n}{a_n}}$

$$=\frac{2+3\times\frac{2}{5}}{1+\frac{2}{5}}=\frac{16}{7}$$

따라서 $p=7$, $q=16$이므로

$p+q=7+16=23$

040 답 ①

STEP 1 조건 (가)에서 $S_n=\sum_{k=1}^{n}(a_k+b_k)=\frac{1}{n+1}$이라 하면 수열의 합과 일반항 사이의 관계에 의하여

$a_n+b_n=S_n-S_{n-1}$

$$=\frac{1}{n+1}-\frac{1}{n}=\frac{n-(n+1)}{n(n+1)}$$

$$=-\frac{1}{n^2+n}\ (n\ge 2)$$

STEP 2 $\therefore \lim_{n\to\infty}n^2(a_n+b_n)=\lim_{n\to\infty}\frac{-n^2}{n^2+n}$

$$=\lim_{n\to\infty}\frac{-1}{1+\frac{1}{n}}=-1$$

STEP 3 $n^2(a_n+b_n)=c_n$이라 하면 $n^2a_n=c_n-n^2b_n$

$\lim_{n\to\infty}c_n=-1$, $\lim_{n\to\infty}n^2b_n=2$이므로

$\lim_{n\to\infty}n^2a_n=\lim_{n\to\infty}(c_n-n^2b_n)$

$$=\lim_{n\to\infty}c_n-\lim_{n\to\infty}n^2b_n$$

$$=-1-2=-3$$

041 답 ②

해결 각 잡기

- 첫째항이 a, 공차가 d인 등차수열 $\{a_n\}$의 일반항은
  $a_n=a+(n-1)d$
- 공차가 d인 등차수열 $\{a_n\}$에 대하여
  $a_{n+1}-a_n=d\ (n=1, 2, 3, \cdots)$

STEP 1 등차수열 $\{a_n\}$의 첫째항을 a, 공차를 d라 하면

$a_3=a+2d=5$, $a_6=a+5d=11$

두 식을 연립하여 풀면

$a=1$, $d=2$

$\therefore a_n=1+(n-1)\times 2=2n-1$

STEP 2 $\therefore \lim_{n\to\infty}\sqrt{n}(\sqrt{a_{n+1}}-\sqrt{a_n})$

$$=\lim_{n\to\infty}\sqrt{n}(\sqrt{2n+1}-\sqrt{2n-1})$$

$$=\lim_{n\to\infty}\frac{\sqrt{n}(\sqrt{2n+1}-\sqrt{2n-1})(\sqrt{2n+1}+\sqrt{2n-1})}{\sqrt{2n+1}+\sqrt{2n-1}}$$

$$=\lim_{n\to\infty}\frac{2\sqrt{n}}{\sqrt{2n+1}+\sqrt{2n-1}}$$

$$=\lim_{n\to\infty}\frac{2}{\sqrt{2+\frac{1}{n}}+\sqrt{2-\frac{1}{n}}}$$

$$=\frac{2}{2\sqrt{2}}=\frac{\sqrt{2}}{2}$$

042 답 18

해결 각 잡기

공차가 d인 등차수열 $\{a_n\}$에 대하여

$a_{n+2}-a_{n+1}=a_{n+1}-a_n=d\ (n=1, 2, 3, \cdots)$

STEP 1 $a_{n+2}-a_{n+1}=a_{n+1}-a_n$인 수열 $\{a_n\}$은 $a_1=1$이고 공차가 $a_2-a_1=4-1=3$인 등차수열이므로

$a_n=1+(n-1)\times 3=3n-2$

STEP 2 $\therefore \lim_{n\to\infty}\frac{a_na_{n+1}}{1+2+3+\cdots+n}=\lim_{n\to\infty}\frac{(3n-2)(3n+1)}{\frac{n(n+1)}{2}}$

$$=\lim_{n\to\infty}\frac{2(3n-2)(3n+1)}{n(n+1)}$$

$$=\lim_{n\to\infty}\frac{2\left(3-\frac{2}{n}\right)\left(3+\frac{1}{n}\right)}{1+\frac{1}{n}}$$

$$=2\times 3\times 3=18$$

043 답 ⑤

해결 각 잡기

첫째항이 a, 공차가 d인 등차수열 $\{a_n\}$의 첫째항부터 제n항까지의 합 S_n은

$$S_n=\frac{n\{2a+(n-1)d\}}{2}$$

STEP 1 등차수열 $\{a_n\}$은 첫째항이 2, 공차가 3이므로

$a_n=2+(n-1)\times3=3n-1$

$$S_n=\frac{n\{2\times2+(n-1)\times3\}}{2}=\frac{n(3n+1)}{2}$$

STEP 2 $$\therefore \lim_{n\to\infty}\frac{S_n}{a_na_{n+1}}=\lim_{n\to\infty}\frac{\frac{n(3n+1)}{2}}{(3n-1)(3n+2)}$$

$$=\lim_{n\to\infty}\frac{3+\frac{1}{n}}{2\left(3-\frac{1}{n}\right)\left(3+\frac{2}{n}\right)}=\frac{1}{6}$$

044 답 ①

STEP 1 등차수열 $\{a_n\}$의 공차를 d라 하면

$a_2+a_4=(1+d)+(1+3d)=2+4d=18$

$4d=16 \qquad \therefore d=4$

STEP 2 즉, 등차수열 $\{a_n\}$은 첫째항이 1, 공차가 4이므로

$$S_n=\frac{n\{2\times1+(n-1)\times4\}}{2}=2n^2-n$$

$S_{n+1}=2(n+1)^2-(n+1)=2n^2+3n+1$

STEP 3 $\therefore \lim_{n\to\infty}(\sqrt{S_{n+1}}-\sqrt{S_n})$

$$=\lim_{n\to\infty}(\sqrt{2n^2+3n+1}-\sqrt{2n^2-n})$$

$$=\lim_{n\to\infty}\frac{(\sqrt{2n^2+3n+1}-\sqrt{2n^2-n})(\sqrt{2n^2+3n+1}+\sqrt{2n^2-n})}{\sqrt{2n^2+3n+1}+\sqrt{2n^2-n}}$$

$$=\lim_{n\to\infty}\frac{4n+1}{\sqrt{2n^2+3n+1}+\sqrt{2n^2-n}}$$

$$=\lim_{n\to\infty}\frac{4+\frac{1}{n}}{\sqrt{2+\frac{3}{n}+\frac{1}{n^2}}+\sqrt{2-\frac{1}{n}}}$$

$$=\frac{4}{2\sqrt{2}}=\sqrt{2}$$

다른 풀이 **STEP 1**

등차수열 $\{a_n\}$의 공차를 d라 하면

$a_2+a_4=18$에서 $2a_3=18 \qquad \therefore a_3=9$

즉, $1+2d=9$이므로

$2d=8 \qquad \therefore d=4$

045 답 ③

STEP 1 등차수열 $\{a_n\}$의 공차를 d라 하면

$a_n=a_1+(n-1)d$

STEP 2 $$\therefore \lim_{n\to\infty}\frac{a_{2n}-6n}{a_n+5}=\lim_{n\to\infty}\frac{a_1+(2n-1)d-6n}{a_1+(n-1)d+5}$$

$$=\lim_{n\to\infty}\frac{(2d-6)n+a_1-d}{dn+a_1-d+5}$$

$$=\lim_{n\to\infty}\frac{2d-6+\frac{a_1-d}{n}}{d+\frac{a_1-d+5}{n}}=\frac{2d-6}{d}$$

STEP 3 즉, $\frac{2d-6}{d}=4$이므로 $2d-6=4d$

$2d=-6 \qquad \therefore d=-3$

$\therefore a_2-a_1=d=-3$

046 답 ④

해결 각 잡기

$a_{n+1}-a_n=a_1+2$에서 a_1+2는 상수이므로 수열 $\{a_n\}$은 공차가 a_1+2인 등차수열이다.

STEP 1 $a_{n+1}-a_n=a_1+2$이므로 수열 $\{a_n\}$은 공차가 a_1+2인 등차수열이다.

$\therefore a_n=a_1+(n-1)\times(a_1+2)=(a_1+2)n-2$

STEP 2 $$\therefore \lim_{n\to\infty}\frac{2a_n+n}{a_n-n+1}=\lim_{n\to\infty}\frac{2(a_1+2)n-4+n}{(a_1+2)n-2-n+1}$$

$$=\lim_{n\to\infty}\frac{(2a_1+5)n-4}{(a_1+1)n-1}$$

$$=\lim_{n\to\infty}\frac{2a_1+5-\frac{4}{n}}{a_1+1-\frac{1}{n}}=\frac{2a_1+5}{a_1+1}$$

STEP 3 즉, $\frac{2a_1+5}{a_1+1}=3$이므로 $2a_1+5=3a_1+3$

$\therefore a_1=2$

따라서 $a_n=4n-2$이므로

$a_{10}=4\times10-2=38$

047 답 ③

해결 각 잡기

- 주어진 이차방정식의 근 $x=-1$을 이 이차방정식에 대입하여 a_n, a_{n+1}, a_{n+2} 사이의 관계식을 구한다.
- 이차방정식의 근과 계수의 관계를 이용하여 a_n과 b_n 사이의 관계식을 구한다.
- 등차수열의 공차는 0이 될 수 있음에 유의한다.

STEP 1 $a_nx^2+2a_{n+1}x+a_{n+2}=0$이 이차방정식이므로

$a_n\neq0$

-1이 이차방정식 $a_nx^2+2a_{n+1}x+a_{n+2}=0$의 근이므로 $x=-1$을 대입하면

$a_n-2a_{n+1}+a_{n+2}=0$

$$\therefore a_{n+1}=\frac{a_n+a_{n+2}}{2}$$

즉, 수열 $\{a_n\}$은 등차수열이므로 이 수열의 첫째항을 a $(a\neq0)$, 공차를 d라 하면

$a_n=a+(n-1)d$

STEP 2 이차방정식 $a_nx^2+2a_{n+1}x+a_{n+2}=0$의 두 근이 -1, b_n이므로 이차방정식의 근과 계수의 관계에 의하여

$$-1+b_n=-\frac{2a_{n+1}}{a_n}=-\frac{2(a+nd)}{a+(n-1)d}$$

$\therefore b_n=-\dfrac{2(a+nd)}{a+(n-1)d}+1=\dfrac{-dn-a-d}{dn+a-d}$

STEP 3 (i) $d=0$일 때

$$\lim_{n\to\infty} b_n=\lim_{n\to\infty}\frac{-a}{a}=-1$$

(ii) $d\neq0$일 때

$$\lim_{n\to\infty} b_n=\lim_{n\to\infty}\frac{-d-\dfrac{a+d}{n}}{d+\dfrac{a-d}{n}}=-1$$

(i), (ii)에 의하여 $\lim_{n\to\infty} b_n=-1$

048 답 6

해결 각 잡기

수열 $\{a_n\}$은 공차가 6인 등차수열이므로

$a_2-a_1=a_3-a_2=a_4-a_3=\cdots=a_{2n}-a_{2n-1}=(\text{공차})=6$

STEP 1 등차수열 $\{a_n\}$은 첫째항이 1, 공차가 6이므로

$a_n=1+(n-1)\times6=6n-5$

STEP 2 $a_{2n}=6\times2n-5=12n-5$

$S_{2n}=a_1+a_2+a_3+\cdots+a_{2n}$

$=\dfrac{2n\{2\times1+(2n-1)\times6\}}{2}=12n^2-4n$

$T_{2n}=-a_1+a_2-a_3+\cdots+(-1)^{2n}a_{2n}$

$=(-a_1+a_2)+(-a_3+a_4)+\cdots+(-a_{2n-1}+a_{2n})$

$=6+6+\cdots+6=6n$

STEP 3 $\therefore \lim_{n\to\infty}\dfrac{a_{2n}T_{2n}}{S_{2n}}=\lim_{n\to\infty}\dfrac{(12n-5)\times6n}{12n^2-4n}$

$=\lim_{n\to\infty}\dfrac{72n^2-30n}{12n^2-4n}$

$=\lim_{n\to\infty}\dfrac{72-\dfrac{30}{n}}{12-\dfrac{4}{n}}=6$

049 답 ①

해결 각 잡기

- 수열 $\{r^n\}$에 대하여 $-1<r<1$일 때, $\lim_{n\to\infty} r^n=0$임을 이용하여 극한값을 구한다.
- 수열 $\left\{\dfrac{c^n+d^n}{a^n+b^n}\right\}$ (a, b, c, d는 실수) 꼴의 극한값은 $|a|>|b|$이면 a^n, $|a|<|b|$이면 b^n으로 분자, 분모를 각각 나누어 구한다.

STEP 1 $\lim_{n\to\infty}\dfrac{a\times4^{n+1}-1}{2^{2n-1}+3^{n+1}}=\lim_{n\to\infty}\dfrac{4a\times4^n-1}{\dfrac{1}{2}\times4^n+3\times3^n}$

$=\lim_{n\to\infty}\dfrac{4a-\left(\dfrac{1}{4}\right)^n}{\dfrac{1}{2}+3\times\left(\dfrac{3}{4}\right)^n}=8a$

STEP 2 즉, $8a=4$이므로 $a=\dfrac{1}{2}$

050 답 ③

해결 각 잡기

- $\dfrac{5^na_n}{3^n+1}=b_n$이라 한 후, a_n을 b_n에 대한 식으로 나타낸다.
- $\lim_{n\to\infty} b_n=\alpha$ (수렴)이면

  $\lim_{n\to\infty} b_{n+1}=\lim_{n\to\infty} b_{n+2}=\lim_{n\to\infty} b_{n+3}=\cdots=\alpha$

STEP 1 $\dfrac{5^na_n}{3^n+1}=b_n$이라 하면

$a_n=\dfrac{3^n+1}{5^n}b_n$

이때 $\lim_{n\to\infty}\dfrac{5^na_n}{3^n+1}=\alpha$ $(\alpha\neq0)$라 하면

$\lim_{n\to\infty} b_n=\alpha$

STEP 2 $\therefore \lim_{n\to\infty}\dfrac{a_n}{a_{n+1}}=\lim_{n\to\infty}\dfrac{\dfrac{3^n+1}{5^n}b_n}{\dfrac{3^{n+1}+1}{5^{n+1}}b_{n+1}}$

$=\lim_{n\to\infty}\dfrac{5(3^n+1)b_n}{(3^{n+1}+1)b_{n+1}}$

$=\lim_{n\to\infty}\dfrac{(5\times3^n+5)b_n}{(3\times3^n+1)b_{n+1}}$

$=\lim_{n\to\infty}\dfrac{\left\{5+5\times\left(\dfrac{1}{3}\right)^n\right\}b_n}{\left\{3+\left(\dfrac{1}{3}\right)^n\right\}b_{n+1}}$

$=\dfrac{5\alpha}{3\alpha}=\dfrac{5}{3}$

051 답 ⑤

해결 각 잡기

극한값을 구하려고 하는 수열에 미지수가 있을 때

(i) 미지수의 값을 구할 수 있는 경우에는 먼저 미지수의 값을 구한 후 극한의 꼴을 확인한다.

(ii) 미지수의 값을 구할 수 없는 경우에는 미지수의 값의 범위를 나누어 극한값을 구한다.

STEP 1 $\lim_{n\to\infty}\dfrac{3n-1}{n+1}=\lim_{n\to\infty}\dfrac{3-\dfrac{1}{n}}{1+\dfrac{1}{n}}=3$이므로

$a=3$

STEP 2 $\therefore \lim_{n\to\infty}\dfrac{a^{n+2}+1}{a^n-1}=\lim_{n\to\infty}\dfrac{3^{n+2}+1}{3^n-1}$

$=\lim_{n\to\infty}\dfrac{9\times3^n+1}{3^n-1}$

$=\lim_{n\to\infty}\dfrac{9+\dfrac{1}{3^n}}{1-\dfrac{1}{3^n}}$

$=9$

052 답 ①

해결 각 잡기

x^n 꼴을 포함한 수열의 극한에서 x가 문자일 때는 x의 값의 범위를 $|x|<1$, $x=1$, $|x|>1$, $x=-1$인 경우로 나누어 푼다.

STEP 1 m이 자연수이므로 $\frac{m}{5}>0$

(i) $0<\frac{m}{5}<1$, 즉 $0<m<5$일 때

$\lim_{n\to\infty}\left(\frac{m}{5}\right)^n=0$이므로

$$\lim_{n\to\infty}\frac{\left(\frac{m}{5}\right)^{n+1}+2}{\left(\frac{m}{5}\right)^n+1}=2$$

이때 주어진 조건을 만족시키므로 자연수 m의 값은

1, 2, 3, 4

(ii) $\frac{m}{5}=1$, 즉 $m=5$일 때

$\lim_{n\to\infty}\left(\frac{m}{5}\right)^n=1$이므로

$$\lim_{n\to\infty}\frac{\left(\frac{m}{5}\right)^{n+1}+2}{\left(\frac{m}{5}\right)^n+1}=\frac{1+2}{1+1}=\frac{3}{2}\neq2$$

이때 주어진 조건을 만족시키지 않으므로

$m\neq5$

(iii) $\frac{m}{5}>1$, 즉 $m>5$일 때

$\lim_{n\to\infty}\left(\frac{m}{5}\right)^n=\infty$이므로

$$\lim_{n\to\infty}\frac{\left(\frac{m}{5}\right)^{n+1}+2}{\left(\frac{m}{5}\right)^n+1}=\lim_{n\to\infty}\frac{\frac{m}{5}\times\left(\frac{m}{5}\right)^n+2}{\left(\frac{m}{5}\right)^n+1}$$

$$=\lim_{n\to\infty}\frac{\frac{m}{5}+\frac{2}{\left(\frac{m}{5}\right)^n}}{1+\frac{1}{\left(\frac{m}{5}\right)^n}}$$

$$=\frac{\frac{m}{5}+0}{1+0}=\frac{m}{5}$$

즉, $\frac{m}{5}=2$에서 $m=10$

STEP 2 (i), (ii), (iii)에 의하여 자연수 m은 1, 2, 3, 4, 10의 5개이다.

053 답 ②

STEP 1 수열 $\left\{\frac{(4x-1)^n}{2^{3n}+3^{2n}}\right\}$에서

$$\frac{(4x-1)^n}{2^{3n}+3^{2n}}=\frac{(4x-1)^n}{8^n+9^n}=\frac{\left(\frac{4x-1}{9}\right)^n}{\left(\frac{8}{9}\right)^n+1}$$

$n\to\infty$일 때 $\left(\frac{8}{9}\right)^n\to0$이므로 주어진 수열이 수렴하려면 수열 $\left\{\left(\frac{4x-1}{9}\right)^n\right\}$이 수렴해야 한다.

STEP 2 수열 $\left\{\left(\frac{4x-1}{9}\right)^n\right\}$은 공비가 $\frac{4x-1}{9}$인 등비수열이므로 이 수열이 수렴하려면

$-1<\frac{4x-1}{9}\le1$

$-9<4x-1\le9$, $-8<4x\le10$

$\therefore -2<x\le\frac{5}{2}$

따라서 모든 정수 x는 -1, 0, 1, 2의 4개이다.

054 답 ④

해결 각 잡기

$a>1$, $b>1$일 때 $\lim_{n\to\infty}\frac{p\times a^n+q}{r\times b^n+s}$ (p, q, r, s는 상수)는 $\frac{\infty}{\infty}$ 꼴이므로

(i) $a=b$이면 극한값은 $\frac{p}{r}$ (수렴) ← 분모의 최고차항으로 나누어 구한다.

(ii) $a<b$이면 극한값은 0이다. (수렴)

(iii) $a>b$이면 극한값은 없다. (∞ 또는 $-\infty$로 발산)

STEP 1 $\lim_{n\to\infty}(\sqrt{16^n+a^n}-4^n)$

$$=\lim_{n\to\infty}\frac{(\sqrt{16^n+a^n}-4^n)(\sqrt{16^n+a^n}+4^n)}{\sqrt{16^n+a^n}+4^n}$$

$$=\lim_{n\to\infty}\frac{a^n}{\sqrt{16^n+a^n}+4^n}$$

STEP 2 (i) $1\le a<4$일 때

$$\lim_{n\to\infty}\frac{a^n}{\sqrt{16^n+a^n}+4^n}=0$$

이때 주어진 수열이 수렴하므로 자연수 a는

1, 2, 3

(ii) $a=4$일 때

$$\lim_{n\to\infty}\frac{a^n}{\sqrt{16^n+a^n}+4^n}=\lim_{n\to\infty}\frac{4^n}{\sqrt{16^n+4^n}+4^n}$$

$$=\lim_{n\to\infty}\frac{1}{\sqrt{1+\left(\frac{1}{4}\right)^n}+1}$$

$$=\frac{1}{1+1}=\frac{1}{2}$$

이때 주어진 수열이 수렴하므로 자연수 a는

4

(iii) $a>4$일 때

$$\lim_{n\to\infty}\frac{a^n}{\sqrt{16^n+a^n}+4^n}=\infty$$

이때 주어진 수열이 수렴하지 않으므로 조건을 만족시키지 않는다.

STEP 3 (i), (ii), (iii)에 의하여 자연수 a는 1, 2, 3, 4의 4개이다.

055 답 ④

STEP 1 k가 자연수이므로 $\frac{k}{10}>0$

(i) $0<\frac{k}{10}<1$, 즉 $0<k<10$일 때

$\lim_{n\to\infty}\left(\frac{k}{10}\right)^n=0$이므로

$$a_k=\lim_{n\to\infty}\frac{2\times\left(\frac{k}{10}\right)^{2n+1}+\left(\frac{k}{10}\right)^n}{\left(\frac{k}{10}\right)^{2n}+\left(\frac{k}{10}\right)^n+1}=0$$

(ii) $\frac{k}{10}=1$, 즉 $k=10$일 때

$\lim_{n\to\infty}\left(\frac{k}{10}\right)^n=1$이므로

$$a_k=\lim_{n\to\infty}\frac{2\times\left(\frac{k}{10}\right)^{2n+1}+\left(\frac{k}{10}\right)^n}{\left(\frac{k}{10}\right)^{2n}+\left(\frac{k}{10}\right)^n+1}=\frac{2+1}{1+1+1}=1$$

(iii) $\frac{k}{10}>1$, 즉 $k>10$일 때

$\lim_{n\to\infty}\left(\frac{k}{10}\right)^n=\infty$이므로

$$a_k=\lim_{n\to\infty}\frac{2\times\left(\frac{k}{10}\right)^{2n+1}+\left(\frac{k}{10}\right)^n}{\left(\frac{k}{10}\right)^{2n}+\left(\frac{k}{10}\right)^n+1}$$

$$=\lim_{n\to\infty}\frac{2\times\left(\frac{k}{10}\right)+\frac{1}{\left(\frac{k}{10}\right)^n}}{1+\frac{1}{\left(\frac{k}{10}\right)^n}+\frac{1}{\left(\frac{k}{10}\right)^{2n}}}=\frac{k}{5}$$

(i), (ii), (iii)에 의하여

$$a_k=\begin{cases}0 & (0<k<10)\\ 1 & (k=10)\\ \frac{k}{5} & (k>10)\end{cases}$$

STEP 2 $\therefore \sum_{k=1}^{20}a_k=\sum_{k=1}^{9}a_k+a_{10}+\sum_{k=11}^{20}a_k$

$=\sum_{k=1}^{9}0+1+\sum_{k=11}^{20}\frac{k}{5}$

$=1+\sum_{k=1}^{20}\frac{k}{5}-\sum_{k=1}^{10}\frac{k}{5}$

$=1+\frac{1}{5}\times\frac{20\times21}{2}-\frac{1}{5}\times\frac{10\times11}{2}$

$=1+42-11=32$

056 답 33

STEP 1 k가 자연수이므로 $k>0$, $\frac{6}{k}>0$

(i) $0<\frac{6}{k}<1$, 즉 $k>6$일 때

$\lim_{n\to\infty}\left(\frac{6}{k}\right)^n=0$이므로

$$a_k=\lim_{n\to\infty}\frac{\left(\frac{6}{k}\right)^{n+1}}{\left(\frac{6}{k}\right)^n+1}=0$$

(ii) $\frac{6}{k}=1$, 즉 $k=6$일 때

$\lim_{n\to\infty}\left(\frac{6}{k}\right)^n=1$이므로

$$a_k=\lim_{n\to\infty}\frac{\left(\frac{6}{k}\right)^{n+1}}{\left(\frac{6}{k}\right)^n+1}=\frac{1}{1+1}=\frac{1}{2}$$

(iii) $\frac{6}{k}>1$, 즉 $0<k<6$일 때

$\lim_{n\to\infty}\left(\frac{6}{k}\right)^n=\infty$이므로

$$a_k=\lim_{n\to\infty}\frac{\left(\frac{6}{k}\right)^{n+1}}{\left(\frac{6}{k}\right)^n+1}=\lim_{n\to\infty}\frac{\frac{6}{k}}{1+\frac{1}{\left(\frac{6}{k}\right)^n}}=\frac{6}{k}$$

(i), (ii), (iii)에 의하여

$$a_k=\begin{cases}\frac{6}{k} & (0<k<6)\\ \frac{1}{2} & (k=6)\\ 0 & (k>6)\end{cases}$$

STEP 2 $\therefore \sum_{k=1}^{10}ka_k=\sum_{k=1}^{5}ka_k+6a_6+\sum_{k=7}^{10}ka_k$

$=\sum_{k=1}^{5}\left(k\times\frac{6}{k}\right)+6\times\frac{1}{2}+\sum_{k=7}^{10}(k\times0)$

$=\sum_{k=1}^{5}6+3$

$=6\times5+3=33$

057 답 ④

STEP 1 $\lim_{n\to\infty}\frac{3^n+r^{n+1}}{3^n+7\times r^n}=1$에서

(i) $1\le r<3$일 때

$$\lim_{n\to\infty}\frac{3^n+r^{n+1}}{3^n+7\times r^n}=\lim_{n\to\infty}\frac{1+r\times\left(\frac{r}{3}\right)^n}{1+7\times\left(\frac{r}{3}\right)^n}=1$$

이때 주어진 조건을 만족시키므로 자연수 r의 값은

1, 2

(ii) $r=3$일 때

$$\lim_{n\to\infty}\frac{3^n+r^{n+1}}{3^n+7\times r^n}=\lim_{n\to\infty}\frac{3^n+3^{n+1}}{3^n+7\times3^n}$$

$$=\lim_{n\to\infty}\frac{4\times3^n}{8\times3^n}=\frac{1}{2}\neq1$$

이때 주어진 조건을 만족시키지 않으므로

$r\neq3$

(iii) $r>3$일 때

$$\lim_{n\to\infty}\frac{3^n+r^{n+1}}{3^n+7\times r^n}=\lim_{n\to\infty}\frac{\left(\frac{3}{r}\right)^n+r}{\left(\frac{3}{r}\right)^n+7}=\frac{r}{7}$$

즉, $\frac{r}{7}=1$에서 $r=7$

STEP 2 (i), (ii), (iii)에 의하여 자연수 r는 1, 2, 7이므로 그 합은
$1+2+7=10$

058 답 18

STEP 1 $\lim_{n\to\infty}\frac{3^n+a^{n+1}}{3^{n+1}+a^n}=a$에서

(i) $1<a<3$일 때

$$\lim_{n\to\infty}\frac{3^n+a^{n+1}}{3^{n+1}+a^n}=\lim_{n\to\infty}\frac{1+a\times\left(\frac{a}{3}\right)^n}{3+\left(\frac{a}{3}\right)^n}=\frac{1}{3}$$

이때 $a>1$이므로 $a\neq\frac{1}{3}$

즉, 주어진 조건을 만족시키지 않는다.

(ii) $a=3$일 때

$$\lim_{n\to\infty}\frac{3^n+a^{n+1}}{3^{n+1}+a^n}=\lim_{n\to\infty}\frac{3^n+3^{n+1}}{3^{n+1}+3^n}=1$$

이때 $a=3$이므로 $a\neq1$

즉, 주어진 조건을 만족시키지 않는다.

(iii) $a>3$일 때

$$\lim_{n\to\infty}\frac{3^n+a^{n+1}}{3^{n+1}+a^n}=\lim_{n\to\infty}\frac{\left(\frac{3}{a}\right)^n+a}{3\times\left(\frac{3}{a}\right)^n+1}=a$$

즉, 주어진 조건을 만족시킨다.

(i), (ii), (iii)에 의하여 $a>3$ …… ㉠

STEP 2 $\lim_{n\to\infty}\frac{a^n+b^{n+1}}{a^{n+1}+b^n}=\frac{9}{a}$에서

(iv) $a>b$일 때

$$\lim_{n\to\infty}\frac{a^n+b^{n+1}}{a^{n+1}+b^n}=\lim_{n\to\infty}\frac{1+b\times\left(\frac{b}{a}\right)^n}{a+\left(\frac{b}{a}\right)^n}=\frac{1}{a}$$

이때 $\frac{1}{a}\neq\frac{9}{a}$이므로 주어진 조건을 만족시키지 않는다.

(v) $a=b$일 때

$$\lim_{n\to\infty}\frac{a^n+b^{n+1}}{a^{n+1}+b^n}=\lim_{n\to\infty}\frac{a^n+a^{n+1}}{a^{n+1}+a^n}=1$$

즉, $\frac{9}{a}=1$에서 $a=9$ $\quad\therefore b=9\ (\because a=b)$

(vi) $a<b$일 때

$$\lim_{n\to\infty}\frac{a^n+b^{n+1}}{a^{n+1}+b^n}=\lim_{n\to\infty}\frac{\left(\frac{a}{b}\right)^n+b}{a\times\left(\frac{a}{b}\right)^n+1}=b$$

즉, $b=\frac{9}{a}$이고 ㉠에서 $a>3$이므로 $b<3$

그런데 $a<b$이므로 주어진 조건을 만족시키지 않는다.

(iv), (v), (vi)에 의하여

$a=9$, $b=9$

$\therefore a+b=9+9=18$

059 답 ⑤

해결 각 잡기

첫째항이 a, 공비가 r ($r\neq0$)인 등비수열 $\{a_n\}$의 일반항은

$a_n=ar^{n-1}$

STEP 1 등비수열 $\{a_n\}$의 첫째항을 a, 공비를 r라 하면

$a_n=ar^{n-1}$

$$\therefore \lim_{n\to\infty}\frac{a_n+1}{3^n+2^{2n-1}}=\lim_{n\to\infty}\frac{ar^{n-1}+1}{3^n+2^{2n-1}}=\lim_{n\to\infty}\frac{\frac{a}{r}\times r^n+1}{3^n+\frac{1}{2}\times4^n}$$

이때 $\lim_{n\to\infty}\frac{\frac{a}{r}\times r^n+1}{3^n+\frac{1}{2}\times4^n}=3$ (수렴)이므로 $r=4$ #

$\therefore a_n=a\times4^{n-1}$

STEP 2

$$\therefore \lim_{n\to\infty}\frac{a_n+1}{3^n+2^{2n-1}}=\lim_{n\to\infty}\frac{a\times4^{n-1}+1}{3^n+2^{2n-1}}=\lim_{n\to\infty}\frac{\frac{a}{4}\times4^n+1}{3^n+\frac{1}{2}\times4^n}=\lim_{n\to\infty}\frac{\frac{a}{4}+\left(\frac{1}{4}\right)^n}{\left(\frac{3}{4}\right)^n+\frac{1}{2}}=\frac{a}{2}$$

즉, $\frac{a}{2}=3$에서 $a=6$

$\therefore a_2=6\times4=24$

 # 참고

(i) $|r|>4$이면 주어진 극한값은 발산한다.
(ii) $|r|<4$이면 주어진 극한값은 3이 아닌 0이 된다.
(iii) $r=-4$이면 주어진 극한값은 진동(발산)한다.
(i), (ii), (iii)에 의하여 $r=4$

060 답 ④

해결 각 잡기

- a_1은 상수이므로 $a_{n+1}=$(상수)$\times a_n$에서 수열 $\{a_n\}$은 공비가 a_1인 등비수열이다.
- 모든 항이 양수이므로 $a_1>0$이다.

STEP 1 $a_{n+1}=a_1a_n$이므로 수열 $\{a_n\}$은 공비가 a_1 $(a_1>0)$인 등비수열이다.

$\therefore a_n=a_1\times{a_1}^{n-1}={a_1}^n$

(i) $0<a_1<1$일 때

$\lim_{n\to\infty}a_n=\lim_{n\to\infty}{a_1}^n=0$이므로

$$\lim_{n\to\infty}\frac{3a_{n+3}-5}{2a_n+1}=\lim_{n\to\infty}\frac{3\times{a_1}^{n+3}-5}{2\times{a_1}^n+1}=-5$$

이때 $-5\neq12$이므로 주어진 조건을 만족시키지 않는다.

(ii) $a_1=1$일 때

$\lim_{n\to\infty} a_n=\lim_{n\to\infty} a_1^{\ n}=1$이므로

$\lim_{n\to\infty}\frac{3a_{n+3}-5}{2a_n+1}=\lim_{n\to\infty}\frac{3\times a_1^{\ n+3}-5}{2\times a_1^{\ n}+1}=\frac{3-5}{2+1}=-\frac{2}{3}$

이때 $-\frac{2}{3}\neq 12$이므로 주어진 조건을 만족시키지 않는다.

(iii) $a_1>1$일 때

$\lim_{n\to\infty} a_n=\lim_{n\to\infty} a_1^{\ n}=\infty$이므로

$$\lim_{n\to\infty}\frac{3a_{n+3}-5}{2a_n+1}=\lim_{n\to\infty}\frac{3\times a_1^{\ n+3}-5}{2\times a_1^{\ n}+1}=\lim_{n\to\infty}\frac{3\times a_1^{\ 3}-\frac{5}{a_1^{\ n}}}{2+\frac{1}{a_1^{\ n}}}=\frac{3}{2}\times a_1^{\ 3}$$

즉, $\frac{3}{2}\times a_1^{\ 3}=12$이므로 $a_1^{\ 3}=8$

$\therefore a_1=2$ ($\because a_1>0$)

STEP 2 (i), (ii), (iii)에 의하여 $a_1=2$

061 답 4

해결 각 잡기

첫째항이 a, 공비가 r $(r\neq 1)$인 등비수열 $\{a_n\}$의 첫째항부터 제n항까지의 합 S_n은

$$S_n=\frac{a(1-r^n)}{1-r}=\frac{a(r^n-1)}{r-1}$$

STEP 1 등비수열 $\{a_n\}$의 첫째항이 1, 공비가 r $(r>1)$이므로

$a_n=1\times r^{n-1}=r^{n-1}$, $S_n=\frac{1\times(r^n-1)}{r-1}=\frac{r^n-1}{r-1}$

STEP 2 $r>1$이므로 $\lim_{n\to\infty} r^n=\infty$

$$\therefore \lim_{n\to\infty}\frac{a_n}{S_n}=\lim_{n\to\infty}\frac{r^{n-1}}{\frac{r^n-1}{r-1}}=\lim_{n\to\infty}\frac{r^n-r^{n-1}}{r^n-1}=\lim_{n\to\infty}\frac{1-\frac{1}{r}}{1-\left(\frac{1}{r}\right)^n}=1-\frac{1}{r}$$

즉, $1-\frac{1}{r}=\frac{3}{4}$에서 $\frac{1}{r}=\frac{1}{4}$ $\quad\therefore r=4$

062 답 ②

STEP 1 등비수열 $\{a_n\}$의 첫째항이 a_1, 공비가 3이므로

$S_n=\frac{a_1(3^n-1)}{3-1}=\frac{a_1(3^n-1)}{2}$

STEP 2 $\therefore \lim_{n\to\infty}\frac{S_n}{3^n}=\lim_{n\to\infty}\frac{a_1(3^n-1)}{2\times 3^n}=\lim_{n\to\infty}\frac{a_1-a_1\times\left(\frac{1}{3}\right)^n}{2}=\frac{a_1}{2}$

즉, $\frac{a_1}{2}=5$에서 $a_1=10$

063 답 ①

해결 각 잡기

등비수열 $\{r^{n-1}\}$이 수렴할 조건은 $-1<r\leq 1$이다.

STEP 1 수열 $\{a_n\}$은 공비가 $\frac{x^2-4x}{5}$인 등비수열이므로 이 수열이 수렴하려면

$-1<\frac{x^2-4x}{5}\leq 1$

STEP 2 (i) $-1<\frac{x^2-4x}{5}$, 즉 $x^2-4x+5>0$일 때

$(x-2)^2+1>0$이므로 x는 모든 실수이다.

(ii) $\frac{x^2-4x}{5}\leq 1$, 즉 $x^2-4x-5\leq 0$일 때

$(x+1)(x-5)\leq 0$ $\quad\therefore -1\leq x\leq 5$

(i), (ii)에 의하여 $-1\leq x\leq 5$

STEP 3 따라서 정수 x는 $-1, 0, 1, 2, 3, 4, 5$의 7개이다.

064 답 2

해결 각 잡기

등비수열 $\{ar^{n-1}\}$이 수렴할 조건은 $a=0$ 또는 $-1<r\leq 1$이다.

STEP 1 수열 $\{(x+2)(x^2-4x+3)^{n-1}\}$은 첫째항이 $x+2$, 공비가 x^2-4x+3인 등비수열이므로 이 수열이 수렴하려면

$x+2=0$ 또는 $-1<x^2-4x+3\leq 1$

STEP 2 $x+2=0$에서 $x=-2$ $\quad\cdots\cdots$ ㉠

(i) $-1<x^2-4x+3$, 즉 $x^2-4x+4>0$일 때

$(x-2)^2>0$ $\quad\therefore x\neq 2$

(ii) $x^2-4x+3\leq 1$, 즉 $x^2-4x+2\leq 0$일 때

$2-\sqrt{2}\leq x\leq 2+\sqrt{2}$

(i), (ii)에 의하여

$2-\sqrt{2}\leq x<2$ 또는 $2<x\leq 2+\sqrt{2}$ $\quad\cdots\cdots$ ㉡

STEP 3 따라서 ㉠, ㉡에서 정수 x는 $-2, 1, 3$이므로 그 합은

$-2+1+3=2$

065 답 ③

STEP 1 수열 $\{a_n\}$은 공비가 $\frac{|k|}{3}-2$인 등비수열이므로 이 수열이 수렴하려면

$-1<\frac{|k|}{3}-2\leq 1$

STEP 2 $1<\frac{|k|}{3}\leq 3$ $\quad\therefore 3<|k|\leq 9$

즉, 정수 $|k|$는 $4, 5, 6, 7, 8, 9$이므로

$k=\pm 4, \pm 5, \cdots, \pm 9$

STEP 3 따라서 정수 k는 $-9, \cdots, -5, -4, 4, 5, \cdots, 9$의 12개이다.

066 답 ③

STEP 1 수열 $\{(4\sin x-3)^n\}$은 공비가 $4\sin x-3$인 등비수열이므로 이 수열이 수렴하려면

$-1<4\sin x-3\le 1$, $2<4\sin x\le 4$

$\therefore \frac{1}{2}<\sin x\le 1$ $(0\le x<2\pi)$

STEP 2 오른쪽 그림에서 x의 값의 범위는

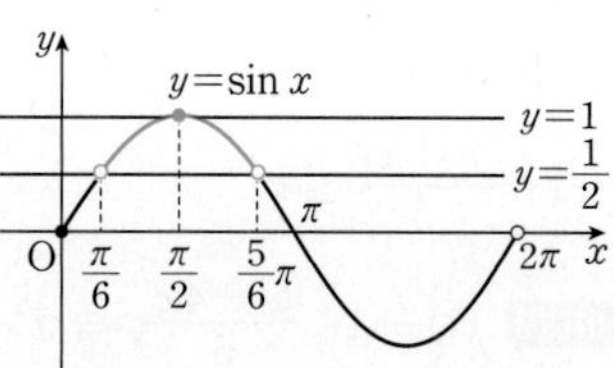

$\frac{\pi}{6}<x<\frac{5}{6}\pi$

따라서 $\alpha=\frac{\pi}{6}$, $\beta=\frac{5}{6}\pi$이므로

$\beta-\alpha=\frac{5}{6}\pi-\frac{\pi}{6}=\frac{4}{6}\pi=\frac{2}{3}\pi$

067 답 ④

해결 각 잡기

수열의 극한의 대소 관계

세 수열 $\{a_n\}$, $\{b_n\}$, $\{c_n\}$에 대하여 $\lim_{n\to\infty} a_n=\alpha$, $\lim_{n\to\infty} b_n=\beta$ (α, β는 실수)일 때, 다음이 성립한다.

→ 모든 자연수 n에 대하여 $a_n\le c_n\le b_n$이고 $\alpha=\beta$이면 $\lim_{n\to\infty} c_n=\alpha$

$\lim_{n\to\infty}\frac{a_n}{n}$의 값을 구하기 위해서 주어진 부등식을 $\square<\frac{a_n}{n}<\triangle$ 꼴로 변형해 본다.

STEP 1 $\sqrt{9n^2+4}<\sqrt{na_n}<3n+2$의 각 변을 제곱하면

$9n^2+4<na_n<9n^2+12n+4$

$\therefore \frac{9n^2+4}{n^2}<\frac{a_n}{n}<\frac{9n^2+12n+4}{n^2}$ $(\because n^2>0)$

STEP 2 이때 $\lim_{n\to\infty}\frac{9n^2+4}{n^2}=\lim_{n\to\infty}\frac{9n^2+12n+4}{n^2}=9$이므로

$\lim_{n\to\infty}\frac{a_n}{n}=9$

068 답 ②

해결 각 잡기

$\lim_{n\to\infty}\frac{a_n}{3^{n+1}+2^n}$의 값을 구하기 위해서 주어진 부등식을 $\square<\frac{a_n}{3^{n+1}+2^n}<\triangle$ 꼴로 변형해 본다.

STEP 1 $3^n-2^n<a_n<3^n+2^n$에서

$\frac{3^n-2^n}{3^{n+1}+2^n}<\frac{a_n}{3^{n+1}+2^n}<\frac{3^n+2^n}{3^{n+1}+2^n}$ $(\because 3^{n+1}+2^n>0)$

STEP 2 이때 $\lim_{n\to\infty}\frac{3^n-2^n}{3^{n+1}+2^n}=\lim_{n\to\infty}\frac{3^n+2^n}{3^{n+1}+2^n}=\frac{1}{3}$이므로

$\lim_{n\to\infty}\frac{a_n}{3^{n+1}+2^n}=\frac{1}{3}$

069 답 ①

해결 각 잡기

$\lim_{n\to\infty}\frac{a_n+3n}{2n+4}$의 값을 구하기 위해서 주어진 부등식을 $\square<\frac{a_n+3n}{2n+4}<\triangle$ 꼴로 변형해 본다.

STEP 1 $a_n^2<4na_n+n-4n^2$에서 $a_n^2-4na_n+4n^2<n$

$(a_n-2n)^2<n$, $-\sqrt{n}<a_n-2n<\sqrt{n}$ #

$5n-\sqrt{n}<a_n+3n<5n+\sqrt{n}$

$\therefore \frac{5n-\sqrt{n}}{2n+4}<\frac{a_n+3n}{2n+4}<\frac{5n+\sqrt{n}}{2n+4}$ $(\because 2n+4>0)$

STEP 2 이때 $\lim_{n\to\infty}\frac{5n-\sqrt{n}}{2n+4}=\lim_{n\to\infty}\frac{5n+\sqrt{n}}{2n+4}=\frac{5}{2}$이므로

$\lim_{n\to\infty}\frac{a_n+3n}{2n+4}=\frac{5}{2}$

 # 참고

$x^2<a$ $(a>0)$이면 $-\sqrt{a}<x<\sqrt{a}$

070 답 ⑤

해결 각 잡기

$\lim_{n\to\infty}\frac{(a_n+1)^2+6n^2}{na_n}=\lim_{n\to\infty}\frac{\left(\frac{a_n}{n}+\frac{1}{n}\right)^2+6}{\frac{a_n}{n}}$이므로

주어진 부등식을 $\square<\frac{a_n}{n}<\triangle$ 꼴로 변형해 본다.

STEP 1 $\lim_{n\to\infty}\frac{(a_n+1)^2+6n^2}{na_n}=\lim_{n\to\infty}\frac{\left(\frac{a_n}{n}+\frac{1}{n}\right)^2+6}{\frac{a_n}{n}}$

STEP 2 $2n+3<a_n<2n+4$에서

$\frac{2n+3}{n}<\frac{a_n}{n}<\frac{2n+4}{n}$ $(\because n>0)$

이때 $\lim_{n\to\infty}\frac{2n+3}{n}=\lim_{n\to\infty}\frac{2n+4}{n}=2$이므로

$\lim_{n\to\infty}\frac{a_n}{n}=2$

STEP 3 $\therefore \lim_{n\to\infty}\frac{(a_n+1)^2+6n^2}{na_n}=\lim_{n\to\infty}\frac{\left(\frac{a_n}{n}+\frac{1}{n}\right)^2+6}{\frac{a_n}{n}}$

$=\frac{2^2+6}{2}=5$

071 답 ②

해결 각 잡기

모든 자연수 n에 대하여 $f(n)<a_n<g(n)$이면

$\sum_{k=1}^{n}f(k)<\sum_{k=1}^{n}a_k<\sum_{k=1}^{n}g(k)$

STEP 1 $2n^2-3<a_n<2n^2+4$에서

$$\sum_{k=1}^{n}(2k^2-3)<\sum_{k=1}^{n}a_k<\sum_{k=1}^{n}(2k^2+4)$$

$$2\sum_{k=1}^{n}k^2-3n<S_n<2\sum_{k=1}^{n}k^2+4n$$

$$2\times\frac{n(n+1)(2n+1)}{6}-3n<S_n<2\times\frac{n(n+1)(2n+1)}{6}+4n$$

$$\frac{2n^3+3n^2-8n}{3}<S_n<\frac{2n^3+3n^2+13n}{3}$$

$$\therefore \frac{2n^3+3n^2-8n}{3n^3}<\frac{S_n}{n^3}<\frac{2n^3+3n^2+13n}{3n^3}\ (\because n^3>0)$$

STEP 2 이때 $\lim_{n\to\infty}\frac{2n^3+3n^2-8n}{3n^3}=\lim_{n\to\infty}\frac{2n^3+3n^2+13n}{3n^3}=\frac{2}{3}$이므로

$$\lim_{n\to\infty}\frac{S_n}{n^3}=\frac{2}{3}$$

072 답 ①

STEP 1 $n<a_n<n+1$에서

$$\sum_{k=1}^{n}k<\sum_{k=1}^{n}a_k<\sum_{k=1}^{n}(k+1),\ \sum_{k=1}^{n}k<\sum_{k=1}^{n}a_k<\sum_{k=1}^{n}k+n$$

$$\frac{n(n+1)}{2}<\sum_{k=1}^{n}a_k<\frac{n(n+1)}{2}+n$$

$$\frac{n^2+n}{2}<\sum_{k=1}^{n}a_k<\frac{n^2+3n}{2}$$

$$\therefore \frac{n^2+n}{2n^2}<\frac{1}{n^2}\sum_{k=1}^{n}a_k<\frac{n^2+3n}{2n^2}\ (\because n^2>0)$$

STEP 2 이때 $\lim_{n\to\infty}\frac{n^2+n}{2n^2}=\lim_{n\to\infty}\frac{n^2+3n}{2n^2}=\frac{1}{2}$이므로

$$\lim_{n\to\infty}\frac{1}{n^2}\sum_{k=1}^{n}a_k=\frac{1}{2}$$

073 답 ③

해결 각 잡기

두 조건 (가), (나)를 이용하여 부등식 $\square<b_n<\triangle$ 꼴을 구한다.

STEP 1 $20-\frac{1}{n}<a_n+b_n<20+\frac{1}{n}$ ...... ㉠

$10-\frac{1}{n}<a_n-b_n<10+\frac{1}{n}$ ...... ㉡

㉠−㉡을 하면

$$\left(20-\frac{1}{n}\right)-\left(10+\frac{1}{n}\right)<2b_n<\left(20+\frac{1}{n}\right)-\left(10-\frac{1}{n}\right)$$ #

$$10-\frac{2}{n}<2b_n<10+\frac{2}{n}$$

$$\therefore 5-\frac{1}{n}<b_n<5+\frac{1}{n}$$

STEP 2 이때 $\lim_{n\to\infty}\left(5-\frac{1}{n}\right)=\lim_{n\to\infty}\left(5+\frac{1}{n}\right)=5$이므로

$$\lim_{n\to\infty}b_n=5$$

다른 풀이

조건 (가)에서 $20-\frac{1}{n}<a_n+b_n<20+\frac{1}{n}$이고

$\lim_{n\to\infty}\left(20-\frac{1}{n}\right)=\lim_{n\to\infty}\left(20+\frac{1}{n}\right)=20$이므로

$\lim_{n\to\infty}(a_n+b_n)=20$

조건 (나)에서 $10-\frac{1}{n}<a_n-b_n<10+\frac{1}{n}$이고

$\lim_{n\to\infty}\left(10-\frac{1}{n}\right)=\lim_{n\to\infty}\left(10+\frac{1}{n}\right)=10$이므로

$\lim_{n\to\infty}(a_n-b_n)=10$

$$\therefore \lim_{n\to\infty}b_n=\lim_{n\to\infty}\frac{1}{2}\{(a_n+b_n)-(a_n-b_n)\}$$

$$=\frac{1}{2}\times(20-10)=5$$

 # 참고

$$\begin{array}{rcccl} & a & < x < & b \\ -) & c & < y < & d \\ \hline & a-d & < x-y < & b-c \end{array}$$

074 답 ③

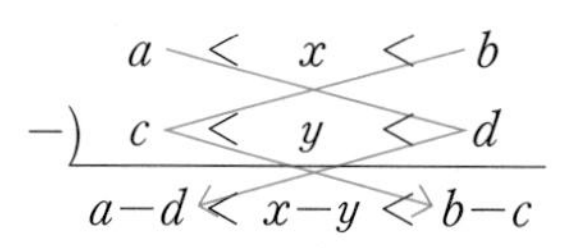

STEP 1 조건 (가)에서 $4^n<a_n<4^n+1$이므로

$1<\frac{a_n}{4^n}<1+\frac{1}{4^n}\ (\because 4^n>0)$

이때 $\lim_{n\to\infty}1=\lim_{n\to\infty}\left(1+\frac{1}{4^n}\right)=1$이므로

$\lim_{n\to\infty}\frac{a_n}{4^n}=1$ ...... ㉠

조건 (나)에서 $2+2^2+2^3+\cdots+2^n<b_n<2^{n+1}$이므로

$$\frac{2(2^n-1)}{2-1}<b_n<2^{n+1}$$

$$2^{n+1}-2<b_n<2^{n+1}$$

$$\therefore 2-\frac{2}{2^n}<\frac{b_n}{2^n}<2\ (\because 2^n>0)$$

이때 $\lim_{n\to\infty}\left(2-\frac{2}{2^n}\right)=\lim_{n\to\infty}2=2$이므로

$\lim_{n\to\infty}\frac{b_n}{2^n}=2$ ...... ㉡

STEP 2 ㉠, ㉡에 의하여

$$\lim_{n\to\infty}\frac{4a_n+b_n}{2a_n+2^nb_n}=\lim_{n\to\infty}\frac{\frac{4a_n}{4^n}+\frac{b_n}{4^n}}{\frac{2a_n}{4^n}+\frac{2^nb_n}{4^n}}$$

$$=\lim_{n\to\infty}\frac{4\times\frac{a_n}{4^n}+\frac{b_n}{2^n}\times\frac{1}{2^n}}{2\times\frac{a_n}{4^n}+\frac{b_n}{2^n}}$$

$$=\frac{4\times1+2\times0}{2\times1+2}=1$$

075 답 ①

해결 각 잡기

$x_n=\sum_{k=1}^{n}x_k-\sum_{k=1}^{n-1}x_k\ (n\ge2)$

STEP 1 $a_1=3,\ a_2=-4$이므로

$\sum_{k=1}^{n}\frac{a_k}{b_k}=\frac{6}{n+1}$에 $n=1$을 대입하면

$\frac{a_1}{b_1}=3,\ \frac{3}{b_1}=3$

$\therefore b_1=1$

$\sum_{k=1}^{n}\frac{a_k}{b_k}=\frac{6}{n+1}$에 $n=2$를 대입하면

$\frac{a_1}{b_1}+\frac{a_2}{b_2}=2,\ \frac{3}{1}+\frac{-4}{b_2}=2$

$\therefore b_2=4$

즉, 등차수열 $\{b_n\}$의 첫째항은 1, 공차는 $4-1=3$이므로

$b_n=1+(n-1)\times3=3n-2$

STEP 2 수열의 합과 일반항 사이의 관계에 의하여

$n\ge2$일 때

$$\frac{a_n}{b_n}=\sum_{k=1}^{n}\frac{a_k}{b_k}-\sum_{k=1}^{n-1}\frac{a_k}{b_k}$$
$$=\frac{6}{n+1}-\frac{6}{n}=-\frac{6}{n(n+1)}$$

이때 $b_n=3n-2$이므로 $a_n=-\frac{6(3n-2)}{n(n+1)}\ (n\ge2)$

STEP 3 $\therefore \lim_{n\to\infty}a_nb_n=\lim_{n\to\infty}\frac{-6(3n-2)^2}{n(n+1)}$

$$=\lim_{n\to\infty}\frac{-6\left(3-\frac{2}{n}\right)^2}{1+\frac{1}{n}}=-54$$

076 답 ②

STEP 1 등차수열 $\{a_n\}$의 첫째항은 3, 공차는 $6-3=3$이므로

$a_n=3+(n-1)\times3=3n$

STEP 2 수열의 합과 일반항 사이의 관계에 의하여

$n\ge2$일 때

$$a_n(b_n)^2=\sum_{k=1}^{n}a_k(b_k)^2-\sum_{k=1}^{n-1}a_k(b_k)^2$$
$$=(n^3-n+3)-\{(n-1)^3-(n-1)+3\}$$
$$=3n^2-3n=3n(n-1)$$

이때 $a_n=3n$이므로 $(b_n)^2=n-1$

$\therefore b_n=\sqrt{n-1}\ (n\ge2)\ (\because b_n>0)$

STEP 3 $\therefore \lim_{n\to\infty}\frac{a_n}{b_nb_{2n}}=\lim_{n\to\infty}\frac{3n}{\sqrt{n-1}\times\sqrt{2n-1}}$

$$=\lim_{n\to\infty}\frac{3}{\sqrt{1-\frac{1}{n}}\times\sqrt{2-\frac{1}{n}}}$$
$$=\frac{3}{\sqrt{2}}=\frac{3\sqrt{2}}{2}$$

077 답 12

STEP 1 수열의 합과 일반항 사이의 관계에 의하여

$n\ge2$일 때

$$(-1)^na_n=\sum_{k=1}^{n}(-1)^ka_k-\sum_{k=1}^{n-1}(-1)^ka_k$$
$$=n^3-(n-1)^3$$
$$=3n^2-3n+1$$

즉, $(-1)^{2n}a_{2n}=3(2n)^2-3(2n)+1$에서

$a_{2n}=12n^2-6n+1$

또, $(-1)^{2n-1}a_{2n-1}=3(2n-1)^2-3(2n-1)+1$에서

$a_{2n-1}=-12n^2+18n-7$

STEP 2 $\therefore \lim_{n\to\infty}\frac{a_{2n-1}+a_{2n}}{n}$

$$=\lim_{n\to\infty}\frac{(-12n^2+18n-7)+(12n^2-6n+1)}{n}$$
$$=\lim_{n\to\infty}\frac{12n-6}{n}=12$$

078 답 ③

STEP 1 $\sum_{k=1}^{n}\frac{a_k}{(k-1)!}=\frac{3}{(n+2)!}$에서

$n=1$일 때

$\frac{a_1}{0!}=\frac{3}{3!},\ \frac{a_1}{1}=\frac{1}{2}\qquad \therefore a_1=\frac{1}{2}$

수열의 합과 일반항 사이의 관계에 의하여

$n\ge2$일 때

$$\frac{a_n}{(n-1)!}=\sum_{k=1}^{n}\frac{a_k}{(k-1)!}-\sum_{k=1}^{n-1}\frac{a_k}{(k-1)!}$$
$$=\frac{3}{(n+2)!}-\frac{3}{(n+1)!}$$

$$\therefore a_n=\frac{3(n-1)!}{(n+2)!}-\frac{3(n-1)!}{(n+1)!}$$
$$=\frac{3}{(n+2)(n+1)n}-\frac{3}{(n+1)n}$$
$$=\frac{-3n-3}{(n+2)(n+1)n}=\frac{-3(n+1)}{(n+2)(n+1)n}$$
$$=\frac{-3}{n(n+2)}$$

STEP 2 $\therefore \lim_{n\to\infty}(a_1+n^2a_n)=\lim_{n\to\infty}\left\{\frac{1}{2}+n^2\times\frac{-3}{n(n+2)}\right\}$

$$=\lim_{n\to\infty}\left(\frac{1}{2}-\frac{3n}{n+2}\right)$$
$$=\frac{1}{2}-3=-\frac{5}{2}$$

079 답 21

해결 각 잡기

$$\lim_{n\to\infty}r^n=\begin{cases}0 & (|r|<1)\\ 1 & (r=1)\\ \text{발산} & (|r|>1 \text{ 또는 } r=-1)\end{cases}$$

STEP 1 $f\left(-\frac{1}{2}\right)=\lim_{n\to\infty}\dfrac{\left(-\frac{1}{2}\right)^{n+2}-6\times\left(-\frac{1}{2}\right)+2}{\left(-\frac{1}{2}\right)^{n}+1}$

$=\frac{3+2}{1}=5$

STEP 2 $f(4)=\lim_{n\to\infty}\dfrac{4^{n+2}-6\times4+2}{4^n+1}$

$=\lim_{n\to\infty}\dfrac{16-24\times\left(\frac{1}{4}\right)^n+2\times\left(\frac{1}{4}\right)^n}{1+\left(\frac{1}{4}\right)^n}=16$

STEP 3 $\therefore f\left(-\frac{1}{2}\right)+f(4)=5+16=21$

080 답 ④

STEP 1 $f(\sqrt{2}+1)=\lim_{n\to\infty}\dfrac{a(\sqrt{2}+1)^n+b(\sqrt{2}+1)+1}{(\sqrt{2}+1)^n+1}$

$=\lim_{n\to\infty}\dfrac{a+\frac{b}{(\sqrt{2}+1)^{n-1}}+\frac{1}{(\sqrt{2}+1)^n}}{1+\frac{1}{(\sqrt{2}+1)^n}}=a$

STEP 2 $f(\sqrt{2}-1)=\lim_{n\to\infty}\dfrac{a(\sqrt{2}-1)^n+b(\sqrt{2}-1)+1}{(\sqrt{2}-1)^n+1}$

$=b(\sqrt{2}-1)+1$

STEP 3 $\therefore f(\sqrt{2}+1)+f(\sqrt{2}-1)=a+b(\sqrt{2}-1)+1$

$=a-b+1+b\sqrt{2}$

즉, $a-b+1+b\sqrt{2}=2+\sqrt{2}$ (a, b는 유리수)이므로

$a-b+1=2$, $b=1$ $\quad\therefore a=2$

$\therefore a+b=2+1=3$

081 답 ①

해결 각 잡기

x^n을 포함한 극한으로 정의된 함수 $f(x)$는 x의 값의 범위를 $|x|<1$, $x=1$, $|x|>1$, $x=-1$로 나누어서 구한다.
이 문제에서는 $x>0$이므로 x의 값의 범위를 $0<x<1$, $x=1$, $x>1$로 나누어서 푼다.

STEP 1 (i) $0<x<1$일 때

$\lim_{n\to\infty}x^n=0$이므로

$f(x)=\lim_{n\to\infty}\dfrac{ax^n}{1+x^n}=0$

(ii) $x=1$일 때

$\lim_{n\to\infty}x^n=1$이므로

$f(x)=\lim_{n\to\infty}\dfrac{ax^n}{1+x^n}=\dfrac{a}{2}$

(iii) $x>1$일 때

$\lim_{n\to\infty}x^n=\infty$이므로

$f(x)=\lim_{n\to\infty}\dfrac{ax^n}{1+x^n}=\lim_{n\to\infty}\dfrac{a}{\frac{1}{x^n}+1}=a$

(i), (ii), (iii)에 의하여

$$f(x)=\begin{cases}0 & (0<x<1)\\ \frac{a}{2} & (x=1)\\ a & (x>1)\end{cases}$$

STEP 2 $\therefore \sum_{k=1}^{10}f\left(\frac{k}{5}\right)=\sum_{k=1}^{4}f\left(\frac{k}{5}\right)+f(1)+\sum_{k=6}^{10}f\left(\frac{k}{5}\right)$

$=0\times4+\frac{a}{2}+a\times5$

$=\frac{a}{2}+5a=\frac{11}{2}a$

즉, $\frac{11}{2}a=33$이므로 $a=6$

082 답 ①

STEP 1 $x^2\ge0$이므로

$x^2+\frac{1}{2}\ge\frac{1}{2}$ $\quad\cdots\cdots$ ㉠

(i) $\left|x^2+\frac{1}{2}\right|<1$일 때

$\frac{1}{2}\le x^2+\frac{1}{2}<1$ ($\because$ ㉠)

$0\le x^2<\frac{1}{2}$ $\quad\therefore -\frac{\sqrt{2}}{2}<x<\frac{\sqrt{2}}{2}$

$\lim_{n\to\infty}\left(x^2+\frac{1}{2}\right)^n=0$이므로

$f(x)=\lim_{n\to\infty}\dfrac{\left(x^2+\frac{1}{2}\right)^n-2}{\left(x^2+\frac{1}{2}\right)^n+2}=-1$

(ii) $\left|x^2+\frac{1}{2}\right|=1$일 때

$x^2+\frac{1}{2}=1$ ($\because$ ㉠)

$x^2=\frac{1}{2}$ $\quad\therefore x=\pm\frac{\sqrt{2}}{2}$

$\lim_{n\to\infty}\left(x^2+\frac{1}{2}\right)^n=1$이므로

$f(x)=\lim_{n\to\infty}\dfrac{\left(x^2+\frac{1}{2}\right)^n-2}{\left(x^2+\frac{1}{2}\right)^n+2}=\dfrac{1-2}{1+2}=-\dfrac{1}{3}$

(iii) $\left|x^2+\frac{1}{2}\right|>1$일 때

$x^2+\frac{1}{2}>1$ ($\because$ ㉠)

$x^2>\frac{1}{2}$ $\quad\therefore x<-\frac{\sqrt{2}}{2}$ 또는 $x>\frac{\sqrt{2}}{2}$

$\lim_{n\to\infty}\left(x^2+\frac{1}{2}\right)^n=\infty$이므로

$f(x)=\lim_{n\to\infty}\dfrac{\left(x^2+\frac{1}{2}\right)^n-2}{\left(x^2+\frac{1}{2}\right)^n+2}=\lim_{n\to\infty}\dfrac{1-\frac{2}{\left(x^2+\frac{1}{2}\right)^n}}{1+\frac{2}{\left(x^2+\frac{1}{2}\right)^n}}=1$

(i), (ii), (iii)에 의하여

$$f(x)=\begin{cases} -1 & \left(-\frac{\sqrt{2}}{2}<x<\frac{\sqrt{2}}{2}\right) \\ -\frac{1}{3} & \left(x=\pm\frac{\sqrt{2}}{2}\right) \\ 1 & \left(x<-\frac{\sqrt{2}}{2} \text{ 또는 } x>\frac{\sqrt{2}}{2}\right) \end{cases}$$

STEP 2 $\therefore f\left(\frac{\sqrt{2}}{2}\right)+\lim_{x\to\frac{\sqrt{2}}{2}-} f(x)=-\frac{1}{3}+(-1)=-\frac{4}{3}$

083 답 ②

해결 각 잡기

$$\lim_{n\to\infty} r^{2n}=\begin{cases} 0 & (|r|<1) \\ 1 & (r=\pm1) \\ \text{발산} & (|r|>1) \end{cases}, \lim_{n\to\infty} r^{2n+1}=\begin{cases} -1 & (r=-1) \\ 0 & (|r|<1) \\ 1 & (r=1) \\ \text{발산} & (|r|>1) \end{cases}$$

STEP 1 (i) $\left|\frac{x}{4}\right|<1$, 즉 $-4<x<4$일 때

$\lim_{n\to\infty}\left(\frac{x}{4}\right)^{2n}=\lim_{n\to\infty}\left(\frac{x}{4}\right)^{2n+1}=0$이므로

$$f(x)=\lim_{n\to\infty}\frac{2\times\left(\frac{x}{4}\right)^{2n+1}-1}{\left(\frac{x}{4}\right)^{2n}+3}=-\frac{1}{3}$$

즉, $f(k)=-\frac{1}{3}$을 만족시키는 정수 k는

$-3, -2, -1, 0, 1, 2, 3$

(ii) $\frac{x}{4}=1$, 즉 $x=4$일 때

$\lim_{n\to\infty}\left(\frac{x}{4}\right)^{2n}=\lim_{n\to\infty}\left(\frac{x}{4}\right)^{2n+1}=1$이므로

$$f(x)=\lim_{n\to\infty}\frac{2\times\left(\frac{x}{4}\right)^{2n+1}-1}{\left(\frac{x}{4}\right)^{2n}+3}=\frac{2\times1-1}{1+3}=\frac{1}{4}$$

즉, 주어진 조건을 만족시키지 않는다.

(iii) $\left|\frac{x}{4}\right|>1$, 즉 $x<-4$ 또는 $x>4$일 때

$\lim_{n\to\infty}\left(\frac{x}{4}\right)^{2n}=\infty$이므로

$$f(x)=\lim_{n\to\infty}\frac{2\times\left(\frac{x}{4}\right)^{2n+1}-1}{\left(\frac{x}{4}\right)^{2n}+3}=\lim_{n\to\infty}\frac{2\times\frac{x}{4}-\frac{1}{\left(\frac{x}{4}\right)^{2n}}}{1+\frac{3}{\left(\frac{x}{4}\right)^{2n}}}=\frac{x}{2}$$

즉, $f(k)=\frac{k}{2}=-\frac{1}{3}$에서 $k=-\frac{2}{3}$

이때 k는 정수이므로 주어진 조건을 만족시키지 않는다.

(iv) $\frac{x}{4}=-1$, 즉 $x=-4$일 때

$\lim_{n\to\infty}\left(\frac{x}{4}\right)^{2n}=1$, $\lim_{n\to\infty}\left(\frac{x}{4}\right)^{2n+1}=-1$이므로

$$f(x)=\lim_{n\to\infty}\frac{2\times\left(\frac{x}{4}\right)^{2n+1}-1}{\left(\frac{x}{4}\right)^{2n}+3}=\frac{2\times(-1)-1}{1+3}=-\frac{3}{4}$$

즉, 주어진 조건을 만족시키지 않는다.

STEP 2 (i)~(iv)에 의하여 $f(k)=-\frac{1}{3}$을 만족시키는 정수 k는

$-3, -2, -1, 0, 1, 2, 3$

의 7개이다.

084 답 ④

STEP 1 (i) $\left|\frac{x}{2}\right|<1$, 즉 $-2<x<2$일 때

$\lim_{n\to\infty}\left(\frac{x}{2}\right)^{2n}=\lim_{n\to\infty}\left(\frac{x}{2}\right)^{2n+1}=0$이므로

$$f(x)=\lim_{n\to\infty}\frac{3\times\left(\frac{x}{2}\right)^{2n+1}-1}{\left(\frac{x}{2}\right)^{2n}+1}=-1$$

즉, $f(-1)=-1$이므로 $k=-1$일 때 주어진 조건을 만족시킨다.

(ii) $\frac{x}{2}=1$, 즉 $x=2$일 때

$\lim_{n\to\infty}\left(\frac{x}{2}\right)^{2n}=\lim_{n\to\infty}\left(\frac{x}{2}\right)^{2n+1}=1$이므로

$$f(x)=\lim_{n\to\infty}\frac{3\times\left(\frac{x}{2}\right)^{2n+1}-1}{\left(\frac{x}{2}\right)^{2n}+1}=\frac{3-1}{1+1}=1\neq2$$

즉, $f(2)\neq2$이므로 주어진 조건을 만족시키지 않는다.

(iii) $\left|\frac{x}{2}\right|>1$, 즉 $x<-2$ 또는 $x>2$일 때

$\lim_{n\to\infty}\left(\frac{x}{2}\right)^{2n}=\infty$이므로

$$f(x)=\lim_{n\to\infty}\frac{3\times\left(\frac{x}{2}\right)^{2n+1}-1}{\left(\frac{x}{2}\right)^{2n}+1}=\lim_{n\to\infty}\frac{\frac{3}{2}x-\frac{1}{\left(\frac{x}{2}\right)^{2n}}}{1+\frac{1}{\left(\frac{x}{2}\right)^{2n}}}=\frac{3}{2}x$$

즉, $f(k)=k$이려면 $\frac{3}{2}k=k$에서 $k=0$이어야 한다.

그런데 $k<-2$ 또는 $k>2$이므로 주어진 조건을 만족시키지 않는다.

(iv) $\frac{x}{2}=-1$, 즉 $x=-2$일 때

$\lim_{n\to\infty}\left(\frac{x}{2}\right)^{2n}=1$, $\lim_{n\to\infty}\left(\frac{x}{2}\right)^{2n+1}=-1$이므로

$$f(x)=\lim_{n\to\infty}\frac{3\times\left(\frac{x}{2}\right)^{2n+1}-1}{\left(\frac{x}{2}\right)^{2n}+1}=\frac{3\times(-1)-1}{1+1}=-2$$

즉, $f(-2)=-2$이므로 $k=-2$일 때 주어진 조건을 만족시킨다.

STEP 2 (i)~(iv)에 의하여 $f(k)=k$를 만족시키는 실수 k는 -2, -1이므로 그 합은

$-2+(-1)=-3$

085 답 ④

STEP 1 $f(x)=\lim_{n\to\infty}\frac{2x^{2n+1}}{1+x^{2n}}$에서

(i) $|x|<1$, 즉 $-1<x<1$일 때

$\lim_{n\to\infty} x^{2n}=\lim_{n\to\infty} x^{2n+1}=0$이므로

$$f(x)=\lim_{n\to\infty}\frac{2x^{2n+1}}{1+x^{2n}}=0$$

(ii) $x=1$일 때

$\lim_{n\to\infty} x^{2n}=\lim_{n\to\infty} x^{2n+1}=1$이므로

$$f(x)=\lim_{n\to\infty}\frac{2x^{2n+1}}{1+x^{2n}}=\frac{2\times1}{1+1}=1$$

(iii) $|x|>1$, 즉 $x<-1$ 또는 $x>1$일 때

$\lim_{n\to\infty} x^{2n}=\infty$이므로

$$f(x)=\lim_{n\to\infty}\frac{2x^{2n+1}}{1+x^{2n}}=\lim_{n\to\infty}\frac{2x}{\frac{1}{x^{2n}}+1}=2x$$

(iv) $x=-1$일 때

$\lim_{n\to\infty} x^{2n}=1$, $\lim_{n\to\infty} x^{2n+1}=-1$이므로

$$f(x)=\lim_{n\to\infty}\frac{2x^{2n+1}}{1+x^{2n}}=\frac{2\times(-1)}{1+1}=-1$$

(i)~(iv)에 의하여

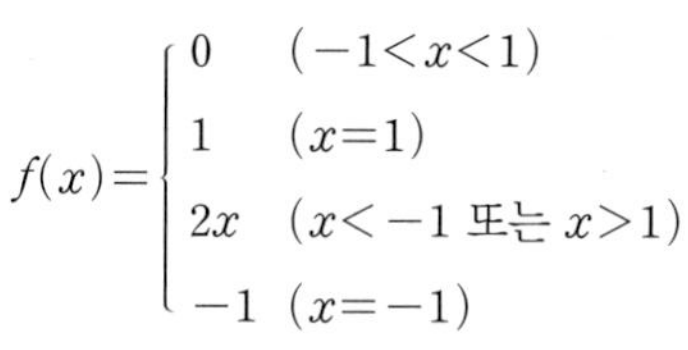

$$f(x)=\begin{cases}0 & (-1<x<1)\\ 1 & (x=1)\\ 2x & (x<-1 \text{ 또는 } x>1)\\ -1 & (x=-1)\end{cases}$$

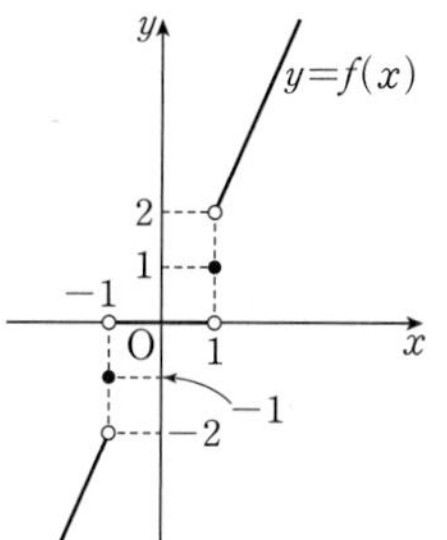

이므로 함수 $y=f(x)$의 그래프는 오른쪽 그림과 같다.

STEP 2 두 함수 $f(x)$, $g(x)=x+a$의 그래프의 교점의 개수 $h(a)$에 대하여

(v) $a=0$일 때

함수 $f(x)$의 그래프와 함수 $g(x)=x+a$, 즉 $g(x)=x$의 그래프는 서로 다른 세 점에서 만나므로

$h(0)=3$

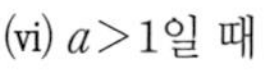

(vi) $a>1$일 때

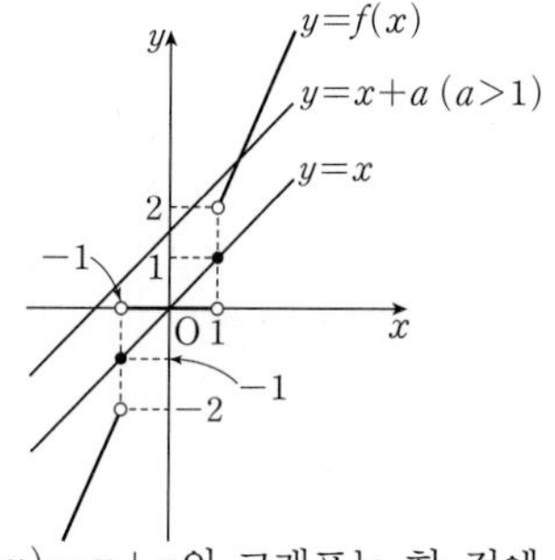

함수 $f(x)$의 그래프와 함수 $g(x)=x+a$의 그래프는 한 점에서 만나므로

$h(a)=1$

(v), (vi)에 의하여

$h(0)+\lim_{a\to1+} h(a)=3+1=4$

086 답 ③

STEP 1 (i) $|x|<1$, 즉 $-1<x<1$일 때

$\lim_{n\to\infty} x^{2n}=\lim_{n\to\infty} x^{2n-1}=0$이므로

$$f(x)=\lim_{n\to\infty}\frac{x^{2n-1}+x}{x^{2n}+2}=\frac{x}{2}$$

(ii) $x=1$일 때

$\lim_{n\to\infty} x^{2n}=\lim_{n\to\infty} x^{2n-1}=1$이므로

$$f(x)=\lim_{n\to\infty}\frac{x^{2n-1}+x}{x^{2n}+2}=\frac{1+1}{1+2}=\frac{2}{3}$$

(iii) $|x|>1$, 즉 $x<-1$ 또는 $x>1$일 때

$\lim_{n\to\infty} x^{2n}=\infty$, 즉 $\lim_{n\to\infty}\frac{1}{x^{2n}}=\lim_{n\to\infty}\frac{1}{x^{2n-1}}=0$이므로

$$f(x)=\lim_{n\to\infty}\frac{x^{2n-1}+x}{x^{2n}+2}=\lim_{n\to\infty}\frac{\frac{1}{x}+\frac{1}{x^{2n-1}}}{1+\frac{2}{x^{2n}}}=\frac{1}{x}$$

(iv) $x=-1$일 때

$\lim_{n\to\infty} x^{2n}=1$, $\lim_{n\to\infty} x^{2n-1}=-1$이므로

$$f(x)=\lim_{n\to\infty}\frac{x^{2n-1}+x}{x^{2n}+2}=\frac{-1-1}{1+2}=-\frac{2}{3}$$

(i)~(iv)에 의하여

$$f(x)=\begin{cases}\frac{x}{2} & (-1<x<1)\\ \frac{2}{3} & (x=1)\\ \frac{1}{x} & (x<-1 \text{ 또는 } x>1)\\ -\frac{2}{3} & (x=-1)\end{cases}$$

이므로 함수 $y=f(x)$의 그래프는 다음 그림과 같다.

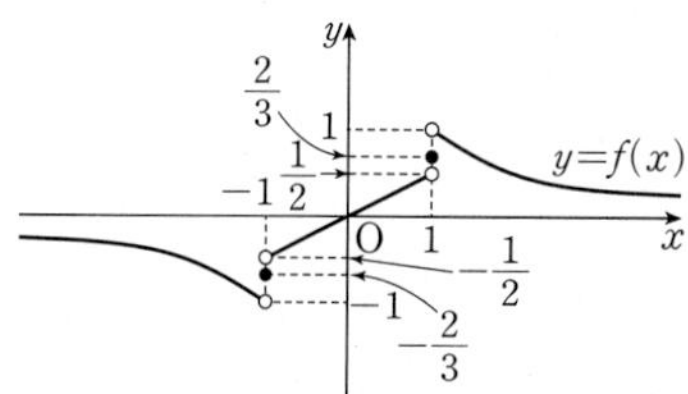

STEP 2 x에 대한 방정식 $f(x)-ax^2=0$, 즉 $f(x)=ax^2$이 서로 다른 네 실근을 가지려면 함수 $f(x)$의 그래프와 함수 $y=ax^2$ $(a>0)$의 그래프가 서로 다른 네 점에서 만나야 하므로 다음 그림과 같이 $y=ax^2$ $(a>0)$의 그래프는 점 $\left(1, \frac{2}{3}\right)$를 지나야 한다. #

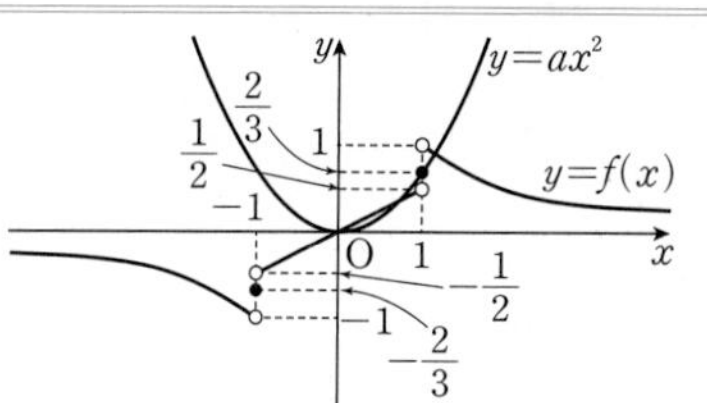

즉, $\frac{2}{3}=a\times1^2$이므로 $a=\frac{2}{3}$

$\therefore 60a=60\times\frac{2}{3}=40$

 # 참고

두 함수 $y=\frac{x}{2}$와 $y=\frac{2}{3}x^2$의 그래프의 교점의 x좌표는 방정식 $\frac{x}{2}=\frac{2}{3}x^2$, 즉 $4x^2-3x=0$의 근이므로

$x(4x-3)=0$

$\therefore x=0$ 또는 $x=\frac{3}{4}$

이때 $0<\frac{3}{4}<1$이므로 $0\le x<1$에서 두 함수 $y=\frac{x}{2}$와 $y=\frac{2}{3}x^2$의 그래프의 교점은 2개이다.

087 답 ②

해결 각 잡기

함수 $f(x)$가 실수 전체의 집합에서 연속이므로 $x=1$에서도 연속이다.

STEP 1 $x>1$일 때

$\lim_{n\to\infty} x^n=\infty$이므로

$$f(x)=\lim_{n\to\infty}\frac{2x^{n+1}+3x^n}{x^n+1}=\lim_{n\to\infty}\frac{2x+3}{1+\frac{1}{x^n}}=2x+3$$

$$\therefore f(x)=\begin{cases} x+a & (x\le 1) \\ 2x+3 & (x>1)\end{cases}$$

STEP 2 함수 $f(x)$가 실수 전체의 집합에서 연속이려면 $x=1$에서 연속이어야 하므로

$\lim_{x\to1+} f(x)=\lim_{x\to1-} f(x)=f(1)$에서

$\lim_{x\to1+}(2x+3)=\lim_{x\to1-}(x+a)=1+a$

$5=1+a \quad \therefore a=4$

088 답 ⑤

STEP 1 (i) $|x|<1$, 즉 $-1<x<1$일 때

$\lim_{n\to\infty} x^{2n}=\lim_{n\to\infty} x^{2n+1}=0$이므로

$$f(x)=\lim_{n\to\infty}\frac{x^{2n+1}+ax^2+bx-2}{x^{2n}+1}=ax^2+bx-2$$

(ii) $x=1$일 때

$\lim_{n\to\infty} x^{2n}=\lim_{n\to\infty} x^{2n+1}=1$이므로

$$f(x)=\lim_{n\to\infty}\frac{x^{2n+1}+ax^2+bx-2}{x^{2n}+1}=\frac{1+a+b-2}{1+1}=\frac{a+b-1}{2}$$

(iii) $|x|>1$, 즉 $x<-1$ 또는 $x>1$일 때

$\lim_{n\to\infty} x^{2n}=\infty$, 즉 $\lim_{n\to\infty}\frac{1}{x^{2n}}=\lim_{n\to\infty}\frac{1}{x^{2n-1}}=\lim_{n\to\infty}\frac{1}{x^{2n-2}}=0$이므로

$$f(x)=\lim_{n\to\infty}\frac{x^{2n+1}+ax^2+bx-2}{x^{2n}+1}=\lim_{n\to\infty}\frac{x+\frac{a}{x^{2n-2}}+\frac{b}{x^{2n-1}}-\frac{2}{x^{2n}}}{1+\frac{1}{x^{2n}}}=x$$

(iv) $x=-1$일 때

$\lim_{n\to\infty} x^{2n}=1$, $\lim_{n\to\infty} x^{2n+1}=-1$이므로

$$f(x)=\lim_{n\to\infty}\frac{x^{2n+1}+ax^2+bx-2}{x^{2n}+1}=\frac{-1+a-b-2}{1+1}=\frac{a-b-3}{2}$$

(i)~(iv)에 의하여

$$f(x)=\begin{cases} ax^2+bx-2 & (-1<x<1) \\ \frac{a+b-1}{2} & (x=1) \\ x & (x<-1 \text{ 또는 } x>1) \\ \frac{a-b-3}{2} & (x=-1)\end{cases}$$

STEP 2 함수 $f(x)$가 실수 전체의 집합에서 연속이려면 $x=-1$, $x=1$에서 연속이어야 하므로

$\lim_{x\to-1+} f(x)=\lim_{x\to-1-} f(x)=f(-1)$에서

$\lim_{x\to-1+}(ax^2+bx-2)=\lim_{x\to-1-} x=\frac{a-b-3}{2}$

$a-b-2=-1=\frac{a-b-3}{2}$

$\therefore a-b=1$ ······ ㉠

$\lim_{x\to1+} f(x)=\lim_{x\to1-} f(x)=f(1)$에서

$\lim_{x\to1+} x=\lim_{x\to1-}(ax^2+bx-2)=\frac{a+b-1}{2}$

$1=a+b-2=\frac{a+b-1}{2}$

$\therefore a+b=3$ ······ ㉡

㉠, ㉡을 연립하여 풀면

$a=2$, $b=1$

$\therefore ab=2\times1=2$

089 답 30

해결 각 잡기

함수 $g(x)$가 $x=a$에서 불연속일 때, 연속함수 $f(x)$에 대하여 함수 $f(x)g(x)$가 연속이려면 $f(a)=0$이어야 한다.

→ $\lim_{x\to a+} f(x)g(x)=\lim_{x\to a-} f(x)g(x)=f(a)g(a)$이려면

$\lim_{x\to a+} f(x)=\lim_{x\to a-} f(x)=f(a)=0$

STEP 1 $g(x)=\lim_{n\to\infty}\frac{x^{2n+1}+3}{x^{2n}+1}$ $(x>-1)$에서

(i) $|x|<1$, 즉 $-1<x<1$일 때

$\lim_{n\to\infty} x^{2n}=\lim_{n\to\infty} x^{2n+1}=0$이므로

$$g(x)=\lim_{n\to\infty}\frac{x^{2n+1}+3}{x^{2n}+1}=3$$

(ii) $x=1$일 때

$\lim_{n\to\infty} x^{2n}=\lim_{n\to\infty} x^{2n+1}=1$이므로

$$g(x)=\lim_{n\to\infty}\frac{x^{2n+1}+3}{x^{2n}+1}=\frac{1+3}{1+1}=2$$

(iii) $x>1$일 때

$\lim_{n\to\infty} x^{2n}=\infty$이므로

$$g(x)=\lim_{n\to\infty}\frac{x^{2n+1}+3}{x^{2n}+1}=\frac{x+\frac{3}{x^{2n}}}{1+\frac{1}{x^{2n}}}=x$$

(i), (ii), (iii)에 의하여

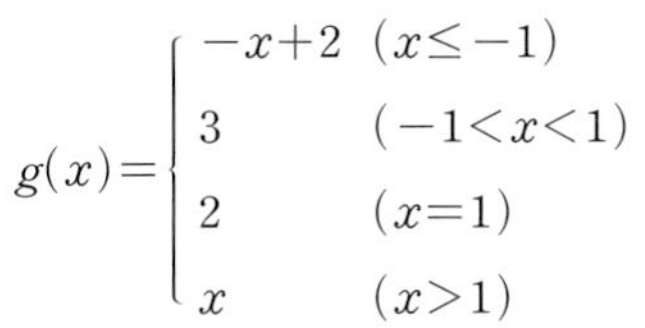

$$g(x)=\begin{cases} -x+2 & (x\le -1) \\ 3 & (-1<x<1) \\ 2 & (x=1) \\ x & (x>1) \end{cases}$$

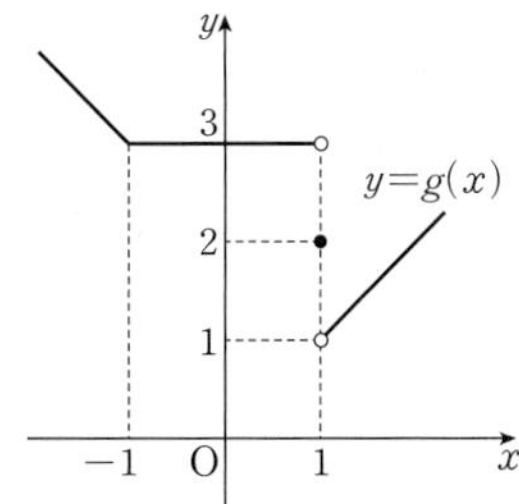

이므로 함수 $y=g(x)$의 그래프는 오른쪽 그림과 같다.

STEP 2 이때 함수 $g(x)$는 $x=1$에서만 불연속이므로 함수 $f(x)g(x)$가 실수 전체의 집합에서 연속이려면 $f(1)=0$이어야 한다.

즉, $f(1)=3+a=0$에서

$a=-3$

따라서 $f(x)=3x-3$이므로

$f(11)=30$

다른 풀이 **STEP 2**

함수 $g(x)$는 $x=1$에서만 불연속이므로 함수 $f(x)g(x)$가 실수 전체의 집합에서 연속이려면

$\lim_{x\to1+} f(x)g(x)=\lim_{x\to1-} f(x)g(x)=f(1)g(1)$

$3+a=3(3+a)=2(3+a)$

$\therefore a=-3$

따라서 $f(x)=3x-3$이므로

$f(11)=30$

090 답 ③

STEP 1 $g(x)=\lim_{n\to\infty}\dfrac{2|x-b|^n+1}{|x-b|^n+1}$에서

(i) $|x-b|<1$, 즉 $b-1<x<b+1$일 때

$\lim_{n\to\infty}|x-b|^n=0$이므로

$$g(x)=\lim_{n\to\infty}\frac{2|x-b|^n+1}{|x-b|^n+1}=1$$

(ii) $|x-b|=1$, 즉 $x=b-1$ 또는 $x=b+1$일 때

$\lim_{n\to\infty}|x-b|^n=1$이므로

$$g(x)=\lim_{n\to\infty}\frac{2|x-b|^n+1}{|x-b|^n+1}=\frac{2+1}{1+1}=\frac{3}{2}$$

(iii) $|x-b|>1$, 즉 $x<b-1$ 또는 $x>b+1$일 때

$\lim_{n\to\infty}|x-b|^n=\infty$이므로

$$g(x)=\lim_{n\to\infty}\frac{2|x-b|^n+1}{|x-b|^n+1}=\lim_{n\to\infty}\frac{2+\frac{1}{|x-b|^n}}{1+\frac{1}{|x-b|^n}}=2$$

(i), (ii), (iii)에 의하여

$$g(x)=\begin{cases} 1 & (b-1<x<b+1) \\ \frac{3}{2} & (x=b-1 \text{ 또는 } x=b+1) \\ 2 & (x<b-1 \text{ 또는 } x>b+1) \end{cases}$$

이므로 함수 $y=g(x)$의 그래프는 다음 그림과 같다.

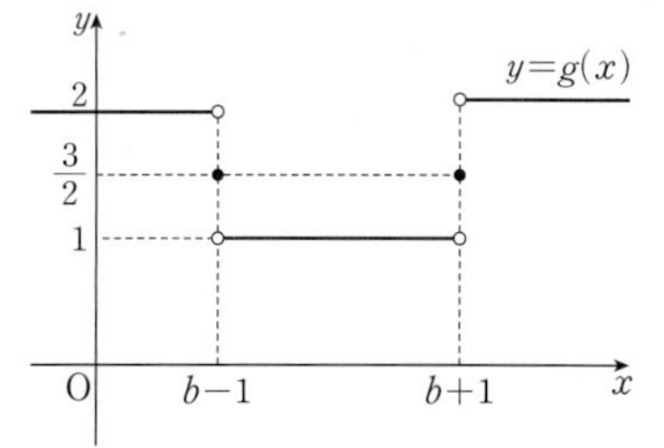

STEP 2 이때 함수 $g(x)$는 $x=b-1$, $x=b+1$에서만 불연속이므로 함수 $h(x)=f(x)g(x)$가 모든 실수 x에서 연속이 되려면 $f(b-1)=f(b+1)=0$이어야 한다.

이차함수 $f(x)=x^2-4x+a=(x-2)^2+a-4$의 그래프의 축의 방정식은 $x=2$이고, $f(b-1)=f(b+1)$을 만족시키는 함수 $f(x)$의 그래프는 직선 $x=b$에 대하여 대칭이므로 #

$b=2$

$\therefore f(1)=f(3)=0$

$f(1)=0$에서 $1-4+a=0$ $\quad\therefore a=3$

$\therefore a+b=3+2=5$

다른 풀이 **STEP 2**

함수 $g(x)$는 $x=b-1$, $x=b+1$에서만 불연속이므로 함수 $h(x)=f(x)g(x)$가 모든 실수 x에서 연속이 되려면 $f(b-1)=f(b+1)=0$이어야 한다.

즉, 이차방정식 $f(x)=0$, 즉 $x^2-4x+a=0$의 두 실근이 $b-1$, $b+1$이므로 이차방정식의 근과 계수의 관계에 의하여

$(b-1)+(b+1)=4$, $2b=4$

$\therefore b=2$

$(b-1)(b+1)=a$, $b^2-1=a$

$\therefore a=3$

$\therefore a+b=3+2=5$

 # 참고

(1) 이차함수의 그래프 위의 서로 다른 두 점의 y좌표가 같으면 그 두 점은 이차함수의 그래프의 축에 대하여 대칭이다.

(2) 함수 $f(x)$가 $f(a-x)=f(a+x)$를 만족시키면 이 함수의 그래프는 직선 $x=a$에 대하여 대칭이다.

091 답 ③

STEP 1 (i) $|x|<1$, 즉 $-1<x<1$일 때

$\lim_{n\to\infty}x^{2n}=\lim_{n\to\infty}x^{2n+1}=0$이므로

$$f(x)=\lim_{n\to\infty}\frac{(a-2)x^{2n+1}+2x}{3x^{2n}+1}=2x \quad\cdots\cdots ㉠$$

(ii) $x=1$일 때

$\lim_{n\to\infty}x^{2n}=\lim_{n\to\infty}x^{2n+1}=1$이므로

$$f(x)=\lim_{n\to\infty}\frac{(a-2)x^{2n+1}+2x}{3x^{2n}+1}=\frac{a}{4} \quad\cdots\cdots ㉡$$

(iii) $|x|>1$, 즉 $x<-1$ 또는 $x>1$일 때

$\lim_{n\to\infty}x^{2n}=\infty$, 즉 $\lim_{n\to\infty}\dfrac{1}{x^{2n}}=\lim_{n\to\infty}\dfrac{1}{x^{2n-1}}=0$이므로

$$f(x)=\lim_{n\to\infty}\frac{(a-2)x^{2n+1}+2x}{3x^{2n}+1}$$

$$=\lim_{n\to\infty}\frac{(a-2)x+\frac{2}{x^{2n-1}}}{3+\frac{1}{x^{2n}}}$$

$$=\frac{a-2}{3}x \quad \cdots\cdots ㉢$$

(iv) $x=-1$일 때

$\lim_{n\to\infty}x^{2n}=1$, $\lim_{n\to\infty}x^{2n+1}=-1$이므로

$$f(x)=\lim_{n\to\infty}\frac{(a-2)x^{2n+1}+2x}{3x^{2n}+1}$$

$$=\frac{-(a-2)-2}{3+1}=-\frac{a}{4} \quad \cdots\cdots ㉣$$

STEP 2 (i)~(iv)에 의하여

$f(1)=\frac{a}{4}$이므로 $(f\circ f)(1)=\frac{5}{4}$가 되도록 하려면 $f\left(\frac{a}{4}\right)=\frac{5}{4}$이어야 한다. $\cdots\cdots$ ㉤

STEP 3 (v) $-1<\frac{a}{4}<1$, 즉 $-4<a<4$일 때 #

㉠에서 $f(x)=2x$이므로 $f\left(\frac{a}{4}\right)=\frac{a}{2}$

즉, ㉤에서 $\frac{a}{2}=\frac{5}{4}$이므로 $a=\frac{5}{2}$

(vi) $\frac{a}{4}=1$, 즉 $a=4$일 때 #

㉡에서 $f(x)=\frac{a}{4}$이므로 $f\left(\frac{a}{4}\right)=\frac{a}{4}$

즉, ㉤에서 $\frac{a}{4}=\frac{5}{4}$이므로 $a=5$

이때 $a=4$이므로 주어진 조건을 만족시키지 않는다.

(vii) $\frac{a}{4}<-1$ 또는 $\frac{a}{4}>1$, 즉 $a<-4$ 또는 $a>4$일 때 #

㉢에서 $f(x)=\frac{a-2}{3}x$이므로 $f\left(\frac{a}{4}\right)=\frac{a^2-2a}{12}$

즉, ㉤에서 $\frac{a^2-2a}{12}=\frac{5}{4}$이므로

$a^2-2a-15=0$, $(a+3)(a-5)=0$

$\therefore a=5$ ($\because a<-4$ 또는 $a>4$)

(viii) $\frac{a}{4}=-1$, 즉 $a=-4$일 때 #

㉣에서 $f(x)=-\frac{a}{4}$이므로 $f\left(\frac{a}{4}\right)=-\frac{a}{4}$

즉, ㉤에서 $-\frac{a}{4}=\frac{5}{4}$이므로 $a=-5$

이때 $a=-4$이므로 주어진 조건을 만족시키지 않는다.

(v)~(viii)에서 모든 a의 값은 $\frac{5}{2}$, 5이므로 그 합은

$\frac{5}{2}+5=\frac{15}{2}$

 # 참고

함수 $f(x)$가 $|x|<1$, $x=1$, $|x|>1$, $x=-1$로 나뉘어서 정의된 함수이므로 함숫값 $f\left(\frac{a}{4}\right)$를 구할 때도 $\left|\frac{a}{4}\right|<1$, $\frac{a}{4}=1$, $\left|\frac{a}{4}\right|>1$, $\frac{a}{4}=-1$로 나누어서 구해야 한다.

092 답 ④

STEP 1 (i) $|f(x)|<1$, 즉 $-1<f(x)<1$일 때

$\lim_{n\to\infty}\{f(x)\}^{2n}=0$이므로

$$g(x)=\lim_{n\to\infty}\frac{1}{1+\{f(x)\}^{2n}}=1$$

(ii) $|f(x)|=1$, 즉 $f(x)=\pm1$일 때

$\lim_{n\to\infty}\{f(x)\}^{2n}=1$이므로

$$g(x)=\lim_{n\to\infty}\frac{1}{1+\{f(x)\}^{2n}}=\frac{1}{2}$$

(iii) $|f(x)|>1$, 즉 $f(x)<-1$ 또는 $f(x)>1$일 때

$\lim_{n\to\infty}\{f(x)\}^{2n}=\infty$이므로

$$g(x)=\lim_{n\to\infty}\frac{1}{1+\{f(x)\}^{2n}}=0$$

(i), (ii), (iii)에 의하여

$$g(x)=\begin{cases}1 & (-1<f(x)<1)\\ \frac{1}{2} & (f(x)=\pm1)\\ 0 & (f(x)<-1 \text{ 또는 } f(x)>1)\end{cases}$$

이므로 함수 $g(x)$는 $f(x)=-1$ 또는 $f(x)=1$일 때만 불연속이다.

STEP 2 한편, 삼차함수 $y=f(x)$가 극댓값 $\frac{1}{2}$, 극솟값 -2를 가지므로 이 함수의 그래프의 개형은 다음과 같다.

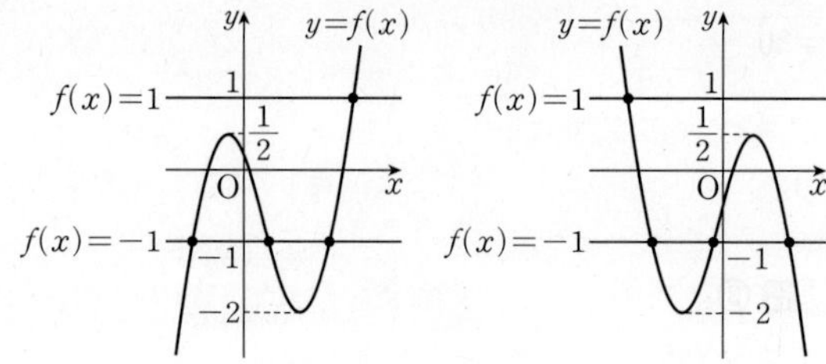

즉, $f(x)=-1$을 만족시키는 x는 3개, $f(x)=1$을 만족시키는 x는 1개이므로 실수 전체의 집합에서 함수 $g(x)$가 불연속인 x는 4개이다.

093 답 ③

해결 각 잡기

- 직선 $y=g(x)$는 원점과 점 $(3, 3)$을 지나므로 함수 $g(x)$를 구할 수 있다.
- $h(2)$의 값은 $f(2)$, $g(2)$의 값을 이용하여 구하고 $h(3)$의 값은 $f(3)$, $g(3)$의 값을 이용하여 구한다.
  이때 두 함숫값의 대소 관계를 고려하여 극한값을 구한다.

STEP 1 원점과 점 $(3, 3)$을 지나는 직선의 방정식은 $y=x$이므로

$g(x)=x$

STEP 2 $f(2)=4$, $g(2)=2$이므로

$$h(2)=\lim_{n\to\infty}\frac{\{f(2)\}^{n+1}+5\{g(2)\}^n}{\{f(2)\}^n+\{g(2)\}^n}$$

$$=\lim_{n\to\infty}\frac{4^{n+1}+5\times2^n}{4^n+2^n}=\lim_{n\to\infty}\frac{4+5\times\left(\frac{1}{2}\right)^n}{1+\left(\frac{1}{2}\right)^n}=4$$

또, $f(3)=3$, $g(3)=3$이므로

$$h(3)=\lim_{n\to\infty}\frac{\{f(3)\}^{n+1}+5\{g(3)\}^n}{\{f(3)\}^n+\{g(3)\}^n}$$
$$=\lim_{n\to\infty}\frac{3^{n+1}+5\times3^n}{3^n+3^n}$$
$$=\frac{3+5}{1+1}=4$$

STEP 3 $\therefore h(2)+h(3)=4+4=8$

094 답 ④

해결 각 잡기

두 밑 x와 $\frac{4}{x}$의 대소 관계에 따라 극한값이 달라지므로 $0<x<\frac{4}{x}$, $x=\frac{4}{x}$, $0<\frac{4}{x}<x$인 경우로 나누어 푼다.

STEP 1 (i) $0<x<\frac{4}{x}$, 즉 $0<x<2$일 때

$\lim_{n\to\infty}\left(\frac{x}{\frac{4}{x}}\right)^n=0$이므로

$$f(x)=\lim_{n\to\infty}\frac{x^{n+1}+\left(\frac{4}{x}\right)^n}{x^n+\left(\frac{4}{x}\right)^{n+1}}$$
$$=\lim_{n\to\infty}\frac{x\times\left(\frac{x}{\frac{4}{x}}\right)^n+1}{\left(\frac{x}{\frac{4}{x}}\right)^n+\frac{4}{x}}$$
$$=\frac{x}{4}$$

방정식 $f(x)=2x-3$에서 $\frac{x}{4}=2x-3$이므로

$x=8x-12$, $7x=12$

$\therefore x=\frac{12}{7}$

이때 $0<x<2$이므로 주어진 조건을 만족시킨다.

(ii) $x=\frac{4}{x}$, 즉 $x=2$ ($\because x>0$)일 때

$$f(x)=\lim_{n\to\infty}\frac{x^{n+1}+\left(\frac{4}{x}\right)^n}{x^n+\left(\frac{4}{x}\right)^{n+1}}$$
$$=\lim_{n\to\infty}\frac{2^{n+1}+2^n}{2^n+2^{n+1}}=1$$

방정식 $f(x)=2x-3$에서 $1=2x-3$이므로

$2x=4$ $\qquad\therefore x=2$

이때 $x=2$이므로 주어진 조건을 만족시킨다.

(iii) $0<\frac{4}{x}<x$, 즉 $x>2$ ($\because x>0$)일 때

$\lim_{n\to\infty}\left(\frac{\frac{4}{x}}{x}\right)^n=0$이므로

$$f(x)=\lim_{n\to\infty}\frac{x^{n+1}+\left(\frac{4}{x}\right)^n}{x^n+\left(\frac{4}{x}\right)^{n+1}}$$
$$=\lim_{n\to\infty}\frac{x+\left(\frac{\frac{4}{x}}{x}\right)^n}{1+\frac{4}{x}\times\left(\frac{\frac{4}{x}}{x}\right)^n}=x$$

방정식 $f(x)=2x-3$에서 $x=2x-3$이므로

$x=3$

이때 $x>2$이므로 주어진 조건을 만족시킨다.

STEP 2 (i), (ii), (iii)에 의하여 모든 실근은 $\frac{12}{7}$, 2, 3이므로 그 합은

$\frac{12}{7}+2+3=\frac{47}{7}$

095 답 ⑤

해결 각 잡기

- 주어진 조건을 이용하면 $\square<a_n\le\triangle$ 꼴의 부등식을 세울 수 있다.
- $\lim_{n\to\infty}\frac{a_n}{n^2}$의 값을 구하기 위해서 $\square<a_n\le\triangle$ 꼴의 부등식을 $\frac{\square}{n^2}<\frac{a_n}{n^2}\le\frac{\triangle}{n^2}$ 꼴로 변형한다.

STEP 1 곡선 $y=x^2-(n+1)x+a_n$은 x축과 만나므로 이차방정식 $x^2-(n+1)x+a_n=0$의 판별식을 D_1이라 하면

$D_1=(n+1)^2-4a_n\ge0$

$\therefore a_n\le\frac{(n+1)^2}{4}$ $\qquad$ …… ㉠

또, 곡선 $y=x^2-nx+a_n$은 x축과 만나지 않으므로 이차방정식 $x^2-nx+a_n=0$의 판별식을 D_2라 하면

$D_2=n^2-4a_n<0$

$\therefore a_n>\frac{n^2}{4}$ $\qquad$ …… ㉡

㉠, ㉡에서

$\frac{n^2}{4}<a_n\le\frac{(n+1)^2}{4}$

$\therefore \frac{n^2}{4n^2}<\frac{a_n}{n^2}\le\frac{(n+1)^2}{4n^2}$ ($\because n^2>0$)

STEP 2 이때 $\lim_{n\to\infty}\frac{n^2}{4n^2}=\lim_{n\to\infty}\frac{(n+1)^2}{4n^2}=\frac{1}{4}$이므로

$\lim_{n\to\infty}\frac{a_n}{n^2}=\frac{1}{4}$

096 답 ④

해결 각 잡기

주어진 조건을 이용하여 문제에서 정의된 수열의 일반항을 n에 대한 식으로 나타낸다.

STEP 1 직선 $y=2nx$와 수직인 직선의 기울기는 $-\frac{1}{2n}$이므로 기울기가 $-\frac{1}{2n}$이고 점 $P(n, 2n^2)$을 지나는 직선의 방정식은

$y=-\frac{1}{2n}(x-n)+2n^2$

$\therefore y=-\frac{1}{2n}x+2n^2+\frac{1}{2}$

이 식에 $y=0$을 대입하면

$0=-\frac{1}{2n}x+2n^2+\frac{1}{2}$

$\frac{1}{2n}x=2n^2+\frac{1}{2}$ $\quad\therefore x=4n^3+n$

따라서 점 Q의 좌표가 $(4n^3+n, 0)$이므로

$l_n=\overline{OQ}=4n^3+n$

STEP 2 $\therefore \lim_{n\to\infty}\frac{l_n}{n^3}=\lim_{n\to\infty}\frac{4n^3+n}{n^3}=4$

다른 풀이 **STEP 1**

점 P에서 x축에 내린 수선의 발을 H라 하면

$\overline{HP}^2=\overline{OH}\times\overline{HQ}$이므로

$(2n^2)^2=n\times(l_n-n)$, $4n^4=n\times l_n-n^2$

$n\times l_n=4n^4+n^2$ $\quad\therefore l_n=4n^3+n$

097 답 ④

STEP 1 곡선 $y=x^2$과 직선 $y=-x+n$의 두 교점의 x좌표를 α_n, β_n $(\alpha_n<\beta_n)$이라 하면 두 교점의 좌표는

$(\alpha_n, -\alpha_n+n)$, $(\beta_n, -\beta_n+n)$ ...... ㉠

또, α_n, β_n은 이차방정식 $x^2=-x+n$, 즉 $x^2+x-n=0$의 두 근이므로 이차방정식의 근과 계수의 관계에 의하여

$\alpha_n+\beta_n=-1$, $\alpha_n\beta_n=-n$ ...... ㉡

㉠, ㉡에 의하여

$l_n^2=(\alpha_n-\beta_n)^2+\{-\alpha_n+n-(-\beta_n+n)\}^2$

$=2(\alpha_n-\beta_n)^2$

$=2\{(\alpha_n+\beta_n)^2-4\alpha_n\beta_n\}$

$=2(1+4n)=8n+2$

STEP 2 $\therefore \lim_{n\to\infty}\frac{l_n^2}{n}=\lim_{n\to\infty}\frac{8n+2}{n}=8$

098 답 ③

STEP 1 두 점 A_n, B_n은 직선 $y=2nx$와 곡선 $y=x^2+n^2-1$의 교점이므로

$2nx=x^2+n^2-1$에서

$x^2-2nx+(n-1)(n+1)=0$

$(x-n+1)(x-n-1)=0$ $\quad\therefore x=n-1$ 또는 $x=n+1$

즉, $A_n(n-1, 2n^2-2n)$, $B_n(n+1, 2n^2+2n)$ 또는

$A_n(n+1, 2n^2+2n)$, $B_n(n-1, 2n^2-2n)$이므로

$\overline{A_nB_n}=\sqrt{2^2+(4n)^2}=\sqrt{16n^2+4}$

STEP 2 삼각형 A_nB_nP의 넓이가 최대가 되려면 원 $(x-2)^2+y^2=1$ 위의 점 P와 직선 $y=2nx$ 사이의 거리가 최대이어야 하고 그 최댓값은 원 $(x-2)^2+y^2=1$의 중심 $(2, 0)$과 직선 $y=2nx$ 사이의 거리에 원의 반지름의 길이 1을 더한 값과 같다.

즉, 원의 중심 $(2, 0)$과 직선 $y=2nx$, 즉 $2nx-y=0$ 사이의 거리는 $\frac{4n}{\sqrt{4n^2+1}}$이므로 삼각형 $A_nB_nP_n$의 높이는

$\frac{4n}{\sqrt{4n^2+1}}+1$

STEP 3 따라서 삼각형 $A_nB_nP_n$의 넓이 S_n은

$S_n=\frac{1}{2}\times\sqrt{16n^2+4}\times\left(\frac{4n}{\sqrt{4n^2+1}}+1\right)$

$=\frac{1}{2}\times2\sqrt{4n^2+1}\times\left(\frac{4n}{\sqrt{4n^2+1}}+1\right)$

$=4n+\sqrt{4n^2+1}$

$\therefore \lim_{n\to\infty}\frac{S_n}{n}=\lim_{n\to\infty}\frac{4n+\sqrt{4n^2+1}}{n}=4+\sqrt{4}=6$

099 답 ③

STEP 1 네 점 P_n, Q_n, Q_{n+1}, P_{n+1}의 좌표는

$P_n(n, 2^n)$, $Q_n\left(n, \left(\frac{1}{3}\right)^n\right)$, $Q_{n+1}\left(n+1, \left(\frac{1}{3}\right)^{n+1}\right)$, $P_{n+1}(n+1, 2^{n+1})$

이므로

$\overline{P_nQ_n}=2^n-\left(\frac{1}{3}\right)^n$, $\overline{P_{n+1}Q_{n+1}}=2^{n+1}-\left(\frac{1}{3}\right)^{n+1}$

$\therefore A_n=\frac{1}{2}\times1\times(\overline{P_nQ_n}+\overline{P_{n+1}Q_{n+1}})$

$=\frac{1}{2}\times1\times\left[\left\{2^n-\left(\frac{1}{3}\right)^n\right\}+\left\{2^{n+1}-\left(\frac{1}{3}\right)^{n+1}\right\}\right]$

$=\frac{1}{2}\times\left\{2^n-\left(\frac{1}{3}\right)^n+2\times2^n-\frac{1}{3}\times\left(\frac{1}{3}\right)^n\right\}$

$=\frac{1}{2}\left\{3\times2^n-\frac{4}{3}\times\left(\frac{1}{3}\right)^n\right\}$

$=\frac{3}{2}\times2^n-\frac{2}{3}\times\left(\frac{1}{3}\right)^n$

STEP 2 $\therefore \lim_{n\to\infty}\frac{A_n}{2^{n-1}}=\lim_{n\to\infty}\frac{\frac{3}{2}\times2^n-\frac{2}{3}\times\left(\frac{1}{3}\right)^n}{\frac{1}{2}\times2^n}=3$

100 답 ③

STEP 1 두 점 P_n, Q_n의 좌표는 $P_n(n, 2^n)$, $Q_n(n, 3^n)$이므로

$\overline{P_nQ_n}=3^n-2^n$

$\therefore S_n=\frac{1}{2}\times\{n-(n-1)\}\times\overline{P_nQ_n}$

$=\frac{1}{2}\times1\times(3^n-2^n)$

$=\frac{1}{2}(3^n-2^n)$

STEP 2 $\therefore T_n=\sum_{k=1}^{n}S_k=\sum_{k=1}^{n}\frac{1}{2}(3^k-2^k)$

$=\frac{1}{2}\sum_{k=1}^{n}3^k-\frac{1}{2}\sum_{k=1}^{n}2^k$

$$=\frac{1}{2}\times\frac{3(3^n-1)}{3-1}-\frac{1}{2}\times\frac{2(2^n-1)}{2-1}$$ #

$$=\frac{3}{4}\times3^n-\frac{3}{4}-2^n+1$$

$$=\frac{3^{n+1}}{4}-2^n+\frac{1}{4}$$

STEP 3 $\therefore \lim_{n\to\infty}\frac{T_n}{3^n}=\lim_{n\to\infty}\frac{\frac{3^{n+1}}{4}-2^n+\frac{1}{4}}{3^n}=\frac{3}{4}$

 # 참고

(1) $\sum_{k=1}^{n}3^k$의 값은 첫째항이 3, 공비가 3, 항의 개수가 n인 등비수열의 합과 같다.

(2) $\sum_{k=1}^{n}2^k$의 값은 첫째항이 2, 공비가 2, 항의 개수가 n인 등비수열의 합과 같다.

101 답 ③

STEP 1 직각삼각형 ABC에서

$\overline{BC}=\sqrt{2^2+n^2}=\sqrt{n^2+4}$

선분 AD가 ∠A의 이등분선이므로

$\overline{BD}:\overline{CD}=\overline{AB}:\overline{AC}=2:n$

$\therefore a_n=\overline{CD}=\frac{n}{n+2}\times\overline{BC}=\frac{n\sqrt{n^2+4}}{n+2}$

STEP 2 $\therefore \lim_{n\to\infty}(n-a_n)=\lim_{n\to\infty}\left(n-\frac{n\sqrt{n^2+4}}{n+2}\right)$

$$=\lim_{n\to\infty}\frac{n(n+2)-n\sqrt{n^2+4}}{n+2}$$

$$=\lim_{n\to\infty}\frac{n(n+2-\sqrt{n^2+4})}{n+2}$$

$$=\lim_{n\to\infty}\left\{\frac{n}{n+2}\times\frac{(n+2)^2-(n^2+4)}{n+2+\sqrt{n^2+4}}\right\}$$

$$=\lim_{n\to\infty}\left(\frac{n}{n+2}\times\frac{4n}{n+2+\sqrt{n^2+4}}\right)$$

$$=1\times\frac{4}{2}=2$$

102 답 ②

STEP 1 $A_n(n,\ 0)$, $B_n(0,\ n+1)$이므로

$\overline{A_nB_n}=\sqrt{n^2+(n+1)^2}=\sqrt{2n^2+2n+1}$

STEP 2 선분 B_nP_n이 $\angle OBA_n$의 이등분선이므로 #

$\overline{OP_n}:\overline{A_nP_n}=\overline{B_nO}:\overline{B_nA_n}=(n+1):\sqrt{2n^2+2n+1}$

$\therefore \overline{OP_n}=\frac{n+1}{n+1+\sqrt{2n^2+2n+1}}\times\overline{OA_n}=\frac{n(n+1)}{n+1+\sqrt{2n^2+2n+1}}$

STEP 3 $\therefore \lim_{n\to\infty}\frac{\overline{OP_n}}{n}=\lim_{n\to\infty}\frac{n(n+1)}{n(n+1+\sqrt{2n^2+2n+1})}$

$$=\lim_{n\to\infty}\frac{n+1}{n+1+\sqrt{2n^2+2n+1}}$$

$$=\frac{1}{1+\sqrt{2}}=\sqrt{2}-1$$

다른 풀이 STEP 2 + STEP 3

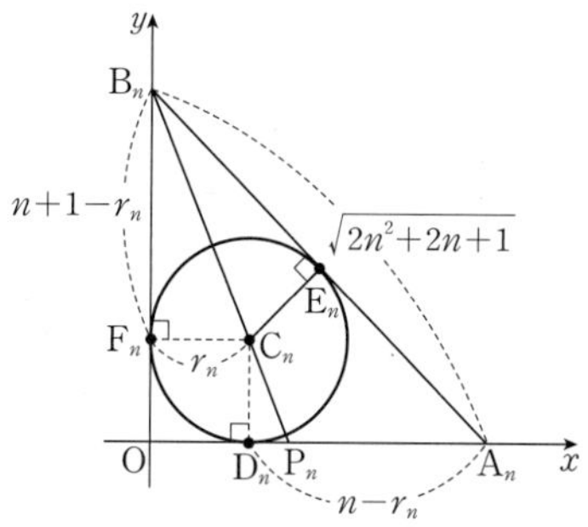

오른쪽 그림과 같이 삼각형 OA_nB_n에 내접하는 원의 중심의 좌표를 $C_n(r_n,\ r_n)$이라 하고 내접하는 원이 삼각형 OA_nB_n의 세 변과 만나는 점을 각각 D_n, E_n, F_n이라 하자.

y, B_n, $n+1-r_n$, $\sqrt{2n^2+2n+1}$, E_n, F_n, C_n, r_n, r_n, O, D_n, P_n, A_n, x, $n-r_n$

$\overline{F_nC_n}\mathbin{/\!/}\overline{OP_n}$이므로

$\overline{B_nF_n}:\overline{B_nO}=\overline{F_nC_n}:\overline{OP_n}$에서

$(n+1-r_n):(n+1)=r_n:\overline{OP_n}$

$\therefore \overline{OP_n}=\frac{(n+1)r_n}{n+1-r_n}$ …… ㉠

$\overline{B_nE_n}=\overline{B_nF_n}=n+1-r_n$, $\overline{A_nE_n}=\overline{A_nD_n}=n-r_n$이고

$\overline{B_nE_n}+\overline{A_nE_n}=\overline{A_nB_n}$이므로

$(n+1-r_n)+(n-r_n)=\sqrt{2n^2+2n+1}$

$\therefore r_n=\frac{1}{2}(2n+1-\sqrt{2n^2+2n+1})$ …… ㉡

㉡을 ㉠에 대입하면

$$\overline{OP_n}=\frac{\frac{1}{2}(n+1)(2n+1-\sqrt{2n^2+2n+1})}{n+1-\frac{1}{2}(2n+1-\sqrt{2n^2+2n+1})}$$

$$=\frac{(n+1)(2n+1-\sqrt{2n^2+2n+1})}{1+\sqrt{2n^2+2n+1}}$$

$\therefore \lim_{n\to\infty}\frac{\overline{OP_n}}{n}=\lim_{n\to\infty}\frac{(n+1)(2n+1-\sqrt{2n^2+2n+1})}{n(1+\sqrt{2n^2+2n+1})}$

$$=\frac{2-\sqrt{2}}{\sqrt{2}}=\sqrt{2}-1$$

 # 참고

위의 그림의 $\triangle B_nF_nC_n$과 $\triangle B_nE_nC_n$에서

$\angle B_nF_nC_n=\angle B_nE_nC_n=90°$, $\overline{F_nC_n}=\overline{E_nC_n}=r_n$, $\overline{B_nC_n}$은 공통이므로

$\triangle B_nF_nC_n\equiv\triangle B_nE_nC_n$ $\therefore \angle F_nB_nC_n=\angle E_nB_nC_n$

103 답 2

해결 각 잡기

원의 중심 $(a_n,\ b_n)$은 접점 $(n,\ n)$을 지나고 접선 $y=x$에 수직인 직선 위의 점임을 이용하여 a_n과 b_n 사이의 관계식을 구한다.

STEP 1 점 $(n,\ n)$에서 직선 $y=x$와 접하는 원의 중심 $(a_n,\ b_n)$은 점 $(n,\ n)$을 지나고 직선 $y=x$와 수직인 직선 $y-n=-(x-n)$, 즉 $y=-x+2n$ 위에 있으므로

$b_n=-a_n+2n$ …… ㉠

또, 원의 중심 $(a_n,\ -a_n+2n)$이 두 점 $(n,\ n)$, $(1,\ 0)$으로부터의 거리가 서로 같으므로

$(a_n-n)^2+\{(-a_n+2n)-n\}^2=(a_n-1)^2+(-a_n+2n)^2$

$a_n^2-2na_n+n^2+a_n^2-2na_n+n^2=a_n^2-2a_n+1+a_n^2-4na_n+4n^2$

$2a_n=2n^2+1$

$\therefore a_n=\dfrac{2n^2+1}{2}$, $b_n=-\dfrac{2n^2+1}{2}+2n$ ($\because$ ㉠)

STEP 2 즉, $a_n-b_n=\dfrac{2n^2+1}{2}+\dfrac{2n^2+1}{2}-2n=2n^2-2n+1$이므로

$$\lim_{n\to\infty}\frac{a_n-b_n}{n^2}=\lim_{n\to\infty}\frac{2n^2-2n+1}{n^2}=2$$

104 답 ①

해결 각 잡기

원의 중심 P_n과 접선 사이의 거리는 원의 반지름의 길이와 같음을 이용하여 a_n을 n에 대한 식으로 나타낸다.

STEP 1 중심의 좌표가 $P_n(n, n^2)$인 원 C_n이 y축에 접하므로 이 원의 반지름의 길이는 n이다.

또, 원점을 지나고 기울기가 a_n인 직선의 방정식은 $y=a_nx$이다.

STEP 2 원 C_n과 직선 $y=a_nx$, 즉 $a_nx-y=0$이 접하므로 원의 중심 $P_n(n, n^2)$과 직선 $a_nx-y=0$ 사이의 거리는 반지름의 길이 n과 같다.

$$\therefore \frac{|na_n-n^2|}{\sqrt{a_n^2+1}}=n$$

이때 $n>0$이므로 $\dfrac{|a_n-n|}{\sqrt{a_n^2+1}}=1$

$|a_n-n|=\sqrt{a_n^2+1}$

$a_n^2-2na_n+n^2=a_n^2+1$

$\therefore a_n=\dfrac{n^2-1}{2n}$

STEP 3 $\therefore \lim_{n\to\infty}\dfrac{a_n}{n}=\lim_{n\to\infty}\dfrac{n^2-1}{2n^2}=\dfrac{1}{2}$

다른 풀이 **STEP 2**

원 C_n의 방정식 $(x-n)^2+(y-n^2)^2=n^2$에 $y=a_nx$를 대입하면

$(x-n)^2+(a_nx-n^2)^2=n^2$

$x^2-2nx+n^2+a_n^2x^2-2n^2a_nx+n^4=n^2$

$\therefore (1+a_n^2)x^2-2(n+n^2a_n)x+n^4=0$

이 이차방정식의 판별식을 D라 하면

$$\frac{D}{4}=(n+n^2a_n)^2-n^4(1+a_n^2)=0$$

$2n^3a_n=n^4-n^2 \qquad \therefore a_n=\dfrac{n^2-1}{2n}$

105 답 ①

STEP 1 점 A_{2n}의 좌표를 규칙에 따라 구하면

$A_1(0, 0)$

$A_2(a, 0)$

$A_3(a, a+1)$

$A_4(2a, a+1)$

$A_5(2a, 2a+2)$

$A_6(3a, 2a+2)$

$\vdots$

$A_{2n}(an, (a+1)(n-1))$ #

$\therefore \overline{A_1A_{2n}}=\sqrt{a^2n^2+(a+1)^2(n-1)^2}$

STEP 2 $\therefore \lim_{n\to\infty}\dfrac{\overline{A_1A_{2n}}}{n}=\lim_{n\to\infty}\dfrac{\sqrt{a^2n^2+(a+1)^2(n-1)^2}}{n}$

$=\sqrt{2a^2+2a+1}$

STEP 3 즉, $\sqrt{2a^2+2a+1}=\dfrac{\sqrt{34}}{2}$에서 양변을 제곱하여 정리하면

$4a^2+4a-15=0$, $(2a+5)(2a-3)=0$

$\therefore a=\dfrac{3}{2}$ ($\because a>0$)

 # 참고

점 A_{2n}의 좌표를 (x_{2n}, y_{2n})이라 하면 수열 $\{x_{2n}\}$은 첫째항이 a, 공차가 a인 등차수열이므로 $x_{2n}=an$, 수열 $\{y_{2n}\}$은 첫째항이 0, 공차가 $a+1$인 등차수열이므로 $y_{2n}=(a+1)(n-1)$이다.

106 답 ②

STEP 1 직선 $y=n$이 y축과 만나는 점 A_n의 좌표는

$A_n(0, n)$

$y=\log_a(x-1)$에 $y=n$을 대입하면

$n=\log_a(x-1) \qquad \therefore x=a^n+1$

$\therefore B_n(a^n+1, n)$

또, 두 점 A_{n+1}, B_{n+1}의 좌표는

$A_{n+1}(0, n+1)$, $B_{n+1}(a^{n+1}+1, n+1)$

$\therefore \overline{B_nB_{n+1}}=\sqrt{(a^{n+1}-a^n)^2+1^2}=\sqrt{(a-1)^2a^{2n}+1}$

이때 사각형 $A_nB_nB_{n+1}A_{n+1}$은 두 선분 A_nB_n, $A_{n+1}B_{n+1}$이 서로 평행하므로 사다리꼴이고 높이는 $\overline{A_nA_{n+1}}=1$이므로

$S_n=\dfrac{1}{2}\times(\overline{A_nB_n}+\overline{A_{n+1}B_{n+1}})\times\overline{A_nA_{n+1}}$

$=\dfrac{1}{2}\times\{(a^n+1)+(a^{n+1}+1)\}\times1$

$=\dfrac{(a+1)a^n+2}{2}$

STEP 2 $\lim_{n\to\infty}\dfrac{\overline{B_nB_{n+1}}}{S_n}=\lim_{n\to\infty}\dfrac{2\sqrt{(a-1)^2a^{2n}+1}}{(a+1)a^n+2}$에서

(i) $0<a<1$일 때

$\lim_{n\to\infty}a^n=0$이므로

$\lim_{n\to\infty}\dfrac{2\sqrt{(a-1)^2a^{2n}+1}}{(a+1)a^n+2}=\dfrac{2}{2}=1$

즉, $\dfrac{3}{2a+2}=1$이므로

$3=2a+2$, $2a=1 \qquad \therefore a=\dfrac{1}{2}$

이때 $0<a<1$이므로 주어진 조건을 만족시킨다.

(ii) $a>1$일 때

$\lim_{n\to\infty}a^n=\infty$이므로

$\lim_{n\to\infty}\dfrac{2\sqrt{(a-1)^2a^{2n}+1}}{(a+1)a^n+2}=\lim_{n\to\infty}\dfrac{2\sqrt{(a-1)^2+\dfrac{1}{a^{2n}}}}{(a+1)+\dfrac{2}{a^n}}$

$=\dfrac{2|a-1|}{a+1}=\dfrac{2(a-1)}{a+1}$ ($\because a>1$)

즉, $\frac{2(a-1)}{a+1}=\frac{3}{2a+2}$이므로

$4a^2-4=3a+3$, $4a^2-3a-7=0$

$(a+1)(4a-7)=0$

$\therefore a=\frac{7}{4}$ ($\because a>1$)

(i), (ii)에 의하여 모든 a의 값은 $\frac{1}{2}$, $\frac{7}{4}$이므로 그 합은

$\frac{1}{2}+\frac{7}{4}=\frac{9}{4}$

본문 35쪽 ~ 37쪽

C 수능 완성!

107 답 50

해결 각 잡기

- 이차부등식 $x^2-4nx-n<0$을 풀어 x의 값의 범위를 구한 후 정수 x의 개수 a_n을 구한다.
- $p\le 0$이면 $\lim_{n\to\infty}(\sqrt{na_n}-pn)=\infty$이므로 $p>0$이다.

STEP 1 x에 대한 이차방정식 $x^2-4nx-n=0$의 해는

$x=2n-\sqrt{4n^2+n}$ 또는 $x=2n+\sqrt{4n^2+n}$이므로

x에 대한 부등식 $x^2-4nx-n<0$의 해는

$2n-\sqrt{4n^2+n}<x<2n+\sqrt{4n^2+n}$ …… ㉠

이때 $\sqrt{(2n)^2}<\sqrt{4n^2+n}<\sqrt{(2n+1)^2}$에서

$2n<\sqrt{4n^2+n}<2n+1$이므로

$-1<2n-\sqrt{4n^2+n}<0$, $4n<2n+\sqrt{4n^2+n}<4n+1$

따라서 ㉠을 만족시키는 정수 x는 $0, 1, 2, \cdots, 4n$의 $(4n+1)$개이므로

$a_n=4n+1$

STEP 2 이때 $\lim_{n\to\infty}(\sqrt{na_n}-pn)=q$ (수렴)이므로 $p>0$

$$\therefore \lim_{n\to\infty}(\sqrt{na_n}-pn)=\lim_{n\to\infty}(\sqrt{4n^2+n}-pn)$$

$$=\lim_{n\to\infty}\frac{(\sqrt{4n^2+n}-pn)(\sqrt{4n^2+n}+pn)}{\sqrt{4n^2+n}+pn}$$

$$=\lim_{n\to\infty}\frac{(4-p^2)n^2+n}{\sqrt{4n^2+n}+pn}$$

$4-p^2\ne 0$이면 $\lim_{n\to\infty}\frac{(4-p^2)n^2+n}{\sqrt{4n^2+n}+pn}=\infty$이므로

$4-p^2=0$, $p^2=4$

$\therefore p=2$ ($\because p>0$)

STEP 3 $\therefore q=\lim_{n\to\infty}\frac{n}{\sqrt{4n^2+n}+2n}=\frac{1}{2+2}=\frac{1}{4}$

$\therefore 100pq=100\times 2\times\frac{1}{4}=50$

108 답 270

해결 각 잡기

- 도함수 $f'(x)$를 이용하여 접선 l_n의 방정식을 n에 대한 식으로 나타낸다.
- 원과 원의 접선에서 접점과 원의 중심을 연결한 선분이 접선과 수직임을 이용한다.
- 도형의 여러 가지 성질을 이용하여 r_n을 n에 대한 식으로 나타낸다.

STEP 1 $f(x)=\frac{4}{n^3}x^3+1$에서 $f'(x)=\frac{12}{n^3}x^2$

접점 P_n의 좌표를 $\left(t, \frac{4}{n^3}t^3+1\right)$이라 하면 이 점에서의 접선의 기울기는 $f'(t)=\frac{12}{n^3}t^2$이므로 접선 l_n의 방정식은

$l_n : y-\left(\frac{4}{n^3}t^3+1\right)=\frac{12}{n^3}t^2(x-t)$

이 직선이 점 $(0, 0)$을 지나므로

$\frac{4}{n^3}t^3+1=\frac{12}{n^3}t^3$, $\frac{8}{n^3}t^3=1$

$t^3=\frac{n^3}{8}$ $\therefore t=\frac{n}{2}$

$\therefore P_n\left(\frac{n}{2}, \frac{3}{2}\right)$, $l_n : y=\frac{3}{n}x$

STEP 2 오른쪽 그림과 같이 원 C_n의 중심을 C_n, 두 점 P_n, C_n에서 x축에 내린 수선의 발을 각각 Q_n, R_n이라 하고, 점 C_n에서 선분 P_nQ_n에 내린 수선의 발을 H_n이라 하자.

$\angle C_nP_nO=\angle OQ_nP_n=\frac{\pi}{2}$이므로

$\angle C_nP_nH_n=\angle C_nP_nO-\angle OP_nQ_n$

$=\frac{\pi}{2}-\angle OP_nQ_n=\angle P_nOQ_n$

이때 $\angle P_nOQ_n=\angle C_nP_nH_n=\theta$라 하면

$\overline{OP_n}=\sqrt{\left(\frac{n}{2}\right)^2+\left(\frac{3}{2}\right)^2}=\frac{\sqrt{n^2+9}}{2}$, $\overline{OQ_n}=\frac{n}{2}$이므로 $\triangle P_nOQ_n$에서

$\cos\theta=\frac{\overline{OQ_n}}{\overline{OP_n}}=\frac{n}{\sqrt{n^2+9}}$ …… ㉠

$\overline{P_nC_n}=\overline{C_nR_n}=\overline{H_nQ_n}=r_n$, $\overline{P_nQ_n}=\frac{3}{2}$에서

$\overline{P_nH_n}=\frac{3}{2}-r_n$이므로 $\triangle P_nH_nC_n$에서

$\cos\theta=\frac{\overline{P_nH_n}}{\overline{P_nC_n}}=\frac{\frac{3}{2}-r_n}{r_n}$ …… ㉡

㉠, ㉡에서 $\frac{n}{\sqrt{n^2+9}}=\frac{\frac{3}{2}-r_n}{r_n}$

$nr_n=\frac{3}{2}\sqrt{n^2+9}-r_n\sqrt{n^2+9}$

$r_n(\sqrt{n^2+9}+n)=\frac{3}{2}\sqrt{n^2+9}$

$\therefore r_n=\frac{3\sqrt{n^2+9}}{2(\sqrt{n^2+9}+n)}$

STEP 3 $\therefore 40\times\lim_{n\to\infty}n^2(4r_n-3)$

$$=40\times\lim_{n\to\infty}n^2\left(\frac{6\sqrt{n^2+9}}{\sqrt{n^2+9}+n}-3\right)$$
$$=40\times\lim_{n\to\infty}n^2\left(\frac{3\sqrt{n^2+9}-3n}{\sqrt{n^2+9}+n}\right)$$
$$=40\times\lim_{n\to\infty}3n^2\left(\frac{\sqrt{n^2+9}-n}{\sqrt{n^2+9}+n}\right)$$
$$=40\times\lim_{n\to\infty}\frac{3n^2(\sqrt{n^2+9}-n)(\sqrt{n^2+9}+n)}{(\sqrt{n^2+9}+n)^2}$$
$$=40\times\lim_{n\to\infty}\frac{27n^2}{(\sqrt{n^2+9}+n)^2}$$
$$=40\times\frac{27}{4}=270$$

109 답 28

해결 각 잡기

- x의 값의 범위를 $|x|<1$, $x=1$, $|x|>1$의 경우로 나누어 함수 $f(x)$를 구한다.
- 직선 $y=tx-2$는 t의 값에 관계없이 항상 점 $(0, -2)$를 지남을 이용하여 기울기 t의 값의 범위에 따라 직선 $y=tx-2$가 함수 $f(x)$의 그래프와 만나는 점의 개수 $g(t)$를 구한다.

STEP 1 (i) $|x|<1$, 즉 $-1<x<1$일 때

$\lim_{n\to\infty}x^{2n}=\lim_{n\to\infty}x^{2n+1}=0$이므로

$$f(x)=\lim_{n\to\infty}\frac{2x^{2n+1}-1}{x^{2n}+1}=-1$$

(ii) $x=1$일 때

$\lim_{n\to\infty}x^{2n}=\lim_{n\to\infty}x^{2n+1}=1$이므로

$$f(x)=\lim_{n\to\infty}\frac{2x^{2n+1}-1}{x^{2n}+1}=\frac{2-1}{1+1}=\frac{1}{2}$$

(iii) $|x|>1$, 즉 $x<-1$ 또는 $x>1$일 때

$\lim_{n\to\infty}x^{2n}=\infty$이므로

$$f(x)=\lim_{n\to\infty}\frac{2x^{2n+1}-1}{x^{2n}+1}=\lim_{n\to\infty}\frac{2x-\frac{1}{x^{2n}}}{1+\frac{1}{x^{2n}}}=2x$$

(iv) $x=-1$일 때

$\lim_{n\to\infty}x^{2n}=1$, $\lim_{n\to\infty}x^{2n+1}=-1$이므로

$$f(x)=\lim_{n\to\infty}\frac{2x^{2n+1}-1}{x^{2n}+1}=\frac{-2-1}{1+1}=-\frac{3}{2}$$

(i)~(iv)에 의하여

$$f(x)=\begin{cases}-1 & (-1<x<1)\\ \frac{1}{2} & (x=1)\\ 2x & (x<-1 \text{ 또는 } x>1)\\ -\frac{3}{2} & (x=-1)\end{cases}$$

이므로 함수 $y=f(x)$의 그래프는 오른쪽 그림과 같다.

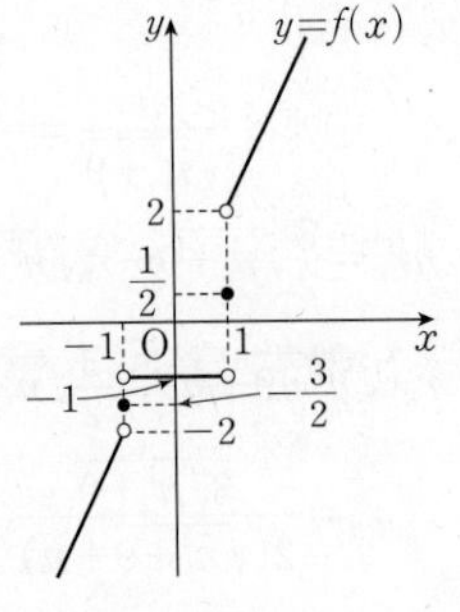

STEP 2 직선 $y=tx-2$는 t의 값에 관계없이 항상 점 $(0, -2)$를 지나므로 기울기 t의 값의 범위에 따라 교점의 개수 $g(t)$를 구하면 #

(v) $-1\le t<-\frac{1}{2}$ 또는 $-\frac{1}{2}<t\le 0$일 때

$g(t)=0$

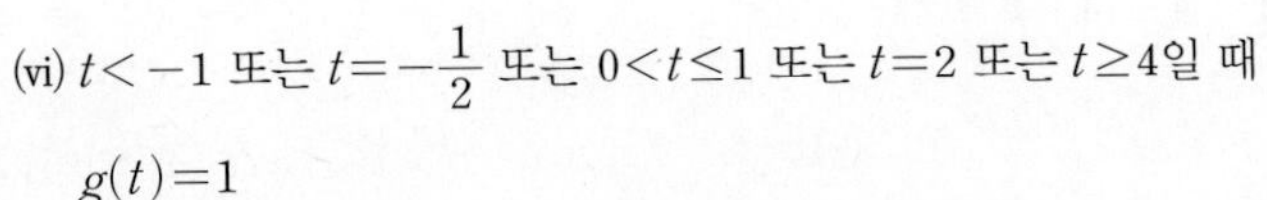

(vi) $t<-1$ 또는 $t=-\frac{1}{2}$ 또는 $0<t\le 1$ 또는 $t=2$ 또는 $t\ge 4$일 때

$g(t)=1$

(vii) $1<t<2$ 또는 $2<t<\frac{5}{2}$ 또는 $\frac{5}{2}<t<4$일 때

$g(t)=2$

(viii) $t=\frac{5}{2}$일 때

$g(t)=3$

(v)~(viii)에 의하여 함수 $y=g(t)$의 그래프는 다음 그림과 같다.

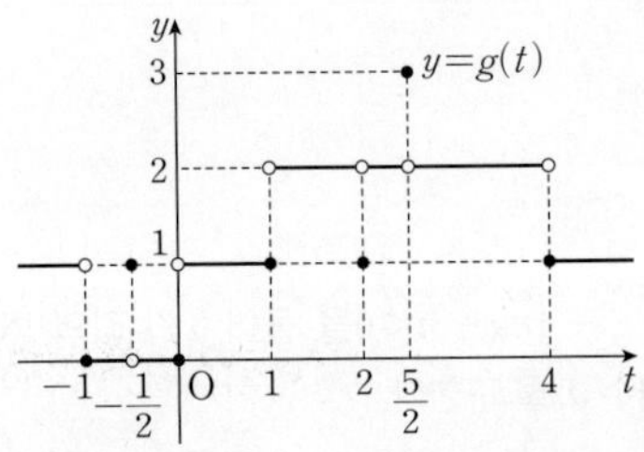

따라서 함수 $g(t)$가 $t=a$에서 불연속인 모든 a의 값을 작은 수부터 크기순으로 나열하면 -1, $-\frac{1}{2}$, 0, 1, 2, $\frac{5}{2}$, 4이므로

$m=7$, $a_m=4$

$\therefore m\times a_m=7\times 4=28$

 # 참고

함수 $f(x)$가 불연속인 점의 좌표를 이용하여 직선 $y=tx-2$의 기울기 t의 값의 범위를 나눈다. 즉, 점 $(-1, -2)$, $\left(-1, -\frac{3}{2}\right)$, $(-1, -1)$, $(1, -1)$, $\left(1, \frac{1}{2}\right)$, $(1, 2)$의 좌표를 $y=tx-2$에 대입하여 t의 값의 범위를 나누어 교점의 개수를 구한다.
이때 $t=2$일 때는 함수 $f(x)=2x$ ($x<-1$ 또는 $x>1$)의 그래프와 평행함에 주의한다.

110 답 12

해결 각 잡기

- 한 원에서 현의 수직이등분선은 항상 그 원의 중심을 지난다.
- 한 원에서 그 원의 중심을 지나는 서로 다른 두 직선에 대하여 두 직선의 교점은 그 원의 중심이다.
- 원의 넓이를 이등분하는 직선은 항상 그 원의 중심을 지난다.

STEP 1 $y=x^2$에서 $y'=2x$

곡선 $y=x^2$ 위의 점 $P_n(2n, 4n^2)$에서의 접선의 기울기는

$2\times 2n=4n$

점 Q_n을 지나고 직선 l_n에 수직인 직선을 m_n이라 하면 직선 m_n은 원 C_n의 중심을 지난다.

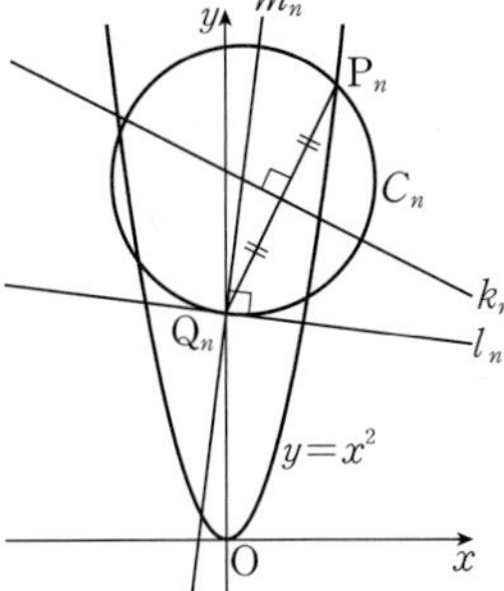

직선 m_n은 곡선 $y=x^2$ 위의 점 P_n에서의 접선과 평행하므로 직선 m_n의 기울기는 $4n$이고, 점 $Q_n(0,\ 2n^2)$을 지나므로 직선 m_n의 방정식은

$y=4nx+2n^2$ ...... ㉠

STEP 2 선분 P_nQ_n, 즉 원 C_n의 현의 수직이등분선을 k_n이라 하면 직선 k_n은 원 C_n의 중심을 지난다.

직선 P_nQ_n의 기울기는

$\dfrac{4n^2-2n^2}{2n}=n$

이고, 선분 P_nQ_n의 중점의 좌표는

$\left(\dfrac{2n}{2},\ \dfrac{2n^2+4n^2}{2}\right)$, 즉 $(n,\ 3n^2)$

이므로 기울기가 $-\dfrac{1}{n}$이고 점 $(n,\ 3n^2)$을 지나는 직선 k_n의 방정식은

$y=-\dfrac{1}{n}(x-n)+3n^2$

$\therefore y=-\dfrac{1}{n}x+3n^2+1$ ...... ㉡

STEP 3 원 C_n의 중심은 두 직선 m_n, k_n의 교점이므로 원 C_n의 중심의 좌표를 $(x_n,\ y_n)$이라 하면 ㉠, ㉡에서

$4nx_n+2n^2=-\dfrac{1}{n}x_n+3n^2+1$

$\left(4n+\dfrac{1}{n}\right)x_n=n^2+1 \qquad \therefore x_n=\dfrac{n^3+n}{4n^2+1}$

$\therefore y_n=4n\times\dfrac{n^3+n}{4n^2+1}+2n^2=\dfrac{12n^4+6n^2}{4n^2+1}$ ($\because$ ㉠)

STEP 4 원점을 지나고 원 C_n의 넓이를 이등분하는 직선은 원 C_n의 중심을 지나므로 이 직선의 기울기 a_n은 두 점 $(0,\ 0)$, $(x_n,\ y_n)$을 지나는 직선의 기울기와 같다. 즉,

$a_n=\dfrac{y_n}{x_n}=\dfrac{12n^4+6n^2}{n^3+n}=\dfrac{12n^3+6n}{n^2+1}$

$\therefore \lim\limits_{n\to\infty}\dfrac{a_n}{n}=\lim\limits_{n\to\infty}\dfrac{12n^2+6}{n^2+1}=12$

111 답 192

해결 각 잡기

- 정삼각형의 한 내각의 크기는 $60°$이다.
- 두 직각삼각형 AP_nQ_n과 AP_nO_n은 합동이다.
- 세 내각의 크기가 $30°$, $60°$, $90°$인 직각삼각형의 세 변의 길이의 비는 $1:\sqrt{3}:2$이다.

STEP 1 중심이 O_n인 원이 직선 AB와 점 P_n에서 접하므로 직선 AB와 직선 O_nQ_n은 서로 수직이다.

또, 직선 l과 직선 BC가 평행하므로

$\angle Q_nAB=\angle ABC=60°$ (엇각)

두 직각삼각형 AP_nQ_n과 AP_nO_n은 합동이므로

$\overline{Q_nO_n}=2\overline{P_nO_n}=2\sqrt{3}\left(\dfrac{1}{2}\right)^{n-1}$

직각삼각형 AP_nO_n에서 $\angle P_nAO_n=60°$이므로

$\overline{AP_n}=\dfrac{\overline{O_nP_n}}{\tan 60°}=\dfrac{\sqrt{3}\left(\dfrac{1}{2}\right)^{n-1}}{\sqrt{3}}=\left(\dfrac{1}{2}\right)^{n-1}$

$\therefore \overline{BP_n}=\overline{AB}-\overline{AP_n}=4-\left(\dfrac{1}{2}\right)^{n-1}$

STEP 2 삼각형 BO_nQ_n의 넓이 S_n은

$S_n=\dfrac{1}{2}\times\overline{Q_nO_n}\times\overline{BP_n}$

$=\dfrac{1}{2}\times 2\sqrt{3}\left(\dfrac{1}{2}\right)^{n-1}\times\left\{4-\left(\dfrac{1}{2}\right)^{n-1}\right\}$

$=8\sqrt{3}\left(\dfrac{1}{2}\right)^{n}-4\sqrt{3}\left(\dfrac{1}{4}\right)^{n}$

STEP 3 $\therefore k=\lim\limits_{n\to\infty}2^nS_n$

$=\lim\limits_{n\to\infty}2^n\left\{8\sqrt{3}\left(\dfrac{1}{2}\right)^n-4\sqrt{3}\left(\dfrac{1}{4}\right)^n\right\}$

$=\lim\limits_{n\to\infty}\left\{8\sqrt{3}-4\sqrt{3}\left(\dfrac{1}{2}\right)^n\right\}$

$=8\sqrt{3}$

$\therefore k^2=(8\sqrt{3})^2=192$

112 답 80

해결 각 잡기

- 점 P_n의 좌표를 $\left(t,\ \dfrac{\sqrt{3}}{n+1}t^2\right)$으로 놓고 $\overline{OP_n}=2n+2$임을 이용한다.
- 직각삼각형의 밑변과 빗변의 길이의 비가 $1:2$이면 세 변의 길이의 비는 $1:\sqrt{3}:2$이고, 세 내각의 크기는 각각 $\dfrac{\pi}{6}$, $\dfrac{\pi}{3}$, $\dfrac{\pi}{2}$이다.
- $f(n)-g(n)$은 곡선 T_n과 x축 및 선분 P_nH_n으로 둘러싸인 부분의 넓이에서 점 Q_n을 포함하는 호 R_nH_n과 두 선분 OR_n, OH_n으로 둘러싸인 부분의 넓이를 뺀 것과 같다.

STEP 1 점 P_n의 좌표를 $\left(t,\ \dfrac{\sqrt{3}}{n+1}t^2\right)$이라 하자.

$\overline{OP_n}=2n+2$이므로

$\sqrt{t^2+\left(\dfrac{\sqrt{3}}{n+1}t^2\right)^2}=2n+2$

$t^2+\dfrac{3}{(n+1)^2}t^4=4(n+1)^2$

$3t^4+(n+1)^2t^2-4(n+1)^4=0$

$\{3t^2+4(n+1)^2\}\{t^2-(n+1)^2\}=0$

이때 $t>0$이고 n은 자연수이므로 $3t^2+4(n+1)^2>0$

$t^2-(n+1)^2=0$이므로

$t=n+1$ ($\because t>0,\ n>0$)

$\therefore P_n(n+1,\ \sqrt{3}(n+1))$

STEP 2 직각삼각형 OP_nH_n에서 $\overline{OP_n}=2n+2$, $\overline{OH_n}=n+1$이므로
$\overline{OP_n}:\overline{OH_n}=2:1$

$\therefore \angle P_nOH_n=\frac{\pi}{3}$, $\angle OP_nH_n=\frac{\pi}{6}$, $\overline{P_nH_n}=\sqrt{3}(n+1)$

또, 두 직각삼각형 R_nP_nO, H_nP_nO는 합동이므로

$\angle R_nP_nH_n=2\times\angle OP_nH_n=2\times\frac{\pi}{6}=\frac{\pi}{3}$

STEP 3 점 R_n을 포함하지 않는 호 Q_nH_n과 선분 OH_n, 곡선 T_n으로 둘러싸인 부분의 넓이를 $h(n)$이라 하자.

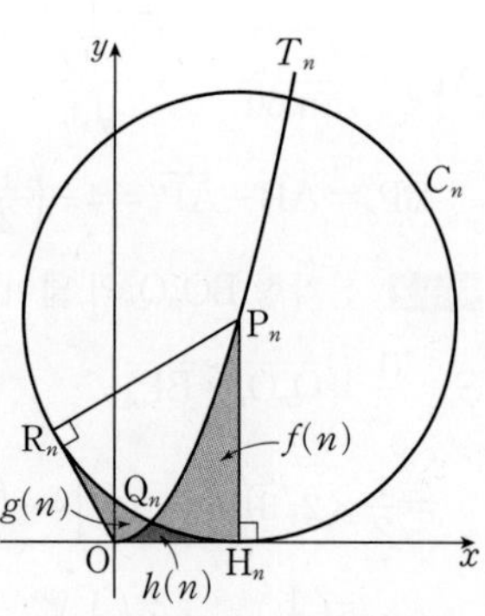

(i) 곡선 T_n과 x축 및 선분 P_nH_n으로 둘러싸인 부분의 넓이 $f(n)+h(n)$은

$f(n)+h(n)$

$=\int_0^{n+1}\frac{\sqrt{3}}{n+1}x^2dx$

$=\left[\frac{\sqrt{3}}{3(n+1)}x^3\right]_0^{n+1}$

$=\frac{\sqrt{3}}{3}(n+1)^2$ ...... ㉠

(ii) 점 Q_n을 포함하는 호 R_nH_n과 두 선분 OR_n, OH_n으로 둘러싸인 부분의 넓이 $g(n)+h(n)$은 사각형 $OH_nP_nR_n$의 넓이에서 중심각의 크기가 $\frac{\pi}{3}$인 부채꼴 $P_nR_nH_n$의 넓이를 뺀 값과 같으므로

$g(n)+h(n)=2\triangle P_nOH_n-$(부채꼴 $P_nR_nH_n$의 넓이)

$=2\times\left(\frac{1}{2}\times\overline{OH_n}\times\overline{P_nH_n}\right)-\frac{1}{2}\times\overline{P_nH_n}^2\times\frac{\pi}{3}$

$=(n+1)\times\sqrt{3}(n+1)-\frac{\pi}{6}\times\{\sqrt{3}(n+1)\}^2$

$=\sqrt{3}(n+1)^2-\frac{\pi(n+1)^2}{2}$

$=\left(\sqrt{3}-\frac{\pi}{2}\right)(n+1)^2$ ...... ㉡

STEP 4 ㉠, ㉡에서

$f(n)-g(n)=\{f(n)+h(n)\}-\{g(n)+h(n)\}$

$=\frac{\sqrt{3}}{3}(n+1)^2-\left(\sqrt{3}-\frac{\pi}{2}\right)(n+1)^2$

$=\left(\frac{\pi}{2}-\frac{2\sqrt{3}}{3}\right)(n+1)^2$

$\therefore \lim_{n\to\infty}\frac{f(n)-g(n)}{n^2}=\lim_{n\to\infty}\frac{\left(\frac{\pi}{2}-\frac{2\sqrt{3}}{3}\right)(n+1)^2}{n^2}=\frac{\pi}{2}-\frac{2\sqrt{3}}{3}$

따라서 $k=-\frac{2\sqrt{3}}{3}$이므로

$60k^2=60\times\left(-\frac{2\sqrt{3}}{3}\right)^2=60\times\frac{4}{3}=80$

02 급수

본문 40쪽 ~ 41쪽

A 기본 다지고,

113 답 1

$$\sum_{n=1}^{\infty}\frac{2}{(n+1)(n+2)}=2\sum_{n=1}^{\infty}\left(\frac{1}{n+1}-\frac{1}{n+2}\right)$$ #

$$=2\lim_{n\to\infty}\sum_{k=1}^{n}\left(\frac{1}{k+1}-\frac{1}{k+2}\right)$$

$$=2\lim_{n\to\infty}\left\{\left(\frac{1}{2}-\frac{1}{3}\right)+\left(\frac{1}{3}-\frac{1}{4}\right)+\cdots+\left(\frac{1}{n+1}-\frac{1}{n+2}\right)\right\}$$

$$=2\lim_{n\to\infty}\left(\frac{1}{2}-\frac{1}{n+2}\right)$$

$$=2\times\frac{1}{2}=1$$

 # 참고

$\frac{1}{AB}=\frac{1}{B-A}\left(\frac{1}{A}-\frac{1}{B}\right)$ $(A\neq B)$

114 답 ②

$$\sum_{n=1}^{\infty}\frac{2}{n(n+2)}=\sum_{n=1}^{\infty}\left(\frac{1}{n}-\frac{1}{n+2}\right)$$

$$=\lim_{n\to\infty}\sum_{k=1}^{n}\left(\frac{1}{k}-\frac{1}{k+2}\right)$$

$$=\lim_{n\to\infty}\left\{\left(\frac{1}{1}-\frac{1}{3}\right)+\left(\frac{1}{2}-\frac{1}{4}\right)+\left(\frac{1}{3}-\frac{1}{5}\right)+\cdots+\left(\frac{1}{n-1}-\frac{1}{n+1}\right)+\left(\frac{1}{n}-\frac{1}{n+2}\right)\right\}$$

$$=\lim_{n\to\infty}\left(1+\frac{1}{2}-\frac{1}{n+1}-\frac{1}{n+2}\right)$$

$$=1+\frac{1}{2}=\frac{3}{2}$$

115 답 14

$$\sum_{n=1}^{\infty}\frac{84}{(2n+1)(2n+3)}=42\sum_{n=1}^{\infty}\left(\frac{1}{2n+1}-\frac{1}{2n+3}\right)$$

$$=42\lim_{n\to\infty}\sum_{k=1}^{n}\left(\frac{1}{2k+1}-\frac{1}{2k+3}\right)$$

$$=42\lim_{n\to\infty}\left\{\left(\frac{1}{3}-\frac{1}{5}\right)+\left(\frac{1}{5}-\frac{1}{7}\right)+\cdots+\left(\frac{1}{2n+1}-\frac{1}{2n+3}\right)\right\}$$

$$=42\lim_{n\to\infty}\left(\frac{1}{3}-\frac{1}{2n+3}\right)$$

$$=42\times\frac{1}{3}=14$$

116 답 ①

주어진 급수가 수렴하므로

$\lim_{n\to\infty} a_n=0$

$\therefore \lim_{n\to\infty}\frac{2a_n-3}{a_n+1}=\frac{2\times0-3}{0+1}=-3$

117 답 5

주어진 급수가 수렴하므로

$\lim_{n\to\infty}\left(a_n-\frac{5n}{n+1}\right)=0$ …… ㉠

$a_n-\frac{5n}{n+1}=b_n$이라 하면

$a_n=b_n+\frac{5n}{n+1}$

㉠에서 $\lim_{n\to\infty} b_n=0$이므로

$\lim_{n\to\infty} a_n=\lim_{n\to\infty}\left(b_n+\frac{5n}{n+1}\right)=0+5=5$

118 답 54

$$\sum_{n=1}^{\infty}(a_n+5b_n)=\sum_{n=1}^{\infty}a_n+5\sum_{n=1}^{\infty}b_n$$
$$=4+5\times10=54$$

119 답 240

$2a_n-3=c_n$, $2b_n+3=d_n$이라 하면

$a_n=\frac{c_n+3}{2}$, $b_n=\frac{d_n-3}{2}$

$\therefore a_n+b_n=\frac{c_n+d_n}{2}$

$\sum_{n=1}^{\infty}(2a_n-3)=300$, $\sum_{n=1}^{\infty}(2b_n+3)=180$이므로

$\sum_{n=1}^{\infty}c_n=300$, $\sum_{n=1}^{\infty}d_n=180$

$$\therefore \sum_{n=1}^{\infty}(a_n+b_n)=\sum_{n=1}^{\infty}\frac{c_n+d_n}{2}$$
$$=\frac{1}{2}\left(\sum_{n=1}^{\infty}c_n+\sum_{n=1}^{\infty}d_n\right)$$
$$=\frac{1}{2}(300+180)=\frac{1}{2}\times480=240$$

다른 풀이

$\sum_{n=1}^{\infty}(2a_n-3)=300$, $\sum_{n=1}^{\infty}(2b_n+3)=180$이므로

$\sum_{n=1}^{\infty}(2a_n-3)+\sum_{n=1}^{\infty}(2b_n+3)=300+180$

$\sum_{n=1}^{\infty}2(a_n+b_n)=480$

$\therefore \sum_{n=1}^{\infty}(a_n+b_n)=\frac{1}{2}\times480=240$

120 답 ⑤

주어진 급수는 첫째항과 공비가 $\frac{x}{5}$이므로 이 급수가 수렴하려면

$-1<\frac{x}{5}<1$

$\therefore -5<x<5$

따라서 정수 x는

$-4, -3, -2, -1, 0, 1, 2, 3, 4$

의 9개이다.

121 답 ③

$\sum_{n=1}^{\infty}a_n=\frac{3}{1-\frac{1}{2}}=6$

122 답 12

$\sum_{n=1}^{\infty}a_n=\frac{a_1}{1-\frac{1}{5}}=\frac{5}{4}a_1$

즉, $\frac{5}{4}a_1=15$에서

$a_1=12$

123 답 ④

$\sum_{n=1}^{\infty}5\left(\frac{3}{4}\right)^{n-1}=\frac{5}{1-\frac{3}{4}}=20$

124 답 ②

$$\sum_{n=1}^{\infty}\frac{1+(-1)^n}{3^n}=\sum_{n=1}^{\infty}\left\{\left(\frac{1}{3}\right)^n+\left(-\frac{1}{3}\right)^n\right\}$$
$$=\sum_{n=1}^{\infty}\left(\frac{1}{3}\right)^n+\sum_{n=1}^{\infty}\left(-\frac{1}{3}\right)^n$$
$$=\frac{\frac{1}{3}}{1-\frac{1}{3}}+\frac{-\frac{1}{3}}{1-\left(-\frac{1}{3}\right)}$$
$$=\frac{1}{2}-\frac{1}{4}$$
$$=\frac{1}{4}$$

다른 풀이

$$\sum_{n=1}^{\infty}\frac{1+(-1)^n}{3^n}=0+\frac{2}{3^2}+0+\frac{2}{3^4}+0+\frac{2}{3^6}+0+\cdots$$
$$=\frac{2}{3^2}+\frac{2}{3^4}+\frac{2}{3^6}+\cdots$$
$$=\frac{\frac{2}{9}}{1-\frac{1}{9}}=\frac{1}{4}$$

B 유형 & 유사로 익히면…

125 답 ②

해결 각 잡기

$\sum_{n=1}^{\infty}(\square-\triangle)$의 꼴의 급수

$\sum$를 합의 꼴로 나타내어 보면 지워지는 부분을 찾을 수 있다.

부분분수

$\frac{1}{AB}=\frac{1}{B-A}\left(\frac{1}{A}-\frac{1}{B}\right)\ (A\neq B)$

STEP 1 $a_n=5+(n-1)\times 2=2n+3$

STEP 2 $\therefore \sum_{n=1}^{\infty}\frac{2}{a_na_{n+1}}=\sum_{n=1}^{\infty}\frac{2}{a_{n+1}-a_n}\left(\frac{1}{a_n}-\frac{1}{a_{n+1}}\right)$

등차수열 $\{a_n\}$의 공차가 2이므로 $a_{n+1}-a_n=2$

$$=\sum_{n=1}^{\infty}\left(\frac{1}{a_n}-\frac{1}{a_{n+1}}\right)$$
$$=\lim_{n\to\infty}\sum_{k=1}^{n}\left(\frac{1}{a_k}-\frac{1}{a_{k+1}}\right)$$
$$=\lim_{n\to\infty}\left\{\left(\frac{1}{a_1}-\frac{1}{a_2}\right)+\left(\frac{1}{a_2}-\frac{1}{a_3}\right)+\cdots+\left(\frac{1}{a_n}-\frac{1}{a_{n+1}}\right)\right\}$$
$$=\lim_{n\to\infty}\left(\frac{1}{a_1}-\frac{1}{a_{n+1}}\right)$$
$$=\lim_{n\to\infty}\left(\frac{1}{5}-\frac{1}{2n+5}\right)=\frac{1}{5}$$

126 답 ③

STEP 1 $a_n=1+(n-1)d=nd-d+1$

STEP 2 $\therefore \sum_{n=1}^{\infty}\left(\frac{n}{a_n}-\frac{n+1}{a_{n+1}}\right)=\lim_{n\to\infty}\sum_{k=1}^{n}\left(\frac{k}{a_k}-\frac{k+1}{a_{k+1}}\right)$

$$=\lim_{n\to\infty}\left\{\left(\frac{1}{a_1}-\frac{2}{a_2}\right)+\left(\frac{2}{a_2}-\frac{3}{a_3}\right)+\cdots+\left(\frac{n}{a_n}-\frac{n+1}{a_{n+1}}\right)\right\}$$
$$=\lim_{n\to\infty}\left(\frac{1}{1}-\frac{n+1}{a_{n+1}}\right)$$
$$=\lim_{n\to\infty}\left(1-\frac{n+1}{dn+1}\right)$$
$$=1-\frac{1}{d}$$

즉, $1-\frac{1}{d}=\frac{2}{3}$에서

$\frac{1}{d}=\frac{1}{3}$ $\quad\therefore d=3$

127 답 ⑤

STEP 1 등차수열 $\{a_n\}$의 공차가 3이므로

$a_{n+1}-a_n=3$

조건 (가)에서 $\log a_n+\log a_{n+1}+\log b_n=0$이므로

$\log a_na_{n+1}b_n=0,\ a_na_{n+1}b_n=1$

$\therefore b_n=\frac{1}{a_na_{n+1}}$

STEP 2 $\therefore \sum_{n=1}^{\infty}b_n=\sum_{n=1}^{\infty}\frac{1}{a_na_{n+1}}$

$$=\sum_{n=1}^{\infty}\frac{1}{a_{n+1}-a_n}\left(\frac{1}{a_n}-\frac{1}{a_{n+1}}\right)$$
$$=\frac{1}{3}\sum_{n=1}^{\infty}\left(\frac{1}{a_n}-\frac{1}{a_{n+1}}\right)$$
$$=\frac{1}{3}\lim_{n\to\infty}\sum_{k=1}^{n}\left(\frac{1}{a_k}-\frac{1}{a_{k+1}}\right)$$
$$=\frac{1}{3}\lim_{n\to\infty}\left\{\left(\frac{1}{a_1}-\frac{1}{a_2}\right)+\left(\frac{1}{a_2}-\frac{1}{a_3}\right)+\cdots+\left(\frac{1}{a_n}-\frac{1}{a_{n+1}}\right)\right\}$$
$$=\frac{1}{3}\lim_{n\to\infty}\left(\frac{1}{a_1}-\frac{1}{a_{n+1}}\right)=\frac{1}{3a_1}\ \#$$

즉, $\frac{1}{3a_1}=\frac{1}{12}$에서 $a_1=4$

 # 참고

첫째항이 a_1, 공차가 3인 등차수열 $\{a_n\}$에 대하여

$a_n=a_1+(n-1)\times 3$이므로

$a_{n+1}=a_1+n\times 3=3n+a_1$

$\therefore \lim_{n\to\infty}\frac{1}{a_{n+1}}=\lim_{n\to\infty}\frac{1}{3n+a_1}=0$

128 답 57

STEP 1 $a_1=S_1=\sum_{n=1}^{\infty}\frac{2}{n(n+2)}$

$$=\sum_{n=1}^{\infty}\left(\frac{1}{n}-\frac{1}{n+2}\right)$$
$$=\lim_{n\to\infty}\sum_{k=1}^{n}\left(\frac{1}{k}-\frac{1}{k+2}\right)$$
$$=\lim_{n\to\infty}\left\{\left(\frac{1}{1}-\frac{1}{3}\right)+\left(\frac{1}{2}-\frac{1}{4}\right)+\left(\frac{1}{3}-\frac{1}{5}\right)+\cdots+\left(\frac{1}{n-1}-\frac{1}{n+1}\right)+\left(\frac{1}{n}-\frac{1}{n+2}\right)\right\}$$
$$=\lim_{n\to\infty}\left(1+\frac{1}{2}-\frac{1}{n+1}-\frac{1}{n+2}\right)$$
$$=1+\frac{1}{2}=\frac{3}{2}$$

STEP 2 $a_{10}=S_{10}-S_9$에서

$S_{10}=\sum_{n=1}^{\infty}\frac{11}{n(n+11)}$

$$=\sum_{n=1}^{\infty}\left(\frac{1}{n}-\frac{1}{n+11}\right)$$
$$=\lim_{n\to\infty}\sum_{k=1}^{n}\left(\frac{1}{k}-\frac{1}{k+11}\right)$$
$$=\lim_{n\to\infty}\left\{\left(\frac{1}{1}-\frac{1}{12}\right)+\left(\frac{1}{2}-\frac{1}{13}\right)+\left(\frac{1}{3}-\frac{1}{14}\right)+\cdots+\left(\frac{1}{n-1}-\frac{1}{n+10}\right)+\left(\frac{1}{n}-\frac{1}{n+11}\right)\right\}$$

$$=\lim_{n\to\infty}\left(1+\frac{1}{2}+\cdots+\frac{1}{11}-\frac{1}{n+1}-\frac{1}{n+2}-\cdots-\frac{1}{n+11}\right)$$

$$=1+\frac{1}{2}+\frac{1}{3}+\cdots+\frac{1}{11}$$

$$S_9=\sum_{n=1}^{\infty}\frac{10}{n(n+10)}$$

$$=\sum_{n=1}^{\infty}\left(\frac{1}{n}-\frac{1}{n+10}\right)$$

$$=\lim_{n\to\infty}\sum_{k=1}^{n}\left(\frac{1}{k}-\frac{1}{k+10}\right)$$

$$=\lim_{n\to\infty}\left\{\left(\frac{1}{1}-\frac{1}{11}\right)+\left(\frac{1}{2}-\frac{1}{12}\right)+\left(\frac{1}{3}-\frac{1}{13}\right)+\cdots+\left(\frac{1}{n-1}-\frac{1}{n+9}\right)+\left(\frac{1}{n}-\frac{1}{n+10}\right)\right\}$$

$$=\lim_{n\to\infty}\left(1+\frac{1}{2}+\cdots+\frac{1}{10}-\frac{1}{n+1}-\frac{1}{n+2}-\cdots-\frac{1}{n+10}\right)$$

$$=1+\frac{1}{2}+\frac{1}{3}+\cdots+\frac{1}{10}$$

$\therefore a_{10}=S_{10}-S_9$

$$=\left(1+\frac{1}{2}+\frac{1}{3}+\cdots+\frac{1}{11}\right)-\left(1+\frac{1}{2}+\frac{1}{3}+\cdots+\frac{1}{10}\right)$$

$$=\frac{1}{11}$$

STEP 3 따라서 $a_1+a_{10}=\frac{3}{2}+\frac{1}{11}=\frac{35}{22}$이므로

$p=22,\ q=35$

$\therefore p+q=22+35=57$

129 답 ③

해결 각 잡기

이차방정식의 근과 계수의 관계

이차방정식 $ax^2+bx+c=0$의 두 근을 $\alpha,\ \beta$라 하면

$$\alpha+\beta=-\frac{b}{a},\ \alpha\beta=\frac{c}{a}$$

STEP 1 이차방정식 $x^2-2nx+n^2-1=0$의 두 근의 곱이 a_n이므로 이차방정식의 근과 계수의 관계에 의하여

$a_n=n^2-1$

STEP 2 $\therefore \sum_{n=2}^{\infty}\frac{2}{a_n}=\sum_{n=2}^{\infty}\frac{2}{n^2-1}$

$$=\sum_{n=2}^{\infty}\frac{2}{(n-1)(n+1)}$$

$$=\sum_{n=2}^{\infty}\left(\frac{1}{n-1}-\frac{1}{n+1}\right)$$

$$=\lim_{n\to\infty}\sum_{k=2}^{n}\left(\frac{1}{k-1}-\frac{1}{k+1}\right)$$

$$=\lim_{n\to\infty}\left\{\left(\frac{1}{1}-\frac{1}{3}\right)+\left(\frac{1}{2}-\frac{1}{4}\right)+\left(\frac{1}{3}-\frac{1}{5}\right)+\cdots+\left(\frac{1}{n-2}-\frac{1}{n}\right)+\left(\frac{1}{n-1}-\frac{1}{n+1}\right)\right\}$$

$$=\lim_{n\to\infty}\left(1+\frac{1}{2}-\frac{1}{n}-\frac{1}{n+1}\right)$$

$$=1+\frac{1}{2}=\frac{3}{2}$$

130 답 ⑤

해결 각 잡기

나머지정리

다항식 $P(x)$를 일차식 $x-a$로 나누었을 때의 나머지를 R라 하면

$$R=P(a)$$

STEP 1 조건 (나)에서 다항식 $a_nx^2+a_nx+2$를 $x-n$으로 나눈 나머지는 20이므로 나머지정리에 의하여

$a_nn^2+a_nn+2=20$

$a_n(n^2+n)=18 \qquad \therefore a_n=\frac{18}{n^2+n}$

STEP 2 $\therefore \sum_{n=1}^{\infty}a_n=\sum_{n=1}^{\infty}\frac{18}{n^2+n}$

$$=\sum_{n=1}^{\infty}\frac{18}{n(n+1)}$$

$$=18\sum_{n=1}^{\infty}\left(\frac{1}{n}-\frac{1}{n+1}\right)$$

$$=18\lim_{n\to\infty}\sum_{k=1}^{n}\left(\frac{1}{k}-\frac{1}{k+1}\right)$$

$$=18\lim_{n\to\infty}\left\{\left(\frac{1}{1}-\frac{1}{2}\right)+\left(\frac{1}{2}-\frac{1}{3}\right)+\cdots+\left(\frac{1}{n}-\frac{1}{n+1}\right)\right\}$$

$$=18\lim_{n\to\infty}\left(1-\frac{1}{n+1}\right)$$

$$=18\times1=18$$

131 답 ①

해결 각 잡기

모든 자연수 n에 대하여 성립하는 등식은 n에 대한 항등식이므로 항등식의 성질을 이용한다.

→ $an+b=0$이 n에 대한 항등식이면 $a=0,\ b=0$이다.

STEP 1 등차수열 $\{a_n\}$의 공차를 $d\ (d>0)$라 하자.

조건 (가)에서 모든 자연수 n에 대하여

$\frac{a_1+a_2+a_3+\cdots+a_{2n-1}+a_{2n}}{a_1+a_2+a_3+\cdots+a_{n-1}+a_n}=p$ (p는 상수)라 하면

$$\frac{\frac{2n\{2a_1+(2n-1)d\}}{2}}{\frac{n\{2a_1+(n-1)d\}}{2}}=p$$

$$\frac{2\{2a_1+(2n-1)d\}}{2a_1+(n-1)d}=p$$

$4a_1+4dn-2d=2a_1p+dnp-dp$

$d(4-p)n+(4a_1-2d-2a_1p+dp)=0$

이 식은 n에 대한 항등식이므로

$d(4-p)=0 \qquad \cdots\cdots$ ㉠

$4a_1-2d-2a_1p+dp=0 \qquad \cdots\cdots$ ㉡

㉠에서 $d\neq0$이므로 $p=4$

$p=4$를 ㉡에 대입하면

$4a_1-2d-8a_1+4d=0$

$2d=4a_1 \quad \therefore d=2a_1$

$\therefore a_n=a_1+(n-1)\times 2a_1=a_1(2n-1)$ …… ㉢

STEP 2 조건 (나)에서

$$\sum_{n=1}^{\infty}\frac{2}{(2n+1)a_n}=\sum_{n=1}^{\infty}\frac{2}{a_1(2n-1)(2n+1)}$$
$$=\frac{1}{a_1}\sum_{n=1}^{\infty}\left(\frac{1}{2n-1}-\frac{1}{2n+1}\right)$$
$$=\frac{1}{a_1}\lim_{n\to\infty}\sum_{k=1}^{n}\left(\frac{1}{2k-1}-\frac{1}{2k+1}\right)$$
$$=\frac{1}{a_1}\lim_{n\to\infty}\left\{\left(\frac{1}{1}-\frac{1}{3}\right)+\left(\frac{1}{3}-\frac{1}{5}\right)+\cdots+\left(\frac{1}{2n-1}-\frac{1}{2n+1}\right)\right\}$$
$$=\frac{1}{a_1}\lim_{n\to\infty}\left(1-\frac{1}{2n+1}\right)$$
$$=\frac{1}{a_1}\times 1=\frac{1}{a_1}$$

즉, $\frac{1}{a_1}=\frac{1}{10}$에서 $a_1=10$

STEP 3 따라서 ㉢에서 $a_n=10(2n-1)$이므로

$a_{10}=10\times(20-1)=190$

132 답 ②

STEP 1 수열 $a_2, a_4, a_6, \cdots, a_{2n}$은 첫째항이 $a_2=2+2=4$, 공차가 $2\times 2=4$, 항의 개수가 n인 등차수열이므로

$$a_2+a_4+a_6+\cdots+a_{2n}=\frac{n\{2\times 4+(n-1)\times 4\}}{2}$$
$$=4n+2n^2-2n$$
$$=2n^2+2n=2n(n+1)$$

수열 $a_1, a_3, a_5, \cdots, a_{2n-1}$은 첫째항이 $a_1=2$, 공차가 $2\times 2=4$, 항의 개수가 n인 등차수열이므로

$$a_1+a_3+a_5+\cdots+a_{2n-1}=\frac{n\{2\times 2+(n-1)\times 4\}}{2}$$
$$=2n+2n^2-2n$$
$$=2n^2$$

$$\therefore b_n=\frac{a_2+a_4+a_6+\cdots+a_{2n}}{a_1+a_3+a_5+\cdots+a_{2n-1}}$$
$$=\frac{2n(n+1)}{2n^2}$$
$$=\frac{n+1}{n}=1+\frac{1}{n}$$

STEP 2 $\therefore \sum_{n=1}^{\infty}(b_{n+1}-b_n)=\sum_{n=1}^{\infty}\left\{\left(1+\frac{1}{n+1}\right)-\left(1+\frac{1}{n}\right)\right\}$

$$=-\sum_{n=1}^{\infty}\left(\frac{1}{n}-\frac{1}{n+1}\right)$$
$$=-\lim_{n\to\infty}\sum_{k=1}^{n}\left(\frac{1}{k}-\frac{1}{k+1}\right)$$
$$=-\lim_{n\to\infty}\left\{\left(\frac{1}{1}-\frac{1}{2}\right)+\left(\frac{1}{2}-\frac{1}{3}\right)+\cdots+\left(\frac{1}{n}-\frac{1}{n+1}\right)\right\}$$
$$=-\lim_{n\to\infty}\left(1-\frac{1}{n+1}\right)=-1$$

133 답 ②

해결 각 잡기

급수 $\sum_{n=1}^{\infty}x_n$이 수렴하면 $\lim_{n\to\infty}x_n=0$이다.

STEP 1 주어진 급수가 수렴하므로

$\lim_{n\to\infty}(a_n-2)=0$

$\therefore \lim_{n\to\infty}a_n=\lim_{n\to\infty}(a_n-2)+2=0+2=2$

STEP 2 $\therefore \lim_{n\to\infty}\left(4a_n+\frac{3n^2-1}{n^2+1}\right)=4\lim_{n\to\infty}a_n+\lim_{n\to\infty}\frac{3n^2-1}{n^2+1}$

$$=4\times 2+3=11$$

134 답 21

해결 각 잡기

수열 $\{x_n\}$의 첫째항부터 제n항까지의 합을 S_n이라 할 때

(1) (수열 $\{S_n\}$이 수렴한다.) $\Longleftrightarrow$ (급수 $\sum_{n=1}^{\infty}x_n$이 수렴한다.)

(2) 수열 $\{S_n\}$이 수렴하면 $\lim_{n\to\infty}x_n=0$이다.

STEP 1 수열 $\{S_n\}$이 수렴하므로

$\lim_{n\to\infty}a_n=0$

STEP 2 $\therefore \lim_{n\to\infty}(2a_n+3S_n)=2\lim_{n\to\infty}a_n+3\lim_{n\to\infty}S_n$

$$=2\times 0+3\times 7=21$$

135 답 ③

STEP 1 주어진 급수가 수렴하므로

$\lim_{n\to\infty}\left(a_n-\frac{3n^2-n}{2n^2+1}\right)=0$

$\therefore \lim_{n\to\infty}a_n=\lim_{n\to\infty}\left(a_n-\frac{3n^2-n}{2n^2+1}\right)+\lim_{n\to\infty}\frac{3n^2-n}{2n^2+1}=0+\frac{3}{2}=\frac{3}{2}$

STEP 2 $\therefore \lim_{n\to\infty}(a_n^2+2a_n)=\left(\lim_{n\to\infty}a_n\right)^2+2\lim_{n\to\infty}a_n$

$$=\left(\frac{3}{2}\right)^2+2\times\frac{3}{2}$$
$$=\frac{9}{4}+3=\frac{21}{4}$$

136 답 ④

STEP 1 주어진 급수가 수렴하므로

$\lim_{n\to\infty}\left(a_n-\frac{2^{n+1}}{2^n+1}\right)=0$

$\therefore \lim_{n\to\infty}a_n=\lim_{n\to\infty}\left(a_n-\frac{2^{n+1}}{2^n+1}\right)+\lim_{n\to\infty}\frac{2^{n+1}}{2^n+1}=0+2=2$

STEP 2 $\therefore \lim_{n\to\infty}\frac{2^n\times a_n+5\times 2^{n+1}}{2^n+3}=\lim_{n\to\infty}\frac{a_n+5\times 2}{1+3\times\frac{1}{2^n}}$

$$=\frac{2+10}{1+0}=12$$

137 답 ③

해결 각 잡기

주어진 급수가 수렴함을 이용하여 $\lim_{n\to\infty} a_n$의 값을 구할 수는 없지만 $\lim_{n\to\infty}\frac{a_n}{n}$의 값은 구할 수 있다.

STEP 1 주어진 급수가 수렴하므로

$$\lim_{n\to\infty}\frac{a_n-4n}{n}=\lim_{n\to\infty}\left(\frac{a_n}{n}-4\right)=0$$

$$\therefore \lim_{n\to\infty}\frac{a_n}{n}=\lim_{n\to\infty}\left(\frac{a_n}{n}-4\right)+4=0+4=4$$

STEP 2 $\therefore \lim_{n\to\infty}\frac{5n+a_n}{3n-1}=\lim_{n\to\infty}\frac{5+\frac{a_n}{n}}{3-\frac{1}{n}}=\frac{5+4}{3-0}=3$

138 답 ①

STEP 1 주어진 급수가 수렴하므로

$$\lim_{n\to\infty}\frac{a_n}{n}=0$$

STEP 2 $\therefore \lim_{n\to\infty}\frac{a_n+2a_n^2+3n^2}{a_n^2+n^2}=\lim_{n\to\infty}\frac{\frac{a_n}{n^2}+2\left(\frac{a_n}{n}\right)^2+3}{\left(\frac{a_n}{n}\right)^2+1}$

$$=\frac{0+0+3}{0+1}=3$$

139 답 ①

STEP 1 주어진 급수가 수렴하므로

$$\lim_{n\to\infty}\left(na_n-\frac{n^2+1}{2n+1}\right)=0 \quad \cdots\cdots ㉠$$

STEP 2 $na_n-\frac{n^2+1}{2n+1}=b_n$이라 하면

$$na_n=b_n+\frac{n^2+1}{2n+1} \qquad \therefore a_n=\frac{b_n}{n}+\frac{n^2+1}{2n^2+n}$$

㉠에서 $\lim_{n\to\infty} b_n=0$이므로

$$\lim_{n\to\infty} a_n=\lim_{n\to\infty}\left(\frac{b_n}{n}+\frac{n^2+1}{2n^2+n}\right)=0+\frac{1}{2}=\frac{1}{2}$$

STEP 3 $\therefore \lim_{n\to\infty}(a_n^2+2a_n+2)=\left(\lim_{n\to\infty} a_n\right)^2+2\lim_{n\to\infty} a_n+2$

$$=\left(\frac{1}{2}\right)^2+2\times\frac{1}{2}+2$$

$$=\frac{1}{4}+1+2=\frac{13}{4}$$

140 답 ②

STEP 1 주어진 급수가 수렴하므로

$$\lim_{n\to\infty}\frac{2^na_n-2^{n+1}}{2^n+1}=0 \quad \cdots\cdots ㉠$$

STEP 2 $\frac{2^na_n-2^{n+1}}{2^n+1}=b_n$이라 하면

$2^na_n-2^{n+1}=(2^n+1)b_n$, $2^na_n=(2^n+1)b_n+2^{n+1}$

$$\therefore a_n=\frac{(2^n+1)b_n+2^{n+1}}{2^n}$$

STEP 3 ㉠에서 $\lim_{n\to\infty} b_n=0$이므로

$$\lim_{n\to\infty} a_n=\lim_{n\to\infty}\frac{(2^n+1)b_n+2^{n+1}}{2^n}$$

$$=\lim_{n\to\infty}\left\{\left(1+\frac{1}{2^n}\right)b_n+2\right\}$$

$$=0+2=2$$

141 답 ②

STEP 1 급수 $\sum_{n=1}^{\infty}\left(a_n-\frac{3n}{n+1}\right)$이 수렴하므로

$$\lim_{n\to\infty}\left(a_n-\frac{3n}{n+1}\right)=0$$

$$\therefore \lim_{n\to\infty} a_n=\lim_{n\to\infty}\left(a_n-\frac{3n}{n+1}\right)+\lim_{n\to\infty}\frac{3n}{n+1}=0+3=3$$

STEP 2 또, 급수 $\sum_{n=1}^{\infty}(a_n+b_n)$이 수렴하므로

$$\lim_{n\to\infty}(a_n+b_n)=0$$

$$\therefore \lim_{n\to\infty} b_n=\lim_{n\to\infty}\{(a_n+b_n)-a_n\}$$

$$=\lim_{n\to\infty}(a_n+b_n)-\lim_{n\to\infty} a_n$$

$$=0-3=-3$$

STEP 3 $\therefore \lim_{n\to\infty}\frac{3-b_n}{a_n}=\frac{3-(-3)}{3}=2$

142 답 ④

STEP 1 조건 (가)에서

$$1^2+2^2+3^2+\cdots+n^2=\frac{n(n+1)(2n+1)}{6}$$

이므로

$$\frac{2n^3+3}{\frac{n(n+1)(2n+1)}{6}}<a_n<2b_n$$

$$\therefore \frac{6(2n^3+3)}{n(n+1)(2n+1)}<a_n<2b_n \quad \cdots\cdots ㉠$$

STEP 2 조건 (나)에서 주어진 급수가 수렴하므로

$$\lim_{n\to\infty}(b_n-3)=0$$

$$\therefore \lim_{n\to\infty} b_n=\lim_{n\to\infty}(b_n-3)+3=0+3=3$$

STEP 3 ㉠에서 $\lim_{n\to\infty}\frac{6(2n^3+3)}{n(n+1)(2n+1)}=6$, $\lim_{n\to\infty} 2b_n=6$이므로

$$\lim_{n\to\infty} a_n=6$$

143 답 ③

해결 각 잡기

공비가 r인 등비급수의 수렴 조건은 $-1<r<1$이다.

STEP 1 주어진 등비급수의 첫째항과 공비가 $\frac{2x-3}{7}$이므로 이 등비급수가 수렴하려면

$-1<\frac{2x-3}{7}<1$

STEP 2 $-7<2x-3<7$, $-4<2x<10$

$\therefore -2<x<5$

따라서 정수 x는 -1, 0, 1, 2, 3, 4의 6개이다.

144 답 ③

STEP 1 $\sum_{n=1}^{\infty}\frac{(3^a+1)^n}{6^{3n}}=\sum_{n=1}^{\infty}\left(\frac{3^a+1}{216}\right)^n$

즉, 이 등비급수의 첫째항과 공비가 $\frac{3^a+1}{216}$이므로 이 등비급수가 수렴하려면

$-1<\frac{3^a+1}{216}<1$

STEP 2 $-216<3^a+1<216$ $\therefore -217<3^a<215$

이때 $3^4=81$, $3^5=243$이므로 자연수 a는 1, 2, 3, 4의 4개이다.

145 답 16

해결 각 잡기

등비급수의 합

첫째항이 a, 공비가 r $(-1<r<1)$인 등비급수의 합은

$\sum_{n=1}^{\infty}ar^{n-1}=\frac{a}{1-r}$

STEP 1 등비수열 $\{a_n\}$의 공비를 r $(0<r<1)$라 하면

$a_1+a_2=20$에서

$a_1+a_1r=20$, $a_1(1+r)=20$

$\therefore a_1=\frac{20}{1+r}$ ...... ㉠

$\sum_{n=3}^{\infty}a_n=\frac{4}{3}$에서 (첫째항이 a_3, 공비가 r인 등비급수)

$\frac{a_3}{1-r}=\frac{4}{3}$ $\therefore \frac{a_1r^2}{1-r}=\frac{4}{3}$ ...... ㉡

㉠을 ㉡에 대입하면

$\frac{20r^2}{1-r^2}=\frac{4}{3}$, $60r^2=4-4r^2$, $64r^2=4$

$16r^2=1$, $r^2=\frac{1}{16}$ $\therefore r=\frac{1}{4}$ $(\because 0<r<1)$

STEP 2 $r=\frac{1}{4}$을 ㉠에 대입하면

$a_1=\frac{20}{1+\frac{1}{4}}=\frac{80}{4+1}=16$

다른 풀이

등비수열 $\{a_n\}$의 공비를 r $(0<r<1)$라 하면

$\sum_{n=1}^{\infty}a_n=a_1+a_2+\sum_{n=3}^{\infty}a_n=20+\frac{4}{3}=\frac{64}{3}$에서

$\frac{a_1}{1-r}=\frac{64}{3}$ ...... ㉢

$\sum_{n=3}^{\infty}a_n=\frac{4}{3}$에서

$\frac{a_3}{1-r}=\frac{4}{3}$ $\therefore \frac{a_1r^2}{1-r}=\frac{4}{3}$ ...... ㉣

㉣÷㉢을 하면

$r^2=\frac{1}{16}$ $\therefore r=\frac{1}{4}$ $(\because 0<r<1)$

$r=\frac{1}{4}$을 ㉢에 대입하면

$\frac{a_1}{1-\frac{1}{4}}=\frac{64}{3}$

$\therefore a_1=\frac{64}{3}\times\frac{3}{4}=16$

146 답 ③

STEP 1 등비수열 $\{a_n\}$의 첫째항을 a, 공비를 r라 하면

$a_n=ar^{n-1}$

$\therefore \lim_{n\to\infty}\frac{3^n}{a_n+2^n}=\lim_{n\to\infty}\frac{3^n}{ar^{n-1}+2^n}=\lim_{n\to\infty}\frac{3^n}{\frac{a}{r}\times r^n+2^n}$

이때 $\lim_{n\to\infty}\frac{3^n}{\frac{a}{r}\times r^n+2^n}=6$ (수렴)이므로

$r=3$

또, $\frac{r}{a}=6$에서 $\frac{3}{a}=6$ $\therefore a=\frac{1}{2}$

STEP 2 즉, $a_n=\frac{1}{2}\times 3^{n-1}$이므로

$\frac{1}{a_n}=\frac{2}{3^{n-1}}=2\left(\frac{1}{3}\right)^{n-1}$

$\therefore \sum_{n=1}^{\infty}\frac{1}{a_n}=\sum_{n=1}^{\infty}2\left(\frac{1}{3}\right)^{n-1}=\frac{2}{1-\frac{1}{3}}=3$

147 답 ①

해결 각 잡기

주어진 식을 변형하고 $a_n+1\neq0$임을 이용하여 일반항 a_n을 구한 후, 급수 $\sum_{n=1}^{\infty}a_n$을 k에 대한 식으로 나타낸다.

STEP 1 $a_na_{n+1}+a_{n+1}=ka_n^2+ka_n$에서

$(a_n+1)a_{n+1}=ka_n(a_n+1)$

$a_n+1\neq0$이므로 양변을 a_n+1로 나누면

$a_{n+1}=ka_n$

STEP 2 즉, 수열 $\{a_n\}$은 첫째항이 $a_1=k$, 공비가 k $(0<k<1)$인 등비수열이므로

$\sum_{n=1}^{\infty}a_n=\frac{k}{1-k}$

즉, $\frac{k}{1-k}=5$에서 $k=5-5k$

$6k=5$ $\therefore k=\frac{5}{6}$

148 답 ⑤

STEP 1 등차수열 $\{a_n\}$의 공차를 d $(d>0)$, 등비수열 $\{b_n\}$의 공비를 r라 하면 $a_1=b_1=1$이므로

$a_2b_2=1$에서 $(1+d)r=1$

$\therefore r=\frac{1}{1+d}$ ...... ㉠

이때 $d>0$에서 $1+d>1$이므로

$0<\frac{1}{1+d}<1$ $\therefore 0<r<1$ ← 급수 $\sum_{n=1}^{\infty}b_n$은 수렴한다.

STEP 2 $\sum_{n=1}^{\infty}\frac{1}{a_na_{n+1}}=\sum_{n=1}^{\infty}\frac{1}{a_{n+1}-a_n}\left(\frac{1}{a_n}-\frac{1}{a_{n+1}}\right)$

$=\frac{1}{d}\sum_{n=1}^{\infty}\left(\frac{1}{a_n}-\frac{1}{a_{n+1}}\right)$

$=\frac{1}{d}\lim_{n\to\infty}\sum_{k=1}^{n}\left(\frac{1}{a_k}-\frac{1}{a_{k+1}}\right)$

$=\frac{1}{d}\lim_{n\to\infty}\left\{\left(\frac{1}{a_1}-\frac{1}{a_2}\right)+\left(\frac{1}{a_2}-\frac{1}{a_3}\right)+\cdots+\left(\frac{1}{a_n}-\frac{1}{a_{n+1}}\right)\right\}$

$=\frac{1}{d}\lim_{n\to\infty}\left(\frac{1}{1}-\frac{1}{a_{n+1}}\right)$

$=\frac{1}{d}\lim_{n\to\infty}\left(1-\frac{1}{dn+1}\right)$ $(\because a_n=1+(n-1)d)$

$=\frac{1}{d}$

STEP 3 $\therefore \sum_{n=1}^{\infty}\left(\frac{1}{a_na_{n+1}}+b_n\right)=\sum_{n=1}^{\infty}\frac{1}{a_na_{n+1}}+\sum_{n=1}^{\infty}b_n$

두 급수 $\sum_{n=1}^{\infty}\frac{1}{a_na_{n+1}}$, $\sum_{n=1}^{\infty}b_n$이 각각 수렴하므로 급수의 성질을 이용한다.

$=\frac{1}{d}+\frac{1}{1-r}$

$=\frac{1}{d}+\frac{1}{1-\frac{1}{1+d}}$ $(\because ㉠)$

$=\frac{1}{d}+\frac{1+d}{1+d-1}$

$=\frac{2+d}{d}$

즉, $\frac{2+d}{d}=2$에서 $2+d=2d$

$\therefore d=2$

$d=2$를 ㉠에 대입하면 $r=\frac{1}{3}$이므로

$\sum_{n=1}^{\infty}b_n=\frac{1}{1-\frac{1}{3}}=\frac{3}{2}$

149 답 16

해결 각 잡기

주어진 a_n과 a_{n+1} 사이의 관계식에 $n=1, 2, 3, \cdots$을 차례대로 대입하여 일반항 a_{2n-1}의 규칙을 찾는다.

STEP 1 $a_1=\frac{1}{8}=\frac{1}{2^3}$이므로

$a_1a_2=2^1$에서 $a_2=\frac{2}{a_1}=2^4$

$a_2a_3=2^2$에서 $a_3=\frac{2^2}{a_2}=\frac{1}{2^2}$

$a_3a_4=2^3$에서 $a_4=\frac{2^3}{a_3}=2^5$

$a_4a_5=2^4$에서 $a_5=\frac{2^4}{a_4}=\frac{1}{2}$

⋮

$\therefore a_{2n-1}=\frac{1}{2^{3+(n-1)\times(-1)}}=\frac{1}{2^{-n+4}}$

STEP 2 $\therefore \sum_{n=1}^{\infty}\frac{1}{a_{2n-1}}=\sum_{n=1}^{\infty}2^{-n+4}=\frac{8}{1-\frac{1}{2}}=16$

다른 풀이 **STEP 1**

$a_na_{n+1}=2^n$에서 n 대신 $n+1$을 대입하면

$a_{n+1}a_{n+2}=2^{n+1}$이므로

$\frac{a_{n+1}a_{n+2}}{a_na_{n+1}}=\frac{2^{n+1}}{2^n}$

$\frac{a_{n+2}}{a_n}=2$ $\therefore a_{n+2}=2a_n$

$\{a_{2n-1}\}$: a_1, $a_3=2a_1$, $a_5=2a_3$, ⋯

즉, 수열 $\{a_{2n-1}\}$은 공비가 2인 등비수열이다.

이때 $a_1=\frac{1}{8}$이므로

$a_{2n-1}=\frac{1}{8}\times2^{n-1}=2^{n-4}$

 # 참고

2^{-n+4}에 $n=1$을 대입하면 $2^{-1+4}=2^3=8$이고, $2^{-n+4}=16\left(\frac{1}{2}\right)^n$이므로 수열 $\{2^{-n+4}\}$은 첫째항이 8, 공비가 $\frac{1}{2}$인 등비수열이다.

150 답 ③

STEP 1 $a_1=1$이므로

$a_1a_2=\left(\frac{1}{5}\right)^1$에서 $a_2=\left(\frac{1}{5}\right)^1$

$a_2a_3=\left(\frac{1}{5}\right)^2$에서 $a_3=\left(\frac{1}{5}\right)^1$

$a_3a_4=\left(\frac{1}{5}\right)^3$에서 $a_4=\left(\frac{1}{5}\right)^2$

$a_4a_5=\left(\frac{1}{5}\right)^4$에서 $a_5=\left(\frac{1}{5}\right)^2$

⋮

$\therefore a_{2n}=\left(\frac{1}{5}\right)^n$

STEP 2 $\therefore \sum_{n=1}^{\infty}a_{2n}=\sum_{n=1}^{\infty}\left(\frac{1}{5}\right)^n=\frac{\frac{1}{5}}{1-\frac{1}{5}}=\frac{1}{4}$

다른 풀이 **STEP 1**

$a_1a_2=\left(\frac{1}{5}\right)^1$에서 $a_2=\left(\frac{1}{5}\right)^1$

$a_na_{n+1}=\left(\frac{1}{5}\right)^n$에서 n 대신 $n+1$을 대입하면

$a_{n+1}a_{n+2}=\left(\frac{1}{5}\right)^{n+1}$

이므로

$$\frac{a_{n+1}a_{n+2}}{a_na_{n+1}}=\frac{1}{5}$$

$\{a_{2n}\}$: a_2, $a_4=\frac{1}{5}a_2$, $a_6=\frac{1}{5}a_4$, …

$$\frac{a_{n+2}}{a_n}=\frac{1}{5} \qquad \therefore a_{n+2}=\frac{1}{5}a_n$$

즉, 수열 $\{a_{2n}\}$은 공비가 $\frac{1}{5}$인 등비수열이다. 이때 $a_2=\frac{1}{5}$이므로

$$a_{2n}=a_2\times\left(\frac{1}{5}\right)^{n-1}=\frac{1}{5}\times\left(\frac{1}{5}\right)^{n-1}=\left(\frac{1}{5}\right)^n$$

 # 참고

$\left(\frac{1}{5}\right)^n$에 $n=1$을 대입하면 $\frac{1}{5}$이므로 수열 $\left\{\left(\frac{1}{5}\right)^n\right\}$은 첫째항이 $\frac{1}{5}$, 공비가 $\frac{1}{5}$인 등비수열이다.

151 답 ①

해결 각 잡기

- $\sum_{n=1}^{\infty}a_n$, $\sum_{n=1}^{\infty}b_n$이 각각 수렴하면
  $\sum_{n=1}^{\infty}(a_n+b_n)=\sum_{n=1}^{\infty}a_n+\sum_{n=1}^{\infty}b_n$, $\sum_{n=1}^{\infty}(a_n-b_n)=\sum_{n=1}^{\infty}a_n-\sum_{n=1}^{\infty}b_n$
- 등비수열 $\{a_n\}$의 첫째항이 a, 공비가 r일 때, 수열 $\{a_n^2\}$은 등비수열이고 첫째항은 a^2, 공비는 r^2이다.

STEP 1 $\sum_{n=1}^{\infty}a_n$, $\sum_{n=1}^{\infty}b_n$이 각각 수렴하므로

$\sum_{n=1}^{\infty}(a_n+b_n)=\frac{9}{4}$에서

$$\sum_{n=1}^{\infty}a_n+\sum_{n=1}^{\infty}b_n=\frac{9}{4} \qquad \cdots\cdots ㉠$$

$\sum_{n=1}^{\infty}(a_n-b_n)=\frac{3}{4}$에서

$$\sum_{n=1}^{\infty}a_n-\sum_{n=1}^{\infty}b_n=\frac{3}{4} \qquad \cdots\cdots ㉡$$

㉠, ㉡을 연립하여 풀면

$\sum_{n=1}^{\infty}a_n=\frac{3}{2}$, $\sum_{n=1}^{\infty}b_n=\frac{3}{4}$

두 등비수열 $\{a_n\}$, $\{b_n\}$의 공비를 각각 r_1, r_2라 하면 첫째항이 모두 1이므로

$\frac{1}{1-r_1}=\frac{3}{2}$, $\frac{1}{1-r_2}=\frac{3}{4}$

$\therefore r_1=\frac{1}{3}$, $r_2=-\frac{1}{3}$

STEP 2 수열 $\{a_n^2\}$은 첫째항이 1, 공비가 $\left(\frac{1}{3}\right)^2=\frac{1}{9}$인 등비수열이고, 수열 $\{b_n^2\}$은 첫째항이 1, 공비가 $\left(-\frac{1}{3}\right)^2=\frac{1}{9}$인 등비수열이므로 #

$$\sum_{n=1}^{\infty}(a_n^2+b_n^2)=\sum_{n=1}^{\infty}a_n^2+\sum_{n=1}^{\infty}b_n^2$$
$$=\frac{1}{1-\frac{1}{9}}+\frac{1}{1-\frac{1}{9}}$$
$$=\frac{9}{8}+\frac{9}{8}=\frac{9}{4}$$

다른 풀이 **STEP 1**

두 등비수열 $\{a_n\}$, $\{b_n\}$의 공비를 각각 r_1, r_2라 하면

$$\sum_{n=1}^{\infty}(a_n+b_n)=\sum_{n=1}^{\infty}a_n+\sum_{n=1}^{\infty}b_n$$
$$=\frac{1}{1-r_1}+\frac{1}{1-r_2}=\frac{9}{4} \qquad \cdots\cdots ㉢$$

$$\sum_{n=1}^{\infty}(a_n-b_n)=\sum_{n=1}^{\infty}a_n-\sum_{n=1}^{\infty}b_n$$
$$=\frac{1}{1-r_1}-\frac{1}{1-r_2}=\frac{3}{4} \qquad \cdots\cdots ㉣$$

㉢, ㉣을 연립하여 풀면

$r_1=\frac{1}{3}$, $r_2=-\frac{1}{3}$

 # 참고

$a_n=\left(\frac{1}{3}\right)^{n-1}$이므로 $a_n^2=\left(\frac{1}{3}\right)^{2n-2}=\left(\frac{1}{9}\right)^{n-1}$

$b_n=\left(-\frac{1}{3}\right)^{n-1}$이므로 $b_n^2=\left(-\frac{1}{3}\right)^{2n-2}=\left(\frac{1}{9}\right)^{n-1}$

152 답 ③

해결 각 잡기

등비수열 $\{a_n\}$의 첫째항이 a_1, 공비가 r_1이고, 등비수열 $\{b_n\}$의 첫째항이 b_1, 공비가 r_2일 때, 수열 $\{a_nb_n\}$은 등비수열이고 첫째항은 a_1b_1, 공비는 r_1r_2이다.

STEP 1 두 등비수열 $\{a_n\}$, $\{b_n\}$의 공비를 각각 r_1, r_2라 하면 첫째항이 모두 1이므로

$\sum_{n=1}^{\infty}a_n=\frac{1}{1-r_1}=4$에서

$1=4-4r_1$, $4r_1=3$

$\therefore r_1=\frac{3}{4}$

$\sum_{n=1}^{\infty}b_n=\frac{1}{1-r_2}=2$에서

$1=2-2r_2$, $2r_2=1$

$\therefore r_2=\frac{1}{2}$

STEP 2 수열 $\{a_nb_n\}$는 첫째항이 $a_1b_1=1\times1=1$, 공비가 $r_1r_2=\frac{3}{4}\times\frac{1}{2}=\frac{3}{8}$인 등비수열이므로 #

$$\sum_{n=1}^{\infty}a_nb_n=\frac{1}{1-\frac{3}{8}}=\frac{8}{5}$$

 # 참고

$a_n=\left(\frac{3}{4}\right)^{n-1}$, $b_n=\left(\frac{1}{2}\right)^{n-1}$이므로

$a_nb_n=\left(\frac{3}{4}\right)^{n-1}\times\left(\frac{1}{2}\right)^{n-1}=\left(\frac{3}{8}\right)^{n-1}$

153 답 ②

해결 각 잡기

등비수열 $\{a_n\}$의 첫째항이 a, 공비가 r일 때
(1) 수열 $\{a_{2n-1}\}$은 등비수열이고 첫째항은 $a_1=a$, 공비는 r^2이다.
(2) 수열 $\{a_{2n}\}$은 등비수열이고 첫째항은 $a_2=ar$, 공비는 r^2이다.
(3) 수열 $\{a_n^2\}$은 등비수열이고 첫째항은 a^2, 공비는 r^2이다.

STEP 1 등비수열 $\{a_n\}$의 첫째항을 a, 공비를 r라 하면 수열 $\{a_n^2\}$은 첫째항이 a^2, 공비가 r^2인 등비수열이고 $\sum_{n=1}^{\infty} a_n^2=6$이므로

$0<r^2<1$이고

$\frac{a^2}{1-r^2}=\frac{a^2}{(1+r)(1-r)}=6$ ...... ㉠

STEP 2 수열 $\{a_{2n-1}\}$은 첫째항이 $a_{2\times1-1}=a_1=a$, 공비가 r^2인 등비수열이고, 수열 $\{a_{2n}\}$은 첫째항이 $a_{2\times1}=a_2=ar$, 공비가 r^2인 등비수열이므로

$\sum_{n=1}^{\infty}(a_{2n-1}-a_{2n})=\sum_{n=1}^{\infty}a_{2n-1}-\sum_{n=1}^{\infty}a_{2n}$

└ $0<r^2<1$이므로 두 급수 $\sum_{n=1}^{\infty}a_{2n-1}$, $\sum_{n=1}^{\infty}a_{2n}$이 각각 수렴한다.

$=\frac{a}{1-r^2}-\frac{ar}{1-r^2}$

$=\frac{a(1-r)}{1-r^2}$

$=\frac{a}{1+r}=3$ ...... ㉡

STEP 3 ㉡을 ㉠에 대입하면

$3\times\frac{a}{1-r}=6 \quad \therefore \frac{a}{1-r}=2$

$\therefore \sum_{n=1}^{\infty}a_n=\frac{a}{1-r}=2$

154 답 ⑤

해결 각 잡기

등비수열 $\{a_n\}$의 첫째항이 a, 공비가 r일 때
(1) 수열 $\{a_{2n}\}$은 등비수열이고 첫째항은 $a_2=ar$, 공비는 r^2이다.
(2) 수열 $\{a_{3n}\}$은 등비수열이고 첫째항은 $a_3=ar^2$, 공비는 r^3이다.

STEP 1 등비수열 $\{a_n\}$의 첫째항을 a, 공비를 r라 하면 수열 $\{a_{2n}\}$은 첫째항이 $a_2=ar$, 공비가 r^2인 등비수열이고, $\sum_{n=1}^{\infty}a_{2n}=2$이므로

$0<r^2<1$이다.

즉, $\frac{ar}{1-r^2}=2$이므로

$\frac{ar}{1-r}=2(1+r)$ ...... ㉠

STEP 2 수열 $\{a_{3n}\}$은 첫째항이 $a_3=ar^2$, 공비가 r^3인 등비수열이고, $\sum_{n=1}^{\infty}a_{3n}=\frac{6}{7}$이므로 $-1<r^3<1$이다.

즉, $\frac{ar^2}{1-r^3}=\frac{6}{7}$이므로

$\frac{ar\times r}{(1-r)(1+r+r^2)}=\frac{6}{7}$, $\frac{2r(1+r)}{1+r+r^2}=\frac{6}{7}$ ($\because$ ㉠)

$14r+14r^2=6+6r+6r^2$

$8r^2+8r-6=0$, $4r^2+4r-3=0$

$(2r+3)(2r-1)=0$

$\therefore r=-\frac{3}{2}$ 또는 $r=\frac{1}{2}$ ...... ㉡

STEP 3 이때 $0<r^2<1$, $-1<r^3<1$이므로

$-1<r<1$

따라서 ㉡에서 $r=\frac{1}{2}$

155 답 32

해결 각 잡기

등비수열 $\{a_n\}$의 첫째항이 a, 공비가 r일 때, 수열 $\{a_{2n-1}\}$은 등비수열이고 첫째항은 $a_1=a$, 공비는 r^2이다.

STEP 1 $a_1=3$, $a_{n+1}=\frac{2}{3}a_n$에서 수열 $\{a_n\}$은 첫째항이 3, 공비가 $\frac{2}{3}$인 등비수열이므로 수열 $\{a_{2n-1}\}$은 첫째항이 $a_{2\times1-1}=a_1=3$, 공비가 $\left(\frac{2}{3}\right)^2=\frac{4}{9}$인 등비수열이다.

$\therefore \sum_{n=1}^{\infty}a_{2n-1}=\frac{3}{1-\frac{4}{9}}=\frac{27}{5}$

STEP 2 따라서 $p=5$, $q=27$이므로

$p+q=5+27=32$

156 답 ③

해결 각 잡기

등비수열 $\{a_n\}$의 첫째항이 a, 공비가 r일 때
(1) 수열 $\{a_{3n-2}\}$는 등비수열이고 첫째항은 $a_1=a$, 공비는 r^3이다.
(2) 수열 $\{a_{3n-1}\}$은 등비수열이고 첫째항은 $a_2=ar$, 공비는 r^3이다.

STEP 1 등비수열 $\{a_n\}$의 공비를 r $(-1<r<1)$라 하면

$\sum_{n=1}^{\infty}a_n=\frac{1}{1-r}=3$

$1=3-3r$, $3r=2 \quad \therefore r=\frac{2}{3}$

STEP 2 수열 $\{a_{3n-2}\}$는 첫째항이 $a_{3\times1-2}=a_1=1$, 공비가 $\left(\frac{2}{3}\right)^3=\frac{8}{27}$인 등비수열이고, 수열 $\{a_{3n-1}\}$은 첫째항이 $a_{3\times1-1}=a_2=1\times\frac{2}{3}=\frac{2}{3}$, 공비가 $\left(\frac{2}{3}\right)^3=\frac{8}{27}$인 등비수열이므로

$\sum_{n=1}^{\infty}(a_{3n-2}-a_{3n-1})=\sum_{n=1}^{\infty}a_{3n-2}-\sum_{n=1}^{\infty}a_{3n-1}$

$=\frac{1}{1-\frac{8}{27}}-\frac{\frac{2}{3}}{1-\frac{8}{27}}$

$=\frac{27}{19}-\frac{18}{19}=\frac{9}{19}$

157 답 15

STEP 1 $a_1=2$이므로

$a_2=(2^2+2=6$을 5로 나눈 나머지$)=1$

$a_3=(1^2+1=2$를 5로 나눈 나머지$)=2$

$a_4=(2^2+2=6$을 5로 나눈 나머지$)=1$

$\vdots$

$\therefore \{a_n\}: 2, 1, 2, 1, \cdots$

STEP 2 $\therefore \sum_{n=1}^{\infty}\frac{a_n}{3^n}=\frac{2}{3}+\frac{1}{3^2}+\frac{2}{3^3}+\frac{1}{3^4}+\cdots$

$$=\left(\frac{2}{3}+\frac{2}{3^3}+\frac{2}{3^5}+\cdots\right)+\left(\frac{1}{3^2}+\frac{1}{3^4}+\frac{1}{3^6}+\cdots\right)$$

$$=\frac{\frac{2}{3}}{1-\frac{1}{9}}+\frac{\frac{1}{9}}{1-\frac{1}{9}}$$

$$=\frac{3}{4}+\frac{1}{8}=\frac{7}{8}$$

따라서 $p=8$, $q=7$이므로

$p+q=8+7=15$

158 답 ①

STEP 1 $a_3=((-3)^2=9$의 3제곱근 중 실수인 것의 개수$)=1$

$a_4=((-3)^3=-27$의 4제곱근 중 실수인 것의 개수$)=0$

$a_5=((-3)^4=81$의 5제곱근 중 실수인 것의 개수$)=1$

$a_6=((-3)^5=-3^5$의 6제곱근 중 실수인 것의 개수$)=0$

$\vdots$

$\therefore \{a_n\}: 1, 0, 1, 0, \cdots\ (n=3, 4, 5, \cdots)$

STEP 2 $\therefore \sum_{n=3}^{\infty}\frac{a_n}{2^n}=\frac{1}{2^3}+\frac{0}{2^4}+\frac{1}{2^5}+\frac{0}{2^6}+\cdots$

$$=\frac{1}{2^3}+\frac{1}{2^5}+\frac{1}{2^7}+\cdots$$

$$=\frac{\frac{1}{8}}{1-\frac{1}{4}}=\frac{1}{6}$$

159 답 ③

해결 각 잡기

급수 $\sum_{n=1}^{\infty}x_n$이 수렴하면 $\lim_{n\to\infty}x_n=0$이다.

STEP 1 주어진 급수가 수렴하므로

$\lim_{n\to\infty}\left(\frac{a_n}{n}-\frac{3n+7}{n+2}\right)=0$

$\therefore \lim_{n\to\infty}\frac{a_n}{n}=\lim_{n\to\infty}\left(\frac{a_n}{n}-\frac{3n+7}{n+2}\right)+\lim_{n\to\infty}\frac{3n+7}{n+2}$

$=0+3=3$ …… ㉠

등차수열 $\{a_n\}$의 공차를 d라 하면

$a_n=4+(n-1)\times d=dn-d+4$

㉠에서 $\lim_{n\to\infty}\frac{dn-d+4}{n}=3$이므로 $d=3$

$\therefore a_n=3n+1$

STEP 2 $\therefore S=\sum_{n=1}^{\infty}\left(\frac{a_n}{n}-\frac{3n+7}{n+2}\right)$

$$=\sum_{n=1}^{\infty}\left(\frac{3n+1}{n}-\frac{3n+7}{n+2}\right)$$

$$=\sum_{n=1}^{\infty}\left\{3+\frac{1}{n}-\left(3+\frac{1}{n+2}\right)\right\}$$

$$=\sum_{n=1}^{\infty}\left(\frac{1}{n}-\frac{1}{n+2}\right)$$

$$=\lim_{n\to\infty}\sum_{k=1}^{n}\left(\frac{1}{k}-\frac{1}{k+2}\right)$$

$$=\lim_{n\to\infty}\left\{\left(\frac{1}{1}-\frac{1}{3}\right)+\left(\frac{1}{2}-\frac{1}{4}\right)+\left(\frac{1}{3}-\frac{1}{5}\right)+\cdots+\left(\frac{1}{n-1}-\frac{1}{n+1}\right)+\left(\frac{1}{n}-\frac{1}{n+2}\right)\right\}$$

$$=\lim_{n\to\infty}\left(1+\frac{1}{2}-\frac{1}{n+1}-\frac{1}{n+2}\right)$$

$$=1+\frac{1}{2}=\frac{3}{2}$$

160 답 ①

해결 각 잡기

등비수열 $\{a_n\}$의 첫째항이 a, 공비가 r일 때, 수열 $\left\{\frac{1}{a_{2n}}\right\}$은 등비수열이고 첫째항은 $\frac{1}{a_2}=\frac{1}{ar}$, 공비는 $\frac{1}{r^2}$이다.

STEP 1 등비수열 $\{a_n\}$의 첫째항을 a, 공비를 r라 하면 $a_n=ar^{n-1}$이므로 $\frac{a_n}{3^n}=\frac{ar^{n-1}}{3^n}=\frac{a}{3}\times\left(\frac{r}{3}\right)^{n-1}$

즉, 수열 $\left\{\frac{a_n}{3^n}\right\}$은 첫째항이 $\frac{a}{3}$, 공비가 $\frac{r}{3}$인 등비수열이고 급수 $\sum_{n=1}^{\infty}\frac{a_n}{3^n}$이 수렴하므로

$-1<\frac{r}{3}<1 \qquad \therefore 0<r<3\ (\because r$는 자연수$)$ …… ㉠

수열 $\left\{\frac{1}{a_{2n}}\right\}$은 첫째항이 $\frac{1}{a_2}=\frac{1}{ar}$, 공비가 $\frac{1}{r^2}$인 등비수열이고 급수 $\sum_{n=1}^{\infty}\frac{1}{a_{2n}}$이 수렴하므로

$-1<\frac{1}{r^2}<1,\ r^2>1 \qquad \therefore r>1\ (\because r$는 자연수$)$ …… ㉡

㉠, ㉡에서 $1<r<3$

이때 r는 자연수이므로 $r=2$

STEP 2 $\sum_{n=1}^{\infty}\frac{a_n}{3^n}=\frac{\frac{a}{3}}{1-\frac{2}{3}}=a$에서 $a=4$이므로

수열 $\left\{\frac{1}{a_{2n}}\right\}$의 첫째항은 $\frac{1}{a_2}=\frac{1}{ar}=\frac{1}{8}$, 공비는 $\frac{1}{r^2}=\frac{1}{4}$이다.

$\therefore S=\sum_{n=1}^{\infty}\frac{1}{a_{2n}}=\frac{\frac{1}{8}}{1-\frac{1}{4}}=\frac{1}{6}$

161 답 ①

해결 각 잡기

수열의 합과 일반항 사이의 관계

수열 $\{a_n\}$의 첫째항부터 제n항까지의 합을 S_n이라 하면

$a_1=S_1$, $a_n=S_n-S_{n-1}$ $(n\ge2)$

STEP 1 (i) $n=1$일 때

$a_1=S_1=1+2=3$

(ii) $n\ge2$일 때

$$\begin{aligned}a_n&=S_n-S_{n-1}\\&=n^2+2n-\{(n-1)^2+2(n-1)\}\\&=2n+1 \quad \cdots\cdots ㉠\end{aligned}$$

이때 $a_1=3$은 ㉠에 $n=1$을 대입한 것과 같으므로

$a_n=2n+1$

즉, 수열 $\{a_n\}$은 공차가 2인 등차수열이므로

$a_{n+1}-a_n=2$

STEP 2 $\therefore \sum_{n=1}^{\infty}\frac{2}{a_na_{n+1}}=\sum_{n=1}^{\infty}\frac{2}{a_{n+1}-a_n}\left(\frac{1}{a_n}-\frac{1}{a_{n+1}}\right)$

$$\begin{aligned}&=\sum_{n=1}^{\infty}\frac{2}{2}\left(\frac{1}{a_n}-\frac{1}{a_{n+1}}\right)\\&=\sum_{n=1}^{\infty}\left(\frac{1}{a_n}-\frac{1}{a_{n+1}}\right)\\&=\lim_{n\to\infty}\sum_{k=1}^{n}\left(\frac{1}{a_k}-\frac{1}{a_{k+1}}\right)\\&=\lim_{n\to\infty}\left\{\left(\frac{1}{a_1}-\frac{1}{a_2}\right)+\left(\frac{1}{a_2}-\frac{1}{a_3}\right)+\cdots+\left(\frac{1}{a_n}-\frac{1}{a_{n+1}}\right)\right\}\\&=\lim_{n\to\infty}\left(\frac{1}{a_1}-\frac{1}{a_{n+1}}\right)\\&=\lim_{n\to\infty}\left(\frac{1}{3}-\frac{1}{2n+3}\right)=\frac{1}{3}\end{aligned}$$

참고

(1) 수열 $\{a_n\}$의 첫째항부터 제n항까지의 합 S_n에 대하여

① $S_n=an^2+bn$ 꼴이면 수열 $\{a_n\}$은 첫째항부터 등차수열이다.

② $S_n=an^2+bn+c$ $(c\neq0)$ 꼴이면 수열 $\{a_n\}$은 둘째항부터 등차수열이다.

(2) $a_n=an+b$ $(a\neq0)$이면 수열 $\{a_n\}$은 공차가 a인 등차수열이다.

162 답 ②

STEP 1 $\sum_{k=1}^{n}\frac{a_k}{k}=n^2+3n$에서

(i) $n=1$일 때

$\frac{a_1}{1}=1+3=4 \quad \therefore a_1=4$

(ii) $n\ge2$일 때

$$\begin{aligned}\frac{a_n}{n}&=\sum_{k=1}^{n}\frac{a_k}{k}-\sum_{k=1}^{n-1}\frac{a_k}{k}\\&=n^2+3n-\{(n-1)^2+3(n-1)\}=2n+2\end{aligned}$$

$\therefore a_n=n(2n+2)=2n(n+1) \quad \cdots\cdots ㉠$

이때 $a_1=4$는 ㉠에 $n=1$을 대입한 것과 같으므로

$a_n=2n(n+1)$

STEP 2 $\therefore \sum_{n=1}^{\infty}\frac{1}{a_n}=\sum_{n=1}^{\infty}\frac{1}{2n(n+1)}$

$$\begin{aligned}&=\frac{1}{2}\sum_{n=1}^{\infty}\left(\frac{1}{n}-\frac{1}{n+1}\right)\\&=\frac{1}{2}\lim_{n\to\infty}\sum_{k=1}^{n}\left(\frac{1}{k}-\frac{1}{k+1}\right)\\&=\frac{1}{2}\lim_{n\to\infty}\left\{\left(\frac{1}{1}-\frac{1}{2}\right)+\left(\frac{1}{2}-\frac{1}{3}\right)+\cdots+\left(\frac{1}{n}-\frac{1}{n+1}\right)\right\}\\&=\frac{1}{2}\lim_{n\to\infty}\left(1-\frac{1}{n+1}\right)=\frac{1}{2}\times1=\frac{1}{2}\end{aligned}$$

163 답 ①

해결 각 잡기

주어진 식의 좌변을 $\sum_{k=1}^{n}7^ka_k$로 나타낸 후 수열의 합과 일반항 사이의 관계를 이용하여 수열 $\{7^na_n\}$의 일반항을 구하면 수열 $\{a_n\}$의 일반항을 구할 수 있다.

STEP 1 $7a_1+7^2a_2+\cdots+7^na_n=\sum_{k=1}^{n}7^ka_k=3^n-1$에서

(i) $n=1$일 때

$7a_1=3-1=2 \quad \therefore a_1=\frac{2}{7}$

(ii) $n\ge2$일 때

$$\begin{aligned}7^na_n&=\sum_{k=1}^{n}7^ka_k-\sum_{k=1}^{n-1}7^ka_k\\&=3^n-1-(3^{n-1}-1)\\&=3^n-3^{n-1}\\&=3^{n-1}(3-1)=2\times3^{n-1}\end{aligned}$$

$\therefore a_n=2\times3^{n-1}\times\frac{1}{7^n} \quad \cdots\cdots ㉠$

이때 $a_1=\frac{2}{7}$는 ㉠에 $n=1$을 대입한 것과 같으므로

$a_n=2\times3^{n-1}\times\frac{1}{7^n}$

STEP 2 $\therefore \sum_{n=1}^{\infty}\frac{a_n}{3^{n-1}}=\sum_{n=1}^{\infty}\frac{2\times3^{n-1}\times\frac{1}{7^n}}{3^{n-1}}$

$=\sum_{n=1}^{\infty}2\left(\frac{1}{7}\right)^n$ ← 첫째항이 $\frac{2}{7}$, 공비가 $\frac{1}{7}$인 등비급수

$=\frac{\frac{2}{7}}{1-\frac{1}{7}}=\frac{1}{3}$

164 답 ②

STEP 1 (i) $n=1$일 때

$a_1=S_1=\frac{2}{3}$

(ii) $n\geq 2$일 때

$$a_{2n-1}=S_{2n-1}-S_{2n-2}$$
$$=\frac{2}{n+2}-\frac{2}{n}$$
$$=2\left(\frac{1}{n+2}-\frac{1}{n}\right) \quad \cdots\cdots ㉠$$

이때 ㉠에 $n=1$을 대입하면 $a_1=-\frac{4}{3}\neq\frac{2}{3}$이므로

$a_1=\frac{2}{3},\ a_{2n-1}=2\left(\frac{1}{n+2}-\frac{1}{n}\right)\ (n\geq 2)$

STEP 2 $\therefore \sum_{n=1}^{\infty}a_{2n-1}=a_1+\sum_{n=2}^{\infty}a_{2n-1}$

$$=\frac{2}{3}+2\sum_{n=2}^{\infty}\left(\frac{1}{n+2}-\frac{1}{n}\right)$$
$$=\frac{2}{3}+2\lim_{n\to\infty}\sum_{k=2}^{n}\left(\frac{1}{k+2}-\frac{1}{k}\right)$$
$$=\frac{2}{3}+2\lim_{n\to\infty}\left\{\left(\frac{1}{4}-\frac{1}{2}\right)+\left(\frac{1}{5}-\frac{1}{3}\right)+\left(\frac{1}{6}-\frac{1}{4}\right)+\cdots+\left(\frac{1}{n+1}-\frac{1}{n-1}\right)+\left(\frac{1}{n+2}-\frac{1}{n}\right)\right\}$$
$$=\frac{2}{3}+2\lim_{n\to\infty}\left(-\frac{1}{2}-\frac{1}{3}+\frac{1}{n+1}+\frac{1}{n+2}\right)$$
$$=\frac{2}{3}+2\left(-\frac{1}{2}-\frac{1}{3}\right)=-1$$

165 답 ⑤

해결 각 잡기

- 급수 $\sum_{n=1}^{\infty}x_n$이 수렴하면 $\lim_{n\to\infty}x_n=0$이다.
- 두 급수 $\sum_{n=1}^{\infty}a_n$, $\sum_{n=1}^{\infty}b_n$이 수렴하면
  (1) $\sum_{n=1}^{\infty}(a_n\pm b_n)=\sum_{n=1}^{\infty}a_n\pm\sum_{n=1}^{\infty}b_n$ (복부호 동순)
  (2) $\sum_{n=1}^{\infty}a_nb_n\neq\sum_{n=1}^{\infty}a_n\sum_{n=1}^{\infty}b_n$

STEP 1 ㄱ. $\sum_{n=1}^{\infty}(a_n-1)$이 수렴하므로 $\lim_{n\to\infty}(a_n-1)=0$

$\therefore \lim_{n\to\infty}a_n=\lim_{n\to\infty}(a_n-1)+\lim_{n\to\infty}1=0+1=1$

STEP 2 ㄴ. $\sum_{n=1}^{\infty}(b_n+1)$이 수렴하므로 $\lim_{n\to\infty}(b_n+1)=0$

$\therefore \lim_{n\to\infty}b_n=\lim_{n\to\infty}(b_n+1)-\lim_{n\to\infty}1=0-1=-1$

즉, $\lim_{n\to\infty}b_n\neq 0$이므로 $\sum_{n=1}^{\infty}b_n$은 발산한다.

STEP 3 ㄷ. $\sum_{n=1}^{\infty}(a_n-1)$, $\sum_{n=1}^{\infty}(b_n+1)$이 모두 수렴하므로

$\sum_{n=1}^{\infty}(a_n-1)=\alpha$, $\sum_{n=1}^{\infty}(b_n+1)=\beta$라 하면

$\sum_{n=1}^{\infty}(a_n+b_n)=\sum_{n=1}^{\infty}\{(a_n-1)+(b_n+1)\}=\alpha+\beta$

즉, $\sum_{n=1}^{\infty}(a_n+b_n)$은 수렴한다.

따라서 ㄱ, ㄴ, ㄷ 모두 옳다.

166 답 ②

STEP 1 ㄱ. $\lim_{n\to\infty}(a_n+b_n)=\lim_{n\to\infty}\left(2+\frac{1}{n}\right)=2$

STEP 2 ㄴ. $a_n+b_n=2+\frac{1}{n}$에서 $b_n=2+\frac{1}{n}-a_n$

수열 $\{a_n\}$이 수렴하므로 $\lim_{n\to\infty}a_n=\alpha$라 하면

$\lim_{n\to\infty}b_n=\lim_{n\to\infty}\left(2+\frac{1}{n}-a_n\right)=\lim_{n\to\infty}\left(2+\frac{1}{n}\right)-\lim_{n\to\infty}a_n=2-\alpha$

즉, 수열 $\{a_n\}$이 수렴하면 수열 $\{b_n\}$도 수렴한다.

STEP 3 ㄷ. $\sum_{n=1}^{\infty}a_n$이 수렴하면 $\lim_{n\to\infty}a_n=0$이므로

$\lim_{n\to\infty}b_n=\lim_{n\to\infty}\left(2+\frac{1}{n}-a_n\right)=\lim_{n\to\infty}\left(2+\frac{1}{n}\right)-\lim_{n\to\infty}a_n=2-0=2$

즉, $\lim_{n\to\infty}b_n\neq 0$이므로 $\sum_{n=1}^{\infty}b_n$은 발산한다.

따라서 옳은 것은 ㄱ, ㄴ이다.

167 답 ③

STEP 1 ㄱ. $\sum_{n=1}^{\infty}a_n$

$$=\sum_{n=1}^{\infty}\frac{1}{\sqrt{n+1}+\sqrt{n}}$$
$$=\sum_{n=1}^{\infty}\frac{\sqrt{n+1}-\sqrt{n}}{(\sqrt{n+1}+\sqrt{n})(\sqrt{n+1}-\sqrt{n})}$$
$$=\sum_{n=1}^{\infty}(\sqrt{n+1}-\sqrt{n})$$
$$=\lim_{n\to\infty}\sum_{k=1}^{n}(\sqrt{k+1}-\sqrt{k})$$
$$=\lim_{n\to\infty}\{(\sqrt{2}-\sqrt{1})+(\sqrt{3}-\sqrt{2})+\cdots+(\sqrt{n+1}-\sqrt{n})\}$$
$$=\lim_{n\to\infty}(\sqrt{n+1}-1)=\infty$$

즉, $\sum_{n=1}^{\infty}a_n$은 발산한다.

STEP 2 ㄴ. [반례] $a_n=\left(\frac{1}{3}\right)^n$, $b_n=2$라 하면 두 수열 $\{a_n\}$, $\{b_n\}$은 각각 수렴하지만

$$\sum_{n=1}^{\infty}a_nb_n=\sum_{n=1}^{\infty}2\left(\frac{1}{3}\right)^n=\frac{\frac{2}{3}}{1-\frac{1}{3}}=1,$$

$$\sum_{n=1}^{\infty}a_n=\sum_{n=1}^{\infty}\left(\frac{1}{3}\right)^n=\frac{\frac{1}{3}}{1-\frac{1}{3}}=\frac{1}{2},$$

$\sum_{n=1}^{\infty}b_n=\sum_{n=1}^{\infty}2=\infty$이므로

$\sum_{n=1}^{\infty}a_nb_n\neq\sum_{n=1}^{\infty}a_n\sum_{n=1}^{\infty}b_n$

STEP 3 ㄷ. $a_{n+1}=\frac{1}{n+1}a_n$ ⋯⋯ ㉠, $a_{n+2}=\frac{1}{n+2}a_{n+1}$ ⋯⋯ ㉡

└ ㉠에 n 대신 $n+1$ 대입

㉠을 ㉡에 대입하면

$a_{n+2}=\frac{1}{n+2}\times\frac{1}{n+1}a_n$

$$\frac{a_{n+2}}{a_n}=\frac{1}{(n+1)(n+2)}=\frac{1}{n+1}-\frac{1}{n+2}$$

$$\begin{aligned}\therefore \sum_{n=1}^{\infty}\frac{a_{n+2}}{a_n}&=\sum_{n=1}^{\infty}\left(\frac{1}{n+1}-\frac{1}{n+2}\right)\\&=\lim_{n\to\infty}\sum_{k=1}^{n}\left(\frac{1}{k+1}-\frac{1}{k+2}\right)\\&=\lim_{n\to\infty}\left\{\left(\frac{1}{2}-\frac{1}{3}\right)+\left(\frac{1}{3}-\frac{1}{4}\right)+\cdots+\left(\frac{1}{n+1}-\frac{1}{n+2}\right)\right\}\\&=\lim_{n\to\infty}\left(\frac{1}{2}-\frac{1}{n+2}\right)=\frac{1}{2}\end{aligned}$$

따라서 옳은 것은 ㄱ, ㄷ이다.

168 답 ④

해결 각 잡기

문제에서 주어진 수열이 등비수열인지 아닌지 반드시 확인한다.

STEP 1 등비수열 $\{a_n\}$의 첫째항을 a, 공비를 r_1이라 하고, 등비수열 $\{b_n\}$의 첫째항을 b, 공비를 r_2라 하면

$a_n=ar_1^{\ n-1}$, $b_n=br_2^{\ n-1}$

ㄱ. $\sum_{n=1}^{\infty}a_n$, $\sum_{n=1}^{\infty}b_n$이 수렴하므로

$-1<r_1<1$, $-1<r_2<1$

$\therefore -1<r_1r_2<1$

이때 수열 $\{a_nb_n\}$은 첫째항이 ab, 공비가 r_1r_2인 등비수열이므로 $\sum_{n=1}^{\infty}a_nb_n$은 수렴한다.

STEP 2 ㄴ. [반례] $a_n=(-1)^n$, $b_n=(-1)^{n-1}$이라 하면

$\lim_{n\to\infty}a_n\neq0$, $\lim_{n\to\infty}b_n\neq0$이므로 $\sum_{n=1}^{\infty}a_n$, $\sum_{n=1}^{\infty}b_n$은 발산하지만

$a_n+b_n=(-1)^n+(-1)^{n-1}=0$이므로

$\lim_{n\to\infty}(a_n+b_n)=0$

STEP 3 ㄷ. $\sum_{n=1}^{\infty}a_n^{\ 3}$, $\sum_{n=1}^{\infty}b_n^{\ 3}$이 수렴하므로

$-1<r_1^{\ 3}<1$, $-1<r_2^{\ 3}<1$

$\therefore -1<r_1<1$, $-1<r_2<1$

즉, $\sum_{n=1}^{\infty}a_n$, $\sum_{n=1}^{\infty}b_n$이 수렴하므로 $\sum_{n=1}^{\infty}a_n=\alpha$, $\sum_{n=1}^{\infty}b_n=\beta$라 하면

$\sum_{n=1}^{\infty}(a_n+b_n)=\sum_{n=1}^{\infty}a_n+\sum_{n=1}^{\infty}b_n=\alpha+\beta$

즉, $\sum_{n=1}^{\infty}(a_n+b_n)$은 수렴한다.

따라서 옳은 것은 ㄱ, ㄷ이다.

169 답 ②

해결 각 잡기

두 함수 $y=f(x)$, $y=g(x)$의 그래프의 교점의 x좌표는 방정식 $f(x)=g(x)$의 실근과 같다.

STEP 1 직선 $y=x+1$이 x축의 양의 방향과 이루는 각의 크기는 $45°$이므로 선분 $\mathrm{P}_n\mathrm{Q}_n$을 대각선으로 하는 정사각형의 각 변은 x축 또는 y축과 평행하다.

점 P_n의 x좌표를 α_n, 점 Q_n의 x좌표를 β_n이라 하면 정사각형의 한 변의 길이는 $|\alpha_n-\beta_n|$이므로 정사각형의 넓이 a_n은

$a_n=(\alpha_n-\beta_n)^2$ ...... ㉠

STEP 2 α_n, β_n은 이차방정식 $x^2-2nx-2n=x+1$, 즉 $x^2-(2n+1)x-(2n+1)=0$의 두 근이므로 이차방정식의 근과 계수의 관계에 의하여

$\alpha_n+\beta_n=2n+1$, $\alpha_n\beta_n=-2n-1$

STEP 3 ㉠에서

$$\begin{aligned}a_n&=(\alpha_n-\beta_n)^2=(\alpha_n+\beta_n)^2-4\alpha_n\beta_n\\&=(2n+1)^2-4(-2n-1)\\&=4n^2+12n+5=(2n+1)(2n+5)\end{aligned}$$

$$\begin{aligned}\therefore \sum_{n=1}^{\infty}\frac{1}{a_n}&=\sum_{n=1}^{\infty}\frac{1}{(2n+1)(2n+5)}\\&=\frac{1}{4}\sum_{n=1}^{\infty}\left(\frac{1}{2n+1}-\frac{1}{2n+5}\right)\\&=\frac{1}{4}\lim_{n\to\infty}\sum_{k=1}^{n}\left(\frac{1}{2k+1}-\frac{1}{2k+5}\right)\\&=\frac{1}{4}\lim_{n\to\infty}\left\{\left(\frac{1}{3}-\frac{1}{7}\right)+\left(\frac{1}{5}-\frac{1}{9}\right)+\left(\frac{1}{7}-\frac{1}{11}\right)+\cdots+\left(\frac{1}{2n-1}-\frac{1}{2n+3}\right)+\left(\frac{1}{2n+1}-\frac{1}{2n+5}\right)\right\}\\&=\frac{1}{4}\lim_{n\to\infty}\left(\frac{1}{3}+\frac{1}{5}-\frac{1}{2n+3}-\frac{1}{2n+5}\right)\\&=\frac{1}{4}\times\frac{8}{15}=\frac{2}{15}\end{aligned}$$

170 답 19

해결 각 잡기

- 두 원의 중심을 이은 직선과 공통인 현은 수직으로 만난다.
- 원의 중심과 두 원의 한 교점 사이의 거리는 반지름의 길이와 같다.

STEP 1 오른쪽 그림과 같이 원 C_n의 중심을 O_n, 두 원 C와 C_n의 교점을 A_n, B_n, 점 A_n에서 x축에 내린 수선의 발을 H_n이라 하자.

$\triangle \mathrm{A}_n\mathrm{OO}_n$은 이등변삼각형이고 $\overline{\mathrm{A}_n\mathrm{B}_n}\perp\overline{\mathrm{OO}_n}$이므로

$\overline{\mathrm{OH}_n}=\frac{1}{2}\overline{\mathrm{OO}_n}=\frac{1}{2}\times\frac{2}{n}=\frac{1}{n}$

$$\begin{aligned}\therefore l_n&=\overline{\mathrm{A}_n\mathrm{B}_n}=2\overline{\mathrm{A}_n\mathrm{H}_n}\\&=2\sqrt{\overline{\mathrm{OA}_n}^2-\overline{\mathrm{OH}_n}^2}=2\sqrt{1^2-\left(\frac{1}{n}\right)^2}\\&=2\sqrt{\frac{n^2-1}{n^2}}=\frac{2\sqrt{n^2-1}}{n}\end{aligned}$$

즉, $nl_n=2\sqrt{n^2-1}$이므로

$(nl_n)^2=4(n^2-1)=4(n-1)(n+1)$

STEP 2 $\therefore \sum_{n=2}^{\infty} \frac{1}{(nl_n)^2} = \frac{1}{4}\sum_{n=2}^{\infty} \frac{1}{(n-1)(n+1)}$

$$= \frac{1}{8}\sum_{n=2}^{\infty}\left(\frac{1}{n-1}-\frac{1}{n+1}\right)$$

$$= \frac{1}{8}\lim_{n\to\infty}\sum_{k=2}^{n}\left(\frac{1}{k-1}-\frac{1}{k+1}\right)$$

$$= \frac{1}{8}\lim_{n\to\infty}\left\{\left(\frac{1}{1}-\frac{1}{3}\right)+\left(\frac{1}{2}-\frac{1}{4}\right)+\left(\frac{1}{3}-\frac{1}{5}\right) + \cdots + \left(\frac{1}{n-2}-\frac{1}{n}\right)+\left(\frac{1}{n-1}-\frac{1}{n+1}\right)\right\}$$

$$= \frac{1}{8}\lim_{n\to\infty}\left(1+\frac{1}{2}-\frac{1}{n}-\frac{1}{n+1}\right)$$

$$= \frac{1}{8}\times\frac{3}{2}=\frac{3}{16}$$

따라서 $p=16$, $q=3$이므로

$p+q=16+3=19$

171 답 ②

해결 각 잡기

두 함수 $y=f(x)$, $y=g(x)$의 그래프의 교점의 x좌표는 방정식 $f(x)=g(x)$의 실근과 같다.

STEP 1 두 점 A, P_n은 직선 $y=\left(\frac{1}{2}\right)^{n-1}(x-1)$과 이차함수 $y=3x(x-1)$의 그래프의 교점이므로

$\left(\frac{1}{2}\right)^{n-1}(x-1)=3x(x-1)$에서

$(x-1)\left\{3x-\left(\frac{1}{2}\right)^{n-1}\right\}=0$

$\therefore x=1$ 또는 $x=\frac{1}{3}\left(\frac{1}{2}\right)^{n-1}$

이때 $A(1, 0)$이므로

$P_n\left(\frac{1}{3}\left(\frac{1}{2}\right)^{n-1}, \frac{1}{3}\left(\frac{1}{4}\right)^{n-1}-\left(\frac{1}{2}\right)^{n-1}\right)$

└ $y=\left(\frac{1}{2}\right)^{n-1}(x-1)$에 $x=\frac{1}{3}\left(\frac{1}{2}\right)^{n-1}$을 대입하여 구한 y의 값

STEP 2 즉, $\overline{P_nH_n}=\left(\frac{1}{2}\right)^{n-1}-\frac{1}{3}\left(\frac{1}{4}\right)^{n-1}$이므로 #

$$\sum_{n=1}^{\infty}\overline{P_nH_n}=\sum_{n=1}^{\infty}\left\{\left(\frac{1}{2}\right)^{n-1}-\frac{1}{3}\left(\frac{1}{4}\right)^{n-1}\right\}$$

$$=\sum_{n=1}^{\infty}\left(\frac{1}{2}\right)^{n-1}-\sum_{n=1}^{\infty}\frac{1}{3}\left(\frac{1}{4}\right)^{n-1}$$

$$=\frac{1}{1-\frac{1}{2}}-\frac{\frac{1}{3}}{1-\frac{1}{4}}=2-\frac{4}{9}=\frac{14}{9}$$

 # 참고

문제의 그림에서 점 P_n은 제4사분면에 있으므로 점 P_n의 y좌표는 음수이다.

$\therefore \overline{P_nH_n}=|$점 P_n의 y좌표$|$

$$=\left|\frac{1}{3}\left(\frac{1}{4}\right)^{n-1}-\left(\frac{1}{2}\right)^{n-1}\right|$$

$$=\left(\frac{1}{2}\right)^{n-1}-\frac{1}{3}\left(\frac{1}{4}\right)^{n-1}$$

172 답 37

해결 각 잡기

- 두 점 P_{n+1}, Q_{n+1}의 x좌표는 같다.
- $\square P_nQ_{n+1}Q_{n+2}P_{n+1}=\triangle P_nQ_{n+1}P_{n+1}+\triangle P_{n+1}Q_{n+1}Q_{n+2}$

STEP 1 $P_n(n, 3^n)$이므로 $P_{n+1}(n+1, 3^{n+1})$

또, $Q_n(n, 0)$이므로 $Q_{n+1}(n+1, 0)$, $Q_{n+2}(n+2, 0)$

즉, 사각형 $P_nQ_{n+1}Q_{n+2}P_{n+1}$은 다음 그림과 같다.

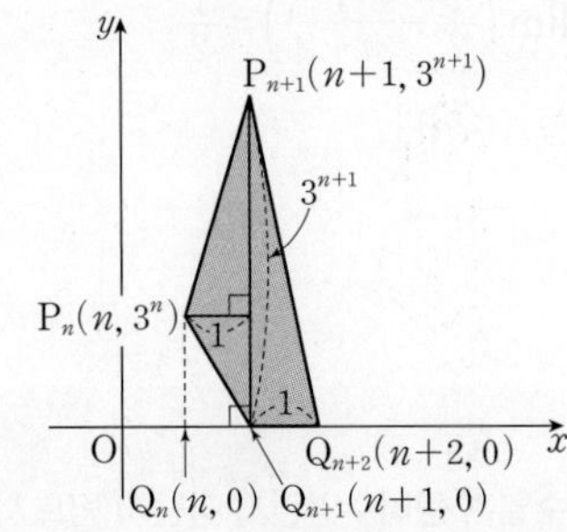

STEP 2 이때 두 점 P_{n+1}, Q_{n+1}의 x좌표가 같으므로 사각형 $P_nQ_{n+1}Q_{n+2}P_{n+1}$의 넓이 a_n은

$a_n=\triangle P_nQ_{n+1}P_{n+1}+\triangle P_{n+1}Q_{n+1}Q_{n+2}$

$=\frac{1}{2}\times 3^{n+1}\times 1+\frac{1}{2}\times 3^{n+1}\times 1$

$=3^{n+1}$

STEP 3 $\therefore \sum_{n=1}^{\infty}\frac{1}{a_n}=\sum_{n=1}^{\infty}\left(\frac{1}{3}\right)^{n+1}$

└ 첫째항이 $\frac{1}{9}$, 공비가 $\frac{1}{3}$인 등비급수

$$=\frac{\frac{1}{9}}{1-\frac{1}{3}}=\frac{1}{6}$$

따라서 $p=6$, $q=1$이므로

$p^2+q^2=6^2+1^2=37$

173 답 ③

해결 각 잡기

- 직사각형의 두 대각선은 서로를 이등분한다.
- 두 직사각형 $A_1B_1C_1D_1$과 $A_2B_2C_2D_2$는 서로 닮음이다.

STEP 1 직각삼각형 $A_1B_1D_1$에서

$\overline{B_1D_1}=\sqrt{4^2+1^2}=\sqrt{17}$이므로

$\overline{A_2D_1}=\overline{D_1E_1}=\frac{1}{2}\times\overline{B_1D_1}=\frac{\sqrt{17}}{2}$

$\therefore S_1=2\times\triangle A_2D_1E_1$

$=2\times\left(\frac{1}{2}\times\frac{\sqrt{17}}{2}\times\frac{\sqrt{17}}{2}\right)=\frac{17}{4}$

STEP 2 오른쪽 그림과 같이 $\angle C_1D_1B_1=\theta$라 하면 직각삼각형 $D_1B_1C_1$에서

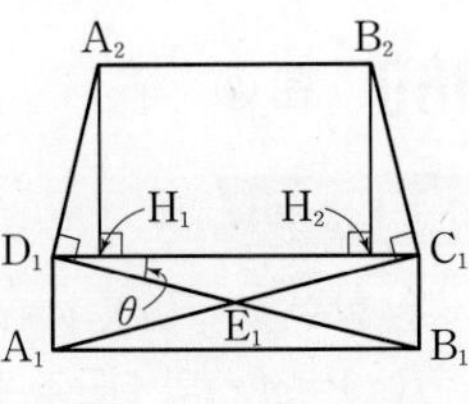

$\sin\theta=\frac{\overline{B_1C_1}}{\overline{D_1B_1}}=\frac{1}{\sqrt{17}}$

점 A_2에서 선분 D_1C_1에 내린 수선의 발을 H_1이라 하면

$\angle D_1A_2H_1=90^\circ-\angle A_2D_1H_1=\theta$이므로 직각삼각형 $A_2D_1H_1$에서

$\overline{D_1H_1}=\overline{A_2D_1}\sin\theta=\frac{\sqrt{17}}{2}\times\frac{1}{\sqrt{17}}=\frac{1}{2}$

또, 점 B_2에서 선분 D_1C_1에 내린 수선의 발을 H_2라 하면

$\overline{A_2B_2}=\overline{H_1H_2}=\overline{D_1C_1}-2\overline{D_1H_1}=4-2\times\frac{1}{2}=3$

두 직사각형 $A_1B_1C_1D_1$과 $A_2B_2C_2D_2$는 서로 닮음이고 닮음비는

$\overline{A_1B_1}:\overline{A_2B_2}=4:3$

이므로 넓이의 비는 $4^2:3^2=16:9$이다.

STEP 3 따라서 $\lim_{n\to\infty}S_n$의 값은 첫째항이 $\frac{17}{4}$, 공비가 $\frac{9}{16}$인 등비급수의 합이므로

$$\lim_{n\to\infty}S_n=\frac{\frac{17}{4}}{1-\frac{9}{16}}=\frac{68}{7}$$

174 답 ②

해결 각 잡기

- 직각삼각형에서 직각을 끼인각으로 하는 두 변의 길이의 비가 3 : 4이면 빗변과 나머지 두 변의 길이의 비는 5 : 3 : 4이다.
- 직각이등변삼각형의 세 변의 길이의 비는 $1:1:\sqrt{2}$이다.
- 두 부채꼴 OA_1B_1과 OA_2B_2는 서로 닮음이다.

STEP 1 그림 R_1에서 $\overline{OC_1}:\overline{OD_1}=3:4$이므로 $\overline{OC_1}=3t$, $\overline{OD_1}=4t$ $(t>0)$라 하면 직각삼각형 OP_1C_1에서 $\overline{OP_1}=5t$이므로

$5t=1 \qquad \therefore t=\frac{1}{5}$

$\therefore \overline{OC_1}=\frac{3}{5}$, $\overline{OD_1}=\frac{4}{5}$

삼각형 $A_1P_1C_1$에서

$\overline{A_1C_1}=\overline{OA_1}-\overline{OC_1}=1-\frac{3}{5}=\frac{2}{5}$,

$\overline{C_1P_1}=\overline{OD_1}=\frac{4}{5}$

이므로

$\overline{A_1P_1}=\sqrt{\left(\frac{2}{5}\right)^2+\left(\frac{4}{5}\right)^2}=\frac{2}{\sqrt{5}}$

이때 삼각형 $P_1Q_1A_1$은 직각이등변삼각형이고 세 변의 길이의 비는 $1:1:\sqrt{2}$이므로

$\overline{A_1Q_1}=\overline{P_1Q_1}=\frac{\sqrt{2}}{\sqrt{5}}$

$\therefore S_1=\frac{1}{2}\times\left(\frac{\sqrt{2}}{\sqrt{5}}\right)^2=\frac{1}{5}$

STEP 2 오른쪽 그림과 같이 선분 A_1P_1의 중점을 M이라 하면 $\overline{A_1P_1}\perp\overline{Q_1M}$, $\overline{A_1P_1}\perp\overline{OM}$이므로 세 점 O, Q_1, M은 한 직선 위에 있다.

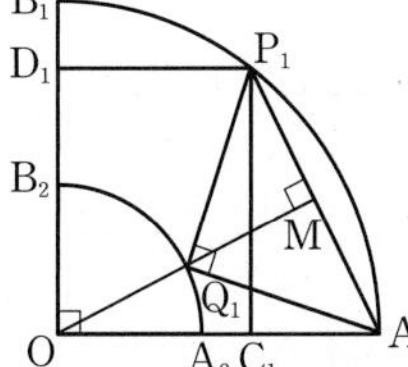

직각삼각형 OMA_1에서

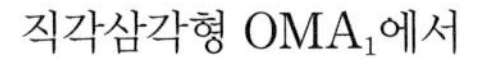

$\overline{OA_1}=1$, $\overline{A_1M}=\frac{1}{2}\overline{A_1P_1}=\frac{1}{2}\times\frac{2}{\sqrt{5}}=\frac{1}{\sqrt{5}}$이므로

$\overline{OM}=\sqrt{1^2-\left(\frac{1}{\sqrt{5}}\right)^2}=\frac{2}{\sqrt{5}}$

이때 삼각형 MQ_1A_1은 직각이등변삼각형이므로

$\overline{Q_1M}=\overline{A_1M}=\frac{1}{\sqrt{5}}$

$\therefore \overline{OQ_1}=\overline{OM}-\overline{Q_1M}=\frac{2}{\sqrt{5}}-\frac{1}{\sqrt{5}}=\frac{1}{\sqrt{5}}$

두 부채꼴 OA_1B_1과 OA_2B_2는 서로 닮음이고 닮음비는

$\overline{OA_1}:\overline{OA_2}=\overline{OA_1}:\overline{OQ_1}=1:\frac{1}{\sqrt{5}}$

이므로 넓이의 비는 $1^2:\left(\frac{1}{\sqrt{5}}\right)^2=1:\frac{1}{5}$이다.

STEP 3 따라서 $\lim_{n\to\infty}S_n$의 값은 첫째항이 $\frac{1}{5}$, 공비가 $\frac{1}{5}$인 등비급수의 합이므로

$$\lim_{n\to\infty}S_n=\frac{\frac{1}{5}}{1-\frac{1}{5}}=\frac{1}{4}$$

175 답 ④

해결 각 잡기

- **부채꼴의 넓이**

  반지름의 길이가 r, 중심각의 크기가 θ인 부채꼴의 넓이는 $\frac{1}{2}r^2\theta$이다.
- **삼각형의 넓이**

  $\triangle ABC=\frac{1}{2}ab\sin C=\frac{1}{2}bc\sin A=\frac{1}{2}ca\sin B$
- 두 직사각형 $A_1B_1C_1D_1$과 $A_2B_2C_2D_2$는 서로 닮음이다.

STEP 1 직각삼각형 $A_1B_1D_1$에서

$\overline{B_1D_1}=\sqrt{1^2+(2\sqrt{6})^2}=5$이므로

$\angle A_1B_1D_1=\theta$라 하면

$\sin\theta=\frac{\overline{A_1D_1}}{\overline{B_1D_1}}=\frac{2\sqrt{6}}{5}$, $\cos\theta=\frac{\overline{A_1B_1}}{\overline{B_1D_1}}=\frac{1}{5}$

$\overline{B_1G_1}=\frac{1}{2}\overline{B_1B_2}=\frac{1}{2}$, $\overline{D_1H_1}=\frac{1}{2}\overline{D_1D_2}=\frac{1}{2}$

두 선분 A_1G_1, G_1B_2와 호 B_2A_1로 둘러싸인 도형의 넓이는 부채꼴 $A_1B_1B_2$의 넓이에서 삼각형 $A_1B_1G_1$의 넓이를 뺀 것과 같으므로

$$\begin{aligned}\frac{1}{2}\times1^2\times\theta-\frac{1}{2}\times1\times\frac{1}{2}\times\sin\theta&=\frac{\theta}{2}-\frac{1}{4}\times\frac{2\sqrt{6}}{5}\\&=\frac{\theta}{2}-\frac{\sqrt{6}}{10}\end{aligned}$$

두 선분 D_2H_1, H_1F_1과 호 F_1D_2로 둘러싸인 도형의 넓이는 부채꼴 $D_1F_1D_2$의 넓이에서 삼각형 $D_1F_1H_1$의 넓이를 뺀 것과 같고

$\angle A_1D_1B_1=\frac{\pi}{2}-\angle A_1B_1D_1=\frac{\pi}{2}-\theta$이므로

$$\begin{aligned}\frac{1}{2}\times1^2\times\left(\frac{\pi}{2}-\theta\right)-\frac{1}{2}\times1\times\frac{1}{2}\times\sin\left(\frac{\pi}{2}-\theta\right)&=\frac{\pi}{4}-\frac{\theta}{2}-\frac{\cos\theta}{4}\\&=\frac{\pi}{4}-\frac{\theta}{2}-\frac{1}{20}\end{aligned}$$

$\therefore S_1=\left(\frac{\theta}{2}-\frac{\sqrt{6}}{10}\right)+\left(\frac{\pi}{4}-\frac{\theta}{2}-\frac{1}{20}\right)=\frac{\pi}{4}-\frac{\sqrt{6}}{10}-\frac{1}{20}$

$=\frac{5\pi-2\sqrt{6}-1}{20}$

STEP 2 $\overline{B_2D_2}=\overline{B_1D_1}-(\overline{B_1B_2}+\overline{D_1D_2})=5-1-1=3$

두 직사각형 $A_1B_1C_1D_1$과 $A_2B_2C_2D_2$는 서로 닮음이고 닮음비는

$\overline{B_1D_1}:\overline{B_2D_2}=5:3$

이므로 넓이의 비는 $5^2:3^2=25:9$이다.

STEP 3 따라서 $\lim_{n\to\infty} S_n$의 값은 첫째항이 $\frac{5\pi-2\sqrt{6}-1}{20}$, 공비가 $\frac{9}{25}$인 등비급수의 합이므로

$$\lim_{n\to\infty} S_n=\frac{\frac{5\pi-2\sqrt{6}-1}{20}}{1-\frac{9}{25}}=\frac{25\pi-10\sqrt{6}-5}{64}$$

176 답 ②

해결 각 잡기

- 원의 중심에서 현에 내린 수선은 그 현을 이등분한다.
- 두 삼각형 $A_1A_2B_1$과 $A_2A_3B_2$는 서로 닮음이다.

STEP 1 원 O_1의 중심을 O라 하고 점 O에서 두 선분 A_1B_1, A_2B_2에 내린 수선의 발을 각각 H_1, H_2라 하면 점 H_1은 선분 A_1B_1의 중점이고, 점 H_2는 선분 A_2B_2의 중점이다.

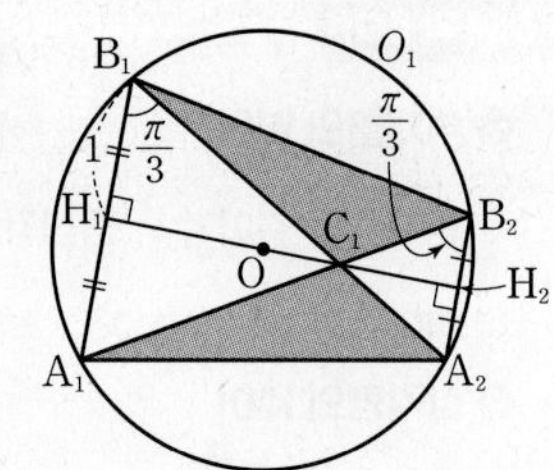

또, $\overline{A_1B_1}\,/\!/\,\overline{A_2B_2}$이므로 세 점 H_1, O, H_2는 한 직선 위에 있다.

이때 $\angle A_1B_1A_2=\frac{\pi}{3}$이므로

$$\overline{B_1C_1}=\overline{B_1H_1}\times\frac{1}{\cos\frac{\pi}{3}}=1\times\frac{1}{\frac{1}{2}}=2$$

따라서 삼각형 $A_1C_1B_1$은 한 변의 길이가 2인 정삼각형이므로

$\triangle A_1A_2C_1=\triangle A_1A_2B_1-\triangle A_1C_1B_1$

$=\frac{1}{2}\times2\times3\times\sin\frac{\pi}{3}-\frac{\sqrt{3}}{4}\times2^2=\frac{\sqrt{3}}{2}$

$\therefore S_1=2\times\triangle A_1A_2C_1=2\times\frac{\sqrt{3}}{2}=\sqrt{3}$ #

STEP 2 또, $\angle A_1B_2A_2=\angle A_1B_1A_2=\frac{\pi}{3}$, $\angle A_2C_1B_2=\angle A_1C_1B_1=\frac{\pi}{3}$이므로 삼각형 $C_1A_2B_2$도 정삼각형이다.

이때 $\overline{C_1A_2}=\overline{B_1A_2}-\overline{B_1C_1}=3-2=1$이므로 삼각형 $C_1A_2B_2$는 한 변의 길이가 1인 정삼각형이다.

$\therefore \overline{A_2B_2}=1$

두 삼각형 $A_1A_2B_1$과 $A_2A_3B_2$는 서로 닮음이고 닮음비는

$\overline{A_1B_1}:\overline{A_2B_2}=2:1$

이므로 넓이의 비는 $2^2:1^2=4:1$이다.

STEP 3 따라서 $\lim_{n\to\infty} S_n$의 값은 첫째항이 $\sqrt{3}$, 공비가 $\frac{1}{4}$인 등비급수의 합이므로

$$\lim_{n\to\infty} S_n=\frac{\sqrt{3}}{1-\frac{1}{4}}=\frac{4\sqrt{3}}{3}$$

 # 참고

두 직선 A_1B_1, A_2B_2가 서로 평행하므로

$\triangle A_1A_2C_1=\triangle A_1A_2B_1-\triangle A_1C_1B_1$

$=\triangle A_1B_2B_1-\triangle A_1C_1B_1$

$=\triangle B_1B_2C_1$

177 답 ②

해결 각 잡기

- 원의 접점이 주어지면 접점과 원의 중심을 잇는 선분을 그려 본다.
  → 접점과 원의 중심을 잇는 선분은 접선과 수직으로 만난다.
- **삼각형의 넓이**

  $\triangle ABC=\frac{1}{2}ab\sin C=\frac{1}{2}bc\sin A=\frac{1}{2}ca\sin B$
- 두 반원 O_1과 O_2는 서로 닮음이다.

STEP 1 두 반원 O_1, O_2의 중심을 각각 O_1, O_2, 반원 O_2의 반지름의 길이를 r라 하자.

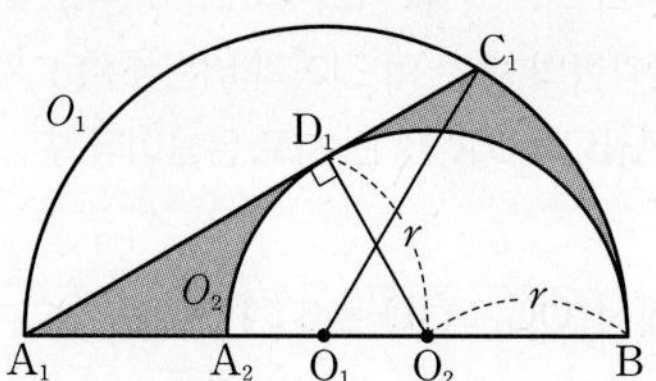

삼각형 $A_1O_1C_1$에서 $\angle C_1A_1O_1=\frac{\pi}{6}$이므로

$\angle A_1O_1C_1=\pi-2\times\frac{\pi}{6}=\frac{2}{3}\pi$

삼각형 $A_1O_1C_1$의 넓이는

$\frac{1}{2}\times\overline{A_1O_1}\times\overline{C_1O_1}\times\sin\frac{2}{3}\pi=\frac{1}{2}\times1\times1\times\frac{\sqrt{3}}{2}=\frac{\sqrt{3}}{4}$

또, $\angle BO_1C_1=\pi-\frac{2}{3}\pi=\frac{\pi}{3}$, $\overline{C_1O_1}=\overline{BO_1}=1$이므로

부채꼴 O_1BC_1의 넓이는

$\frac{1}{2}\times1^2\times\frac{\pi}{3}=\frac{\pi}{6}$

이때 $\overline{A_1O_2}=\overline{A_1B}-\overline{O_2B}=2-r$, $\overline{D_1O_2}=r$이므로

직각삼각형 $A_1O_2D_1$에서

$\frac{r}{2-r}=\sin\frac{\pi}{6}=\frac{1}{2}$

$2r=2-r$, $3r=2$ $\quad\therefore r=\frac{2}{3}$

반원 O_2의 넓이는

$\frac{1}{2}\times\pi r^2=\frac{1}{2}\times\pi\times\left(\frac{2}{3}\right)^2=\frac{2}{9}\pi$

$\therefore S_1=\frac{\sqrt{3}}{4}+\frac{\pi}{6}-\frac{2}{9}\pi=\frac{\sqrt{3}}{4}-\frac{\pi}{18}$

STEP 2 두 반원 O_1과 O_2는 서로 닮음이고 닮음비는

$\overline{A_1O_1}:\overline{A_2O_2}=1:\frac{2}{3}=3:2$

이므로 넓이의 비는 $3^2:2^2=9:4$이다.

STEP 3 따라서 $\lim_{n\to\infty} S_n$의 값은 첫째항이 $\frac{\sqrt{3}}{4}-\frac{\pi}{18}$, 공비가 $\frac{4}{9}$인 등비급수의 합이므로

$$\lim_{n\to\infty} S_n=\frac{\frac{\sqrt{3}}{4}-\frac{\pi}{18}}{1-\frac{4}{9}}=\frac{9\sqrt{3}-2\pi}{20}$$

178 답 ③

해결 각 잡기

- $\angle C_1=\frac{\pi}{2}$인 두 직각삼각형 $C_1D_1F_1$, $C_1D_1E_1$에서 $\angle C_1D_1F_1=\frac{\pi}{6}$, $\angle C_1D_1E_1=\frac{\pi}{3}$이므로 두 선분 C_1F_1, C_1E_1의 길이를 구할 수 있다.
- 두 직사각형 $AB_1C_1D_1$과 $AB_2C_2D_2$는 서로 닮음이다.

STEP 1 직각삼각형 $C_1D_1F_1$에서 $\angle C_1D_1F_1=\frac{\pi}{6}$, $\overline{C_1D_1}=1$이므로

$\overline{C_1F_1}=\overline{C_1D_1}\tan\frac{\pi}{6}=\frac{\sqrt{3}}{3}$

직각삼각형 $C_1D_1E_1$에서 $\angle C_1D_1E_1=\frac{\pi}{3}$, $\overline{C_1D_1}=1$이므로

$\overline{C_1E_1}=\overline{C_1D_1}\tan\frac{\pi}{3}=\sqrt{3}$

이때

$\overline{F_1G_1}=\overline{E_1F_1}=\overline{C_1E_1}-\overline{C_1F_1}=\sqrt{3}-\frac{\sqrt{3}}{3}=\frac{2\sqrt{3}}{3}$

이고, 직각삼각형 $F_1E_1H_1$에서 $\angle F_1E_1H_1=\frac{\pi}{6}$이므로

$\overline{F_1H_1}=\overline{E_1F_1}\tan\frac{\pi}{6}=\frac{2\sqrt{3}}{3}\times\frac{\sqrt{3}}{3}=\frac{2}{3}$

$\therefore \overline{H_1G_1}=\overline{F_1G_1}-\overline{F_1H_1}$

$=\frac{2\sqrt{3}}{3}-\frac{2}{3}=\frac{2}{3}(\sqrt{3}-1)$

$\therefore S_1=\triangle H_1F_1D_1+\triangle G_1E_1H_1$

$=\frac{1}{2}\times\overline{F_1H_1}\times\overline{C_1F_1}+\frac{1}{2}\times\overline{H_1G_1}\times\overline{E_1F_1}$

$=\frac{1}{2}\times\frac{2}{3}\times\frac{\sqrt{3}}{3}+\frac{1}{2}\times\frac{2}{3}(\sqrt{3}-1)\times\frac{2\sqrt{3}}{3}$

$=\frac{6-\sqrt{3}}{9}$

STEP 2

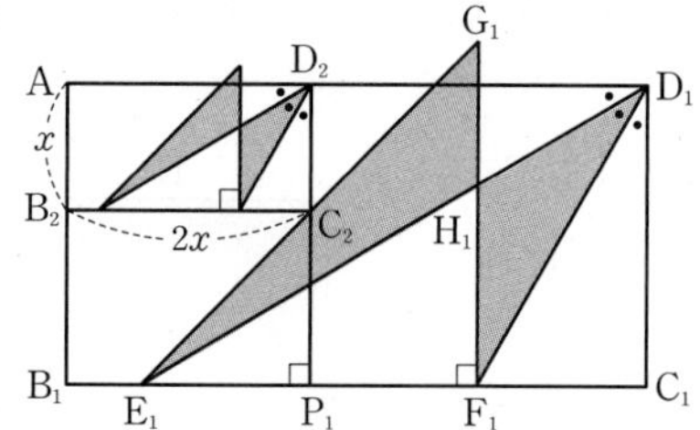

위의 그림과 같이 점 C_2에서 선분 B_1C_1에 내린 수선의 발을 P_1이라 하고, $\overline{AB_2}:\overline{B_2C_2}=1:2$에서 $\overline{AB_2}=x$, $\overline{B_2C_2}=2x$ $(x>0)$라 하자.

$\overline{E_1P_1}=\overline{C_2P_1}=1-x$, $\overline{C_1P_1}=2-2x$이므로

$\overline{C_1E_1}=\overline{E_1P_1}+\overline{C_1P_1}$에서

$\sqrt{3}=(1-x)+(2-2x)$, $3x=3-\sqrt{3}$

$\therefore x=\frac{3-\sqrt{3}}{3}$

두 직사각형 $AB_1C_1D_1$과 $AB_2C_2D_2$는 서로 닮음이고 닮음비는

$\overline{AB_1}:\overline{AB_2}=1:\frac{3-\sqrt{3}}{3}$

이므로 넓이의 비는 $1^2:\left(\frac{3-\sqrt{3}}{3}\right)^2=1:\frac{4-2\sqrt{3}}{3}$이다.

STEP 3 따라서 $\lim_{n\to\infty} S_n$의 값은 첫째항이 $\frac{6-\sqrt{3}}{9}$, 공비가 $\frac{4-2\sqrt{3}}{3}$인 등비급수의 합이므로

$$\lim_{n\to\infty} S_n=\frac{\frac{6-\sqrt{3}}{9}}{1-\frac{4-2\sqrt{3}}{3}}=\frac{\sqrt{3}}{3}$$

179 답 ③

해결 각 잡기

- 선분 B_1D_1을 대각선으로 하는 정사각형을 그린 후, 그 정사각형의 한 변의 길이를 구한다.
- 두 정사각형 $OA_1B_1C_1$과 $OA_2B_2C_2$는 서로 닮음이다.

STEP 1 $\overline{OB_1}=\sqrt{4^2+4^2}=4\sqrt{2}$이므로

$\overline{OD_1}=\frac{3}{4}\times\overline{OB_1}=\frac{3}{4}\times4\sqrt{2}=3\sqrt{2}$,

$\overline{D_1B_1}=\frac{1}{4}\times\overline{OB_1}=\frac{1}{4}\times4\sqrt{2}=\sqrt{2}$

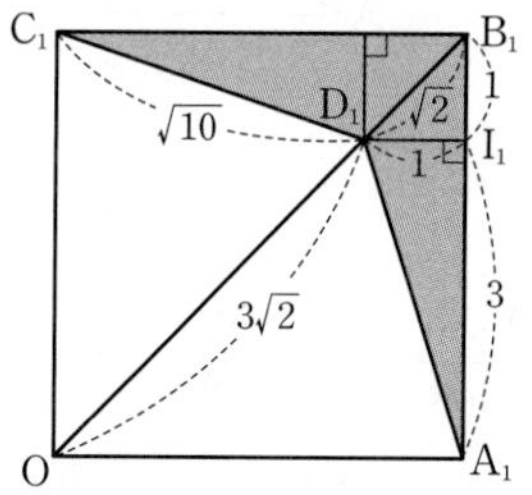

점 D_1에서 직선 A_1B_1에 내린 수선의 발을 I_1이라 하면

$\overline{D_1B_1}=\sqrt{2}$이고 $\overline{D_1I_1}:\overline{B_1I_1}:\overline{B_1D_1}=1:1:\sqrt{2}$이므로

$\overline{D_1I_1}=1$, $\overline{B_1I_1}=1$

이때 두 삼각형 $A_1B_1D_1$, $C_1B_1D_1$은 서로 합동이므로

$S_1=2\times\left(\frac{1}{2}\times4\times1\right)=4$

STEP 2 오른쪽 그림과 같이 중심이 O이고 두 선분 A_1D_1, C_1D_1에 동시에 접하는 원과 선분 A_1D_1이 접하는 점을 H_1, 이 원의 반지름의 길이를 r라 하자.

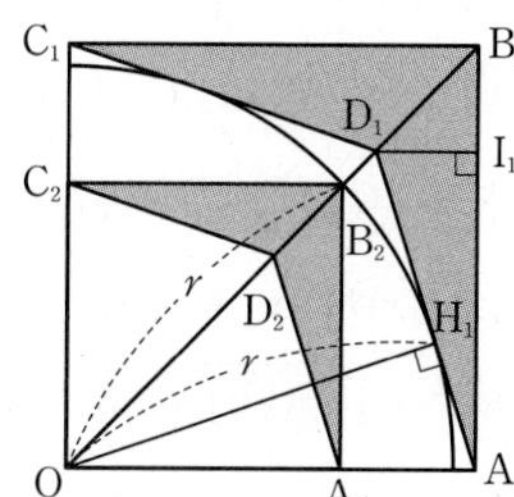

직각삼각형 $A_1I_1D_1$에서

$\overline{A_1D_1}=\sqrt{3^2+1^2}=\sqrt{10}$

삼각형 OA_1D_1의 넓이는

$\frac{1}{2}\times\overline{A_1D_1}\times\overline{OH_1}=\frac{1}{2}\times\overline{OA_1}\times\overline{OD_1}\times\sin\frac{\pi}{4}$이므로

$\frac{1}{2}\times\sqrt{10}\times r=\frac{1}{2}\times4\times3\sqrt{2}\times\frac{\sqrt{2}}{2}$

$\therefore r=\frac{12}{\sqrt{10}}$

두 정사각형 $OA_1B_1C_1$과 $OA_2B_2C_2$는 서로 닮음이고 닮음비는

$\overline{OB_1}:\overline{OB_2}=4\sqrt{2}:\frac{12}{\sqrt{10}}=\sqrt{20}:3$

이므로 넓이의 비는 $(\sqrt{20})^2:3^2=20:9$이다.

STEP 3 따라서 $\lim_{n\to\infty}S_n$의 값은 첫째항이 4, 공비가 $\frac{9}{20}$인 등비급수의 합이므로

$$\lim_{n\to\infty}S_n=\frac{4}{1-\frac{9}{20}}=\frac{80}{11}$$

180 답 ⑤

해결 각 잡기

- 두 삼각형 $A_1C_1D_1$과 $G_1F_1D_1$은 서로 닮음임을 이용하여 선분 G_1F_1의 길이를 구한다.
- 점 D_1에서 선분 G_1F_1에 내린 수선의 발을 내려 삼각형 $D_1G_1F_1$의 높이를 구한다.
- 두 사다리꼴 $A_1B_1C_1D_1$과 $A_2B_2C_2D_2$는 서로 닮음이다.

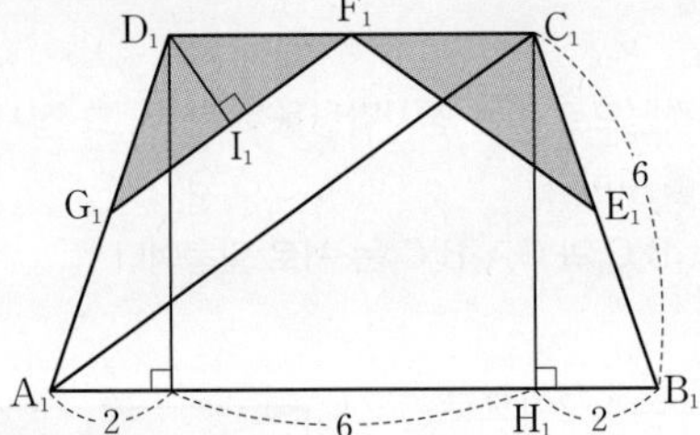

점 C_1에서 선분 A_1B_1에 내린 수선의 발을 H_1이라 하면

$\overline{C_1B_1}=6$, $\overline{B_1H_1}=2$이므로 직각삼각형 $C_1H_1B_1$에서

$\overline{C_1H_1}=\sqrt{6^2-2^2}=4\sqrt{2}$

$\overline{A_1H_1}=8$이므로 직각삼각형 $A_1H_1C_1$에서

$\overline{A_1C_1}=\sqrt{8^2+(4\sqrt{2})^2}=4\sqrt{6}$

두 삼각형 $A_1C_1D_1$과 $G_1F_1D_1$은 서로 닮음이고 닮음비가

$\overline{D_1A_1}:\overline{D_1G_1}=2:1$이므로

$\overline{G_1F_1}=\frac{1}{2}\overline{A_1C_1}=\frac{1}{2}\times4\sqrt{6}=2\sqrt{6}$

$\overline{D_1F_1}=\overline{D_1G_1}=\frac{1}{2}\times6=3$에서 삼각형 $D_1G_1F_1$은 이등변삼각형이므로

점 D_1에서 선분 G_1F_1에 내린 수선의 발을 I_1이라 하면

$\overline{I_1F_1}=\frac{1}{2}\overline{G_1F_1}=\frac{1}{2}\times2\sqrt{6}=\sqrt{6}$

직각삼각형 $D_1I_1F_1$에서

$\overline{D_1I_1}=\sqrt{3^2-(\sqrt{6})^2}=\sqrt{3}$

$\therefore S_1=2\triangle D_1G_1F_1=2\times\frac{1}{2}\times2\sqrt{6}\times\sqrt{3}=6\sqrt{2}$

STEP 2

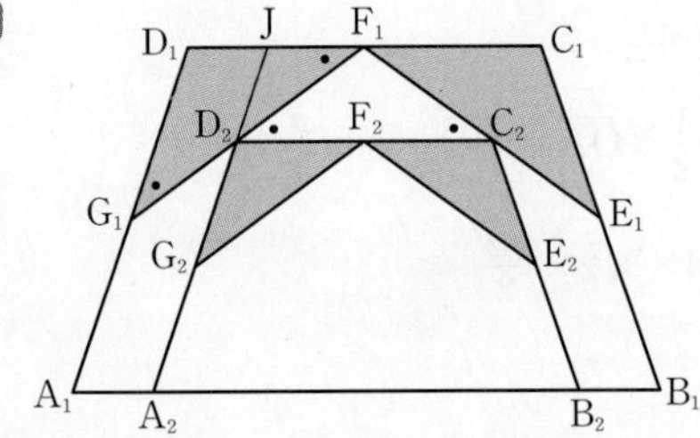

위의 그림과 같이 선분 A_2D_2의 연장선이 선분 C_1D_1과 만나는 점을 J라 하자.

두 사다리꼴 $A_1B_1C_1D_1$과 $A_2B_2C_2D_2$는 서로 닮음이므로

$\overline{A_1D_1}\,/\!/\,\overline{A_2J}$, $\overline{A_1D_1}=\overline{A_2J}$

이때 두 삼각형 F_1JD_2와 $F_1D_1G_1$은 서로 닮음이므로 $\overline{JD_2}=a$라 하면

$\overline{JD_2}:\overline{D_1G_1}=\overline{D_2F_1}:\overline{G_1F_1}$에서 $a:3=\overline{D_2F_1}:2\sqrt{6}$

$\therefore \overline{D_2F_1}=\frac{2\sqrt{6}}{3}a$

또, $\overline{D_1C_1}\,/\!/\,\overline{D_2C_2}$에서 $\angle D_1F_1G_1=\angle F_1D_2C_2$이고 같은 방법으로 하면 $\angle F_1D_2C_2=\angle F_1C_2D_2$이므로 두 삼각형 $D_1G_1F_1$과 $F_1D_2C_2$는 서로 닮음이다. 즉,

$\overline{D_1G_1}:\overline{F_1D_2}=\overline{G_1F_1}:\overline{D_2C_2}$에서

$3:\frac{2\sqrt{6}}{3}a=2\sqrt{6}:\overline{D_2C_2}$

$\therefore \overline{D_2C_2}=\frac{\frac{2\sqrt{6}}{3}a\times2\sqrt{6}}{3}=\frac{8}{3}a$

즉, $\overline{A_2D_2}=\overline{D_2C_2}=\frac{8}{3}a$이므로

$\overline{A_2J}=\overline{A_2D_2}+\overline{D_2J}=\frac{8}{3}a+a=\frac{11}{3}a$

이때 $\overline{A_1D_1}=\overline{A_2J}$이므로

$\frac{11}{3}a=6 \quad \therefore a=\frac{18}{11}$

$\therefore \overline{A_2D_2}=\frac{8}{3}a=\frac{8}{3}\times\frac{18}{11}=\frac{48}{11}$

두 사다리꼴 $A_1B_1C_1D_1$과 $A_2B_2C_2D_2$는 서로 닮음이고 닮음비는

$\overline{A_1D_1}:\overline{A_2D_2}=6:\frac{48}{11}=11:8$

이므로 넓이의 비는 $11^2:8^2=121:64$이다.

STEP 3 따라서 $\lim_{n\to\infty}S_n$의 값은 첫째항이 $6\sqrt{2}$, 공비가 $\frac{64}{121}$인 등비급수의 합이므로

$$\lim_{n\to\infty}S_n=\frac{6\sqrt{2}}{1-\frac{64}{121}}=\frac{242}{19}\sqrt{2}$$

181 답 ②

해결 각 잡기

- 점 E_1에서 변 A_1B_1에 내린 수선의 발을 H라 하면 세 선분 E_1F_1, F_1H, E_1H의 길이의 비를 구할 수 있다.
- 두 삼각형 $D_1P_1E_1$과 $A_1P_1F_1$은 서로 닮음이다.
- 두 정사각형 $A_1B_1C_1D_1$과 $A_2B_2C_2D_2$는 서로 닮음이다.

STEP 1 오른쪽 그림과 같이 점 E_1에서 변 A_1B_1에 내린 수선의 발을 H라 하면

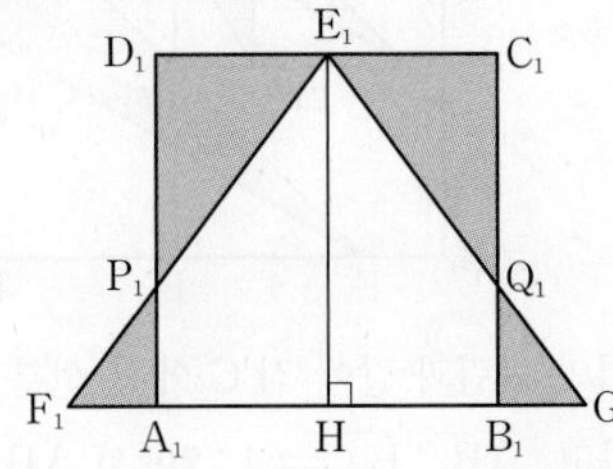

$\overline{E_1H}=4$

이때 $\overline{E_1F_1}:\overline{F_1G_1}=5:6$이므로

$\overline{E_1F_1}=5a\ (a>0)$라 하면

$\overline{F_1G_1}=6a$

$\therefore\ \overline{F_1H}=\frac{1}{2}\overline{F_1G_1}=3a$

직각삼각형 E_1F_1H에서 $\overline{E_1F_1}^2=\overline{E_1H}^2+\overline{F_1H}^2$이므로

$(5a)^2=4^2+(3a)^2,\ a^2=1$

$\therefore\ a=1\ (\because\ a>0)$

$\therefore\ \overline{E_1F_1}=5,\ \overline{F_1H}=3$

또, 두 삼각형 $D_1P_1E_1$과 $A_1P_1F_1$은 서로 닮음이고

$\overline{D_1E_1}=2,\ \overline{F_1A_1}=\overline{F_1H}-\overline{A_1H}=3-2=1$

이므로 닮음비는 $2:1$이다.

$\therefore\ \overline{D_1P_1}=4\times\frac{2}{3}=\frac{8}{3},\ \overline{A_1P_1}=4\times\frac{1}{3}=\frac{4}{3}$

$\therefore\ S_1=2(\triangle D_1P_1E_1+\triangle A_1P_1F_1)$

$=2\times\left(\frac{1}{2}\times2\times\frac{8}{3}+\frac{1}{2}\times1\times\frac{4}{3}\right)=\frac{20}{3}$

STEP 2 한편, 오른쪽 그림과 같이 $\overline{D_2C_2}$의 중점을 E_2라 하고 $\overline{D_2E_2}=b\ (b>0)$라 하면

$\overline{D_2C_2}=\overline{E_2H}=2b$이므로

$\overline{E_1E_2}=\overline{E_1H}-\overline{E_2H}=4-2b$

이때 두 직각삼각형 E_1F_1H와 $E_1D_2E_2$는 서로 닮음이므로

$\overline{F_1H}:\overline{E_1H}=\overline{D_2E_2}:\overline{E_1E_2}$

$3:4=b:(4-2b)$

$4b=12-6b,\ 10b=12\qquad\therefore\ b=\frac{6}{5}$

따라서 두 정사각형 $A_1B_1C_1D_1$과 $A_2B_2C_2D_2$는 서로 닮음이고 닮음비는

$\overline{D_1E_1}:\overline{D_2E_2}=2:\frac{6}{5}=1:\frac{3}{5}$

이므로 넓이의 비는 $1^2:\left(\frac{3}{5}\right)^2=1:\frac{9}{25}$이다.

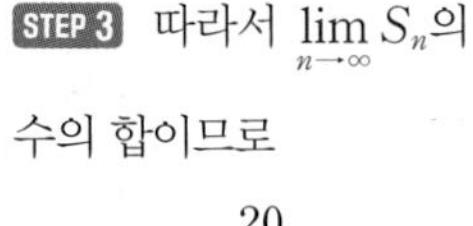

STEP 3 따라서 $\lim_{n\to\infty}S_n$의 값은 첫째항이 $\frac{20}{3}$, 공비가 $\frac{9}{25}$인 등비급수의 합이므로

$$\lim_{n\to\infty}S_n=\frac{\frac{20}{3}}{1-\frac{9}{25}}=\frac{125}{12}$$

182 답 ④

해결 각 잡기

- 직각삼각형 OA_1B_1에서 두 변 OA_1, OB_1의 길이의 비를 이용하여 $\angle OA_1B_1$의 크기를 구할 수 있다.
- **삼각형의 넓이**
  $\triangle ABC=\frac{1}{2}ab\sin C=\frac{1}{2}bc\sin A=\frac{1}{2}ca\sin B$
- 두 삼각형 B_1OA_1과 B_2OA_2는 서로 닮음이다.

STEP 1 직각삼각형 OA_1B_1에서 $\overline{OA_1}=4,\ \overline{OB_1}=4\sqrt{3}$이므로

$\tan(\angle OA_1B_1)=\frac{\overline{OB_1}}{\overline{OA_1}}=\sqrt{3}$

$\therefore\ \angle OA_1B_1=60^\circ$

오른쪽 그림과 같이 그림 R_1에서 호 A_1B_2와 $\overline{A_1B_1}$의 교점을 C_1이라 하자.

이때 $\triangle OA_1C_1$은 정삼각형이므로 #

$\angle C_1OA_1=60^\circ$

$\therefore\ \angle B_1OC_1=\angle B_1OA_1-\angle C_1OA_1$

$=90^\circ-60^\circ=30^\circ$

$\therefore\ \triangle B_1OC_1=\frac{1}{2}\times4\sqrt{3}\times4\times\sin30^\circ$

$=\frac{1}{2}\times4\sqrt{3}\times4\times\frac{1}{2}$

$=4\sqrt{3}$

$\triangle OA_1C_1=\frac{\sqrt{3}}{4}\times4^2=4\sqrt{3}$

부채꼴 B_2OC_1과 부채꼴 C_1OA_1의 넓이는 각각

$\pi\times4^2\times\frac{30}{360}=\frac{4}{3}\pi,\ \pi\times4^2\times\frac{60}{360}=\frac{8}{3}\pi$

$\therefore\ S_1=\{\triangle B_1OC_1-(\text{부채꼴 }B_2OC_1\text{의 넓이})\}$

$+\{(\text{부채꼴 }C_1OA_1\text{의 넓이})-\triangle OA_1C_1\}$

$=\left(4\sqrt{3}-\frac{4}{3}\pi\right)+\left(\frac{8}{3}\pi-4\sqrt{3}\right)$

$=\frac{4}{3}\pi$

STEP 2 두 삼각형 B_1OA_1과 B_2OA_2는 서로 닮음이고 닮음비는

$\overline{OB_1}:\overline{OB_2}=\overline{OB_1}:\overline{OA_1}=4\sqrt{3}:4=\sqrt{3}:1$

이므로 넓이의 비는 $(\sqrt{3})^2:1^2=3:1$이다.

STEP 3 따라서 $\lim_{n\to\infty}S_n$의 값은 첫째항이 $\frac{4}{3}\pi$, 공비가 $\frac{1}{3}$인 등비급수의 합이므로

$$\lim_{n\to\infty}S_n=\frac{\frac{4}{3}\pi}{1-\frac{1}{3}}=2\pi$$

 # 참고

$\triangle OA_1C_1$에서 $\overline{OA_1}=\overline{OC_1}=4$ (반지름)이므로 $\triangle OA_1C_1$은 이등변삼각형이다. 즉, $\angle OC_1A_1=\angle OA_1C_1=60^\circ$이므로

$\angle C_1OA_1=180^\circ-(60^\circ+60^\circ)=60^\circ$

따라서 $\triangle OA_1C_1$은 정삼각형이다.

183 답 ④

해결 각 잡기

새로 그려지는 원의 개수는 2배씩 늘어남에 유의하여 공비를 구한다.

STEP 1 원의 지름의 길이는 짧은 대각선의 길이의 $\frac{1}{2}$이므로 그림 R_1에서 그려진 원의 반지름의 길이는

$\frac{1}{2}\times 4\times\frac{1}{2}=1$

$\therefore S_1=\pi\times 1^2=\pi$

STEP 2 그림 R_1에서 그려진 원의 지름의 길이가 2이므로 그림 R_2에서 새로 그려진 마름모의 긴 대각선의 길이는

$\frac{1}{2}\times(8-2)=3$

즉, 그림 R_1의 마름모와 그림 R_2에서 새로 그려진 마름모 1개의 닮음비는 $8:3$이므로 넓이의 비는 $8^2:3^2=64:9$이다.

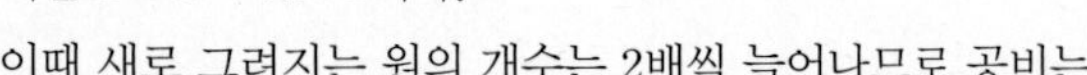

이때 새로 그려지는 원의 개수는 2배씩 늘어나므로 공비는

$\frac{9}{64}\times 2=\frac{9}{32}$

STEP 3 따라서 $\lim_{n\to\infty} S_n$의 값은 첫째항이 π, 공비가 $\frac{9}{32}$인 등비급수의 합이므로

$\lim_{n\to\infty} S_n=\frac{\pi}{1-\frac{9}{32}}=\frac{32}{23}\pi$

184 답 ⑤

STEP 1 점 E는 선분 BC를 $1:3$으로 내분하는 점이므로

$\overline{BE}=\frac{1}{4}\overline{BC}=\frac{1}{4}\times 4=1$

즉, 평행사변형 BEDF의 넓이 S_1은

$S_1=1\times 4=4$

STEP 2 오른쪽 그림과 같이 직각삼각형 ABF에 내접하는 정사각형의 나머지 꼭짓점을 P, Q, R라 하고, 정사각형 APQR의 한 변의 길이를 x라 하면 두 삼각형 RQF와 PBQ는 서로 닮음이므로

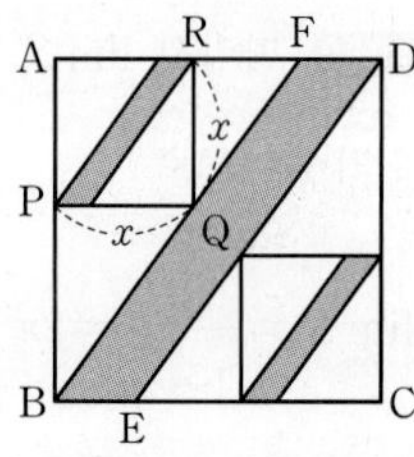

$\overline{RF}:\overline{PQ}=\overline{RQ}:\overline{PB}$에서

$(3-x):x=x:(4-x)$

$x^2=x^2-7x+12,\ 7x=12$

$\therefore x=\frac{12}{7}$

두 정사각형 ABCD와 APQR는 서로 닮음이고 닮음비는

$4:\frac{12}{7}=7:3$

이므로 넓이의 비는 $7^2:3^2=49:9$이다.

이때 새로 그려지는 평행사변형의 개수는 2배씩 늘어나므로 공비는

$\frac{9}{49}\times 2=\frac{18}{49}$

STEP 3 따라서 $\lim_{n\to\infty} S_n$의 값은 첫째항이 4, 공비가 $\frac{18}{49}$인 등비급수의 합이므로

$\lim_{n\to\infty} S_n=\frac{4}{1-\frac{18}{49}}=\frac{196}{31}$

185 답 ②

STEP 1 직각삼각형 ABD에서

$\overline{BD}=\sqrt{5^2+5^2}=5\sqrt{2}$

이때 네 점 P_1, P_2, P_3, P_4는 선분 BD의 5등분점이므로

$\overline{BP_1}=\overline{P_1P_2}=\overline{P_2P_3}=\overline{P_3P_4}=\overline{P_4D}=\sqrt{2}$

따라서 그림 R_1에 색칠되어 있는 부분의 넓이는 한 변의 길이가 1인 정사각형 3개, 지름의 길이가 $\sqrt{2}$인 원 2개의 넓이의 합이므로

$S_1=3\times(1\times 1)+2\times\pi\times\left(\frac{\sqrt{2}}{2}\right)^2=3+\pi$

STEP 2 오른쪽 그림과 같이 그림 R_2에서 선분 CQ_2를 대각선으로 하는 정사각형의 꼭짓점 중 두 선분 CB, CD 위의 점을 각각 E, F라 하면

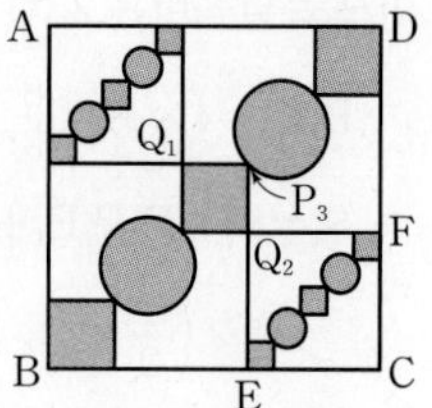

$\overline{BE}:\overline{EC}=\overline{BP_3}:\overline{P_3D}=3:2$

따라서 두 정사각형 ABCD와 Q_2ECF는 서로 닮음이고 닮음비는

$\overline{BC}:\overline{EC}=5:2$

이므로 넓이의 비는 $5^2:2^2=25:4$이다.

이때 새로 그려지는 모양의 도형의 개수는 2배씩 늘어나므로 공비는 $\frac{4}{25}\times 2=\frac{8}{25}$

STEP 3 따라서 $\lim_{n\to\infty} S_n$의 값은 첫째항이 $3+\pi$, 공비가 $\frac{8}{25}$인 등비급수의 합이므로

$\lim_{n\to\infty} S_n=\frac{\pi+3}{1-\frac{8}{25}}=\frac{25}{17}(\pi+3)$

186 답 ①

해결 각 잡기

직각삼각형에서 빗변과 나머지 한 변의 길이의 비가 $2:1$이면 빗변과 나머지 두 변의 길이의 비는 $2:1:\sqrt{3}$이고 세 내각의 크기는 각각 30°, 60°, 90°이다.

STEP 1 직각삼각형 OCE에서 $\overline{OC}=1$, $\overline{OE}=2$이므로

$\angle COE=60^\circ \quad \therefore \angle DOH=30^\circ$

같은 방법으로 하면

$\angle DOF=60^\circ \quad \therefore \angle COI=30^\circ$

따라서 두 직각삼각형 OCI, ODH에서

$\overline{OC}=\overline{OD}$, $\angle COI=\angle DOH=30^\circ$

이므로 두 삼각형은 서로 합동이다.

이때 $\overline{CI}=\overline{OC}\times\tan 30^\circ=1\times\frac{\sqrt{3}}{3}=\frac{\sqrt{3}}{3}$이므로

$S_1=\square OCGD-(\triangle OCI+\triangle ODH)$

$=1\times 1-2\times\left(\frac{1}{2}\times 1\times\frac{\sqrt{3}}{3}\right)$ ← $\triangle OCI$와 $\triangle ODH$는 서로 합동이므로 넓이가 같다.

$=1-\frac{\sqrt{3}}{3}=\frac{3-\sqrt{3}}{3}$

STEP 2 그림 R_2에 새로 그려진 부채꼴의 반지름의 길이는

$\overline{CI}=\frac{\sqrt{3}}{3}$

즉, 그림 R_1의 부채꼴과 그림 R_2에서 새로 그려진 부채꼴 1개의 닮음비는

$\overline{OB}:\overline{CI}=2:\frac{\sqrt{3}}{3}$

이므로 넓이의 비는 $2^2:\left(\frac{\sqrt{3}}{3}\right)^2=4:\frac{1}{3}=1:\frac{1}{12}$이다.

이때 새로 그려지는 모양의 도형의 개수는 2배씩 늘어나므로 공비는 $\frac{1}{12}\times2=\frac{1}{6}$

STEP 3 따라서 $\lim_{n\to\infty}S_n$의 값은 첫째항이 $\frac{3-\sqrt{3}}{3}$, 공비가 $\frac{1}{6}$인 등비급수의 합이므로

$$\lim_{n\to\infty}S_n=\frac{\frac{3-\sqrt{3}}{3}}{1-\frac{1}{6}}=\frac{2(3-\sqrt{3})}{5}$$

187 답 ③

해결 각 잡기

사인법칙

삼각형 ABC의 외접원의 반지름의 길이를 R라 하면

$$\frac{a}{\sin A}=\frac{b}{\sin B}=\frac{c}{\sin C}=2R$$

STEP 1 부채꼴 $O_1A_1B_1$의 반지름의 길이는 1이고, 중심각의 크기는 $\frac{\pi}{4}$이므로

$S_1=\frac{1}{2}\times1^2\times\frac{\pi}{4}=\frac{\pi}{8}$

STEP 2 그림 R_2에서 $\overline{O_1A_1}\,/\!/\,\overline{O_2A_2}$이므로

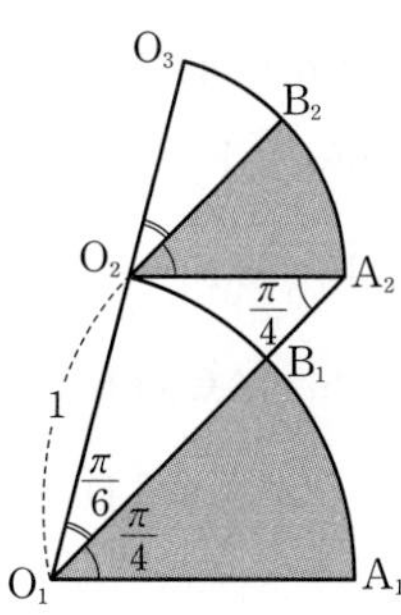

$\angle O_1A_2O_2=\angle A_1O_1A_2=\frac{\pi}{4}$ (엇각)

삼각형 $O_1A_2O_2$에서 사인법칙에 의하여

$\frac{\overline{O_2A_2}}{\sin\frac{\pi}{6}}=\frac{\overline{O_1O_2}}{\sin\frac{\pi}{4}}$

$\frac{\overline{O_2A_2}}{\frac{1}{2}}=\frac{1}{\frac{\sqrt{2}}{2}}$ $\quad\therefore\ \overline{O_2A_2}=\frac{1}{\sqrt{2}}$

두 부채꼴 $O_1A_1B_1$과 $O_2A_2B_2$는 서로 닮음이고 닮음비는

$\overline{O_1A_1}:\overline{O_2A_2}=1:\frac{1}{\sqrt{2}}$

이므로 넓이의 비는 $1^2:\left(\frac{1}{\sqrt{2}}\right)^2=1:\frac{1}{2}$이다.

STEP 3 따라서 $\lim_{n\to\infty}S_n$의 값은 첫째항이 $\frac{\pi}{8}$, 공비가 $\frac{1}{2}$인 등비급수의 합이므로

$$\lim_{n\to\infty}S_n=\frac{\frac{\pi}{8}}{1-\frac{1}{2}}=\frac{\pi}{4}$$

188 답 ②

해결 각 잡기

삼각형의 넓이

$\triangle ABC=\frac{1}{2}ab\sin C=\frac{1}{2}bc\sin A=\frac{1}{2}ca\sin B$

코사인법칙

삼각형 ABC에서

(1) $a^2=b^2+c^2-2bc\cos A$

(2) $b^2=c^2+a^2-2ca\cos B$

(3) $c^2=a^2+b^2-2ab\cos C$

STEP 1 점 D_1은 선분 A_1B_1의 중점이므로

$\overline{A_1D_1}=\overline{B_1D_1}$

$=\frac{1}{2}\times\overline{A_1B_1}=\frac{1}{2}\times8=4$

점 G_1은 선분 A_1D_1의 중점이므로

$\overline{D_1G_1}=\overline{G_1A_1}=\frac{1}{2}\times\overline{A_1D_1}=\frac{1}{2}\times4=2$

점 A_2는 선분 D_1G_1의 중점이므로

$\overline{D_1A_2}=\overline{A_2G_1}=\frac{1}{2}\times\overline{D_1G_1}=\frac{1}{2}\times2=1$

삼각형 $A_1B_1C_1$은 정삼각형이므로 $\angle A_1=\frac{\pi}{3}$이고,

$\overline{A_1A_2}=2+1=3$, $\overline{A_1C_2}=\overline{B_1A_2}=4+1=5$, $\overline{A_1F_1}=\overline{B_1D_1}=4$

이므로 사각형 $A_2C_2F_1G_1$의 넓이는

$\square A_2C_2F_1G_1=\triangle A_1A_2C_2-\triangle A_1G_1F_1$

$=\frac{1}{2}\times3\times5\times\sin\frac{\pi}{3}-\frac{1}{2}\times2\times4\times\sin\frac{\pi}{3}$

$=\frac{15\sqrt{3}}{4}-2\sqrt{3}=\frac{7\sqrt{3}}{4}$

세 사각형 $A_2C_2F_1G_1$, $B_2A_2D_1H_1$, $C_2B_2E_1I_1$은 모두 합동으로 넓이는 모두 같으므로

$S_1=\frac{7\sqrt{3}}{4}\times3=\frac{21\sqrt{3}}{4}$

STEP 2 삼각형 $A_1A_2C_2$에서 코사인법칙에 의하여

$\overline{A_2C_2}^2=\overline{A_1A_2}^2+\overline{A_1C_2}^2-2\times\overline{A_1A_2}\times\overline{A_1C_2}\times\cos\frac{\pi}{3}$

$=3^2+5^2-2\times3\times5\times\frac{1}{2}$

$=9+25-15=19$

$\therefore\ \overline{A_2C_2}=\sqrt{19}$

두 정삼각형 $A_1B_1C_1$과 $A_2B_2C_2$는 서로 닮음이고 닮음비는

$\overline{A_1C_1}:\overline{A_2C_2}=8:\sqrt{19}$

이므로 넓이의 비는 $8^2:(\sqrt{19})^2=64:19$이다.

STEP 3 따라서 $\lim_{n\to\infty}S_n$의 값은 첫째항이 $\frac{21\sqrt{3}}{4}$, 공비가 $\frac{19}{64}$인 등비급수의 합이므로

$$\lim_{n\to\infty}S_n=\frac{\frac{21\sqrt{3}}{4}}{1-\frac{19}{64}}=\frac{112\sqrt{3}}{15}$$

189 답 ③

해결 각 잡기

삼각함수의 덧셈정리

$$\tan(\alpha-\beta)=\frac{\tan\alpha-\tan\beta}{1+\tan\alpha\tan\beta}$$

STEP 1 오른쪽 그림과 같이 점 A에서 선분 B_1C_1에 내린 수선의 발을 H_1이라 하면 점 D_1은 선분 AH_1 위에 존재한다.

$\angle AB_1H_1=\alpha$, $\angle D_1B_1H_1=\beta$라 하면

삼각형 AB_1H_1에서

$\overline{AH_1}=\sqrt{(\sqrt{17})^2-1^2}=4$

이므로

$\tan\alpha=\frac{4}{1}=4$

직각이등변삼각형 $B_2B_1D_1$에서

$\angle B_2B_1D_1=\frac{\pi}{4}$이므로

$$\tan\beta=\tan\left(\alpha-\frac{\pi}{4}\right)$$

$$=\frac{\tan\alpha-\tan\frac{\pi}{4}}{1+\tan\alpha\tan\frac{\pi}{4}}$$

$$=\frac{4-1}{1+4}=\frac{3}{5}$$

삼각형 $D_1B_1H_1$에서

$\overline{D_1H_1}=\overline{B_1H_1}\tan\beta=1\times\frac{3}{5}=\frac{3}{5}$

이므로

$\overline{B_1D_1}=\sqrt{1^2+\left(\frac{3}{5}\right)^2}=\frac{\sqrt{34}}{5}$

$\therefore S_1=\triangle B_2B_1D_1+\triangle C_2D_1C_1$

$=2\triangle B_2B_1D_1$

$=2\times\frac{1}{2}\times\frac{\sqrt{34}}{5}\times\frac{\sqrt{34}}{5}=\frac{34}{25}$

STEP 2 직각이등변삼각형 $B_2B_1D_1$에서

$\overline{B_1D_1}:\overline{B_2D_1}:\overline{B_2B_1}=1:1:\sqrt{2}$이므로

$\overline{B_2B_1}=\sqrt{2}\,\overline{B_1D_1}=\sqrt{2}\times\frac{\sqrt{34}}{5}=\frac{2\sqrt{17}}{5}$

$\therefore \overline{AB_2}=\overline{AB_1}-\overline{B_2B_1}=\sqrt{17}-\frac{2\sqrt{17}}{5}=\frac{3\sqrt{17}}{5}$

두 삼각형 AB_1C_1과 AB_2C_2는 서로 닮음이고 닮음비가

$\overline{AB_1}:\overline{AB_2}=\sqrt{17}:\frac{3\sqrt{17}}{5}=5:3$

이므로 넓이의 비는 $5^2:3^2=25:9$이다.

STEP 3 따라서 $\lim_{n\to\infty}S_n$의 값의 값은 첫째항이 $\frac{34}{25}$, 공비가 $\frac{9}{25}$인 등비급수의 합이므로

$$\lim_{n\to\infty}S_n=\frac{\frac{34}{25}}{1-\frac{9}{25}}=\frac{17}{8}$$

다른 풀이 **STEP 2**

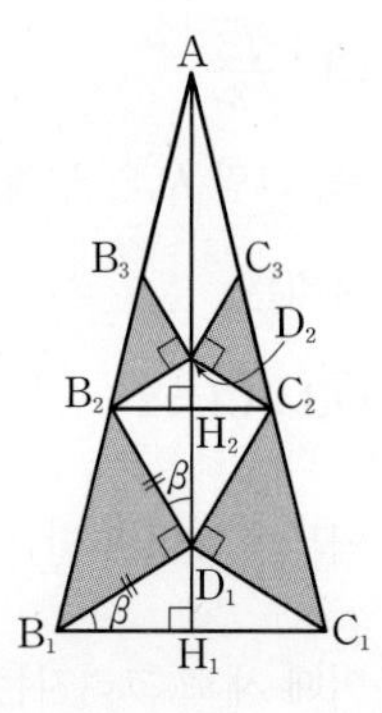

오른쪽 그림과 같이 $\overline{B_2C_2}$의 중점을 H_2라 하자. 두 직각삼각형 $B_2D_1H_2$와 $D_1B_1H_1$에서

$\angle B_2D_1H_2=90°-\angle B_1D_1H_1=\angle D_1B_1H_1$,

$\overline{B_2D_1}=\overline{D_1B_1}$

이므로 두 삼각형은 서로 합동이다.

$\therefore \overline{B_2H_2}=\overline{D_1H_1}=\overline{B_1H_1}\tan\beta=\frac{3}{5}\overline{B_1H_1}$

두 삼각형 AB_1C_1과 AB_2C_2는 서로 닮음이고 닮음비가

$\overline{B_1H_1}:\overline{B_2H_2}=\overline{B_1H_1}:\frac{3}{5}\overline{B_1H_1}=1:\frac{3}{5}$

이므로 넓이의 비는 $1^2=\left(\frac{3}{5}\right)^2=1:\frac{9}{25}$이다.

190 답 ③

해결 각 잡기

삼각함수의 성질

$\tan(\pi-\theta)=-\tan\theta$

삼각함수의 덧셈정리

$$\tan(\alpha+\beta)=\frac{\tan\alpha+\tan\beta}{1-\tan\alpha\tan\beta}$$

STEP 1 선분 AD_1을 $3:1$로 내분하는 점이 E_1이므로

$\overline{AE_1}=3$, $\overline{E_1D_1}=1$

직각삼각형 $C_1D_1E_1$에서 $\overline{D_1E_1}=1$, $\overline{C_1D_1}=2$이므로

$\overline{E_1C_1}=\sqrt{1^2+2^2}=\sqrt{5}$

직각이등변삼각형 $C_1E_1F_1$에서

$\overline{C_1F_1}:\overline{E_1F_1}:\overline{E_1C_1}=1:1:\sqrt{2}$이므로

$\overline{C_1F_1}=\overline{E_1F_1}=\frac{\overline{E_1C_1}}{\sqrt{2}}=\frac{\sqrt{5}}{\sqrt{2}}=\frac{\sqrt{10}}{2}$

$\therefore S_1=\triangle C_1D_1E_1+\triangle C_1E_1F_1$

$=\frac{1}{2}\times\overline{C_1D_1}\times\overline{D_1E_1}+\frac{1}{2}\times\overline{F_1C_1}\times\overline{F_1E_1}$

$=\frac{1}{2}\times2\times1+\frac{1}{2}\times\frac{\sqrt{10}}{2}\times\frac{\sqrt{10}}{2}$

$=1+\frac{5}{4}=\frac{9}{4}$

STEP 2 다음 그림과 같이 $\angle C_1E_1F_1=\alpha$, $\angle C_1E_1D_1=\beta$로 놓으면

$\tan\alpha=\tan\frac{\pi}{4}=1$, $\tan\beta=2$

이때 $\angle C_2E_1D_2=\pi-(\alpha+\beta)$이므로

$\tan(\angle C_2E_1D_2)=-\tan(\alpha+\beta)$

$$=-\frac{\tan\alpha+\tan\beta}{1-\tan\alpha\tan\beta}$$

$$=-\frac{1+2}{1-1\times2}=3 \quad \cdots\cdots \text{㉠}$$

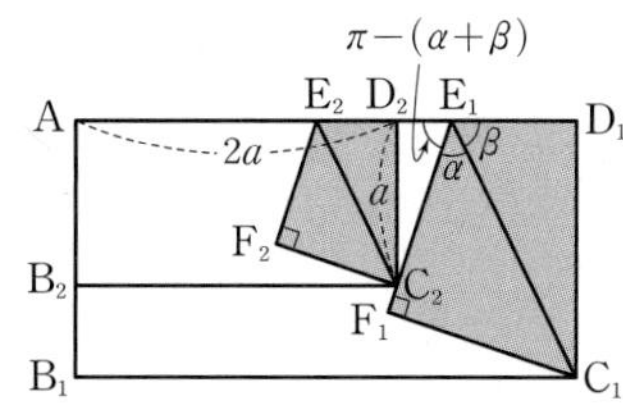

$\overline{C_2D_2}=a$로 놓으면 $\overline{AD_2}=2a$이므로

$\overline{E_1D_2}=3-2a$

이때 $\tan(\angle C_2E_1D_2)=\dfrac{\overline{C_2D_2}}{\overline{E_1D_2}}=\dfrac{a}{3-2a}$이므로

$\dfrac{a}{3-2a}=3$ ($\because$ ㉠)

$a=9-6a$, $7a=9$ $\quad\therefore a=\dfrac{9}{7}$

두 직사각형 $AB_1C_1D_1$과 $AB_2C_2D_2$는 서로 닮음이고 닮음비가

$\overline{D_1C_1}:\overline{D_2C_2}=2:\dfrac{9}{7}=1:\dfrac{9}{14}$

이므로 넓이의 비는 $1:\left(\dfrac{9}{14}\right)^2=1:\dfrac{81}{196}$이다.

STEP 3 따라서 $\lim\limits_{n\to\infty}S_n$의 값은 첫째항이 $\dfrac{9}{4}$, 공비가 $\dfrac{81}{196}$인 등비급수의 합이므로

$$\lim_{n\to\infty}S_n=\frac{\frac{9}{4}}{1-\frac{81}{196}}=\frac{441}{115}$$

본문 74쪽 ~ 75쪽

C 수능 완성!

191 답 13

해결 각 잡기

- x의 값의 범위를 $|x|<1$, $x=1$, $|x|>1$, $x=-1$인 경우로 나누어 함수 $y=f(x)$의 그래프를 그린다.
- 함수 $y=f(x)$의 그래프와 직선 $y=2(x-1)+m$의 교점의 개수가 5가 되도록 하는 조건들을 생각한다.

STEP 1 $f(x)=\lim\limits_{n\to\infty}\dfrac{ax^{2n}+bx^{2n-1}+x}{x^{2n}+2}$에서

(i) $|x|<1$, 즉, $-1<x<1$일 때

$\lim\limits_{n\to\infty}x^{2n}=\lim\limits_{n\to\infty}x^{2n-1}=0$이므로

$f(x)=\lim\limits_{n\to\infty}\dfrac{ax^{2n}+bx^{2n-1}+x}{x^{2n}+2}=\dfrac{x}{2}$

(ii) $x=1$일 때

$f(1)=\dfrac{a+b+1}{3}$

(iii) $|x|>1$, 즉 $x<-1$ 또는 $x>1$일 때

$\lim\limits_{n\to\infty}x^{2n}=\infty$, 즉 $\lim\limits_{n\to\infty}\dfrac{1}{x^{2n}}=\lim\limits_{n\to\infty}\dfrac{1}{x^{2n-1}}=0$이므로

$$f(x)=\lim_{n\to\infty}\frac{ax^{2n}+bx^{2n-1}+x}{x^{2n}+2}=\lim_{n\to\infty}\frac{a+\frac{b}{x}+\frac{1}{x^{2n-1}}}{1+\frac{2}{x^{2n}}}=a+\frac{b}{x}$$

(iv) $x=-1$일 때

$f(-1)=\dfrac{a-b-1}{3}$

(i)~(iv)에 의하여

$$f(x)=\begin{cases}\dfrac{x}{2} & (-1<x<1)\\ \dfrac{a+b+1}{3} & (x=1)\\ a+\dfrac{b}{x} & (x<-1 \text{ 또는 } x>1)\\ \dfrac{a-b-1}{3} & (x=-1)\end{cases}$$

STEP 2 $c_k=5$인 자연수 k가 존재하려면 두 함수 $y=f(x)$, $y=2(x-1)+k$의 그래프의 개형은 다음 그림과 같아야 한다.

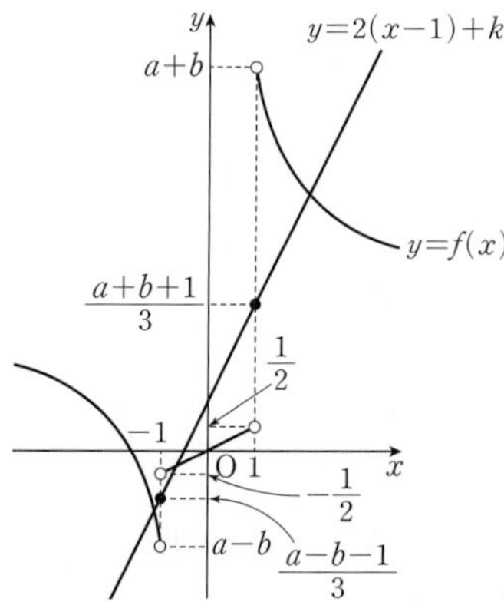

(v) 직선 $y=2(x-1)+k$가 두 점 $\left(1, \dfrac{a+b+1}{3}\right)$, $\left(-1, \dfrac{a-b-1}{3}\right)$을 모두 지나야 하므로

$\dfrac{a+b+1}{3}=k$, $\dfrac{a-b-1}{3}=k-4$

위의 두 식을 연립하여 풀면

$b=5$, $k=\dfrac{a}{3}+2$ $\quad\cdots\cdots$ ㉠

이때 k는 자연수이므로 a는 3의 배수이다.

(vi) $a-b<\dfrac{a-b-1}{3}<-\dfrac{1}{2}$이어야 하므로

$a-5<\dfrac{a}{3}-2<-\dfrac{1}{2}$ $\quad\therefore a<\dfrac{9}{2}$

(vii) $\dfrac{1}{2}<\dfrac{a+b+1}{3}<a+b$이어야 하므로

$\dfrac{1}{2}<\dfrac{a}{3}+2<a+5$ $\quad\therefore a>-\dfrac{9}{2}$

이때 a는 양의 상수이므로 $a>0$

(v), (vi), (vii)에 의하여

a는 $0<a<\frac{9}{2}$를 만족시키는 3의 배수이므로

$a=3$

이것을 ㉠에 대입하면 $k=3$

STEP 3

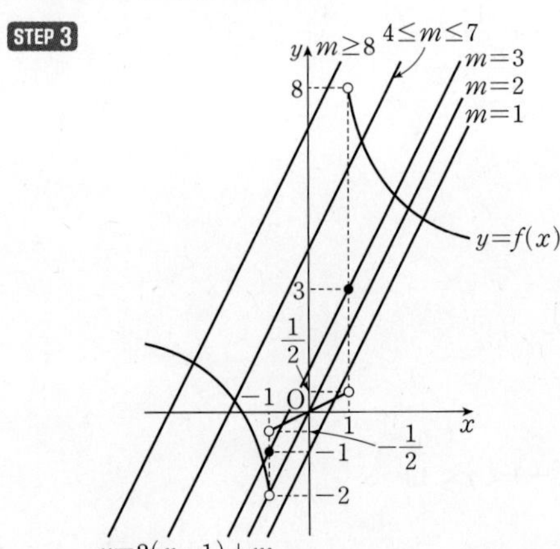

위의 그림에서

$$c_m=\begin{cases}2 & (m=1 \text{ 또는 } m=2 \text{ 또는 } 4\le m\le 7)\\ 5 & (m=3)\\ 1 & (m\ge 8)\end{cases}$$

이므로

$$c_m-1=\begin{cases}1 & (m=1 \text{ 또는 } m=2 \text{ 또는 } 4\le m\le 7)\\ 4 & (m=3)\\ 0 & (m\ge 8)\end{cases}$$

$\therefore k+\sum_{m=1}^{\infty}(c_m-1)=3+1\times 6+4=13$

192 답 138

해결 각 잡기

- 급수 $\sum_{n=1}^{\infty}a_n$이 수렴하므로 $\lim_{n\to\infty}a_n=0$이다.
- 모든 자연수 n에 대하여 $|a_n|<\alpha$인 경우와 $|a_k|\ge\alpha$, $|a_{k+1}|<\alpha$인 자연수 k가 존재하는 경우로 나누어 생각한다.

STEP 1 등비수열 $\{a_n\}$의 첫째항을 a, 공비를 r $(-1<r<0$ 또는 $0<r<1)$라 하면

$a_n=ar^{n-1}$

조건 (가)에 의하여 $\lim_{n\to\infty}a_n=0$이고

$\frac{a}{1-r}=4$ …… ㉠

수열 $\left\{\frac{a_n}{b_n}\right\}$은 모든 자연수 n에 대하여

$$\frac{a_n}{b_n}=\begin{cases}1 & (|a_n|<\alpha)\\ -\frac{a_n^{\,2}}{5} & (|a_n|\ge\alpha)\end{cases}$$

STEP 2 수열 $\{a_n\}$은 0에 수렴하므로

(i) 모든 자연수 n에 대하여 $|a_n|<\alpha$라 하면

$b_n=a_n$, $\frac{a_n}{b_n}=1$

즉, $\sum_{n=1}^{m}\frac{a_n}{b_n}=\sum_{n=1}^{m}1=m$의 값이 최소가 되도록 하는 자연수 m의 값은 1이므로 $p=1$

조건 (나)에 의하여

$\sum_{n=1}^{1}b_n=\sum_{n=1}^{1}a_n=a=51$

$a=51$을 ㉠에 대입하면

$r=-\frac{47}{4}<-1$

즉, 급수 $\sum_{n=1}^{\infty}a_n$이 수렴한다는 조건을 만족시키지 않는다.

STEP 3 (ii) $|a_k|\ge\alpha$, $|a_{k+1}|<\alpha$인 자연수 k가 존재한다면

$1\le n\le k$일 때, $b_n=-\frac{5}{a_n}$, $\frac{a_n}{b_n}=-\frac{a_n^{\,2}}{5}<0$

$n\ge k+1$일 때, $b_n=a_n$, $\frac{a_n}{b_n}=1>0$

즉, $\sum_{n=1}^{m}\frac{a_n}{b_n}$의 값이 최소가 되도록 하는 자연수 m은 k이므로

$p=k$

조건 (나)에 의하여

$\sum_{n=k+1}^{\infty}b_n=\sum_{n=k+1}^{\infty}a_n=\frac{ar^k}{1-r}=\frac{1}{64}$

이 식에 ㉠을 대입하면

$4r^k=\frac{1}{64}$ $\quad\therefore r^k=\frac{1}{256}$ …… ㉡

$$\begin{aligned}\therefore \sum_{n=1}^{k}b_n&=\sum_{n=1}^{k}\left(-\frac{5}{a_n}\right)\\&=\sum_{n=1}^{k}\left(-\frac{5}{ar^{n-1}}\right)\\&=\sum_{n=1}^{k}\left\{-\frac{5}{a}\left(\frac{1}{r}\right)^{n-1}\right\}\\&=\frac{-\frac{5}{a}\left\{1-\left(\frac{1}{r}\right)^k\right\}}{1-\frac{1}{r}}\\&=\frac{-5r(1-256)}{a(r-1)}\ (\because ㉡)\\&=\frac{5r\times 255}{a(r-1)}\end{aligned}$$

즉, $\frac{5r\times 255}{a(r-1)}=51$에서 $a(r-1)=25r$ …… ㉢

㉠에서 $a=4(1-r)$를 ㉢에 대입하면

$4(1-r)(r-1)=25r$, $4r^2+17r+4=0$

$(r+4)(4r+1)=0$

$\therefore r=-\frac{1}{4}$ $(\because -1<r<0$ 또는 $0<r<1)$

(i), (ii)에서 $r=-\frac{1}{4}$

$r=-\frac{1}{4}$을 ㉠, ㉡에 각각 대입하여 풀면

$a=5$, $k=4$

$\therefore p=k=4$, $a_n=5\times\left(-\frac{1}{4}\right)^{n-1}$

$$\begin{aligned}\therefore 32\times(a_3+p)&=32\times\left\{5\times\left(-\frac{1}{4}\right)^2+4\right\}\\&=32\left(\frac{5}{16}+4\right)=10+128=138\end{aligned}$$

193 답 162

해결 각 잡기

- 식 $\sum_{n=1}^{\infty} a_nb_n=\left(\sum_{n=1}^{\infty} a_n\right)\times\left(\sum_{n=1}^{\infty} b_n\right)$을 두 등비수열 $\{a_n\}$, $\{b_n\}$의 첫째항과 공비를 이용하여 나타낸다.
- 두 수열 $\{a_n\}$, $\{b_n\}$이 등비수열이면 두 수열 $\{|a_{2n}|\}$, $\{|a_{3n}|\}$도 등비수열이다.
- 식 $3\times\sum_{n=1}^{\infty}|a_{2n}|=7\times\sum_{n=1}^{\infty}|a_{3n}|$을 두 등비수열 $\{|a_{2n}|\}$, $\{|a_{3n}|\}$의 첫째항과 공비를 이용하여 나타낸다.

STEP 1 등비수열 $\{a_n\}$의 첫째항을 a, 공비를 r_1이라 하고, 등비수열 $\{b_n\}$의 첫째항을 b, 공비를 r_2라 하자.

두 급수 $\sum_{n=1}^{\infty}a_n$, $\sum_{n=1}^{\infty}b_n$은 각각 수렴하고 $a\neq0$, $b\neq0$이므로

$-1<r_1<1$, $-1<r_2<1$ (단, $r_1\neq0$, $r_2\neq0$)

또, 수열 $\{a_nb_n\}$은 첫째항이 ab, 공비가 r_1r_2인 등비수열이므로

$\sum_{n=1}^{\infty} a_nb_n=\left(\sum_{n=1}^{\infty} a_n\right)\times\left(\sum_{n=1}^{\infty} b_n\right)$에서

$$\frac{ab}{1-r_1r_2}=\frac{a}{1-r_1}\times\frac{b}{1-r_2}$$

$(1-r_1)(1-r_2)=1-r_1r_2$

$1-(r_1+r_2)+r_1r_2=1-r_1r_2$

$\therefore 2r_1r_2-r_1-r_2=0$ …… ㉠

STEP 2 수열 $\{|a_{2n}|\}$은 첫째항이 $|a_2|$, 공비가 r_1^2인 등비수열이고, 수열 $\{|a_{3n}|\}$은 첫째항이 $|a_3|$, 공비가 $|r_1^3|$인 등비수열이므로

$3\times\sum_{n=1}^{\infty}|a_{2n}|=7\times\sum_{n=1}^{\infty}|a_{3n}|$에서

$$3\times\frac{|a_2|}{1-r_1^2}=7\times\frac{|a_3|}{1-|r_1^3|}$$

$$3\times\frac{|ar_1|}{1-r_1^2}=7\times\frac{|ar_1^2|}{1-|r_1^3|}\quad\cdots\cdots ㉡$$

STEP 3 ㉡에서

$$3\times\frac{|ar_1|}{1-|r_1|^2}=7\times\frac{|ar_1|\times|r_1|}{1-|r_1|^3}$$

$$\frac{3}{(1+|r_1|)(1-|r_1|)}=\frac{7|r_1|}{(1-|r_1|)(1+|r_1|+|r_1|^2)}$$

$$\frac{3}{1+|r_1|}=\frac{7|r_1|}{1+|r_1|+|r_1|^2}$$

$3+3|r_1|+3|r_1|^2=7|r_1|+7|r_1|^2$

$4|r_1|^2+4|r_1|-3=0$

$(2|r_1|+3)(2|r_1|-1)=0$

$\therefore |r_1|=\frac{1}{2}$

$\therefore r_1=-\frac{1}{2}$, $r_2=\frac{1}{4}$ ($\because$ ㉠)

STEP 4 즉, $b_n=b\left(\frac{1}{4}\right)^{n-1}$이므로

$$\frac{b_{2n-1}+b_{3n+1}}{b_n}=\frac{b\left(\frac{1}{4}\right)^{2n-2}+b\left(\frac{1}{4}\right)^{3n}}{b\left(\frac{1}{4}\right)^{n-1}}=\left(\frac{1}{4}\right)^{n-1}+\left(\frac{1}{4}\right)^{2n+1}$$

$$\therefore \sum_{n=1}^{\infty}\frac{b_{2n-1}+b_{3n+1}}{b_n}=\sum_{n=1}^{\infty}\left\{\left(\frac{1}{4}\right)^{n-1}+\left(\frac{1}{4}\right)^{2n+1}\right\}$$

$$=\frac{1}{1-\frac{1}{4}}+\frac{\frac{1}{64}}{1-\frac{1}{16}}$$

$$=\frac{4}{3}+\frac{1}{60}=\frac{27}{20}$$

따라서 $S=\frac{27}{20}$이므로

$120S=120\times\frac{27}{20}=162$

다른 풀이 **STEP 3**

(i) $-1<r_1<0$일 때

ⓐ $a<0$인 경우

$ar_1>0$, $ar_1^2<0$, $r_1^3<0$이므로 ㉡에서

$$3\times\frac{ar_1}{1-r_1^2}=7\times\frac{-ar_1^2}{1+r_1^3}$$

$3(1+r_1^3)=-7r_1(1-r_1^2)$

$3(1+r_1^3)=7r_1(r_1^2-1)$ …… ㉢

$3(r_1+1)(r_1^2-r_1+1)=7r_1(r_1+1)(r_1-1)$

$3r_1^2-3r_1+3=7r_1^2-7r_1$

$4r_1^2-4r_1-3=0$, $(2r_1+1)(2r_1-3)=0$

$\therefore r_1=-\frac{1}{2}$ ($\because -1<r_1<0$)

ⓑ $a>0$인 경우

$ar_1<0$, $ar_1^2>0$, $r_1^3<0$이므로 ㉡에서

$$3\times\frac{-ar_1}{1-r_1^2}=7\times\frac{ar_1^2}{1+r_1^3}$$

$3(1+r_1^3)=7r_1(r_1^2-1)$

즉, ㉢과 같은 식이므로 $r_1=-\frac{1}{2}$

ⓐ, ⓑ에서 $r_1=-\frac{1}{2}$

$r_1=-\frac{1}{2}$을 ㉠에 대입하면

$2\times\left(-\frac{1}{2}\right)\times r_2-\left(-\frac{1}{2}\right)-r_2=0$

$-r_2+\frac{1}{2}-r_2=0$

$2r_2=\frac{1}{2}$ $\quad\therefore r_2=\frac{1}{4}$

(ii) $0<r_1<1$일 때

ⓒ $a<0$인 경우

$ar_1<0$, $ar_1^2<0$, $r_1^3>0$이므로 ㉡에서

$$3\times\frac{-ar_1}{1-r_1^2}=7\times\frac{-ar_1^2}{1-r_1^3}$$

$3(1-r_1^3)=7r_1(1-r_1^2)$ …… ㉣

$3(1-r_1)(1+r_1+r_1^2)=7r_1(1-r_1)(1+r_1)$

$3+3r_1+3r_1^2=7r_1^2+7r_1$

$4r_1^2+4r_1-3=0$, $(2r_1-1)(2r_1+3)=0$

$\therefore r_1=\frac{1}{2}$ ($\because 0<r_1<1$)

ⓓ $a>0$인 경우

$ar_1>0$, $ar_1^2>0$, $r_1^3>0$이므로 ㉡에서

$3\times\dfrac{ar_1}{1-r_1^2}=7\times\dfrac{ar_1^2}{1-r_1^3}$

$3(1-r_1^3)=7r_1(1-r_1^2)$

즉, ㉣과 같은 식이므로 $r_1=\dfrac{1}{2}$

ⓒ, ⓓ에서 $r_1=\dfrac{1}{2}$

$r_1=\dfrac{1}{2}$을 ㉠에 대입하면

$2\times\dfrac{1}{2}\times r_2-\dfrac{1}{2}-r_2=0$

$-\dfrac{1}{2}=0$이므로 모순이다.

(i), (ii)에 의하여

$r_1=-\dfrac{1}{2}$, $r_2=\dfrac{1}{4}$

194 답 12

해결 각 잡기

- $\sum_{n=1}^{\infty}a_n$이 수렴하면 $\lim_{n\to\infty}a_n=0$이다.
- $\lim_{n\to\infty}a_1r^{n-1}$이 수렴하기 위한 조건은

  $a_1=0$ 또는 $-1<r\le1$

STEP 1 등비수열 $\{a_n\}$의 공비를 r라 하면 급수 $\sum_{n=1}^{\infty}a_n$이 수렴하므로

$-1<r<1$ (단, $r\neq0$)

STEP 2 수열 $\{a_{2n}\}$은 첫째항이 $a_2=r$, 공비가 r^2인 등비수열이고, 수열 $\{|a_{3n-1}|\}$은 첫째항이 $|a_2|=|r|$, 공비가 $|r^3|$인 등비수열이다.

$0<r^2<1$, $0<|r^3|<1$이므로 두 급수 $\sum_{n=1}^{\infty}a_{2n}$, $\sum_{n=1}^{\infty}|a_{3n-1}|$은 수렴한다.

$\therefore \sum_{n=1}^{\infty}(20a_{2n}+21|a_{3n-1}|)=20\sum_{n=1}^{\infty}a_{2n}+21\sum_{n=1}^{\infty}|a_{3n-1}|$

$=\dfrac{20r}{1-r^2}+\dfrac{21|r|}{1-|r^3|}$

이때 $\dfrac{20r}{1-r^2}+\dfrac{21|r|}{1-|r^3|}=0$이려면

$r<0$, 즉 $-1<r<0$

이어야 하므로

$\dfrac{20r}{1-r^2}-\dfrac{21r}{1+r^3}=0$

$\dfrac{20r}{(1+r)(1-r)}-\dfrac{21r}{(1+r)(1-r+r^2)}=0$

$20(1-r+r^2)-21(1-r)=0$

$20r^2+r-1=0$

$(4r+1)(5r-1)=0$

$\therefore r=-\dfrac{1}{4}$ ($\because -1<r<0$)

$\therefore a_n=\left(-\dfrac{1}{4}\right)^{n-1}$

STEP 3 급수 $\sum_{n=1}^{\infty}\dfrac{3|a_n|+b_n}{a_n}$이 수렴하므로

$\lim_{n\to\infty}\dfrac{3|a_n|+b_n}{a_n}=0$

등비수열 $\{b_n\}$의 공비를 s라 하면

$\dfrac{3|a_n|+b_n}{a_n}=\dfrac{3\left(\frac{1}{4}\right)^{n-1}+b_1s^{n-1}}{\left(-\frac{1}{4}\right)^{n-1}}$

$=\dfrac{3\left(\frac{1}{4}\right)^{n-1}+b_1s^{n-1}}{(-1)^{n-1}\times\left(\frac{1}{4}\right)^{n-1}}$

$=(-1)^{n-1}\{3+b_1(4s)^{n-1}\}$

$\therefore \lim_{n\to\infty}(-1)^{n-1}\{3+b_1(4s)^{n-1}\}=0$

(i) $-1<4s<1$인 경우

$\lim_{n\to\infty}(4s)^{n-1}=0$이므로

$\lim_{n\to\infty}(-1)^{n-1}\{3+b_1(4s)^{n-1}\}=\lim_{n\to\infty}3(-1)^{n-1}$은 발산한다.

(ii) $4s<-1$ 또는 $4s>1$인 경우

$\lim_{n\to\infty}(-1)^{n-1}\{3+b_1(4s)^{n-1}\}$은 발산한다.

(iii) $4s=-1$인 경우

$\lim_{n\to\infty}(-1)^{n-1}\{3+b_1(4s)^{n-1}\}$은 발산한다.

(iv) $4s=1$인 경우

$\lim_{n\to\infty}(-1)^{n-1}\{3+b_1(4s)^{n-1}\}=\lim_{n\to\infty}(-1)^{n-1}(3+b_1)=0$

이므로

$b_1=-3$

STEP 4 (i)~(iv)에 의하여

$b_1=-3$, $s=\dfrac{1}{4}$

이므로

$\sum_{n=1}^{\infty}b_n=\dfrac{-3}{1-\frac{1}{4}}=-4$

$\therefore b_1\times\sum_{n=1}^{\infty}b_n=-3\times(-4)=12$

03 지수함수와 로그함수의 미분

본문 78쪽 ~ 79쪽

A 기본 다지고,

195 답 ⑤

$$\lim_{x\to0}(1+x)^{\frac{5}{x}}=\lim_{x\to0}\left\{(1+x)^{\frac{1}{x}}\right\}^5=e^5$$

196 답 ⑤

$$\lim_{x\to0}(1+2x)^{\frac{1}{x}}=\lim_{x\to0}(1+2x)^{\frac{1}{2x}\times2}=\lim_{x\to0}\left\{(1+2x)^{\frac{1}{2x}}\right\}^2=e^2$$

$2x=t$라 하면 $x\to0$일 때 $t\to0$이므로
$\lim_{x\to0}(1+2x)^{\frac{1}{2x}}=\lim_{t\to0}(1+t)^{\frac{1}{t}}=e$

197 답 ③

$$\lim_{x\to0}(1+3x)^{\frac{1}{6x}}=\lim_{x\to0}(1+3x)^{\frac{1}{3x}\times\frac{1}{2}}=\lim_{x\to0}\left\{(1+3x)^{\frac{1}{3x}}\right\}^{\frac{1}{2}}=e^{\frac{1}{2}}=\sqrt{e}$$

198 답 ②

$$\lim_{x\to0}\frac{e^{5x}-1}{3x}=\lim_{x\to0}\left(\frac{e^{5x}-1}{5x}\times\frac{5}{3}\right)=1\times\frac{5}{3}=\frac{5}{3}$$

$5x=t$라 하면 $x\to0$일 때 $t\to0$이므로
$\lim_{x\to0}\frac{e^{5x}-1}{5x}=\lim_{t\to0}\frac{e^t-1}{t}=1$

199 답 ④

$$\lim_{x\to0}\frac{e^{7x}-1}{e^{2x}-1}=\lim_{x\to0}\left(\frac{e^{7x}-1}{7x}\times\frac{2x}{e^{2x}-1}\times\frac{7}{2}\right)=1\times1\times\frac{7}{2}=\frac{7}{2}$$

200 답 12

$$\lim_{x\to0}\frac{e^{2x}+10x-1}{x}=\lim_{x\to0}\left(\frac{e^{2x}-1}{x}+10\right)=\lim_{x\to0}\left(\frac{e^{2x}-1}{2x}\times2+10\right)=1\times2+10=12$$

다른 풀이

$f(x)=e^{2x}+10x$라 하면
$f(0)=1$, $f'(x)=2e^{2x}+10$
따라서 주어진 식은

$$\lim_{x\to0}\frac{e^{2x}+10x-1}{x}=\lim_{x\to0}\frac{f(x)-f(0)}{x}=f'(0)=2e^0+10=12$$

201 답 ①

$$\lim_{x\to0}\frac{4^x-2^x}{x}=\lim_{x\to0}\frac{(4^x-1)-(2^x-1)}{x}=\lim_{x\to0}\frac{4^x-1}{x}-\lim_{x\to0}\frac{2^x-1}{x}=\ln4-\ln2=\ln\frac{4}{2}=\ln2$$

202 답 ④

$$\lim_{x\to0}\frac{\ln(1+12x)}{3x}=\lim_{x\to0}\left\{\frac{\ln(1+12x)}{12x}\times4\right\}=1\times4=4$$

$12x=t$라 하면 $x\to0$일 때 $t\to0$이므로
$\lim_{x\to0}\frac{\ln(1+12x)}{12x}=\lim_{t\to0}\frac{\ln(1+t)}{t}=\lim_{t\to0}\ln(1+t)^{\frac{1}{t}}=\ln e=1$

203 답 ③

$$\lim_{x\to0}\frac{\ln(1+3x)}{\ln(1+5x)}=\lim_{x\to0}\left\{\frac{\ln(1+3x)}{3x}\times\frac{5x}{\ln(1+5x)}\times\frac{3}{5}\right\}=1\times1\times\frac{3}{5}=\frac{3}{5}$$

204 답 ③

$$\lim_{x\to0}\frac{x^2+5x}{\ln(1+3x)}=\lim_{x\to0}\frac{x(x+5)}{\ln(1+3x)}=\lim_{x\to0}\left\{\frac{3x}{\ln(1+3x)}\times\frac{x+5}{3}\right\}=1\times\frac{5}{3}=\frac{5}{3}$$

205 답 ②

$f(x)=e^x+x$에서
$f'(x)=e^x+1$
$\therefore f'(0)=e^0+1=1+1=2$

206 답 ①

$f(x)=7+3\ln x$에서
$f'(x)=\frac{3}{x}$
$\therefore f'(3)=\frac{3}{3}=1$

B 유형 & 유사로 익히면…

207 답 ③

해결 각 잡기

- $\lim_{x\to\infty}\left(1+\frac{1}{x}\right)^x=e$
- $x-1=t$로 놓은 후 $\lim_{t\to\infty}\left(1+\frac{1}{t}\right)^t=e$임을 이용한다.

STEP 1 ㄱ. $x-1=t$로 놓으면 $x\to\infty$일 때 $t\to\infty$이므로

$$\begin{aligned}\lim_{x\to\infty}f(x)&=\lim_{x\to\infty}\left(\frac{x}{x-1}\right)^x\\&=\lim_{t\to\infty}\left(\frac{t+1}{t}\right)^{t+1}\\&=\lim_{t\to\infty}\left\{\left(1+\frac{1}{t}\right)^t\left(1+\frac{1}{t}\right)\right\}\\&=e\times1=e\end{aligned}$$

STEP 2 ㄴ. ㄱ에서 $\lim_{x\to\infty}f(x)=e$이고 $x+1=t$로 놓으면 $x\to\infty$일 때 $t\to\infty$이므로

$$\lim_{x\to\infty}f(x+1)=\lim_{t\to\infty}f(t)=e$$

$$\begin{aligned}\therefore \lim_{x\to\infty}f(x)f(x+1)&=\lim_{x\to\infty}f(x)\times\lim_{x\to\infty}f(x+1)\\&=e\times e=e^2\end{aligned}$$

STEP 3 ㄷ. $kx-1=t\ (k\geq2)$로 놓으면 $x\to\infty$일 때 $t\to\infty$이므로

$$\begin{aligned}\lim_{x\to\infty}f(kx)&=\lim_{x\to\infty}\left(\frac{kx}{kx-1}\right)^{kx}\\&=\lim_{t\to\infty}\left(\frac{t+1}{t}\right)^{t+1}\\&=\lim_{t\to\infty}\left\{\left(1+\frac{1}{t}\right)^t\left(1+\frac{1}{t}\right)\right\}\\&=e\times1=e\end{aligned}$$

따라서 옳은 것은 ㄱ, ㄴ이다.

208 답 ①

$$\begin{aligned}\lim_{x\to\infty}\left(1+\frac{1}{x}\right)^{-2x}&=\lim_{x\to\infty}\left\{\left(1+\frac{1}{x}\right)^x\right\}^{-2}\\&=e^{-2}=\frac{1}{e^2}\end{aligned}$$

209 답 ④

해결 각 잡기

그래프가 지나는 점을 이용하여 a와 b 사이의 관계를 파악한 후, 점근선 $x=1$을 이용하여 a, b의 값을 구한다.

STEP 1 함수 $y=\ln(x-a)+b$의 그래프가 점 $(2, 5)$를 지나므로

$5=\ln(2-a)+b$ …… ㉠

STEP 2 함수 $y=\ln(x-a)+b$의 그래프의 점근선이 직선 $x=a$이므로

$a=1$ …… ㉡

㉡을 ㉠에 대입하면

$b=5$

$\therefore a+b=1+5=6$

210 답 ③

해결 각 잡기

$f(1)$, $f(2)$의 값은 함수 $y=e^{-x}-\frac{n-1}{e}$에 $n=1$, $n=2$를 각각 대입하여 구한 함수의 그래프와 함수 $y=|\ln x|$의 그래프의 교점의 개수이다.

STEP 1 (i) $n=1$일 때, $y=e^{-x}$과 $y=|\ln x|$의 그래프는 다음과 같다.

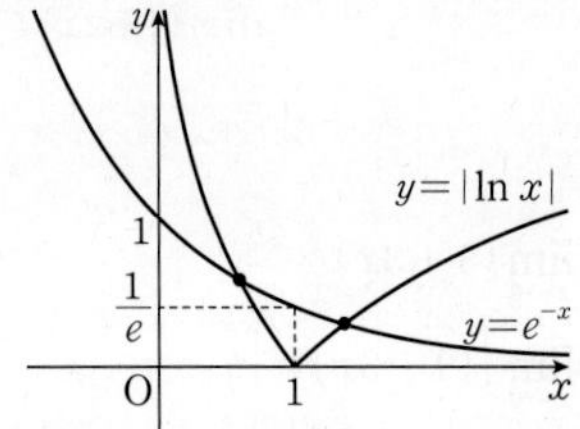

따라서 두 함수의 그래프의 교점의 개수는 2이므로

$f(1)=2$

STEP 2 (ii) $n=2$일 때, $y=e^{-x}-\frac{1}{e}$과 $y=|\ln x|$의 그래프는 다음과 같다.

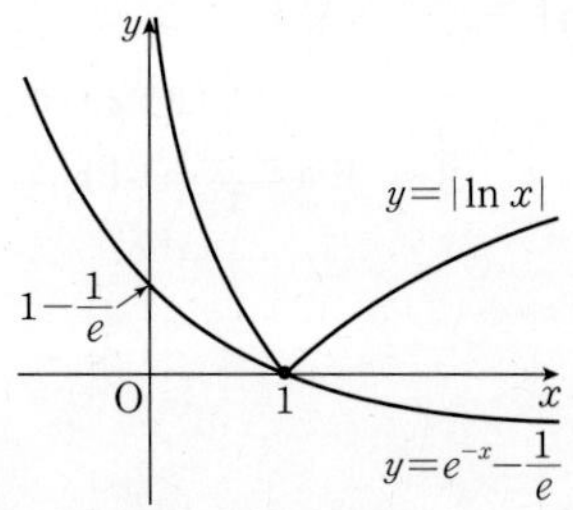

따라서 두 함수의 그래프의 교점의 개수는 1이므로

$f(2)=1$

STEP 3 (i), (ii)에 의하여

$f(1)+f(2)=2+1=3$

참고

n의 값이 커질수록 함수 $y=e^{-x}-\frac{n-1}{e}$의 그래프의 y절편이 작아지므로 $n\geq3$일 때는 $f(n)=0$이다.

211 답 ③

해결 각 잡기

$\lim_{x\to0}\frac{\ln(1+x)}{x}=1$

STEP 1 $\lim_{x\to0}\frac{f(x)}{x}=2$에서 $x\to0$일 때 (분모)$\to0$이고 극한값이 존재하므로 (분자)$\to0$이어야 한다.

$\lim_{x\to0}f(x)=0$이고, 함수 $f(x)$는 연속함수이므로

$f(0)=\lim_{x\to0}f(x)=0$

$f(0)=\ln b=0$에서

$b=e^0=1$

STEP 2 $\lim_{x\to0}\frac{f(x)}{x}=\lim_{x\to0}\frac{\ln(ax+1)}{x}$

$=\lim_{x\to0}\left\{\frac{\ln(ax+1)}{ax}\times a\right\}$

$=1\times a=a$

이고 $\lim_{x\to0}\frac{f(x)}{x}=2$이므로

$a=2$

STEP 3 따라서 $f(x)=\ln(2x+1)$이므로

$f(2)=\ln 5$

다른 풀이 **STEP 2**

$\lim_{x\to0}\frac{f(x)}{x}=\lim_{x\to0}\frac{f(x)-f(0)}{x-0}=f'(0)=2$

함수 $f(x)=\ln(ax+1)$에서

$f'(x)=\frac{a}{ax+1}$이므로

$f'(0)=a$

$\therefore a=2$

212 답 ③

$$\lim_{x\to0+}\frac{\ln(2x^2+3x)-\ln 3x}{x}=\frac{2}{3}\times\lim_{x\to0+}\frac{\ln\left(\frac{2x}{3}+1\right)}{\frac{2x}{3}}$$

$$=\frac{2}{3}\times\lim_{x\to0+}\ln\left(1+\frac{2x}{3}\right)^{\frac{3}{2x}}$$

$$=\frac{2}{3}\times\ln e$$

$$=\frac{2}{3}\times1=\frac{2}{3}$$

213 답 ④

해결 각 잡기

근호가 있는 식은 유리화하여 계산한다.

$$\lim_{x\to0}\frac{\ln(x+1)}{\sqrt{x+4}-2}=\lim_{x\to0}\frac{(\sqrt{x+4}+2)\ln(x+1)}{(\sqrt{x+4}-2)(\sqrt{x+4}+2)}$$

$$=\lim_{x\to0}\frac{(\sqrt{x+4}+2)\ln(x+1)}{x+4-2^2}$$

$$=\lim_{x\to0}\left\{\frac{\ln(x+1)}{x}\times(\sqrt{x+4}+2)\right\}$$

$$=1\times(2+2)=4$$

214 답 ③

$$\lim_{x\to0}\frac{f(x)-f(0)}{\ln(1+3x)}=\lim_{x\to0}\frac{\frac{f(x)-f(0)}{x}}{\frac{\ln(1+3x)}{3x}\times3}=\frac{f'(0)}{3}$$

이때 $\frac{f'(0)}{3}=2$이므로

$f'(0)=6$

215 답 ②

해결 각 잡기

$\frac{1}{x}=t$로 놓으면 $x\to\infty$일 때 $t\to0+$이므로

$$\lim_{x\to\infty}\frac{\ln\left(1+\frac{1}{x}\right)}{\frac{1}{x}}=\lim_{t\to0+}\frac{\ln(1+t)}{t}=1$$

STEP 1 $$\lim_{x\to\infty}\left\{f(x)\ln\left(1+\frac{1}{2x}\right)\right\}=\lim_{x\to\infty}\left\{\frac{f(x)}{2x}\times\frac{\ln\left(1+\frac{1}{2x}\right)}{\frac{1}{2x}}\right\}$$

$$=\lim_{x\to\infty}\frac{f(x)}{2x}$$

$$=4$$

STEP 2 $$\therefore\lim_{x\to\infty}\frac{f(x)}{x-3}=\lim_{x\to\infty}\left\{\frac{f(x)}{2x}\times\frac{2x}{x-3}\right\}$$

$$=4\times2=8$$

216 답 ①

STEP 1 양수 a에 대하여 $\lim_{x\to\infty}x^a=\infty$이므로

$\lim_{x\to\infty}x^a\ln\left(b+\frac{c}{x^2}\right)=2$이려면 $\lim_{x\to\infty}\ln\left(b+\frac{c}{x^2}\right)=0$이어야 한다.

즉, $\ln b=0$이므로

$b=1$

STEP 2 $$\lim_{x\to\infty}x^a\ln\left(1+\frac{c}{x^2}\right)=\lim_{x\to\infty}\left\{\frac{cx^a}{x^2}\times\frac{\ln\left(1+\frac{c}{x^2}\right)}{\frac{c}{x^2}}\right\}$$

$$=\lim_{x\to\infty}cx^{a-2}$$

$$=2$$

STEP 3 즉, $a-2=0$, $c=2$이므로

$a=2$, $c=2$

$\therefore a+b+c=2+1+2=5$

$a-2\neq0$이면 $\lim_{x\to\infty}x^{a-2}=0$ 또는 $\lim_{x\to\infty}x^{a-2}=\infty$이므로 $\lim_{x\to\infty}cx^{a-2}\neq2$가 된다.

217 답 ⑤

STEP 1 $\lim_{x\to0}\frac{\ln\{1+f(2x)\}}{x}=10$

에서 $x\to 0$일 때 극한값이 존재하고 (분모)$\to 0$이므로

(분자)$\to 0$이어야 한다.

즉, $\lim_{x\to 0}\ln\{1+f(2x)\}=0$이므로

$\lim_{x\to 0}f(2x)=0$

STEP 2 $\lim_{x\to 0}\frac{\ln\{1+f(2x)\}}{x}$의 분자, 분모에 $f(2x)$를 곱하면

$$\lim_{x\to 0}\frac{f(2x)\ln\{1+f(2x)\}}{x\times f(2x)}=\lim_{x\to 0}\left[\frac{\ln\{1+f(2x)\}}{f(2x)}\times\frac{f(2x)}{x}\right]$$

$$=\lim_{x\to 0}\frac{f(2x)}{x}=10$$

$\lim_{x\to 0}\frac{f(2x)}{x}=10$에서 $2x=t$라 하면 $x\to 0$일 때 $t\to 0$이므로

$$\lim_{x\to 0}\frac{f(2x)}{x}=\lim_{t\to 0}\frac{f(t)}{\frac{t}{2}}=\lim_{t\to 0}2\times\frac{f(t)}{t}=10$$

$$\therefore \lim_{x\to 0}\frac{f(x)}{x}=\lim_{t\to 0}\frac{f(t)}{t}=5$$

218 답 23

STEP 1 함수 $f(x)$가 이차함수이므로

$f(x)=ax^2+bx+c$ (a, b, c는 상수, $a\neq 0$)로 놓자.

$f'(x)=2ax+b$이므로 $f'(1)=\lim_{x\to 0}\frac{\ln f(x)}{x}+\frac{1}{2}$에서

$$2a+b=\lim_{x\to 0}\frac{\ln f(x)}{x}+\frac{1}{2}$$

$$\therefore \lim_{x\to 0}\frac{\ln f(x)}{x}=2a+b-\frac{1}{2}$$

이때 $\lim_{x\to 0}\frac{\ln f(x)}{x}$의 극한값이 존재하고 (분모)$\to 0$이므로

(분자)$\to 0$이어야 한다.

즉, $\lim_{x\to 0}\ln f(x)=\ln f(0)=0$이므로

$f(0)=1$ $\quad\therefore c=1$

또, $f(1)=2$이므로

$f(1)=a+b+c=2$ $\quad\therefore b=2-a-c=1-a$

$\therefore f(x)=ax^2+(1-a)x+1$

STEP 2 $f'(x)=2ax+1-a$이므로

$f'(1)=a+1$

이때 $\lim_{x\to 0}\frac{\ln f(x)}{x}=f'(1)-\frac{1}{2}=a+\frac{1}{2}$,

$$\lim_{x\to 0}\frac{\ln f(x)}{x}=\lim_{x\to 0}\frac{\ln\{ax^2+(1-a)x+1\}}{x}$$

$$=\lim_{x\to 0}\left[\frac{\ln\{ax^2+(1-a)x+1\}}{x\{ax+(1-a)\}}\times\{ax+(1-a)\}\right]$$

$$=1\times(1-a)=1-a$$

이므로 $a+\frac{1}{2}=1-a$, $2a=\frac{1}{2}$

$\therefore a=\frac{1}{4}$

따라서 $f(x)=\frac{1}{4}x^2+\frac{3}{4}x+1$이므로

$f(8)=\frac{1}{4}\times 64+\frac{3}{4}\times 8+1=16+6+1=23$

다른 풀이

$f'(1)=\lim_{x\to 0}\frac{\ln f(x)}{x}+\frac{1}{2}$에서

$\lim_{x\to 0}\frac{\ln f(x)}{x}=f'(1)-\frac{1}{2}$ ...... ㉠

$\lim_{x\to 0}\frac{\ln f(x)}{x}$에서 극한값이 존재하고 (분모)$\to 0$이므로

(분자)$\to 0$이어야 한다.

따라서 $\lim_{x\to 0}\ln f(x)=\ln f(0)=0$이므로

$f(0)=1$ ...... ㉡

이때 $\ln f(x)=g(x)$라 하면 $g(0)=\ln f(0)=0$이므로

$$\lim_{x\to 0}\frac{\ln f(x)}{x}=\lim_{x\to 0}\frac{g(x)}{x}=\lim_{x\to 0}\frac{g(x)-g(0)}{x-0}=g'(0)$$

$g(x)=\ln f(x)$에서 $g'(x)=\frac{f'(x)}{f(x)}$이므로

$g'(0)=\frac{f'(0)}{f(0)}=f'(0)$ ...... ㉢

따라서 ㉠, ㉢에서 $f'(0)=f'(1)-\frac{1}{2}$이다.

㉡에서 $f(0)=1$이므로 이차함수 $f(x)$의 식을

$f(x)=ax^2+bx+1$ (a, b는 상수, $a\neq 0$)로 놓을 수 있다.

$f(1)=2$이므로 $a+b+1=2$

$\therefore a+b=1$ ...... ㉣

이때 $f'(x)=2ax+b$에서 $f'(0)=b$, $f'(1)=2a+b$이므로

$f'(0)=f'(1)-\frac{1}{2}$에 대입하면

$b=2a+b-\frac{1}{2}$, $2a=\frac{1}{2}$

$\therefore a=\frac{1}{4}$

$a=\frac{1}{4}$을 ㉣에 대입하면

$\frac{1}{4}+b=1$ $\quad\therefore b=\frac{3}{4}$

따라서 $f(x)=\frac{1}{4}x^2+\frac{3}{4}x+1$이므로

$f(8)=16+6+1=23$

219 답 ④

해결 각 잡기

$\lim_{x\to 0}\frac{e^x-1}{x}=1$

$$\lim_{x\to 0}\frac{\ln(1+5x)}{e^{2x}-1}=\lim_{x\to 0}\left\{\frac{\ln(1+5x)}{5x}\times\frac{2x}{e^{2x}-1}\times\frac{5}{2}\right\}$$

$$=1\times 1\times\frac{5}{2}=\frac{5}{2}$$

220 답 ②

$$\lim_{x\to 0}\frac{e^{6x}-1}{\ln(1+3x)}=\lim_{x\to 0}\left\{\frac{3x}{\ln(1+3x)}\times\frac{e^{6x}-1}{6x}\times\frac{6}{3}\right\}$$

$$=1\times 1\times 2=2$$

221 답 ③

$$\lim_{x\to0}\frac{6x}{e^{4x}-e^{2x}}=\lim_{x\to0}\frac{6x}{e^{2x}(e^{2x}-1)}$$
$$=\lim_{x\to0}\left(\frac{1}{e^{2x}}\times\frac{6x}{e^{2x}-1}\right)$$
$$=\lim_{x\to0}\left(\frac{1}{e^{2x}}\times\frac{2x}{e^{2x}-1}\times3\right)$$
$$=1\times1\times3=3$$

222 답 ⑤

$$\lim_{x\to0}\frac{e^{2x}+e^{3x}-2}{2x}=\lim_{x\to0}\frac{(e^{2x}-1)+(e^{3x}-1)}{2x}$$
$$=\lim_{x\to0}\frac{e^{2x}-1}{2x}+\lim_{x\to0}\frac{e^{3x}-1}{2x}$$
$$=\lim_{x\to0}\frac{e^{2x}-1}{2x}+\lim_{x\to0}\left(\frac{e^{3x}-1}{3x}\times\frac{3}{2}\right)$$
$$=1+1\times\frac{3}{2}=\frac{5}{2}$$

다른 풀이

$f(x)=e^{2x}+e^{3x}$이라 하면

$f(0)=2$, $f'(x)=2e^{2x}+3e^{3x}$이므로

$$\lim_{x\to0}\frac{e^{2x}+e^{3x}-2}{2x}=\frac{1}{2}\lim_{x\to0}\frac{f(x)-f(0)}{x-0}$$
$$=\frac{1}{2}f'(0)$$
$$=\frac{1}{2}\times(2e^0+3e^0)=\frac{5}{2}$$

223 답 ④

$-x=t$로 놓으면 $x\to0$일 때 $t\to0$이고 $x=-t$이므로

$$\lim_{x\to0}\frac{1-e^{-x}}{x}=\lim_{t\to0}\frac{1-e^{t}}{-t}$$
$$=\lim_{t\to0}\frac{e^{t}-1}{t}$$
$$=1$$

다른 풀이

$f(x)=1-e^{-x}$이라 하면

$f(0)=0$, $f'(x)=e^{-x}$이므로

$$\lim_{x\to0}\frac{1-e^{-x}}{x}=\lim_{x\to0}\frac{f(x)-f(0)}{x-0}=f'(0)$$
$$=e^0=1$$

224 답 ③

해결 각 잡기

- 부등식에서 양변을 같은 수로 나눌 때 나누는 수가 양수일 때와 음수일 때의 부등호의 방향이 각각 다름을 주의한다.
- **함수의 극한의 대소 관계**
  $f(x)\le h(x)\le g(x)$이고, $\lim_{x\to a}f(x)=\lim_{x\to a}g(x)=\alpha$이면
  $\lim_{x\to a}h(x)=\alpha$

STEP 1 $\ln(1+x)\le f(x)\le\frac{1}{2}(e^{2x}-1)$ ...... ㉠

(i) $x>0$일 때

㉠에서

$$\frac{\ln(1+x)}{x}\le\frac{f(x)}{x}\le\frac{e^{2x}-1}{2x}$$

이때 $\lim_{x\to0+}\frac{\ln(1+x)}{x}=1$, $\lim_{x\to0+}\frac{e^{2x}-1}{2x}=1$이므로

$$\lim_{x\to0+}\frac{f(x)}{x}=1$$

(ii) $-1<x<0$일 때

㉠에서

$$\frac{\ln(1+x)}{x}\ge\frac{f(x)}{x}\ge\frac{e^{2x}-1}{2x}$$

이때 $\lim_{x\to0-}\frac{\ln(1+x)}{x}=1$, $\lim_{x\to0-}\frac{e^{2x}-1}{2x}=1$이므로

$$\lim_{x\to0-}\frac{f(x)}{x}=1$$

STEP 2 (i), (ii)에 의하여

$$\lim_{x\to0}\frac{f(x)}{x}=1$$

이때 $t=3x$로 놓으면 $x\to0$일 때 $t\to0$이므로

$$\lim_{x\to0}\frac{f(3x)}{x}=\lim_{x\to0}\left\{\frac{f(3x)}{3x}\times3\right\}=3\lim_{t\to0}\frac{f(t)}{t}=3\times1=3$$

다른 풀이

부등식 $\ln(1+x)\le f(x)\le\frac{1}{2}(e^{2x}-1)$에서 $x=3t\ \left(t>-\frac{1}{3}\right)$로 놓으면

$\ln(1+3t)\le f(3t)\le\frac{1}{2}(e^{6t}-1)$ ...... ㉡

(i) $t>0$일 때

㉡에서

$$\frac{\ln(1+3t)}{t}\le\frac{f(3t)}{t}\le\frac{e^{6t}-1}{2t}$$

이때

$$\lim_{t\to0+}\frac{\ln(1+3t)}{t}=\lim_{t\to0+}\frac{\ln(1+3t)}{3t}\times3=3,$$
$$\lim_{t\to0+}\frac{e^{6t}-1}{2t}=\lim_{t\to0+}\left(\frac{e^{6t}-1}{6t}\times3\right)=3$$

이므로

$$\lim_{t\to0+}\frac{f(3t)}{t}=3$$

(ii) $-\frac{1}{3}<t<0$일 때

㉡에서

$$\frac{\ln(1+3t)}{t}\ge\frac{f(3t)}{t}\ge\frac{e^{6t}-1}{2t}$$

(i)과 같은 방법으로 하면

$$\lim_{t\to0-}\frac{f(3t)}{t}=3$$

(i), (ii)에 의하여 $\lim_{t\to0}\frac{f(3t)}{t}=3$이므로

$$\lim_{x\to0}\frac{f(3x)}{x}=\lim_{t\to0}\frac{f(3t)}{t}=3$$

225 답 ①

해결 각 잡기

$a>0$, $a\neq1$일 때

$$\lim_{x\to0}\frac{a^x-1}{x}=\ln a$$

STEP 1 $\displaystyle\lim_{x\to0}\frac{2^{ax+b}-8}{2^{bx}-1}=16$에서 $x\to0$일 때 극한값이 존재하고 (분모)$\to0$이므로 (분자)$\to0$이어야 한다.

즉, $\displaystyle\lim_{x\to0}(2^{ax+b}-8)=0$에서

$2^b-8=0$, $2^b=2^3$ $\quad\therefore b=3$

STEP 2 $$\lim_{x\to0}\frac{2^{ax+3}-8}{2^{3x}-1}=\lim_{x\to0}\frac{8(2^{ax}-1)}{2^{3x}-1}=\lim_{x\to0}\left(\frac{\frac{2^{ax}-1}{ax}}{\frac{2^{3x}-1}{3x}}\times\frac{8a}{3}\right)=\frac{\ln2}{\ln2}\times\frac{8a}{3}=\frac{8a}{3}$$

즉, $\dfrac{8a}{3}=16$에서 $a=6$

$\therefore a+b=6+3=9$

226 답 ④

STEP 1 $\displaystyle\lim_{x\to0}\frac{a^x+b}{\ln(x+1)}=\ln3$에서 $x\to0$일 때 극한값이 존재하고 (분모)$\to0$이므로 (분자)$\to0$이어야 한다.

즉, $\displaystyle\lim_{x\to0}(a^x+b)=0$에서 $1+b=0$이므로 $b=-1$

STEP 2 $$\lim_{x\to0}\frac{a^x+b}{\ln(x+1)}=\lim_{x\to0}\frac{a^x-1}{\ln(x+1)}=\lim_{x\to0}\left\{\frac{x}{\ln(x+1)}\times\frac{a^x-1}{x}\right\}=1\times\ln a=\ln a$$

즉, $\ln a=\ln3$에서 $a=3$

$\therefore a-b=3-(-1)=4$

227 답 ⑤

STEP 1 $$\lim_{x\to0}\frac{(a+12)^x-a^x}{x}=\lim_{x\to0}\frac{\{(a+12)^x-1\}-(a^x-1)}{x}=\ln(a+12)-\ln a=\ln\frac{a+12}{a}$$

STEP 2 즉, $\ln\dfrac{a+12}{a}=\ln3$에서

$\dfrac{a+12}{a}=3$, $a+12=3a$

$2a=12$ $\quad\therefore a=6$

228 답 ③

STEP 1 ㄱ. $f(x)=x^2$이면

$$\lim_{x\to0}\frac{e^{f(x)}-1}{x}=\lim_{x\to0}\frac{e^{x^2}-1}{x}=\lim_{x\to0}\left(\frac{e^{x^2}-1}{x^2}\times x\right)=1\times0=0$$

STEP 2 ㄴ. $\displaystyle\lim_{x\to0}\frac{e^x-1}{f(x)}=\lim_{x\to0}\left\{\frac{e^x-1}{x}\times\frac{x}{f(x)}\right\}=1$이므로

$$\lim_{x\to0}\frac{x}{f(x)}=1$$

$$\therefore\lim_{x\to0}\frac{3^x-1}{f(x)}=\lim_{x\to0}\left\{\frac{3^x-1}{x}\times\frac{x}{f(x)}\right\}=\ln3\times1=\ln3$$

STEP 3 ㄷ. [반례] $f(x)=|x|$이면 $\displaystyle\lim_{x\to0}f(x)=0$이지만

$x>0$일 때

$$\lim_{x\to0+}\frac{e^{f(x)}-1}{x}=\lim_{x\to0+}\frac{e^x-1}{x}=1$$

$x<0$일 때

$$\lim_{x\to0-}\frac{e^{f(x)}-1}{x}=\lim_{x\to0-}\frac{e^{-x}-1}{x}=\lim_{x\to0-}\left\{\frac{e^{-x}-1}{-x}\times(-1)\right\}=1\times(-1)=-1$$

즉, $\displaystyle\lim_{x\to0}\frac{e^{f(x)}-1}{x}$은 존재하지 않는다.

따라서 옳은 것은 ㄱ, ㄴ이다.

229 답 ②

해결 각 잡기

함수 $f(x)$가 $x=a$에서 연속이면

$$\lim_{x\to a}f(x)=f(a)$$

함수 $f(x)$가 $x=0$에서 연속이므로

$\displaystyle\lim_{x\to0}f(x)=f(0)$

$f(0)=a$이므로

$$a=\lim_{x\to0}\frac{e^{3x}-1}{x(e^x+1)}=\lim_{x\to0}\left(\frac{e^{3x}-1}{3x}\times\frac{3}{e^x+1}\right)=1\times\frac{3}{2}=\frac{3}{2}$$

230 답 2

STEP 1 함수 $f(x)$가 $x=1$에서 연속이므로

$\displaystyle\lim_{x\to1}f(x)=f(1)$

$\displaystyle\therefore\lim_{x\to1}\frac{e^{2x-2}-1}{x-1}=a$

STEP 2 $x-1=t$로 놓으면 $x\to1$일 때 $t\to0$이고 $x=t+1$이므로

$$a=\lim_{x\to1}\frac{e^{2(x-1)}-1}{x-1}=\lim_{t\to0}\frac{e^{2t}-1}{t}=\lim_{t\to0}\left(\frac{e^{2t}-1}{2t}\times2\right)=2$$

231 답 ①

STEP 1 함수 $f(x)$가 실수 전체의 집합에서 연속이려면 $x=0$에서도 연속이어야 한다.

즉, $\lim_{x \to 0} f(x)=f(0)$이어야 한다.

STEP 2 $\lim_{x \to 0+} f(x)=\lim_{x \to 0+}(x^2+3x+2)=2$,

$\lim_{x \to 0-} f(x)=\lim_{x \to 0-}\frac{e^{ax}-1}{3x}=\lim_{x \to 0-}\left(\frac{e^{ax}-1}{ax}\times\frac{a}{3}\right)=\frac{a}{3}$,

$f(0)=2$

이므로

$\frac{a}{3}=2 \qquad \therefore a=6$

232 답 19

STEP 1 함수 $f(x)$가 실수 전체의 집합에서 연속이려면 $x=1$에서도 연속이어야 한다.

즉, $\lim_{x \to 1} f(x)=f(1)$이어야 한다.

STEP 2 $\lim_{x \to 1+} f(x)=\lim_{x \to 1+}\frac{5\ln x}{x-1}=5\lim_{t \to 0+}\frac{\ln(t+1)}{t}=5\times1=5$,

$x-1=t$로 놓으면 $x \to 1+$일 때 $t \to 0+$이고 $x=t+1$

$\lim_{x \to 1-} f(x)=\lim_{x \to 1-}(-14x+a)=a-14$,

$f(1)=a-14$

이므로

$5=a-14 \qquad \therefore a=19$

233 답 ⑤

STEP 1 함수 $f(x)$는 $x\neq1$일 때 연속이고, 함수 $g(x)$는 실수 전체의 집합에서 연속이므로 함수 $(g\circ f)(x)$가 실수 전체의 집합에서 연속이려면 $x=1$에서 연속이어야 한다.

즉, $g(f(1))=\lim_{x \to 1} g(f(x))$이어야 한다.

STEP 2 $f(1)=1$이므로 합성함수 $g(f(x))$의 $x=1$에서의 함숫값은

$g(f(1))=g(1)=2^1+2^{-1}=\frac{5}{2}$ ...... ㉠

STEP 3 $x \to 1+$일 때, $f(x) \to 1-$이므로

$\lim_{x \to 1+} g(f(x))=\lim_{t \to 1-} g(t)=2^1+2^{-1}=\frac{5}{2}$ ...... ㉡

$x \to 1-$일 때

(i) $a\geq0$인 경우

$f(x) \to a-$이므로

$\lim_{x \to 1-} g(f(x))=\lim_{t \to a-} g(t)=2^a+2^{-a}$

(ii) $a<0$인 경우

$f(x) \to a+$이므로

$\lim_{x \to 1-} g(f(x))=\lim_{t \to a+} g(t)=2^a+2^{-a}$

(i), (ii)에 의하여

$\lim_{x \to 1-} g(f(x))=2^a+2^{-a}$ ...... ㉢

STEP 4 ㉠, ㉡, ㉢에서 합성함수 $(g\circ f)(x)$가 실수 전체의 집합에서 연속이려면

$2^a+2^{-a}=\frac{5}{2}$

STEP 5 이때 $2^a=X\ (X>0)$로 놓으면 $X+\frac{1}{X}=\frac{5}{2}$에서

$2X^2-5X+2=0$, $(X-2)(2X-1)=0$

$\therefore X=2$ 또는 $X=\frac{1}{2}$

$X=2$에서 $2^a=2 \qquad \therefore a=1$

$X=\frac{1}{2}$에서 $2^a=2^{-1} \qquad \therefore a=-1$

따라서 구하는 모든 실수 a의 값의 곱은

$1\times(-1)=-1$

234 답 ②

STEP 1 구간 $(-1, \infty)$에서 함수 $g(x)$는 $x\neq0$일 때 연속이고, 함수 $f(x)$는 실수 전체의 집합에서 연속이므로 함수 $f(x)g(x)$가 구간 $(-1, \infty)$에서 연속이려면 $x=0$에서 연속이어야 한다.

STEP 2 $f(x)=x^2+ax+b$ (a, b는 상수)라 하면

$f(0)g(0)=8b$, $\lim_{x \to 0} f(x)g(x)=\lim_{x \to 0}\frac{x^2+ax+b}{\ln(x+1)}$

이므로

$\lim_{x \to 0}\frac{x^2+ax+b}{\ln(x+1)}=8b$ ...... ㉠

STEP 3 ㉠에서 $x \to 0$일 때 극한값이 존재하고 (분모) $\to 0$이므로 (분자) $\to 0$이어야 한다.

즉, $\lim_{x \to 0}(x^2+ax+b)=0$에서 $b=0$

$b=0$을 ㉠에 대입하면

$$\lim_{x \to 0}\frac{x^2+ax}{\ln(x+1)}=\lim_{x \to 0}\frac{x(x+a)}{\ln(x+1)}=\lim_{x \to 0}\left\{\frac{x}{\ln(x+1)}\times(x+a)\right\}=1\times a=0$$

$\therefore a=0$

따라서 $f(x)=x^2$이므로

$f(3)=3^2=9$

235 답 4

해결 각 잡기

- $y=\ln x \to y'=\frac{1}{x}$
- $\{f(x)g(x)\}'=f'(x)g(x)+f(x)g'(x)$

STEP 1 $f(x)=x^3\ln x$에서

$f'(x)=3x^2\ln x+x^3\times\frac{1}{x}=3x^2\ln x+x^2$

STEP 2 따라서 $f'(e)=3e^2\ln e+e^2=4e^2$이므로

$\frac{f'(e)}{e^2}=\frac{4e^2}{e^2}=4$

236 답 1

해결 각 잡기

$y=\ln|f(x)| \rightarrow y'=\dfrac{f'(x)}{f(x)}$

STEP 1 $f(x)=\ln(x^2+1)$에서

$f'(x)=\dfrac{2x}{x^2+1}$

STEP 2 $\therefore f'(1)=\dfrac{2}{1+1}=1$

237 답 ①

STEP 1 $f(x)=x\ln x$에서

$f'(x)=\ln x+x\times\dfrac{1}{x}=\ln x+1$

STEP 2 $\therefore \lim_{h\to 0}\dfrac{f(1+h)-f(1)}{h}=f'(1)$

$=\ln 1+1=1$

238 답 ④

STEP 1 $\lim_{h\to 0}\dfrac{f(1+2h)-f(1-h)}{h}$

$=\lim_{h\to 0}\dfrac{f(1+2h)-f(1)}{2h}\times 2+\lim_{h\to 0}\dfrac{f(1-h)-f(1)}{-h}$

$=2f'(1)+f'(1)=3f'(1)$

STEP 2 $f(x)=x^2+x\ln x$에서

$f'(x)=2x+\ln x+1$

$\therefore 3f'(1)=3\times(2+\ln 1+1)=3\times 3=9$

239 답 ⑤

해결 각 잡기

- $y=e^x \rightarrow y'=e^x$
- $y=e^{f(x)} \rightarrow y'=e^{f(x)}\times f'(x)$

$f(x)=e^{3x}+10x$에서

$f'(x)=e^{3x}\times 3+10=3e^{3x}+10$

$\therefore f'(0)=3e^0+10=13$

240 답 ③

$f(x)=e^{3x-2}$에서

$f'(x)=e^{3x-2}\times 3=3e^{3x-2}$

$\therefore f'(1)=3\times e^{3-2}=3e$

241 답 ④

$f(x)=(2x+7)e^x$에서

$f'(x)=2e^x+(2x+7)e^x=(2x+9)e^x$

$\therefore f'(0)=9\times 1=9$

242 답 ⑤

$f(x)=(x+a)e^x$에서

$f'(x)=e^x+(x+a)e^x=(x+a+1)e^x$

$\therefore f'(2)=(a+3)e^2=8e^2$

즉, $a+3=8$이므로 $a=5$

243 답 ②

해결 각 잡기

$y=\log_a x\ (a>0,\ a\neq 1) \rightarrow y'=\dfrac{1}{x\ln a}$

STEP 1 $\lim_{h\to 0}\dfrac{f(3+h)-f(3-h)}{h}$

$=\lim_{h\to 0}\dfrac{f(3+h)-f(3)-f(3-h)+f(3)}{h}$

$=\lim_{h\to 0}\dfrac{f(3+h)-f(3)}{h}+\lim_{h\to 0}\dfrac{-f(3-h)+f(3)}{h}$

$=\lim_{h\to 0}\dfrac{f(3+h)-f(3)}{h}+\lim_{h\to 0}\dfrac{f(3-h)-f(3)}{-h}$

$=f'(3)+f'(3)=2f'(3)$

STEP 2 $f(x)=\log_3 x$에서

$f'(x)=\dfrac{1}{x\ln 3}$

$\therefore 2f'(3)=2\times\dfrac{1}{3\ln 3}=\dfrac{2}{3\ln 3}$

244 답 ①

$f(x)=\log_3 6x=\log_3 6+\log_3 x$에서

$f'(x)=(\log_3 6+\log_3 x)'=\dfrac{1}{x\ln 3}$

$\therefore f'(9)=\dfrac{1}{9\ln 3}$

245 답 ②

해결 각 잡기

$a>0,\ a\neq 1$일 때

- $y=a^x \rightarrow y'=a^x\ln a$
- $y=a^{f(x)} \rightarrow y'=f'(x)\times a^{f(x)}\ln a$

$y=2^{2x-3}+1$에서

$y'=2\times 2^{2x-3}\ln 2$ ...... ㉠

따라서 곡선 $y=2^{2x-3}+1$ 위의 점 $\left(1, \frac{3}{2}\right)$에서의 접선의 기울기는

㉠에 $x=1$을 대입하면

$2\times2^{-1}\times\ln 2=2\times\frac{1}{2}\times\ln 2=\ln 2$

246 답 ③

STEP 1 $\lim_{x\to e}\frac{f(x)-g(x)}{x-e}=0$에서 극한값이 존재하고 (분모) → 0이므로 (분자) → 0이어야 한다.

즉, $\lim_{x\to e}\{f(x)-g(x)\}=0$이므로

$f(e)=g(e)$

$\therefore a^e=2\log_b e=\frac{2}{\ln b}$ ...... ㉠

STEP 2 두 함수 $f(x)=a^x$, $g(x)=2\log_b x$에서

$f'(x)=a^x\ln a$, $g'(x)=\frac{2}{x\ln b}$이므로

$$\begin{aligned}\lim_{x\to e}\frac{f(x)-g(x)}{x-e}&=\lim_{x\to e}\frac{\{f(x)-f(e)\}-\{g(x)-g(e)\}}{x-e}\\&=\lim_{x\to e}\frac{\{f(x)-f(e)\}}{x-e}-\lim_{x\to e}\frac{\{g(x)-g(e)\}}{x-e}\\&=f'(e)-g'(e)\\&=a^e\ln a-\frac{2}{e\ln b}=0\end{aligned}$$ ...... ㉡

㉠을 ㉡에 대입하면

$\frac{2\ln a}{\ln b}-\frac{2}{e\ln b}=0$, $\ln a=\frac{1}{e}$

$\therefore a=e^{\frac{1}{e}}$

이 식을 ㉠에 대입하면

$(e^{\frac{1}{e}})^e=\frac{2}{\ln b}$, $\ln b=\frac{2}{e}$

$\therefore b=e^{\frac{2}{e}}$

따라서 $a=e^{\frac{1}{e}}$, $b=e^{\frac{2}{e}}$이므로

$a\times b=e^{\frac{1}{e}}\times e^{\frac{2}{e}}=e^{\frac{3}{e}}$

247 답 10

해결 각 잡기

함수 $f(x)$가 $x=a$에서 미분가능하면
(i) 함수 $f(x)$는 $x=a$에서 연속이다.
(ii) $x=a$에서 함수 $f(x)$의 미분계수 $\lim_{x\to a}\frac{f(x)-f(a)}{x-a}$가 존재한다.

STEP 1 함수 $f(x)$가 $x=0$에서 미분가능하므로 $x=0$에서 연속이다.

즉, $f(0)=\lim_{x\to0+}f(x)=\lim_{x\to0-}f(x)$가 성립해야 한다.

이때 $f(0)=e^b$, $\lim_{x\to0+}f(x)=\lim_{x\to0+}e^{ax+b}=e^b$,

$\lim_{x\to0-}f(x)=\lim_{x\to0-}(x+1)=1$이므로

$e^b=1$ $\quad\therefore b=0$

STEP 2 또, 함수 $f(x)$가 $x=0$에서 미분가능하므로

$\lim_{x\to0+}\frac{f(x)-f(0)}{x-0}=\lim_{x\to0-}\frac{f(x)-f(0)}{x-0}$이 성립해야 한다.

이때 $\lim_{x\to0+}\frac{f(x)-f(0)}{x-0}=\lim_{x\to0+}\frac{e^{ax}-1}{x}=\lim_{x\to0+}\frac{e^{ax}-1}{ax}\times a=a$,

$\lim_{x\to0-}\frac{f(x)-f(0)}{x-0}=\lim_{x\to0-}\frac{(x+1)-1}{x}=1$이므로

$a=1$

STEP 3 따라서 $f(x)=\begin{cases}x+1 & (x<0)\\ e^x & (x\ge0)\end{cases}$이므로

$f(10)=e^{10}=e^k$

$\therefore k=10$

248 답 ④

STEP 1 함수 $g(x)$가 실수 전체에서 미분가능하므로 함수 $g(x)$는 실수 전체에서 연속이다.

함수 $g(x)$가 $x=b$에서 연속이므로 $f(b)=\lim_{x\to b+}g(x)=\lim_{x\to b-}g(x)$이어야 한다.

이때 $g(b)=0$, $\lim_{x\to b+}g(x)=f(b)-a$, $\lim_{x\to b-}g(x)=0$이므로

$f(b)-a=0$에서

$a=f(b)$ ...... ㉠

STEP 2 함수 $g(x)$가 $x=b$에서 미분가능하므로

$\lim_{h\to0+}\frac{g(b+h)-g(b)}{h}=\lim_{h\to0-}\frac{g(b+h)-g(b)}{h}$이어야 한다.

이때

$$\begin{aligned}\lim_{h\to0+}\frac{g(b+h)-g(b)}{h}&=\lim_{h\to0+}\frac{\{f(b+h)-a\}-0}{h}\\&=\lim_{h\to0+}\frac{f(b+h)-f(b)}{h}\ (\because ㉠)\\&=f'(b)\end{aligned}$$

이고 $\lim_{h\to0-}\frac{g(b+h)-g(b)}{h}=0$이므로

$f'(b)=0$ ...... ㉡

STEP 3 $f'(x)=e^{-2x+1}-2xe^{-2x+1}=(1-2x)e^{-2x+1}$이므로

㉡에서 $f'(b)=(1-2b)e^{-2b+1}=0$

$\therefore b=\frac{1}{2}$ ($\because e^{-2b+1}>0$)

㉠에서 $a=f(b)=f\left(\frac{1}{2}\right)=\frac{1}{2}e^{(-2)\times\frac{1}{2}+1}=\frac{1}{2}$

$\therefore ab=\frac{1}{2}\times\frac{1}{2}=\frac{1}{4}$

249 답 ①

해결 각 잡기

- 지수함수의 역함수는 로그함수임을 이용하여 $f^{-1}(x)$를 구한다.
- 구간에 따라 식이 다른 함수가 실수 전체에서 미분가능하면 구간이 나누어진 점에서 연속이고 미분가능해야 한다.

STEP 1 $y=a^x$에서 x와 y를 바꾸면

$x=a^y \quad \therefore y=\log_a x$

$\therefore f^{-1}(x)=\log_a x$

지수함수 $f(x)=a^x$의 그래프가 직선 $y=x$와 $x=b$에서 만나므로

$a^b=b \quad \cdots\cdots$ ㉠

지수함수 $f(x)=a^x$의 그래프는 점 (b, b)를 지난다.

STEP 2 $g(x)=\begin{cases} f(x) & (x\le b) \\ f^{-1}(x) & (x>b) \end{cases}$가 실수 전체의 집합에서 미분가능하므로 $x=b$에서

$f'(x)=\{f^{-1}(x)\}'$

$f(x)=a^x$에서

$f'(x)=a^x\ln a$

$f^{-1}(x)=\log_a x$에서

$\{f^{-1}(x)\}'=\dfrac{1}{x\ln a}$

이므로

$a^b\ln a=\dfrac{1}{b\ln a} \quad \cdots\cdots$ ㉡

STEP 3 ㉠을 ㉡에 대입하면 $b\ln a=\dfrac{1}{b\ln a}$에서

$(b\ln a)^2=1$

이때 $0<a<1$에서 $\ln a<0$이고 $b>0$ ($\because$ ㉠)이므로

$b\ln a=-1 \quad \cdots\cdots$ ㉢

$\ln a^b=-1,\ a^b=e^{-1}$

$\therefore b=e^{-1}$ ($\because$ ㉠)

이것을 ㉢에 대입하면

$e^{-1}\ln a=-1,\ \ln a=-e$

$\therefore a=e^{-e}$

$\therefore ab=e^{-e}\times e^{-1}=e^{-e-1}$

250 답 ④

해결 각 잡기

조건 (나)에서 $x_1<x_2<0$인 임의의 두 실수 x_1, x_2에 대하여 $\dfrac{f(x_2)-f(x_1)}{x_2-x_1}=3$이 성립하므로 순간변화율 즉, $\displaystyle\lim_{x_2\to x_1}\frac{f(x_2)-f(x_1)}{x_2-x_1}=3$도 성립한다.

STEP 1 실수 전체의 집합에서 미분가능한 함수 $f(x)$는 $x=0$에서도 미분가능하므로 $x=0$에서 연속이다.

즉, 조건 (가)에서

$f(0)=\displaystyle\lim_{x\to0+}f(x)=\lim_{x\to0+}(axe^{2x}+bx^2)=0$

조건 (나)에서 $x_1<x_2<0$인 임의의 두 실수 x_1, x_2에 대하여

$\dfrac{f(x_2)-f(x_1)}{x_2-x_1}=3$

즉, $x<0$인 모든 x에 대하여 $f'(x)=3$이므로 양변을 x에 대하여 적분하면

$f(x)=\displaystyle\int 3\,dx=3x+C$ (단, C는 적분상수)

이때 $\displaystyle\lim_{x\to0-}f(x)=C=f(0)=0$이므로

$x<0$일 때 $f(x)=3x$

STEP 2 함수 $f(x)$가 $x=0$에서 미분가능하므로

$\displaystyle\lim_{x\to0+}\frac{f(x)-f(0)}{x-0}=\lim_{x\to0-}\frac{f(x)-f(0)}{x-0}$

$\displaystyle\lim_{x\to0+}\frac{f(x)-f(0)}{x-0}=\lim_{x\to0+}\frac{axe^{2x}+bx^2}{x}$

$\displaystyle=\lim_{x\to0+}(ae^{2x}+bx)=a$

$\displaystyle\lim_{x\to0-}\frac{f(x)-f(0)}{x-0}=\lim_{x\to0-}\frac{3x}{x}=3$

이므로 $a=3$

STEP 3 $f\left(\dfrac{1}{2}\right)=2e$에서

$3\times\dfrac{1}{2}\times e^{2\times\frac{1}{2}}+b\times\left(\dfrac{1}{2}\right)^2=\dfrac{3e}{2}+\dfrac{b}{4}=2e$

$\dfrac{b}{4}=\dfrac{e}{2} \qquad \therefore b=2e$

따라서 $f(x)=\begin{cases} 3x & (x\le0) \\ 3xe^{2x}+2ex^2 & (x>0) \end{cases}$이므로

$f'(x)=\begin{cases} 3 & (x<0) \\ 3e^{2x}+6xe^{2x}+4ex & (x>0) \end{cases}$

$\therefore f'\left(\dfrac{1}{2}\right)=3e+3e+2e=8e$

251 답 ②

해결 각 잡기

곡선 위의 한 점의 x좌표 (또는 y좌표)가 t인 경우, 곡선의 식에 $x=t$ (또는 $y=t$)를 대입하여 y좌표 (또는 x좌표)를 t에 대한 식으로 나타낸다.

STEP 1 두 점 A, B는 직선 $x=t$와 두 곡선 $y=\ln x$, $y=-\ln x$가 각각 만나는 점이므로

$\mathrm{A}(t, \ln t)$, $\mathrm{B}(t, -\ln t)$

$\therefore \overline{\mathrm{AB}}=\ln t-(-\ln t)=2\ln t$

이때 선분 PQ의 길이가 $f(t)$이고 삼각형 AQB의 넓이가 1이므로

$\dfrac{1}{2}\times\overline{\mathrm{AB}}\times\overline{\mathrm{PQ}}=1$에서

$\dfrac{1}{2}\times2\ln t\times f(t)=1$

$\therefore f(t)=\dfrac{1}{\ln t}$

STEP 2 $\displaystyle\lim_{t\to1+}(t-1)f(t)=\lim_{t\to1+}\frac{t-1}{\ln t}$

이때 $t-1=s$로 놓으면 $t\to1+$일 때 $s\to0+$이고 $t=s+1$이므로

$\displaystyle\lim_{t\to1+}(t-1)f(t)=\lim_{t\to1+}\frac{t-1}{\ln t}$

$\displaystyle=\lim_{s\to0+}\frac{s}{\ln(s+1)}$

$=1$

252 답 ②

STEP 1 곡선 $y=e^{x^2}-1$과 직선 $y=t$의 교점 A의 x좌표는

$e^{x^2}-1=t$에서

$e^{x^2}=1+t$, $x^2=\ln(1+t)$

$\therefore x=\sqrt{\ln(1+t)}$ ($\because x>0$)

즉, 점 A의 좌표는

$(\sqrt{\ln(1+t)}, t)$

STEP 2 곡선 $y=e^{x^2}-1$과 직선 $y=5t$의 교점 B의 x좌표는

$e^{x^2}-1=5t$에서

$e^{x^2}=1+5t$, $x^2=\ln(1+5t)$

$\therefore x=\sqrt{\ln(1+5t)}$ ($\because x>0$)

즉, 점 B의 좌표는

$(\sqrt{\ln(1+5t)}, 5t)$

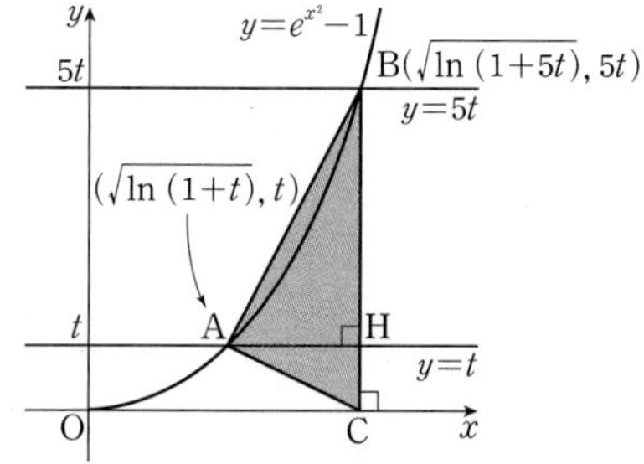

STEP 3 이때 점 A에서 직선 BC에 내린 수선의 발을 H라 하면 삼각형 ABC의 넓이는

$$S(t)=\frac{1}{2}\times\overline{BC}\times\overline{AH}$$

$$=\frac{1}{2}\times5t\times\{\sqrt{\ln(1+5t)}-\sqrt{\ln(1+t)}\}$$

$$\frac{S(t)}{t\sqrt{t}}=\frac{5}{2}\left\{\sqrt{\frac{\ln(1+5t)}{t}}-\sqrt{\frac{\ln(1+t)}{t}}\right\}$$

$$\therefore \lim_{t\to0+}\frac{S(t)}{t\sqrt{t}}=\lim_{t\to0+}\frac{5}{2}\left\{\sqrt{\frac{\ln(1+5t)}{t}}-\sqrt{\frac{\ln(1+t)}{t}}\right\}$$

$$=\frac{5}{2}(\sqrt{5}-1)$$

253 답 ②

STEP 1 $x=t$일 때 두 점 P, Q의 y좌표는 각각

e^{2t+k}, e^{-3t+k}

$\overline{PQ}=t$를 만족시키는 k의 값이 $f(t)$이므로

$e^{2t+f(t)}-e^{-3t+f(t)}=t$

$e^{f(t)}(e^{2t}-e^{-3t})=t$

$$\therefore e^{f(t)}=\frac{t}{e^{2t}-e^{-3t}}$$

STEP 2 $$\therefore \lim_{t\to0+}e^{f(t)}=\lim_{t\to0+}\frac{t}{e^{2t}-e^{-3t}}$$

$$=\lim_{t\to0+}\frac{1}{2\times\frac{e^{2t}-1}{2t}+3\times\frac{e^{-3t}-1}{-3t}}$$

$$=\frac{1}{2\times1+3\times1}=\frac{1}{5}$$

254 답 ④

STEP 1 두 점 P, Q의 좌표는 각각 $P(t, e^{2t}-1)$, $Q(f(t), 0)$

이때 $\overline{PQ}=\overline{OQ}$에서 $\overline{PQ}^2=\overline{OQ}^2$이므로

$\{f(t)-t\}^2+(e^{2t}-1)^2=\{f(t)\}^2$

$\{f(t)\}^2-2tf(t)+t^2+(e^{2t}-1)^2=\{f(t)\}^2$

$2tf(t)=t^2+(e^{2t}-1)^2$

즉, $f(t)=\frac{t}{2}+\frac{(e^{2t}-1)^2}{2t}$이므로

$$\frac{f(t)}{t}=\frac{1}{2}+\frac{1}{2}\left(\frac{e^{2t}-1}{t}\right)^2$$

STEP 2 $$\therefore \lim_{t\to0+}\frac{f(t)}{t}=\lim_{t\to0+}\left\{\frac{1}{2}+\frac{1}{2}\left(\frac{e^{2t}-1}{t}\right)^2\right\}$$

$$=\lim_{t\to0+}\left\{\frac{1}{2}+\frac{1}{2}\left(\frac{e^{2t}-1}{2t}\times2\right)^2\right\}$$

$$=\frac{1}{2}+\frac{1}{2}\times(1\times2)^2$$

$$=\frac{1}{2}+2=\frac{5}{2}$$

255 답 ④

해결 각 잡기

두 곡선 $y=s(x)$, $y=t(x)$가 만나는 점의 x좌표는 방정식 $s(x)=t(x)$의 실근이다.

STEP 1 두 곡선 $y=2^x$, $y=-2^x+a$의 교점의 x좌표는

$2^x=-2^x+a$에서

$2\times2^x=a$, $2^{x+1}=a$, $x+1=\log_2 a$

$$\therefore x=\log_2 a-1=\log_2\frac{a}{2}$$

즉, 곡선 $y=2^x$ 위의 점 C의 좌표는

$$C\left(\log_2\frac{a}{2}, \frac{a}{2}\right)$$

이때 점 A와 점 B는 두 곡선이 y축과 만나는 점이므로

$A(0, 1)$, $B(0, a-1)$

STEP 2 직선 AC의 기울기는

$$f(a)=\frac{\frac{a}{2}-1}{\log_2\frac{a}{2}-0}=\frac{a-2}{2\log_2\frac{a}{2}}$$

직선 BC의 기울기는

$$g(a)=\frac{\frac{a}{2}-(a-1)}{\log_2\frac{a}{2}-0}=\frac{2-a}{2\log_2\frac{a}{2}}$$

$$\therefore f(a)-g(a)=\frac{a-2}{2\log_2\frac{a}{2}}-\frac{2-a}{2\log_2\frac{a}{2}}$$

$$=\frac{2a-4}{2\log_2\frac{a}{2}}$$

$$=\frac{a-2}{\log_2\frac{a}{2}}$$

STEP 3 즉, $\lim_{a\to2+}\{f(a)-g(a)\}=\lim_{a\to2+}\frac{a-2}{\log_2\frac{a}{2}}$에서

$a-2=t$라 하면 $a\to2+$일 때 $t\to0+$이고 $a=t+2$이므로

$$\lim_{a\to2+}\frac{a-2}{\log_2\frac{a}{2}}=\lim_{t\to0+}\frac{t}{\log_2\frac{t+2}{2}}=\lim_{t\to0+}\frac{t}{\log_2\left(1+\frac{t}{2}\right)}$$

$$=\lim_{t\to0+}\left\{\frac{\frac{t}{2}}{\log_2\left(1+\frac{t}{2}\right)}\times2\right\}=2\ln2$$

다른 풀이

$a\to2+$이면 점 C는 곡선 $y=2^x$을 따라 점 A에 한없이 가까워진다. 따라서 직선 AC의 기울기는 곡선 $y=2^x$ 위의 점 A에서의 접선의 기울기에 한없이 가까워진다.

$y=2^x$에서 $y'=2^x\times\ln2$이므로

$\lim_{a\to2+}f(a)=2^0\times\ln2=\ln2$

한편, 점 C를 지나고 x축에 평행한 직선을 l이라 하면 곡선 $y=-2^x+a$와 곡선 $y=2^x$은 항상 직선 l에 대하여 대칭이다.

따라서 두 직선 BC, AC도 항상 직선 l에 대하여 대칭이므로

$\lim_{a\to2+}g(a)=-\lim_{a\to2+}f(a)=-\ln2$

$\therefore \lim_{a\to2+}\{f(a)-g(a)\}=\lim_{a\to2+}f(a)-\lim_{a\to2+}g(a)$

$=\ln2-(-\ln2)=2\ln2$

참고

$a\to2+$이면 $f(a)$, $g(a)$는 두 곡선 $y=2^x$, $y=-2^x+a$의 $x=0$에서의 접선의 기울기와 같아진다.

256 답 ②

STEP 1 두 곡선 $y=e^{x-1}$과 $y=a^x$이 만나는 점의 x좌표는

$e^{x-1}=a^x$, $x-1=x\ln a$

$x(1-\ln a)=1$

$\therefore x=\frac{1}{1-\ln a}=\frac{1}{\ln e-\ln a}=\frac{1}{\ln\frac{e}{a}}$

$\therefore f(a)=\frac{1}{\ln\frac{e}{a}}$

STEP 2 $\lim_{a\to e+}\frac{1}{(e-a)f(a)}=\lim_{a\to e+}\frac{\ln\frac{e}{a}}{e-a}$ ← $a-e=t$라 하면 $a\to e+$일 때 $t\to0+$이고 $a=e+t$

$$=\lim_{t\to0+}\frac{\ln\frac{e}{e+t}}{-t}=\lim_{t\to0+}\frac{-\ln\frac{e}{e+t}}{t}$$

$$=\lim_{t\to0+}\frac{\ln\frac{e+t}{e}}{t}=\lim_{t\to0+}\frac{\ln\left(1+\frac{t}{e}\right)}{t}$$

$$=\lim_{t\to0+}\frac{\ln\left(1+\frac{t}{e}\right)}{\frac{t}{e}}\times\frac{1}{e}=\frac{1}{e}$$

257 답 ③

해결 각 잡기

주어진 직선과 곡선의 방정식을 연립하여 직선과 곡선이 만나는 세 점 P, Q, R의 좌표를 각각 구하고, $\overline{PQ}=\overline{QR}$임을 이용하여 함수 $f(t)$를 구한다.

STEP 1 직선 $x=k$와 두 곡선 $y=e^{\frac{x}{2}}$, $y=e^{\frac{x}{2}+3t}$이 만나는 점이 각각 P, Q이므로 두 점 P, Q의 좌표는

$P(k,\ e^{\frac{k}{2}})$, $Q(k,\ e^{\frac{k}{2}+3t})$

$\therefore \overline{PQ}=e^{\frac{k}{2}+3t}-e^{\frac{k}{2}}=e^{\frac{k}{2}}(e^{3t}-1)$

점 Q와 y좌표가 같은 점 R의 x좌표는 $e^{\frac{x}{2}}=e^{\frac{k}{2}+3t}$에서

$\frac{x}{2}=\frac{k}{2}+3t$

$\therefore x=k+6t$

즉, $R(k+6t,\ e^{\frac{k}{2}+3t})$이므로

$\overline{QR}=(k+6t)-k=6t$

STEP 2 이때 $\overline{PQ}=\overline{QR}$이므로

$e^{\frac{k}{2}}(e^{3t}-1)=6t$

$e^{\frac{k}{2}}=\frac{6t}{e^{3t}-1}$

$\frac{k}{2}=\ln\frac{6t}{e^{3t}-1}$

$\therefore k=2\ln\frac{6t}{e^{3t}-1}$

$\therefore f(t)=2\ln\frac{6t}{e^{3t}-1}$

STEP 3 $\lim_{t\to0+}f(t)=2\lim_{t\to0+}\ln\frac{6t}{e^{3t}-1}$

$$=2\lim_{t\to0+}\ln\frac{2}{\frac{e^{3t}-1}{3t}}$$

$$=2\ln2=\ln4$$

258 답 ①

STEP 1 두 점 A, B의 좌표가 $A(t,\ 2^t)$, $B\left(t,\ \left(\frac{1}{2}\right)^t\right)$이고 점 A에서 y축에 내린 수선의 발 H의 좌표는 $H(0,\ 2^t)$이므로

$\overline{AH}=t$

$\overline{AB}=2^t-\left(\frac{1}{2}\right)^t$

STEP 2 $\therefore \lim_{t\to0+}\frac{\overline{AB}}{\overline{AH}}=\lim_{t\to0+}\frac{2^t-\left(\frac{1}{2}\right)^t}{t}$

$$=\lim_{t\to0+}\left\{\frac{2^t-1}{t}-\frac{\left(\frac{1}{2}\right)^t-1}{t}\right\}$$

$$=\ln2-\ln\frac{1}{2}$$

$$=2\ln2$$

C 수능 완성!

259 답 ③

해결 각 잡기

밑의 크기에 따라 지수함수와 로그함수의 그래프의 개형이 달라짐을 이용하여 참, 거짓을 판별한다.

STEP 1 ㄱ. $1<a<b$이고 $x>1$이면

$1<a^x<b^x$, $0<\log_b x<\log_a x$

즉, $a^x+\log_b x<b^x+\log_a x$이므로

$$f(x)=\frac{b^x+\log_a x}{a^x+\log_b x}>1$$

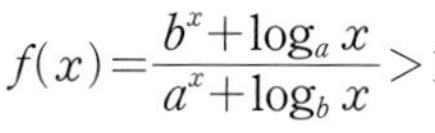

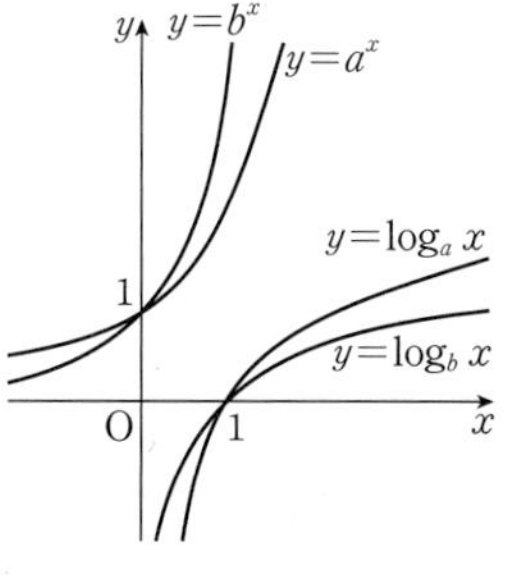

STEP 2 ㄴ. $b<a<1$이면

$\lim_{x\to\infty} a^x=\lim_{x\to\infty} b^x=0$,

$\lim_{x\to\infty} \log_a x=\lim_{x\to\infty} \log_b x$

$=-\infty$

이므로

$$\lim_{x\to\infty} f(x)=\lim_{x\to\infty}\frac{b^x+\log_a x}{a^x+\log_b x}$$

$$=\lim_{x\to\infty}\frac{\frac{b^x}{\log_b x}+\frac{\log_a x}{\log_b x}}{\frac{a^x}{\log_b x}+1}$$

$$=\lim_{x\to\infty}\frac{\frac{b^x}{\log_b x}+\frac{\frac{\log_b x}{\log_b a}}{\log_b x}}{\frac{a^x}{\log_b x}+1}=\frac{1}{\log_b a}=\log_a b$$

STEP 3 ㄷ. $\lim_{x\to 0+} a^x=\lim_{x\to 0+} b^x=1$

$x\to 0+$일 때, $\log_a x$, $\log_b x$는 ∞ 또는 $-\infty$로 발산하므로 ㄴ과 같은 방법으로 계산하면

$$\lim_{x\to 0+} f(x)=\lim_{x\to 0+}\frac{b^x+\log_a x}{a^x+\log_b x}$$

$$=\lim_{x\to 0+}\frac{\frac{b^x}{\log_b x}+\frac{\frac{\log_b x}{\log_b a}}{\log_b x}}{\frac{a^x}{\log_b x}+1}$$

$$=\log_a b$$

따라서 옳은 것은 ㄱ, ㄷ이다.

260 답 ③

해결 각 잡기

함수 $y=e^x$의 그래프를 직선 $y=x$에 대하여 대칭이동한 후, x축에 대하여 대칭이동하면 함수 $y=-\ln x$의 그래프이다.

STEP 1 함수 $y=e^x$의 그래프 위의 점 A의 좌표를 $(a,\ e^a)$ $(a>0)$, 함수 $y=-\ln x$의 그래프 위의 점 B의 좌표를 $(b,\ -\ln b)$라 하자.
이때 점 B를 x축에 대하여 대칭이동한 점을 B′이라 하면
$\mathrm{B}'(b,\ \ln b)$이고 이 점은 함수 $y=\ln x$의 그래프 위의 점이다.
또, 점 B′을 직선 $y=x$에 대하여 대칭이동한 점을 B″이라 하면
$\mathrm{B}''(\ln b,\ b)$이고 이 점은 함수 $y=e^x$의 그래프 위의 점이다.

한편, 두 직선 OA, OB의 기울기는 각각 $\frac{e^a}{a}$, $-\frac{\ln b}{b}$이고 조건 (나)에 의하여 두 직선 OA, OB의 기울기의 곱이 -1이므로

$\frac{e^a}{a}\times\left(-\frac{\ln b}{b}\right)=-1$에서

$\frac{e^a}{a}=\frac{b}{\ln b}$ ...... ㉠

그런데 점 B″의 좌표가 $(\ln b,\ b)$이므로 직선 OB″의 기울기는 $\frac{b}{\ln b}$이다.

즉, ㉠에 의하여 두 직선 OA, OB″의 기울기가 같으므로 세 점 O, A, B″은 한 직선 위의 점이다.
또, $\overline{\mathrm{OB}}=\overline{\mathrm{OB'}}=\overline{\mathrm{OB''}}$이고 조건 (가)에 의하여 $\overline{\mathrm{OA}}=2\overline{\mathrm{OB}}$이므로 점 B″은 선분 OA의 중점이다.

따라서 점 B″의 x좌표는 $\frac{a}{2}$이고 함수 $y=e^x$의 그래프 위의 점이므로

$\mathrm{B}''\left(\frac{a}{2},\ e^{\frac{a}{2}}\right)$

이때 두 직선 OA, OB″의 기울기가 서로 같으므로

$$\frac{e^a}{a}=\frac{e^{\frac{a}{2}}}{\frac{a}{2}}$$

에서 $e^a=2e^{\frac{a}{2}}$, $e^{\frac{a}{2}}=2$, $\frac{a}{2}=\ln 2$

$\therefore a=2\ln 2$

$\therefore \mathrm{A}(2\ln 2,\ 4)$

STEP 2 따라서 직선 OA의 기울기는

$\frac{4}{2\ln 2}=\frac{2}{\ln 2}$

다른 풀이

함수 $y=e^x$의 그래프 위의 점 A의 좌표를 $(a,\ e^a)$ $(a>0)$라 하고 직선 OA와 x축의 양의 방향이 이루는 각의 크기를 α라 하자.
마찬가지로 함수 $y=-\ln x$의 그래프 위의 점 B의 좌표를 $(b,\ -\ln b)$라 하고 직선 OB와 x축의 양의 방향이 이루는 각의 크기를 β라 하면 조건 (나)에 의하여
$\alpha+\beta=90°$
한편, 함수 $y=-\ln x$의 그래프를 x축에 대하여 대칭이동한 후, 직선 $y=x$에 대하여 대칭이동하면 함수 $y=e^x$의 그래프와 일치한다.
이때 점 $\mathrm{B}(b,\ -\ln b)$를 x축에 대하여 대칭이동한 후 직선 $y=x$에 대하여 대칭이동한 점을 C라 하면 점 $\mathrm{C}(\ln b,\ b)$는 함수 $y=e^x$의 그래프 위의 점이고 $\overline{\mathrm{OB}}=\overline{\mathrm{OC}}$이며 직선 OC와 y축의 양의 방향이 이루는 각의 크기는 β이다.
따라서 직선 OC와 x축의 양의 방향이 이루는 각의 크기는 $90°-\beta=\alpha$이므로 세 점 O, A, C는 한 직선 위에 있다.

조건 (가)에서 $\overline{OA}=2\overline{OB}=2\overline{OC}$이므로

$(a,\ e^a)=(2\ln b,\ 2b)$

$\therefore a=2\ln 2\ (\because b>0,\ a>0)$

따라서 직선 OA의 기울기는

$\dfrac{e^a}{a}=\dfrac{4}{2\ln 2}=\dfrac{2}{\ln 2}$

261 답 ①

해결 각 잡기

점 P의 x좌표와 t 사이의 관계식을 찾아 삼각형 OHQ의 넓이를 t에 대한 식으로 나타낸다.

STEP 1 점 P는 곡선 $y=\ln x$ 위의 점이므로 점 P의 좌표를 $(a,\ \ln a)(a>0)$라 하면 점 Q의 좌표는 $(a,\ e^a)$이다.

따라서 $\overline{OH}=a,\ \overline{QH}=e^a$이므로 삼각형 OHQ의 넓이 $S(t)$는

$S(t)=\dfrac{1}{2}\times\overline{OH}\times\overline{QH}$

$=\dfrac{1}{2}\times a\times e^a=\dfrac{1}{2}ae^a$ ⋯⋯ ㉠

STEP 2 점 P는 직선 $x+y=t$ 위의 점이므로 $a+\ln a=t$에서

$\ln e^a+\ln a=\ln e^t,\ \ln ae^a=\ln e^t$

$\therefore ae^a=e^t$

이것을 ㉠에 대입하면

$S(t)=\dfrac{1}{2}e^t$

STEP 3 $\therefore \displaystyle\lim_{t\to 0+}\frac{2S(t)-1}{t}=\lim_{t\to 0+}\frac{2\times\frac{1}{2}e^t-1}{t}$

$=\displaystyle\lim_{t\to 0+}\frac{e^t-1}{t}=1$

262 답 ⑤

해결 각 잡기

두 함수 $y=\ln(x+1),\ y=e^x-1$이 서로 역함수임을 이용하여 점 Q의 좌표를 구하고, 두 점 P, Q의 좌표를 이용하여 두 원 $S(a)$, $T(a)$의 넓이를 $a,\ b$에 대한 식으로 나타낸다.

STEP 1 두 함수 $y=\ln(x+1)$, $y=e^x-1$은 서로 역함수이므로 두 함수의 그래프는 직선 $y=x$에 대하여 대칭이고, 두 점 P, Q는 기울기가 -1인 직선 위의 점이므로 직선 $y=x$에 대하여 대칭이다.

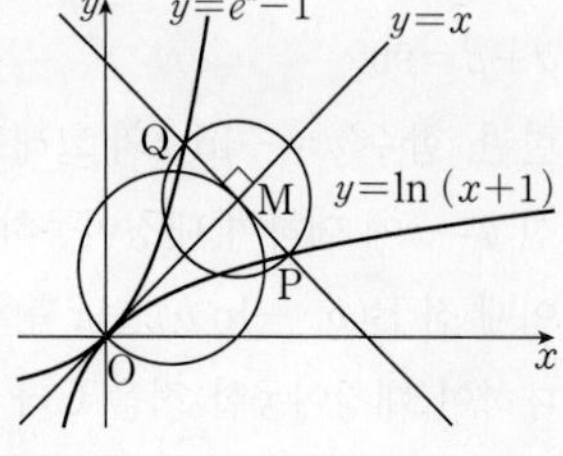

따라서 점 P의 좌표가 $(a,\ b)$이므로 점 Q의 좌표는 $(b,\ a)$이다.

STEP 2 선분 PQ의 중점을 M이라 하면

$M\left(\dfrac{a+b}{2},\ \dfrac{a+b}{2}\right)$

이므로

$\overline{PM}=\sqrt{\left(\dfrac{a+b}{2}-a\right)^2+\left(\dfrac{a+b}{2}-b\right)^2}$

$=\dfrac{\sqrt{2}}{2}(a-b)\ (\because a>b)$

즉, 두 점 P, Q를 지름의 양 끝으로 하는 원의 중심은 점 M이고 원의 반지름의 길이가 $\dfrac{\sqrt{2}}{2}(a-b)$이므로

$S(a)=\pi\left\{\dfrac{\sqrt{2}}{2}(a-b)\right\}^2=\dfrac{\pi}{2}(a-b)^2$

$\overline{OM}=\sqrt{\left(\dfrac{a+b}{2}\right)^2+\left(\dfrac{a+b}{2}\right)^2}$

$=\dfrac{\sqrt{2}}{2}(a+b)\ (\because a+b>0)$

즉, 두 점 O, M을 지름의 양 끝으로 하는 원의 반지름의 길이가 $\dfrac{1}{2}\overline{OM}=\dfrac{\sqrt{2}}{4}(a+b)$이므로

$T(a)=\pi\left\{\dfrac{\sqrt{2}}{4}(a+b)\right\}^2=\dfrac{\pi}{8}(a+b)^2$

STEP 3 $4T(a)-S(a)=\dfrac{\pi}{2}(a+b)^2-\dfrac{\pi}{2}(a-b)^2$

$=2\pi ab$ ⋯⋯ ㉠

점 $P(a,\ b)$가 곡선 $y=\ln(x+1)$ 위의 점이므로

$b=\ln(a+1)$ ⋯⋯ ㉡

㉠, ㉡에서

$4T(a)-S(a)=2\pi a\ln(a+1)$

$\therefore \displaystyle\lim_{a\to 0+}\frac{4T(a)-S(a)}{\pi a^2}=\lim_{a\to 0+}\frac{2\pi a\ln(a+1)}{\pi a^2}$

$=2\displaystyle\lim_{a\to 0+}\frac{\ln(a+1)}{a}$

$=2\times 1=2$

04 삼각함수의 덧셈정리

본문 98쪽 ~ 99쪽

A 기본 다지고,

263 답 ③

$\cos\theta=\frac{2}{3}$이므로

$\sec\theta=\frac{1}{\cos\theta}=\frac{1}{\frac{2}{3}}=\frac{3}{2}$

264 답 49

$\cos\theta=\frac{1}{7}$이므로

$\sec^2\theta=\frac{1}{\cos^2\theta}=\frac{1}{\left(\frac{1}{7}\right)^2}=49$

265 답 26

$1+\tan^2\theta=\sec^2\theta$이고 $\tan\theta=5$이므로

$\sec^2\theta=1+5^2=26$

266 답 7

$\cos\theta=\frac{1}{7}$이므로

$\csc\theta\times\tan\theta=\frac{1}{\sin\theta}\times\frac{\sin\theta}{\cos\theta}=\frac{1}{\cos\theta}=7$

다른 풀이

$\cos\theta=\frac{1}{7}$이므로

$\sin^2\theta=1-\cos^2\theta=1-\left(\frac{1}{7}\right)^2=1-\frac{1}{49}=\frac{48}{49}$

$\therefore \sin\theta=\pm\frac{4\sqrt{3}}{7}$

즉, $\csc\theta=\pm\frac{7}{4\sqrt{3}}$이고

$\tan\theta=\frac{\sin\theta}{\cos\theta}=\frac{\pm\frac{4\sqrt{3}}{7}}{\frac{1}{7}}=\pm4\sqrt{3}$이므로

$\csc\theta\times\tan\theta=\pm\frac{7}{4\sqrt{3}}\times(\pm4\sqrt{3})=7$

267 답 ①

$\cos(\alpha+\beta)=\frac{5}{7}$, $\cos\alpha\cos\beta=\frac{4}{7}$에서

$\cos(\alpha+\beta)=\cos\alpha\cos\beta-\sin\alpha\sin\beta$

$=\frac{4}{7}-\sin\alpha\sin\beta=\frac{5}{7}$

$\therefore \sin\alpha\sin\beta=-\frac{1}{7}$

268 답 ①

$\tan\left(\alpha+\frac{\pi}{4}\right)=2$에서

$\frac{\tan\alpha+\tan\frac{\pi}{4}}{1-\tan\alpha\tan\frac{\pi}{4}}=2$, $\frac{\tan\alpha+1}{1-\tan\alpha}=2$

$1+\tan\alpha=2(1-\tan\alpha)$, $1+\tan\alpha=2-2\tan\alpha$

$3\tan\alpha=1$

$\therefore \tan\alpha=\frac{1}{3}$

269 답 11

$\tan\alpha=4$, $\tan\beta=-2$이므로

$\tan(\alpha+\beta)=\frac{\tan\alpha+\tan\beta}{1-\tan\alpha\tan\beta}$

$=\frac{4+(-2)}{1-4\times(-2)}=\frac{2}{9}$

따라서 $p=9$, $q=2$이므로

$p+q=9+2=11$

270 답 ⑤

$f(x)=\cos 2x\cos x-\sin 2x\sin x$

$=\cos(2x+x)=\cos 3x$

이때 삼각함수 $y=\cos 3x$는 주기가 $\frac{2\pi}{3}$인 주기함수이므로 함수 $f(x)$의 주기는 $\frac{2}{3}\pi$이다.

└ 함수 $y=a\cos(bx+c)+d$의 주기는 $\frac{2\pi}{|b|}$이다.

271 답 ④

두 직선 $y=x$, $y=-2x$가 x축의 양의 방향과 이루는 각의 크기를 각각 θ_1, θ_2라 하면

$\tan\theta_1=1$, $\tan\theta_2=-2$

두 직선 $y=x$, $y=-2x$가 이루는 예각의 크기가 θ이므로

$\tan\theta=|\tan(\theta_2-\theta_1)|$

$=\left|\frac{\tan\theta_2-\tan\theta_1}{1+\tan\theta_2\tan\theta_1}\right|$

$=\left|\frac{-2-1}{1+(-2)\times1}\right|=3$

272 답 ②

$\tan 2\theta=\tan(\theta+\theta)=\dfrac{2\tan\theta}{1-\tan^2\theta}$

$=\dfrac{2\times\frac{1}{2}}{1-\left(\frac{1}{2}\right)^2}=\dfrac{1}{\frac{3}{4}}=\dfrac{4}{3}$

273 답 ②

$\sin\theta=\dfrac{1}{3}$이고 $0<\theta<\dfrac{\pi}{2}$이므로

$\cos\theta=\sqrt{1-\sin^2\theta}$

$=\sqrt{1-\left(\frac{1}{3}\right)^2}=\dfrac{2\sqrt{2}}{3}$

$\therefore \sin 2\theta=2\sin\theta\cos\theta$

$=2\times\dfrac{1}{3}\times\dfrac{2\sqrt{2}}{3}=\dfrac{4\sqrt{2}}{9}$

274 답 ②

$\cos 2\theta=1-2\sin^2\theta$

$=1-2\times\left(\dfrac{2}{3}\right)^2=\dfrac{1}{9}$

본문 100쪽 ~ 116쪽

B 유형 & 유사로 익히면…

275 답 ③

해결 각 잡기

- $\csc\theta=\dfrac{1}{\sin\theta}$, $\sec\theta=\dfrac{1}{\cos\theta}$, $\cot\theta=\dfrac{1}{\tan\theta}=\dfrac{\cos\theta}{\sin\theta}$
- $\dfrac{\pi}{2}<\theta<\pi$이므로 θ가 제2사분면의 각임을 이용하여 삼각함수의 부호를 결정한다.
- **삼각함수 사이의 관계**

  $\sin^2\theta+\cos^2\theta=1$, $\csc\theta=\dfrac{1}{\sin\theta}$

STEP 1 $\cos\theta=-\dfrac{3}{5}$이므로

$\sin^2\theta=1-\cos^2\theta=1-\left(-\dfrac{3}{5}\right)^2=\dfrac{16}{25}$

이때 $\dfrac{\pi}{2}<\theta<\pi$에서 $\sin\theta>0$이므로

$\sin\theta=\dfrac{4}{5}$

STEP 2 $\therefore \csc(\pi+\theta)=\dfrac{1}{\sin(\pi+\theta)}=\dfrac{1}{-\sin\theta}$

$=\dfrac{1}{-\frac{4}{5}}=-\dfrac{5}{4}$

다른 풀이 **STEP 2**

$\csc(\pi+\theta)=\dfrac{1}{\sin(\pi+\theta)}=\dfrac{1}{\sin\pi\cos\theta+\cos\pi\sin\theta}$

$=\dfrac{1}{0\times\left(-\frac{3}{5}\right)+(-1)\times\frac{4}{5}}=\dfrac{1}{-\frac{4}{5}}=-\dfrac{5}{4}$

276 답 ①

STEP 1 $\sec\theta=\dfrac{1}{\cos\theta}$이고 $\sec\theta=\dfrac{\sqrt{10}}{3}$이므로

$\cos\theta=\dfrac{3}{\sqrt{10}}$

STEP 2 $\therefore \sin^2\theta=1-\cos^2\theta=1-\left(\dfrac{3}{\sqrt{10}}\right)^2=\dfrac{1}{10}$

277 답 ③

해결 각 잡기

주어진 조건이 $\sin\theta$, $\cos\theta$에 대한 식이므로 이를 이용하기 위하여 $\sec\theta\csc\theta$를 $\sin\theta$, $\cos\theta$로 나타낼 수 있도록 식을 변형한다.

STEP 1 $\sec\theta=\dfrac{1}{\cos\theta}$, $\csc\theta=\dfrac{1}{\sin\theta}$이므로

$\sec\theta\csc\theta=\dfrac{1}{\cos\theta}\times\dfrac{1}{\sin\theta}=\dfrac{1}{\sin\theta\cos\theta}$ …… ㉠

STEP 2 $\sin\theta-\cos\theta=\dfrac{1}{2}$의 양변을 제곱하면

$(\sin\theta-\cos\theta)^2=\left(\dfrac{1}{2}\right)^2$

$\sin^2\theta-2\sin\theta\cos\theta+\cos^2\theta=\dfrac{1}{4}$ ($\sin^2\theta+\cos^2\theta=1$)

$1-2\sin\theta\cos\theta=\dfrac{1}{4}$

즉, $2\sin\theta\cos\theta=1-\dfrac{1}{4}=\dfrac{3}{4}$이므로

$\sin\theta\cos\theta=\dfrac{3}{8}$ …… ㉡

㉠, ㉡에 의하여

$\sec\theta\csc\theta=\dfrac{1}{\sin\theta\cos\theta}=\dfrac{1}{\frac{3}{8}}=\dfrac{8}{3}$

278 답 ③

해결 각 잡기

삼각함수 사이의 관계

$\tan\theta=\dfrac{\sin\theta}{\cos\theta}$, $\cot\theta=\dfrac{\cos\theta}{\sin\theta}$, $\sin^2\theta+\cos^2\theta=1$

STEP 1 $\sin\theta-\cos\theta=\frac{\sqrt{3}}{2}$의 양변을 제곱하면

$$(\sin\theta-\cos\theta)^2=\sin^2\theta-2\sin\theta\cos\theta+\cos^2\theta$$
$$=1-2\sin\theta\cos\theta=\frac{3}{4}$$

이므로 $2\sin\theta\cos\theta=\frac{1}{4}$

$\therefore \sin\theta\cos\theta=\frac{1}{8}$

STEP 2 $\therefore \tan\theta+\cot\theta=\frac{\sin\theta}{\cos\theta}+\frac{\cos\theta}{\sin\theta}$

$$=\frac{\sin^2\theta+\cos^2\theta}{\sin\theta\cos\theta}$$
$$=\frac{1}{\sin\theta\cos\theta}=\frac{1}{\frac{1}{8}}=8$$

279 답 ①

해결 각 잡기

- $\sin(\alpha+\beta)=\sin\alpha\cos\beta+\cos\alpha\sin\beta$
  $\sin(\alpha-\beta)=\sin\alpha\cos\beta-\cos\alpha\sin\beta$
- $0<\alpha<\beta<2\pi$이고 $\cos\alpha=\cos\beta=\frac{1}{3}$이므로 α는 제1사분면의 각이고, β는 제4사분면의 각이다.

STEP 1

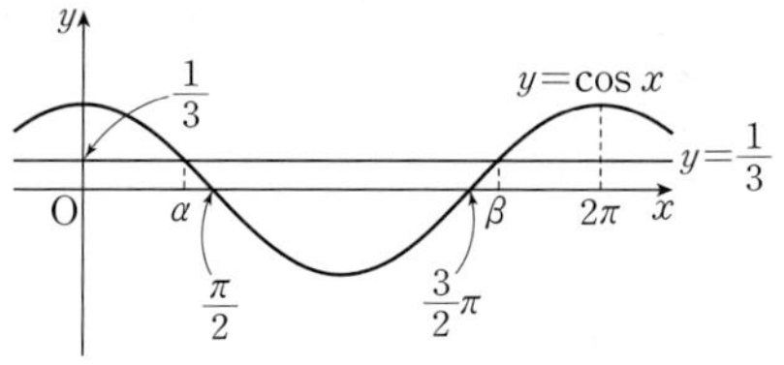

함수 $y=\cos x$의 그래프와 직선 $y=\frac{1}{3}$은 위의 그림과 같으므로 $0<\alpha<\beta<2\pi$일 때, $\cos\alpha=\cos\beta=\frac{1}{3}$을 만족시키는 α, β의 값의 범위는 각각 $0<\alpha<\frac{\pi}{2}$, $\frac{3}{2}\pi<\beta<2\pi$이다.

$\therefore \sin\alpha=\sqrt{1-\cos^2\alpha}=\sqrt{1-\left(\frac{1}{3}\right)^2}=\frac{2\sqrt{2}}{3}$,

$\sin\beta=-\sqrt{1-\cos^2\beta}=-\sqrt{1-\left(\frac{1}{3}\right)^2}=-\frac{2\sqrt{2}}{3}$

STEP 2 $\therefore \sin(\beta-\alpha)=\sin\beta\cos\alpha-\cos\beta\sin\alpha$

$$=\left(-\frac{2\sqrt{2}}{3}\right)\times\frac{1}{3}-\frac{1}{3}\times\frac{2\sqrt{2}}{3}=-\frac{4\sqrt{2}}{9}$$

280 답 ②

STEP 1 $\sin\alpha=\frac{3}{5}$, $\cos\beta=\frac{\sqrt{5}}{5}$이고 α, β는 예각이므로

$\cos\alpha=\sqrt{1-\sin^2\alpha}=\sqrt{1-\left(\frac{3}{5}\right)^2}=\frac{4}{5}$

$\sin\beta=\sqrt{1-\cos^2\beta}=\sqrt{1-\left(\frac{\sqrt{5}}{5}\right)^2}=\frac{2\sqrt{5}}{5}$

STEP 2 $\therefore \sin(\beta-\alpha)=\sin\beta\cos\alpha-\cos\beta\sin\alpha$

$$=\frac{2\sqrt{5}}{5}\times\frac{4}{5}-\frac{\sqrt{5}}{5}\times\frac{3}{5}=\frac{\sqrt{5}}{5}$$

281 답 ①

해결 각 잡기

$\cos(\alpha+\beta)=\cos\alpha\cos\beta-\sin\alpha\sin\beta$
$\cos(\alpha-\beta)=\cos\alpha\cos\beta+\sin\alpha\sin\beta$

STEP 1 $\cos\left(\frac{\pi}{3}+\alpha\right)=\cos\frac{\pi}{3}\cos\alpha-\sin\frac{\pi}{3}\sin\alpha$

$$=\frac{1}{2}\cos\alpha-\frac{\sqrt{3}}{2}\sin\alpha \quad \cdots\cdots ㉠$$

이때 $0<\alpha<\frac{\pi}{2}$에서 $\cos\alpha>0$이므로

$\cos\alpha=\sqrt{1-\sin^2\alpha}=\sqrt{1-\left(\frac{1}{3}\right)^2}=\frac{2\sqrt{2}}{3}$

STEP 2 따라서 $\cos\alpha=\frac{2\sqrt{2}}{3}$를 ㉠에 대입하면

$\cos\left(\frac{\pi}{3}+\alpha\right)=\frac{1}{2}\times\frac{2\sqrt{2}}{3}-\frac{\sqrt{3}}{2}\times\frac{1}{3}=\frac{2\sqrt{2}-\sqrt{3}}{6}$

다른 풀이 **STEP 1**

$0<\alpha<\frac{\pi}{2}$이고 $\sin\alpha=\frac{1}{3}$이므로 $\angle ABC=\alpha$, $\overline{AB}=3$, $\overline{AC}=1$인 직각삼각형 ABC에서

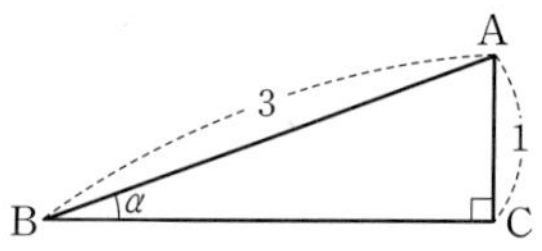

$\overline{BC}=\sqrt{\overline{AB}^2-\overline{AC}^2}=\sqrt{3^2-1^2}=2\sqrt{2}$

$\therefore \cos\alpha=\frac{\overline{BC}}{\overline{AB}}=\frac{2\sqrt{2}}{3}\ \left(\because 0<\alpha<\frac{\pi}{2}\right)$

282 답 ③

해결 각 잡기

$\frac{\pi}{2}\le\alpha\le\pi$, $0\le\beta\le\frac{\pi}{2}$이므로 $\sin\alpha\ge0$, $\cos\beta\ge0$이다.

STEP 1 $\frac{\pi}{2}\le\alpha\le\pi$이므로

$\sin\alpha=\sqrt{1-\cos^2\alpha}=\sqrt{1-\left(-\frac{1}{3}\right)^2}=\frac{2\sqrt{2}}{3}$

$0\le\beta\le\frac{\pi}{2}$이므로

$\cos\beta=\sqrt{1-\sin^2\beta}=\sqrt{1-\left(\frac{\sqrt{2}}{4}\right)^2}=\frac{\sqrt{14}}{4}$

STEP 2 $\therefore \cos(\alpha-\beta)=\cos\alpha\cos\beta+\sin\alpha\sin\beta$

$$=\left(-\frac{1}{3}\right)\times\frac{\sqrt{14}}{4}+\frac{2\sqrt{2}}{3}\times\frac{\sqrt{2}}{4}$$
$$=\frac{4-\sqrt{14}}{12}$$

283 답 ③

$$2\sin\left(\theta-\frac{\pi}{6}\right)+\cos\theta=2\left(\sin\theta\cos\frac{\pi}{6}-\cos\theta\sin\frac{\pi}{6}\right)+\cos\theta$$
$$=2\left(\sin\theta\times\frac{\sqrt{3}}{2}-\cos\theta\times\frac{1}{2}\right)+\cos\theta$$
$$=\sqrt{3}\sin\theta=\sqrt{3}\times\frac{\sqrt{3}}{3}=1$$

284 답 ⑤

STEP 1 $\sin\theta+\cos\theta=\frac{\sqrt{2}}{3}$의 양변을 제곱하면

$$(\sin\theta+\cos\theta)^2=\sin^2\theta+2\sin\theta\cos\theta+\cos^2\theta$$
$$=1+2\sin\theta\cos\theta=\frac{2}{9}$$

이므로 $2\sin\theta\cos\theta=-\frac{7}{9}$

STEP 2 $\therefore \cos^2\left(\theta+\frac{\pi}{4}\right)=\left(\cos\theta\cos\frac{\pi}{4}-\sin\theta\sin\frac{\pi}{4}\right)^2$

$$=\left(\cos\theta\times\frac{\sqrt{2}}{2}-\sin\theta\times\frac{\sqrt{2}}{2}\right)^2$$
$$=\frac{1}{2}(\cos\theta-\sin\theta)^2$$
$$=\frac{1}{2}(1-2\sin\theta\cos\theta)$$
$$=\frac{1}{2}\times\left\{1-\left(-\frac{7}{9}\right)\right\}=\frac{8}{9}$$

285 답 ⑤

해결 각 잡기

이차방정식의 근과 계수의 관계

이차방정식 $ax^2+bx+c=0$의 두 근을 m, n이라 하면

$$m+n=-\frac{b}{a},\ mn=\frac{c}{a}$$

STEP 1 이차방정식 $x^2+\frac{a}{3}x+\frac{b}{36}=0$의 두 근이 $\sin(\alpha+\beta)$, $\sin(\alpha-\beta)$이므로 이차방정식의 근과 계수의 관계에 의하여

$\sin(\alpha+\beta)+\sin(\alpha-\beta)=-\frac{a}{3}$ ...... ㉠

$\sin(\alpha+\beta)\sin(\alpha-\beta)=\frac{b}{36}$ ...... ㉡

STEP 2 $\sin(\alpha+\beta)+\sin(\alpha-\beta)$

$=\sin\alpha\cos\beta+\cos\alpha\sin\beta+\sin\alpha\cos\beta-\cos\alpha\sin\beta$

$=2\sin\alpha\cos\beta$

$=2\times\frac{2}{3}\times\frac{1}{2}=\frac{2}{3}$

㉠에서 $-\frac{a}{3}=\frac{2}{3}$ $\quad\therefore a=-2$

STEP 3 $\sin(\alpha+\beta)\sin(\alpha-\beta)$

$=(\sin\alpha\cos\beta+\cos\alpha\sin\beta)(\sin\alpha\cos\beta-\cos\alpha\sin\beta)$

$=\sin^2\alpha\cos^2\beta-\cos^2\alpha\sin^2\beta$

$=\sin^2\alpha\cos^2\beta-(1-\sin^2\alpha)(1-\cos^2\beta)$ ($\because \sin^2\theta+\cos^2\theta=1$)

$=\left(\frac{2}{3}\right)^2\times\left(\frac{1}{2}\right)^2-\left\{1-\left(\frac{2}{3}\right)^2\right\}\times\left\{1-\left(\frac{1}{2}\right)^2\right\}=-\frac{11}{36}$

㉡에서 $\frac{b}{36}=-\frac{11}{36}$ $\quad\therefore b=-11$

$\therefore ab=(-2)\times(-11)=22$

286 답 ④

해결 각 잡기

- $\tan\alpha=-\frac{5}{12}\left(\frac{3}{2}\pi<\alpha<2\pi\right)$를 이용하여 밑변의 길이가 12이고 높이가 5인 직각삼각형을 그려 $\sin\alpha$, $\cos\alpha$의 값을 각각 구한다.
- $\sin(\alpha+\beta)=\sin\alpha\cos\beta+\cos\alpha\sin\beta$

STEP 1 $\tan\alpha=-\frac{5}{12}\left(\frac{3}{2}\pi<\alpha<2\pi\right)$에서

$\sin\alpha=-\frac{5}{13}$, $\cos\alpha=\frac{12}{13}$ #

STEP 2 $\sin(x+\alpha)=\sin x\cos\alpha+\cos x\sin\alpha$

$$=\frac{12}{13}\sin x-\frac{5}{13}\cos x$$

부등식 $\cos x\le\sin(x+\alpha)\le2\cos x$에서

$\cos x\le\frac{12}{13}\sin x-\frac{5}{13}\cos x\le2\cos x$

$0\le x<\frac{\pi}{2}$에서 $\cos x>0$이므로 위의 식의 양변을 $\cos x$로 나누면

$1\le\frac{12}{13}\tan x-\frac{5}{13}\le2$ ← $\frac{\sin x}{\cos x}=\tan x$

$\therefore \frac{3}{2}\le\tan x\le\frac{31}{12}$

따라서 $\tan x$의 최댓값은 $\frac{31}{12}$, 최솟값은 $\frac{3}{2}$이므로 구하는 합은

$\frac{31}{12}+\frac{3}{2}=\frac{49}{12}$

 # 참고

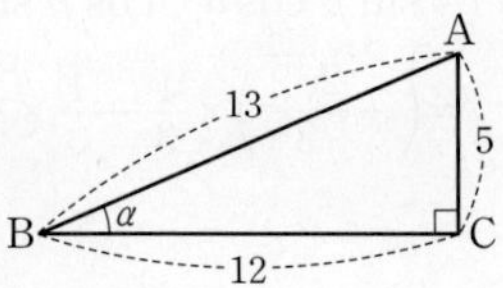

$\frac{3}{2}\pi<\alpha<2\pi$일 때, $\tan\alpha=-\frac{5}{12}$이므로 $\angle ABC=\alpha$, $\overline{BC}=12$, $\overline{AC}=5$인 직각삼각형 ABC에서

$$\overline{AB}=\sqrt{\overline{BC}^2+\overline{AC}^2}=\sqrt{12^2+5^2}=13$$

$\frac{3}{2}\pi<\alpha<2\pi$이므로 $\sin\alpha<0$, $\cos\alpha>0$

$$\therefore \sin\alpha=-\frac{5}{13},\ \cos\alpha=\frac{12}{13}$$

287 답 15

해결 각 잡기

$\tan(\alpha\pm\beta)=\dfrac{\tan\alpha\pm\tan\beta}{1\mp\tan\alpha\tan\beta}$ (복부호 동순)

STEP 1 $\tan(\alpha-\beta)=\dfrac{7}{8}$에서

$\dfrac{\tan\alpha-\tan\beta}{1+\tan\alpha\tan\beta}=\dfrac{7}{8}$

STEP 2 이때 $\tan\beta=1$이므로

$\dfrac{\tan\alpha-1}{1+\tan\alpha}=\dfrac{7}{8}$

$8(\tan\alpha-1)=7(1+\tan\alpha)$

$8\tan\alpha-8=7+7\tan\alpha$

$\therefore \tan\alpha=15$

288 답 ②

STEP 1 $2\cos\alpha=3\sin\alpha$에서

$\dfrac{\sin\alpha}{\cos\alpha}=\dfrac{2}{3}$ $\quad\therefore \tan\alpha=\dfrac{2}{3}$ ...... ㉠

STEP 2 $\tan(\alpha+\beta)=\dfrac{\tan\alpha+\tan\beta}{1-\tan\alpha\tan\beta}$

$=\dfrac{\frac{2}{3}+\tan\beta}{1-\frac{2}{3}\tan\beta}$ ($\because$ ㉠)

$=\dfrac{2+3\tan\beta}{3-2\tan\beta}$

STEP 3 이때 $\tan(\alpha+\beta)=1$이므로

$\dfrac{2+3\tan\beta}{3-2\tan\beta}=1$

$2+3\tan\beta=3-2\tan\beta$

$5\tan\beta=1$ $\quad\therefore \tan\beta=\dfrac{1}{5}$

289 답 3

STEP 1 이차방정식의 근과 계수의 관계에 의하여

$\tan\alpha+\tan\beta=\dfrac{p}{2}$, $\tan\alpha\tan\beta=\dfrac{1}{2}$

STEP 2 $\therefore \tan(\alpha+\beta)=\dfrac{\tan\alpha+\tan\beta}{1-\tan\alpha\tan\beta}=\dfrac{\frac{p}{2}}{1-\frac{1}{2}}=p$

STEP 3 이때 $\tan(\alpha+\beta)=3$이므로

$p=3$

290 답 ②

해결 각 잡기

직선이 x축의 양의 방향과 이루는 각의 크기를 θ라 할 때

(직선의 기울기)$=\tan\theta$

STEP 1 직선의 방정식 $3x+4y-2=0$에서 $y=-\dfrac{3}{4}x+\dfrac{1}{2}$이므로 이 직선의 기울기는 $-\dfrac{3}{4}$이다.

이때 이 직선이 x축의 양의 방향과 이루는 각의 크기가 θ이므로

$\tan\theta=-\dfrac{3}{4}$

STEP 2 $\therefore \tan\left(\dfrac{\pi}{4}+\theta\right)=\dfrac{\tan\frac{\pi}{4}+\tan\theta}{1-\tan\frac{\pi}{4}\tan\theta}$

$=\dfrac{1+\left(-\frac{3}{4}\right)}{1-1\times\left(-\frac{3}{4}\right)}=\dfrac{\frac{1}{4}}{\frac{7}{4}}=\dfrac{1}{7}$

291 답 ④

해결 각 잡기

$\cos(x-y)=\cos x\cos y+\sin x\sin y$이므로 문제의 조건을 이용하여 $\cos x\cos y$, $\sin x\sin y$의 값을 구한다.

STEP 1 $\sin x+\sin y=1$의 양변을 제곱하면

$\sin^2 x+\sin^2 y+2\sin x\sin y=1$ ...... ㉠

$\cos x+\cos y=\dfrac{1}{2}$의 양변을 제곱하면

$\cos^2 x+\cos^2 y+2\cos x\cos y=\dfrac{1}{4}$ ...... ㉡

STEP 2 ㉠+㉡을 하면

$2+2(\sin x\sin y+\cos x\cos y)=\dfrac{5}{4}$

└ $\because \sin^2\theta+\cos^2\theta=1$

$2+2\cos(x-y)=\dfrac{5}{4}$, $2\cos(x-y)=-\dfrac{3}{4}$

$\therefore \cos(x-y)=\dfrac{1}{2}\times\left(-\dfrac{3}{4}\right)=-\dfrac{3}{8}$

292 답 ②

해결 각 잡기

$\sin(\alpha+\beta)$의 값을 구해야 하므로 γ를 α, β에 대한 식으로 나타낸다.

STEP 1 $\sin\alpha+\cos\beta+\sin\gamma=0$에서

$\sin\gamma=-\sin\alpha-\cos\beta$ ...... ㉠

$\cos\alpha+\sin\beta+\cos\gamma=0$에서

$\cos\gamma=-\cos\alpha-\sin\beta$ ...... ㉡

STEP 2 ㉠, ㉡의 양변을 각각 제곱하여 더하면

$\sin^2\gamma+\cos^2\gamma=(-\sin\alpha-\cos\beta)^2+(-\cos\alpha-\sin\beta)^2$

$1=\sin^2\alpha+2\sin\alpha\cos\beta+\cos^2\beta+\cos^2\alpha+2\cos\alpha\sin\beta+\sin^2\beta$

$1=2+2(\sin\alpha\cos\beta+\cos\alpha\sin\beta)$

$1=2+2\sin(\alpha+\beta)$, $2\sin(\alpha+\beta)=-1$

$\therefore \sin(\alpha+\beta)=-\dfrac{1}{2}$

다른 풀이

$(\sin\alpha+\cos\beta+\sin\gamma)^2+(\cos\alpha+\sin\beta+\cos\gamma)^2$

$=\sin^2\alpha+\cos^2\alpha+\cos^2\beta+\sin^2\beta+\sin^2\gamma+\cos^2\gamma$

$\quad+2(\sin\alpha\cos\beta+\cos\alpha\sin\beta)+2(\cos\beta\sin\gamma+\sin\beta\cos\gamma)$

$\quad+2(\sin\alpha\sin\gamma+\cos\alpha\cos\gamma)$

$=3+2\sin(\alpha+\beta)+2\sin\gamma(\sin\alpha+\cos\beta)+2\cos\gamma(\cos\alpha+\sin\beta)$

$=0$ …… ㉢

㉠, ㉡을 ㉢에 대입하면

$3+2\sin(\alpha+\beta)+2\sin\gamma(-\sin\gamma)+2\cos\gamma(-\cos\gamma)=0$

$3+2\sin(\alpha+\beta)-2(\sin^2\gamma+\cos^2\gamma)=0$

$1+2\sin(\alpha+\beta)=0 \qquad \therefore \sin(\alpha+\beta)=-\frac{1}{2}$

293 답 ⑤

STEP 1 $25x^2-25x+4=0$에서 $(5x-4)(5x-1)=0$

$\therefore x=\frac{4}{5}$ 또는 $x=\frac{1}{5}$

$0<b<a<\frac{\pi}{4}$에서 $\sin(a-b)<\sin(a+b)$이므로

$\sin(a+b)=\frac{4}{5}$, $\sin(a-b)=\frac{1}{5}$

STEP 2 $\sin(a+b)=\sin a\cos b+\cos a\sin b=\frac{4}{5}$ …… ㉠

$\sin(a-b)=\sin a\cos b-\cos a\sin b=\frac{1}{5}$ …… ㉡

㉠, ㉡을 연립하여 풀면

$\sin a\cos b=\frac{1}{2}$, $\cos a\sin b=\frac{3}{10}$

$\therefore \frac{\tan a}{\tan b}=\frac{\frac{\sin a}{\cos a}}{\frac{\sin b}{\cos b}}=\frac{\sin a\cos b}{\cos a\sin b}=\frac{\frac{1}{2}}{\frac{3}{10}}=\frac{5}{3}$

294 답 5

해결 각 잡기

- 세 수 α, β, γ가 이 순서대로 등차수열을 이루므로 등차중항을 이용하고, 세 수 $\cos\alpha$, $2\cos\beta$, $8\cos\gamma$가 이 순서대로 등비수열을 이루므로 등비중항을 이용한다.
- **등차중항과 등비중항**
  ① 세 수 a, b, c가 이 순서대로 등차수열을 이루면 b는 a, c의 등차중항이고 $b=\frac{a+c}{2}$이다.
  ② 세 수 a, b, c가 이 순서대로 등비수열을 이루면 b는 a, c의 등비중항이고 $b^2=ac$이다.

STEP 1 α, β, γ가 삼각형 ABC의 세 내각의 크기이므로

$\alpha+\beta+\gamma=\pi$ …… ㉠

α, β, γ가 이 순서대로 등차수열을 이루므로

$\beta=\frac{\alpha+\gamma}{2} \qquad \therefore \alpha+\gamma=2\beta$ …… ㉡

㉡을 ㉠에 대입하면

$3\beta=\pi \qquad \therefore \beta=\frac{\pi}{3}$

$\beta=\frac{\pi}{3}$이므로 $\alpha+\gamma=\frac{2\pi}{3}$에서

$\cos(\alpha+\gamma)=\cos\frac{2\pi}{3}=-\frac{1}{2}$

$\therefore \cos\alpha\cos\gamma-\sin\alpha\sin\gamma=-\frac{1}{2}$ …… ㉢

STEP 2 $\cos\alpha$, $2\cos\beta$, $8\cos\gamma$가 이 순서대로 등비수열을 이루므로

$(2\cos\beta)^2=8\cos\alpha\cos\gamma$

$\beta=\frac{\pi}{3}$이므로

$\left(2\cos\frac{\pi}{3}\right)^2=8\cos\alpha\cos\gamma$

$1=8\cos\alpha\cos\gamma$

$\therefore \cos\alpha\cos\gamma=\frac{1}{8}$ …… ㉣

㉣을 ㉢에 대입하면

$\frac{1}{8}-\sin\alpha\sin\gamma=-\frac{1}{2}$

$\therefore \sin\alpha\sin\gamma=\frac{5}{8}$

$\therefore \tan\alpha\tan\gamma=\frac{\sin\alpha}{\cos\alpha}\times\frac{\sin\gamma}{\cos\gamma}=\frac{\sin\alpha\sin\gamma}{\cos\alpha\cos\gamma}=\frac{\frac{5}{8}}{\frac{1}{8}}=5$

295 답 ②

해결 각 잡기

배각의 공식

(1) $\sin 2\theta=2\sin\theta\cos\theta$

(2) $\cos 2\theta=\cos^2\theta-\sin^2\theta=2\cos^2\theta-1=1-2\sin^2\theta$

(3) $\tan 2\theta=\frac{2\tan\theta}{1-\tan^2\theta}$

$(\sin\theta+\cos\theta)^2=\sin^2\theta+2\sin\theta\cos\theta+\cos^2\theta$

$=1+\sin 2\theta$

$=1+\frac{1}{4}=\frac{5}{4}$

$\therefore \sin\theta+\cos\theta=\frac{\sqrt{5}}{2}\ \left(\because 0<\theta<\frac{\pi}{2}\right)$

296 답 ④

STEP 1 $\sin\theta+\cos\theta=\frac{\sqrt{15}}{3}$의 양변을 제곱하면

$\sin^2\theta+2\sin\theta\cos\theta+\cos^2\theta=\frac{5}{3}$

$1+2\sin\theta\cos\theta=\frac{5}{3}$

$\therefore\ 2\sin\theta\cos\theta=\sin 2\theta=\frac{2}{3}$

STEP 2 $0<\theta<\frac{\pi}{4}$에서 $0<2\theta<\frac{\pi}{2}$이므로 $\cos 2\theta>0$

$\therefore\ \cos 2\theta=\sqrt{1-\sin^2 2\theta}$

$=\sqrt{1-\left(\frac{2}{3}\right)^2}=\frac{\sqrt{5}}{3}$

297 답 ①

STEP 1 $0<\theta<\frac{\pi}{2}$에서 $\cos\theta=\frac{\sqrt{5}}{3}$이므로

$\sin\theta=\sqrt{1-\cos^2\theta}=\sqrt{1-\left(\frac{\sqrt{5}}{3}\right)^2}=\frac{2}{3}$ ($\because \sin\theta>0$)

또, $\cos 2\theta=1-2\sin^2\theta$이므로

$\cos 2\theta=1-2\times\left(\frac{2}{3}\right)^2=1-\frac{8}{9}=\frac{1}{9}$

STEP 2 $\therefore\ \sin\theta\cos 2\theta=\frac{2}{3}\times\frac{1}{9}=\frac{2}{27}$

298 답 ⑤

STEP 1 $\tan\theta=\frac{1}{7}$이므로

$\sin\theta=\pm\frac{1}{5\sqrt{2}}$, $\cos\theta=\pm\frac{7}{5\sqrt{2}}$ (복부호 동순) #

STEP 2 $\therefore\ \sin 2\theta=2\sin\theta\cos\theta$

$=2\times\left(\pm\frac{1}{5\sqrt{2}}\right)\times\left(\pm\frac{7}{5\sqrt{2}}\right)$ (복부호 동순)

$=\frac{7}{25}$

다른 풀이

$\sin 2\theta=2\sin\theta\cos\theta=2\cos^2\theta\times\frac{\sin\theta}{\cos\theta}$ ← $\cos^2\theta=\frac{1}{\sec^2\theta}$

$=\frac{2\tan\theta}{\sec^2\theta}=\frac{2\tan\theta}{1+\tan^2\theta}$ ← $\sec^2\theta=1+\tan^2\theta$

$=\frac{2\times\frac{1}{7}}{1+\left(\frac{1}{7}\right)^2}=\frac{7}{25}$

 # 참고

$\tan\theta=\frac{1}{7}$이므로

$\angle ABC=\theta$, $\overline{BC}=7$, $\overline{AC}=1$인

직각삼각형 ABC에서

$\overline{AB}=\sqrt{\overline{BC}^2+\overline{AC}^2}=\sqrt{7^2+1^2}=5\sqrt{2}$

$\therefore\ \sin\theta=\pm\frac{1}{5\sqrt{2}}$, $\cos\theta=\pm\frac{7}{5\sqrt{2}}$ (복부호 동순)

θ가 어느 사분면의 각인지 알 수 없기 때문에 음수의 값도 생각해야 한다.

299 답 ③

해결 각 잡기

삼각함수의 덧셈정리를 이용하여 $\tan 2\theta$의 값을 계산하고, θ의 범위를 고려하여 $\sin\theta$의 값을 구하여 주어진 식의 값을 계산한다.

STEP 1 $\tan\theta=-\sqrt{2}$이므로

$\sin\theta=\frac{\sqrt{6}}{3}$ $\left(\because \frac{\pi}{2}<\theta<\pi\right)$

└ θ가 제2사분면의 각이므로 $\sin\theta>0$

STEP 2 $\therefore\ \tan 2\theta=\frac{2\tan\theta}{1-\tan^2\theta}=\frac{-2\sqrt{2}}{1-2}=2\sqrt{2}$

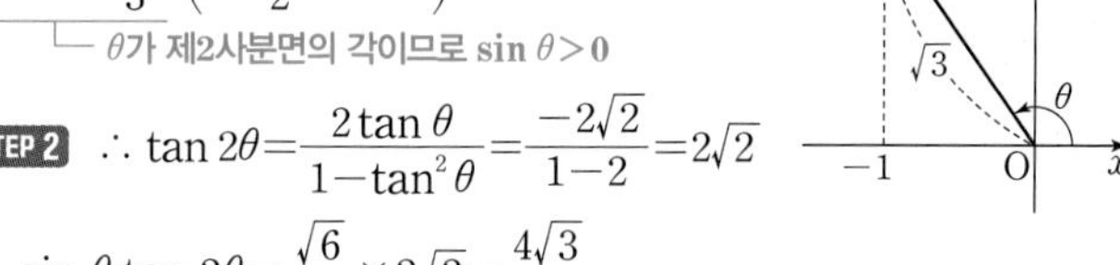

$\therefore\ \sin\theta\tan 2\theta=\frac{\sqrt{6}}{3}\times 2\sqrt{2}=\frac{4\sqrt{3}}{3}$

300 답 ⑤

STEP 1 $(1+\tan\theta)\tan 2\theta=(1+\tan\theta)\times\frac{2\tan\theta}{1-\tan^2\theta}$

$=(1+\tan\theta)\times\frac{2\tan\theta}{(1-\tan\theta)(1+\tan\theta)}$

$=\frac{2\tan\theta}{1-\tan\theta}=3$

STEP 2 $2\tan\theta=3-3\tan\theta$, $5\tan\theta=3$

$\therefore\ \tan\theta=\frac{3}{5}$

301 답 ④

해결 각 잡기

두 직선 l, m이 x축의 양의 방향과 이루는 각의 크기가 각각 α, β일 때, 두 직선 l, m이 이루는 예각의 크기를 θ라 하면

$\tan\theta=|\tan(\alpha-\beta)|=\left|\frac{\tan\alpha-\tan\beta}{1+\tan\alpha\tan\beta}\right|$

STEP 1 두 직선 $x-y-1=0$, $ax-y+1=0$이 x축의 양의 방향과 이루는 각의 크기를 각각 α, β라 하면

$x-y-1=0$에서 $y=x-1$, ← 기울기: 1

$ax-y+1=0$에서 $y=ax+1$ ← 기울기: a

이므로

$\tan\alpha=1$, $\tan\beta=a$

STEP 2 두 직선 $x-y-1=0$, $ax-y+1=0$이 이루는 예각의 크기가 θ이고 $a>1$에서 $\beta>\alpha$이므로 #

$\tan\theta=\tan(\beta-\alpha)=\frac{\tan\beta-\tan\alpha}{1+\tan\alpha\tan\beta}$

$=\frac{a-1}{1+a}=\frac{1}{6}$

└ $\beta>\alpha$, 즉 $\beta-\alpha>0$이므로 $\tan(\beta-\alpha)>0$임을 알 수 있지만 $\beta-\alpha$의 부호를 알 수 없는 경우에는 절댓값 기호를 사용하여 $|\tan(\beta-\alpha)|$로 나타낸다.

$6a-6=1+a$, $5a=7$

$\therefore\ a=\frac{7}{5}$

좌표평면에 두 직선 $y=x-1$, $y=ax+1$을 나타내면 다음과 같다.

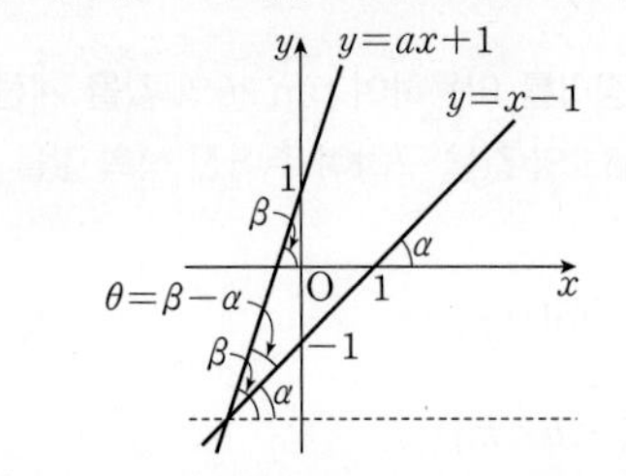

302 답 ①

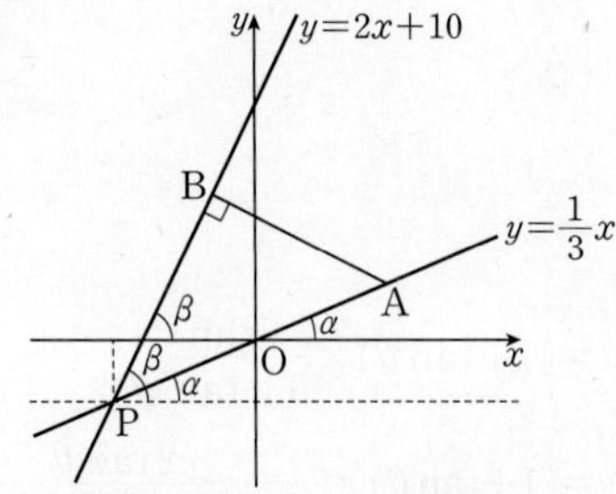

위의 그림과 같이 직선 PA와 x축의 양의 방향이 이루는 각의 크기를 α, 직선 PB와 x축의 양의 방향이 이루는 각의 크기를 β라 하면

$\tan\alpha=\frac{1}{3}$, $\tan\beta=2$, $\angle\text{BPA}=\beta-\alpha$

STEP 2 $\therefore \tan(\angle\text{BPA})=\tan(\beta-\alpha)=\frac{\tan\beta-\tan\alpha}{1+\tan\beta\tan\alpha}$

$$=\frac{2-\frac{1}{3}}{1+2\times\frac{1}{3}}=1 \quad \cdots\cdots ㉠$$

삼각형 PAB에서 $\tan(\angle\text{BPA})=\frac{\overline{\text{AB}}}{\overline{\text{PB}}}=\frac{\overline{\text{AB}}}{12} \quad \cdots\cdots ㉡$

㉠, ㉡에서 $\frac{\overline{\text{AB}}}{12}=1 \qquad \therefore \overline{\text{AB}}=12$

따라서 삼각형 PAB는 직각이등변삼각형이므로 피타고라스 정리에 의하여

$\overline{\text{PA}}^2=\overline{\text{PB}}^2+\overline{\text{AB}}^2=12^2+12^2=288$

$\therefore \overline{\text{PA}}=12\sqrt{2}$ ($\because \overline{\text{PA}}>0$)

303 답 ②

STEP 1 점 $(6,\ 2)$에서 원에 그은 두 접선을 l_1, l_2라 하고, 두 접선 l_1, l_2가 이루는 예각의 크기를 θ, 점 $(6,\ 2)$와 원점을 지나는 직선이 x축과 이루는 예각의 크기를 γ라 하자.

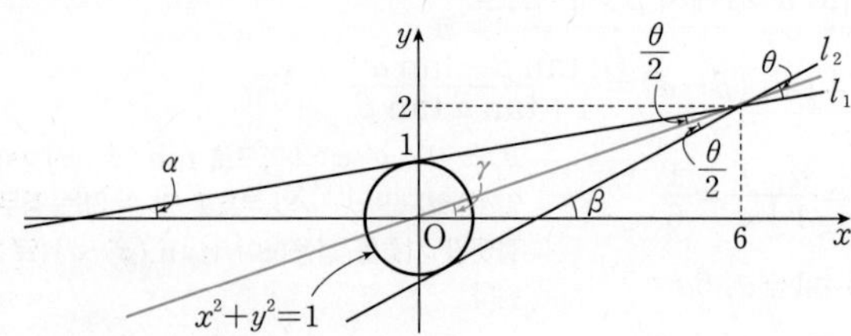

위의 그림과 같이 $\alpha<\beta$일 때

$\frac{\theta}{2}+\alpha=\gamma$, $\frac{\theta}{2}+\gamma=\beta$

이므로

$\alpha+\beta=2\gamma$

STEP 2 이때 원점과 점 $(6,\ 2)$를 지나는 직선의 기울기는

$\frac{2-0}{6-0}=\frac{1}{3}$

이므로

$\tan\gamma=\frac{1}{3}$

STEP 3 $\therefore \tan(\alpha+\beta)=\tan 2\gamma=\frac{2\tan\gamma}{1-\tan^2\gamma}$

$$=\frac{2\times\frac{1}{3}}{1-\left(\frac{1}{3}\right)^2}=\frac{3}{4}$$

304 답 ④

해결 각 잡기

$\tan\theta_1=\frac{1}{2}$을 이용하여 점 P의 좌표를 찾고, 삼각형 PHO에서 직각을 낀 두 변의 길이를 모두 구해 $\tan\theta_2$의 값을 구한다.

STEP 1 점 P의 좌표를 $(t,\ 1-t^2)$ $(0<t<1)$이라 하면

$\overline{\text{PH}}=t$, $\overline{\text{OH}}=1-t^2$,

$\overline{\text{AH}}=\overline{\text{OA}}-\overline{\text{OH}}=1-(1-t^2)=t^2$

이므로 직각삼각형 AHP에서

$\tan\theta_1=\frac{\overline{\text{AH}}}{\overline{\text{PH}}}=\frac{t^2}{t}=t$

이때 $\tan\theta_1=\frac{1}{2}$이므로 $t=\frac{1}{2}$

STEP 2 또, 직각삼각형 OPH에서

$\tan\theta_2=\frac{\overline{\text{OH}}}{\overline{\text{PH}}}=\frac{1-t^2}{t}=\frac{1-\frac{1}{4}}{\frac{1}{2}}=\frac{3}{2}$

STEP 3 $\therefore \tan(\theta_1+\theta_2)=\frac{\tan\theta_1+\tan\theta_2}{1-\tan\theta_1\tan\theta_2}$

$$=\frac{\frac{1}{2}+\frac{3}{2}}{1-\frac{1}{2}\times\frac{3}{2}}=\frac{2}{\frac{1}{4}}=8$$

다른 풀이 **STEP 1 + STEP 2**

$\tan\theta_1=\frac{1}{2}$이므로 직선 AP의 기울기는 $-\frac{1}{2}$이고 y절편은 1이므로 직선 AP의 방정식은 $y=-\frac{1}{2}x+1$이다.

직선 AP와 곡선 $y=1-x^2$과의 교점 P의 x좌표를 구하면

$1-x^2=-\frac{1}{2}x+1$에서 $x\left(x-\frac{1}{2}\right)=0$

$\therefore x=\frac{1}{2}$ ($\because x>0$)

$\therefore \text{P}\left(\frac{1}{2},\ \frac{3}{4}\right)$

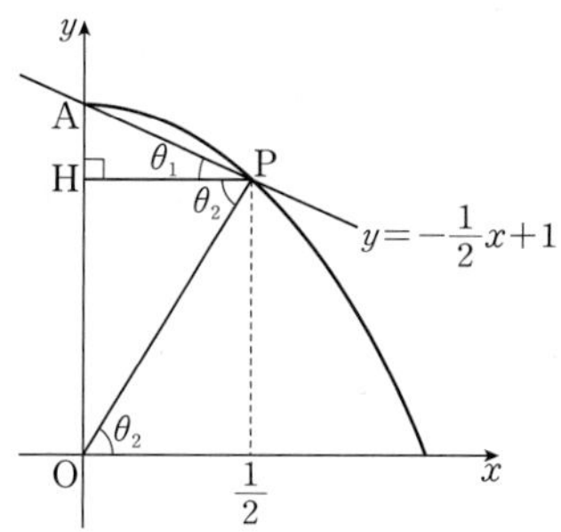

위의 그림과 같이 θ_2는 직선 OP와 x축의 양의 방향과 이루는 각의 크기와 같으므로

$$\tan\theta_2=\frac{\frac{3}{4}}{\frac{1}{2}}=\frac{3}{2}$$

다른 풀이 2 STEP 1 + STEP 2

$\overline{\mathrm{AH}}=k\ (0<k<1)$라 하면

$\overline{\mathrm{PH}}=2k$

$\overline{\mathrm{OH}}=\overline{\mathrm{OA}}-\overline{\mathrm{AH}}=1-k$

이때 점 P의 좌표는 $(2k,\ 1-k)$이고 점 P가 곡선 $y=1-x^2$ 위의 점이므로

$1-k=1-(2k)^2$

$4k^2-k=0$

$k(4k-1)=0$

$\therefore\ k=\frac{1}{4}\ (\because\ 0<k<1)$

따라서 직각삼각형 OPH에서

$$\tan\theta_2=\frac{\overline{\mathrm{OH}}}{\overline{\mathrm{PH}}}=\frac{1-k}{2k}=\frac{1-\frac{1}{4}}{2\times\frac{1}{4}}=\frac{3}{2}$$

305 답 ⑤

STEP 1

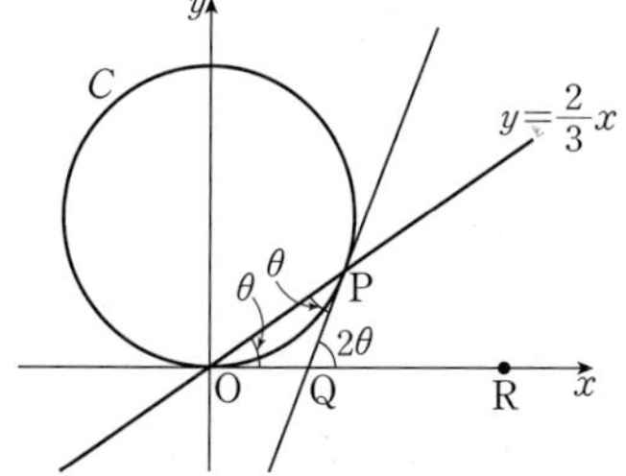

원 C 위의 점 P에서의 접선이 x축과 만나는 점을 Q라 하고, 위의 그림과 같이 x축 위에 점 R를 잡자.

(단, 점 R의 x좌표는 점 Q의 x좌표보다 크다.)

$\angle\mathrm{POQ}=\theta$라 하면 점 Q에서 원 C에 그은 두 접선 OQ, PQ에 대하여 $\overline{\mathrm{OQ}}=\overline{\mathrm{PQ}}$이므로

$\angle\mathrm{QPO}=\angle\mathrm{POQ}=\theta$

이때 삼각형 OQP에서

$\angle\mathrm{PQR}=\angle\mathrm{QPO}+\angle\mathrm{POQ}=2\theta$

이므로 원 C 위의 점 P에서의 접선의 기울기는 $\tan 2\theta$이다.

STEP 2 이때 직선 $y=\frac{2}{3}x$의 기울기가 $\tan\theta=\frac{2}{3}$이므로 원 C 위의 점 P에서의 접선 PQ의 기울기 $\tan 2\theta$는

$$\tan 2\theta=\frac{2\tan\theta}{1-\tan^2\theta}=\frac{2\times\frac{2}{3}}{1-\left(\frac{2}{3}\right)^2}=\frac{12}{5}$$

306 답 ④

해결 각 잡기

- 직선 PA와 원의 접점을 Q, 점 P에서 x축에 내린 수선의 발을 R라 하면 $\angle\mathrm{PAR}=\angle\mathrm{OAQ}$ (맞꼭지각)이므로
  $\angle\mathrm{PRA}=\angle\mathrm{OQA}=90°$, $\overline{\mathrm{PR}}=\overline{\mathrm{OQ}}=1$, $\angle\mathrm{APR}=\angle\mathrm{AOQ}$
  $\therefore\ \triangle\mathrm{PAR}\equiv\triangle\mathrm{OAQ}$ (ASA 합동)
- 두 직각삼각형 POR, PAR에서 삼각비를 이용한다.
  → $\tan\theta=\frac{\overline{\mathrm{PR}}}{\overline{\mathrm{OR}}}$, $\tan 2\theta=\frac{\overline{\mathrm{PR}}}{\overline{\mathrm{AR}}}$

STEP 1 다음 그림과 같이 직선 PA와 원 $x^2+y^2=1$의 접점을 Q, 점 P에서 x축에 내린 수선의 발을 R라 하자.

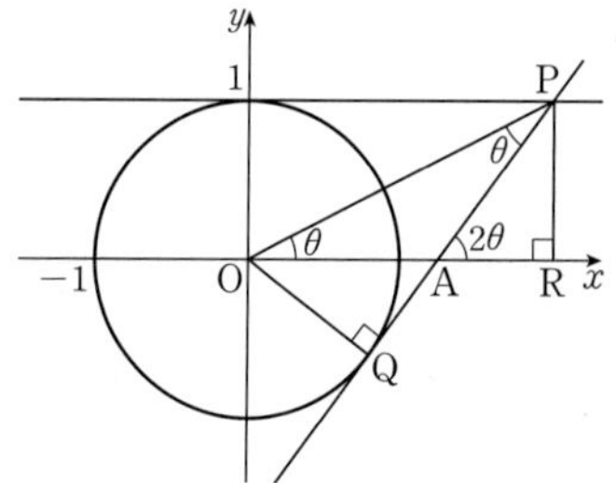

이때 $\triangle\mathrm{PAR}\equiv\triangle\mathrm{OAQ}$ (ASA 합동)이므로

$\overline{\mathrm{PA}}=\overline{\mathrm{OA}}=\frac{5}{4}$

즉, 삼각형 PAO는 이등변삼각형이다.

따라서 $\angle\mathrm{APO}=\angle\mathrm{AOP}=\theta$이므로 삼각형 PAR에서

$\angle\mathrm{PAR}=\theta+\theta=2\theta$

STEP 2 한편, 직각삼각형 AOQ에서 피타고라스 정리에 의하여

$\overline{\mathrm{AQ}}^2=\overline{\mathrm{OA}}^2-\overline{\mathrm{OQ}}^2=\left(\frac{5}{4}\right)^2-1^2=\frac{9}{16}$

즉, $\overline{\mathrm{AQ}}=\frac{3}{4}$이므로 $\overline{\mathrm{AR}}=\overline{\mathrm{AQ}}=\frac{3}{4}$

$\therefore\ \overline{\mathrm{OR}}=\overline{\mathrm{OA}}+\overline{\mathrm{AR}}=\frac{5}{4}+\frac{3}{4}=2$

직각삼각형 POR에서

$\tan\theta=\frac{\overline{\mathrm{PR}}}{\overline{\mathrm{OR}}}=\frac{1}{2}$ ...... ㉠

또, 직각삼각형 PAR에서

$\tan 2\theta=\frac{\overline{\mathrm{PR}}}{\overline{\mathrm{AR}}}=\frac{1}{\frac{3}{4}}=\frac{4}{3}$ ...... ㉡

㉠, ㉡에서

$$\tan 3\theta=\tan(\theta+2\theta)=\frac{\tan\theta+\tan 2\theta}{1-\tan\theta\tan 2\theta}=\frac{\frac{1}{2}+\frac{4}{3}}{1-\frac{1}{2}\times\frac{4}{3}}=\frac{11}{2}$$

307 답 ②

해결 각 잡기

원의 접선과 원의 중심에서 그 접점을 이은 직선은 서로 수직이다.
→ α를 주어진 두 접선이 x축의 양의 방향과 이루는 각각의 각을 이용하여 나타낸다.

STEP 1

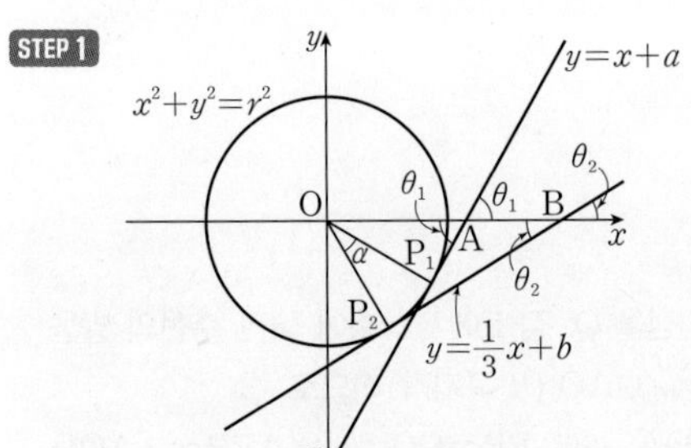

두 직선 $y=x+a$, $y=\frac{1}{3}x+b$와 x축이 만나는 점을 각각 A, B라 하자.

$\angle OAP_1=\theta_1$이라 하면 직선 $y=x+a$의 기울기는 1이므로

$\tan\theta_1=1$

$\angle OBP_2=\theta_2$라 하면 직선 $y=\frac{1}{3}x+b$의 기울기는 $\frac{1}{3}$이므로

$\tan\theta_2=\frac{1}{3}$

원의 중심과 접점을 이은 선분은 접선과 수직이므로 삼각형 OAP_1과 삼각형 OBP_2는 직각삼각형이다. ← $\angle AP_1O=\angle BP_2O=\frac{\pi}{2}$

직각삼각형 OAP_1에서

$\angle AOP_1=\frac{\pi}{2}-\theta_1$

직각삼각형 OBP_2에서

$\angle BOP_2=\frac{\pi}{2}-\theta_2$

이때 $\angle BOP_2=\angle P_1OP_2+\angle AOP_1$이므로

$\frac{\pi}{2}-\theta_2=\alpha+\left(\frac{\pi}{2}-\theta_1\right)$

$\therefore \alpha=\theta_1-\theta_2$

STEP 2 $\therefore \tan\alpha=\tan(\theta_1-\theta_2)$

$$=\frac{\tan\theta_1-\tan\theta_2}{1+\tan\theta_1\tan\theta_2}$$

$$=\frac{1-\frac{1}{3}}{1+1\times\frac{1}{3}}=\frac{\frac{2}{3}}{\frac{4}{3}}=\frac{1}{2}$$

308 답 20

해결 각 잡기

두 선분 OA, OB는 원의 반지름이고 두 점 A, B는 각각 두 직선 l, m의 접점이므로 $\overrightarrow{OA}\perp l$, $\overrightarrow{OB}\perp m$이다. 이때 수직인 두 직선의 기울기의 곱은 -1임을 이용한다.

STEP 1

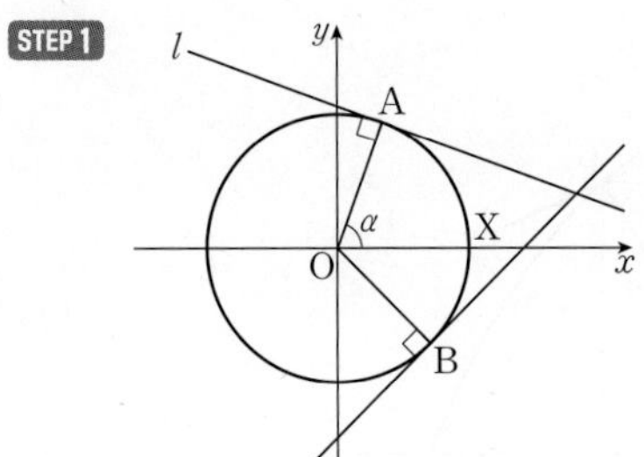

위의 그림과 같이 원 $x^2+y^2=1$이 x축의 양의 방향과 만나는 점을 X라 하고, 직선 OA와 x축의 양의 방향이 이루는 각의 크기를 α, 즉 $\angle AOX=\alpha\left(0<\alpha<\frac{\pi}{2}\right)$라 하자.

이때 두 직선 l과 m이 원 $x^2+y^2=1$과 접하는 점이 각각 A, B이므로 직선 OA와 직선 l, 직선 OB와 직선 m은 각각 서로 수직이다.

따라서 직선 OA의 기울기는 3, 직선 OB의 기울기는 -1이다.
∵ (직선 l의 기울기)$=-\frac{1}{3}$, (직선 m의 기울기)$=1$

직선 OB의 기울기가 -1이므로 $\angle XOB=\frac{\pi}{4}$이고,

직선 OA의 기울기가 3이므로 $\tan\alpha=3$이다.

$\therefore \cos\alpha=\frac{\sqrt{10}}{10}$, $\sin\alpha=\frac{3\sqrt{10}}{10}$ ······ ㉠

STEP 2 $\angle AOB=\angle AOX+\angle XOB=\alpha+\frac{\pi}{4}$이므로

$$\cos(\angle AOB)=\cos\left(\alpha+\frac{\pi}{4}\right)=\cos\alpha\cos\frac{\pi}{4}-\sin\alpha\sin\frac{\pi}{4}$$

$$=\frac{\sqrt{2}}{2}(\cos\alpha-\sin\alpha)$$

$$=\frac{\sqrt{2}}{2}\left(\frac{\sqrt{10}}{10}-\frac{3\sqrt{10}}{10}\right)\ (\because ㉠)$$

$$=\frac{\sqrt{2}}{2}\times\left(-\frac{2\sqrt{10}}{10}\right)=-\frac{\sqrt{5}}{5}$$

$\therefore 100\cos^2(\angle AOB)=100\times\left(-\frac{\sqrt{5}}{5}\right)^2=20$

다른 풀이

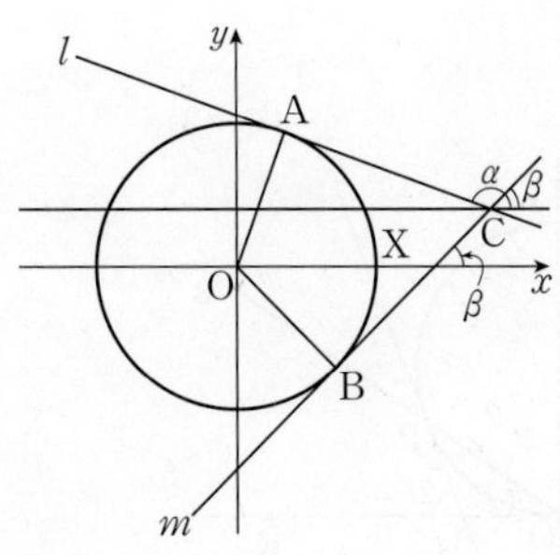

위의 그림과 같이 두 직선 l, m의 교점을 C, 점 C를 지나고 x축과 평행한 직선을 긋고 두 직선 l, m이 x축의 양의 방향과 이루는 각의 크기를 각각 α, β라 하면

$\angle ACB=\pi-(\alpha-\beta)$

즉, $\overrightarrow{OA}\perp l$, $\overrightarrow{OB}\perp m$이므로 사각형 OBCA에서

$\angle AOB=\pi-\angle ACB=\pi-\{\pi-(\alpha-\beta)\}$

$=\alpha-\beta$ ······ ㉡

이때 직선 l의 기울기가 $-\frac{1}{3}$이고 직선 m의 기울기가 1이므로

$\tan\alpha=-\frac{1}{3}$, $\tan\beta=1$

한편, α는 제2사분면의 각이고 β는 제1사분면의 각이므로

$\sin\alpha=\frac{1}{\sqrt{10}}$, $\cos\alpha=-\frac{3}{\sqrt{10}}$,

$\sin\beta=\frac{1}{\sqrt{2}}$, $\cos\beta=\frac{1}{\sqrt{2}}$

따라서 ㉡에 의하여

$$\cos(\angle\mathrm{AOB})=\cos(\alpha-\beta)=\cos\alpha\cos\beta+\sin\alpha\sin\beta$$

$$=-\frac{3}{\sqrt{10}}\times\frac{1}{\sqrt{2}}+\frac{1}{\sqrt{10}}\times\frac{1}{\sqrt{2}}=-\frac{1}{\sqrt{5}}$$

$$\therefore\ 100\cos^2(\angle\mathrm{AOB})=100\times\left(-\frac{1}{\sqrt{5}}\right)^2=20$$

309 답 ②

해결 각 잡기

두 직선 AP, BP의 기울기를 구하고 그 기울기가 두 직선 AP, BP가 x축의 양의 방향과 이루는 각에 대한 tan의 값임을 이용하여 a의 값을 구한다.

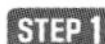

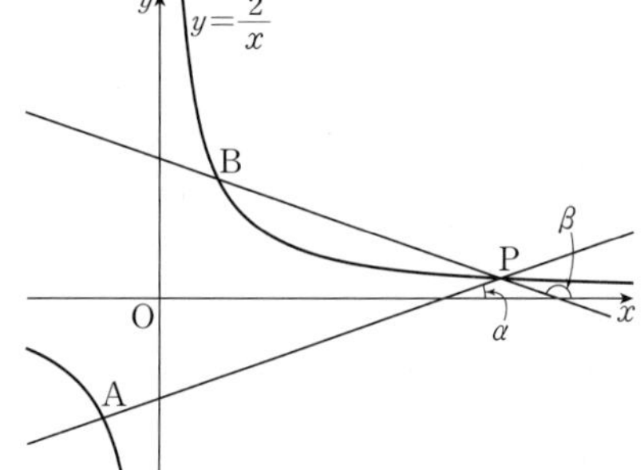

두 점 $\mathrm{A}(-1,\ -2)$, $\mathrm{P}\left(a,\ \frac{2}{a}\right)$를 지나는 직선이 x축의 양의 방향과 이루는 각의 크기를 α라 하면

$$\tan\alpha=\frac{\frac{2}{a}-(-2)}{a-(-1)}=\frac{2}{a}$$

두 점 $\mathrm{B}(1,\ 2)$, $\mathrm{P}\left(a,\ \frac{2}{a}\right)$를 지나는 직선이 x축의 양의 방향과 이루는 각의 크기를 β라 하면

$$\tan\beta=\frac{\frac{2}{a}-2}{a-1}=-\frac{2}{a}$$

STEP 2 이때 $\alpha+\left(\pi-\frac{\pi}{4}\right)=\beta$에서 $\beta-\alpha=\frac{3}{4}\pi$이므로

$$\tan(\beta-\alpha)=\frac{\tan\beta-\tan\alpha}{1+\tan\beta\tan\alpha}=\frac{-\frac{2}{a}-\frac{2}{a}}{1+\left(-\frac{2}{a}\right)\times\frac{2}{a}}$$

$$=\frac{-\frac{4}{a}}{1-\frac{4}{a^2}}=-\frac{4a}{a^2-4}$$

$\tan\frac{3}{4}\pi=-1$이므로

$-\frac{4a}{a^2-4}=-1$, $a^2-4a-4=0$

$\therefore\ a=2+2\sqrt{2}\ (\because\ a>1)$

310 답 ①

해결 각 잡기

두 접선 l, m의 기울기는 각각 두 점 A, B에서의 미분계수와 같다.

STEP 1 $y=e^x$에서 $y'=e^x$이므로 점 $\mathrm{A}(t,\ e^t)$에서의 접선 l의 기울기는 e^t이고, 점 $\mathrm{B}(-t,\ e^{-t})$에서의 접선 m의 기울기는 e^{-t}이다.

STEP 2

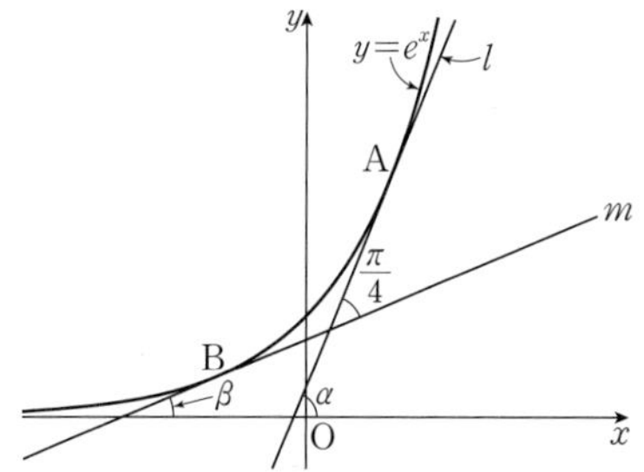

위의 그림과 같이 두 직선 l, m이 x축의 양의 방향과 이루는 각의 크기를 각각 α, β라 하면

$\tan\alpha=e^t$, $\tan\beta=e^{-t}$

한편, 두 직선 l, m이 이루는 예각의 크기가 $\frac{\pi}{4}$이므로

$\tan(\alpha-\beta)=\tan\frac{\pi}{4}$에서

$$\frac{\tan\alpha-\tan\beta}{1+\tan\alpha\tan\beta}=1$$

$$\frac{e^t-e^{-t}}{1+e^te^{-t}}=1,\ \frac{e^t-e^{-t}}{2}=1$$

$e^t-e^{-t}=2$ ...... ㉠

$(e^t)^2-2e^t-1=0$

$\therefore\ e^t=1+\sqrt{2}\ (\because\ e^t>0)$

$\therefore\ t=\ln(1+\sqrt{2})$ ...... ㉡

STEP 3 따라서 직선 AB의 기울기는

$$\frac{e^t-e^{-t}}{t-(-t)}=\frac{2}{2t}\ (\because\ ㉠)$$

$$=\frac{1}{t}$$

$$=\frac{1}{\ln(1+\sqrt{2})}\ (\because\ ㉡)$$

311 답 ⑤

해결 각 잡기

- $\sin\alpha$의 값과 $\sin^2\alpha+\cos^2\alpha=1$을 이용하여 $\cos\alpha$의 값을 구한다.
- 직각삼각형 OQR에서 두 선분 OQ, OR의 길이를 이용하여 $\sin\beta$, $\cos\beta$의 값을 구할 수 있다.

STEP 1 $\sin\alpha=\frac{4}{5}$이므로

$$\cos\alpha=\sqrt{1-\left(\frac{4}{5}\right)^2}=\frac{3}{5}\ \left(\because\ 0<\alpha<\frac{\pi}{2}\right)$$

STEP 2 직각삼각형 OQR에서 $\overline{OR}=\sqrt{2}$, $\overline{OQ}=1$이므로

$\cos\beta=\frac{1}{\sqrt{2}}$

$\therefore \sin\beta=\sqrt{1-\left(\frac{1}{\sqrt{2}}\right)^2}=\frac{1}{\sqrt{2}}$ $\left(\because 0<\beta<\frac{\pi}{2}\right)$

STEP 3 $\therefore \cos(\alpha+\beta)=\cos\alpha\cos\beta-\sin\alpha\sin\beta$

$$=\frac{3}{5}\times\frac{\sqrt{2}}{2}-\frac{4}{5}\times\frac{\sqrt{2}}{2}=-\frac{\sqrt{2}}{10}$$

312 답 ⑤

STEP 1 오른쪽 그림과 같이 점 D에서 직선 BC에 내린 수선의 발을 H라 하면 점 D와 직선 BC 사이의 거리는 선분 DH의 길이와 같다.

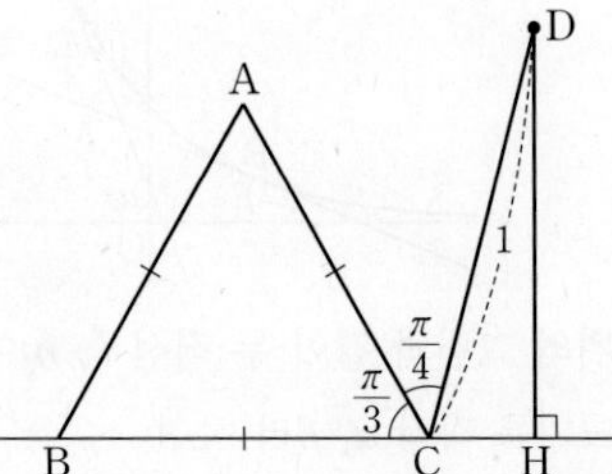

STEP 2 이때 직각삼각형 DCH에서 $\overline{CD}=1$이므로

$\overline{DH}=\overline{CD}\times\sin(\angle DCH)$

$=\sin(\angle DCH)$

$=\sin\left(\pi-\left(\frac{\pi}{3}+\frac{\pi}{4}\right)\right)$

$=\sin\left(\frac{\pi}{3}+\frac{\pi}{4}\right)$

$=\sin\frac{\pi}{3}\cos\frac{\pi}{4}+\cos\frac{\pi}{3}\sin\frac{\pi}{4}$

$=\frac{\sqrt{3}}{2}\times\frac{\sqrt{2}}{2}+\frac{1}{2}\times\frac{\sqrt{2}}{2}=\frac{\sqrt{6}+\sqrt{2}}{4}$

따라서 점 D와 직선 BC 사이의 거리는 $\frac{\sqrt{6}+\sqrt{2}}{4}$이다.

313 답 ①

해결 각 잡기

이등변삼각형의 성질과 두 내각의 크기의 합은 이웃하지 않는 나머지 한 외각의 크기와 같음을 이용한다.

STEP 1 삼각형 ABD는 $\overline{AB}=\overline{AD}$인 이등변삼각형이고, $\angle ABD=\alpha-\theta$이므로

$\angle ADB=\angle ABD=\alpha-\theta$ …… ㉠

이때 삼각형 BCD에서

$\angle ADB=\angle DBC+\angle DCB=\theta+\beta$ …… ㉡

즉, ㉠, ㉡에서

$\alpha-\theta=\theta+\beta$ $\quad\therefore 2\theta=\alpha-\beta$

STEP 2 $\cos\alpha=\frac{\sqrt{10}}{10}$, $\cos\beta=\frac{\sqrt{5}}{5}$이고 $0<\alpha<\frac{\pi}{2}$, $0<\beta<\frac{\pi}{2}$이므로

$\sin\alpha=\sqrt{1-\cos^2\alpha}=\sqrt{1-\left(\frac{\sqrt{10}}{10}\right)^2}=\frac{3\sqrt{10}}{10}$

$\sin\beta=\sqrt{1-\cos^2\beta}=\sqrt{1-\left(\frac{\sqrt{5}}{5}\right)^2}=\frac{2\sqrt{5}}{5}$

$\therefore \sin 2\theta=\sin(\alpha-\beta)=\sin\alpha\cos\beta-\cos\alpha\sin\beta$

$$=\frac{3\sqrt{10}}{10}\times\frac{\sqrt{5}}{5}-\frac{\sqrt{10}}{10}\times\frac{2\sqrt{5}}{5}=\frac{\sqrt{2}}{10}$$

314 답 ⑤

STEP 1 $\overline{CD}=a$ $(a>0)$라 하면

직각삼각형 CAD에서

$\overline{AD}=\sqrt{\overline{AC}^2-\overline{CD}^2}=\sqrt{(2\sqrt{5})^2-a^2}=\sqrt{20-a^2}$ …… ㉠

직각삼각형 CED에서

$\overline{DE}=\sqrt{\overline{CE}^2-\overline{CD}^2}=\sqrt{(\sqrt{5})^2-a^2}=\sqrt{5-a^2}$ …… ㉡

이때 $\overline{AE}:\overline{ED}=3:1$이므로 $\overline{AD}=4\overline{DE}$에서

$\sqrt{20-a^2}=4\sqrt{5-a^2}$, $20-a^2=16(5-a^2)$

$15a^2=60$, $a^2=4$

$\therefore a=2$ $(\because a>0)$

즉, $\overline{CD}=2$이므로 ㉠, ㉡에서

$\overline{AD}=4$, $\overline{DE}=1$

직각삼각형 ABD에서

$\overline{BD}=\sqrt{\overline{AB}^2-\overline{AD}^2}=\sqrt{5^2-4^2}=3$

STEP 2 직각삼각형 ABD에서

$\sin\alpha=\frac{\overline{AD}}{\overline{AB}}=\frac{4}{5}$, $\cos\alpha=\frac{\overline{BD}}{\overline{AB}}=\frac{3}{5}$

직각삼각형 EDC에서

$\sin\beta=\frac{\overline{ED}}{\overline{CE}}=\frac{1}{\sqrt{5}}$, $\cos\beta=\frac{\overline{CD}}{\overline{CE}}=\frac{2}{\sqrt{5}}$

$\therefore \cos(\alpha-\beta)=\cos\alpha\cos\beta+\sin\alpha\sin\beta$

$$=\frac{3}{5}\times\frac{2}{\sqrt{5}}+\frac{4}{5}\times\frac{1}{\sqrt{5}}=\frac{2\sqrt{5}}{5}$$

315 답 ④

STEP 1 삼각형 ABC에서 $\overline{AB}=\overline{AC}$이므로

$\angle C=\angle B=\beta$

따라서 $\alpha+2\beta=\pi$이므로

$\beta=\frac{\pi}{2}-\frac{\alpha}{2}$

$\tan(\alpha+\beta)=\tan\left\{\alpha+\left(\frac{\pi}{2}-\frac{\alpha}{2}\right)\right\}=\tan\left(\frac{\pi}{2}+\frac{\alpha}{2}\right)$

$$=-\frac{1}{\tan\frac{\alpha}{2}}=-\frac{3}{2}$$

$\therefore \tan\frac{\alpha}{2}=\frac{2}{3}$

STEP 2 $\therefore \tan\alpha=\tan\left(2\times\frac{\alpha}{2}\right)=\frac{2\tan\frac{\alpha}{2}}{1-\tan^2\frac{\alpha}{2}}$

$$=\frac{2\times\frac{2}{3}}{1-\left(\frac{2}{3}\right)^2}=\frac{12}{5}$$

316 답 ⑤

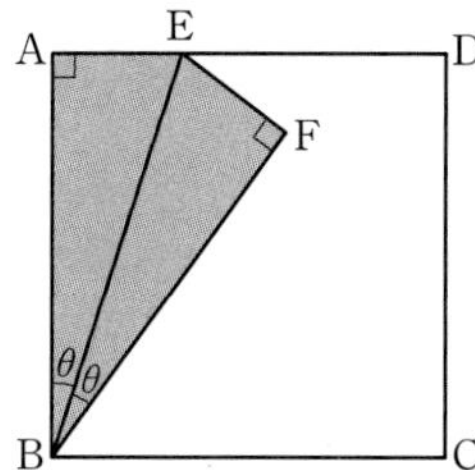

조건 (나)에서 사각형 ABFE의 넓이는 $\frac{1}{3}$이고, 조건 (가)에서 두 삼각형 ABE, FBE의 넓이가 같으므로

$\triangle\mathrm{ABE}=\frac{1}{2}\times1\times\overline{\mathrm{AE}}=\frac{1}{2}\times\frac{1}{3}$ $\quad\therefore\ \overline{\mathrm{AE}}=\frac{1}{3}$

$\angle\mathrm{ABE}=\theta$라 하면 삼각형 ABE에서

$\tan\theta=\frac{1}{3}$

STEP 2 이때 $\angle\mathrm{FBE}=\angle\mathrm{ABE}=\theta$이므로

$\angle\mathrm{ABF}=2\theta$

$$\therefore\ \tan(\angle\mathrm{ABF})=\tan2\theta=\frac{2\tan\theta}{1-\tan^2\theta}$$

$$=\frac{2\times\frac{1}{3}}{1-\left(\frac{1}{3}\right)^2}=\frac{3}{4}$$

317 답 ③

해결 각 잡기

점 F에서 선분 BC에 수선의 발을 내린 다음 삼각함수의 덧셈정리를 이용하여 $\tan\theta$의 값을 구한다.

STEP 1 다음 그림과 같이 점 F에서 선분 BC에 내린 수선의 발을 G, 점 E에서 선분 FG에 내린 수선의 발을 H라 하자.

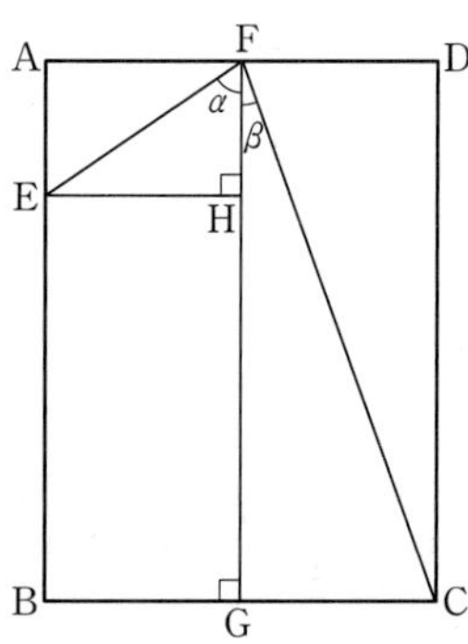

점 E는 선분 AB를 1 : 3으로 내분하므로

$\overline{\mathrm{AE}}=\frac{1}{4}\overline{\mathrm{AB}}=\frac{1}{4}\times8=2$

점 F는 선분 AD의 중점이므로

$\overline{\mathrm{AF}}=\overline{\mathrm{FD}}=\frac{1}{2}\overline{\mathrm{AD}}=\frac{1}{2}\times6=3$

STEP 2 이때 $\angle\mathrm{EFH}=\alpha$, $\angle\mathrm{CFG}=\beta$라 하면

$\tan\alpha=\frac{\overline{\mathrm{EH}}}{\overline{\mathrm{FH}}}=\frac{\overline{\mathrm{AF}}}{\overline{\mathrm{AE}}}=\frac{3}{2}$, $\tan\beta=\frac{\overline{\mathrm{GC}}}{\overline{\mathrm{FG}}}=\frac{\overline{\mathrm{FD}}}{\overline{\mathrm{AB}}}=\frac{3}{8}$

STEP 3 따라서 $\theta=\alpha+\beta$이므로

$$\tan\theta=\tan(\alpha+\beta)=\frac{\tan\alpha+\tan\beta}{1-\tan\alpha\tan\beta}$$

$$=\frac{\frac{3}{2}+\frac{3}{8}}{1-\frac{3}{2}\times\frac{3}{8}}=\frac{\frac{15}{8}}{\frac{7}{16}}=\frac{30}{7}$$

318 답 ②

STEP 1 다음 그림과 같이 점 P에서 선분 AB에 내린 수선의 발을 H, 점 Q에서 선분 PH에 내린 수선의 발을 G라 하자.

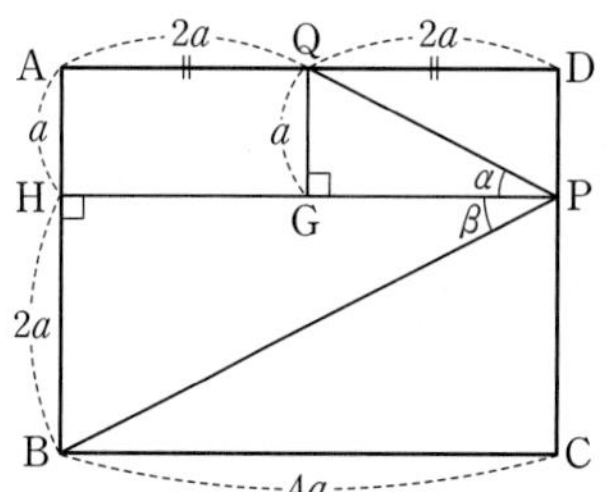

$\overline{\mathrm{AB}}=3a$, $\overline{\mathrm{BC}}=4a$ $(a>0)$라 하면

$\overline{\mathrm{AH}}=a$, $\overline{\mathrm{HB}}=2a$, $\overline{\mathrm{AQ}}=\overline{\mathrm{QD}}=2a$

STEP 2 이때 $\angle\mathrm{QPG}=\alpha$, $\angle\mathrm{BPH}=\beta$라 하면

$\tan\alpha=\frac{a}{2a}=\frac{1}{2}$, $\tan\beta=\frac{2a}{4a}=\frac{1}{2}$

이므로

$$\tan\theta=\tan(\alpha+\beta)=\frac{\tan\alpha+\tan\beta}{1-\tan\alpha\tan\beta}$$

$$=\frac{\frac{1}{2}+\frac{1}{2}}{1-\frac{1}{2}\times\frac{1}{2}}=\frac{4}{3}$$

STEP 3 따라서 $\cos\theta=\frac{3}{5}$ $\left(\because\ 0<\theta<\frac{\pi}{2}\right)$이므로

└ $0<\theta<\pi$이고 $\tan\theta>0$이므로 $0<\theta<\frac{\pi}{2}$

$$\cos2\theta=2\cos^2\theta-1$$

$$=2\times\left(\frac{3}{5}\right)^2-1$$

$$=-\frac{7}{25}$$

다른 풀이 **STEP 1 + STEP 2**

$\overline{\mathrm{AB}}=3a$, $\overline{\mathrm{BC}}=4a$ $(a>0)$라 할 때

$\overline{\mathrm{PQ}}=\sqrt{5}a$, $\overline{\mathrm{PB}}=\sqrt{20}a$, $\overline{\mathrm{BQ}}=\sqrt{13}a$

삼각형 BPQ에서 코사인법칙에 의하여

$\cos\theta=\frac{3}{5}$

319 답 ①

STEP 1 $\overline{\mathrm{OC}}\perp\overline{\mathrm{PQ}}$이므로 직각삼각형 OPC에서

$\overline{\mathrm{PC}}=\overline{\mathrm{OC}}\times\tan\theta=6\tan\theta$

또, 직각삼각형 OQC에서 $\angle\mathrm{QOC}=\frac{\pi}{2}-\theta$이므로

$\overline{\mathrm{CQ}}=\overline{\mathrm{OC}}\times\tan\left(\frac{\pi}{2}-\theta\right)=6\tan\left(\frac{\pi}{2}-\theta\right)=6\cot\theta$

이때 $\overline{PQ}=\overline{PC}+\overline{CQ}=15$이므로 $6\tan\theta+6\cot\theta=15$에서

$6\tan\theta+\dfrac{6}{\tan\theta}=15$, $2\tan^2\theta-5\tan\theta+2=0$

$(2\tan\theta-1)(\tan\theta-2)=0 \qquad \therefore \tan\theta=\dfrac{1}{2}\left(\because 0<\theta<\dfrac{\pi}{4}\right)$

STEP 2 $\therefore \tan 2\theta=\dfrac{2\tan\theta}{1-\tan^2\theta}=\dfrac{2\times\frac{1}{2}}{1-\left(\frac{1}{2}\right)^2}=\dfrac{4}{3}$

320 답 ③

STEP 1 $\angle PAO=\theta$에서 $\angle POQ=2\theta$이고, $\angle OPQ=\dfrac{\pi}{2}$, $\overline{OP}=1$이므로

$\tan(\angle POQ)=\tan 2\theta=\dfrac{\overline{PQ}}{\overline{OP}} \qquad \therefore \overline{PQ}=\tan 2\theta$

STEP 2 이때 삼각형 POQ의 넓이가 $\dfrac{3}{8}$이므로

$\triangle POQ=\dfrac{1}{2}\times\overline{OP}\times\overline{PQ}=\dfrac{1}{2}\times 1\times\tan 2\theta=\dfrac{3}{8}$

$\therefore \tan 2\theta=\dfrac{3}{4}$

$\dfrac{2\tan\theta}{1-\tan^2\theta}=\dfrac{3}{4}$, $3\tan^2\theta+8\tan\theta-3=0$

$(3\tan\theta-1)(\tan\theta+3)=0$

$\therefore \tan\theta=\dfrac{1}{3}\left(\because 0<\theta<\dfrac{\pi}{4}\right)$

321 답 11

STEP 1

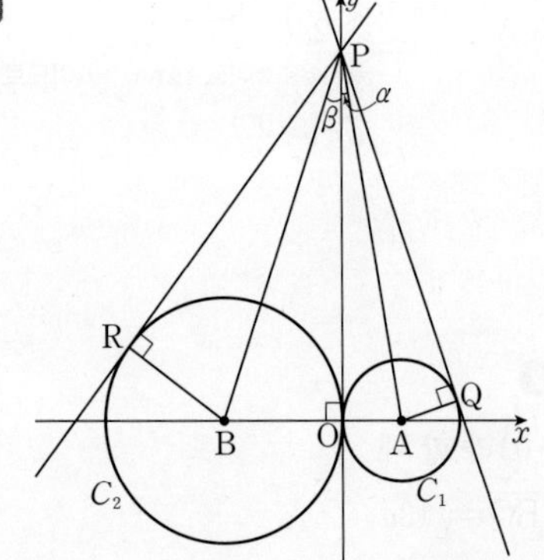

위의 그림과 같이 $\angle OPA=\alpha$, $\angle BPO=\beta$라 하자.

삼각형 POA와 삼각형 PQA가 서로 합동이고 삼각형 PRB와 삼각형 POB가 서로 합동이므로

$\angle APQ=\angle OPA=\alpha$, $\angle RPB=\angle BPO=\beta$

따라서 $\theta=\angle RPQ=\angle OPQ+\angle OPR=2(\alpha+\beta)$이므로

$\tan\theta=\tan\{2(\alpha+\beta)\}=\dfrac{2\tan(\alpha+\beta)}{1-\tan^2(\alpha+\beta)}=\dfrac{4}{3}$

이때 $\tan(\alpha+\beta)=t$라 하면

$\dfrac{2t}{1-t^2}=\dfrac{4}{3}$, $4-4t^2=6t$

$2t^2+3t-2=0$, $(2t-1)(t+2)=0$

$\therefore t=\dfrac{1}{2}$ 또는 $t=-2$

한편, $a>\sqrt{2}$에서 $0<\theta<\pi$이므로 $0<\alpha+\beta<\dfrac{\pi}{2}$

$\therefore t=\tan(\alpha+\beta)=\dfrac{1}{2} \qquad \cdots\cdots$ ㉠

STEP 2 두 직각삼각형 OAP, OPB에서 $\tan\alpha=\dfrac{1}{a}$, $\tan\beta=\dfrac{2}{a}$이므로

$\tan(\alpha+\beta)=\dfrac{\tan\alpha+\tan\beta}{1-\tan\alpha\tan\beta}=\dfrac{\frac{1}{a}+\frac{2}{a}}{1-\frac{1}{a}\times\frac{2}{a}}$

$=\dfrac{3a}{a^2-2}=\dfrac{1}{2}$ ($\because$ ㉠)

$a^2-2=6a$

$\therefore a^2-6a=2$

$\therefore (a-3)^2=a^2-6a+9=2+9=11$

322 답 ④

STEP 1

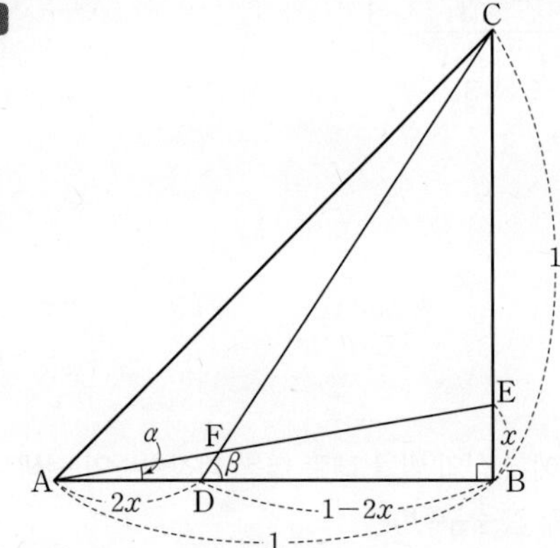

위의 그림과 같이 $\angle EAB=\alpha$, $\angle CDB=\beta$, $\overline{BE}=x$라 하면

$\overline{AD}=2\overline{BE}$ $(0<\overline{AD}<1)$에서

$\overline{AD}=2x\left(0<x<\dfrac{1}{2}\right)$

$\overline{AB}=1$이므로 $\overline{DB}=1-2x$

$\triangle EAB$에서 $\tan\alpha=x$

$\triangle CDB$에서 $\tan\beta=\dfrac{1}{1-2x} \qquad \cdots\cdots$ ㉠

STEP 2 $\angle CFE=\beta-\alpha$이므로

$\tan(\angle CFE)=\tan(\beta-\alpha)=\dfrac{\tan\beta-\tan\alpha}{1+\tan\beta\tan\alpha}$

$=\dfrac{\frac{1}{1-2x}-x}{1+\frac{1}{1-2x}\times x}$

$=\dfrac{1-x(1-2x)}{(1-2x)+x}$

$=\dfrac{2x^2-x+1}{1-x}$

즉, $\dfrac{2x^2-x+1}{1-x}=\dfrac{16}{15}$이므로

$15(2x^2-x+1)=16(1-x)$, $30x^2+x-1=0$

$(5x+1)(6x-1)=0 \quad \therefore x=\frac{1}{6} \left(\because 0<x<\frac{1}{2}\right)$

STEP 3 $\therefore \tan(\angle CDB)=\tan\beta$

$=\frac{1}{1-2x}$ (∵ ㉠)

$=\frac{1}{1-2\times\frac{1}{6}}=\frac{3}{2}$

본문 117쪽 ~ 119쪽

C 수능 완성!

323 답 18

해결 각 잡기

- 두 직선 l_1, l_2가 x축의 양의 방향과 이루는 각의 크기를 각각 α, β라 하면 두 직선 l_1, l_2의 기울기는 $\tan\alpha$, $\tan\beta$임을 이용한다.
- 삼각형 ABC에서 두 변의 길이와 외접원의 반지름의 길이가 주어져 있을 때 사인법칙을 이용하여 내각에 대한 삼각함수의 값을 구할 수 있다.

STEP 1 두 직선 l_1, l_2가 x축의 양의 방향과 이루는 각의 크기를 각각 α, β라 하면

$m_1=\tan\alpha$, $m_2=\tan\beta$

이때 $0<m_1<m_2<1$이므로

$0<\alpha<\beta<\frac{\pi}{4}$

직선 l_3은 직선 l_1을 y축에 대하여 대칭이동한 직선이므로

$\angle ABC=2\alpha$

한편, $\angle BAC=\beta-\alpha$이므로 #

$\angle ACB=\pi-\angle ABC-\angle BAC=\pi-2\alpha-(\beta-\alpha)=\pi-(\alpha+\beta)$

삼각형 ABC에서 사인법칙에 의하여

$\frac{\overline{AC}}{\sin(\angle ABC)}=\frac{\overline{AB}}{\sin(\angle ACB)}=2\times\frac{15}{2}$ (∵ 조건 (나))

$\therefore \frac{9}{\sin 2\alpha}=\frac{12}{\sin\{\pi-(\alpha+\beta)\}}=15$ (∵ 조건 (가)) ...... ㉠

STEP 2 ㉠에서 $\frac{9}{\sin 2\alpha}=15$이므로 $\sin 2\alpha=\frac{3}{5}$

이때 $0<2\alpha<\frac{\pi}{2}$이므로

$\cos 2\alpha=\sqrt{1-\sin^2 2\alpha}=\sqrt{1-\left(\frac{3}{5}\right)^2}=\frac{4}{5}$

즉, $\tan 2\alpha=\frac{\sin 2\alpha}{\cos 2\alpha}=\frac{\frac{3}{5}}{\frac{4}{5}}=\frac{3}{4}$이므로

$\frac{2\tan\alpha}{1-\tan^2\alpha}=\frac{3}{4}$

$3\tan^2\alpha+8\tan\alpha-3=0$, $(\tan\alpha+3)(3\tan\alpha-1)=0$

$\therefore \tan\alpha=-3$ 또는 $\tan\alpha=\frac{1}{3}$

이때 $0<\alpha<\frac{\pi}{4}$이므로

$m_1=\tan\alpha=\frac{1}{3}$

STEP 3 ㉠에서 $\frac{12}{\sin\{\pi-(\alpha+\beta)\}}=15$이므로

$\sin\{\pi-(\alpha+\beta)\}=\sin(\alpha+\beta)=\frac{4}{5}$

이때 $0<\alpha+\beta<\frac{\pi}{2}$이므로

$\cos(\alpha+\beta)=\sqrt{1-\sin^2(\alpha+\beta)}=\sqrt{1-\left(\frac{4}{5}\right)^2}=\frac{3}{5}$

즉, $\tan(\alpha+\beta)=\frac{\sin(\alpha+\beta)}{\cos(\alpha+\beta)}=\frac{\frac{4}{5}}{\frac{3}{5}}=\frac{4}{3}$이므로

$\frac{\tan\alpha+\tan\beta}{1-\tan\alpha\tan\beta}=\frac{4}{3}$, $\frac{\frac{1}{3}+\tan\beta}{1-\frac{1}{3}\tan\beta}=\frac{4}{3}$ $\left(\because \tan\alpha=\frac{1}{3}\right)$

$1+3\tan\beta=4-\frac{4}{3}\tan\beta$, $\frac{13}{3}\tan\beta=3 \quad \therefore \tan\beta=\frac{9}{13}$

$\therefore m_2=\tan\beta=\frac{9}{13}$

STEP 4 $\therefore 78\times m_1\times m_2=78\times\frac{1}{3}\times\frac{9}{13}=18$

 # 참고

①

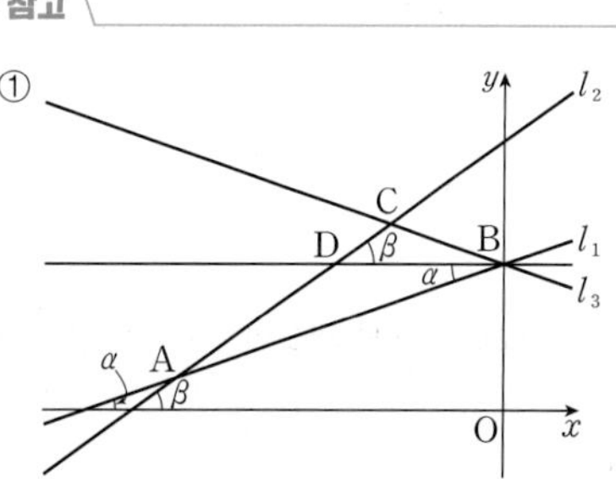

위의 그림과 같이 x축에 평행하고 점 B를 지나는 직선과 직선 l_2가 만나는 점을 D라 하면

$\alpha=\angle ABD$ (엇각), $\beta=\angle CDB$ (동위각)

직선 l_3은 직선 l_1을 y축에 대하여 대칭이동한 직선이므로

$\angle CBD=\angle ABD=\alpha \quad \therefore \angle ABC=2\alpha$

$\angle ABD=\alpha$, $\angle CDB=\beta \quad \therefore \angle BAC=\beta-\alpha$

② 삼각함수의 덧셈정리에 의하여

$\tan 2\alpha=\tan(\alpha+\alpha)=\frac{\tan\alpha+\tan\alpha}{1-\tan\alpha\tan\alpha}=\frac{2\tan\alpha}{1-\tan^2\alpha}$

324 답 18

해결 각 잡기

이등변삼각형은 두 변의 길이가 같고, 삼각형의 한 외각의 크기는 이웃하지 않는 두 내각의 합과 같음을 이용하여 α와 β의 관계를 파악한다.

STEP 1 삼각형 BCD는 이등변삼각형이므로

$\angle DCB = \angle CBD = \alpha$, $\angle CDA = 2\alpha$

삼각형 ADC의 세 내각의 크기의 합은 π이므로

$2\alpha + \beta + \frac{2}{3}\pi = \pi$

$\therefore \beta = \frac{\pi}{3} - 2\alpha$ ······ ㉠

STEP 2 $\cos 2\alpha = 2\cos^2\alpha - 1 = \frac{\sqrt{21}}{7}$ $\left(\because \cos^2\alpha = \frac{7+\sqrt{21}}{14}\right)$

이므로

$\sin^2 2\alpha = 1 - \cos^2 2\alpha = 1 - \left(\frac{\sqrt{21}}{7}\right)^2 = \frac{28}{49}$

$\therefore \sin 2\alpha = \frac{2\sqrt{7}}{7}$ $(\because 0 < 2\alpha < \pi)$

$$\therefore \tan 2\alpha = \frac{\sin 2\alpha}{\cos 2\alpha} = \frac{\frac{2\sqrt{7}}{7}}{\frac{\sqrt{21}}{7}} = \frac{2\sqrt{3}}{3}$$

STEP 3 $\tan\beta = \tan\left(\frac{\pi}{3} - 2\alpha\right)$ $(\because$ ㉠$)$

$$= \frac{\tan\frac{\pi}{3} - \tan 2\alpha}{1 + \tan\frac{\pi}{3} \times \tan 2\alpha}$$

$$= \frac{\sqrt{3} - \frac{2\sqrt{3}}{3}}{1 + \sqrt{3} \times \frac{2\sqrt{3}}{3}} = \frac{\sqrt{3}}{9}$$

$\therefore 54\sqrt{3} \times \tan\beta = 54\sqrt{3} \times \frac{\sqrt{3}}{9} = 18$

325 답 3

해결 각 잡기

반지름의 길이가 r, 중심각의 크기가 θ인 부채꼴의 호의 길이를 l이라 하면

$l = r\theta$

STEP 1 직선 $y = nx$가 x축의 양의 방향과 이루는 각의 크기를 θ_n, 직선 $y = (n+1)x$가 x축의 양의 방향과 이루는 각의 크기를 θ_{n+1}이라 하면

$l_n = \theta_{n+1} - \theta_n$

$$\therefore \sum_{k=1}^{n} l_k = l_1 + l_2 + \cdots + l_n$$

$$= (\theta_2 - \theta_1) + (\theta_3 - \theta_2) + \cdots + (\theta_{n+1} - \theta_n)$$

$$= \theta_{n+1} - \theta_1$$

STEP 2 이때 $\tan\theta_1 = 1$, $\tan\theta_{n+1} = n+1$이므로

$$\tan(\theta_{n+1} - \theta_1) = \frac{\tan\theta_{n+1} - \tan\theta_1}{1 + \tan\theta_{n+1}\tan\theta_1}$$

$$= \frac{(n+1) - 1}{1 + (n+1) \times 1}$$

$$= \frac{n}{n+2}$$

STEP 3 $\sum_{k=1}^{n} l_k \geq \frac{\pi}{6}$이므로 $\tan(\theta_{n+1} - \theta_1) \geq \tan\frac{\pi}{6}$

$\frac{n}{n+2} \geq \frac{1}{\sqrt{3}}$ $\quad \therefore n \geq 1 + \sqrt{3}$

따라서 n의 최솟값은 3이다.

326 답 43

해결 각 잡기

- $\sin\theta$의 값을 이용하여 $\tan\theta$의 값을 구한 후 $\tan 2\theta$의 값을 구한다.
- tan의 값을 이용하여 $\overline{BH}$, $\overline{CH}$의 길이를 $\overline{FH}$의 길이에 대한 식으로 나타낸다.

STEP 1 $\sin\theta = \frac{\sqrt{10}}{10}$이므로 $\tan\theta = \frac{1}{3}$

$\cos\theta = \sqrt{1 - \left(\frac{\sqrt{10}}{10}\right)^2} = \frac{3\sqrt{10}}{10}$이므로 $\tan\theta = \frac{\sin\theta}{\cos\theta} = \frac{1}{3}$

따라서 직각삼각형 FHC에서

$\overline{CH} = \frac{\overline{FH}}{\tan\theta} = 3\overline{FH}$ ······ ㉠

STEP 2 $\tan 2\theta = \frac{2\tan\theta}{1 - \tan^2\theta}$

$$= \frac{2 \times \frac{1}{3}}{1 - \left(\frac{1}{3}\right)^2} = \frac{3}{4}$$

이때 $\angle CBA = \alpha$라 하면 $\tan\alpha = \frac{8}{6} = \frac{4}{3}$이고, $\angle CBE = \beta$라 하면

$\beta = \alpha - 2\theta$이므로

$$\tan\beta = \tan(\alpha - 2\theta) = \frac{\tan\alpha - \tan 2\theta}{1 + \tan\alpha\tan 2\theta}$$

$$= \frac{\frac{4}{3} - \frac{3}{4}}{1 + \frac{4}{3} \times \frac{3}{4}} = \frac{7}{24}$$

따라서 직각삼각형 FBH에서

$\overline{BH} = \frac{\overline{FH}}{\tan\beta} = \frac{24}{7}\overline{FH}$ ······ ㉡

STEP 3 한편, $\overline{BH} + \overline{CH} = 12$에서 ㉠, ㉡에 의하여

$\frac{24}{7}\overline{FH} + 3\overline{FH} = 12$, $\frac{45}{7}\overline{FH} = 12$

$\therefore \overline{FH} = \frac{28}{15}$

따라서 $p = 15$, $q = 28$이므로

$p + q = 15 + 28 = 43$

327 답 32

해결 각 잡기

- 세 직선 l, m, n으로 둘러싸인 삼각형이 정삼각형이므로 두 접선 m, n이 직선 l과 이루는 예각의 크기는 $60°$이다.
- 두 직선 l, m이 x축의 양의 방향과 이루는 각의 크기를 각각 θ_1, θ_2라 하면 두 직선 l, m이 이루는 각의 크기가 $60°$이므로

  $|\tan(\theta_1 - \theta_2)| = \tan 60°$

STEP 1 직선 l의 기울기가 $-\frac{\sqrt{3}}{2}$이고, 세 직선 l, m, n으로 둘러싸인 삼각형이 정삼각형이므로 두 접선 m, n과 직선 l이 이루는 예각의 크기는 $60°$이다.

직선 l과 이루는 예각의 크기가 $60°$인 직선의 기울기를 k라 하면 삼각함수의 덧셈정리에 의하여

$$\left|\frac{-\frac{\sqrt{3}}{2}-k}{1-\frac{\sqrt{3}}{2}k}\right|=\sqrt{3},\ \frac{-\frac{\sqrt{3}}{2}-k}{1-\frac{\sqrt{3}}{2}k}=\pm\sqrt{3}$$

(i) $-\frac{\sqrt{3}}{2}-k=\sqrt{3}\left(1-\frac{\sqrt{3}}{2}k\right)$에서 $-\frac{\sqrt{3}}{2}-k=\sqrt{3}-\frac{3}{2}k$

$\frac{k}{2}=\frac{3\sqrt{3}}{2}$ $\quad\therefore k=3\sqrt{3}$

(ii) $-\frac{\sqrt{3}}{2}-k=-\sqrt{3}\left(1-\frac{\sqrt{3}}{2}k\right)$에서 $-\frac{\sqrt{3}}{2}-k=-\sqrt{3}+\frac{3}{2}k$

$\frac{5}{2}k=\frac{\sqrt{3}}{2}$ $\quad\therefore k=\frac{\sqrt{3}}{5}$

(i), (ii)에 의하여 $k=3\sqrt{3}$ 또는 $k=\frac{\sqrt{3}}{5}$

STEP 2 $f(x)=\sqrt{3}\ln x$에서 $f'(x)=\frac{\sqrt{3}}{x}$이므로

$f'(\alpha)=3\sqrt{3}$, $f'(\beta)=\frac{\sqrt{3}}{5}$이라 하면

$f'(\alpha)=\frac{\sqrt{3}}{\alpha}=3\sqrt{3}$에서 $\alpha=\frac{1}{3}$

$f'(\beta)=\frac{\sqrt{3}}{\beta}=\frac{\sqrt{3}}{5}$에서 $\beta=5$

$\therefore 6(\alpha+\beta)=6\left(\frac{1}{3}+5\right)=32$

328 답 79

해결 각 잡기

원의 중심과 세 접점을 잇는 보조선을 각각 그어서 문제를 해결한다.

STEP 1

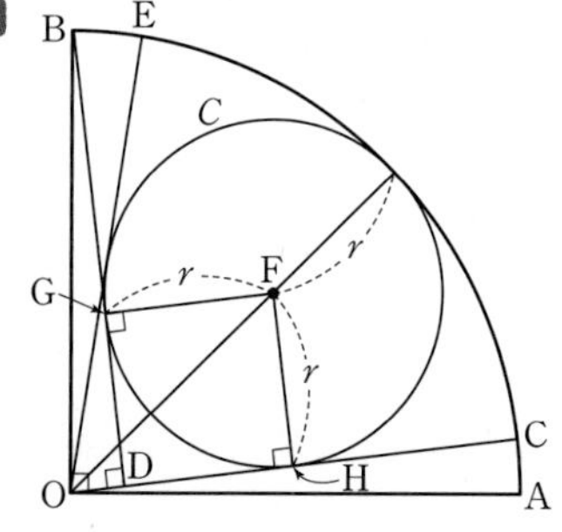

원 C의 중심을 F라 하고 $\angle\mathrm{COF}=\alpha$라 하면

$\angle\mathrm{FOE}=\angle\mathrm{COF}=\alpha$이므로 $\angle\mathrm{COE}=\alpha+\alpha=2\alpha$

$\cos(\angle\mathrm{COE})=\cos 2\alpha$

$\qquad=2\cos^2\alpha-1=\frac{7}{25}$ $\quad\cdots\cdots$ ㉠

에서 $\cos^2\alpha=\frac{16}{25}$, $\cos\alpha=\pm\frac{4}{5}$

이때 $0<\alpha<\frac{\pi}{4}$이므로 $\cos\alpha=\frac{4}{5}$, $\sin\alpha=\frac{3}{5}$

STEP 2 두 직선 BD, CD가 원 C와 접하는 점을 각각 G, H라 하고 원 C의 반지름의 길이를 r라 하면

$\overline{\mathrm{OF}}=8-r$, $\overline{\mathrm{FH}}=r$

직각삼각형 OHF에서

$\sin\alpha=\frac{\overline{\mathrm{FH}}}{\overline{\mathrm{OF}}}=\frac{r}{8-r}$

이때 $\sin\alpha=\frac{3}{5}$이므로

$\frac{r}{8-r}=\frac{3}{5}$, $5r=24-3r$ $\quad\therefore r=3$

STEP 3 $\overline{\mathrm{OF}}=8-3=5$이므로

$\overline{\mathrm{OH}}=\overline{\mathrm{OF}}\times\cos\alpha=5\times\frac{4}{5}=4$

이때 사각형 DHFG는 한 변의 길이가 3인 정사각형이므로

$\overline{\mathrm{OD}}=\overline{\mathrm{OH}}-\overline{\mathrm{DH}}=4-3=1$

$\angle\mathrm{AOC}=\beta$라 하면

$\angle\mathrm{OBD}=\frac{\pi}{2}-\angle\mathrm{DOB}=\angle\mathrm{AOC}=\beta$

이므로 삼각형 BOD에서

$\overline{\mathrm{BD}}=\sqrt{\overline{\mathrm{OB}}^2-\overline{\mathrm{OD}}^2}=\sqrt{8^2-1^2}=3\sqrt{7}$

$\therefore \sin\beta=\frac{\overline{\mathrm{OD}}}{\overline{\mathrm{OB}}}=\frac{1}{8}$, $\cos\beta=\frac{\overline{\mathrm{BD}}}{\overline{\mathrm{OB}}}=\frac{3\sqrt{7}}{8}$

또, $\sin 2\alpha=\sqrt{1-\cos^2 2\alpha}=\sqrt{1-\left(\frac{7}{25}\right)^2}=\frac{24}{25}$ ($\because$ ㉠)이므로

$$\begin{aligned}\sin(\angle\mathrm{AOE})&=\sin(2\alpha+\beta)\\&=\sin 2\alpha\cos\beta+\cos 2\alpha\sin\beta\\&=\frac{24}{25}\times\frac{3}{8}\sqrt{7}+\frac{7}{25}\times\frac{1}{8}\\&=\frac{7}{200}+\frac{9}{25}\sqrt{7}\end{aligned}$$

따라서 $p=\frac{7}{200}$, $q=\frac{9}{25}$이므로

$200\times(p+q)=200\times\left(\frac{7}{200}+\frac{9}{25}\right)=79$

04

05 삼각함수의 미분

본문 122쪽 ~ 123쪽

A 기본 다지고,

329 답 2

$$\lim_{x\to0}\frac{\sin 2x}{x\cos x}=\lim_{x\to0}\left(\frac{\sin 2x}{2x}\times\frac{2}{\cos x}\right)$$
$$=1\times2=2$$

330 답 ④

$$\lim_{x\to0}\frac{\sin 2x-\sin x}{x}=\lim_{x\to0}\left(\frac{\sin 2x}{x}-\frac{\sin x}{x}\right)$$
$$=2\lim_{x\to0}\frac{\sin 2x}{2x}-\lim_{x\to0}\frac{\sin x}{x}$$
$$=2\times1-1=1$$

331 답 2

$$\lim_{x\to0}\frac{\sin^2 x}{1-\cos x}=\lim_{x\to0}\frac{1-\cos^2 x}{1-\cos x}$$
$$=\lim_{x\to0}\frac{(1-\cos x)(1+\cos x)}{1-\cos x}$$
$$=\lim_{x\to0}(1+\cos x)$$
$$=1+1=2$$

다른 풀이

$$\lim_{x\to0}\frac{\sin^2 x}{1-\cos x}=\lim_{x\to0}\frac{\sin^2 x(1+\cos x)}{(1-\cos x)(1+\cos x)}$$
$$=\lim_{x\to0}\frac{\sin^2 x(1+\cos x)}{1-\cos^2 x}$$
$$=\lim_{x\to0}\frac{\sin^2 x(1+\cos x)}{\sin^2 x}$$
$$=\lim_{x\to0}(1+\cos x)$$
$$=1+1=2$$

332 답 ②

$$\lim_{x\to0}\frac{e^{2x}-1}{\sin 3x}=\lim_{x\to0}\left(\frac{e^{2x}-1}{2x}\times\frac{3x}{\sin 3x}\times\frac{2}{3}\right)$$
$$=1\times1\times\frac{2}{3}=\frac{2}{3}$$

333 답 ③

$$\lim_{x\to0}\frac{\ln(1+5x)}{\sin 3x}=\lim_{x\to0}\left\{\frac{\ln(1+5x)}{5x}\times\frac{3x}{\sin 3x}\times\frac{5}{3}\right\}$$
$$=1\times1\times\frac{5}{3}=\frac{5}{3}$$

334 답 ④

$$\lim_{x\to0}\frac{3x+\tan x}{x}=\lim_{x\to0}\left(3+\frac{\tan x}{x}\right)$$
$$=3+1=4$$

335 답 ①

$$\lim_{x\to0}\frac{\tan x}{xe^x}=\lim_{x\to0}\left(\frac{\tan x}{x}\times\frac{1}{e^x}\right)$$
$$=1\times1=1$$

336 답 ②

$$\lim_{x\to0}\frac{\sin 2x\tan x}{x^2}=\lim_{x\to0}\left(\frac{\sin 2x}{2x}\times\frac{\tan x}{x}\times2\right)$$
$$=1\times1\times2=2$$

337 답 ③

$f(x)=\sin x-4x$에서

$f'(x)=\cos x-4$

$\therefore f'(0)=1-4=-3$

338 답 8

$f(x)=\cos x+4e^{2x}$에서

$f'(x)=-\sin x+8e^{2x}$

$\therefore f'(0)=0+8=8$

339 답 2

$f(x)=\sin x-\sqrt{3}\cos x$에서

$f'(x)=\cos x+\sqrt{3}\sin x$

$\therefore f'\left(\frac{\pi}{3}\right)=\frac{1}{2}+\sqrt{3}\times\frac{\sqrt{3}}{2}=2$

340 답 ⑤

$f(x)=\frac{x}{2}+\sin x$에서

$f'(x)=\frac{1}{2}+\cos x$

$$\therefore \lim_{x\to\pi}\frac{f(x)-f(\pi)}{x-\pi}=f'(\pi)$$
$$=\frac{1}{2}+(-1)=-\frac{1}{2}$$

B 유형 & 유사로 익히면…

341 답 20

해결 각 잡기

- 함수 $f(\theta)$의 식을 정리한 후, 삼각함수의 극한 공식을 이용할 수 있도록 주어진 식을 변형한다.
- $\lim_{x\to0}\frac{\sin x}{x}=1$, $\lim_{x\to0}\frac{x}{\sin x}=1$

$$f(\theta)=1-\frac{1}{1+2\sin\theta}=\frac{1+2\sin\theta-1}{1+2\sin\theta}=\frac{2\sin\theta}{1+2\sin\theta}$$

$$\therefore \lim_{\theta\to0}\frac{10f(\theta)}{\theta}=20\lim_{\theta\to0}\frac{\sin\theta}{\theta(1+2\sin\theta)}=20\lim_{\theta\to0}\left(\frac{\sin\theta}{\theta}\times\frac{1}{1+2\sin\theta}\right)=20\times1\times1=20$$

342 답 ④

$f(x)=2x$, $g(x)=\sin x$이므로

$$\lim_{x\to0}\frac{f(g(x))}{g(f(x))}=\lim_{x\to0}\frac{2\sin x}{\sin 2x}=\lim_{x\to0}\left(\frac{\sin x}{x}\times\frac{2x}{\sin 2x}\right)=1\times1=1$$

다른 풀이

$$\lim_{x\to0}\frac{f(g(x))}{g(f(x))}=\lim_{x\to0}\frac{2\sin x}{\sin 2x}=\lim_{x\to0}\frac{2\sin x}{2\sin x\cos x}=\lim_{x\to0}\frac{1}{\cos x}=1$$

343 답 ①

$\frac{\pi}{2}-x=t$로 놓으면 $x\to\frac{\pi}{2}$일 때 $t\to0$이므로

$$\lim_{x\to\frac{\pi}{2}}\frac{\cos^2 x}{(2x-\pi)^2}=\lim_{t\to0}\frac{\cos^2\left(\frac{\pi}{2}-t\right)}{(-2t)^2}=\lim_{t\to0}\frac{\sin^2 t}{4t^2}=\frac{1}{4}\lim_{t\to0}\left(\frac{\sin t}{t}\right)^2=\frac{1}{4}\times1=\frac{1}{4}$$

344 답 ②

$$\lim_{x\to1}\frac{\sin(1-\sqrt{x})}{x-1}=\lim_{x\to1}\frac{\sin(1-\sqrt{x})}{-\{1-(\sqrt{x})^2\}}=\lim_{x\to1}\left\{\frac{\sin(1-\sqrt{x})}{1-\sqrt{x}}\times\frac{-1}{1+\sqrt{x}}\right\}=1\times\frac{-1}{2}=-\frac{1}{2}$$

345 답 12

해결 각 잡기

주어진 식의 분모 또는 분자에 $1\pm\cos\square$ 꼴이 있으면 분모, 분자에 $1\mp\cos\square$를 곱한 후

$$(1+\cos x)(1-\cos x)=1-\cos^2 x=\sin^2 x$$

임을 이용하여 주어진 식을 변형한다. (복부호 동순)

$$\lim_{x\to0}\frac{3x\sin(\sin 2x)}{1-\cos x}=\lim_{x\to0}\frac{3x\sin(\sin 2x)(1+\cos x)}{1-\cos^2 x}=\lim_{x\to0}\frac{3x\sin(\sin 2x)(1+\cos x)}{\sin^2 x}$$
$$=3\lim_{x\to0}\left\{\frac{\sin(\sin 2x)}{\sin 2x}\times\frac{\sin 2x}{2x}\times\frac{x^2}{\sin^2 x}\times2(1+\cos x)\right\}=3\times1\times1\times1\times2\times(1+1)=12$$

346 답 ④

해결 각 잡기

$\cos 2x=\cos^2 x-\sin^2 x=2\cos^2 x-1$

$$\lim_{\theta\to0}\frac{\sec 2\theta-1}{\sec\theta-1}=\lim_{\theta\to0}\frac{\frac{1}{\cos 2\theta}-1}{\frac{1}{\cos\theta}-1}=\lim_{\theta\to0}\frac{\frac{1-\cos 2\theta}{\cos 2\theta}}{\frac{1-\cos\theta}{\cos\theta}}$$
$$=\lim_{\theta\to0}\frac{(1-\cos 2\theta)\cos\theta}{(1-\cos\theta)\cos 2\theta}=\lim_{\theta\to0}\frac{1-\cos 2\theta}{1-\cos\theta}$$
$$=\lim_{\theta\to0}\frac{2(1-\cos^2\theta)}{1-\cos\theta}=\lim_{\theta\to0}\frac{2\sin^2\theta(1+\cos\theta)}{(1-\cos\theta)(1+\cos\theta)}=\lim_{\theta\to0}\frac{2\sin^2\theta(1+\cos\theta)}{1-\cos^2\theta}$$
$$=\lim_{\theta\to0}\frac{2\sin^2\theta(1+\cos\theta)}{\sin^2\theta}=\lim_{\theta\to0}2(1+\cos\theta)=2\times(1+1)=4$$

347 답 ①

해결 각 잡기

$\sin 2x=2\sin x\cos x$

STEP 1 $\lim_{x\to0}\frac{ax\sin 2x}{\cos x-1}=\lim_{x\to0}\frac{ax\sin 2x(\cos x+1)}{(\cos x-1)(\cos x+1)}$

$=\lim_{x\to0}\frac{2ax\sin x\cos x(\cos x+1)}{-\sin^2 x}$

$=-\lim_{x\to0}\left\{\frac{x}{\sin x}\times 2a\cos x(\cos x+1)\right\}$

$=-1\times2a\times1\times(1+1)=8$

STEP 2 따라서 $-4a=8$이므로

$a=-2$

348 답 ②

STEP 1 $\lim_{x\to0}\frac{1-\cos kx}{2\sin^2 x}$

$=\lim_{x\to0}\frac{(1-\cos kx)(1+\cos kx)}{2\sin^2 x(1+\cos kx)}$

$=\lim_{x\to0}\frac{1-\cos^2 kx}{2\sin^2 x(1+\cos kx)}$

$=\lim_{x\to0}\frac{\sin^2 kx}{2\sin^2 x(1+\cos kx)}$

$=\lim_{x\to0}\left\{\frac{1}{2}\times\frac{\sin^2 kx}{(kx)^2}\times\frac{(kx)^2}{x^2}\times\frac{x^2}{\sin^2 x}\times\frac{1}{1+\cos kx}\right\}$

$=\frac{1}{2}\times1\times k^2\times1\times\frac{1}{1+1}$

$=\frac{k^2}{4}=1$

STEP 2 따라서 $k^2=4$이므로

$k=2$ ($\because k>0$)

349 답 8

$\lim_{x\to0}f(x)\left(1-\cos\frac{x}{2}\right)=1$이므로

$\lim_{x\to0}x^2f(x)=\lim_{x\to0}\left\{f(x)\left(1-\cos\frac{x}{2}\right)\times\frac{x^2}{1-\cos\frac{x}{2}}\right\}$

$=\lim_{x\to0}\left\{f(x)\left(1-\cos\frac{x}{2}\right)\times\frac{x^2\left(1+\cos\frac{x}{2}\right)}{\left(1-\cos\frac{x}{2}\right)\left(1+\cos\frac{x}{2}\right)}\right\}$

$=\lim_{x\to0}\left\{f(x)\left(1-\cos\frac{x}{2}\right)\times\frac{x^2\left(1+\cos\frac{x}{2}\right)}{1-\cos^2\frac{x}{2}}\right\}$

$=\lim_{x\to0}\left\{f(x)\left(1-\cos\frac{x}{2}\right)\times\frac{x^2\left(1+\cos\frac{x}{2}\right)}{\sin^2\frac{x}{2}}\right\}$

$=\lim_{x\to0}\left\{f(x)\left(1-\cos\frac{x}{2}\right)\times\frac{\left(\frac{x}{2}\right)^2}{\sin^2\frac{x}{2}}\times4\times\left(1+\cos\frac{x}{2}\right)\right\}$

$=1\times1\times4\times2=8$

350 답 ②

STEP 1 $\lim_{x\to0}\frac{f(x)}{1-\cos(x^2)}=\lim_{x\to0}\frac{f(x)\{1+\cos(x^2)\}}{\{1-\cos(x^2)\}\{1+\cos(x^2)\}}$

$=\lim_{x\to0}\left[\{1+\cos(x^2)\}\times\frac{f(x)}{1-\cos^2(x^2)}\right]$

$=2\lim_{x\to0}\frac{f(x)}{\sin^2(x^2)}$

$=2\lim_{x\to0}\left\{\frac{(x^2)^2}{\sin^2(x^2)}\times\frac{f(x)}{(x^2)^2}\right\}$

$=2\lim_{x\to0}\frac{f(x)}{x^4}=2$

STEP 2 따라서 $\lim_{x\to0}\frac{f(x)}{x^4}=1$이므로 $p=4$, $q=1$

$\therefore p+q=4+1=5$

351 답 ③

해결 각 잡기

$\lim_{x\to0}\frac{e^x-1}{x}=1$, $\lim_{x\to0}\frac{\tan x}{x}=1$, $\lim_{x\to0}\frac{x}{\tan x}=1$

$\lim_{x\to0}\frac{e^{2x^2}-1}{\tan x\sin 2x}=\lim_{x\to0}\left(\frac{e^{2x^2}-1}{2x^2}\times\frac{x}{\tan x}\times\frac{2x}{\sin 2x}\right)$

$=1\times1\times1=1$

352 답 ③

해결 각 잡기

$\lim_{x\to0}\frac{\ln(1+x)}{x}=1$

$\lim_{x\to0}\frac{e^{x\sin x}+e^{x\sin 2x}-2}{x\ln(1+x)}$

$=\lim_{x\to0}\left\{\frac{e^{x\sin x}-1}{x\ln(1+x)}+\frac{e^{x\sin 2x}-1}{x\ln(1+x)}\right\}$

$=\lim_{x\to0}\left\{\frac{e^{x\sin x}-1}{x\sin x}\times\frac{\sin x}{x}\times\frac{x}{\ln(1+x)}\right\}$

$+\lim_{x\to0}\left\{\frac{e^{x\sin 2x}-1}{x\sin 2x}\times\frac{\sin 2x}{2x}\times2\times\frac{x}{\ln(1+x)}\right\}$

$=1+2=3$

353 답 14

해결 각 잡기

- $\lim_{x\to0}\frac{\sin 7x}{2^{x+1}-a}$에서 $x\to0$일 때 0이 아닌 극한값이 존재하고 (분자)$\to0$이므로 (분모)$\to0$이어야 한다.
- $\lim_{x\to0}\frac{a^x-1}{x}=\ln a$, $\lim_{x\to0}\frac{x}{a^x-1}=\frac{1}{\ln a}$

STEP 1 $b>0$에서 $\lim_{x\to 0}\frac{\sin 7x}{2^{x+1}-a}=\frac{b}{2\ln 2}\neq 0$이고, $x\to 0$일 때 (분자)$\to 0$이므로 (분모)$\to 0$이어야 한다.

즉, $\lim_{x\to 0}(2^{x+1}-a)=0$에서 $2-a=0$

$\therefore a=2$

STEP 2 $a=2$를 주어진 식에 대입하면

$$\lim_{x\to 0}\frac{\sin 7x}{2^{x+1}-2}=\lim_{x\to 0}\left\{\frac{\sin 7x}{7x}\times\frac{x}{2(2^x-1)}\times 7\right\}$$

$$=1\times\frac{1}{2\ln 2}\times 7=\frac{7}{2\ln 2}$$

$\therefore b=7$

$\therefore ab=2\times 7=14$

354 답 ④

해결 각 잡기

$\lim_{x\to a}\frac{2^x-1}{3\sin(x-a)}$에서 $x\to a$일 때 극한값이 존재하고 (분모)$\to 0$이므로 (분자)$\to 0$이어야 한다.

STEP 1 $\lim_{x\to a}\frac{2^x-1}{3\sin(x-a)}=b\ln 2$에서 $x\to a$일 때 극한값이 존재하고 (분모)$\to 0$이므로 (분자)$\to 0$이어야 한다.

즉, $\lim_{x\to a}(2^x-1)=0$에서 $2^a-1=0$

$\therefore a=0$

STEP 2 $a=0$을 주어진 식에 대입하면

$$\lim_{x\to 0}\frac{2^x-1}{3\sin x}=\lim_{x\to 0}\left(\frac{1}{3}\times\frac{x}{\sin x}\times\frac{2^x-1}{x}\right)$$

$$=\frac{1}{3}\times 1\times\ln 2=\frac{1}{3}\ln 2$$

즉, $\frac{1}{3}\ln 2=b\ln 2$이므로 $b=\frac{1}{3}$

$\therefore a+b=\frac{1}{3}$

355 답 ①

해결 각 잡기

- 함수 $f(x)$가 $x=a$에서 연속이면 $\lim_{x\to a}f(x)=f(a)$
- $\sin\left(\frac{\pi}{2}+t\right)=\cos t$

STEP 1 함수 $f(x)$가 $x=\frac{\pi}{2}$에서 연속이므로

$$\lim_{x\to\frac{\pi}{2}}\frac{\sin x-a}{x-\frac{\pi}{2}}=b \quad\cdots\cdots ㉠$$

$x\to\frac{\pi}{2}$일 때 극한값이 존재하고 (분모)$\to 0$이므로 (분자)$\to 0$이어야 한다.

즉, $\lim_{x\to\frac{\pi}{2}}(\sin x-a)=0$이므로

$1-a=0 \qquad \therefore a=1$

STEP 2 $a=1$을 ㉠에 대입하면

$$\lim_{x\to\frac{\pi}{2}}\frac{\sin x-1}{x-\frac{\pi}{2}}=b$$

이때 $x-\frac{\pi}{2}=t$로 놓으면 $x\to\frac{\pi}{2}$일 때 $t\to 0$이므로

$$b=\lim_{x\to\frac{\pi}{2}}\frac{\sin x-1}{x-\frac{\pi}{2}}$$

$$=\lim_{t\to 0}\frac{\sin\left(\frac{\pi}{2}+t\right)-1}{t}$$

$$=\lim_{t\to 0}\frac{\cos t-1}{t}$$

$$=\lim_{t\to 0}\frac{(\cos t-1)(\cos t+1)}{t(\cos t+1)}$$

$$=\lim_{t\to 0}\frac{-\sin^2 t}{t(\cos t+1)}$$

$$=\lim_{t\to 0}\left(\frac{\sin t}{t}\times\frac{-\sin t}{\cos t+1}\right)$$

$$=1\times 0=0$$

$\therefore a+b=1$

356 답 ③

함수 $f(x)$가 $x=1$에서 연속이므로

$$\lim_{x\to 1}\frac{\sin 2(x-1)}{x-1}=a$$

$x-1=t$로 놓으면 $x\to 1$일 때 $t\to 0$이므로

$$a=\lim_{x\to 1}\frac{\sin 2(x-1)}{x-1}$$

$$=\lim_{t\to 0}\frac{\sin 2t}{t}$$

$$=\lim_{t\to 0}\left(\frac{\sin 2t}{2t}\times 2\right)$$

$$=1\times 2=2$$

357 답 ②

STEP 1 함수 $f(x)$가 $x=0$에서 연속이므로

$$\lim_{x\to 0}\frac{e^x-\sin 2x-a}{3x}=b \quad\cdots\cdots ㉠$$

이때 $x\to 0$일 때 극한값이 존재하고 (분모)$\to 0$이므로 (분자)$\to 0$이어야 한다.

즉, $\lim_{x\to 0}(e^x-\sin 2x-a)=0$에서 $1-0-a=0$

$\therefore a=1$

STEP 2 $a=1$을 ㉠에 대입하면

$$b=\lim_{x\to 0}\frac{e^x-\sin 2x-1}{3x}$$

$$=\lim_{x\to 0}\left(\frac{e^x-1}{3x}-\frac{\sin 2x}{3x}\right)$$

$$=\lim_{x\to 0}\left\{\left(\frac{e^x-1}{x}\times\frac{1}{3}\right)-\left(\frac{\sin 2x}{2x}\times\frac{2}{3}\right)\right\}$$

$$=\frac{1}{3}-\frac{2}{3}=-\frac{1}{3}$$

$$\therefore a+b=1+\left(-\frac{1}{3}\right)=\frac{2}{3}$$

358 답 ⑤

STEP 1 주어진 등식의 양변에 $x=0$을 대입하면

$(e^0-1)^2f(0)=a-4\cos 0$에서

$0=a-4 \quad \therefore a=4$

STEP 2 $e^{2x}-1\neq 0$, 즉 $x\neq 0$일 때

$$f(x)=\frac{4-4\cos\frac{\pi}{2}x}{(e^{2x}-1)^2}$$

$$\therefore \lim_{x\to 0}f(x)=\lim_{x\to 0}\frac{4-4\cos\frac{\pi}{2}x}{(e^{2x}-1)^2}$$

$$=\lim_{x\to 0}\frac{4\left(1-\cos\frac{\pi}{2}x\right)}{(e^{2x}-1)^2}$$

$$=\lim_{x\to 0}\frac{4\left(1-\cos\frac{\pi}{2}x\right)\left(1+\cos\frac{\pi}{2}x\right)}{(e^{2x}-1)^2\left(1+\cos\frac{\pi}{2}x\right)}$$

$$=\lim_{x\to 0}\frac{4\sin^2\frac{\pi}{2}x}{(e^{2x}-1)^2\left(1+\cos\frac{\pi}{2}x\right)}$$

$$=\lim_{x\to 0}\left\{4\times\frac{(2x)^2}{(e^{2x}-1)^2}\times\frac{\sin^2\left(\frac{\pi}{2}x\right)}{\left(\frac{\pi}{2}x\right)^2}\times\frac{\pi^2}{16\left(1+\cos\frac{\pi}{2}x\right)}\right\}$$

$$=4\times1\times1\times\frac{\pi^2}{32}=\frac{\pi^2}{8}$$

이때 함수 $f(x)$가 $x=0$에서 연속이므로

$$f(0)=\lim_{x\to 0}f(x)=\frac{\pi^2}{8}$$

$$\therefore a\times f(0)=4\times\frac{\pi^2}{8}=\frac{\pi^2}{2}$$

359 답 28

해결 각 잡기

$y=\sin x \Longrightarrow y'=\cos x$

$f(x)=4\sin 7x$에서 $f'(x)=28\cos 7x$

$\therefore f'(2\pi)=28\times1=28$

360 답 ①

해결 각 잡기

$y=\tan x \Longrightarrow y'=\sec^2 x$

$f(x)=\tan 2x+3\sin x$에서

$f'(x)=2\sec^2 2x+3\cos x$

$$\therefore \lim_{h\to 0}\frac{f(\pi+h)-f(\pi-h)}{h}=2f'(\pi)=2\times(2-3)=-2$$

361 답 ①

해결 각 잡기

- $y=\cos x \Longrightarrow y'=-\sin x$
- $y=e^x \Longrightarrow y'=e^x$

$f(x)=e^x(2\sin x+\cos x)$에서

$f'(x)=e^x(2\sin x+\cos x)+e^x(2\cos x-\sin x)$

$=e^x(\sin x+3\cos x)$

$\therefore f'(0)=1\times(0+3)=3$

362 답 ⑤

$f(x)=(x+\pi)\sin x$에서

$f'(x)=\sin x+(x+\pi)\cos x$

$\therefore f'(0)=0+\pi\times1=\pi$

363 답 ②

STEP 1 $f(x)=\sin x+a\cos x$에서

$f\left(\frac{\pi}{2}\right)=\sin\frac{\pi}{2}+a\cos\frac{\pi}{2}=1$이므로

$$\lim_{x\to\frac{\pi}{2}}\frac{f(x)-1}{x-\frac{\pi}{2}}=\lim_{x\to\frac{\pi}{2}}\frac{f(x)-f\left(\frac{\pi}{2}\right)}{x-\frac{\pi}{2}}$$

$$=f'\left(\frac{\pi}{2}\right)=3 \quad \cdots\cdots ㉠$$

STEP 2 $f'(x)=\cos x-a\sin x$이므로

$f'\left(\frac{\pi}{2}\right)=0-a=3$ ($\because$ ㉠)

$\therefore a=-3$

STEP 3 따라서 $f(x)=\sin x-3\cos x$이므로

$$f\left(\frac{\pi}{4}\right)=\frac{\sqrt{2}}{2}-3\times\frac{\sqrt{2}}{2}=-\sqrt{2}$$

364 답 ⑤

STEP 1 $f(x)=\sin x+\cos x$에서

$f'(x)=\cos x-\sin x$

STEP 2 $\lim_{x\to a}\frac{\{f(x)\}^2-\{f(a)\}^2}{x-a}$

$$=\lim_{x\to a}\frac{\{f(x)-f(a)\}\{f(x)+f(a)\}}{x-a}$$

$=2f'(a)f(a)$
$=2(\cos a-\sin a)(\sin a+\cos a)$
$=2(\cos^2 a-\sin^2 a)$
$=4\cos^2 a-2=1$
즉, $4\cos^2 a=3$이므로
$\cos^2 a=\frac{3}{4}$

365 답 ④

해결 각 잡기

$\tan(\alpha+\beta)=\frac{\tan\alpha+\tan\beta}{1-\tan\alpha\tan\beta}$

STEP 1 $f(x)=\sin(x+\alpha)+2\cos(x+\alpha)$에서
$f'(x)=\cos(x+\alpha)-2\sin(x+\alpha)$이므로
$f'\left(\frac{\pi}{4}\right)=\cos\left(\frac{\pi}{4}+\alpha\right)-2\sin\left(\frac{\pi}{4}+\alpha\right)=0$

STEP 2 즉, $\cos\left(\frac{\pi}{4}+\alpha\right)=2\sin\left(\frac{\pi}{4}+\alpha\right)$에서
$\tan\left(\frac{\pi}{4}+\alpha\right)=\frac{1}{2}$ — 양변을 $2\cos\left(\frac{\pi}{4}+\alpha\right)$로 나누면 $\tan\left(\frac{\pi}{4}+\alpha\right)=\frac{1}{2}$
이므로
$\tan\left(\frac{\pi}{4}+\alpha\right)=\frac{1+\tan\alpha}{1-\tan\alpha}=\frac{1}{2}$
$2(1+\tan\alpha)=1-\tan\alpha$, $3\tan\alpha=-1$
$\therefore \tan\alpha=-\frac{1}{3}$

366 답 ③

STEP 1 곡선 $y=\sin x$ 위의 점 $P(t, \sin t)$에서의 접선이 x축의 양의 방향과 이루는 각의 크기를 α, 점 P를 지나고 기울기가 -1인 직선이 x축의 양의 방향과 이루는 각의 크기를 β라 하면
$\tan\beta=-1$ — 직선의 기울기
$y=\sin x$에서 $y'=\cos x$이므로 곡선 $y=\sin x$ 위의 점 $P(t, \sin t)$에서의 접선의 기울기는 $\tan\alpha=\cos t$
이때 점 P에서의 접선과 점 P를 지나고 기울기가 -1인 직선이 이루는 예각의 크기가 θ이므로
$\tan\theta=|\tan(\alpha-\beta)|=\left|\frac{\cos t-(-1)}{1+\cos t\times(-1)}\right|=\left|\frac{1+\cos t}{1-\cos t}\right|$
이때 $0<t<\pi$이므로
$\tan\theta=\frac{1+\cos t}{1-\cos t}$

STEP 2 $\therefore \lim_{t\to\pi-}\frac{\tan\theta}{(\pi-t)^2}=\lim_{t\to\pi-}\frac{1+\cos t}{(\pi-t)^2(1-\cos t)}$
$=\lim_{t\to\pi-}\frac{(1+\cos t)(1-\cos t)}{(\pi-t)^2(1-\cos t)^2}$
$=\lim_{t\to\pi-}\frac{\sin^2 t}{(\pi-t)^2(1-\cos t)^2}$

$\pi-t=x$로 놓으면 $t\to\pi-$일 때 $x\to 0+$이므로
$\lim_{t\to\pi-}\frac{\sin^2 t}{(\pi-t)^2(1-\cos t)^2}=\lim_{x\to 0+}\frac{\sin^2(\pi-x)}{x^2\{1-\cos(\pi-x)\}^2}$
$=\lim_{x\to 0+}\frac{\sin^2 x}{x^2(1+\cos x)^2}$
$=\lim_{x\to 0+}\left\{\frac{\sin^2 x}{x^2}\times\frac{1}{(1+\cos x)^2}\right\}$
$=1\times\frac{1}{4}=\frac{1}{4}$

367 답 ②

해결 각 잡기

- $\lim_{x\to 0}\frac{\sin x}{x}=1$, $\lim_{x\to 0}\frac{\tan x}{x}=1$을 이용할 수 있도록 식을 변형한다.
- $f(4)$의 값을 구하려면 먼저 다항함수 $f(x)$의 식을 구해야 하는데 이때 가장 먼저 차수를 파악해야 한다.

STEP 1 $g(x)=f(x)\sin x$이므로 조건 ㈎에서
$\lim_{x\to\infty}\frac{g(x)}{x^2}=\lim_{x\to\infty}\frac{f(x)\sin x}{x^2}=0$
이때 $x\to\infty$일 때 $\sin x$는 발산(진동)하므로 조건을 만족시키기 위해서는 $\lim_{x\to\infty}\frac{f(x)}{x^2}=0$이어야 한다.
따라서 $f(x)$는 일차 이하의 다항함수이어야 한다.

STEP 2 $f(x)=ax+b$ (a, b는 상수)라 하면
$g(x)=(ax+b)\sin x$에서
$g'(x)=a\sin x+(ax+b)\cos x$
조건 ㈏에서
$\lim_{x\to 0}\frac{g'(x)}{x}=\lim_{x\to 0}\frac{a\sin x+(ax+b)\cos x}{x}=6$
이므로
$\lim_{x\to 0}\{a\sin x+(ax+b)\cos x\}=0$
$b\cos 0=0$
$\therefore b=0$
$\lim_{x\to 0}\frac{a\sin x+(ax+b)\cos x}{x}=\lim_{x\to 0}\left(\frac{a\sin x}{x}+a\cos x\right)$
$=a+a=2a=6$
$\therefore a=3$
따라서 $f(x)=3x$이므로
$f(4)=3\times 4=12$

368 답 ③

ㄱ. $\lim_{x\to 0}\frac{f(x)}{x}=1$에서 극한값이 존재하고 $x\to 0$일 때 (분모)$\to 0$이므로 (분자)$\to 0$이어야 한다.
$\therefore \lim_{x\to 0}f(x)=0$

즉, $\lim_{x\to0}\{e^{-x}\sin x+g(x)\}=0$이므로

$\lim_{x\to0}g(x)=0$

이때 $g(x)$는 다항함수이므로

$g(0)=\lim_{x\to0}g(x)=0$

ㄴ. $\lim_{x\to\infty}\frac{f(x)}{x^2}=1$에서

$\lim_{x\to\infty}\frac{e^{-x}\sin x+g(x)}{x^2}=1$

$\lim_{x\to\infty}\left\{\frac{e^{-x}\sin x}{x^2}+\frac{g(x)}{x^2}\right\}=1$

이때 $\lim_{x\to\infty}\frac{e^{-x}\sin x}{x^2}=0$ ($\because \lim_{x\to\infty}e^{-x}=0$)이므로

$\lim_{x\to\infty}\frac{g(x)}{x^2}=1$

ㄷ. $g(x)$는 다항함수이고 ㄱ에서 $g(0)=0$, ㄴ에서 $\lim_{x\to\infty}\frac{g(x)}{x^2}=1$

이므로 $g(x)=x^2+ax$ (a는 상수)로 놓을 수 있다.

$\lim_{x\to0}\frac{f(x)}{x}=1$에서

$$\lim_{x\to0}\frac{e^{-x}\sin x+x^2+ax}{x}=\lim_{x\to0}\left(e^{-x}\times\frac{\sin x}{x}+x+a\right)$$
$$=1+0+a=1$$

$\therefore a=0$

따라서 $g(x)=x^2$이므로

$$\lim_{x\to0}\frac{f(x)}{g(x)}=\lim_{x\to0}\frac{e^{-x}\sin x+x^2}{x^2}$$
$$=\lim_{x\to0}\left(\frac{\sin x}{e^x x^2}+1\right)$$
$$=\lim_{x\to0}\left(\frac{1}{x}\times\frac{1}{e^x}\times\frac{\sin x}{x}+1\right)$$

이때 $\lim_{x\to0}\frac{1}{x}$이 발산하므로 $\lim_{x\to\infty}\frac{f(x)}{g(x)}$도 발산한다.

따라서 옳은 것은 ㄱ, ㄴ이다.

369 답 ③

해결 각 잡기

- 주어진 점의 좌표를 이용하여 선분의 길이를 삼각함수에 관한 식을 만들어 문제를 해결한다.
- 원의 반지름의 길이는 점 P의 x좌표와 같다.

STEP 1

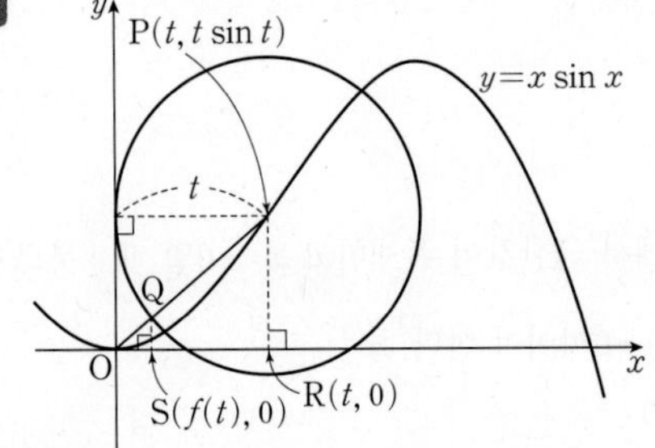

점 P와 점 Q에서 x축에 내린 수선의 발을 각각 R, S라 하면 세 점 P, R, S의 좌표는 각각 $P(t,\ t\sin t)$, $R(t,\ 0)$, $S(f(t),\ 0)$이므로

$\overline{OR}=t$, $\overline{OS}=f(t)$, $\overline{OP}=\sqrt{t^2+t^2\sin^2 t}=t\sqrt{1+\sin^2 t}$

원이 y축에 접하므로 원의 반지름의 길이는 점 P의 x좌표와 같다.

$\therefore \overline{OQ}=\overline{OP}-\overline{PQ}=t\sqrt{1+\sin^2 t}-t=t(\sqrt{1+\sin^2 t}-1)$

삼각형 ORP와 삼각형 OSQ는 서로 닮음(AA 닮음)이므로

$\overline{OR}:\overline{OS}=\overline{OP}:\overline{OQ}$에서

$t:f(t)=t\sqrt{1+\sin^2 t}:t(\sqrt{1+\sin^2 t}-1)$

$\therefore f(t)=\frac{t(\sqrt{1+\sin^2 t}-1)}{\sqrt{1+\sin^2 t}}$

STEP 2 $\therefore \lim_{t\to0+}\frac{f(t)}{t^3}$

$$=\lim_{t\to0+}\frac{t(\sqrt{1+\sin^2 t}-1)}{t^3\sqrt{1+\sin^2 t}}$$
$$=\lim_{t\to0+}\frac{(\sqrt{1+\sin^2 t}-1)(\sqrt{1+\sin^2 t}+1)}{t^2\sqrt{1+\sin^2 t}(\sqrt{1+\sin^2 t}+1)}$$
$$=\lim_{t\to0+}\frac{\sin^2 t}{t^2\sqrt{1+\sin^2 t}(\sqrt{1+\sin^2 t}+1)}$$
$$=\lim_{t\to0+}\left\{\left(\frac{\sin t}{t}\right)^2\times\frac{1}{\sqrt{1+\sin^2 t}(\sqrt{1+\sin^2 t}+1)}\right\}$$
$$=1^2\times\frac{1}{1\times(1+1)}=\frac{1}{2}$$

370 답 2

STEP 1 점 P의 좌표가 $(t,\ \sin t)$이므로

$\overline{OQ}=t$, $\overline{PR}=\overline{PQ}=\sin t$

$\overline{OP}=\sqrt{t^2+\sin^2 t}$

$\therefore \overline{OR}=\overline{OP}-\overline{PR}=\sqrt{t^2+\sin^2 t}-\sin t$

STEP 2 $\therefore \lim_{t\to0+}\frac{\overline{OQ}}{\overline{OR}}=\lim_{t\to0+}\frac{t}{\sqrt{t^2+\sin^2 t}-\sin t}$

$$=\lim_{t\to0+}\frac{t(\sqrt{t^2+\sin^2 t}+\sin t)}{(t^2+\sin^2 t)-\sin^2 t}$$
$$=\lim_{t\to0+}\frac{\sqrt{t^2+\sin^2 t}+\sin t}{t}$$
$$=\lim_{t\to0+}\left\{\sqrt{1+\left(\frac{\sin t}{t}\right)^2}+\frac{\sin t}{t}\right\}$$
$$=\sqrt{2}+1$$

따라서 $a=1$, $b=1$이므로

$a+b=1+1=2$

371 답 60

해결 각 잡기

- 직각삼각형 AGB에서 선분 BG의 길이를 θ를 이용하여 나타낸 후, $f(\theta)$를 구한다.
- 점 F가 호 DE의 삼등분점 중 점 D에 가까운 점이므로 $\angle EAF=2\theta$이다.

STEP 1

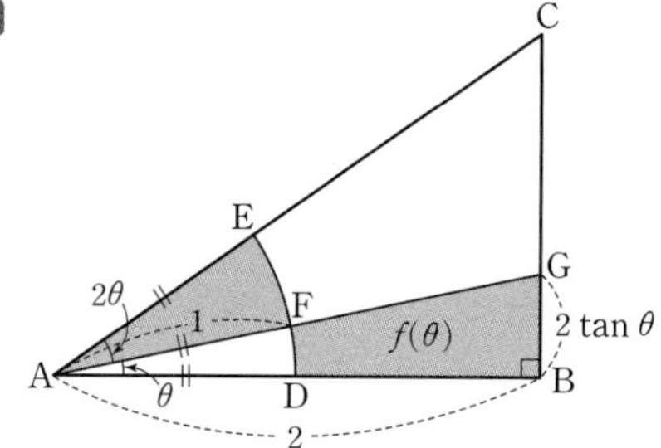

직각삼각형 ABG에서

$\tan\theta=\dfrac{\overline{BG}}{\overline{AB}}=\dfrac{\overline{BG}}{2}$ $\quad\therefore \overline{BG}=2\tan\theta$

따라서 삼각형 ABG의 넓이는

$\triangle ABG=\dfrac{1}{2}\times\overline{AB}\times\overline{BG}$

$=\dfrac{1}{2}\times2\times2\tan\theta$

$=2\tan\theta$

부채꼴 ADF의 중심각의 크기가 θ이고 반지름의 길이가 1이므로

(부채꼴 ADF의 넓이)$=\dfrac{1}{2}\times1^2\times\theta=\dfrac{1}{2}\theta$

$\therefore f(\theta)=\triangle ABG-$(부채꼴 ADF의 넓이)

$=2\tan\theta-\dfrac{1}{2}\theta$

STEP 2 호 DE의 삼등분점 중 점 D에 가까운 점이 F이므로

$\overset{\frown}{DF}:\overset{\frown}{EF}=1:2$에서 $\angle DAF:\angle EAF=1:2$

$\therefore \angle EAF=2\angle DAF=2\theta$

따라서 부채꼴 AFE의 넓이 $g(\theta)$는

$g(\theta)=\dfrac{1}{2}\times1^2\times2\theta=\theta$

STEP 3 $\therefore 40\times\lim\limits_{\theta\to0+}\dfrac{f(\theta)}{g(\theta)}=40\times\lim\limits_{\theta\to0+}\dfrac{2\tan\theta-\frac{1}{2}\theta}{\theta}$

$=40\times\lim\limits_{\theta\to0+}\left(\dfrac{2\tan\theta}{\theta}-\dfrac{1}{2}\right)$

$=40\times\left(2-\dfrac{1}{2}\right)=60$

372 답 ④

해결 각 잡기

- $\sec x=\dfrac{1}{\cos x}$
- $1+\tan^2\theta=\sec^2\theta$

STEP 1

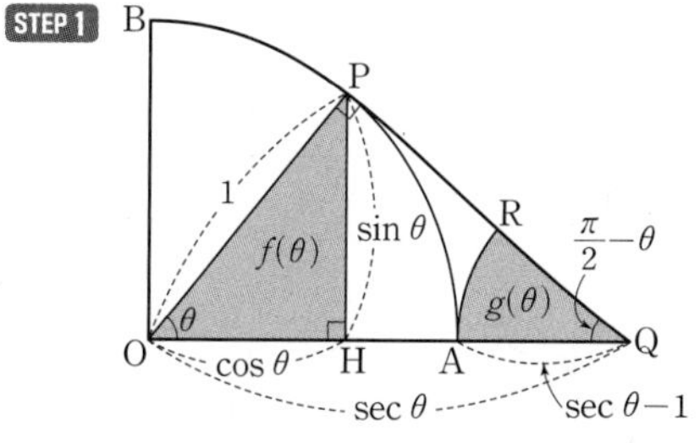

직각삼각형 OHP에서

$\sin\theta=\dfrac{\overline{PH}}{\overline{OP}}$

$\therefore \overline{PH}=\overline{OP}\sin\theta=\sin\theta$

$\cos\theta=\dfrac{\overline{OH}}{\overline{OP}}$

$\therefore \overline{OH}=\overline{OP}\cos\theta=\cos\theta$

따라서 삼각형 OHP의 넓이 $f(\theta)$는

$f(\theta)=\dfrac{1}{2}\times\overline{OH}\times\overline{PH}=\dfrac{1}{2}\sin\theta\cos\theta$

직선 PQ는 점 P에서 부채꼴에 접하므로

$\angle OPQ=\dfrac{\pi}{2}$

따라서 직각삼각형 OPQ에서

$\cos\theta=\dfrac{\overline{OP}}{\overline{OQ}}$

$\therefore \overline{OQ}=\dfrac{\overline{OP}}{\cos\theta}=\dfrac{1}{\cos\theta}=\sec\theta$

이때 $\overline{AQ}=\overline{OQ}-\overline{OA}=\sec\theta-1$이고,

$\angle AQR=\dfrac{\pi}{2}-\theta$이므로 부채꼴 QRA의 넓이 $g(\theta)$는

$g(\theta)=\dfrac{1}{2}\times(\sec\theta-1)^2\times\left(\dfrac{\pi}{2}-\theta\right)$

STEP 2 $\therefore \lim\limits_{\theta\to0+}\dfrac{\sqrt{g(\theta)}}{\theta\times f(\theta)}$

$=\lim\limits_{\theta\to0+}\dfrac{\sqrt{\frac{1}{2}\times(\sec\theta-1)^2\times\left(\frac{\pi}{2}-\theta\right)}}{\theta\times\frac{1}{2}\sin\theta\cos\theta}$

$=\lim\limits_{\theta\to0+}\dfrac{(\sec\theta-1)\sqrt{\frac{1}{2}\left(\frac{\pi}{2}-\theta\right)}}{\theta\times\frac{1}{2}\sin\theta\cos\theta}$

$=\lim\limits_{\theta\to0+}\dfrac{(\sec\theta+1)(\sec\theta-1)\sqrt{\frac{1}{2}\left(\frac{\pi}{2}-\theta\right)}}{\theta\times\frac{1}{2}\sin\theta\cos\theta(\sec\theta+1)}$

$=\lim\limits_{\theta\to0+}\dfrac{\tan^2\theta\sqrt{\frac{1}{2}\left(\frac{\pi}{2}-\theta\right)}}{\theta\times\frac{1}{2}\sin\theta\cos\theta(\sec\theta+1)}$

$=\lim\limits_{\theta\to0+}\left\{2\times\dfrac{\tan^2\theta}{\theta^2}\times\dfrac{\theta}{\sin\theta}\times\dfrac{1}{\cos\theta(\sec\theta+1)}\times\sqrt{\dfrac{1}{2}\left(\dfrac{\pi}{2}-\theta\right)}\right\}$

$=2\times1\times1\times\dfrac{1}{2}\times\dfrac{\sqrt{\pi}}{2}=\dfrac{\sqrt{\pi}}{2}$

373 답 ④

해결 각 잡기

- $\triangle ABC$가 직각이등변삼각형임을 이용하여 $\angle PBQ$의 크기를 구한다.
- 점 P는 반원의 호 위의 점이고 선분 AB는 반원의 지름이므로 $\angle APB=\dfrac{\pi}{2}$임을 알 수 있다. 이를 통해 찾은 직각삼각형의 변의 길이를 θ에 대하여 나타내어 $S(\theta)$를 구할 수 있다.

STEP 1

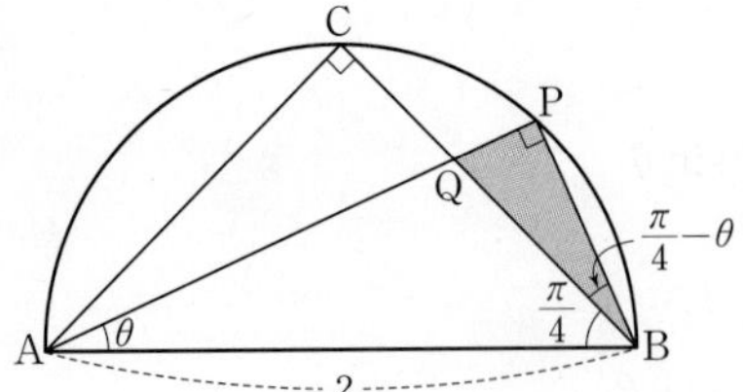

원주각의 크기는 중심각의 크기의 $\frac{1}{2}$이므로 삼각형 ABP에서

$\angle APB=\frac{\pi}{2}$

이때 $\overline{AB}=2$이므로

$\overline{PB}=\overline{AB}\sin\theta=2\sin\theta$ …… ㉠

또, 점 C가 호 AB를 이등분하는 점이므로 삼각형 ACB는 $\overline{AC}=\overline{BC}$인 직각이등변삼각형이다.

즉, $\angle ABC=\frac{\pi}{4}$이고 $\angle PQB=\angle QAB+\angle QBA=\theta+\frac{\pi}{4}$이므로

삼각형 BPQ에서

$\angle QBP=\frac{\pi}{2}-\angle PQB$

$=\frac{\pi}{2}-\theta-\frac{\pi}{4}=\frac{\pi}{4}-\theta$

$\overline{PQ}=\overline{PB}\tan\left(\frac{\pi}{4}-\theta\right)$

$=2\sin\theta\tan\left(\frac{\pi}{4}-\theta\right)$ ($\because$ ㉠) …… ㉡

$\therefore S(\theta)=\frac{1}{2}\times\overline{PB}\times\overline{PQ}$

$=\frac{1}{2}\times2\sin\theta\times2\sin\theta\tan\left(\frac{\pi}{4}-\theta\right)$ ($\because$ ㉠, ㉡)

$=2\sin^2\theta\tan\left(\frac{\pi}{4}-\theta\right)$

STEP 2 $\therefore \lim_{\theta\to0+}\frac{S(\theta)}{\theta^2}=\lim_{\theta\to0+}\frac{2\sin^2\theta\tan\left(\frac{\pi}{4}-\theta\right)}{\theta^2}$

$=\lim_{\theta\to0+}\left\{\frac{\sin^2\theta}{\theta^2}\times2\tan\left(\frac{\pi}{4}-\theta\right)\right\}$

$=1\times2\times1=2$

374 답 ①

해결 각 잡기

삼각형 AQH가 어떤 삼각형인지 확인하고, $S(\theta)$를 구한다.

STEP 1 직각삼각형 OHP에서

$\overline{OH}=\overline{OP}\cos\theta=\cos\theta$ ($\because \overline{OP}=1$)

이므로

$\overline{HA}=\overline{OA}-\overline{OH}=1-\cos\theta$

이때 $\overline{OB}=\overline{OA}$이므로 삼각형 OAB는 직각이등변삼각형이고,

$\overline{OB}/\!/\overline{HP}$이므로 $\angle HQA=\angle OBA=\angle OAB$

따라서 삼각형 AQH는 직각이등변삼각형이므로

$S(\theta)=\frac{1}{2}\times\overline{HA}\times\overline{HQ}=\frac{1}{2}(1-\cos\theta)^2$

STEP 2 $\therefore \lim_{\theta\to0+}\frac{S(\theta)}{\theta^4}=\lim_{\theta\to0+}\frac{(1-\cos\theta)^2}{2\theta^4}$

$=\lim_{\theta\to0+}\frac{(1-\cos\theta)^2(1+\cos\theta)^2}{2\theta^4(1+\cos\theta)^2}$

$=\lim_{\theta\to0+}\frac{\{(1-\cos\theta)(1+\cos\theta)\}^2}{2\theta^4(1+\cos\theta)^2}$

$=\lim_{\theta\to0+}\frac{(\sin^2\theta)^2}{2\theta^4(1+\cos\theta)^2}$

$=\lim_{\theta\to0+}\left\{\frac{\sin^4\theta}{\theta^4}\times\frac{1}{2(1+\cos\theta)^2}\right\}$

$=1\times\frac{1}{8}=\frac{1}{8}$

375 답 ③

해결 각 잡기

$m\neq0$, $n\neq0$일 때

$\lim_{x\to0}\frac{\sin mx}{\sin nx}=\frac{m}{n}$

$=\lim_{x\to0}\left(\frac{\sin mx}{mx}\times\frac{nx}{\sin nx}\times\frac{m}{n}\right)$

STEP 1

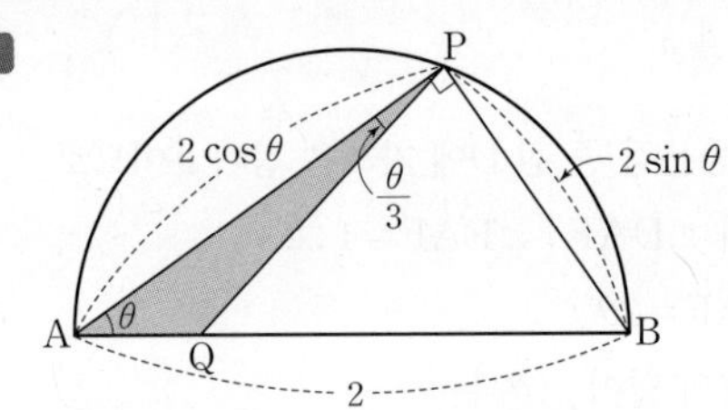

반원에 대한 원주각의 크기는 $\frac{\pi}{2}$이므로

$\angle APB=\frac{\pi}{2}$

직각삼각형 ABP에서

$\sin\theta=\frac{\overline{PB}}{\overline{AB}}=\frac{\overline{PB}}{2}$ $\quad\therefore \overline{PB}=2\sin\theta$

$\therefore l(\theta)=\overline{PB}=2\sin\theta$

STEP 2 직각삼각형 ABP에서

$\cos\theta=\frac{\overline{AP}}{\overline{AB}}=\frac{\overline{AP}}{2}$ $\quad\therefore \overline{AP}=2\cos\theta$

삼각형 PAQ에서 사인법칙을 이용하면

$\frac{\overline{AP}}{\sin(\angle AQP)}=\frac{\overline{AQ}}{\sin(\angle APQ)}$에서

$\frac{2\cos\theta}{\sin\left(\pi-\frac{4}{3}\theta\right)}=\frac{\overline{AQ}}{\sin\frac{\theta}{3}}$

$\therefore \overline{AQ}=\frac{2\cos\theta\sin\frac{\theta}{3}}{\sin\frac{4}{3}\theta}$

따라서 삼각형 PAQ의 넓이 $S(\theta)$는

$S(\theta)=\frac{1}{2}\times\overline{AP}\times\overline{AQ}\times\sin\theta$

$=\frac{1}{2}\times2\cos\theta\times\frac{2\cos\theta\sin\frac{\theta}{3}}{\sin\frac{4}{3}\theta}\times\sin\theta$

$$=\frac{2\cos^2\theta\sin\frac{\theta}{3}\sin\theta}{\sin\frac{4}{3}\theta}$$

STEP 3 $\therefore \lim_{\theta\to0+}\frac{S(\theta)}{l(\theta)}=\lim_{\theta\to0+}\left(\frac{1}{2\sin\theta}\times\frac{2\cos^2\theta\sin\frac{\theta}{3}\sin\theta}{\sin\frac{4}{3}\theta}\right)$

$$=\lim_{\theta\to0+}\left(\cos^2\theta\times\frac{\sin\frac{\theta}{3}}{\sin\frac{4}{3}\theta}\right)$$

$$=1^2\times\frac{\frac{1}{3}}{\frac{4}{3}}=\frac{1}{4}$$

376 답 18

STEP 1 오른쪽 그림과 같이 선분 AB의 중점을 O라 하면 삼각형 APO는 이등변삼각형이므로

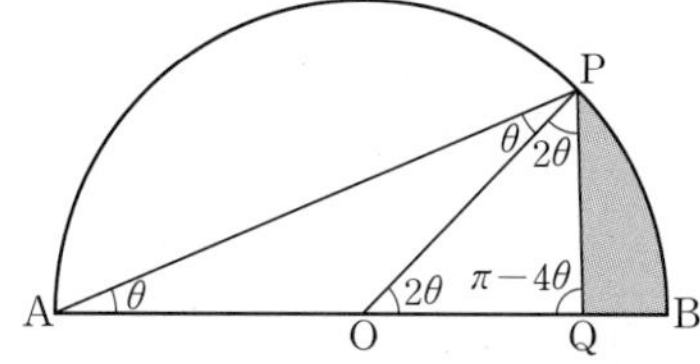

$\angle OPA=\angle OAP=\theta$,

$\overline{OP}=6$

$\therefore \angle POQ=\angle OAP+\angle OPA=\theta+\theta=2\theta$,

$\angle OPQ=\angle APQ-\angle APO=3\theta-\theta=2\theta$

즉, $\angle POQ=\angle OPQ=2\theta$이므로 삼각형 POQ에서

$\angle OQP=\pi-4\theta$

삼각형 OQP에서 사인법칙을 이용하면

$$\frac{\overline{PQ}}{\sin 2\theta}=\frac{6}{\sin(\pi-4\theta)}$$

$$\therefore \overline{PQ}=\frac{6\sin 2\theta}{\sin 4\theta}=\frac{6\sin 2\theta}{2\sin 2\theta\cos 2\theta}=\frac{3}{\cos 2\theta}$$

STEP 2 따라서 삼각형 OQP의 넓이는

$$\frac{1}{2}\times\overline{PO}\times\overline{PQ}\times\sin(\angle OPQ)=\frac{1}{2}\times6\times\frac{3}{\cos 2\theta}\times\sin 2\theta$$

$$=\frac{9\sin 2\theta}{\cos 2\theta}$$

$\therefore S(\theta)=$(부채꼴 OBP의 넓이)$-$(삼각형 OQP의 넓이)

$$=\frac{1}{2}\times6^2\times2\theta-\frac{9\sin 2\theta}{\cos 2\theta}=36\theta-9\tan 2\theta$$

STEP 3 $\therefore \lim_{\theta\to0+}\frac{S(\theta)}{\theta}=\lim_{\theta\to0+}\frac{36\theta-9\tan 2\theta}{\theta}$

$$=36-\lim_{\theta\to0+}\left(\frac{9\tan 2\theta}{2\theta}\times2\right)$$

$$=36-18=18$$

377 답 ③

해결 각 잡기

- 호 OQ에 대한 원주각의 크기는 모두 같다.
- 반원에 대한 원주각의 크기는 $\frac{\pi}{2}$이다.

STEP 1 원 C와 y축과의 교점 중 O가 아닌 점을 R라 하면

$\angle POR=\frac{\pi}{2}-\theta$이므로

$\angle ORP=\frac{\pi}{2}-\angle POR=\frac{\pi}{2}-\left(\frac{\pi}{2}-\theta\right)=\theta$

직각삼각형 OPR에서

$\overline{OP}=\overline{OR}\sin\theta=2\sin\theta$

두 각 $\angle ORQ$, $\angle OPQ$는 호 OQ에 대한 원주각이므로

$\angle ORQ=\angle OPQ=\frac{\theta}{3}$

직각삼각형 OQR에서

$\overline{OQ}=\overline{OR}\sin\frac{\theta}{3}=2\sin\frac{\theta}{3}$

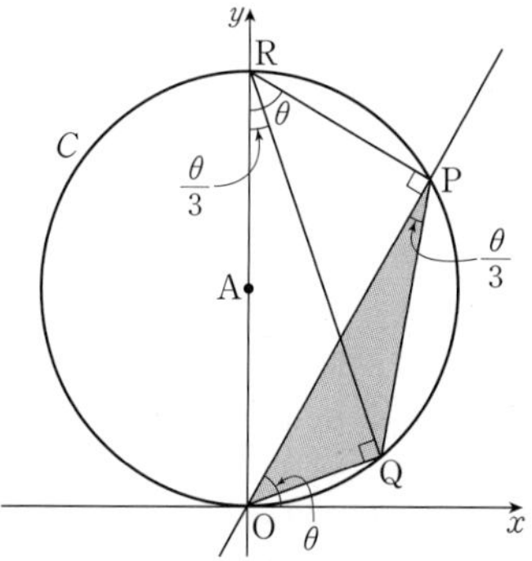

STEP 2 $\angle QRP=\angle ORP-\angle ORQ=\theta-\frac{\theta}{3}=\frac{2}{3}\theta$이고 두 각 $\angle QOP$, $\angle QRP$는 호 PQ에 대한 원주각이므로

$\angle QOP=\angle QRP=\frac{2}{3}\theta$

$\therefore f(\theta)=\frac{1}{2}\times\overline{OP}\times\overline{OQ}\times\sin(\angle QOP)$

$$=\frac{1}{2}\times2\sin\theta\times2\sin\frac{\theta}{3}\times\sin\frac{2}{3}\theta$$

$$=2\sin\theta\sin\frac{\theta}{3}\sin\frac{2}{3}\theta$$

STEP 3 $\therefore \lim_{\theta\to0+}\frac{f(\theta)}{\theta^3}$

$$=\lim_{\theta\to0+}\frac{2\sin\theta\sin\frac{\theta}{3}\sin\frac{2}{3}\theta}{\theta^3}$$

$$=2\lim_{\theta\to0+}\left(\frac{\sin\theta}{\theta}\times\frac{\sin\frac{\theta}{3}}{\frac{\theta}{3}}\times\frac{\sin\frac{2}{3}\theta}{\frac{2}{3}\theta}\times\frac{1}{3}\times\frac{2}{3}\right)$$

$$=2\times1\times1\times1\times\frac{1}{3}\times\frac{2}{3}=\frac{4}{9}$$

378 답 ②

STEP 1 $\overline{OA}=\overline{OB}=\overline{OQ}=1$이므로

$\angle OQA=\angle OAQ=2\theta$, $\angle BOQ=4\theta$

따라서 삼각형 BOQ의 넓이는

$f(\theta)=\frac{1}{2}\times\overline{OB}\times\overline{OQ}\times\sin(\angle BOQ)$

$$=\frac{1}{2}\times1\times1\times\sin 4\theta=\frac{1}{2}\sin 4\theta$$

STEP 2

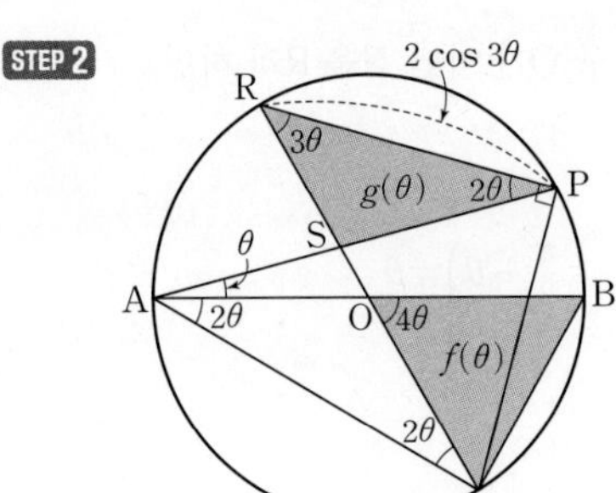

선분 RQ는 원의 지름이므로 $\angle\mathrm{RPQ}=\frac{\pi}{2}$

원주각의 성질에 의하여 $\angle\mathrm{PRQ}=\angle\mathrm{PAQ}=3\theta$,

$\angle\mathrm{RPA}=\angle\mathrm{RQA}=2\theta$ ($\because$ $\angle\mathrm{OQA}=2\theta$)이므로

$\overline{\mathrm{RP}}=\overline{\mathrm{RQ}}\cos 3\theta=2\cos 3\theta$

삼각형 PRS에서 $\angle\mathrm{PSR}=\pi-5\theta$이므로 사인법칙에 의하여

$$\frac{\overline{\mathrm{RS}}}{\sin 2\theta}=\frac{\overline{\mathrm{RP}}}{\sin(\pi-5\theta)}=\frac{2\cos 3\theta}{\sin(\pi-5\theta)}$$

$$\therefore\ \overline{\mathrm{RS}}=\frac{2\cos 3\theta\sin 2\theta}{\sin(\pi-5\theta)}=\frac{2\cos 3\theta\sin 2\theta}{\sin 5\theta}$$

따라서 삼각형 PRS의 넓이는

$$g(\theta)=\frac{1}{2}\times\overline{\mathrm{RP}}\times\overline{\mathrm{RS}}\times\sin(\angle\mathrm{PRS})$$

$$=\frac{1}{2}\times 2\cos 3\theta\times\frac{2\cos 3\theta\sin 2\theta}{\sin 5\theta}\times\sin 3\theta$$

$$=\frac{2\cos^2(3\theta)\times\sin 2\theta\times\sin 3\theta}{\sin 5\theta}$$

STEP 3 $\therefore\ \lim_{\theta\to 0+}\frac{g(\theta)}{f(\theta)}=\lim_{\theta\to 0+}\frac{\frac{2\cos^2(3\theta)\times\sin 2\theta\times\sin 3\theta}{\sin 5\theta}}{\frac{1}{2}\sin 4\theta}$

$$=\lim_{\theta\to 0+}\frac{4\cos^2(3\theta)\times\sin 2\theta\times\sin 3\theta}{\sin 4\theta\times\sin 5\theta}$$

$$=\lim_{\theta\to 0+}\frac{24\times\cos^2(3\theta)\times\frac{\sin 2\theta}{2\theta}\times\frac{\sin 3\theta}{3\theta}}{20\times\frac{\sin 4\theta}{4\theta}\times\frac{\sin 5\theta}{5\theta}}$$

$$=\frac{24\times 1\times 1\times 1}{20\times 1\times 1}=\frac{6}{5}$$

379 답 30

STEP 1 삼각형 ABC에서 $\overline{\mathrm{AB}}=\overline{\mathrm{AC}}$이고 $\angle\mathrm{BAC}=\theta$이므로

$\angle\mathrm{BCA}=\frac{1}{2}(\pi-\theta)=\frac{\pi}{2}-\frac{\theta}{2}$

점 D는 선분 AB를 지름으로 하는 원 위에 있으므로 $\angle\mathrm{BDA}=\frac{\pi}{2}$

$\therefore\ \overline{\mathrm{CD}}=\overline{\mathrm{BC}}\times\cos\left(\frac{\pi}{2}-\frac{\theta}{2}\right)=2\sin\frac{\theta}{2}$

점 E에서 선분 AC에 내린 수선의 발을 H라 하면 두 삼각형 AEH와 ABD는 서로 닮음이고 닮음비는 1 : 2이므로

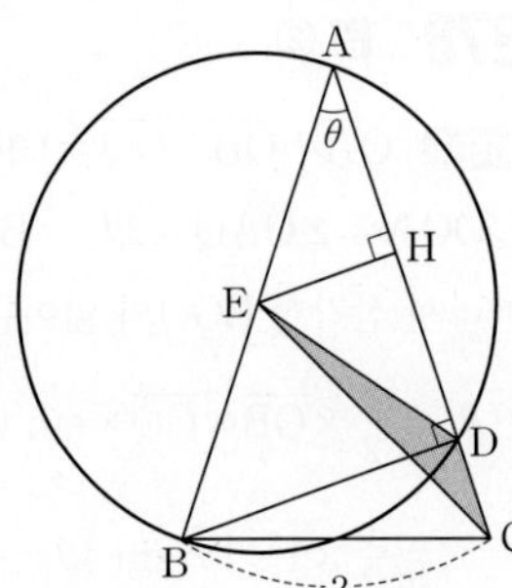

$\overline{\mathrm{EH}}=\frac{1}{2}\times\overline{\mathrm{BD}}$

$=\frac{1}{2}\times\overline{\mathrm{BC}}\times\sin\left(\frac{\pi}{2}-\frac{\theta}{2}\right)$

$=\frac{1}{2}\times 2\times\cos\frac{\theta}{2}$

$=\cos\frac{\theta}{2}$

$\therefore\ S(\theta)=\frac{1}{2}\times\overline{\mathrm{CD}}\times\overline{\mathrm{EH}}$

$=\frac{1}{2}\times 2\sin\frac{\theta}{2}\times\cos\frac{\theta}{2}$

$=\sin\frac{\theta}{2}\cos\frac{\theta}{2}$

STEP 2 $\therefore\ \lim_{\theta\to 0+}\frac{S(\theta)}{\theta}=\lim_{\theta\to 0+}\frac{\sin\frac{\theta}{2}\cos\frac{\theta}{2}}{\theta}$

$$=\lim_{\theta\to 0+}\left(\frac{\sin\frac{\theta}{2}}{\frac{\theta}{2}}\times\frac{1}{2}\times\cos\frac{\theta}{2}\right)$$

$$=\frac{1}{2}\times 1\times 1=\frac{1}{2}$$

$\therefore\ 60\times\lim_{\theta\to 0+}\frac{S(\theta)}{\theta}=60\times\frac{1}{2}=30$

380 답 ④

해결 각 잡기

- 삼각형 CDP는 $\overline{\mathrm{PC}}=\overline{\mathrm{PD}}$인 이등변삼각형이다.
- 삼각형 EDA는 삼각형 POA와 닮음이다.

STEP 1 선분 OC를 그으면

$\overline{\mathrm{AP}}=\overline{\mathrm{PC}}$이므로

$\angle\mathrm{COP}=\angle\mathrm{POA}=\theta$

점 O에서 선분 AP에 내린 수선의 발을 H라 하면

$\angle\mathrm{HOA}=\frac{1}{2}\angle\mathrm{POA}=\frac{\theta}{2}$이므로

$\overline{\mathrm{AH}}=\overline{\mathrm{OA}}\sin\frac{\theta}{2}=1\times\sin\frac{\theta}{2}$

$=\sin\frac{\theta}{2}$

$\therefore\ \overline{\mathrm{AP}}=2\overline{\mathrm{AH}}=2\sin\frac{\theta}{2}$

삼각형 OAP에서

$\angle\mathrm{OAP}=\angle\mathrm{OPA}=\frac{1}{2}(\pi-\angle\mathrm{POA})=\frac{\pi}{2}-\frac{\theta}{2}$

점 P에서 선분 DA에 내린 수선의 발을 H′이라 하면

$\angle\mathrm{APH'}=\pi-\angle\mathrm{AH'P}-\angle\mathrm{PAH'}$

$=\pi-\frac{\pi}{2}-\left(\frac{\pi}{2}-\frac{\theta}{2}\right)=\frac{\theta}{2}$

$\therefore\ \angle\mathrm{APD}=2\angle\mathrm{APH'}=\theta$

따라서

$\angle\mathrm{DPC}=\angle\mathrm{APO}+\angle\mathrm{OPC}-\angle\mathrm{APD}$

$=\left(\frac{\pi}{2}-\frac{\theta}{2}\right)+\left(\frac{\pi}{2}-\frac{\theta}{2}\right)-\theta$

$=\pi-2\theta$

이때 $\overline{PC}=\overline{PD}=\overline{PA}=2\sin\frac{\theta}{2}$이므로

$$f(\theta)=\frac{1}{2}\times\overline{PD}\times\overline{PC}\times\sin(\pi-2\theta)$$
$$=\frac{1}{2}\times\left(2\sin\frac{\theta}{2}\right)^2\times\sin 2\theta$$
$$=2\times\sin^2\frac{\theta}{2}\times\sin 2\theta$$

STEP 2 삼각형 APD에서

$$\overline{DA}=2\overline{AH'}=2\overline{AP}\cos\left(\frac{\pi}{2}-\frac{\theta}{2}\right)$$
$$=2\times2\sin\frac{\theta}{2}\times\sin\frac{\theta}{2}=4\sin^2\frac{\theta}{2}$$

이때 두 삼각형 OAP, DAE는 서로 닮음이고 닮음비는

$\overline{OA}:\overline{DA}=1:4\sin^2\frac{\theta}{2}$

이므로 넓이의 비는

$\overline{OA}^2:\overline{DA}^2=1:16\sin^4\frac{\theta}{2}$

$$\therefore g(\theta)=\triangle OAP\times16\sin^4\frac{\theta}{2}$$
$$=\frac{1}{2}\times1\times1\times\sin\theta\times16\times\sin^4\frac{\theta}{2}$$
$$=8\times\sin^4\frac{\theta}{2}\times\sin\theta$$

STEP 3 $\therefore \lim_{\theta\to0+}\frac{g(\theta)}{\theta^2\times f(\theta)}=\lim_{\theta\to0+}\frac{8\times\sin^4\frac{\theta}{2}\times\sin\theta}{\theta^2\times2\times\sin^2\frac{\theta}{2}\times\sin2\theta}$

$$=\lim_{\theta\to0+}\frac{4\times\sin^2\frac{\theta}{2}\times\sin\theta}{\theta^2\times\sin2\theta}$$
$$=\lim_{\theta\to0+}\frac{4\times\frac{\sin^2\frac{\theta}{2}}{\left(\frac{\theta}{2}\right)^2}\times\frac{\sin\theta}{\theta}\times\frac{1}{4}}{\frac{\sin2\theta}{2\theta}\times2}$$
$$=\frac{1}{2}$$

381 답 4

해결 각 잡기

- 이등변삼각형의 꼭지각의 이등분선은 밑변을 수직이등분한다.
- 삼각형의 세 내각의 이등분선의 교점이 내접원의 중심이다.

STEP 1 선분 AB의 중점을 O라 하면 $\overline{AO}=\overline{PO}=\overline{BO}=1$이므로 두 삼각형 POA, POB는 이등변삼각형이다.

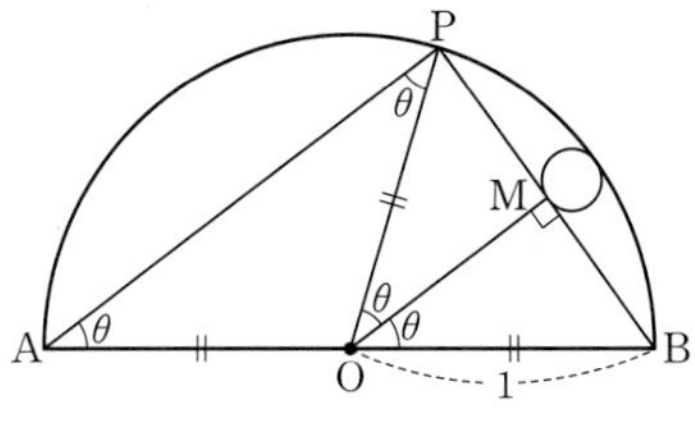

즉, $\angle APO=\angle PAO=\theta$이므로

$\angle POB=\angle PAO+\angle APO=2\theta$

이때 선분 OM이 $\angle POB$를 이등분하므로 $\angle POM=\angle BOM=\theta$

따라서 직각삼각형 BOM에서

$$\cos\theta=\frac{\overline{OM}}{\overline{OB}}=\overline{OM}$$

선분 PB와 호 PB에 동시에 접하는 원의 반지름의 길이를 r_1이라 하면

$2r_1=1-\cos\theta$

$$\therefore r_1=\frac{1-\cos\theta}{2}$$

$$\therefore S(\theta)=\pi r_1^2=\pi\left(\frac{1-\cos\theta}{2}\right)^2$$

STEP 2 삼각형 ABQ에 내접하는 원의 중심을 O′이라 하자.

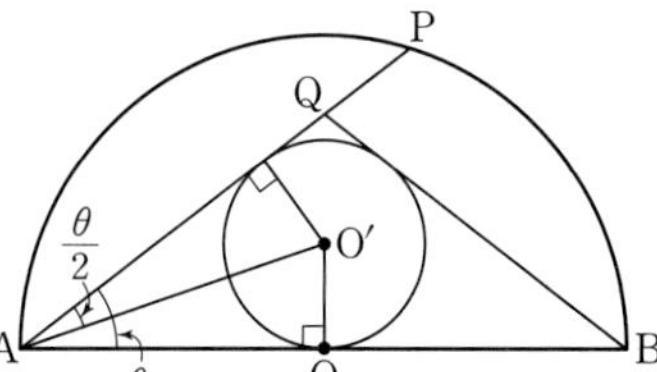

이때 선분 AO′이 $\angle QAO$를 이등분하므로

$$\angle QAO'=\angle OAO'=\frac{\theta}{2}$$

따라서 직각삼각형 OAO′에서

$$\tan\frac{\theta}{2}=\frac{\overline{OO'}}{\overline{OA}}=\overline{OO'}$$

삼각형 ABQ에 내접하는 원의 반지름의 길이를 r_2라 하면

$$r_2=\overline{OO'}=\tan\frac{\theta}{2}$$

$$\therefore T(\theta)=\pi r_2^2=\pi\tan^2\frac{\theta}{2}$$

STEP 3 $\therefore \lim_{\theta\to0+}\frac{\theta^2\times T(\theta)}{S(\theta)}$

$$=\lim_{\theta\to0+}\frac{\theta^2\times\pi\tan^2\frac{\theta}{2}}{\pi\left(\frac{1-\cos\theta}{2}\right)^2}$$
$$=\lim_{\theta\to0+}\frac{4\theta^2\times\tan^2\frac{\theta}{2}}{(1-\cos\theta)^2}$$
$$=\lim_{\theta\to0+}\left\{\frac{4\theta^2\times\tan^2\frac{\theta}{2}\times(1+\cos\theta)^2}{(1-\cos\theta)^2(1+\cos\theta)^2}\right\}$$
$$=\lim_{\theta\to0+}\left\{\frac{4\theta^2\times\tan^2\frac{\theta}{2}\times(1+\cos\theta)^2}{\sin^4\theta}\right\}$$
$$=\lim_{\theta\to0+}\left\{4\times\frac{\theta^4}{\sin^4\theta}\times\frac{\tan^2\frac{\theta}{2}}{\left(\frac{\theta}{2}\right)^2}\times\frac{1}{4}\times(1+\cos\theta)^2\right\}$$
$$=4\times1\times1\times\frac{1}{4}\times4=4$$

382 답 ④

해결 각 잡기

- 보조선을 긋고 직각삼각형을 찾아 $r(\theta)$를 구한다.
- $\tan(\alpha-\beta)=\frac{\tan\alpha-\tan\beta}{1+\tan\alpha\tan\beta}$

STEP 1 다음 그림과 같이 점 E를 포함하지 않는 호 DF를 이등분하는 점을 P, 선분 DF의 중점을 Q, 선분 DE의 중점을 M이라 하자.

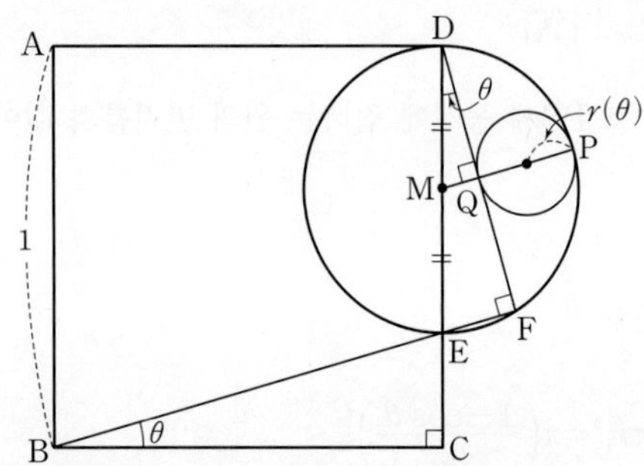

$\angle DEF=\angle BEC=\frac{\pi}{2}-\theta$ (맞꼭지각)이고 선분 DE는 원의 지름이므로

$\angle DFE=\frac{\pi}{2}$

$\therefore \angle EDF=\frac{\pi}{2}-\angle DEF=\frac{\pi}{2}-\left(\frac{\pi}{2}-\theta\right)=\theta$

한편, 직각삼각형 BCE에서

$\overline{EC}=\overline{BC}\tan\theta=\tan\theta$

이므로

$\overline{DE}=\overline{DC}-\overline{EC}=1-\tan\theta$

점 M은 선분 DE의 중점이므로

$\overline{MP}=\overline{DM}=\frac{1}{2}\overline{DE}=\frac{1-\tan\theta}{2}$

직각삼각형 DMQ에서

$\overline{MQ}=\overline{DM}\sin\theta$

$=\frac{1-\tan\theta}{2}\times\sin\theta$

$\therefore r(\theta)=\frac{1}{2}\overline{PQ}=\frac{1}{2}(\overline{MP}-\overline{MQ})$

$=\frac{1}{2}\times\left(\frac{1-\tan\theta}{2}-\frac{1-\tan\theta}{2}\times\sin\theta\right)$

$=\frac{1}{2}\times\frac{1-\tan\theta}{2}\times(1-\sin\theta)$

$=\frac{(1-\tan\theta)(1-\sin\theta)}{4}$

STEP 2 $\lim_{\theta\to\frac{\pi}{4}-}\frac{r(\theta)}{\frac{\pi}{4}-\theta}=\lim_{\theta\to\frac{\pi}{4}-}\frac{\frac{(1-\tan\theta)(1-\sin\theta)}{4}}{\frac{\pi}{4}-\theta}$

$=\lim_{\theta\to\frac{\pi}{4}-}\left(\frac{1-\tan\theta}{\frac{\pi}{4}-\theta}\times\frac{1-\sin\theta}{4}\right)$ ...... ㉠

이때 $\lim_{\theta\to\frac{\pi}{4}-}\frac{1-\tan\theta}{\frac{\pi}{4}-\theta}$에서 $\frac{\pi}{4}-\theta=t$로 놓으면 $\theta\to\frac{\pi}{4}-$일 때 $t\to0+$이므로

$\lim_{\theta\to\frac{\pi}{4}-}\frac{1-\tan\theta}{\frac{\pi}{4}-\theta}=\lim_{t\to0+}\frac{1-\tan\left(\frac{\pi}{4}-t\right)}{t}$

$=\lim_{t\to0+}\frac{1-\frac{1-\tan t}{1+\tan t}}{t}$

$=\lim_{t\to0+}\frac{2\tan t}{t(1+\tan t)}$

$=\lim_{t\to0+}\left(\frac{\tan t}{t}\times\frac{2}{1+\tan t}\right)$

$=1\times2=2$

따라서 ㉠에서

$\lim_{\theta\to\frac{\pi}{4}-}\frac{r(\theta)}{\frac{\pi}{4}-\theta}=2\times\frac{1-\frac{\sqrt{2}}{2}}{4}$

$=\frac{1}{4}(2-\sqrt{2})$

383 답 ④

STEP 1 삼각형 OAP가 이등변삼각형이므로

$\angle OAP=\angle OPA=\frac{1}{2}(\pi-\theta)=\frac{\pi}{2}-\frac{\theta}{2}$

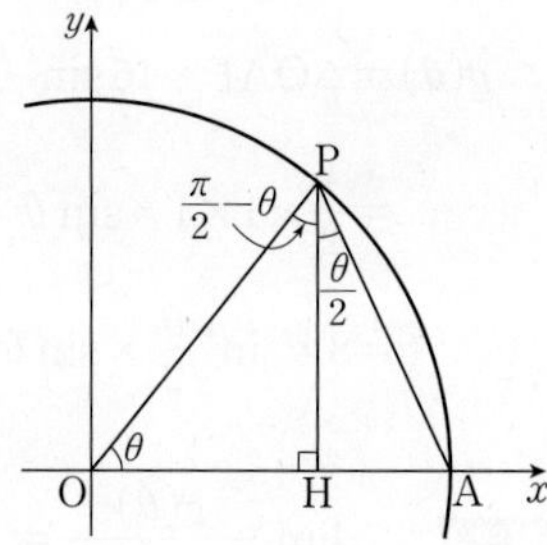

직각삼각형 OPH에서

$\angle OPH=\pi-\left(\frac{\pi}{2}+\theta\right)=\frac{\pi}{2}-\theta$

$\therefore \angle APH=\angle OPA-\angle OPH$

$=\left(\frac{\pi}{2}-\frac{\theta}{2}\right)-\left(\frac{\pi}{2}-\theta\right)$

$=\frac{\theta}{2}$

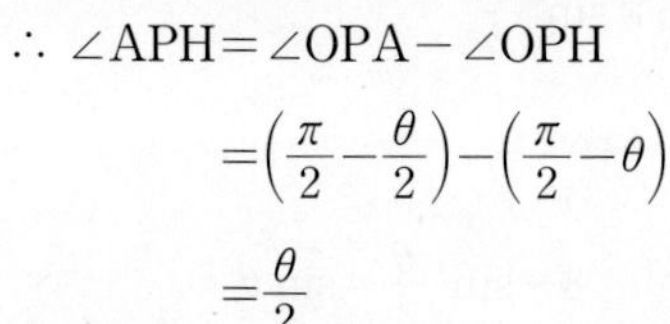

STEP 2 삼각형 APH에서 내접원의 중심을 Q, 내접원과 선분 PH의 교점을 T라 하면 $\angle QPT=\angle QPA$이므로 $\angle QPT=\frac{1}{2}\angle APH=\frac{\theta}{4}$

또, $\overline{PH}=\overline{OP}\sin\theta=\sin\theta$이므로

삼각형 QPT에서

$\tan\frac{\theta}{4}=\frac{\overline{QT}}{\overline{PT}}=\frac{\overline{QT}}{\overline{PH}-\overline{TH}}=\frac{r(\theta)}{\sin\theta-r(\theta)}$

($\overline{TH}=\overline{QT}$)

$\tan\frac{\theta}{4}\{\sin\theta-r(\theta)\}=r(\theta)$

$\left(1+\tan\frac{\theta}{4}\right)r(\theta)=\sin\theta\tan\frac{\theta}{4}$

$\therefore r(\theta)=\frac{\sin\theta\tan\frac{\theta}{4}}{1+\tan\frac{\theta}{4}}$

STEP 3 $\therefore \lim_{\theta\to0+}\frac{r(\theta)}{\theta^2}=\lim_{\theta\to0+}\frac{\sin\theta\tan\frac{\theta}{4}}{\theta^2\left(1+\tan\frac{\theta}{4}\right)}$

$=\lim_{\theta\to0+}\left(\frac{\sin\theta}{\theta}\times\frac{\tan\frac{\theta}{4}}{\frac{\theta}{4}}\times\frac{1}{4}\times\frac{1}{1+\tan\frac{\theta}{4}}\right)$

$=1\times1\times\frac{1}{4}\times1=\frac{1}{4}$

다른 풀이 **STEP 2**+**STEP 3**

삼각형 APH의 내접원의 반지름의 길이 $r(\theta)$에 대하여

(삼각형 APH의 넓이)$=\frac{1}{2}\times r(\theta)\times$(△APH의 둘레의 길이)

$$=\frac{1}{2}\times r(\theta)\times(\overline{PH}+\overline{AH}+\overline{AP})$$

$$=\frac{1}{2}\times\overline{AH}\times\overline{PH}$$

이고 $\overline{PH}=\sin\theta$, $\overline{AH}=\sin\theta\tan\frac{\theta}{2}$, $\overline{AP}=\frac{\sin\theta}{\cos\frac{\theta}{2}}$이므로

$$r(\theta)=\frac{\overline{AH}\times\overline{PH}}{\overline{AH}+\overline{PH}+\overline{AP}}$$

$$=\frac{\sin^2\theta\tan\frac{\theta}{2}}{\sin\theta\left(\tan\frac{\theta}{2}+1+\frac{1}{\cos\frac{\theta}{2}}\right)}$$

$$=\frac{\sin\theta\tan\frac{\theta}{2}}{\tan\frac{\theta}{2}+1+\frac{1}{\cos\frac{\theta}{2}}}$$

$$\therefore \lim_{\theta\to0+}\frac{r(\theta)}{\theta^2}$$

$$=\lim_{\theta\to0+}\frac{\sin\theta\tan\frac{\theta}{2}}{\theta^2\left(\tan\frac{\theta}{2}+1+\frac{1}{\cos\frac{\theta}{2}}\right)}$$

$$=\lim_{\theta\to0+}\left(\frac{\sin\theta}{\theta}\times\frac{\tan\frac{\theta}{2}}{\frac{\theta}{2}}\times\frac{1}{2}\times\frac{1}{\tan\frac{\theta}{2}+1+\frac{1}{\cos\frac{\theta}{2}}}\right)$$

$$=1\times1\times\frac{1}{2}\times\frac{1}{2}=\frac{1}{4}$$

384 답 ①

STEP 1 $\angle BOQ=\theta$, $\overline{OB}=1$이고 $\angle OQB=\frac{\pi}{2}$이므로

직각삼각형 BOQ에서

$\sin\theta=\frac{\overline{BQ}}{\overline{OB}}=\overline{BQ}$, $\cos\theta=\frac{\overline{OQ}}{\overline{OB}}=\overline{OQ}$

따라서 직각삼각형 QOR에서

$\sin\theta=\frac{\overline{QR}}{\overline{OQ}}=\frac{\overline{QR}}{\cos\theta}$

$\therefore \overline{QR}=\sin\theta\cos\theta$

$\cos\theta=\frac{\overline{OR}}{\overline{OQ}}=\frac{\overline{OR}}{\cos\theta}$

$\therefore \overline{OR}=\cos^2\theta$

$\therefore \overline{BR}=1-\cos^2\theta=\sin^2\theta$

이때 삼각형 RQB의 넓이는

$\frac{1}{2}\times\overline{BR}\times\overline{RQ}=\frac{1}{2}\times\sin^2\theta\times\sin\theta\cos\theta$ …… ㉠

삼각형 RQB의 넓이를 내접원의 반지름의 길이 $r(\theta)$를 이용하여 나타내면

$\frac{1}{2}\times r(\theta)\times(\overline{BQ}+\overline{QR}+\overline{BR})$

$=\frac{1}{2}\times r(\theta)\times(\sin\theta+\sin\theta\cos\theta+\sin^2\theta)$ …… ㉡

㉠, ㉡에 의하여

$\frac{1}{2}\times\sin^2\theta\times\sin\theta\cos\theta$

$=\frac{1}{2}\times r(\theta)\times(\sin\theta+\sin\theta\cos\theta+\sin^2\theta)$

$\sin^2\theta\cos\theta=r(\theta)\times(1+\cos\theta+\sin\theta)$

$\therefore r(\theta)=\frac{\sin^2\theta\cos\theta}{1+\cos\theta+\sin\theta}$

STEP 2 $\therefore \lim_{\theta\to0+}\frac{r(\theta)}{\theta^2}=\lim_{\theta\to0+}\frac{\sin^2\theta\cos\theta}{\theta^2(1+\cos\theta+\sin\theta)}$

$$=\lim_{\theta\to0+}\left(\frac{\sin^2\theta}{\theta^2}\times\frac{\cos\theta}{1+\cos\theta+\sin\theta}\right)$$

$$=1\times\frac{1}{2}=\frac{1}{2}$$

385 답 ⑤

해결 각 잡기

부채꼴 OPQ와 삼각형 OPR의 넓이를 이용하여 $S(\theta)$를 구한다.

STEP 1 다음 그림과 같이 $\overline{OP}$, $\overline{QB}$를 그으면

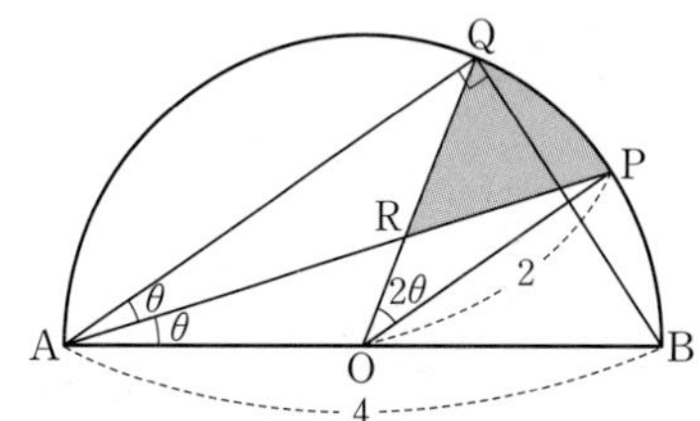

$\overline{OP}=2$이고, $\angle QAP=\angle QAB-\angle PAB=2\theta-\theta=\theta$이므로

호 PQ에 대하여

$\angle QOP=2\angle QAP=2\theta$

따라서 부채꼴 OPQ의 넓이를 $S_1(\theta)$라 하면

$S_1(\theta)=\frac{1}{2}\times2^2\times2\theta=4\theta$

한편, $\overline{AB}$가 반원의 지름이므로

$\angle AQB=\frac{\pi}{2}$

직각삼각형 ABQ에서

$\overline{AQ}=\overline{AB}\cos2\theta=4\cos2\theta$

$\overline{AR}$는 $\angle QAO$의 이등분선이므로 삼각형 AOQ에서

$\overline{OR}:\overline{QR}=\overline{AO}:\overline{AQ}$

$\overline{OR}:(2-\overline{OR})=2:4\cos2\theta$

$4-2\overline{OR}=4\cos2\theta\,\overline{OR}$

$(4\cos2\theta+2)\overline{OR}=4$

$\therefore \overline{OR}=\frac{2}{2\cos2\theta+1}$

따라서 삼각형 OPR의 넓이를 $S_2(\theta)$라 하면

$$S_2(\theta)=\frac{1}{2}\times\overline{OP}\times\overline{OR}\times\sin 2\theta$$
$$=\frac{1}{2}\times 2\times\frac{2}{2\cos 2\theta+1}\times\sin 2\theta$$
$$=\frac{2\sin 2\theta}{2\cos 2\theta+1}$$

한편, $S(\theta)$는 부채꼴 OPQ의 넓이에서 삼각형 OPR의 넓이를 뺀 것이므로

$$S(\theta)=S_1(\theta)-S_2(\theta)$$
$$=4\theta-\frac{2\sin 2\theta}{2\cos 2\theta+1}$$

STEP 2 $\therefore \lim_{\theta\to0+}\frac{S(\theta)}{\theta}=\lim_{\theta\to0+}\left\{4-\frac{2\sin 2\theta}{\theta(2\cos 2\theta+1)}\right\}$

$$=\lim_{\theta\to0+}\left(4-\frac{\sin 2\theta}{2\theta}\times\frac{4}{2\cos 2\theta+1}\right)$$
$$=4-1\times\frac{4}{2\times1+1}$$
$$=\frac{8}{3}$$

386 답 ①

STEP 1 $f(\theta)=\frac{1}{2}\times1\times1\times\sin(\pi-2\theta)$

$$=\frac{1}{2}\sin 2\theta$$

STEP 2

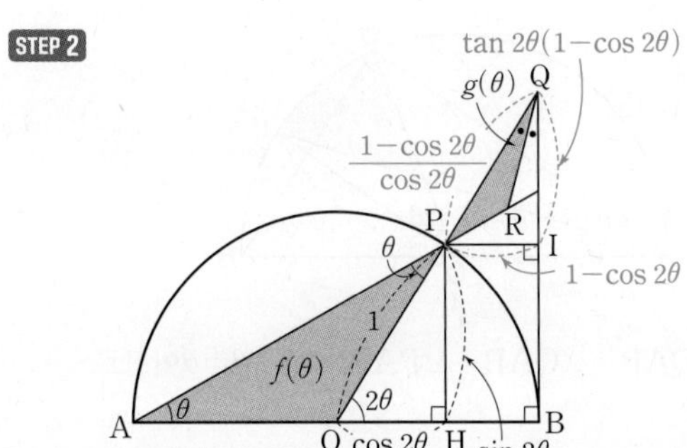

$\angle QPR=\angle APO=\angle OAP=\theta$이고, 점 P에서 두 선분 AB, BQ에 내린 수선의 발을 각각 H, I라 하면

$\angle QPI=\angle POH=2\theta$ (동위각)이므로

$\angle RPI=\angle QPI-\angle QPR=\theta$

즉, 점 R는 삼각형 PIQ의 내심이다.

이때 $\overline{OH}=\cos 2\theta$, $\overline{PH}=\sin 2\theta$, $\overline{BQ}=\tan 2\theta$이므로

$\overline{PI}=1-\cos 2\theta$,

$\overline{QI}=\overline{QB}-\overline{IB}$

$=\tan 2\theta-\sin 2\theta$

$=\tan 2\theta(1-\cos 2\theta)$,

$\overline{PQ}=\overline{OQ}-\overline{OP}$

$$=\frac{1}{\cos 2\theta}-1$$
$$=\frac{1-\cos 2\theta}{\cos 2\theta}$$

STEP 3 삼각형 PIQ의 내접원의 반지름의 길이를 r라 하면

(삼각형 PIQ의 넓이)

$$=\frac{1}{2}\times(1-\cos 2\theta)\times\tan 2\theta(1-\cos 2\theta)$$
$$=\frac{1}{2}\times r\times\left\{\frac{1-\cos 2\theta}{\cos 2\theta}+(1-\cos 2\theta)+\tan 2\theta(1-\cos 2\theta)\right\}$$
$$\therefore r=\frac{(1-\cos 2\theta)\sin 2\theta}{1+\sin 2\theta+\cos 2\theta}$$
$$\therefore g(\theta)=\frac{1}{2}\times\frac{1-\cos 2\theta}{\cos 2\theta}\times\frac{(1-\cos 2\theta)\sin 2\theta}{1+\sin 2\theta+\cos 2\theta}$$
$$\left(\because \triangle PQR=\frac{1}{2}\times\overline{PQ}\times r\right)$$
$$=\frac{1}{2}\times\frac{(1-\cos 2\theta)^2\sin 2\theta}{\cos 2\theta(1+\sin 2\theta+\cos 2\theta)}$$
$$=\frac{1}{2}\times\frac{(1-\cos^2 2\theta)^2\sin 2\theta}{\cos 2\theta(1+\sin 2\theta+\cos 2\theta)(1+\cos 2\theta)^2}$$
$$=\frac{1}{2}\times\frac{\sin^5 2\theta}{\cos 2\theta(1+\sin 2\theta+\cos 2\theta)(1+\cos 2\theta)^2}$$

STEP 4 $\lim_{\theta\to0+}\frac{g(\theta)}{\theta^4\times f(\theta)}$

$$=\lim_{\theta\to0+}\left\{\frac{1}{2}\times\frac{\sin^5 2\theta}{\theta^4\times\frac{1}{2}\sin 2\theta\times\cos 2\theta(1+\sin 2\theta+\cos 2\theta)(1+\cos 2\theta)^2}\right\}$$
$$=\lim_{\theta\to0+}\left\{\frac{\sin^4 2\theta}{(2\theta)^2}\times16\times\frac{1}{\cos 2\theta(1+\sin 2\theta+\cos 2\theta)(1+\cos 2\theta)^2}\right\}$$
$$=1\times16\times\frac{1}{8}=2$$

387 답 ①

해결 각 잡기

삼각형의 닮음을 이용하여 $S(\theta)$를 각 θ에 대한 식으로 나타낸다.

STEP 1 직각삼각형 OHP에서

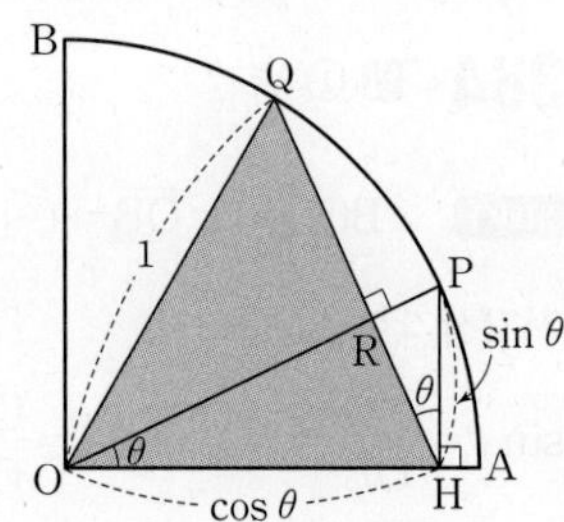

$\overline{OH}=\overline{OP}\cos\theta=\cos\theta$,

$\overline{PH}=\overline{OP}\sin\theta=\sin\theta$

오른쪽 그림과 같이 $\overline{OP}$와 $\overline{QH}$의 교점을 R라 하면

$\triangle OHP\backsim\triangle HRP$ (AA 닮음)이므로 └ $\angle POH=\angle PHR=\theta$, $\angle P$는 공통

$\overline{OP}:\overline{HP}=\overline{OH}:\overline{HR}=\overline{PH}:\overline{PR}$

$1:\sin\theta=\cos\theta:\overline{HR}=\sin\theta:\overline{PR}$

$\therefore \overline{HR}=\sin\theta\cos\theta$, $\overline{PR}=\sin^2\theta$

이때 $\angle PRH=\angle PHO=90^\circ$이고

$\overline{OR}=\overline{OP}-\overline{PR}=1-\sin^2\theta=\cos^2\theta$

이므로 직각삼각형 ORQ에서

$\overline{QR}=\sqrt{1-(\cos^2\theta)^2}$

$=\sqrt{(1-\cos^2\theta)(1+\cos^2\theta)}$

$=\sqrt{\sin^2\theta(1+\cos^2\theta)}$

$=\sin\theta\sqrt{1+\cos^2\theta}\ \left(\because 0<\theta<\frac{\pi}{6}\right)$

$\overline{QH}=\overline{QR}+\overline{HR}$

$=\sin\theta\sqrt{1+\cos^2\theta}+\sin\theta\cos\theta$

$=\sin\theta(\sqrt{1+\cos^2\theta}+\cos\theta)$

$\therefore S(\theta)=\frac{1}{2}\times\overline{QH}\times\overline{OR}$

$=\frac{1}{2}\times\sin\theta(\sqrt{1+\cos^2\theta}+\cos\theta)\times\cos^2\theta$

$=\frac{1}{2}\sin\theta\cos^2\theta(\sqrt{1+\cos^2\theta}+\cos\theta)$

STEP 2 $\therefore \lim_{\theta\to0+}\frac{S(\theta)}{\theta}$

$=\lim_{\theta\to0+}\frac{\frac{1}{2}\sin\theta\cos^2\theta(\sqrt{1+\cos^2\theta}+\cos\theta)}{\theta}$

$=\frac{1}{2}\lim_{\theta\to0+}\left\{\frac{\sin\theta}{\theta}\times\cos^2\theta(\sqrt{1+\cos^2\theta}+\cos\theta)\right\}$

$=\frac{1}{2}\times1\times1\times(\sqrt{2}+1)=\frac{1+\sqrt{2}}{2}$

다른 풀이 **STEP 1**

직각삼각형 OHP에서

$\overline{OH}=\overline{OP}\cos\theta=\cos\theta$

오른쪽 그림과 같이 점 Q에서 $\overline{OA}$에 내린 수선의 발을 T라 하면 ($\overline{QT}\,/\!/\,\overline{PH}$)

$\angle HQT=\angle PHQ$ (엇각)

$\overline{QT}=x$라 하면 직각삼각형 QTH에서

$\overline{TH}=\overline{QT}\tan\theta=x\tan\theta$

$\therefore \overline{OT}=\overline{OH}-\overline{TH}$

$=\cos\theta-x\tan\theta$

직각삼각형 QOT에서

$x^2+(\cos\theta-x\tan\theta)^2=1$

$(\tan^2\theta+1)x^2-2x\cos\theta\tan\theta+\cos^2\theta-1=0$

$x^2\sec^2\theta-2x\sin\theta-\sin^2\theta=0$ #

양변에 $\cos^2\theta$를 곱하면

$x^2-2x\sin\theta\cos^2\theta-\sin^2\theta\cos^2\theta=0$

$\therefore x=\sin\theta\cos^2\theta+\sqrt{\sin^2\theta\cos^4\theta+\sin^2\theta\cos^2\theta}$ ($\because x>0$)

$=\sin\theta\cos^2\theta+\sin\theta\cos\theta\sqrt{\cos^2\theta+1}$

$=\sin\theta\cos\theta(\cos\theta+\sqrt{\cos^2\theta+1})$

$\therefore S(\theta)=\frac{1}{2}\times\overline{OH}\times\overline{QT}$

$=\frac{1}{2}\times\cos\theta\times\sin\theta\cos\theta(\cos\theta+\sqrt{\cos^2\theta+1})$

$=\frac{1}{2}\sin\theta\cos^2\theta(\cos\theta+\sqrt{\cos^2\theta+1})$

 # 참고

$(\tan^2\theta+1)x^2-2x\cos\theta\tan\theta+\cos^2\theta-1=0$에서

$\tan^2\theta+1=\sec^2\theta$, $\tan\theta=\frac{\sin\theta}{\cos\theta}$, $\sin^2\theta+\cos^2\theta=1$이므로

$x^2\sec^2\theta-2x\cos\theta\times\frac{\sin\theta}{\cos\theta}+(1-\sin^2\theta)-1=0$

$\therefore x^2\sec^2\theta-2x\sin\theta-\sin^2\theta=0$

388 답 ②

STEP 1

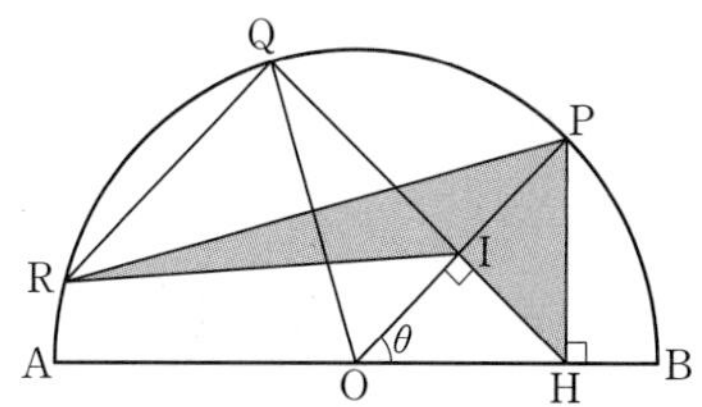

위의 그림과 같이 $\overline{OQ}$를 그으면 주어진 반원의 반지름의 길이가 1이므로

$\overline{OP}=\overline{OQ}=1$

직각삼각형 OHP에서 $\angle POH=\theta$이므로

$\cos\theta=\frac{\overline{OH}}{\overline{OP}}$

$\therefore \overline{OH}=\overline{OP}\cos\theta=\cos\theta$

같은 방법으로 직각삼각형 OHI에서

$\cos\theta=\frac{\overline{OI}}{\overline{OH}}$

$\therefore \overline{OI}=\overline{OH}\cos\theta=\cos^2\theta$

$\sin\theta=\frac{\overline{HI}}{\overline{OH}}$

$\therefore \overline{HI}=\overline{OH}\sin\theta=\cos\theta\sin\theta$

$\therefore \overline{IP}=\overline{OP}-\overline{OI}=1-\cos^2\theta=\sin^2\theta$

따라서 삼각형 IHP의 넓이 $T(\theta)$는

$T(\theta)=\frac{1}{2}\times\overline{HI}\times\overline{IP}$

$=\frac{1}{2}\times\cos\theta\sin\theta\times\sin^2\theta$

$=\frac{1}{2}\sin^3\theta\cos\theta$

STEP 2 직선 OP와 직선 RQ가 서로 평행하므로 삼각형 RIP의 높이는 QI의 길이와 같다.

직각삼각형 OIQ에서 피타고라스 정리를 이용하면

$\overline{QI}=\sqrt{\overline{OQ}^2-\overline{OI}^2}=\sqrt{1-(\cos^2\theta)^2}$

$=\sqrt{(1-\cos^2\theta)(1+\cos^2\theta)}$

$=\sin\theta\sqrt{1+\cos^2\theta}$ $\left(\because 0<\theta<\frac{\pi}{2}\right)$

따라서 삼각형 RIP의 넓이 $S(\theta)$는

$S(\theta)=\frac{1}{2}\times\overline{IP}\times\overline{QI}=\frac{1}{2}\times\sin^2\theta\times\sin\theta\sqrt{1+\cos^2\theta}$

$=\frac{1}{2}\sin^3\theta\sqrt{1+\cos^2\theta}$

$\therefore S(\theta)-T(\theta)=\frac{1}{2}\sin^3\theta(\sqrt{1+\cos^2\theta}-\cos\theta)$

STEP 3 $\therefore \lim_{\theta\to0+}\frac{S(\theta)-T(\theta)}{\theta^3}$

$=\lim_{\theta\to0+}\frac{\frac{1}{2}\sin^3\theta(\sqrt{1+\cos^2\theta}-\cos\theta)}{\theta^3}$

$=\lim_{\theta\to0+}\left\{\frac{1}{2}\times\frac{\sin^3\theta}{\theta^3}\times(\sqrt{1+\cos^2\theta}-\cos\theta)\right\}$

$=\frac{1}{2}\times1\times(\sqrt{2}-1)=\frac{\sqrt{2}-1}{2}$

C 수능 완성!

389 답 ④

해결 각 잡기

$$e^{1-\sin x}-e^{1-\tan x}=e^{1-\tan x+(\tan x-\sin x)}-e^{1-\tan x}$$
$$=e^{1-\tan x}(e^{\tan x-\sin x}-1)$$

STEP 1 $\lim_{x\to0}\frac{e^{1-\sin x}-e^{1-\tan x}}{\tan x-\sin x}=\lim_{x\to0}\frac{e^{1-\tan x}(e^{\tan x-\sin x}-1)}{\tan x-\sin x}$

$=e\lim_{x\to0}\frac{e^{\tan x-\sin x}-1}{\tan x-\sin x}$

STEP 2 $\tan x-\sin x=t$로 놓으면 $x\to0$일 때 $t\to0$이므로

$\lim_{x\to0}\frac{e^{1-\sin x}-e^{1-\tan x}}{\tan x-\sin x}=e\lim_{t\to0}\frac{e^t-1}{t}$

$=e\times1=e$

390 답 135

해결 각 잡기

조건 (가)에서 α, β가 방정식 $f'(x)=0$의 근임을 이용하여 α, β 사이의 관계를 파악한다.

STEP 1 $f(x)=a\cos x+x\sin x+b$에서

$f'(x)=-a\sin x+\sin x+x\cos x$

$=(1-a)\sin x+x\cos x$

$f'(x)=0$에서

$x\cos x=(a-1)\sin x$

$\therefore \tan x=\frac{x}{a-1}$ …… ㉠

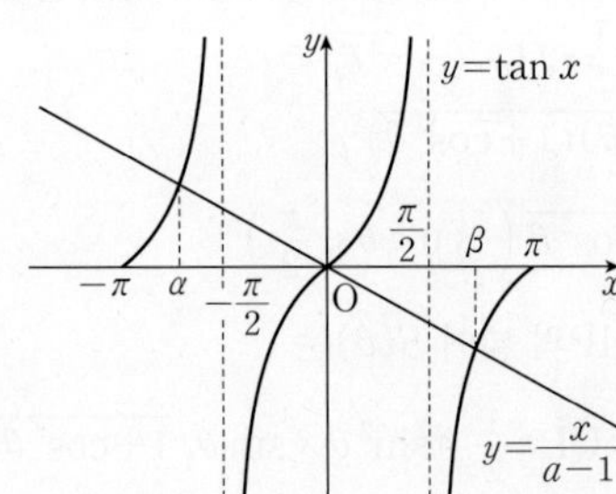

함수 $y=\tan x$의 그래프와 직선 $y=\frac{x}{a-1}$는 모두 원점에 대하여 대칭이고 $a<1$에 의하여 직선 $y=\frac{x}{a-1}$의 기울기가 음수이므로 $-\pi<x<\pi$에서 함수 $y=\tan x$의 그래프와 직선 $y=\frac{x}{a-1}$는 원점을 포함한 서로 다른 세 점에서 만난다.

조건 (가)에서 원점을 제외한 두 점의 x좌표는 α, β이고 원점을 제외한 두 점은 원점에 대하여 대칭이므로 $\alpha=-\beta$이다.

STEP 2 조건 (나)에서

$\frac{1}{\beta}=-\frac{\tan\beta-\tan\alpha}{\beta-\alpha}=-\frac{\tan\beta-\tan(-\beta)}{\beta-(-\beta)}=-\frac{\tan\beta}{\beta}$

$\therefore \tan\beta=-1$

$0<\beta<\pi$이므로 $\beta=\frac{3}{4}\pi$, $\alpha=-\frac{3}{4}\pi$

㉠에 $x=\frac{3}{4}\pi$를 대입하면

$\tan\frac{3}{4}\pi=\frac{3}{4(a-1)}\pi$, $-4(a-1)=3\pi$

$\therefore a=1-\frac{3}{4}\pi$

STEP 3 $\lim_{x\to0}\frac{f(x)}{x^2}=c$에서 극한값 c가 존재하고 $x\to0$일 때 (분모)$\to0$이므로 (분자)$\to0$이어야 한다. 즉, $\lim_{x\to0}f(x)=0$에서

$\lim_{x\to0}(a\cos x+x\sin x+b)=a+b=0$ $\quad\therefore b=-a$

$\lim_{x\to0}\frac{f(x)}{x^2}=\lim_{x\to0}\frac{a(\cos x-1)+x\sin x}{x^2}$

$=\lim_{x\to0}\left\{\frac{a(\cos x-1)}{x^2}+\frac{\sin x}{x}\right\}$

$=\lim_{x\to0}\left\{\frac{a(\cos x-1)(\cos x+1)}{x^2(\cos x+1)}+\frac{\sin x}{x}\right\}$

$=\lim_{x\to0}\left\{-\frac{a\sin^2 x}{x^2(\cos x+1)}+\frac{\sin x}{x}\right\}$

$=-\frac{a}{2}+1=c$

$\therefore c=-\frac{a}{2}+1=-\frac{1}{2}\times\left(1-\frac{3}{4}\pi\right)+1=\frac{1}{2}+\frac{3}{8}\pi$

STEP 4 $\therefore f\left(\frac{\beta-\alpha}{3}\right)+c=f\left(\frac{\pi}{2}\right)+\frac{1}{2}+\frac{3}{8}\pi$

$=\frac{\pi}{2}-\left(1-\frac{3}{4}\pi\right)+\frac{1}{2}+\frac{3}{8}\pi$

$=-\frac{1}{2}+\frac{13}{8}\pi$

따라서 $p=-\frac{1}{2}$, $q=\frac{13}{8}$이므로

$120\times(p+q)=120\times\left(-\frac{1}{2}+\frac{13}{8}\right)=135$

391 답 15

해결 각 잡기

$f(\theta)-g(\theta)=\triangle\text{DMC}-\triangle\text{HMC}$

STEP 1

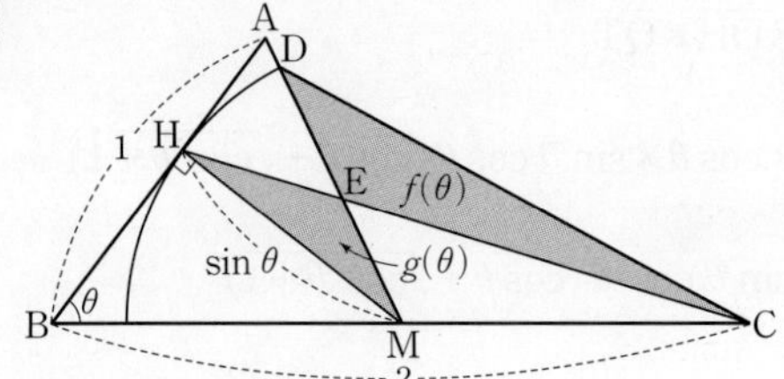

직각삼각형 BMH에서 $\overline{\text{MB}}=1$, $\sin\theta=\frac{\overline{\text{MH}}}{\overline{\text{MB}}}$이므로

$\overline{\text{MH}}=\overline{\text{MB}}\sin\theta=\sin\theta$

삼각형 DMC에서 $\overline{\text{MD}}=\overline{\text{MH}}=\sin\theta$, $\overline{\text{MC}}=1$

삼각형 ABM에서 $\overline{\text{AB}}=\overline{\text{MB}}$이므로

$\angle\text{AMB}=\angle\text{MAB}=\frac{1}{2}(\pi-\theta)=\frac{\pi}{2}-\frac{\theta}{2}$

$\angle \text{DMC}=\pi-\angle \text{DMB}=\pi-\angle \text{AMB}$

$=\pi-\left(\frac{\pi}{2}-\frac{\theta}{2}\right)=\frac{\pi}{2}+\frac{\theta}{2}$

$\therefore \triangle \text{DMC}=\frac{1}{2}\times\overline{\text{MD}}\times\overline{\text{MC}}\times\sin(\angle \text{DMC})$

$=\frac{1}{2}\times\sin\theta\times1\times\sin\left(\frac{\pi}{2}+\frac{\theta}{2}\right)$

$=\frac{1}{2}\sin\theta\cos\frac{\theta}{2}$

삼각형 HMC에서 $\overline{\text{MH}}=\sin\theta$, $\overline{\text{MC}}=1$,

$\angle \text{HMC}=\pi-\angle \text{HMB}$

$=\pi-\left(\frac{\pi}{2}-\theta\right)=\frac{\pi}{2}+\theta$

$\therefore \triangle \text{HMC}=\frac{1}{2}\times\overline{\text{MH}}\times\overline{\text{MC}}\times\sin(\angle \text{HMC})$

$=\frac{1}{2}\times\sin\theta\times1\times\sin\left(\frac{\pi}{2}+\theta\right)$

$=\frac{1}{2}\sin\theta\cos\theta$

STEP 2 $f(\theta)-g(\theta)=\triangle \text{DMC}-\triangle \text{HMC}$

$=\frac{1}{2}\sin\theta\cos\frac{\theta}{2}-\frac{1}{2}\sin\theta\cos\theta$

$=\frac{1}{2}\sin\theta\left(\cos\frac{\theta}{2}-\cos\theta\right)$

이므로

$\lim_{\theta\to0+}\frac{f(\theta)-g(\theta)}{\theta^3}$

$=\lim_{\theta\to0+}\frac{\sin\theta\left(\cos\frac{\theta}{2}-\cos\theta\right)}{2\theta^3}$

$=\lim_{\theta\to0+}\frac{\sin\theta\left(\cos\frac{\theta}{2}-\cos\theta\right)\left(\cos\frac{\theta}{2}+\cos\theta\right)}{2\theta^3\left(\cos\frac{\theta}{2}+\cos\theta\right)}$

$=\lim_{\theta\to0+}\frac{\sin\theta\left(\cos^2\frac{\theta}{2}-\cos^2\theta\right)}{2\theta^3\left(\cos\frac{\theta}{2}+\cos\theta\right)}$

$=\lim_{\theta\to0+}\frac{\sin\theta\left(\sin^2\theta-\sin^2\frac{\theta}{2}\right)}{2\theta^3\left(\cos\frac{\theta}{2}+\cos\theta\right)}$

$=\frac{1}{2}\lim_{\theta\to0+}\left\{\frac{\sin\theta}{\theta}\times\left(\frac{\sin^2\theta}{\theta^2}-\frac{\sin^2\frac{\theta}{2}}{\left(\frac{\theta}{2}\right)^2}\times\frac{1}{4}\right)\times\frac{1}{\cos\frac{\theta}{2}+\cos\theta}\right\}$

$=\frac{1}{2}\times1\times\left(1-\frac{1}{4}\right)\times\frac{1}{2}=\frac{3}{16}$

따라서 $a=\frac{3}{16}$이므로

$80a=80\times\frac{3}{16}=15$

참고

삼각형 HMC의 넓이는 직각삼각형 HBM의 넓이와 같다.

$\therefore \triangle \text{HMC}=\triangle \text{HBM}=\frac{1}{2}\times\overline{\text{MH}}\times\overline{\text{HB}}=\frac{1}{2}\sin\theta\cos\theta$

392 답 20

해결 각 잡기

$\overline{\text{OD}}=x$라 한 후, $\overline{\text{GD}}$, $\overline{\text{OP}}$, $\overline{\text{OQ}}$의 길이를 x와 θ에 대한 식으로 나타낸다.

STEP 1 $\overline{\text{OD}}=x$라 하면 삼각형 OPQ에서

$\overline{\text{OP}}=x\cos\theta$, $\overline{\text{PQ}}=\overline{\text{OP}}\tan\frac{2\theta}{3}=x\cos\theta\tan\frac{2\theta}{3}$

또, 삼각형 ODG에서 $\overline{\text{GD}}=x\tan\frac{\theta}{3}$

$\therefore f(\theta)=\overline{\text{GD}}^2=x^2\tan^2\frac{\theta}{3}$,

$g(\theta)=\frac{1}{2}\times\overline{\text{OP}}\times\overline{\text{PQ}}$

$=\frac{1}{2}\times x\cos\theta\times x\cos\theta\tan\frac{2\theta}{3}$

$=\frac{1}{2}x^2\cos^2\theta\ \tan\frac{2\theta}{3}$

STEP 2 $\therefore \lim_{\theta\to0+}\frac{f(\theta)}{\theta\times g(\theta)}$

$=\lim_{\theta\to0+}\frac{x^2\tan^2\frac{\theta}{3}}{\theta\times\frac{1}{2}x^2\cos^2\theta\tan\frac{2\theta}{3}}$

$=\lim_{\theta\to0+}\frac{2\tan^2\frac{\theta}{3}}{\theta\times\cos^2\theta\tan\frac{2\theta}{3}}$

$=\lim_{\theta\to0+}\left(\frac{2\tan^2\frac{\theta}{3}}{\theta\times\tan\frac{2\theta}{3}}\times\frac{1}{\cos^2\theta}\right)$

$=\lim_{\theta\to0+}\left\{2\times\frac{\tan^2\frac{\theta}{3}}{\left(\frac{\theta}{3}\right)^2}\times\frac{1}{9}\times\frac{\frac{2\theta}{3}}{\tan\frac{2\theta}{3}}\times\frac{3}{2}\times\frac{1}{\cos^2\theta}\right\}$

$=2\times1\times\frac{1}{9}\times1\times\frac{3}{2}\times1=\frac{1}{3}$

따라서 $k=\frac{1}{3}$이므로

$60k=60\times\frac{1}{3}=20$

393 답 ④

해결 각 잡기

주어진 도형에서 닮음인 도형을 찾아 길이의 비를 따져 본다.

STEP 1

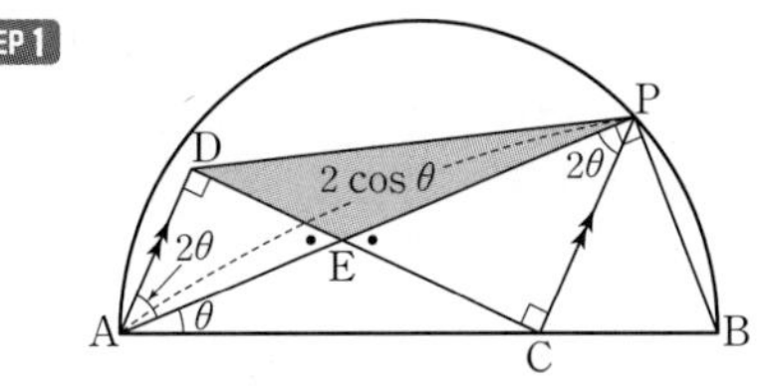

두 직각삼각형 PCE와 ADE는 서로 닮음이므로

$\overline{EP}:\overline{EA}=\overline{EC}:\overline{ED}$에서

$\overline{EP}\times\overline{ED}=\overline{EA}\times\overline{EC}$

$\angle DAE=\angle CPE=2\theta$이므로 삼각형 DAE에서

$\angle DEP=\frac{\pi}{2}+2\theta$

$\therefore S(\theta)=\frac{1}{2}\times\overline{EP}\times\overline{ED}\times\sin(\angle DEP)$

$=\frac{1}{2}\times\overline{EP}\times\overline{ED}\times\sin\left(\frac{\pi}{2}+2\theta\right)$

$=\frac{1}{2}\times\overline{EA}\times\overline{EC}\times\cos 2\theta$

직각삼각형 APB에서

$\cos\theta=\frac{\overline{AP}}{\overline{AB}}$

$\therefore \overline{AP}=\overline{AB}\cos\theta=2\cos\theta$

삼각형 ACP에서

$\angle ACP=\pi-3\theta$

이므로 사인법칙에 의하여

$\frac{\overline{AC}}{\sin 2\theta}=\frac{\overline{AP}}{\sin(\pi-3\theta)}$

$\therefore \overline{AC}=\overline{AP}\times\frac{\sin 2\theta}{\sin(\pi-3\theta)}$

$=\frac{2\sin 2\theta\cos\theta}{\sin 3\theta}$

STEP 2 삼각형 ACE에서

$\angle ACE=\pi-\left(2\theta+\theta+\frac{\pi}{2}\right)=\frac{\pi}{2}-3\theta$,

$\angle CEA=\pi-\left(\frac{\pi}{2}-3\theta+\theta\right)=\frac{\pi}{2}+2\theta$

이고 사인법칙에 의하여

$\frac{\overline{EC}}{\sin\theta}=\frac{\overline{EA}}{\sin\left(\frac{\pi}{2}-3\theta\right)}=\frac{\overline{AC}}{\sin\left(\frac{\pi}{2}+2\theta\right)}$

이므로

$\overline{EC}=\frac{\overline{AC}\sin\theta}{\sin\left(\frac{\pi}{2}+2\theta\right)}=\frac{2\sin 2\theta\sin\theta\cos\theta}{\sin 3\theta\cos 2\theta}$

$\overline{EA}=\frac{\overline{AC}\sin\left(\frac{\pi}{2}-3\theta\right)}{\sin\left(\frac{\pi}{2}+2\theta\right)}=\frac{2\sin 2\theta\cos\theta\cos 3\theta}{\sin 3\theta\cos 2\theta}$

STEP 3 $\therefore S(\theta)=\frac{1}{2}\times\overline{EA}\times\overline{EC}\times\cos 2\theta$

$=\frac{2\sin^2 2\theta\sin\theta\cos^2\theta\cos 3\theta}{\theta\sin^2 3\theta\cos 2\theta}$

$\therefore \lim_{\theta\to 0+}\frac{S(\theta)}{\theta}$

$=\lim_{\theta\to 0+}\frac{2\sin^2 2\theta\sin\theta\cos^2\theta\cos 3\theta}{\theta\sin^2 3\theta\cos 2\theta}$

$=2\lim_{\theta\to 0+}\left\{\frac{\sin^2 2\theta}{(2\theta)^2}\times\frac{\sin\theta}{\theta}\times\frac{(3\theta)^2}{\sin^2 3\theta}\times\frac{4}{9}\times\frac{\cos^2\theta\cos 3\theta}{\cos 2\theta}\right\}$

$=2\times1\times1\times1\times\frac{4}{9}\times1$

$=\frac{8}{9}$

394 답 ③

해결 각 잡기

- $\triangle ABC$에서 코사인법칙을 이용하여 $\overline{AC}$의 길이를 구한다.
- **삼각형의 내각의 이등분선의 성질**
  $\triangle ABC$에서 $\angle A$의 이등분선과 변 BC의 교점을 D라 하면
  $\overline{AB}:\overline{AC}=\overline{BD}:\overline{DC}$

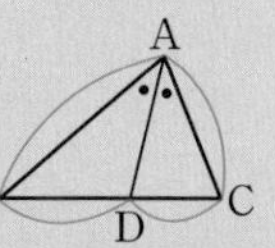

- $\triangle ABC$와 $\triangle MDC$가 서로 닮음임을 이용하여 $\overline{DM}$, $\overline{DC}$의 길이를 구한다.

STEP 1 삼각형 ABC에서 $\overline{AB}=1$, $\overline{BC}=2$이므로 코사인법칙에 의하여

$\overline{AC}^2=\overline{AB}^2+\overline{BC}^2-2\times\overline{AB}\times\overline{BC}\times\cos\theta$

$=1^2+2^2-2\times1\times2\times\cos\theta=5-4\cos\theta$

$\therefore \overline{AC}=\sqrt{5-4\cos\theta}$ ($\because \overline{AC}>0$)

직선 AE가 $\angle BAC$의 이등분선이므로

$\overline{BE}:\overline{CE}=\overline{AB}:\overline{AC}$에서 $\overline{BE}:\overline{CE}=1:\sqrt{5-4\cos\theta}$

$\therefore \overline{BE}=\frac{1}{1+\sqrt{5-4\cos\theta}}\times\overline{BC}=\frac{2}{1+\sqrt{5-4\cos\theta}}$

따라서 삼각형 ABE의 넓이 $f(\theta)$는

$f(\theta)=\frac{1}{2}\times\overline{AB}\times\overline{BE}\times\sin(\angle CBA)$

$=\frac{1}{2}\times1\times\frac{2}{1+\sqrt{5-4\cos\theta}}\times\sin\theta$

$=\frac{\sin\theta}{1+\sqrt{5-4\cos\theta}}$

STEP 2

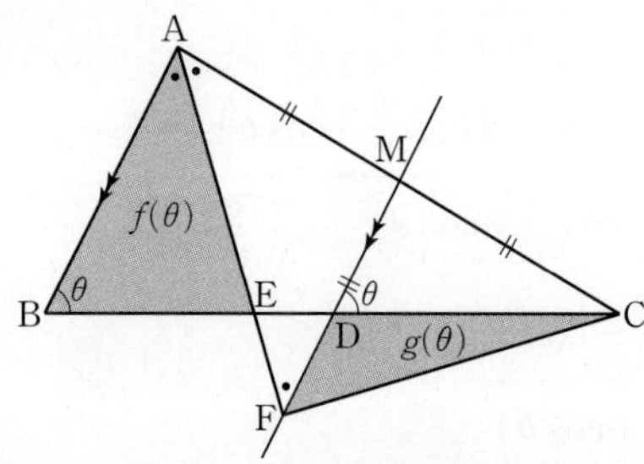

두 직선 AB, DM이 서로 평행하므로

$\angle CDM=\angle CBA=\theta$ (동위각), $\angle BAE=\angle DFE$ (엇각)

즉, $\angle MAF=\angle MFA$이므로 삼각형 AMF는 $\overline{AM}=\overline{FM}$인 이등변삼각형이다.

이때 점 M이 선분 AC의 중점이므로

$\overline{FM}=\overline{AM}=\frac{1}{2}\times\overline{AC}=\frac{\sqrt{5-4\cos\theta}}{2}$

두 삼각형 ABC, MDC는 서로 닮음이므로

$\overline{AB}:\overline{MD}=\overline{AC}:\overline{MC}$에서 $1:\overline{MD}=2:1$

$\therefore \overline{MD}=\frac{1}{2}$

$\therefore \overline{DF}=\overline{FM}-\overline{MD}=\frac{\sqrt{5-4\cos\theta}-1}{2}$

같은 방법으로 하면 $\overline{BC}:\overline{CD}=\overline{AC}:\overline{CM}$에서

$2:\overline{CD}=2:1$ $\quad\therefore \overline{CD}=1$

한편, $\angle FDC=\pi-\angle CDM=\pi-\theta$이므로 삼각형 DFC의 넓이 $g(\theta)$는

$$g(\theta)=\frac{1}{2}\times\overline{CD}\times\overline{DF}\times\sin(\angle FDC)$$

$$=\frac{1}{2}\times1\times\frac{\sqrt{5-4\cos\theta}-1}{2}\times\sin(\pi-\theta)$$

$$=\frac{\sqrt{5-4\cos\theta}-1}{4}\times\sin\theta$$

STEP 3 $\therefore \lim_{\theta\to0+}\frac{g(\theta)}{\theta^2\times f(\theta)}$

$$=\lim_{\theta\to0+}\frac{\frac{\sqrt{5-4\cos\theta}-1}{4}\times\sin\theta}{\theta^2\times\frac{\sin\theta}{1+\sqrt{5-4\cos\theta}}}$$

$$=\lim_{\theta\to0+}\frac{(\sqrt{5-4\cos\theta}-1)(\sqrt{5-4\cos\theta}+1)}{4\theta^2}$$

$$=\lim_{\theta\to0+}\frac{(5-4\cos\theta)-1}{4\theta^2}$$

$$=\lim_{\theta\to0+}\frac{1-\cos\theta}{\theta^2}$$

$$=\lim_{\theta\to0+}\frac{(1-\cos\theta)(1+\cos\theta)}{\theta^2(1+\cos\theta)}$$

$$=\lim_{\theta\to0+}\frac{1-\cos^2\theta}{\theta^2(1+\cos\theta)}$$

$$=\lim_{\theta\to0+}\left(\frac{\sin^2\theta}{\theta^2}\times\frac{1}{1+\cos\theta}\right)$$

$$=1\times\frac{1}{2}=\frac{1}{2}$$

06 여러 가지 미분법

본문 146쪽 ~ 148쪽

A 기본 다지고,

395 답 12

$f(x)=8x-\frac{4}{x}=8x-4x^{-1}$에서

$f'(x)=8+4x^{-2}$

$\therefore f'(1)=8+4=12$

다른 풀이

$f(x)=8x-\frac{4}{x}$에서

$f'(x)=8-\frac{0\times x^2-4\times1}{x^2}=8+\frac{4}{x^2}$

$\therefore f'(1)=8+\frac{4}{1}=12$

396 답 54

$f(x)=-\frac{1}{x^2}=-x^{-2}$에서

$f'(x)=2x^{-3}$

$\therefore f'\left(\frac{1}{3}\right)=2\times\left(\frac{1}{3}\right)^{-3}=2\times27=54$

다른 풀이

$f(x)=-\frac{1}{x^2}$에서

$f'(x)=-\frac{0\times x^2-1\times2x}{(x^2)^2}=\frac{2x}{x^4}=\frac{2}{x^3}$

$\therefore f'\left(\frac{1}{3}\right)=\frac{2}{\left(\frac{1}{3}\right)^3}=2\times27=54$

397 답 6

$f(x)=x\sqrt{x}=x^{\frac{3}{2}}$에서

$f'(x)=\frac{3}{2}x^{\frac{1}{2}}$

$\therefore f'(16)=\frac{3}{2}\times16^{\frac{1}{2}}=\frac{3}{2}\times4=6$

398 답 ①

$\lim_{h\to0}\frac{f(a+h)-f(a)}{h}=f'(a)=-\frac{1}{4}$

$f(x)=\frac{1}{x-2}$에서

$f'(x)=-\frac{1}{(x-2)^2}$

$f'(a)=-\frac{1}{4}$에서 $-\frac{1}{(a-2)^2}=-\frac{1}{4}$

$(a-2)^2=4,\ a-2=\pm2$

$\therefore a=4\ (\because a>0)$

399 답 ③

$f(x)=(2e^x+1)^3$에서

$f'(x)=3(2e^x+1)^2\times2e^x$

$\therefore f'(0)=3\times3^2\times2=54$

400 답 12

$f(x)=(3x+e^x)^3$에서

$f'(x)=3(3x+e^x)^2\times(3+e^x)$

$\therefore f'(0)=3\times1^2\times4=12$

401 답 1

$f(x)=-\cos^2 x$에서

$f'(x)=-2\cos x\times(-\sin x)=2\sin x\cos x$

$\therefore f'\left(\frac{\pi}{4}\right)=2\sin\frac{\pi}{4}\cos\frac{\pi}{4}$

$=2\times\frac{\sqrt{2}}{2}\times\frac{\sqrt{2}}{2}=1$

402 답 ④

$x=t^2+2,\ y=t^3+t-1$에서

$\frac{dx}{dt}=2t,\ \frac{dy}{dt}=3t^2+1$

$\therefore \frac{dy}{dx}=\frac{\frac{dy}{dt}}{\frac{dx}{dt}}=\frac{3t^2+1}{2t}$

따라서 $t=1$일 때

$\frac{dy}{dx}=\frac{3\times1^2+1}{2\times1}=\frac{4}{2}=2$

403 답 ①

$\begin{cases} x=2\sin\theta-1 \\ y=4\cos\theta+\sqrt{3} \end{cases}$에서

$\frac{dx}{d\theta}=2\cos\theta,\ \frac{dy}{d\theta}=-4\sin\theta$

$\therefore \frac{dy}{dx}=\frac{\frac{dy}{d\theta}}{\frac{dx}{d\theta}}=\frac{-4\sin\theta}{2\cos\theta}=-2\tan\theta$

따라서 $\theta=\frac{\pi}{3}$일 때

$\frac{dy}{dx}=-2\tan\frac{\pi}{3}=-2\sqrt{3}$

404 답 ④

$x^3+xy-y^2=0$의 양변을 x에 대하여 미분하면

$3x^2+y+x\frac{dy}{dx}-2y\frac{dy}{dx}=0$

$3x^2+y=(-x+2y)\frac{dy}{dx}$

$\frac{dy}{dx}=\frac{3x^2+y}{-x+2y}$ (단, $x\neq2y$)

따라서 점 (2, 4)에서의 접선의 기울기는

$\frac{3\times2^2+4}{-2+2\times4}=\frac{12+4}{-2+8}=\frac{16}{6}=\frac{8}{3}$

405 답 ②

함수 $f(x)$의 역함수가 $g(x)$이므로

$f(g(x))=x$

양변을 x에 대하여 미분하면

$f'(g(x))g'(x)=1$

$g'(x)=\frac{1}{f'(g(x))}$ (단, $f'(g(x))\neq0$)

$\therefore g'(3)=\frac{1}{f'(g(3))}$

$g(3)=k$라 하면 $f(k)=3$

$k^3+2k+3=3$에서

$k^3+2k=0,\ k(k^2+2)=0 \qquad \therefore k=0$

$\therefore g(3)=0$

$f(x)=x^3+2x+3$에서 $f'(x)=3x^2+2$

$\therefore g'(3)=\frac{1}{f'(0)}=\frac{1}{2}$

406 답 ①

$g'\left(\frac{1}{2}\right)=\frac{1}{f'\left(g\left(\frac{1}{2}\right)\right)}$

$g\left(\frac{1}{2}\right)=k\ \left(-\frac{\pi}{4}<k<\frac{\pi}{4}\right)$라 하면 $f(k)=\frac{1}{2}$

$\sin 2k=\frac{1}{2}$에서 $2k=\frac{\pi}{6}\ \left(\because -\frac{\pi}{2}<2k<\frac{\pi}{2}\right)$

$\therefore k=\frac{\pi}{12} \qquad \therefore g\left(\frac{1}{2}\right)=\frac{\pi}{12}$

$f(x)=\sin 2x$에서 $f'(x)=2\cos 2x$이므로

$f'\left(\frac{\pi}{12}\right)=2\cos\frac{\pi}{6}=2\times\frac{\sqrt{3}}{2}=\sqrt{3}$

$\therefore g'\left(\frac{1}{2}\right)=\frac{1}{f'\left(\frac{\pi}{12}\right)}=\frac{1}{\sqrt{3}}=\frac{\sqrt{3}}{3}$

407 답 ⑤

$\lim_{x\to1}\frac{f(x)-2}{x-1}=\frac{1}{3}$에서 $x\to1$일 때 극한값이 존재하고

(분모)$\to0$이므로 (분자)$\to0$이어야 한다.

즉, $\lim_{x\to1}\{f(x)-2\}=0$이므로 $f(1)-2=0$

$\therefore f(1)=2$ …… ㉠

㉠을 주어진 식에 대입하면

$$\lim_{x\to1}\frac{f(x)-2}{x-1}=\lim_{x\to1}\frac{f(x)-f(1)}{x-1}=f'(1)$$

$\therefore f'(1)=\frac{1}{3}$ …… ㉡

함수 $f(x)$의 역함수가 $g(x)$이므로

㉠에서 $g(2)=1$

㉡에서 $g'(2)=\frac{1}{f'(1)}=\frac{1}{\frac{1}{3}}=3$

$\therefore g(2)+g'(2)=1+3=4$

408 답 ①

$f(x)=\sin 2x$에서

$f'(x)=2\cos 2x$, $f''(x)=-4\sin 2x$

$\therefore f''\left(\frac{\pi}{4}\right)=-4\sin\frac{\pi}{2}=-4\times1=-4$

본문 149쪽 ~ 167쪽

B 유형 & 유사로 익히면…

409 답 8

해결 각 잡기

두 함수 $f(x)$, $g(x)$ $(g(x)\neq0)$가 미분가능할 때

(1) $\left\{\frac{g(x)}{f(x)}\right\}'=\frac{g'(x)\times f(x)-g(x)\times f'(x)}{\{f(x)\}^2}$

(2) $\left\{\frac{1}{f(x)}\right\}'=-\frac{f'(x)}{\{f(x)\}^2}$

STEP 1 $f(x)=\frac{x^2-2x-6}{x-1}$에서

$$f'(x)=\frac{(2x-2)(x-1)-(x^2-2x-6)}{(x-1)^2}=\frac{x^2-2x+8}{(x-1)^2}$$

STEP 2 $\therefore f'(0)=\frac{8}{(-1)^2}=8$

410 답 ①

STEP 1 $f(x)=\frac{e^x}{x}$에서

$$f'(x)=\frac{e^x\times x-e^x\times1}{x^2}=\frac{(x-1)e^x}{x^2}$$

STEP 2 $\therefore f'(2)=\frac{(2-1)e^2}{2^2}=\frac{e^2}{4}$

다른 풀이

$f(x)=\frac{e^x}{x}=e^x\times x^{-1}$에서

$f'(x)=e^x\times x^{-1}-e^x\times x^{-2}$

$\therefore f'(2)=e^2\times2^{-1}-e^2\times2^{-2}=\frac{e^2}{2}-\frac{e^2}{4}=\frac{e^2}{4}$

411 답 ②

해결 각 잡기

- $\lim_{x\to2}\frac{f(x)-3}{x-2}=5$에서 $f(2)=3$이므로
  $\lim_{x\to2}\frac{f(x)-3}{x-2}=\lim_{x\to2}\frac{f(x)-f(2)}{x-2}=f'(2)=5$
- $g'(2)$의 값을 구하기 위해 $g(x)$의 도함수를 구한다.

STEP 1 $g(x)=\frac{f(x)}{e^{x-2}}$에서

$$g'(x)=\frac{f'(x)(e^{x-2})-f(x)(e^{x-2})'}{(e^{x-2})^2}=\frac{f'(x)-f(x)}{e^{x-2}}$$

STEP 2 $\lim_{x\to2}\frac{f(x)-3}{x-2}=5$에서 $x\to2$일 때 극한값이 존재하고

(분모) $\to0$이므로 (분자) $\to0$이어야 한다.

즉, $\lim_{x\to2}\{f(x)-3\}=0$이므로 $f(2)-3=0$

$\therefore f(2)=3$

$$\lim_{x\to2}\frac{f(x)-3}{x-2}=\lim_{x\to2}\frac{f(x)-f(2)}{x-2}=f'(2)=5$$

$\therefore g'(2)=\frac{f'(2)-f(2)}{e^0}=\frac{5-3}{1}=2$

412 답 ③

STEP 1 $g(x)=\frac{f(x)}{(e^x+1)^2}$에서

$$g'(x)=\frac{f'(x)(e^x+1)^2-f(x)\times2(e^x+1)e^x}{(e^x+1)^4}=\frac{f'(x)(e^x+1)-2e^xf(x)}{(e^x+1)^3}$$

STEP 2 $\therefore g'(0)=\frac{f'(0)\times(e^0+1)-2e^0f(0)}{(e^0+1)^3}=\frac{2f'(0)-2f(0)}{2^3}=\frac{f'(0)-f(0)}{4}=\frac{2}{4}=\frac{1}{2}$

413 답 ⑤

해결 각 잡기

주어진 극한을 $\lim_{h \to 0} \frac{f(a+h)-f(a)}{h}=f'(a)$임을 이용할 수 있도록 분자에 적당한 수를 더하거나 뺀다.

STEP 1 $f(x)=\frac{\ln x}{x^2}$에서

$$f'(x)=\frac{\frac{1}{x}\times x^2-\ln x\times 2x}{x^4}=\frac{1-2\ln x}{x^3}$$

STEP 2 $\therefore \lim_{h \to 0} \frac{f(e+h)-f(e-2h)}{h}$

$$=\lim_{h \to 0} \frac{\{f(e+h)-f(e)\}-\{f(e-2h)-f(e)\}}{h}$$

$$=\lim_{h \to 0} \left\{\frac{f(e+h)-f(e)}{h}-\frac{f(e-2h)-f(e)}{h}\right\}$$

$$=\lim_{h \to 0} \frac{f(e+h)-f(e)}{h}+2\lim_{h \to 0} \frac{f(e-2h)-f(e)}{-2h}$$

$$=f'(e)+2f'(e)=3f'(e)$$

$$=3\times\frac{1-2\ln e}{e^3}=-\frac{3}{e^3}$$

참고

$$\lim_{h \to 0} \frac{f(e+h)-f(e-2h)}{h}=\lim_{h \to 0} \left\{\frac{f(e+h)-f(e-2h)}{3h}\times 3\right\}$$

$=3f'(e)$ ($3h$ ← $(e+h)-(e-2h)$)

414 답 ④

해결 각 잡기

- 양변의 절댓값에 자연로그를 취한 후, 합성함수의 미분법을 이용하여 $\frac{g'(x)}{g(x)}$를 구한다.
- 함수의 몫의 미분법을 이용하여 $g'(x)$를 구한 후 $g'(\pi)=e^{\pi}g(\pi)$를 이용하여 $\frac{f'(\pi)}{f(\pi)}$의 값을 구한다.

STEP 1 $g(x)=\frac{f(x)\cos x}{e^x}$의 양변의 절댓값에 자연로그를 취하면

$$\ln|g(x)|=\ln\left|\frac{f(x)\cos x}{e^x}\right|$$

$$=\ln|f(x)|+\ln|\cos x|-\ln e^x$$

$$=\ln|f(x)|+\ln|\cos x|-x$$

이 식의 양변을 x에 대하여 미분하면

$$\frac{g'(x)}{g(x)}=\frac{f'(x)}{f(x)}-\frac{\sin x}{\cos x}-1$$

STEP 2 위의 식에 $x=\pi$를 대입하면

$$\frac{g'(\pi)}{g(\pi)}=\frac{f'(\pi)}{f(\pi)}-\frac{\sin \pi}{\cos \pi}-1=\frac{f'(\pi)}{f(\pi)}-1$$

이때 $g'(\pi)=e^{\pi}g(\pi)$에서 $\frac{g'(\pi)}{g(\pi)}=e^{\pi}$이므로

$$e^{\pi}=\frac{f'(\pi)}{f(\pi)}-1$$

$$\therefore \frac{f'(\pi)}{f(\pi)}=e^{\pi}+1$$

415 답 2

해결 각 잡기

- $\{f(g(x))\}'=f'(g(x))g'(x)$
- $f(x)=\{g(x)\}^n$일 때, $f'(x)=n\{g(x)\}^{n-1}\times g'(x)$

STEP 1 $f(x)=\sqrt{x^3+1}$에서

$$f'(x)=\frac{1}{2\sqrt{x^3+1}}\times 3x^2=\frac{3x^2}{2\sqrt{x^3+1}}$$

STEP 2 $\therefore f'(2)=\frac{12}{2\times 3}=2$

416 답 ②

STEP 1 $f(x)=e^{x^2-1}$에서

$f'(x)=e^{x^2-1}\times 2x=2xe^{x^2-1}$

STEP 2 $\therefore f'(1)=2e^{1-1}=2$

417 답 ④

STEP 1 $f(2x+1)=(x^2+1)^2$의 양변을 x에 대하여 미분하면

$f'(2x+1)\times 2=2(x^2+1)\times 2x$

$\therefore f'(2x+1)=2x(x^2+1)$

STEP 2 양변에 $x=1$을 대입하면

$f'(3)=2\times 1\times(1^2+1)=4$

418 답 12

STEP 1 $f(x^3)=2x^3-x^2+32x$의 양변을 x에 대하여 미분하면

$f'(x^3)\times 3x^2=6x^2-2x+32$

STEP 2 양변에 $x=1$을 대입하면

$f'(1)\times 3=36$

$\therefore f'(1)=12$

419 답 ④

STEP 1 $f(5x-1)=e^{x^2-1}$의 양변을 x에 대하여 미분하면

$5f'(5x-1)=2xe^{x^2-1}$

STEP 2 양변에 $x=1$을 대입하면

$5f'(4)=2e^{1-1}=2$

$\therefore f'(4)=\frac{2}{5}$

420 답 ④

STEP 1 $f(x^3+x)=e^x$의 양변을 x에 대하여 미분하면

$f'(x^3+x)\times(3x^2+1)=e^x$ …… ㉠

STEP 2 $x^3+x=2$에서 $x^3+x-2=0$

$(x-1)(x^2+x+2)=0 \quad \therefore x=1$

따라서 ㉠의 양변에 $x=1$을 대입하면

$f'(2)\times(3+1)=e$

$\therefore f'(2)=\frac{e}{4}$

421 답 ①

해결 각 잡기

$f(\cos x)=\sin 2x+\tan x$에서 $g(x)=\cos x$라 하면 $f(\cos x)=f(g(x))$이므로 합성함수로 볼 수 있다. 즉, 합성함수의 미분법에 의하여

$$\{f(\cos x)\}'=f'(\cos x)\times(\cos x)'$$
$$=f'(\cos x)\times(-\sin x)$$

STEP 1 $f(\cos x)=\sin 2x+\tan x$의 양변을 x에 대하여 미분하면

$-\sin x\times f'(\cos x)=2\cos 2x+\sec^2 x$

$=2\cos 2x+\frac{1}{\cos^2 x}$ …… ㉠

STEP 2 $0<x<\frac{\pi}{2}$에서 $\cos x=\frac{1}{2}$일 때 $x=\frac{\pi}{3}$이므로

㉠의 양변에 $x=\frac{\pi}{3}$를 대입하면

$-\sin\frac{\pi}{3}\times f'\left(\cos\frac{\pi}{3}\right)=2\cos\frac{2\pi}{3}+\frac{1}{\cos^2\frac{\pi}{3}}$

$-\frac{\sqrt{3}}{2}f'\left(\frac{1}{2}\right)=2\times\left(-\frac{1}{2}\right)+4=3$

$\therefore f'\left(\frac{1}{2}\right)=3\times\left(-\frac{2}{\sqrt{3}}\right)=-2\sqrt{3}$

422 답 ②

STEP 1 $f(x)+f\left(\frac{1}{2}\sin x\right)=\sin x$의 양변을 x에 대하여 미분하면

$f'(x)+\frac{1}{2}\cos x\times f'\left(\frac{1}{2}\sin x\right)=\cos x$ …… ㉠

STEP 2 ㉠의 양변에 $x=0$을 대입하면

$f'(0)+\frac{1}{2}\times f'(0)=1,\ \frac{3}{2}f'(0)=1$

$\therefore f'(0)=\frac{2}{3}$

㉠의 양변에 $x=\pi$를 대입하면

$f'(\pi)-\frac{1}{2}f'(0)=-1,\ f'(\pi)-\frac{1}{2}\times\frac{2}{3}=-1$

$\therefore f'(\pi)=-\frac{2}{3}$

423 답 ②

STEP 1 $\lim_{x\to2}\frac{g(x)-4}{x-2}=12$에서 $x\to2$일 때 극한값이 존재하고

(분모) → 0이므로 (분자) → 0이어야 한다.

즉, $\lim_{x\to2}\{g(x)-4\}=0$이므로

$g(2)=4$

$\therefore \lim_{x\to2}\frac{g(x)-g(2)}{x-2}=g'(2)=12$

STEP 2 $h(x)=f(g(x))$에서

$h'(x)=f'(g(x))g'(x)$이므로

$h'(2)=f'(g(2))g'(2)=f'(4)g'(2)$

$f(x)=\ln(x^2-x+2)$에서 $f'(x)=\frac{2x-1}{x^2-x+2}$

$\therefore f'(4)=\frac{8-1}{16-4+2}=\frac{1}{2}$

$\therefore h'(2)=f'(4)g'(2)=\frac{1}{2}\times12=6$

424 답 4

STEP 1 $h(x)=(f\circ g)(x)=f(g(x))$에서

$h'(x)=f'(g(x))g'(x)$

$\therefore h'(0)=f'(g(0))g'(0)$

이때 $g(x)=e^{3x}+1$에서 $g(0)=e^0+1=2$이므로

$h'(0)=f'(2)g'(0)$

STEP 2 $f(x)=kx^2-2x,\ g(x)=e^{3x}+1$의 양변을 x에 대하여 미분하면

$f'(x)=2kx-2,\ g'(x)=3e^{3x}$

$\therefore f'(2)=4k-2,\ g'(0)=3$

$h'(0)=f'(2)g'(0)$에서

$42=(4k-2)\times3$

$4k-2=14,\ 4k=16$

$\therefore k=4$

425 답 ③

STEP 1 $g(x)=(f\circ f)(x)=f(f(x))$에서

$g'(x)=f'(f(x))f'(x)$

$f(x)=\frac{x}{2}+2\sin x$에서 $f'(x)=\frac{1}{2}+2\cos x$이므로

$f(\pi)=\frac{\pi}{2}+2\sin\pi=\frac{\pi}{2}$

$f'(\pi)=\frac{1}{2}+2\cos\pi=\frac{1}{2}-2=-\frac{3}{2}$

$f'\left(\frac{\pi}{2}\right)=\frac{1}{2}+2\cos\frac{\pi}{2}=\frac{1}{2}$

STEP 2 $\therefore g'(\pi)=f'(f(\pi))f'(\pi)$

$=f'\left(\frac{\pi}{2}\right)f'(\pi)$

$=\frac{1}{2}\times\left(-\frac{3}{2}\right)=-\frac{3}{4}$

426 답 ④

해결 각 잡기

- 미분계수의 정의 $f'(a)=\lim_{x\to a}\frac{f(x)-f(a)}{x-a}$를 이용할 수 있도록 주어진 극한 식을 변형한다.
- 삼각함수 $f(x)=\sin^n x$ (n은 실수) 꼴의 도함수 $f'(x)$는 다음과 같이 구한다.

$$f'(x)=n\sin^{n-1}x\times(\sin x)'=n\sin^{n-1}x\cos x$$

STEP 1 두 함수 $f(x)=\sin^2 x$, $g(x)=e^x$에 대하여

$g(f(x))=h(x)$로 놓으면

$f\left(\frac{\pi}{4}\right)=\sin^2\frac{\pi}{4}=\frac{1}{2}$이므로

$h\left(\frac{\pi}{4}\right)=g\left(f\left(\frac{\pi}{4}\right)\right)=g\left(\frac{1}{2}\right)=e^{\frac{1}{2}}=\sqrt{e}$

$\therefore \lim_{x\to\frac{\pi}{4}}\frac{g(f(x))-\sqrt{e}}{x-\frac{\pi}{4}}=\lim_{x\to\frac{\pi}{4}}\frac{h(x)-h\left(\frac{\pi}{4}\right)}{x-\frac{\pi}{4}}=h'\left(\frac{\pi}{4}\right)$

STEP 2 이때 $f'(x)=2\sin x\cos x$, $g'(x)=e^x$이고

$h'(x)=g'(f(x))f'(x)$이므로

$h'\left(\frac{\pi}{4}\right)=g'\left(f\left(\frac{\pi}{4}\right)\right)f'\left(\frac{\pi}{4}\right)$

$=g'\left(\frac{1}{2}\right)\times\left(2\sin\frac{\pi}{4}\cos\frac{\pi}{4}\right)$

$=e^{\frac{1}{2}}\times 1=\sqrt{e}$

427 답 ③

해결 각 잡기

합성함수 $h(x)$와 그 도함수 $h'(x)$의 x에 적당한 수를 대입하여 $g(2)$, $g'(2)$의 값을 구한다.

STEP 1 조건 (나)의 $\lim_{x\to1}\frac{h(x)-5}{x-1}=12$에서 $x\to1$일 때 극한값이 존재하고 (분모)$\to0$이므로 (분자)$\to0$이어야 한다.

즉, $\lim_{x\to1}\{h(x)-5\}=0$이므로

$h(1)=5$

$\therefore \lim_{x\to1}\frac{h(x)-5}{x-1}=\lim_{x\to1}\frac{h(x)-h(1)}{x-1}=h'(1)=12$

STEP 2 $h(x)=(g\circ f)(x)=g(f(x))$의 양변에 $x=1$을 대입하면

$h(1)=g(f(1))=g(2)$ ($\because$ 조건 (가))

이때 $h(1)=5$이므로

$g(2)=5$

$h'(x)=g'(f(x))f'(x)$이므로 이 식의 양변에 $x=1$을 대입하면

$h'(1)=g'(f(1))f'(1)$

$12=g'(2)\times3$ ($\because$ 조건 (가))

$\therefore g'(2)=4$

$\therefore g(2)+g'(2)=5+4=9$

참고

두 함수 $f(x)$, $g(x)$가 실수 전체의 집합에서 미분가능하므로 함수 $h(x)=(g\circ f)(x)$도 실수 전체의 집합에서 미분가능하다.
또, 함수 $h(x)$가 실수 전체의 집합에서 미분가능하면 함수 $h(x)$는 실수 전체의 집합에서 연속이므로 임의의 실수 a에 대하여

$\lim_{x\to a}h(x)=h(a)$

따라서 $\lim_{x\to1}\{h(x)-5\}=0$에서 $\lim_{x\to1}h(x)=5$이므로

$h(1)=5$

428 답 ⑤

STEP 1 $\lim_{x\to1}\frac{g(x)+1}{x-1}=2$에서 $x\to1$일 때 극한값이 존재하고 (분모)$\to0$이므로 (분자)$\to0$이어야 한다.

즉, $\lim_{x\to1}\{g(x)+1\}=0$이므로 $g(1)+1=0$ $\quad\therefore g(1)=-1$

$\therefore \lim_{x\to1}\frac{g(x)+1}{x-1}=\lim_{x\to1}\frac{g(x)-(-1)}{x-1}$

$=\lim_{x\to1}\frac{g(x)-g(1)}{x-1}$

$=g'(1)=2$

STEP 2 $\lim_{x\to1}\frac{h(x)-2}{x-1}=12$에서 $x\to1$일 때 극한값이 존재하고 (분모)$\to0$이므로 (분자)$\to0$이어야 한다.

즉, $\lim_{x\to1}\{h(x)-2\}=0$이므로 $h(1)-2=0$ $\quad\therefore h(1)=2$

$\therefore \lim_{x\to1}\frac{h(x)-2}{x-1}=\lim_{x\to1}\frac{h(x)-h(1)}{x-1}$

$=h'(1)=12$

STEP 3 $h(x)=(f\circ g)(x)=f(g(x))$의 양변에 $x=1$을 대입하면

$h(1)=f(g(1))=f(-1)=2$

$h'(x)=f'(g(x))g'(x)$의 양변에 $x=1$을 대입하면

$h'(1)=f'(g(1))g'(1)$, $12=f'(-1)\times2$

$\therefore f'(-1)=6$

$\therefore f(-1)+f'(-1)=2+6=8$

429 답 ①

해결 각 잡기

두 함수 $x=f(t)$, $y=g(t)$가 t에 대하여 각각 미분가능할 때

$$\frac{dy}{dx}=\frac{\frac{dy}{dt}}{\frac{dx}{dt}}=\frac{g'(t)}{f'(t)} \text{ (단, } f'(t)\neq0)$$

STEP 1 $x=t-\frac{2}{t}$, $y=t^2+\frac{2}{t^2}$의 양변을 t에 대하여 각각 미분하면

$\frac{dx}{dt}=1+\frac{2}{t^2}$, $\frac{dy}{dt}=2t-\frac{4}{t^3}$이므로

$\frac{dy}{dx}=\frac{\frac{dy}{dt}}{\frac{dx}{dt}}=\frac{2t-\frac{4}{t^3}}{1+\frac{2}{t^2}}$

STEP 2 따라서 $t=1$일 때

$$\frac{dy}{dx}=\frac{2-4}{1+2}=-\frac{2}{3}$$

430 답 ③

STEP 1 $x=t+\sqrt{t}$, $y=t^3+\frac{1}{t}$의 양변을 t에 대하여 각각 미분하면

$\frac{dx}{dt}=1+\frac{1}{2\sqrt{t}}$, $\frac{dy}{dt}=3t^2-\frac{1}{t^2}$이므로

$$\frac{dy}{dx}=\frac{\frac{dy}{dt}}{\frac{dx}{dt}}=\frac{3t^2-\frac{1}{t^2}}{1+\frac{1}{2\sqrt{t}}}$$

STEP 2 따라서 $t=1$일 때

$$\frac{dy}{dx}=\frac{3-1}{1+\frac{1}{2}}=\frac{4}{3}$$

431 답 ⑤

STEP 1 $x=e^{2t-6}$, $y=t^2-t+5$의 양변을 t에 대하여 각각 미분하면

$\frac{dx}{dt}=2e^{2t-6}$, $\frac{dy}{dt}=2t-1$이므로

$$\frac{dy}{dx}=\frac{\frac{dy}{dt}}{\frac{dx}{dt}}=\frac{2t-1}{2e^{2t-6}}$$

STEP 2 따라서 $t=3$일 때

$$\frac{dy}{dx}=\frac{5}{2e^0}=\frac{5}{2}$$

432 답 ④

STEP 1 $x=e^t-4e^{-t}$, $y=t+1$의 양변을 t에 대하여 각각 미분하면

$\frac{dx}{dt}=e^t+4e^{-t}$, $\frac{dy}{dt}=1$이므로

$$\frac{dy}{dx}=\frac{\frac{dy}{dt}}{\frac{dx}{dt}}=\frac{1}{e^t+4e^{-t}}$$

STEP 2 따라서 $t=\ln 2$일 때

$$\frac{dy}{dx}=\frac{1}{e^{\ln 2}+4e^{-\ln 2}}=\frac{1}{2+4\times\frac{1}{2}}=\frac{1}{4}$$

433 답 2

STEP 1 $x=\ln t$, $y=\ln(t^2+1)$의 양변을 t에 대하여 각각 미분하면

$\frac{dx}{dt}=\frac{1}{t}$, $\frac{dy}{dt}=\frac{2t}{t^2+1}$이므로

$$\frac{dy}{dx}=\frac{\frac{dy}{dt}}{\frac{dx}{dt}}=\frac{\frac{2t}{t^2+1}}{\frac{1}{t}}=\frac{2t^2}{t^2+1}$$

STEP 2 $\therefore \lim_{t\to\infty}\frac{dy}{dx}=\lim_{t\to\infty}\frac{2t^2}{t^2+1}=2$

434 답 ⑤

STEP 1 $x=\ln t+t$, $y=-t^3+3t$의 양변을 t에 대하여 각각 미분하면

$\frac{dx}{dt}=\frac{1}{t}+1$, $\frac{dy}{dt}=-3t^2+3$이므로

$$\frac{dy}{dx}=\frac{\frac{dy}{dt}}{\frac{dx}{dt}}=\frac{-3t^2+3}{\frac{1}{t}+1}=\frac{-3t(t+1)(t-1)}{t+1}=-3t^2+3t$$

STEP 2 $f(t)=-3t^2+3t=-3\left(t-\frac{1}{2}\right)^2+\frac{3}{4}$이라 하면 함수

$y=f(t)$는 $t=\frac{1}{2}$에서 최댓값을 가지므로 $a=\frac{1}{2}$이다.

435 답 ②

STEP 1 $x=\ln(t^3+1)$, $y=\sin\pi t$의 양변을 t에 대하여 각각 미분하면

$\frac{dx}{dt}=\frac{3t^2}{t^3+1}$, $\frac{dy}{dt}=\pi\cos\pi t$이므로

$$\frac{dy}{dx}=\frac{\frac{dy}{dt}}{\frac{dx}{dt}}=\frac{\pi\cos\pi t}{\frac{3t^2}{t^3+1}}=\frac{\pi(t^3+1)\cos\pi t}{3t^2}$$

STEP 2 따라서 $t=1$일 때

$$\frac{dy}{dx}=\frac{\pi(1^3+1)\cos\pi}{3\times1^2}=\frac{\pi\times2\times(-1)}{3}=-\frac{2}{3}\pi$$

436 답 ②

STEP 1 $x=e^t+\cos t$, $y=\sin t$의 양변을 t에 대하여 각각 미분하면

$\frac{dx}{dt}=e^t-\sin t$, $\frac{dy}{dt}=\cos t$이므로

$$\frac{dy}{dx}=\frac{\frac{dy}{dt}}{\frac{dx}{dt}}=\frac{\cos t}{e^t-\sin t}\ (\text{단, } e^t-\sin t\neq0)$$

STEP 2 따라서 $t=0$일 때

$$\frac{dy}{dx}=\frac{1}{1-0}=1$$

437 답 ②

STEP 1 $x=t+\cos 2t$, $y=\sin^2 t$의 양변을 t에 대하여 각각 미분하면

$\frac{dx}{dt}=1-2\sin 2t$, $\frac{dy}{dt}=2\sin t\cos t$이므로

$$\frac{dy}{dx}=\frac{\frac{dy}{dt}}{\frac{dx}{dt}}=\frac{2\sin t\cos t}{1-2\sin 2t}\ (\text{단, } 1-2\sin 2t\neq0)$$

STEP 2 따라서 $t=\frac{\pi}{4}$일 때

$$\frac{dy}{dx}=\frac{2\times\frac{\sqrt{2}}{2}\times\frac{\sqrt{2}}{2}}{1-2\times1}=-1$$

438 답 ②

해결 각 잡기

x, y가 각각 매개변수 θ의 함수이면 $\frac{dy}{dx}=\frac{\frac{dy}{d\theta}}{\frac{dx}{d\theta}}$임을 이용한다.

STEP 1 $x=\tan\theta$, $y=\cos^2\theta$의 양변을 θ에 대하여 각각 미분하면

$\frac{dx}{d\theta}=\sec^2\theta=\frac{1}{\cos^2\theta}$, $\frac{dy}{d\theta}=-2\cos\theta\sin\theta$이므로

$$\frac{dy}{dx}=\frac{\frac{dy}{d\theta}}{\frac{dx}{d\theta}}=\frac{-2\cos\theta\sin\theta}{\frac{1}{\cos^2\theta}}=-2\cos^3\theta\sin\theta \quad \cdots\cdots \text{㉠}$$

STEP 2 $x=1$, $y=\frac{1}{2}$일 때, $-\frac{\pi}{2}<\theta<\frac{\pi}{2}$에서 $\theta=\frac{\pi}{4}$이고 이것을 ㉠에 대입하면 구하는 기울기는

$$-2\cos^3\frac{\pi}{4}\sin\frac{\pi}{4}=-2\times\left(\frac{1}{\sqrt{2}}\right)^3\times\frac{1}{\sqrt{2}}=-\frac{1}{2}$$

439 답 ②

STEP 1 $x=2t+1$, $y=t+\frac{3}{t}$의 양변을 t에 대하여 각각 미분하면

$\frac{dx}{dt}=2$, $\frac{dy}{dt}=1-\frac{3}{t^2}$이므로

$$\frac{dy}{dx}=\frac{\frac{dy}{dt}}{\frac{dx}{dt}}=\frac{1}{2}\left(1-\frac{3}{t^2}\right)$$

STEP 2 한편, 점 P가 그리는 곡선 위의 한 점 (a, b)에서의 접선의 기울기가 -1이므로

$\frac{1}{2}\left(1-\frac{3}{t^2}\right)=-1$에서

$1-\frac{3}{t^2}=-2$, $\frac{3}{t^2}=3$, $t^2=1$

$\therefore t=1$ ($\because t>0$)

즉, $t=1$일 때, $x=2\times1+1=3$, $y=1+\frac{3}{1}=4$이므로

$a=3$, $b=4$

$\therefore a+b=3+4=7$

440 답 ⑤

STEP 1 $x=\sin t-\cos t$, $y=3\cos t+\sin t$의 양변을 t에 대하여 각각 미분하면

$\frac{dx}{dt}=\cos t+\sin t$, $\frac{dy}{dt}=-3\sin t+\cos t$이므로

$$\frac{dy}{dx}=\frac{\frac{dy}{dt}}{\frac{dx}{dt}}=\frac{-3\sin t+\cos t}{\cos t+\sin t} \text{ (단, } \cos t+\sin t\neq0)$$

STEP 2 $\frac{dy}{dx}=3$인 t의 값을 α $(0<\alpha<\pi)$라 하면

$\frac{-3\sin\alpha+\cos\alpha}{\cos\alpha+\sin\alpha}=3$

$-3\sin\alpha+\cos\alpha=3\cos\alpha+3\sin\alpha$

$2\cos\alpha=-6\sin\alpha$

$\therefore \cos\alpha=-3\sin\alpha \quad \cdots\cdots$ ㉠

$\sin^2\alpha+\cos^2\alpha=1$의 식에 ㉠을 대입하면

$\sin^2\alpha+9\sin^2\alpha=1$, $10\sin^2\alpha=1$

$\therefore \sin\alpha=\pm\frac{\sqrt{10}}{10}$

그런데 $\sin\alpha>0$이므로 $\sin\alpha=\frac{\sqrt{10}}{10}$

이것을 ㉠에 대입하면

$\cos\alpha=-\frac{3\sqrt{10}}{10}$

STEP 3 매개변수로 나타내어진 곡선 위의 점 (a, b)에서의 접선의 기울기가 3인 t의 값이 α이므로

$a=\sin\alpha-\cos\alpha=\frac{\sqrt{10}}{10}-\left(-\frac{3\sqrt{10}}{10}\right)=\frac{2\sqrt{10}}{5}$

$b=3\cos\alpha+\sin\alpha=3\times\left(-\frac{3\sqrt{10}}{10}\right)+\frac{\sqrt{10}}{10}=-\frac{4\sqrt{10}}{5}$

$\therefore a+b=\frac{2\sqrt{10}}{5}-\frac{4\sqrt{10}}{5}=-\frac{2\sqrt{10}}{5}$

441 답 ④

해결 각 잡기

- $f(x, y)=0$ 꼴로 주어지면 y를 x의 함수로 보고 각 항을 x에 대하여 미분하여 $\frac{dy}{dx}$를 구한다.
- 점 $(1, 0)$에서의 접선의 기울기는 $x=1$, $y=0$일 때의 $\frac{dy}{dx}$의 값이다.

STEP 1 $x^2-3xy+y^2=x$의 양변을 x에 대하여 미분하면

$2x-3y-3x\frac{dy}{dx}+2y\frac{dy}{dx}=1$

$(3x-2y)\frac{dy}{dx}=2x-3y-1$

$\therefore \frac{dy}{dx}=\frac{2x-3y-1}{3x-2y}$ (단, $3x\neq2y$)

STEP 2 따라서 점 $(1, 0)$에서의 접선의 기울기는

$\frac{dy}{dx}=\frac{2-1}{3}=\frac{1}{3}$

442 답 ⑤

STEP 1 $x^2+xy+y^3=7$의 양변을 x에 대하여 미분하면

$2x+y+x\frac{dy}{dx}+3y^2\frac{dy}{dx}=0$

$(x+3y^2)\frac{dy}{dx}=-(2x+y)$

$\therefore \dfrac{dy}{dx}=-\dfrac{2x+y}{x+3y^2}$ (단, $x+3y^2\neq0$)

STEP 2 따라서 점 (2, 1)에서의 접선의 기울기는

$\dfrac{dy}{dx}=-\dfrac{2\times2+1}{2+3\times1^2}=-1$

443 답 ③

STEP 1 $e^x-xe^y=y$의 양변을 x에 대하여 미분하면

$e^x-e^y-xe^y\dfrac{dy}{dx}=\dfrac{dy}{dx}$

$(1+xe^y)\dfrac{dy}{dx}=e^x-e^y$

$\therefore \dfrac{dy}{dx}=\dfrac{e^x-e^y}{1+xe^y}$ (단, $1+xe^y\neq0$)

STEP 2 따라서 점 (0, 1)에서의 접선의 기울기는

$\dfrac{dy}{dx}=\dfrac{e^0-e^1}{1+0\times e^1}=1-e$

444 답 ①

STEP 1 $2e^{x+y-1}=3e^x+x-y$의 양변을 x에 대하여 미분하면

$2e^{x+y-1}\left(1+\dfrac{dy}{dx}\right)=3e^x+1-\dfrac{dy}{dx}$ ...... ㉠

$(2e^{x+y-1}+1)\dfrac{dy}{dx}=3e^x+1-2e^{x+y-1}$

$\therefore \dfrac{dy}{dx}=\dfrac{3e^x+1-2e^{x+y-1}}{2e^{x+y-1}+1}$

STEP 2 따라서 점 (0, 1)에서의 접선의 기울기는

$\dfrac{dy}{dx}=\dfrac{3+1-2}{2+1}=\dfrac{2}{3}$

다른 풀이 STEP 2

㉠의 양변에 $x=0$, $y=1$을 대입하면

$2\left(1+\dfrac{dy}{dx}\right)=3+1-\dfrac{dy}{dx}$, $2+2\dfrac{dy}{dx}=4-\dfrac{dy}{dx}$

$3\dfrac{dy}{dx}=2$ $\therefore \dfrac{dy}{dx}=\dfrac{2}{3}$

따라서 점 (0, 1)에서의 접선의 기울기는 $\dfrac{2}{3}$이다.

445 답 ①

STEP 1 $x^2-y\ln x+x=e$의 양변을 x에 대하여 미분하면

$2x-\left(\dfrac{dy}{dx}\times\ln x+y\times\dfrac{1}{x}\right)+1=0$

$\dfrac{dy}{dx}\times\ln x+\dfrac{y}{x}=2x+1$

$\therefore \dfrac{dy}{dx}=\dfrac{2x-\dfrac{y}{x}+1}{\ln x}$

STEP 2 따라서 점 (e, e^2)에서의 접선의 기울기는

$\dfrac{dy}{dx}=\dfrac{2e-\dfrac{e^2}{e}+1}{\ln e}=e+1$

446 답 ⑤

STEP 1 $y^3=\ln(5-x^2)+xy+4$의 양변을 x에 대하여 미분하면

$3y^2\dfrac{dy}{dx}=\dfrac{-2x}{5-x^2}+y+x\dfrac{dy}{dx}$

$(3y^2-x)\dfrac{dy}{dx}=\dfrac{-2x}{5-x^2}+y$

$\therefore \dfrac{dy}{dx}=\dfrac{\dfrac{-2x}{5-x^2}+y}{3y^2-x}$ (단, $3y^2-x\neq0$)

STEP 2 따라서 점 (2, 2)에서의 접선의 기울기는

$\dfrac{dy}{dx}=\dfrac{\dfrac{-2\times2}{5-2^2}+2}{3\times2^2-2}=-\dfrac{1}{5}$

447 답 ④

STEP 1 $\pi x=\cos y+x\sin y$의 양변을 x에 대하여 미분하면

$\pi=-\sin y\times\dfrac{dy}{dx}+\sin y+x\times\cos y\times\dfrac{dy}{dx}$

$\dfrac{dy}{dx}\times(x\cos y-\sin y)=\pi-\sin y$

$\therefore \dfrac{dy}{dx}=\dfrac{\pi-\sin y}{x\cos y-\sin y}$ (단, $x\cos y-\sin y\neq0$)

STEP 2 따라서 점 $\left(0, \dfrac{\pi}{2}\right)$에서의 접선의 기울기는

$\dfrac{dy}{dx}=\dfrac{\pi-\sin\dfrac{\pi}{2}}{0\times\cos\dfrac{\pi}{2}-\sin\dfrac{\pi}{2}}=1-\pi$

448 답 ③

STEP 1 $x\sin 2y+3x=3$의 양변을 x에 대하여 미분하면

$\sin 2y+x\cos 2y\times2\times\dfrac{dy}{dx}+3=0$

$\therefore \dfrac{dy}{dx}=\dfrac{-\sin 2y-3}{2x\cos 2y}$ (단, $2x\cos 2y\neq0$)

STEP 2 따라서 점 $\left(1, \dfrac{\pi}{2}\right)$에서의 접선의 기울기는

$\dfrac{dy}{dx}=\dfrac{-\sin\pi-3}{2\times\cos\pi}=\dfrac{3}{2}$

449 답 4

해결 각 잡기

곡선의 식에 곡선 위의 점의 좌표 $(a, 0)$을 대입하여 a의 값을 구한다.

STEP 1 점 $(a, 0)$이 곡선 $x^3-y^3=e^{xy}$ 위의 점이므로

$a^3-0=e^0$, $a^3=1$ $\therefore a=1$

STEP 2 $x^3-y^3=e^{xy}$의 양변을 x에 대하여 미분하면

$3x^2-3y^2\dfrac{dy}{dx}=ye^{xy}+xe^{xy}\dfrac{dy}{dx}$

$(xe^{xy}+3y^2)\dfrac{dy}{dx}=3x^2-ye^{xy}$

$\therefore \dfrac{dy}{dx}=\dfrac{3x^2-ye^{xy}}{xe^{xy}+3y^2}$ (단, $xe^{xy}+3y^2\neq0$)

STEP 3 점 $(1, 0)$에서의 접선의 기울기가 b이므로

$b=\dfrac{3-0}{1+0}=3$

$\therefore a+b=1+3=4$

450 답 ①

해결 각 잡기

곡선과 x축이 만나는 점의 y좌표는 0임을 이용하여 교점의 x좌표를 구한다.

STEP 1 곡선과 x축이 만나는 점의 y좌표는 0이므로

$x^3+xy+y^3-8=0$에 $y=0$을 대입하면

$x^3-8=0,\ (x-2)(x^2+x+4)=0$

$\therefore x=2\ (\because x^2+x+4>0)$

즉, 곡선과 x축이 만나는 점의 좌표는 $(2, 0)$이다.

STEP 2 $x^3+xy+y^3-8=0$의 양변을 x에 대하여 미분하면

$3x^2+y+x\dfrac{dy}{dx}+3y^2\dfrac{dy}{dx}=0$

$x=2,\ y=0$을 대입하면 $12+2\dfrac{dy}{dx}=0$

$\therefore \dfrac{dy}{dx}=-6$

따라서 점 $(2, 0)$에서의 접선의 기울기는 -6이다.

451 답 7

STEP 1 $x^2-y^2-y=1$의 양변을 x에 대하여 미분하면

$2x-2y\dfrac{dy}{dx}-\dfrac{dy}{dx}=0,\ (2y+1)\dfrac{dy}{dx}=2x$

$\therefore \dfrac{dy}{dx}=\dfrac{2x}{2y+1}\left(\text{단, } y\neq-\dfrac{1}{2}\right)$

STEP 2 점 $\mathrm{A}(a, b)$에서의 접선의 기울기가 $\dfrac{2}{15}a$이므로

$\dfrac{2a}{2b+1}=\dfrac{2}{15}a,\ 2b+1=15\ (\because a\neq0)$

$\therefore b=7$

452 답 ①

STEP 1 점 (a, b)가 곡선 $e^x-e^y=y$ 위의 점이므로

$e^a-e^b=b$ ...... ㉠

STEP 2 $e^x-e^y=y$의 양변을 x에 대하여 미분하면

$e^x-e^y\dfrac{dy}{dx}=\dfrac{dy}{dx},\ (e^y+1)\dfrac{dy}{dx}=e^x$

$\therefore \dfrac{dy}{dx}=\dfrac{e^x}{e^y+1}$

STEP 3 위의 식에 $x=a,\ y=b,\ \dfrac{dy}{dx}=1$을 대입하면

$1=\dfrac{e^a}{e^b+1},\ e^b+1=e^a$

$\therefore e^a-e^b=1$ ...... ㉡

STEP 4 ㉠, ㉡에서 $b=1$

$b=1$을 ㉡에 대입하면

$e^a-e=1,\ e^a=e+1$

$\therefore a=\ln(e+1)$

$\therefore a+b=1+\ln(e+1)$

453 답 ③

해결 각 잡기

두 함수 $f(x), g(x)$가 역함수 관계이므로 $f(g(x))=x$에서

$f'(g(x))g'(x)=1 \qquad \therefore g'(x)=\dfrac{1}{f'(g(x))}$

STEP 1 $f(x)$가 $g(x)$의 역함수이므로

$f(1)=2$에서 $g(2)=1$

$f'(1)=3$에서

$g'(2)=\dfrac{1}{f'(g(2))}=\dfrac{1}{f'(1)}=\dfrac{1}{3}$

STEP 2 $h(x)=xg(x)$에서

$h'(x)=g(x)+xg'(x)$

$\therefore h'(2)=g(2)+2g'(2)$

$=1+2\times\dfrac{1}{3}=\dfrac{5}{3}$

454 답 ②

STEP 1 $\lim\limits_{x\to2}\dfrac{f(x)-2}{x-2}=\dfrac{1}{3}$에서 $x\to2$일 때 극한값이 존재하고

(분모)$\to0$이므로 (분자)$\to0$이어야 한다.

즉, $\lim\limits_{x\to2}\{f(x)-2\}=0$에서 $f(2)=2$

$\therefore \lim\limits_{x\to2}\dfrac{f(x)-2}{x-2}=\lim\limits_{x\to2}\dfrac{f(x)-f(2)}{x-2}=f'(2)=\dfrac{1}{3}$

STEP 2 $f(x)$가 $g(x)$의 역함수이므로

$g(2)=2$

$\therefore g'(2)=\dfrac{1}{f'(g(2))}=\dfrac{1}{f'(2)}=3$

STEP 3 $h(x)=\dfrac{g(x)}{f(x)}$에서

$h'(x)=\dfrac{g'(x)f(x)-g(x)f'(x)}{\{f(x)\}^2}$

$\therefore h'(2)=\dfrac{g'(2)f(2)-g(2)f'(2)}{\{f(2)\}^2}$

$=\dfrac{3\times2-2\times\dfrac{1}{3}}{2^2}=\dfrac{6-\dfrac{2}{3}}{4}=\dfrac{4}{3}$

455 답 ②

STEP 1 $f(x)=\frac{x^2-1}{x}$ $(x>0)$에서

$f'(x)=\frac{2x\times x-(x^2-1)}{x^2}=\frac{x^2+1}{x^2}$

이때 $f(1)=0$이므로 $g(0)=1$

STEP 2 $g'(x)=\frac{1}{f'(g(x))}$

$\therefore g'(0)=\frac{1}{f'(g(0))}=\frac{1}{f'(1)}=\frac{1}{2}$

456 답 ⑤

STEP 1 $f(x)=\frac{1}{1+e^{-x}}$에서

$f'(x)=\frac{e^{-x}}{(1+e^{-x})^2}$

이때 $f'(-1)=\frac{e}{(1+e)^2}$이고

STEP 2 $g'(x)=\frac{1}{f'(g(x))}$이므로

$g'(f(-1))=\frac{1}{f'(-1)}=\frac{(1+e)^2}{e}$

457 답 60

STEP 1 $g'(e)=\frac{1}{f'(g(e))}$

$g(e)=a$라 하면 $f(a)=e$이므로

$ae^a+e=e$

$\therefore a=0 \quad \therefore g(e)=0$

STEP 2 $f(x)=xe^x+e$에서 $f'(x)=e^x+xe^x$이므로

$f'(0)=1$

$\therefore g'(e)=\frac{1}{f'(g(e))}=\frac{1}{f'(0)}=1$

$\therefore 60g'(e)=60\times1=60$

458 답 25

STEP 1 $g'(1)=\frac{1}{f'(g(1))}$

$g(1)=a$라 하면 $f(a)=1$이므로

$\tan 2a=1,\ 2a=\frac{\pi}{4}\left(\because -\frac{\pi}{2}<2a<\frac{\pi}{2}\right)$

$\therefore a=\frac{\pi}{8} \quad \therefore g(1)=\frac{\pi}{8}$

STEP 2 $f(x)=\tan 2x$에서 $f'(x)=2\sec^2 2x$이므로

$f'\left(\frac{\pi}{8}\right)=2\sec^2\frac{\pi}{4}=2\times(\sqrt{2})^2=4$

따라서 $g'(1)=\frac{1}{f'(g(1))}=\frac{1}{f'\left(\frac{\pi}{8}\right)}=\frac{1}{4}$이므로

$100\times g'(1)=100\times\frac{1}{4}=25$

459 답 ③

STEP 1 $g'(5)=\frac{1}{f'(g(5))}$

$g(5)=a$라 하면 $f(a)=5$이므로

$a^3+3a+1=5,\ a^3+3a-4=0$

$(a-1)(a^2+a+4)=0$

$\therefore a=1\ (\because a^2+a+4>0)$

$\therefore g(5)=1$

STEP 2 $f(x)=x^3+3x+1$에서

$f'(x)=3x^2+3$이므로 $f'(1)=6$

$\therefore g'(5)=\frac{1}{f'(g(5))}=\frac{1}{f'(1)}=\frac{1}{6}$

STEP 3 $h(x)=e^x$에서 $h'(x)=e^x$이므로

$(h\circ g)'(5)=h'(g(5))\times g'(5)$

$=h'(1)\times\frac{1}{6}$

$=e\times\frac{1}{6}=\frac{e}{6}$

460 답 ⑤

해결 각 잡기

x, y가 각각 매개변수 t의 함수이면 $\frac{dy}{dx}=\frac{\frac{dy}{dt}}{\frac{dx}{dt}}$임을 이용한다.

STEP 1 $g'(3)=\frac{1}{f'(g(3))}$

$g(3)=k$라 하면 $f(k)=3$

$k^3+k+1=3,\ k^3+k-2=0$

$(k-1)(k^2+k+2)=0$

$\therefore k=1\ (\because k^2+k+2>0)$

$\therefore g(3)=1$

STEP 2 $f(x)=x^3+x+1$에서

$f'(x)=3x^2+1$이므로 $f'(1)=4$

$\therefore g'(3)=\frac{1}{f'(g(3))}=\frac{1}{f'(1)}=\frac{1}{4}$

STEP 3 $x=g(t)+t,\ y=g(t)-t$의 양변을 t에 대하여 각각 미분하면 $\frac{dx}{dt}=g'(t)+1,\ \frac{dy}{dt}=g'(t)-1$이므로

$\frac{dy}{dx}=\frac{\frac{dy}{dt}}{\frac{dx}{dt}}=\frac{g'(t)-1}{g'(t)+1}$

따라서 $t=3$일 때 $\frac{dy}{dx}$의 값은

$\frac{dy}{dx}=\frac{g'(3)-1}{g'(3)+1}$

$=\frac{\frac{1}{4}-1}{\frac{1}{4}+1}=-\frac{3}{5}$

06

461 답 17

해결 각 잡기

미분계수의 정의를 이용할 수 있도록 식을 변형한다.

$g'(a)=\lim_{x\to a}\frac{g(x)-g(a)}{x-a}$

STEP 1 $\lim_{x\to 3}\frac{x-3}{g(x)-g(3)}=\lim_{x\to 3}\frac{1}{\frac{g(x)-g(3)}{x-3}}=\frac{1}{g'(3)}$

STEP 2 $g'(3)=\frac{1}{f'(g(3))}$

한편, 곡선 $y=g(x)$가 점 $(3, 0)$을 지나므로

$g(3)=0$

$f(x)=3e^{5x}+x+\sin x$에서

$f'(x)=15e^{5x}+1+\cos x$이므로

$f'(0)=15+1+1=17$

$\therefore g'(3)=\frac{1}{f'(g(3))}=\frac{1}{f'(0)}=\frac{1}{17}$

$\therefore \lim_{x\to 3}\frac{x-3}{g(x)-g(3)}=\frac{1}{g'(3)}=17$

462 답 ①

STEP 1 $f(e)=3e$에서 $g(3e)=e$

STEP 2 $\lim_{h\to 0}\frac{g(3e+h)-g(3e-h)}{h}$

$=\lim_{h\to 0}\frac{g(3e+h)-g(3e)+g(3e)-g(3e-h)}{h}$

$=\lim_{h\to 0}\frac{g(3e+h)-g(3e)}{h}+\lim_{h\to 0}\frac{g(3e-h)-g(3e)}{-h}$

$=g'(3e)+g'(3e)$

$=2g'(3e)$

STEP 3 $g'(3e)=\frac{1}{f'(g(3e))}$

$f(x)=3x\ln x$에서

$f'(x)=3\ln x+3x\times\frac{1}{x}=3\ln x+3$

이므로 $f'(e)=3+3=6$

$\therefore g'(3e)=\frac{1}{f'(g(3e))}=\frac{1}{f'(e)}=\frac{1}{6}$

$\therefore \lim_{h\to 0}\frac{g(3e+h)-g(3e-h)}{h}=2g'(3e)$

$=2\times\frac{1}{6}=\frac{1}{3}$

463 답 ①

해결 각 잡기

곡선 $y=g(x)$ 위의 점 $(1, g(1))$에서의 접선의 기울기는 함수 $g(x)$의 $x=1$에서의 미분계수이다.

STEP 1 $g'(1)=\frac{1}{f'(g(1))}$

$g(1)=t$라 하면 $f(t)=1$

즉, $\tan^3 t=1$에서 $\tan t=1$

$-\frac{\pi}{2}<t<\frac{\pi}{2}$에서 $t=\frac{\pi}{4}$

$\therefore g(1)=\frac{\pi}{4}$

STEP 2 $f(x)=\tan^3 x$에서 $f'(x)=3\tan^2 x\sec^2 x$이므로

$f'\left(\frac{\pi}{4}\right)=3\times 1\times 2=6$

따라서 점 $(1, g(1))$에서의 접선의 기울기는

$g'(1)=\frac{1}{f'(g(1))}=\frac{1}{f'\left(\frac{\pi}{4}\right)}=\frac{1}{6}$

464 답 ③

STEP 1 $g'(e)=\frac{1}{f'(g(e))}$

$g(e)=a$라 하면 $f(a)=e$이므로

$e^{a^3+2a-2}=e$

$a^3+2a-2=1,\ a^3+2a-3=0$

$(a-1)(a^2+a+3)=0 \quad \therefore a=1\ (\because a^2+a+3>0)$

$\therefore g(e)=1$

STEP 2 $f(x)=e^{x^3+2x-2}$에서 $f'(x)=(3x^2+2)e^{x^3+2x-2}$이므로

$f'(1)=5e$

$\therefore g'(e)=\frac{1}{f'(g(e))}=\frac{1}{f'(1)}=\frac{1}{5e}$

465 답 16

STEP 1 $g'(0)=\frac{1}{f'(g(0))}$

$f\left(\frac{\pi}{4}\right)=\ln\left(\tan\frac{\pi}{4}\right)=0$이므로

$g(0)=\frac{\pi}{4}$

STEP 2 $\lim_{h\to 0}\frac{4g(8h)-\pi}{h}=\lim_{h\to 0}\frac{4\left\{g(8h)-\frac{\pi}{4}\right\}}{h}$

$=\lim_{h\to 0}\frac{32\{g(8h)-g(0)\}}{8h}$

$=32g'(0)$

STEP 3 $f(x)=\ln(\tan x)$에서 $f'(x)=\frac{\sec^2 x}{\tan x}$이므로

$f'\left(\frac{\pi}{4}\right)=\frac{\sec^2\frac{\pi}{4}}{\tan\frac{\pi}{4}}=2$

$\therefore g'(0)=\frac{1}{f'(g(0))}=\frac{1}{f'\left(\frac{\pi}{4}\right)}=\frac{1}{2}$

$\therefore \lim_{h\to 0}\frac{4g(8h)-\pi}{h}=32g'(0)=32\times\frac{1}{2}=16$

466 답 ③

STEP 1 $\lim_{x\to-2}\frac{g(x)}{x+2}=b$에서 $x\to-2$일 때 극한값이 존재하고 (분모)$\to0$이므로 (분자)$\to0$이어야 한다.

즉, $\lim_{x\to-2}g(x)=0$에서 $g(-2)=0$ $\quad\therefore f(0)=-2$

$\ln\left(\frac{1+0}{a}\right)=-2$

$\ln\frac{1}{a}=-2,\ \frac{1}{a}=e^{-2}$

$\therefore a=e^2$

STEP 2 $b=\lim_{x\to-2}\frac{g(x)}{x+2}=\lim_{x\to-2}\frac{g(x)-g(-2)}{x-(-2)}$

$=g'(-2)$ $\quad\cdots\cdots$ ㉠

한편, $f(x)=\ln\left(\frac{\sec x+\tan x}{a}\right)=\ln\left(\frac{\sec x+\tan x}{e^2}\right)$에서

$f'(x)=\frac{e^2}{\sec x+\tan x}\times\frac{\sec x\tan x+\sec^2 x}{e^2}=\sec x$

이므로 ㉠에서

$b=g'(-2)=\frac{1}{f'(g(-2))}=\frac{1}{f'(0)}=\frac{1}{\sec 0}=1$

따라서 $a=e^2$, $b=1$이므로

$ab=e^2\times1=e^2$

467 답 ⑤

STEP 1 $h(x)=g(5f(x))$라 하면

$h'(x)=g'(5f(x))\times5f'(x)$

$\therefore h'(0)=g'(5f(0))\times5f'(0)$

$f(x)=e^{2x}+e^x-1$에서 $f(0)=1$

$f'(x)=2e^{2x}+e^x$에서 $f'(0)=3$

$\therefore h'(0)=g'(5f(0))\times5f'(0)=g'(5)\times5\times3=15g'(5)$

STEP 2 $g(5)=t$로 놓으면 $f(t)=5$에서

$e^{2t}+e^t-1=5,\ (e^t-2)(e^t+3)=0$

$e^t>0$이므로 $e^t=2$, 즉 $t=\ln 2$ $\quad\therefore g(5)=\ln 2$

$f'(\ln 2)=2e^{2\ln 2}+e^{\ln 2}=2\times4+2=10$

$\therefore h'(0)=15g'(5)=15\times\frac{1}{f'(g(5))}=15\times\frac{1}{f'(\ln 2)}$

$=15\times\frac{1}{10}=\frac{3}{2}$

468 답 ②

STEP 1 $\lim_{x\to1}\frac{f(x)-2}{x-1}=\frac{1}{2}$에서 $x\to1$일 때 극한값이 존재하고 (분모)$\to0$이므로 (분자)$\to0$이어야 한다.

즉, $\lim_{x\to1}\{f(x)-2\}=0$에서 $f(1)=2$이므로

$\lim_{x\to1}\frac{f(x)-2}{x-1}=\lim_{x\to1}\frac{f(x)-f(1)}{x-1}=f'(1)=\frac{1}{2}$

$\therefore g(2)=1,\ g'(2)=\frac{1}{f'(g(2))}=\frac{1}{f'(1)}=2$

$\lim_{x\to2}\frac{f(x)-3}{x-2}=4$에서 $x\to2$일 때 극한값이 존재하고 (분모)$\to0$이므로 (분자)$\to0$이어야 한다.

즉, $\lim_{x\to2}\{f(x)-3\}=0$에서 $f(2)=3$이므로

$\lim_{x\to2}\frac{f(x)-3}{x-2}=\lim_{x\to2}\frac{f(x)-f(2)}{x-2}=f'(2)=4$

$\therefore g(3)=2,\ g'(3)=\frac{1}{f'(g(3))}=\frac{1}{f'(2)}=\frac{1}{4}$

STEP 2 $h(x)=g(g(x))$라 하면

$h'(x)=g'(g(x))g'(x)$

$h(3)=g(g(3))=g(2)=1$

$\therefore \lim_{x\to3}\frac{g(g(x))-1}{x-3}=\lim_{x\to3}\frac{h(x)-h(3)}{x-3}=h'(3)$

$=g'(g(3))g'(3)=g'(2)g'(3)$

$=2\times\frac{1}{4}=\frac{1}{2}$

469 답 5

해결 각 잡기

- 역함수의 정의에 의하여 $f\left(g\left(\frac{x+8}{10}\right)\right)=x$임을 알 수 있다.
- $g\left(\frac{x+8}{10}\right)$에 $x=2$를 대입하면 $g(1)$이 됨을 이용한다.

STEP 1 $g\left(\frac{x+8}{10}\right)=f^{-1}(x)$에서 $f\left(g\left(\frac{x+8}{10}\right)\right)=x$

위의 식의 양변을 x에 대하여 미분하면

$f'\left(g\left(\frac{x+8}{10}\right)\right)\times g'\left(\frac{x+8}{10}\right)\times\frac{1}{10}=1$

위의 식에 $x=2$를 대입하면

$f'(g(1))\times g'(1)\times\frac{1}{10}=1$

이때 $g(1)=0$이므로

$f'(0)\times g'(1)\times\frac{1}{10}=1$ $\quad\therefore f'(0)g'(1)=10$ $\quad\cdots\cdots$ ㉠

STEP 2 $f(x)=(x^2+2)e^{-x}$에서

$f'(x)=2xe^{-x}+(x^2+2)(-e^{-x})=(-x^2+2x-2)e^{-x}$

$\therefore f'(0)=-2e^0=-2$

STEP 3 $f'(0)=-2$를 ㉠에 대입하면

$-2g'(1)=10,\ g'(1)=-5$

$\therefore |g'(1)|=|-5|=5$

470 답 15

해결 각 잡기

- 곡선 $y=f(x)$ 위의 점 (a, b)에서의 접선의 기울기가 c이면 $f(a)=b$, $f'(a)=c$이다.
- 두 함수 $f(2x)$와 $g(x)$가 서로 역함수 관계이고 $g'(1)=b$이므로 역함수의 미분법을 이용한다.

STEP 1 곡선 $y=f(x)$ 위의 점 $(2,\ 1)$에서의 접선의 기울기가 1이므로

$f(2)=1,\ f'(2)=1$ ...... ㉠

곡선 $y=g(x)$ 위의 점 $(1,\ a)$에서의 접선의 기울기가 b이므로

$g(1)=a,\ g'(1)=b$ ...... ㉡

STEP 2 $f(2x)=h(x)$로 놓고 양변을 x에 대하여 미분하면

$h'(x)=2f'(2x)$ ...... ㉢

함수 $f(2x)$, 즉 $h(x)$의 역함수가 $g(x)$이고

$h(1)=f(2)=1$에서 $h^{-1}(1)=1$이므로

$a=g(1)=1$ (∵ ㉡)

$\therefore g'(1)=\dfrac{1}{h'(g(1))}=\dfrac{1}{h'(1)}=\dfrac{1}{2f'(2)}$ (∵ ㉢)

$=\dfrac{1}{2}$ (∵ ㉠)

따라서 ㉡에 의하여 $b=g'(1)=\dfrac{1}{2}$이므로

$10(a+b)=10\left(1+\dfrac{1}{2}\right)=15$

다른 풀이

주어진 조건에 의하여

$f(2)=1,\ f'(2)=1,\ g(1)=a,\ g'(1)=b$ ...... ㉠

함수 $f(2x)$의 역함수가 $g(x)$이므로

$g(f(2x))=x$ ...... ㉡

㉡의 양변에 $x=1$을 대입하면 $g(f(2))=1$이므로

$g(1)=1$ (∵ ㉠)

$\therefore a=g(1)=1$

한편, ㉡의 양변을 x에 대하여 미분하면

$g'(f(2x))f'(2x)\times 2=1$

이 식의 양변에 $x=1$을 대입하면

$2g'(f(2))f'(2)=1$이므로

$2g'(1)=1$ (∵ ㉠)

$\therefore g'(1)=\dfrac{1}{2}$

$\therefore b=g'(1)=\dfrac{1}{2}$

$\therefore 10(a+b)=10\left(1+\dfrac{1}{2}\right)=15$

471 답 ①

해결 각 잡기

주어진 곡선을 $y=g(x)$라 하고, $g(f(t))=t$에서 역함수의 미분법을 이용할 수 있다.

STEP 1 $g(x)=\ln(2x^2+2x+1)\ (x>0)$이라 하면

$g(f(t))=t$

따라서 두 함수 $f(t)$, $g(t)$는 서로 역함수 관계이다.

STEP 2 $g(x)=\ln(2x^2+2x+1)$에서

$g'(x)=\dfrac{4x+2}{2x^2+2x+1}$

$g(f(t))=t$에서

$g'(f(t))f'(t)=1$

위 식에 $t=2\ln 5$를 대입하면

$g'(f(2\ln 5))f'(2\ln 5)=1$

$f(2\ln 5)=k\ (k>0)$로 놓으면 역함수의 성질에 의하여

$g(k)=2\ln 5$이므로

$\ln(2k^2+2k+1)=2\ln 5$

$2k^2+2k+1=25,\ k^2+k-12=0$

$(k+4)(k-3)=0 \quad \therefore k=3$ (∵ $k>0$)

즉, $g'(3)f'(2\ln 5)=1$이므로

$f'(2\ln 5)=\dfrac{1}{g'(3)}=\dfrac{2\times 3^2+2\times 3+1}{4\times 3+2}=\dfrac{25}{14}$

472 답 ④

해결 각 잡기

- 보통 점의 좌표는 $(t,\ f(t))$ 꼴로 주어지는데, $(f(t),\ t)$ 꼴로 주어졌으므로 역함수를 이용하는 문제임을 예측할 수 있다.
- (i) 함수 $h(t)$를 미분하여 $h'(t)$를 구하면 $f(t)$, $g(t)$, $f'(t)$, $g'(t)$에 대한 식으로 나타낼 수 있다.
  (ii) 함수 $y=x^3+2x^2-15x+5$와 두 함수 $f(x)$, $g(x)$는 각각 역함수 관계이므로 역함수의 미분법을 이용하면 $f'(5)$, $g'(5)$의 값을 구할 수 있다.

STEP 1 $h(t)=t\times\{f(t)-g(t)\}$에서

$h'(t)=f(t)-g(t)+t\times\{f'(t)-g'(t)\}$

$\therefore h'(5)=f(5)-g(5)+5\{f'(5)-g'(5)\}$ ...... ㉠

STEP 2 곡선 $y=x^3+2x^2-15x+5$와 직선 $y=5$가 만나는 점의 x좌표는

$x^3+2x^2-15x+5=5,\ x^3+2x^2-15x=0$

$x(x+5)(x-3)=0$

$\therefore x=-5$ 또는 $x=0$ 또는 $x=3$

따라서 곡선 $y=x^3+2x^2-15x+5$와 직선 $y=5$가 만나는 세 점 중에서 가장 큰 x좌표는 3, 가장 작은 x좌표는 -5이므로

$f(5)=3,\ g(5)=-5$ ...... ㉡

STEP 3 $Y(x)=x^3+2x^2-15x+5$로 놓으면

$Y'(x)=3x^2+4x-15$

한편, 두 점 $(f(t),\ t)$, $(g(t),\ t)$는 곡선 $y=Y(t)$ 위의 점이므로

$Y(f(t))=t,\ Y(g(t))=t$

즉, $Y(t)$와 $f(t)$, $Y(t)$와 $g(t)$는 각각 서로 역함수 관계이므로

$f'(5)=\dfrac{1}{Y'(f(5))}=\dfrac{1}{Y'(3)}$ (∵ ㉡)

$=\dfrac{1}{3\times 3^2+4\times 3-15}=\dfrac{1}{24}$

$g'(5)=\frac{1}{Y'(g(5))}=\frac{1}{Y'(-5)}$ ($\because$ ㉡)

$=\frac{1}{3\times(-5)^2+4\times(-5)-15}=\frac{1}{40}$

STEP 4 따라서 ㉠에서

$h'(5)=f(5)-g(5)+5\{f'(5)-g'(5)\}$

$=3-(-5)+5\left(\frac{1}{24}-\frac{1}{40}\right)=\frac{97}{12}$

473 답 ④

STEP 1 조건 (가)에서

$f(1)=(1+a+b)e=e$이므로

$1+a+b=1$

$\therefore a+b=0$ ...... ㉠

$f(x)=(x^2+ax+b)e^x$에서

$f'(x)=(2x+a)e^x+(x^2+ax+b)e^x$

$=\{x^2+(a+2)x+a+b\}e^x$

$f'(1)=e$에서

$\{1+(a+2)+a+b\}e=e$

$1+(a+2)+(a+b)=1$

$\therefore 2a+b=-2$ ...... ㉡

㉠, ㉡에서

$a=-2$, $b=2$

$\therefore f(x)=(x^2-2x+2)e^x$

STEP 2 $f'(x)=(2x-2)e^x+(x^2-2x+2)e^x$

$=x^2e^x$

이때 모든 실수 x에 대하여 $f'(x)\geq 0$이므로 함수 $f(x)$는 역함수가 존재한다.

$f(1)=e$에서 $f^{-1}(e)=1$이므로

$(f^{-1})'(e)=\frac{1}{f'(1)}=\frac{1}{e}$

조건 (나)에서

$g(f(1))=f'(1)$이므로

$g(e)=e$

조건 (나)의 식의 양변을 x에 대하여 미분하면

$g'(f(x))f'(x)=f''(x)$

위 식에 $x=1$을 대입하면

$g'(f(1))f'(1)=f''(1)$ ...... ㉢

한편, $f'(x)=x^2e^x$에서

$f''(x)=x(x+2)e^x$이므로

$f''(1)=3e$

㉢에서 $g'(e)\times e=3e$

$\therefore g'(e)=3$

STEP 3 $h(x)=f^{-1}(x)g(x)$에서

$h'(e)=(f^{-1})'(e)g(e)+f^{-1}(e)g'(e)$

$=\frac{1}{e}\times e+1\times 3=4$

474 답 ①

해결 각 잡기

- 곡선 $y=g(x)$ 위의 점 $(0, g(0))$에서의 접선이 x축이므로 곡선 $y=g(x)$는 점 $(0, 0)$을 지나고 그 점에서의 기울기가 0이다.
  → $g(0)=0$, $g'(0)=0$
- 함수 $g(x)$는 역함수를 가지므로 일대일대응이다.
  → 함수 $g(x)$는 실수 전체의 집합에서 증가하거나 감소한다.

STEP 1 $g(x)=f(e^x)+e^x$에서

$g'(x)=f'(e^x)\times e^x+e^x$

곡선 $y=g(x)$ 위의 점 $(0, g(0))$에서의 접선이 x축이므로

$g(0)=0$, $g'(0)=0$

$g(0)=0$에서

$f(e^0)+e^0=0$, $f(1)+1=0$

$\therefore f(1)=-1$ ...... ㉠

$g'(0)=0$에서

$f'(e^0)\times e^0+e^0=0$, $f'(1)+1=0$

$\therefore f'(1)=-1$ ...... ㉡

STEP 2 한편, 함수 $g(x)$는 역함수를 가지므로 실수 전체의 집합에서 $g'(x)\geq 0$ 또는 $g'(x)\leq 0$이어야 한다.

$g'(x)=f'(e^x)\times e^x+e^x=e^x\{f'(e^x)+1\}$

에서 $f'(x)$의 최고차항의 계수가 양수이므로

$g'(x)\geq 0$

즉, 모든 실수 x에 대하여 $f'(e^x)+1\geq 0$이므로 모든 양수 t에 대하여 ($e^x=t$로 놓자.)

$f'(t)\geq -1$ ← $t>0$에서 $f'(t)$의 최솟값이 -1이다.

㉡에서 $f'(1)=-1$이고 $f'(t)$는 최고차항의 계수가 3인 이차함수이므로 (1은 양수이므로 $f'(t)$는 $t=1$에서 최솟값 -1을 갖는다.)

$f'(t)=3(t-1)^2-1=3t^2-6t+2$

$\therefore f(x)=\int f'(x)\,dx$

$=\int(3x^2-6x+2)\,dx$

$=x^3-3x^2+2x+C$ (단, C는 적분상수)

㉠에서 $f(1)=-1$이므로

$1-3+2+C=-1$ $\therefore C=-1$

따라서 $f(x)=x^3-3x^2+2x-1$이므로

$g(x)=f(e^x)+e^x$

$=e^{3x}-3e^{2x}+2e^x-1+e^x$

$=e^{3x}-3e^{2x}+3e^x-1$

$=(e^x-1)^3$

STEP 3 $h(x)$가 $g(x)$의 역함수이므로

$h'(8)=\frac{1}{g'(h(8))}$

$h(8)=a$라 하면 $g(a)=8$이므로

$(e^a-1)^3=8$, $e^a=3$

$\therefore a=\ln 3$ $\therefore h(8)=\ln 3$

06

이때 $g'(x)=3e^x(e^x-1)^2$이므로

$g'(\ln 3)=3\times3\times2^2=36$

$\therefore h'(8)=\dfrac{1}{g'(\ln 3)}=\dfrac{1}{36}$

475 답 ①

해결 각 잡기

이계도함수

함수 $f(x)$의 도함수 $f'(x)$가 미분가능할 때, $f'(x)$의 도함수 $f''(x)$를 이계도함수라 한다.

→ $f''(a)=\lim_{\Delta x\to0}\dfrac{f'(a+\Delta x)-f'(a)}{\Delta x}$

$f''(a)=2$를 만족시키는 a의 값을 구한다.

STEP 1 $f(x)=\dfrac{1}{x+3}$에서

$f'(x)=-\dfrac{1}{(x+3)^2}$

$f''(x)=\dfrac{2}{(x+3)^3}$

STEP 2 이때 $\lim_{h\to0}\dfrac{f'(a+h)-f'(a)}{h}=f''(a)=2$이므로

$\dfrac{2}{(a+3)^3}=2$

$(a+3)^3=1$

$a+3=1$

$\therefore a=-2$

다른 풀이

$f(x)=\dfrac{1}{x+3}=(x+3)^{-1}$이므로

$f'(x)=-(x+3)^{-2}$

$f''(x)=2(x+3)^{-3}$

이때 $f''(a)=2$에서 $2(a+3)^{-3}=2$

$(a+3)^{-3}=1$, $(a+3)^3=1$

$a+3=1$

$\therefore a=-2$

476 답 ④

STEP 1 $f(x)=12x\ln x-x^3+2x\ (x>0)$에서

$f'(x)=12\ln x-3x^2+14$

$f''(x)=\dfrac{12-6x^2}{x}$

STEP 2 $f''(a)=0$에서 $\dfrac{12-6a^2}{a}=0$

$12-6a^2=0$, $a^2=2$

$\therefore a=\sqrt{2}\ (\because a>0)$

477 답 ①

STEP 1 조건 (나)의 $\lim_{x\to1}\dfrac{f'(f(x))-1}{x-1}=3$에서 $x\to1$일 때 극한값이 존재하고 (분모)$\to0$이므로 (분자)$\to0$이어야 한다.

즉, $\lim_{x\to1}\{f'(f(x))-1\}=0$

$\therefore f'(f(1))=1$

STEP 2 $\lim_{x\to1}\dfrac{f'(f(x))-1}{x-1}$

$=\lim_{x\to1}\dfrac{f'(f(x))-f'(f(1))}{x-1}$

$=\lim_{x\to1}\left\{\dfrac{f'(f(x))-f'(f(1))}{f(x)-f(1)}\times\dfrac{f(x)-f(1)}{x-1}\right\}=3$

조건 (가)에서 $f(1)=2$, $f'(1)=3$이므로

$f''(2)\times3=3$

$\therefore f''(2)=1$

478 답 ①

해결 각 잡기

합성함수 $h(x)=(f\circ g)(x)$에서 $h'(x)=f'(g(x))g'(x)$이다.

STEP 1 $h(x)=(f\circ g)(x)=f(g(x))$에서

$h'(x)=f'(g(x))g'(x)$ ...... ㉠

$h''(x)=f''(g(x))\{g'(x)\}^2+f'(g(x))g''(x)$ ...... ㉡

STEP 2 점 (2, 2)가 곡선 $y=g(x)$의 변곡점이므로

$g''(2)=0$, $g(2)=2$ ...... ㉢

㉡에 $x=2$를 대입하면

$h''(2)=f''(g(2))\{g'(2)\}^2+f'(g(2))g''(2)$

$=f''(2)\{g'(2)\}^2\ (\because ㉢)$

$\therefore \dfrac{h''(2)}{f''(2)}=\{g'(2)\}^2$

STEP 3 이때 $\dfrac{h''(2)}{f''(2)}=4$이므로

$\{g'(2)\}^2=4$

$g(x)$가 증가함수이므로

$g'(2)=2$

㉠에 $x=2$를 대입하면

$h'(2)=f'(g(2))g'(2)=f'(2)g'(2)$

$=4\times2=8\ (\because f'(2)=4)$

479 답 ⑤

해결 각 잡기

삼각형 BAC의 밑변의 길이와 높이를 t에 대한 식으로 표현한 다음 삼각형 BAC의 넓이 $f(t)$를 구한다.

STEP 1 삼각형 BAC의 넓이 $f(t)$는

$f(t)=\frac{1}{2}\times\overline{AC}\times\overline{BC}$

$=\frac{1}{2}\times(t-1)\times2\sqrt{t}$

$=(t-1)\sqrt{t}$

$=t\sqrt{t}-\sqrt{t}$

$=t^{\frac{3}{2}}-t^{\frac{1}{2}}$

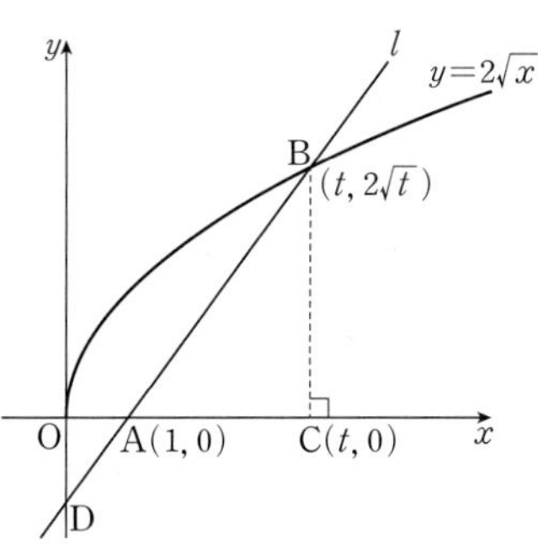

STEP 2 $\therefore f'(t)=\frac{3}{2}t^{\frac{1}{2}}-\frac{1}{2}t^{-\frac{1}{2}}=\frac{3}{2}\sqrt{t}-\frac{1}{2\sqrt{t}}$

$\therefore f'(9)=\frac{3}{2}\sqrt{9}-\frac{1}{2\sqrt{9}}=\frac{3}{2}\times3-\frac{1}{2\times3}$

$=\frac{9}{2}-\frac{1}{6}=\frac{13}{3}$

480 답 ②

해결 각 잡기

- 원의 중심에서 점 B와 점 C를 잇는 보조선을 그은 후 두 직각삼각형의 두 밑변의 길이의 합이 1임을 이용하여 두 직각삼각형의 높이 $r(\theta)$를 구한다.
- 함수의 몫의 미분법을 이용하여 $h'(\theta)$를 구한다.

STEP 1

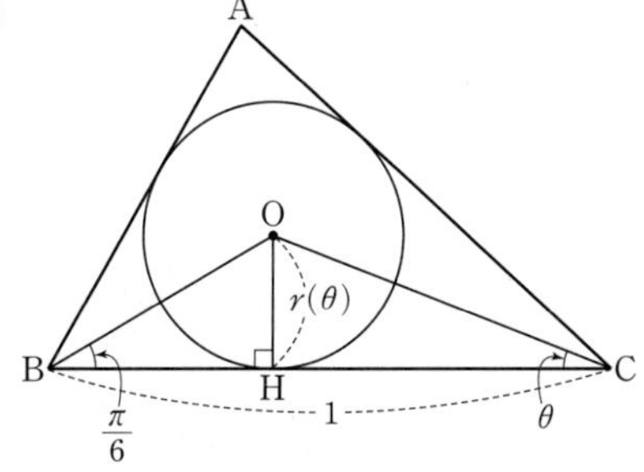

위의 그림과 같이 삼각형 ABC의 내접원의 중심을 O, 점 O에서 $\overline{BC}$에 내린 수선의 발을 H라 하면 점 O는 삼각형 ABC의 내심이므로

$\angle OBH=\frac{\pi}{6}$, $\angle OCH=\theta$

직각삼각형 OBH에서

$\overline{BH}=\frac{\overline{OH}}{\tan\frac{\pi}{6}}=\sqrt{3}r(\theta)$

직각삼각형 OHC에서

$\overline{CH}=\frac{\overline{OH}}{\tan\theta}=\frac{r(\theta)}{\tan\theta}$

$\overline{BH}+\overline{HC}=\overline{BC}$이므로

$\sqrt{3}r(\theta)+\frac{r(\theta)}{\tan\theta}=1$, $\frac{(\sqrt{3}\tan\theta+1)r(\theta)}{\tan\theta}=1$

$\therefore r(\theta)=\frac{\tan\theta}{1+\sqrt{3}\tan\theta}$

$\therefore h(\theta)=\frac{r(\theta)}{\tan\theta}=\frac{1}{1+\sqrt{3}\tan\theta}$

STEP 2 $h'(\theta)=-\frac{\sqrt{3}\sec^2\theta}{(1+\sqrt{3}\tan\theta)^2}$이므로

$h'\left(\frac{\pi}{6}\right)=-\frac{\sqrt{3}\times\left(\frac{2}{\sqrt{3}}\right)^2}{\left(1+\sqrt{3}\times\frac{\sqrt{3}}{3}\right)^2}=-\frac{\sqrt{3}}{3}$

본문 168쪽 ~ 171쪽

C 수능 완성!

481 답 15

해결 각 잡기

- $f(x)=\begin{cases} g(x) & (x\le a \text{ 또는 } x\ge b) \\ h(x) & (a\le x\le b)\end{cases}$가 미분가능할 조건은
  $g(a)=h(a)$, $g(b)=h(b)$, $g'(a)=h'(a)$, $g'(b)=h'(b)$
- 삼차함수 $g(x)$는 역함수가 존재하므로 감소함수 또는 증가함수여야 한다.

STEP 1 함수 $h(x)$가 실수 전체의 집합에서 미분가능하므로 연속함수이다.

(i) 함수 $h(x)$는 $x=0$에서 연속이므로

$h(0)=\lim_{x\to0-}h(x)=\lim_{x\to0+}h(x)$

$(f\circ g^{-1})(0)=\frac{1}{\pi}\sin0=0$ …… ㉠

이므로 $f(g^{-1}(0))=0$

$g^{-1}(0)=\alpha$ …… ㉡

라 하면 $f(\alpha)=0$, $g(\alpha)=0$

$f(\alpha)=0$에서 $\alpha^3-\alpha=0$

$\alpha(\alpha^2-1)=0$, $\alpha(\alpha+1)(\alpha-1)=0$

$\therefore \alpha=-1$ 또는 $\alpha=0$ 또는 $\alpha=1$ …… ㉢

(ii) 함수 $h(x)$는 $x=1$에서 연속이므로

$h(1)=\lim_{x\to1-}h(x)=\lim_{x\to1+}h(x)$

$(f\circ g^{-1})(1)=\frac{1}{\pi}\sin\pi=0$ …… ㉣

이므로 $f(g^{-1}(1))=0$

이때 $g(0)=1$이므로 $g^{-1}(1)=0$ …… ㉤

$\therefore f(0)=0$

STEP 2 함수 $h(x)$는 $x=0$에서 미분가능하므로

$\lim_{x\to0-}\frac{h(x)-h(0)}{x-0}=\lim_{x\to0+}\frac{h(x)-h(0)}{x-0}$에서

$\lim_{x\to0-}\frac{f(g^{-1}(x))}{x}=\lim_{x\to0+}\frac{\frac{1}{\pi}\sin\pi x}{x}=1$ ($\because$ ㉠)

$$\lim_{x\to0-}\left\{\frac{f(g^{-1}(x))-f(g^{-1}(0))}{g^{-1}(x)-g^{-1}(0)}\times\frac{g^{-1}(x)-g^{-1}(0)}{x}\right\}=1$$

$\therefore f'(g^{-1}(0))(g^{-1})'(0)=1$

ⓛ에서 $g^{-1}(0)=\alpha$이고 $(g^{-1})'(0)=\dfrac{1}{g'(\alpha)}$이므로

$f'(\alpha)\times\dfrac{1}{g'(\alpha)}=1$

$\therefore f'(\alpha)=g'(\alpha)$

$f(x)=x^3-x$에서 $f'(x)=3x^2-1$,

$g(x)=ax^3+x^2+bx+1$에서 $g'(x)=3ax^2+2x+b$이므로

$3\alpha^2-1=3a\alpha^2+2\alpha+b$ ...... ㉥

한편, 함수 $h(x)$는 $x=1$에서 미분가능하므로

$\displaystyle\lim_{x\to1-}\frac{h(x)-h(1)}{x-1}=\lim_{x\to1+}\frac{h(x)-h(1)}{x-1}$에서

$\displaystyle\lim_{x\to1-}\frac{\frac{1}{\pi}\sin\pi x}{x-1}=\lim_{x\to1+}\frac{f(g^{-1}(x))}{x-1}$ ($\because$ ㉣),

$\displaystyle\lim_{x\to1+}\frac{f(g^{-1}(x))}{x-1}=-1$이므로 #

$$\lim_{x\to1+}\left\{\frac{f(g^{-1}(x))-f(g^{-1}(1))}{g^{-1}(x)-g^{-1}(1)}\times\frac{g^{-1}(x)-g^{-1}(1)}{x-1}\right\}=-1$$

$\therefore f'(g^{-1}(1))(g^{-1})'(1)=-1$

㉤에서 $g^{-1}(1)=0$이고 $(g^{-1})'(1)=\dfrac{1}{g'(0)}$이므로

$f'(0)\times\dfrac{1}{g'(0)}=-1$

$\therefore f'(0)=-g'(0)$

$f'(x)=3x^2-1$에 $x=0$을 대입하면 $f'(0)=-1$이므로

$g'(0)=b=1$ ...... ㉦

STEP 3 삼차함수 $g(x)$는 역함수 $g^{-1}(x)$를 가지고 $g'(0)=1>0$이므로 증가함수이다.

$g(\alpha)=0$, $g(0)=1$이므로

$\alpha<0$

㉢에 의하여

$\alpha=-1$

㉥, ㉦에 의하여

$3-1=3a-2+1 \quad \therefore a=1$

따라서 $g(x)=x^3+x^2+x+1$이므로

$g(a+b)=g(2)=15$

 # 참고

① $\displaystyle\lim_{x\to0+}\frac{\frac{1}{\pi}\sin\pi x}{x}=\lim_{x\to0+}\frac{\sin\pi x}{\pi x}=1$

② $\displaystyle\lim_{x\to1-}\frac{\frac{1}{\pi}\sin\pi x}{x-1}$에서 $x-1=t$라 하면

$$\lim_{x\to1-}\frac{\frac{1}{\pi}\sin\pi x}{x-1}=\lim_{t\to0-}\frac{\sin\pi(t+1)}{\pi t}=\lim_{t\to0-}\frac{-\sin\pi t}{\pi t}=-1$$

482 답 ②

해결 각 잡기

삼각함수의 덧셈정리

$\tan(\alpha\pm\beta)=\dfrac{\tan\alpha\pm\tan\beta}{1\mp\tan\alpha\tan\beta}$ (복부호 동순)

STEP 1 $f(x)=0$에서 $a\sin x-\cos x=0$, 즉 $\tan x=\dfrac{1}{a}$을 만족시키는 실수 x는 열린구간 $\left(-\dfrac{\pi}{2},\ \dfrac{\pi}{2}\right)$에서 오직 하나뿐이므로

$\tan k=\dfrac{1}{a}$ ...... ㉠

$g(k)=0$이므로 $e^{2k-b}-1=0$에서

$2k=b$ ...... ㉡

$\{f(x)g(x)\}'=2f(x)$에서

$f'(x)g(x)+f(x)g'(x)-2f(x)=0$

$f'(x)g(x)+f(x)\{g'(x)-2\}=0$

$f'(x)=a\cos x+\sin x$, $g'(x)=2e^{2x-b}$이므로

$(a\cos x+\sin x)(e^{2x-b}-1)+(a\sin x-\cos x)(2e^{2x-b}-2)=0$

$(e^{2x-b}-1)\{(2a+1)\sin x+(a-2)\cos x\}=0$

$e^{2x-b}-1=0$ 또는 $(2a+1)\sin x+(a-2)\cos x=0$

$x=\dfrac{b}{2}$ 또는 $\tan x=\dfrac{2-a}{2a+1}$

STEP 2 ㉠, ㉡에 의하여 $\tan\dfrac{b}{2}=\tan k=\dfrac{1}{a}$

$\tan x=\dfrac{2-a}{2a+1}$인 실수 x를 $\alpha\left(-\dfrac{\pi}{2}<\alpha<\dfrac{\pi}{2}\right)$라 하면

$\dfrac{1}{a}\neq\dfrac{2-a}{2a+1}$이므로 $\dfrac{b}{2}\neq\alpha$

그러므로 열린구간 $\left(-\dfrac{\pi}{2},\ \dfrac{\pi}{2}\right)$에서 방정식 $\{f(x)g(x)\}'=2f(x)$의 모든 해는 $\dfrac{b}{2}$, α이다.

조건 (나)에서 $\dfrac{b}{2}+\alpha=\dfrac{\pi}{4}$이므로

$$\tan\alpha=\tan\left(\frac{\pi}{4}-\frac{b}{2}\right)=\frac{\tan\frac{\pi}{4}-\tan\frac{b}{2}}{1+\tan\frac{\pi}{4}\times\tan\frac{b}{2}}=\frac{1-\frac{1}{a}}{1+\frac{1}{a}}=\frac{a-1}{a+1}$$

STEP 3 이때 $\tan\alpha=\dfrac{2-a}{2a+1}$이므로

$\dfrac{a-1}{a+1}=\dfrac{2-a}{2a+1}$에서 $3a^2-2a-3=0$

$2a=3(a^2-1) \qquad \therefore a^2-1=\dfrac{2}{3}a$

$$\therefore \tan b=\tan\left(\frac{b}{2}+\frac{b}{2}\right)=\frac{2\tan\frac{b}{2}}{1-\tan^2\frac{b}{2}}=\frac{2\times\frac{1}{a}}{1-\left(\frac{1}{a}\right)^2}=\frac{2a}{a^2-1}=\frac{2a}{\frac{2}{3}a}=3$$

483 답 11

해결 각 잡기

- $\{\ln|f(x)|\}'=\frac{f'(x)}{f(x)}$
- 곡선과 직선이 만나는 점의 좌표를 구하려면 먼저 곡선과 직선의 방정식을 연립해서 정리한다.

STEP 1 곡선 $y=\ln(1+e^{2x}-e^{-2t})$과 직선 $y=x+t$의 교점의 x좌표를 구하면 $\ln(1+e^{2x}-e^{-2t})=x+t$에서

$1+e^{2x}-e^{-2t}=e^{x+t}$

$e^{2x}-e^te^x+1-e^{-2t}=0$, $(e^x-e^{-t})(e^x-e^t+e^{-t})=0$

$\therefore e^x=e^{-t}$ 또는 $e^x=e^t-e^{-t}$

이때 $t>\frac{1}{2}\ln 2$이므로 $2t>\ln 2$, $e^{2t}>2$, $e^t>2e^{-t}$, $e^t-e^{-t}>e^{-t}$이고 두 교점의 x좌표는 $x=-t$ 또는 $x=\ln(e^t-e^{-t})$이다.

STEP 2 곡선과 직선의 두 교점의 x좌표는 각각 $-t$, $\ln(e^t-e^{-t})$이고, 직선 $y=x+t$의 기울기가 1이므로 두 교점 사이의 거리는 x좌표 (또는 y좌표) 값의 차의 $\sqrt{2}$배이다. #

$f(t)=\{\ln(e^t-e^{-t})-(-t)\}\times\sqrt{2}$

$=\sqrt{2}\{\ln(e^t-e^{-t})+t\}$

$=\sqrt{2}\{\ln(e^t-e^{-t})+\ln e^t\}$

$=\sqrt{2}\ln\{e^t(e^t-e^{-t})\}$

$=\sqrt{2}\ln(e^{2t}-1)$

STEP 3 $\therefore f'(t)=\frac{2\sqrt{2}e^{2t}}{e^{2t}-1}$

이 식에 $t=\ln 2$를 대입하면

$f'(\ln 2)=\frac{2\sqrt{2}e^{2\ln 2}}{e^{2\ln 2}-1}=\frac{2\sqrt{2}e^{\ln 4}}{e^{\ln 4}-1}=\frac{2\sqrt{2}\times 4}{4-1}=\frac{8}{3}\sqrt{2}$

따라서 $p=3$, $q=8$이므로

$p+q=3+8=11$

 # 참고

곡선과 직선의 두 교점의 좌표를 $(\alpha, \alpha+t)$, $(\beta, \beta+t)$ $(\alpha<\beta)$라 하면

$f(t)=\sqrt{(\beta-\alpha)^2+\{(\beta+t)-(\alpha+t)\}^2}=\sqrt{2}(\beta-\alpha)$

즉, 두 교점 사이의 거리 $f(t)$는 x좌표 (또는 y좌표) 값의 차의 $\sqrt{2}$배이다.

484 답 ①

해결 각 잡기

- 역함수가 존재하고 최고차항의 계수가 1인 삼차함수 $f(x)$는 실수 전체의 집합에서 증가하므로 두 곡선 $y=f(x)$, $y=g(x)$의 교점은 직선 $y=x$ 위에 있다.
- 미정계수의 결정을 이용하여 두 함수 $f(x)$, $g(x)$의 함숫값을 구한다.
- 역함수의 미분법을 이용하여 $f'(x)$의 범위를 구한다.

STEP 1 함수 $f(x)$는 최고차항의 계수가 1인 삼차함수이고, 역함수 $g(x)$가 존재하므로 모든 실수 x에 대하여 증가한다.

$\therefore f'(x)\ge 0$ ...... ㉠

한편, 조건 (나)의 $\lim_{x\to 3}\frac{f(x)-g(x)}{(x-3)g(x)}=\frac{8}{9}$에서 $x\to 3$일 때 극한값이 존재하고 (분모)$\to 0$이므로 (분자)$\to 0$이어야 한다.

즉, $\lim_{x\to 3}\{f(x)-g(x)\}=0$이므로

$f(3)-g(3)=0$ $\quad\therefore f(3)=g(3)$

이때 두 함수 $f(x)$, $g(x)$는 역함수 관계이고 $f(x)$가 항상 증가하는 함수이면 $g(x)$도 항상 증가하는 함수이므로 두 함수의 그래프의 교점은 직선 $y=x$ 위에 있다.

$\therefore f(3)=g(3)=3$ ...... ㉡

STEP 2 $\therefore \lim_{x\to 3}\frac{f(x)-g(x)}{(x-3)g(x)}$

$=\lim_{x\to 3}\frac{f(x)-f(3)-g(x)+g(3)}{(x-3)g(x)}$ ($\because$ ㉡)

$=\lim_{x\to 3}\left\{\frac{f(x)-f(3)}{x-3}\times\frac{1}{g(x)}-\frac{g(x)-g(3)}{x-3}\times\frac{1}{g(x)}\right\}$

$=f'(3)\times\frac{1}{g(3)}-g'(3)\times\frac{1}{g(3)}$

$=\frac{1}{3}\{f'(3)-g'(3)\}=\frac{8}{9}$ ...... ㉢

이때 함수 $f(x)$의 역함수가 $g(x)$이므로

$g'(3)=\frac{1}{f'(g(3))}=\frac{1}{f'(3)}$ ($\because$ ㉡)

㉢에서

$\frac{1}{3}\left\{f'(3)-\frac{1}{f'(3)}\right\}=\frac{8}{9}$, $3\{f'(3)\}^2-8f'(3)-3=0$

$\{3f'(3)+1\}\{f'(3)-3\}=0$

$\therefore f'(3)=3$ ($\because$ ㉠)

또, 조건 (가)에서 $g'(x)\le\frac{1}{3}$이므로 $f'(x)\ge 3$

STEP 3 $f(x)$는 최고차항의 계수가 1인 삼차함수이고 $f'(3)=3$, $f'(x)\ge 3$이므로 $f'(x)$는 최고차항의 계수가 3, 꼭짓점의 좌표가 $(3, 3)$인 이차함수이다. 즉,

$f'(x)=3(x-3)^2+3=3x^2-18x+30$

$\therefore f(x)=\int f'(x)\,dx=x^3-9x^2+30x+C$ (단, C는 적분상수)

㉡에서 $f(3)=3$이므로

$27-81+90+C=3$ $\quad\therefore C=-33$

따라서 $f(x)=x^3-9x^2+30x-33$이므로

$f(1)=1-9+30-33=-11$

참고

조건 (가)에서 함수 $y=g(x)$는 임의의 실수 x에 대하여 $g'(x)\le\frac{1}{3}$이 성립하고, 역함수의 미분법에 의하여 $g'(x)=\frac{1}{f'(y)}$이므로

$\frac{1}{f'(y)}\le\frac{1}{3}$, 즉 $f'(y)\ge 3$

이때 삼차함수 $f(x)$에서 임의의 실수 x에 대하여 y의 값도 실수이므로 $f'(x)\ge 3$이 성립한다.

06

다른 풀이

변곡점을 이용하여 다음과 같이 구할 수도 있다.

$g'(3)=\frac{1}{f'(g(3))}=\frac{1}{f'(3)}=\frac{1}{3}$이고

조건 ㈎에서 $g'(x)\le\frac{1}{3}$이므로

$f'(x)\ge3$ ...... ㉠

이때 $f(x)$는 역함수를 갖는 삼차함수이므로 변곡점에서 곡선 $y=f(x)$의 접선의 기울기가 최소가 된다.

그런데 ㉠에 의하여 곡선 $y=f(x)$의 접선의 기울기 $f'(x)$의 최솟값은 3이고, $f'(3)=3$이므로 곡선 $y=f(x)$는 $x=3$에서 변곡점을 갖는다.

한편, $f(3)=3$에서 $f(3)-3=0$이므로 $f(x)-3$은 $x-3$을 인수로 갖는다.

$f(x)-3=(x-3)(x^2+ax+b)$ (a, b는 상수)

로 놓고, 양변을 x에 대하여 미분하면

$f'(x)=x^2+ax+b+(x-3)(2x+a)$

이때 $f'(3)=3$이므로 위의 식에 $x=3$을 대입하면

$f'(3)=9+3a+b=3$

$\therefore 3a+b=-6$ ...... ㉡

또, $f''(x)=2x+a+(2x+a)+2(x-3)=6x+2a-6$이므로

$f''(x)=0$에서 $6x+2a-6=0$, $6x=6-2a$

$\therefore x=\frac{3-a}{3}$

즉, 변곡점의 x좌표는 $\frac{3-a}{3}$이므로

$\frac{3-a}{3}=3$ $\quad\therefore a=-6$

$a=-6$을 ㉡에 대입하면

$-18+b=-6$ $\quad\therefore b=12$

따라서 $f(x)-3=(x-3)(x^2-6x+12)$이므로

$f(x)=(x-3)(x^2-6x+12)+3$

$\therefore f(1)=-2\times7+3=-11$

485 답 72

해결 각 잡기

- $g'(x)=3x^2+1>0$이므로 함수 $g(x)$는 증가함수이다. 따라서 역함수가 존재하고 그 역함수는 일대일대응, 즉 어떤 함숫값에 대응되는 x의 값이 단 하나 존재한다.
- 함수 $(x-1)|h(x)|$가 실수 전체의 집합에서 미분가능하므로 절댓값 기호 안에 포함된 함수 $h(x)$에 대하여 $h(1)=0$이어야 함을 이용한다.

STEP 1 $g(x)=x^3+x+1$에서

$g'(x)=3x^2+1>0$

즉, 함수 $g(x)$는 모든 실수 x에 대하여 증가하는 함수이므로 그 역함수 $g^{-1}(x)$도 증가하는 함수이다.

STEP 2 합성함수 $h(x)=(f\circ g^{-1})(x)=f(g^{-1}(x))$에 대하여 조건 ㈎에서 함수 $(x-1)|h(x)|$가 실수 전체의 집합에서 미분가능하므로 $h(1)=0$이어야 한다. #

즉, $h(1)=f(g^{-1}(1))=0$이므로 $g^{-1}(1)=m$이라 하면 $g(m)=1$에서 $m^3+m+1=1$, $m^3+m=0$

$m(m^2+1)=0$ $\quad\therefore m=0$

즉, $g^{-1}(1)=0$이므로

$f(0)=0$

즉, $a=0$이므로 $f(x)=x(x-b)^2$

STEP 3 이때 $h'(x)=f'(g^{-1}(x))\times\{g^{-1}(x)\}'$이므로

$h'(3)=f'(g^{-1}(3))\times\{g^{-1}(3)\}'=2$ ($\because$ 조건 ㈏) ...... ㉠

한편, $g^{-1}(3)$의 값을 구하면

$y^3+y+1=3$, $y^3+y-2=0$

$(y-1)(y^2+y+2)=0$ $\quad\therefore y=1$

$\therefore g^{-1}(3)=1$

이때 $f'(x)=(x-b)^2+2x(x-b)$이므로

$f'(g^{-1}(3))=f'(1)$

$=(1-b)^2+2(1-b)$

$=(1-b)(3-b)$ ...... ㉡

또, $\{g^{-1}(g(x))\}'=\frac{1}{g'(x)}$을 이용하면

$\{g^{-1}(3)\}'=\frac{1}{g'(1)}=\frac{1}{4}$ ...... ㉢

STEP 4 ㉡, ㉢을 ㉠에 대입하면

$(1-b)(3-b)\times\frac{1}{4}=2$

$b^2-4b+3=8$, $b^2-4b-5=0$

$(b+1)(b-5)=0$ $\quad\therefore b=5$ ($\because b>0$)

따라서 $f(x)=x(x-5)^2$이므로

$f(8)=8\times3^2=72$

 # 참고

함수 $g^{-1}(x)$는 증가함수이고 치역이 실수 전체의 집합이므로 $h(x)=0$인 x의 값이 반드시 존재한다.

$h(1)\neq0$이면 $h(\alpha)=0$ $(\alpha\neq1)$인 α의 값이 존재하므로 함수 $(x-1)|h(x)|$는 $x=\alpha$에서 미분가능하지 않게 된다.

486 답 3

해결 각 잡기

역함수의 미분계수를 구할 때는 $g(h(x))=x$의 양변을 미분해서 $g'(h(x))\times h'(x)=1$을 이용한다.

STEP 1 곡선 $y=f(x)$ 위의 점 $P(s, f(s))$와 점 $Q(t, 0)$에 대하여 점 P에서의 접선과 직선 PQ는 수직이어야 한다.

이때 $f(x)=e^x+x$에서 $f'(x)=e^x+1$이므로 점 P에서의 접선의 기울기는

$f'(s)=e^s+1$ ...... ㉠

또, 직선 PQ의 기울기는

$\frac{f(s)-0}{s-t}=\frac{e^s+s}{s-t}$ …… ㉡

곡선 위의 점 P에서의 접선과 직선 PQ가 수직이어야 하므로 두 직선의 기울기의 곱이 -1이어야 한다.

$\therefore (e^s+1)\times\frac{e^s+s}{s-t}=-1$ ($\because$ ㉠, ㉡)

$(e^s+1)(e^s+s)=t-s$

$t=(e^s+1)(e^s+s)+s$ …… ㉢

한편, $f(s)$의 값이 $g(t)$이므로

$g(t)=e^s+s$ …… ㉣

STEP 2 함수 $g(t)$의 역함수가 $h(t)$이므로

$h(1)=k$라 하면 $g(k)=1$

즉, ㉢에서

$k=(e^s+1)(e^s+s)+s$ …… ㉤

㉣에서 $e^s+s=1$

$\therefore s=0$

이 값을 ㉤에 대입하면

$k=2\times1+0=2$

$\therefore h(1)=2$ …… ㉥

$g(h(t))=t$의 양변을 t에 대하여 미분하면

$g'(h(t))\times h'(t)=1$

$h'(t)=\frac{1}{g'(h(t))}$

위 식에 $t=1$을 대입하면

$h'(1)=\frac{1}{g'(h(1))}=\frac{1}{g'(2)}$ ($\because$ ㉥)

STEP 3 ㉣의 양변을 t에 대하여 미분하면

$g'(t)=(e^s+1)\frac{ds}{dt}$ …… ㉦

이때 ㉢의 양변을 t에 대하여 미분하면

$1=\{e^s(e^s+s)+(e^s+1)^2+1\}\frac{ds}{dt}$

$\therefore \frac{ds}{dt}=\frac{1}{e^s(e^s+s)+(e^s+1)^2+1}$

이것을 ㉦에 대입하면

$g'(t)=\frac{e^s+1}{e^s(e^s+s)+(e^s+1)^2+1}$

$s=0$일 때, ㉢에서 $t=2$이므로

$g'(2)=\frac{2}{1+2^2+1}=\frac{1}{3}$

$\therefore h'(1)=\frac{1}{g'(2)}=3$

487 답 32

해결 각 잡기

합성함수 $y=f(g(x))$의 도함수는 $\frac{dy}{dx}=\frac{dy}{du}\times\frac{du}{dx}$ 또는 $\{f(g(x))\}'=f'(g(x))g'(x)$이다.

STEP 1 선분 AB의 중점을 O, 점 P에서 선분 AB에 내린 수선의 발을 H, $\overline{OH}=x(\theta)$ $(0<x(\theta)<5)$라 하자.

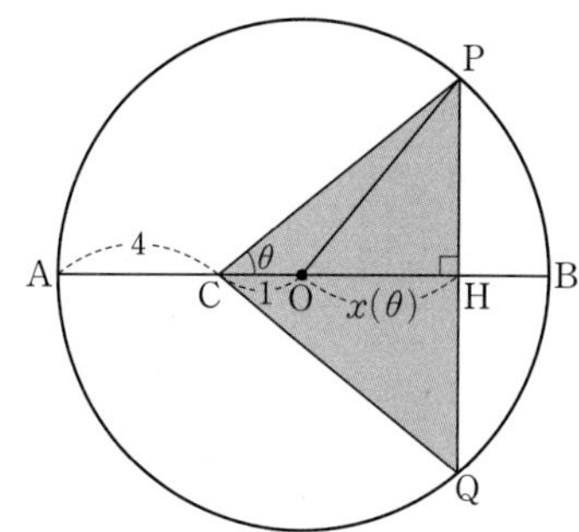

직각삼각형 PCH에서

$\overline{CH}=\overline{CO}+\overline{OH}=1+x(\theta)$

$\overline{PH}=\overline{CH}\times\tan\theta=\{1+x(\theta)\}\tan\theta$

$\overline{PQ}=2\overline{PH}=2\{1+x(\theta)\}\tan\theta$

따라서 삼각형 PCQ의 넓이 $S(\theta)$는

$S(\theta)=\frac{1}{2}\times\overline{PQ}\times\overline{CH}$

$=\frac{1}{2}\times2\{1+x(\theta)\}\tan\theta\times\{1+x(\theta)\}$

$=\{1+x(\theta)\}^2\tan\theta$

STEP 2 $S(\theta)=\{1+x(\theta)\}^2\tan\theta$의 양변을 θ에 대하여 미분하면

$S'(\theta)=2\{1+x(\theta)\}x'(\theta)\tan\theta+\{1+x(\theta)\}^2\sec^2\theta$ …… ㉠

직각삼각형 POH에서

$\overline{OH}^2+\overline{PH}^2=\overline{PO}^2$이므로

$\{x(\theta)\}^2+\{1+x(\theta)\}^2\tan^2\theta=25$ …… ㉡

㉡에 $\theta=\frac{\pi}{4}$를 대입하고 $x\left(\frac{\pi}{4}\right)=a$라 하면

$a^2+(1+a)^2=25$ $\left(\because \tan\frac{\pi}{4}=1\right)$

$2a^2+2a-24=0$

$a^2+a-12=0$, $(a+4)(a-3)=0$

$0<a<5$이므로 $a=3$

$\therefore x\left(\frac{\pi}{4}\right)=3$

㉡의 양변을 θ에 대하여 미분하면

$2x(\theta)x'(\theta)+2\{1+x(\theta)\}x'(\theta)\tan^2\theta$
$+\{1+x(\theta)\}^2\times2\tan\theta\sec^2\theta=0$

위 식에 $\theta=\frac{\pi}{4}$를 대입하면

$2x\left(\frac{\pi}{4}\right)x'\left(\frac{\pi}{4}\right)+2\left\{1+x\left(\frac{\pi}{4}\right)\right\}x'\left(\frac{\pi}{4}\right)\tan^2\frac{\pi}{4}$
$+\left\{1+x\left(\frac{\pi}{4}\right)\right\}^2\times2\tan\frac{\pi}{4}\sec^2\frac{\pi}{4}=0$

위 식에 $x\left(\frac{\pi}{4}\right)=3$, $\tan\frac{\pi}{4}=1$, $\sec\frac{\pi}{4}=\sqrt{2}$를 각각 대입하면

$2\times3\times x'\left(\frac{\pi}{4}\right)+2\times(1+3)\times x'\left(\frac{\pi}{4}\right)\times1^2$
$+(1+3)^2\times2\times1\times(\sqrt{2})^2=0$

$6x'\left(\frac{\pi}{4}\right)+8x'\left(\frac{\pi}{4}\right)+64=0$, $14x'\left(\frac{\pi}{4}\right)=-64$

$\therefore x'\left(\frac{\pi}{4}\right)=-\frac{64}{14}=-\frac{32}{7}$

㉠에 $\theta=\frac{\pi}{4}$를 대입하면

$$S'\left(\frac{\pi}{4}\right)=2\left\{1+x\left(\frac{\pi}{4}\right)\right\}x'\left(\frac{\pi}{4}\right)\tan\frac{\pi}{4}+\left\{1+x\left(\frac{\pi}{4}\right)\right\}^2\sec^2\frac{\pi}{4}$$
$$=2\times(1+3)\times\left(-\frac{32}{7}\right)\times1+(1+3)^2\times(\sqrt{2})^2$$
$$=-\frac{256}{7}+32$$

$\therefore\ -7\times S'\left(\frac{\pi}{4}\right)=-7\times\left(-\frac{256}{7}+32\right)=256-224=32$

다른 풀이 STEP 1

점 C가 지름 위의 점이므로

$\overline{CP}=\overline{CQ}$, $\angle QCB=\angle PCB=\theta$

또, 직각삼각형 PCH에서

$\overline{CH}=1+x(\theta)$

$\overline{CP}=\overline{CH}\times\sec\theta=\{1+x(\theta)\}\sec\theta$

$$\therefore\ S(\theta)=\frac{1}{2}\times\overline{CP}\times\overline{CQ}\times\sin2\theta$$
$$=\frac{1}{2}\times\{1+x(\theta)\}^2\sec^2\theta\times\sin2\theta$$
$$=\frac{1}{2}\times\{1+x(\theta)\}^2\frac{1}{\cos^2\theta}\times2\sin\theta\cos\theta$$
$$=\{1+x(\theta)\}^2\tan\theta$$

다른 풀이

원의 중심을 O, 선분 AB와 선분 PQ의 교점을 H, $\overline{CP}=x$라 하면

$\overline{OC}=1$, $\overline{OP}=5$이므로 코사인법칙에 의하여

$5^2=x^2+1-2x\cos\theta$, $(x-\cos\theta)^2=24+\cos^2\theta$

$x=\cos\theta+\sqrt{24+\cos^2\theta}$ ($\because\ x>0$)

$\overline{CQ}=\overline{CP}=x$, $\angle PCQ=2\theta$이므로 삼각형 PCQ의 넓이 $S(\theta)$는

$$S(\theta)=\frac{1}{2}\times(\cos\theta+\sqrt{24+\cos^2\theta})^2\sin2\theta$$
$$=(\cos\theta+\sqrt{24+\cos^2\theta})^2\frac{\sin2\theta}{2}$$

$$\therefore\ S'(\theta)=2(\cos\theta+\sqrt{24+\cos^2\theta})\left(-\sin\theta-\frac{\sin\theta\cos\theta}{\sqrt{24+\cos^2\theta}}\right)$$
$$\times\frac{\sin2\theta}{2}+(\cos\theta+\sqrt{24+\cos^2\theta})^2\cos2\theta$$

$f(\theta)=\cos\theta+\sqrt{24+\cos^2\theta}$로 놓으면

$$f\left(\frac{\pi}{4}\right)=\frac{\sqrt{2}}{2}+\sqrt{24+\left(\frac{\sqrt{2}}{2}\right)^2}$$
$$=\frac{\sqrt{2}}{2}+\sqrt{\frac{49}{2}}=\frac{\sqrt{2}+7\sqrt{2}}{2}=4\sqrt{2} \qquad \cdots\cdots ㉢$$

$$f'(\theta)=-\sin\theta-\frac{2\cos\theta\sin\theta}{2\sqrt{\cos^2\theta+24}}$$
$$=-\sin\theta-\frac{\sin2\theta}{2\sqrt{\cos^2\theta+24}}$$

이므로

$$f'\left(\frac{\pi}{4}\right)=-\sin\frac{\pi}{4}-\frac{\sin\frac{\pi}{2}}{2\sqrt{\cos^2\frac{\pi}{4}+24}}$$
$$=-\frac{\sqrt{2}}{2}-\frac{1}{2\sqrt{\frac{49}{2}}}=-\frac{\sqrt{2}}{2}-\frac{\sqrt{2}}{14}=-\frac{4\sqrt{2}}{7} \qquad \cdots\cdots ㉣$$

$$\therefore\ S'\left(\frac{\pi}{4}\right)=f\left(\frac{\pi}{4}\right)f'\left(\frac{\pi}{4}\right)\sin\frac{\pi}{2}+\left\{f\left(\frac{\pi}{4}\right)\right\}^2\cos\frac{\pi}{2}$$
$$=4\sqrt{2}\times\left(-\frac{4\sqrt{2}}{7}\right)\times1+(4\sqrt{2})^2\times0\ (\because\ ㉢,\ ㉣)$$
$$=-\frac{32}{7}$$

$\therefore\ -7\times S'\left(\frac{\pi}{4}\right)=32$

488 답 40

해결 각 잡기

세 점 A, B, C에 대하여 $a=\overline{BC}$, $b=\overline{CA}$, $c=\overline{AB}$이고, 삼각형 ABC의 외접원의 반지름의 길이가 R일 때

(1) **사인법칙**

$$\frac{a}{\sin A}=\frac{b}{\sin B}=\frac{c}{\sin C}=2R$$

(2) **코사인법칙**

$a^2=b^2+c^2-2bc\cos A$

$b^2=c^2+a^2-2ca\cos B$

$c^2=a^2+b^2-2ab\cos C$

STEP 1 $\angle APD=\alpha\ \left(0<\alpha<\frac{\pi}{2}\right)$라 하면

$\angle ADQ=\theta+\alpha$

삼각형 AQD에서 코사인법칙에 의하여

$\{f(\theta)\}^2=2^2+1^2-2\times2\times1\times\cos(\theta+\alpha)$

$\therefore\ \{f(\theta)\}^2=5-4\cos(\theta+\alpha)$ ⋯⋯ ㉠

삼각형 ADP에서 사인법칙에 의하여

$\frac{1}{\sin\theta}=\frac{2}{\sin\alpha}$에서 $\sin\alpha=2\sin\theta$ ⋯⋯ ㉡

이 식의 양변을 θ에 대하여 미분하면

$\cos\alpha\frac{d\alpha}{d\theta}=2\cos\theta$에서 $\frac{d\alpha}{d\theta}=\frac{2\cos\theta}{\cos\alpha}$

㉠의 양변을 θ에 대하여 미분하면

$2f(\theta)f'(\theta)=4\sin(\theta+\alpha)\left(1+\frac{d\alpha}{d\theta}\right)$

$\therefore\ f(\theta)f'(\theta)=2\sin(\theta+\alpha)\left(1+\frac{2\cos\theta}{\cos\alpha}\right)$ ⋯⋯ ㉢

STEP 2 $\theta=\theta_0$일 때 α의 값을 α_0이라 하면 $\cos\theta_0=\frac{7}{8}$이므로

$\sin\theta_0=\sqrt{1-\left(\frac{7}{8}\right)^2}=\frac{\sqrt{15}}{8}\ \left(\because\ 0<\theta_0<\frac{\pi}{6}\right)$

㉡에서

$\sin\alpha_0=2\sin\theta_0=2\times\frac{\sqrt{15}}{8}=\frac{\sqrt{15}}{4}$이므로

$\cos\alpha_0=\sqrt{1-\left(\frac{\sqrt{15}}{4}\right)^2}=\frac{1}{4}\ \left(\because\ \angle APD<\frac{\pi}{2}\right)$

$$\cos(\theta_0+\alpha_0)=\cos\theta_0\cos\alpha_0-\sin\theta_0\sin\alpha_0$$
$$=\frac{7}{8}\times\frac{1}{4}-\frac{\sqrt{15}}{8}\times\frac{\sqrt{15}}{4}$$
$$=-\frac{1}{4}$$

이므로

$\sin(\theta_0+\alpha_0)=\sqrt{1-\left(-\frac{1}{4}\right)^2}=\frac{\sqrt{15}}{4}$

㉠에 의하여

$\{f(\theta_0)\}^2=5-4\times\left(-\frac{1}{4}\right)=6$

$\therefore f(\theta_0)=\sqrt{6}$

$\theta=\theta_0$을 ㉢에 대입하면

$$\sqrt{6}f'(\theta_0)=2\times\frac{\sqrt{15}}{4}\times\left(1+\frac{2\times\frac{7}{8}}{\frac{1}{4}}\right)$$

$$=\frac{\sqrt{15}}{2}\times(1+7)=4\sqrt{15}$$

$\therefore f'(\theta_0)=\frac{4\sqrt{15}}{\sqrt{6}}=2\sqrt{10}$

따라서 $k=f'(\theta_0)=2\sqrt{10}$이므로

$k^2=40$

07 도함수의 활용 (1)

본문 174쪽 ~ 187쪽

B 유형 & 유사로 익히면…

489 답 8

해결 각 잡기

곡선 $y=f(x)$ 위의 점 $(a, f(a))$에서의 접선의 방정식은
$y-f(a)=f'(a)(x-a)$

STEP 1 $f(x)=e^{3-x}$으로 놓으면 $f'(x)=-e^{3-x}$

곡선 $y=f(x)$ 위의 점 (3, 1)에서의 접선의 기울기는

$f'(3)=-e^{3-3}=-1$

이므로 접선의 방정식은

$y-1=-(x-3)$

$\therefore y=-x+4$

STEP 2 직선 $y=-x+4$의 x절편은 4, y절편은 4이므로 구하는 넓이는

$\frac{1}{2}\times4\times4=8$

490 답 ①

STEP 1 $f(x)=\frac{1}{x-1}$로 놓으면 $f'(x)=-\frac{1}{(x-1)^2}$

곡선 $y=f(x)$ 위의 점 $\left(\frac{3}{2}, 2\right)$에서의 접선의 기울기는

$f'\left(\frac{3}{2}\right)=-\frac{1}{\left(\frac{3}{2}-1\right)^2}=-4$

이므로 접선의 방정식은

$y-2=-4\left(x-\frac{3}{2}\right)$

$\therefore y=-4x+8$

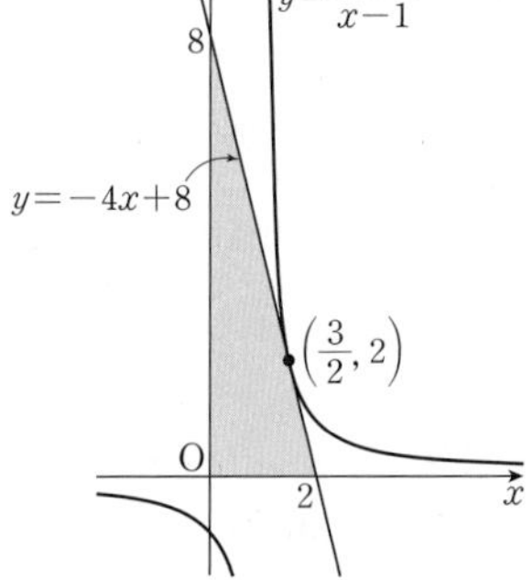

STEP 2 직선 $y=-4x+8$의 x절편은 2, y절편은 8이므로 구하는 넓이는

$\frac{1}{2}\times2\times8=8$

491 답 ④

STEP 1 $f(x)=\ln 5x$로 놓으면 $f'(x)=\frac{5}{5x}=\frac{1}{x}$

곡선 $y=f(x)$ 위의 점 $\left(\frac{1}{5}, 0\right)$에서의 접선의 기울기는

$f'\left(\frac{1}{5}\right)=5$이므로 접선의 방정식은

$y=5\left(x-\frac{1}{5}\right)$ $\quad\therefore y=5x-1$

STEP 2 따라서 구하는 접선의 y절편은 -1이다.

492 답 ①

STEP 1 $f(x)=\ln(x-3)+1$로 놓으면 $f'(x)=\frac{1}{x-3}$

곡선 $y=f(x)$ 위의 점 $(4, 1)$에서의 접선의 기울기는

$f'(4)=1$이므로 접선의 방정식은

$y-1=x-4$ $\quad\therefore y=x-3$

STEP 2 따라서 $a=1$, $b=-3$이므로

$a+b=1+(-3)=-2$

493 답 ③

STEP 1 $f(x)=\tan 2x+\frac{\pi}{2}$로 놓으면 $f'(x)=2\sec^2 2x$

곡선 $y=f(x)$ 위의 점 $\mathrm{P}\left(\frac{\pi}{8}, 1+\frac{\pi}{2}\right)$에서의 접선의 기울기는

$f'\left(\frac{\pi}{8}\right)=2\sec^2\frac{\pi}{4}=4$이므로 접선의 방정식은

$y-\left(1+\frac{\pi}{2}\right)=4\left(x-\frac{\pi}{8}\right)$ $\quad\therefore y=4x+1$

STEP 2 따라서 구하는 접선의 y절편은 1이다.

494 답 ④

STEP 1 함수 $f(x)=\ln(\tan x)$의 그래프와 x축이 만나는 점의 x좌표는

$\ln(\tan x)=0$에서 $\tan x=1$

$\therefore x=\frac{\pi}{4}\left(\because 0<x<\frac{\pi}{2}\right)$

$\therefore \mathrm{P}\left(\frac{\pi}{4}, 0\right)$

STEP 2 $f(x)=\ln(\tan x)$에서

$f'(x)=\frac{(\tan x)'}{\tan x}=\frac{\sec^2 x}{\tan x}$

곡선 $f(x)=\ln(\tan x)$ 위의 점 $\mathrm{P}\left(\frac{\pi}{4}, 0\right)$에서의 접선의 기울기는

$f'\left(\frac{\pi}{4}\right)=\frac{\sec^2\frac{\pi}{4}}{\tan\frac{\pi}{4}}=2$

이므로 접선의 방정식은

$y=2\left(x-\frac{\pi}{4}\right)$

$\therefore y=2x-\frac{\pi}{2}$

따라서 점 P에서의 접선의 y절편은 $-\frac{\pi}{2}$이다.

495 답 10

해결 각 잡기

- $\lim_{x\to a}\frac{h(x)}{g(x)}=k$ (k는 상수)이고 $x\to a$일 때 (분모)$\to 0$이면 (분자)$\to 0$이다.
- $\{g(f(x))\}'=g'(f(x))f'(x)$

STEP 1 $\lim_{x\to 1}\frac{f(x)-\frac{\pi}{6}}{x-1}=k$에서 $x\to 1$일 때 (분모)$\to 0$이므로 (분자)$\to 0$이어야 한다.

즉, $\lim_{x\to 1}\left\{f(x)-\frac{\pi}{6}\right\}=0$에서 $f(1)=\frac{\pi}{6}$

$\therefore \lim_{x\to 1}\frac{f(x)-\frac{\pi}{6}}{x-1}=\lim_{x\to 1}\frac{f(x)-f(1)}{x-1}=f'(1)=k$

STEP 2 $g(x)=\sin x$에서

$g'(x)=\cos x$

$y=g(f(x))$에서

$y'=g'(f(x))f'(x)$

$g(f(1))=g\left(\frac{\pi}{6}\right)=\sin\frac{\pi}{6}=\frac{1}{2}$

$g'(f(1))f'(1)=g'\left(\frac{\pi}{6}\right)f'(1)=\cos\frac{\pi}{6}\times k=\frac{\sqrt{3}}{2}k$

합성함수 $y=(g\circ f)(x)$의 그래프 위의 점 $(1, (g\circ f)(1))$에서의 접선의 방정식은

$y-\frac{1}{2}=\frac{\sqrt{3}}{2}k(x-1)$

$\therefore y=\frac{\sqrt{3}}{2}k(x-1)+\frac{1}{2}$

STEP 3 이 접선이 원점을 지나므로

$0=-\frac{\sqrt{3}}{2}k+\frac{1}{2}$ $\quad\therefore k=\frac{\sqrt{3}}{3}$

$\therefore 30k^2=30\times\left(\frac{\sqrt{3}}{3}\right)^2=10$

496 답 50

STEP 1 점 $(e, -e)$는 $y=f(x)$ 위의 점이므로 $f(e)=-e$

곡선 $y=f(x)$ 위의 점 $(e, -e)$에서의 접선의 기울기를 $f'(e)=a$라 하자.

$g(x)=f(x)\ln x^4$에서

$g'(x)=f'(x)\ln x^4+f(x)\times\frac{4}{x}$

곡선 $y=g(x)$ 위의 점 $(e, -4e)$에서의 접선의 기울기는

$g'(e)=f'(e)\ln e^4+f(e)\times\frac{4}{e}$

$\quad=a\times 4+(-e)\times\frac{4}{e}=4a-4$

STEP 2 $x=e$에서의 두 접선이 서로 수직이므로

$f'(e)\times g'(e)=-1$

$a(4a-4)=-1$, $4a^2-4a+1=0$

$(2a-1)^2=0 \qquad \therefore a=\frac{1}{2}$

$\therefore 100f'(e)=100a=100\times\frac{1}{2}=50$

497 답 ③

해결 각 잡기

$f(x)\le g(x)$는 주어진 구간에서 곡선 $y=f(x)$와 직선 $y=g(x)$가 접하거나 곡선 $y=f(x)$보다 직선 $y=g(x)$가 위쪽에 존재함을 의미한다.

STEP 1 직선 $y=g(x)$가 함수 $y=f(x)$의 그래프 위의 점 A(1, 2)를 지나고, 닫힌구간 [0, 4]에서 $f(x)\le g(x)$이므로 직선 $y=g(x)$는 다음 그림과 같이 $x=1$에서 곡선 $y=f(x)$에 접한다.

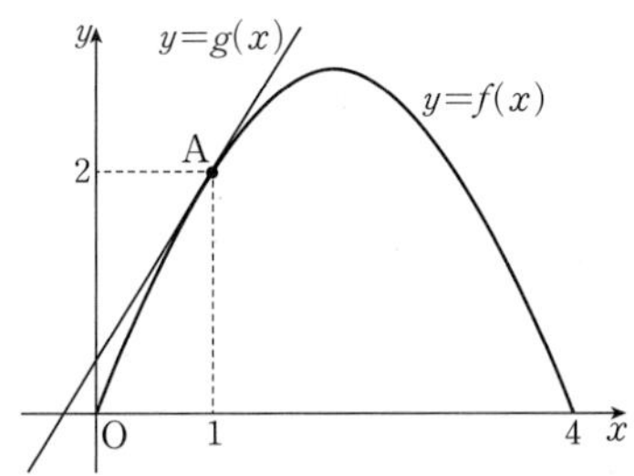

STEP 2 $f(x)=2\sqrt{2}\sin\frac{\pi}{4}x$에서

$f'(x)=2\sqrt{2}\cos\frac{\pi}{4}x\times\frac{\pi}{4}=\frac{\sqrt{2}}{2}\pi\cos\frac{\pi}{4}x$

$\therefore f'(1)=\frac{\sqrt{2}}{2}\pi\cos\frac{\pi}{4}=\frac{\sqrt{2}}{2}\pi\times\frac{\sqrt{2}}{2}=\frac{1}{2}\pi$

따라서 일차함수 $y=g(x)$의 그래프는 기울기가 $\frac{1}{2}\pi$이고, 점 (1, 2)를 지나므로

$g(x)-2=\frac{1}{2}\pi(x-1)$

$\therefore g(x)=\frac{1}{2}\pi(x-1)+2$

$\therefore g(3)=\frac{1}{2}\pi(3-1)+2=\pi+2$

498 답 ④

해결 각 잡기

두 점 (x_1, y_1), (x_2, y_2)를 지나는 직선의 방정식은

$y-y_1=\frac{y_2-y_1}{x_2-x_1}(x-x_1)$ (단, $x_1\ne x_2$)

STEP 1 두 조건 (가), (나)를 만족시키는 직선 l의 개형은 오른쪽 그림과 같다. 즉, 직선 l은 두 점 (2, 0), (0, −2)를 지나는 직선이므로 직선 l의 방정식은

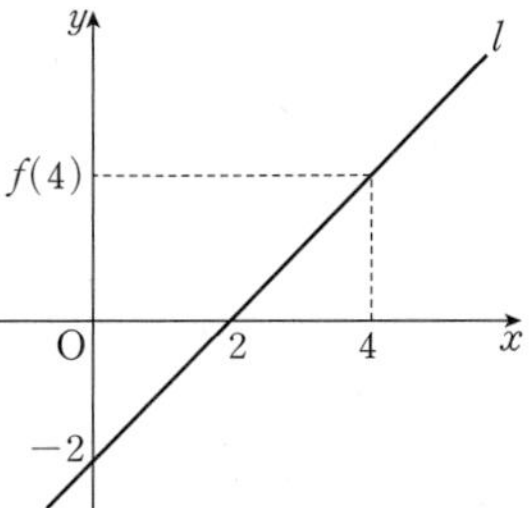

$y-(-2)=\frac{-2-0}{0-2}x$

$\therefore y=x-2$

STEP 2 이때 직선 l은 곡선 $y=f(x)$ 위의 점 $(4, f(4))$에서의 접선이므로 $f(4)=2$, $f'(4)=1$

따라서 $g(x)=xf(2x)$에서

$g'(x)=f(2x)+2xf'(2x)$

$\therefore g'(2)=f(4)+4f'(4)$

$=2+4\times1=6$

499 답 32

해결 각 잡기

곡선 $y=f(x)$에 접하고 기울기가 m인 접선의 방정식은 다음과 같이 구한다.

(i) 접점의 좌표를 $(t, f(t))$로 놓는다.

(ii) $f'(t)=m$임을 이용하여 t의 값을 구한다.

(iii) t의 값을 $y-f(t)=m(x-t)$에 대입한다.

STEP 1 $f(x)=\ln(x-7)$로 놓으면

$f'(x)=\frac{1}{x-7}$

접점의 좌표를 $(t, \ln(t-7))$이라 하면 접선의 기울기가 1이므로

$f'(t)=\frac{1}{t-7}=1$에서

$t-7=1 \qquad \therefore t=8$

접점의 좌표는 (8, 0)이고 기울기는 1이므로 접선의 방정식은

$y=x-8$

STEP 2 이 직선이 x축, y축과 만나는 점은 각각

A(8, 0), B(0, −8)

따라서 삼각형 AOB의 넓이는

$\frac{1}{2}\times\overline{OA}\times\overline{OB}=\frac{1}{2}\times8\times8=32$

500 답 16

STEP 1 $f(x)=\frac{1}{x-2}-a$로 놓으면

$f'(x)=-\frac{1}{(x-2)^2}$

접점의 좌표를 $\left(t, \frac{1}{t-2}-a\right)$라 하면 $f'(t)=-4$에서

$-\frac{1}{(t-2)^2}=-4$, $(t-2)^2=\frac{1}{4}$

$t-2=\pm\frac{1}{2} \qquad \therefore t=\frac{3}{2}$ 또는 $t=\frac{5}{2}$

즉, 접선의 기울기가 −4인 곡선 $y=f(x)$ 위의 점의 좌표는

$\left(\frac{3}{2}, -2-a\right)$, $\left(\frac{5}{2}, 2-a\right)$

STEP 2 (i) 점 $\left(\frac{3}{2}, -2-a\right)$가 직선 $y=-4x$ 위의 점일 때

$-2-a=-4\times\frac{3}{2}$에서 $-2-a=-6 \qquad \therefore a=4$

(ii) 점 $\left(\frac{5}{2},\ 2-a\right)$가 직선 $y=-4x$ 위의 점일 때

$2-a=-4\times\frac{5}{2}$에서 $2-a=-10$ $\quad\therefore a=12$

(i), (ii)에서 구하는 a의 값은 4 또는 12이므로 모든 실수 a의 값의 합은

$4+12=16$

다른 풀이

직선 $y=-4x$가 곡선 $y=\frac{1}{x-2}-a$에 접하려면 방정식

$-4x=\frac{1}{x-2}-a$가 중근을 가져야 한다.

$-4x=\frac{1}{x-2}-a$에서 $-4x+a=\frac{1}{x-2}$

$(-4x+a)(x-2)=1,\ -4x^2+8x+ax-2a=1$

$\therefore 4x^2-(a+8)x+2a+1=0$

이 이차방정식의 판별식을 D라 하면

$D=(a+8)^2-4\times4\times(2a+1)=0$

$\therefore a^2-16a+48=0$

따라서 근과 계수의 관계에 의하여 모든 실수 a의 값의 합은 16이다.

501 답 ⑤

해결 각 잡기

곡선 $y=f(x)$ 밖의 한 점 $(x_1,\ y_1)$에서 곡선에 그은 접선의 방정식은 다음과 같이 구한다.

(i) 접점의 좌표를 $(t,\ f(t))$로 놓고, 접선의 기울기 $f'(t)$를 구한다.

(ii) $y-f(t)=f'(t)(x-t)$에 점 $(x_1,\ y_1)$의 좌표를 대입하여 t의 값을 구한다.

(iii) t의 값을 $y-f(t)=f'(t)(x-t)$에 대입한다.

STEP 1 점 A는 곡선 $y=3e^{x-1}$ 위의 점이므로 $\mathrm{A}(t,\ 3e^{t-1})$으로 놓으면

$y'=3e^{x-1}$이므로 점 A에서의 접선의 방정식은

$y-3e^{t-1}=3e^{t-1}(x-t)$

STEP 2 이 접선이 원점을 지나므로

$-3e^{t-1}=-t\times3e^{t-1}$ $\quad\therefore t=1\ (\because e^{t-1}>0)$

따라서 점 A의 좌표는 $(1,\ 3)$이므로 선분 OA의 길이는

$\sqrt{1^2+3^2}=\sqrt{10}$

502 답 ④

해결 각 잡기

두 직선이 이루는 각의 크기

두 직선 $l,\ m$이 x축의 양의 방향과 이루는 각의 크기가 각각 $\alpha,\ \beta$일 때, 두 직선 $l,\ m$이 이루는 예각의 크기를 θ라 하면

$$\tan\theta=|\tan(\alpha-\beta)|=\left|\frac{\tan\alpha-\tan\beta}{1+\tan\alpha\tan\beta}\right|$$

STEP 1 곡선 $y=e^{|x|}=\begin{cases}e^x & (x\ge0)\\ e^{-x} & (x<0)\end{cases}$은 y축에 대하여 대칭이다.

$x\ge0$일 때, 접점의 좌표를 $(t,\ e^t)$이라 하면 $y'=e^x$이므로 접선의 방정식은

$y-e^t=e^t(x-t)$ $\quad\therefore y=e^t(x-t)+e^t$

STEP 2 이 접선이 원점을 지나므로

$0=-te^t+e^t,\ e^t(1-t)=0$

$\therefore t=1\ (\because e^t>0)$

따라서 접선의 기울기는 e이고 이 접선과 y축에 대하여 대칭인 접선의 기울기는 $-e$이다.

$x\ge0$일 때의 접선과 $x<0$일 때의 접선이 x축의 양의 방향과 이루는 각의 크기를 각각 $\alpha,\ \beta$라 하면

$\theta=\beta-\alpha,\ \tan\alpha=e,\ \tan\beta=-e$

$$\therefore \tan\theta=|\tan(\beta-\alpha)|=\left|\frac{\tan\beta-\tan\alpha}{1+\tan\beta\tan\alpha}\right|$$

$$=\left|\frac{-e-e}{1+(-e)\times e}\right|=\left|\frac{-2e}{1-e^2}\right|$$

$$=\frac{2e}{e^2-1}$$

503 답 ②

해결 각 잡기

매개변수로 나타낸 곡선 $x=f(t),\ y=g(t)$에서 $t=a$에 대응하는 점에서의 접선의 방정식은 다음과 같이 구한다.

(i) $\frac{g'(t)}{f'(t)}$를 구한다.

(ii) $f(a),\ g(a),\ \frac{g'(a)}{f'(a)}$를 구한다.

(iii) (ii)에서 구한 값을 $y-g(a)=\frac{g'(a)}{f'(a)}\{x-f(a)\}$에 대입한다.

STEP 1 $x=e^t+2t,\ y=e^{-t}+3t$에서

$\frac{dx}{dt}=e^t+2,\ \frac{dy}{dt}=-e^{-t}+3$이므로

$$\frac{dy}{dx}=\frac{\frac{dy}{dt}}{\frac{dx}{dt}}=\frac{-e^{-t}+3}{e^t+2}$$

STEP 2 $t=0$일 때

$x=1,\ y=1,\ \frac{dy}{dx}=\frac{-1+3}{1+2}=\frac{2}{3}$

이므로 접선의 방정식은

$y-1=\frac{2}{3}(x-1)$ $\quad\therefore y=\frac{2}{3}x+\frac{1}{3}$

따라서 이 직선이 점 $(10,\ a)$를 지나므로

$a=\frac{2}{3}\times10+\frac{1}{3}=7$

504 답 6

STEP 1 $x=2\sqrt{2}\sin t+\sqrt{2}\cos t,\ y=\sqrt{2}\sin t+2\sqrt{2}\cos t$에서

$\frac{dx}{dt}=2\sqrt{2}\cos t-\sqrt{2}\sin t$, $\frac{dy}{dt}=\sqrt{2}\cos t-2\sqrt{2}\sin t$이므로

$$\frac{dy}{dx}=\frac{\frac{dy}{dt}}{\frac{dx}{dt}}=\frac{\sqrt{2}\cos t-2\sqrt{2}\sin t}{2\sqrt{2}\cos t-\sqrt{2}\sin t}$$

STEP 2 $t=\frac{\pi}{4}$일 때

$x=3$, $y=3$, $\frac{dy}{dx}=\frac{1-2}{2-1}=-1$

이므로 접선의 방정식은

$y-3=-(x-3)\qquad \therefore y=-x+6$

따라서 이 직선의 y절편은 6이다.

505 답 ⑤

해결 각 잡기

곡선 $f(x, y)=0$ 위의 점 (a, b)에서의 접선의 방정식은 다음과 같이 구한다.

(i) 음함수의 미분법을 이용하여 $\frac{dy}{dx}$를 구한다.

(ii) (i)에서 구한 $\frac{dy}{dx}$에 $x=a$, $x=b$를 대입하여 접선의 기울기 m을 구한다.

(iii) (ii)에서 구한 m의 값을 $y-b=m(x-a)$에 대입한다.

STEP 1 $e^y\ln x=2y+1$의 양변을 x에 대하여 미분하면

$e^y\frac{dy}{dx}\times\ln x+e^y\times\frac{1}{x}=2\frac{dy}{dx}$

$(e^y\ln x-2)\frac{dy}{dx}=-\frac{e^y}{x}$

$\therefore \frac{dy}{dx}=-\frac{e^y}{x(e^y\ln x-2)}$

STEP 2 위의 식에 $x=e$, $y=0$을 대입하면 접선의 기울기는

$-\frac{e^0}{e(e^0\ln e-2)}=-\frac{1}{e\times(1-2)}=\frac{1}{e}$

즉, 점 $(e, 0)$에서의 접선의 방정식은

$y=\frac{1}{e}(x-e)\qquad \therefore y=\frac{1}{e}x-1$

따라서 $a=\frac{1}{e}$, $b=-1$이므로

$ab=\frac{1}{e}\times(-1)=-\frac{1}{e}$

506 답 ①

STEP 1 $x^2+5xy-2y^2+11=0$의 양변을 x에 대하여 미분하면

$2x+5y+5x\frac{dy}{dx}-4y\frac{dy}{dx}=0$

$(5x-4y)\frac{dy}{dx}=-2x-5y$

$\therefore \frac{dy}{dx}=-\frac{2x+5y}{5x-4y}$ (단, $5x-4y\neq0$)

STEP 2 위의 식에 $x=1$, $y=4$를 대입하면 접선의 기울기는

$-\frac{2+20}{5-16}=2$

즉, 점 $(1, 4)$에서의 접선의 방정식은

$y-4=2(x-1)\qquad \therefore y=2x+2$

이 접선과 x축 및 y축으로 둘러싸인 도형은 오른쪽 그림과 같은 삼각형이므로 구하는 도형의 넓이는

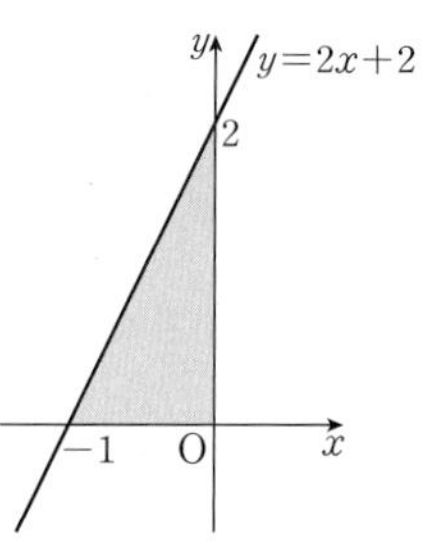

$\frac{1}{2}\times1\times2=1$

507 답 ②

해결 각 잡기

두 곡선 $y=f(x)$, $y=g(x)$가 $x=a$에서 공통인 접선을 가지면

$f(a)=g(a)$, $f'(a)=g'(a)$

STEP 1 $f(x)=e^x$으로 놓으면

$f'(x)=e^x$

점 $(1, e)$에서의 접선의 기울기는 $f'(1)=e$이므로 접선의 방정식은

$y-e=e(x-1)\qquad \therefore y=ex \qquad\cdots\cdots$ ㉠

STEP 2 $g(x)=2\sqrt{x-k}$로 놓으면

$g'(x)=\frac{1}{\sqrt{x-k}}$

접점의 좌표를 $(t, 2\sqrt{t-k})$라 하면 이 점에서의 접선의 기울기는

$g'(t)=\frac{1}{\sqrt{t-k}}$이므로 접선의 방정식은

$y-2\sqrt{t-k}=\frac{1}{\sqrt{t-k}}(x-t)$, $y=\frac{1}{\sqrt{t-k}}(x-t)+2\sqrt{t-k}$

$\therefore y=\frac{1}{\sqrt{t-k}}x-\frac{t}{\sqrt{t-k}}+2\sqrt{t-k}\qquad\cdots\cdots$ ㉡

STEP 3 ㉠, ㉡이 서로 일치하므로

$\frac{1}{\sqrt{t-k}}=e$, $-\frac{t}{\sqrt{t-k}}+2\sqrt{t-k}=0$

$2\sqrt{t-k}=\frac{t}{\sqrt{t-k}}$에서 $2(t-k)=t\qquad \therefore t=2k$

$t=2k$를 $\frac{1}{\sqrt{t-k}}=e$에 대입하면

$\frac{1}{\sqrt{k}}=e\qquad \therefore k=\frac{1}{e^2}$

다른 풀이 **STEP 2 + STEP 3**

직선 $y=ex$가 곡선 $y=2\sqrt{x-k}$에 접하려면 방정식 $ex=2\sqrt{x-k}$이 중근을 가져야 한다.

$ex=2\sqrt{x-k}$에서 $e^2x^2=4(x-k)$

$\therefore e^2x^2-4x+4k=0$

이 이차방정식의 판별식을 D라 하면

$\frac{D}{4}=4-4e^2k=0$

$e^2k=1\qquad \therefore k=\frac{1}{e^2}$

508 답 ④

STEP 1 방정식 $f(x)=g(x)$의 서로 다른 양의 실근의 개수가 3이려면 $x>0$에서 두 곡선 $y=f(x)$, $y=g(x)$가 다음 그림과 같이 접해야 한다.

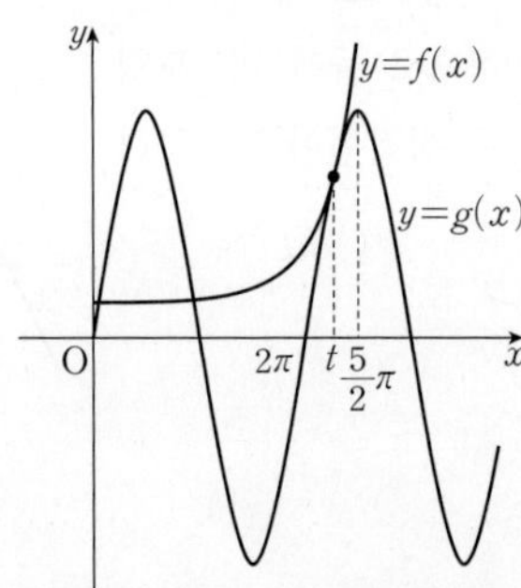

STEP 2 즉, 두 곡선의 접점의 x좌표를 t라 하면

$f(t)=g(t)$, $f'(t)=g'(t)$ $\left(2\pi<t<\frac{5}{2}\pi\right)$

$f(x)=e^x$, $g(x)=k\sin x$에서

$f'(x)=e^x$, $g'(x)=k\cos x$

$f(t)=g(t)$에서 $e^t=k\sin t$ ...... ㉠

$f'(t)=g'(t)$에서 $e^t=k\cos t$ ...... ㉡

STEP 3 ㉠, ㉡에서 $k\sin t=k\cos t$

$\tan t=1$ $\quad\therefore t=\frac{9\pi}{4}$ $\left(\because 2\pi<t<\frac{5}{2}\pi\right)$

이를 ㉠에 대입하면

$e^{\frac{9\pi}{4}}=k\sin\frac{9\pi}{4}$, $e^{\frac{9\pi}{4}}=\frac{\sqrt{2}}{2}k$ $\quad\therefore k=\sqrt{2}e^{\frac{9\pi}{4}}$

509 답 ①

해결 각 잡기

기울기가 각각 m, n인 두 직선이 서로 수직일 때
$m\times n=-1$

STEP 1 두 곡선 $y=ke^x+1$, $y=x^2-3x+4$가 점 P에서 만나므로 점 P의 x좌표를 a라 하면

$ke^a+1=a^2-3a+4$

$\therefore ke^a=a^2-3a+3$ ...... ㉠

한편, $y=ke^x+1$에서 $y'=ke^x$, $y=x^2-3x+4$에서 $y'=2x-3$이므로 점 P에서 두 곡선에 접하는 두 직선의 기울기는 각각

ke^a, $2a-3$

STEP 2 점 P에서 두 곡선에 접하는 두 직선이 서로 수직이므로

$ke^a\times(2a-3)=-1$

㉠을 위의 식에 대입하면

$(a^2-3a+3)\times(2a-3)=-1$

$2a^3-9a^2+15a-8=0$, $(a-1)(2a^2-7a+8)=0$

$\therefore a=1$ ($\because 2a^2-7a+8>0$)

STEP 3 $a=1$을 ㉠에 대입하면

$ke=1$ $\quad\therefore k=\frac{1}{e}$

510 답 5

STEP 1 $x^2-2xy+2y^2=15$의 양변을 x에 대하여 미분하면

$2x-2y-2x\frac{dy}{dx}+4y\frac{dy}{dx}=0$

$(x-2y)\frac{dy}{dx}=x-y$

$\therefore \frac{dy}{dx}=\frac{x-y}{x-2y}$ (단, $x\neq 2y$)

STEP 2 점 $\mathrm{A}(a, a+k)$에서의 접선의 기울기는

$\frac{a-(a+k)}{a-2(a+k)}=\frac{k}{a+2k}$

점 $\mathrm{B}(b, b+k)$에서의 접선의 기울기는

$\frac{b-(b+k)}{b-2(b+k)}=\frac{k}{b+2k}$

두 점 A, B에서의 접선이 서로 수직이므로

$\frac{k}{a+2k}\times\frac{k}{b+2k}=-1$, $k^2=-(a+2k)(b+2k)$

$\therefore 5k^2+2(a+b)k+ab=0$ ...... ㉠

STEP 3 점 $\mathrm{A}(a, a+k)$는 곡선 C 위의 점이므로

$a^2-2a(a+k)+2(a+k)^2=15$

$\therefore 2k^2+2ak+a^2=15$ ...... ㉡

점 $\mathrm{B}(b, b+k)$도 곡선 C 위의 점이므로

$b^2-2b(b+k)+2(b+k)^2=15$

$\therefore 2k^2+2bk+b^2=15$ ...... ㉢

㉡−㉢을 하면

$2k(a-b)+a^2-b^2=0$, $(a-b)(2k+a+b)=0$

$\therefore a+b=-2k$ ($\because a\neq b$)

이를 ㉠에 대입하면

$5k^2-4k^2+ab=0$ $\quad\therefore ab=-k^2$

㉡+㉢을 하면

$4k^2+2(a+b)k+a^2+b^2=30$

$4k^2+2(a+b)k+\{(a+b)^2-2ab\}=30$

$a+b=-2k$, $ab=-k^2$을 대입하면

$4k^2-4k^2+4k^2+2k^2=30$, $6k^2=30$

$\therefore k^2=5$

511 답 ④

해결 각 잡기

합성함수 $f(g(x))$에 대하여 곡선 $y=f(g(x))$의 $x=a$에서의 접선의 방정식은
$y=f'(g(a))g'(a)(x-a)+f(g(a))$

STEP 1 점 P는 곡선 $y=3^x$ 위의 점이므로 $\mathrm{P}(k, 3^k)$

$y=3^x$에서 $y'=3^x\ln 3$

따라서 점 $\mathrm{P}(k, 3^k)$에서의 접선의 방정식은

$y=3^k\ln 3(x-k)+3^k$

$y=0$을 대입하면

$3^k\ln 3(x-k)+3^k=0$

양변을 3^k으로 나누면

$x\ln 3-k\ln 3+1=0$ ($\because 3^k>0$)　　$\therefore x=k-\frac{1}{\ln 3}$

$\therefore A\left(k-\frac{1}{\ln 3}, 0\right)$

또, 점 P는 곡선 $y=a^{x-1}$ 위의 점이므로 $P(k, a^{k-1})$

$y=a^{x-1}$에서 $y'=a^{x-1}\ln a$

따라서 점 $P(k, a^{k-1})$에서의 접선의 방정식은

$y=a^{k-1}\ln a(x-k)+a^{k-1}$

$y=0$을 대입하면

$a^{k-1}\ln a(x-k)+a^{k-1}=0$

양변을 a^{k-1}으로 나누면

$x\ln a-k\ln a+1=0$ ($\because a^{k-1}>0$)　　$\therefore x=k-\frac{1}{\ln a}$

$\therefore B\left(k-\frac{1}{\ln a}, 0\right)$

STEP 2 $\overline{AH}=k-\left(k-\frac{1}{\ln 3}\right)=\frac{1}{\ln 3}$

$\overline{BH}=k-\left(k-\frac{1}{\ln a}\right)=\frac{1}{\ln a}$

이때 $\overline{AH}=2\overline{BH}$이므로

$\frac{1}{\ln 3}=\frac{2}{\ln a}$, $\ln a=2\ln 3=\ln 3^2=\ln 9$

$\therefore a=9$

512 답 ③

STEP 1 함수 $g(x)=a^x$ $(a>1)$의 그래프가 y축과 만나는 점 A의 좌표는 $A(0, 1)$이므로 점 B의 y좌표는 점 A의 y좌표와 같은 1이다.

점 B의 좌표를 $(b, 1)$이라 하면 점 B는 함수 $f(x)=\log_2\left(x+\frac{1}{2}\right)$의 그래프 위의 점이므로

$1=\log_2\left(b+\frac{1}{2}\right)$에서 $b+\frac{1}{2}=2$　　$\therefore b=\frac{3}{2}$

$\therefore B\left(\frac{3}{2}, 1\right)$

점 C의 x좌표는 점 B의 x좌표와 같은 $\frac{3}{2}$이고, 점 C의 좌표를 $\left(\frac{3}{2}, c\right)$라 하면 점 C는 함수 $g(x)=a^x$의 그래프 위의 점이므로

$c=a^{\frac{3}{2}}$　　$\therefore C\left(\frac{3}{2}, a^{\frac{3}{2}}\right)$

STEP 2 $g(x)=a^x$에서 $g'(x)=a^x\ln a$

곡선 $y=g(x)$ 위의 점 $C\left(\frac{3}{2}, a^{\frac{3}{2}}\right)$에서의 접선의 기울기는

$g'\left(\frac{3}{2}\right)=a^{\frac{3}{2}}\ln a$이므로 접선의 방정식은

$y-a^{\frac{3}{2}}=a^{\frac{3}{2}}\ln a\left(x-\frac{3}{2}\right)$

이 직선이 x축과 만나는 점이 D이므로 $y=0$을 대입하면

$-a^{\frac{3}{2}}=a^{\frac{3}{2}}\ln a\left(x-\frac{3}{2}\right)$, $x-\frac{3}{2}=-\frac{1}{\ln a}$

$\therefore x=\frac{3}{2}-\frac{1}{\ln a}$

$\therefore D\left(\frac{3}{2}-\frac{1}{\ln a}, 0\right)$

STEP 3 $\overline{AD}=\overline{BD}$에서 $\overline{AD}^2=\overline{BD}^2$이므로

$\left(\frac{3}{2}-\frac{1}{\ln a}\right)^2+(-1)^2=\left(-\frac{1}{\ln a}\right)^2+(-1)^2$

$\frac{1}{\ln a}=\frac{3}{4}$, $\ln a=\frac{4}{3}$　　$\therefore a=e^{\frac{4}{3}}$

따라서 $g(x)=e^{\frac{4}{3}x}$이므로 $g(2)=e^{\frac{8}{3}}$

다른 풀이 **STEP 3**

$\overline{AD}=\overline{BD}$이므로 점 D는 선분 AB의 수직이등분선과 x축의 교점이다.

따라서 점 D의 좌표는 $\left(\frac{3}{4}, 0\right)$이므로

$\frac{3}{2}-\frac{1}{\ln a}=\frac{3}{4}$, $\frac{1}{\ln a}=\frac{3}{4}$

$\ln a=\frac{4}{3}$　　$\therefore a=e^{\frac{4}{3}}$

따라서 $g(x)=e^{\frac{4}{3}x}$이므로 $g(2)=e^{\frac{8}{3}}$

513 답 ④

해결 각 잡기

함수 $y=f(x)$의 그래프와 그 역함수 $y=f^{-1}(x)$의 그래프는 직선 $y=x$에 대하여 대칭이다.

→ 함수 $f(x)$에 대하여 역함수 $f^{-1}(x)$가 존재할 때, 함수 $y=f(x)$의 그래프와 직선 $y=x$의 교점이 존재하면 그 교점은 두 함수 $y=f(x)$, $y=f^{-1}(x)$의 그래프의 교점과 같다.

STEP 1 두 함수 $y=\ln x+4$, $y=e^{x-4}$은 서로 역함수 관계이므로
$y=e^{x-4}$에서 x, y를 서로 바꾸면 $x=e^{y-4}$에서 $y-4=\ln x$
$\therefore y=\ln x+4$

이 두 함수의 그래프의 교점은 직선 $y=x$ 위에 있다.

두 직선 $y=-x+k$, $y=x$는 서로 수직이므로 직선 $y=-x+k$가 주어진 두 함수의 그래프와 만나는 두 점 사이의 거리가 최대가 되려면 그 두 점에서 각각의 그래프에 접하는 접선의 기울기가 1이어야 한다.

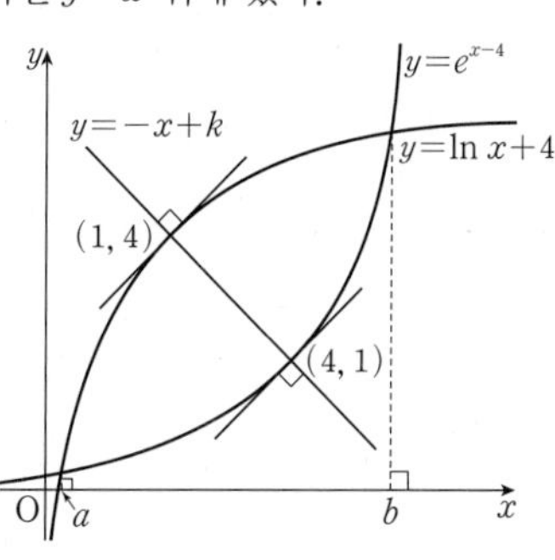

STEP 2 $y=\ln x+4$에서 $y'=\frac{1}{x}$

곡선 $y=\ln x+4$ 위의 점 $(t, \ln t+4)$에서의 접선의 기울기를 1이라 하면

$\frac{1}{t}=1$　　$\therefore t=1$

즉, 곡선 $y=\ln x+4$의 기울기가 1인 접선의 접점의 좌표는 $(1, 4)$이고, 곡선 $y=e^{x-4}$에서 $y'=e^{x-4}$이므로 기울기가 1인 접선의 접점의 좌표는 $(4, 1)$이다.

07

따라서 직선 $y=-x+k$가 두 점 (1, 4), (4, 1)을 지날 때 두 점 사이의 거리가 최대가 되므로

$4=-1+k$

$\therefore k=5$

514 답 ④

해결 각 잡기

직선 $ax+by+c=0$과 점 (x_1, y_1) 사이의 거리는

$$\frac{|ax_1+by_1+c|}{\sqrt{a^2+b^2}}$$

STEP 1 두 함수 $y=f(x)$, $y=g(x)$의 그래프는 직선 $y=x$에 대하여 대칭이므로 곡선 $y=f(x)$ 위의 점과 곡선 $y=g(x)$ 위의 점 사이의 최단 거리 l_k는 곡선 $y=f(x)$ 위의 점과 직선 $y=x$ 위의 점 사이의 최단 거리의 두 배이다.

STEP 2 $f(x)=\ln\frac{x}{k}=\ln x-\ln k$에서

$f'(x)=\frac{1}{x}$

곡선 $y=f(x)$ 위의 점 $(t, f(t))$와 직선 $y=x$, 즉 $x-y=0$ 사이의 최단 거리를 $\frac{l_k}{2}$라 하면 점 $(t, f(t))$에서의 접선의 기울기는

$f'(t)=\frac{1}{t}=1$

$\therefore t=1$

즉, 곡선 $y=f(x)$ 위의 점 $\left(1, \ln\frac{1}{k}\right)$과 직선 $y=x$, 즉 $x-y=0$ 사이의 거리가 곡선 $y=f(x)$ 위의 점과 직선 $x-y=0$ 사이의 최단 거리이므로

$$\frac{l_k}{2}=\frac{\left|1-\ln\frac{1}{k}\right|}{\sqrt{1^2+(-1)^2}}=\frac{|1+\ln k|}{\sqrt{2}}$$

$l_k=\frac{2|1+\ln k|}{\sqrt{2}}\geq 3\sqrt{2}$에서

$|1+\ln k|\geq 3$, $1+\ln k\geq 3$ ($\because$ k는 자연수)

$\ln k\geq 2$

$\therefore k\geq e^2=2.7^2=7.29$

따라서 자연수 k의 최솟값은 8이다.

515 답 ④

해결 각 잡기

평균값 정리

함수 $f(x)$가 닫힌구간 $[a, b]$에서 연속이고 열린구간 (a, b)에서 미분가능할 때, $f'(c)=\frac{f(b)-f(a)}{b-a}$인 c가 열린구간 (a, b)에 적어도 하나 존재한다.

STEP 1 $f(e^2)-f(e)=e(e-1)f'(c)$에서

$f'(c)=\frac{f(e^2)-f(e)}{e^2-e}$ …… ㉠

$f(x)=x\ln x$에서 $f'(x)=\ln x+x\times\frac{1}{x}=\ln x+1$

$\therefore f'(c)=\ln c+1$

STEP 2 $f(e^2)=2e^2$, $f(e)=e$이므로 ㉠에 대입하면

$\ln c+1=\frac{2e^2-e}{e(e-1)}$

$\therefore \ln c=\frac{2e-1}{e-1}-1=\frac{e}{e-1}$

참고

함수 $f(x)$는 $x>0$인 모든 실수 x에서 미분가능하므로 닫힌구간 $[e, e^2]$에서 연속이고 열린구간 (e, e^2)에서 미분가능하다.

평균값 정리에 의하여 $\frac{f(e^2)-f(e)}{e^2-e}=f'(c)$를 만족시키는 c가 열린구간 (e, e^2)에 적어도 하나 존재한다.

516 답 ④

STEP 1 실수 전체의 집합에서 미분가능한 함수 $f(x)$는 $x=0$에서도 미분가능하므로 $x=0$에서 연속이다.

조건 (가)에서 $f(0)=\lim_{x\to 0+}f(x)=\lim_{x\to 0+}(axe^{2x}+bx^2)=0$

조건 (나)에서 $x_1<x_2<0$인 임의의 두 실수 x_1, x_2에 대하여

$f(x_2)-f(x_1)=3x_2-3x_1$이므로

$\frac{f(x_2)-f(x_1)}{x_2-x_1}=3$

즉, $x<0$인 임의의 x에 대하여 $f'(x)=3$이므로 양변을 x에 대하여 적분하면

($\lim_{x_2\to x_1}\frac{f(x_2)-f(x_1)}{x_2-x_1}=3$)

$f(x)=\int 3dx=3x+C$ (단, C는 적분상수)

이때 $\lim_{x\to 0-}f(x)=C=f(0)=0$이므로

$x<0$일 때, $f(x)=3x$

STEP 2 함수 $f(x)$가 $x=0$에서 미분가능하므로

$\lim_{x\to 0+}\frac{f(x)-f(0)}{x-0}=\lim_{x\to 0+}\frac{axe^{2x}+bx^2}{x}=\lim_{x\to 0+}(ae^{2x}+bx)=a$

$\lim_{x\to 0-}\frac{f(x)-f(0)}{x-0}=\lim_{x\to 0-}\frac{3x}{x}=3$

$\therefore a=3$

STEP 3 $f\left(\frac{1}{2}\right)=2e$에서

$a\times\frac{1}{2}\times e+b\times\left(\frac{1}{2}\right)^2=\frac{3e}{2}+\frac{b}{4}=2e$

$\frac{b}{4}=\frac{e}{2}$ $\quad\therefore b=2e$

따라서 $f(x)=\begin{cases}3x & (x\leq 0)\\ 3xe^{2x}+2ex^2 & (x>0)\end{cases}$이므로

$x>0$일 때, $f'(x)=3e^{2x}+6xe^{2x}+4ex$

$\therefore f'\left(\frac{1}{2}\right)=3e+3e+2e=8e$

517 답 ①

해결 각 잡기

미분가능한 함수 $f(x)$가 실수 전체의 구간에서
(1) 증가하면 모든 실수 x에 대하여 $f'(x)\geq 0$이다.
(2) 감소하면 모든 실수 x에 대하여 $f'(x)\leq 0$이다.

STEP 1 $f(x)=(x^2+2ax+11)e^x$에서

$f'(x)=(2x+2a)e^x+(x^2+2ax+11)e^x$
$=\{x^2+2(a+1)x+2a+11\}e^x$

실수 전체의 집합에서 함수 $f(x)$가 증가하려면 모든 실수 x에 대하여 $f'(x)\geq 0$이어야 하므로

$\{x^2+2(a+1)x+2a+11\}e^x\geq 0$

$x^2+2(a+1)x+2a+11\geq 0$ ($\because e^x>0$)

STEP 2 이차방정식 $x^2+2(a+1)x+2a+11=0$의 판별식을 D라 하면

$\frac{D}{4}=(a+1)^2-(2a+11)\leq 0$

$a^2-10\leq 0$, $(a+\sqrt{10})(a-\sqrt{10})\leq 0$

$\therefore -\sqrt{10}\leq a\leq\sqrt{10}$

따라서 구하는 자연수 a의 최댓값은 3이다.

518 답 ③

해결 각 잡기

함수 $f(x)$가 어떤 구간에서 미분가능하고, 이 구간에서
(1) 증가하면 $f'(x)\geq 0$이다.
(2) 감소하면 $f'(x)\leq 0$이다.

STEP 1 $f(x)=e^{x+1}(x^2+3x+1)$에서

$f'(x)=e^{x+1}(x^2+3x+1)+e^{x+1}(2x+3)$
$=e^{x+1}(x^2+5x+4)$
$=e^{x+1}(x+4)(x+1)$

$f'(x)<0$에서 $e^{x+1}(x+4)(x+1)<0$

$(x+4)(x+1)<0$ ($\because e^{x+1}>0$)

$\therefore -4<x<-1$

STEP 2 따라서 함수 $f(x)$는 구간 $(-4, -1)$에서 감소하므로 $b-a$의 최댓값은 $a=-4$, $b=-1$일 때 $-1-(-4)=3$이다.

519 답 ③

해결 각 잡기

함수의 극대와 극소의 판정
미분가능한 함수 $f(x)$에 대하여 $f'(a)=0$이고 $x=a$의 좌우에서 $f'(x)$의 부호가
(1) 양$(+)$에서 음$(-)$으로 바뀌면 $f(x)$는 $x=a$에서 극대이다.
(2) 음$(-)$에서 양$(+)$으로 바뀌면 $f(x)$는 $x=a$에서 극소이다.

STEP 1 $f(x)=\frac{1}{2}x^2-3x-\frac{k}{x}$에서

$f'(x)=x-3+\frac{k}{x^2}$

함수 $f(x)$가 열린구간 $(0, \infty)$에서 증가하려면 $x>0$에서 $f'(x)\geq 0$이어야 하므로

$x-3+\frac{k}{x^2}\geq 0$, $x^3-3x^2+k\geq 0$

$\therefore k\geq -x^3+3x^2$

STEP 2 $g(x)=-x^3+3x^2$이라 하면

$g'(x)=-3x^2+6x=-3x(x-2)$

$g'(x)=0$에서 $x=0$ 또는 $x=2$

함수 $g(x)$의 증가와 감소를 표로 나타내면 다음과 같다.

x	0	$\cdots$	2	$\cdots$
$g'(x)$		$+$	0	$-$
$g(x)$		↗	4	↘

$x>0$일 때, 함수 $g(x)$는 $x=2$에서 최댓값 $g(2)=4$를 갖는다.

따라서 $k\geq 4$이므로 k의 최솟값은 4이다.

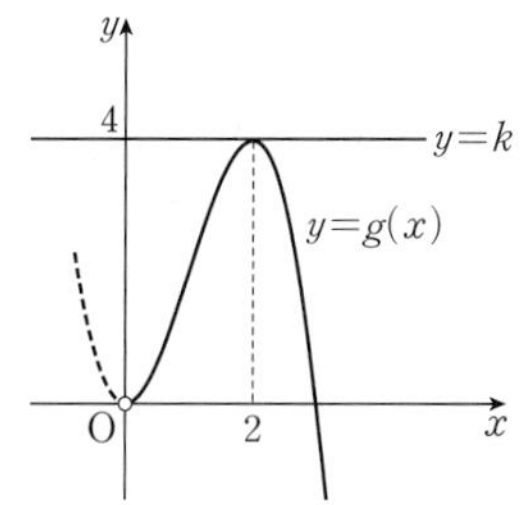

520 답 16

STEP 1 $f(x)=\frac{x}{x^2+x+8}$에서

$f'(x)=\frac{(x^2+x+8)-x(2x+1)}{(x^2+x+8)^2}=\frac{-x^2+8}{(x^2+x+8)^2}$

$f'(x)>0$에서 $\frac{-x^2+8}{(x^2+x+8)^2}>0$

$(x^2+x+8)^2=\left\{\left(x+\frac{1}{2}\right)^2+\frac{31}{4}\right\}^2>0$이므로

$-x^2+8>0$, $x^2-8<0$

$(x+2\sqrt{2})(x-2\sqrt{2})<0$

$\therefore -2\sqrt{2}<x<2\sqrt{2}$

STEP 2 따라서 $\alpha=-2\sqrt{2}$, $\beta=2\sqrt{2}$이므로

$\alpha^2+\beta^2=(-2\sqrt{2})^2+(2\sqrt{2})^2=16$

참고

함수 $f(x)$에 대하여 $f'(x)>0$을 만족시키는 x의 값의 범위가 $-2\sqrt{2}<x<2\sqrt{2}$이므로 함수 $f(x)$는 이 구간에서 증가한다.

521 답 ④

해결 각 잡기

함수 $f(x)$에 대하여 $f''(a)=0$이고, $x=a$의 좌우에서 $f''(x)$의 부호가 바뀌면 점 $(a, f(a))$는 곡선 $y=f(x)$의 변곡점이다.

STEP 1 $f(x)=xe^x$에서

$f'(x)=e^x+xe^x$

$f''(x)=e^x+e^x+xe^x=(x+2)e^x$

$f''(x)=0$에서 $x=-2$ ($\because e^x>0$)

이때 $x=-2$의 좌우에서 이계도함수의 부호가 바뀌므로 곡선

$y=f(x)$의 변곡점의 좌표는 $(-2, f(-2))$, 즉 $\left(-2, -\frac{2}{e^2}\right)$이다.

STEP 2 따라서 $a=-2$, $b=-\frac{2}{e^2}$이므로

$ab=-2\times\left(-\frac{2}{e^2}\right)=\frac{4}{e^2}$

522 답 96

STEP 1 $y=\frac{2}{x^2+b}$에서

$y'=-\frac{2\times 2x}{(x^2+b)^2}=-\frac{4x}{(x^2+b)^2}$

$y''=-\frac{4(x^2+b)^2-4x\{2(x^2+b)\times 2x\}}{(x^2+b)^4}$

$=-\frac{4}{(x^2+b)^2}+\frac{16x^2}{(x^2+b)^3}$

STEP 2 $x=2$일 때 $y''=0$이므로

$0=-\frac{4}{(4+b)^2}+\frac{64}{(4+b)^3}$

양변에 $(4+b)^3$을 곱하면

$-4(4+b)+64=0$, $4+b=16$

$\therefore b=12$

STEP 3 이때 점 $(2, a)$가 곡선 $y=\frac{2}{x^2+12}$ 위의 점이므로

$a=\frac{2}{2^2+12}=\frac{2}{16}=\frac{1}{8}$

$\therefore \frac{b}{a}=\frac{12}{\frac{1}{8}}=96$

523 답 3

STEP 1 $y=\frac{1}{3}x^3+2\ln x$에서

$y'=x^2+\frac{2}{x}$

$y''=2x-\frac{2}{x^2}=\frac{2(x^3-1)}{x^2}$

$=\frac{2(x-1)(x^2+x+1)}{x^2}$

$y''=0$에서 $x=1$ ($\because x^2+x+1>0$, $x^2>0$)

이때 $x=1$의 좌우에서 이계도함수의 부호가 바뀌므로 변곡점의 좌표는 $\left(1, \frac{1}{3}\right)$이다.

STEP 2 따라서 구하는 접선의 기울기는

$1^2+\frac{2}{1}=3$

524 답 ⑤

STEP 1 $y=\left(\ln\frac{1}{ax}\right)^2=(-\ln ax)^2=(\ln ax)^2$에서

$y'=2\ln ax\times\frac{a}{ax}=\frac{2}{x}\ln ax$

$y''=-\frac{2}{x^2}\ln ax+\frac{2}{x}\times\frac{a}{ax}$

$=-\frac{2}{x^2}\ln ax+\frac{2}{x^2}$

$=-\frac{2}{x^2}(\ln ax-1)$

$y''=0$에서 $\ln ax=1$, $ax=e$ $\quad\therefore x=\frac{e}{a}$

이때 $x=\frac{e}{a}$의 좌우에서 이계도함수의 부호가 바뀌므로 변곡점의 좌표는 $\left(\frac{e}{a}, 1\right)$이다.

STEP 2 변곡점 $\left(\frac{e}{a}, 1\right)$이 직선 $y=2x$ 위에 있으므로

$1=2\times\frac{e}{a}$ $\quad\therefore a=2e$

525 답 ①

STEP 1 $f(x)=xe^{-2x}$으로 놓으면

$f'(x)=e^{-2x}+xe^{-2x}\times(-2)$

$=(-2x+1)e^{-2x}$

$f''(x)=-2e^{-2x}+(-2x+1)e^{-2x}\times(-2)$

$=4(x-1)e^{-2x}$

$f''(x)=0$에서 $x=1$ ($\because e^{-2x}>0$)

$x=1$의 좌우에서 $f''(x)$의 부호가 음$(-)$에서 양$(+)$으로 바뀌므로 변곡점 A의 좌표는 $A(1, e^{-2})$이다.

STEP 2 $f'(1)=-e^{-2}$이므로 곡선 $y=f(x)$ 위의 점 A에서의 접선의 방정식은

$y-e^{-2}=-e^{-2}(x-1)$ $\quad\therefore y=-e^{-2}(x-2)$ …… ㉠

$y=0$을 ㉠에 대입하면

$0=-e^{-2}(x-2)$ $\quad\therefore x=2$

따라서 점 B의 좌표는 $B(2, 0)$

$\therefore \triangle OAB=\frac{1}{2}\times 2\times e^{-2}=e^{-2}$

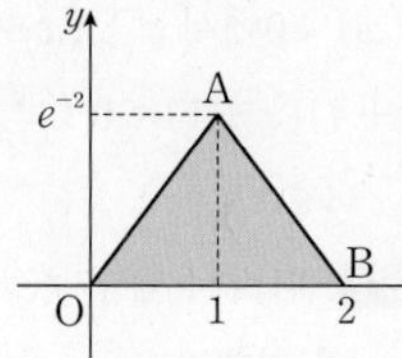

526 답 30

STEP 1 $f(x)=\sin^2 x$로 놓으면

$f'(x)=2\sin x\cos x=\sin 2x$

$f''(x)=2\cos 2x$

$f''(x)=0$에서 $2x=\frac{\pi}{2}$ 또는 $2x=\frac{3}{2}\pi$

$\therefore x=\frac{\pi}{4}$ 또는 $x=\frac{3}{4}\pi$

$x=\frac{\pi}{4}$ 또는 $x=\frac{3}{4}\pi$의 좌우에서 $f''(x)$의 부호가 바뀌므로 두 변곡점의 좌표는 $\left(\frac{\pi}{4}, \frac{1}{2}\right)$, $\left(\frac{3}{4}\pi, \frac{1}{2}\right)$이다.

STEP 2 $A\left(\frac{\pi}{4}, \frac{1}{2}\right)$, $B\left(\frac{3}{4}\pi, \frac{1}{2}\right)$이라 하면

$f'\left(\frac{\pi}{4}\right)=\sin\frac{\pi}{2}=1$, $f'\left(\frac{3}{4}\pi\right)=\sin\frac{3}{2}\pi=-1$이므로

점 A에서의 접선의 방정식은

$y-\frac{1}{2}=x-\frac{\pi}{4}$ $\quad\therefore y=x+\frac{1}{2}-\frac{\pi}{4}$

점 B에서의 접선의 방정식은

$y-\frac{1}{2}=-\left(x-\frac{3}{4}\pi\right)$ $\quad\therefore y=-x+\frac{1}{2}+\frac{3}{4}\pi$

두 식 $y=x+\frac{1}{2}-\frac{\pi}{4}$, $y=-x+\frac{1}{2}+\frac{3}{4}\pi$를 연립하여 풀면

$x=\frac{\pi}{2}$, $y=\frac{1}{2}+\frac{\pi}{4}$

따라서 두 접선이 만나는 점의 y좌표는 $\frac{1}{2}+\frac{\pi}{4}$이므로

$p=\frac{1}{2}$, $q=\frac{1}{4}$

$\therefore 40(p+q)=40\times\left(\frac{1}{2}+\frac{1}{4}\right)=30$

527 답 ①

STEP 1 점 $(2, 2)$가 곡선 $y=g(x)$의 변곡점이므로

$g(2)=2$, $g''(2)=0$

한편, $h(x)=f(g(x))$에서

$h'(x)=f'(g(x))g'(x)$

$h''(x)=f''(g(x))\{g'(x)\}^2+f'(g(x))g''(x)$

$x=2$를 위의 식에 대입하면

$h''(2)=f''(g(2))\{g'(2)\}^2+f'(g(2))g''(2)$

$\quad=f''(2)\{g'(2)\}^2$ ($\because g(2)=2, g''(2)=0$)

STEP 2 $\frac{h''(2)}{f''(2)}=4$에서 $h''(2)=4f''(2)$이므로

$4f''(2)=f''(2)\{g'(2)\}^2$

$\therefore \{g'(2)\}^2=4$ ($\because f''(2)\neq0$)

이때 함수 $g(x)$가 증가함수이므로

$g'(x)\geq0$, 즉 $g'(2)=2$

$\therefore h'(2)=f'(g(2))g'(2)$

$\quad=f'(2)g'(2)$

$\quad=4\times2=8$

528 답 ③

해결 각 잡기

- $\sin^2 x+\cos^2 x=1$
- $\lim_{x\to0}(1+x)^{\frac{1}{x}}=e$, $\lim_{x\to\infty}\left(1+\frac{1}{x}\right)^x=e$

STEP 1 $f(x)=\cos^n x$로 놓으면

$f'(x)=-n\cos^{n-1}x\sin x$

$f''(x)=n(n-1)\cos^{n-2}x\sin^2 x-n\cos^{n-1}x\cos x$

$\quad=n\cos^{n-2}x\{(n-1)\sin^2 x-\cos^2 x\}$

$\quad=n\cos^{n-2}x(n\sin^2 x-1)$

STEP 2 $0<x<\frac{\pi}{2}$일 때, $\cos x\neq0$이므로

$f''(x)=0$에서 $\sin^2 x=\frac{1}{n}$

이 방정식의 해를 x_n이라 하면 $\sin^2 x_n=\frac{1}{n}$이므로

$a_n=\cos^n x_n=(\cos^2 x_n)^{\frac{n}{2}}=(1-\sin^2 x_n)^{\frac{n}{2}}=\left(1-\frac{1}{n}\right)^{\frac{n}{2}}$

$\therefore \lim_{n\to\infty}a_n=\lim_{n\to\infty}\left(1-\frac{1}{n}\right)^{\frac{n}{2}}$

$\quad=\lim_{n\to\infty}\left\{\left(1-\frac{1}{n}\right)^{-n}\right\}^{-\frac{1}{2}}$

$\quad=e^{-\frac{1}{2}}=\frac{1}{\sqrt{e}}$

529 답 ③

STEP 1 $f(x)=x^2+ax+b$이므로

$g(x)=\sin(f(x))=\sin(x^2+ax+b)$

$g'(x)=(2x+a)\cos(x^2+ax+b)$

$g''(x)=2\cos(x^2+ax+b)-(2x+a)^2\sin(x^2+ax+b)$

조건 (가)에서 $g'(-x)=-g'(x)$이므로

$(-2x+a)\cos(x^2-ax+b)=-(2x+a)\cos(x^2+ax+b)$

위의 식은 x에 대한 항등식이므로 양변에 $x=0$을 대입해도 성립한다. 즉, $a\cos b=-a\cos b$이므로 $2a\cos b=0$

이때 $0<b<\frac{\pi}{2}$에서 $\cos b\neq0$이므로 $a=0$

STEP 2 조건 (나)에서 점 $(k, g(k))$가 곡선 $y=g(x)$의 변곡점이므로

$g''(k)=0$

$2\cos(k^2+b)-4k^2\sin(k^2+b)=0$ ($\because a=0$)

$2\cos(k^2+b)=4k^2\sin(k^2+b)$

$\frac{\sin(k^2+b)}{\cos(k^2+b)}=\frac{1}{2k^2}$ ($\because k\neq0, \cos(k^2+b)\neq0$) #

$\therefore \tan(k^2+b)=\frac{1}{2k^2}$ $\quad\cdots\cdots$ ㉠

한편, 조건 (나)에서 $2kg(k)=\sqrt{3}g'(k)$이므로

$2k\sin(k^2+b)=\sqrt{3}\times2k\cos(k^2+b)$

$\frac{\sin(k^2+b)}{\cos(k^2+b)}=\sqrt{3}$ ($\because k\neq0, \cos(k^2+b)\neq0$)

$\therefore \tan(k^2+b)=\sqrt{3}$ $\quad\cdots\cdots$ ㉡

㉠, ㉡에서

$\frac{1}{2k^2}=\sqrt{3}$ $\quad\therefore k^2=\frac{\sqrt{3}}{6}$

$k^2=\frac{\sqrt{3}}{6}$을 ㉡에 대입하면

$\tan\left(\frac{\sqrt{3}}{6}+b\right)=\sqrt{3}$

$\frac{\sqrt{3}}{6}+b=\frac{\pi}{3}$ $\therefore b=\frac{\pi}{3}-\frac{\sqrt{3}}{6}$ $\left(\because 0<b<\frac{\pi}{2}\right)$

$\therefore a+b=0+\frac{\pi}{3}-\frac{\sqrt{3}}{6}=\frac{\pi}{3}-\frac{\sqrt{3}}{6}$

 # 참고

$2\cos(k^2+b)=4k^2\sin(k^2+b)$에서 $k=0$이면 $\cos b=0$
그런데 $0<b<\frac{\pi}{2}$에서 $\cos b\neq 0$이므로 $k\neq 0$
또, $\cos(k^2+b)=0$이면 $4k^2\sin(k^2+b)=0$
이때 $k\neq 0$이므로 $\sin(k^2+b)=0$
이것은 $\sin^2(k^2+b)+\cos^2(k^2+b)=1$에 모순이다.
$\therefore \cos(k^2+b)\neq 0$

530 답 ③

STEP 1 $f(x)=ae^{3x}+be^x$에서

$f'(x)=3ae^{3x}+be^x$

$f''(x)=9ae^{3x}+be^x$

조건 (가)에 의하여 곡선 $y=f(x)$는 $x=\ln\frac{2}{3}$에서 변곡점을 가지므로

$f''\left(\ln\frac{2}{3}\right)=0$ #

$9a\times\left(\frac{2}{3}\right)^3+b\times\frac{2}{3}=0,\ \frac{8a+2b}{3}=0$

$\therefore b=-4a$ …… ㉠

STEP 2 조건 (나)에 의하여 함수 $f(x)$는 구간 $[k, \infty)$에서 일대일대응이어야 한다.

즉, 함수 $f(x)$는 구간 $[k, \infty)$에서 증가하거나 감소하므로 이 구간에서 $f'(x)>0$ 또는 $f'(x)<0$이다.

$f'(x)=3ae^{3x}+be^x$
$=3ae^{3x}-4ae^x$ ($\because$ ㉠)
$=ae^x(3e^{2x}-4)$

이때 $a>0$, $e^x>0$이고, 구간 $[k, \infty)$에서 함수 $f(x)$는 일대일대응이므로

$3e^{2k}-4\geq 0$ $\therefore e^{2k}\geq\frac{4}{3}$

이때의 실수 k의 최솟값이 m이므로

$e^{2m}=\frac{4}{3}$

STEP 3 조건 (나)에서 $f(2m)=-\frac{80}{9}$이므로

$f(2m)=ae^{6m}-4a\times e^{2m}$
$=a(e^{2m})^3-4a\times e^{2m}$
$=a\times\left(\frac{4}{3}\right)^3-4a\times\frac{4}{3}$
$=-\frac{80}{27}a=-\frac{80}{9}$

$\therefore a=3,\ b=-12$ ($\because$ ㉠)

따라서 $f(x)=3e^{3x}-12e^x$이므로

$f(0)=3-12=-9$

 # 참고

$f''(x_1)f''(x_2)<0$이므로 $f''(x_1)$과 $f''(x_2)$의 부호는 서로 다르다.
즉, $f''(x_1)>0$, $f''(x_2)<0$ 또는 $f''(x_1)<0$, $f''(x_2)>0$이므로
$f''\left(\ln\frac{2}{3}\right)=0$

531 답 ④

해결 각 잡기

곡선 $y=f(x)$가 변곡점 $(k, f(k))$를 가지면 방정식 $f''(x)=0$이 실근 k를 갖고, $x=k$의 좌우에서 $f''(x)$의 부호가 바뀐다.

STEP 1 $f(x)=ax^2-2\sin 2x$로 놓으면

$f'(x)=2ax-4\cos 2x$

$f''(x)=2a+8\sin 2x$

$f''(x)=0$에서 $2a+8\sin 2x=0$

$8\sin 2x=-2a$ $\therefore \sin 2x=-\frac{a}{4}$

STEP 2 이때 곡선 $y=f(x)$가 변곡점을 가지려면 $f''(x)=0$을 만족시키는 x의 값이 존재해야 하므로

$-1<-\frac{a}{4}<1$ #

$\therefore -4<a<4$

따라서 정수 a는 $-3, -2, -1, \cdots, 3$의 7개이다.

 # 참고

삼각함수 $y=\sin 2x$의 치역은 $\{y\mid -1\leq y\leq 1\}$이다.
이때 $\sin 2x=-\frac{a}{4}$에서 $-\frac{a}{4}=1$ (또는 -1)이면 $\sin 2x=-\frac{a}{4}$를 만족시키는 x의 값의 좌우에서 $f''(x)$의 부호가 바뀌지 않으므로 변곡점을 갖지 않는다.
따라서 $-1<-\frac{a}{4}<1$이다.

532 답 2

STEP 1 $f(x)=3\sin kx+4x^3$에서

$f'(x)=3k\cos kx+12x^2$

$f''(x)=-3k^2\sin kx+24x$

$f''(x)=0$에서 $3k^2\sin kx=24x$

STEP 2 함수 $f(x)$의 그래프가 오직 하나의 변곡점을 가지므로 방정식 $f''(x)=0$의 실근이 1개이어야 한다.

즉, $g(x)=3k^2\sin kx$로 놓으면 방정식 $g(x)=24x$의 실근이 1개이어야 한다.

곡선 $y=g(x)$는 원점에 대하여 대칭이고, 곡선 $y=g(x)$와 직선 $y=24x$가 모두 원점을 지나므로 두 함수는 원점에서만 만나야 한다.

따라서 곡선 $y=g(x)$ 위의 점 $(0, 0)$에서의 접선의 기울기가 24 이하이어야 한다.

$g'(x)=3k^3\cos kx$이므로 $g'(0)=3k^3$

따라서 $3k^3\le24$에서 $k^3\le8$ $\therefore k\le2$

즉, 실수 k의 최댓값은 2이다.

533 답 ③

ㄱ. $f''(x)=0$을 만족시키는 x의 값의 좌우에서 $f''(x)$의 부호가 바뀔 때, 함수 $f(x)$는 변곡점을 갖는다.

따라서 함수 $f(x)$는 $x=b$, $x=0$, $x=c$, $x=e$에서 변곡점을 가지므로 변곡점은 4개이다.

ㄴ. $f'(d)=0$이고 $x=d$의 좌우에서 $f'(x)$의 부호가 양$(+)$에서 음$(-)$으로 바뀐다.

따라서 구간 $[a, e]$에서 함수 $f(x)$는 $x=d$일 때 극대이므로 극대가 되는 x의 개수는 1이다.

ㄷ. ㄴ에서 구간 $[a, e]$에서 함수 $f(x)$는 $x=d$일 때 극댓값이 하나만 존재하므로 극댓값이 최댓값이다.

따라서 구간 $[a, e]$에서 함수 $f(x)$의 최댓값은 $f(d)$이다.

따라서 옳은 것은 ㄱ, ㄴ이다.

참고

함수 $y=f(x)$의 그래프의 개형은 다음 그림과 같다.

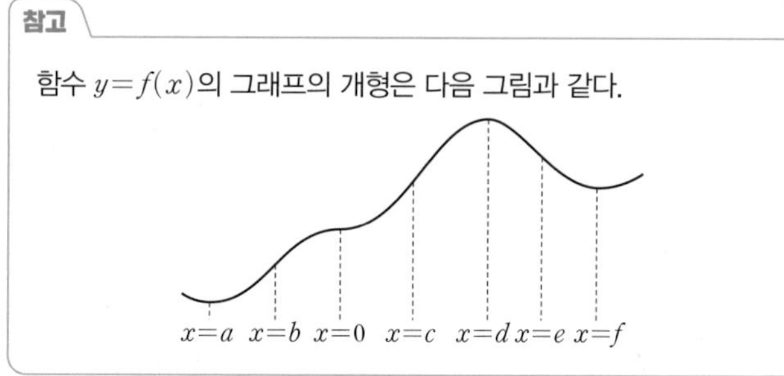

534 답 ⑤

해결 각 잡기

함수 $f(x)$가 어떤 구간에서

(1) $f''(x)>0$이면 곡선 $y=f(x)$는 이 구간에서 아래로 볼록하다.

(2) $f''(x)<0$이면 곡선 $y=f(x)$는 이 구간에서 위로 볼록하다.

ㄱ. $f(x)=x+\sin x$에서

$f'(x)=1+\cos x$

$f''(x)=-\sin x$

$0<x<\pi$에서 $0<\sin x\le1$이므로 $-1\le-\sin x<0$

$\therefore -1\le f''(x)<0$

즉, 함수 $f(x)$의 그래프는 열린구간 $(0, \pi)$에서 위로 볼록하다.

ㄴ. $g(x)=(f\circ f)(x)$에서

$g'(x)=f'(f(x))f'(x)=(1+\cos f(x))(1+\cos x)$

$0<x<\pi$에서 $-1<\cos x<1$이므로

$\cos f(x)>-1$

따라서 $1+\cos f(x)>0$, $1+\cos x>0$이므로

$g'(x)>0$

즉, 함수 $g(x)$는 열린구간 $(0, \pi)$에서 증가한다.

ㄷ. 함수 $f(x)$는 미분가능한 함수이므로 함수 $g(x)$는 미분가능한 함수이다.

$g(0)=f(f(0))=f(0)=0$, $g(\pi)=f(f(\pi))=f(\pi)=\pi$

에서 평균값 정리에 의하여

$\frac{g(\pi)-g(0)}{\pi-0}=g'(c)=1$인 c가 열린구간 $(0, \pi)$에 적어도 하나 존재한다.

따라서 ㄱ, ㄴ, ㄷ 모두 옳다.

본문 188쪽 ~ 191쪽

C 수능 완성!

535 답 26

해결 각 잡기

- 그래프를 그려서 선분 PQ의 길이가 최소가 되는 경우를 찾는다.
- 원점 O와 점 $A(x_1, y_1)$ 사이의 거리는 $\overline{OA}=\sqrt{x_1^2+y_1^2}$이다.

STEP 1 곡선 $y=\sqrt{x}-3$ 위의 임의의 점 Q의 좌표를 $(t, \sqrt{t}-3)$ $(t\ge0)$이라 하고, 원점을 O라 하자.

선분 PQ의 길이가 최소가 되려면 점 Q에 대하여 선분 OQ와 원 $x^2+y^2=1$이 만나는 점이 P이고, 원 $x^2+y^2=1$ 위의 점 P에서의 접선의 기울기와 곡선 $y=\sqrt{x}-3$ 위의 점 Q에서의 접선의 기울기가 같아야 한다.

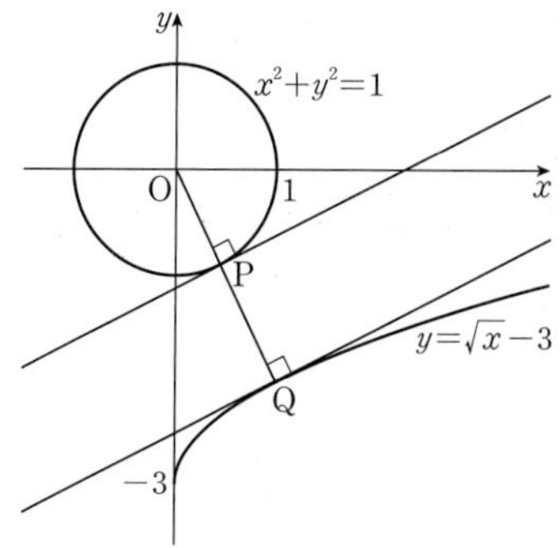

STEP 2 $y=\sqrt{x}-3$에서

$y'=\frac{1}{2\sqrt{x}}$

곡선 $y=\sqrt{x}-3$ 위의 점 $Q(t, \sqrt{t}-3)(t>0)$에서의 접선과 직선 OQ는 수직이므로

$\frac{1}{2\sqrt{t}}\times\frac{\sqrt{t}-3}{t}=-1$

$2(\sqrt{t})^3+\sqrt{t}-3=0$, $(\sqrt{t}-1)(2t+2\sqrt{t}+3)=0$

$\therefore t=1$

즉, 점 Q의 좌표는 $(1, -2)$이므로 $\overline{PQ}$의 최솟값은

$\overline{OQ}-1=\sqrt{1^2+(-2)^2}-1=\sqrt{5}-1$

따라서 $a=5$, $b=1$이므로

$a^2+b^2=5^2+1^2=26$

536 답 ③

해결 각 잡기

두 함수 $y=p(x)$, $y=q(x)$의 그래프가 $x=t$에서 공통인 접선을 가지면

$p(t)=q(t)$, $p'(t)=q'(t)$

STEP 1 양의 실수 t와 상수 k $(k>0)$에 대하여

$p(x)=(ax+b)e^{x-k}$, $q(x)=tx$로 놓으면

$p'(x)=ae^{x-k}+(ax+b)e^{x-k}=(ax+a+b)e^{x-k}$

$q'(x)=t$

두 곡선이 점 (t, t^2)에서 접하므로

$p(t)=q(t)$에서 $(at+b)e^{t-k}=t^2$ …… ㉠

$p'(t)=q'(t)$에서 $(at+a+b)e^{t-k}=t$ …… ㉡

㉡$-$㉠을 하면

$ae^{t-k}=t-t^2$

이때 $a=f(t)$이므로

$f(t)e^{t-k}=t-t^2$

$\therefore f(t)=(t-t^2)e^{k-t}$ …… ㉢

STEP 2 $f(k)=-6$에서

$k-k^2=-6$, $k^2-k-6=0$

$(k+2)(k-3)=0$

$\therefore k=3$ ($\because k>0$) …… ㉣

$k=3$과 $a=f(t)$, $b=g(t)$를 ㉠에 대입하면

$\{f(t)t+g(t)\}e^{t-3}=t^2$

$\{(t-t^2)te^{3-t}+g(t)\}e^{t-3}=t^2$ ($\because$ ㉢)

$t^2-t^3+g(t)e^{t-3}=t^2$

$\therefore g(t)=t^3e^{3-t}$

따라서 $g'(t)=3t^2e^{3-t}-t^3e^{3-t}=t^2(3-t)e^{3-t}$이므로

$g'(k)=g'(3)=0$ ($\because$ ㉣)

537 답 ④

해결 각 잡기

- $x\le2$일 때와 $x>2$일 때로 나누어 함수 $y=f(x)$의 그래프의 개형을 그리고, 직선 $y=x+t$를 움직여 보면서 함수 $y=f(x)$의 그래프와 직선 $y=x+t$의 교점의 개수를 파악한다.
- 함수 $g(t)$가 $t=a$에서 불연속인 a의 값이 한 개이려면 교점의 개수가 달라지는 t의 값이 하나 존재해야 한다.

STEP 1 함수 $y=f(x)$의 그래프와 직선 $y=x+t$의 개형은 오른쪽 그림과 같다.

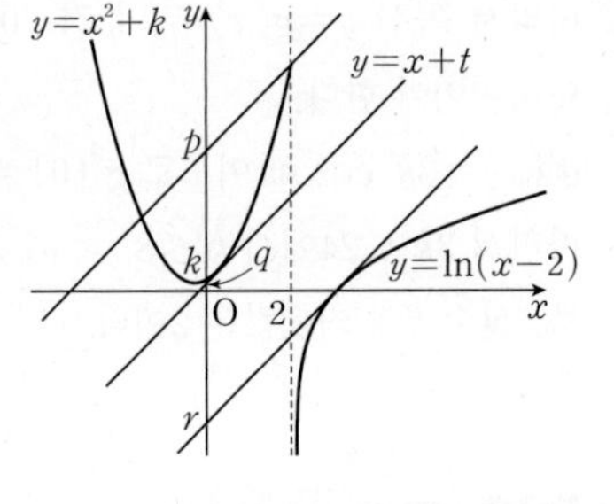

직선 $y=x+t$가 점 $(2, f(2))$를 지날 때 $t=p$,

직선 $y=x+t$가 $x\le2$에서 곡선 $y=x^2+k$와 접할 때 $t=q$,

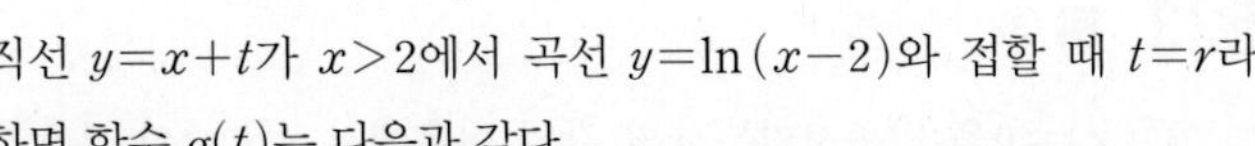

직선 $y=x+t$가 $x>2$에서 곡선 $y=\ln(x-2)$와 접할 때 $t=r$라 하면 함수 $g(t)$는 다음과 같다.

(i) $t>p$일 때

교점의 개수는 1이므로 $g(t)=1$

(ii) $q<t\le p$일 때

교점의 개수는 2이므로 $g(t)=2$

(iii) $t=q$ 또는 $t=r$일 때

교점의 개수는 1이므로 $g(t)=1$

(iv) $r<t<q$일 때

교점의 개수는 0이므로 $g(t)=0$

(v) $t<r$일 때

교점의 개수는 2이므로 $g(t)=2$

(i)~(v)에 의하여 함수 $y=g(t)$의 그래프의 개형은 오른쪽 그림과 같다.

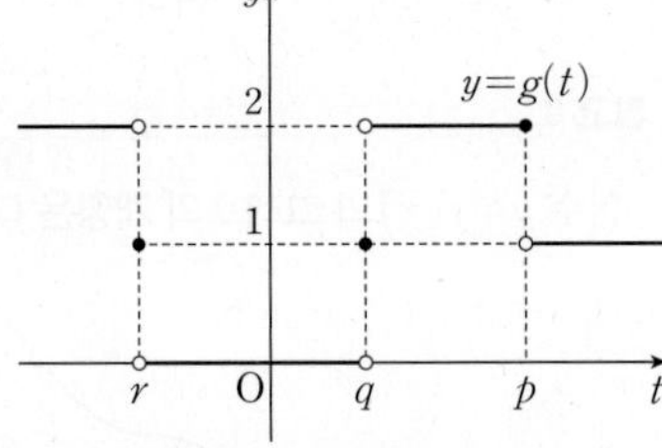

STEP 2 $t>p$일 때 $g(t)=1$인 것은 변하지 않으므로 함수 $g(t)$가 불연속인 $t=a$의 값이 한 개이려면 $t\le p$에서 $g(t)=2$로 모두 같아야 한다.

즉, $q=r$이어야 하므로 오른쪽 그림과 같이 직선 $y=x+t$가 곡선 $y=x^2+k$ $(x\le2)$와 곡선 $y=\ln(x-2)$ $(x>2)$에 동시에 접해야 한다.

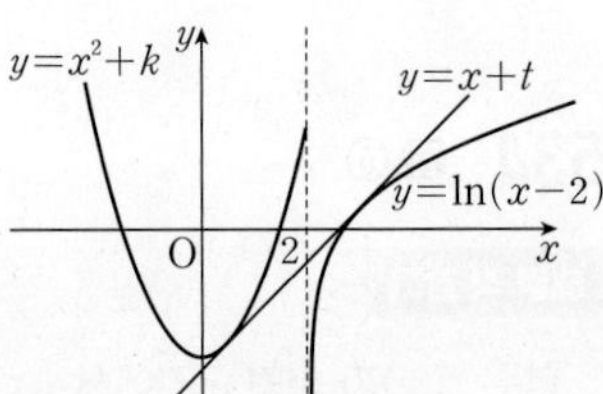

STEP 3 $y=\ln(x-2)$에서

$y'=\dfrac{1}{x-2}$

직선 $y=x+t$가 곡선 $y=\ln(x-2)$에 접할 때, 접점의 좌표를 $(p, \ln(p-2))$라 하면 접선의 기울기가 1이므로

$\dfrac{1}{p-2}=1$ $\quad\therefore p=3$

즉, 접점의 좌표는 $(3, 0)$이므로 접선의 방정식은

$y-0=x-3$ $\quad\therefore y=x-3$

STEP 4 직선 $y=x-3$과 곡선 $y=x^2+k$가 접해야 하므로

$x^2+k=x-3$에서 $x^2-x+k+3=0$

이차방정식 $x^2-x+k+3=0$의 판별식을 D라 하면

$D=1-4(k+3)=0$, $1-4k-12=0$

$\therefore k=-\dfrac{11}{4}$

538 답 ②

해결 각 잡기

곡선 $y=f(x)$ 밖의 한 점에서 그은 접선의 방정식을 구할 때는 접점의 좌표를 $(x_1, f(x_1))$으로 놓고, 이 점에서의 접선의 방정식을 구한 후 주어진 점의 좌표를 대입하여 x_1의 값을 구한다.

STEP 1 $f(x)=\frac{\ln x}{x}$에서

$$f'(x)=\frac{\frac{1}{x}\times x-\ln x\times 1}{x^2}=\frac{1-\ln x}{x^2}$$

기울기가 t이고 곡선 $y=f(x)$에 접하는 직선의 접점의 좌표를 $(k, f(k))$라 하면 접선의 기울기는 $f'(k)=t$이므로

$$\frac{1-\ln k}{k^2}=t$$

이때 접점의 x좌표가 $g(t)$이므로 $g(t)=k$에서

$$g\left(\frac{1-\ln k}{k^2}\right)=k \qquad \therefore g\left(\frac{1-\ln x}{x^2}\right)=x \quad \cdots\cdots ㉠$$

STEP 2 한편, 원점에서 곡선 $y=f(x)$에 그은 접선의 접점의 좌표를 $(x_1, f(x_1))$이라 하면 접선의 기울기는 $f'(x_1)=\frac{1-\ln x_1}{{x_1}^2}$이므로 접선의 방정식은

$$y-\frac{\ln x_1}{x_1}=\frac{1-\ln x_1}{{x_1}^2}(x-x_1)$$

이 직선이 원점을 지나므로

$$-\frac{\ln x_1}{x_1}=\frac{1-\ln x_1}{{x_1}^2}\times(-x_1)$$

$$-\frac{\ln x_1}{x_1}=-\frac{1-\ln x_1}{x_1},\ \ln x_1=1-\ln x_1$$

$$\ln x_1=\frac{1}{2} \qquad \therefore x_1=\sqrt{e}$$

$$\therefore a=f'(\sqrt{e})=\frac{1-\ln\sqrt{e}}{(\sqrt{e})^2}=\frac{1}{2e}$$

STEP 3 ㉠의 양변을 x에 대하여 미분하면

$$g'\left(\frac{1-\ln x}{x^2}\right)\times\left(\frac{1-\ln x}{x^2}\right)'=1$$

$$g'\left(\frac{1-\ln x}{x^2}\right)\times\frac{-\frac{1}{x}\times x^2-(1-\ln x)\times 2x}{(x^2)^2}=1$$

$$g'\left(\frac{1-\ln x}{x^2}\right)\times\frac{2\ln x-3}{x^3}=1$$

$$\therefore g'\left(\frac{1-\ln x}{x^2}\right)=\frac{x^3}{2\ln x-3}$$

이 식에 $x=\sqrt{e}$를 대입하면 #

$$g'\left(\frac{1}{2e}\right)=\frac{(\sqrt{e})^3}{2\ln\sqrt{e}-3}=-\frac{e\sqrt{e}}{2}$$

$$\therefore a\times g'(a)=\frac{1}{2e}\times g'\left(\frac{1}{2e}\right)=\frac{1}{2e}\times\left(-\frac{e\sqrt{e}}{2}\right)=-\frac{\sqrt{e}}{4}$$

 # 참고

$a=f'(\sqrt{e})$이므로 $g'(a)=g'(f'(\sqrt{e}))$

이때 $f'(x)=\frac{1-\ln x}{x^2}$이므로 $g'\left(\frac{1-\ln x}{x^2}\right)=\frac{x^3}{2\ln x-3}$에 $x=\sqrt{e}$를 대입하면 $g'(a)$의 값을 구할 수 있다.

539 답 ③

해결 각 잡기

곡선 밖의 한 점에서 곡선에 그은 접선의 개수는 접점의 x좌표에 대한 방정식의 해의 개수이므로 판별식을 이용한다.

STEP 1 점 $(a, 0)$에서 그은 접선이 곡선 $y=(x-n)e^x$과 만나는 점의 좌표를 $(t, (t-n)e^t)$이라 하자.

$y=(x-n)e^x$에서

$y'=e^x+(x-n)e^x=(x-n+1)e^x$

이므로 점 $(t, (t-n)e^t)$에서의 접선의 방정식은

$y-(t-n)e^t=(t-n+1)e^t(x-t)$

$\therefore y=(t-n+1)e^t(x-t)+(t-n)e^t$

이 직선이 점 $(a, 0)$을 지나므로

$0=(t-n+1)e^t(a-t)+(t-n)e^t$

$e^t\{t^2-(n+a)t+an+n-a\}=0$

$\therefore t^2-(n+a)t+an+n-a=0$ ($\because e^t>0$) $\cdots\cdots$ ㉠

이 방정식의 판별식을 D라 하면

$D=(n+a)^2-4(an+n-a)$

$\quad=(n-a)(n-a-4)$

STEP 2 ㄱ. $a=0$일 때, $n=4$이면 $D=0$이므로 점 $(0, 0)$에서 곡선 $y=(x-4)e^x$에 그은 접선의 개수는 1이다.

$\therefore f(4)=1$

ㄴ. $D=(n-a)(n-a-4)=0$에서 $n=a$ 또는 $n=a+4$이므로 $f(n)=1$인 정수 n의 개수는 항상 2이다.

ㄷ. 이차방정식 ㉠의 판별식 D에 대하여

$D<0$일 때, $a<n<a+4$

$D=0$일 때, $n=a$ 또는 $n=a+4$

$D>0$일 때, $n<a$ 또는 $n>a+4$

이므로 정수 a에 대하여

$$f(n)=\begin{cases}0 & (a<n<a+4)\\ 1 & (n=a \text{ 또는 } n=a+4)\\ 2 & (n<a \text{ 또는 } n>a+4)\end{cases}$$

즉, $f(n)$이 가질 수 있는 값은 0, 1, 2뿐이다.

(i) $f(a+2)+f(a+3)+f(a+4)+f(a+5)+f(a+6)$

$=0+0+1+2+2=5$

즉, $f(1)=0$, $f(2)=0$, $f(3)=1$, $f(4)=2$, $f(5)=2$인 경우는

$3=a+4$

$\therefore a=-1$

(ii) $f(a-2)+f(a-1)+f(a)+f(a+1)+f(a+2)$

$=2+2+1+0+0=5$

즉, $f(1)=2$, $f(2)=2$, $f(3)=1$, $f(4)=0$, $f(5)=0$인 경우는

$a=3$

(i), (ii)에서 $a=-1$ 또는 $a=3$

따라서 옳은 것은 ㄱ, ㄷ이다.

07

540 답 ①

해결 각 잡기

합성함수의 미분법

함수 $f(x)$가 미분가능할 때, 합성함수 $y=f(g(x))$의 도함수는

$y'=f'(g(x))g'(x)$

STEP 1 곡선 $y=\frac{1}{e^x}+e^t$, 즉 $y=e^{-x}+e^t$과 접선의 접점의 좌표를 $(g(t),\ e^{-g(t)}+e^t)$이라 하면 #

$y=e^{-x}+e^t$에서 $y'=-e^{-x}$이므로

$f(t)=-e^{-g(t)}$ …… ㉠

$f(a)=-e\sqrt{e}=-e^{\frac{3}{2}}$이므로 $-e^{-g(a)}=-e^{\frac{3}{2}}$

$\therefore g(a)=-\frac{3}{2}$

STEP 2 곡선 위의 점 P에서의 접선의 방정식은

$y=-e^{-g(t)}\{x-g(t)\}+e^{-g(t)}+e^t$

이 직선이 원점을 지나므로

$e^{-g(t)}g(t)+e^{-g(t)}+e^t=0$

$\therefore e^{-g(t)}\{g(t)+1\}+e^t=0$ …… ㉡

이 식에 $t=a$를 대입하면

$e^{-g(a)}\{g(a)+1\}+e^a=0$에서

$e^{\frac{3}{2}}\times\left(-\frac{3}{2}+1\right)+e^a=0 \quad \therefore e^a=\frac{1}{2}e^{\frac{3}{2}}$ …… ㉢

㉡의 양변을 t에 대하여 미분하면

$-g'(t)e^{-g(t)}\{g(t)+1\}+e^{-g(t)}g'(t)+e^t=0$

$\therefore -g'(t)e^{-g(t)}g(t)+e^t=0$

이 식에 $t=a$를 대입하면

$-g'(a)e^{\frac{3}{2}}\times\left(-\frac{3}{2}\right)+\frac{1}{2}e^{\frac{3}{2}}=0$ ($\because$ ㉢)

$\frac{3}{2}g'(a)e^{\frac{3}{2}}+\frac{1}{2}e^{\frac{3}{2}}=0,\ \frac{1}{2}e^{\frac{3}{2}}(3g'(a)+1)=0$

$\therefore g'(a)=-\frac{1}{3}\left(\because e^{\frac{3}{2}}\neq 0\right)$

㉠에서 $f'(t)=g'(t)e^{-g(t)}$이므로

$f'(a)=g'(a)e^{-g(a)}=-\frac{1}{3}\times e^{\frac{3}{2}}=-\frac{1}{3}e\sqrt{e}$

 # 참고

실수 t에 대하여 곡선 $y=\frac{1}{e^x}+e^t$에 접하는 직선의 기울기가 $f(t)$이므로 접점의 좌표는 t의 값의 영향을 받는다. 따라서 접점의 좌표를 t에 대한 함수로 놓고 푼다.

541 답 ②

해결 각 잡기

음함수의 미분법

음함수 $f(x, y)=0$ 꼴에서 y를 x의 함수로 보고, 각 항을 x에 대하여 미분하여 $\frac{dy}{dx}$를 구한다.

STEP 1 $f(x)=\sin x$에서 $f'(x)=\cos x$

곡선 $y=f(x)$ 위의 점 P의 좌표를 $(\alpha,\ \sin\alpha)$라 하면 점 P에서의 접선의 방정식은

$y-\sin\alpha=\cos\alpha(x-\alpha)$

이 접선이 점 $(g(t),\ 0)$을 지나므로

$-\sin\alpha=\cos\alpha\{g(t)-\alpha\}$

$-\frac{\sin\alpha}{\cos\alpha}=g(t)-\alpha,\ g(t)-\alpha=-\tan\alpha$ ← $0<\alpha<\frac{\pi}{2}$에서 $\cos\alpha>0$

$\therefore g(t)=\alpha-\tan\alpha$ …… ㉠

STEP 2 점 P는 곡선 $y=f(x)$와 직선 $y=t$가 만나는 점이므로

$\sin\alpha=t$

위의 식의 양변을 t에 대하여 미분하면

$\cos\alpha\frac{d\alpha}{dt}=1 \quad \therefore \frac{d\alpha}{dt}=\frac{1}{\cos\alpha}$

㉠의 양변을 t에 대하여 미분하면

$g'(t)=\frac{d\alpha}{dt}-\sec^2\alpha\frac{d\alpha}{dt}$

$=\frac{1}{\cos\alpha}-\frac{1}{\cos^3\alpha}=\frac{\cos^2\alpha-1}{\cos^3\alpha}$

$=-\frac{\sin^2\alpha}{\cos^3\alpha}=-\frac{t^2}{(1-t^2)^{\frac{3}{2}}}$ ← $\sin\alpha=t$에서 $\cos\alpha=\sqrt{1-\sin^2\alpha}=\sqrt{1-t^2}$

$\therefore g'\left(\frac{2\sqrt{2}}{3}\right)=-\frac{\left(\frac{2\sqrt{2}}{3}\right)^2}{\left\{1-\left(\frac{2\sqrt{2}}{3}\right)^2\right\}^{\frac{3}{2}}}=-24$

542 답 64

해결 각 잡기

두 곡선 $y=g(x)$, $y=h(x)$가 오직 한 점에서 만나려면 두 곡선은 한 점에서 접해야 한다. 즉, 두 곡선 $y=g(x)$, $y=h(x)$가 $x=k$에서 공통인 접선을 가지므로 $g(k)=h(k)$, $g'(k)=h'(k)$이다.

STEP 1 $g(x)=t^3\ln(x-t)$, $h(x)=2e^{x-a}$이라 하자.

두 곡선 $y=g(x)$와 $y=h(x)$가 만나는 점의 x좌표를 $k\ (k>t)$라 하면 두 곡선이 이 점에서 접하므로

$g(k)=h(k),\ g'(k)=h'(k)$

$g(k)=h(k)$에서

$t^3\ln(k-t)=2e^{k-a}$ …… ㉠

또, $g'(x)=\frac{t^3}{x-t}$, $h'(x)=2e^{x-a}$이므로

$g'(k)=h'(k)$에서

$\frac{t^3}{k-t}=2e^{k-a}$ …… ㉡

STEP 2 ㉠의 양변을 t에 대하여 미분하면

$3t^2\ln(k-t)-\frac{t^3}{k-t}=-2e^{k-a}\frac{da}{dt}$

$t^3\ln(k-t)\times\frac{3}{t}-\frac{t^3}{k-t}=-2e^{k-a}\frac{da}{dt}$

위의 식에 ㉠, ㉡을 대입하면

$2e^{k-a}\times\frac{3}{t}-2e^{k-a}=-2e^{k-a}\frac{da}{dt}$

$\frac{3}{t}-1=-\frac{da}{dt}$ ($\because 2e^{k-a}\neq 0$)

$\therefore \frac{da}{dt}=1-\frac{3}{t}$

STEP 3 즉, $f'(t)=1-\frac{3}{t}$이므로

$f'\left(\frac{1}{3}\right)=1-9=-8$

$\therefore \left\{f'\left(\frac{1}{3}\right)\right\}^2=(-8)^2=64$

참고

$a=f(t)$이므로 $\frac{da}{dt}=f'(t)$

따라서 a, t에 대한 함수 ㉠에서 음함수의 미분법을 사용하여 $\frac{da}{dt}$, 즉 $f'(t)$를 구할 수 있다.

08 도함수의 활용 (2)

본문 194쪽 ~ 214쪽

B 유형 & 유사로 익히면…

543 답 ③

해결 각 잡기

함수의 몫의 미분법

두 함수 $f(x)$, $g(x)$ ($g(x)\neq 0$)가 미분가능할 때

(1) $y=\frac{1}{g(x)}$이면 $y'=-\frac{g'(x)}{\{g(x)\}^2}$

(2) $y=\frac{f(x)}{g(x)}$이면 $y'=\frac{f'(x)g(x)-f(x)g'(x)}{\{g(x)\}^2}$

STEP 1 $f(x)=\frac{x-1}{x^2-x+1}$에서

$f'(x)=\frac{(x^2-x+1)-(x-1)(2x-1)}{(x^2-x+1)^2}$

$=\frac{-x^2+2x}{(x^2-x+1)^2}$

$=\frac{-x(x-2)}{(x^2-x+1)^2}$

$f'(x)=0$에서 $x=0$ 또는 $x=2$

함수 $f(x)$의 증가와 감소를 표로 나타내면 다음과 같다.

x	$\cdots$	0	$\cdots$	2	$\cdots$
$f'(x)$	$-$	0	$+$	0	$-$
$f(x)$	↘	극소	↗	극대	↘

STEP 2 함수 $f(x)$의 극댓값과 극솟값의 합은

$f(2)+f(0)=\frac{1}{3}+(-1)=-\frac{2}{3}$

544 답 11

STEP 1 $f(x)=\frac{x-5}{(x-5)^2+36}$에서

$f'(x)=\frac{\{(x-5)^2+36\}-2(x-5)^2}{\{(x-5)^2+36\}^2}=\frac{-(x-5)^2+36}{\{(x-5)^2+36\}^2}$

$=\frac{-x^2+10x+11}{\{(x-5)^2+36\}^2}=-\frac{(x+1)(x-11)}{\{(x-5)^2+36\}^2}$

$f'(x)=0$에서 $x=-1$ 또는 $x=11$

함수 $f(x)$의 증가와 감소를 표로 나타내면 다음과 같다.

x	$\cdots$	-1	$\cdots$	11	$\cdots$
$f'(x)$	$-$	0	$+$	0	$-$
$f(x)$	↘	극소	↗	극대	↘

STEP 2 이때 $\lim_{x\to\infty}f(x)=\lim_{x\to-\infty}f(x)=0$이므로 함수 $y=f(x)$의 그래프의 개형은 다음 그림과 같다.

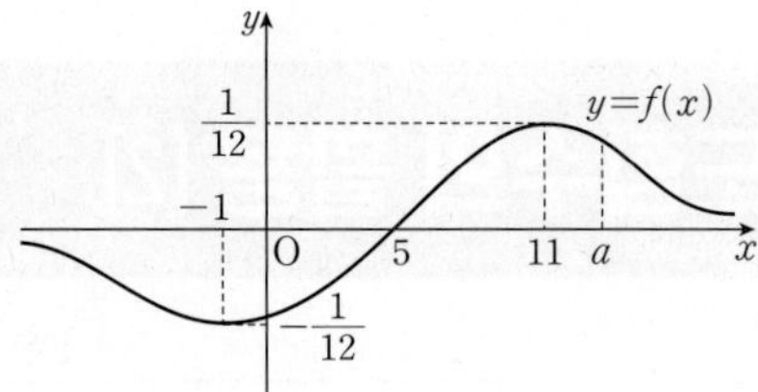

STEP 3 닫힌구간 $[-a, a]$에서 $M+m=0$, 즉 $m=-M$이 되려면 닫힌구간 $[-a, a]$는 $x=-1$, $x=11$을 모두 포함해야 한다.
즉, $-a\le -1$, $a\ge 11$에서 $a\ge 11$이므로 a의 최솟값은 11이다.

다른 풀이

닫힌구간 $[-a, a]$에서 정의된 함수 $f(x)=\dfrac{x-5}{(x-5)^2+36}$에서 $x-5=t$로 놓으면 구하는 함수의 최댓값, 최솟값은 닫힌구간 $[-a-5, a-5]$에서 정의된 함수 $f(t+5)=\dfrac{t}{t^2+36}$의 최댓값, 최솟값과 같다.
이때 $g(t)=f(t+5)$라 하면

$$g'(t)=\frac{(t^2+36)-t\times 2t}{(t^2+36)^2}=\frac{36-t^2}{(t^2+36)^2}=-\frac{(t+6)(t-6)}{(t^2+36)^2}$$

$g'(t)=0$에서 $t=-6$ 또는 $t=6$
함수 $g(t)$의 증가와 감소를 표로 나타내면 다음과 같다.

t	$\cdots$	-6	$\cdots$	6	$\cdots$
$g'(t)$	$-$	0	$+$	0	$-$
$g(t)$	↘	극소	↗	극대	↘

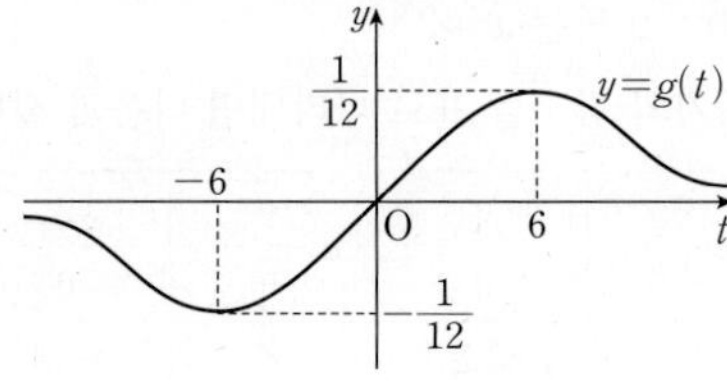

이때 닫힌구간 $[-a-5, a-5]$에서 $M+m=0$이 되려면 닫힌구간 $[-a-5, a-5]$는 $t=-6$, $t=6$을 모두 포함해야 한다.
즉, $-a-5\le -6$, $a-5\ge 6$에서 $a\ge 11$이므로 a의 최솟값은 11이다.

545 답 ③

해결 각 잡기

평균값 정리
함수 $f(x)$가 닫힌구간 $[a, b]$에서 연속이고 열린구간 (a, b)에서 미분가능할 때, $\dfrac{f(a)-f(b)}{b-a}=f'(c)$인 c가 a와 b 사이에 적어도 하나 존재한다.

STEP 1 $f(x)=\dfrac{x}{x^2+1}$에서

$$f'(x)=\frac{(x^2+1)-2x^2}{(x^2+1)^2}=\frac{1-x^2}{(x^2+1)^2}=-\frac{(x+1)(x-1)}{(x^2+1)^2}$$

$f'(x)=0$에서 $x=-1$ 또는 $x=1$
함수 $f(x)$의 증가와 감소를 표로 나타내면 다음과 같다.

x	$\cdots$	-1	$\cdots$	1	$\cdots$
$f'(x)$	$-$	0	$+$	0	$-$
$f(x)$	↘	극소	↗	극대	↘

이때 $f(-1)=-\dfrac{1}{2}$, $f(1)=\dfrac{1}{2}$이고, $\lim_{x\to\infty} f(x)=\lim_{x\to-\infty} f(x)=0$이므로 함수 $y=f(x)$의 그래프의 개형은 다음 그림과 같다.

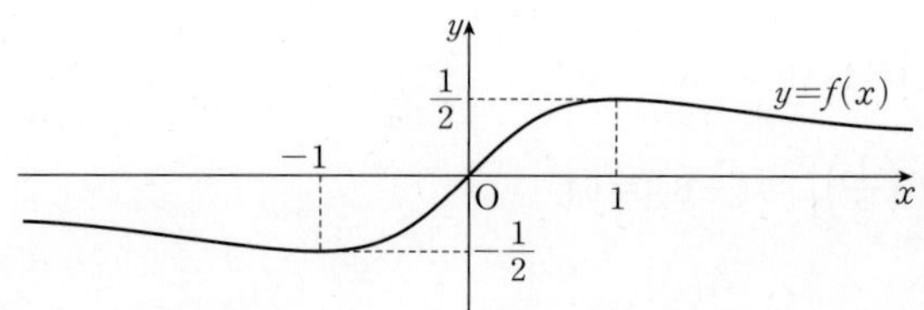

STEP 2 ㄱ. $f'(0)=1$
ㄴ. 함수 $f(x)$는 $x=-1$에서 극소이면서 최소이므로

$f(x)\ge -\dfrac{1}{2}$

ㄷ. $f''(x)=\dfrac{-2x(x^2+1)^2-(1-x^2)\{4x(x^2+1)\}}{(x^2+1)^4}$

$=\dfrac{2x(x^2-3)}{(x^2+1)^3}$

이고 구간 $[0, 1]$에서 $f''(x)<0$이므로 $f'(x)$는 감소한다.
따라서 구간 $[0, 1]$에서 $f'(x)$의 최솟값은 $f'(1)=0$이고, 최댓값은 $f'(0)=1$이다.
구간 $[a, b]$에서 평균값 정리에 의하여 $\dfrac{f(b)-f(a)}{b-a}=f'(c)$인 c가 구간 (a, b)에 적어도 하나 존재한다.
즉, $f'(1)<f'(c)<f'(0)$이므로

$0<\dfrac{f(b)-f(a)}{b-a}<1$

따라서 옳은 것은 ㄱ, ㄴ이다.

546 답 ⑤

해결 각 잡기

- $y=\ln|x|$이면 $y'=\dfrac{1}{x}$
- $y=\ln|f(x)|$이면 $y'=\dfrac{f'(x)}{f(x)}$

STEP 1 ㄱ. $f(x)=\ln(2x^2+1)$에서

$f'(x)=\dfrac{4x}{2x^2+1}$

이때 $f'(-x)=\dfrac{-4x}{2x^2+1}$이므로

$f'(-x)=-f'(x)$

STEP 2 ㄴ. $f''(x)=\dfrac{4(2x^2+1)-4x\times 4x}{(2x^2+1)^2}=\dfrac{4(1-2x^2)}{(2x^2+1)^2}$

$f''(x)=0$에서 $x=-\dfrac{1}{\sqrt{2}}$ 또는 $x=\dfrac{1}{\sqrt{2}}$

함수 $f'(x)$의 증가와 감소를 표로 나타내면 다음과 같다.

x	$\cdots$	$-\frac{1}{\sqrt{2}}$	$\cdots$	$\frac{1}{\sqrt{2}}$	$\cdots$
$f''(x)$	$-$	0	$+$	0	$-$
$f'(x)$	↘	$-\sqrt{2}$	↗	$\sqrt{2}$	↘

이때 $\lim_{x\to\infty} f'(x)=\lim_{x\to-\infty} f'(x)=0$이므로 함수 $y=f'(x)$의 그래프는 다음 그림과 같다.

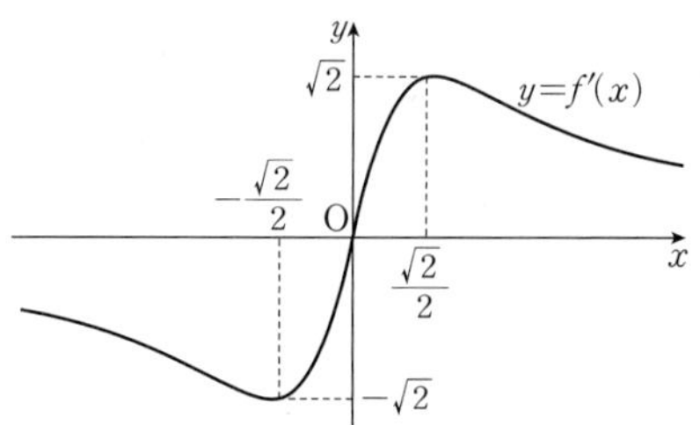

따라서 함수 $f'(x)$의 최댓값은 $\sqrt{2}$이다.

STEP 3 ㄷ. (i) $x_1=x_2$일 때

주어진 부등식은 성립한다.

(ii) $x_1\neq x_2$일 때

닫힌구간 $[x_1,\ x_2]$에서 평균값 정리에 의하여

$\frac{f(x_1)-f(x_2)}{x_1-x_2}=f'(c)$인 c가 열린구간 $(x_1,\ x_2)$에 적어도 하나 존재한다.

ㄱ, ㄴ에 의하여 $-\sqrt{2}\le f'(x)\le\sqrt{2}$이므로

$\left|\frac{f(x_1)-f(x_2)}{x_1-x_2}\right|=|f'(c)|\le\sqrt{2}$

(i), (ii)에 의하여 임의의 두 실수 $x_1,\ x_2$에 대하여

$|f(x_1)-f(x_2)|\le\sqrt{2}|x_1-x_2|$

따라서 ㄱ, ㄴ, ㄷ 모두 옳다.

547 답 ⑤

해결 각 잡기

- 점 $(x_1,\ y_1)$과 직선 $ax+by+c=0$ 사이의 거리는 $\frac{|ax_1+by_1+c|}{\sqrt{a^2+b^2}}$
- 방정식 $f(x)=k$의 서로 다른 실근의 개수는 함수 $y=f(x)$의 그래프와 직선 $y=k$의 교점의 개수와 같다.

STEP 1 ㄱ. $f(x)=\frac{x-\frac{1}{2}}{(x^2-2x+2)^2}$에서

$$f'(x)=\frac{(x^2-2x+2)^2-2\left(x-\frac{1}{2}\right)(2x-2)(x^2-2x+2)}{(x^2-2x+2)^4}$$

$$=-\frac{x(3x-4)}{(x^2-2x+2)^3}\quad\cdots\cdots\ ㉠$$

곡선 $y=f(x)$ 위의 점 $\left(1,\ \frac{1}{2}\right)$에서의 접선의 기울기는 $f'(1)=1$이므로 접선의 방정식은

$y-\frac{1}{2}=x-1\qquad\therefore\ y=x-\frac{1}{2}$

따라서 직선 $y=x-\frac{1}{2}$, 즉 $2x-2y-1=0$과 원점 사이의 거리는

$\frac{|-1|}{\sqrt{2^2+(-2)^2}}=\frac{1}{2\sqrt{2}}=\frac{\sqrt{2}}{4}$

STEP 2 ㄴ. $f'(x)=0$에서 $x=0$ 또는 $x=\frac{4}{3}$ (∵ ㉠)

함수 $f(x)$의 증가와 감소를 표로 나타내면 다음과 같다.

x	$\cdots$	0	$\cdots$	$\frac{4}{3}$	$\cdots$
$f'(x)$	$-$	0	$+$	0	$-$
$f(x)$	↘	극소	↗	극대	↘

이때 $\lim_{x\to\infty} f(x)=\lim_{x\to-\infty} f(x)=0$이고 함수 $f(x)$는 $x=0$에서 극소이면서 최소이므로 함수 $f(x)$의 최솟값은

$f(0)=-\frac{1}{8}$

STEP 3 ㄷ. 함수 $f(x)$는 $x=\frac{4}{3}$에서 극대이면서 최대이므로 최댓값은 $f\left(\frac{4}{3}\right)=\frac{27}{40}$이고 함수 $y=f(x)$의 그래프는 다음 그림과 같다.

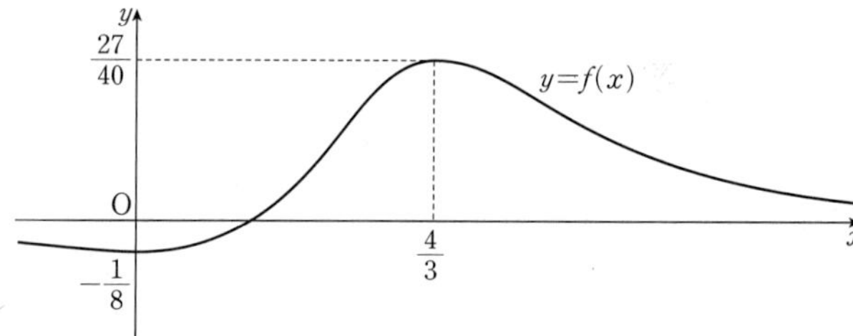

또, $0<f(10)<\frac{27}{40}$이므로 함수 $y=f(x)$의 그래프와 직선 $y=f(10)$의 그래프의 교점의 개수는 2이다.

즉, 방정식 $f(x)-f(10)=0$의 서로 다른 실근의 개수는 2이다.

따라서 ㄱ, ㄴ, ㄷ 모두 옳다.

548 답 ③

해결 각 잡기

원 $x^2+y^2=r^2\ (r>0)$에 접하고 기울기가 m인 직선의 방정식은

$y=mx\pm r\sqrt{1+m^2}$

STEP 1 ㄱ. 점 $\mathrm{P}(t,\ 4)$에서 원 $x^2+y^2=9$에 그은 접선의 기울기를 m이라 하면 접선의 방정식은

$y=mx\pm3\sqrt{m^2+1}$

이 직선이 점 $\mathrm{P}(t,\ 4)$를 지나므로

$4=mt\pm3\sqrt{m^2+1}$

$4-mt=\pm3\sqrt{m^2+1}$

위의 식의 양변을 제곱하여 정리하면

$(t^2-9)m^2-8tm+7=0$

이차방정식의 근과 계수의 관계에 의하여 두 접선의 기울기의 곱은

$f(t)=\frac{7}{t^2-9}$

$\therefore f(\sqrt{2})=\frac{7}{(\sqrt{2})^2-9}=\frac{7}{-7}=-1$

STEP 2 ㄴ. $f'(t)=-\frac{14t}{(t^2-9)^2}$

$f''(t)=-\frac{14(t^2-9)^2-14t\times 2(t^2-9)\times 2t}{(t^2-9)^4}$

$=-\frac{14(t^2-9)-56t^2}{(t^2-9)^3}$

$=\frac{42(t^2+3)}{(t^2-9)^3}$

이때 열린구간 $(-3, 3)$, 즉 $-3<t<3$에서

$t^2+3>0$, $t^2-9<0$이므로

$f''(t)<0$

STEP 3 ㄷ. $9f(x)=3^{x+2}-7$에서

$f(x)=3^x-\frac{7}{9}$

방정식 $f(x)=3^x-\frac{7}{9}$의 서로 다른 실근의 개수는 두 함수

$y=f(x)$, $y=3^x-\frac{7}{9}$의 그래프의 교점의 개수와 같다.

ㄴ에서 $f'(x)=-\frac{14x}{(x^2-9)^2}$이므로

$f'(x)=0$에서 $x=0$

함수 $f(x)$의 증가와 감소를 표로 나타내면 다음과 같다.

x	$\cdots$	-3	$\cdots$	0	$\cdots$	3	$\cdots$
$f'(x)$	$+$		$+$	0	$-$		$-$
$f''(x)$	$+$		$-$	$-$	$-$		$+$
$f(x)$	⤴		↱	$-\frac{7}{9}$	↷		⤷

또, $\lim_{x\to-\infty} f(x)=0$, $\lim_{x\to-3-} f(x)=\infty$, $\lim_{x\to-3+} f(x)=-\infty$,

$\lim_{x\to3-} f(x)=-\infty$, $\lim_{x\to3+} f(x)=\infty$, $\lim_{x\to\infty} f(x)=0$이므로

두 함수 $y=f(x)$와 $y=3^x-\frac{7}{9}$의 그래프의 개형은 다음 그림과 같다.

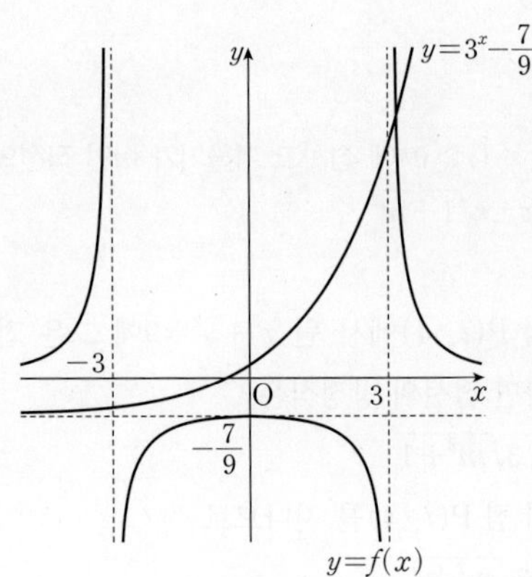

두 함수 $y=f(x)$, $y=3^x-\frac{7}{9}$의 그래프는 한 점에서 만나므로

방정식 $f(x)=3^x-\frac{7}{9}$, 즉 $9f(x)=3^{x+2}-7$의 서로 다른 실근

의 개수는 1이다.

따라서 옳은 것은 ㄱ, ㄴ이다.

549 답 ④

해결 각 잡기

지수함수의 도함수

(1) $y=e^x$이면 $y'=e^x$

(2) $y=a^x$ $(a>0, a\neq1)$이면 $y'=a^x\ln a$

STEP 1 $f(x)=(x^2-3)e^{-x}$에서

$f'(x)=2xe^{-x}-(x^2-3)e^{-x}$

$=-(x^2-2x-3)e^{-x}$

$=-(x+1)(x-3)e^{-x}$

$f'(x)=0$에서 $x=-1$ 또는 $x=3$ $(\because e^{-x}>0)$

함수 $f(x)$의 증가와 감소를 표로 나타내면 다음과 같다.

x	$\cdots$	-1	$\cdots$	3	$\cdots$
$f'(x)$	$-$	0	$+$	0	$-$
$f(x)$	↘	극소	↗	극대	↘

STEP 2 따라서 함수 $f(x)$의 극댓값은 $a=f(3)=6e^{-3}$,

극솟값은 $b=f(-1)=-2e$이므로

$a\times b=6e^{-3}\times(-2e)=-\frac{12}{e^2}$

550 답 ①

STEP 1 $f(x)=e^x(x^2-2x-7)$에서

$f'(x)=(2x-2)e^x+(x^2-2x-7)e^x$

$=(x^2-9)e^x$

$=(x+3)(x-3)e^x$

$f'(x)=0$에서 $x=-3$ 또는 $x=3$ $(\because e^x>0)$

함수 $f(x)$의 증가와 감소를 표로 나타내면 다음과 같다.

x	$\cdots$	-3	$\cdots$	3	$\cdots$
$f'(x)$	$+$	0	$-$	0	$+$
$f(x)$	↗	극대	↘	극소	↗

STEP 2 따라서 함수 $f(x)$의 극댓값은 $a=f(-3)=8e^{-3}$,

극솟값은 $b=f(3)=-4e^3$이므로

$a\times b=8e^{-3}\times(-4e^3)=-32$

551 답 ③

해결 각 잡기

함수 $f(x)$에 대하여 $f''(a)=0$이고, $x=a$의 좌우에서 $f''(x)$의 부호가 바뀌면 점 $(a, f(a))$는 곡선 $y=f(x)$의 변곡점이다.

STEP 1 $f(x)=x^ne^{-x}$에서

$f'(x)=nx^{n-1}e^{-x}-x^ne^{-x}$

$=(nx^{n-1}-x^n)e^{-x}$

$=x^{n-1}(n-x)e^{-x}$

ㄱ. $f\left(\frac{n}{2}\right)=\left(\frac{n}{2}\right)^n e^{-\frac{n}{2}}$

$$f'\left(\frac{n}{2}\right)=\left(\frac{n}{2}\right)^{n-1}\left(n-\frac{n}{2}\right)e^{-\frac{n}{2}}$$
$$=\left(\frac{n}{2}\right)^n e^{-\frac{n}{2}}$$
$$\therefore f\left(\frac{n}{2}\right)=f'\left(\frac{n}{2}\right)$$

ㄴ. $f'(x)=x^{n-1}(n-x)e^{-x}=0$에서

$x=0$ 또는 $x=n$ ($\because e^{-x}>0$)

이때 $x=n$의 좌우에서 $x^{n-1}>0$ ($\because n\geq 3$), $e^{-x}>0$이고 $n-x$의 부호가 양에서 음으로 바뀌므로 $f'(x)$의 부호도 양에서 음으로 바뀐다.

즉, 함수 $f(x)$는 $x=n$에서 극댓값을 갖는다.

STEP 2 ㄷ. $f'(x)=(nx^{n-1}-x^n)e^{-x}$에서

$$f''(x)=-(nx^{n-1}-x^n)e^{-x}+\{n(n-1)x^{n-2}-nx^{n-1}\}e^{-x}$$
$$=x^{n-2}(x^2-2nx+n^2-n)e^{-x}$$

$f''(0)=0$이고

$\lim_{x\to 0}(x^2-2nx+n^2-n)=n(n-1)>0$ ($\because n\geq 3$), $e^{-x}>0$

(i) n이 짝수일 때

$x=0$의 좌우에서 x^{n-2}의 부호는 바뀌지 않으므로 $f''(x)$의 부호도 바뀌지 않는다.

즉, 점 $(0, 0)$은 변곡점이 아니다.

(ii) n이 홀수일 때

$x=0$의 좌우에서 x^{n-2}의 부호가 바뀌므로 $f''(x)$의 부호도 바뀐다.

즉, 점 $(0, 0)$은 변곡점이다.

(i), (ii)에 의하여 점 $(0, 0)$이 항상 변곡점인 것은 아니다.

따라서 옳은 것은 ㄱ, ㄴ이다.

참고

n이 짝수일 때와 홀수일 때의 함수 $y=x^ne^{-x}$의 그래프는 다음 그림과 같다.

(i) n이 짝수일 때 (ii) n이 홀수일 때

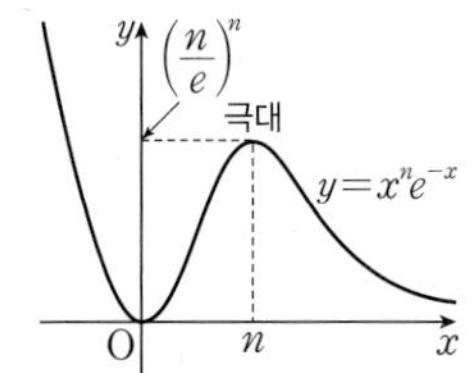

(ii) 그래프: $\left(\frac{n}{e}\right)^n$, 극대, $y=x^ne^{-x}$, O, n, x, 변곡점

552 답 ④

해결 각 잡기

함수 $f(x)$가 역함수를 갖는다는 것은 함수 $f(x)$가 일대일대응이라는 의미이다.

→ 함수 $f(x)$가 일대일대응이면 $f(x)$는 증가함수 또는 감소함수이다.

STEP 1 함수 $f(x)$가 역함수를 가지려면 일대일대응이어야 한다.

즉, 함수 $f(x)$는 증가함수이거나 감소함수이어야 한다.

그런데 $\lim_{n\to\infty} f(x)=\infty$에서 $f(x)$는 증가함수이어야 하므로

$f'(x)\geq 0$이어야 한다.

$f(x)=e^{x+1}\{x^2+(n-2)x-n+3\}+ax$에서

$$f'(x)=e^{x+1}\{x^2+(n-2)x-n+3\}+e^{x+1}(2x+n-2)+a$$
$$=e^{x+1}(x^2+nx+1)+a$$

$f'(x)\geq 0$이므로

$e^{x+1}(x^2+nx+1)+a\geq 0$

$\therefore e^{x+1}(x^2+nx+1)\geq -a$ ⋯⋯ ㉠

STEP 2 $h(x)=e^{x+1}(x^2+nx+1)$로 놓으면

$$h'(x)=e^{x+1}(x^2+nx+1)+e^{x+1}(2x+n)$$
$$=e^{x+1}\{x^2+(n+2)x+n+1\}$$
$$=e^{x+1}(x+n+1)(x+1)$$

$h'(x)=0$에서 $x=-n-1$ 또는 $x=-1$

$n\geq 2$에서 $-n-1\leq -3$이므로 $-n-1<-1$

함수 $h(x)$의 증가와 감소를 표로 나타내면 다음과 같다.

x	⋯	$-n-1$	⋯	-1	⋯
$h'(x)$	+	0	−	0	+
$h(x)$	↗	극대	↘	극소	↗

또, $\lim_{x\to-\infty} h(x)=0$이므로 함수 $h(x)$는 $x=-1$에서 극소이면서 최소이고, 최솟값은

$h(-1)=1-n+1=2-n$

즉, 임의의 실수 x에 대하여 $h(x)\geq 2-n$이므로 ㉠에서

$2-n\geq -a$

$\therefore a\geq n-2$

따라서 실수 a의 최솟값 $g(n)$은

$g(n)=n-2$

STEP 3 $1\leq g(n)\leq 8$에서

$1\leq n-2\leq 8$

$\therefore 3\leq n\leq 10$

따라서 구하는 모든 n의 값의 합은

$$3+4+5+\cdots+10=\frac{8(3+10)}{2}=52$$

553 답 ④

해결 각 잡기

로그함수의 도함수

(1) $y=\ln x$이면 $y'=\frac{1}{x}$

(2) $y=\log_a x$ ($a>0$, $a\neq 1$)이면 $y'=\frac{1}{x\ln a}$

로그의 밑과 진수의 조건

$\log_a N$이 정의되려면

(1) 밑의 조건: $a>0$, $a\neq 1$

(2) 진수의 조건: $N>0$

STEP 1 $f(x)=\frac{1}{2}x^2-a\ln x\ (a>0)$에서

$f'(x)=x-\frac{a}{x}=\frac{x^2-a}{x}$

$f'(x)=0$에서 $\frac{x^2-a}{x}=0$이므로

$x^2-a=0,\ x^2=a$

이때 로그의 진수의 조건에 의하여 $x>0$이므로

$x=\sqrt{a}$

STEP 2 함수 $f(x)$의 증가와 감소를 표로 나타내면 다음과 같다.

x	0	$\cdots$	$\sqrt{a}$	$\cdots$
$f'(x)$		$-$	0	$+$
$f(x)$		↘	극소	↗

즉, 함수 $f(x)$는 $x=\sqrt{a}$에서 극솟값을 갖는다.

STEP 3 $x=\sqrt{a}$일 때 극솟값이 0이므로 $f(\sqrt{a})=0$

$\frac{a}{2}-a\times\frac{1}{2}\ln a=0,\ 1-\ln a=0\ (\because a>0)$

$\ln a=1\qquad \therefore a=e$

554 답 21

STEP 1 $f(x)=x^n\ln x$에서

$f'(x)=nx^{n-1}\ln x+x^n\times\frac{1}{x}=x^{n-1}(n\ln x+1)$

$f'(x)=0$에서 로그의 진수의 조건에 의하여 $x>0$이므로

$n\ln x+1=0,\ \ln x=-\frac{1}{n}$

$\therefore x=e^{-\frac{1}{n}}$

함수 $f(x)$의 증가와 감소를 표로 나타내면 다음과 같다.

x	0	$\cdots$	$e^{-\frac{1}{n}}$	$\cdots$
$f'(x)$		$-$	0	$+$
$f(x)$		↘	극소	↗

STEP 2 함수 $f(x)$는 $x=e^{-\frac{1}{n}}$일 때 극소이면서 최소이므로

$g(n)=f(e^{-\frac{1}{n}})=-\frac{1}{ne}$

$g(n)\le-\frac{1}{6e}$이므로

$-\frac{1}{ne}\le-\frac{1}{6e},\ \frac{1}{n}\ge\frac{1}{6}$

$\therefore n\le6$

따라서 자연수 n은 1, 2, 3, 4, 5, 6이므로 그 합은

$1+2+3+4+5+6=21$

555 답 18

STEP 1 $\ln x-x+20-n=0$에서 $\ln x-x+20=n$

방정식 $\ln x-x+20=n$이 서로 다른 두 실근을 가지려면 곡선 $y=\ln x-x+20$과 직선 $y=n$이 서로 다른 두 점에서 만나야 한다.

$f(x)=\ln x-x+20$이라 하면

$f'(x)=\frac{1}{x}-1$

$f'(x)=0$에서 $x=1$

함수 $f(x)$의 증가와 감소를 표로 나타내면 다음과 같다.

x	0	$\cdots$	1	$\cdots$
$f'(x)$		$+$	0	$-$
$f(x)$		↗	극대	↘

STEP 2 $f(1)=19$이고,

$\lim_{x\to0+}f(x)=-\infty,\ \lim_{x\to\infty}f(x)=-\infty$

이므로 함수 $y=f(x)$의 그래프는 오른쪽 그림과 같다.

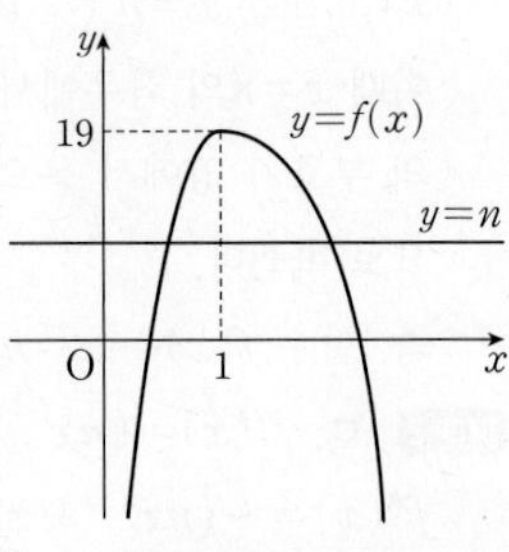

따라서 곡선 $y=f(x)$와 직선 $y=n$이 서로 다른 두 점에서 만나려면 $n<19$이어야 하므로 자연수 n의 개수는 18이다.

556 답 ②

STEP 1 x에 대한 방정식 $x^2-5x+2\ln x=t$의 서로 다른 실근의 개수가 2이려면 곡선 $y=x^2-5x+2\ln x$와 직선 $y=t$가 서로 다른 두 점에서 만나야 한다.

$f(x)=x^2-5x+2\ln x$라 하면

$f'(x)=2x-5+\frac{2}{x}=\frac{2x^2-5x+2}{x}=\frac{(2x-1)(x-2)}{x}$

$f'(x)=0$에서 $x=\frac{1}{2}$ 또는 $x=2$

함수 $f(x)$의 증가와 감소를 표로 나타내면 다음과 같다.

x	0	$\cdots$	$\frac{1}{2}$	$\cdots$	2	$\cdots$
$f'(x)$		$+$	0	$-$	0	$+$
$f(x)$		↗	극대	↘	극소	↗

STEP 2 $f\left(\frac{1}{2}\right)=-\frac{9}{4}-2\ln 2,\ f(2)=-6+2\ln 2$이고,

$\lim_{x\to0+}f(x)=-\infty,\ \lim_{x\to\infty}f(x)=\infty$이므로 함수 $y=f(x)$의 그래프는 다음 그림과 같다.

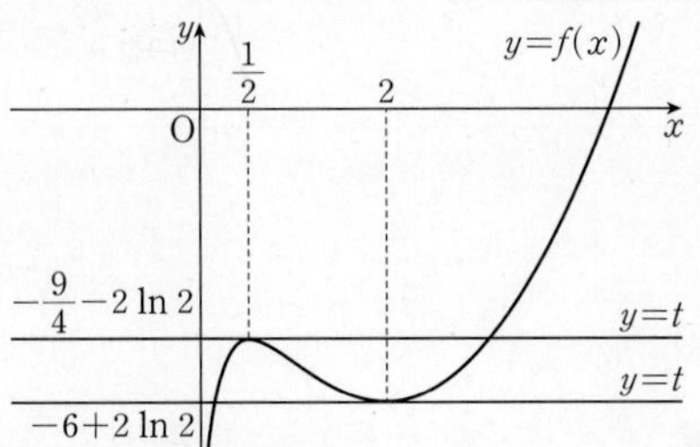

따라서 곡선 $y=f(x)$와 직선 $y=t$가 서로 다른 두 점에서 만나려면 위의 그림과 같이 t의 값이 $f(x)$의 극댓값 또는 극솟값이어야 하므로 모든 실수 t의 값의 합은

$\left(-\frac{9}{4}-2\ln 2\right)+(-6+2\ln 2)=-\frac{33}{4}$

557 답 ③

해결 각 잡기

곡선 $y=f(x)$ 위의 점 $(t, f(t))$에서의 접선의 방정식은
$y-f(t)=f'(t)(x-t)$

STEP 1 $y=\ln x$에서 $y'=\frac{1}{x}$

점 $P(t, \ln t)$에서의 접선의 기울기는 $\frac{1}{t}$이므로 점 P에서의 접선의 방정식은

$y-\ln t=\frac{1}{t}(x-t) \quad \therefore y=\frac{1}{t}x-1+\ln t$

이때 점 R는 이 접선이 x축과 만나는 점이므로

$\frac{1}{t}x-1+\ln t=0$에서

$x=t-t\ln t$

$\therefore r(t)=t-t\ln t$

또, $Q(2t, \ln 2t)$에서의 접선의 기울기는 $\frac{1}{2t}$이므로 점 Q에서의 접선의 방정식은

$y-\ln 2t=\frac{1}{2t}(x-2t) \quad \therefore y=\frac{1}{2t}x-1+\ln 2t$

이때 점 S는 이 접선이 x축과 만나는 점이므로

$\frac{1}{2t}x-1+\ln 2t=0$에서

$x=2t-2t\ln 2t$

$\therefore s(t)=2t-2t\ln 2t$

STEP 2 $f(t)=r(t)-s(t)$
$=(t-t\ln t)-(2t-2t\ln 2t)$
$=(2\ln 2-1)t+t\ln t$

에서 $f'(t)=2\ln 2-1+\ln t+1=2\ln 2+\ln t$

$f'(t)=0$에서

$2\ln 2+\ln t=0,\ \ln t=-\ln 4$

$\ln t=\ln\frac{1}{4} \quad \therefore t=\frac{1}{4}$

함수 $f(t)$의 증가와 감소를 표로 나타내면 다음과 같다.

t	0	$\cdots$	$\frac{1}{4}$	$\cdots$
$f'(t)$		$-$	0	$+$
$f(t)$		↘	극소	↗

따라서 함수 $f(t)$는 $t=\frac{1}{4}$에서 극소이므로 극솟값은

$f\left(\frac{1}{4}\right)=(2\ln 2-1)\times\frac{1}{4}+\frac{1}{4}\ln\frac{1}{4}=-\frac{1}{4}$

558 답 ③

STEP 1 $f(x)=2\ln(5-x)+\frac{1}{4}x^2$에서 진수의 조건에 의하여

$x<5$

$f'(x)=\frac{2}{x-5}+\frac{1}{2}x=\frac{x^2-5x+4}{2(x-5)}$
$=\frac{(x-1)(x-4)}{2(x-5)}$

$f''(x)=\frac{-2}{(x-5)^2}+\frac{1}{2}=\frac{x^2-10x+21}{2(x-5)^2}$
$=\frac{(x-3)(x-7)}{2(x-5)^2}$

$f'(x)=0$에서 $x=1$ 또는 $x=4$

$f''(x)=0$에서 $x=3$ ($\because x<5$)

$x<5$에서 함수 $f(x)$의 증가와 감소를 표로 나타내면 다음과 같다.

x	$\cdots$	1	$\cdots$	3	$\cdots$	4	$\cdots$	5
$f'(x)$	$-$	0	$+$	$+$	$+$	0	$-$	
$f''(x)$	$+$	$+$	$+$	0	$-$	$-$	$-$	
$f(x)$	↘	$2\ln 4+\frac{1}{4}$	⤴	$2\ln 2+\frac{9}{4}$	↗	4	↘	

STEP 2 ㄱ. 함수 $f(x)$는 $x=4$에서 극댓값을 갖는다.

ㄴ. 곡선 $y=f(x)$는 $x=3$에서 변곡점을 가지므로 변곡점의 개수는 1이다.

ㄷ. $\lim_{x\to 5-} f(x)=-\infty$이므로 함수 $y=f(x)$의 그래프는 오른쪽 그림과 같다.

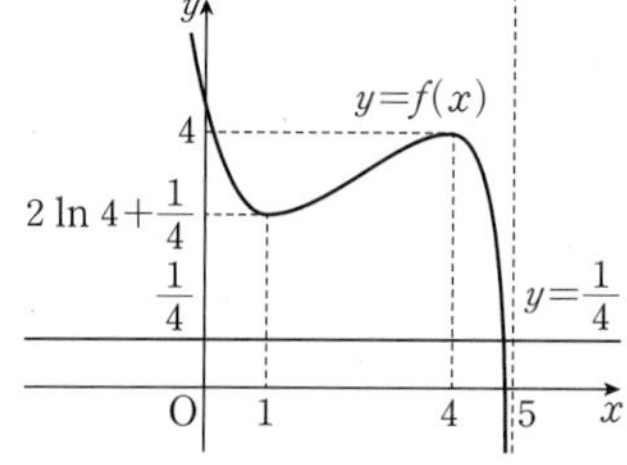

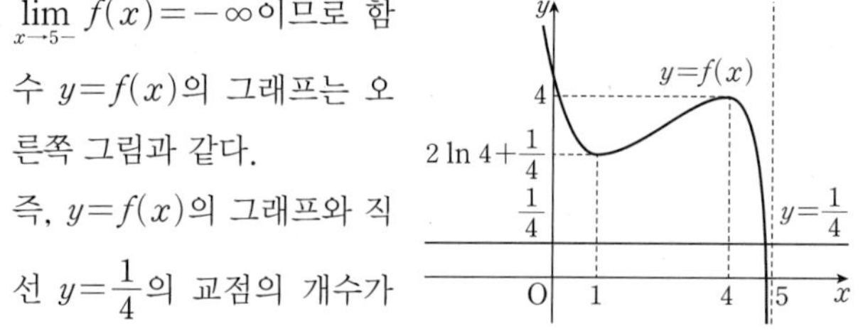

즉, $y=f(x)$의 그래프와 직선 $y=\frac{1}{4}$의 교점의 개수가 1이므로 방정식 $f(x)=\frac{1}{4}$의 실근의 개수는 1이다.

따라서 옳은 것은 ㄱ, ㄷ이다.

559 답 ③

STEP 1 ㄱ. $f(x)=4\ln x+\ln(10-x)$에서 진수의 조건에 의하여

$0<x<10$

$f(x)=4\ln x+\ln(10-x)=\ln\{x^4(10-x)\}$에 대하여

$g(x)=x^4(10-x)$ $(0<x<10)$라 하면

$f(x)=\ln g(x)$이고 함수 $y=\ln x$는 증가함수이므로 함수 $g(x)$가 최댓값을 가질 때 함수 $f(x)$도 최댓값을 갖는다.

$g'(x)=40x^3-5x^4=5x^3(8-x)$이므로

$g'(x)=0$에서 $x=0$ 또는 $x=8$

$0<x<10$에서 함수 $g(x)$의 증가와 감소를 표로 나타내면 다음과 같다.

x	0	$\cdots$	8	$\cdots$	10
$g'(x)$		$+$	0	$-$	
$g(x)$		↗	극대	↘	

함수 $g(x)$는 $x=8$에서 극대이면서 최대이므로 $g(x)$의 최댓값은

$g(8)=8^4(10-8)=2^{13}$

따라서 함수 $f(x)$의 최댓값은

$f(8)=\ln g(8)=13\ln 2$

STEP 2 ㄴ. ㄱ에 의하여 방정식 $f(x)=0$의 실근의 개수는 방정식 $g(x)=1$의 실근의 개수, 즉 함수 $y=g(x)$의 그래프와 직선 $y=1$의 교점의 개수와 같다.

오른쪽 그림과 같이 함수 $y=g(x)$의 그래프와 직선 $y=1$은 서로 다른 두 개의 교점을 갖는다.

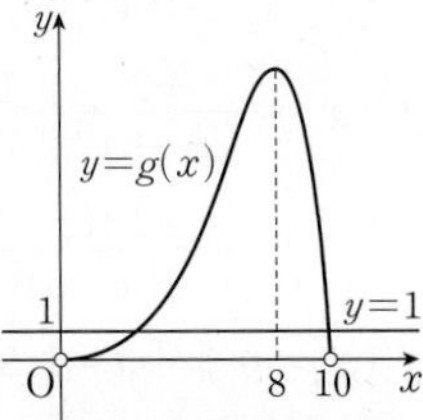

따라서 방정식 $f(x)=0$은 서로 다른 두 실근을 갖는다.

STEP 3 ㄷ. $e^{f(x)}=e^{\ln g(x)}=g(x)=x^4(10-x)$ $(0<x<10)$에서

$g'(x)=40x^3-5x^4$

$g''(x)=120x^2-20x^3=20x^2(6-x)$

$g''(x)=0$에서 $x=6$이고, $x=6$의 좌우에서 $g''(x)$의 부호가 양에서 음으로 바뀐다.

따라서 함수 $y=e^{f(x)}$의 그래프는 구간 $(4, 8)$에서 $x>6$일 때 $g''(x)<0$이므로 위로 볼록하지만, $x<6$일 때 $g''(x)>0$이므로 아래로 볼록하다.

따라서 옳은 것은 ㄱ, ㄴ이다.

560 답 ⑤

STEP 1 $f(x)=\frac{1}{x}\ln x$에서

$f'(x)=-\frac{1}{x^2}\ln x+\frac{1}{x^2}=\frac{1}{x^2}(1-\ln x)$

$f''(x)=-\frac{2}{x^3}(1-\ln x)-\frac{1}{x^3}=-\frac{1}{x^3}(3-2\ln x)$

$f'(x)=0$에서

$\frac{1}{x^2}(1-\ln x)=0$, $\ln x=1$

$\therefore x=e$

$f''(x)=0$에서

$-\frac{1}{x^3}(3-2\ln x)=0$, $\ln x=\frac{3}{2}$

$\therefore x=e^{\frac{3}{2}}$

함수 $f(x)$의 증가와 감소를 표로 나타내면 다음과 같다.

x	0	$\cdots$	e	$\cdots$	$e^{\frac{3}{2}}$	$\cdots$
$f'(x)$		+	0	−	−	−
$f''(x)$		−	−	−	0	+
$f(x)$		↗	극대	↘	변곡점	↘

이때 $\lim_{x\to0+}f(x)=\lim_{x\to0+}\frac{1}{x}\ln x=-\infty$, $\lim_{x\to\infty}f(x)=\lim_{x\to\infty}\frac{1}{x}\ln x=0$

이므로 함수 $y=f(x)$의 개형은 다음 그림과 같다.

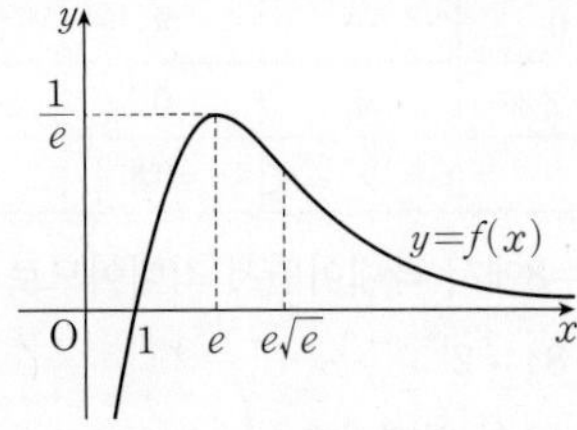

STEP 2 ㄱ. 함수 $f(x)$는 $x=e$에서 최댓값 $f(e)=\frac{1}{e}$을 갖는다.

ㄴ. $x>e$일 때, $f(x)$는 감소함수이므로

$\frac{1}{2011}\ln 2011>\frac{1}{2012}\ln 2012$

$2012\times\ln 2011>2011\times\ln 2012$

$\ln 2011^{2012}>\ln 2012^{2011}$

$\therefore 2011^{2012}>2012^{2011}$

ㄷ. 열린구간 $(0, e)$에서 $f''(x)<0$이므로 함수 $y=f(x)$의 그래프는 위로 볼록하다.

따라서 ㄱ, ㄴ, ㄷ 모두 옳다.

561 답 ①

해결 각 잡기

삼각함수의 도함수

(1) $y=\sin x$이면 $y'=\cos x$
(2) $y=\cos x$이면 $y'=-\sin x$
(3) $y=\tan x$이면 $y'=\sec^2 x$
(4) $y=\sec x$이면 $y'=\sec x\tan x$
(5) $y=\csc x$이면 $y'=-\csc x\cot x$
(6) $y=\cot x$이면 $y'=-\csc^2 x$

STEP 1 $f(x)=e^x(\sin x+\cos x)$에서

$f'(x)=e^x(\sin x+\cos x)+e^x(\cos x-\sin x)$
$=2e^x\cos x$

$f'(x)=0$에서 $\cos x=0$ $(\because e^x>0)$

$\therefore x=\frac{\pi}{2}$ 또는 $x=\frac{3}{2}\pi$

함수 $f(x)$의 증가와 감소를 표로 나타내면 다음과 같다.

x	0	$\cdots$	$\frac{\pi}{2}$	$\cdots$	$\frac{3}{2}\pi$	$\cdots$	2π
$f'(x)$		+	0	−	0	+	
$f(x)$		↗	극대	↘	극소	↗	

STEP 2 따라서 함수 $f(x)$의 극댓값은 $M=f\left(\frac{\pi}{2}\right)=e^{\frac{\pi}{2}}$,

극솟값은 $m=f\left(\frac{3}{2}\pi\right)=-e^{\frac{3}{2}\pi}$이므로

$Mm=e^{\frac{\pi}{2}}\times(-e^{\frac{3}{2}\pi})=-e^{2\pi}$

562 답 ①

STEP 1 $f(x)=\frac{\sin x}{e^{2x}}=e^{-2x}\sin x$에서

$f'(x)=-2e^{-2x}\sin x+e^{-2x}\cos x$
$=e^{-2x}(-2\sin x+\cos x)$

$f''(x)=-2e^{-2x}(-2\sin x+\cos x)+e^{-2x}(-2\cos x-\sin x)$
$=e^{-2x}(3\sin x-4\cos x)$

STEP 2 함수 $f(x)$는 $x=a$에서 극솟값을 가지므로

$f'(a)=e^{-2a}(-2\sin a+\cos a)=0$,

$f''(a)=e^{-2a}(3\sin a-4\cos a)>0$

이어야 한다.

이때 $e^{-2a}>0$이므로 $-2\sin a+\cos a=0$

$\therefore \cos a=2\sin a$ …… ㉠

$3\sin a-4\cos a>0$ …… ㉡

㉠, ㉡에서 $\sin a<0$, $\cos a<0$이고,

㉠을 $\sin^2 a+\cos^2 a=1$에 대입하면

$\sin^2 a+4\sin^2 a=1$, $\sin^2 a=\frac{1}{5}$

즉, $\cos^2 a=\frac{4}{5}$이므로

$\cos a=-\frac{2}{\sqrt{5}}=-\frac{2\sqrt{5}}{5}$ ($\because \cos a<0$)

다른 풀이

$f'(x)=-2e^{-2x}\sin x+e^{-2x}\cos x$

$=-e^{-2x}(2\sin x-\cos x)$

$=-\sqrt{5}e^{-2x}\left(\frac{2}{\sqrt{5}}\sin x-\frac{1}{\sqrt{5}}\cos x\right)$

$=-\sqrt{5}e^{-2x}\sin(x-\alpha)$ $\left(단, \sin\alpha=\frac{1}{\sqrt{5}}, \cos\alpha=\frac{2}{\sqrt{5}}\right)$ #

$f'(x)=0$에서 $\sin(x-\alpha)=0$ ($\because e^{-2x}>0$)

$x-\alpha=0$ 또는 $x-\alpha=\pi$

$\therefore x=\alpha$ 또는 $x=\pi+\alpha$

함수 $f(x)$의 증가와 감소를 표로 나타내면 다음과 같다.

x	0	…	α	…	$\pi+\alpha$	…	2π
$f'(x)$		+	0	−	0	+	
$f(x)$		↗	극대	↘	극소	↗	

따라서 함수 $f(x)$는 $x=\pi+\alpha$에서 극솟값을 가지므로

$a=\pi+\alpha$

$\therefore \cos a=\cos(\pi+\alpha)=-\cos\alpha=-\frac{2}{\sqrt{5}}=-\frac{2\sqrt{5}}{5}$

 # 참고

삼각함수의 합성

(1) $a\sin\theta+b\cos\theta=\sqrt{a^2+b^2}\sin(\theta+\alpha)$

$\left(단, \sin\alpha=\frac{b}{\sqrt{a^2+b^2}}, \cos\alpha=\frac{a}{\sqrt{a^2+b^2}}\right)$

(2) $a\sin\theta+b\cos\theta=\sqrt{a^2+b^2}\cos(\theta-\beta)$

$\left(단, \sin\beta=\frac{a}{\sqrt{a^2+b^2}}, \cos\beta=\frac{b}{\sqrt{a^2+b^2}}\right)$

563 답 ⑤

해결 각 잡기

방정식 $f(x)=g(x)$의 실근은 두 함수 $y=f(x)$, $y=g(x)$의 그래프의 교점의 x좌표와 같다. 즉, 주어진 방정식의 실근의 개수는 두 함수 $y=\sin x-x\cos x$, $y=k$의 그래프의 교점의 개수와 같다.

STEP 1 방정식 $\sin x-x\cos x-k=0$, 즉 $\sin x-x\cos x=k$가 서로 다른 두 실근을 가지려면 곡선 $y=\sin x-x\cos x$와 직선 $y=k$가 서로 다른 두 점에서 만나야 한다.

$f(x)=\sin x-x\cos x$라 하면

$f'(x)=\cos x-(\cos x-x\sin x)=x\sin x$

$f'(x)=0$에서 $x=0$ 또는 $x=\pi$ 또는 $x=2\pi$ ($\because 0\le x\le 2\pi$)

함수 $f(x)$의 증가와 감소를 표로 나타내면 다음과 같다.

x	0	…	π	…	2π
$f'(x)$		+	0	−	0
$f(x)$	0	↗	π	↘	-2π

STEP 2 함수 $y=f(x)$의 그래프는 오른쪽 그림과 같으므로 곡선 $y=f(x)$와 직선 $y=k$가 서로 다른 두 점에서 만나려면 $0\le k<\pi$이어야 한다.

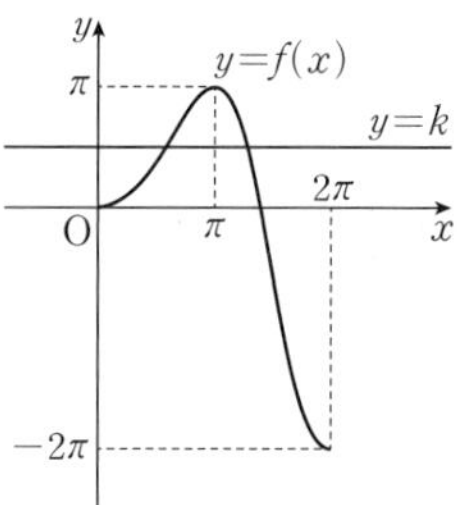

따라서 정수 k는 0, 1, 2, 3이므로 그 합은

$0+1+2+3=6$

564 답 ④

STEP 1 $f(x)=xe^{2x}-(4x+a)e^x$에서

$f'(x)=e^{2x}+2xe^{2x}-\{4e^x+(4x+a)e^x\}$

$=(2x+1)e^{2x}-(4x+a+4)e^x$

함수 $f(x)$가 $x=-\frac{1}{2}$에서 극댓값을 가지므로

$f'\left(-\frac{1}{2}\right)=0$

즉, $f'\left(-\frac{1}{2}\right)=-(a+2)e^{-\frac{1}{2}}=0$에서

$a=-2$

STEP 2 $f'(x)=(2x+1)e^{2x}-(4x+2)e^x$

$=(2x+1)e^x(e^x-2)$

$f'(x)=0$에서 $x=-\frac{1}{2}$ 또는 $x=\ln 2$

함수 $f(x)$의 증가와 감소를 표로 나타내면 다음과 같다.

x	…	$-\frac{1}{2}$	…	$\ln 2$	…
$f'(x)$	+	0	−	0	+
$f(x)$	↗	극대	↘	극소	↗

따라서 함수 $f(x)$는 $x=\ln 2$에서 극소이고 극솟값은

$f(\ln 2)=4\ln 2-2(4\ln 2-2)=4-4\ln 2$

565 답 ③

STEP 1 ㄱ. $\frac{1}{x}=t$라 하면 $f(t)=e^{2t}$이고 $x\to\infty$일 때 $t\to 0$이므로

$\lim_{x\to\infty}f(x)=\lim_{t\to 0}e^{2t}=1$

STEP 2 ㄴ. $f(x)=e^{\frac{2}{x}}$에서

$f'(x)=e^{\frac{2}{x}}\times\left(-\frac{2}{x^2}\right)$

이므로 $f'(x)=0$을 만족시키는 x의 값은 존재하지 않는다.

즉, 함수 $f(x)$는 극값을 갖지 않는다.

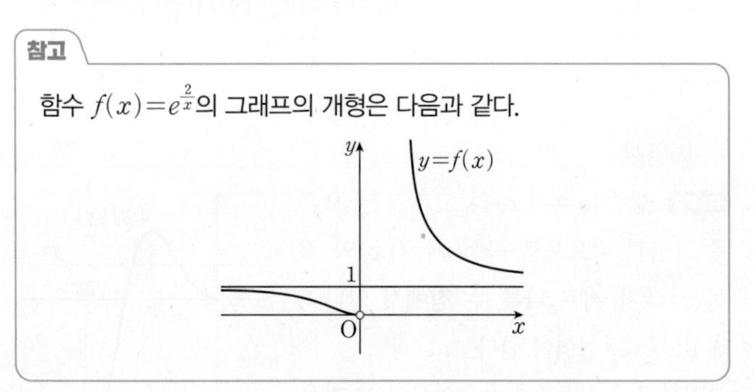

STEP 3 ㄷ. ㄴ에서 $f'(x)=e^{\frac{2}{x}}\times\left(-\frac{2}{x^2}\right)$이므로

$x>0$일 때, $f'(x)<0$

즉, $x>0$에서 함수 $f(x)$는 감소함수이다.

따라서 옳은 것은 ㄱ, ㄴ이다.

참고

함수 $f(x)=e^{\frac{2}{x}}$의 그래프의 개형은 다음과 같다.

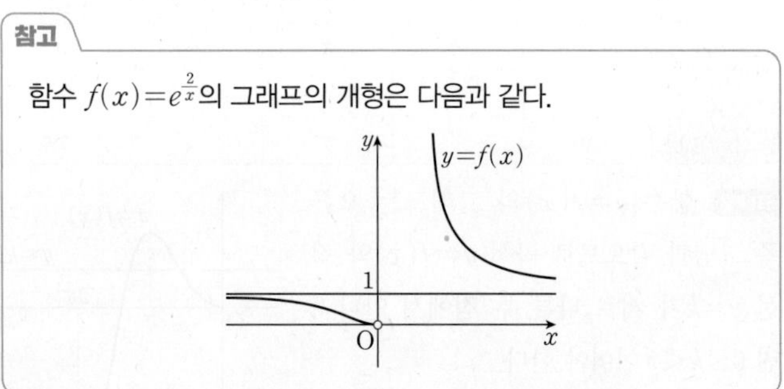

566 답 ③

$f(x)=(2x-1)e^{-x^2}$이라 하자.

$f'(x)=2e^{-x^2}+(2x-1)\times(-2xe^{-x^2})$

$=(\boxed{-4x^2+2x+2})\times e^{-x^2}$

$=-2(2x+1)(x-1)e^{-x^2}$

$f'(x)=0$에서 $x=-\frac{1}{2}$ 또는 $x=1$

함수 $f(x)$의 증가와 감소를 조사하면 다음과 같다.

x	$\cdots$	$-\frac{1}{2}$	$\cdots$	1	$\cdots$
$f'(x)$	$-$	0	$+$	0	$-$
$f(x)$	↘	극소	↗	극대	↘

즉, 함수 $f(x)$의 극솟값은 $f\left(-\frac{1}{2}\right)=\boxed{-\frac{2}{\sqrt[4]{e}}}$이다.

또, $\lim_{x\to\infty}f(x)=0$, $\lim_{x\to-\infty}f(x)=0$이므로 함수 $y=f(x)$의 그래프의 개형을 그리면 함수 $f(x)$의 최솟값은 $\boxed{-\frac{2}{\sqrt[4]{e}}}$이다.

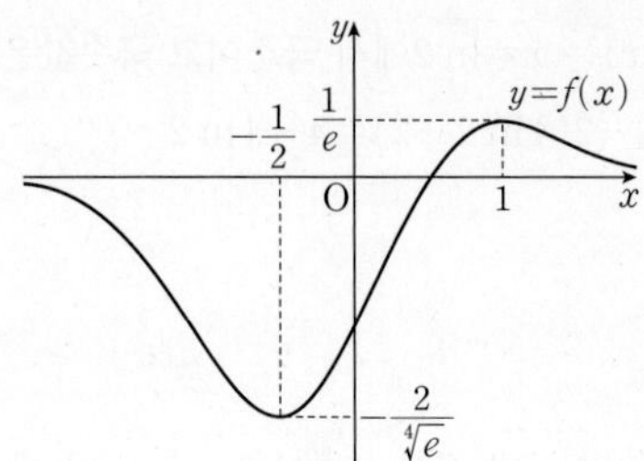

따라서 $2x-1\geq ke^{x^2}$을 성립시키는 실수 k의 최댓값은 $\boxed{-\frac{2}{\sqrt[4]{e}}}$이다.

즉, $g(x)=-4x^2+2x+2$, $p=-\frac{2}{\sqrt[4]{e}}$이므로

$g(2)\times p=(-10)\times\left(-\frac{2}{\sqrt[4]{e}}\right)=\frac{20}{\sqrt[4]{e}}$

567 답 ②

해결 각 잡기

합성함수의 미분법

함수 $f(x)$가 미분가능할 때, 합성함수 $y=f(g(x))$의 도함수는

$y'=f'(g(x))g'(x)$

STEP 1 $f(x)=\tan(\pi x^2+ax)$에서

$f'(x)=(2\pi x+a)\sec^2(\pi x^2+ax)$

함수 $f(x)$는 $x=\frac{1}{2}$에서 극솟값을 가지므로 $f'\left(\frac{1}{2}\right)=0$에서

$(\pi+a)\sec^2\left(\frac{\pi}{4}+\frac{a}{2}\right)=0$

$\pi+a=0\left(\because \sec^2\left(\frac{\pi}{4}+\frac{a}{2}\right)\neq0\right)$

$\therefore a=-\pi$

STEP 2 따라서 함수 $f(x)=\tan(\pi x^2-\pi x)$는 $x=\frac{1}{2}$에서 극솟값 k를 가지므로

$k=f\left(\frac{1}{2}\right)=\tan\left(\frac{\pi}{4}-\frac{\pi}{2}\right)=\tan\left(-\frac{\pi}{4}\right)$

$=-\tan\frac{\pi}{4}=-1$

568 답 ③

STEP 1 함수 $y=(f\circ f)(x)$의 그래프와 직선 $y=\frac{15}{e^2}$의 교점의 개수는 방정식 $(f\circ f)(x)=\frac{15}{e^2}$의 서로 다른 실근의 개수와 같다.

$f(f(x))=\frac{15}{e^2}$에서 $f(x)=t$로 놓으면

$f(t)=\frac{15}{e^2}$

방정식 $f(t)=\frac{15}{e^2}$의 서로 다른 실근의 개수는 함수 $y=f(t)$의 그래프와 직선 $y=\frac{15}{e^2}$의 교점의 개수와 같다.

이때 $2.7<e<2.8$에서 $7.29<e^2<7.84$이므로

$1.91<\frac{15}{e^2}<2.05$

따라서 다음 그림과 같이 함수 $y=f(t)$의 그래프와 직선 $y=\frac{15}{e^2}$가 만나는 서로 다른 세 점의 t좌표를 α, β, γ $(\alpha<\beta<\gamma)$라 하자.

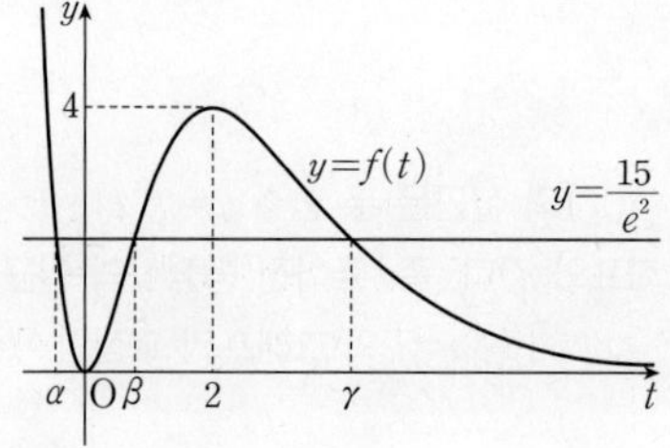

$t=\alpha$ 또는 $t=\beta$ 또는 $t=\gamma$이므로

$f(x)=\alpha$ 또는 $f(x)=\beta$ 또는 $f(x)=\gamma$

STEP 2 (i) $f(x)=\alpha$일 때

$\alpha<0$이므로 오른쪽 그림과 같이 함수 $y=f(x)$의 그래프와 직선 $y=\alpha$는 만나지 않는다.

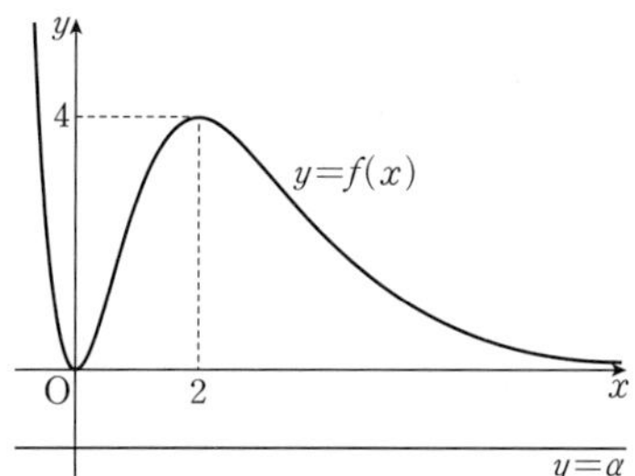

(ii) $f(x)=\beta$일 때

$0<\beta<2$이므로 오른쪽 그림과 같이 함수 $y=f(x)$의 그래프와 직선 $y=\beta$는 서로 다른 세 점에서 만난다.

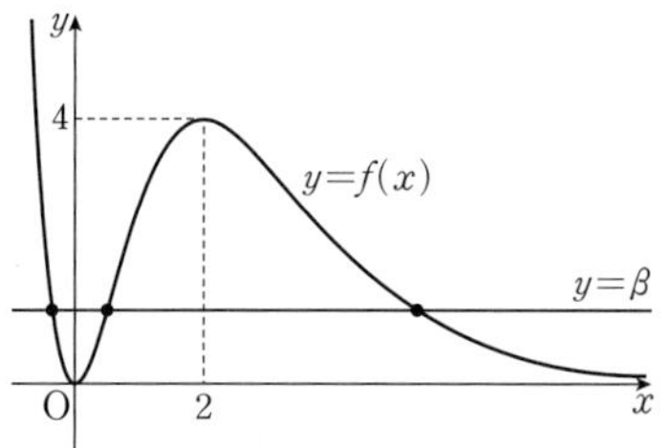

(iii) $f(x)=\gamma$일 때, $f(\gamma)=\frac{15}{e^2}$, $f(4)=4^2e^{-4+2}=\frac{16}{e^2}$이므로

$f(\gamma)<f(4)$

이때 열린구간 $(2, \infty)$에서 함수 $f(x)$는 감소하고 $\gamma>2$이므로

$f(\gamma)<f(4)$에서 $\gamma>4$

따라서 오른쪽 그림과 같이 함수 $y=f(x)$의 그래프와 직선 $y=\gamma$는 한 점에서 만난다.

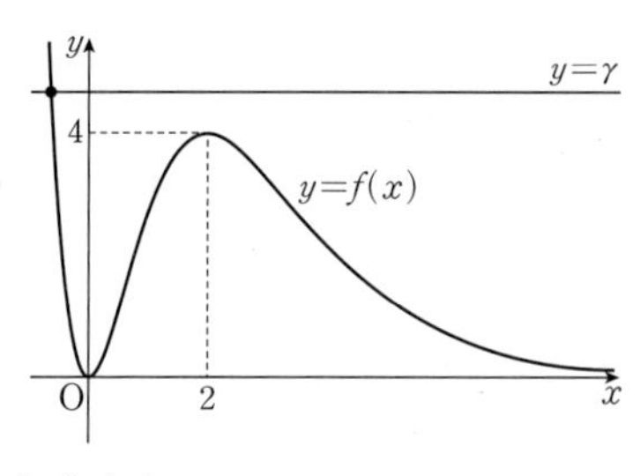

(i), (ii), (iii)에 의하여 구하는 교점의 개수는

$0+3+1=4$

다른 풀이

$f(x)=x^2e^{-x+2}$에서

$f'(x)=2x\times e^{-x+2}+x^2\times(-1)\times e^{-x+2}$

$=(-x^2+2x)e^{-x+2}$

$=x(-x+2)e^{-x+2}$

$f'(x)=0$에서 $x=0$ 또는 $x=2$

$h(x)=(f\circ f)(x)=f(f(x))$로 놓으면

$h'(x)=f'(f(x))f'(x)$

$h'(x)=0$에서

$f'(f(x))=0$ 또는 $f'(x)=0$

(i) $f'(f(x))=0$, 즉 $f(x)=0$ 또는 $f(x)=2$일 때

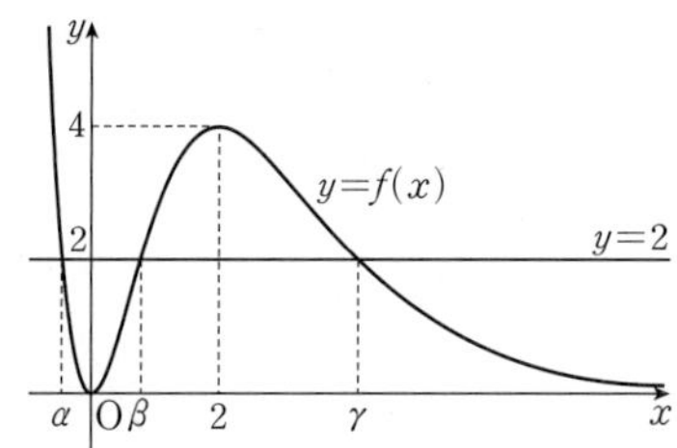

$f(x)=0$이면 주어진 그래프에서 $x=0$

$f(x)=2$일 때, $f(\alpha)=f(\beta)=f(\gamma)=2$ $(\alpha<\beta<\gamma)$라 하면

$\alpha<0<\beta<2<\gamma$

(ii) $f'(x)=0$일 때, $x=0$ 또는 $x=2$

(i), (ii)로부터 함수 $h(x)$의 증가와 감소를 표로 나타내면 다음과 같다.

x	$\cdots$	α	$\cdots$	0	$\cdots$	β	$\cdots$	2	$\cdots$	γ	$\cdots$
$f'(x)$	$-$	$-$	$-$	0	$+$	$+$	$+$	0	$-$	$-$	$-$
$f'(f(x))$	$-$	0	$+$	0	$+$	0	$-$	$-$	$-$	0	$+$
$h'(x)$	$+$	0	$-$	0	$+$	0	$-$	0	$+$	0	$-$
$h(x)$	↗	4	↘	0	↗	4	↘	$\frac{16}{e^2}$	↗	4	↘

이때 $\lim_{x\to-\infty}h(x)=0$, $\lim_{x\to\infty}h(x)=0$이므로 함수 $y=h(x)$의 그래프는 다음 그림과 같다.

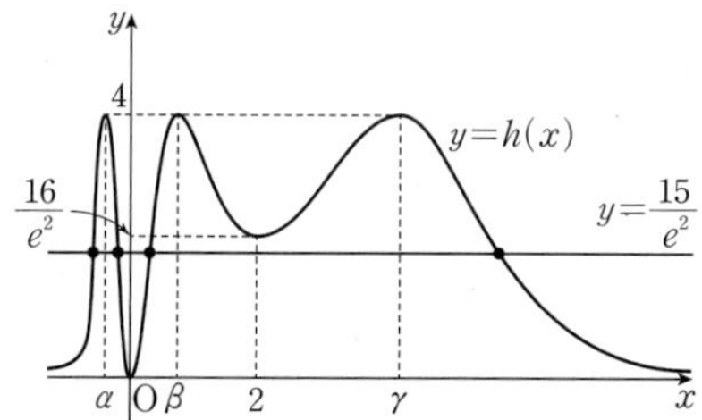

따라서 함수 $y=(f\circ f)(x)$의 그래프와 직선 $y=\frac{15}{e^2}$의 교점의 개수는 4이다.

569 답 ②

STEP 1 $g(x)=3f(x)+4\cos f(x)$에서

$g'(x)=3f'(x)-4\sin f(x)\times f'(x)$

$=f'(x)\{3-4\sin f(x)\}$

$g'(x)=0$에서

$f'(x)=0$ 또는 $3-4\sin f(x)=0$ ...... ㉠

즉, ㉠을 만족시키고, $g'(x)$의 부호가 음에서 양으로 바뀌는 x의 값에서 $g(x)$는 극소이다.

STEP 2 (i) $f'(x)=0$인 경우

$f(x)=6\pi(x-1)^2$에서 $f'(x)=12\pi(x-1)$

$f'(x)=0$에서 $x=1$

이때 $x=1$의 좌우에서 $f'(x)$의 값의 부호는 음에서 양으로 바뀌고, $x\to1$일 때 $f(x)\to0+$이므로

$3-4\sin f(x)>0$

즉, $g'(x)=f'(x)\{3-4\sin f(x)\}$의 값의 부호는 음에서 양으로 바뀌므로 함수 $g(x)$는 $x=1$에서 극소이다.

(ii) $3-4\sin f(x)=0$인 경우

$\sin f(x)=\frac{3}{4}$을 만족시키는 x의 값은 곡선 $y=\sin f(x)$와 직선 $y=\frac{3}{4}$의 교점의 x좌표이다.

$f(x)=t$라 하면 $0<x<2$에서 $0\le t<6\pi$이고, 이차함수 $f(x)$의 그래프는 직선 $x=1$에 대하여 대칭이므로 곡선 $y=\sin t$와 $y=\frac{3}{4}$의 교점의 t좌표를 크기가 작은 순서대로 t_1, t_2, t_3, t_4, t_5, t_6이라 하면 이 값에 대응하는 x의 값은 직선 $x=1$에 대하여 대

칭인 위치에 2개씩 존재한다.

즉, $\sin f(x)=\frac{3}{4}$을 만족시키는 x의 값의 개수는 12이다.

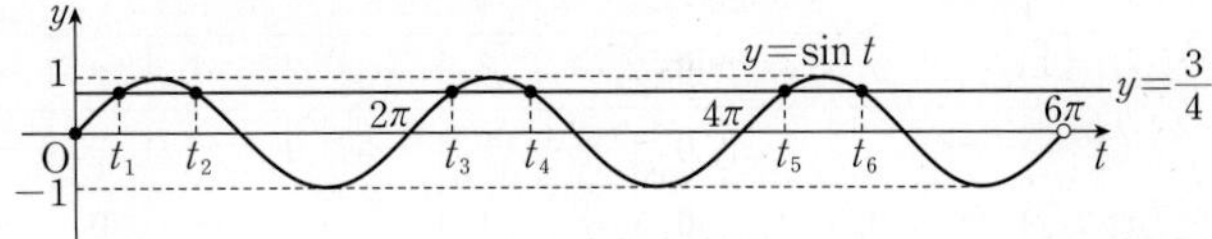

이때 곡선 $y=\sin t$가 직선 $y=\frac{3}{4}$보다 위쪽에 있는 범위에서 $3-4\sin t<0$이고, 아래쪽에 있는 범위에서 $3-4\sin t>0$이므로 다음과 같다.

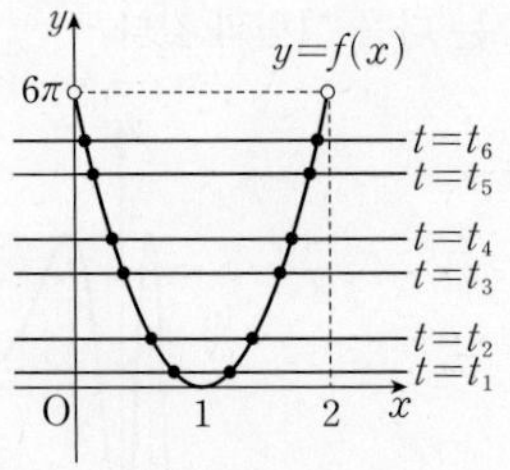

ⓐ 구간 $(1, 2)$에서 $f(x)=t_2$, t_4, t_6을 만족시키는 x의 값의 좌우에서 $3-4\sin f(x)$의 값의 부호는 음에서 양으로 바뀌고, 이 구간에서 $f'(x)>0$이다.

즉,

$g'(x)=f'(x)\{3-4\sin f(x)\}$의 값의 부호는 음에서 양으로 바뀌므로 $g(x)$는 이 3개의 값에서 극소이다.

ⓑ 구간 $(0, 1)$에서 $f(x)=t_2$, t_4, t_6을 만족시키는 x의 값의 좌우에서 $3-4\sin f(x)$의 값의 부호는 양에서 음으로 바뀌고, 이 구간에서 $f'(x)<0$이다.

즉, $g'(x)=f'(x)\{3-4\sin f(x)\}$의 값의 부호는 음에서 양으로 바뀌므로 $g(x)$는 이 3개의 값에서 극소이다.

따라서 함수 $g(x)$가 극소가 되는 x의 개수는 6이다.

(i), (ii)에 의하여 함수 $g(x)$가 극소가 되는 x의 개수는

$1+6=7$

570 답 ⑤

STEP 1 함수 $f(x)$는 삼차함수이므로 함수 $y=f(x)$의 그래프와 x축은 적어도 한 점에서 만난다.

조건 (가)에서 함수 $g(x)$가 $x\neq1$인 모든 실수 x에서 연속이므로

$$\begin{cases} x=1\text{일 때, } f(1)=0 \\ x\neq1\text{일 때, } f(x)\neq0 \end{cases} \quad \cdots\cdots ㉠$$

한편, $g(x)=\begin{cases} \ln|f(x)| & (f(x)\neq0) \\ 1 & (f(x)=0) \end{cases}$에서

$g'(x)=\frac{f'(x)}{f(x)}$ (단, $f(x)\neq0$)

이때 조건 (나)에서

$g'(2)=0$, $g(2)\le0$

$f'(2)=0$, $-1\le f(2)\le1$ $\cdots\cdots$ ㉡

한편, 방정식 $g(x)=0$에서

$\ln|f(x)|=0$, $|f(x)|=1$

$\therefore f(x)=-1$ 또는 $f(x)=1$

조건 (다)에서 위의 방정식이 서로 다른 세 실근을 가져야 하므로 함수 $f(x)$는 -1 또는 1을 극값으로 가져야 한다.

즉, ㉠에서 곡선 $y=f(x)$는 x축과 $x=1$인 점에서만 만나고 ㉡에서 함수 $f(x)$는 $x=2$에서 극값을 가지므로 함수 $y=f(x)$의 그래프는 다음 그림과 같다.

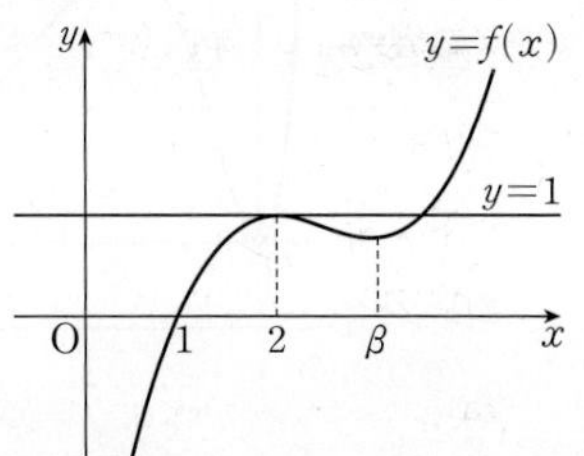

STEP 2 이때 함수 $f(x)$의 최고차항의 계수가 $\frac{1}{2}$이므로

$f(x)-1=\frac{1}{2}(x-2)^2(x-k)$ (k는 상수)

라 하면

$f(x)=\frac{1}{2}(x-2)^2(x-k)+1$

㉠에서 $f(1)=0$이므로

$f(1)=\frac{1}{2}(1-k)+1=0$

$1-k=-2$

$\therefore k=3$

따라서 $f(x)=\frac{1}{2}(x-2)^2(x-3)+1$이므로

$$\begin{aligned} f'(x)&=(x-2)(x-3)+\frac{1}{2}(x-2)^2 \\ &=\frac{1}{2}(x-2)(3x-8) \end{aligned}$$

$f'(x)=0$에서 $x=2$ 또는 $x=\frac{8}{3}$

함수 $g(x)$의 증가와 감소를 표로 나타내면 다음과 같다.

x	$\cdots$	1	$\cdots$	2	$\cdots$	$\frac{8}{3}$	$\cdots$
$f'(x)$	+		+	0	−	0	+
$g'(x)$	−		+	0	−	0	+
$g(x)$	↘		↗	극대	↘	극소	↗

따라서 함수 $g(x)$는 $x=\frac{8}{3}$에서 극소이므로 구하는 극솟값은

$$\begin{aligned} g\left(\frac{8}{3}\right)&=\ln\left|f\left(\frac{8}{3}\right)\right| \\ &=\ln\left|\frac{1}{2}\times\left(\frac{2}{3}\right)^2\times\left(-\frac{1}{3}\right)+1\right| \\ &=\ln\frac{25}{27} \end{aligned}$$

참고

함수 $y=g(x)$의 그래프는 다음 그림과 같다.

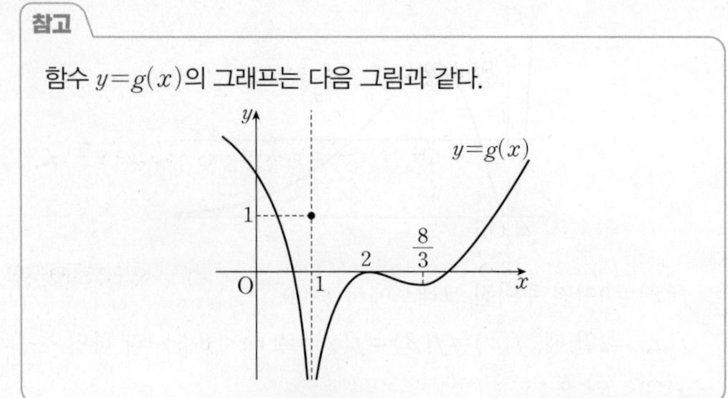

571 답 25

해결 각 잡기

함수의 연속과 불연속

함수 $f(x)$가 다음 조건을 모두 만족시킬 때, 함수 $f(x)$는 $x=a$에서 연속이다.

(i) 함수 $f(x)$가 $x=a$에서 정의되어 있다.

(ii) 극한값 $\lim_{x\to a} f(x)$가 존재한다.

(iii) $\lim_{x\to a} f(x)=f(a)$

위의 세 조건 중 어느 하나라도 만족시키지 않으면 함수 $f(x)$는 $x=a$에서 불연속이다.

STEP 1 $f(x)=x^2e^{ax}(a<0)$에서

$f'(x)=2xe^{ax}+ax^2e^{ax}=(ax^2+2x)e^{ax}=ax\left(x+\frac{2}{a}\right)e^{ax}$

$f'(x)=0$에서 $x=0$ 또는 $x=-\frac{2}{a}$

함수 $f(x)$의 증가와 감소를 표로 나타내면 다음과 같다.

x	$\cdots$	0	$\cdots$	$-\frac{2}{a}$	$\cdots$
$f'(x)$	$-$	0	$+$	0	$-$
$f(x)$	↘	0	↗	$\frac{4}{a^2e^2}$	↘

따라서 함수 $f(x)$는 $x=0$에서 극솟값 0, $x=-\frac{2}{a}$에서 극댓값 $\frac{4}{a^2e^2}$를 갖는다.

이때 $\lim_{x\to\infty} f(x)=0$, $\lim_{x\to-\infty} f(x)=\infty$이므로 함수 $y=f(x)$의 그래프는 다음 그림과 같다.

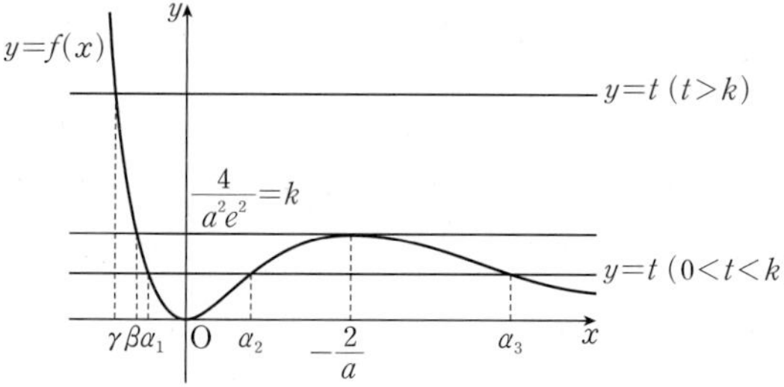

STEP 2 부등식 $f(x)\ge t$ $(t>0)$을 만족시키는 x의 최댓값 $g(t)$에 대하여 $k=\frac{4}{a^2e^2}$라 하자.

(i) $0<t<k$일 때

방정식 $f(x)=t$의 서로 다른 세 실근을 α_1, α_2, α_3 $(\alpha_1<0<\alpha_2<\alpha_3)$이라 하면 부등식 $f(x)\ge t$의 해는 위의 그림에서 $x\le\alpha_1$ 또는 $\alpha_2\le x\le\alpha_3$이므로

$g(t)=\alpha_3$

(ii) $t=k$일 때

방정식 $f(x)=t$의 음의 실근을 β라 하면 부등식 $f(x)\ge t$의 해는 $x\le\beta$ 또는 $x=-\frac{2}{a}$이므로

$g(t)=-\frac{2}{a}$

(iii) $t>k$일 때

방정식 $f(x)=t$의 실근을 γ라 하면 부등식 $f(x)\ge t$의 해는 $x\le\gamma$이므로

$g(t)=\gamma$

정의역이 $\left\{x\,\middle|\,x<\beta \text{ 또는 } x\ge-\frac{2}{a}\right\}$인 함수 $h(x)$를

$$h(x)=\begin{cases} h_1(x)=f(x) & (x<\beta) \\ h_2(x)=f(x) & \left(x\ge-\frac{2}{a}\right)\end{cases}$$

라 하면 두 함수 $y=h_1(x)$와 $y=h_2(x)$는 각각의 정의역에서 일대일대응이므로 역함수를 갖는다.

또, $y=h_1(x)$의 치역은 $\{y|y>k\}$이고, $y=h_2(x)$의 치역은 $\{y|0<y\le k\}$이므로 함수 $h(x)$의 역함수의 정의역은 $\{x|x>0\}$이다.

이때 $h(x)=t$를 만족시키는 x의 값은 방정식 $f(x)=t$의 해 중에서 최댓값이므로 $h(x)$의 역함수가 $g(t)$이다.

$g(t)$는 $0<t<k$, $t>k$인 모든 점에서 연속함수이므로 $t=k$에서의 연속성을 조사하면 된다.

$\lim_{t\to k-} g(t)=-\frac{2}{a}$에서 $a<0$이므로

$-\frac{2}{a}>0$

$\lim_{t\to k+} g(t)=\beta$에서 $\beta<0$이므로

$\lim_{t\to k-} g(t)\ne\lim_{t\to k+} g(t)$

즉, 함수 $g(t)$는 $t=k$에서만 불연속이므로

$\frac{16}{e^2}=\frac{4}{a^2e^2}$, $16=\frac{4}{a^2}$ $\quad\therefore a^2=\frac{1}{4}$

$\therefore 100a^2=100\times\frac{1}{4}=25$

572 답 49

STEP 1 $f(x)=(x^3-a)e^x$에서

$f'(x)=3x^2e^x+(x^3-a)e^x=(x^3+3x^2-a)e^x$

$e^x>0$이므로 $f'(x)=0$을 만족시키는 x의 값은 $x^3+3x^2-a=0$의 실근과 같다.

$h(x)=x^3+3x^2$이라 하면

$h'(x)=3x^2+6x=3x(x+2)$

$h'(x)=0$에서 $x=-2$ 또는 $x=0$

함수 $h(x)$의 증가와 감소를 표로 나타내면 다음과 같다.

x	$\cdots$	-2	$\cdots$	0	$\cdots$
$h'(x)$	$+$	0	$-$	0	$+$
$h(x)$	↗	극대	↘	극소	↗

함수 $h(x)$는 $x=-2$에서 극댓값 $h(-2)=4$, $x=0$에서 극솟값 $h(0)=0$을 가지므로 함수 $y=h(x)$의 그래프는 오른쪽 그림과 같다.

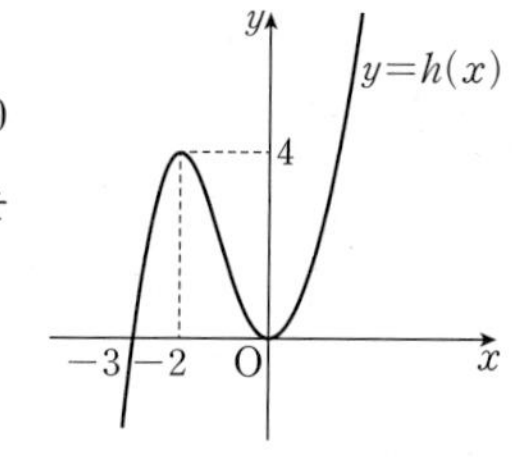

STEP 2 (i) $0<a<4$일 때

곡선 $y=h(x)$와 직선 $y=a$의 교점의 x좌표를

$\alpha,\ \beta,\ \gamma\ (\alpha<\beta<0<\gamma)$라 하고 함수 $f(x)$의 증가와 감소를 표로 나타내면 다음과 같다.

x	$\cdots$	α	$\cdots$	β	$\cdots$	γ	$\cdots$
$f'(x)$	$-$	0	$+$	0	$-$	0	$+$
$f(x)$	↘	극소	↗	극대	↘	극소	↗

즉, 함수 $y=f(x)$의 그래프는 다음 그림과 같다.

ⓐ
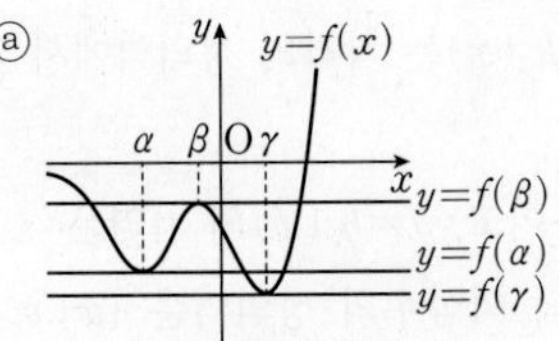

ⓑ
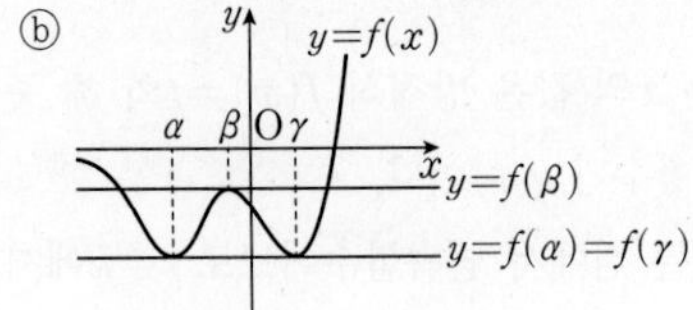

ⓒ
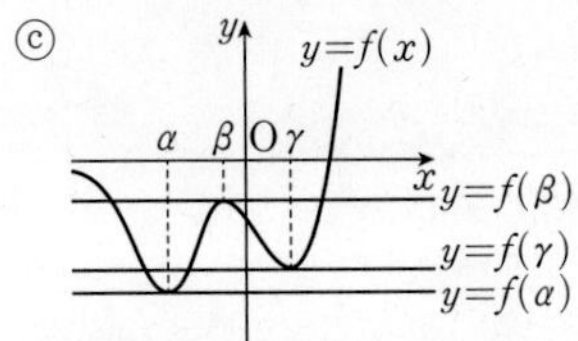

(ii) $a=4$일 때

곡선 $y=h(x)$와 직선 $y=a$의 교점의 x좌표를 $-2,\ \alpha\ (\alpha>0)$라 하고 함수 $f(x)$의 증가와 감소를 표로 나타내면 다음과 같다.

x	$\cdots$	-2	$\cdots$	α	$\cdots$
$f'(x)$	$-$	0	$-$	0	$+$
$f(x)$	↘		↘	극소	↗

즉, 함수 $y=f(x)$의 그래프는 다음 그림과 같다.

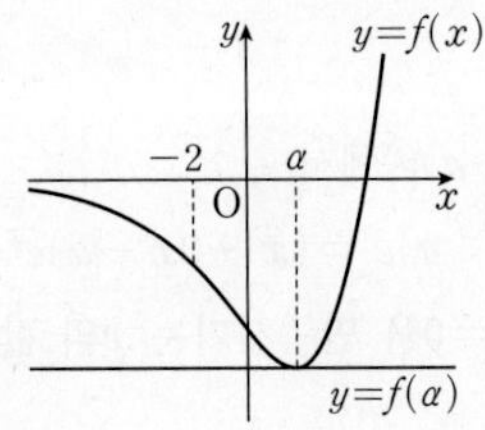

(iii) $a>4$일 때

곡선 $y=h(x)$와 직선 $y=a$의 교점의 x좌표를 $\alpha\ (\alpha>0)$라 하고 함수 $f(x)$의 증가와 감소를 표로 나타내면 다음과 같다.

x	$\cdots$	α	$\cdots$
$f'(x)$	$-$	0	$+$
$f(x)$	↘	극소	↗

즉, 함수 $y=f(x)$의 그래프는 다음 그림과 같다.

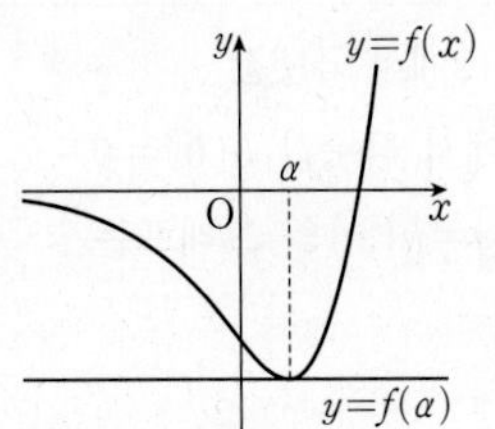

함수 $g(t)$는 $t=0$일 때와 직선 $y=t$가 함수 $y=f(x)$의 그래프의 극점을 지날 때 불연속이다.

(i)의 경우 함수 $g(t)$는 3개 이상의 불연속점을 갖고, (ii), (iii)의 경우 함수 $g(t)$는 2개의 불연속점을 갖는다. ($t=0,\ t=f(\alpha)$)

따라서 함수 $g(t)$의 불연속점의 개수가 2가 되도록 하는 a의 값의 범위는 $a\ge4$이므로 모든 자연수 a의 값의 합은

$$4+5+6+\cdots+10=\frac{7(4+10)}{2}=49$$

573 답 ③

STEP 1 $x<c$일 때, $f(x)=-a\left(x-\frac{3e}{a}\right)^2+\frac{9e^2}{a}+b$이고 이차항의 계수가 음수이므로 위로 볼록하다.

조건 (나)에 의하여 함수 $f(x)$의 역함수가 존재하므로 $f(x)$는 증가함수 또는 감소함수이다.

$c\le\frac{3e}{a}$ ...... ㉠ (직선 $x=c$가 직선 $x=\frac{3e}{a}$와 일치하거나 왼쪽에 있어야 한다.)

$x\ge c$일 때, $f(x)=a(\ln x)^2-6\ln x$에서

$$f'(x)=2a\times\frac{1}{x}\times\ln x-\frac{6}{x}=\frac{2}{x}(a\ln x-3)$$

$f'(x)=0$에서 $x=e^{\frac{3}{a}}$

함수 $f(x)$의 역함수가 존재하므로

$c\ge e^{\frac{3}{a}}$ ...... ㉡ ($c<e^{\frac{3}{a}}$이면 함수 $f(x)$의 기울기의 부호가 변한다.)

STEP 2 ㉠, ㉡에서

$$e^{\frac{3}{a}}\le c\le\frac{3e}{a}$$

이므로 $\frac{3}{a}=t$로 놓으면

$e^t\le c\le et$

두 함수 $y=e^t,\ y=et$의 그래프가 오른쪽 그림과 같으므로 위 부등식을 만족시키는 경우는 $t=1$일 때뿐이다.

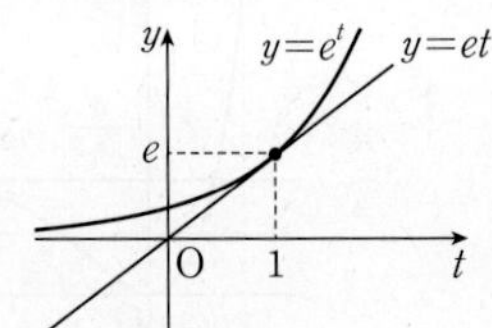

$t=\frac{3}{a}=1 \qquad \therefore a=3$

즉, $e\le c\le e$이므로

$c=e$

STEP 3 조건 (가)에서 함수 $f(x)$는 실수 전체의 집합에서 연속이므로 $x=c$에서도 연속이어야 한다.

$$\lim_{x\to c-}f(x)=\lim_{x\to e-}(-3x^2+6ex+b)=b+3e^2$$

$$\lim_{x\to c+}f(x)=\lim_{x\to e+}\{3(\ln x)^2-6\ln x\}=-3$$

이므로 $b+3e^2=-3$에서

$b=-3e^2-3$

$$\therefore f\left(\frac{1}{2e}\right)=-3\times\left(\frac{1}{2e}\right)^2+6e\times\frac{1}{2e}-3e^2-3$$

$$=-3e^2-\frac{3}{4e^2}$$

$$=-3\left(e^2+\frac{1}{4e^2}\right)$$

574 답 55

해결 각 잡기

- **함수의 미분가능성**

  함수 $f(x)=\begin{cases} g(x) & (x\ge a) \\ h(x) & (x<a) \end{cases}$가 $x=a$에서 미분가능하면

  (1) 함수 $f(x)$가 $x=a$에서 연속이다.

  → $\lim\limits_{x\to a} f(x)=f(a)$

  (2) 함수 $f(x)$가 $x=a$에서 미분계수가 존재한다.

  → $\lim\limits_{x\to a+}\dfrac{f(x)-f(a)}{x-a}=\lim\limits_{x\to a-}\dfrac{f(x)-f(a)}{x-a}$

- 곡선 $y=-f(x-c)$ $(c>0)$는 곡선 $y=f(x)$의 그래프를 x축의 방향으로 c만큼 평행이동한 것을 x축에 대하여 평행이동한 것이다.
- 뾰족한 점에서는 좌우 미분계수가 다르기 때문에 미분가능하지 않다.

STEP 1 $f(x)=\dfrac{1}{3}x^3-x^2+\ln(1+x^2)+a$에서

$f'(x)=x^2-2x+\dfrac{2x}{1+x^2}=\dfrac{x^2(x-1)^2}{x^2+1}$

$f'(x)=0$에서 $x=0$ 또는 $x=1$ …… ㉠

함수 $f(x)$의 증가와 감소를 나타낸 표는 다음과 같다.

x	$\cdots$	0	$\cdots$	1	$\cdots$
$f'(x)$	$+$	0	$+$	0	$+$
$f(x)$	↗	a	↗	$a+\ln 2-\dfrac{2}{3}$	↗

모든 실수 x에 대하여 $f'(x)\ge 0$이므로 함수 $f(x)$는 증가함수이므로 곡선 $y=f(x)$의 개형은 다음 그림과 같다.

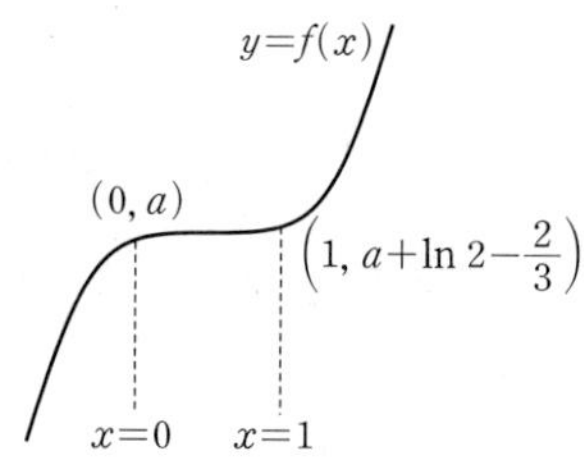

또, 곡선 $y=-f(x-c)$ $(c>0)$는 곡선 $y=f(x)$의 그래프를 x축의 방향으로 c만큼 평행이동한 것을 x축에 대하여 평행이동한 것이므로 곡선 $y=-f(x-c)$의 개형은 다음 그림과 같다.

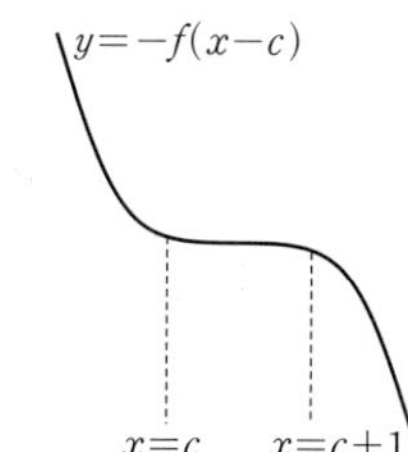

STEP 2 그런데 $a\le 0$이면 함수 $y=g(x)$의 그래프의 개형이 다음 그림과 같으므로 함수 $g(x)$는 $x=b$에서 미분가능하지 않는다.

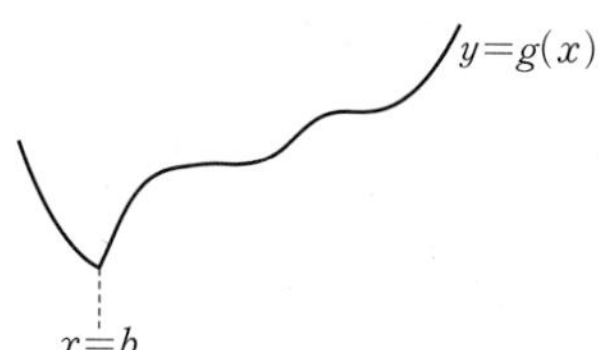

따라서 $a>0$이고, $g(x)=\begin{cases} f(x) & (x\ge b) \\ -f(x-c) & (x<b) \end{cases}$에서

$g'(x)=\begin{cases} f'(x) & (x>b) \\ -f'(x-c) & (x<b) \end{cases}$

함수 $g(x)$가 실수 전체의 집합에서 미분가능하려면 $x=b$에서도 미분가능해야 하므로

$x\ge b$일 때, $\lim\limits_{x\to b+} g'(x)\ge 0$

$x<b$일 때, $\lim\limits_{x\to b-} g'(x)\le 0$

$\therefore \lim\limits_{x\to b+} g'(x)=\lim\limits_{x\to b-} g'(x)=0$

즉, 함수 $g(x)$가 모든 실수에서 미분가능하려면 $x=b$에서 함수 $f(x)$와 $-f(x-c)$가 만나야 하고, 그 점에서 미분계수가 모두 0으로 같아야 한다.

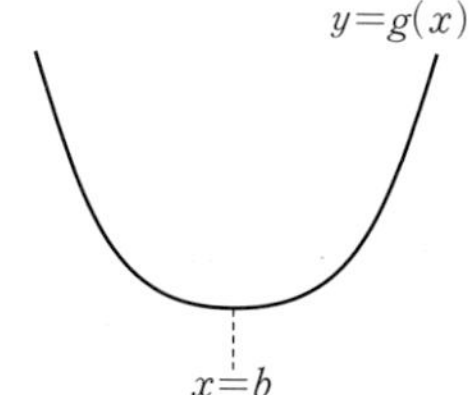

$\lim\limits_{x\to b+} g'(x)=f'(b)=0$에서 $b>0$이므로

$b=1$ ($\because$ ㉠)

$\lim\limits_{x\to b-} g'(x)=-f'(b-c)=-f'(1-c)=0$

에서 $c>0$이므로

$1-c=0 \quad \therefore c=1$

또, $f(b)=-f(b-c)$에서 $f(1)=-f(0)$이므로

$\dfrac{1}{3}-1+\ln 2+a=-a$

$2a=\dfrac{2}{3}-\ln 2$

$\therefore a=\dfrac{1}{3}-\dfrac{1}{2}\ln 2$

따라서 $a+b+c=\left(\dfrac{1}{3}-\dfrac{1}{2}\ln 2\right)+1+1=\dfrac{7}{3}-\dfrac{1}{2}\ln 2$이므로

$p=\dfrac{7}{3},\ q=-\dfrac{1}{2}$

$\therefore 30(p+q)=30\times\left\{\dfrac{7}{3}+\left(-\dfrac{1}{2}\right)\right\}$

$=70-15=55$

575 답 ①

STEP 1 $x\ge 0$일 때, $f(x)=(x-2)^2e^x+k$에서

$f'(x)=2(x-2)e^x+(x-2)^2e^x=x(x-2)e^x$

$f'(x)=0$에서 $x=0$ 또는 $x=2$

$x\ge 0$에서 함수 $f(x)$의 증가와 감소를 표로 나타내면 다음과 같다.

x	0	$\cdots$	2	$\cdots$
$f'(x)$		$-$	0	$+$
$f(x)$	$4+k$	↘	k	↗

함수 $y=f(x)$의 그래프의 개형은 다음과 같다.

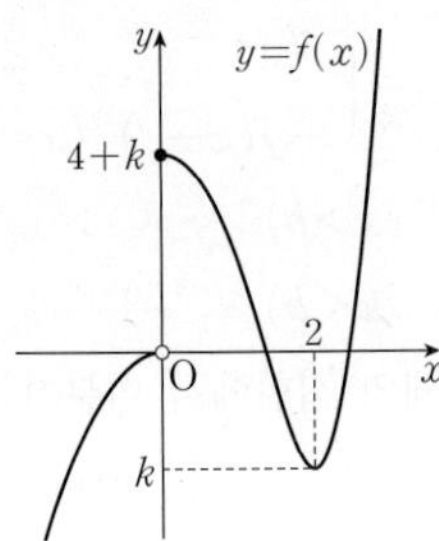

STEP 2 $g(x)=|f(x)|-f(x)=\begin{cases} 0 & (f(x)\ge 0) \\ -2f(x) & (f(x)<0) \end{cases}$

이므로 k의 값의 범위에 따라 $y=g(x)$의 그래프를 그리면 다음과 같다.

(i) $k<-4$일 때

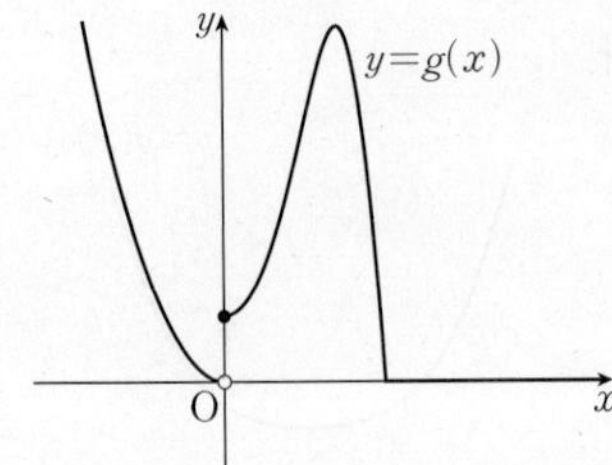

이 경우 $x=0$에서 불연속이므로 조건 (가)를 만족시키지 않는다.

(ii) $k=-4$일 때

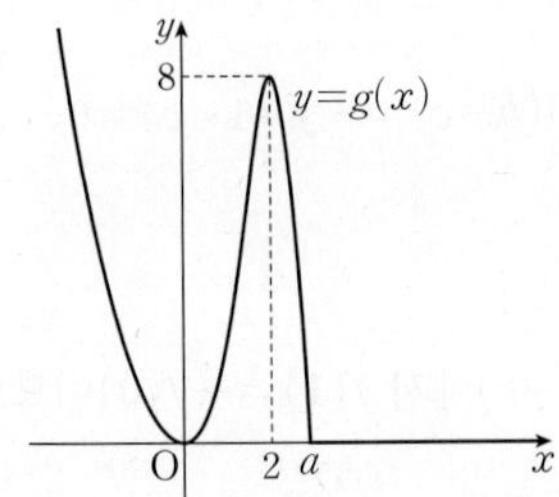

$$g(x)=\begin{cases} 0 & (x\ge a) \\ -2\{(x-2)^2e^x-4\} & (0\le x<a) \\ 2x^2 & (x<0) \end{cases}$$

이므로 함수 $g(x)$는 모든 실수에서 연속이고

$\lim_{x\to 0-}\frac{g(x)-g(0)}{x-0}=\lim_{x\to 0-}\frac{2x^2}{x}=0,$

$\lim_{x\to 0+}\frac{g(x)-g(0)}{x-0}$

$=\lim_{x\to 0+}\frac{-2\{(x-2)^2e^x-4\}}{x}$

$=-2\lim_{x\to 0+}\left\{\frac{(x-2)^2(e^x-1)}{x}+\frac{(x-2)^2-4}{x}\right\}$

$=-2\{4\times 1+(-4)\}=0$ $\quad =\frac{x^2-4x}{x}=x-4$

이므로 함수 $g(x)$는 $x=0$에서 미분가능하다.

이 경우 함수 $g(x)$는 1개의 점에서만 미분가능하지 않으므로 조건 (나)를 만족시키지 않는다.

(iii) $-4<k<0$일 때

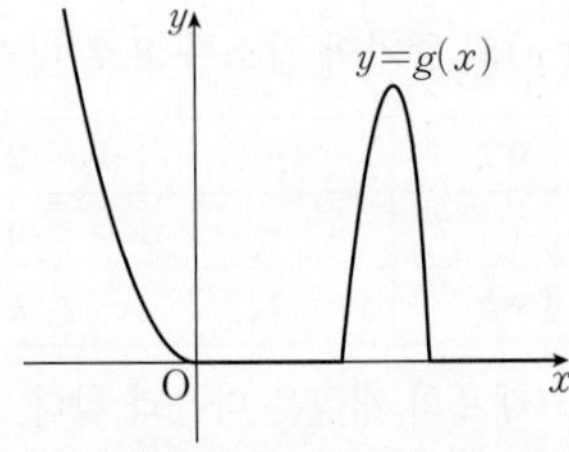

이 경우 함수 $g(x)$는 모든 실수에서 연속이고, 두 점에서만 미분가능하지 않다.

(iv) $k\ge 0$일 때

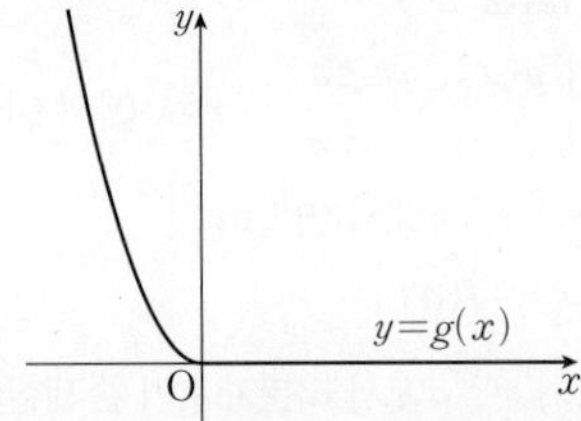

$g(x)=\begin{cases} 0 & (x\ge 0) \\ 2x^2 & (x<0) \end{cases}$

이므로 함수 $g(x)$는 모든 실수에서 연속이고

$\lim_{x\to 0-}\frac{g(x)-g(0)}{x-0}=\lim_{x\to 0-}\frac{2x^2}{x}=0,$

$\lim_{x\to 0+}\frac{g(x)-g(0)}{x-0}=\lim_{x\to 0+}\frac{0}{x}=0$

이므로 함수 $g(x)$는 $x=0$에서 미분가능하다.

이 경우 함수 $g(x)$는 모든 실수에서 미분가능하므로 조건 (나)를 만족시키지 않는다.

(i)~(iv)에 의하여 함수 $g(x)$가 조건을 만족시키도록 하는 k의 값의 범위는 $-4<k<0$이므로 정수 k는 -3, -2, -1의 3개이다.

576 답 37

해결 각 잡기

함수 $g(x)=|f(x)-k|$가 실수 전체의 집합에서 미분가능하려면 $f(x)-k=0$인 x에서 미분가능해야 한다.
→ $f(x)=k$인 x의 값을 기준으로 함수 $g(x)$를 구간을 나누어 각각 미분한 후, 우미분계수와 좌미분계수가 서로 같음을 이용한다.

STEP 1 $f(x)=x+\cos x+\frac{\pi}{4}$에서

$f'(x)=1-\sin x$

이때 $0\le 1-\sin x\le 2$이므로

$f'(x)\ge 0$

즉, 함수 $f(x)$는 실수 전체의 집합에서 증가한다.

한편, 함수 $g(x)=|f(x)-k|$가 실수 전체의 집합에서 미분가능하려면 함수 $g(x)$가 $f(x)=k$인 x의 값에서 미분가능해야 한다.

$f(x)=k$를 만족시키는 x의 값을 α라 하면

$f(\alpha)=k$, $g(\alpha)=0$

$\therefore g(x)=\begin{cases} -f(x)+k & (x<\alpha) \\ f(x)-k & (x\ge\alpha) \end{cases}$, $g'(x)=\begin{cases} -f'(x) & (x<\alpha) \\ f'(x) & (x>\alpha) \end{cases}$

함수 $g(x)$가 $x=\alpha$에서 미분가능해야 하므로

$\lim_{x\to\alpha+}g'(x)=\lim_{x\to\alpha-}g'(x)$에서

$\lim_{x\to\alpha+}g'(x)=\lim_{x\to\alpha+}f'(x)=f'(\alpha)$,

$\lim_{x\to\alpha-}g'(x)=\lim_{x\to\alpha-}\{-f'(x)\}=-f'(\alpha)$

이므로

$f'(\alpha)=-f'(\alpha)$, $2f'(\alpha)=0$

$\therefore f'(\alpha)=0$

$f(x)=k$에서

$x+\cos x+\frac{\pi}{4}=k$ $\quad\cdots\cdots$ ㉠

$f'(x)=1-\sin x=0$에서 $\sin x=1$이므로

$\cos x=0$ $\quad\cdots\cdots$ ㉡

㉡을 ㉠에 대입하면

$x+\frac{\pi}{4}=k \qquad \therefore x=k-\frac{\pi}{4}$

STEP 2 $\sin x=1$에서

$\sin\left(k-\frac{\pi}{4}\right)=1$ (단, $0<k<6\pi$)

$t=k-\frac{\pi}{4}$로 놓으면 $0<k<6\pi$에서

$-\frac{\pi}{4}<t<\frac{23}{4}\pi$

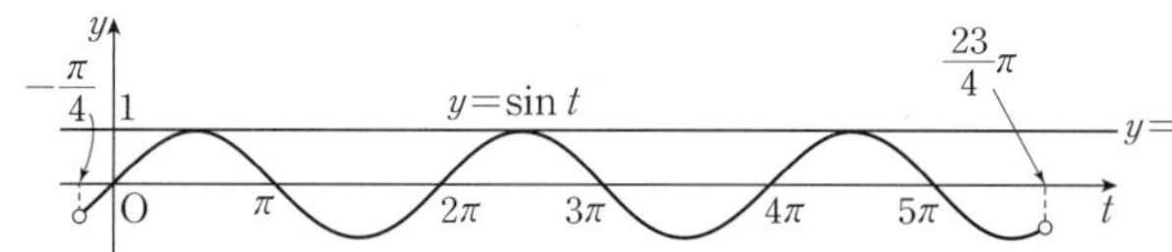

위의 그림에서 $\sin t=1\left(-\frac{\pi}{4}<t<\frac{23}{4}\pi\right)$를 만족시키는 t의 값은

$t=\frac{\pi}{2}$ 또는 $t=\frac{5}{2}\pi$ 또는 $t=\frac{9}{2}\pi$

즉, $k=\frac{3}{4}\pi$ 또는 $k=\frac{11}{4}\pi$ 또는 $k=\frac{19}{4}\pi$이므로 그 합은

$\frac{3}{4}\pi+\frac{11}{4}\pi+\frac{19}{4}\pi=\frac{33}{4}\pi$

따라서 $p=4$, $q=33$이므로

$p+q=4+33=37$

577 답 ⑤

해결 각 잡기

점 $(t, f(t))$에서 x축까지의 거리는 $|f(t)|$, y축까지의 거리는 $|t|$이다.

STEP 1 $f(x)=kx^2e^{-x}$ $(k>0)$에서

$f'(x)=2kxe^{-x}-kx^2e^{-x}=kx(2-x)e^{-x}$

$f'(x)=0$에서 $x=0$ 또는 $x=2$ $(\because e^{-x}>0)$

함수 $f(x)$의 증가와 감소를 표로 나타내면 다음과 같다.

x	$\cdots$	0	$\cdots$	2	$\cdots$
$f'(x)$	$-$	0	$+$	0	$-$
$f(x)$	↘	극소	↗	극대	↘

따라서 함수 $f(x)$의 극솟값은 $f(0)=0$, 극댓값은 $f(2)=\frac{4k}{e^2}$이고,

$\lim_{x\to-\infty} f(x)=\infty$, $\lim_{x\to\infty} f(x)=0$이므로 함수 $y=f(x)$의 그래프의 개형은 다음 그림과 같다.

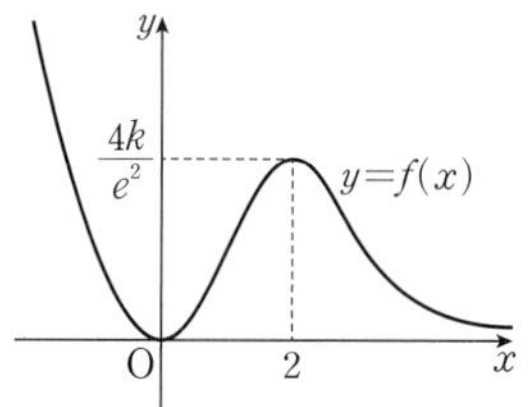

STEP 2 곡선 $y=f(x)$ 위의 점 $(t, f(t))$에서 x축까지의 거리는 $|f(t)|=f(t)$이고, y축까지의 거리는 $|t|$이므로

$$g(x)=\begin{cases} |t| & (|t|\le f(t)) \\ f(t) & (|t|>f(t)) \end{cases}$$

즉, 함수 $y=g(t)$의 그래프는 $y=f(t)$의 그래프와 $y=|t|$의 그래프 중 아래쪽에 위치하거나 만나는 것이므로 오른쪽 그림과 같다.

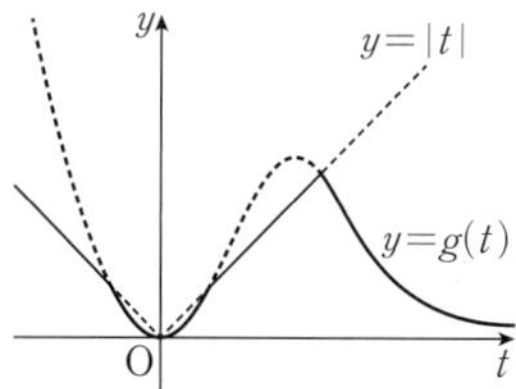

이때 $t<0$에서 두 함수 $y=f(t)$, $y=|t|$의 그래프는 항상 만나므로 #

함수 $y=g(t)$는 $t<0$에서 미분가능하지 않는 점이 반드시 존재한다.

따라서 함수 $y=g(t)$가 한 점에서만 미분가능하지 않으려면 함수 $y=g(t)$는 $t>0$에서 항상 미분가능해야 한다.

즉, $t>0$에서 곡선 $y=f(t)$와 직선 $y=|t|=t$가 만나지 않거나 한 점에서 접해야 한다.

STEP 3 따라서 k의 값이 최대가 되는 경우는 오른쪽 그림과 같이 곡선 $y=f(t)$가 직선 $y=t$와 $t>0$에서 접할 때이므로 이 접점의 t좌표를 a $(a>0)$라 하면

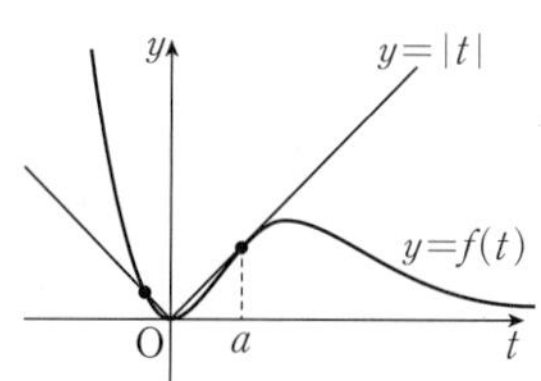

$f(a)=a$, $f'(a)=1$

즉, $ka^2e^{-a}=a$, $ka(2-a)e^{-a}=1$이므로

$2-a=1 \qquad \therefore a=1$

$a=1$을 $ka^2e^{-a}=a$에 대입하면

$ke^{-1}=1 \qquad \therefore k=e$

따라서 k의 최댓값은 e이다.

 # 참고

$x<0$에서 두 함수 $y=f(x)$, $y=|x|=-x$의 그래프를 비교해 보자.
함수 $f(x)=kx^2e^{-x}$에서 $f(0)=0$, $f'(0)=0$이므로 곡선 $y=f(x)$는 원점에서 x축에 접한다.
또, $\lim_{x\to-\infty} f(x)=\lim_{x\to-\infty} kx^2e^{-x}=\infty$이므로 곡선 $y=f(x)$가 직선 $y=-x$보다 위쪽에 있는 구간이 반드시 존재한다.
따라서 $x<0$에서 두 함수 $y=f(x)$, $y=|x|$의 그래프는 접하지 않고 만나는 점이 항상 존재한다.

578 답 ②

STEP 1 $p(x)=(x^2-x)e^{4-x}$이라 하면

$p'(x)=(2x-1)e^{4-x}-(x^2-x)e^{4-x}$

$\quad\;=(-x^2+3x-1)e^{4-x}$

$p'(x)=0$에서

$-x^2+3x-1=0$ ($\because e^{4-x}>0$)

$\therefore x^2-3x+1=0$

이차방정식 $x^2-3x+1=0$의 서로 다른 두 실근을 각각 α, β ($\alpha<\beta$)라 할 때, 함수 $p(x)$의 증가와 감소를 표로 나타내면 다음과 같다.

x	$\cdots$	α	$\cdots$	β	$\cdots$
$p'(x)$	$-$	0	$+$	0	$-$
$p(x)$	↘	극소	↗	극대	↘

이때 $\lim_{x\to-\infty}p(x)=\infty$, $\lim_{x\to\infty}p(x)=0$이므로 함수 $y=p(x)$의 그래프의 개형은 다음 그림과 같다.

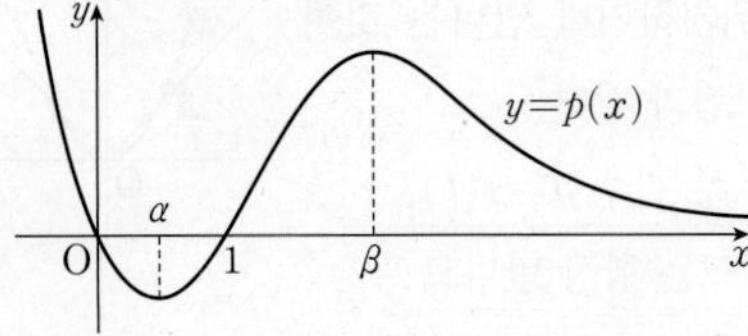

따라서 함수 $y=f(x)=|p(x)|=|(x^2-x)e^{4-x}|$의 그래프의 개형은 다음 그림과 같다.

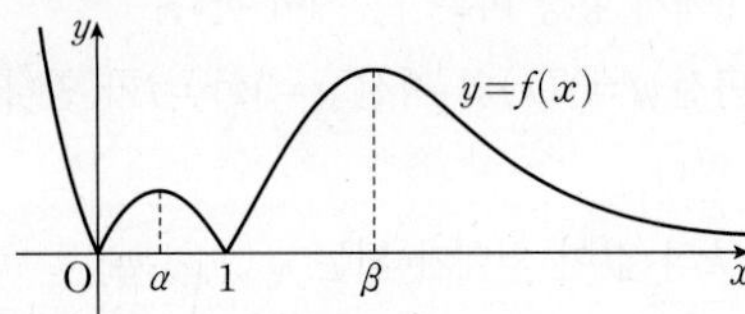

ㄱ. $k=2$일 때

$g(x)=\begin{cases} f(x) & (f(x)\le 2x) \\ 2x & (f(x)>2x) \end{cases}$이고, $f(2)=2e^2>4$이므로

$g(2)=4$

STEP 2 ㄴ. 다음 그림과 같이 $x>1$에서 직선 $y=kx$가 함수 $y=f(x)$의 그래프에 접할 때의 k의 값을 k_1이라 하자.

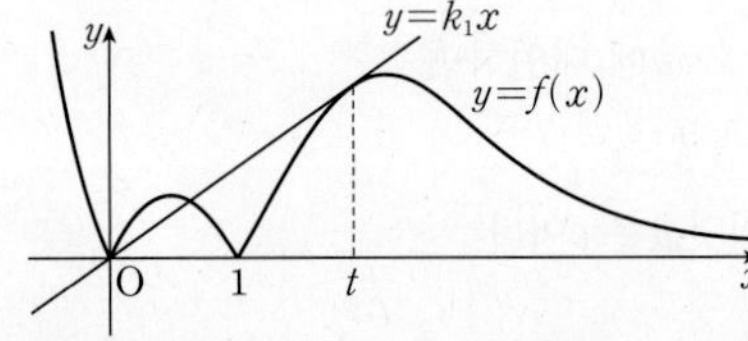

접점의 좌표를 $(t, f(t))$라 하면 이 점에서의 접선의 방정식은

$y-f(t)=f'(t)(x-t)$

이 직선이 원점을 지나므로

$-f(t)=-tf'(t)$

$-(t^2-t)e^{4-t}=-t(-t^2+3t-1)e^{4-t}$

$-t^2+t=t^3-3t^2+t$, $t^3-2t^2=0$

$t^2(t-2)=0$ $\quad\therefore t=2$

즉, 접선의 기울기는 $k_1=f'(2)=e^2$이다.

또, 다음 그림과 같이 $x=0$에서 직선 $y=kx$가 함수 $y=f(x)$의 그래프에 접할 때의 k의 값을 k_2라 하자.

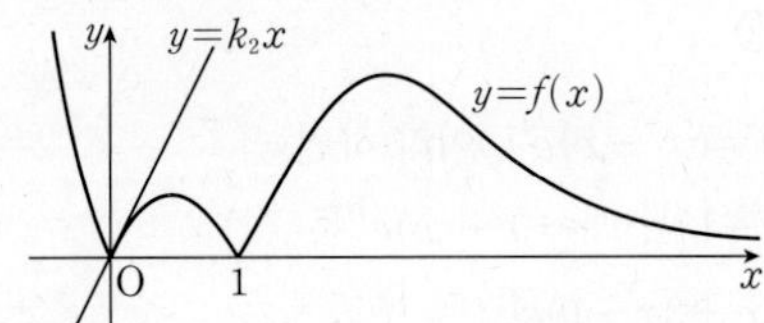

$0<x<1$일 때 $f(x)=-(x^2-x)e^{4-x}$이므로

$f'(x)=-(2x-1)e^{4-x}+(x^2-x)e^{4-x}$

$\quad=(x^2-3x+1)e^{4-x}$

$\therefore k_2=\lim_{x\to0+}f'(x)=e^4$ ← 직선 $y=kx$가 곡선 $y=f(x)$ ($0\le x<1$)과 $x=0$에서 접한다.

따라서 k의 값의 범위에 따라 $g(x)$가 미분가능하지 않은 x의 개수를 세어보면 다음과 같다.

(i) $k<e^2$일 때

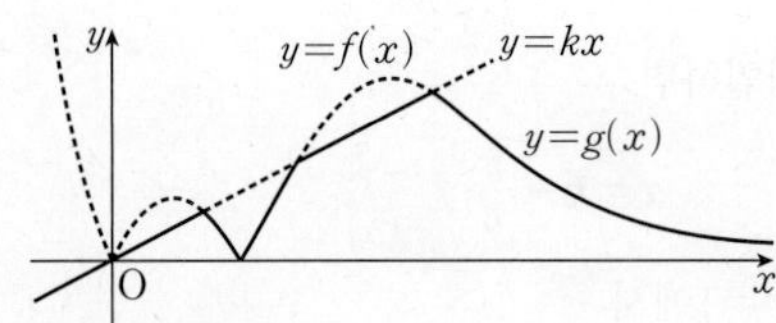

함수 $g(x)$가 미분가능하지 않은 x의 개수는 4이므로

$h(k)=4$

(ii) $k=e^2$일 때

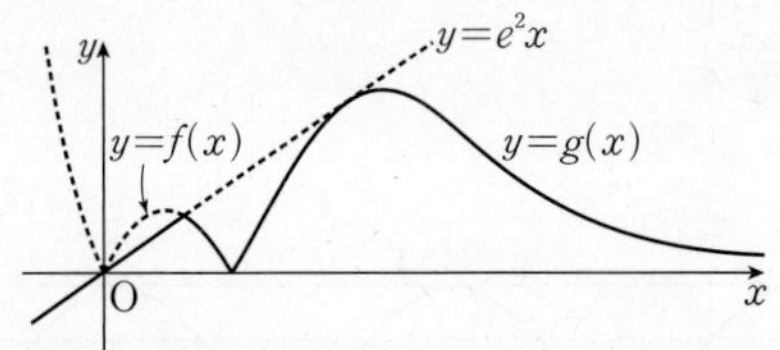

함수 $g(x)$가 미분가능하지 않은 x의 개수는 2이므로

$h(k)=h(e^2)=2$

(iii) $e^2<k<e^4$일 때

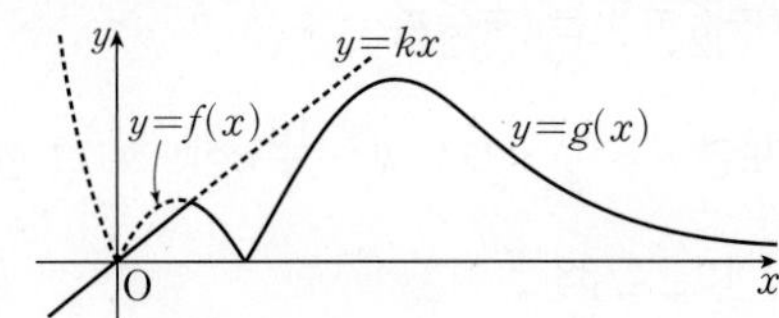

함수 $g(x)$가 미분가능하지 않은 x의 개수는 2이므로

$h(k)=2$

(iv) $k=e^4$일 때

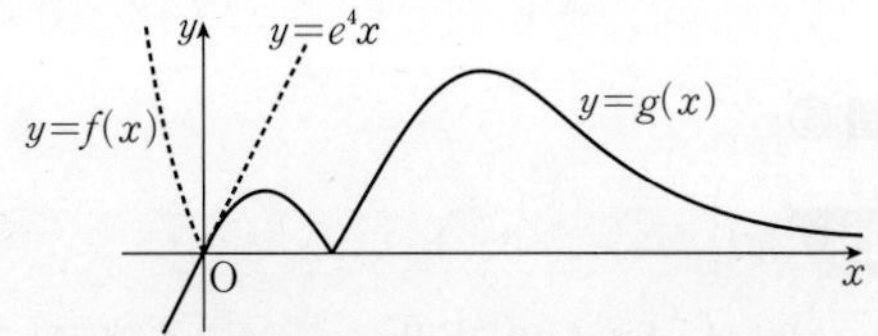

함수 $g(x)$가 미분가능하지 않은 x의 개수는 1이므로

$h(k)=h(e^4)=1$

(v) $k>e^4$일 때

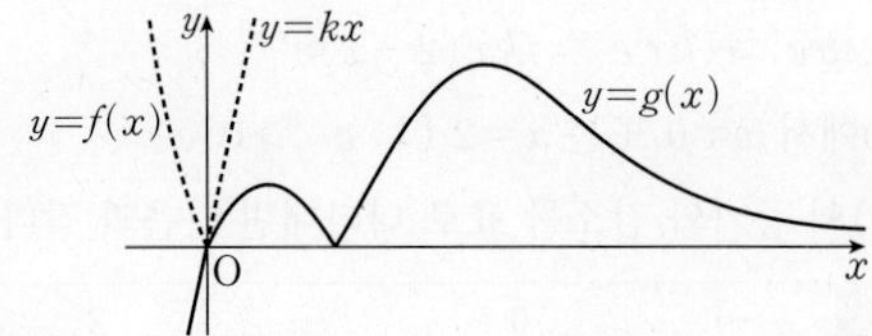

함수 $g(x)$가 미분가능하지 않은 x의 개수는 2이므로

$h(k)=2$

(i)~(v)에서 함수 $h(k)$의 최댓값은 4이다.

ㄷ. $h(k)=2$를 만족시키는 k의 값의 범위는 $e^2\le k<e^4$ 또는 $k>e^4$이다.

따라서 옳은 것은 ㄱ, ㄴ이다.

579 답 ④

해결 각 잡기

함수의 극점의 x좌표를 직접 구할 수 없는 경우도 도함수를 활용하여 ㄱ, ㄴ, ㄷ의 참, 거짓을 판단할 수 있다.

STEP 1 $f(x)=e^x+\frac{1}{x}$에서

$f'(x)=e^x-\frac{1}{x^2}$

$f''(x)=e^x+\frac{2}{x^3}$

STEP 2 ㄱ. 함수 $f(x)$가 $x=a$에서 극값을 가지므로

$f'(a)=e^a-\frac{1}{a^2}=0$에서

$e^a=\frac{1}{a^2}$

ㄴ. 모든 양의 실수 x에 대하여 $f''(x)>0$이므로 곡선 $y=f(x)$의 변곡점은 존재하지 않는다.

ㄷ. ㄴ에서 모든 양의 실수 x에 대하여 $f''(x)>0$이므로 $x>0$인 모든 실수 x에 대하여 함수 $y=f(x)$의 그래프는 아래로 볼록하다.

ㄱ에서 $f'(a)=0$이므로 $x=a$에서 극솟값을 갖는다.

따라서 함수 $f(x)$는 $x=a$에서 극소이면서 최소이므로 함수 $f(x)$는 $x=a$에서 최솟값을 갖는다.

따라서 옳은 것은 ㄱ, ㄷ이다.

580 답 ⑤

STEP 1 $f(x)=2x\cos x$에서

$f'(x)=2\cos x-2x\sin x$

ㄱ. $f'(a)=0$이면

$2\cos a-2a\sin a=0$

$2\cos a=2a\sin a$ $\cdots\cdots$ ㉠

이때 $a=\frac{\pi}{2}$이면

$2\cos\frac{\pi}{2}\neq 2\times\frac{\pi}{2}\sin\frac{\pi}{2}$

이므로 등식이 성립하지 않는다.

즉, $a\neq\frac{\pi}{2}$이고 $0\le x\le\pi$에서 $\cos a\neq 0$이므로 ㉠에서

$\frac{\sin a}{\cos a}=\frac{1}{a}$ $\quad\therefore \tan a=\frac{1}{a}$

STEP 2 ㄴ. 함수 $f(x)$가 $x=a$에서 극댓값을 가지면 $f'(a)=0$이다.

이때 함수 $f'(x)$는 모든 실수에서 연속이고

$f'\left(\frac{\pi}{4}\right)=2\cos\frac{\pi}{4}-2\times\frac{\pi}{4}\times\sin\frac{\pi}{4}$

$=\sqrt{2}-\frac{\sqrt{2}}{4}\pi$

$=\sqrt{2}\left(1-\frac{\pi}{4}\right)>0$

$f'\left(\frac{\pi}{3}\right)=2\cos\frac{\pi}{3}-2\times\frac{\pi}{3}\times\sin\frac{\pi}{3}$

$=1-\frac{\sqrt{3}}{3}\pi<0$

즉, $f'\left(\frac{\pi}{4}\right)f'\left(\frac{\pi}{3}\right)<0$이므로 사잇값의 정리에 의하여

$f'(a)=0$을 만족시키는 a가 열린구간 $\left(\frac{\pi}{4}, \frac{\pi}{3}\right)$에 적어도 하나 존재한다.

$\frac{\pi}{4}<x<\frac{\pi}{3}$에서

$f''(x)=-2\sin x-2\sin x-2x\cos x$

$=-4\sin x-2x\cos x$

$=-2\cos x\left(\frac{2\sin x}{\cos x}+x\right)$

$=-2\cos x(2\tan x+x)<0$

따라서 구간 $\left(\frac{\pi}{4}, \frac{\pi}{3}\right)$에 있는 a에 대하여 $f'(a)=0$이고

$f''(a)<0$이므로 함수 $f(x)$는 $x=a$에서 극댓값을 갖는다.

STEP 3 ㄷ. ㄴ에 의하여 $\frac{\pi}{4}<x<\frac{\pi}{3}$일 때,

함수 $f(x)$가 극댓값 $f(a)$를 가지고

$f(x)=2x\cos x$에서

$f(0)=0$, $f\left(\frac{\pi}{2}\right)=0$,

$f\left(\frac{\pi}{4}\right)=2\times\frac{\pi}{4}\times\cos\frac{\pi}{4}=\frac{\sqrt{2}}{4}\pi>1$,

$f\left(\frac{\pi}{3}\right)=2\times\frac{\pi}{3}\times\cos\frac{\pi}{3}=\frac{\pi}{3}>1$

이므로 $f(a)>1$

따라서 닫힌구간 $\left[0, \frac{\pi}{2}\right]$에서 방정식 $f(x)=1$의 서로 다른 실근의 개수는 2이다.

따라서 ㄱ, ㄴ, ㄷ 모두 옳다.

다른 풀이 **STEP 3**

$f'(x)=0$에서 $2\cos x(1-x\tan x)=0$

$\therefore \cos x=0$ 또는 $1-x\tan x=0$

$\cos x=0$에서

$x=\frac{\pi}{2}$

$1-x\tan x=0$에서

$\tan x=\frac{1}{x}$

$\therefore x=a$ ($\because$ ㄱ, ㄴ)

ㄱ, ㄴ에 의하여 함수 $f(x)$가 $x=a$에서 극댓값을 가지면

$f'(a)=0\left(\frac{\pi}{4}<a<\frac{\pi}{3}\right)$

이고, 함수 $f(x)$의 증가와 감소를 표로 나타내고 그래프를 그리면 다음과 같다.

x	0	$\cdots$	a	$\cdots$	$\frac{\pi}{2}$	$\cdots$	π
$f'(x)$		+	0	−	0	−	
$f(x)$	0	↗	$2a\cos a$	↘	0	↘	-2π

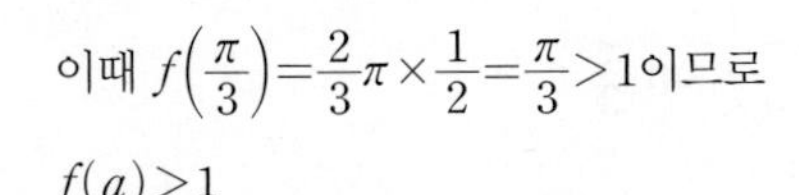

이때 $f\left(\frac{\pi}{3}\right)=\frac{2}{3}\pi\times\frac{1}{2}=\frac{\pi}{3}>1$이므로 $f(a)>1$

따라서 닫힌구간 $\left[0, \frac{\pi}{2}\right]$에서 방정식 $f(x)=1$의 서로 다른 실근의 개수는 2이다.

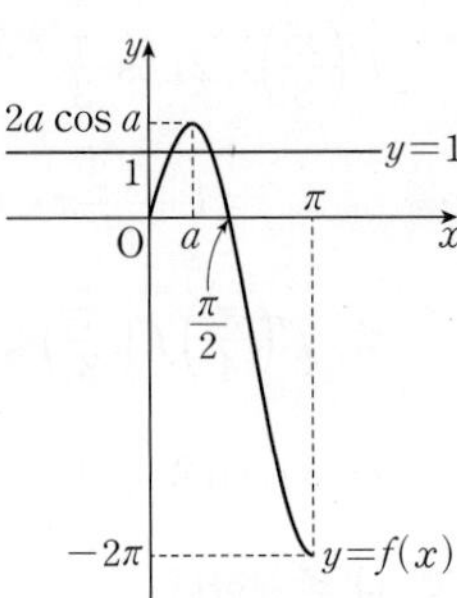

581 답 ④

해결 각 잡기

- 도형의 둘레의 길이 또는 넓이의 최댓값과 최솟값을 구할 때는 구하는 길이 또는 넓이를 한 문자에 대한 함수로 나타낸 후 도함수를 이용하여 최댓값과 최솟값을 구한다.
- 곡선 $y=f(x)$ 위의 점 $(a, f(a))$에서의 접선의 방정식은
  $y-f(a)=f'(a)(x-a)$

STEP 1 $y=2e^{-x}$에서 $y'=-2e^{-x}$

곡선 $y=2e^{-x}$ 위의 점 $P(t, 2e^{-t})$ $(t>0)$에서의 접선의 방정식은

$y-2e^{-t}=-2e^{-t}(x-t)$

$\therefore y=-2e^{-t}(x-t)+2e^{-t}$

$=-2e^{-t}x+2(1+t)e^{-t}$

STEP 2 위의 식에 $x=0$을 대입하면

$y=2(1+t)e^{-t}$

이므로 $B(0, 2(1+t)e^{-t})$

또, $P(t, 2e^{-t})$이므로 $A(0, 2e^{-t})$

STEP 3 $\therefore \overline{AB}=2(1+t)e^{-t}-2e^{-t}=2te^{-t}$, $\overline{AP}=t$

삼각형 APB의 넓이를 $S(t)$라 하면

$S(t)=\frac{1}{2}\times 2te^{-t}\times t=t^2e^{-t}$

이므로

$S'(t)=2te^{-t}-t^2e^{-t}=t(2-t)e^{-t}$

$S'(t)=0$에서 $t=2$ ($\because t>0$)

함수 $S(t)$의 증가와 감소를 표로 나타내면 다음과 같다.

t	0	$\cdots$	2	$\cdots$
$S'(t)$		+	0	−
$S(t)$		↗	극대	↘

따라서 함수 $S(t)$는 $t=2$에서 극대이면서 최대이므로 구하는 t의 값은 2이다.

582 답 ②

해결 각 잡기

곡선 $y=f(x)$ 위의 점 $(t, f(t))$를 지나고 이 점에서의 접선에 수직인 직선의 방정식은

$y-f(t)=-\frac{1}{f'(t)}(x-t)$

STEP 1 $y=a^x$에서 $y'=a^x\ln a$

점 $A(t, a^t)$을 지나고 점 A에서의 접선에 수직인 직선의 방정식은

$y-a^t=-\frac{1}{a^t\ln a}(x-t)$

STEP 2 위의 식에 $y=0$을 대입하면

$-a^t=-\frac{1}{a^t\ln a}(x-t)$

$\therefore x=t+a^{2t}\ln a$ $\quad\therefore B(t+a^{2t}\ln a, 0)$

STEP 3

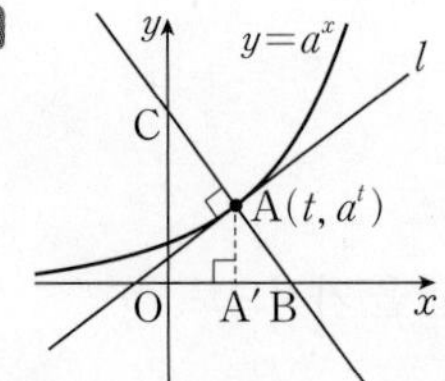

점 A에서 x축에 내린 수선의 발을 A′이라 하면

$\frac{\overline{AC}}{\overline{AB}}=\frac{\overline{A'O}}{\overline{A'B}}=\frac{t}{(t+a^{2t}\ln a)-t}=\frac{t}{a^{2t}\ln a}=\frac{ta^{-2t}}{\ln a}$

└ $\overline{AB}:\overline{AC}=\overline{A'B}:\overline{A'O}$

$\frac{\overline{AC}}{\overline{AB}}$의 값을 $f(t)$라 하면 $f(t)=\frac{ta^{-2t}}{\ln a}$이므로

$f'(t)=\frac{1}{\ln a}(a^{-2t}-2ta^{-2t}\times\ln a)=\frac{a^{-2t}}{\ln a}(1-2t\ln a)$

$f'(t)=0$에서 $t=\frac{1}{2\ln a}$

함수 $f(t)$의 증가와 감소를 나타내면 다음과 같다.

t	0	$\cdots$	$\frac{1}{2\ln a}$	$\cdots$
$f'(t)$		+	0	−
$f(t)$		↗	극대	↘

따라서 함수 $f(t)$는 $t=\frac{1}{2\ln a}$에서 극대이면서 최대이므로

$\frac{1}{2\ln a}=1$, $\ln a=\frac{1}{2}$ $\quad\therefore a=\sqrt{e}$

583 답 40

해결 각 잡기

직선 운동에서의 속도와 가속도

수직선 위를 움직이는 점 P의 시각 t에서의 위치 x가 $x=f(t)$일 때, 시각 t에서의 점 P에 대하여

(1) 속도: $v=\frac{dx}{dt}=f'(t)$

(2) 가속도: $a=\frac{dv}{dt}=f''(t)$

STEP 1 점 P의 시각 t에서의 속도와 가속도를 각각 v, a라 하면

$v=\frac{dx}{dt}=1-\frac{20}{\pi^2}\times 2\pi\sin(2\pi t)$

$=1-\frac{40}{\pi}\sin(2\pi t)$

$a=\frac{dv}{dt}=-\frac{40}{\pi}\times 2\pi\cos(2\pi t)$

$=-80\cos(2\pi t)$

STEP 2 따라서 시각 $t=\frac{1}{3}$에서의 점 P의 가속도의 크기는

$|a|=\left|-80\cos\frac{2}{3}\pi\right|=\left|-80\times\left(-\frac{1}{2}\right)\right|=40$

584 답 ⑤

해결 각 잡기

수직선 위의 두 점이 움직이는 방향이 서로 반대이려면 속도의 부호가 달라야 한다.

STEP 1 두 점 P, Q의 시각 t에서의 속도를 각각 v_{P}, v_{Q}라 하면

$v_{\text{P}}=\frac{dx_{\text{P}}}{dt}=2t-a$, $v_{\text{Q}}=\frac{dx_{\text{Q}}}{dt}=\frac{2t-1}{t^2-t+1}$

STEP 2 두 점 P, Q가 서로 반대 방향으로 움직이면 $v_{\text{P}}v_{\text{Q}}<0$이므로

$v_{\text{P}}v_{\text{Q}}=\frac{(2t-a)(2t-1)}{t^2-t+1}<0$에서

$(2t-a)(2t-1)<0$ ($\because t^2-t+1>0$)

위의 부등식의 해가 $\frac{1}{2}<t<2$이므로

$\frac{a}{2}=2$

$\therefore a=4$

585 답 ⑤

해결 각 잡기

평면 운동에서의 속도와 가속도

좌표평면 위를 움직이는 점 P의 시각 t에서의 위치 (x, y)가 $x=f(t)$, $y=g(t)$일 때, 시각 t에서의 점 P에 대하여

(1) 속도: $(f'(t), g'(t))$

(2) 속력: $\sqrt{\{f'(t)\}^2+\{g'(t)\}^2}$

(3) 가속도: $(f''(t), g''(t))$

(4) 가속도의 크기: $\sqrt{\{f''(t)\}^2+\{g''(t)\}^2}$

STEP 1 좌표평면 위를 움직이는 점 P의 시각 t에서의 위치가

$x=2t+\sin t$, $y=1-\cos t$

이므로 양변을 각각 t에 대하여 미분하면

$\frac{dx}{dt}=2+\cos t$, $\frac{dy}{dt}=\sin t$

즉, 점 P의 시각 t에서의 속도를 v라 하면

$v=(2+\cos t, \sin t)$

STEP 2 점 P의 시각 $t=\frac{\pi}{3}$에서의 속도는

$\left(2+\cos\frac{\pi}{3}, \sin\frac{\pi}{3}\right)$ $\quad\therefore \left(\frac{5}{2}, \frac{\sqrt{3}}{2}\right)$

따라서 점 P의 시각 $t=\frac{\pi}{3}$에서의 속력은

$\sqrt{\left(\frac{5}{2}\right)^2+\left(\frac{\sqrt{3}}{2}\right)^2}=\sqrt{7}$

586 답 13

STEP 1 좌표평면 위를 움직이는 점 P의 시각 t에서의 위치가

$x=3t-\frac{2}{\pi}\cos\pi t$, $y=6\ln t-\frac{2}{\pi}\sin\pi t$

이므로 양변을 각각 t에 대하여 미분하면

$\frac{dx}{dt}=3+2\sin\pi t$, $\frac{dy}{dt}=\frac{6}{t}-2\cos\pi t$

즉, 점 P의 시각 t에서의 속도를 v라 하면

$v=\left(3+2\sin\pi t, \frac{6}{t}-2\cos\pi t\right)$

STEP 2 점 P의 시각 $t=\frac{1}{2}$에서의 속도는

$\left(3+2\sin\frac{\pi}{2}, 12-2\cos\frac{\pi}{2}\right)$ $\quad\therefore (5, 12)$

따라서 점 P의 시각 $t=\frac{1}{2}$에서의 속력은

$\sqrt{5^2+12^2}=13$

587 답 ③

STEP 1 좌표평면 위를 움직이는 점 P(x, y)의 시각 t $(t>0)$에서의 위치가

$x=t-\frac{2}{t}$, $y=2t+\frac{1}{t}$

이므로 양변을 각각 t에 대하여 미분하면

$\frac{dx}{dt}=1+\frac{2}{t^2}$, $\frac{dy}{dt}=2-\frac{1}{t^2}$

즉, 점 P의 시각 t에서의 속도를 v라 하면

$v=\left(1+\frac{2}{t^2}, 2-\frac{1}{t^2}\right)$

STEP 2 점 P의 시각 $t=1$에서의 속도는

$\left(1+\frac{2}{1}, 2-\frac{1}{1}\right)$ $\quad\therefore (3, 1)$

따라서 점 P의 시각 $t=1$에서의 속력은

$\sqrt{3^2+1^2}=\sqrt{10}$

588 답 ④

STEP 1 좌표평면 위를 움직이는 점 P의 시각 t에서의 위치가

$x=t\ln t$, $y=\frac{4t}{\ln t}$

이므로 양변을 각각 t에 대하여 미분하면

$\frac{dx}{dt}=\ln t+1$, $\frac{dy}{dt}=\frac{4\ln t-4}{(\ln t)^2}$

즉, 점 P의 시각 t에서의 속도를 v라 하면

$v=\left(\ln t+1, \frac{4\ln t-4}{(\ln t)^2}\right)$

STEP 2 점 P의 시각 $t=e^2$에서의 속도는

$\left(\ln e^2+1, \frac{4\ln e^2-4}{(\ln e^2)^2}\right)$ $\quad\therefore (3, 1)$

따라서 점 P의 시각 $t=e^2$에서의 속력은

$\sqrt{3^2+1^2}=\sqrt{10}$

589 답 ④

STEP 1 좌표평면 위를 움직이는 점 P(x, y)의 시각 t에서의 위치가

$x=3t-\sin t,\ y=4-\cos t$

이므로 양변을 각각 t에 대하여 미분하면

$\frac{dx}{dt}=3-\cos t,\ \frac{dy}{dt}=\sin t$

즉, 점 P의 시각 t에서의 속도를 v라 하면

$v=(3-\cos t,\ \sin t)$

이므로 속력 $|v|$는

$$|v|=\sqrt{(3-\cos t)^2+\sin^2 t}$$
$$=\sqrt{9-6\cos t+\cos^2 t+\sin^2 t}$$
$$=\sqrt{10-6\cos t}\ (\because \sin^2 t+\cos^2 t=1)$$

STEP 2 이때 $-1\le\cos t\le1$이므로 점 P의 속력은 $\cos t=-1$일 때 최댓값 $\sqrt{16}=4$, $\cos t=1$일 때 최솟값 $\sqrt{4}=2$를 갖는다.

따라서 $M=4,\ m=2$이므로

$M+m=6$

590 답 4

STEP 1 좌표평면 위를 움직이는 점 P(x, y)의 시각 t에서의 위치가

$x=1-\cos 4t,\ y=\frac{1}{4}\sin 4t$

이므로 양변을 각각 t에 대하여 미분하면

$\frac{dx}{dt}=4\sin 4t,\ \frac{dy}{dt}=\cos 4t$ ...... ㉠

즉, 점 P의 시각 t에서의 속도를 v라 하면

$v=(4\sin 4t,\ \cos 4t)$

이므로 속력 $|v|$는

$$|v|=\sqrt{(4\sin 4t)^2+\cos^2 4t}$$
$$=\sqrt{16\sin^2 4t+\cos^2 4t}$$
$$=\sqrt{15\sin^2 4t+1}\ (\because \sin^2 4t+\cos^2 4t=1)$$

STEP 2 이때 $0\le\sin^2 4t\le1$이므로 점 P의 속력은 $\sin^2 4t=1$일 때 최대이다.

㉠의 양변을 각각 t에 대하여 미분하면

$\frac{d^2x}{dt^2}=16\cos 4t,\ \frac{d^2y}{dt^2}=-4\sin 4t$

즉, 점 P의 시각 t에서의 가속도를 a라 하면

$a=(16\cos 4t,\ -4\sin 4t)$

이므로 가속도의 크기는

$$|a|=\sqrt{(16\cos 4t)^2+(-4\sin 4t)^2}$$
$$=\sqrt{256\cos^2 4t+16\sin^2 4t}$$
$$=\sqrt{240\cos^2 4t+16}\ (\because \sin^2 4t+\cos^2 4t=1)$$

따라서 $\sin^2 4t=1$일 때

$\cos^2 4t=1-\sin^2 4t=0$

이므로 구하는 가속도의 크기는

$\sqrt{16}=4$

591 답 ⑤

STEP 1 좌표평면 위를 움직이는 점 P(x, y)의 시각 t에서의 위치가

$x=2\sqrt{t+1},\ y=t-\ln(t+1)$

이므로 양변을 각각 t에 대하여 미분하면

$\frac{dx}{dt}=\frac{1}{\sqrt{t+1}},\ \frac{dy}{dt}=1-\frac{1}{t+1}$

즉, 점 P의 시각 t에서의 속도를 v라 하면

$v=\left(\frac{1}{\sqrt{t+1}},\ 1-\frac{1}{t+1}\right)$

이므로 속력 $|v|$는

$$|v|=\sqrt{\left(\frac{1}{\sqrt{t+1}}\right)^2+\left(1-\frac{1}{t+1}\right)^2}$$
$$=\sqrt{\frac{1}{t+1}+1-\frac{2}{t+1}+\left(\frac{1}{t+1}\right)^2}$$
$$=\sqrt{\left(\frac{1}{t+1}\right)^2-\frac{1}{t+1}+1}$$
$$=\sqrt{\left(\frac{1}{t+1}-\frac{1}{2}\right)^2+\frac{3}{4}}$$

STEP 2 따라서 점 P의 속력은 $\frac{1}{t+1}=\frac{1}{2}$, 즉 $t=1$일 때 최솟값 $\sqrt{\frac{3}{4}}=\frac{\sqrt{3}}{2}$을 갖는다.

592 답 ③

해결 각 잡기

산술평균과 기하평균의 관계

$a>0,\ b>0$일 때, $\frac{a+b}{2}\ge\sqrt{ab}$ (단, 등호는 $a=b$일 때 성립)

STEP 1 좌표평면 위를 움직이는 점 P(x, y)의 시각 t에서의 위치가

$x=t+\sin t\cos t,\ y=\tan t$

이므로 양변을 각각 t에 대하여 미분하면

$\frac{dx}{dt}=1+\cos^2 t-\sin^2 t=2\cos^2 t$

$\frac{dy}{dt}=\sec^2 t=\frac{1}{\cos^2 t}$

즉, 점 P의 시각 t에서의 속도를 v라 하면

$v=\left(2\cos^2 t,\ \frac{1}{\cos^2 t}\right)$

이므로 속력 $|v|$는

$$|v|=\sqrt{(2\cos^2 t)^2+\left(\frac{1}{\cos^2 t}\right)^2}=\sqrt{4\cos^4 t+\frac{1}{\cos^4 t}}$$

STEP 2 $0<t<\frac{\pi}{2}$에서 $\cos t>0$이므로 산술평균과 기하평균의 관계에 의하여

$$4\cos^4 t+\frac{1}{\cos^4 t}\ge2\sqrt{4\cos^4 t\times\frac{1}{\cos^4 t}}=2\sqrt{4}=4$$

$\left(\text{단, 등호는 } 4\cos^4 t=\frac{1}{\cos^4 t}\text{일 때 성립}\right)$

따라서 점 P의 속력의 최솟값은 $\sqrt{4}=2$이다.

593 답 ④

해결 각 잡기

시각에 대한 길이, 넓이, 부피의 변화율

시각 t에서의 길이가 l, 넓이가 S, 부피가 V인 각각의 도형에서 시간이 Δt만큼 경과한 후 길이가 Δl만큼, 넓이가 ΔS만큼, 부피가 ΔV만큼 변할 때

(1) 시각 t에서의 길이 l의 변화율: $\lim_{\Delta t \to 0} \frac{\Delta l}{\Delta t} = \frac{dl}{dt}$

(2) 시각 t에서의 넓이 S의 변화율: $\lim_{\Delta t \to 0} \frac{\Delta S}{\Delta t} = \frac{dS}{dt}$

(3) 시각 t에서의 부피 V의 변화율: $\lim_{\Delta t \to 0} \frac{\Delta V}{\Delta t} = \frac{dV}{dt}$

STEP 1 점 P의 좌표를 (x, y)라 하고, t초 후에 선분 OP와 y축이 이루는 각의 크기를 θ라 하면

$x=10\sin\theta$, $y=10\cos\theta$

이므로 양변을 각각 θ에 대하여 미분하면

$\frac{dx}{d\theta}=10\cos\theta$, $\frac{dy}{d\theta}=-10\sin\theta$

즉, 점 P의 시각 t에서의 속력은

$$\sqrt{\left(\frac{dx}{dt}\right)^2+\left(\frac{dy}{dt}\right)^2}=\frac{d\theta}{dt}\sqrt{\left(\frac{dx}{d\theta}\right)^2+\left(\frac{dy}{d\theta}\right)^2}$$
$$=\frac{d\theta}{dt}\sqrt{(10\cos\theta)^2+(-10\sin\theta)^2}$$
$$=\frac{d\theta}{dt}\times 10=2$$

이므로 $\frac{d\theta}{dt}=\frac{1}{5}$

$\therefore \frac{dy}{dt}=\frac{dy}{d\theta}\times\frac{d\theta}{dt}=(-10\sin\theta)\times\frac{1}{5}=-2\sin\theta$

STEP 2 따라서 $\angle AOP=30°$가 되는 순간의 점 P의 y좌표의 시간(초)에 대한 변화율은

$-2\sin 30°=-2\times\frac{1}{2}=-1$

594 답 10

STEP 1 점 P의 좌표를 $(x, \sqrt{x})$라 하면 점 P의 x좌표가 매초 2의 속도로 일정하게 변하므로

$\frac{dx}{dt}=2$

$y=\sqrt{x}$의 양변을 t에 대하여 미분하면

$\frac{dy}{dt}=\frac{1}{2\sqrt{x}}\times\frac{dx}{dt}$

STEP 2 직선 OP의 기울기가 10이므로

$\frac{\sqrt{x}-0}{x-0}=10$, $\sqrt{x}=\frac{1}{10}$

$\therefore x=\frac{1}{100}$

$\therefore \frac{dy}{dt}=\frac{1}{2\sqrt{\frac{1}{100}}}\times 2=10$

595 답 ④

STEP 1 점 P가 점 $(0, 2)$를 출발한 지 t초 후의 점 P의 좌표는 $(0, t+2)$이므로 점 A의 좌표를 $(p, t+2)$라 하고 $y=4^x$에 대입하면

$t+2=4^p$, $p=\log_4(t+2)$

$\therefore A(\log_4(t+2), t+2)$

점 B의 좌표를 $(q, t+2)$이라 하고 $y=2^x$에 대입하면

$t+2=2^q$, $q=\log_2(t+2)$

$\therefore B(\log_2(t+2), t+2)$

점 C의 좌표를 $(\log_2(t+2), r)$라 하고 $y=4^x$에 대입하면

$r=4^{\log_2(t+2)}=(t+2)^2$

$\therefore C(\log_2(t+2), (t+2)^2)$

점 D의 좌표를 $(s, (t+2)^2)$이라 하고 $y=2^x$에 대입하면

$(t+2)^2=2^s$, $s=\log_2(t+2)^2$

$\therefore D(\log_2(t+2)^2, (t+2)^2)$

STEP 2 삼각형 ADC의 넓이를 $S(t)$라 하면

$$S(t)=\frac{1}{2}\times\overline{BC}\times\overline{CD}$$
$$=\frac{1}{2}\{(t+2)^2-(t+2)\}\times\{\log_2(t+2)^2-\log_2(t+2)\}$$
$$=\frac{1}{2}(t^2+3t+2)\times\log_2(t+2)$$

$$\therefore S'(t)=\frac{1}{2}\times(2t+3)\times\log_2(t+2)+\frac{1}{2}\times(t^2+3t+2)\times\frac{1}{(t+2)\ln 2}$$
$$=\frac{1}{2}\times(2t+3)\times\log_2(t+2)+\frac{t+1}{2\ln 2}$$

따라서 점 P가 점 $(0, 4)$를 지나는 순간은 $t=2$일 때이므로 구하는 순간변화율은

$$S'(2)=\frac{1}{2}\times(2\times 2+3)\times\log_2(2+2)+\frac{2+1}{2\ln 2}$$
$$=7+\frac{3}{2\ln 2}$$

596 답 ④

해결 각 잡기

부채꼴의 호의 길이와 넓이

반지름의 길이가 r, 중심각의 크기가 θ인 부채꼴에서

(1) 호의 길이: $l=r\theta$

(2) 부채꼴의 넓이: $S=\frac{1}{2}r^2\theta=\frac{1}{2}rl$

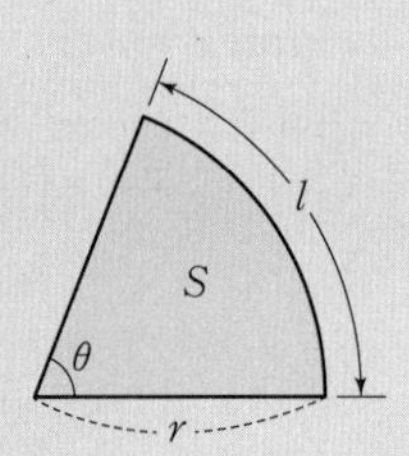

STEP 1 점 P가 매초 $\frac{\pi}{2}$의 속력으로 움직이므로

$\overset{\frown}{AP}=\overline{OA}\times\angle POA$에서

$\frac{\pi}{2}t=1\times\angle POA \qquad \therefore \angle POA=\frac{\pi}{2}t$

점 Q가 점 A를 출발하여 매초 1의 속력으로 움직이므로 t초 후에 점 Q는 t만큼 이동한다.

$\therefore \overline{QA}=t,\ \overline{OQ}=1-t$

STEP 2 두 선분 PQ, QA와 호 AP로 둘러싸인 도형의 넓이 S는 부채꼴 OAP의 넓이에서 삼각형 OQP의 넓이를 빼면 되므로

$$S=\frac{1}{2}\times1^2\times\frac{\pi}{2}t-\frac{1}{2}\times(1-t)\times1\times\sin\frac{\pi}{2}t$$

$$=\frac{\pi}{4}t-\frac{1}{2}(1-t)\sin\frac{\pi}{2}t$$

따라서 $S'=\frac{\pi}{4}-\frac{1}{2}\left\{-\sin\frac{\pi}{2}t+\frac{\pi}{2}(1-t)\cos\frac{\pi}{2}t\right\}$이므로 $t=1$일 때의 넓이 S의 시간에 대한 변화율은 $\frac{\pi}{4}+\frac{1}{2}$이다.

본문 215쪽 ~ 219쪽

C 수능 완성!

597 답 ③

해결 각 잡기

- $y=\sin x$이면 $y'=\cos x$
- $y=\cos x$이면 $y'=-\sin x$

STEP 1 $f(x)=\cos x+2x\sin x$이므로

$f'(x)=-\sin x+2\sin x+2x\cos x=\sin x+2x\cos x$

ㄱ. 함수 $f(x)$가 $x=\alpha$에서 극값을 가지므로

$f'(\alpha)=0$

$\sin\alpha+2\alpha\cos\alpha=0,\ \sin\alpha=-2\alpha\cos\alpha$

$\frac{\sin\alpha}{\cos\alpha}=-2\alpha \qquad \therefore \tan\alpha=-2\alpha$

$\therefore \tan(\alpha+\pi)=\tan\alpha=-2\alpha$

STEP 2 ㄴ. $f'(x)=0$에서

$\sin x+2x\cos x=0,\ \frac{\sin x}{\cos x}=-2x$

$\therefore \tan x=-2x$

열린구간 $(0,\ 2\pi)$에서 두 함수 $g(x)=\tan x,\ y=-2x$의 그래프는 다음 그림과 같고, 교점의 x좌표는 $\alpha,\ \beta$이다.

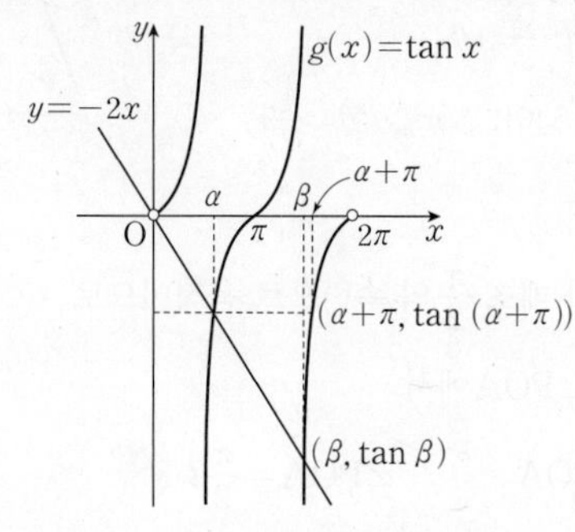

이때 $g(\alpha+\pi)=g(\alpha)$이고, $g'(\alpha),\ g'(\beta)$는 각각 $x=\alpha,\ x=\beta$인 점에서의 접선의 기울기와 같으므로

$g'(\alpha)<g'(\beta)$

$\therefore g'(\alpha+\pi)<g'(\beta)$

STEP 3 ㄷ. $\tan(\alpha+\pi)=-2\alpha,\ \tan\beta=-2\beta$이므로

$$\frac{2(\beta-\alpha)}{\alpha+\pi-\beta}=\frac{\tan(\alpha+\pi)-\tan\beta}{(\alpha+\pi)-\beta}$$

즉, $\frac{2(\beta-\alpha)}{\alpha+\pi-\beta}$는 두 점 $(\beta,\ \tan\beta),\ (\alpha+\pi,\ \tan(\alpha+\pi))$를 지나는 직선의 기울기와 같다.

또, $g'(x)=\sec^2 x$이므로 $\sec^2\alpha=g'(\alpha)=g'(\alpha+\pi)$는 함수 $y=g(x)$의 그래프의 $x=\alpha+\pi$인 점에서의 접선의 기울기와 같다.

$\therefore \frac{2(\beta-\alpha)}{\alpha+\pi-\beta}>\sec^2\alpha$

따라서 옳은 것은 ㄱ, ㄴ이다.

598 답 17

해결 각 잡기

- 조건 (가)의 식과 $1\le a\le2$임을 이용하여 a가 될 수 있는 값을 구한다.
  → 각 a의 값에 대하여 조건 (나)를 만족시키는지 확인한다.
- 방정식 $\sin p=p$를 만족시키는 상수 p의 값은 두 함수 $y=\sin x$, $y=x$의 그래프의 교점의 x좌표와 같다.
- $\cos(-\theta)=\cos\theta,\ \cos(2\pi-\theta)=\cos\theta$, $\cos(3\pi-\theta)=\cos(\pi-\theta)=-\cos\theta$
- 함수 $f(x)$가 극대인 x의 값은 $f'(x)=0$을 만족시키면서 $f'(x)$의 부호가 양에서 음으로 바뀌는 x의 값이다.

STEP 1 조건 (가)에서

$f(0)=0$이므로 $\sin b=0$

$\therefore b=k\pi$ (k는 정수) …… ㉠

$f(2\pi)=2\pi a+b$이므로

$\sin(2\pi a+b)=2\pi a+b,\ 2\pi a+b=0$ #

$\therefore b=-2a\pi$ …… ㉡

㉠, ㉡에서 $k\pi=-2a\pi$이므로

$a=-\frac{k}{2}$ (k는 정수)

이때 $1\le a\le2$이므로

$a=1$ 또는 $a=\frac{3}{2}$ 또는 $a=2$

㉡에서 $b=-2a\pi$이므로

$f(x)=\sin(ax-2a\pi+\sin x)$

$\therefore f'(x)=\cos(ax-2a\pi+\sin x)\times(a+\cos x)$

(i) $a=1$일 때

$f'(x)=\cos(x-2\pi+\sin x)\times(1+\cos x)$

$=\cos(x+\sin x)\times(1+\cos x)$

조건 ㈏의 $f'(0)=f'(t)$에서

$2=\cos(t+\sin t)\times(1+\cos t)$ …… ㉢

이때 $-1\le\cos(t+\sin t)\le1$, $0\le1+\cos t\le2$이므로

㉢은 $\cos(t+\sin t)=1$, $1+\cos t=2$일 때 성립한다.

따라서 ㉢을 만족시키는 양수 t는 2π, 4π, 6π, …이므로 조건 ㈏를 만족시키지 않는다.

(ii) $a=\frac{3}{2}$일 때

$$f'(x)=\cos\left(\frac{3}{2}x-3\pi+\sin x\right)\times\left(\frac{3}{2}+\cos x\right)$$

$$=-\cos\left(\frac{3}{2}x+\sin x\right)\times\left(\frac{3}{2}+\cos x\right)$$

조건 ㈏의 $f'(0)=f'(t)$에서

$-\frac{5}{2}=-\cos\left(\frac{3}{2}t+\sin t\right)\times\left(\frac{3}{2}+\cos t\right)$ …… ㉣

이때 $-1\le\cos\left(\frac{3}{2}t+\sin t\right)\le1$, $\frac{1}{2}\le\frac{3}{2}+\cos t\le\frac{5}{2}$이므로

㉣은 $\cos\left(\frac{3}{2}t+\sin t\right)=1$, $\frac{3}{2}+\cos t=\frac{5}{2}$일 때 성립한다.

따라서 ㉣을 만족시키는 양수 t는 4π, 8π, 12π, …이므로 조건 ㈏를 만족시킨다.

(iii) $a=2$일 때

$$f'(x)=\cos(2x-4\pi+\sin x)\times(2+\cos x)$$

$$=\cos(2x+\sin x)\times(2+\cos x)$$

조건 ㈏의 $f'(0)=f'(t)$에서

$3=\cos(2t+\sin t)\times(2+\cos t)$ …… ㉤

이때 $-1\le\cos(2t+\sin t)\le1$, $1\le2+\cos t\le3$이므로

㉤은 $\cos(2t+\sin t)=1$, $2+\cos t=3$일 때 성립한다.

따라서 ㉤을 만족시키는 양수 t는 2π, 4π, 6π, …이므로 조건 ㈏를 만족시키지 않는다.

(i), (ii), (iii)에 의하여 $a=\frac{3}{2}$

$\therefore b=-2a\pi=-3\pi$

STEP 2 $\therefore f'(x)=-\cos\left(\frac{3}{2}x+\sin x\right)\times\left(\frac{3}{2}+\cos x\right)$

함수 $f(x)$가 극대인 x의 값은 $f'(x)=0$, 즉

$\cos\left(\frac{3}{2}x+\sin x\right)=0$ $\left(\because \frac{3}{2}+\cos x>0\right)$을 만족시키면서 $f'(x)$의 부호가 양에서 음으로 바뀌는 x의 값이므로 다음을 만족시킨다.

$\frac{3}{2}x+\sin x=2m\pi+\frac{3}{2}\pi$ (m은 정수) …… ㉥

$g(x)=\frac{3}{2}x+\sin x$라 하면 모든 실수 x에 대하여

$g'(x)=\frac{3}{2}+\cos x>0$이므로 실수 전체의 집합에서 함수 $g(x)$는 증가한다.

또, $g(0)=0$, $g(4\pi)=6\pi$이므로 열린구간 $(0, 4\pi)$에서

$0<g(x)<6\pi$

㉥에서 $g(x)=2m\pi+\frac{3}{2}\pi$ (m은 정수)

$0<2m\pi+\frac{3}{2}\pi<6\pi$, $-\frac{3}{2}\pi<2m\pi<\frac{9}{2}\pi$

$\therefore -\frac{3}{4}<m<\frac{9}{4}$

따라서 정수 m은 0, 1, 2의 3개이므로 열린구간 $(0, 4\pi)$에서 ㉥을 만족시키는 x의 값을 α_1, α_2, α_3 $(\alpha_1<\alpha_2<\alpha_3)$이라 하면

$n=3$, $A=\{\alpha_1, \alpha_2, \alpha_3\}$

한편, $m=0$일 때, $\frac{3}{2}\alpha_1+\sin\alpha_1=\frac{3}{2}\pi$이므로

$$\sin\alpha_1=-\frac{3}{2}\alpha_1+\frac{3}{2}\pi$$

$$=-\frac{3}{2}(\alpha_1-\pi)$$

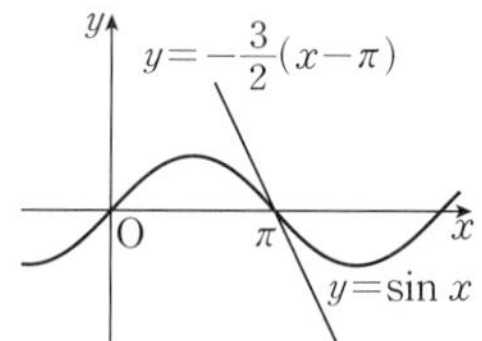

곡선 $y=\sin x$와 직선 $y=-\frac{3}{2}(x-\pi)$는 점 $(\pi, 0)$에서만 만나므로 $\alpha_1=\pi$

STEP 3 즉, $n=3$, $\alpha_1=\pi$, $a=\frac{3}{2}$, $b=-3\pi$이므로

$n\alpha_1-ab=3\pi-\frac{3}{2}\times(-3\pi)=\frac{15}{2}\pi$

따라서 $p=2$, $q=15$이므로

$p+q=2+15=17$

다른 풀이 **STEP 1**

조건 ㈎에서

$f(0)=0$이므로 $\sin b=0$

$\therefore b=k\pi$ (k는 정수) …… ㉦

$f(2\pi)=2\pi a+b$이므로

$\sin(2\pi a+b)=2\pi a+b$, $2\pi a+b=0$

$\therefore b=-2a\pi$

이때 $1\le a\le2$에서 $-4\pi\le b\le-2\pi$이므로 ㉦에 의하여

$b=-2\pi$ 또는 $b=-3\pi$ 또는 $b=-4\pi$

따라서 조건 ㈎를 만족시키는 a, b를 순서쌍 (a, b)로 나타내면

$(1, -2\pi)$, $\left(\frac{3}{2}, -3\pi\right)$, $(2, -4\pi)$

한편, $f(x)=\sin(ax-2a\pi+\sin x)$에서

$f'(x)=\cos(ax-2a\pi+\sin x)\times(a+\cos x)$이므로

$f'(0)=(a+1)\cos 2a\pi$,

$f'(4\pi)=(a+1)\cos 2a\pi$,

$f'(2\pi)=a+1$

이때 $a=1$ 또는 $a=2$이면

$f'(0)=(a+1)\cos 2a\pi=a+1$

즉, $f'(0)=f'(2\pi)$이므로 조건 ㈏를 만족시키지 않는다.

$\therefore a=\frac{3}{2}$, $b=-3\pi$

 # 참고

$h(x)=\sin x$라 하면 $h(0)=0$, $h'(0)=1$이므로 두 함수 $y=\sin x$, $y=x$의 그래프는 점 $(0, 0)$에서 접한다.

따라서 $\sin x=x$를 만족시키는 실수 x의 값은 0뿐이다.

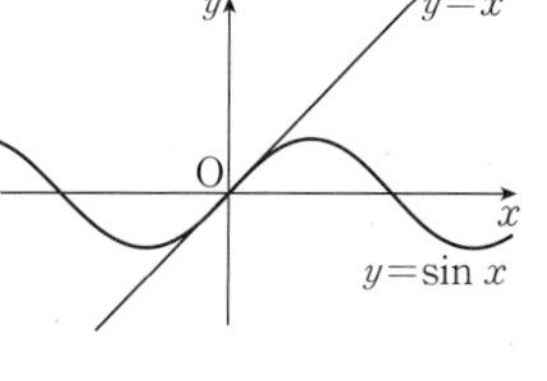

599 답 91

해결 각 잡기

- 함수 $f(x)$가 극값을 가지면 $f'(x)=0$인 x의 값 좌우에서 $f'(x)$의 부호가 바뀌는 x가 존재한다.
- 함수 $|f(x)|$가 극값을 갖는 x의 값은 $f(x)$가 극값을 갖는 x의 값이거나 $f(x)=0$을 만족시키는 x의 값이다.

STEP 1 $f(x)=(x^2+ax+b)e^{-x}$에서

$f'(x)=(2x+a)e^{-x}-(x^2+ax+b)e^{-x}$

$=-\{x^2+(a-2)x+b-a\}e^{-x}$

$e^{-x}>0$이므로 이차방정식 $x^2+(a-2)x+b-a=0$의 판별식을 D_1이라 하면 함수 $f(x)$가 극값을 가지려면 이차방정식 $x^2+(a-2)x+b-a=0$이 서로 다른 두 실근을 가져야 하므로

$D_1=(a-2)^2-4(b-a)>0$

$\therefore a^2-4b+4>0$ …… ㉠

이차방정식 $x^2+(a-2)x+b-a=0$의 두 실근을 α, β라 하면

$f'(x)=0$에서 $x=\alpha$ 또는 $x=\beta$ $(\alpha<\beta)$

x	$\cdots$	α	$\cdots$	β	$\cdots$
$f'(x)$	$-$	0	$+$	0	$-$
$f(x)$	↘	극소	↗	극대	↘

즉, 함수 $f(x)$는 $x=\alpha$에서 극솟값, $x=\beta$에서 극댓값을 갖는다.

STEP 2 함수 $f(x)=(x^2+ax+b)e^{-x}=0$에서

$x^2+ax+b=0$ ($\because e^{-x}>0$)

이차방정식 $x^2+ax+b=0$의 판별식을 D_2라 하면

(i) $D_2>0$인 경우

방정식 $x^2+ax+b=0$의 서로 다른 두 실근을 γ, δ $(\gamma<\delta)$라 하면 두 함수 $y=f(x)$, $y=|f(x)|$의 그래프의 개형은 다음 그림과 같다.

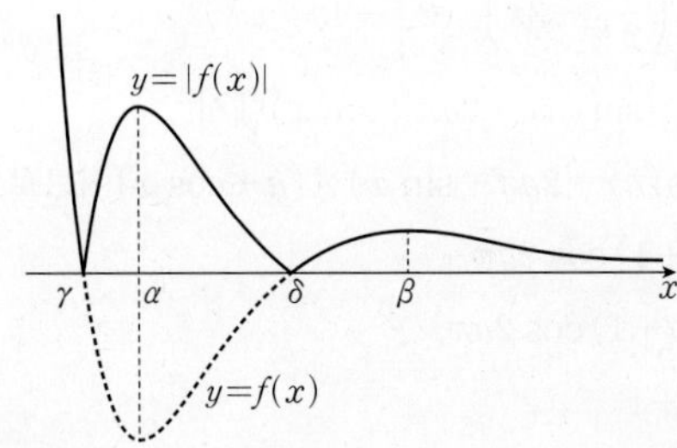

함수 $|f(x)|$가 $x=k$에서 극대 또는 극소인 모든 k의 값은 α, β, γ, δ이고,

$\alpha+\beta+\gamma+\delta=(\alpha+\beta)+(\gamma+\delta)$

$=(2-a)+(-a)$

$=2-2a=3$

$\therefore a=-\dfrac{1}{2}$

(α, β는 방정식 $x^2+(a-2)x+b-a=0$의 두 근이고, γ, δ는 방정식 $x^2+ax+b=0$의 두 근이므로 이차방정식의 근과 계수의 관계를 이용한다.)

그런데 a는 정수이어야 하므로 조건을 만족시키지 않는다.

(ii) $D_2=0$인 경우

방정식 $x^2+ax+b=0$은 중근을 가지므로 함수 $y=f(x)$의 그래프는 x축에 접한다.

이때 $f(x)\geq 0$이므로 $|f(x)|=f(x)$

즉, 함수 $y=|f(x)|$의 그래프의 개형은 다음 그림과 같다.

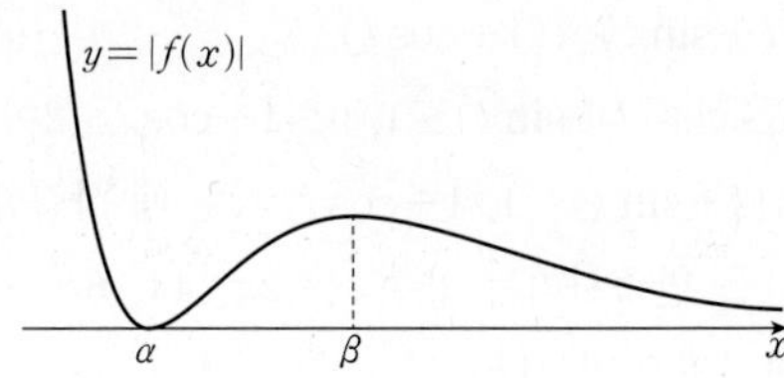

함수 $|f(x)|$가 $x=k$에서 극대 또는 극소인 모든 k의 값은 α, β이고,

$\alpha+\beta=2-a=3$

$\therefore a=-1$

또, $D_2=a^2-4b=0$이므로

$(-1)^2-4b=0$

$\therefore b=\dfrac{1}{4}$

그런데 b는 정수이어야 하므로 조건을 만족시키지 않는다.

(iii) $D_2<0$인 경우

방정식 $x^2+ax+b=0$은 실근을 갖지 않으므로 함수 $y=f(x)$의 그래프는 x축과 만나지 않고 $f(x)>0$이므로

$|f(x)|=f(x)$

즉, 함수 $y=|f(x)|$의 그래프의 개형은 다음 그림과 같다.

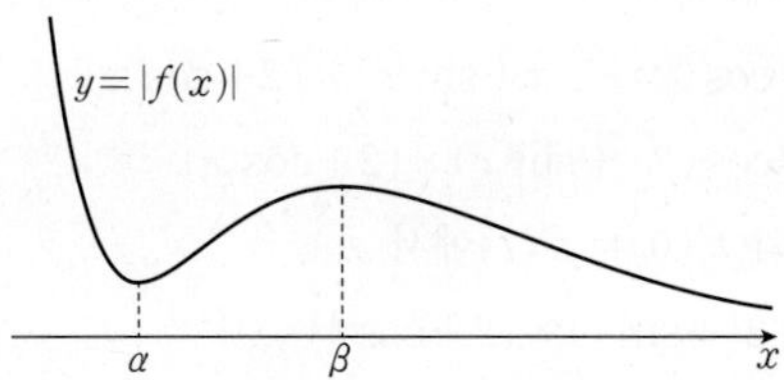

함수 $|f(x)|$가 $x=k$에서 극대 또는 극소인 모든 k의 값은 α, β이므로

$\alpha+\beta=2-a=3$

$\therefore a=-1$

또, ㉠에서 $D_1=(-1)^2-4b+4>0$이므로

$b<\dfrac{5}{4}$

$D_2<0$에서

$a^2-4b<0$, $(-1)^2-4b<0$

$4b>1$

$\therefore b>\dfrac{1}{4}$

즉, $\dfrac{1}{4}<b<\dfrac{5}{4}$이므로

$b=1$ ($\because$ b는 정수)

(i), (ii), (iii)에 의하여 $a=-1$, $b=1$이므로

$f(x)=(x^2-x+1)e^{-x}$

따라서 $f(10)=(10^2-10+1)e^{-10}=91e^{-10}$이므로

$p=91$

참고

함수 $y=f(x)$의 그래프를 그릴 때, $\lim_{x\to\infty}e^{-x}=0$, $\lim_{x\to-\infty}e^{-x}=\infty$에서 $\lim_{x\to\infty}f(x)=0$, $\lim_{x\to-\infty}f(x)=\infty$임을 유의한다.

600 답 34

해결 각 잡기

- 방정식 $f(x)-\frac{a}{n}x=0$의 서로 다른 실근의 개수는 함수 $y=f(x)$의 그래프와 직선 $y=\frac{a}{n}x$의 서로 다른 교점의 개수와 같다.
- $f(-x)=-f(x)$를 만족시키는 함수 $y=f(x)$의 그래프는 원점에 대하여 대칭이다.

STEP 1 $f(x)=\frac{\ln x^2}{x}$에 대하여

(i) $x>0$일 때

$f(x)=\frac{\ln x^2}{x}=\frac{2\ln x}{x}$이므로 $f'(x)=\frac{2(1-\ln x)}{x^2}$

$f'(x)=0$에서 $x=e$

$x>0$일 때 함수 $f(x)$의 증가와 감소를 표로 나타내면 다음과 같다.

x	0	$\cdots$	e	$\cdots$
$f'(x)$		+	0	−
$f(x)$		↗	a	↘

즉, 함수 $f(x)$는 $x=e$에서 극댓값을 가지므로

$a=f(e)=\frac{2\ln e}{e}=\frac{2}{e}$

(ii) $x<0$일 때

$f(-x)=\frac{\ln(-x)^2}{-x}=-\frac{\ln x^2}{x}=-f(x)$이므로 함수 $y=f(x)$의 그래프는 원점에 대하여 대칭이다.

이때 $\lim_{x\to\infty}f(x)=0$, $\lim_{x\to0+}f(x)=-\infty$이고, (i), (ii)에 의하여 함수 $y=f(x)$의 그래프는 다음 그림과 같다.

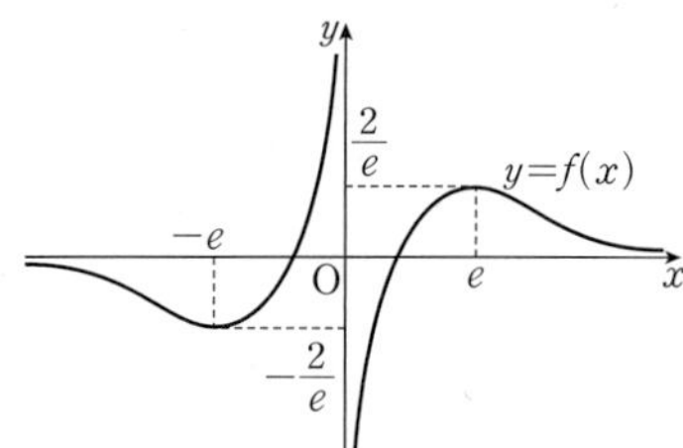

STEP 2 $y=\frac{a}{n}x=\frac{2}{en}x$는 원점을 지나는 직선이고 원점에서 곡선 $y=\frac{2\ln x}{x}$ $(x>0)$에 그은 접선의 접점을 $(t, f(t))$라 하면 접선의 방정식은

$y=\frac{2-2\ln t}{t^2}(x-t)+\frac{2\ln t}{t}$

이 접선이 원점을 지나므로

$0=\frac{2-2\ln t}{t^2}(0-t)+\frac{2\ln t}{t}$, $\frac{4\ln t-2}{t}=0$, $\ln t=\frac{1}{2}$

$\therefore t=\sqrt{e}$

즉, 접점은 $\left(\sqrt{e}, \frac{1}{\sqrt{e}}\right)$이므로 원점에서 곡선에 그은 접선의 방정식은

$y=\frac{1}{e}x$

STEP 3 직선 $y=\frac{2}{en}x$에 대하여

(iii) $n=1$일 때, $y=\frac{2}{e}x$이고 $\frac{2}{e}>\frac{1}{e}$ (직선 $y=\frac{2}{e}x$의 기울기, 접선의 기울기)

함수 $y=f(x)$의 그래프와 직선 $y=\frac{2}{e}x$의 교점의 개수는 0이므로

$a_1=0$

(iv) $n=2$일 때, $y=\frac{1}{e}x$이고 $\frac{1}{e}=\frac{1}{e}$ (직선 $y=\frac{1}{e}x$의 기울기, 접선의 기울기)

함수 $y=f(x)$의 그래프와 직선 $y=\frac{1}{e}x$의 교점의 개수는 2이므로

$a_2=2$

(v) $3\le n\le10$일 때, $y=\frac{2}{en}x$이고 $\frac{2}{en}<\frac{1}{e}$ (직선 $y=\frac{2}{en}x$의 기울기, 접선의 기울기)

함수 $y=f(x)$의 그래프와 직선 $y=\frac{2}{en}x$의 교점의 개수는 4이므로

$a_n=4$ (단, $3\le n\le10$)

$\therefore \sum_{n=1}^{10}a_n=0+2+4\times8=34$

601 답 ②

해결 각 잡기

함수 $f(x)$가 닫힌구간 $[a, b]$에서 연속일 때, 구간 (a, b)에서의 극댓값, 극솟값, $f(a)$의 값, $f(b)$의 값 중에서 가장 큰 값이 최댓값이고, 가장 작은 값이 최솟값이다.

STEP 1 조건 ㈎에서 모든 실수 x에 대하여

$\{f(x)\}^2+2f(x)=a\cos^3\pi x\times e^{\sin^2\pi x}+b$가 성립하므로 양변에 $x=0$, $x=2$를 각각 대입하면

$\{f(0)\}^2+2f(0)=a+b$, $\{f(2)\}^2+2f(2)=a+b$

이때 두 식을 변끼리 빼면

$\{f(0)\}^2-\{f(2)\}^2+2\{f(0)-f(2)\}=0$

$\{f(0)-f(2)\}\{f(0)+f(2)+2\}=0$

이고, 조건 ㈏에서 $f(0)\neq f(2)$이므로

$f(0)+f(2)+2=0$ ...... ㉠

㉠과 조건 ㈏의 식을 연립하여 풀면

$f(0)=-\frac{1}{2}$, $f(2)=-\frac{3}{2}$

이를 $\{f(0)\}^2+2f(0)=a+b$에 대입하면

$a+b=-\frac{3}{4}$ ...... ㉡

STEP 2 조건 ㈎의 식의 좌변을 $g(x)$라 하면

$g(x)=\{f(x)\}^2+2f(x)=\{f(x)+1\}^2-1$

이때 $f(2)<-1<f(0)$이므로 $g(x)$는 $f(x)=-1$을 만족시키는 x에서 최솟값 -1을 갖는다. ...... ㉢

또, 조건 ㈎의 식의 우변을 $h(x)$라 하면

$h(x)=a\cos^3\pi x\times e^{\sin^2\pi x}+b$

$h(x)$는 주기가 2인 주기함수이고 모든 실수 x에서 미분가능하다.

08

$h'(x)=3a\cos^2 \pi x\times(-\pi \sin \pi x)\times e^{\sin^2 \pi x}$

$\qquad\qquad +a\cos^3 \pi x\times e^{\sin^2 \pi x}\times 2\sin \pi x\times \pi \cos \pi x$

$\quad =a\pi \cos^2 \pi x\times \sin \pi x\times(-3+2\cos^2 \pi x)\times e^{\sin^2 \pi x}$

이므로 $h'(x)=0$에서

$\cos \pi x=0$ 또는 $\sin \pi x=0$ ($\because -3+2\cos^2 \pi x<0,\ e^{\sin^2 \pi x}>0$)

이때 $h'(x)=0$을 만족시키는 x의 값은

$x=\cdots,\ -\frac{1}{2},\ 0,\ \frac{1}{2},\ 1,\ \frac{3}{2},\ 2,\ \frac{5}{2},\ \cdots$

이므로 0, 2를 포함한 구간에서 함수 $h(x)$의 증가와 감소를 표로 나타내면 다음과 같다.

x	$\cdots$	0	$\cdots$	$\frac{1}{2}$	$\cdots$	1	$\cdots$	$\frac{3}{2}$	$\cdots$	2	$\cdots$
$h'(x)$	+	0	−	0	−	0	+	0	+	0	−
$h(x)$	↗	극대	↘		↘	극소	↗		↗	극대	↘

즉, 함수 $h(x)$는 $x=1$에서 극소이면서 최소이고, 함수 $h(x)$의 최솟값은

$h(1)=-a+b$

조건 (가)의 식의 좌변 $g(x)$의 최솟값과 우변 $h(x)$의 최솟값이 같아야 하므로

$-a+b=-1$ ($\because$ ㉢) $\qquad$ …… ㉣

㉡, ㉣을 연립하여 풀면

$a=\frac{1}{8},\ b=-\frac{7}{8}$

$\therefore a\times b=\frac{1}{8}\times\left(-\frac{7}{8}\right)=-\frac{7}{64}$

602 답 16

해결 각 잡기

- 방정식 $f(x)=g(x)$의 서로 다른 실근의 개수는 두 함수 $y=f(x)$, $y=g(x)$의 그래프의 서로 다른 교점의 개수와 같다.
- $\lim_{x\to a-} f(x)=\lim_{x\to a+} f(x)=L \Longleftrightarrow \lim_{x\to a} f(x)=L$

STEP 1 실수 t에 대하여 곡선 $y=f(x)$ 위의 점 $(t,\ f(t))$에서의 접선의 방정식이 $y=f'(t)(x-t)+f(t)$이므로 x에 대한 방정식 $f(x)=f'(t)(x-t)+f(t)$의 서로 다른 실근의 개수 $g(t)$는 곡선 $y=f(x)$와 접선 $y=f'(t)(x-t)+f(t)$의 서로 다른 교점의 개수와 같다.

$f(x)=\frac{x^2-ax}{e^x}=(x^2-ax)e^{-x}$에서

$f'(x)=(2x-a)e^{-x}-(x^2-ax)e^{-x}$

$\quad =-\{x^2-(a+2)x+a\}e^{-x}$

$f''(x)=-\{2x-(a+2)\}e^{-x}+\{x^2-(a+2)x+a\}e^{-x}$

$\quad =\{x^2-(a+4)x+2a+2\}e^{-x}$

$f'(x)=0$에서

$x^2-(a+2)x+a=0 \qquad$ …… ㉠

이 이차방정식의 판별식을 D_1이라 하면

$D_1=(a+2)^2-4a=a^2+4>0$

이므로 $f'(x)=0$은 서로 다른 두 실근을 갖고, 이 값들의 좌우에서 $f'(x)$의 부호는 바뀐다.

또, $f''(x)=0$에서

$x^2-(a+4)x+2a+2=0 \qquad$ …… ㉡

이 이차방정식의 판별식을 D_2라 하면

$D_2=(a+4)^2-8a-8=a^2+8>0$

이므로 $f''(x)=0$은 서로 다른 두 실근을 갖고, 이 값들의 좌우에서 $f''(x)$의 부호는 바뀐다.

즉, 함수 $f(x)$는 극댓값과 극솟값을 각각 1개씩 갖고 변곡점을 2개 가지므로 $a_1<a_2<a_3<a_4$인 네 실수 $a_1,\ a_2,\ a_3,\ a_4$에 대하여

$f'(a_1)=f'(a_3)=0,\ f''(a_2)=f''(a_4)=0$

이라 하고 함수 $f(x)$의 증가와 감소를 표로 나타내면 다음과 같다.

x	$\cdots$	a_1	$\cdots$	a_2	$\cdots$	a_3	$\cdots$	a_4	$\cdots$
$f'(x)$	−	0	+	+	+	0	−	−	−
$f''(x)$	+	+	+	0	−	−	−	0	+
$f(x)$	↘	극소	↗	변곡점	↗	극대	↘	변곡점	↘

$\lim_{x\to\infty} f(x)=0$이므로 함수 $y=f(x)$의 그래프의 개형은 다음 그림과 같다.

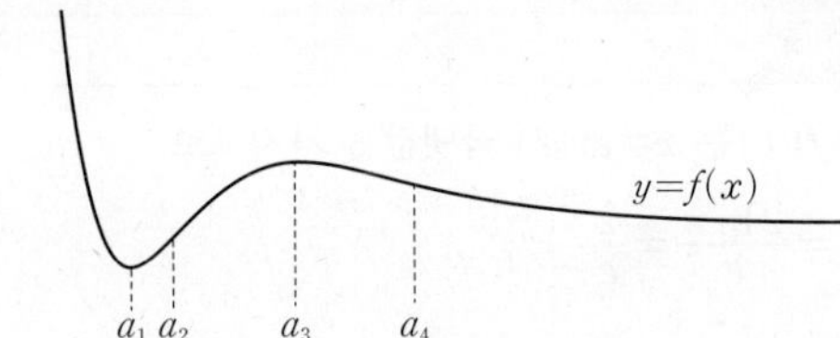

STEP 2 따라서 함수 $g(t)$의 식과 함수 $y=g(t)$의 그래프는 다음과 같다.

$$g(t)=\begin{cases} 1 & (t\le a_1) \\ 2 & (a_1<t<a_2) \\ 1 & (t=a_2) \\ 2 & (a_2<t\le a_3) \\ 3 & (a_3<t<a_4) \\ 2 & (t=a_4) \\ 3 & (t>a_4) \end{cases}$$

이때 $g(5)+\lim_{t\to 5} g(t)=5$이고, $g(5)$의 값과 $\lim_{t\to 5} g(t)$의 값은 모두 정수이므로 $g(5)\neq\lim_{t\to 5} g(t)$이어야 한다.

또, $\lim_{t\to 5} g(t)$의 값이 존재해야 하므로 $\lim_{x\to 5-} g(t)=\lim_{x\to 5+} g(t)$이어야 한다.

따라서 $a_4=5$이므로 $f''(5)=0$이고, ㉡에서

$25-5(a+4)+2a+2=0$

$-3a+7=0 \qquad \therefore a=\frac{7}{3}$

한편, $\lim_{t\to k-} g(t)\neq\lim_{t\to k+} g(t)$를 만족시키는 k의 값은 $a_1,\ a_3$이고, 이는 ㉠의 두 실근이다.

㉠에 $a=\frac{7}{3}$을 대입하면 $x^2-\frac{13}{3}x+\frac{7}{3}=0$이므로 이차방정식의 근과 계수의 관계에 의하여

$a_1+a_3=\frac{13}{3}$

따라서 구하는 모든 실수 k의 값의 합은 $\frac{13}{3}$이므로

$p=3,\ q=13$

$\therefore\ p+q=3+13=16$

603 답 72

해결 각 잡기

- 점 $(a,\ f(a))$가 곡선 $y=g(x)$의 변곡점이면 방정식 $g''(x)=0$의 근이 $x=a$이다.
- 점 $(0,\ k)$에서 곡선 $y=g(x)$에 그은 접선의 개수가 3이면 접선의 방정식과 $y=k$를 연립한 방정식이 주어진 범위에서 서로 다른 세 실근을 갖는다.

STEP 1 $f(x)$는 이차함수이므로

$f(x)=ax^2+bx+c$ ($a\neq0$, a, b, c는 상수)

로 놓으면

$f'(x)=2ax+b,\ f''(x)=2a$

$g(x)=f(x)e^{-x}$에서

$g'(x)=f'(x)e^{-x}-f(x)e^{-x}$

$=\{f'(x)-f(x)\}e^{-x}$

$g''(x)=\{f''(x)-f'(x)\}e^{-x}-\{f'(x)-f(x)\}e^{-x}$

$=\{f''(x)-2f'(x)+f(x)\}e^{-x}$

$=\{2a-2(2ax+b)+(ax^2+bx+c)\}e^{-x}$

$=\{ax^2+(b-4a)x+2a-2b+c\}e^{-x}$

이때 조건 (가)에 의하여 방정식 $g''(x)=0$의 두 근이 $x=1$ 또는 $x=4$이므로 이차방정식 $ax^2+(b-4a)x+2a-2b+c=0$의 두 근은 $x=1$ 또는 $x=4$이다.

즉, 이차방정식의 근과 계수의 관계에 의하여

(두 근의 합)$=\frac{-b+4a}{a}=5$

(두 근의 곱)$=\frac{2a-2b+c}{a}=4$

이므로 두 식을 정리하면

$b=-a,\ c=0$

$\therefore\ f(x)=ax^2-ax,\ g(x)=(ax^2-ax)e^{-x}$ ...... ㉠

STEP 2 점 $(0,\ k)$에서 곡선 $y=g(x)$에 그은 접선의 접점을 $(t,\ g(t))$라 하면 접선의 방정식은

$y=g'(t)(x-t)+g(t)$

이 접선이 점 $(0,\ k)$를 지나므로

$k=-tg'(t)+g(t)$

$=-t\{(2at-a)e^{-t}-(at^2-at)e^{-t}\}+(at^2-at)e^{-t}$

$=ae^{-t}(-2t^2+t+t^3-t^2+t^2-t)$

$=ae^{-t}(t^3-2t^2)$

STEP 3 $h(t)=ae^{-t}(t^3-2t^2)$으로 놓으면 조건 (나)에 의하여 함수 $y=h(t)$의 그래프와 직선 $y=k$가 서로 다른 세 점에서 만나도록 하는 실수 k의 값의 범위는 $-1<k<0$이어야 한다.

$h'(t)=-ae^{-t}(t^3-2t^2)+ae^{-t}(3t^2-4t)$

$=ae^{-t}(-t^3+5t^2-4t)$

$=-at(t-1)(t-4)e^{-t}$

즉, 함수 $y=h(t)$는 $t=0$ 또는 $t=1$ 또는 $t=4$에서 극값을 갖는다.

방정식 $ae^{-t}(t^3-2t^2)=k$의 실근의 개수는 함수 $y=h(t)$의 그래프와 직선 $y=k$가 만나는 점의 개수와 같으므로 a의 부호에 따른 $y=h(t)$의 그래프의 개형은 다음 그림과 같다.

(i) $a<0$일 때

함수 $y=h(t)$의 그래프와 직선 $y=k$ $(-1<k<0)$는 최대 두 점에서 만나므로 조건을 만족시키지 않는다.

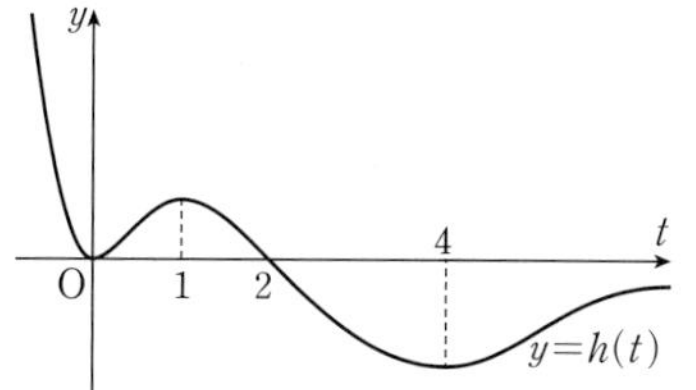

(ii) $a>0$일 때

함수 $y=h(t)$의 그래프와 직선 $y=k$의 교점의 개수가 3이 되는 k의 값의 범위는 $-1<k<0$이므로 $h(1)=-1$이어야 한다.

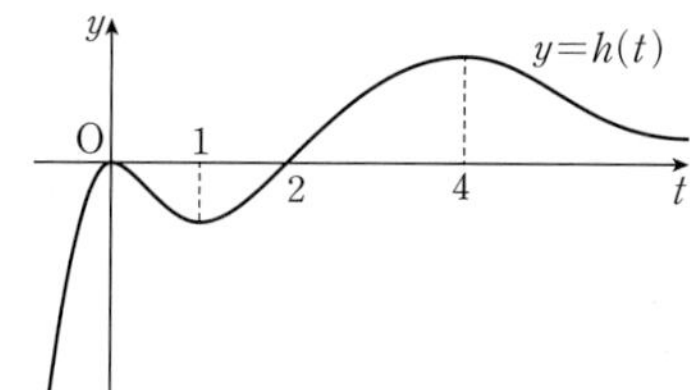

즉, $-ae^{-1}=-1$이므로 $a=e$

(i), (ii)에 의하여

$g(x)=(x^2-x)e^{1-x}$ ($\because$ ㉠)

이므로

$g(-2)\times g(4)=6e^3\times12e^{-3}=72$

604 답 ④

해결 각 잡기

- 방정식 $f(x)=t$의 실근은 함수 $y=f(x)$의 그래프와 직선 $y=t$의 교점의 x좌표와 같다.
- $f(h(t))=t$의 양변을 t에 대하여 미분하면

$f'(h(t))h'(t)=1$

STEP 1 $f(x)=\begin{cases}(x-a-2)^2e^x & (x\geq a)\\ e^{2a}(x-a)+4e^a & (x<a)\end{cases}$에서

$f_1(x)=(x-a-2)^2e^x$이라 하면

$f_1'(x)=2(x-a-2)e^x+(x-a-2)^2e^x$

$=(x-a)(x-a-2)e^x$

$f_1'(x)=0$에서 $x=a$ 또는 $x=a+2$

$x\geq a$일 때 함수 $f_1(x)$의 증가와 감소를 표로 나타내면 다음과 같다.

x	a	$\cdots$	$a+2$	$\cdots$
$f_1'(x)$	0	$-$	0	$+$
$f_1(x)$	$4e^a$	↘	0	↗

따라서 함수 $y=f(x)$의 그래프는 다음 그림과 같다.

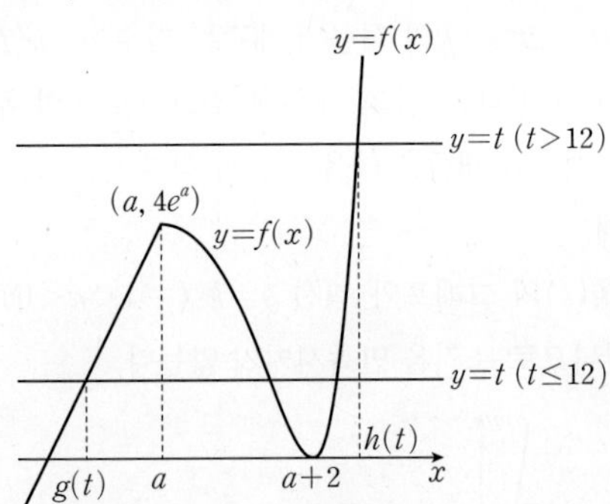

STEP 2 위의 그림에서 $f(x)=t$를 만족시키는 x의 값이 $g(t)$이므로 함수 $g(t)$는 $t=4e^a$에서만 불연속이므로

$4e^a=12,\ e^a=3 \qquad \therefore a=\ln 3$

$t\le 12$일 때 함수 $y=e^{2a}(x-a)+4e^a$의 그래프와 직선 $y=t$가 만나는 점의 x좌표는 $e^{2a}(x-a)+4e^a=t$에서

$$e^{2a}(x-a)=t-4e^a \qquad \therefore x=\frac{t-4e^a}{e^{2a}}+a$$

$a=\ln 3$이므로

$$x=\frac{t-12}{9}+\ln 3=\frac{1}{9}t-\frac{4}{3}+\ln 3$$

$t>12$일 때 함수 $y=f(x)$와 직선 $y=t$가 만나는 점의 x좌표를 $h(t)$라 하면

$$g(t)=\begin{cases}\frac{1}{9}t-\frac{4}{3}+\ln 3 & (t\le 12)\\ h(t) & (t>12)\end{cases} \quad \cdots\cdots ㉠$$

이때 $f(h(t))=t$이므로 이 식의 양변을 t에 대하여 미분하면

$$f'(h(t))h'(t)=1 \qquad \therefore h'(t)=\frac{1}{f'(h(t))}$$

㉠의 양변을 t에 대하여 미분하면

$$g'(t)=\begin{cases}\frac{1}{9} & (t\le 12)\\ \frac{1}{f'(h(t))} & (t>12)\end{cases}$$

STEP 3 한편, $f(a+2)=0,\ f(a+6)=16e^{a+6}=48e^6\ (\because e^a=3)$이고, $f'(x)=\begin{cases}(x-\ln 3-2)(x-\ln 3)e^x & (x>\ln 3)\\ 9 & (x<\ln 3)\end{cases}$이므로

$$g'(f(a+2))=g'(0)=\frac{1}{9}$$

$$\begin{aligned}g'(f(a+6))&=g'(48e^6)\\&=\frac{1}{f'(h(48e^6))}\\&=\frac{1}{f'(a+6)}\ (\because h(48e^6)=a+6)\\&=\frac{1}{f'(\ln 3+6)}\\&=\frac{1}{4\times 6\times e^{\ln 3+6}}=\frac{1}{72}e^{-6}\end{aligned}$$

$$\therefore \frac{g'(f(a+2))}{g'(f(a+6))}=\frac{1}{9}\times 72\times e^6=8e^6$$

605 답 24

해결 각 잡기

함수 $f(x)$의 극값은 다음과 같은 순서로 구한다.

(i) $f'(x)$를 구한다.

(ii) $f'(x)=0$을 만족시키는 x의 값 a를 구한다.

(iii) $x=a$의 좌우에서 $f'(x)$의 부호를 조사하여 증가와 감소를 표로 나타낸다.

STEP 1 $g(x)=\{f(x)+2\}e^{f(x)}$에서

$$\begin{aligned}g'(x)&=f'(x)e^{f(x)}+\{f(x)+2\}e^{f(x)}f'(x)\\&=f'(x)\{f(x)+3\}e^{f(x)}\end{aligned}$$

$g'(x)=0$에서

$f'(x)=0$ 또는 $f(x)+3=0 \quad \cdots\cdots ㉠$

$f'(x)=0$은 일차방정식이므로 $f'(t_0)=0$인 실수 t_0가 존재한다.

조건 (가), (나)에 의하여 함수 $g(x)$는 최솟값과 최댓값을 가지므로 이차방정식 $f(x)+3=0$이 서로 다른 두 실근을 갖는다.

서로 다른 두 실근을 $t_1,\ t_2\ (t_1<t_2)$로 놓으면 직선 $x=t_0$가 함수 $y=f(x)$의 그래프의 축이므로

$t_1<t_0<t_2$

함수 $g(x)$의 증가와 감소를 표로 나타내면 다음과 같다.

x	$\cdots$	t_1	$\cdots$	t_0	$\cdots$	t_2	$\cdots$
$g'(x)$	$-$	0	$+$	0	$-$	0	$+$
$g(x)$	↘	극소	↗	극대	↘	극소	↗

따라서 함수 $g(x)$는 $x=t_1,\ x=t_2$에서 극소이면서 최소이고, $x=t_0$에서 극대이면서 최대이므로

$t_0=a,\ t_1=b,\ t_2=b+6$

STEP 2 함수 $f(x)$의 최고차항의 계수를 p로 놓으면

$f(x)+3=p(x-b)(x-b-6)\ (\because ㉠)$

$\therefore f'(x)=p(x-b)+p(x-b-6)=2p(x-b-3)$

이때 $f'(a)=0$이므로

$f'(a)=2p(a-b-3)=0 \qquad \therefore b=a-3$

즉, $f(x)=p(x-a+3)(x-a-3)-3$이고 $f(a)=6$이므로

$9=-9p \qquad \therefore p=-1$

$$\begin{aligned}\therefore f(x)&=-(x-a+3)(x-a-3)-3\\&=-(x-a)^2+6\end{aligned}$$

방정식 $f(x)=0$에서 $(x-a)^2=6$이므로

$x=a+\sqrt{6}$ 또는 $x=a-\sqrt{6}$

$\therefore (\alpha-\beta)^2=\{(a+\sqrt{6})-(a-\sqrt{6})\}^2=(2\sqrt{6})^2=24$

606 답 31

해결 각 잡기

- $h(x)=g(f(x))$이면 $h'(x)=f'(x)g'(f(x))$이다.
- 방정식 $h(x)=k$의 서로 다른 실근의 개수는 함수 $y=h(x)$의 그래프와 직선 $y=k$의 서로 다른 교점의 개수와 같다.

STEP 1 두 함수 $f(x)$, $g(x)$가 실수 전체의 집합에서 미분가능하므로 함수 $h(x)=g(f(x))$도 실수 전체의 집합에서 미분가능하다.

$h(x)=g(f(x))$에서 $h'(x)=f'(x)g'(f(x))$

$g(x)=e^{\sin \pi x}-1$에서 $g'(x)=\pi(\cos \pi x)e^{\sin \pi x}$

조건 (가)에서 함수 $h(x)$는 $x=0$에서 극댓값 0을 가지므로

$h(0)=0$, $h'(0)=0$

$h(0)=g(f(0))=0$에서 $f(0)=k$라 하면 $g(k)=0$이고, 이를 만족시키는 k의 값은 $\sin \pi k=0$에서 정수이다.

$\therefore f(0)=k$ (k는 정수) $\cdots\cdots$ ㉠

또, $h'(0)=f'(0)g'(f(0))=f'(0)g'(k)=0$이므로

$f'(0)=0$ 또는 $g'(k)=0$

그런데 k가 정수이므로 $g'(k)=\pi\cos \pi k$의 값은 정수 n에 대하여 $k=2n-1$이면 $-\pi$, $k=2n$이면 π이다.

즉, $g'(k)\neq 0$이므로

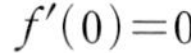

$f'(0)=0$ $\cdots\cdots$ ㉡

따라서 최고차항의 계수가 양수이고 ㉠, ㉡을 만족시키면서 $f(3)=\frac{1}{2}$, $f'(3)=0$인 삼차함수 $y=f(x)$의 그래프의 개형은 오른쪽 그림과 같다.

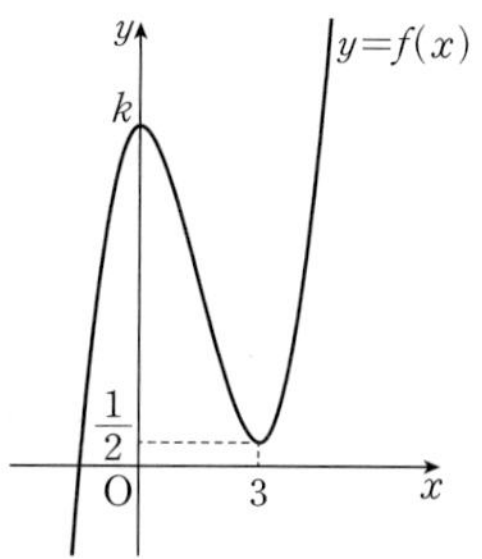

STEP 2 한편, 조건 (가)에 의하여 $x=0$의 좌우에서 함수 $h'(x)=f'(x)g'(f(x))$의 값의 부호는 양에서 음으로 바뀌어야 한다.

함수 $f(x)$는 $x=0$에서 극대, $x=3$에서 극소이므로 $x=0$의 좌우에서 $f'(x)$의 값의 부호는 양에서 음으로 바뀐다.

따라서 $\lim_{x\to 0}g'(f(x))=\lim_{t\to k-}g'(t)=g'(k)>0$이어야 하므로

$f(0)=2n$ (n은 정수)

열린구간 $(0, 3)$에서 함수 $f(x)$는 $2n$에서 $\frac{1}{2}$로 감소하므로 조건 (나)를 만족시키려면 $\frac{1}{2}<x<2n$에서 함수 $y=g(x)$의 그래프와 직선 $y=1$의 서로 다른 교점의 개수가 7이어야 한다.

함수 $y=\sin \pi x$의 주기가 $\frac{2\pi}{\pi}=2$이므로 함수 $g(x)$도 주기가 2인 주기함수이고

$g(0)=g(1)=g(2)=0$, $g\left(\frac{1}{2}\right)=e-1$, $g\left(\frac{3}{2}\right)=e^{-1}-1$

이므로 실수 전체의 집합에서 $y=g(x)$의 그래프는 다음 그림과 같다.

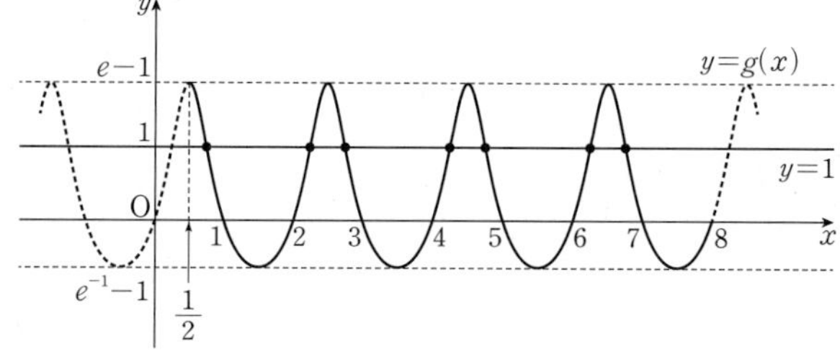

STEP 3 $e-1>1$이므로 함수 $y=g(x)$의 그래프와 직선 $y=1$의 서로 다른 교점의 개수가 7이려면 $f(0)=8$이다.

$f'(0)=0$이므로 $f(x)=ax^2(x-b)+8$ ($a>0$, b는 상수)로 놓으면

$f'(x)=2ax(x-b)+ax^2$

$f'(3)=6a(3-b)+9a=0$이므로

$18-6b+9=0$ ($\because a>0$)

$\therefore b=\frac{9}{2}$

또, $f(3)=9a\left(3-\frac{9}{2}\right)+8=\frac{1}{2}$이므로

$-\frac{27}{2}a=-\frac{15}{2}$

$\therefore a=\frac{5}{9}$

따라서 $f(x)=\frac{5}{9}x^2\left(x-\frac{9}{2}\right)+8$이므로

$f(2)=\frac{5}{9}\times 4\times\left(-\frac{5}{2}\right)+8=\frac{22}{9}$

즉, $p=9$, $q=22$이므로

$p+q=9+22=31$

09 여러 가지 적분법 (1)

본문 222쪽 ~ 225쪽

A 기본 다지고,

607 답 ②

$\int_0^1 3\sqrt{x}\,dx=\int_0^1 3x^{\frac{1}{2}}\,dx=\left[2x^{\frac{3}{2}}\right]_0^1=2-0=2$

608 답 6

$\int_1^{16} \frac{1}{\sqrt{x}}\,dx=\int_1^{16} x^{-\frac{1}{2}}\,dx=\left[2x^{\frac{1}{2}}\right]_1^{16}=8-2=6$

609 답 ①

$\int_1^{16} \frac{1}{x\sqrt{x}}\,dx=\int_1^{16} x^{-\frac{3}{2}}\,dx=\left[-2x^{-\frac{1}{2}}\right]_1^{16}=-\frac{1}{2}-(-2)=\frac{3}{2}$

610 답 ⑤

$\int_0^{\frac{\pi}{2}} 2\sin x\,dx=\left[-2\cos x\right]_0^{\frac{\pi}{2}}=0-(-2)=2$

611 답 ④

$$\begin{aligned}\int_0^{\frac{\pi}{3}} \tan x\cos x\,dx&=\int_0^{\frac{\pi}{3}} \frac{\sin x}{\cos x}\times\cos x\,dx\\&=\int_0^{\frac{\pi}{3}}\sin x\,dx\\&=\left[-\cos x\right]_0^{\frac{\pi}{3}}\\&=\left(-\frac{1}{2}\right)-(-1)=\frac{1}{2}\end{aligned}$$

612 답 ⑤

$f'(x)=\sin x$이므로

$f(x)=\int \sin x\,dx=-\cos x+C$ (단, C는 적분상수)

$\therefore f(\pi)-f(0)=(1+C)-(-1+C)=2$

613 답 ④

$\int_0^{\frac{\pi}{3}} \cos\left(\theta+\frac{\pi}{6}\right)d\theta=\left[\sin\left(\theta+\frac{\pi}{6}\right)\right]_0^{\frac{\pi}{3}}=1-\frac{1}{2}=\frac{1}{2}$

다른 풀이

$\theta+\frac{\pi}{6}=t$로 놓으면 $\frac{dt}{d\theta}=1$

$\theta=0$일 때 $t=\frac{\pi}{6}$, $\theta=\frac{\pi}{3}$일 때 $t=\frac{\pi}{2}$이므로

$$\begin{aligned}\int_0^{\frac{\pi}{3}} \cos\left(\theta+\frac{\pi}{6}\right)d\theta&=\int_{\frac{\pi}{6}}^{\frac{\pi}{2}}\cos t\,dt\\&=\left[\sin t\right]_{\frac{\pi}{6}}^{\frac{\pi}{2}}\\&=1-\frac{1}{2}=\frac{1}{2}\end{aligned}$$

614 답 ④

$\int_0^{\ln 3} e^{x+3}\,dx=\left[e^{x+3}\right]_0^{\ln 3}=e^{\ln 3+3}-e^3=3e^3-e^3=2e^3$

다른 풀이

$x+3=t$로 놓으면 $\frac{dt}{dx}=1$

$x=0$일 때 $t=3$, $x=\ln 3$일 때 $t=\ln 3+3$이므로

$$\begin{aligned}\int_0^{\ln 3} e^{x+3}\,dx&=\int_3^{\ln 3+3} e^t\,dt\\&=\left[e^t\right]_3^{\ln 3+3}\\&=e^{\ln 3+3}-e^3\\&=3e^3-e^3=2e^3\end{aligned}$$

615 답 ①

$\int_0^1 2e^{2x}\,dx=\left[e^{2x}\right]_0^1=e^2-1$

다른 풀이

$2x=t$로 놓으면 $\frac{dt}{dx}=2$

$x=0$일 때 $t=0$, $x=1$일 때 $t=2$이므로

$$\begin{aligned}\int_0^1 2e^{2x}\,dx&=\int_0^2 2e^t\times\frac{1}{2}\,dt\\&=\left[e^t\right]_0^2=e^2-1\end{aligned}$$

616 답 4

$k=\int_2^4 2e^{2x-4}\,dx=\left[e^{2x-4}\right]_2^4=e^4-1$

$\therefore \ln(k+1)=\ln e^4=4$

다른 풀이

$2x-4=t$로 놓으면 $\frac{dt}{dx}=2$

$x=2$일 때 $t=0$, $x=4$일 때 $t=4$이므로

$$\begin{aligned}k&=\int_2^4 2e^{2x-4}\,dx=\int_0^4 2e^t\times\frac{1}{2}\,dt\\&=\left[e^t\right]_0^4=e^4-1\end{aligned}$$

617 답 ⑤

$$\int_{\frac{1}{2}}^{1}\sqrt{2x-1}\,dx=\int_{\frac{1}{2}}^{1}(2x-1)^{\frac{1}{2}}dx$$
$$=\left[\frac{1}{3}(2x-1)^{\frac{3}{2}}\right]_{\frac{1}{2}}^{1}$$
$$=\frac{1}{3}-0=\frac{1}{3}$$

다른 풀이

$2x-1=t$로 놓으면 $\frac{dt}{dx}=2$

$x=\frac{1}{2}$일 때 $t=0$, $x=1$일 때 $t=1$이므로

$$\int_{\frac{1}{2}}^{1}\sqrt{2x-1}\,dx=\int_{0}^{1}\sqrt{t}\times\frac{1}{2}dt$$
$$=\int_{0}^{1}\frac{1}{2}t^{\frac{1}{2}}dt$$
$$=\left[\frac{1}{3}t^{\frac{3}{2}}\right]_{0}^{1}$$
$$=\frac{1}{3}-0=\frac{1}{3}$$

618 답 ④

$\ln x=t$로 놓으면 $\frac{dt}{dx}=\frac{1}{x}$

$x=e$일 때 $t=1$, $x=e^3$일 때 $t=3$이므로

$$\int_{e}^{e^3}\frac{\ln x}{x}dx=\int_{1}^{3}t\,dt=\left[\frac{1}{2}t^2\right]_{1}^{3}$$
$$=\frac{9}{2}-\frac{1}{2}=4$$

619 답 6

$\sin x=t$로 놓으면 $\frac{dt}{dx}=\cos x$

$x=\frac{\pi}{6}$일 때 $t=\frac{1}{2}$, $x=\frac{\pi}{2}$일 때 $t=1$이므로

$$\int_{\frac{\pi}{6}}^{\frac{\pi}{2}}f'(\sin x)\cos x\,dx=\int_{\frac{1}{2}}^{1}f'(t)\,dt$$
$$=\left[f(t)\right]_{\frac{1}{2}}^{1}$$
$$=f(1)-f\left(\frac{1}{2}\right)$$
$$=9-3=6$$

620 답 13

$f'(x)=\frac{1}{x}$이므로

$f(x)=\int\frac{1}{x}dx=\ln|x|+C$ (단, C는 적분상수)

$f(1)=10$이므로 $C=10$

따라서 $f(x)=\ln|x|+10$이므로

$f(e^3)=\ln e^3+10=3+10=13$

621 답 ⑤

$(x+e)'=1$이므로

$$\int_{0}^{e}\frac{5}{x+e}dx=5\int_{0}^{e}\frac{1}{x+e}dx$$
$$=5\left[\ln|x+e|\right]_{0}^{e}$$
$$=5(\ln 2e-\ln e)=5\ln 2$$

622 답 ③

$(2x+1)'=2$이므로

$$\int_{0}^{3}\frac{2}{2x+1}dx=\left[\ln|2x+1|\right]_{0}^{3}=\ln 7-\ln 1=\ln 7$$

623 답 ④

$(x+1)'=1$이므로

$$\int_{0}^{10}\frac{x+2}{x+1}dx=\int_{0}^{10}\left(1+\frac{1}{x+1}\right)dx$$
$$=\left[x+\ln|x+1|\right]_{0}^{10}$$
$$=10+\ln 11$$

624 답 ③

$\tan x=\frac{\sin x}{\cos x}$이고 $(\cos x)'=-\sin x$이므로

$$\int_{0}^{\frac{\pi}{3}}\tan x\,dx=-\int_{0}^{\frac{\pi}{3}}\frac{-\sin x}{\cos x}dx$$
$$=-\left[\ln|\cos x|\right]_{0}^{\frac{\pi}{3}}$$
$$=-\left(\ln\frac{1}{2}-\ln 1\right)=\ln 2$$

625 답 ①

$f(x)=1+\ln x$, $g'(x)=1$로 놓으면

$f'(x)=\frac{1}{x}$, $g(x)=x$

$$\therefore \int_{1}^{e}(1+\ln x)\,dx=\left[x(1+\ln x)\right]_{1}^{e}-\int_{1}^{e}\frac{1}{x}\times x\,dx$$
$$=2e-1-\left[x\right]_{1}^{e}$$
$$=2e-1-(e-1)=e$$

626 답 ②

$f(x)=\ln\frac{x}{e}$, $g'(x)=1$로 놓으면

$f'(x)=\frac{1}{x}$, $g(x)=x$

$$\therefore \int_1^e \ln\frac{x}{e}dx=\left[x\ln\frac{x}{e}\right]_1^e-\int_1^e\frac{1}{x}\times x\,dx$$
$$=1-\left[x\right]_1^e$$
$$=1-(e-1)=2-e$$

627 답 ①

$f(x)=x$, $g'(x)=e^x$으로 놓으면

$f'(x)=1$, $g(x)=e^x$

$$\therefore \int_0^1 xe^x dx=\left[xe^x\right]_0^1-\int_0^1 e^x dx$$
$$=e-\left[e^x\right]_0^1$$
$$=e-(e-1)=1$$

628 답 ①

$f(x)=x-1$, $g'(x)=e^{-x}$으로 놓으면

$f'(x)=1$, $g(x)=-e^{-x}$

$$\int_1^2(x-1)e^{-x}dx=\left[-(x-1)e^{-x}\right]_1^2-\int_1^2(-e^{-x})dx$$
$$=-e^{-2}-\left[e^{-x}\right]_1^2$$
$$=-e^{-2}-(e^{-2}-e^{-1})$$
$$=\frac{1}{e}-\frac{2}{e^2}$$

629 답 ⑤

$f(x)=x$, $g'(x)=\sin x$로 놓으면

$f'(x)=1$, $g(x)=-\cos x$

$$\therefore \int_{2\pi}^{3\pi}x\sin x\,dx=\left[-x\cos x\right]_{2\pi}^{3\pi}-\int_{2\pi}^{3\pi}(-\cos x)dx$$
$$=5\pi+\left[\sin x\right]_{2\pi}^{3\pi}$$
$$=5\pi+0=5\pi$$

630 답 ②

$f(x)=x+1$, $g'(x)=\cos x$로 놓으면

$f'(x)=1$, $g(x)=\sin x$

$$\therefore \int_0^{\frac{\pi}{2}}(x+1)\cos x\,dx=\left[(x+1)\sin x\right]_0^{\frac{\pi}{2}}-\int_0^{\frac{\pi}{2}}\sin x\,dx$$
$$=\left(\frac{\pi}{2}+1\right)+\left[\cos x\right]_0^{\frac{\pi}{2}}$$
$$=\left(\frac{\pi}{2}+1\right)+(-1)=\frac{\pi}{2}$$

B 유형 & 유사로 익히면…

631 답 ②

해결 각 잡기

- **함수 $y=x^n$ (n은 -1이 아닌 실수)의 부정적분**

$$\int x^n dx=\frac{1}{n+1}x^{n+1}+C$$

- $\frac{1}{x^p}=x^{-p}$, $\sqrt[r]{x^q}=x^{\frac{q}{r}}$

$$\int_0^4(5x-3)\sqrt{x}\,dx=\int_0^4(5x\sqrt{x}-3\sqrt{x})\,dx$$
$$=\int_0^4\left(5x^{\frac{3}{2}}-3x^{\frac{1}{2}}\right)dx$$
$$=\left[2x^{\frac{5}{2}}-2x^{\frac{3}{2}}\right]_0^4$$
$$=64-16=48$$

632 답 23

STEP 1 $f'(x)=\begin{cases}3\sqrt{x} & (x>1)\\ 2x & (x<1)\end{cases}$이므로

$f(x)=\begin{cases}2x^{\frac{3}{2}}+C_1 & (x>1)\\ x^2+C_2 & (x<1)\end{cases}$ (단, C_1, C_2는 적분상수)

STEP 2 $f(4)=13$이므로

$16+C_1=13$

$\therefore C_1=-3$

STEP 3 함수 $f(x)$는 $x=1$에서 연속이므로

$\lim_{x\to1-}f(x)=\lim_{x\to1-}(x^2+C_2)=1+C_2$,

$\lim_{x\to1+}f(x)=\lim_{x\to1+}(2x^{\frac{3}{2}}-3)=2-3=-1$

에서 $1+C_2=-1$

$\therefore C_2=-2$

따라서 $x<1$일 때, $f(x)=x^2-2$이므로

$f(-5)=25-2=23$

633 답 ③

STEP 1 $f'(x)=\begin{cases}\frac{1}{x^2} & (x<-1)\\ 3x^2+1 & (x>-1)\end{cases}$이므로

$f(x)=\begin{cases}-\frac{1}{x}+C_1 & (x<-1)\\ x^3+x+C_2 & (x>-1)\end{cases}$ (단, C_1, C_2는 적분상수)

STEP 2 $f(-2)=\frac{1}{2}$이므로

$\frac{1}{2}+C_1=\frac{1}{2}$

$\therefore C_1=0$

STEP 3 함수 $f(x)$는 $x=-1$에서 연속이므로

$\lim_{x\to-1-} f(x)=\lim_{x\to-1-}\left(-\frac{1}{x}\right)=1$,

$\lim_{x\to-1+} f(x)=\lim_{x\to-1+}(x^3+x+C_2)=-1-1+C_2$

$=-2+C_2$

에서 $1=-2+C_2$

$\therefore C_2=3$

따라서 $x>-1$일 때, $f(x)=x^3+x+3$이므로

$f(0)=3$

634 답 ②

STEP 1 $f'(x)=2-\frac{3}{x^2}$이므로

$f(x)=2x+\frac{3}{x}+C_1$ (단, C_1은 적분상수)

$f(1)=5$이므로

$2+3+C_1=5$

$\therefore C_1=0$

$\therefore f(x)=2x+\frac{3}{x}$

STEP 2 한편, 조건 (가)에서

$g'(x)=f'(-x)=2-\frac{3}{x^2}$ $(x<0)$

이므로

$g(x)=2x+\frac{3}{x}+C_2$ (단, $x<0$, C_2는 적분상수)

STEP 3 조건 (나)에서 $f(2)+g(-2)=9$이므로

$\left(4+\frac{3}{2}\right)+\left(-4-\frac{3}{2}+C_2\right)=9$

$\therefore C_2=9$

따라서 $g(x)=2x+\frac{3}{x}+9$이므로

$g(-3)=-6-1+9=2$

635 답 ⑤

해결 각 잡기

유리함수의 부정적분

(1) $\int \frac{1}{x}dx=\ln|x|+C$

(2) $\int \frac{f'(x)}{f(x)}dx=\ln|f(x)|+C$

$$\int_1^2 \frac{3x+2}{x^2}dx=\int_1^2\left(\frac{3}{x}+\frac{2}{x^2}\right)dx$$

$$=\left[3\ln x-\frac{2}{x}\right]_1^2$$

$$=(3\ln 2-1)-(0-2)=3\ln 2+1$$

636 답 ⑤

해결 각 잡기

지수함수의 부정적분

$\int e^x dx=e^x+C$

STEP 1 $f'(x)=\begin{cases} e^{x-1} & (x\le1) \\ \frac{1}{x} & (x>1)\end{cases}$이므로

$f(x)=\begin{cases} e^{x-1}+C_1 & (x\le1) \\ \ln x+C_2 & (x>1)\end{cases}$ (단, C_1, C_2는 적분상수)

STEP 2 $f(-1)=e+\frac{1}{e^2}$이므로

$\frac{1}{e^2}+C_1=e+\frac{1}{e^2}$ $\quad\therefore C_1=e$

$\therefore f(x)=\begin{cases} e^{x-1}+e & (x\le1) \\ \ln x+C_2 & (x>1)\end{cases}$

STEP 3 함수 $f(x)$는 $x=1$에서 연속이므로

$\lim_{x\to1-} f(x)=\lim_{x\to1-}(e^{x-1}+e)=1+e$,

$\lim_{x\to1+} f(x)=\lim_{x\to1+}(\ln x+C_2)=C_2$

에서 $C_2=e+1$

따라서 $x>1$일 때, $f(x)=\ln x+e+1$이므로

$f(e)=\ln e+e+1=e+2$

637 답 15

$$\int_1^5\left(\frac{1}{x+1}+\frac{1}{x}\right)dx=\Big[\ln|x+1|+\ln|x|\Big]_1^5$$

$$=\ln 6+\ln 5-(\ln 2+0)$$

$$=\ln 15$$

즉, $\ln a=\ln 15$이므로

$a=15$

638 답 ①

$$\int_3^6 \frac{2}{x^2-2x}dx=\int_3^6\frac{2}{x(x-2)}dx$$

$$=\int_3^6\left(\frac{1}{x-2}-\frac{1}{x}\right)dx$$

$$=\Big[\ln|x-2|-\ln|x|\Big]_3^6$$

$$=(\ln 4-\ln 6)-(0-\ln 3)$$

$$=\ln 2$$

639 답 ④

STEP 1 곡선 $y=f(x)$ 위의 점 $(t,\ f(t))$에서의 접선의 기울기가

$\frac{1}{t}+4e^{2t}$이므로

$f'(t)=\frac{1}{t}+4e^{2t}$

$\therefore f(t)=\int\left(\frac{1}{t}+4e^{2t}\right)dt=\ln|t|+2e^{2t}+C$ (단, C는 적분상수)

STEP 2 이때 $f(1)=2e^2+1$이므로

$0+2e^2+C=2e^2+1 \quad \therefore C=1$

즉, $f(x)=\ln|x|+2e^{2x}+1$이므로

$f(e)=1+2e^{2e}+1=2e^{2e}+2$

640 답 ③

STEP 1 조건 (다)에서 $f''(x)=e^x\ (0<x<1)$이므로

$f'(x)=e^x+C_1$ (단, C_1은 적분상수)

조건 (가)에서 $f'(0)=1$이므로

$1+C_1=1 \quad \therefore C_1=0$

$\therefore f'(x)=e^x\ (0<x<1)$

즉, $f(x)=e^x+C_2$ (단, C_2는 적분상수)이고, 조건 (가)에서

$f(0)=1$이므로

$1+C_2=1 \quad \therefore C_2=0$

$\therefore f(x)=e^x\ (0<x<1)$

STEP 2 함수 $f(x)$는 $x=1$에서 미분가능하므로

$f'(1)=\lim_{x\to1-}f'(x)=\lim_{x\to1-}e^x=e$

또, 함수 $f(x)$는 $x=1$에서 연속이므로

$f(1)=\lim_{x\to1-}e^x=e$

STEP 3 $f'(1)=e$이므로 조건 (나)에 의하여

$f'(x)\ge e\ (1<x<2)$

$\int_1^x f'(x)\,dx\ge\int_1^x e\,dx$ #

$f(x)-\underbrace{e}_{=f(1)}\ge ex-e$

$\therefore f(x)\ge ex\ (1<x<2)$

또, $\int_1^2 f(x)\,dx\ge\int_1^2 ex\,dx=\frac{3}{2}e$이므로 #

$$\int_0^2 f(x)\,dx=\int_0^1 f(x)\,dx+\int_1^2 f(x)\,dx$$
$$=\int_0^1 e^x\,dx+\int_1^2 f(x)\,dx$$
$$=e-1+\int_1^2 f(x)\,dx$$
$$\ge e-1+\frac{3}{2}e$$
$$=\frac{5}{2}e-1$$

따라서 구하는 최솟값은 $\frac{5}{2}e-1$이다.

 # 참고

구간 $[a, b]$에서 연속인 두 함수 $f(x)$, $g(x)$에 대하여

(1) $f(x)<g(x)$이면 $\int_a^b f(x)\,dx<\int_a^b g(x)\,dx$

(2) $f(x)\le g(x)$이면 $\int_a^b f(x)\,dx\le\int_a^b g(x)\,dx$

641 답 ④

STEP 1 $f(x)=\int_0^x \frac{1}{1+e^{-t}}dt$

$$=\int_0^x \frac{e^t}{e^t+1}dt$$
$$=\Big[\ln(e^t+1)\Big]_0^x$$
$$=\ln(e^x+1)-\ln 2=\ln\frac{e^x+1}{2}$$

STEP 2 $(f\circ f)(a)=f(f(a))$

$$=f\left(\ln\frac{e^a+1}{2}\right)$$
$$=\ln\frac{\frac{e^a+1}{2}+1}{2}$$
$$=\ln\frac{e^a+3}{4}$$

즉, $\ln\frac{e^a+3}{4}=\ln 5$이므로

$\frac{3+e^a}{4}=5,\ e^a=17$

$\therefore a=\ln 17$

642 답 ①

STEP 1 $x\ge0$에서 $f(x)=\frac{x}{x^2+1}$이므로

$$f'(x)=\frac{1\times(x^2+1)-x\times2x}{(x^2+1)^2}$$
$$=\frac{1-x^2}{(x^2+1)^2}=-\frac{(x+1)(x-1)}{(x^2+1)^2}$$

$f'(x)=0$에서 $x=-1$ 또는 $x=1$

함수 $f(x)$의 증가와 감소를 표로 나타내면 다음과 같다.

x	0	$\cdots$	1	$\cdots$
$f'(x)$		+	0	−
$f(x)$	0	↗	$\frac{1}{2}$	↘

함수 $f(x)$가 모든 실수 x에 대하여 $f(x)=f(-x)$를 만족시키므로 함수 $f(x)$의 그래프는 y축에 대하여 대칭이다.

또, $\lim_{x\to\infty}f(x)=0$이므로 함수 $y=f(x)$의 그래프는 다음 그림과 같다.

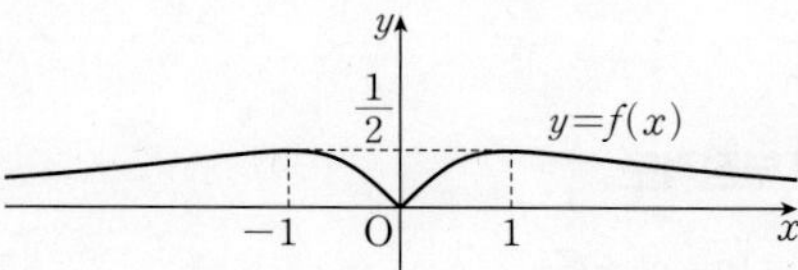

STEP 2 함수 $f(x)$는 $x=0$에서 미분가능하지 않으므로 함수

$g(x)=\begin{cases} f(x) & (x<a) \\ f(b-x) & (x\ge a)\end{cases}$가 실수 전체의 집합에서 미분가능하려면

$a\le0$

또, 함수 $y=f(b-x)=f(-(x-b))$의 그래프는 함수 $y=f(x)$의 그래프를 y축에 대하여 대칭이동한 후 x축의 방향으로 b만큼 평행이동한 것이다.

그런데 함수 $y=f(x)$의 그래프를 y축에 대하여 대칭이동한 그래프의 식은 $y=f(x)$ 그대로이므로 함수 $y=f(b-x)$의 그래프는 함수 $y=f(x)$의 그래프를 x축의 방향으로 b만큼 평행이동한 것이다.
따라서 함수 $g(x)$가 실수 전체의 집합에서 미분가능하려면
$a=-1$, $b=-2$
이어야 한다.

STEP 3 즉, $g(x)=\begin{cases} f(x) & (x<-1) \\ f(x+2) & (x\ge -1) \end{cases}$이므로

$$\begin{aligned}\int_a^{a-b} g(x)\,dx &= \int_{-1}^{1} g(x)\,dx \\ &= \int_{-1}^{1} f(x+2)\,dx \\ &= \int_1^3 f(x)\,dx \\ &= \int_1^3 \frac{x}{x^2+1}\,dx \\ &= \frac{1}{2}\int_1^3 \frac{2x}{x^2+1}\,dx \\ &= \frac{1}{2}\Big[\ln|x^2+1|\Big]_1^3 \\ &= \frac{1}{2}(\ln 10-\ln 2)=\frac{1}{2}\ln 5\end{aligned}$$

643 답 ③

해결 각 잡기

sin ax, cos ax 꼴의 부정적분

(1) $\int \sin ax\,dx=-\frac{1}{a}\cos ax+C$

(2) $\int \cos ax\,dx=\frac{1}{a}\sin ax+C$

$$\int_0^{\frac{\pi}{6}} \cos 3x\,dx=\left[\frac{1}{3}\sin 3x\right]_0^{\frac{\pi}{6}}=\frac{1}{3}-0=\frac{1}{3}$$

다른 풀이

$3x=t$로 놓으면 $\frac{dt}{dx}=3$

$x=0$일 때 $t=0$, $x=\frac{\pi}{6}$일 때 $t=\frac{\pi}{2}$이므로

$$\begin{aligned}\int_0^{\frac{\pi}{6}} \cos 3x\,dx &= \int_0^{\frac{\pi}{2}} \cos t\times\frac{1}{3}\,dt \\ &= \left[\frac{1}{3}\sin t\right]_0^{\frac{\pi}{2}} \\ &= \frac{1}{3}-0=\frac{1}{3}\end{aligned}$$

644 답 ①

$$\int_0^{\frac{\pi}{4}} \sin 2x\,dx=\left[-\frac{1}{2}\cos 2x\right]_0^{\frac{\pi}{4}}=0-\left(-\frac{1}{2}\right)=\frac{1}{2}$$

다른 풀이

$2x=t$로 놓으면 $\frac{dt}{dx}=2$

$x=0$일 때 $t=0$, $x=\frac{\pi}{4}$일 때 $t=\frac{\pi}{2}$이므로

$$\begin{aligned}\int_0^{\frac{\pi}{4}} \sin 2x\,dx &= \int_0^{\frac{\pi}{2}} \frac{1}{2}\sin t\,dt \\ &= \left[-\frac{1}{2}\cos t\right]_0^{\frac{\pi}{2}} \\ &= 0-\left(-\frac{1}{2}\right)=\frac{1}{2}\end{aligned}$$

645 답 ①

해결 각 잡기

$\int f(\ln x)\times\frac{1}{x}\,dx$ 꼴의 부정적분

$\ln x=t$로 놓으면 $\frac{dt}{dx}=\frac{1}{x}$이므로

$$\int f(\ln x)\times\frac{1}{x}\,dx=\int f(t)\,dt$$

$\ln x=t$로 놓으면 $\frac{dt}{dx}=\frac{1}{x}$

$x=1$일 때 $t=0$, $x=e$일 때 $t=1$이므로

$$\int_1^e \frac{3(\ln x)^2}{x}\,dx=\int_0^1 3t^2\,dt=\Big[t^3\Big]_0^1=1-0=1$$

646 답 ④

$\ln x=t$로 놓으면 $\frac{dt}{dx}=\frac{1}{x}$

$x=1$일 때 $t=0$, $x=e^2$일 때 $t=2$이므로

$$\int_1^{e^2} \frac{(\ln x)^3}{x}\,dx=\int_0^2 t^3\,dt=\left[\frac{1}{4}t^4\right]_0^2=4-0=4$$

647 답 ③

STEP 1 $\int_1^e \left(\frac{3}{x}+\frac{2}{x^2}\right)\ln x\,dx-\int_1^e \frac{2}{x^2}\ln x\,dx=\int_1^e \frac{3}{x}\ln x\,dx$

STEP 2 $\ln x=t$로 놓으면 $\frac{dt}{dx}=\frac{1}{x}$

$x=1$일 때 $t=0$, $x=e$일 때 $t=1$이므로

$$\int_1^e \frac{3}{x}\ln x\,dx=\int_0^1 3t\,dt=\left[\frac{3}{2}t^2\right]_0^1=\frac{3}{2}-0=\frac{3}{2}$$

648 답 ②

$f(x)=x+\ln x=t$로 놓으면 $\frac{dt}{dx}=1+\frac{1}{x}$

$x=1$일 때 $t=1$, $x=e$일 때 $t=e+1$이므로

$$\int_1^e\left(1+\frac{1}{x}\right)f(x)\,dx=\int_1^{e+1}t\,dt$$
$$=\left[\frac{1}{2}t^2\right]_1^{e+1}$$
$$=\frac{1}{2}(e+1)^2-\frac{1}{2}$$
$$=\frac{e^2}{2}+e$$

649 답 ⑤

$1+2\ln x=t$로 놓으면 $\frac{dt}{dx}=\frac{2}{x}$

$x=1$일 때 $t=1$, $x=e^2$일 때 $t=5$이므로

$$\int_1^{e^2}\frac{f(1+2\ln x)}{x}dx=\int_1^5 f(t)\times\frac{1}{2}dt=5$$

$$\therefore \int_1^5 f(x)\,dx=10$$

650 답 ②

$\ln x=t$로 놓으면 $\frac{dt}{dx}=\frac{1}{x}$

$x=1$일 때 $t=0$, $x=a$일 때 $t=\ln a$이므로

$$f(a)=\int_1^a\frac{\sqrt{\ln x}}{x}dx=\int_0^{\ln a}\sqrt{t}\,dt$$
$$=\left[\frac{2}{3}t^{\frac{3}{2}}\right]_0^{\ln a}=\frac{2}{3}(\ln a)^{\frac{3}{2}}$$

$$\therefore f(a^4)=\frac{2}{3}(\ln a^4)^{\frac{3}{2}}=\frac{2}{3}(4\ln a)^{\frac{3}{2}}=8\times\frac{2}{3}(\ln a)^{\frac{3}{2}}=8f(a)$$

651 답 ②

해결 각 잡기

$\int f(\sin x)\cos x\,dx$ 꼴의 부정적분

$\sin x=t$로 놓으면 $\frac{dt}{dx}=\cos x$이므로

$$\int f(\sin x)\cos x\,dx=\int f(t)\,dt$$

STEP 1 $\ln x=t$로 놓으면 $\frac{dt}{dx}=\frac{1}{x}$

$x=e^2$일 때 $t=2$, $x=e^3$일 때 $t=3$이므로

$$\int_{e^2}^{e^3}\frac{a+\ln x}{x}dx=\int_2^3(a+t)\,dt$$
$$=\left[at+\frac{1}{2}t^2\right]_2^3$$
$$=3a+\frac{9}{2}-(2a+2)$$
$$=a+\frac{5}{2}$$

STEP 2 $\sin x=s$로 놓으면 $\frac{ds}{dx}=\cos x$

$x=0$일 때 $s=0$, $x=\frac{\pi}{2}$일 때 $s=1$이므로

$$\int_0^{\frac{\pi}{2}}(1+\sin x)\cos x\,dx=\int_0^1(1+s)\,ds$$
$$=\left[s+\frac{1}{2}s^2\right]_0^1$$
$$=1+\frac{1}{2}=\frac{3}{2}$$

STEP 3 즉, $a+\frac{5}{2}=\frac{3}{2}$이므로

$a=-1$

652 답 ⑤

$\sin 2x=t$로 놓으면 $\frac{dt}{dx}=2\cos 2x$

$x=0$일 때 $t=0$, $x=\frac{\pi}{4}$일 때 $t=1$이므로

$$\int_0^{\frac{\pi}{4}}2\cos 2x\sin^2 2x\,dx=\int_0^1 t^2\,dt=\left[\frac{1}{3}t^3\right]_0^1=\frac{1}{3}-0=\frac{1}{3}$$

653 답 ⑤

해결 각 잡기

$\sin 2x=2\sin x\cos x$임을 이용하여 주어진 식을 변형해 본다.

STEP 1 $\int_0^{\frac{\pi}{2}}\sin 2x(\sin x+1)\,dx$

$$=\int_0^{\frac{\pi}{2}}2\sin x\cos x(\sin x+1)\,dx$$
$$=\int_0^{\frac{\pi}{2}}\cos x(2\sin^2 x+2\sin x)\,dx$$

STEP 2 $\sin x=t$로 놓으면 $\frac{dt}{dx}=\cos x$

$x=0$일 때 $t=0$, $x=\frac{\pi}{2}$일 때 $t=1$이므로

$$\int_0^{\frac{\pi}{2}}\cos x(2\sin^2 x+2\sin x)\,dx=\int_0^1(2t^2+2t)\,dt$$
$$=\left[\frac{2}{3}t^3+t^2\right]_0^1$$
$$=\frac{2}{3}+1=\frac{5}{3}$$

654 답 3

해결 각 잡기

- $\int_0^{\frac{\pi}{2}}(\cos x+3\cos^3 x)\,dx=\int_0^{\frac{\pi}{2}}\cos x\,dx+\int_0^{\frac{\pi}{2}}3\cos^3 x\,dx$
- $\cos^2 x=1-\sin^2 x$임을 이용하여 $\int_0^{\frac{\pi}{2}}3\cos^3 x\,dx$를 변형해 본다.

STEP 1 $\int_0^{\frac{\pi}{2}}\cos x\,dx+3\int_0^{\frac{\pi}{2}}\cos^3 x\,dx$

$=\Big[\sin x\Big]_0^{\frac{\pi}{2}}+3\int_0^{\frac{\pi}{2}}(1-\sin^2 x)\cos x\,dx$

$=1+3\int_0^{\frac{\pi}{2}}(1-\sin^2 x)\cos x\,dx$

STEP 2 $\sin x=t$로 놓으면 $\frac{dt}{dx}=\cos x$

$x=0$일 때 $t=0$, $x=\frac{\pi}{2}$일 때 $t=1$이므로

$\int_0^{\frac{\pi}{2}}(1-\sin^2 x)\cos x\,dx=\int_0^1(1-t^2)\,dt$

$=\Big[t-\frac{1}{3}t^3\Big]_0^1$

$=1-\frac{1}{3}=\frac{2}{3}$

STEP 3 $\therefore\ 1+3\int_0^{\frac{\pi}{2}}(1-\sin^2 x)\cos x\,dx=1+3\times\frac{2}{3}=3$

655 답 ③

해결 각 잡기

$\int f'(x)\sqrt{f(x)}\,dx$ 꼴의 부정적분

$f(x)=t$로 놓으면 $\frac{dt}{dx}=f'(x)$이므로

$\int f'(x)\sqrt{f(x)}\,dx=\int\sqrt{t}\,dt$

$x^2+1=t$로 놓으면 $\frac{dt}{dx}=2x$

$x=0$일 때 $t=1$, $x=\sqrt{3}$일 때 $t=4$이므로

$\int_0^{\sqrt{3}}2x\sqrt{x^2+1}\,dx=\int_1^4\sqrt{t}\,dt$

$=\Big[\frac{2}{3}t^{\frac{3}{2}}\Big]_1^4$

$=\frac{16}{3}-\frac{2}{3}=\frac{14}{3}$

656 답 ②

$x^2-1=t$로 놓으면 $\frac{dt}{dx}=2x$

$x=1$일 때 $t=0$, $x=\sqrt{2}$일 때 $t=1$이므로

$\int_1^{\sqrt{2}}x^3\sqrt{x^2-1}\,dx=\int_0^1\frac{1}{2}(t+1)\sqrt{t}\,dt$

$=\int_0^1\left(\frac{1}{2}t^{\frac{3}{2}}+\frac{1}{2}t^{\frac{1}{2}}\right)dt$

$=\Big[\frac{1}{5}t^{\frac{5}{2}}+\frac{1}{3}t^{\frac{3}{2}}\Big]_0^1$

$=\frac{1}{5}+\frac{1}{3}=\frac{8}{15}$

657 답 ⑤

해결 각 잡기

$\int\frac{f'(x)}{\sqrt{f(x)}}\,dx$ 꼴의 부정적분

$f(x)=t$로 놓으면 $\frac{dt}{dx}=f'(x)$이므로

$\int\frac{f'(x)}{\sqrt{f(x)}}\,dx=\int\frac{1}{\sqrt{t}}\,dt$

STEP 1 $\sqrt{x-1}f'(x)=3x-4$에서 $x>1$이므로

$f'(x)=\frac{3x-4}{\sqrt{x-1}}$

$\therefore\ f(x)=\int\frac{3x-4}{\sqrt{x-1}}\,dx$

STEP 2 $x-1=t$로 놓으면 $\frac{dt}{dx}=1$

$\therefore\ \int\frac{3x-4}{\sqrt{x-1}}\,dx=\int\frac{3t-1}{\sqrt{t}}\,dt$

$=\int(3t^{\frac{1}{2}}-t^{-\frac{1}{2}})\,dt$

$=2t^{\frac{3}{2}}-2t^{\frac{1}{2}}+C$ (단, C는 적분상수)

$=2(x-1)^{\frac{3}{2}}-2(x-1)^{\frac{1}{2}}+C$

STEP 3 $f(5)=16-4+C=12+C$,

$f(2)=2-2+C=C$

이므로

$f(5)-f(2)=(12+C)-C=12$

658 답 ②

해결 각 잡기

$\int\left(-\frac{1}{x^2}\right)f\left(\frac{1}{x}\right)dx$ 꼴의 부정적분

$\frac{1}{x}=t$로 놓으면 $\frac{dt}{dx}=-\frac{1}{x^2}$이므로

$\int\left(-\frac{1}{x^2}\right)f\left(\frac{1}{x}\right)dx=\int f(t)\,dt$

STEP 1 $2f(x)+\frac{1}{x^2}f\left(\frac{1}{x}\right)=\frac{1}{x}+\frac{1}{x^2}$에서

$2f(x)=\frac{1}{x}+\frac{1}{x^2}-\frac{1}{x^2}f\left(\frac{1}{x}\right)$이므로

$2\int_{\frac{1}{2}}^2 f(x)\,dx$

$=\int_{\frac{1}{2}}^2\left\{\frac{1}{x}+\frac{1}{x^2}-\frac{1}{x^2}f\left(\frac{1}{x}\right)\right\}dx$

$=\int_{\frac{1}{2}}^2\frac{1}{x}dx+\int_{\frac{1}{2}}^2\frac{1}{x^2}dx-\int_{\frac{1}{2}}^2\frac{1}{x^2}f\left(\frac{1}{x}\right)dx$ ...... ㉠

STEP 2 $\int_{\frac{1}{2}}^2\frac{1}{x^2}f\left(\frac{1}{x}\right)dx$에서 $\frac{1}{x}=t$로 놓으면 $-\frac{1}{x^2}=\frac{dt}{dx}$

$x=\frac{1}{2}$일 때 $t=2$, $x=2$일 때 $t=\frac{1}{2}$이므로

$\int_{\frac{1}{2}}^2\frac{1}{x^2}f\left(\frac{1}{x}\right)dx=-\int_2^{\frac{1}{2}}f(t)dt=\int_{\frac{1}{2}}^2 f(x)\,dx$ ...... ㉡

09

STEP 3 ㉡을 ㉠에 대입하면

$$2\int_{\frac{1}{2}}^{2} f(x)\,dx=\int_{\frac{1}{2}}^{2}\frac{1}{x}dx+\int_{\frac{1}{2}}^{2}\frac{1}{x^2}dx-\int_{\frac{1}{2}}^{2}f(x)\,dx$$

$$3\int_{\frac{1}{2}}^{2} f(x)\,dx=\int_{\frac{1}{2}}^{2}\frac{1}{x}dx+\int_{\frac{1}{2}}^{2}\frac{1}{x^2}dx$$

$$=\Big[\ln|x|\Big]_{\frac{1}{2}}^{2}+\Big[-\frac{1}{x}\Big]_{\frac{1}{2}}^{2}$$

$$=\left(\ln 2-\ln\frac{1}{2}\right)+\frac{3}{2}$$

$$=2\ln 2+\frac{3}{2}$$

$$\therefore \int_{\frac{1}{2}}^{2} f(x)\,dx=\frac{2\ln 2}{3}+\frac{1}{2}$$

다른 풀이

$$2f(x)+\frac{1}{x^2}f\left(\frac{1}{x}\right)=\frac{1}{x}+\frac{1}{x^2} \qquad \cdots\cdots ㉢$$

㉢에서 x 대신 $\frac{1}{x}$을 대입하면

$$2f\left(\frac{1}{x}\right)+x^2f(x)=x+x^2$$

위의 식의 양변을 $2x^2$으로 나누면

$$\frac{1}{x^2}f\left(\frac{1}{x}\right)+\frac{1}{2}f(x)=\frac{1}{2x}+\frac{1}{2} \qquad \cdots\cdots ㉣$$

㉢−㉣을 하면

$$\frac{3}{2}f(x)=\frac{1}{2x}+\frac{1}{x^2}-\frac{1}{2}$$

$$f(x)=\frac{1}{3x}+\frac{2}{3x^2}-\frac{1}{3}$$

$$\therefore \int_{\frac{1}{2}}^{2} f(x)\,dx=\int_{\frac{1}{2}}^{2}\left(\frac{1}{3x}+\frac{2}{3x^2}-\frac{1}{3}\right)dx$$

$$=\left[\frac{1}{3}\ln|x|-\frac{2}{3x}-\frac{1}{3}x\right]_{\frac{1}{2}}^{2}$$

$$=\left(\frac{1}{3}\ln 2-1\right)-\left(\frac{1}{3}\ln\frac{1}{2}-\frac{3}{2}\right)$$

$$=\frac{2\ln 2}{3}+\frac{1}{2}$$

659 답 ④

해결 각 잡기

부분적분법

두 함수 $f(x)$, $g(x)$가 미분가능할 때

$$\int f(x)g'(x)\,dx=f(x)g(x)-\int f'(x)g(x)\,dx$$

(로그함수)×(다항함수)의 부분적분법

로그함수를 $f(x)$, 다항함수를 $g'(x)$로 놓는다.

STEP 1 $f'(x)=\begin{cases}2x+3 & (x<1)\\ \ln x & (x>1)\end{cases}$이므로

$g(x)=\ln x$, $h'(x)=1$로 놓으면 $g'(x)=\frac{1}{x}$, $h(x)=x$

$$f(x)=\begin{cases}x^2+3x+C_1 & (x<1)\\ x\ln x-x+C_2 & (x>1)\end{cases}$$ (단, C_1, C_2는 적분상수)

STEP 2 $f(e)=2$이므로

$e-e+C_2=2 \qquad \therefore C_2=2$

$$f(x)=\begin{cases}x^2+3x+C_1 & (x<1)\\ x\ln x-x+2 & (x>1)\end{cases}$$

STEP 3 함수 $f(x)$는 $x=1$에서 연속이므로

$\lim_{x\to1-}f(x)=\lim_{x\to1-}(x^2+3x+C_1)=1+3+C_1=4+C_1$,

$\lim_{x\to1+}f(x)=\lim_{x\to1+}(x\ln x-x+2)=0-1+2=1$

에서 $4+C_1=1 \qquad \therefore C_1=-3$

따라서 $x<1$일 때, $f(x)=x^2+3x-3$이므로

$f(-6)=36-18-3=15$

660 답 ③

$f(x)=\ln(x-1)$, $g'(x)=1$로 놓으면

$f'(x)=\frac{1}{x-1}$, $g(x)=x$

$$\therefore \int_2^6\ln(x-1)\,dx=\Big[x\ln(x-1)\Big]_2^6-\int_2^6\frac{1}{x-1}\times x\,dx$$

$$=6\ln 5-\int_2^6\left(1+\frac{1}{x-1}\right)dx$$

$$=6\ln 5-\Big[x+\ln|x-1|\Big]_2^6$$

$$=6\ln 5-(4+\ln 5)$$

$$=5\ln 5-4$$

다른 풀이

$x-1=t$로 놓으면 $\frac{dt}{dx}=1$

$x=2$일 때 $t=1$, $x=6$일 때 $t=5$이므로

$$\int_2^6\ln(x-1)\,dx=\int_1^5\ln t\,dt$$

$f(t)=\ln t$, $g'(t)=1$로 놓으면

$$\int_1^5\ln t\,dt=\Big[t\ln t\Big]_1^5-\int_1^5\frac{1}{t}\times t\,dt$$

$$=\Big[t\ln t\Big]_1^5-\Big[t\Big]_1^5$$

$$=5\ln 5-4$$

661 답 ②

$f(x)=\ln x$, $g'(x)=x^3$으로 놓으면

$f'(x)=\frac{1}{x}$, $g(x)=\frac{1}{4}x^4$

$$\therefore \int_1^e x^3\ln x\,dx=\left[\frac{x^4}{4}\ln x\right]_1^e-\int_1^e\frac{x^4}{4}\times\frac{1}{x}dx$$

$$=\frac{e^4}{4}-\left[\frac{x^4}{16}\right]_1^e$$

$$=\frac{e^4}{4}-\left(\frac{e^4}{16}-\frac{1}{16}\right)$$

$$=\frac{3e^4+1}{16}$$

662 답 ⑤

$f(x)=1-\ln x$, $g'(x)=x$로 놓으면

$f'(x)=-\frac{1}{x}$, $g(x)=\frac{1}{2}x^2$

$$\therefore \int_1^e x(1-\ln x)\,dx=\left[\frac{1}{2}x^2(1-\ln x)\right]_1^e-\int_1^e\left(-\frac{1}{x}\right)\times\frac{1}{2}x^2\,dx$$
$$=-\frac{1}{2}-\left[-\frac{1}{4}x^2\right]_1^e$$
$$=-\frac{1}{2}-\left(-\frac{1}{4}e^2+\frac{1}{4}\right)$$
$$=\frac{1}{4}(e^2-3)$$

663 답 ⑤

$f(x)=\ln x-1$, $g'(x)=\frac{1}{x^2}$로 놓으면

$f'(x)=\frac{1}{x}$, $g(x)=-\frac{1}{x}$

$$\therefore \int_e^{e^2}\frac{\ln x-1}{x^2}\,dx=\left[-\frac{\ln x-1}{x}\right]_e^{e^2}-\int_e^{e^2}\frac{1}{x}\times\left(-\frac{1}{x}\right)dx$$
$$=-\frac{1}{e^2}-\left[\frac{1}{x}\right]_e^{e^2}$$
$$=-\frac{1}{e^2}-\left(\frac{1}{e^2}-\frac{1}{e}\right)$$
$$=\frac{e-2}{e^2}$$

664 답 ④

STEP 1 곡선 $y=f(x)$ 위의 점 $(t,\ f(t))$에서의 접선의 기울기가 $\frac{\ln t}{t^2}$이므로

$f'(t)=\frac{\ln t}{t^2}$

$\therefore f(t)=\int\frac{\ln t}{t^2}\,dt$

STEP 2 $g(t)=\ln t$, $h'(t)=\frac{1}{t^2}$로 놓으면

$g'(t)=\frac{1}{t}$, $h(t)=-\frac{1}{t}$

$$f(t)=-\frac{\ln t}{t}-\int\frac{1}{t}\times\left(-\frac{1}{t}\right)dt$$
$$=-\frac{\ln t}{t}-\frac{1}{t}+C \text{ (단, } C\text{는 적분상수)}$$

STEP 3 이때 $f(1)=0$이므로

$-1+C=0$ $\quad\therefore C=1$

즉, $f(t)=-\frac{\ln t}{t}-\frac{1}{t}+1$이므로

$f(e)=-\frac{1}{e}-\frac{1}{e}+1=\frac{e-2}{e}$

665 답 2

해결 각 잡기

- **(삼각함수)×(다항함수)의 부분적분법**
  다항함수를 $f(x)$, 삼각함수를 $g'(x)$로 놓는다.
- $\sin(\pi-x)=\sin x$, $\cos(\pi-x)=-\cos x$,
  $\tan(\pi-x)=-\tan x$

STEP 1 $\int_0^\pi x\cos(\pi-x)\,dx=\int_0^\pi x(-\cos x)\,dx$

STEP 2 $f(x)=x$, $g'(x)=-\cos x$로 놓으면

$f'(x)=1$, $g(x)=-\sin x$

$$\int_0^\pi x(-\cos x)\,dx=\left[x(-\sin x)\right]_0^\pi-\int_0^\pi(-\sin x)\,dx$$
$$=0-\left[\cos x\right]_0^\pi$$
$$=-(-1-1)$$
$$=2$$

666 답 ②

해결 각 잡기

$\sin\left(\frac{\pi}{2}-x\right)=\cos x$, $\cos\left(\frac{\pi}{2}-x\right)=\sin x$,

$\tan\left(\frac{\pi}{2}-x\right)=\frac{1}{\tan x}$

STEP 1 $\int_0^\pi x\cos\left(\frac{\pi}{2}-x\right)dx=\int_0^\pi x\sin x\,dx$

STEP 2 $f(x)=x$, $g'(x)=\sin x$로 놓으면

$f'(x)=1$, $g(x)=-\cos x$

$$\int_0^\pi x\sin x\,dx=\left[-x\cos x\right]_0^\pi-\int_0^\pi(-\cos x)\,dx$$
$$=\pi-\left[-\sin x\right]_0^\pi$$
$$=\pi$$

667 답 6

해결 각 잡기

피적분함수에 $f'(x)$ 꼴이 곱해진 경우의 부분적분법
$f'(x)$를 적분하기 쉬운 함수로 생각하고, 나머지 곱해져 있는 식을 미분하기 좋은 함수로 생각한다.

STEP 1 조건 (나)의 $\int_0^1(x-1)f'(x+1)\,dx=-4$에서

$x+1=t$로 놓으면 $\frac{dx}{dt}=1$

$x=0$일 때 $t=1$, $x=1$일 때 $t=2$이므로

$\int_0^1 (x-1)f'(x+1)\,dx=\int_1^2 (t-2)f'(t)\,dt$

STEP 2 $g(t)=t-2$로 놓으면 $g'(t)=1$이므로

$$\int_1^2 (t-2)f'(t)\,dt=\Big[(t-2)f(t)\Big]_1^2-\int_1^2 f(t)\,dt$$
$$=f(1)-\int_1^2 f(t)\,dt$$
$$=2-\int_1^2 f(t)\,dt \ (\because \text{조건 (가)})$$

STEP 3 즉, $2-\int_1^2 f(t)\,dt=-4$이므로

$\int_1^2 f(x)\,dx=6$

668 답 ②

STEP 1 조건 (가), (나)에 의하여

$$\int_{-1}^1 \{f(x)\}^2 g'(x)\,dx$$
$$=\Big[\{f(x)\}^2 g(x)\Big]_{-1}^1-\int_{-1}^1 2f(x)f'(x)g(x)\,dx$$
$$=\Big[(x^4-1)f(x)\Big]_{-1}^1-\int_{-1}^1 2(x^4-1)f'(x)\,dx$$
$$=0-\int_{-1}^1 2(x^4-1)f'(x)\,dx$$

즉, $-2\int_{-1}^1 (x^4-1)f'(x)\,dx=120$이므로

$\int_{-1}^1 (x^4-1)f'(x)\,dx=-60$

STEP 2 $h(x)=x^4-1$로 놓으면 $h'(x)=4x^3$

$$\int_{-1}^1 (x^4-1)f'(x)\,dx=\Big[(x^4-1)f(x)\Big]_{-1}^1-\int_{-1}^1 4x^3 f(x)\,dx$$
$$=0-4\int_{-1}^1 x^3 f(x)\,dx$$
$$=-4\int_{-1}^1 x^3 f(x)\,dx$$

즉, $-4\int_{-1}^1 x^3 f(x)\,dx=-60$이므로

$\int_{-1}^1 x^3 f(x)\,dx=15$

669 답 ③

해결 각 잡기

(지수함수)×(다항함수)의 부분적분법
다항함수를 $f(x)$, 지수함수를 $g'(x)$로 놓는다.

STEP 1 $x^2=t$로 놓으면 $\frac{dt}{dx}=2x$

$x=1$일 때 $t=1$, $x=n$일 때 $t=n^2$이므로

$f(n)=\int_1^n x^2 e^{x^2}\times x\,dx=\frac{1}{2}\int_1^{n^2} te^t\,dt$

STEP 2 $g(t)=t$, $h'(t)=e^t$으로 놓으면

$g'(t)=1$, $h(t)=e^t$이므로

$$f(n)=\frac{1}{2}\int_1^{n^2} te^t\,dt$$
$$=\frac{1}{2}\left(\Big[te^t\Big]_1^{n^2}-\int_1^{n^2} e^t\,dt\right)$$
$$=\frac{1}{2}\left(n^2e^{n^2}-e-\Big[e^t\Big]_1^{n^2}\right)$$
$$=\frac{1}{2}\{n^2e^{n^2}-e-(e^{n^2}-e)\}$$
$$=\frac{1}{2}(n^2e^{n^2}-e^{n^2})$$
$$=\frac{e^{n^2}}{2}(n^2-1)$$

STEP 3 $\therefore \frac{f(5)}{f(3)}=\frac{12\times e^{25}}{4\times e^9}=3e^{16}$

670 답 ④

STEP 1 $g(x)=x^2$에서 $g(1)=1$, $g(0)=0$이므로

$$\int_0^1 f(x)g'(x)\,dx=\Big[f(x)g(x)\Big]_0^1-\int_0^1 f'(x)g(x)\,dx$$
$$=f(1)g(1)-f(0)g(0)-\int_0^1 \frac{x^2}{(1+x^3)^2}\,dx$$
$$=f(1)-\int_0^1 \frac{x^2}{(1+x^3)^2}\,dx$$

STEP 2 $1+x^3=t$로 놓으면 $\frac{dt}{dx}=3x^2$

$x=0$일 때 $t=1$, $x=1$일 때 $t=2$이므로

$\int_0^1 \frac{x^2}{(1+x^3)^2}\,dx=\int_1^2 \frac{1}{3t^2}\,dt=\Big[-\frac{1}{3t}\Big]_1^2=-\frac{1}{6}+\frac{1}{3}=\frac{1}{6}$

STEP 3 $\therefore f(1)-\int_0^1 \frac{x^2}{(1+x^3)^2}\,dx=f(1)-\frac{1}{6}$

즉, $f(1)-\frac{1}{6}=\frac{1}{6}$이므로

$f(1)=\frac{1}{3}$

671 답 ④

해결 각 잡기

$\int f'(ax)\,dx=\frac{1}{a}f(ax)+C$ (단, C는 적분상수)

STEP 1 $g(x)=x-1$로 놓으면 $g'(x)=1$이므로

$$\int_1^2 (x-1)f'\left(\frac{x}{2}\right)dx=\Big[2(x-1)f\left(\frac{x}{2}\right)\Big]_1^2-\int_1^2 2f\left(\frac{x}{2}\right)dx$$
$$=2f(1)-2\int_1^2 f\left(\frac{x}{2}\right)dx$$
$$=2\times 4-2\int_1^2 f\left(\frac{x}{2}\right)dx \ (\because f(1)=4)$$
$$=8-2\int_1^2 f\left(\frac{x}{2}\right)dx$$

즉, $8-2\int_1^2 f\left(\frac{x}{2}\right)dx=2$이므로 $\int_1^2 f\left(\frac{x}{2}\right)dx=3$

STEP 2 $\frac{x}{2}=t$로 놓으면 $\frac{dt}{dx}=\frac{1}{2}$

$x=1$일 때 $t=\frac{1}{2}$, $x=2$일 때 $t=1$이므로

$\int_1^2 f\left(\frac{x}{2}\right)dx=2\int_{\frac{1}{2}}^1 f(t)\,dt=3$

$\therefore \int_{\frac{1}{2}}^1 f(x)\,dx=\frac{3}{2}$

672 답 ④

해결 각 잡기

$(\{f(x)\}^2)'=2f(x)\times f'(x)$

STEP 1 $f(a)=0$이고 $f(2a)=2f(a)f'(a)$이므로

$f(2a)=0$

$\therefore f(4a)=2f(2a)f'(2a)=0$

$\int_a^{2a}\frac{\{f(x)\}^2}{x^2}dx$에서

$g'(x)=\frac{1}{x^2}$로 놓으면 $g(x)=-\frac{1}{x}$이므로

$\int_a^{2a}\frac{\{f(x)\}^2}{x^2}dx$

$=\left[-\frac{1}{x}\{f(x)\}^2\right]_a^{2a}-\int_a^{2a}\left(-\frac{1}{x}\right)\times 2f(x)f'(x)\,dx$

$=\left(-\frac{\{f(2a)\}^2}{2a}+\frac{\{f(a)\}^2}{a}\right)+\int_a^{2a}\frac{2f(x)f'(x)}{x}dx$

$=0+0+\int_a^{2a}\frac{2f(x)f'(x)}{x}dx$

$=\int_a^{2a}\frac{2f(x)f'(x)}{x}dx$

$=\int_a^{2a}\frac{f(2x)}{x}dx$ ($\because f(2x)=2f(x)f'(x)$)

STEP 2 $2x=t$로 놓으면 $\frac{dt}{dx}=2$

$x=a$일 때 $t=2a$, $x=2a$일 때 $t=4a$이므로

$\int_a^{2a}\frac{f(2x)}{x}dx=\int_{2a}^{4a}\frac{f(t)}{\frac{t}{2}}\times\frac{dt}{2}$

$=\int_{2a}^{4a}\frac{f(t)}{t}dt=k$

673 답 12

해결 각 잡기

- 함수 $f'(x)$는 실수 전체의 집합에서 연속이므로 $x=1$에서도 연속이다.
- $\lim_{x\to1-}f'(x)=\lim_{x\to0+}f'(x^2+1)$
- 도함수 $f'(x)$가 실수 전체의 집합에서 연속이므로 함수 $f(x)$도 실수 전체의 집합에서 연속이다.
- $x=t^2+1$ $(t\ge0)$로 놓으면 $\frac{dx}{dt}=2t$이므로

  $\int_1^5 f(x)\,dx=\int_0^2 f(t^2+1)2t\,dt$

STEP 1 조건 (나)에서 $f(x^2+1)=ae^{2x}+bx$ $(x>0)$이므로

$2xf'(x^2+1)=2ae^{2x}+b$

$\therefore f'(x^2+1)=\frac{2ae^{2x}+b}{2x}$ $(x>0)$

함수 $f'(x)$가 $x=1$에서 연속이므로

$\lim_{x\to1+}f'(x)=\lim_{x\to1-}f'(x)$

$\lim_{x\to0+}f'(x^2+1)=\lim_{x\to1-}f'(x)$

$\lim_{x\to0+}\frac{2ae^{2x}+b}{2x}=\lim_{x\to1-}(-2x+4)$

$\therefore \lim_{x\to0+}\frac{2ae^{2x}+b}{2x}=2$ …… ㉠

이때 $x\to0+$일 때 극한값이 존재하고 (분모)$\to0$이므로 (분자)$\to0$이다.

즉, $\lim_{x\to0+}(2ae^{2x}+b)=0$이므로

$2a+b=0$ $\therefore b=-2a$ …… ㉡

㉠에서

$\lim_{x\to0+}\frac{2ae^{2x}+b}{2x}=\lim_{x\to0+}\frac{2ae^{2x}-2a}{2x}$

$=\lim_{x\to0+}2a\times\frac{e^{2x}-1}{2x}=2a$

즉, $2a=2$이므로 $a=1$

$a=1$을 ㉡에 대입하면 $b=-2$

$\therefore f(x^2+1)=e^{2x}-2x$ $(x\ge0)$ …… ㉢

STEP 2 $x=0$을 ㉢에 대입하면 $f(1)=1$

조건 (가)에서 $f'(x)=-2x+4$ $(x<1)$이므로

$f(x)=-x^2+4x+C$ (단, $x<1$, C는 적분상수)

이때 함수 $f(x)$는 $x=1$에서 연속이므로

$f(1)=\lim_{x\to1-}f(x)$

$1=\lim_{x\to1-}(-x^2+4x+C)$

$1=-1+4+C$ $\therefore C=-2$

$\therefore x<1$일 때, $f(x)=-x^2+4x-2$,

$x\ge0$일 때, $f(x^2+1)=e^{2x}-2x$

STEP 3 $\therefore \int_0^1 f(x)\,dx=\int_0^1(-x^2+4x-2)\,dx$

$=\left[-\frac{1}{3}x^3+2x^2-2x\right]_0^1=-\frac{1}{3}$

STEP 4 $x=t^2+1$ $(t\ge0)$로 놓으면 $\frac{dx}{dt}=2t$

$x=1$일 때 $t=0$, $x=5$일 때 $t=2$이므로

$\int_1^5 f(x)\,dx=\int_0^2 f(t^2+1)2t\,dt$

$=\int_0^2 2t(e^{2t}-2t)\,dt$

$=\int_0^2(2te^{2t}-4t^2)\,dt$

$=\int_0^2 2te^{2t}\,dt-\int_0^2 4t^2\,dt$

$=\int_0^2 2te^{2t}\,dt-\left[\frac{4}{3}t^3\right]_0^2$

$=\int_0^2 2te^{2t}\,dt-\frac{32}{3}$

09

$g(t)=2t$, $h'(t)=e^{2t}$로 놓으면

$g'(t)=2$, $h(t)=\frac{1}{2}e^{2t}$이므로

$$\int_0^2 2te^{2t}dt=\left[te^{2t}\right]_0^2-\int_0^2 2\times\frac{1}{2}e^{2t}dt$$
$$=2e^4-\left[\frac{1}{2}e^{2t}\right]_0^2$$
$$=2e^4-\left(\frac{1}{2}e^4-\frac{1}{2}\right)$$
$$=\frac{3}{2}e^4+\frac{1}{2}$$

$$\therefore \int_1^5 f(x)dx=\int_0^2 2te^{2t}dt-\frac{32}{3}$$
$$=\frac{3}{2}e^4+\frac{1}{2}-\frac{32}{3}=\frac{3}{2}e^4-\frac{61}{6}$$

STEP 5 $\therefore \int_0^5 f(x)dx=\int_0^1 f(x)dx+\int_1^5 f(x)dx$
$$=-\frac{1}{3}+\left(\frac{3}{2}e^4-\frac{61}{6}\right)=\frac{3}{2}e^4-\frac{21}{2}$$

따라서 $p=\frac{3}{2}$, $q=\frac{21}{2}$이므로

$p+q=\frac{3}{2}+\frac{21}{2}=12$

674 답 ④

해결 각 잡기

$ab=0$이면 $a=0$ 또는 $b=0$

→ $a\neq b$이므로 $a\neq0$, $b=0$인 경우와 $a=0$, $b\neq0$인 경우로 나누어 생각한다.

STEP 1 조건 (가)에서 $ab=0$ $(a\neq b)$이므로

$a\neq0$, $b=0$ 또는 $a=0$, $b\neq0$

STEP 2 (i) $a\neq0$, $b=0$일 때

$f(x)=\sin x\cos x\times e^{a\sin x}$

$\sin x=t$로 놓으면 $\frac{dt}{dx}=\cos x$

$x=0$일 때 $t=0$, $x=\frac{\pi}{2}$일 때 $t=1$이므로

$$\int_0^{\frac{\pi}{2}}f(x)dx=\int_0^{\frac{\pi}{2}}\sin x\cos x\times e^{a\sin x}dx$$
$$=\int_0^1 te^{at}dt$$

$g(t)=t$, $h'(t)=e^{at}$로 놓으면

$g'(t)=1$, $h(t)=\frac{1}{a}e^{at}$

$$\therefore \int_0^1 te^{at}dt=\left[\frac{t}{a}e^{at}\right]_0^1-\int_0^1\frac{1}{a}e^{at}dt$$
$$=\frac{e^a}{a}-\left[\frac{1}{a^2}e^{at}\right]_0^1$$
$$=\frac{e^a}{a}-\frac{e^a-1}{a^2}$$
$$=\frac{a-1}{a^2}e^a+\frac{1}{a^2} \quad \cdots\cdots ㉠$$

조건 (나)에서 $\frac{a-1}{a^2}e^a+\frac{1}{a^2}=\frac{1}{a^2}-2e^a$이므로

$a-1=-2a^2$

$2a^2+a-1=0$, $(a+1)(2a-1)=0$

$\therefore a=-1$ 또는 $a=\frac{1}{2}$

STEP 3 (ii) $a=0$, $b\neq0$일 때

$f(x)=\sin x\cos x\times e^{b\cos x}$

$\cos x=t$로 놓으면 $\frac{dt}{dx}=-\sin x$

$x=0$일 때 $t=1$, $x=\frac{\pi}{2}$일 때 $t=0$이므로

$$\int_0^{\frac{\pi}{2}}f(x)dx=\int_0^{\frac{\pi}{2}}\sin x\cos x\times e^{b\cos x}dx$$
$$=-\int_1^0 te^{bt}dt$$
$$=\int_0^1 te^{bt}dt$$
$$=\frac{b-1}{b^2}e^b+\frac{1}{b^2}\ (\because ㉠)$$

조건 (나)에서 $\frac{b-1}{b^2}e^b+\frac{1}{b^2}=\frac{1}{b^2}-2e^b$이므로

$b-1=-2b^2$

$2b^2+b-1=0$, $(b+1)(2b-1)=0$

$\therefore b=-1$ 또는 $b=\frac{1}{2}$

STEP 4 (i), (ii)에 의하여 두 실수 a, b의 순서쌍 (a, b)는

$(-1, 0)$, $\left(\frac{1}{2}, 0\right)$, $(0, -1)$, $\left(0, \frac{1}{2}\right)$

이므로 $a-b$의 최솟값은

$-1-0=-1$

675 답 ②

해결 각 잡기

- 주어진 등식의 양변을 x에 대하여 적분하여 등식을 세운다.
- $\{xf(x)\}'=f(x)+xf'(x)$

STEP 1 $\{xf(x)\}'=f(x)+xf'(x)$이므로 조건 (나)에서

$\{xf(x)\}'=x\cos x$

$$\int\{xf(x)\}'dx=\int x\cos x\,dx$$

$$\therefore xf(x)=\int x\cos x\,dx$$

STEP 2 $g(x)=x$, $h'(x)=\cos x$로 놓으면

$g'(x)=1$, $h(x)=\sin x$이므로

$$xf(x)=\int x\cos x\,dx$$
$$=x\sin x-\int\sin x\,dx$$
$$=x\sin x+\cos x+C\ (\text{단, }C\text{는 적분상수})$$

STEP 3 이 식에 $x=\frac{\pi}{2}$를 대입하면

$\frac{\pi}{2}f\left(\frac{\pi}{2}\right)=\frac{\pi}{2}\sin\frac{\pi}{2}+\cos\frac{\pi}{2}+C$

조건 (가)에서 $f\left(\frac{\pi}{2}\right)=1$이므로

$\frac{\pi}{2}=\frac{\pi}{2}+C \qquad \therefore C=0$

$\therefore xf(x)=x\sin x+\cos x$

즉, $\pi f(\pi)=\pi\sin\pi+\cos\pi=-1$이므로

$f(\pi)=-\frac{1}{\pi}$

676 답 ④

해결 각 잡기

$\{xF(x)\}'=F(x)+xf(x)$

STEP 1 $\{xF(x)\}'=F(x)+xf(x)$이므로 조건 (가)에서

$\{xF(x)\}'=(2x+2)e^x$

$\int\{xF(x)\}'dx=\int(2x+2)e^x dx$

$\therefore xF(x)=\int(2x+2)e^x dx$

STEP 2 $g(x)=2x+2$, $h'(x)=e^x$으로 놓으면

$g'(x)=2$, $h(x)=e^x$이므로

$xF(x)=\int(2x+2)e^x dx$

$=(2x+2)e^x-\int 2e^x dx$

$=(2x+2)e^x-2e^x+C$

$=2xe^x+C$ (단, C는 적분상수)

STEP 3 이 식에 $x=1$을 대입하면 $F(1)=2e+C$

조건 (나)에서 $F(1)=2e$이므로

$2e=2e+C \qquad \therefore C=0$

$\therefore xF(x)=2xe^x$

이때 $x>0$이므로 $F(x)=2e^x$

$\therefore F(3)=2e^3$

677 답 ②

해결 각 잡기

$[\{f(x)\}^3]'=3\{f(x)\}^2f'(x)$

STEP 1 $\frac{1}{3}[\{f(x)\}^3]'=\{f(x)\}^2f'(x)$이므로 조건 (가)에서

$\frac{1}{3}[\{f(x)\}^3]'=\frac{2x}{x^2+1}$

$[\{f(x)\}^3]'=\frac{6x}{x^2+1}$

$\int[\{f(x)\}^3]'dx=\int\frac{6x}{x^2+1}dx$

$\therefore \{f(x)\}^3=\int\frac{6x}{x^2+1}dx=3\ln(x^2+1)+C$ (단, C는 적분상수)

STEP 2 이 식에 $x=0$을 대입하면 $\{f(0)\}^3=0+C$

조건 (나)에서 $f(0)=0$이므로 $C=0$

즉, $\{f(x)\}^3=3\ln(x^2+1)$이므로

$\{f(1)\}^3=3\ln 2$

다른 풀이 **STEP 1**

조건 (가)에서 $\{f(x)\}^2f'(x)=\frac{2x}{x^2+1}$ $(x\neq0)$이므로

$\int\{f(x)\}^2f'(x)dx=\int\frac{2x}{x^2+1}dx$

$f(x)=t$로 놓으면 $f'(x)=\frac{dt}{dx}$이므로

$\int\{f(x)\}^2f'(x)dx=\int t^2dt$

$=\frac{1}{3}t^3+C_1$

$=\frac{1}{3}\{f(x)\}^3+C_1$ (단, C_1은 적분상수)

$\int\frac{2x}{x^2+1}dx=\ln(x^2+1)+C_2$ (단, C_2는 적분상수)

즉, $\frac{1}{3}\{f(x)\}^3+C_1=\ln(x^2+1)+C_2$이므로

$\{f(x)\}^3=3\ln(x^2+1)+C$ (단, C는 적분상수)

678 답 72

해결 각 잡기

$\left(\frac{f(x)}{x}\right)'=\frac{xf'(x)-f(x)}{x^2}$

STEP 1 $\left(\frac{f(x)}{x}\right)'=\frac{xf'(x)-f(x)}{x^2}$ $(x\neq0)$이므로 조건 (나)에서

$\left(\frac{f(x)}{x}\right)'=xe^x$ $(x\neq0)$

$\int\left(\frac{f(x)}{x}\right)'dx=\int xe^x dx$

$\therefore \frac{f(x)}{x}=\int xe^x dx$

STEP 2 $g(x)=x$, $h'(x)=e^x$으로 놓으면

$g'(x)=1$, $h(x)=e^x$이므로

$\frac{f(x)}{x}=\int xe^x dx$

$=xe^x-\int e^x dx$

$=xe^x-e^x+C$ (단, C는 적분상수)

이 식에 $x=1$을 대입하면 $f(1)=e-e+C$

조건 (가)에서 $f(1)=0$이므로 $C=0$

$\therefore \frac{f(x)}{x}=xe^x-e^x$

즉, $f(x)=x^2e^x-xe^x$이므로

$f(3)\times f(-3)=6e^3\times 12e^{-3}=72$

679 답 ②

해결 각 잡기

- 모든 실수 x에 대하여

  $f(a-x)=f(a+x)$ 또는 $f(2a-x)=f(x)$ (a는 상수)

  를 만족시키는 함수 $f(x)$의 그래프는 직선 $x=a$에 대하여 대칭이다.
- 함수 $f(x)$의 그래프가 직선 $x=a$에 대하여 대칭이면

  $\int_0^a f(x)\,dx=\int_a^{2a} f(x)\,dx$

STEP 1 조건 (가)에서 모든 실수 x에 대하여

$f(a-x)=f(a+x)$이므로 함수 $f(x)$의 그래프는 직선 $x=a$에 대하여 대칭이다.

$\therefore f(2a-x)=f(x)$ ······ ㉠

STEP 2 $\int_0^a \{f(2x)+f(2a-x)\}\,dx$

$=\int_0^a f(2x)\,dx+\int_0^a f(2a-x)\,dx$

$=\int_0^a f(2x)\,dx+\int_0^a f(x)\,dx$ ($\because$ ㉠)

$=\int_0^a f(2x)\,dx+8$ ($\because$ 조건 (나))

STEP 3 $2x=t$로 놓으면 $\frac{dt}{dx}=2$

$x=0$일 때 $t=0$, $x=a$일 때 $t=2a$이므로

$\int_0^a f(2x)\,dx+8=\int_0^{2a} f(t)\frac{1}{2}dt+8$

$=\frac{1}{2}\int_0^{2a} f(t)\,dt+8$

또, 함수 $f(x)$의 그래프는 직선 $x=a$에 대하여 대칭이므로

$\int_0^{2a} f(x)\,dx=2\int_0^a f(x)\,dx$

$\therefore \frac{1}{2}\int_0^{2a} f(t)\,dt+8=\frac{1}{2}\times 2\int_0^a f(t)\,dt+8$

$=\int_0^a f(t)\,dt+8$

$=8+8$ ($\because$ 조건 (나))

$=16$

680 답 51

해결 각 잡기

$f(x)=\frac{e^{\cos x}}{1+e^{\cos x}}$에 x 대신 $\pi-x$를 대입하여 $f(\pi-x)$를 정리해 본다.

STEP 1 $f(x)=\frac{e^{\cos x}}{1+e^{\cos x}}$에서

$f(\pi-x)=\frac{e^{\cos(\pi-x)}}{1+e^{\cos(\pi-x)}}$

$=\frac{e^{-\cos x}}{1+e^{-\cos x}}$

$=\frac{e^{-\cos x}\times e^{\cos x}}{(1+e^{-\cos x})\times e^{\cos x}}$

$=\frac{1}{e^{\cos x}+1}$

STEP 2 $a=f(\pi-x)+f(x)$

$=\frac{1}{e^{\cos x}+1}+\frac{e^{\cos x}}{1+e^{\cos x}}$

$=\frac{1+e^{\cos x}}{1+e^{\cos x}}=1$

STEP 3 즉, $f(x)=1-f(\pi-x)$이므로

$b=\int_0^\pi f(x)\,dx$

$=\int_0^\pi \{1-f(\pi-x)\}\,dx$

$=\int_0^\pi 1\,dx-\int_0^\pi f(\pi-x)\,dx$

$=\pi-\int_0^\pi f(\pi-x)\,dx$

$\pi-x=t$로 놓으면 $\frac{dt}{dx}=-1$

$x=0$일 때 $t=\pi$, $x=\pi$일 때 $t=0$이므로

$\int_0^\pi f(\pi-x)\,dx=-\int_\pi^0 f(t)\,dt=\int_0^\pi f(t)\,dt=b$

즉, $b=\pi-b$이므로 $2b=\pi$ $\quad\therefore b=\frac{\pi}{2}$

STEP 4 $\therefore a+\frac{100}{\pi}b=1+\frac{100}{\pi}\times\frac{\pi}{2}=1+50=51$

다른 풀이 1 **STEP 3**

$b=\int_0^\pi f(x)\,dx=\int_0^{\frac{\pi}{2}} f(x)\,dx+\int_{\frac{\pi}{2}}^\pi f(x)\,dx$

$x=\pi-s$로 놓으면 $\frac{ds}{dx}=-1$

$x=\frac{\pi}{2}$일 때 $s=\frac{\pi}{2}$, $x=\pi$일 때 $s=0$이므로

$\int_{\frac{\pi}{2}}^\pi f(x)\,dx=-\int_{\frac{\pi}{2}}^0 f(\pi-s)\,ds=\int_0^{\frac{\pi}{2}} f(\pi-s)\,ds$

$\therefore b=\int_0^{\frac{\pi}{2}} f(x)\,dx+\int_{\frac{\pi}{2}}^\pi f(x)\,dx$

$=\int_0^{\frac{\pi}{2}} f(x)\,dx+\int_0^{\frac{\pi}{2}} f(\pi-x)\,dx$

$=\int_0^{\frac{\pi}{2}} \{f(x)+f(\pi-x)\}\,dx$

$=\int_0^{\frac{\pi}{2}} 1\,dx=\frac{\pi}{2}$

다른 풀이 2 **STEP 3**

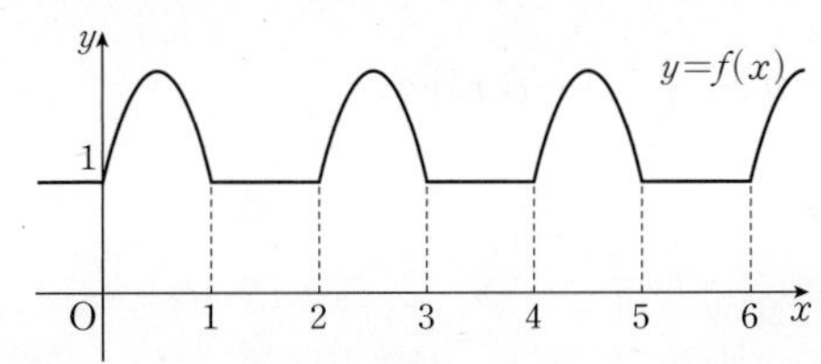

$f(\pi-x)+f(x)=1$에서 $\frac{f(\pi-x)+f(x)}{2}=\frac{1}{2}$이므로 함수 $f(x)$의 그래프는 점 $\left(\frac{\pi}{2}, \frac{1}{2}\right)$에 대하여 대칭이다. #

모든 실수 x에 대하여 $f(x)>0$이고 함수 $f(x)$의 그래프는 점 $\left(\frac{\pi}{2}, \frac{1}{2}\right)$에 대하여 대칭이므로

$$\begin{aligned} b&=\int_0^{\frac{\pi}{2}} f(x)\,dx+\int_{\frac{\pi}{2}}^{\pi} f(x)\,dx \\ &=\int_0^{\frac{\pi}{2}} f(x)\,dx+\int_0^{\frac{\pi}{2}} \{1-f(x)\}\,dx \\ &=\int_0^{\frac{\pi}{2}} 1\,dx \\ &=\frac{\pi}{2} \end{aligned}$$

참고

모든 실수 x에 대하여

$$\frac{f(x)+f(2m-x)}{2}=n$$

을 만족시키면 함수 $f(x)$의 그래프는 점 (m, n)에 대하여 대칭이다.

681 답 8

해결 각 잡기

- 모든 실수 x에 대하여 $f(-x)=f(x)$이면 함수 $f(x)$의 그래프는 y축에 대하여 대칭이다. → $f(x)$는 우함수
  → $\int_{-a}^{a} f(x)=2\int_0^a f(x)$
- 모든 실수 x에 대하여 $f(-x)=-f(x)$이면 함수 $f(x)$의 그래프는 원점에 대하여 대칭이다. → $f(x)$는 기함수
  → $\int_{-a}^{a} f(x)=0$
- (우함수)×(우함수)=(우함수)
  (우함수)×(기함수)=(기함수)
  (기함수)×(기함수)=(우함수)

STEP 1 조건 (가)에 의하여 함수 $f(x)$는 기함수이고 함수 $y=x$는 기함수이므로 함수 $y=xf(x)$는 우함수이다.

또, 함수 $y=\cos x$는 우함수이므로 함수 $y=\cos x f(x)$는 기함수이다.

$$\begin{aligned} \therefore \int_{-\pi}^{\pi} (x+\cos x)f(x)\,dx&=\int_{-\pi}^{\pi} xf(x)\,dx+\int_{-\pi}^{\pi} \cos x f(x)\,dx \\ &=2\int_0^{\pi} xf(x)\,dx \end{aligned}$$

STEP 2 $g'(x)=x$로 놓으면 $g(x)=\frac{1}{2}x^2$이므로

$$\begin{aligned} 2\int_0^{\pi} xf(x)\,dx&=2\left\{\left[\frac{1}{2}x^2 f(x)\right]_0^{\pi}-\int_0^{\pi}\frac{1}{2}x^2 f'(x)\,dx\right\} \\ &=\left[x^2 f(x)\right]_0^{\pi}-\int_0^{\pi} x^2 f'(x)\,dx \\ &=\pi^2 f(\pi)-(-8\pi) \\ &=0+8\pi=8\pi \end{aligned}$$

$\therefore k=8$

682 답 ③

STEP 1 (i) $|x|<1$, 즉 $-1<x<1$일 때

$\lim_{n\to\infty} x^{2n}=0$이므로

$$f(x)=\lim_{n\to\infty}\frac{x^{2n}+\cos 2\pi x}{x^{2n}+1}=\cos 2\pi x$$

(ii) $x=1$일 때

$\lim_{n\to\infty} x^{2n}=1$이므로

$$f(x)=\lim_{n\to\infty}\frac{x^{2n}+\cos 2\pi x}{x^{2n}+1}=\frac{1+1}{1+1}=1$$

(iii) $|x|>1$, 즉 $x<-1$ 또는 $x>1$일 때

$\lim_{n\to\infty} x^{2n}=\infty$이므로

$$f(x)=\lim_{n\to\infty}\frac{x^{2n}+\cos 2\pi x}{x^{2n}+1}=\lim_{n\to\infty}\frac{1+\frac{\cos 2\pi x}{x^{2n}}}{1+\frac{1}{x^{2n}}}=1$$

(iv) $x=-1$일 때

$\lim_{n\to\infty} x^{2n}=1$이므로

$$f(x)=\lim_{n\to\infty}\frac{x^{2n}+\cos 2\pi x}{x^{2n}+1}=\frac{1+1}{1+1}=1$$

(i)~(iv)에 의하여

$$f(x)=\begin{cases} 1 & (x\le -1 \text{ 또는 } x\ge 1) \\ \cos 2\pi x & (-1<x<1) \end{cases}$$

STEP 2 따라서 함수 $f(x)$의 그래프는 다음 그림과 같으므로 함수 $f(x)$는 우함수이다.

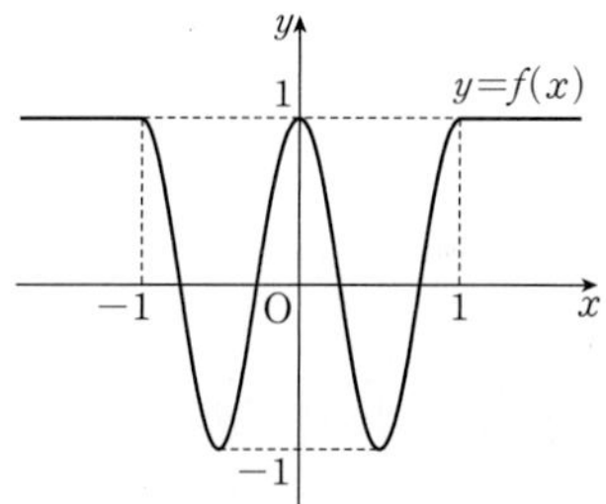

또, 함수 $y=x$는 기함수이므로 함수 $y=xf(x)$는 기함수이다.

$$\begin{aligned} g(-2)&=\int_2^2 f(t)\,dt+\int_2^{-2} tf(t)\,dt \\ &=0-\int_{-2}^2 tf(t)\,dt \\ &=0-0=0 \end{aligned}$$

$$\begin{aligned} g(2)&=\int_{-2}^2 f(t)\,dt+\int_2^2 tf(t)\,dt \\ &=\int_{-2}^2 f(t)\,dt+0 \\ &=2\int_0^2 f(t)\,dt \\ &=2\left\{\int_0^1 f(t)\,dt+\int_1^2 f(t)\,dt\right\} \\ &=2\left(\int_0^1 \cos 2\pi t\,dt+\int_1^2 1\,dt\right) \\ &=\left[\frac{1}{\pi}\sin 2\pi t\right]_0^1+2\left[t\right]_1^2 \\ &=0+2=2 \end{aligned}$$

$\therefore g(-2)+g(2)=0+2=2$

683 답 ④

해결 각 잡기

모든 실수 x에 대하여 $f(x+p)=f(x)$를 만족시키면 연속함수 $f(x)$의 정적분의 값은 다음을 이용하여 구한다.

(1) $\int_a^b f(x)\,dx=\int_{a+p}^{b+p} f(x)\,dx$

(2) $\int_a^{a+p} f(x)\,dx=\int_b^{b+p} f(x)\,dx$

(3) $\int_a^{a+2p} f(x)\,dx=2\int_a^{a+p} f(x)\,dx$

STEP 1 $\int_1^{\frac{3}{2}} f(2x)\,dx=7$에서

$2x=t$라 하면 $\frac{dt}{dx}=2$

$x=1$일 때 $t=2$, $x=\frac{3}{2}$일 때 $t=3$이므로

$\int_1^{\frac{3}{2}} f(2x)\,dx=\int_2^3 \frac{1}{2}f(t)\,dt=7$

$\therefore \int_2^3 f(x)\,dx=14$

STEP 2 $\int_1^{\frac{4}{3}} f(3x)\,dx=1$에서

$3x=s$라 하면 $\frac{ds}{dx}=3$

$x=1$일 때 $s=3$, $x=\frac{4}{3}$일 때 $s=4$이므로

$\int_1^{\frac{4}{3}} f(3x)\,dx=\int_3^4 \frac{1}{3}f(s)\,ds=1$

$\therefore \int_3^4 f(x)\,dx=3$

STEP 3 즉, $\int_1^2 f(x)\,dx=\int_3^4 f(x)\,dx=3$,

$\int_2^4 f(x)\,dx=\int_2^3 f(x)\,dx+\int_3^4 f(x)\,dx=14+3=17$이므로

$$\int_{2001}^{2012} f(x)\,dx=\int_1^{12} f(x)\,dx$$
$$=\int_1^2 f(x)\,dx+5\int_2^4 f(x)\,dx$$
$$=3+5\times 17=88$$

684 답 12

해결 각 잡기

- 함수 $f(x)$가 어떤 구간의 모든 x에 대하여 $f'(x)\ge 0$이면 함수 $f(x)$는 이 구간에서 증가하거나 일정하다.
- $a\le x\le b$에서 연속인 함수 $f(x)$에 대하여 $f(a)=f(b)=k$ ($a<b$, k는 상수)이고 $a<x<b$에서 $f'(x)\ge 0$이면 $a<x<b$에서 $f(x)=k$이다.

STEP 1 조건 ㈎, ㈏에 의하여

$f(2)=f(0)=1$, $f(1)=1$

조건 ㈐에서 $1<x<2$일 때 $f'(x)\ge 0$이고 함수 $f(x)$는 모든 실수 x에 대하여 연속이므로

$f(x)=1$ $(1<x<2)$

이때 조건 ㈎에서 모든 실수 x에 대하여 $f(x+2)=f(x)$이므로 함수 $f(x)$의 그래프는 다음 그림과 같다.

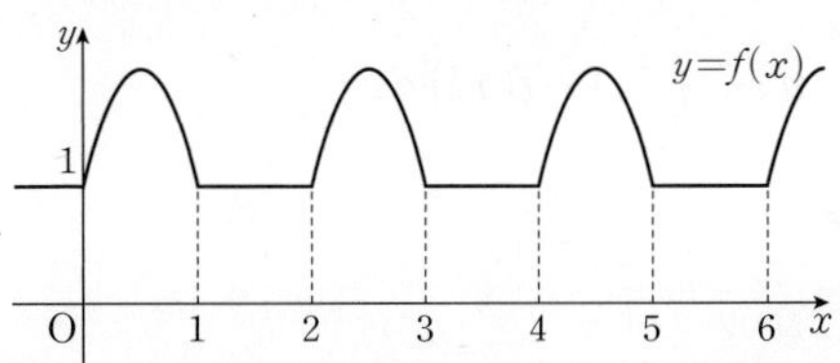

STEP 2
$$\int_0^6 f(x)\,dx=3\int_0^2 f(x)\,dx$$
$$=3\int_0^1 (\sin\pi x+1)\,dx+3\int_1^2 1\,dx$$
$$=3\times\left[-\frac{1}{\pi}\cos\pi x+x\right]_0^1+3$$
$$=3\left(\frac{2}{\pi}+1\right)+3$$
$$=6+\frac{6}{\pi}$$

따라서 $p=6$, $q=6$이므로

$p+q=6+6=12$

685 답 ①

해결 각 잡기

$x_1<x<x_2$일 때 $f(x+a)=-f(x)+b$이면

→ 함수 $y=f(x)$ $(x_1<x<x_2)$의 그래프를 x축에 대하여 대칭이동한 후 y축의 방향으로 b만큼 평행이동한 그래프는 함수 $y=f(x)$ $(x_1+a<x<x_2+a)$의 그래프를 x축의 방향으로 $-a$만큼 평행이동한 그래프와 일치한다.

STEP 1 조건 ㈏에서 모든 실수 x에 대하여

$f(x+1)=-f(x)+e-1$

이므로 함수 $f(x)=e^x-1$ $(0\le x<1)$의 그래프를 x축에 대하여 대칭이동한 후 y축의 방향으로 $e-1$만큼 평행이동한 그래프는 함수 $y=f(x)$ $(1\le x<2)$의 그래프를 x축의 방향으로 -1만큼 평행이동한 그래프와 일치한다.

또, 함수 $y=f(x)$ $(1\le x<2)$의 그래프를 x축에 대하여 대칭이동한 후 y축의 방향으로 $e-1$만큼 평행이동한 그래프는 함수 $y=f(x)$ $(2\le x<3)$의 그래프를 x축의 방향으로 -1만큼 평행이동한 그래프와 일치하므로 함수 $y=f(x)$ $(0\le x<3)$의 그래프는 다음 그림과 같다.

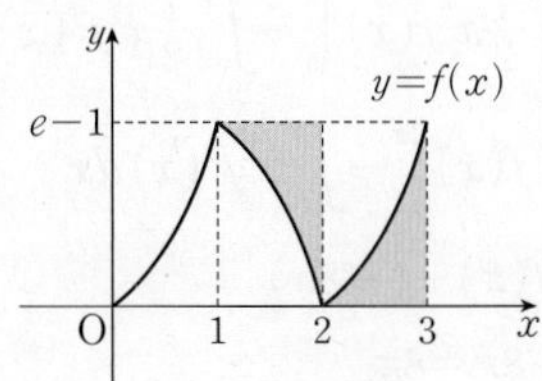

STEP 2 위의 그림에서 색칠한 두 부분의 넓이가 같으므로

$\int_1^3 f(x)\,dx$의 값은 가로, 세로의 길이가 각각 1, $e-1$인 직사각형의 넓이 $e-1$과 같다.

$$\therefore \int_0^3 f(x)\,dx=\int_0^1 f(x)\,dx+\int_1^3 f(x)\,dx$$
$$=\int_0^1 (e^x-1)\,dx+e-1$$
$$=\Big[e^x-x\Big]_0^1+e-1$$
$$=e-2+e-1$$
$$=2e-3$$

686 답 ⑤

해결 각 잡기

- 모든 실수 x에 대하여 $f(a-x)=f(a+x)$ 또는 $f(2a-x)=f(x)$ (a는 상수)를 만족시키는 함수 $f(x)$의 그래프는 직선 $x=a$에 대하여 대칭이다.
- 함수 $f(x)$의 그래프가 직선 $x=a$에 대하여 대칭이면 $\int_0^a f(x)\,dx=\int_a^{2a} f(x)\,dx$

STEP 1 ㄱ. $f(2+x)=f(2-x)$
$=f(1+(1-x))$
$=f(1-(1-x))$
$=f(x)$

STEP 2 ㄴ. $\int_2^5 f'(x)\,dx=\Big[f(x)\Big]_2^5=f(5)-f(2)=4$

ㄱ에 의하여 $f(5)=f(1)$, $f(2)=f(0)$이므로

$f(1)-f(0)=f(5)-f(2)=4$

STEP 3 ㄷ. $f(x)=t$로 놓으면 $\frac{dt}{dx}=f'(x)$

$x=0$일 때 $t=f(0)$, $x=1$일 때 $t=f(1)$이므로

$$\int_0^1 f(f(x))f'(x)\,dx=\int_{f(0)}^{f(1)} f(t)\,dt=6$$

$f(0)=a$로 놓으면 ㄴ에서 $f(1)=a+4$

이때 ㄱ에 의하여

$$\int_{f(0)}^{f(1)} f(t)\,dt=\int_a^{a+4} f(t)\,dt=2\int_a^{a+2} f(t)\,dt=6$$
$$\therefore \int_a^{a+2} f(t)\,dt=\int_0^2 f(t)\,dt=\int_2^4 f(t)\,dt=\cdots=3$$

이때 모든 실수 x에 대하여 $f(1+x)=f(1-x)$이므로

$$\int_0^1 f(x)\,dx=\int_1^2 f(x)\,dx=\frac{3}{2}$$
$$\therefore \int_1^{10} f(x)\,dx=\int_0^{10} f(x)\,dx-\int_0^1 f(x)\,dx$$
$$=5\int_0^2 f(x)\,dx-\int_0^1 f(x)\,dx$$
$$=5\times3-\frac{3}{2}=\frac{27}{2}$$

따라서 ㄱ, ㄴ, ㄷ 모두 옳다.

687 답 ④

해결 각 잡기

정적분으로 정의된 함수; 아래끝과 위끝이 상수일 때

$f(x)=g(x)+\int_a^b f(t)\,dt$ 꼴의 함수가 주어지면 $f(x)$는 다음과 같은 순서로 구한다.

(i) $\int_a^b f(t)\,dt=k$ (k는 상수)로 놓는다.

(ii) $f(x)=g(x)+k$를 (i)의 식에 대입하여 k의 값을 구한다.

(iii) k의 값을 $f(x)=g(x)+k$에 대입하여 $f(x)$를 구한다.

STEP 1 $f(x)=e^{x^2}+\int_0^1 tf(t)\,dt$에서

$\int_0^1 tf(t)\,dt=k$ (k는 상수) …… ㉠

로 놓으면 $f(x)=e^{x^2}+k$

이것을 ㉠에 대입하면

$$\int_0^1 (te^{t^2}+kt)\,dt=k$$

STEP 2 $\therefore \int_0^1 te^{t^2}\,dt+\int_0^1 kt\,dt=k$ …… ㉡

$\int_0^1 te^{t^2}\,dt$에서

$t^2=s$로 놓으면 $\frac{ds}{dt}=2t$

$t=0$일 때 $s=0$, $t=1$일 때 $s=1$이므로

$$\int_0^1 te^{t^2}\,dt=\int_0^1 \frac{1}{2}e^s\,ds$$
$$=\Big[\frac{1}{2}e^s\Big]_0^1=\frac{1}{2}(e-1)$$

따라서 ㉡에서

$$\frac{1}{2}(e-1)+\Big[\frac{1}{2}kt^2\Big]_0^1=k$$
$$\frac{1}{2}(e-1)+\frac{1}{2}k=k$$
$$\frac{1}{2}k=\frac{1}{2}(e-1)$$
$$\therefore k=e-1$$
$$\therefore \int_0^1 xf(x)\,dx=e-1$$

688 답 12

STEP 1 $f(x)=e^x+\int_0^1 tf(t)\,dt$에서

$\int_0^1 tf(t)\,dt=k$ (k는 상수) …… ㉠

로 놓으면 $f(x)=e^x+k$

이것을 ㉠에 대입하면

$$\int_0^1 t(e^t+k)\,dt=k$$

STEP 2 $g(t)=t$, $h'(x)=e^t+k$로 놓으면

$g'(t)=1$, $h(t)=e^t+kt$

09

$$\therefore \int_0^1 t(e^t+k)\,dt=\Big[t(e^t+kt)\Big]_0^1-\int_0^1(e^t+kt)\,dt$$

$$=e+k-\Big[e^t+\frac{1}{2}kt^2\Big]_0^1$$

$$=e+k-\Big(e+\frac{1}{2}k-1\Big)$$

$$=\frac{1}{2}k+1$$

즉, $\frac{1}{2}k+1=k$이므로

$\frac{1}{2}k=1 \qquad \therefore k=2$

따라서 $f(x)=e^x+2$이므로

$f(\ln 10)=10+2=12$

689 답 ①

해결 각 잡기

- $\overline{OP}=r$라 한 후, $f(\theta)=\frac{\overline{OH}}{\overline{PH}}$를 r, θ에 대한 식으로 나타낸다.
- $\angle C=90°$인 직각삼각형 ABC에서

  $\sin B=\frac{b}{c}$, $\cos B=\frac{a}{c}$이므로

  $a=c\cos B$, $b=c\sin B$

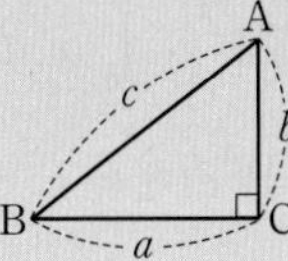

STEP 1 $\overline{OP}=r$라 하면

$\overline{OH}=r\cos\theta$, $\overline{PH}=r\sin\theta$

이므로

$$f(\theta)=\frac{\overline{OH}}{\overline{PH}}=\frac{r\cos\theta}{r\sin\theta}=\frac{\cos\theta}{\sin\theta}$$

STEP 2 $\int_{\frac{\pi}{6}}^{\frac{\pi}{3}} f(\theta)\,d\theta=\int_{\frac{\pi}{6}}^{\frac{\pi}{3}}\frac{\cos\theta}{\sin\theta}\,d\theta$에서

$\sin\theta=t$로 놓으면 $\frac{dt}{d\theta}=\cos\theta$

$\theta=\frac{\pi}{6}$일 때 $t=\frac{1}{2}$, $\theta=\frac{\pi}{3}$일 때 $t=\frac{\sqrt{3}}{2}$이므로

$$\int_{\frac{\pi}{6}}^{\frac{\pi}{3}}\frac{\cos\theta}{\sin\theta}\,d\theta=\int_{\frac{1}{2}}^{\frac{\sqrt{3}}{2}}\frac{1}{t}\,dt$$

$$=\Big[\ln|t|\Big]_{\frac{1}{2}}^{\frac{\sqrt{3}}{2}}$$

$$=\ln\frac{\sqrt{3}}{2}-\ln\frac{1}{2}$$

$$=\ln\sqrt{3}=\frac{1}{2}\ln 3$$

690 답 ①

해결 각 잡기

- $f(\theta)=\overline{PR}=\overline{BP}-\overline{BR}$임을 이용한다.
- **사인법칙**

  삼각형 ABC의 외접원의 반지름의 길이를 R라 하면

  $$\frac{a}{\sin A}=\frac{b}{\sin B}=\frac{c}{\sin C}=2R$$

STEP 1 삼각형 PAB에서 사인법칙에 의하여

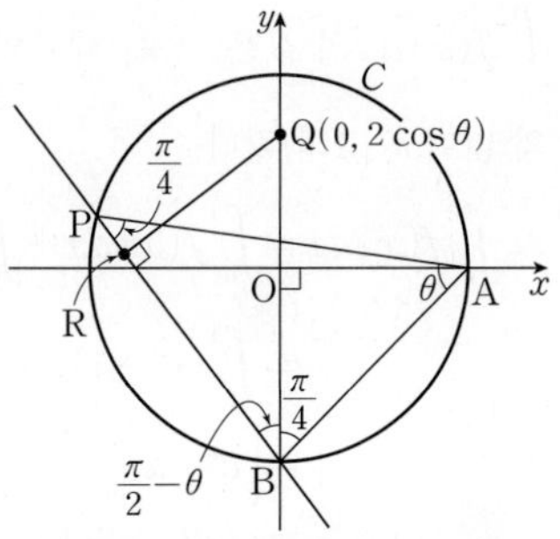

$$\frac{\overline{BP}}{\sin\theta}=2\times 2=4$$

$\therefore \overline{BP}=4\sin\theta$

STEP 2 $\angle APB$의 크기는 호 AB에 대한 중심각의 $\frac{1}{2}$이므로

$$\angle APB=\frac{\pi}{2}\times\frac{1}{2}=\frac{\pi}{4}$$

또, 삼각형 OAB는 직각이등변삼각형이므로

$$\angle OBA=\frac{\pi}{4}$$

즉, 삼각형 ABP에서

$$\angle OBP=\pi-\Big(\frac{\pi}{4}+\theta+\frac{\pi}{4}\Big)=\frac{\pi}{2}-\theta$$

직각삼각형 QBR에서

$\overline{QB}=2+2\cos\theta$, $\angle QBR=\frac{\pi}{2}-\theta$

이므로

$$\overline{BR}=\overline{QB}\cos(\angle QBR)$$

$$=(2+2\cos\theta)\cos\Big(\frac{\pi}{2}-\theta\Big)$$

$$=2(1+\cos\theta)\sin\theta$$

STEP 3 $f(\theta)=\overline{PR}=\overline{BP}-\overline{BR}$

$$=4\sin\theta-2(1+\cos\theta)\sin\theta$$

$$=2\sin\theta-2\sin\theta\cos\theta$$

$$=2\sin\theta-\sin 2\theta$$

$$\therefore \int_{\frac{\pi}{6}}^{\frac{\pi}{3}} f(\theta)\,d\theta=\int_{\frac{\pi}{6}}^{\frac{\pi}{3}}(2\sin\theta-\sin 2\theta)\,d\theta$$

$$=\Big[-2\cos\theta+\frac{1}{2}\cos 2\theta\Big]_{\frac{\pi}{6}}^{\frac{\pi}{3}}$$

$$=\Big(-1-\frac{1}{4}\Big)-\Big(-\sqrt{3}+\frac{1}{4}\Big)$$

$$=\sqrt{3}-\frac{3}{2}=\frac{2\sqrt{3}-3}{2}$$

본문 242쪽 ~ 245쪽

C 수능 완성!

691 답 14

해결 각 잡기

- 조건 (가)를 이용하여 실수 a의 값의 범위를 구한다.
- 조건 (나)에서 $g(x)=|f(x)+t|-|f(x)-t|$라 한 후, 함수 $g(x)$의 그래프를 $-1\le f(x)<-t$, $-t\le f(x)<t$, $t\le f(x)\le 1$일 때로 나누어 그려 본다.

STEP 1 조건 ㈎에서

$$\int_0^{\frac{\pi}{a}} f(x)\,dx=\int_0^{\frac{\pi}{a}} \sin(ax)\,dx$$
$$=\left[-\frac{1}{a}\cos(ax)\right]_0^{\frac{\pi}{a}}$$
$$=-\frac{1}{a}(-1-1)$$
$$=\frac{2}{a}$$

이때 $\frac{2}{a}\ge\frac{1}{2}$이므로

$0<a\le4$ ($\because a\neq0$) …… ㉠

STEP 2 조건 ㈏에서 $0<t<1$일 때

$$\int_0^{3\pi}|f(x)+t|\,dx=\int_0^{3\pi}|f(x)-t|\,dx$$

이므로

$$\int_0^{3\pi}\{|f(x)+t|-|f(x)-t|\}\,dx=0\ (0<t<1) \quad \cdots\cdots ㉡$$

$g(x)=|f(x)+t|-|f(x)-t|$라 하면

$$g(x)=|\sin(ax)+t|-|\sin(ax)-t|$$
$$=\begin{cases}-2t & (-1\le\sin(ax)<-t)\\ 2\sin(ax) & (-t\le\sin(ax)<t)\\ 2t & (t\le\sin(ax)\le1)\end{cases}$$

따라서 함수 $y=g(x)$의 그래프는 다음 그림과 같다.

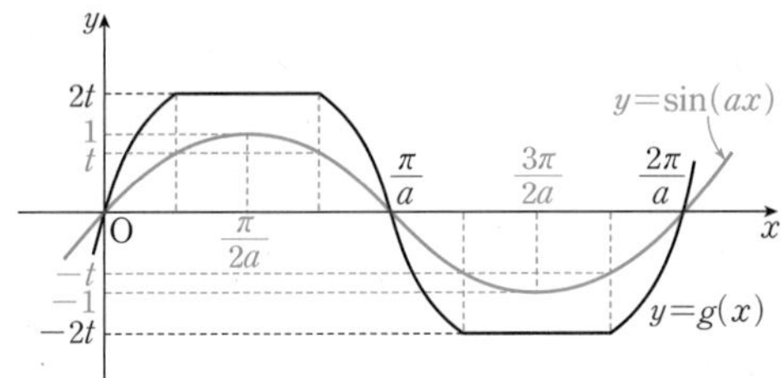

STEP 3 $0<k<\frac{\pi}{a}$인 모든 실수 k에 대하여

$$\int_0^{k} g(x)\,dx>0,\ \int_0^{\frac{2\pi}{a}} g(x)\,dx=0$$

함수 $g(x)$는 주기가 $\frac{2\pi}{a}$이고

$$\int_0^{3\pi} g(x)\,dx=0\ (\because ㉡)$$

이므로

$3\pi=\frac{2\pi}{a}\times n$ (n은 자연수)

$\therefore a=\frac{2}{3}n$ …… ㉢

㉠에서 $0<\frac{2}{3}n\le4$이므로

$0<n\le6$

즉, 가능한 자연수 n의 값은

1, 2, 3, 4, 5, 6

따라서 ㉢에서 구하는 모든 실수 a의 값은

$\frac{2}{3}$, $\frac{4}{3}$, 2, $\frac{8}{3}$, $\frac{10}{3}$, 4

이고 그 합은 14이다.

692 답 127

해결 각 잡기

삼각형의 넓이 공식 (사선 공식)

세 점 $A(x_1, y_1)$, $B(x_2, y_2)$, $C(x_3, y_3)$을 꼭짓점으로 하는 삼각형 ABC의 넓이는

$$\frac{1}{2}\left|\begin{matrix}x_1 & x_2 & x_3 & x_1\\ y_1 & y_2 & y_3 & y_1\end{matrix}\right|$$
$$=\frac{1}{2}|(x_1y_2+x_2y_3+x_3y_1)-(x_2y_1+x_3y_2+x_1y_3)|$$

STEP 1 세 점 $(0, 0)$, $(t, f(t))$, $(t+1, f(t+1))$을 꼭짓점으로 하는 삼각형의 넓이는

$$\frac{1}{2}|tf(t+1)-(t+1)f(t)|=\frac{t+1}{t}$$

양변을 $t(t+1)$로 나누면

$$\frac{1}{2}\left|\frac{f(t+1)}{t+1}-\frac{f(t)}{t}\right|=\frac{1}{t^2} \quad \cdots\cdots ㉠$$

STEP 2 조건 ㈎에서 모든 양의 실수 x에 대하여 $f(x)>0$이고, 양의 실수 전체의 집합에서 함수 $f(x)$는 감소하므로 $t>0$일 때 $f(t)>f(t+1)$이다.

이때 $t>0$이므로

$$\frac{f(t)}{t}>\frac{f(t+1)}{t}$$

즉, $\frac{f(t)}{t}>\frac{f(t+1)}{t}>\frac{f(t+1)}{t+1}$이므로

$$\frac{f(t+1)}{t+1}-\frac{f(t)}{t}<0$$

따라서 ㉠에서

$$\frac{f(t+1)}{t+1}-\frac{f(t)}{t}=-\frac{2}{t^2} \quad \cdots\cdots ㉡$$

STEP 3 함수 $\frac{f(x)}{x}$의 한 부정적분을 $F(x)$라 하고 ㉡의 양변을 t에 대하여 적분하면

$F(t+1)-F(t)=\frac{2}{t}+C$ (단, C는 적분상수)

이때 $F(t+1)-F(t)=\int_t^{t+1}\frac{f(x)}{x}\,dx$이므로

$$\int_t^{t+1}\frac{f(x)}{x}\,dx=\frac{2}{t}+C$$

$t=1$일 때

$$\int_1^2\frac{f(x)}{x}\,dx=2+C=2\ (\because \text{조건 ㈐})$$

$\therefore C=0$

$$\therefore \int_t^{t+1}\frac{f(x)}{x}\,dx=\frac{2}{t} \quad \cdots\cdots ㉢$$

STEP 4 ㉢에서

$$\int_{\frac{7}{2}}^{\frac{11}{2}}\frac{f(x)}{x}\,dx=\int_{\frac{7}{2}}^{\frac{9}{2}}\frac{f(x)}{x}\,dx+\int_{\frac{9}{2}}^{\frac{11}{2}}\frac{f(x)}{x}\,dx$$
$$=\frac{2}{\frac{7}{2}}+\frac{2}{\frac{9}{2}}$$
$$=\frac{4}{7}+\frac{4}{9}=\frac{64}{63}$$

09

따라서 $p=63$, $q=64$이므로

$p+q=63+64=127$

693 답 ①

해결 각 잡기

- 모든 실수 x에 대하여 $f(-x)=f(x)$이면 함수 $f(x)$의 그래프는 y축에 대하여 대칭이다. → $f(x)$는 우함수

  → $\int_{-a}^{a} f(x)=2\int_{0}^{a} f(x)$
- 모든 실수 x에 대하여 $f(-x)=-f(x)$이면 함수 $f(x)$의 그래프는 원점에 대하여 대칭이다. → $f(x)$는 기함수

  → $\int_{-a}^{a} f(x)=0$
- (우함수)×(우함수)=(우함수)

  (우함수)×(기함수)=(기함수)

  (기함수)×(기함수)=(우함수)

STEP 1 $\int_{-1}^{5} f(x)(x+\cos 2\pi x)\,dx=\frac{47}{2}$에서

$$\int_{-1}^{5} xf(x)\,dx+\int_{-1}^{5} f(x)\cos 2\pi x\,dx=\frac{47}{2} \quad \cdots\cdots ㉠$$

STEP 2 조건 (가)에 의하여 함수 $f(x)$는 우함수이므로

$$\int_{-1}^{1} f(x)\,dx=2\int_{0}^{1} f(x)\,dx=2\times 2=4$$

또, 함수 $y=x$는 기함수이므로 함수 $y=xf(x)$는 기함수이다.

$$\therefore \int_{-1}^{1} xf(x)\,dx=0$$

조건 (나)에서 모든 실수 x에 대하여 $f(x+2)=f(x)$이므로

$$\begin{aligned}\int_{-1}^{5} xf(x)\,dx&=\int_{-1}^{1} xf(x)\,dx+\int_{1}^{3} xf(x)\,dx+\int_{3}^{5} xf(x)\,dx\\&=0+\int_{-1}^{1}(x+2)f(x+2)\,dx\\&\qquad+\int_{-1}^{1}(x+4)f(x+4)\,dx\\&=\int_{-1}^{1}(x+2)f(x)\,dx+\int_{-1}^{1}(x+4)f(x)\,dx\\&=\int_{-1}^{1}\{xf(x)+2f(x)\}\,dx+\int_{-1}^{1}\{xf(x)+4f(x)\}\,dx\\&=2\int_{-1}^{1} xf(x)\,dx+6\int_{-1}^{1} f(x)\,dx\\&=0+6\times 4=24 \quad \cdots\cdots ㉡\end{aligned}$$

STEP 3 함수 $y=\cos 2\pi x$의 주기는 $\frac{2\pi}{2\pi}=1$이므로 조건 (나)에 의하여 모든 실수 x에 대하여

$$\begin{aligned}f(x+2)\cos 2\pi(x+2)&=f(x)\cos 2\pi(x+2)\\&=f(x)\cos 2\pi(x+1)\\&=f(x)\cos 2\pi x\end{aligned}$$

또, 함수 $y=\cos 2\pi x$는 우함수이므로 함수 $y=f(x)\cos 2\pi x$는 우함수이다.

$$\therefore \int_{-1}^{1} f(x)\cos 2\pi x\,dx=2\int_{0}^{1} f(x)\cos 2\pi x\,dx$$

$$\begin{aligned}&\int_{-1}^{5} f(x)\cos 2\pi x\,dx\\&=\int_{-1}^{1} f(x)\cos 2\pi x\,dx+\int_{1}^{3} f(x)\cos 2\pi x\,dx\\&\qquad+\int_{3}^{5} f(x)\cos 2\pi x\,dx\\&=\int_{-1}^{1} f(x)\cos 2\pi x\,dx+\int_{-1}^{1} f(x+2)\cos 2\pi(x+2)\,dx\\&\qquad+\int_{-1}^{1} f(x+4)\cos 2\pi(x+4)\,dx\\&=\int_{-1}^{1} f(x)\cos 2\pi x\,dx+\int_{-1}^{1} f(x)\cos 2\pi x\,dx\\&\qquad+\int_{-1}^{1} f(x)\cos 2\pi x\,dx\\&=3\int_{-1}^{1} f(x)\cos 2\pi x\,dx\\&=6\int_{0}^{1} f(x)\cos 2\pi x\,dx \quad \cdots\cdots ㉢\end{aligned}$$

STEP 4 ㉡, ㉢을 ㉠에 대입하면

$$24+6\int_{0}^{1} f(x)\cos 2\pi x\,dx=\frac{47}{2}$$

$$\therefore \int_{0}^{1} f(x)\cos 2\pi x\,dx=-\frac{1}{12}$$

$\int_{0}^{1} f'(x)\sin 2\pi x\,dx$에서 $g(x)=\sin 2\pi x$로 놓으면

$g'(x)=2\pi\cos 2\pi x$이므로

$$\begin{aligned}\int_{0}^{1} f'(x)\sin 2\pi x\,dx&=\Big[f(x)\sin 2\pi x\Big]_{0}^{1}-2\pi\int_{0}^{1} f(x)\cos 2\pi x\,dx\\&=-2\pi\int_{0}^{1} f(x)\cos 2\pi x\,dx\\&=-2\pi\times\left(-\frac{1}{12}\right)=\frac{\pi}{6}\end{aligned}$$

694 답 ④

해결 각 잡기

조건 (가)에 주어진 등식의 양변을 적분하여 등식을 세운다.

→ 이 등식에 조건 (나)를 이용할 수 있는 x의 값을 대입해 본다.

STEP 1 조건 (가)에서

$2\{f(x)\}^2f'(x)=\{f(2x+1)\}^2f'(2x+1)$

의 양변을 x에 대하여 적분하면

$$\frac{2}{3}\{f(x)\}^3=\frac{1}{6}\{f(2x+1)\}^3+C \text{ (단, } C\text{는 적분상수)} \quad \cdots\cdots ㉠$$

STEP 2 $x=-1$을 ㉠에 대입하면

$$\frac{2}{3}\{f(-1)\}^3=\frac{1}{6}\{f(-1)\}^3+C$$

$$\therefore \{f(-1)\}^3=2C \quad \cdots\cdots ㉡$$

STEP 3 $x=\frac{5}{2}$를 ㉠에 대입하면

$$\frac{2}{3}\left\{f\left(\frac{5}{2}\right)\right\}^3=\frac{1}{6}\{f(6)\}^3+C$$

이때 조건 (나)에서 $f(6)=2$이므로

$$\frac{2}{3}\left\{f\left(\frac{5}{2}\right)\right\}^3=\frac{4}{3}+C$$

$$\therefore \left\{f\left(\frac{5}{2}\right)\right\}^3=2+\frac{3}{2}C$$

$x=\frac{3}{4}$을 ㉠에 대입하면

$$\frac{2}{3}\left\{f\left(\frac{3}{4}\right)\right\}^3=\frac{1}{6}\left\{f\left(\frac{5}{2}\right)\right\}^3+C=\frac{1}{3}+\frac{5}{4}C$$

$$\therefore \left\{f\left(\frac{3}{4}\right)\right\}^3=\frac{1}{2}+\frac{15}{8}C$$

$x=-\frac{1}{8}$을 ㉠에 대입하면

$$\frac{2}{3}\left\{f\left(-\frac{1}{8}\right)\right\}^3=\frac{1}{6}\left\{f\left(\frac{3}{4}\right)\right\}^3+C=\frac{1}{12}+\frac{21}{16}C$$

이때 조건 (나)에서 $f\left(-\frac{1}{8}\right)=1$이므로

$$\frac{2}{3}=\frac{1}{12}+\frac{21}{16}C,\ \frac{21}{16}C=\frac{7}{12}\qquad \therefore C=\frac{4}{9}$$

STEP 4 따라서 ㉡에서 $\{f(-1)\}^3=2C=\frac{8}{9}$이므로

$$\therefore f(-1)=\frac{2}{\sqrt[3]{3^2}}=\frac{2\sqrt[3]{3}}{3}$$

695 답 93

해결 각 잡기

주어진 등식의 양변을 적분하여 등식을 세운다.

→ $f(x^2+x+1)$을 미분하면 $(2x+1)f'(x^2+x+1)$이므로 주어진 등식의 양변에 $2x+1$을 곱한 후에 적분한다.

STEP 1 $f(1)=a$, $f(3)=b$ (a, b는 상수)라 하고, 주어진 등식의 양변에 $2x+1$을 곱하면

$$(2x+1)f'(x^2+x+1)$$
$$=a\pi(2x+1)\sin\pi x+bx(2x+1)+5x^2(2x+1)$$
$$=a\pi(2x+1)\sin\pi x+10x^3+(2b+5)x^2+bx \qquad \cdots\cdots ㉠$$

㉠의 좌변을 x에 대하여 적분하면

$$\int(2x+1)f'(x^2+x+1)dx=f(x^2+x+1)+C_1$$
(단, C_1은 적분상수) ······ ㉡

㉠의 우변을 x에 대하여 적분하면

$$\int\{a\pi(2x+1)\sin\pi x+10x^3+(2b+5)x^2+bx\}dx$$
$$=a\pi\int(2x+1)\sin\pi x\,dx+\frac{5}{2}x^4+\frac{2b+5}{3}x^3+\frac{1}{2}bx^2$$
$$=a\pi\left\{-\frac{1}{\pi}(2x+1)\cos\pi x+\frac{2}{\pi^2}\sin\pi x\right\}+\frac{5}{2}x^4+\frac{2b+5}{3}x^3+\frac{1}{2}bx^2+C_2$$
$$=-a(2x+1)\cos\pi x+\frac{2a}{\pi}\sin\pi x+\frac{5}{2}x^4+\frac{2b+5}{3}x^3+\frac{1}{2}bx^2+C_2$$
(단, C_2는 적분상수) ······ ㉢

㉡, ㉢에서

$$f(x^2+x+1)$$
$$=-a(2x+1)\cos\pi x+\frac{2a}{\pi}\sin\pi x+\frac{5}{2}x^4+\frac{2b+5}{3}x^3+\frac{1}{2}bx^2+C$$
(단, C는 적분상수) ······ ㉣

STEP 2 $x^2+x+1=1$에서

$x^2+x=0$, $x(x+1)=0$ $\quad\therefore x=-1$ 또는 $x=0$

$x=-1$, $x=0$을 ㉣에 각각 대입하면

$$f(1)=-a+\frac{5}{2}-\frac{2b+5}{3}+\frac{b}{2}+C=-a-\frac{b-5}{6}+C$$

$$f(1)=-a+C$$

즉, $-a-\frac{b-5}{6}+C=-a+C$이므로

$$\frac{b-5}{6}=0\qquad\therefore b=5$$

$x^2+x+1=3$에서

$x^2+x-2=0$, $(x+2)(x-1)=0$ $\quad\therefore x=-2$ 또는 $x=1$

$x=1$을 ㉣에 대입하면 ← $x=-2$를 대입해도 된다.

$$f(3)=3a+\frac{5}{2}+5+\frac{5}{2}+C\ (\because b=5)$$
$$=3a+10+C$$

이때 $f(1)=a$, $f(3)=b=5$이므로

$a=-a+C$, $5=3a+10+C$

위의 두 식을 연립하여 풀면

$a=-1$, $C=-2$

STEP 3 따라서

$$f(x^2+x+1)$$
$$=(2x+1)\cos\pi x-\frac{2}{\pi}\sin\pi x+\frac{5}{2}x^4+5x^3+\frac{5}{2}x^2-2 \qquad \cdots\cdots ㉤$$

이고 $x^2+x+1=7$에서

$x^2+x-6=0$, $(x+3)(x-2)=0$

$\therefore x=-3$ 또는 $x=2$

$x=2$를 ㉤에 대입하면

$f(7)=5+40+40+10-2=93$

696 답 283

해결 각 잡기

- 조건 (나)와 구간 $(0, \infty)$에서 $g(x)\geq 0$임을 이용하여 구간 $(-3, \infty)$에서의 $f'(x)$의 값의 범위를 찾는다.
- $x\leq a$인 모든 실수 x에 대하여 $f(x)\geq f(b)$일 때
  → $b\leq a$이면 함수 $f(x)$는 $x\leq a$에서 $f(b)$를 최솟값으로 갖는다.
- 다항함수 $g(x)$에 대하여 $g(a)=0$이면 함수 $g(x)$는 $x-a$를 인수로 갖는다.

STEP 1 조건 (나)에서 $x>-3$인 모든 실수 x에 대하여

$$g(x+3)\{f(x)-f(0)\}^2=f'(x) \qquad \cdots\cdots ㉠$$

함수 $g(x)$는 구간 $(0, \infty)$에서 $g(x) \geq 0$이므로

$x > -3$, 즉 $x+3 > 0$에서 $g(x+3) \geq 0$

$\therefore f'(x) = g(x+3)\{f(x)-f(0)\}^2 \geq 0$

즉, 구간 $(-3, \infty)$에서 $f'(x) \geq 0$이다.

조건 ㈎에 의하여 사차함수 $f(x)$는 $x \leq -3$에서 $f(-3)$을 최솟값으로 가지므로 $f'(-3)=0$

$x=0$을 ㉠에 대입하면 $f'(0)=0$

즉, 최고차항의 계수가 4인 삼차함수 $f'(x)$에 대하여 $f'(-3)=f'(0)=0$이고 구간 $(-3, \infty)$에서 $f'(x) \geq 0$이므로 삼차함수 $y=f'(x)$의 그래프는 다음 그림과 같다.

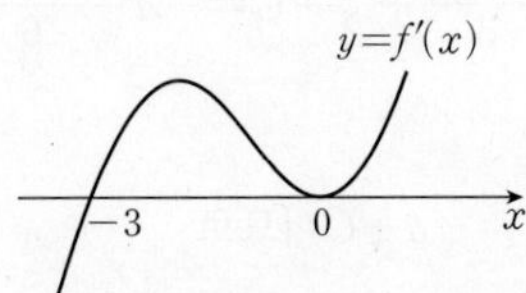

$\therefore f'(x) = 4x^2(x+3) = 4x^3+12x^2$ ...... ㉡

이 등식의 양변을 x에 대하여 적분하면

$f(x) = x^4+4x^3+C$ (단, C는 적분상수) ...... ㉢

㉡, ㉢을 ㉠에 대입하면

$g(x+3) \times (x^4+4x^3)^2 = 4x^3+12x^2$

이때 $1<x<2$에서 $x^4+4x^3 \neq 0$이므로

$g(x+3) = \dfrac{4x^3+12x^2}{(x^4+4x^3)^2}$

STEP 2 $\int_4^5 g(x)\,dx$에서 $x=t+3$으로 놓으면 $\dfrac{dx}{dt}=1$

$x=4$일 때 $t=1$, $x=5$일 때 $t=2$이므로

$$\int_4^5 g(x)\,dx = \int_1^2 g(t+3)\,dt = \int_1^2 \frac{4t^3+12t^2}{(t^4+4t^3)^2}\,dt$$

$t^4+4t^3=s$로 놓으면 $4t^3+12t^2=\dfrac{ds}{dt}$

$t=1$일 때 $s=5$, $t=2$일 때 $s=48$이므로

$$\int_1^2 \frac{4t^3+12t^2}{(t^4+4t^3)^2}\,dt = \int_5^{48} \frac{1}{s^2}\,ds = \left[-\frac{1}{s}\right]_5^{48} = \left(-\frac{1}{48}\right)+\frac{1}{5} = \frac{43}{240}$$

따라서 $p=240$, $q=43$이므로

$p+q=240+43=283$

697 답 ②

해결 각 잡기

$0<t\leq\pi$일 때 $f(t+\pi)=-f(t)+f(\pi)$이면

→ 함수 $y=f(t)$ $(0<t\leq\pi)$의 그래프를 t축에 대하여 대칭이동한 후 y축의 방향으로 $f(\pi)$만큼 평행이동한 그래프는 함수 $y=f(t)$ $(\pi<x\leq2\pi)$의 그래프를 t축의 방향으로 $-\pi$만큼 평행이동한 그래프와 일치한다.

STEP 1 조건 ㈎에서 구간 $[0, \pi]$일 때, $f(x)=1-\cos x$이고, 함수 $y=f(x)$의 그래프는 다음 그림과 같다.

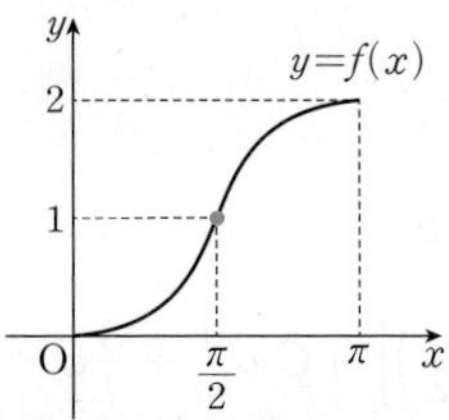

이 그래프는 구간 $\left(0, \dfrac{\pi}{2}\right)$에서 아래로 볼록하고 구간 $\left(\dfrac{\pi}{2}, \pi\right)$에서 위로 볼록하므로 $x=\dfrac{\pi}{2}$에서 변곡점을 갖는다.

STEP 2 (i) $f(n\pi+t)=f(n\pi)+f(t)$ $(0<t\leq\pi)$일 때

함수 $y=f(t)$ $(0<t\leq\pi)$의 그래프를 y축의 방향으로 $f(n\pi)$만큼 평행이동한 그래프는 함수 $y=f(t)$ $(n\pi<t\leq(n+1)\pi)$를 t축의 방향으로 $-n\pi$만큼 평행이동한 그래프와 일치하므로 함수 $y=f(t)$ $(n\pi<t\leq(n+1)\pi)$의 그래프는 다음 그림과 같다.

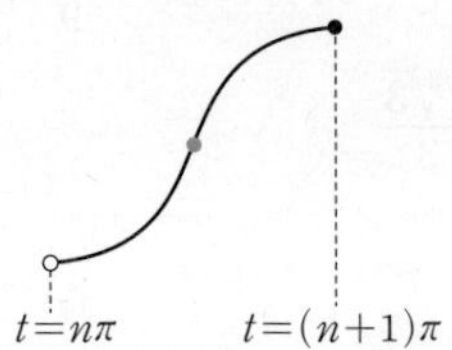

(ii) $f(n\pi+t)=f(n\pi)-f(t)$ $(0<t\leq\pi)$일 때

함수 $y=f(t)$ $(0<t\leq\pi)$의 그래프를 t축에 대하여 대칭이동한 후 y축의 방향으로 $f(n\pi)$만큼 평행이동한 그래프는 함수 $y=f(t)$ $(n\pi<t\leq(n+1)\pi)$를 t축의 방향으로 $-n\pi$만큼 평행이동한 그래프와 일치하므로 함수 $y=f(t)$ $(n\pi<t\leq(n+1)\pi)$의 그래프는 다음 그림과 같다.

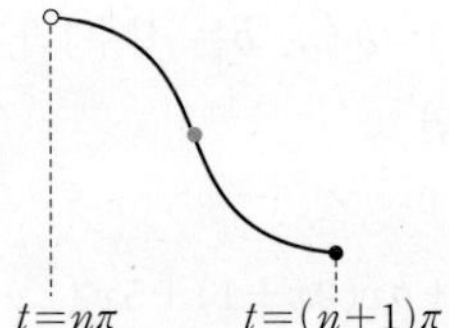

STEP 3 $\int_0^\pi f(x)\,dx = \int_0^\pi (1-\cos x)\,dx = \Big[x-\sin x\Big]_0^\pi = \pi$

$0<x<4\pi$에서 곡선 $y=f(x)$의 변곡점의 개수가 6인 경우는 다음과 같다.

(iii) 함수 $y=f(x)$가 $x=\pi$에서 극대일 때

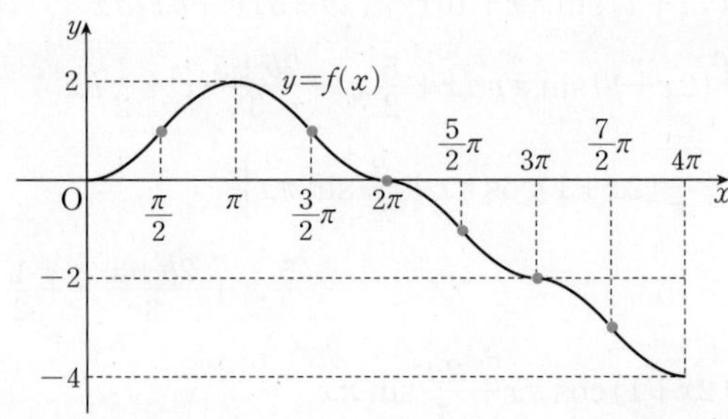

$$\therefore \int_0^{4\pi} |f(x)|\,dx = 4\int_0^\pi f(x)\,dx + \pi\times2 = 4\pi+2\pi = 6\pi$$

(iv) 함수 $y=f(x)$가 $x=2\pi$에서 극대일 때

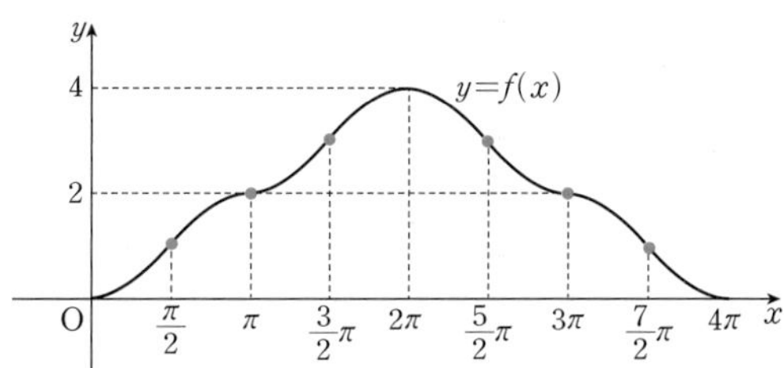

$\therefore \int_0^{4\pi} |f(x)|\,dx = 4\int_0^{\pi} f(x)\,dx + 2\pi \times 2 = 4\pi + 4\pi = 8\pi$

(v) 함수 $y=f(x)$가 $x=3\pi$에서 극대일 때

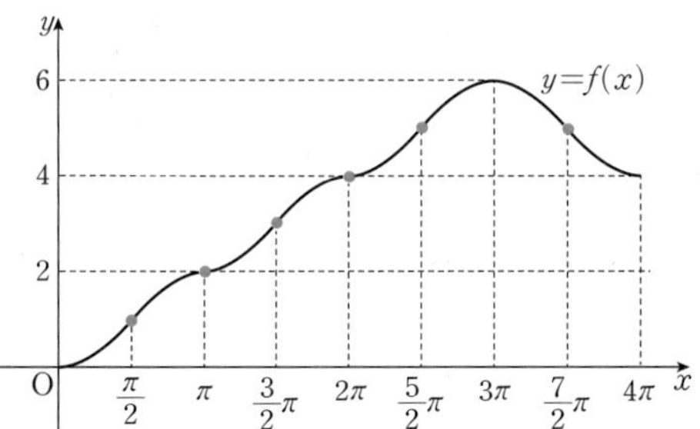

$\therefore \int_0^{4\pi} |f(x)|\,dx = 4\int_0^{\pi} f(x)\,dx + 2\pi \times 5 = 4\pi + 10\pi = 14\pi$

(iii), (iv), (v)에서 구하는 최솟값은 6π이다.

698 답 ②

해결 각 잡기

- $x<0$일 때 $f'(x)$를 구한 후, $f'(x)$의 부호를 확인한다.
- 함수 $f(x)$가 $x=0$에서 연속임을 이용하여 $f(0)$의 값을 구한다.
- 모든 실수 x에 대하여 $f(x) \ge 0$이고 모든 양수 t에 대하여 x에 대한 방정식 $f(x)=t$의 서로 다른 실근이 2개임을 이용하여 $x>0$일 때 함수 $f(x)$의 그래프의 개형을 예측해 본다.
- $a<0$, $b>0$일 때, 상수 k에 대하여
  $2a+b=k$
  이면 $b=k-2a$이므로 b의 값은 k의 값에 $|a|$의 2배를 더한 값이다.

STEP 1 $x<0$일 때 $f(x)=-4xe^{4x^2}$이므로

$f'(x) = -4e^{4x^2} - 4xe^{4x^2} \times 8x = -4(e^{4x^2} + 8x^2e^{4x^2})$

이때 $-4(e^{4x^2}+8x^2e^{4x^2})<0$이므로

$f'(x)<0$ $(x<0)$

즉, 함수 $f(x)$는 $x<0$에서 감소한다.

STEP 2 함수 $f(x)$는 $x=0$에서 연속이므로

$f(0) = \lim_{x \to 0-} f(x) = \lim_{x \to 0-} (-4xe^{4x^2}) = 0$

또, 모든 실수 x에 대하여 $f(x) \ge 0$이고 모든 양수 t에 대하여 x에 대한 방정식 $f(x)=t$의 서로 다른 실근이 $g(t)$, $h(t)$의 2개이다.

즉, $x \ge 0$이고 $f(x)>0$일 때 함수 $f(x)$는 증가한다.

$\therefore g(t)<0$, $h(t)>0$

또, 모든 양수 t에 대하여 $2g(t)+h(t)=k$, 즉 $h(t)=k-2g(t)$가 성립하므로 함수 $y=f(x)$의 그래프는 다음 그림과 같고 $g(t)<0$, $h(t)>k$이다.

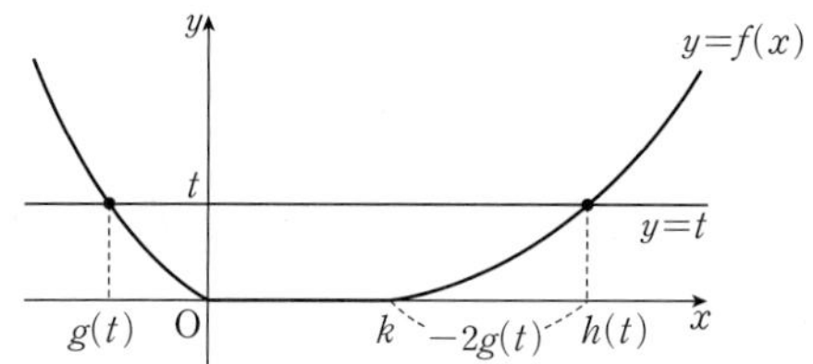

$h(t)=s$ $(s>k)$라 하면

$2g(t)+s=k$

$\therefore g(t) = \frac{k-s}{2}$ $\left(\frac{k-s}{2}<0\right)$

$f(g(t))=f(h(t))=t$이므로

$f(s) = f\left(\frac{k-s}{2}\right)$

$= -4 \times \frac{k-s}{2} \times e^{4 \times \left(\frac{k-s}{2}\right)^2}$

$= 2(s-k)e^{(s-k)^2}$

즉, $x>k$일 때 $f(x)=2(x-k)e^{(x-k)^2}$이다.

이때 위의 그림에서 $\int_0^k f(x)\,dx=0$이므로

$\int_0^7 f(x)\,dx = \int_k^7 f(x)\,dx$

$= \int_k^7 2(x-k)e^{(x-k)^2}\,dx$

$= \left[e^{(x-k)^2}\right]_k^7$

$= e^{(7-k)^2} - 1$

즉, $e^{(7-k)^2}-1 = e^4-1$이므로

$(7-k)^2=4$

$k^2-14k+45=0$

$(k-5)(k-9)=0$

$\therefore k=5$ $(\because k<7)$

STEP 3 따라서 $x \ge 5$일 때 $f(x)=2(x-5)e^{(x-5)^2}$이므로

$f(8)=6e^9$, $f(9)=8e^{16}$

$\therefore \frac{f(9)}{f(8)} = \frac{8e^{16}}{6e^9} = \frac{4}{3}e^7$

10 여러 가지 적분법 (2)

본문 248쪽 ~ 262쪽

B 유형 & 유사로 익히면…

699 답 ①

해결 각 잡기

정적분으로 정의된 함수

$\int_a^x f(t)\,dt=g(x)$ (a는 상수) 꼴의 등식이 주어질 때

(i) 양변에 $x=a$를 대입한다. → $\int_a^a f(t)\,dt=g(a)=0$

(ii) 양변을 x에 대하여 미분한다. → $f(x)=g'(x)$

STEP 1 $\int_0^x f(t)\,dt=e^x+ax+a$의 양변에 $x=0$을 대입하면

$0=e^0+a\times0+a=1+a$

$\therefore a=-1$

STEP 2 $\int_0^x f(t)\,dt=e^x-x-1$의 양변을 x에 대하여 미분하면

$f(x)=e^x-1$

$\therefore f(\ln 2)=e^{\ln 2}-1=2-1=1$

다른 풀이

$\int_0^x f(t)\,dt=e^x+ax+a$의 양변을 x에 대하여 미분하면

$f(x)=e^x+a$

$\therefore \int_0^x f(t)\,dt=\int_0^x (e^t+a)\,dt$

$=\Big[e^t+at\Big]_0^x=e^x+ax-1$

이때 $\int_0^x f(t)\,dt=e^x+ax+a$이므로 $e^x+ax-1=e^x+ax+a$에서

$a=-1$

따라서 $f(x)=e^x-1$이므로

$f(\ln 2)=e^{\ln 2}-1=2-1=1$

700 답 ②

STEP 1 $\int_1^x f(t)\,dt=x^2-a\sqrt{x}$의 양변에 $x=1$을 대입하면

$0=1-a \qquad \therefore a=1$

STEP 2 따라서 $\int_1^x f(t)\,dt=x^2-\sqrt{x}$의 양변을 x에 대하여 미분하면

$f(x)=2x-\dfrac{1}{2\sqrt{x}}$

$\therefore f(1)=2-\dfrac{1}{2}=\dfrac{3}{2}$

701 답 ②

STEP 1 $\int_0^x f(t)\,dt=\cos 2x+ax^2+a$의 양변에 $x=0$을 대입하면

$0=1+0+a \qquad \therefore a=-1$

STEP 2 따라서 $\int_0^x f(t)\,dt=\cos 2x-x^2-1$의 양변을 x에 대하여 미분하면

$f(x)=-2\sin 2x-2x$

$\therefore f\left(\dfrac{\pi}{2}\right)=-2\sin\pi-\pi=-\pi$

702 답 ③

해결 각 잡기

$f(x)$의 한 부정적분을 $F(x)$라 하면

$$\frac{d}{dt}\int_a^{g(t)} f(x)\,dx=\frac{d}{dt}\{F(g(t))-F(a)\}$$
$$=f(g(t))\times g'(t)$$

STEP 1 $\int_0^{\ln t} f(x)\,dx=(t\ln t+a)^2-a$의 양변에 $t=1$을 대입하면

$0=(0+a)^2-a$

$a^2-a=0,\ a(a-1)=0$

$\therefore a=1$ ($\because a\neq0$)

STEP 2 $\int_0^{\ln t} f(x)dx=(t\ln t+1)^2-1$의 양변을 t에 대하여 미분하면

$f(\ln t)\times(\ln t)'=2(t\ln t+1)(\ln t+1)$

$f(\ln t)\times\dfrac{1}{t}=2(t\ln t+1)(\ln t+1)$

$\therefore f(\ln t)=2t(t\ln t+1)(\ln t+1)$

STEP 3 $\ln t=1$, 즉 $t=e$를 대입하면

$f(1)=2e(e+1)\times2=4e^2+4e$

다른 풀이 **STEP 3**

$\ln t=u$로 놓으면 $t=e^u$이므로

$f(u)=2e^u(ue^u+1)(u+1)$

$\therefore f(1)=2e(e+1)(1+1)=4e^2+4e$

703 답 ④

STEP 1 $xf(x)=3^x+a+\int_0^x tf'(t)\,dt$의 양변에 $x=0$을 대입하면

$0=1+a \qquad \therefore a=-1$

STEP 2 $xf(x)=3^x+a+\int_0^x tf'(t)\,dt$의 양변을 x에 대하여 미분하면

$f(x)+xf'(x)=3^x\ln 3+xf'(x)$

$\therefore f(x)=3^x\ln 3$

$\therefore f(-1)=\dfrac{\ln 3}{3}$

704 답 ②

STEP 1 $xf(x)=x^2e^{-x}+\int_1^x f(t)\,dt$의 양변에 $x=1$을 대입하면

$f(1)=e^{-1}$

STEP 2 $xf(x)=x^2e^{-x}+\int_1^x f(t)\,dt$의 양변을 x에 대하여 미분하면

$f(x)+xf'(x)=2xe^{-x}-x^2e^{-x}+f(x)$

$xf'(x)=2xe^{-x}-x^2e^{-x}$

$\therefore f'(x)=2e^{-x}-xe^{-x}$

$=(2-x)e^{-x}$

STEP 3 위의 식의 양변을 x에 대하여 적분하면

$f(x)=\int(2-x)e^{-x}dx$ ← $u(x)=2-x$, $v'(x)=e^{-x}$로 놓고 부분적분법을 이용한다.

$=-(2-x)e^{-x}-\int e^{-x}dx$

$=-2e^{-x}+xe^{-x}+e^{-x}+C$ (단, C는 적분상수)

$=(x-1)e^{-x}+C$

이때 $f(1)=e^{-1}$이므로

$C=e^{-1}$

따라서 $f(x)=(x-1)e^{-x}+e^{-1}$이므로

$f(2)=e^{-2}+e^{-1}=\frac{e+1}{e^2}$

705 답 ⑤

해결 각 잡기

정적분으로 정의된 함수 $\int_a^x \boxed{}\,dt$ (a는 상수)를 x에 대하여 미분할 때, $\boxed{}$에 x가 포함되어 있으면 x를 $\int$의 밖으로 꺼낸 후에 미분한다.

STEP 1 $\int_1^x (x-t)f(t)\,dt=e^{x-1}+ax^2-3x+1$의 양변에 $x=1$을 대입하면

$0=1+a-3+1$

$\therefore a=1$

STEP 2 $\int_1^x (x-t)f(t)\,dt=x\int_1^x f(t)\,dt-\int_1^x tf(t)\,dt$

이므로

$x\int_1^x f(t)\,dt-\int_1^x tf(t)\,dt=e^{x-1}+x^2-3x+1$

위의 식의 양변을 x에 대하여 미분하면

$\int_1^x f(t)\,dt+xf(x)-xf(x)=e^{x-1}+2x-3$

$\therefore \int_1^x f(t)\,dt=e^{x-1}+2x-3$

위의 식의 양변을 x에 대하여 미분하면

$f(x)=e^{x-1}+2$

$\therefore f(a)=f(1)=1+2=3$

706 답 64

STEP 1 $x\int_0^x f(t)\,dt-\int_0^x tf(t)\,dt=ae^{2x}-4x+b$ …… ㉠

㉠의 양변에 $x=0$을 대입하면 $0=a+b$ …… ㉡

㉠의 양변을 x에 대하여 미분하면

$\int_0^x f(t)\,dt+xf(x)-xf(x)=2ae^{2x}-4$

$\therefore \int_0^x f(t)\,dt=2ae^{2x}-4$ …… ㉢

㉢의 양변에 $x=0$을 대입하면 $0=2a-4$

$\therefore a=2$

$a=2$를 ㉡에 대입하면 $b=-2$

STEP 2 ㉢에서 $\int_0^x f(t)\,dt=4e^{2x}-4$이므로 양변을 x에 대하여 미분하면

$f(x)=8e^{2x}$

$\therefore f(a)f(b)=f(2)f(-2)$

$=8e^4\times 8e^{-4}$

$=64$

707 답 9

해결 각 잡기

$F(x)=\int_0^x tf(x-t)\,dt$에서 $x-t=u$로 놓고 식을 변형한 후, 양변을 x에 대하여 미분한다.

STEP 1 $x-t=u$로 놓으면 $\frac{dt}{du}=-1$

$t=0$일 때 $u=x$, $t=x$일 때 $u=0$이므로

$F(x)=\int_0^x tf(x-t)\,dt$

$=-\int_x^0 (x-u)f(u)\,du$

$=\int_0^x (x-u)f(u)\,du$

$=x\int_0^x f(u)\,du-\int_0^x uf(u)\,du$

STEP 2 위의 식의 양변을 x에 대하여 미분하면

$F'(x)=\int_0^x f(u)\,du+xf(x)-xf(x)$

$=\int_0^x f(u)\,du$

$=\int_0^x \frac{1}{1+u}\,du$

$=\Big[\ln|u+1|\Big]_0^x$

$=\ln(x+1)$ ($\because x\ge 0$)

$\therefore F'(a)=\ln(a+1)=\ln 10$

즉, $1+a=10$이므로

$a=9$

708 답 ④

해결 각 잡기

- 주어진 식에서 $tx=y$로 놓고 식을 변형한 후, 양변을 t에 대하여 미분한다.
- $f(x)$의 한 부정적분을 $F(x)$라 하면
$$\frac{d}{dt}\int_a^{g(t)} f(x)\,dx=\frac{d}{dt}\{F(g(t))-F(a)\}$$
$$=f(g(t))\times g'(t)$$

STEP 1 $tx=y$로 놓으면 $t=\frac{dy}{dx}$

$x=0$일 때 $y=0$, $x=2$일 때 $y=2t$이므로

$$\int_0^2 xf(tx)\,dx=\int_0^{2t}\frac{y}{t^2}f(y)\,dy=4t^2$$

$$\therefore \int_0^{2t} yf(y)\,dy=4t^4$$

STEP 2 위의 식의 양변을 t에 대하여 미분하면

$2tf(2t)\times(2t)'=16t^3$

$4tf(2t)=16t^3$

$\therefore f(2t)=4t^2$

위의 식의 양변에 $t=1$을 대입하면

$f(2)=4$

709 답 ④

해결 각 잡기

$f(a)=b$, 즉 $f^{-1}(b)=a$이면

$$(f^{-1})'(b)=\frac{1}{f'(f^{-1}(b))}=\frac{1}{f'(a)} \text{ (단, } f'(a)\neq 0)$$

STEP 1 $f(x)=\int_a^x \{2+\sin(t^2)\}\,dt$의 양변을 x에 대하여 미분하면

$f'(x)=2+\sin(x^2)$

양변을 x에 대하여 미분하면

$f''(x)=2x\cos(x^2)$

STEP 2 $f''(a)=\sqrt{3}a$에서

$2a\cos(a^2)=\sqrt{3}a$

$\cos(a^2)=\frac{\sqrt{3}}{2}$

$\therefore a^2=\frac{\pi}{6}\left(\because 0<a<\sqrt{\frac{\pi}{2}}\right)$

STEP 3 $f(x)=\int_a^x \{2+\sin(t^2)\}\,dt$의 양변에 $x=a$를 대입하면

$f(a)=0$

$\therefore f^{-1}(0)=a$

$$\therefore (f^{-1})'(0)=\frac{1}{f'(a)}=\frac{1}{2+\sin(a^2)}$$
$$=\frac{1}{2+\sin\frac{\pi}{6}}=\frac{2}{5}$$

710 답 ④

해결 각 잡기

- 함수 $g'(x)$가 기함수임을 이용하여 이차함수 $f(x)$의 그래프의 대칭성을 파악한다.
- 점 $(1, g(1))$은 곡선 $y=g(x)$의 변곡점이므로 $g''(1)=0$이다.

STEP 1 $g(x)=\int_0^x \frac{t}{f(t)}\,dt$의 양변을 x에 대하여 미분하면

$g'(x)=\frac{x}{f(x)}$

조건 (가)에서 $g'(-x)=-g'(x)$이므로

$\frac{-x}{f(-x)}=-\frac{x}{f(x)}$

$\therefore f(-x)=f(x)$

즉, $f(x)$는 최고차항의 계수가 1인 이차함수이고, 그 그래프가 y축에 대하여 대칭이므로 $f(x)=x^2+a$ (a는 상수)로 놓을 수 있다.

STEP 2 $f(x)=x^2+a$에서 $f'(x)=2x$

$g'(x)=\frac{x}{f(x)}$에서 $g''(x)=\frac{f(x)-xf'(x)}{\{f(x)\}^2}$

조건 (나)에서 점 $(1, g(1))$이 곡선 $y=g(x)$의 변곡점이므로

$g''(1)=0$에서

$\frac{f(1)-f'(1)}{\{f(1)\}^2}=0$, $\frac{1+a-2}{(1+a)^2}=0$

$a-1=0 \quad \therefore a=1$

따라서 $f(x)=x^2+1$이므로

$$g(1)=\int_0^1 \frac{t}{t^2+1}\,dt=\left[\frac{1}{2}\ln(t^2+1)\right]_0^1=\frac{1}{2}\ln 2$$

참고

함수 $y=f(x)$의 그래프가 y축에 대하여 대칭이므로 함수 $f(x)$는 우함수이다.
다항함수인 우함수는 상수항과 짝수 차수의 항만을 가지므로
$f(x)=x^2+a$ (a는 상수)
로 놓을 수 있다.

711 답 ④

해결 각 잡기

조건 (나)에서 $\int_0^{\frac{\pi}{2}} f(t)\,dt$의 값이 필요하므로 $\int_{\frac{\pi}{2}}^x f(t)\,dt$에 $x=0$을 대입해 본다.

STEP 1 조건 (가)의 양변에 $x=0$을 대입하면

$$\int_{\frac{\pi}{2}}^0 f(t)\,dt=\{g(0)+a\}\sin 0-2$$

$$-\int_0^{\frac{\pi}{2}} f(t)\,dt=-2 \qquad \therefore \int_0^{\frac{\pi}{2}} f(t)\,dt=2$$

$\therefore g(x)=2\cos x+3$ ($\because$ 조건 (나)) ...... ㉠

또, 조건 (가)의 양변에 $x=\frac{\pi}{2}$를 대입하면

$0=\left\{g\left(\frac{\pi}{2}\right)+a\right\}\sin\frac{\pi}{2}-2$

$0=\left(2\cos\frac{\pi}{2}+3+a\right)\times 1-2$ ($\because$ ㉠)

$0=2\times 0+3+a-2$

$\therefore a=-1$ …… ㉡

STEP 2 ㉠, ㉡을 조건 (가)에 대입하면

$\int_{\frac{\pi}{2}}^{x} f(t)\,dt=(2\cos x+2)\sin x-2$

위의 식의 양변을 x에 대하여 미분하면

$f(x)=-2\sin x\sin x+(2\cos x+2)\cos x$

$\quad=-2\sin^2 x+(2\cos x+2)\cos x$

$\therefore f(0)=-2\sin^2 0+(2\cos 0+2)\cos 0$

$\quad=0+(2+2)\times 1=4$

712 답 ④

STEP 1 조건 (나)의 양변을 x에 대하여 미분하면

$-\sin x\int_0^x f(t)\,dt+(\cos x)f(x)$

$=\cos x\int_x^{\frac{\pi}{2}} f(t)\,dt+(\sin x)\times\{-f(x)\}$

STEP 2 위의 식의 양변에 $x=\frac{\pi}{4}$를 대입하면

$-\frac{\sqrt{2}}{2}\int_0^{\frac{\pi}{4}} f(t)\,dt+\frac{\sqrt{2}}{2}f\left(\frac{\pi}{4}\right)=\frac{\sqrt{2}}{2}\int_{\frac{\pi}{4}}^{\frac{\pi}{2}} f(t)\,dt-\frac{\sqrt{2}}{2}f\left(\frac{\pi}{4}\right)$

$\sqrt{2}f\left(\frac{\pi}{4}\right)=\frac{\sqrt{2}}{2}\left\{\int_0^{\frac{\pi}{4}} f(t)\,dt+\int_{\frac{\pi}{4}}^{\frac{\pi}{2}} f(t)\,dt\right\}$

$\therefore \sqrt{2}f\left(\frac{\pi}{4}\right)=\frac{\sqrt{2}}{2}\int_0^{\frac{\pi}{2}} f(t)\,dt$

조건 (가)에서 $\int_0^{\frac{\pi}{2}} f(t)\,dt=1$이므로

$\sqrt{2}f\left(\frac{\pi}{4}\right)=\frac{\sqrt{2}}{2}$

$\therefore f\left(\frac{\pi}{4}\right)=\frac{1}{2}$

713 답 ⑤

해결 각 잡기

함수 $f(t)$의 한 부정적분을 $F(t)$라 하면 $F'(t)=f(t)$이므로

(1) $\lim_{x\to a}\frac{1}{x-a}\int_a^x f(t)\,dt=\lim_{x\to a}\frac{F(x)-F(a)}{x-a}=F'(a)=f(a)$

(2) $\lim_{x\to 0}\frac{1}{x}\int_a^{x+a} f(t)\,dt=\lim_{x\to 0}\frac{F(x+a)-F(a)}{x}=F'(a)=f(a)$

STEP 1 $f(x)$의 한 부정적분을 $F(x)$라 하면

$\lim_{x\to 0}\left\{\frac{x^2+1}{x}\int_1^{x+1} f(t)\,dt\right\}$

$=\lim_{x\to 0}\left[\frac{x^2+1}{x}\times\{F(x+1)-F(1)\}\right]$

$=\lim_{x\to 0}\left\{(x^2+1)\times\frac{F(x+1)-F(1)}{x}\right\}$

$=\lim_{x\to 0}\frac{F(x+1)-F(1)}{x}\times\lim_{x\to 0}(x^2+1)$

$=F'(1)\times 1=f(1)=a\cos\pi$

즉, $a\cos\pi=3$이므로

$a=-3$

STEP 2 따라서 $f(x)=-3\cos(\pi x^2)$이므로

$f(a)=f(-3)=-3\cos 9\pi$

$\quad=-3\cos(2\pi\times 4+\pi)$

$\quad=-3\cos\pi=-3\times(-1)=3$

714 답 ①

$\frac{1}{n}=t$, $f(x)=\frac{1}{\sqrt{x+1}}$로 놓고, $f(x)$의 한 부정적분을 $F(x)$라 하면

$\lim_{n\to\infty}\left(n\int_0^{\frac{1}{n}}\frac{1}{\sqrt{x+1}}\,dx\right)=\lim_{t\to 0}\left(\frac{1}{t}\int_0^t f(x)\,dx\right)$

$=\lim_{t\to 0}\frac{F(t)-F(0)}{t}$

$=F'(0)=f(0)=1$

715 답 ②

해결 각 잡기

$f(x)=\int_0^x\frac{1}{1+t^6}\,dt$의 양변을 x에 대하여 미분하면

$f'(x)=\frac{1}{1+x^6}$이므로

$\int_0^a\frac{e^{f(x)}}{1+x^6}\,dx=\int_0^a e^{f(x)}f'(x)\,dx$ ← 치환적분을 이용한다.

STEP 1 $f(x)=\int_0^x\frac{1}{1+t^6}\,dt$의 양변을 x에 대하여 미분하면

$f'(x)=\frac{1}{1+x^6}$

$f(x)=\int_0^x\frac{1}{1+t^6}\,dt$의 양변에 $x=0$을 대입하면

$f(0)=0$

STEP 2 $f(x)=t$로 놓으면

$\frac{dt}{dx}=f'(x)=\frac{1}{1+x^6}$

$x=0$일 때 $t=f(0)=0$, $x=a$일 때 $t=f(a)=\frac{1}{2}$이므로

$\int_0^a\frac{e^{f(x)}}{1+x^6}\,dx=\int_0^{\frac{1}{2}} e^t\,dt=\left[e^t\right]_0^{\frac{1}{2}}=e^{\frac{1}{2}}-1=\sqrt{e}-1$

716 답 ⑤

해결 각 잡기

주어진 정적분의 식을 부분적분법을 이용하여 정리해 본다.

STEP 1 $\int_0^1 xf(x)\,dx=\left[\frac{1}{2}x^2f(x)\right]_0^1-\int_0^1\frac{1}{2}x^2f'(x)\,dx$

$u(x)=f(x)$, $v'(x)=x$로 놓고 부분적분법을 이용한다.

$=\frac{1}{2}f(1)-\int_0^1\frac{1}{2}x^2e^{x^3}\,dx$

$=-\frac{1}{2}\int_0^1 x^2e^{x^3}\,dx\ (\because f(1)=0)$

STEP 2 $x^3=t$로 놓으면 $\frac{dt}{dx}=3x^2$

$x=0$일 때 $t=0$, $x=1$일 때 $t=1$이므로

$-\frac{1}{2}\int_0^1 x^2e^{x^3}\,dx=-\frac{1}{2}\int_0^1\frac{1}{3}e^t\,dt$

$=-\frac{1}{6}\int_0^1 e^t\,dt$

$=-\frac{1}{6}\left[e^t\right]_0^1=\frac{1-e}{6}$

717 답 ④

STEP 1 $\int_{-1}^x f(t)\,dt=F(x)$에 $x=-1$을 대입하면

$F(-1)=0$

또, $\int_{-1}^x f(t)\,dt=F(x)$의 양변을 x에 대하여 미분하면

$F'(x)=f(x)$

STEP 2 $\int_0^1 xf(x)\,dx=\int_0^{-1}xf(x)\,dx$이므로

$\int_0^1 xf(x)\,dx-\int_0^{-1}xf(x)\,dx=0$

$\int_0^1 xf(x)\,dx+\int_{-1}^0 xf(x)\,dx=0$

$\therefore \int_{-1}^1 xf(x)\,dx=0$

STEP 3 $\int_{-1}^1 F(x)\,dx=\left[xF(x)\right]_{-1}^1-\int_{-1}^1 xf(x)\,dx$

$u(x)=F(x)$, $v'(x)=1$로 놓고 부분적분법을 이용한다.

$=F(1)+F(-1)-0$

$=F(1)+0$

$=\int_{-1}^1 f(x)\,dx=12$

718 답 19

STEP 1 $-x=t$로 놓으면 $\frac{dt}{dx}=-1$

$x=-1$일 때 $t=1$, $x=1$일 때 $t=-1$이므로

$\int_{-1}^1 f(-x)g(-x)\sin x\,dx=-\int_1^{-1}f(t)g(t)\sin(-t)\,dt$

$=-\int_{-1}^1 f(t)g(t)\sin t\,dt$ …… ㉠

STEP 2 $g(x)=\int_{-1}^x|f(t)\sin t|\,dt$의 양변을 x에 대하여 미분하면

$g'(x)=|f(x)\sin x|$

조건 ㈎에 의하여 $-1\le x\le 0$에서 $f(x)<0$이고 $\sin x\le 0$,

$0\le x\le 1$에서 $f(x)<0$이고 $\sin x\ge 0$이므로

$g'(x)=\begin{cases} f(x)\sin x & (-1\le x\le 0) \\ -f(x)\sin x & (0\le x\le 1)\end{cases}$ …… ㉡

또, 조건 ㈏에 의하여

$g(0)=\int_{-1}^0|f(t)\sin t|\,dt=2$

$g(1)=\int_{-1}^1|f(t)\sin t|\,dt$

$=\int_{-1}^0|f(t)\sin t|\,dt+\int_0^1|f(t)\sin t|\,dt$

$=2+3=5$

$g(-1)=\int_{-1}^{-1}|f(t)\sin t|\,dt=0$

STEP 3 ㉠에서

$-\int_{-1}^1 f(t)g(t)\sin t\,dt$

$=-\left\{\int_{-1}^0 f(t)g(t)\sin t\,dt+\int_0^1 f(t)g(t)\sin t\,dt\right\}$

$=-\left[\int_{-1}^0 g(t)g'(t)\,dt+\int_0^1 g(t)\{-g'(t)\}\,dt\right]\ (\because ㉡)$

$=\int_0^1 g(t)g'(t)\,dt-\int_{-1}^0 g(t)g'(t)\,dt$

$=\left[\frac{1}{2}\{g(t)\}^2\right]_0^1-\left[\frac{1}{2}\{g(t)\}^2\right]_{-1}^0$

$=\frac{1}{2}\{g(1)\}^2-\frac{1}{2}\{g(0)\}^2-\frac{1}{2}\{g(0)\}^2+\frac{1}{2}\{g(-1)\}^2$

$=\frac{1}{2}\{g(1)\}^2-\{g(0)\}^2+\frac{1}{2}\{g(-1)\}^2$

$=\frac{1}{2}\times 5^2-2^2+\frac{1}{2}\times 0^2$

$=\frac{17}{2}=\frac{q}{p}$

따라서 $p=2$, $q=17$이므로

$p+q=2+17=19$

719 답 ①

STEP 1 조건 ㈎에서 $g(x)=\int_1^x\frac{f(t^2+1)}{t}\,dt$의 양변에 $x=1$을 대입하면

$g(1)=0$

또, $g(x)=\int_1^x\frac{f(t^2+1)}{t}\,dt$의 양변을 x에 대하여 미분하면

$g'(x)=\frac{f(x^2+1)}{x}$

STEP 2 $\therefore \int_1^2 xg(x)\,dx$

$u(x)=g(x)$, $v'(x)=x$로 놓고 부분적분법을 이용한다.

$=\left[\frac{1}{2}x^2g(x)\right]_1^2-\int_1^2\frac{1}{2}x^2g'(x)\,dx$

$=2g(2)-\frac{1}{2}g(1)-\int_1^2\left\{\frac{1}{2}x^2\times\frac{f(x^2+1)}{x}\right\}dx$

$=2\times 3-\frac{1}{2}\times 0-\frac{1}{2}\int_1^2 xf(x^2+1)\,dx$

$=6-\frac{1}{2}\int_1^2 xf(x^2+1)\,dx$

STEP 3 $x^2+1=t$로 놓으면 $\frac{dt}{dx}=2x$

$x=1$일 때 $t=2$, $x=2$일 때 $t=5$이므로

$$\begin{aligned}6-\frac{1}{2}\int_1^2 xf(x^2+1)\,dx&=6-\frac{1}{2}\int_2^5 \frac{1}{2}f(t)\,dt\\&=6-\frac{1}{4}\int_2^5 f(t)\,dt\\&=6-\frac{1}{4}\times 16\ (\because \text{조건 (나)})\\&=6-4=2\end{aligned}$$

720 답 ①

STEP 1 $f(x)=\frac{\pi}{2}\int_1^{x+1} f(t)\,dt$의 양변에 $x=0$을 대입하면

$f(0)=0$

$f(x)=\frac{\pi}{2}\int_1^{x+1} f(t)\,dt$의 양변을 x에 대하여 미분하면

$f'(x)=\frac{\pi}{2}f(x+1)$ $\quad\therefore f(x+1)=\frac{2}{\pi}f'(x)$

STEP 2 $\pi^2\int_0^1 xf(x+1)\,dx=\pi^2\int_0^1 \frac{2}{\pi}xf'(x)\,dx$

$$\begin{aligned}&=2\pi\int_0^1 xf'(x)\,dx\\&=2\pi\left\{\Big[xf(x)\Big]_0^1-\int_0^1 f(x)\,dx\right\}\\&=2\pi\left(f(1)-\int_0^1 f(x)\,dx\right)\\&=2\pi\left(1-\int_0^1 f(x)\,dx\right)\quad\cdots\cdots\ ㉠\end{aligned}$$

$u(x)=x$, $v'(x)=f'(x)$로 놓고 부분적분법을 이용한다.

STEP 3 $f(x)=\frac{\pi}{2}\int_1^{x+1} f(t)\,dt$의 양변에 $x=-1$을 대입하면

$f(-1)=\frac{\pi}{2}\int_1^0 f(t)\,dt$

이때 함수 $y=f(x)$의 그래프가 원점에 대하여 대칭이므로

$f(-1)=-f(1)=-1$ ($f(-x)=-f(x)$)

즉, $-1=\frac{\pi}{2}\int_1^0 f(t)\,dt$이므로 $\int_0^1 f(t)\,dt=\frac{2}{\pi}$

따라서 ㉠에서

$2\pi\left(1-\int_0^1 f(x)\,dx\right)=2\pi\left(1-\frac{2}{\pi}\right)=2(\pi-2)$

721 답 ①

해결 각 잡기

- $\frac{f'(x)}{f(x)}$ 꼴의 식이 필요하므로 $g(x)$를 x에 대하여 두 번 미분한다.
- 함수 $g(x)$는 $x=1$에서 극값 2를 가지므로
  $g'(1)=0$, $g(1)=2$
- 모든 실수 x에 대하여 $g'(-x)=g'(x)$이므로 함수 $g'(x)$의 그래프는 y축에 대하여 대칭이다.
  → $\int_{-a}^a g'(x)\,dx=2\int_0^a g'(x)\,dx$

STEP 1 $g(x)=\int_0^x \ln f(t)\,dt$의 양변에 $x=0$을 대입하면

$g(0)=0$

$g(x)=\int_0^x \ln f(t)\,dt$의 양변을 x에 대하여 미분하면

$g'(x)=\ln f(x)$

위의 식의 양변을 x에 대하여 미분하면

$g''(x)=\frac{f'(x)}{f(x)}$

STEP 2 $\int_{-1}^1 \frac{xf'(x)}{f(x)}\,dx=\int_{-1}^1 xg''(x)\,dx$

$u(x)=x$, $v'(x)=g''(x)$로 놓고 부분적분법을 이용한다.

$$\begin{aligned}&=\Big[xg'(x)\Big]_{-1}^1-\int_{-1}^1 g'(x)\,dx\\&=g'(1)+g'(-1)-2\int_0^1 g'(x)\,dx\\&=g'(1)+g'(-1)-2\Big[g(x)\Big]_0^1\\&=g'(1)+g'(-1)-2\{g(1)-g(0)\}\end{aligned}$$

$\cdots\cdots$ ㉠

STEP 3 조건 (가)에서 함수 $g(x)$는 $x=1$에서 극값 2를 가지므로

$g(1)=2$, $g'(1)=0$

또, 조건 (나)에서 함수 $g'(x)$의 그래프는 y축에 대하여 대칭이므로

$g'(-1)=g'(1)=0$

따라서 ㉠에서

$g'(1)+g'(-1)-2\{g(1)-g(0)\}=0+0-2\times(2-0)=-4$

722 답 ④

ㄱ. $F(1)=\int_0^1 f(x)\,dx$ $\quad\cdots\cdots$ ㉠

$$\begin{aligned}\therefore \int_0^1 F(x)\,dx&=\int_0^1 \{f(x)-x\}\,dx\ (\because \text{조건 (가)})\\&=\int_0^1 f(x)\,dx-\int_0^1 x\,dx\\&=F(1)-\left[\frac{1}{2}x^2\right]_0^1\ (\because ㉠)\\&=F(1)-\frac{1}{2}\end{aligned}$$

조건 (나)에 의하여 $F(1)-\frac{1}{2}=e-\frac{5}{2}$이므로

$F(1)=e-2$

ㄴ. $\int_0^1 xF(x)\,dx=\int_0^1 x\{f(x)-x\}\,dx$ ($\because$ 조건 (가))

$$\begin{aligned}&=\int_0^1 \{xf(x)-x^2\}\,dx\\&=\int_0^1 xf(x)\,dx-\int_0^1 x^2\,dx\\&=\Big[xF(x)\Big]_0^1-\int_0^1 F(x)\,dx-\left[\frac{1}{3}x^3\right]_0^1\\&=F(1)-\left(e-\frac{5}{2}\right)-\frac{1}{3}\ (\because \text{조건 (나)})\\&=e-2-\left(e-\frac{5}{2}\right)-\frac{1}{3}\ (\because ㄱ)\\&=\frac{1}{6}\end{aligned}$$

$u(x)=x$, $v'(x)=f(x)$로 놓고 부분적분법을 이용한다.

ㄷ. $F(x)=\int_0^x f(t)\,dt$의 양변에 $x=0$을 대입하면

$F(0)=0$ ...... ㉡

$F(x)=\int_0^x f(t)\,dt$의 양변을 x에 대하여 미분하면

$F'(x)=f(x)$

$\int_0^1 \{F(x)\}^2 dx=\int_0^1 F(x)\{f(x)-x\}\,dx$ (∵ 조건 ㈎)

$=\int_0^1 F(x)f(x)\,dx-\int_0^1 xF(x)\,dx$

$=\int_0^1 F(x)F'(x)\,dx-\int_0^1 xF(x)\,dx$

$=\left[\frac{1}{2}\{F(x)\}^2\right]_0^1-\frac{1}{6}$ (∵ ㄴ)

$=\frac{1}{2}\{F(1)\}^2-\frac{1}{2}\{F(0)\}^2-\frac{1}{6}$

$=\frac{1}{2}(e-2)^2-\frac{1}{6}$ (∵ ㄱ, ㉡)

$=\frac{1}{2}e^2-2e+\frac{11}{6}$

따라서 옳은 것은 ㄴ, ㄷ이다.

다른 풀이

$F(x)=\int_0^x f(t)\,dt$의 양변을 x에 대하여 미분하면

$F'(x)=f(x)$

조건 ㈎의 $F(x)=f(x)-x$의 양변을 x에 대하여 미분하면

$f(x)=f'(x)-1$ ...... ㉢

㉢의 양변을 x에 대하여 미분하면

$f'(x)=f''(x)$ $\quad \therefore \frac{f''(x)}{f'(x)}=1$ ...... ㉣

㉣의 양변을 x에 대하여 적분하면

$\ln|f'(x)|=x+C_1$ (단, C_1는 적분상수)

$\therefore f'(x)=C_2e^x$ (단, C_2는 상수) ...... ㉤

㉤의 양변을 x에 대하여 적분하면

$f(x)=C_2e^x+C_3$ (단, C_3은 적분상수) ...... ㉥

$F(x)=\int_0^x f(t)\,dt$의 양변에 $x=0$을 대입하면

$F(0)=0$

조건 ㈎의 식의 양변에 $x=0$을 대입하면

$F(0)=f(0)$

$\therefore f(0)=0$

또, ㉢의 양변에 $x=0$을 대입하면

$f(0)=f'(0)-1$

$\therefore f'(0)=1$ (∵ $f(0)=0$)

㉤, ㉥에 각각 $x=0$을 대입하면

$f'(0)=C_2=1$, $f(0)=C_2+C_3=0$

이므로 $C_3=-1$

$\therefore f(x)=e^x-1$, $F(x)=e^x-x-1$ (∵ 조건 ㈎)

ㄱ. $F(1)=e^1-1-1=e-2$

ㄴ. $\int_0^1 xF(x)\,dx=\int_0^1 x(e^x-x-1)\,dx$

$=\int_0^1 xe^x\,dx-\int_0^1 x^2\,dx-\int_0^1 x\,dx$

$=\left[xe^x\right]_0^1-\int_0^1 e^x\,dx-\frac{1}{3}-\frac{1}{2}$

$=e-(e-1)-\frac{1}{3}-\frac{1}{2}=\frac{1}{6}$

ㄷ. $\int_0^1 \{F(x)\}^2 dx$

$=\int_0^1 (e^x-x-1)^2 dx$

$=\int_0^1 (e^{2x}+x^2+1-2xe^x+2x-2e^x)\,dx$

$=\int_0^1 (e^{2x}+x^2+1+2x-2e^x)\,dx-2\int_0^1 xe^x\,dx$

$=\left[\frac{1}{2}e^{2x}+\frac{1}{3}x^3+x+x^2-2e^x\right]_0^1-2\left(\left[xe^x\right]_0^1-\int_0^1 e^x\,dx\right)$

$=\frac{1}{2}(e^2-1)+\frac{1}{3}+1+1-2(e-1)-2e+2(e-1)$

$=\frac{1}{2}e^2-2e+\frac{11}{6}$

따라서 옳은 것은 ㄴ, ㄷ이다.

723 답 ①

해결 각 잡기

역함수의 성질

두 함수 $f(x)$, $g(x)$가 서로 역함수 관계일 때

(1) $f(g(x))=x$, $g(f(x))=x$

→ 두 식의 양변을 x에 대하여 미분하면

$f'(g(x))g'(x)=1$, $g'(f(x))f'(x)=1$

$\therefore g'(x)=\frac{1}{f'(g(x))}$, $f'(x)=\frac{1}{g'(f(x))}$

(2) $f(a)=b$이면 $g(b)=a$이다. (단, a, b는 상수)

STEP 1 $g(x)$는 $f(x)$의 역함수이므로

$f(g(x))=x$, $g(f(x))=x$

위의 두 식의 양변을 x에 대하여 미분하면

$f'(g(x))g'(x)=1$, $g'(f(x))f'(x)=1$

$\therefore g'(x)=\frac{1}{f'(g(x))}$, $f'(x)=\frac{1}{g'(f(x))}$ ...... ㉠

STEP 2 $\int_1^3 \left\{\frac{f(x)}{f'(g(x))}+\frac{g(x)}{g'(f(x))}\right\}dx$

$=\int_1^3 \{f(x)g'(x)+g(x)f'(x)\}\,dx$ (∵ ㉠)

$=\int_1^3 \{f(x)g(x)\}'\,dx$

$=\left[f(x)g(x)\right]_1^3$

$=f(3)g(3)-f(1)g(1)$

이때 $f(1)=3$에서 $g(3)=1$, $g(1)=3$에서 $f(3)=1$이므로

$f(3)g(3)-f(1)g(1)=1\times1-3\times3=-8$

724 답 12

STEP 1 $g(x)$는 $f(x)$의 역함수이므로

$g(f(x))=x$

위의 식의 양변을 x에 대하여 미분하면

$g'(f(x))f'(x)=1 \qquad \therefore g'(f(x))=\frac{1}{f'(x)}$

$\therefore \int_1^5 \frac{40}{g'(f(x))\{f(x)\}^2}dx=40\int_1^5 \frac{f'(x)}{\{f(x)\}^2}dx$

STEP 2 $f(x)=t$로 놓으면 $\frac{dt}{dx}=f'(x)$

$x=1$일 때 $t=f(1)=2$ ($\because g(2)=1$),

$x=5$일 때 $t=f(5)=5$ ($\because g(5)=5$)

이므로

$40\int_1^5 \frac{f'(x)}{\{f(x)\}^2}dx=40\int_2^5 \frac{1}{t^2}dt=40\left[-\frac{1}{t}\right]_2^5=12$

725 답 ④

STEP 1 $g(x)$는 $f(x)$의 역함수이므로

$g(f(x))=x$

위의 식의 양변을 x에 대하여 미분하면

$g'(f(x))f'(x)=1$

$\therefore g'(f(x))=\frac{1}{f'(x)}$

STEP 2 조건 (나)에서

$f(x)g'(f(x))=\frac{f(x)}{f'(x)}=\frac{1}{x^2+1}$

$\therefore \frac{f'(x)}{f(x)}=x^2+1$

위의 식의 양변을 x에 대하여 적분하면

$\ln|f(x)|=\frac{1}{3}x^3+x+C$ (단, C는 적분상수)

$\therefore |f(x)|=e^{\frac{1}{3}x^3+x+C}$

STEP 3 조건 (가)에서 $f(0)=1>0$이고 함수 $f(x)$가 실수 전체의 집합에서 미분가능하므로

$f(x)=e^{\frac{1}{3}x^3+x+C}$

위의 식의 양변에 $x=0$을 대입하면

$f(0)=e^C=1 \qquad \therefore C=0$

따라서 $f(x)=e^{\frac{1}{3}x^3+x}$이므로

$f(3)=e^{9+3}=e^{12}$

726 답 ④

STEP 1 양의 실수 전체의 집합에서 정의되는 두 함수 $f(x)$, $g(x)$가 서로 역함수 관계이므로 양의 실수 전체의 집합에서

$f(x)>0$, $g(x)>0$ …… ㉠

모든 양수 x에 대하여 $g(f(x))=x$이므로 양변을 x에 대하여 미분하면

$g'(f(x))f'(x)=1$

$\therefore g'(f(x))=\frac{1}{f'(x)}$

STEP 2 $\int_1^a \frac{1}{g'(f(x))f(x)}dx=\int_1^a \frac{f'(x)}{f(x)}dx$

$=\Big[\ln|f(x)|\Big]_1^a$

$=\ln f(a)-\ln f(1)$ ($\because$ ㉠)

$=\ln f(a)-\ln 8$ ($\because f(1)=8$)

$=\ln f(a)-3\ln 2$

즉, $\ln f(a)-3\ln 2=2\ln a+\ln(a+1)-\ln 2$이므로

$\ln f(a)=2\ln a+\ln(a+1)+2\ln 2$

$=\ln a^2+\ln(a+1)+\ln 2^2$

$=\ln 4a^2(a+1)$

따라서 $f(a)=4a^2(a+1)$이므로

$f(2)=4\times4\times3=48$

727 답 ⑤

해결 각 잡기

미분가능한 함수 $f(x)$에 대하여 $\int_a^b f^{-1}(x)dx$의 값을 구하는 경우에는 $f^{-1}(x)=t$, 즉 $x=f(t)$로 놓고 $\frac{dx}{dt}=f'(t)$임을 이용한다.

STEP 1 조건 (가)에 의하여 함수 $f(x)$는 실수 전체의 집합에서 감소하므로 조건 (나)에 의하여

$f(-1)=1$, $f(3)=-2$

$\therefore f^{-1}(1)=-1$, $f^{-1}(-2)=3$

STEP 2 $f^{-1}(x)=t$로 놓으면 $x=f(t)$이므로

$\frac{dx}{dt}=f'(t)$

$x=-2$일 때 $t=f^{-1}(-2)=3$,

$x=1$일 때, $t=f^{-1}(1)=-1$

이므로

$\int_{-2}^1 f^{-1}(x)dx=\int_3^{-1} tf'(t)dt$ — $u(t)=t$, $v'(t)=f'(t)$로 놓고 부분적분법을 이용한다.

$=\Big[tf(t)\Big]_3^{-1}-\int_3^{-1} f(t)dt$

$=-f(-1)-3f(3)+\int_{-1}^3 f(t)dt$

$=-1-3\times(-2)+3=8$

728 답 26

STEP 1 조건 (가)의 $\lim_{x\to-\infty}\frac{f(x)+6}{e^x}=1$에서 (분모)$\to0$이고 극한값이 존재하므로 (분자)$\to0$이어야 한다.

즉, $\lim_{x\to-\infty}\{f(x)+6\}=0$이므로

$\lim_{x\to-\infty}(ae^{2x}+be^x+c+6)=0$

$c+6=0 \quad \therefore c=-6$

$\therefore f(x)=ae^{2x}+be^{x}-6$

$\lim_{x\to-\infty}\frac{f(x)+6}{e^x}=\lim_{x\to-\infty}\frac{ae^{2x}+be^x}{e^x}=\lim_{x\to-\infty}(ae^x+b)=b$

$\therefore b=1$

$\therefore f(x)=ae^{2x}+e^x-6$

조건 (나)에서 $f(\ln 2)=0$이므로

$ae^{2\ln 2}+e^{\ln 2}-6=0,\ 4a+2-6=0$

$\therefore a=1$

$\therefore f(x)=e^{2x}+e^x-6$

STEP 2 조건 (나)에서 $f(\ln 2)=0$이므로

$g(0)=\ln 2$

$g(14)=k$라 하면 $f(k)=14$이므로

$e^{2k}+e^k-6=14$

$e^{2k}+e^k-20=0,\ (e^k+5)(e^k-4)=0 \qquad \therefore e^k=4\ (\because e^k>0)$

즉, $k=\ln 4$이므로

$g(14)=\ln 4$

$g(x)=t$로 놓으면 $x=f(t)$이므로

$\frac{dx}{dt}=f'(t)$

$x=0$일 때 $t=g(0)=\ln 2$, $x=14$일 때 $t=g(14)=\ln 4$이므로

$$\begin{aligned}\int_0^{14}g(x)\,dx&=\int_{\ln 2}^{\ln 4}tf'(t)\,dt\\&=\Big[tf(t)\Big]_{\ln 2}^{\ln 4}-\int_{\ln 2}^{\ln 4}f(t)\,dt\\&=14\ln 4-\int_{\ln 2}^{\ln 4}(e^{2t}+e^t-6)\,dt\\&=14\ln 4-\left[\frac{1}{2}e^{2t}+e^t-6t\right]_{\ln 2}^{\ln 4}\\&=28\ln 2-(8-6\ln 2)\\&=34\ln 2-8\end{aligned}$$

($u(t)=t,\ v'(t)=f'(t)$로 놓고 부분적분법을 이용한다.)

따라서 $p=-8,\ q=34$이므로

$p+q=-8+34=26$

729 답 24

해결 각 잡기

- 함수 $y=f(x)$의 그래프와 그 역함수 $y=f^{-1}(x)$의 그래프는 직선 $y=x$에 대하여 대칭이므로 오른쪽 그림에서 색칠한 두 부분의 넓이 $S_1,\ S_2$에 대하여

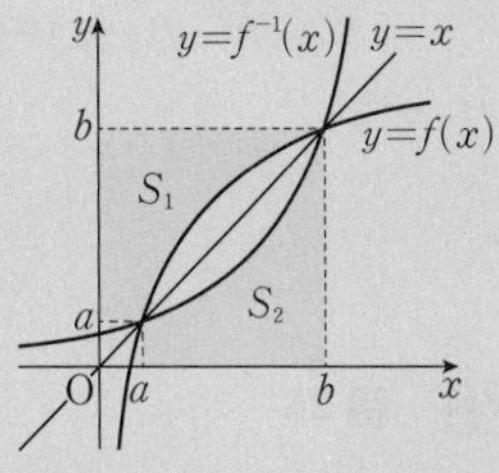

$$S_1=S_2=\int_a^b f^{-1}(x)\,dx$$

- 함수 $f(x)$는 역함수가 존재하므로 일대일대응이고 $f(1)<f(3)<f(7)$이다.
  → 함수 $f(x)$는 구간 $[1,\ 7]$에서 증가한다.
- $x\neq3$인 모든 실수 x에 대하여 $f''(x)<0$이므로 함수 $y=f(x)$의 그래프는 $x\neq3$일 때 위로 볼록하다.

STEP 1 조건 (가), (나)를 만족시키는 함수 $y=f(x)$의 그래프는 다음 그림과 같다.

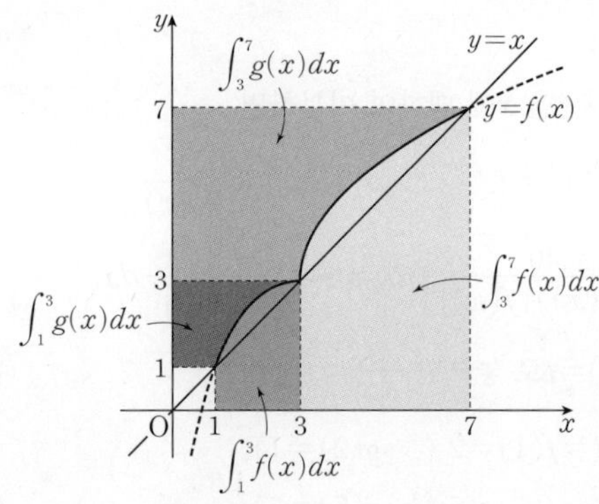

STEP 2 $\int_1^3 f(x)\,dx=3\times3-1\times1-\int_1^3 g(x)\,dx$

$=9-1-3\ (\because$ 조건 (다)$)$

$=5$

$\therefore \int_3^7 f(x)\,dx=\int_1^7 f(x)\,dx-\int_1^3 f(x)\,dx$

$=27-5\ (\because$ 조건 (다)$)$

$=22$

STEP 3 구간 $[3,\ 7]$에서 $f(x)-x\geq0$이므로

$$\begin{aligned}12\int_3^7|f(x)-x|\,dx&=12\int_3^7\{f(x)-x\}\,dx\\&=12\left\{\int_3^7 f(x)\,dx-\int_3^7 x\,dx\right\}\\&=12\times(22-20)=24\end{aligned}$$

730 답 ③

해결 각 잡기

- 함수 $g(x)$는 역함수가 존재하므로 일대일대응이고 $g(0)=0$, $g(1)=1$이다.
  → 함수 $g(x)$는 구간 $[0,\ 1]$에서 증가한다.
- 함수 $y=g(x)$의 그래프와 역함수 $y=g^{-1}(x)$의 그래프의 개형을 이용하여 $\int_0^1 g^{-1}(x)\,dx$와 $\int_0^1 g(x)\,dx$ 사이의 관계식을 구한다.
- $\int_0^1 f'(2x)\sin\pi x\,dx$를 부분적분법을 이용하여 정리하면 $\int_0^1 f(2x)\cos\pi x\,dx$에 대한 식으로 나타낼 수 있다.

STEP 1 $g(x)=f'(2x)\sin\pi x+x$에서

$f'(2x)\sin\pi x=g(x)-x$

이므로 $\int_0^1 g^{-1}(x)\,dx=2\int_0^1 f'(2x)\sin\pi x\,dx+\frac{1}{4}$에서

$\int_0^1 g^{-1}(x)\,dx=2\int_0^1(g(x)-x)\,dx+\frac{1}{4}$

$\int_0^1 g^{-1}(x)\,dx=2\int_0^1 g(x)\,dx-2\int_0^1 x\,dx+\frac{1}{4}$

$\int_0^1 g^{-1}(x)\,dx=2\int_0^1 g(x)\,dx-1+\frac{1}{4}$

$\therefore \int_0^1 g^{-1}(x)\,dx = 2\int_0^1 g(x)\,dx - \frac{3}{4}$ ...... ㉠

STEP 2 함수 $g(x)$는 역함수가 존재하므로 일대일대응이고 $g(0)=0$, $g(1)=1$이므로 함수 $g(x)$는 구간 $[0, 1]$에서 증가한다.
즉, 함수 $y=g(x)$의 그래프는 다음 그림과 같다.

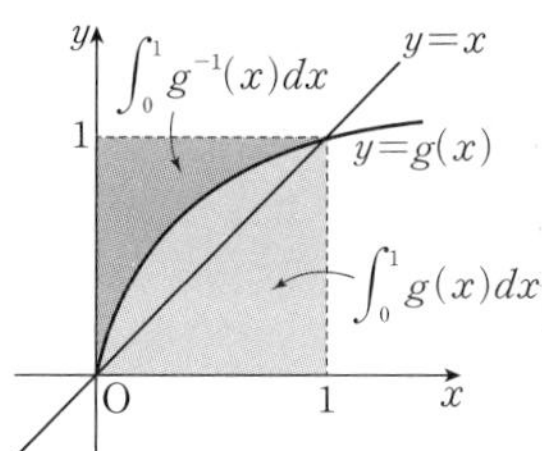

$\int_0^1 g^{-1}(x)\,dx = 1 - \int_0^1 g(x)\,dx$이므로 ㉠에서

$1-\int_0^1 g(x)\,dx = 2\int_0^1 g(x)\,dx - \frac{3}{4}$

$3\int_0^1 g(x)\,dx = \frac{7}{4}$ $\quad\therefore \int_0^1 g(x)\,dx = \frac{7}{12}$

STEP 3 즉, $\int_0^1 \{f'(2x)\sin \pi x + x\}\,dx = \frac{7}{12}$이므로

$\int_0^1 f'(2x)\sin \pi x\,dx + \int_0^1 x\,dx = \frac{7}{12}$

$\int_0^1 f'(2x)\sin \pi x\,dx + \frac{1}{2} = \frac{7}{12}$

$\therefore \int_0^1 f'(2x)\sin \pi x\,dx = \frac{1}{12}$ ...... ㉡

STEP 4 $\int_0^1 f'(2x)\sin \pi x\,dx$ ← $u(x)=\sin \pi x$, $v'(x)=f'(2x)$로 놓고 부분적분법을 이용한다.

$= \left[\frac{1}{2}f(2x)\sin\pi x\right]_0^1 - \frac{1}{2}\int_0^1 f(2x)\times\pi\cos \pi x\,dx$

$= 0 - \frac{\pi}{2}\int_0^1 f(2x)\cos \pi x\,dx$

㉡에서 $-\frac{\pi}{2}\int_0^1 f(2x)\cos \pi x\,dx = \frac{1}{12}$

$\therefore \int_0^1 f(2x)\cos \pi x\,dx = -\frac{1}{6\pi}$

STEP 5 $2x=t$로 놓으면 $\frac{dt}{dx}=2$

$x=0$일 때 $t=0$, $x=1$일 때 $t=2$이므로

$\int_0^1 f(2x)\cos \pi x\,dx = \frac{1}{2}\int_0^2 f(t)\cos \frac{\pi}{2}t\,dt = -\frac{1}{6\pi}$

$\therefore \int_0^2 f(x)\cos \frac{\pi}{2}x\,dx = -\frac{1}{3\pi}$

731 답 325

해결 각 잡기

정적분으로 정의된 함수 $f(x)$의 그래프의 개형
함수 $f(x)$의 도함수 $f'(x)$를 이용하여 함수 $f(x)$의 증가 · 감소를 조사한 후, 함수 $f(x)$의 그래프의 개형을 파악한다.

STEP 1 $f(x)=\int_1^x \frac{n-\ln t}{t}\,dt$의 양변을 x에 대하여 미분하면

$f'(x) = \frac{n-\ln x}{x}$

$f'(x)=0$에서 $\frac{n-\ln x}{x}=0$

$\ln x = n$ $\quad\therefore x=e^n$

함수 $f(x)$는 $x=e^n$에서 최댓값을 가지므로

$g(n)=f(e^n)=\int_1^{e^n} \frac{n-\ln t}{t}\,dt$

STEP 2 $n-\ln t = s$로 놓으면 $\frac{ds}{dt} = -\frac{1}{t}$

$t=1$일 때 $s=n$, $t=e^n$일 때 $s=0$이므로

$g(n)=\int_1^{e^n}\frac{n-\ln t}{t}\,dt = \int_n^0 (-s)\,ds = \left[-\frac{1}{2}s^2\right]_n^0 = \frac{1}{2}n^2$

$\therefore \sum_{n=1}^{12} g(n) = \sum_{n=1}^{12}\frac{n^2}{2} = \frac{1}{2}\times\frac{12\times13\times25}{6} = 325$

732 답 ③

$f(x)=\int_0^x \frac{2t-1}{t^2-t+1}\,dt$의 양변을 x에 대하여 미분하면

$f'(x)=\frac{2x-1}{x^2-x+1}$

$f'(x)=0$에서 $x=\frac{1}{2}$

따라서 함수 $f(x)$는 $x=\frac{1}{2}$에서 최솟값을 가지므로

$f\left(\frac{1}{2}\right) = \int_0^{\frac{1}{2}} \frac{2t-1}{t^2-t+1}\,dt = \left[\ln|t^2-t+1|\right]_0^{\frac{1}{2}} = \ln\frac{3}{4}$

733 답 ④

해결 각 잡기

- $S(a)=\int_0^a f(x)\,dx + \int_a^8 g(x)\,dx$라 한 후, 함수 $S(x)$의 그래프의 개형을 파악하기 위하여 $S'(x)$를 구한다.
- $g(x)=\frac{4-|x-4|}{2} = \begin{cases} \frac{4-(x-4)}{2} & (x\ge4) \\ \frac{4+(x-4)}{2} & (x<4) \end{cases}$

STEP 1 $\int_0^a f(x)\,dx + \int_a^8 g(x)\,dx = S(a)$라 하면

(i) $0\le a\le4$일 때

$S(a)=\int_0^a f(x)\,dx + \int_a^8 g(x)\,dx$

$=\int_0^a\left(\frac{5}{2}-\frac{10x}{x^2+4}\right)dx + \int_a^4 \frac{x}{2}\,dx + \int_4^8 g(x)\,dx$

$=\left[\frac{5}{2}x - 5\ln(x^2+4)\right]_0^a + \left[\frac{1}{4}x^2\right]_a^4 + 4$ ← $=\frac{1}{2}\times4\times2$

$=\frac{5}{2}a - 5\ln(a^2+4) + 5\ln 4 + 8 - \frac{1}{4}a^2$

$S'(a)=\frac{5}{2}-\frac{10a}{a^2+4}-\frac{a}{2}$

$=\frac{-a^3+5a^2-24a+20}{2(a^2+4)}$

$=\frac{-(a-1)(a^2-4a+20)}{2(a^2+4)}$

10

$S'(a)=0$에서

$a=1$ ($\because a^2-4a+20>0,\ a^2+4>0$)

따라서 함수 $S(a)$는 $a=1$에서 극대이고

$S(0)=8,\ S(4)=14-5\ln 5$ ...... ㉠

STEP 2 (ii) $4<a\le 8$일 때

$$S(a)=\int_0^a f(x)\,dx+\int_a^8 g(x)\,dx$$

$$=\int_0^a\left(\frac{5}{2}-\frac{10x}{x^2+4}\right)dx+\int_a^8 \frac{-x+8}{2}\,dx$$

$$=\left[\frac{5}{2}x-5\ln(x^2+4)\right]_0^a+\left[-\frac{1}{4}x^2+4x\right]_a^8$$

$$=\frac{5}{2}a-5\ln(a^2+4)+5\ln 4+16+\frac{1}{4}a^2-4a$$

$$=-\frac{3}{2}a-5\ln(a^2+4)+5\ln 4+16+\frac{1}{4}a^2$$

$$S'(a)=-\frac{3}{2}-\frac{10a}{a^2+4}+\frac{a}{2}$$

$$=\frac{a^3-3a^2-16a-12}{2(a^2+4)}$$

$$=\frac{(a+1)(a+2)(a-6)}{2(a^2+4)}$$

$S'(a)=0$에서

$a=6$ ($\because 4<a\le 8,\ a^2+4>0$)

따라서 함수 $S(a)$는 $a=6$에서 극소이고

$S(6)=16-5\ln 10$ ...... ㉡

STEP 3 ㉠, ㉡에서 최솟값은

$S(6)=16-5\ln 10$

734 답 ③

STEP 1 $f(x)=\int_x^{x+2}|2^t-5|\,dt$의 양변을 x에 대하여 미분하면

$f'(x)=|2^{x+2}-5|-|2^x-5|$

$g(x)=|2^x-5|$로 놓으면 함수 $y=g(x+2)$의 그래프와 함수 $y=g(x)$의 그래프의 교점의 x좌표는 다음 그림과 같이 $-2+\log_2 5$보다 크고 $\log_2 5$보다 작다.

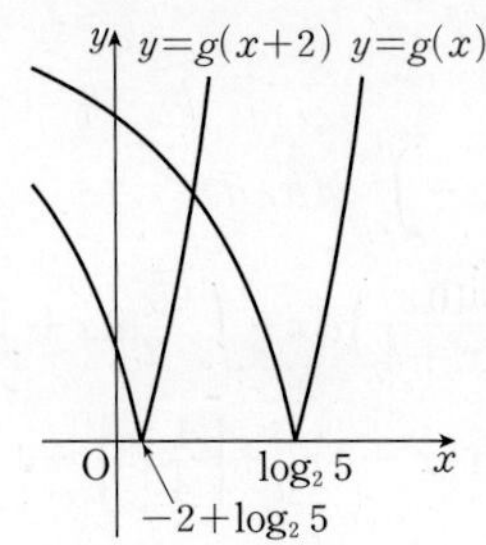

$f'(x)=g(x+2)-g(x)$이므로 $f'(x)=0$에서

$f'(x)=2^{x+2}-5-(-2^x+5)=0$

$5\times 2^x=10$

$\therefore x=1$

$x<1$에서 $f'(x)<0$이고, $x>1$에서 $f'(x)>0$이므로 함수 $y=f(x)$는 $x=1$에서 극소이면서 최소이다.

STEP 2 $\therefore m=f(1)$

$$=\int_1^3|2^t-5|\,dt$$

$$=\int_1^{\log_2 5}(5-2^t)\,dt+\int_{\log_2 5}^3(2^t-5)\,dt$$

$$=\left[5t-\frac{2^t}{\ln 2}\right]_1^{\log_2 5}+\left[\frac{2^t}{\ln 2}-5t\right]_{\log_2 5}^3$$

$$=\left(\log_2 5^5-\frac{3}{\ln 2}-5\right)+\left(\frac{3}{\ln 2}-15+\log_2 5^5\right)$$

$$=\log_2 5^{10}-20$$

$$=\log_2\frac{5^{10}}{2^{20}}$$

$$=\log_2\left(\frac{5}{4}\right)^{10}$$

$$\therefore 2^m=\left(\frac{5}{4}\right)^{10}$$

735 답 ③

STEP 1 ㄱ. $x\le 0$일 때, $f(x)=1$이므로

$$g(0)=\int_{-1}^0 e^t f(t)\,dt=\int_{-1}^0 e^t\,dt=1-\frac{1}{e}$$

STEP 2 ㄴ. $g(x)=\int_{-1}^x e^t f(t)\,dt$의 양변을 x에 대하여 미분하면

$g'(x)=e^x f(x)$

$g'(x)=0$에서 $f(x)=0$이므로

$-x+1=0 \qquad \therefore x=1$

함수 $g(x)$의 증가와 감소를 표로 나타내면 다음과 같다.

x	$\cdots$	1	$\cdots$
$g'(x)$	+	0	−
$g(x)$	↗	극대	↘

즉, 함수 $g(x)$는 $x=1$에서 극대이므로 극댓값

$$g(1)=\int_{-1}^1 e^t f(t)\,dt$$

$$=\int_{-1}^0 e^t f(t)\,dt+\int_0^1 e^t f(t)\,dt$$

$$=1-\frac{1}{e}+\int_0^1 e^t(-t+1)\,dt\ (\because ㄱ)$$

$$=1-\frac{1}{e}+\left[e^t(-t+1)\right]_0^1-\int_0^1(-e^t)\,dt$$

$$=1-\frac{1}{e}-1+e-1$$

$$=e-1-\frac{1}{e}$$

을 갖는다.

STEP 3 ㄷ. ㄴ에 의하여 방정식 $g(x)=0$의 실근의 개수는 0 또는 1 또는 2이다.

$g(x)=\int_{-1}^x e^t f(t)\,dt$의 양변에 $x=-1$을 대입하면

$g(-1)=0$

즉, $x=-1$은 방정식 $g(x)=0$의 실근이다.

또, ㄴ에 의하여

$$g(1)=e-1-\frac{1}{e}>0\left(\because\ e>2,\ \frac{1}{e}<\frac{1}{2}\right),$$

$$\begin{aligned}g(2)&=\int_{-1}^{2}e^t f(t)\,dt\\&=\int_{-1}^{1}e^t f(t)\,dt+\int_{1}^{2}e^t f(t)\,dt\\&=g(1)+\int_{1}^{2}e^t(-t+1)\,dt\ (\because\ ㄴ)\\&=\left(e-\frac{1}{e}-1\right)+\Big[e^t(-t+1)\Big]_1^2-\int_1^2(-e^t)\,dt\\&=\left(e-\frac{1}{e}-1\right)-e^2+e^2-e=-\frac{1}{e}-1<0\end{aligned}$$

이므로 사잇값의 정리에 의하여 방정식 $g(x)=0$의 실근은 열린구간 $(1,\ 2)$에서 적어도 하나 존재한다.

따라서 방정식 $g(x)=0$의 실근의 개수는 2이다.

그러므로 옳은 것은 ㄱ, ㄷ이다.

736 답 ①

해결 각 잡기

- $\sin x=0$이 되는 x의 값을 기준으로 범위를 나누어 $f(x)$를 절댓값 기호를 없앤 식으로 정리한다.
- 모든 실수 x에 대하여 $g(x)\geq 0$을 만족시키려면 $(g(x)$의 최솟값$)\geq 0$이어야 한다.

STEP 1 $-\frac{7}{2}\pi\leq x<-3\pi$에서 $\sin x>0$이므로

$f(x)=|\sin x|-\sin x=\sin x-\sin x=0$

$-3\pi\leq x<-2\pi$에서 $\sin x\leq 0$이므로

$f(x)=|\sin x|-\sin x=-\sin x-\sin x=-2\sin x$

$-2\pi\leq x<-\pi$에서 $\sin x\geq 0$이므로

$f(x)=|\sin x|-\sin x=\sin x-\sin x=0$

$-\pi\leq x<0$에서 $\sin x\leq 0$이므로

$f(x)=|\sin x|-\sin x=-\sin x-\sin x=-2\sin x$

$0\leq x<\pi$에서 $\sin x\geq 0$이므로

$f(x)=\sin x-|\sin x|=\sin x-\sin x=0$

$\pi\leq x<2\pi$에서 $\sin x\leq 0$이므로

$f(x)=\sin x-|\sin x|=\sin x-(-\sin x)=2\sin x$

$2\pi\leq x<3\pi$에서 $\sin x\geq 0$이므로

$f(x)=\sin x-|\sin x|=\sin x-\sin x=0$

$3\pi\leq x\leq\frac{7}{2}\pi$에서 $\sin x\leq 0$이므로

$f(x)=\sin x-|\sin x|=\sin x-(-\sin x)=2\sin x$

따라서 함수 $y=f(x)$의 그래프는 다음 그림과 같다.

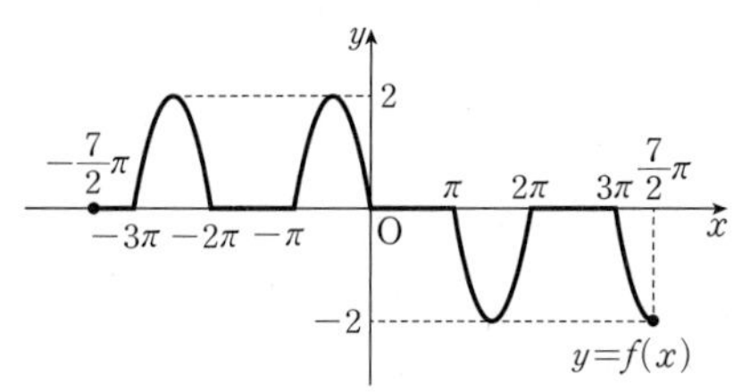

STEP 2 $g(x)=\int_a^x f(t)\,dt$라 하면

$g(a)=0,\ g'(x)=f(x)$

이므로 함수 $y=g(x)$의 그래프의 개형은 다음과 같다. #

$(-2\pi,\ g(-2\pi))$ $(0,\ g(0))$ $(\pi,\ g(\pi))$
$(-3\pi,\ g(-3\pi))$ $(2\pi,\ g(2\pi))$
$(-\pi,\ g(-\pi))$ $(3\pi,\ g(3\pi))$
$\left(-\frac{7}{2}\pi,\ g\left(-\frac{7}{2}\pi\right)\right)$ $\left(\frac{7}{2}\pi,\ g\left(\frac{7}{2}\pi\right)\right)$

즉, 함수 $g(x)$는 $-\frac{7}{2}\pi\leq x\leq -3\pi$에서 최소이다.

이때 $g(a)=0$이고 $-\frac{7}{2}\pi\leq x\leq\frac{7}{2}\pi$에서 $g(x)\geq 0$이려면

$-\frac{7}{2}\pi\leq a\leq -3\pi$

따라서 $\alpha=-\frac{7}{2}\pi,\ \beta=-3\pi$이므로

$\beta-\alpha=-3\pi-\left(-\frac{7}{2}\pi\right)=\frac{\pi}{2}$

 # 참고

함수 $y=f(x)$의 그래프에서 함수 $y=g(x)$의 증가와 감소를 파악하여 그래프를 그린다.

즉, $-\frac{7}{2}\pi\leq x\leq -3\pi,\ -2\pi\leq x\leq -\pi,\ 0\leq x\leq\pi,\ 2\pi\leq x\leq 3\pi$에서 $f(x)=0$이므로 함수 $g(x)$는 상수이고, $-3\pi<x<-2\pi$, $-\pi<x<0$에서 $f(x)>0$이므로 함수 $g(x)$는 증가, $\pi<x<2\pi$, $3\pi<x<\frac{7}{2}\pi$에서 $f(x)<0$이므로 함수 $g(x)$는 감소한다.

또,

$$\begin{aligned}\int_{-3\pi}^{-2\pi}|f(x)|\,dx&=\int_{-\pi}^{0}|f(x)|\,dx=\int_{\pi}^{2\pi}|f(x)|\,dx\\&=\int_{\pi}^{2\pi}|2\sin x|\,dx=\int_{\pi}^{2\pi}(-2\sin x)\,dx\\&=\Big[2\cos x\Big]_{\pi}^{2\pi}=2-(-2)=4,\end{aligned}$$

$$\int_{3\pi}^{\frac{7}{2}\pi}|f(x)|\,dx=\frac{1}{2}\int_{\pi}^{2\pi}|f(x)|\,dx=2$$

이므로 함수 $y=g(x)$의 그래프 위의 각 점의 y좌표의 대소를 비교할 수 있다.

737 답 ⑤

해결 각 잡기

- 함수 $f(x)$가 모든 실수 x에 대하여 $f(-x)=-f(x)$를 만족시키면 함수 $f(x)$의 그래프는 원점에 대하여 대칭이다.
  → $\int_{-a}^{a}f(x)\,dx=0$ (단, a는 상수)
- 함수 $f(x)$가 모든 실수 x에 대하여 $f(-x)=f(x)$를 만족시키면 함수 $f(x)$의 그래프는 y축에 대하여 대칭이다.
  → $\int_{-a}^{a}f(x)\,dx=2\int_{0}^{a}f(x)\,dx$ (단, a는 상수)
- 연속함수 $f(x)$의 그래프가 원점에 대하여 대칭이면 $f(0)=0$이다.

STEP 1 $g(x)=\dfrac{d}{dx}\displaystyle\int_{-\frac{\pi}{2}}^{x}\cos x\times f(t)\,dt$

$=\dfrac{d}{dx}\left\{\cos x\times\displaystyle\int_{-\frac{\pi}{2}}^{x}f(t)\,dt\right\}$

$=-\sin x\times\displaystyle\int_{-\frac{\pi}{2}}^{x}f(t)\,dt+\cos x\times f(x)$ ⋯⋯ ㉠

STEP 2 ㄱ. 다항함수 $f(x)$의 그래프가 원점에 대하여 대칭이므로

$f(0)=0$

$\therefore g(0)=-0\times\displaystyle\int_{-\frac{\pi}{2}}^{0}f(t)\,dt+1\times f(0)=0$

ㄴ. $y=\sin x$의 그래프는 원점에 대하여 대칭이므로

$\sin(-x)=-\sin x$

$y=\cos x$의 그래프는 y축에 대하여 대칭이므로

$\cos(-x)=\cos x$

$g(-x)=-\sin(-x)\times\displaystyle\int_{-\frac{\pi}{2}}^{-x}f(t)\,dt+\cos(-x)\times f(-x)$

$=\sin x\times\displaystyle\int_{-\frac{\pi}{2}}^{-x}f(t)\,dt-\cos x\times f(x)$

$=\sin x\times\left(\displaystyle\int_{-\frac{\pi}{2}}^{x}f(t)\,dt+\int_{x}^{-x}f(t)\,dt\right)-\cos x\times f(x)$

$=\sin x\times\displaystyle\int_{-\frac{\pi}{2}}^{x}f(t)\,dt-\cos x\times f(x)$

$\left(\because \displaystyle\int_{x}^{-x}f(t)\,dt=0\right)$

$=-g(x)$ ($\because$ ㉠)

ㄷ. ㄱ에 의하여 $g(0)=0$이고

$g\left(-\dfrac{\pi}{2}\right)=0+0\times f\left(-\dfrac{\pi}{2}\right)=0$

이므로

$g\left(-\dfrac{\pi}{2}\right)=g(0)$

즉, 롤의 정리에 의하여 $g'(c)=0$인 c가 열린구간 $\left(-\dfrac{\pi}{2},\ 0\right)$에 적어도 하나 존재한다.

또, $g(0)=g\left(\dfrac{\pi}{2}\right)=g\left(-\dfrac{\pi}{2}\right)=0$이므로 롤의 정리에 의하여

$g'(c)=0$인 c가 열린구간 $\left(0,\ \dfrac{\pi}{2}\right)$에 적어도 하나 존재한다.

따라서 $g'(c)=0$인 실수 c가 열린구간 $\left(-\dfrac{\pi}{2},\ \dfrac{\pi}{2}\right)$에서 적어도 두 개 존재한다.

그러므로 ㄱ, ㄴ, ㄷ 모두 옳다.

738 답 ⑤

해결 각 잡기

함수 $f(x)$의 그래프가 원점에 대하여 대칭인지를 확인할 때에는 $f(-x)$의 식을 정리하여 $f(-x)=-f(x)$가 성립하는지를 확인해 본다.

STEP 1 ㄱ. $f(x)=\displaystyle\int_{0}^{x}\sin(\pi\cos t)\,dt$의 양변을 x에 대하여 미분하면

$f'(x)=\sin(\pi\cos x)$

$\therefore f'(0)=\sin(\pi\cos 0)=\sin\pi=0$

STEP 2 ㄴ. $f(-x)=\displaystyle\int_{0}^{-x}\sin(\pi\cos t)\,dt$

이때 $t=-y$로 놓으면 $\dfrac{dt}{dy}=-1$

$t=0$일 때 $y=0$, $t=-x$일 때 $y=x$이므로

$f(-x)=-\displaystyle\int_{0}^{x}\sin\{\pi\cos(-y)\}\,dy$

$=-\displaystyle\int_{0}^{x}\sin(\pi\cos y)\,dy$

$=-f(x)$

즉, 함수 $y=f(x)$의 그래프는 원점에 대하여 대칭이다.

STEP 3 ㄷ. $f(\pi)=\displaystyle\int_{0}^{\pi}\sin(\pi\cos t)\,dt$

이때 $t=\pi-y$로 놓으면 $\dfrac{dt}{dy}=-1$

$t=0$일 때 $y=\pi$, $t=\pi$일 때 $y=0$이므로

$f(\pi)=\displaystyle\int_{0}^{\pi}\sin(\pi\cos t)\,dt$

$=-\displaystyle\int_{\pi}^{0}\sin\{\pi\cos(\pi-y)\}\,dy$

$=-\displaystyle\int_{\pi}^{0}\sin(-\pi\cos y)\,dy$

$=\displaystyle\int_{\pi}^{0}\sin(\pi\cos y)\,dy$

$=-\displaystyle\int_{0}^{\pi}\sin(\pi\cos y)\,dy$

$=-f(\pi)$

즉, $2f(\pi)=0$이므로 $f(\pi)=0$

따라서 ㄱ, ㄴ, ㄷ 모두 옳다.

참고

함수 $y=\sin(\pi\cos x)$의 그래프는 다음 그림과 같다.

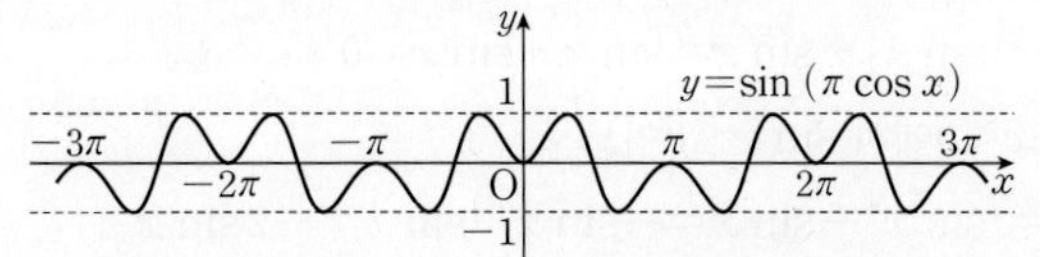

본문 263쪽 ~ 267쪽

C 수능 완성!

739 답 ③

해결 각 잡기

$g(x)$는 조건 (가)의 식을 변형한 후 부분적분법을 이용하여 구한다.

→ $g(x)=\dfrac{4}{e^4}\displaystyle\int_{1}^{x}e^{t^2}f(t)\,dt=\dfrac{2}{e^4}\int_{1}^{x}\left\{2te^{t^2}\times\dfrac{f(t)}{t}\right\}dt$

STEP 1 조건 (가)에서 $\left(\frac{f(x)}{x}\right)'=x^2e^{-x^2}$이고 $f(1)=\frac{1}{e}$이므로

조건 (나)에서

$$\begin{aligned} g(x)&=\frac{4}{e^4}\int_1^x e^{t^2}f(t)\,dt \\ &=\frac{2}{e^4}\int_1^x \left\{2te^{t^2}\times\frac{f(t)}{t}\right\}dt \\ &=\frac{2}{e^4}\int_1^x \left\{(e^{t^2})'\times\frac{f(t)}{t}\right\}dt \\ &=\frac{2}{e^4}\left[\left[e^{t^2}\times\frac{f(t)}{t}\right]_1^x-\int_1^x\left\{e^{t^2}\times\left(\frac{f(t)}{t}\right)'\right\}dt\right] \\ &=\frac{2}{e^4}\left\{e^{x^2}\times\frac{f(x)}{x}-ef(1)-\int_1^x(e^{t^2}\times t^2e^{-t^2})\,dt\right\}\ (\because \text{조건 (가)}) \\ &=\frac{2}{e^4}\left\{e^{x^2}\times\frac{f(x)}{x}-1-\int_1^x t^2dt\right\}\ \left(\because f(1)=\frac{1}{e}\right) \\ &=\frac{2}{e^4}\left\{e^{x^2}\times\frac{f(x)}{x}-1-\left[\frac{1}{3}t^3\right]_1^x\right\} \\ &=\frac{2}{e^4}\left\{e^{x^2}\times\frac{f(x)}{x}-1-\frac{1}{3}(x^3-1)\right\} \end{aligned}$$

STEP 2 $x=2$를 대입하면

$$g(2)=\frac{2}{e^4}\left\{e^4\times\frac{f(2)}{2}-1-\frac{7}{3}\right\}=f(2)-\frac{20}{3e^4}$$

$\therefore f(2)-g(2)=\frac{20}{3e^4}$

참고

$(e^x)'=e^x$이므로 합성함수의 미분법에 의하여

$(e^{t^2})'=e^{t^2}\times(t^2)'=2te^{t^2}$

740 답 12

해결 각 잡기

- $f'(x)$의 값의 범위를 이용하여 $F''(x)$의 값의 범위를 구해 본다.
  → 함수 $F'(x)$의 그래프의 개형을 파악하여 $F'(x)=0$을 만족시키는 x의 개수를 확인한다.
- $F'(x)=t-f(x)$이므로 $F'(x)=0$을 만족시키는 x의 값은 $f(x)=t$를 만족시킨다.

STEP 1 $F(x)=\int_0^x\{t-f(s)\}\,ds$의 양변을 x에 대하여 미분하면

$F'(x)=t-f(x)$

위의 식의 양변을 x에 대하여 미분하면

$F''(x)=-f'(x)$

STEP 2 $f(x)=e^x+x-1$에서 $f'(x)=e^x+1>1$이므로

$F''(x)=-f'(x)<-1$

즉, 함수 $F'(x)=t-f(x)$는 실수 전체의 집합에서 감소한다.

또, $\lim_{x\to-\infty}(t-f(x))=\lim_{x\to-\infty}(t-e^x-x+1)=\infty$이므로 함수 $F'(x)=t-f(x)$의 치역은 실수 전체이다.

따라서 방정식 $F'(x)=0$, 즉 $t-f(x)=0$의 실근은 1개이고, 그 실근을 $x=k$라 하자.

x	$\cdots$	k	$\cdots$
$F'(x)$	+	0	−
$F(x)$	↗	극대	↘

함수 $F(x)$는 $x=k$에서 최댓값을 가지므로

$k=\alpha$

이때 $x=\alpha$는 방정식 $t-f(x)=0$, 즉 $f(x)=t$의 실근이므로

$f(\alpha)=t$

$\therefore \alpha=f^{-1}(t)=g(t)$

STEP 2 $f(\alpha)=t$에서

$\frac{dt}{d\alpha}=f'(\alpha)=e^\alpha+1$

$t=f(1)$일 때 $\alpha=1$, $t=f(5)$일 때 $\alpha=5$이므로

$$\begin{aligned} \int_{f(1)}^{f(5)}\frac{g(t)}{1+e^{g(t)}}\,dt&=\int_1^5\frac{\alpha}{1+e^\alpha}(e^\alpha+1)\,d\alpha \\ &=\int_1^5\alpha\,d\alpha \\ &=\left[\frac{1}{2}\alpha^2\right]_1^5 \\ &=\frac{25}{2}-\frac{1}{2}=12 \end{aligned}$$

741 답 ②

해결 각 잡기

- 함수 $h(x)$가 실수 전체의 집합에서 미분가능할 때 함수 $g(x)=|h(x)|$가 실수 전체의 집합에서 미분가능하려면 방정식 $h(x)=0$을 만족시키는 x의 값에서의 $h'(x)$의 값이 0이어야 한다.
- $x<0$에서 함수 $f(x)$의 주기는 $\frac{\pi}{4}$이고, $x\geq0$에서 함수 $f(x)$의 주기는 $\frac{2\pi}{a}$임을 이용하여 함수 $f(x)$의 그래프의 개형을 그릴 수 있다.

STEP 1 $h(x)=\int_{-a\pi}^x f(t)\,dt$라 하면 $\frac{d}{dx}\int_{-a\pi}^x f(t)\,dt=f(x)$이므로

함수 $h(x)=\int_{-a\pi}^x f(t)\,dt$는 실수 전체의 집합에서 미분가능한 함수이고

$h'(x)=f(x)$

함수 $h(x)$가 실수 전체의 집합에서 미분가능하므로 함수 $g(x)=|h(x)|$가 실수 전체의 집합에서 미분가능하려면 실수 전체의 집합에서 $h(x)\neq0$이거나 $h(x)=0$을 만족시키는 x의 값을 k라 할 때 $h'(k)=f(k)=0$이어야 한다.

이때 $h(-a\pi)=\int_{-a\pi}^{-a\pi}f(t)\,dt=0$이므로

$f(-a\pi)=0$

즉, $2|\sin(-4a\pi)|=0$ $(-2\pi<-a\pi<0)$에서

$-4a\pi=-n\pi$

$\therefore a=\frac{n}{4}$ $(n=1, 2, 3, 4, 5, 6, 7)$

STEP 2 함수 $f(x)=\begin{cases} 2|\sin 4x| & (x<0) \\ -\sin ax & (x\ge 0) \end{cases}$의 그래프를 그리면 다음 그림과 같다.

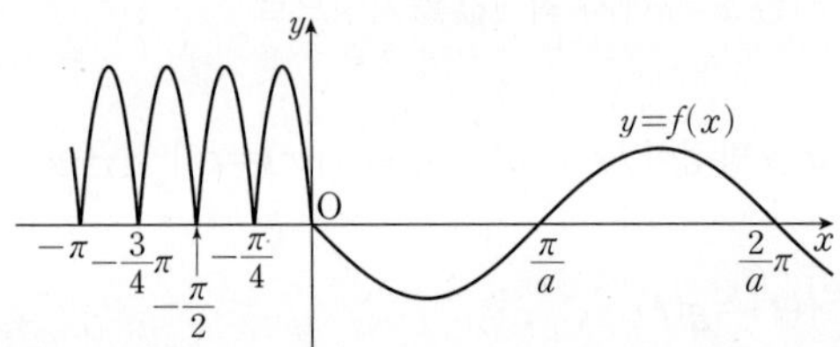

(i) $x<-a\pi$일 때

$f(x)\ge 0$이므로

$\int_x^{-a\pi} f(t)\,dt>0$

$\therefore \int_{-a\pi}^x f(t)\,dt=-\int_x^{-a\pi} f(t)\,dt<0$

따라서 함수 $g(x)$는 $x<-a\pi$인 모든 실수 x에서 미분가능하다.

(ii) $x>-a\pi$일 때

$a=\frac{n}{4}$이라 하면

$$\begin{aligned}\int_{-a\pi}^0 f(t)\,dt&=\int_{-\frac{n}{4}\pi}^0 2|\sin 4t|\,dt\\&=n\times\int_{-\frac{\pi}{4}}^0 2|\sin 4t|\,dt\\&=n\times\int_{-\frac{\pi}{4}}^0 (-2\sin 4t)\,dt=n\times\left[\frac{1}{2}\cos 4t\right]_{-\frac{\pi}{4}}^0\\&=n\times\left(\frac{1}{2}+\frac{1}{2}\right)=n\end{aligned}$$

이고,

$$\begin{aligned}\int_0^x f(t)\,dt&=\int_0^x\left(-\sin\frac{n}{4}t\right)dt\\&=\left[\frac{4}{n}\cos\frac{n}{4}t\right]_0^x\\&=\frac{4}{n}\left(\cos\frac{n}{4}x-1\right)\end{aligned}$$

이므로

$$\begin{aligned}\int_{-\frac{n}{4}\pi}^x f(t)\,dt&=\int_{-a\pi}^0 f(t)\,dt+\int_0^x f(t)\,dt\\&=n+\frac{4}{n}\left(\cos\frac{n}{4}x-1\right)\end{aligned}$$

ⓐ $n=1$인 경우

$\int_{-\frac{\pi}{4}}^x f(t)\,dt=1+4\left(\cos\frac{x}{4}-1\right)=0$에서

$\cos\frac{x}{4}=\frac{3}{4}$

이때 $\cos\frac{k}{4}=\frac{3}{4}$인 양수 k에 대하여 $f(k)=-\sin\frac{k}{4}\ne 0$이므로 함수 $g(x)$는 $x=k$에서 미분가능하지 않다.

ⓑ $n=2$인 경우

$\int_{-\frac{\pi}{2}}^x f(t)\,dt=2+2\left(\cos\frac{x}{2}-1\right)=0$에서

$\cos\frac{x}{2}=0$

이때 $\cos\frac{k}{2}=0$인 양수 k에 대하여 $f(k)=-\sin\frac{k}{2}\ne 0$이므로 함수 $g(x)$는 $x=k$에서 미분가능하지 않다.

ⓒ $n\ge 3$인 경우

$\cos\frac{n}{4}x-1\ge -2$이므로

$$\begin{aligned}\int_{-\frac{n}{4}\pi}^x f(t)\,dt&=n+\frac{4}{n}\left(\cos\frac{n}{4}x-1\right)\\&\ge n+\frac{4}{n}\times(-2)\\&=\frac{n^2-8}{n}>0\end{aligned}$$

즉, $x>-a\pi$인 모든 실수 x에 대하여 $\int_{-\frac{n}{4}\pi}^x f(t)\,dt\ne 0$이므로 미분가능하다.

STEP 3 (i), (ii)에 의하여 $n\ge 3$, 즉 $a\ge\frac{3}{4}$일 때, 함수 $g(x)$는 실수 전체의 집합에서 미분가능하므로 주어진 조건을 만족시키는 a의 최솟값은 $\frac{3}{4}$이다.

742 답 ④

해결 각 잡기

- 함수 $y=f(x)$의 그래프가 닫힌구간 $[0, 1]$에서 증가하고 $\int_0^1 f(x)\,dx=2$, $\int_0^1 |f(x)|\,dx=2\sqrt{2}$이므로 $f(0)$과 $f(1)$의 값의 부호를 구한 후, 곡선 $y=f(x)$와 x축, y축으로 둘러싸인 부분의 넓이와 곡선 $y=f(x)$와 x축 및 직선 $x=1$로 둘러싸인 부분의 넓이를 구한다.
- $F(x)=\int_0^x |f(t)|\,dt$에서 $f(t)$의 값의 부호에 따라 범위를 나누어 $F(x)$를 구한다.

STEP 1 함수 $y=f(x)$의 그래프가 닫힌구간 $[0, 1]$에서 증가하고 $\int_0^1 f(x)\,dx=2$, $\int_0^1 |f(x)|\,dx=2\sqrt{2}$이므로 $f(0)<0$, $f(1)>0$을 만족시킨다.

즉, 함수 $y=f(x)$의 그래프가 닫힌구간 $[0, 1]$에서 x축과 만나는 점의 x좌표를 k $(0<k<1)$라 하고 곡선 $y=f(x)$와 x축, y축으로 둘러싸인 부분의 넓이를 S_1, 곡선 $y=f(x)$와 x축 및 직선 $x=1$로 둘러싸인 부분의 넓이를 S_2라 하자.

$\int_0^1 f(x)\,dx=\int_0^k f(x)\,dx+\int_k^1 f(x)\,dx=2$,

$\int_0^1 |f(x)|\,dx=\int_0^k \{-f(x)\}\,dx+\int_k^1 f(x)\,dx=2\sqrt{2}$

이므로

$-S_1+S_2=2$ …… ㉠

$S_1+S_2=2\sqrt{2}$ …… ㉡

㉠, ㉡을 연립하여 풀면

$S_1=\sqrt{2}-1$, $S_2=\sqrt{2}+1$

STEP 2 또, $F(x)=\int_0^x |f(t)|\,dt\ (0\le x\le 1)$에서

(i) $0\le x\le k$인 경우

$F(x)=\int_0^x \{-f(t)\}\,dt$ ← $f(x)\le 0$이므로

이므로 양변을 x에 대하여 미분하면

$F'(x)=-f(x)$ …… ㉢

이때 $\int_0^k f(x)F(x)\,dx$에서 $F(x)=s$라 하면

$x=0$일 때, $F(0)=\int_0^0 \{-f(t)\}\,dt=0$이므로

$s=0$

$x=k$일 때, $F(k)=\int_0^k \{-f(t)\}\,dt=S_1$이므로

$s=\sqrt{2}-1$

또, $F(x)=s$에서 $F'(x)\dfrac{dx}{ds}=1$이므로 ㉢에 의하여

$-f(x)\dfrac{dx}{ds}=1$

$$\therefore \int_0^k f(x)F(x)\,dx=\int_0^{\sqrt{2}-1}(-s)\,ds=\left[-\frac{1}{2}s^2\right]_0^{\sqrt{2}-1}=-\frac{1}{2}(\sqrt{2}-1)^2$$

(ii) $k\le x\le 1$인 경우

$$F(x)=\int_0^k \{-f(t)\}\,dt+\int_k^x f(t)\,dt=S_1+\int_k^x f(t)\,dt=\sqrt{2}-1+\int_k^x f(t)\,dt$$

이므로 양변을 x에 대하여 미분하면

$F'(x)=f(x)$ …… ㉣

이때 $\int_k^1 f(x)F(x)\,dx$에서 $F(x)=s$라 하면

$x=k$일 때, $F(k)=\sqrt{2}-1+\int_k^k f(t)\,dt=\sqrt{2}-1$이므로

$s=\sqrt{2}-1$

$x=1$일 때,

$$F(1)=\sqrt{2}-1+\int_k^1 f(t)\,dt=\sqrt{2}-1+S_2=\sqrt{2}-1+\sqrt{2}+1=2\sqrt{2}$$

이므로

$s=2\sqrt{2}$

$F(x)=s$에서 $F'(x)\dfrac{dx}{ds}=1$이므로 ㉣에 의하여

$f(x)\dfrac{dx}{ds}=1$

$$\therefore \int_k^1 f(x)F(x)\,dx=\int_{\sqrt{2}-1}^{2\sqrt{2}} s\,ds=\left[\frac{1}{2}s^2\right]_{\sqrt{2}-1}^{2\sqrt{2}}=4-\frac{1}{2}(\sqrt{2}-1)^2$$

STEP 3 (i), (ii)에 의하여

$$\int_0^1 f(x)F(x)\,dx=\int_0^k f(x)F(x)\,dx+\int_k^1 f(x)F(x)\,dx$$
$$=-\frac{1}{2}(\sqrt{2}-1)^2+4-\frac{1}{2}(\sqrt{2}-1)^2$$
$$=4-(\sqrt{2}-1)^2=4-(3-2\sqrt{2})=1+2\sqrt{2}$$

743 답 ①

해결 각 잡기

- $g(x)=\int_0^x tf(x-t)\,dt$에서 함수 $g(x)$의 변수 x가 피적분함수에 포함되어 있으므로 $x-t$를 치환해야 한다.
- $g(x)$는 $x\ge 0$에서 미분가능하므로 $g(x)$가 $x=a$에서 극대이면 $g'(a)=0$이고 $x<a$에서 $g'(x)>0$, $x>a$에서 $g'(x)<0$이어야 한다.

STEP 1 $x-t=s$로 놓으면 $\dfrac{ds}{dt}=-1$

$t=0$일 때 $s=x$, $t=x$일 때 $s=0$이므로

$$\int_0^x tf(x-t)\,dt=\int_x^0 (x-s)f(s)(-ds)=\int_0^x (x-s)f(s)\,ds$$

$$\therefore g(x)=x\int_0^x f(s)\,ds-\int_0^x sf(s)\,ds$$

STEP 2 $g'(x)=\int_0^x f(s)\,ds+xf(x)-xf(x)$

$=\int_0^x f(s)\,ds$ …… ㉠

즉, $g'(x)$는 $0\le s\le x$에서 함수 $f(s)$를 정적분한 값이다.

$x=a$에서 함수 $g(x)$가 극대를 가지려면 $g'(a)=0$이고 $x=a$의 좌우에서 $g'(a)$의 값이 $+$에서 $-$로 바뀌어야 한다.

STEP 3 함수 $f(x)=\sin(\pi\sqrt{x})$에서 $f(x)=0$이 되는 x의 값을 구하면 $\pi\sqrt{x}=k\pi$ (k는 자연수)

$\sqrt{x}=k \quad \therefore x=k^2$

함수 $f(x)$의 그래프는 $x=k^2$ (k는 자연수)에서 x축과 만난다.

㉠의 양변을 x에 대하여 미분하면 $g''(x)=f(x)$

x	0	…	1^2	…	2^2	…	3^2	…	4^2	…	5^2	…	6^2	…
$g''(x)$		+	0	−	0	+	0	−	0	+	0	−	0	+
$g'(x)$		↗	+	↘	−	↗	+	↘	−	↗	+	↘	−	↗

위의 표를 이용하여 함수 $y=g'(x)$의 그래프의 개형을 그리면 다음과 같다.

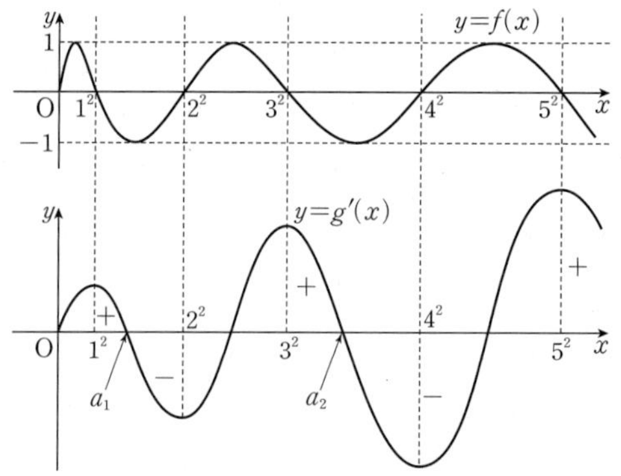

STEP 4 즉, $g'(a)=0$인 $x=a$의 좌우에서 $g'(x)$의 값이 $+$에서 $-$로 바뀌는 a의 값의 범위를 차례로 구하면

$1^2 < a_1 < 2^2$

$3^2 < a_2 < 4^2$

$5^2 < a_3 < 6^2$

$\vdots$

$11^2 < a_6 < 12^2$

따라서 $k^2 < a_6 < (k+1)^2$을 만족시키는 자연수 k의 값은 11이다.

744 답 125

해결 각 잡기

- $f'(x)=|\sin x|\cos x$에서 $\sin x=0$이 되는 x의 값을 기준으로 범위를 나누어 $f'(x)$를 절댓값 기호를 없앤 식으로 정리한다.
- 함수 $h(x)$가 $x=a$에서 극대 또는 극소가 되려면 $h'(a)=0$이고 $x=a$의 좌우에서 $h'(x)$의 부호가 바뀌어야 한다.
- 곡선 $y=f(x)$ 위의 점 $(a, f(a))$에서의 접선의 방정식이 $y=g(x)$이면
  $f(a)=g(a)$, $f'(a)=g'(a)$

STEP 1 $f'(x)=|\sin x|\cos x$

$$=\begin{cases} \sin x\cos x & (\sin x\geq 0) \\ -\sin x\cos x & (\sin x<0) \end{cases}$$

$$=\begin{cases} \frac{1}{2}\sin 2x & (\sin x\geq 0) \\ -\frac{1}{2}\sin 2x & (\sin x<0) \end{cases}$$

$(\because \sin 2x=2\sin x\cos x)$

두 함수 $y=\frac{1}{2}\sin 2x$, $y=-\frac{1}{2}\sin 2x$의 주기는 $\frac{2\pi}{2}=\pi$이므로 함수 $y=f'(x)$의 그래프의 개형을 $0\leq x\leq 2\pi$에서 그려 보면 다음 그림과 같다.

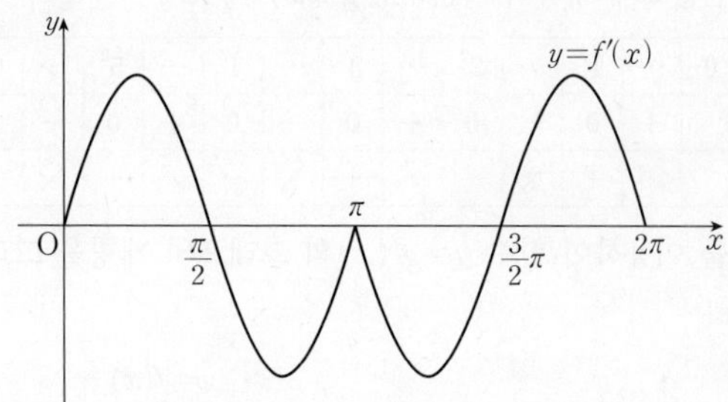

STEP 2 $h(x)=\int_0^x \{f(t)-g(t)\}\,dt$의 양변을 x에 대하여 미분하면

$h'(x)=f(x)-g(x)$

$h'(x)=0$에서 $f(x)-g(x)=0$

그런데 곡선 $y=f(x)$ 위의 점 $(a, f(a))$에서의 접선의 방정식이 $y=g(x)$이므로 a의 값에 관계없이 $f(a)=g(a)$, 즉 $h'(a)=f(a)-g(a)=0$을 만족시키지만 $x=a$의 좌우에서 $h'(x)=f(x)-g(x)$의 부호가 바뀌어야 한다.

함수 $h'(x)=f(x)-g(x)$의 부호가 바뀌는 지점을 찾으면 다음 그림과 같다.

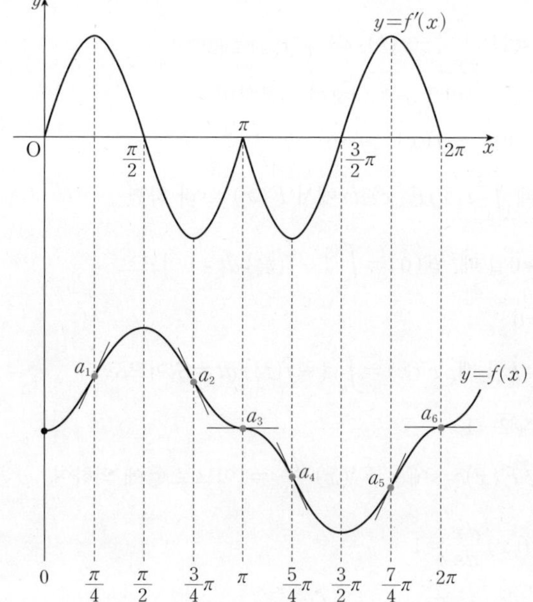

따라서 a_1, a_2, a_3, a_4, a_5, a_6의 값은 각각

$\frac{\pi}{4}$, $\frac{3}{4}\pi$, π, $\frac{5}{4}\pi$, $\frac{7}{4}\pi$, 2π

이므로

$$\frac{100}{\pi}\times(a_6-a_2)=\frac{100}{\pi}\times\left(2\pi-\frac{3}{4}\pi\right)=125$$

745 답 16

해결 각 잡기

- 조건 (가)에서 함수 $g(x)$는 $x=1$에서 극솟값을 가지므로 $g'(1)=0$임을 이용하여 c의 값을 구한다.
- 함수 $y=f(x)$의 그래프의 개형을 미분을 이용하여 확인한다.
  → 이때 $f(-x)=\ln\{(-x)^4+1\}=\ln(x^4+1)=f(x)$이므로 함수 $y=f(x)$의 그래프는 y축에 대하여 대칭이다.
- 함수 $g'(x)$가 우함수이면 $g'(-x)=g'(x)$이므로 양변을 x에 대하여 적분하면
  $g(-x)=-g(x)+C$ (단, C는 적분상수)
  → 함수 $g'(x)$가 우함수이면 함수 $g(x)$는 점 $(0, g(0))$에 대하여 대칭이다.

STEP 1 $g(x)=\int_a^x f(t)\,dt$의 양변을 x에 대하여 미분하면

$g'(x)=f(x)$

$f(x)=\ln(x^4+1)-c$이고, 조건 (가)에서 $g'(1)=0$이므로

$g'(1)=f(1)=\ln 2-c=0$

$\therefore c=\ln 2$

STEP 2 $f(x)=\ln(x^4+1)-\ln 2$이므로

$f'(x)=\frac{4x^3}{x^4+1}$

$f'(x)=0$에서 $x=0$

함수 $f(x)$는 $x=0$에서 극솟값 $f(0)=-\ln 2$를 갖는다.

또, 함수 $y=f(x)$의 그래프가 x축과 만나는 점의 x좌표는

$\ln(x^4+1)-\ln 2=0$에서

$\ln(x^4+1)=\ln 2$

$x^4+1=2$, $x^4=1$

$\therefore x=-1$ 또는 $x=1$ ($\because x$는 실수)

이때 $f(x)=f(-x)$에서 $f(x)$는 우함수이므로 함수 $y=f(x)$의 그래프의 개형은 오른쪽 그림과 같다. $y=f(x)$의 그래프는 y축에 대하여 대칭이다.

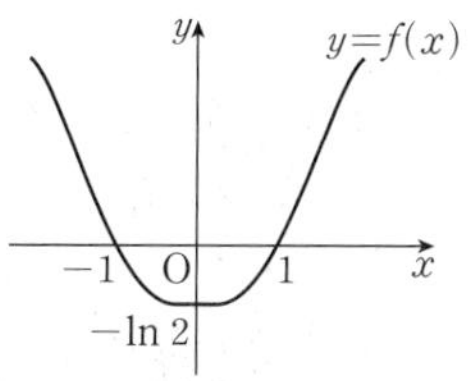

STEP 3 $g'(x)=f(x)$이므로 함수 $y=f(x)$의 그래프로부터 함수 $g(x)$의 증가와 감소를 표로 나타내면 다음과 같다.

x	$\cdots$	-1	$\cdots$	1	$\cdots$
$f(x)$	$+$	0	$-$	0	$+$
$g(x)$	↗	극대	↘	극소	↗

또, 함수 $y=g(x)$의 그래프가 x축과 만나는 점의 개수가 2이어야 하므로 함수 $y=g(x)$의 그래프의 개형은 다음 그림과 같이 두 가지 경우가 있다.

(i)

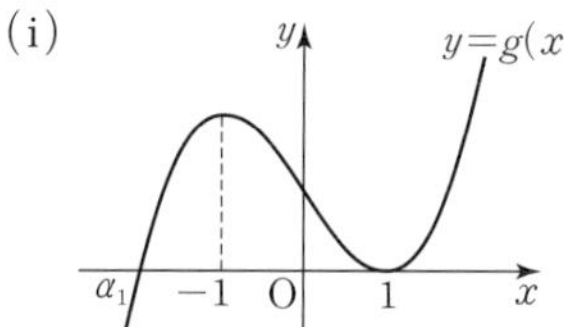

(ii)

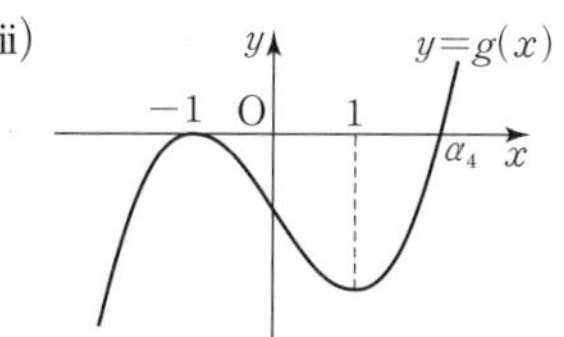

$g(a)=0$이므로

$a=\alpha_1$ 또는 $a=1$ 또는 $a=-1$ 또는 $a=\alpha_4$

이때 $\alpha_1<-1<1<\alpha_4$이므로 a의 값은

α_1, $\alpha_2=-1$, $\alpha_3=1$, $\alpha_4(\alpha_4=-\alpha_1)$

의 4개이다.

$\therefore m=4$

STEP 4 $a=\alpha_1$일 때, 함수 $y=g(x)$의 그래프는 (i)의 경우와 같고, 조건 (나)에서 $m=4$이면

$\int_{\alpha_1}^{\alpha_m} g(x)\,dx=\int_{\alpha_1}^{\alpha_4} g(x)\,dx$

는 다음 그림의 색칠한 부분의 넓이와 같다.

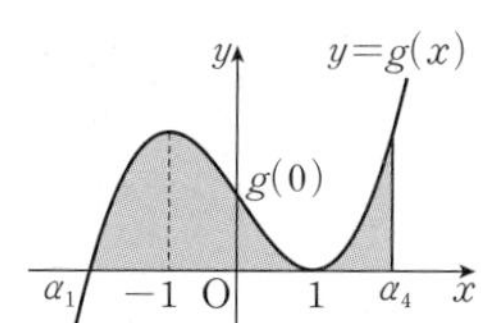

그런데 함수 $g'(x)$는 우함수이므로 함수 $y=g(x)$의 그래프는 점 $(0, g(0))$에 대하여 대칭이다.

즉, $g(-1)=g(\alpha_4)=2g(0)$이므로 다음 그림에서 두 부분 S_1, S_2의 넓이는 각각 서로 같다.

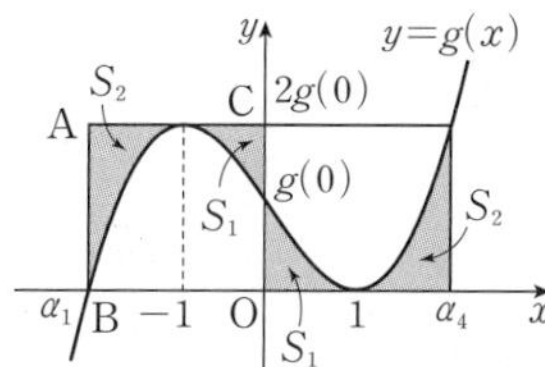

따라서 $\int_{\alpha_1}^{\alpha_4} g(x)\,dx$의 값은 직사각형 ABOC의 넓이와 같으므로

$\int_{\alpha_1}^{\alpha_4} g(x)\,dx=(0-\alpha_1)\times 2g(0)=-2\alpha_1 g(0)$ …… ㉠

한편, 조건 (나)에서

$$\int_0^1 |f(x)|\,dx=\int_0^1 \{-f(x)\}\,dx$$
$$=\int_0^1 \{-g'(x)\}\,dx$$
$$=\Big[-g(x)\Big]_0^1$$
$$=-g(1)+g(0)$$
$$=g(0)\ (\because g(1)=0) \quad \cdots\cdots ㉡$$

㉡을 ㉠에 대입하면

$$\int_{\alpha_1}^{\alpha_4} g(x)\,dx=-2\alpha_1\int_0^1 |f(x)|\,dx$$
$$=2\alpha_4\int_0^1 |f(x)|\,dx\ (\because \alpha_1=-\alpha_4)$$

$\therefore k=2$

$\therefore mk\times e^c=4\times 2\times e^{\ln 2}=8\times 2=16$

746 답 143

해결 각 잡기

- **역함수의 성질**
  두 함수 $f(x)$, $g(x)$가 서로 역함수 관계일 때
  (1) $f(a)=b$이면 $g(b)=a$ (단, a, b는 상수)
  (2) 두 함수 $y=f(x)$, $y=g(x)$의 그래프는 직선 $y=x$에 대하여 대칭이다.
- $f(2)$, $f(4)$, $f(8)$의 값을 구한 후, 구간 $[1, 8]$에서 증가함수 $f(x)$의 그래프의 개형을 그려 본다.
- $g(2x)=2f(x)$ $(x\ge 1)$, $\int_1^2 f(x)\,dx=\frac{5}{4}$임을 이용하여 $\int_2^4 f(x)\,dx$의 값을 구해 본다.

STEP 1 조건 (가)에서 $f(1)=1$이므로 조건 (나)에 의하여

$g(2)=2f(1)=2$

즉, $f(2)=2$이므로

$g(4)=2f(2)=4$

즉, $f(4)=4$이므로

$g(8)=2f(4)=8$

$\therefore f(8)=8$

따라서 함수 $y=f(x)$의 그래프의 개형은 다음과 같다.

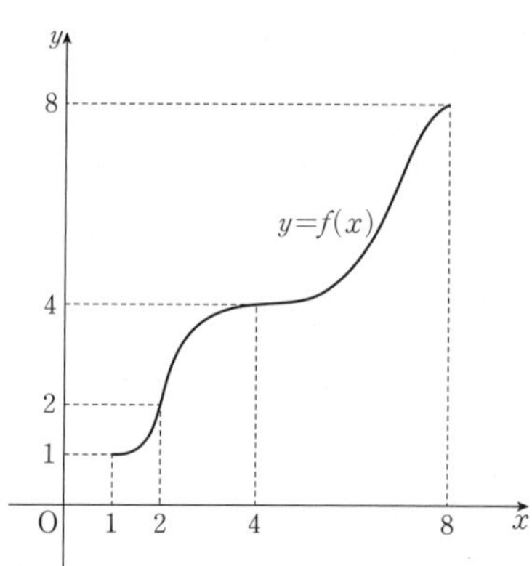

STEP 2 $\int_1^8 xf'(x)\,dx=\Big[xf(x)\Big]_1^8-\int_1^8 f(x)\,dx$

$u(x)=x$, $v'(x)=f'(x)$로 놓고 부분적분법을 이용한다.

$$=8f(8)-f(1)-\int_1^8 f(x)\,dx$$
$$=8\times8-1-\int_1^8 f(x)\,dx$$
$$=63-\int_1^8 f(x)\,dx \quad \cdots\cdots \text{㉠}$$

STEP 3 $\int_1^8 f(x)\,dx$

$$=\int_1^2 f(x)\,dx+\int_2^4 f(x)\,dx+\int_4^8 f(x)\,dx \quad \cdots\cdots \text{㉡}$$

두 함수 $y=f(x)$, $y=g(x)$의 그래프는 직선 $y=x$에 대하여 대칭이므로

$$\int_2^4 f(x)\,dx=4\times4-2\times2-\int_2^4 g(y)\,dy$$
$$=12-\int_2^4 g(y)\,dy$$

$y=2t$로 놓으면 $\frac{dy}{dt}=2$

$y=2$일 때 $t=1$, $y=4$일 때 $t=2$이므로

$$\int_2^4 g(y)\,dy=2\int_1^2 g(2t)\,dt$$
$$=2\int_1^2 2f(t)\,dt\ (\because \text{ 조건 (나)})$$
$$=4\int_1^2 f(x)\,dx$$
$$=4\times\frac{5}{4}=5$$

$$\therefore \int_2^4 f(x)\,dx=12-\int_2^4 g(y)\,dy$$
$$=12-5=7$$

마찬가지 방법으로 하면

$$\int_4^8 f(x)\,dx=8\times8-4\times4-\int_4^8 g(y)\,dy$$
$$=48-\int_4^8 g(y)\,dy$$
$$=48-2\int_2^4 g(2t)\,dt$$
$$=48-4\int_2^4 f(t)\,dt$$
$$=48-4\times7=20$$

STEP 4 따라서 ㉡에서

$$\int_1^8 f(x)\,dx=\int_1^2 f(x)\,dx+\int_2^4 f(x)\,dx+\int_4^8 f(x)\,dx$$
$$=\frac{5}{4}+7+20=\frac{113}{4}$$

이므로 ㉠에서

$$\int_1^8 xf'(x)\,dx=63-\int_1^8 f(x)\,dx$$
$$=63-\frac{113}{4}=\frac{139}{4}$$

즉, $p=4$, $q=139$이므로

$p+q=4+139=143$

747 답 ②

해결 각 잡기

- $a_n=2-\frac{1}{2^{n-2}}\ (n\geq2)$에 $n=2,\ 3,\ 4$를 대입하여 a_2, a_3, a_4의 값을 구한 후, $a_1\leq x\leq a_2$, $a_2\leq x\leq a_3$, $a_3\leq x\leq a_4$에서의 함수 $y=f(x)$의 그래프의 개형을 확인한다.
- $\int_\alpha^t f(x)\,dx=\int_\alpha^0 f(x)\,dx+\int_0^t f(x)\,dx$임을 이용하여 $\int_\alpha^t f(x)\,dx=0$의 의미를 파악한다.
- $g(t)=\int_\alpha^t f(x)\,dx$라 한 후, 함수 $y=g(t)$의 그래프의 개형을 확인한다.

STEP 1 $a_n=2-\frac{1}{2^{n-2}}\ (n\geq2)$에서

$a_2=1$, $a_3=\frac{3}{2}$, $a_4=\frac{7}{4}$, $a_5=\frac{15}{8}$, $\cdots$ ($a_3-a_2=\frac{1}{2}$, $a_4-a_3=\frac{1}{4}$, $a_5-a_4=\frac{1}{8}$, $\cdots$)

이므로 각 구간에서 함수 $f(x)$는 다음과 같다.

$a_1\leq x\leq a_2$, 즉 $-1\leq x\leq1$일 때, $f(x)=\sin(2^1\pi x)=\sin(2\pi x)$ (주기)$=1$

$a_2\leq x\leq a_3$, 즉 $1\leq x\leq\frac{3}{2}$일 때, $f(x)=\sin(2^2\pi x)=\sin(4\pi x)$ (주기)$=\frac{1}{2}$

$a_3\leq x\leq a_4$, 즉 $\frac{3}{2}\leq x\leq\frac{7}{4}$일 때, $f(x)=\sin(2^3\pi x)=\sin(8\pi x)$ (주기)$=\frac{1}{4}$

⋮

따라서 함수 $y=f(x)$의 그래프는 다음 그림과 같다.

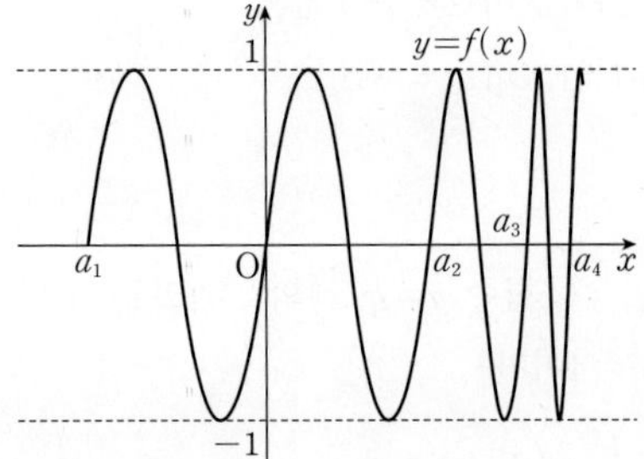

STEP 2 $\int_\alpha^t f(x)\,dx=0$에서 $\cdots\cdots$ ㉠

$\int_\alpha^0 f(x)\,dx+\int_0^t f(x)\,dx=0$, $-\int_0^\alpha f(x)\,dx+\int_0^t f(x)\,dx=0$

$\int_0^t f(x)\,dx=\int_0^\alpha f(x)\,dx$ (단, $-1<\alpha<0$, $0<t<2$)

즉, ㉠을 만족시키는 t의 값의 개수는 함수 $y=\int_0^t f(x)\,dx$의 그래프와 직선 $y=\int_0^\alpha f(x)\,dx$의 교점의 개수와 같다.

STEP 3 $g(t)=\int_0^t f(x)\,dx$라 하면

$g'(t)=f(t)$

$0\leq t\leq a_2$일 때 두 점 $(0,\ 0)$, $(a_2,\ 0)$을 잇는 선분의 중점의 t좌표를 $t=b_1$, $a_n\leq t\leq a_{n+1}\ (n>2)$일 때 두 점 $(a_n,\ 0)$, $(a_{n+1},\ 0)$을 잇는 선분의 중점의 t좌표를 $t=b_n$이라 하면 각 구간에서 함수 $g(t)$는 $t=b_n$에서 최댓값을 갖는다.

$$g(b_1)=\int_0^{b_1} f(x)\,dx=\int_0^{\frac{1}{2}}\sin(2\pi x)\,dx$$
$$=\Big[-\frac{1}{2\pi}\cos2\pi x\Big]_0^{\frac{1}{2}}=\frac{1}{2\pi}-\Big(-\frac{1}{2\pi}\Big)=\frac{1}{\pi}$$

$$g(b_2)=\int_0^{b_2} f(x)\,dx=\int_0^{\frac{5}{4}} \sin(4\pi x)\,dx=\int_0^{\frac{1}{4}} \sin(4\pi x)\,dx$$

$$\left(\because \int_0^1 f(x)\,dx=0,\ \int_0^{\frac{5}{4}} f(x)\,dx=\int_0^{\frac{1}{4}} f(x)\,dx\right)$$

$$=\left[-\frac{1}{4\pi}\cos(4\pi x)\right]_0^{\frac{1}{4}}=\frac{1}{4\pi}-\left(-\frac{1}{4\pi}\right)=\frac{1}{2\pi}$$

같은 방법으로 계속하면 $g(b_n)=\frac{1}{2^{n-1}\pi}$

따라서 함수 $y=g(t)$의 그래프는 다음 그림과 같다.

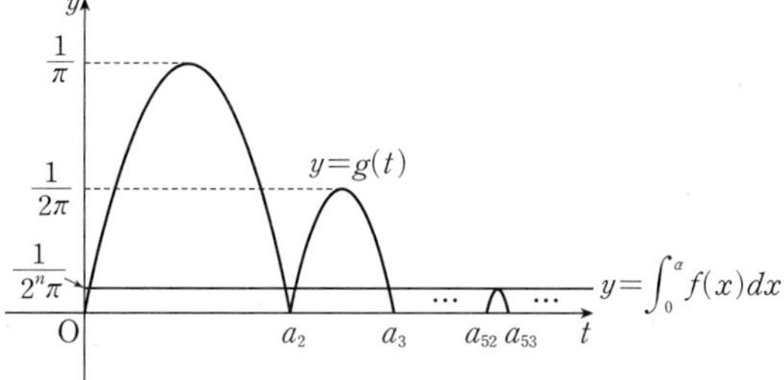

STEP 4 이때 위의 그림과 같이 함수 $y=g(t)$의 그래프와 직선 $y=\int_0^{\alpha} f(x)\,dx$의 교점의 개수가 103이려면 $0\le t\le a_2$, $a_2\le t\le a_3$, $a_3\le t\le a_4$, $\cdots$, $a_{51}\le t\le a_{52}$에서는 각각 두 점에서 만나고 $a_{52}\le t\le a_{53}$에서 접해야 한다.

$$\therefore \int_0^{\alpha} f(x)\,dx=g(b_{52})=\frac{1}{2^{51}\pi}$$

STEP 5 $\int_0^{\alpha}\sin(2\pi x)\,dx=\left[-\frac{1}{2\pi}\cos(2\pi x)\right]_0^{\alpha}$

$$=\frac{1}{2\pi}\{-\cos(2\pi\alpha)+1\}=\frac{1}{2^{51}\pi}$$

즉, $1-\cos(2\pi\alpha)=\frac{1}{2^{50}}$이므로

$$\log_2(1-\cos(2\pi\alpha))=\log_2\frac{1}{2^{50}}=\log_2 2^{-50}=-50$$

748 답 12

해결 각 잡기

- $f\left(\frac{\pi}{4}\right)=3\sqrt{2}$, $f\left(\frac{\pi}{3}\right)=5\sqrt{3}$임을 이용하여 a, b의 값을 구한다.
- $f'(x)$를 이용하여 함수 $f(x)$의 극댓값을 구한다.
- n이 홀수일 때와 짝수일 때로 나누어 c_n의 식을 정리해 본다.
- $\frac{\pi}{4}\le x\le\frac{\pi}{3}$에서 $g(x)=f(x)$로 놓으면 함수 $g(x)$는 일대일대응이므로 역함수가 존재한다.

STEP 1 $f(x)=a\sin^3 x+b\sin x$에서

$f\left(\frac{\pi}{4}\right)=3\sqrt{2}$이므로 $\frac{\sqrt{2}}{4}a+\frac{\sqrt{2}}{2}b=3\sqrt{2}$

$\therefore a+2b=12$ …… ㉠

$f\left(\frac{\pi}{3}\right)=5\sqrt{3}$이므로 $\frac{3\sqrt{3}}{8}a+\frac{\sqrt{3}}{2}b=5\sqrt{3}$

$\therefore 3a+4b=40$ …… ㉡

㉠, ㉡을 연립하여 풀면

$a=16$, $b=-2$

$\therefore f(x)=16\sin^3 x-2\sin x$ …… ㉢
(주기: 2π)

따라서 함수 $f(x)$의 주기는 2π이고, 그래프는 직선 $x=n\pi+\frac{\pi}{2}$ (n은 정수)에 대하여 대칭이다.

STEP 2 $f'(x)=48\sin^2 x\cos x-2\cos x$

$=2\cos x(24\sin^2 x-1)$

$f'(x)=0$에서

$\cos x=0$ 또는 $\sin^2 x=\frac{1}{24}$

$\therefore \cos x=0$ 또는 $\sin x=\pm\frac{\sqrt{6}}{12}$

(i) $\cos x=0$일 때

$\sin^2 x=1-\cos^2 x=1$이므로

$\sin x=1$ 또는 $\sin x=-1$

$\sin x=1$이면 $f(x)=14$ ($\because$ ㉢)

$\sin x=-1$이면 $f(x)=-14$ ($\because$ ㉢)

(ii) $\sin x=\pm\frac{\sqrt{6}}{12}$일 때

$f(x)=\mp\frac{\sqrt{6}}{9}$ (복부호 동순) ($\because$ ㉢)

(i), (ii)에 의하여 함수 $f(x)$의 극댓값은 14와 $\frac{\sqrt{6}}{9}$이다.

이때 $\frac{\sqrt{6}}{9}<1$이므로 함수 $f(x)$의 극댓값은 14이거나 1보다 작다.

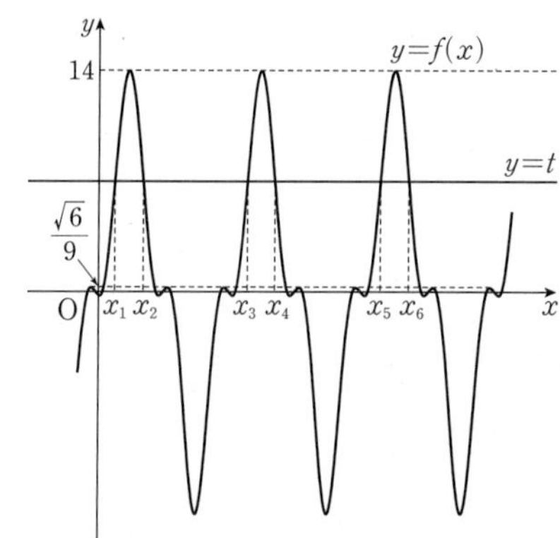

즉, $1<t<14$인 실수 t에 대하여 $f(x_n)=t$이므로

$1<f(x_n)<14$

또, 함수 $f(x)$의 주기가 2π이므로

$x_2=\pi-x_1$, $x_3=2\pi+x_1$, $x_4=3\pi-x_1$, $\cdots$

$\therefore x_n=(n-1)\pi+(-1)^{n-1}x_1$ (단, $n\ge2$)

STEP 3 (i) n이 홀수일 때

$f'(x_n)=f'(x_1)$이므로

$$c_n=\int_{3\sqrt{2}}^{5\sqrt{3}}\frac{t}{f'(x_n)}dt=\int_{3\sqrt{2}}^{5\sqrt{3}}\frac{t}{f'(x_1)}dt$$

(ii) n이 짝수일 때

$f'(x_n)=-f'(x_1)$이므로

$$c_n=\int_{3\sqrt{2}}^{5\sqrt{3}}\frac{t}{f'(x_n)}dt=-\int_{3\sqrt{2}}^{5\sqrt{3}}\frac{t}{f'(x_1)}dt$$

(i), (ii)에 의하여

$$\sum_{n=1}^{101}c_n=(c_1+c_2)+(c_3+c_4)+\cdots+(c_{99}+c_{100})+c_{101}$$

$$=0+0+\cdots+0+c_{101}=c_{101}=c_1$$

STEP 4 $\frac{\pi}{4}\le x\le\frac{\pi}{3}$에서 $g(x)=f(x)$로 놓으면 함수 $g(x)$는 일대일대응이므로 역함수 $h(x)$가 존재한다.

$f(x_1)=g(x_1)=t$에서 $h(t)=x_1$이므로 역함수의 미분법에 의하여

$$\frac{1}{f'(x_1)}=\frac{1}{g'(x_1)}=h'(t)$$

$$\therefore c_1=\int_{3\sqrt{2}}^{5\sqrt{3}}\frac{t}{f'(x_1)}dt=\int_{3\sqrt{2}}^{5\sqrt{3}}th'(t)\,dt$$

이때 $h(t)=y$로 놓으면 $h'(t)=\frac{dy}{dt}$

$t=3\sqrt{2}$일 때 $f\left(\frac{\pi}{4}\right)=3\sqrt{2}$이므로

$y=h(3\sqrt{2})=\frac{\pi}{4}$

$t=5\sqrt{3}$일 때 $f\left(\frac{\pi}{3}\right)=5\sqrt{3}$이므로

$y=h(5\sqrt{3})=\frac{\pi}{3}$

$$\begin{aligned}\therefore c_1&=\int_{3\sqrt{2}}^{5\sqrt{3}}th'(t)\,dt\\&=\int_{\frac{\pi}{4}}^{\frac{\pi}{3}}f(y)\,dy\\&=\int_{\frac{\pi}{4}}^{\frac{\pi}{3}}(16\sin^3y-2\sin y)\,dy\\&=\int_{\frac{\pi}{4}}^{\frac{\pi}{3}}\{16\sin y(1-\cos^2y)-2\sin y\}\,dy\\&=14\int_{\frac{\pi}{4}}^{\frac{\pi}{3}}\sin y\,dy-16\int_{\frac{\pi}{4}}^{\frac{\pi}{3}}\sin y\cos^2y\,dy\\&=14\Big[-\cos y\Big]_{\frac{\pi}{4}}^{\frac{\pi}{3}}-16\Big[-\frac{1}{3}\cos^3y\Big]_{\frac{\pi}{4}}^{\frac{\pi}{3}}\\&=14\left(-\frac{1}{2}+\frac{\sqrt{2}}{2}\right)+\frac{16}{3}\left(\frac{1}{8}-\frac{\sqrt{2}}{4}\right)\\&=-\frac{19}{3}+\frac{17\sqrt{2}}{3}\end{aligned}$$

$$\therefore \sum_{n=1}^{101}c_n=c_1=-\frac{19}{3}+\frac{17\sqrt{2}}{3}$$

따라서 $p=-\frac{19}{3}$, $q=\frac{17}{3}$이므로

$q-p=\frac{17}{3}-\left(-\frac{19}{3}\right)=12$

 # 참고

n이 홀수이면 $n-1$은 짝수이므로

$$\begin{aligned}\cos x_n&=\cos\{(n-1)\pi+(-1)^{n-1}x_1\}\\&=\cos x_1\\ \sin x_n&=\sin\{(n-1)\pi+(-1)^{n-1}x_1\}\\&=\sin x_1\\ \therefore f'(x_n)&=2\cos x_n(24\sin^2x_n-1)\\&=2\cos x_1(24\sin^2x_1-1)\\&=f'(x_1)\end{aligned}$$

11 정적분의 활용

본문 270쪽 ~ 297쪽

B 유형 & 유사로 익히면…

749 답 10

해결 각 잡기

정적분과 급수 사이의 관계

연속함수 $f(x)$에 대하여

(1) $\lim_{n\to\infty}\sum_{k=1}^{n}f\left(a+\frac{b-a}{n}k\right)\frac{b-a}{n}=\int_a^b f(x)\,dx$

(2) $\lim_{n\to\infty}\sum_{k=1}^{n}f\left(a+\frac{p}{n}k\right)\frac{p}{n}=\int_a^{a+p}f(x)\,dx=\int_0^p f(a+x)\,dx$

$$\begin{aligned}\lim_{n\to\infty}\sum_{k=1}^{n}\left(1+\frac{2k}{n}\right)^3\frac{1}{n}&=\frac{1}{2}\lim_{n\to\infty}\sum_{k=1}^{n}\left(1+\frac{2k}{n}\right)^3\times\frac{2}{n}\\&=\frac{1}{2}\int_1^3x^3\,dx\\&=\frac{1}{2}\left[\frac{1}{4}x^4\right]_1^3\\&=\frac{1}{2}\times\left(\frac{81}{4}-\frac{1}{4}\right)=10\end{aligned}$$

750 답 242

$$\begin{aligned}\lim_{n\to\infty}\sum_{k=1}^{n}\frac{2}{n}\left(1+\frac{2k}{n}\right)^4&=\lim_{n\to\infty}\sum_{k=1}^{n}\left(1+\frac{2k}{n}\right)^4\times\frac{2}{n}\\&=\int_1^3x^4\,dx\\&=\left[\frac{1}{5}x^5\right]_1^3\\&=\frac{1}{5}\times(3^5-1)=\frac{242}{5}\end{aligned}$$

즉, $a=\frac{242}{5}$이므로

$5a=5\times\frac{242}{5}=242$

751 답 ④

$$\begin{aligned}\lim_{n\to\infty}\sum_{k=1}^{n}\frac{1}{n}f\left(\frac{2k}{n}\right)&=\frac{1}{2}\lim_{n\to\infty}\sum_{k=1}^{n}f\left(\frac{2k}{n}\right)\times\frac{2}{n}\\&=\frac{1}{2}\int_0^2f(x)\,dx\\&=\frac{1}{2}\int_0^2(4x^3+x)\,dx\\&=\frac{1}{2}\left[x^4+\frac{1}{2}x^2\right]_0^2\\&=\frac{1}{2}\times(18-0)=9\end{aligned}$$

752 답 12

STEP 1 $\lim_{n\to\infty}\frac{1}{n}\sum_{k=1}^{n}f\left(\frac{3k}{n}\right)=\frac{1}{3}\lim_{n\to\infty}\sum_{k=1}^{n}f\left(\frac{3k}{n}\right)\times\frac{3}{n}$

$$=\frac{1}{3}\int_0^3 f(x)\,dx$$
$$=\frac{1}{3}\int_0^3 (3x^2-ax)\,dx$$
$$=\frac{1}{3}\left[x^3-\frac{a}{2}x^2\right]_0^3$$
$$=9-\frac{3}{2}a$$

STEP 2 $\lim_{n\to\infty}\frac{1}{n}\sum_{k=1}^{n}f\left(\frac{3k}{n}\right)=f(1)$이므로

$9-\frac{3}{2}a=3-a,\ \frac{a}{2}=6$

$\therefore\ a=12$

753 답 ⑤

해결 각 잡기

함수 $f(x)$가 닫힌구간 $[-a, a]$에서 연속일 때

(1) $f(x)$가 우함수, 즉 $f(-x)=f(x)$이면

$$\int_{-a}^{a}f(x)\,dx=2\int_0^a f(x)\,dx$$

(2) $f(x)$가 기함수, 즉 $f(-x)=-f(x)$이면

$$\int_{-a}^{a}f(x)\,dx=0$$

$\lim_{n\to\infty}\sum_{k=1}^{n}\frac{1}{n}f\left(-1+\frac{2k}{n}\right)=\frac{1}{2}\lim_{n\to\infty}\sum_{k=1}^{n}f\left(-1+\frac{2k}{n}\right)\times\frac{2}{n}$

$$=\frac{1}{2}\int_{-1}^{1}f(x)\,dx$$
$$=\frac{1}{2}\int_{-1}^{1}(3x^3+4x^2-2x-1)\,dx$$
$$=\int_0^1(4x^2-1)\,dx$$
$$=\left[\frac{4}{3}x^3-x\right]_0^1$$
$$=\frac{1}{3}$$

754 답 33

해결 각 잡기

급수의 합으로 주어진 것을 시그마 기호로 나타낸 후 정적분과 급수 사이의 관계를 이용하여 급수의 합을 정적분을 이용하여 나타낸다.

$\lim_{n\to\infty}\frac{4}{n}\left\{f\left(1+\frac{1}{2n}\right)+f\left(1+\frac{2}{2n}\right)+f\left(1+\frac{3}{2n}\right)+\cdots+f\left(1+\frac{n}{2n}\right)\right\}$

$=\lim_{n\to\infty}\frac{4}{n}\sum_{k=1}^{n}f\left(1+\frac{k}{2n}\right)$

$=8\lim_{n\to\infty}\sum_{k=1}^{n}f\left(1+\frac{k}{2n}\right)\times\frac{1}{2n}$

$=8\int_1^{\frac{3}{2}}f(x)\,dx$

$=8\int_1^{\frac{3}{2}}(3x^2+2x+1)\,dx$

$=8\left[x^3+x^2+x\right]_1^{\frac{3}{2}}$

$=8\times\left(\frac{57}{8}-3\right)$

$=33$

755 답 ③

해결 각 잡기

주어진 급수를 정적분으로 나타낸 후 여러 가지 함수의 정적분을 이용하여 계산한다.

$\lim_{n\to\infty}\frac{1}{n}\sum_{k=1}^{n}\sqrt{1+\frac{3k}{n}}=\frac{1}{3}\lim_{n\to\infty}\sum_{k=1}^{n}\sqrt{1+\frac{3k}{n}}\times\frac{3}{n}$

$$=\frac{1}{3}\int_1^4\sqrt{x}\,dx$$
$$=\frac{1}{3}\left[\frac{2}{3}x^{\frac{3}{2}}\right]_1^4$$
$$=\frac{2}{9}\times(8-1)$$
$$=\frac{14}{9}$$

756 답 ①

$\lim_{n\to\infty}\frac{1}{n}\sum_{k=1}^{n}\sqrt{\frac{3n}{3n+k}}=\lim_{n\to\infty}\sum_{k=1}^{n}\sqrt{\frac{3}{3+\frac{k}{n}}}\times\frac{1}{n}$ ← 근호 안의 식의 분모, 분자를 n으로 나눈다.

$$=\int_3^4\sqrt{\frac{3}{x}}\,dx$$
$$=\sqrt{3}\int_3^4 x^{-\frac{1}{2}}\,dx$$
$$=\sqrt{3}\left[2x^{\frac{1}{2}}\right]_3^4$$
$$=2\sqrt{3}\times(2-\sqrt{3})$$
$$=4\sqrt{3}-6$$

757 답 ②

$\lim_{n\to\infty}\frac{2\pi}{n}\sum_{k=1}^{n}\sin\frac{\pi k}{3n}=6\lim_{n\to\infty}\sum_{k=1}^{n}\frac{\pi}{3n}\sin\frac{\pi k}{3n}$

$$=6\int_0^{\frac{\pi}{3}}\sin x\,dx$$
$$=6\left[-\cos x\right]_0^{\frac{\pi}{3}}$$
$$=6\times\left(-\frac{1}{2}+1\right)$$
$$=3$$

758 답 ①

$$\lim_{n\to\infty}\sum_{k=1}^{n}\frac{\pi}{n}f\left(\frac{k\pi}{n}\right)=\int_0^{\pi}f(x)\,dx$$
$$=\int_0^{\pi}\sin(3x)\,dx$$
$$=\left[-\frac{1}{3}\cos(3x)\right]_0^{\pi}$$
$$=-\frac{1}{3}(\cos 3\pi-\cos 0)$$
$$=-\frac{1}{3}\times(-1-1)=\frac{2}{3}$$

759 답 ④

해결 각 잡기

- $\frac{1}{AB}=\frac{1}{B-A}\left(\frac{1}{A}-\frac{1}{B}\right)$ (단, $A\neq B$)
- $\int\frac{f'(x)}{f(x)}dx=\ln|f(x)|+C$ (단, C는 적분상수)

$$\lim_{n\to\infty}\frac{2}{n}\sum_{k=1}^{n}f\left(1+\frac{2k}{n}\right)=\lim_{n\to\infty}\sum_{k=1}^{n}f\left(1+\frac{2k}{n}\right)\times\frac{2}{n}$$
$$=\int_1^3 f(x)\,dx$$
$$=\int_1^3\frac{1}{x^2+x}dx$$
$$=\int_1^3\frac{1}{x(x+1)}dx$$
$$=\int_1^3\left(\frac{1}{x}-\frac{1}{x+1}\right)dx$$
$$=\Big[\ln|x|-\ln|x+1|\Big]_1^3$$
$$=\left[\ln\left|\frac{x}{x+1}\right|\right]_1^3$$
$$=\ln\frac{3}{4}-\ln\frac{1}{2}$$
$$=\ln\frac{3}{2}$$

760 답 ②

$$\lim_{n\to\infty}\frac{1}{n}\sum_{k=1}^{n}f\left(\frac{n+k}{n}\right)=\lim_{n\to\infty}\sum_{k=1}^{n}f\left(1+\frac{k}{n}\right)\times\frac{1}{n}$$
$$=\int_1^2 f(x)\,dx$$
$$=\int_1^2\frac{x+1}{x^2}dx$$
$$=\int_1^2\left(\frac{1}{x}+\frac{1}{x^2}\right)dx$$
$$=\left[\ln|x|-\frac{1}{x}\right]_1^2$$
$$=\left(\ln 2-\frac{1}{2}\right)-(-1)$$
$$=\frac{1}{2}+\ln 2$$

761 답 ②

해결 각 잡기

주어진 식을 적절히 변형하여 $\frac{k}{n}$, $\frac{1}{n}$ 꼴을 만든 후 정적분과 급수 사이의 관계를 이용하여 급수의 합을 정적분으로 나타낸다.

$$\lim_{n\to\infty}\sum_{k=1}^{n}\frac{k}{(2n-k)^2}=\lim_{n\to\infty}\sum_{k=1}^{n}\frac{\frac{k}{n}}{\left(\frac{k}{n}-2\right)^2}\times\frac{1}{n}$$ ← 분모, 분자를 n^2으로 나눈다.

$$=\int_{-2}^{-1}\frac{x+2}{x^2}dx$$
$$=\int_{-2}^{-1}\left(\frac{1}{x}+\frac{2}{x^2}\right)dx$$
$$=\left[\ln|x|-\frac{2}{x}\right]_{-2}^{-1}$$
$$=2-(\ln 2+1)=1-\ln 2$$

762 답 ③

$$\lim_{n\to\infty}\sum_{k=1}^{n}\frac{k^2+2kn}{k^3+3k^2n+n^3}=\lim_{n\to\infty}\sum_{k=1}^{n}\frac{\frac{k^2}{n^3}+\frac{2k}{n^2}}{\frac{k^3}{n^3}+\frac{3k^2}{n^2}+1}$$ ← 분모, 분자를 n^3으로 나눈다.

$$=\lim_{n\to\infty}\sum_{k=1}^{n}\frac{\left(\frac{k}{n}\right)^2+2\left(\frac{k}{n}\right)}{\left(\frac{k}{n}\right)^3+3\left(\frac{k}{n}\right)^2+1}\times\frac{1}{n}$$
$$=\int_0^1\frac{x^2+2x}{x^3+3x^2+1}dx$$
$$=\frac{1}{3}\int_0^1\frac{3x^2+6x}{x^3+3x^2+1}dx$$
$$=\frac{1}{3}\int_0^1\frac{(x^3+3x^2+1)'}{x^3+3x^2+1}dx$$
$$=\frac{1}{3}\Big[\ln|x^3+3x^2+1|\Big]_0^1=\frac{\ln 5}{3}$$

763 답 ④

해결 각 잡기

부분적분법을 이용한 정적분

두 함수 $f(x)$, $g(x)$가 미분가능할 때

$$\int_a^b f(x)g'(x)\,dx=\Big[f(x)g(x)\Big]_a^b-\int_a^b f'(x)g(x)\,dx$$

$$\lim_{n\to\infty}\sum_{k=1}^{n}\frac{k\pi}{n^2}f\left(\frac{\pi}{2}+\frac{k\pi}{n}\right)=\lim_{n\to\infty}\sum_{k=1}^{n}\frac{1}{\pi}\times\frac{k\pi}{n}f\left(\frac{\pi}{2}+\frac{k\pi}{n}\right)\times\frac{\pi}{n}$$
$$=\frac{1}{\pi}\int_0^{\pi}xf\left(\frac{\pi}{2}+x\right)dx$$
$$=\frac{1}{\pi}\int_0^{\pi}x\cos\left(x+\frac{\pi}{2}\right)dx$$ ← $\cos\left(x+\frac{\pi}{2}\right)=-\sin x$

$$=\frac{1}{\pi}\int_0^{\pi} x(-\sin x)\,dx$$

$u(x)=x,\ v'(x)=-\sin x$ 로 놓고 부분적분법을 이용한다.

$$=\frac{1}{\pi}\left(\Big[x\cos x\Big]_0^{\pi}-\int_0^{\pi}\cos x\,dx\right)$$

$$=\frac{1}{\pi}\left(-\pi-\Big[\sin x\Big]_0^{\pi}\right)$$

$$=\frac{1}{\pi}\times(-\pi)=-1$$

764 답 5

해결 각 잡기

$1+\frac{k}{n}=x$라 하면 $\frac{1}{n}\to dx$이고 $\lim_{n\to\infty}\sum_{k=1}^{n}\to\int_1^2$이다.

$$\lim_{n\to\infty}\sum_{k=1}^{n}\frac{k}{n^2}f\left(1+\frac{k}{n}\right)=\lim_{n\to\infty}\sum_{k=1}^{n}\frac{k}{n}f\left(1+\frac{k}{n}\right)\times\frac{1}{n}$$

$$=\int_1^2(x-1)f(x)\,dx$$

$$=\int_1^2(x-1)\ln x\,dx$$

$u(x)=\ln x,\ v'(x)=x-1$ 로 놓고 부분적분법을 이용한다.

$$=\left[\left(\frac{1}{2}x^2-x\right)\ln x\right]_1^2-\int_1^2\frac{1}{x}\left(\frac{1}{2}x^2-x\right)dx$$

$$=(0-0)-\int_1^2\left(\frac{1}{2}x-1\right)dx$$

$$=-\left[\frac{1}{4}x^2-x\right]_1^2$$

$$=-(1-2)+\left(\frac{1}{4}-1\right)=\frac{1}{4}$$

따라서 $p=4,\ q=1$이므로

$p+q=4+1=5$

765 답 ①

STEP 1 $$\lim_{n\to\infty}\sum_{k=1}^{n}\frac{2}{n+k}f\left(1+\frac{k}{n}\right)=\lim_{n\to\infty}\sum_{k=1}^{n}\frac{2}{1+\frac{k}{n}}f\left(1+\frac{k}{n}\right)\times\frac{1}{n}$$

$$=\int_1^2\frac{2}{x}f(x)\,dx$$

$$=\int_1^2\frac{2x^2e^{x^2-1}}{x}dx$$

$$=\int_1^2 2xe^{x^2-1}dx$$

STEP 2 $x^2-1=t$로 놓으면 $\frac{dt}{dx}=2x$

$x=1$일 때 $t=0$, $x=2$일 때 $t=3$이므로

$$\int_1^2 2xe^{x^2-1}dx=\int_0^3 e^t\,dt$$

$$=\Big[e^t\Big]_0^3=e^3-1$$

766 답 ①

해결 각 잡기

주어진 식에서 $\frac{k^2+2nk}{n^3}$를 $\left\{\left(\frac{k}{n}\right)^2+2\left(\frac{k}{n}\right)\right\}\times\frac{1}{n}$로 변형한다.

$$\lim_{n\to\infty}\sum_{k=1}^{n}f\left(1+\frac{k}{n}\right)\frac{k^2+2nk}{n^3}$$

$$=\lim_{n\to\infty}\sum_{k=1}^{n}f\left(1+\frac{k}{n}\right)\left\{\left(\frac{k}{n}\right)^2+2\left(\frac{k}{n}\right)\right\}\times\frac{1}{n}$$

$$=\lim_{n\to\infty}\sum_{k=1}^{n}f\left(1+\frac{k}{n}\right)\left\{\left(\frac{k}{n}\right)^2+2\left(\frac{k}{n}\right)+1-1\right\}\times\frac{1}{n}$$

$$=\lim_{n\to\infty}\sum_{k=1}^{n}f\left(1+\frac{k}{n}\right)\left\{\left(1+\frac{k}{n}\right)^2-1\right\}\times\frac{1}{n}$$

$$=\int_1^2 f(x)(x^2-1)\,dx$$

$$=\int_1^2(x^2+1)(x^2-1)\,dx$$

$$=\int_1^2(x^4-1)\,dx$$

$$=\left[\frac{1}{5}x^5-x\right]_1^2$$

$$=\frac{22}{5}-\left(-\frac{4}{5}\right)$$

$$=\frac{26}{5}$$

767 답 ①

해결 각 잡기

함수 $f(x)$의 역함수가 $g(x)$일 때

(1) 함수 $y=f(x)$의 그래프가 점 $(a,\ b)$를 지나면 함수 $y=g(x)$의 그래프가 점 $(b,\ a)$를 지난다.

(2) 두 함수 $y=f(x)$, $y=g(x)$의 그래프는 직선 $y=x$에 대하여 서로 대칭이다.

(3) 함수 $y=f(x)$의 그래프와 직선 $y=x$의 교점은 두 함수 $y=f(x)$, $y=g(x)$의 그래프의 교점과 같다.

STEP 1 $$\lim_{n\to\infty}\sum_{k=1}^{n}g\left(\frac{3k}{n}\right)\frac{1}{n}=\frac{1}{3}\lim_{n\to\infty}\sum_{k=1}^{n}g\left(\frac{3k}{n}\right)\times\frac{3}{n}$$

$$=\frac{1}{3}\int_0^3 g(x)\,dx$$

STEP 2 함수 $f(x)=\frac{x^3}{9}$의 역함수가 $g(x)$이므로 두 곡선 $y=f(x)$, $y=g(x)$는 오른쪽 그림과 같다.

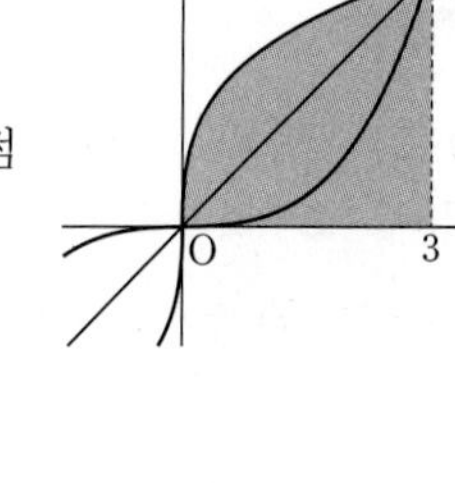

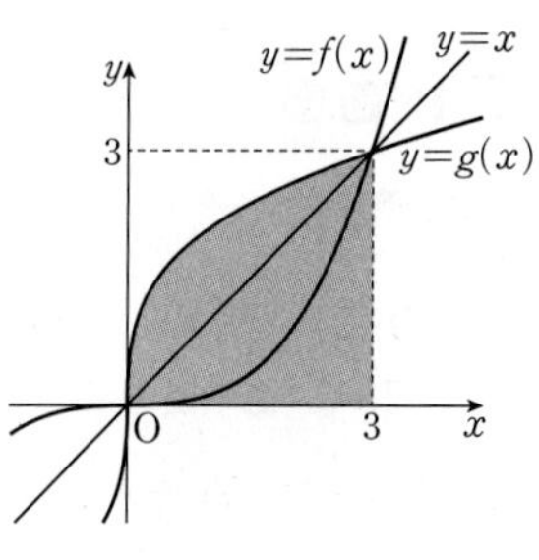

두 곡선 $y=f(x)$, $y=g(x)$의 교점의 x좌표는 $\frac{x^3}{9}=x$에서

$x^3-9x=0$

$x(x+3)(x-3)=0$

$\therefore x=-3$ 또는 $x=0$ 또는 $x=3$

$$\int_0^3 g(x)\,dx = 3\times 3 - \int_0^3 f(x)\,dx$$
$$= 9 - \int_0^3 \frac{x^3}{9}\,dx$$
$$= 9 - \left[\frac{1}{36}x^4\right]_0^3$$
$$= 9 - \frac{9}{4} = \frac{27}{4}$$

STEP 3 따라서 구하는 값은

$$\frac{1}{3}\int_0^3 g(x)\,dx = \frac{1}{3}\times\frac{27}{4} = \frac{9}{4}$$

768 답 ③

해결 각 잡기

- $\lim_{n\to\infty}\frac{2}{n}\sum_{k=1}^{n} f\left(2+\frac{2k}{n}\right)$에서 $2+\frac{2k}{n}=x$라 하면 $\frac{2}{n}\to dx$이고 $\lim_{n\to\infty}\sum_{k=1}^{n}\to\int_2^4$이다.
- $\lim_{n\to\infty}\frac{8}{n}\sum_{k=1}^{n} g\left(a+\frac{8k}{n}\right)$에서 $a+\frac{8k}{n}=x$라 하면 $\frac{8}{n}\to dx$이고 $\lim_{n\to\infty}\sum_{k=1}^{n}\to\int_a^{a+8}$이다.

STEP 1 $\lim_{n\to\infty}\frac{2}{n}\sum_{k=1}^{n} f\left(2+\frac{2k}{n}\right) = \lim_{n\to\infty}\sum_{k=1}^{n} f\left(2+\frac{2k}{n}\right)\times\frac{2}{n}$

$$= \int_2^4 f(x)\,dx$$

$$\lim_{n\to\infty}\frac{8}{n}\sum_{k=1}^{n} g\left(a+\frac{8k}{n}\right) = \lim_{n\to\infty}\sum_{k=1}^{n} g\left(a+\frac{8k}{n}\right)\times\frac{8}{n}$$
$$= \int_a^{a+8} g(x)\,dx$$

STEP 2 함수 $f(x)$가 모든 실수에서 연속이고 역함수가 존재하므로 구간 $[2, 4]$에서 $y=f(x)$의 그래프는 오른쪽 그림과 같다.

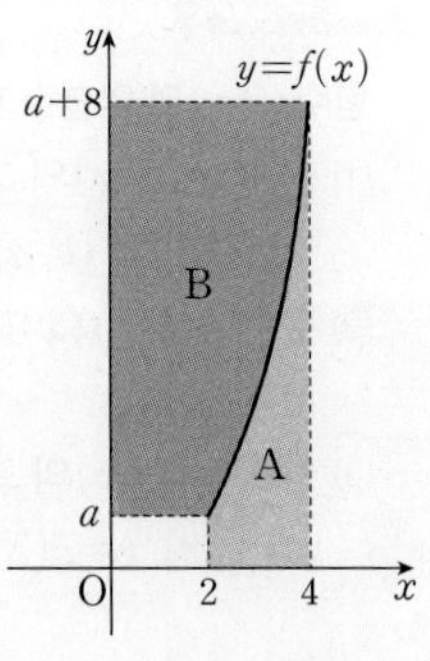

이때 $\int_2^4 f(x)\,dx$의 값은 A부분의 넓이와 같고, $\int_a^{a+8} g(x)\,dx$의 값은 B부분의 넓이와 같다.

$\int_2^4 f(x)\,dx + \int_a^{a+8} g(x)\,dx = 50$이므로

$4\times(a+8) - 2\times a = 50$

$2a = 18 \quad \therefore a = 9$

769 답 ②

해결 각 잡기

- 정적분과 급수의 합 사이의 관계를 이용하여 급수를 정적분으로 나타내고 정적분의 값을 구한다.
- $\frac{k}{n}=x$라 하면 $\frac{1}{n}\to dx$이고 $\lim_{n\to\infty}\sum_{k=1}^{n}\to\int_0^1$이다.
- 이차함수 $f(x)$의 그래프와 x축의 교점의 x좌표가 α, β이면 $f(x)=a(x-\alpha)(x-\beta)\ (a\neq 0)$로 놓을 수 있다.

STEP 1 $\lim_{n\to\infty}\frac{1}{n}\sum_{k=1}^{n} f\left(\frac{k}{n}\right) = \lim_{n\to\infty}\sum_{k=1}^{n} f\left(\frac{k}{n}\right)\times\frac{1}{n}$

$$= \int_0^1 f(x)\,dx = \frac{7}{6} \quad \cdots\cdots ㉠$$

STEP 2 이때 주어진 그래프에 의하여 음수 a에 대하여 $f(x)=ax(x-3)$이라 하면

$$\int_0^1 f(x)\,dx = \int_0^1 ax(x-3)\,dx = a\int_0^1 (x^2-3x)\,dx$$
$$= a\left[\frac{1}{3}x^3 - \frac{3}{2}x^2\right]_0^1 = a\left(\frac{1}{3}-\frac{3}{2}\right)$$
$$= -\frac{7}{6}a$$

즉, $-\frac{7}{6}a = \frac{7}{6}$ ($\because$ ㉠)이므로

$a=-1$

$\therefore f(x) = -x^2+3x$

STEP 3 따라서 $f'(x) = -2x+3$이므로

$f'(0) = -2\times 0 + 3 = 3$

770 답 ⑤

해결 각 잡기

- 함수 $y=f(x)$의 그래프는 x축과 $x=-3, 0, 2, 6$인 점에서 만나고, 그래프가 x축과 접하는 점은 없다.
- $m+\frac{k}{n}=x$라 하면 $\frac{1}{n}\to dx$이고 $\lim_{n\to\infty}\sum_{k=1}^{n}\to\int_m^{m+1}$이다.

STEP 1 $\lim_{n\to\infty}\frac{1}{n}\sum_{k=1}^{n} f\left(m+\frac{k}{n}\right) = \lim_{n\to\infty}\sum_{k=1}^{n} f\left(m+\frac{k}{n}\right)\times\frac{1}{n}$

$$= \int_m^{m+1} f(x)\,dx$$

이므로 주어진 부등식에서

$$\int_m^{m+1} f(x)\,dx < 0 \quad \cdots\cdots ㉠$$

STEP 2 $\int_m^{m+1} f(x)\,dx$는 구간 $[m, m+1]$에서 $f(x)$의 정적분의 값이다. 그런데 m은 정수이므로 주어진 그래프에서 구간 $[m, m+1]$에서 $f(x)$의 함숫값의 부호의 변화가 없음을 알 수 있다.

따라서 정수 m에 대하여 부등식 ㉠이 성립하려면 구간 $(m, m+1)$에서 $f(x)<0$이어야 한다.

이때 주어진 그래프에서 $f(x)<0$을 만족시키는 x의 값의 범위는 $-3\le x\le 0$ 또는 $2\le x\le 6$이므로 정수 m은 $-3, -2, -1, 2, 3, 4, 5$의 7개이다.

참고

$f(x)>0$이면 정적분의 기하적 의미에 의하여 $\int_m^{m+1} f(x)\,dx$는 곡선 $y=f(x)$와 x축 및 두 직선 $x=m$, $x=m+1$로 둘러싸인 부분의 넓이와 같으므로 $\int_m^{m+1} f(x)\,dx>0$이다. 따라서 부등식 $\int_m^{m+1} f(x)\,dx<0$을 만족시키려면 $f(x)<0$이어야 한다.

771 답 32

해결 각 잡기

- S_k를 n과 k를 이용하여 식으로 나타낸다.
- $\lim_{n\to\infty}\sum_{k=1}^{n} f\left(a+\frac{b-a}{n}k\right)\frac{b-a}{n}=\int_a^b f(x)\,dx$
$$=\int_0^{b-a} f(x+a)\,dx$$
$$=(b-a)\int_0^1 f(a+(b-a)x)\,dx$$
- 두 변의 길이가 a, b이고 끼인각의 크기가 θ인 삼각형의 넓이는 $\frac{1}{2}ab\sin\theta$

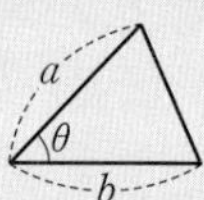

STEP 1

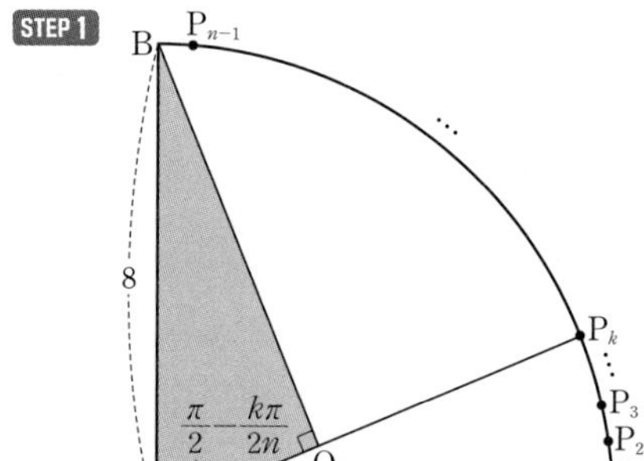

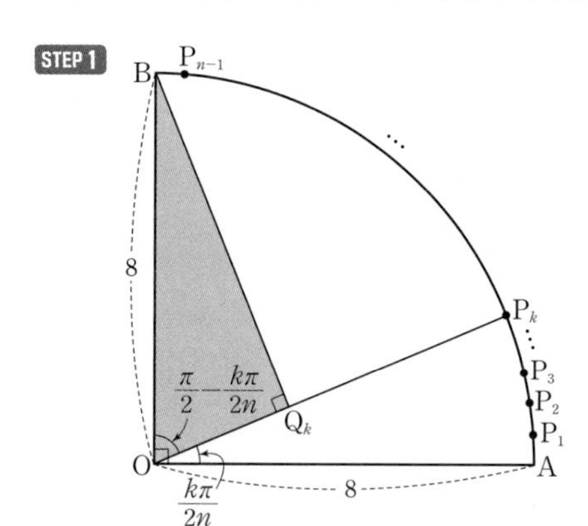

호 AB를 n등분한 각 분점이 점 A에서 가까운 것부터 차례로 P_1, P_2, $\cdots$, P_{n-1}이므로 $\angle AOP_k=\frac{k\pi}{2n}$

$\angle AOP_k+\angle BOQ_k=\frac{\pi}{2}$에서

$\angle BOQ_k=\frac{\pi}{2}-\frac{k\pi}{2n}$

삼각형 OQ_kB에서 $\overline{OB}=8$이고 $\frac{\overline{OQ_k}}{\overline{BO}}=\cos\left(\frac{\pi}{2}-\frac{k\pi}{2n}\right)$이므로

$\overline{OQ_k}=8\cos\left(\frac{\pi}{2}-\frac{k\pi}{2n}\right)=8\sin\frac{k\pi}{2n}$

이때 삼각형 OQ_kB의 넓이 S_k는

$$S_k=\frac{1}{2}\times 8\times 8\sin\frac{k\pi}{2n}\times\sin\left(\frac{\pi}{2}-\frac{k\pi}{2n}\right)$$

$\sin\left(\frac{\pi}{2}\pm x\right)=\cos x$, $\cos\left(\frac{\pi}{2}\pm x\right)=\mp\sin x$ (복부호 동순)

$$=32\sin\frac{k\pi}{2n}\times\cos\frac{k\pi}{2n}$$
$$=16\sin\frac{k\pi}{n}$$

STEP 2 $\lim_{n\to\infty}\frac{1}{n}\sum_{k=1}^{n-1}S_k=\lim_{n\to\infty}\frac{1}{n}\sum_{k=1}^{n-1}16\sin\frac{k\pi}{n}$

$$=\lim_{n\to\infty}\frac{1}{\pi}\sum_{k=1}^{n-1}16\sin\frac{k\pi}{n}\times\frac{\pi}{n}$$
$$=\frac{1}{\pi}\int_0^{\pi}16\sin x\,dx$$
$$=\frac{16}{\pi}\Big[-\cos x\Big]_0^{\pi}$$
$$=\frac{16}{\pi}\{1-(-1)\}=\frac{32}{\pi}$$

즉, $\frac{a}{\pi}=\frac{32}{\pi}$이므로

$a=32$

772 답 100

STEP 1

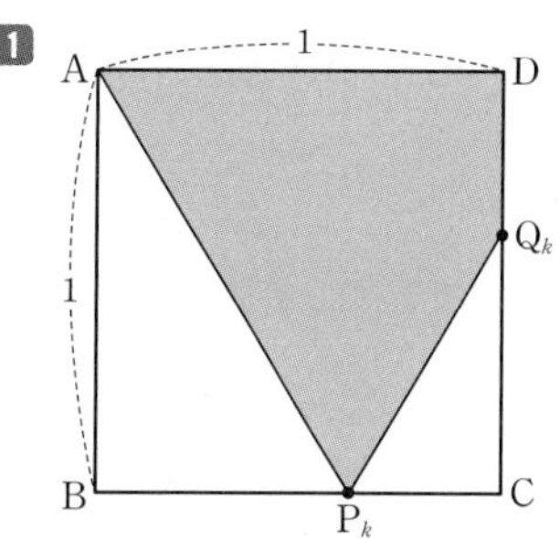

$S_k=\square ABCD-\triangle ABP_k-\triangle P_kCQ_k$

$$=1-\left(\frac{1}{2}\times\overline{AB}\times\overline{BP_k}+\frac{1}{2}\times\overline{CP_k}\times\overline{CQ_k}\right)$$
$$=1-\left\{\frac{1}{2}\times 1\times\frac{k}{n}+\frac{1}{2}\times\left(1-\frac{k}{n}\right)\times\frac{k}{n}\right\}$$
$$=1-\frac{1}{2}\left\{\frac{k}{n}+\frac{k}{n}-\left(\frac{k}{n}\right)^2\right\}$$
$$=1-\frac{k}{n}+\frac{1}{2}\left(\frac{k}{n}\right)^2$$

STEP 2 $\lim_{n\to\infty}\frac{1}{n}\sum_{k=1}^{n-1}S_k=\lim_{n\to\infty}\frac{1}{n}\sum_{k=1}^{n-1}\left\{1-\frac{k}{n}+\frac{1}{2}\left(\frac{k}{n}\right)^2\right\}$

$$=\lim_{n\to\infty}\sum_{k=1}^{n-1}\left\{1-\frac{k}{n}+\frac{1}{2}\left(\frac{k}{n}\right)^2\right\}\times\frac{1}{n}$$
$$=\int_0^1\left(1-x+\frac{1}{2}x^2\right)dx$$
$$=\left[x-\frac{1}{2}x^2+\frac{1}{6}x^3\right]_0^1$$
$$=1-\frac{1}{2}+\frac{1}{6}=\frac{2}{3}$$

즉, $\frac{2}{3}=\alpha$이므로

$150\alpha=150\times\frac{2}{3}=100$

773 답 ③

STEP 1 $x_k=1+\frac{k}{n}$이므로

$f(x_k)=e^{1+\frac{k}{n}}$

$\therefore A_k=\frac{1}{2}\times x_k\times f(x_k)$

$$=\frac{1}{2}\left(1+\frac{k}{n}\right)e^{1+\frac{k}{n}}$$

STEP 2 $\therefore \lim_{n\to\infty}\frac{1}{n}\sum_{k=1}^{n}A_k=\frac{1}{2}\lim_{n\to\infty}\frac{1}{n}\sum_{k=1}^{n}\left(1+\frac{k}{n}\right)e^{1+\frac{k}{n}}$

$$=\frac{1}{2}\lim_{n\to\infty}\sum_{k=1}^{n}\left(1+\frac{k}{n}\right)e^{1+\frac{k}{n}}\times\frac{1}{n}$$
$$=\frac{1}{2}\int_1^2 xe^x\,dx$$

$u(x)=x$, $v'(x)=e^x$으로 놓고 부분적분법을 이용한다.

$$=\frac{1}{2}\left(\Big[xe^x\Big]_1^2-\int_1^2 e^x\,dx\right)$$
$$=\frac{1}{2}\left\{(2e^2-e)-\Big[e^x\Big]_1^2\right\}$$
$$=\frac{1}{2}\{(2e^2-e)-(e^2-e)\}=\frac{1}{2}e^2$$

11

774 답 11

STEP 1 점 D_k의 좌표는 $D_k\left(0, \frac{k}{n}\right)$이므로 직선 AD_k의 방정식은

$y=\frac{k}{n}(x+1)$

직선 AD_k와 곡선 $y=-x^2+1$의 교점 P_k의 x좌표는

$\frac{k}{n}(x+1)=-x^2+1$

$x^2+\frac{k}{n}x+\frac{k}{n}-1=0$, $\left(x+\frac{k}{n}-1\right)(x+1)=0$

$\therefore x=1-\frac{k}{n}$ 또는 $x=-1$

이때 $x=-1$은 점 A의 x좌표이므로 점 P_k의 x좌표는 $1-\frac{k}{n}$이다.

$\therefore P_k\left(1-\frac{k}{n}, \frac{2k}{n}-\left(\frac{k}{n}\right)^2\right)$, $Q_k\left(1-\frac{k}{n}, 0\right)$

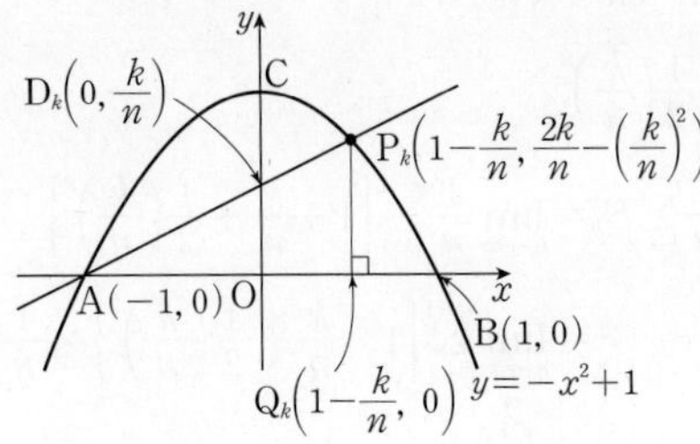

STEP 2 $\triangle AP_kQ_k$의 밑변의 길이는 $2-\frac{k}{n}$이고 높이는 $\frac{2k}{n}-\left(\frac{k}{n}\right)^2$이므로

$$S_k=\frac{1}{2}\left(2-\frac{k}{n}\right)\left\{\frac{2k}{n}-\left(\frac{k}{n}\right)^2\right\}$$

$$\begin{aligned}\therefore \lim_{n\to\infty}\frac{1}{n}\sum_{k=1}^{n}S_k&=\lim_{n\to\infty}\frac{1}{n}\sum_{k=1}^{n}\frac{1}{2}\left(2-\frac{k}{n}\right)\left\{\frac{2k}{n}-\left(\frac{k}{n}\right)^2\right\}\\&=\frac{1}{2}\lim_{n\to\infty}\sum_{k=1}^{n}\left(2-\frac{k}{n}\right)\left\{\frac{2k}{n}-\left(\frac{k}{n}\right)^2\right\}\times\frac{1}{n}\\&=\frac{1}{2}\int_0^1(2-x)(2x-x^2)\,dx\\&=\frac{1}{2}\int_0^1(x^3-4x^2+4x)\,dx\\&=\frac{1}{2}\left[\frac{1}{4}x^4-\frac{4}{3}x^3+2x^2\right]_0^1\\&=\frac{1}{2}\left(\frac{1}{4}-\frac{4}{3}+2\right)=\frac{11}{24}\end{aligned}$$

즉, $a=\frac{11}{24}$이므로

$24a=24\times\frac{11}{24}=11$

775 답 ②

해결 각 잡기

곡선과 x축으로 둘러싸인 부분의 넓이

함수 $y=f(x)$가 닫힌구간 $[a, b]$에서 연속일 때, 곡선 $y=f(x)$와 x축 및 두 직선 $x=a$, $x=b$로 둘러싸인 도형의 넓이 S는

$$S=\int_a^b|f(x)|\,dx$$

$$\begin{aligned}\int_{\ln\frac{1}{2}}^{\ln 2}e^{2x}\,dx&=\left[\frac{1}{2}e^{2x}\right]_{\ln\frac{1}{2}}^{\ln 2}=\frac{1}{2}\left(e^{2\ln 2}-e^{2\ln\frac{1}{2}}\right)\\&=\frac{1}{2}\left(e^{\ln 4}-e^{\ln\frac{1}{4}}\right)=\frac{1}{2}\left(4-\frac{1}{4}\right)=\frac{15}{8}\end{aligned}$$

776 답 ⑤

STEP 1 $\sqrt{x}-3=0$에서 $x=3^2=9$

즉, 곡선 $y=\sqrt{x}-3$과 x축은 점 $(9, 0)$에서 만난다.

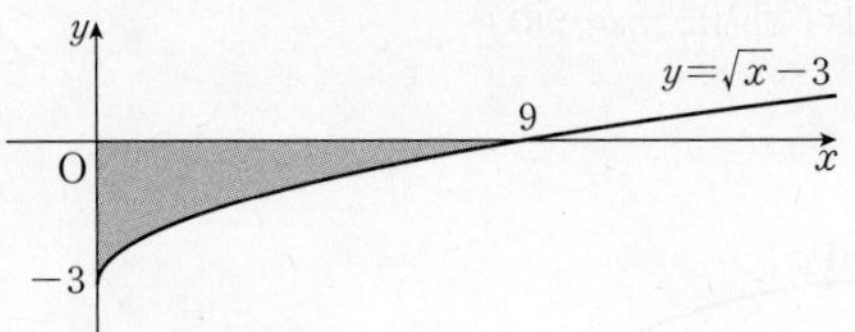

STEP 2 따라서 구하는 넓이는

$$\int_0^9(-\sqrt{x}+3)\,dx=\left[-\frac{2}{3}x^{\frac{3}{2}}+3x\right]_0^9=-18+27=9$$

777 답 ③

STEP 1 곡선 $y=\tan\frac{x}{2}$와 직선 $x=\frac{\pi}{2}$ 및 x축으로 둘러싸인 부분은 다음 그림의 색칠한 부분과 같다.

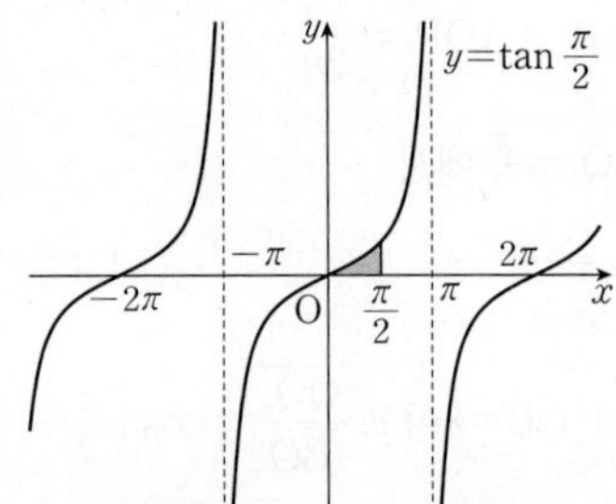

STEP 2 따라서 구하는 넓이는

$$\int_0^{\frac{\pi}{2}}\tan\frac{x}{2}\,dx=\int_0^{\frac{\pi}{2}}\frac{\sin\frac{x}{2}}{\cos\frac{x}{2}}\,dx$$

이때 $\cos\frac{x}{2}=t$로 놓으면 $-\frac{1}{2}\sin\frac{x}{2}=\frac{dt}{dx}$

$x=0$일 때 $t=1$, $x=\frac{\pi}{2}$일 때 $t=\frac{\sqrt{2}}{2}$이므로

$$\begin{aligned}\int_0^{\frac{\pi}{2}}\frac{\sin\frac{x}{2}}{\cos\frac{x}{2}}\,dx&=\int_1^{\frac{\sqrt{2}}{2}}\frac{-2}{t}\,dt\\&=-2\int_1^{\frac{\sqrt{2}}{2}}\frac{1}{t}\,dt\\&=-2\Big[\ln t\Big]_1^{\frac{\sqrt{2}}{2}}\\&=-2\left(\ln\frac{\sqrt{2}}{2}-\ln 1\right)\\&=-2\ln 2^{-\frac{1}{2}}\\&=-2\times\left(-\frac{1}{2}\ln 2\right)=\ln 2\end{aligned}$$

778 답 ③

STEP 1 곡선 $y=|\sin 2x|+1$과 x축 및 두 직선 $x=\frac{\pi}{4}$, $x=\frac{5}{4}\pi$로 둘러싸인 부분은 다음 그림의 색칠한 부분과 같다.

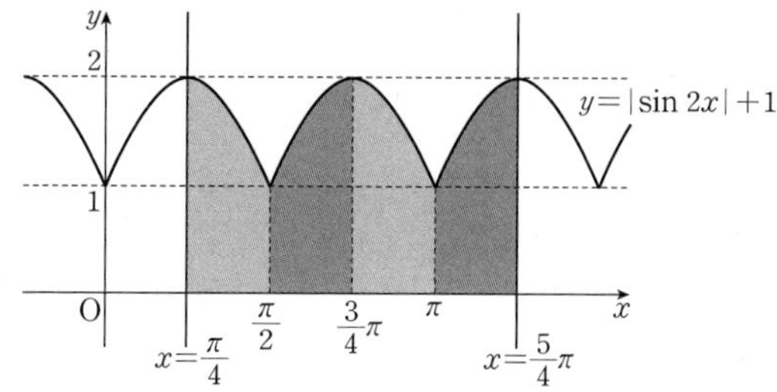

STEP 2 이때 곡선 $y=|\sin 2x|+1$과 x축 및 $x=\frac{\pi}{4}$, $x=\frac{5}{4}\pi$로 둘러싸인 부분의 네 부분의 넓이가 모두 같으므로 구하는 넓이는

$$4\int_{\frac{\pi}{4}}^{\frac{\pi}{2}}(|\sin 2x|+1)\,dx=4\int_{\frac{\pi}{4}}^{\frac{\pi}{2}}(\sin 2x+1)\,dx$$
$$=4\left[-\frac{1}{2}\cos 2x+x\right]_{\frac{\pi}{4}}^{\frac{\pi}{2}}$$
$$=4\left\{\left(-\frac{1}{2}\cos\pi+\frac{\pi}{2}\right)-\left(-\frac{1}{2}\cos\frac{\pi}{2}+\frac{\pi}{4}\right)\right\}$$
$$=4\left\{\left(\frac{1}{2}+\frac{\pi}{2}\right)-\frac{\pi}{4}\right\}$$
$$=4\left(\frac{1}{2}+\frac{\pi}{4}\right)=\pi+2$$

779 답 ②

해결 각 잡기

치환적분법을 이용하여 곡선과 x축 및 두 직선으로 둘러싸인 부분의 넓이를 구한다.

모든 실수 x에 대하여 $f(x)>0$이므로 $f(2x+1)>0$

$2x+1=t$로 놓으면 $2=\frac{dt}{dx}$

$x=1$일 때 $t=3$, $x=2$일 때 $t=5$이므로

$$\int_1^2 f(2x+1)\,dx=\int_3^5\frac{f(t)}{2}dt$$
$$=\frac{1}{2}\int_3^5 f(t)\,dt$$
$$=\frac{1}{2}\times 36=18$$

780 답 ①

STEP 1 $2x=t$로 놓으면 $2=\frac{dt}{dx}$

$x=0$일 때 $t=0$, $x=2$일 때 $t=4$이므로

$$\int_0^2 f(2x)\,dx=\int_0^4 f(t)\times\frac{1}{2}dt=\frac{1}{2}\int_0^4 f(t)\,dt \quad \cdots\cdots ㉠$$

STEP 2 $A=\int_0^3|f(x)|\,dx=\int_0^3 f(x)\,dx$,

$B=\int_3^4|f(x)|\,dx=-\int_3^4 f(x)\,dx$

이므로

$$\int_0^4 f(t)\,dt=\int_0^3 f(x)\,dx+\int_3^4 f(x)\,dx$$
$$=A-B$$
$$=6-2=4$$

STEP 3 $\therefore \int_0^2 f(2x)\,dx=\frac{1}{2}\int_0^4 f(t)\,dt$ ($\because$ ㉠)

$$=\frac{1}{2}\times 4=2$$

781 답 ②

STEP 1 $0\le x\le\frac{\pi}{2}$일 때 $\sin^2 x\ge 0$, $\cos x\ge 0$이므로

$\sin^2 x\cos x\ge 0$

따라서 구하는 넓이는 $\int_0^{\frac{\pi}{2}}\sin^2 x\cos x\,dx$이다.

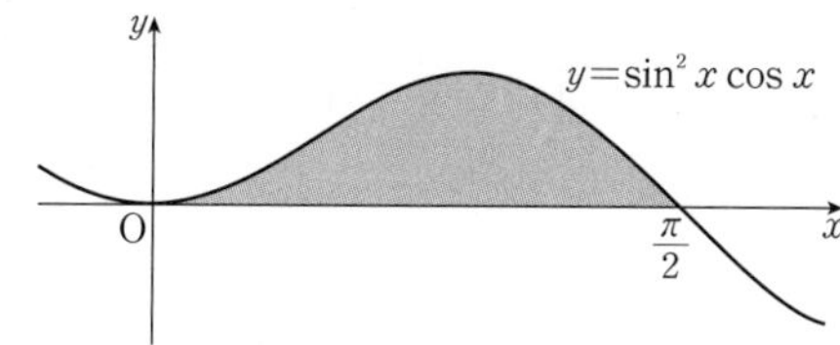

STEP 2 $\sin x=t$로 놓으면 $\cos x=\frac{dt}{dx}$

$x=0$일 때 $t=0$, $x=\frac{\pi}{2}$일 때 $t=1$이므로

$$\int_0^{\frac{\pi}{2}}\sin^2 x\cos x\,dx=\int_0^1 t^2\,dt$$
$$=\left[\frac{1}{3}t^3\right]_0^1$$
$$=\frac{1}{3}$$

782 답 ①

STEP 1 $x\ge 0$인 모든 실수 x에 대하여 $x\ln(x^2+1)\ge 0$이므로 구하는 넓이는

$$\int_0^1|x\ln(x^2+1)|\,dx=\int_0^1 x\ln(x^2+1)\,dx$$

STEP 2 $x^2+1=t$로 놓으면 $2x=\frac{dt}{dx}$

$x=0$일 때 $t=1$, $x=1$일 때 $t=2$이므로

$$\int_0^1 x\ln(x^2+1)\,dx=\int_1^2\frac{1}{2}\ln t\,dt$$

$u(t)=\ln t$, $v'(t)=\frac{1}{2}$로 놓고 부분적분법을 이용한다.

$$=\left[\frac{1}{2}t\ln t\right]_1^2-\int_1^2\frac{1}{2}dt$$
$$=\frac{1}{2}\times 2\ln 2-\left[\frac{1}{2}t\right]_1^2$$
$$=\ln 2-\frac{1}{2}$$

11

783 답 ④

STEP 1 곡선 $y=f(x)$와 x축의 교점의 x좌표를 구하면

$\frac{2x-2}{x^2-2x+2}=0$에서

$2x-2=0 \quad \therefore x=1$

STEP 2 $x<1$일 때, $f(x)<0$이므로 영역 A의 넓이는

$$\begin{aligned}\int_0^1 |f(x)|dx&=-\int_0^1 f(x)dx\\&=-\int_0^1 \frac{2x-2}{x^2-2x+2}dx\\&=-\Big[\ln|x^2-2x+2|\Big]_0^1\\&=\ln 2\end{aligned}$$

STEP 3 $x\geq1$일 때, $f(x)\geq0$이므로 영역 B의 넓이는

$$\begin{aligned}\int_1^3 |f(x)|dx&=\int_1^3 f(x)dx\\&=\int_1^3 \frac{2x-2}{x^2-2x+2}dx\\&=\Big[\ln|x^2-2x+2|\Big]_1^3\\&=\ln 5\end{aligned}$$

STEP 4 따라서 영역 A의 넓이와 영역 B의 넓이의 합은

$\ln 2+\ln 5=\ln(2\times5)=\ln 10$

784 답 100

해결 각 잡기

- $y=|\sin x|$는 주기가 π인 주기함수이므로 S_n은 공비가 $\frac{1}{2}$인 등비수열이다.
- $-1<r<1$이면 급수 $\sum_{n=1}^{\infty} ar^{n-1}$의 합이 $\frac{a}{1-r}$임을 이용한다.

STEP 1 $S_n=\int_{(n-1)\pi}^{n\pi}\left|\left(\frac{1}{2}\right)^n \sin x\right|dx=\left(\frac{1}{2}\right)^n\int_{(n-1)\pi}^{n\pi}|\sin x|\,dx$ #

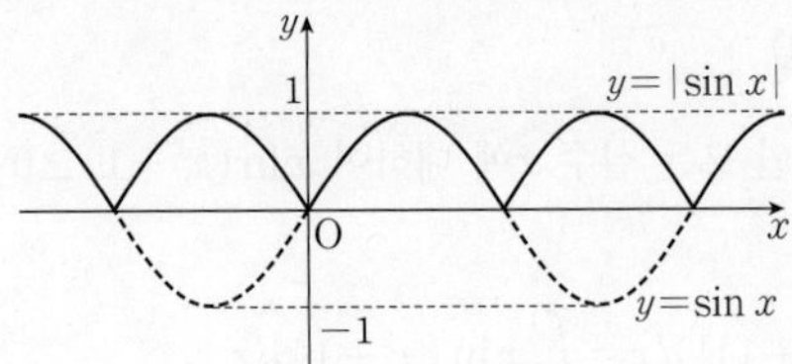

이때 $y=|\sin x|$는 주기가 π인 주기함수이므로 임의의 자연수 n에 대하여

$\int_{(n-1)\pi}^{n\pi}|\sin x|\,dx=\int_0^{\pi}\sin x\,dx=\Big[-\cos x\Big]_0^{\pi}=2$

$\therefore S_n=\left(\frac{1}{2}\right)^n\int_{(n-1)\pi}^{n\pi}|\sin x|\,dx=\left(\frac{1}{2}\right)^n\times2=\left(\frac{1}{2}\right)^{n-1}$

STEP 2 $\therefore \sum_{n=1}^{\infty}S_n=\sum_{n=1}^{\infty}\left(\frac{1}{2}\right)^{n-1}=\frac{1}{1-\frac{1}{2}}=2$

즉, $a=2$이므로

$50a=100$

다른 풀이 STEP 1

(i) n이 홀수일 때

구간 $[(n-1)\pi, n\pi]$에서 $y=\left(\frac{1}{2}\right)^n\sin x\geq0$이므로

$$\begin{aligned}S_n&=\int_{(n-1)\pi}^{n\pi}\left(\frac{1}{2}\right)^n\sin x\,dx=\left(\frac{1}{2}\right)^n\Big[-\cos x\Big]_{(n-1)\pi}^{n\pi}\\&=\left(\frac{1}{2}\right)^n\{1-(-1)\}=2\times\left(\frac{1}{2}\right)^n=\left(\frac{1}{2}\right)^{n-1}\end{aligned}$$

(ii) n이 짝수일 때

구간 $[(n-1)\pi, n\pi]$에서 $y=\left(\frac{1}{2}\right)^n\sin x\leq0$이므로

$$\begin{aligned}S_n&=-\int_{(n-1)\pi}^{n\pi}\left\{\left(\frac{1}{2}\right)^n\sin x\right\}dx=\left(\frac{1}{2}\right)^n\Big[\cos x\Big]_{(n-1)\pi}^{n\pi}\\&=\left(\frac{1}{2}\right)^n\{1-(-1)\}=2\times\left(\frac{1}{2}\right)^n=\left(\frac{1}{2}\right)^{n-1}\end{aligned}$$

(i), (ii)에 의하여

$S_n=\left(\frac{1}{2}\right)^{n-1}$

참고

$n=1$이면 구간 $[0, \pi]$에서 $y=\frac{1}{2}\sin x$이므로 곡선 $y=\frac{1}{2}\sin x$는 오른쪽 그림과 같이 $y\geq0$인 부분에 존재한다.

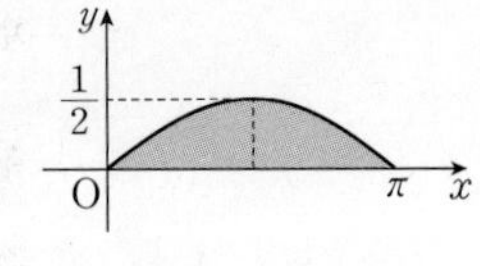

$n=2$이면 구간 $[\pi, 2\pi]$에서 $y=\left(\frac{1}{2}\right)^2\sin x$이므로 곡선 $y=\left(\frac{1}{2}\right)^2\sin x$는 다음 그림과 같이 $y\leq0$인 부분에 존재한다.

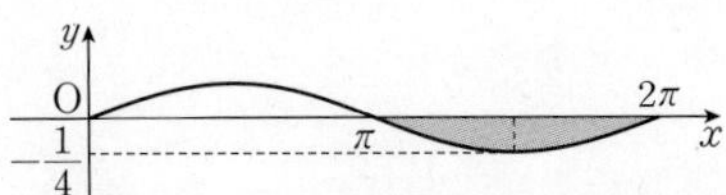

따라서 주어진 함수의 식에 절댓값을 취하여 넓이를 구한다.

785 답 ⑤

해결 각 잡기

두 곡선으로 둘러싸인 부분의 넓이

두 함수 $f(x)$, $g(x)$가 닫힌구간 $[a, b]$에서 연속일 때, 두 곡선 $y=f(x)$, $y=g(x)$ 및 두 직선 $x=a$, $x=b$로 둘러싸인 부분의 넓이는

$\int_a^b|f(x)-g(x)|\,dx$

STEP 1

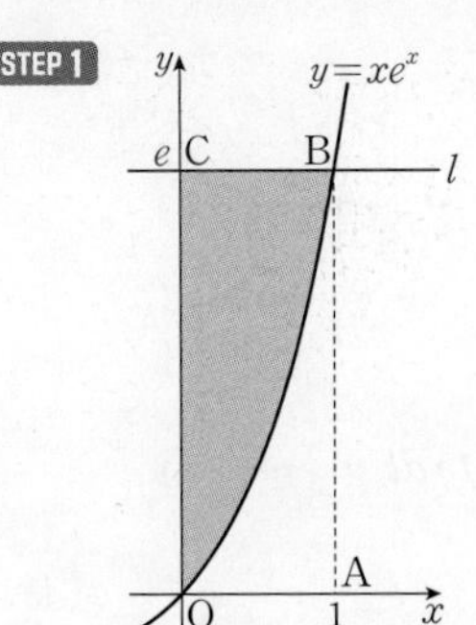

위의 그림과 같이 세 점 (1, 0), (1, e), (0, e)를 각각 A, B, C라 하면 구하는 넓이는 직사각형 OABC의 넓이에서 곡선 $y=xe^x$과 x축 및 직선 $x=1$로 둘러싸인 도형의 넓이를 뺀 것과 같다.

이때 직사각형 OABC의 넓이는

$1\times e=e$

STEP 2 곡선 $y=xe^x$과 x축 및 직선 $x=1$로 둘러싸인 도형의 넓이는

$\int_0^1 xe^x\,dx=\Big[xe^x\Big]_0^1-\int_0^1 e^x\,dx$ ← $u(x)=x,\ v'(x)=e^x$으로 놓고 부분적분법을 이용한다.

$=e-\Big[e^x\Big]_0^1$

$=e-(e-1)=1$

따라서 구하는 넓이는

$e-1$

786 답 ③

STEP 1 두 곡선 $y=e^x$, $y=xe^x$의 교점의 x좌표를 구하면

$e^x=xe^x$에서 $e^x(x-1)=0$

$\therefore x=1\ (\because e^x>0)$

STEP 2 두 곡선 $y=e^x$, $y=xe^x$과 y축으로 둘러싸인 부분 A의 넓이는

$a=\int_0^1 (e^x-xe^x)dx$

$=\int_0^1 (1-x)e^x\,dx$ ← $u(x)=1-x,\ v'(x)=e^x$으로 놓고 부분적분법을 이용한다.

$=\Big[(1-x)e^x\Big]_0^1+\int_0^1 e^x\,dx$

$=-1+\Big[e^x\Big]_0^1$

$=-1+(e-1)=e-2$

STEP 3 두 곡선 $y=e^x$, $y=xe^x$과 직선 $x=2$로 둘러싸인 부분 B의 넓이는

$b=\int_1^2 (xe^x-e^x)dx$

$=\int_1^2 (x-1)e^x\,dx$ ← $u(x)=x-1,\ v'(x)=e^x$으로 놓고 부분적분법을 이용한다.

$=\Big[(x-1)e^x\Big]_1^2-\int_1^2 e^x\,dx$

$=e^2-\Big[e^x\Big]_1^2$

$=e^2-(e^2-e)=e$

STEP 4 $\therefore b-a=e-(e-2)=2$

787 답 ②

해결 각 잡기

두 곡선의 위치 관계를 파악하여 두 곡선으로 둘러싸인 부분의 넓이를 구한다.

→ 구간 [0, 1]에서 $\sin\frac{\pi}{2}x>2^x-1$이므로

$\int_0^1\left\{\sin\frac{\pi}{2}x-(2^x-1)\right\}dx$의 값을 구하면 된다.

주어진 그래프에서 두 곡선 $y=2^x-1$, $y=\left|\sin\frac{\pi}{2}x\right|$의 교점은 (0, 0), (1, 1)이므로 구하는 넓이는

$\int_0^1\left\{\sin\frac{\pi}{2}x-(2^x-1)\right\}dx=\int_0^1\left(\sin\frac{\pi}{2}x-2^x+1\right)dx$

$=\left[-\frac{2}{\pi}\cos\frac{\pi}{2}x-\frac{2^x}{\ln 2}+x\right]_0^1$

$=\left(-\frac{2}{\ln 2}+1\right)-\left(-\frac{2}{\pi}-\frac{1}{\ln 2}\right)$

$=\frac{2}{\pi}-\frac{1}{\ln 2}+1$

788 답 ④

해결 각 잡기

- 두 곡선의 위치 관계를 파악하여 두 곡선으로 둘러싸인 부분의 넓이를 구한다.
  → 구간 [0, 1]에서 $2^x\ge\left(\frac{1}{2}\right)^x$이므로 $\int_0^1\left\{2^x-\left(\frac{1}{2}\right)^x\right\}dx$의 값을 구하면 된다.
- $(a^x)'=a^x\ln a$ → $\int a^x\,dx=\frac{a^x}{\ln a}+C$ (단, C는 적분상수)

구하는 넓이는

$\int_0^1\left\{2^x-\left(\frac{1}{2}\right)^x\right\}dx=\left[\frac{2^x}{\ln 2}-\frac{\left(\frac{1}{2}\right)^x}{\ln\frac{1}{2}}\right]_0^1$

$=\left(\frac{2}{\ln 2}-\frac{\frac{1}{2}}{\ln\frac{1}{2}}\right)-\left(\frac{1}{\ln 2}-\frac{1}{\ln\frac{1}{2}}\right)$

$=\frac{5}{2\ln 2}-\frac{2}{\ln 2}$

$=\frac{1}{2\ln 2}$

789 답 ⑤

해결 각 잡기

점 (1, 0)에서 곡선 $y=e^x$에 그은 접선 l의 방정식과 접점의 x좌표를 구한 후, 그래프를 이용하여 곡선과 y축 및 접선 l로 둘러싸인 부분의 넓이를 구한다.

STEP 1 $f(x)=e^x$이라 하면

$f'(x)=e^x$

이때 곡선 $y=e^x$과 접선 l이 만나는 접점의 x좌표를 t라 하면 곡선 위의 점 $(t,\ e^t)$에서의 접선의 기울기는 $f'(t)=e^t$이므로 접선 l의 방정식은

$y=e^t(x-t)+e^t$ ...... ㉠

한편, 접선 l이 점 (1, 0)을 지나므로

$e^t(1-t)+e^t=0$

$(2-t)e^t=0$

$\therefore t=2\ (\because e^t>0)$ — 곡선 $y=e^x$과 직선 l의 접점의 좌표가 $(2, e^2)$이다.

$t=2$를 ㉠에 대입하면 접선 l의 방정식은

$y=e^2(x-2)+e^2\qquad \therefore y=e^2x-e^2$

STEP 2 곡선 $y=e^x$과 y축 및 직선 l로 둘러싸인 부분은 다음 그림의 색칠한 부분과 같다.

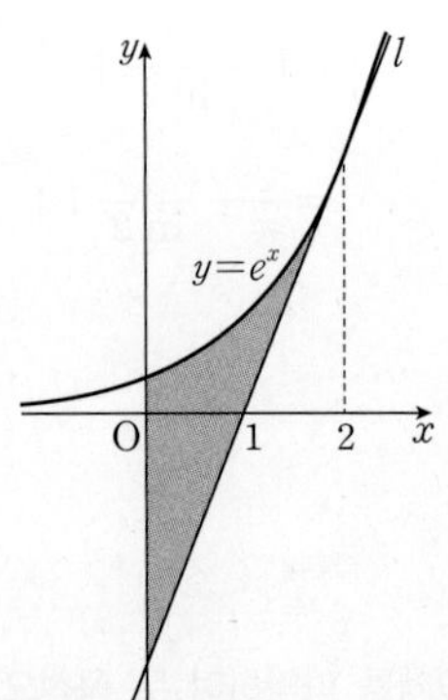

따라서 구하는 넓이는

$$\int_0^2 \{e^x-(e^2x-e^2)\}\,dx=\int_0^2 (e^x-e^2x+e^2)\,dx$$
$$=\left[e^x-\frac{e^2}{2}x^2+e^2x\right]_0^2$$
$$=e^2-1$$

790 답 50

해결 각 잡기

- 곡선 $y=k\ln x$와 직선 $y=x$의 접점의 좌표를 $\mathrm{P}(t, t)$로 놓고 미분을 이용하여 접점 P의 좌표와 k의 값을 구한 후, 주어진 구간 내에서 접선이 x축과 만드는 삼각형의 넓이에서 곡선과 x축이 만드는 넓이를 뺀다.
- 미분가능한 함수 $f(x)$에 대하여 곡선 $y=f(x)$ 위의 점 $(a, f(a))$에서의 접선의 방정식은

  $y=f'(a)(x-a)+f(a)$ — $f'(a)$: $x=a$에서의 접선의 기울기

STEP 1 $f(x)=k\ln x$라 하면

$f'(x)=\dfrac{k}{x}$

이때 곡선 $y=f(x)$와 직선 $y=x$의 접점을 $\mathrm{P}(t, t)$라 하면 곡선 $y=f(x)$가 점 P를 지나므로

$f(t)=k\ln t=t$ $\quad\cdots\cdots$ ㉠

또, 곡선 $y=f(x)$ 위의 점 P에서의 접선의 기울기는 직선 $y=x$의 기울기인 1과 같으므로

$f'(t)=\dfrac{k}{t}=1$

$\therefore t=k$ $\quad\cdots\cdots$ ㉡

㉡을 ㉠에 대입하면

$t\ln t=t,\ \ln t=1$

$\therefore t=e,\ k=e$

따라서 $f(x)=e\ln x$이고 접점 P의 좌표는 (e, e)이다.

STEP 2

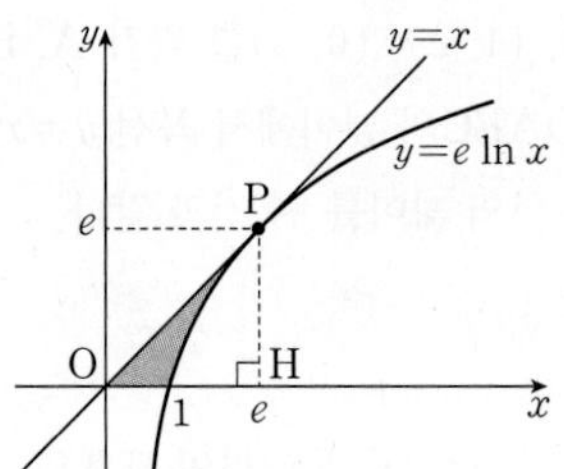

점 $\mathrm{P}(e, e)$에서 x축에 내린 수선의 발을 H라 하면 곡선 $y=e\ln x$와 직선 $y=x$ 및 x축으로 둘러싸인 부분은 위의 그림에서 색칠한 부분과 같다.

따라서 구하는 넓이는

$$\triangle\mathrm{OHP}-\int_1^e f(x)\,dx=\frac{1}{2}\times e\times e-\int_1^e e\ln x\,dx$$
$$=\frac{1}{2}e^2-e\int_1^e \ln x\,dx$$

($u(x)=\ln x$, $v'(x)=1$로 놓고 부분적분법을 이용한다.)

$$=\frac{1}{2}e^2-e\Big[x\ln x-x\Big]_1^e$$
$$=\frac{1}{2}e^2-e$$

이므로

$a=\dfrac{1}{2},\ b=1$

$\therefore 100ab=100\times\dfrac{1}{2}\times 1=50$

791 답 ①

해결 각 잡기

- 두 그래프의 교점의 x좌표를 구하고, 그래프의 개형과 정적분을 이용하여 구하는 영역의 넓이를 구한다.
- $f(-x)=-f(x)$를 만족시키는 함수 $y=f(x)$의 그래프는 원점에 대하여 대칭이다.

STEP 1 $\dfrac{xe^{x^2}}{e^{x^2}+1}=\dfrac{2}{3}x$에서

$xe^{x^2}=\dfrac{2}{3}xe^{x^2}+\dfrac{2}{3}x,\ \dfrac{1}{3}x\left(e^{x^2}-2\right)=0$

$\therefore x=0$ 또는 $e^{x^2}-2=0$

이때 $e^{x^2}=2$에서

$x^2=\ln 2\qquad \therefore x=\pm\sqrt{\ln 2}$

STEP 2

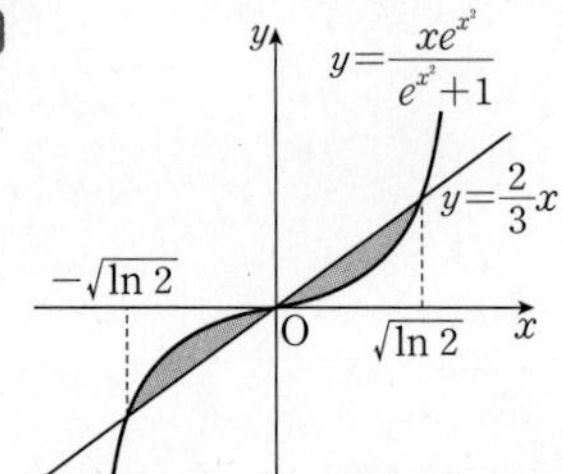

두 함수 $y=\dfrac{xe^{x^2}}{e^{x^2}+1}$, $y=\dfrac{2}{3}x$의 그래프는 각각 원점에 대하여 대칭이므로 구간 $[-\sqrt{\ln 2}, 0]$과 $[0, \sqrt{\ln 2}]$에서 곡선 $y=\dfrac{xe^{x^2}}{e^{x^2}+1}$과 직선 $y=\dfrac{2}{3}x$로 둘러싸인 부분의 넓이는 서로 같다.

이때 구간 $[0, \sqrt{\ln 2}]$에서 $\frac{xe^{x^2}}{e^{x^2}+1} \le \frac{2}{3}x$이므로 구하는 넓이는

$$2\int_0^{\sqrt{\ln 2}}\left(\frac{2}{3}x-\frac{xe^{x^2}}{e^{x^2}+1}\right)dx=\int_0^{\sqrt{\ln 2}}\frac{4}{3}x\,dx-\int_0^{\sqrt{\ln 2}}\frac{2xe^{x^2}}{e^{x^2}+1}dx$$
$$=\left[\frac{2}{3}x^2\right]_0^{\sqrt{\ln 2}}-\left[\ln(e^{x^2}+1)\right]_0^{\sqrt{\ln 2}}$$
$$=\frac{2}{3}\ln 2-(\ln 3-\ln 2)$$
$$=\frac{5}{3}\ln 2-\ln 3$$

 # 참고

$f(x)=\frac{xe^{x^2}}{e^{x^2}+1}$이라 하면

$$f(-x)=\frac{(-x)e^{(-x)^2}}{e^{(-x)^2}+1}=\frac{-xe^{x^2}}{e^{x^2}+1}=-f(x)$$

이므로 함수 $y=\frac{xe^{x^2}}{e^{x^2}+1}$의 그래프는 원점에 대하여 대칭이다.

또, $g(x)=\frac{2}{3}x$라 하면

$$g(-x)=-\frac{2}{3}x=-g(x)$$

이므로 함수 $y=\frac{2}{3}x$의 그래프는 원점에 대하여 대칭이다.

792 답 54

해결 각 잡기

- 조건 (가)에서 $f(-x)=f(x)$를 만족시키므로 함수 $y=f(x)$의 그래프는 y축에 대하여 대칭이다.
- 조건 (나)를 이용하여 두 곡선 $y=f(x)$와 $y=g(x)$로 둘러싸인 부분의 넓이를 구한다.
- **정적분과 급수 사이의 관계**

  $\lim_{n\to\infty}\sum_{k=1}^{n}f\left(a+\frac{p}{n}k\right)\times\frac{p}{n}$의 값을 구할 때에는 괄호 안의 k의 계수인 $\frac{p}{n}$가 괄호 밖에 곱해져 있도록 식을 변형한 후 다음을 이용한다.

  (1) $\lim_{n\to\infty}\sum_{k=1}^{n}f\left(\frac{p}{n}k\right)\times\frac{p}{n}=\int_0^p f(x)\,dx$

  (2) $\lim_{n\to\infty}\sum_{k=1}^{n}f\left(a+\frac{p}{n}k\right)\times\frac{p}{n}=\int_a^{a+p}f(x)\,dx=\int_0^p f(a+x)\,dx$

STEP 1 $f(1)=1$이고 $g(1)=1^2=1$이므로

$f(1)=g(1)=1$

조건 (가)에 의하여 $f(-1)=f(1)=1$이고 $g(-1)=(-1)^2=1$이므로

$f(-1)=g(-1)=1$

따라서 두 함수 $y=f(x)$, $y=g(x)$의 그래프의 두 교점의 x좌표는 -1, 1이다.

두 그래프가 접하거나(교점 1개) 만나지 않는다면(교점 0개) 둘러싸인 부분이 없다.

STEP 2 조건 (나)에서

$$\lim_{n\to\infty}\frac{1}{n}\sum_{k=1}^{n}\left\{f\left(\frac{k}{n}\right)-g\left(\frac{k}{n}\right)\right\}=\int_0^1\{f(x)-g(x)\}\,dx$$
$$=27 \quad \cdots\cdots ㉠$$

이므로 $0\le x\le 1$에서 $f(x)\ge g(x)$이다. ㉠의 값이 양수이기 때문이다.

두 함수 $y=f(x)$, $y=g(x)$의 그래프가 y축에 대하여 대칭이므로 함수 $y=f(x)-g(x)$의 그래프도 y축에 대하여 대칭이다. #

STEP 3 따라서 구하는 넓이는

$$\int_{-1}^{1}\{f(x)-g(x)\}\,dx=2\int_0^1\{f(x)-g(x)\}\,dx$$
$$=2\times 27$$
$$=54\ (\because ㉠)$$

다른 풀이 **STEP 2 + STEP 3**

조건 (가)에서 이차함수 $f(x)$의 그래프가 y축에 대하여 대칭이므로 $f(x)=ax^2+b$ (단, $a\neq 0$, b는 상수)라 하자.

조건 (나)에서

$$\lim_{n\to\infty}\frac{1}{n}\sum_{k=1}^{n}\left\{f\left(\frac{k}{n}\right)-g\left(\frac{k}{n}\right)\right\}=\int_0^1\{f(x)-g(x)\}\,dx=27$$

이므로

$$\int_0^1\{f(x)-g(x)\}dx=\int_0^1\{(ax^2+b)-x^2\}\,dx$$
$$=\int_0^1(ax^2+b-x^2)\,dx$$
$$=\left[\frac{1}{3}ax^3+bx-\frac{1}{3}x^3\right]_0^1$$
$$=27$$

$\frac{1}{3}a+b-\frac{1}{3}=27$

$\therefore \frac{1}{3}a+b=\frac{82}{3}$ $\cdots\cdots$ ㉡

또, $f(-1)=f(1)=1$이므로

$a+b=1$ $\cdots\cdots$ ㉢

㉡, ㉢을 연립하여 풀면

$a=-\frac{79}{2}$, $b=\frac{81}{2}$

$\therefore f(x)=-\frac{79}{2}x^2+\frac{81}{2}$

따라서 두 함수 $y=f(x)$, $y=g(x)$의 그래프는 오른쪽 그림과 같이 y축에 대하여 대칭이므로 구하는 넓이는

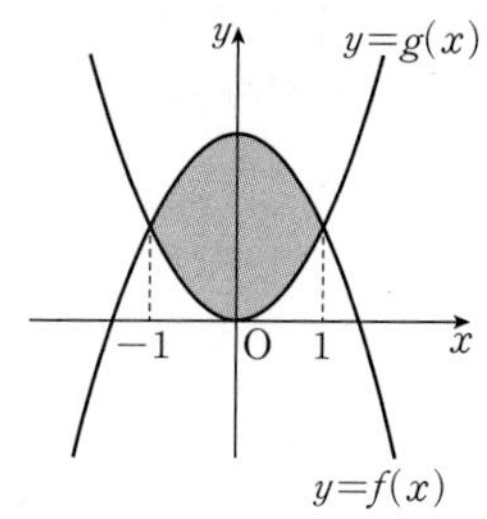

$$\int_{-1}^{1}\{f(x)-g(x)\}\,dx$$
$$=2\int_0^1\left(-\frac{79}{2}x^2+\frac{81}{2}-x^2\right)dx$$
$$=2\int_0^1\left(-\frac{81}{2}x^2+\frac{81}{2}\right)dx$$
$$=2\times\frac{81}{2}\times\left[-\frac{1}{3}x^3+x\right]_0^1$$
$$=81\times\frac{2}{3}=54$$

 # 참고

$h(x)=f(x)-g(x)$라 하면

$$h(-x)=f(-x)-g(-x)$$
$$=f(x)-g(x)=h(x)$$

→ 두 함수 $y=f(x)$, $y=g(x)$의 그래프가 y축에 대하여 대칭이면 함수 $y=f(x)-g(x)$의 그래프도 y축에 대하여 대칭이다.

793 답 ③

해결 각 잡기

도형의 넓이의 이등분

오른쪽 그림과 같이 곡선 $y=f(x)$와 x축으로 둘러싸인 도형의 넓이 S가 곡선 $y=g(x)$에 의하여 이등분되면

$$\int_0^a \{f(x)-g(x)\}\,dx=\frac{1}{2}S$$

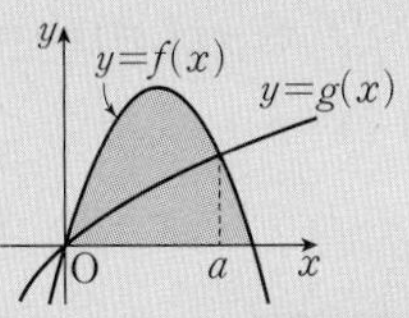

STEP 1 함수 $y=\cos 2x$의 그래프와 x축, y축 및 직선 $x=\frac{\pi}{12}$로 둘러싸인 영역의 넓이를 S라 하면

$$S=\int_0^{\frac{\pi}{12}}\cos 2x\,dx=\left[\frac{1}{2}\sin 2x\right]_0^{\frac{\pi}{12}}$$

$$=\frac{1}{2}\sin\frac{\pi}{6}=\frac{1}{2}\times\frac{1}{2}=\frac{1}{4}$$

STEP 2 이때 오른쪽 그림과 같이 직선 $y=a$가 넓이 S를 이등분하므로

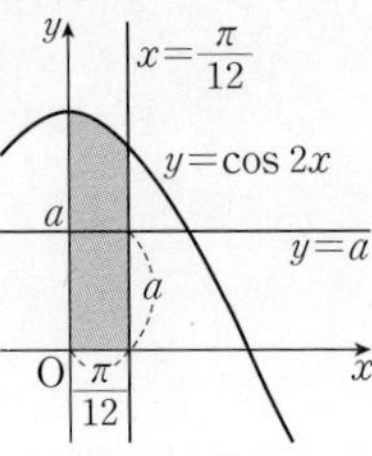

$$\frac{\pi}{12}\times a=\frac{1}{2}\times\frac{1}{4}$$

$$\frac{\pi}{12}a=\frac{1}{8}$$

$$\therefore a=\frac{3}{2\pi}$$

794 답 ③

STEP 1 함수 $y=e^x$의 그래프와 x축, y축 및 직선 $x=1$로 둘러싸인 영역의 넓이를 S라 하면

$$S=\int_0^1 e^x\,dx=\left[e^x\right]_0^1=e-1$$

STEP 2 이때 오른쪽 그림과 같이 직선 $y=ax$가 넓이 S를 이등분하므로

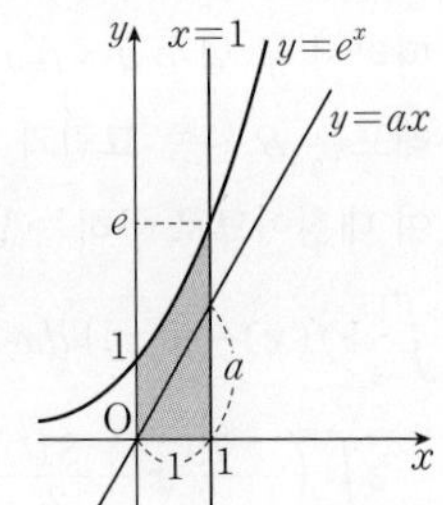

$$\frac{1}{2}\times 1\times a=\frac{1}{2}(e-1)$$

$$\frac{1}{2}a=\frac{1}{2}(e-1)$$

$$\therefore a=e-1$$

795 답 ①

해결 각 잡기

두 도형의 넓이가 같을 조건

그림과 같이 두 곡선 $y=f(x)$, $y=g(x)$로 둘러싸인 두 도형의 넓이를 각각 S_1, S_2라 할 때, $S_1=S_2$이면

$$\int_a^b \{f(x)-g(x)\}\,dx=0$$

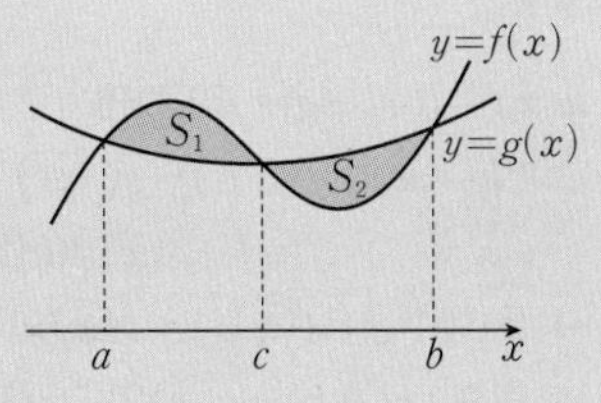

A의 넓이와 B의 넓이가 같으므로

$$\int_0^1 \{(-2x+a)-e^{2x}\}\,dx=0$$

$$\left[-x^2+ax-\frac{e^{2x}}{2}\right]_0^1=0$$

$$\left(-1+a-\frac{e^2}{2}\right)-\left(-\frac{1}{2}\right)=0$$

$$\therefore a=\frac{e^2+1}{2}$$

796 답 ①

해결 각 잡기

✓ 치환적분법을 이용한 정적분

함수 $f(x)$가 닫힌구간 $[a, b]$에서 연속이고 미분가능한 함수 $x=g(t)$에 대하여 $a=g(\alpha)$, $b=g(\beta)$일 때 도함수 $g'(t)$가 α, β를 포함하는 구간에서 연속이면

$$\int_a^b f(x)\,dx=\int_\alpha^\beta f(g(t))g'(t)\,dt$$

✓ 부분적분법을 이용한 정적분

닫힌구간 $[a, b]$에서 두 함수 $u(x)$, $v(x)$가 미분가능하고 $u'(x)$, $v'(x)$가 연속일 때

$$\int_a^b u(x)v'(x)\,dx=\left[u(x)v(x)\right]_a^b-\int_a^b u'(x)v(x)\,dx$$

곡선 $y=\ln(x+1)$과 두 직선 $x=0$, $y=a$로 둘러싸인 부분의 넓이를 A, 곡선 $y=\ln(x+1)$과 두 직선 $x=e-1$, $y=a$로 둘러싸인 부분의 넓이를 B라 하면 $A=B$이므로

$$\int_0^{e-1}\{\ln(x+1)-a\}\,dx=0$$

$$\int_0^{e-1}\ln(x+1)\,dx-\int_0^{e-1}a\,dx=0$$

이때 $x+1=t$로 놓으면 $1=\frac{dt}{dx}$

$x=0$일 때 $t=1$, $x=e-1$일 때 $t=e$이므로

$$\underline{\int_1^e \ln t\,dt}_{\#}-\int_0^{e-1}a\,dx=0$$

$$\left[t\ln t-t\right]_1^e-\left[ax\right]_0^{e-1}=0$$

$1-a(e-1)=0$, $a(e-1)=1$

$$\therefore a=\frac{1}{e-1}$$

 # 참고

부분적분법

$\int_1^e \ln t\,dt$에서 $u(t)=\ln t$, $v'(t)=1$이라 하면

$$\int_1^e \ln t\,dt=\left[t\ln t\right]_1^e-\int_1^e t\times\frac{1}{t}\,dt$$

$$=\left[t\ln t\right]_1^e-\left[t\right]_1^e$$

$$=\left[t\ln t-t\right]_1^e$$

797 답 ②

해결 각 잡기

- 곡선과 직선으로 둘러싸인 부분의 넓이를 정적분을 이용하여 나타내고, 두 부분의 넓이가 같음을 이용하여 $\cos a$의 값을 구한다.
- 미분가능한 함수 $f(x)$에 대하여 곡선 $y=f(x)$ 위의 점 $(a, f(a))$에서의 접선의 방정식은
  $y=f'(a)(x-a)+f(a)$ ($f'(a)$: $x=a$에서의 접선의 기울기)

STEP 1 $f(x)=\sin x$에서 $f'(x)=\cos x$
함수 $y=f(x)$의 그래프 위의 점 P에서의 접선 l의 기울기는 $f'(a)=\cos a$이므로 접선의 방정식은
$y=\cos a(x-a)+\sin a$

STEP 2

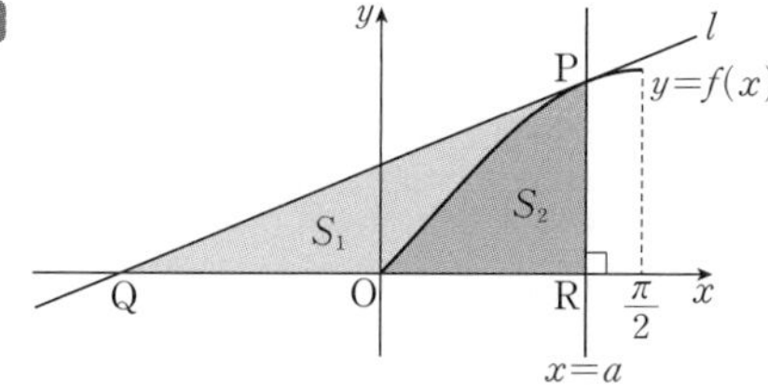

직선 l과 x축의 교점을 Q라 하고, 점 Q의 x좌표를 구하면
$\cos a(x-a)+\sin a=0$에서

$x\cos a=a\cos a-\sin a \qquad \therefore x=a-\dfrac{\sin a}{\cos a}$

$\therefore \mathrm{Q}\left(a-\dfrac{\sin a}{\cos a}, 0\right)$

또, 점 P에서 x축에 내린 수선의 발을 R라 하면 R$(a, 0)$

STEP 3 이때 곡선 $y=\sin x$와 x축 및 직선 l로 둘러싸인 부분의 넓이를 S_1이라 하면

$$S_1=\triangle\mathrm{PQR}-\int_0^a \sin x\,dx$$
$$=\frac{1}{2}\times\frac{\sin a}{\cos a}\times\sin a-\int_0^a \sin x\,dx$$
($\dfrac{\sin a}{\cos a}=\overline{\mathrm{QR}}=a-\left(a-\dfrac{\sin a}{\cos a}\right)$, $\sin a=\overline{\mathrm{PR}}$)
$$=\frac{\sin^2 a}{2\cos a}-\Big[-\cos x\Big]_0^a$$
$$=\frac{\sin^2 a}{2\cos a}-(-\cos a+1)$$
$$=\frac{\sin^2 a}{2\cos a}+\cos a-1$$

또, 곡선 $y=\sin x$와 x축 및 직선 $x=a$로 둘러싸인 부분의 넓이를 S_2라 하면

$$S_2=\int_0^a \sin x\,dx=\Big[-\cos x\Big]_0^a=-\cos a+1$$

STEP 4 이때 $S_1=S_2$이므로

$$\frac{\sin^2 a}{2\cos a}+\cos a-1=-\cos a+1$$
$$\frac{1-\cos^2 a}{2\cos a}+\cos a-1=-\cos a+1$$
$$3\cos^2 a-4\cos a+1=0$$
$$(3\cos a-1)(\cos a-1)=0$$
$$\therefore \cos a=\frac{1}{3}\left(\because 0<a<\frac{\pi}{2}\right)$$

798 답 ②

해결 각 잡기

양수 a에 대하여 곡선 $y=\dfrac{1}{x}$과 두 직선 $x=1$, $x=a$ 및 x축으로 둘러싸인 부분의 넓이는 $0<a<1$일 때와 $a>1$일 때로 나누어 생각한다.

(i) 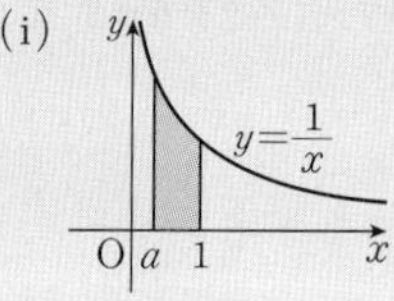

(ii) 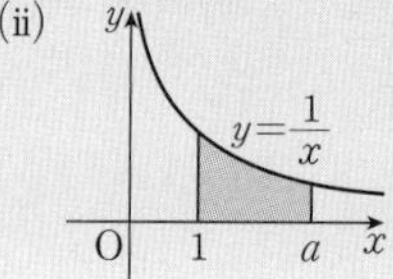

STEP 1 곡선 $y=\dfrac{1}{x}$과 두 직선 $x=1$, $x=2$ 및 x축으로 둘러싸인 부분의 넓이 S는

$$S=\int_1^2 \frac{1}{x}dx=\Big[\ln x\Big]_1^2=\ln 2$$

STEP 2 곡선 $y=\dfrac{1}{x}$과 두 직선 $x=1$, $x=a$ 및 x축으로 둘러싸인 부분의 넓이는 $2S=2\ln 2$이므로

(i) $0<a<1$일 때

$$\int_a^1 \frac{1}{x}dx=\Big[\ln x\Big]_a^1=-\ln a$$
즉, $-\ln a=2\ln 2$이므로
$$\ln a=-2\ln 2=\ln\frac{1}{4}$$
$$\therefore a=\frac{1}{4}$$

(ii) $a>1$일 때

$$\int_1^a \frac{1}{x}dx=\Big[\ln x\Big]_1^a=\ln a$$
즉, $\ln a=2\ln 2$이므로
$$\ln a=\ln 4$$
$$\therefore a=4$$

(i), (ii)에 의하여 구하는 모든 양수 a의 값의 합은

$$\frac{1}{4}+4=\frac{17}{4}$$

799 답 7

해결 각 잡기

- **두 도형의 넓이가 같을 조건**
  곡선 $y=f(x)$와 x축으로 둘러싸인 두 도형의 넓이를 각각 S_1, S_2라 하면 $S_1=S_2$일 때,
  $$\int_\alpha^\gamma f(x)\,dx=0$$

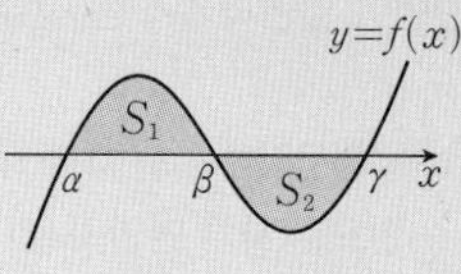

- **부분적분법을 이용한 정적분**
  닫힌구간 $[a, b]$에서 두 함수 $u(x)$, $v(x)$가 미분가능하고 $u'(x)$, $v'(x)$가 연속일 때
  $$\int_a^b u(x)v'(x)\,dx=\Big[u(x)v(x)\Big]_a^b-\int_a^b u'(x)v(x)\,dx$$

$A=B$이므로 $\int_0^2 f(x)\,dx=0$

$\int_0^2 (2x+3)f'(x)\,dx$에서 ― $u(x)=2x+3$, $v'(x)=f'(x)$로 놓고 부분적분법을 이용한다.

$$\int_0^2 (2x+3)f'(x)\,dx=\Big[(2x+3)f(x)\Big]_0^2-2\int_0^2 f(x)\,dx$$
$$=7f(2)-3f(0)-0=7\times1-3\times0=7$$

800 답 ③

STEP 1 영역 A의 넓이를 S_1이라 하면

$$S_1=\int_0^k x\sin x\,dx$$

영역 B의 넓이를 S_2라 하면

$$S_2=\int_k^{\frac{\pi}{2}}\left(\frac{\pi}{2}-x\sin x\right)dx$$

이때 두 영역 A와 B의 넓이가 같으므로 $S_1=S_2$에서

$$\int_0^k x\sin x\,dx=\int_k^{\frac{\pi}{2}}\left(\frac{\pi}{2}-x\sin x\right)dx$$
$$=\int_k^{\frac{\pi}{2}}\frac{\pi}{2}dx-\int_k^{\frac{\pi}{2}}x\sin x\,dx$$

$$\int_0^k x\sin x\,dx+\int_k^{\frac{\pi}{2}}x\sin x\,dx=\int_k^{\frac{\pi}{2}}\frac{\pi}{2}dx$$

$$\int_0^{\frac{\pi}{2}}x\sin x\,dx=\int_k^{\frac{\pi}{2}}\frac{\pi}{2}dx \quad \cdots\cdots ㉠$$

STEP 2 $\int_0^{\frac{\pi}{2}}x\sin x\,dx=\Big[-x\cos x\Big]_0^{\frac{\pi}{2}}-\int_0^{\frac{\pi}{2}}(-\cos x)\,dx$

$u(x)=x$, $v'(x)=\sin x$로 놓고 부분적분법을 이용한다.

$$=0+\int_0^{\frac{\pi}{2}}\cos x\,dx$$
$$=\Big[\sin x\Big]_0^{\frac{\pi}{2}}$$
$$=1$$

또, $\int_k^{\frac{\pi}{2}}\frac{\pi}{2}dx=\Big[\frac{\pi}{2}x\Big]_k^{\frac{\pi}{2}}=\frac{\pi^2}{4}-\frac{\pi}{2}k$이므로 ㉠에서

$\frac{\pi^2}{4}-\frac{\pi}{2}k=1$, $\frac{\pi}{2}k=\frac{\pi^2}{4}-1$

$k=\left(\frac{\pi^2}{4}-1\right)\times\frac{2}{\pi}=\frac{\pi}{2}-\frac{2}{\pi}$

801 답 ④

해결 각 잡기

입체도형의 부피

단면이 밑면과 수직인 경우의 입체도형의 부피는 다음과 같이 구한다.

(i) 닫힌구간 $[a, b]$에서 x좌표가 t인 점을 지나고 x축에 수직인 평면으로 자른 단면의 넓이 $S(t)$를 구한다.

(ii) 입체도형의 부피 V를 구한다.

→ $V=\int_a^b S(t)\,dt$

STEP 1 직선 $x=t$ $(0\le t\le1)$를 포함하고 x축에 수직인 평면으로 자른 단면은 한 변의 길이가 $\sqrt{t}+1$인 정사각형이므로 단면의 넓이를 $S(t)$라 하면

$$S(t)=(\sqrt{t}+1)^2=t+2\sqrt{t}+1$$

STEP 2 따라서 구하는 부피는

$$\int_0^1 S(t)\,dt=\int_0^1(t+2\sqrt{t}+1)\,dt$$
$$=\left[\frac{1}{2}t^2+\frac{4}{3}t\sqrt{t}+t\right]_0^1$$
$$=\frac{1}{2}+\frac{4}{3}+1=\frac{17}{6}$$

802 답 340

STEP 1 직선 $x=t$ $(0\le t\le2)$를 포함하고 x축에 수직인 평면으로 자른 단면은 한 변의 길이가

$(2\sqrt{2t}+1)-\sqrt{2t}=\sqrt{2t}+1$

인 정사각형이므로 단면의 넓이를 $S(t)$라 하면

$$S(t)=(\sqrt{2t}+1)^2=2t+2\sqrt{2t}+1$$

STEP 2 따라서 구하는 부피 V는

$$V=\int_0^2 S(t)\,dt$$
$$=\int_0^2(2t+2\sqrt{2t}+1)\,dt$$
$$=\left[t^2+\frac{4\sqrt{2}}{3}t\sqrt{t}+t\right]_0^2$$
$$=\left(4+\frac{16}{3}+2\right)-0=\frac{34}{3}$$

$\therefore 30V=30\times\frac{34}{3}=340$

803 답 ③

STEP 1 직선 $x=t$ $(1\le t\le4)$를 포함하고 x축에 수직인 평면으로 자른 단면은 한 변의 길이가 $\frac{2}{\sqrt{t}}$인 정사각형이므로 단면의 넓이를 $S(t)$라 하면

$$S(t)=\left(\frac{2}{\sqrt{t}}\right)^2=\frac{4}{t}$$

STEP 2 따라서 구하는 부피는

$$\int_1^4 S(t)\,dt=\int_1^4\frac{4}{t}dt=\Big[4\ln t\Big]_1^4=8\ln2$$

804 답 ①

해결 각 잡기

정삼각형의 넓이

한 변의 길이가 a인 정삼각형의 넓이 S는

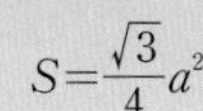

$$S=\frac{\sqrt{3}}{4}a^2$$

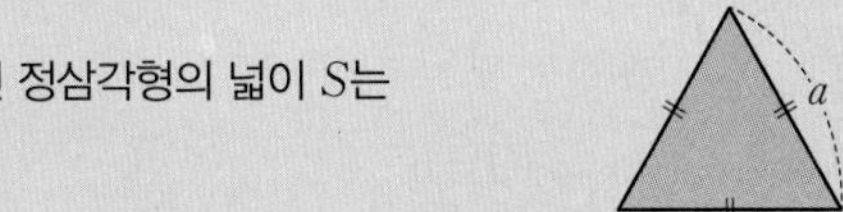

STEP 1 직선 $x=t$ $(1\le t\le2)$를 포함하고 x축에 수직인 평면으로

자른 단면은 한 변의 길이가 $3t+\frac{2}{t}$인 정삼각형이므로 단면의 넓이를 $S(t)$라 하면

$$S(t)=\frac{\sqrt{3}}{4}\left(3t+\frac{2}{t}\right)^2=\frac{\sqrt{3}}{4}\left(9t^2+12+\frac{4}{t^2}\right)$$

STEP 2 따라서 구하는 부피는

$$\int_1^2 S(t)\,dt=\int_1^2 \frac{\sqrt{3}}{4}\left(9t^2+12+\frac{4}{t^2}\right)dt$$
$$=\frac{\sqrt{3}}{4}\left[3t^3+12t-\frac{4}{t}\right]_1^2$$
$$=\frac{\sqrt{3}}{4}(46-11)$$
$$=\frac{35\sqrt{3}}{4}$$

805 답 ②

STEP 1 직선 $x=t$ $(0\le t\le k)$를 포함하고 x축에 수직인 평면으로 자른 단면은 한 변의 길이가 $\sqrt{\frac{e^t}{e^t+1}}$인 정사각형이므로 단면의 넓이를 $S(t)$라 하면

$$S(t)=\left(\sqrt{\frac{e^t}{e^t+1}}\right)^2=\frac{e^t}{e^t+1}$$

STEP 2 따라서 입체도형의 부피는

$$\int_0^k S(t)dt=\int_0^k \frac{e^t}{e^t+1}dt$$

이때 $e^t+1=u$로 놓으면 $e^t=\frac{du}{dt}$

$t=0$일 때 $u=2$, $t=k$일 때 $u=e^k+1$이므로

$$\int_0^k \frac{e^t}{e^t+1}dt=\int_2^{e^k+1}\frac{1}{u}du$$
$$=\Big[\ln|u|\Big]_2^{e^k+1}$$
$$=\ln(e^k+1)-\ln 2$$
$$=\ln\frac{e^k+1}{2}$$

즉, $\ln\frac{e^k+1}{2}=\ln 7$이므로

$\frac{e^k+1}{2}=7$, $e^k=13$

$\therefore k=\ln 13$

806 답 ③

STEP 1 직선 $x=t$ $(1\le t\le 2)$를 포함하고 x축에 수직인 평면으로 자른 단면은 한 변의 길이가 $\sqrt{\frac{kt}{2t^2+1}}$인 정사각형이므로 단면의 넓이를 $S(t)$라 하면

$$S(t)=\left(\sqrt{\frac{kt}{2t^2+1}}\right)^2=\frac{kt}{2t^2+1}$$

STEP 2 따라서 입체도형의 부피는

$$\int_1^2 S(t)\,dt=\int_1^2 \frac{kt}{2t^2+1}dt$$

이때 $2t^2+1=u$로 놓으면 $4t=\frac{du}{dt}$

$t=1$일 때 $u=3$, $t=2$일 때 $u=9$이므로

$$\int_1^2 \frac{kt}{2t^2+1}dt=\int_3^9 \frac{k}{4u}du$$
$$=\frac{k}{4}\int_3^9 \frac{1}{u}du$$
$$=\frac{k}{4}\Big[\ln|u|\Big]_3^9$$
$$=\frac{k}{4}(\ln 9-\ln 3)$$
$$=\frac{k}{4}\ln 3$$

즉, $\frac{k}{4}\ln 3=2\ln 3$이므로 $\frac{k}{4}=2$

$\therefore k=8$

807 답 7

STEP 1 직선 $x=t$ $(1\le t\le 4)$를 포함하고 x축에 수직인 평면으로 자른 단면은 한 변의 길이가 $\sqrt{t+\frac{\pi}{4}\sin\left(\frac{\pi}{2}t\right)}$인 정사각형이므로 단면의 넓이를 $S(t)$라 하면

$$S(t)=\left\{\sqrt{t+\frac{\pi}{4}\sin\left(\frac{\pi}{2}t\right)}\right\}^2=t+\frac{\pi}{4}\sin\left(\frac{\pi}{2}t\right)$$

STEP 2 따라서 입체도형의 부피는

$$\int_1^4 S(t)\,dt=\int_1^4\left\{t+\frac{\pi}{4}\sin\left(\frac{\pi}{2}t\right)\right\}dt$$
$$=\left[\frac{1}{2}t^2-\frac{1}{2}\cos\left(\frac{\pi}{2}t\right)\right]_1^4$$
$$=\left(8-\frac{1}{2}\right)-\left(\frac{1}{2}-0\right)=7$$

808 답 ④

STEP 1 직선 $x=t$ $\left(0\le t\le\frac{\pi}{3}\right)$를 포함하고 x축에 수직인 평면으로 자른 단면은 한 변의 길이가 $\sqrt{\sec^2 t+\tan t}$인 정사각형이므로 단면의 넓이를 $S(t)$라 하면

$$S(t)=(\sqrt{\sec^2 t+\tan t})^2=\sec^2 t+\tan t$$

STEP 2 따라서 입체도형의 부피는

$$\int_0^{\frac{\pi}{3}} S(t)\,dt=\int_0^{\frac{\pi}{3}}(\sec^2 t+\tan t)\,dt$$
$$=\int_0^{\frac{\pi}{3}}\left(\sec^2 x+\frac{\sin x}{\cos x}\right)dx$$
$$=\int_0^{\frac{\pi}{3}}\left\{\sec^2 x-\frac{(\cos x)'}{\cos x}\right\}dx$$
$$=\Big[\tan x-\ln|\cos x|\Big]_0^{\frac{\pi}{3}}$$
$$=\sqrt{3}-\ln\frac{1}{2}=\sqrt{3}+\ln 2$$

809 답 ①

STEP 1 직선 $x=t\left(\frac{\sqrt{\pi}}{2}\le t\le\frac{\sqrt{3\pi}}{2}\right)$를 포함하고 x축에 수직인 평면으로 자른 단면은 한 변의 길이가

$f(t)-\{-f(t)\}=2f(t)=2\sqrt{t\sin t^2}$

인 정사각형이므로 단면의 넓이를 $S(t)$라 하면

$S(t)=(2\sqrt{t\sin t^2})^2=4t\sin t^2$

STEP 2 따라서 입체도형의 부피는

$$\int_{\frac{\sqrt{\pi}}{2}}^{\frac{\sqrt{3\pi}}{2}} S(t)\,dt=\int_{\frac{\sqrt{\pi}}{2}}^{\frac{\sqrt{3\pi}}{2}} 4t\sin t^2\,dt$$

$t^2=u$로 놓으면 $2t=\frac{du}{dt}$

$t=\frac{\sqrt{\pi}}{2}$일 때 $u=\frac{\pi}{4}$, $t=\frac{\sqrt{3\pi}}{2}$일 때 $u=\frac{3}{4}\pi$이므로

$$\int_{\frac{\sqrt{\pi}}{2}}^{\frac{\sqrt{3\pi}}{2}} 4t\sin t^2\,dt=2\int_{\frac{\pi}{4}}^{\frac{3}{4}\pi}\sin u\,du$$

$$=2\Big[-\cos u\Big]_{\frac{\pi}{4}}^{\frac{3}{4}\pi}$$

$$=2\left(\frac{\sqrt{2}}{2}+\frac{\sqrt{2}}{2}\right)=2\sqrt{2}$$

810 답 ③

STEP 1 직선 $x=t\left(\frac{1}{\sqrt{2k}}\le t\le\frac{1}{\sqrt{k}}\right)$를 포함하고 x축에 수직인 평면으로 자른 단면은 한 변의 길이가 $2\sqrt{t}\,e^{kt^2}$인 정삼각형이므로 단면의 넓이를 $S(t)$라 하면

$S(t)=\frac{\sqrt{3}}{4}(2\sqrt{t}\,e^{kt^2})^2=\sqrt{3}te^{2kt^2}$

STEP 2 따라서 입체도형의 부피는

$$\int_{\frac{1}{\sqrt{2k}}}^{\frac{1}{\sqrt{k}}} S(t)\,dt=\int_{\frac{1}{\sqrt{2k}}}^{\frac{1}{\sqrt{k}}}\sqrt{3}te^{2kt^2}\,dt$$

이때 $2kt^2=u$로 놓으면 $4kt=\frac{du}{dt}$

$t=\frac{1}{\sqrt{2k}}$일 때 $u=1$, $t=\frac{1}{\sqrt{k}}$일 때 $u=2$이므로

$$\int_{\frac{1}{\sqrt{2k}}}^{\frac{1}{\sqrt{k}}}\sqrt{3}te^{2kt^2}\,dt=\frac{\sqrt{3}}{4k}\int_1^2 e^u\,du$$

$$=\frac{\sqrt{3}}{4k}\Big[e^u\Big]_1^2$$

$$=\frac{\sqrt{3}}{4k}(e^2-e)$$

즉, $\frac{\sqrt{3}}{4k}(e^2-e)=\sqrt{3}(e^2-e)$이므로 $4k=1$

$\therefore k=\frac{1}{4}$

811 답 12

STEP 1 직선 $x=t$ $(1\le t\le\ln 6)$를 포함하고 x축에 수직인 평면으로 자른 단면은 한 변의 길이가 $\sqrt{t}\,e^{\frac{t}{2}}$인 정사각형이므로 단면의 넓이를 $S(t)$라 하면

$S(t)=(\sqrt{t}\,e^{\frac{t}{2}})^2=te^t$

STEP 2 따라서 입체도형의 부피는

$$\int_1^{\ln 6} S(t)\,dt=\int_1^{\ln 6} te^t\,dt$$

$u(t)=t$, $v'(t)=e^t$으로 놓고 부분적분법을 이용한다.

$$=\Big[te^t\Big]_1^{\ln 6}-\int_1^{\ln 6} e^t\,dt$$

$$=\Big[te^t-e^t\Big]_1^{\ln 6}$$

$$=(\ln 6\times 6-6)-(e-e)$$

$$=-6+6\ln 6$$

따라서 $a=6$, $b=6$이므로

$a+b=6+6=12$

812 답 ③

STEP 1 직선 $x=t\left(\frac{3}{4}\pi\le t\le\frac{5}{4}\pi\right)$를 포함하고 x축에 수직인 평면으로 자른 단면은 한 변의 길이가 $\sqrt{(1-2t)\cos t}$인 정사각형이므로 단면의 넓이를 $S(t)$라 하면

$S(t)=(\sqrt{(1-2t)\cos t})^2=(1-2t)\cos t$

STEP 2 따라서 입체도형의 부피는

$$\int_{\frac{3}{4}\pi}^{\frac{5}{4}\pi} S(t)\,dt=\int_{\frac{3}{4}\pi}^{\frac{5}{4}\pi}(1-2t)\cos t\,dt$$

$u(t)=1-2t$, $v'(t)=\cos t$로 놓고 부분적분법을 이용한다.

$$=\Big[(1-2t)\sin t\Big]_{\frac{3}{4}\pi}^{\frac{5}{4}\pi}+2\int_{\frac{3}{4}\pi}^{\frac{5}{4}\pi}\sin t\,dt$$

$$=\Big[(1-2t)\sin t\Big]_{\frac{3}{4}\pi}^{\frac{5}{4}\pi}+2\Big[-\cos t\Big]_{\frac{3}{4}\pi}^{\frac{5}{4}\pi}$$

$$=\left(1-\frac{5}{2}\pi\right)\times\left(-\frac{\sqrt{2}}{2}\right)-\left(1-\frac{3}{2}\pi\right)\times\frac{\sqrt{2}}{2}+2\times\left(\frac{\sqrt{2}}{2}-\frac{\sqrt{2}}{2}\right)$$

$$=-\frac{\sqrt{2}}{2}+\frac{5\sqrt{2}}{4}\pi-\frac{\sqrt{2}}{2}+\frac{3\sqrt{2}}{4}\pi$$

$$=2\sqrt{2}\pi-\sqrt{2}$$

813 답 ①

STEP 1 직선 $x=t$ $(0\le t\le\sqrt{\pi})$를 포함하고 x축에 수직인 평면으로 자른 단면은 한 변의 길이가 $\sqrt{t(t^2+1)\sin(t^2)}$인 정삼각형이므로 단면의 넓이를 $S(t)$라 하면

$S(t)=\frac{\sqrt{3}}{4}\{\sqrt{t(t^2+1)\sin(t^2)}\}^2=\frac{\sqrt{3}}{4}t(t^2+1)\sin(t^2)$

STEP 2 따라서 입체도형의 부피는

$$\int_0^{\sqrt{\pi}} S(t)\,dt=\int_0^{\sqrt{\pi}}\frac{\sqrt{3}}{4}t(t^2+1)\sin(t^2)\,dt$$

이때 $t^2=s$로 놓으면 $2t=\frac{ds}{dt}$

$t=0$일 때 $s=0$, $t=\sqrt{\pi}$일 때 $s=\pi$이므로

$$\int_0^{\sqrt{\pi}}\frac{\sqrt{3}}{4}t(t^2+1)\sin(t^2)\,dt$$

$$=\frac{\sqrt{3}}{8}\int_0^{\pi}(s+1)\sin s\,ds$$

$u(s)=s+1$, $v'(s)=\sin s$로 놓고 부분적분법을 이용한다.

$=\frac{\sqrt{3}}{8}\Big[-(s+1)\cos s\Big]_0^\pi-\frac{\sqrt{3}}{8}\int_0^\pi(-\cos s)\,ds$

$=\frac{\sqrt{3}}{8}\Big[-(s+1)\cos s+\sin s\Big]_0^\pi$

$=\frac{\sqrt{3}}{8}\{(\pi+1)-(-1)\}=\frac{\sqrt{3}(\pi+2)}{8}$

814 답 ③

STEP 1 직선 $x=t\left(\sqrt{\frac{\pi}{6}}\le t\le\sqrt{\frac{\pi}{2}}\right)$를 포함하고 x축에 수직인 평면으로 자른 단면은 한 변의 길이가 $2t\sqrt{t\sin t^2}$인 반원이므로 단면의 넓이를 $S(t)$라 하면

$S(t)=\frac{1}{2}\pi(t\sqrt{t\sin t^2})^2=\frac{1}{2}\pi t^3\sin t^2$

STEP 2 따라서 입체도형의 부피는

$\int_{\sqrt{\frac{\pi}{6}}}^{\sqrt{\frac{\pi}{2}}}S(t)\,dt=\int_{\sqrt{\frac{\pi}{6}}}^{\sqrt{\frac{\pi}{2}}}\frac{1}{2}\pi t^3\sin t^2dt$

이때 $t^2=s$로 놓으면 $2t=\frac{ds}{dt}$

$t=\sqrt{\frac{\pi}{6}}$일 때 $s=\frac{\pi}{6}$, $t=\sqrt{\frac{\pi}{2}}$일 때 $s=\frac{\pi}{2}$이므로

$\int_{\sqrt{\frac{\pi}{6}}}^{\sqrt{\frac{\pi}{2}}}\frac{1}{2}\pi t^3\sin t^2dt=\frac{\pi}{4}\int_{\frac{\pi}{6}}^{\frac{\pi}{2}}s\sin s\,ds$ ← $u(s)=s$, $v'(s)=\sin s$로 놓고 부분적분법을 이용한다.

$=\frac{\pi}{4}\left\{\Big[-s\cos s\Big]_{\frac{\pi}{6}}^{\frac{\pi}{2}}-\int_{\frac{\pi}{6}}^{\frac{\pi}{2}}(-\cos s)\,ds\right\}$

$=\frac{\pi}{4}\Big[-s\cos s+\sin s\Big]_{\frac{\pi}{6}}^{\frac{\pi}{2}}$

$=\frac{\pi}{4}\left\{1-\left(-\frac{\sqrt{3}}{12}\pi+\frac{1}{2}\right)\right\}=\frac{\sqrt{3}\pi^2+6\pi}{48}$

815 답 ⑤

해결 각 잡기

함수 $y=e^x$의 역함수의 그래프를 이용하면 주어진 입체도형의 부피를 정적분으로 나타내기 편리하다.

STEP 1 $y=e^x$의 역함수가 $y=\ln x$이므로 구하는 입체도형의 부피는 곡선 $y=\ln x$와 x축 및 직선 $x=e$로 둘러싸인 도형을 밑면으로 하는 입체도형의 부피와 같다.

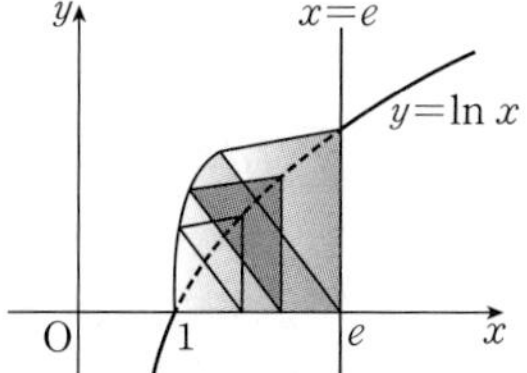

STEP 2 직선 $x=t$ $(1\le t\le e)$를 포함하고 x축에 수직인 평면으로 자른 단면은 한 변의 길이가 $\ln t$인 정삼각형이므로 단면의 넓이를 $S(t)$라 하면

$S(t)=\frac{\sqrt{3}}{4}(\ln t)^2$

STEP 3 따라서 입체도형의 부피는

$\int_1^e S(t)dt=\frac{\sqrt{3}}{4}\int_1^e(\ln t)^2dt$ ← $u(t)=(\ln t)^2$, $v'(t)=1$로 놓고 부분적분법을 이용한다.

$=\frac{\sqrt{3}}{4}\left\{\Big[t(\ln t)^2\Big]_1^e-\int_1^e\left(2\ln t\times\frac{1}{t}\times t\right)dt\right\}$

$=\frac{\sqrt{3}}{4}\left\{\Big[t(\ln t)^2\Big]_1^e-2\int_1^e\ln t\,dt\right\}$

$=\frac{\sqrt{3}}{4}\left\{\Big[t(\ln t)^2\Big]_1^e-2\Big[t\ln t-t\Big]_1^e\right\}$

$=\frac{\sqrt{3}}{4}\Big[t(\ln t)^2-2t\ln t+2t\Big]_1^e$

$=\frac{\sqrt{3}}{4}(e-2e+2e-2)$

$=\frac{\sqrt{3}(e-2)}{4}$

다른 풀이

$f(x)=e^x$이라 하자.

직선 $y=t$ $(1\le t\le e)$를 포함하고 y축에 수직인 평면으로 자른 단면은 한 변의 길이가 $f^{-1}(t)$인 정삼각형이므로 단면의 넓이를 $S(t)$라 하면

$S(t)=\frac{\sqrt{3}}{4}\{f^{-1}(t)\}^2$

따라서 입체도형의 부피는

$\int_1^e S(t)\,dt=\int_1^e\frac{\sqrt{3}}{4}\{f^{-1}(t)\}^2dt$

$f^{-1}(t)=s$로 놓으면 $t=f(s)$이므로 $\frac{dt}{ds}=f'(s)=e^s$

$t=1$일 때 $s=0$, $t=e$일 때 $s=1$이므로 ← $e^0=1$, $e^1=e$

$\int_1^e\frac{\sqrt{3}}{4}\{f^{-1}(t)\}^2dt=\frac{\sqrt{3}}{4}\int_0^1 s^2e^sds$ ← $u(s)=s^2$, $v'(s)=e^s$으로 놓고 부분적분법을 이용한다.

$=\frac{\sqrt{3}}{4}\left\{\Big[s^2e^s\Big]_0^1-2\int_0^1 se^sds\right\}$

$=\frac{\sqrt{3}}{4}\left\{\Big[s^2e^s\Big]_0^1-2\left(\Big[se^s\Big]_0^1-\int_0^1e^sds\right)\right\}$

$=\frac{\sqrt{3}}{4}\Big[s^2e^s-2se^s+2e^s\Big]_0^1$

$=\frac{\sqrt{3}}{4}\{(e-2e+2e)-2\}$

$=\frac{\sqrt{3}(e-2)}{4}$

816 답 ④

해결 각 잡기

함수 $f(x)$가 x의 값의 범위에 따라 나누어 정의되어 있으므로 입체도형의 단면의 넓이도 x의 값의 범위에 따라 나누어 구해 본다.

STEP 1 직선 $x=t$ $(-\ln 2\le t\le e-1)$를 포함하고 x축에 수직인 평면으로 자른 단면은 한 변의 길이가

$-\ln 2\le t<0$일 때, e^{-t}

$0\le t\le e-1$일 때, $\sqrt{\ln(t+1)+1}$

인 정사각형이므로 단면의 넓이를 $S(t)$라 하면

$S(t)=\begin{cases}e^{-2t} & (-\ln 2\le t<0)\\ \ln(t+1)+1 & (0\le t\le e-1)\end{cases}$

STEP 2 따라서 입체도형의 부피는

$\int_{-\ln 2}^{e-1}S(t)\,dt=\int_{-\ln 2}^{0}e^{-2t}dt+\int_0^{e-1}\{\ln(t+1)+1\}dt$

$t+1=s$로 놓으면 $1=\dfrac{ds}{dt}$

$t=0$일 때 $s=1$, $t=e-1$일 때 $s=e$이므로

$$\int_{-\ln 2}^{0} e^{-2t}dt+\int_{0}^{e-1}\{\ln(t+1)+1\}dt$$

$$=\left[-\frac{1}{2}e^{-2t}\right]_{-\ln 2}^{0}+\int_{1}^{e}(\ln s+1)\,ds$$

$u(s)=\ln s+1$, $v'(s)=1$로 놓고 부분적분법을 이용한다.

$$=\frac{3}{2}+\Big[s(\ln s+1)\Big]_{1}^{e}-\int_{1}^{e}\left(s\times\frac{1}{s}\right)ds$$

$$=\frac{3}{2}+\Big[s\ln s\Big]_{1}^{e}=\frac{3}{2}+e$$

817 답 64

해결 각 잡기

좌표평면 위를 움직이는 점의 움직인 거리

좌표평면 위를 움직이는 점 P의 시각 t에서의 위치 (x, y)가 $x=f(t)$, $y=g(t)$일 때, 시각 $t=a$에서 $t=b$까지 점 P가 움직인 거리 s는

$$s=\int_{a}^{b}\sqrt{\left(\frac{dx}{dt}\right)^2+\left(\frac{dy}{dt}\right)^2}$$

$\dfrac{dx}{dt}=4(-\sin t+\cos t)$, $\dfrac{dy}{dt}=-2\sin 2t$이므로 점 P가 $t=0$에서 $t=2\pi$까지 움직인 거리는

$$\int_{0}^{2\pi}\sqrt{\left(\frac{dx}{dt}\right)^2+\left(\frac{dy}{dt}\right)^2}dt=\int_{0}^{2\pi}\sqrt{16(1-\sin 2t)+4\sin^2 2t}\,dt$$

$$=\int_{0}^{2\pi}\sqrt{4(\sin 2t-2)^2}\,dt$$

$$=\int_{0}^{2\pi}2(2-\sin 2t)\,dt$$

$(\because\ -1\le\sin 2t\le 1)$

$$=\Big[4t+\cos 2t\Big]_{0}^{2\pi}$$

$$=8\pi+1-1=8\pi$$

따라서 $a=8$이므로

$a^2=8^2=64$

818 답 ①

해결 각 잡기

곡선 $y=x^2$과 직선 $y=t^2x-\dfrac{\ln t}{8}$가 만나는 서로 다른 두 점의 x좌표를 α, β라 한 후, 두 점의 중점의 x좌표는 $\dfrac{\alpha+\beta}{2}$임을 이용한다.

STEP 1 곡선 $y=x^2$과 직선 $y=t^2x-\dfrac{\ln t}{8}$가 만나는 서로 다른 두 점의 x좌표를 α, β라 하자.

이차방정식 $x^2=t^2x-\dfrac{\ln t}{8}$, 즉 $x^2-t^2x+\dfrac{\ln t}{8}=0$의 두 근이 α, β이므로 이차방정식의 근과 계수의 관계에 의하여

$\alpha+\beta=t^2$

이때 두 점의 중점의 x좌표는

$\dfrac{\alpha+\beta}{2}=\dfrac{1}{2}t^2$

이 중점은 직선 $y=t^2x-\dfrac{\ln t}{8}$ 위의 점이므로 이 중점의 y좌표는

$y=t^2\times\dfrac{1}{2}t^2-\dfrac{\ln t}{8}=\dfrac{1}{2}t^4-\dfrac{\ln t}{8}$

따라서 점 P의 시각 t에서의 위치는

$$\begin{cases} x=\dfrac{1}{2}t^2 \\ y=\dfrac{1}{2}t^4-\dfrac{\ln t}{8}\end{cases}$$

STEP 2 $\dfrac{dx}{dt}=t$, $\dfrac{dy}{dt}=2t^3-\dfrac{1}{8t}$이므로 $t=1$에서 $t=e$까지 점 P가 움직인 거리는

$$\int_{1}^{e}\sqrt{\left(\frac{dx}{dt}\right)^2+\left(\frac{dy}{dt}\right)^2}dt=\int_{1}^{e}\sqrt{t^2+\left(2t^3-\frac{1}{8t}\right)^2}dt$$

$$=\int_{1}^{e}\sqrt{\left(2t^3+\frac{1}{8t}\right)^2}dt$$

$$=\int_{1}^{e}\left(2t^3+\frac{1}{8t}\right)dt$$

$$=\left[\frac{1}{2}t^4+\frac{\ln t}{8}\right]_{1}^{e}$$

$$=\left(\frac{e^4}{2}+\frac{1}{8}\right)-\frac{1}{2}$$

$$=\frac{e^4}{2}-\frac{3}{8}$$

819 답 78

해결 각 잡기

곡선의 길이

곡선 $y=f(x)$ $(a\le x\le b)$의 길이 l은

$$l=\int_{a}^{b}\sqrt{1+(y')^2}\,dx=\int_{a}^{b}\sqrt{1+\{f'(x)\}^2}\,dx$$

$y=\dfrac{1}{3}(x^2+2)^{\frac{3}{2}}$에서 $y'=x(x^2+2)^{\frac{1}{2}}$이므로 곡선의 길이는

$$\int_{0}^{6}\sqrt{1+(y')^2}\,dx=\int_{0}^{6}\sqrt{1+\{x^2(x^2+2)\}}\,dx$$

$$=\int_{0}^{6}\sqrt{(x^2+1)^2}\,dx$$

$$=\int_{0}^{6}(x^2+1)\,dx$$

$$=\left[\frac{1}{3}x^3+x\right]_{0}^{6}$$

$$=72+6=78$$

820 답 56

$y=\dfrac{1}{3}x\sqrt{x}=\dfrac{1}{3}x^{\frac{3}{2}}$에서 $y'=\dfrac{1}{2}\sqrt{x}$이므로 곡선의 길이 l은

$l=\int_0^{12}\sqrt{1+(y')^2}\,dx=\int_0^{12}\sqrt{1+\frac{x}{4}}\,dx$

$\sqrt{1+\frac{x}{4}}=t$로 놓으면 $1+\frac{x}{4}=t^2$에서

$\frac{1}{4}\times\frac{dx}{dt}=2t$

$x=0$일 때 $t=1$, $x=12$일 때 $t=2$이므로

$l=\int_0^{12}\sqrt{1+\frac{x}{4}}\,dx=\int_1^2 8t^2\,dt$

$=\left[\frac{8}{3}t^3\right]_1^2=\frac{64}{3}-\frac{8}{3}=\frac{56}{3}$

$\therefore 3l=3\times\frac{56}{3}=56$

821 답 ⑤

$y=\frac{1}{8}e^{2x}+\frac{1}{2}e^{-2x}$에서 $y'=\frac{1}{4}e^{2x}-e^{-2x}$이므로 곡선의 길이는

$$\int_0^{\ln 2}\sqrt{1+(y')^2}\,dx=\int_0^{\ln 2}\sqrt{1+\left(\frac{1}{4}e^{2x}-e^{-2x}\right)^2}\,dx$$
$$=\int_0^{\ln 2}\sqrt{\left(\frac{1}{4}e^{2x}+e^{-2x}\right)^2}\,dx$$
$$=\int_0^{\ln 2}\left(\frac{1}{4}e^{2x}+e^{-2x}\right)dx$$
$$=\left[\frac{1}{8}e^{2x}-\frac{1}{2}e^{-2x}\right]_0^{\ln 2}$$
$$=\left(\frac{1}{2}-\frac{1}{8}\right)-\left(\frac{1}{8}-\frac{1}{2}\right)$$
$$=\frac{3}{8}-\left(-\frac{3}{8}\right)=\frac{3}{4}$$

822 답 ①

STEP 1 $y=\frac{1}{2}(|e^x-1|-e^{|x|}+1)$ $(-\ln 4\le x\le 1)$에서

$$y=\begin{cases}\frac{1}{2}(-e^x-e^{-x}+2) & (-\ln 4\le x<0)\\ 0 & (0\le x\le 1)\end{cases}$$ 이므로

$$y'=\begin{cases}\frac{1}{2}(-e^x+e^{-x}) & (-\ln 4\le x<0)\\ 0 & (0\le x\le 1)\end{cases}$$

STEP 2 따라서 곡선의 길이는

$$\int_{-\ln 4}^{1}\sqrt{1+(y')^2}\,dx$$
$$=\int_{-\ln 4}^{0}\sqrt{1+\frac{1}{4}(-e^x+e^{-x})^2}\,dx+\int_0^1\sqrt{1+0}\,dx$$
$$=\int_{-\ln 4}^{0}\sqrt{\frac{1}{4}(e^x+e^{-x})^2}\,dx+\Big[x\Big]_0^1$$
$$=\int_{-\ln 4}^{0}\frac{1}{2}(e^x+e^{-x})\,dx+1$$
$$=\frac{1}{2}\Big[e^x-e^{-x}\Big]_{-\ln 4}^{0}+1$$
$$=\frac{1}{2}\left\{0-\left(\frac{1}{4}-4\right)\right\}+1=\frac{23}{8}$$

823 답 ②

해결 각 잡기

- $\int_0^1\sqrt{1+\{f'(x)\}^2}\,dx$의 의미를 파악한다.
- 두 점 $(a,\ f(a))$, $(b,\ f(b))$를 지나는 곡선 $f(x)$의 $x=a$에서 $x=b$까지의 길이의 최솟값은 두 점 $(a,\ f(a))$, $(b,\ f(b))$ 사이의 거리와 같다.

$\int_0^1\sqrt{1+\{f'(x)\}^2}\,dx$의 값은 $x=0$에서 $x=1$까지의 곡선 $y=f(x)$의 길이와 같다.

따라서 이 값의 최솟값은 두 점 $(0,\ 0)$, $(1,\ \sqrt{3})$ 사이의 거리와 같으므로

$\sqrt{1^2+(\sqrt{3})^2}=2$

824 답 ④

해결 각 잡기

곡선의 길이

곡선 $x=f(t)$, $y=g(t)$ $(a\le t\le b)$의 겹치는 부분이 없을 때, 곡선의 길이 l은

$$l=\int_a^b\sqrt{\left(\frac{dx}{dt}\right)^2+\left(\frac{dy}{dt}\right)^2}\,dt$$

STEP 1 $\frac{dx}{dt}=e^t\cos(\sqrt{3}t)-\sqrt{3}e^t\sin(\sqrt{3}t)$

$=e^t\{\cos(\sqrt{3}t)-\sqrt{3}\sin(\sqrt{3}t)\}$

에서

$$\left(\frac{dx}{dt}\right)^2=e^{2t}\{\cos(\sqrt{3}t)-\sqrt{3}\sin(\sqrt{3}t)\}^2$$
$$=e^{2t}\{\cos^2(\sqrt{3}t)+3\sin^2(\sqrt{3}t)-2\sqrt{3}\cos(\sqrt{3}t)\sin(\sqrt{3}t)\}$$

$\frac{dy}{dt}=e^t\sin\sqrt{3}t+\sqrt{3}e^t\cos(\sqrt{3}t)$

$=e^t\{\sin\sqrt{3}t+\sqrt{3}\cos(\sqrt{3}t)\}$

에서

$$\left(\frac{dy}{dt}\right)^2=e^{2t}\{\sin(\sqrt{3}t)+\sqrt{3}\cos(\sqrt{3}t)\}^2$$
$$=e^{2t}\{\sin^2(\sqrt{3}t)+3\cos^2(\sqrt{3}t)+2\sqrt{3}\cos(\sqrt{3}t)\sin(\sqrt{3}t)\}$$

$$\therefore \left(\frac{dx}{dt}\right)^2+\left(\frac{dy}{dt}\right)^2=4e^{2t}\{\sin^2(\sqrt{3}t)+\cos^2(\sqrt{3}t)\}$$
$$=4e^{2t}$$

STEP 2 따라서 곡선의 길이는

$$\int_0^{\ln 7}\sqrt{\left(\frac{dx}{dt}\right)^2+\left(\frac{dy}{dt}\right)^2}\,dt=\int_0^{\ln 7}\sqrt{4e^{2t}}\,dt$$
$$=\int_0^{\ln 7}2e^t\,dt$$
$$=\Big[2e^t\Big]_0^{\ln 7}$$
$$=14-2=12$$

C 수능 완성!

825 답 ④

해결 각 잡기

- 두 곡선으로 둘러싸인 부분의 넓이는 넓이를 구하는 구간에서 위쪽에 있는 그래프의 식에서 아래쪽에 있는 그래프의 식을 뺀 정적분의 값을 구한다.
- **부분적분법을 이용한 정적분**
  두 함수 $f(x)$, $g(x)$가 미분가능할 때
  $$\int_a^b f(x)g'(x)\,dx=\Big[f(x)g(x)\Big]_a^b-\int_a^b f'(x)g(x)\,dx$$

STEP 1 구하는 넓이는

$$\int_{\frac{\pi}{2}}^{\pi}\left\{(\sin x)\ln x-\frac{\cos x}{x}\right\}dx$$ ← 닫힌구간 $\left[\frac{\pi}{2}, \pi\right]$에서 $(\sin x)\ln x>\frac{\cos x}{x}$

$$=\int_{\frac{\pi}{2}}^{\pi}(\sin x)\ln x\,dx-\int_{\frac{\pi}{2}}^{\pi}\frac{\cos x}{x}\,dx$$

STEP 2 $\int_{\frac{\pi}{2}}^{\pi}(\sin x)\ln x\,dx$ — $u(x)=\ln x$, $v'(x)=\sin x$로 놓고 부분적분법을 이용한다.

$$=\Big[(-\cos x)\ln x\Big]_{\frac{\pi}{2}}^{\pi}-\int_{\frac{\pi}{2}}^{\pi}\left(-\frac{\cos x}{x}\right)dx$$

$$=\ln\pi+\int_{\frac{\pi}{2}}^{\pi}\frac{\cos x}{x}\,dx$$

STEP 3 따라서 구하는 넓이는

$$\int_{\frac{\pi}{2}}^{\pi}(\sin x)\ln x\,dx-\int_{\frac{\pi}{2}}^{\pi}\frac{\cos x}{x}\,dx$$

$$=\ln\pi+\int_{\frac{\pi}{2}}^{\pi}\frac{\cos x}{x}\,dx-\int_{\frac{\pi}{2}}^{\pi}\frac{\cos x}{x}\,dx$$

$$=\ln\pi$$

826 답 96

해결 각 잡기

- 함수 $f(x)$를 미분하여 도함수 $f'(x)$의 최댓값이 32일 때의 x의 값을 구하고, 주어진 넓이를 정적분을 이용하여 구한다.
- 곡선과 두 직선으로 둘러싸인 부분을 좌표평면에 나타내고 정적분을 이용하여 넓이를 구한다.

STEP 1 $f(x)=\int_0^x (a-t)e^t\,dt$에서

$f'(x)=(a-x)e^x$

$f'(x)=0$에서 $x=a$ ($\because e^x>0$)

즉, $a>0$이고 $x=a$의 좌우에서 $f'(x)$의 부호가 $+$에서 $-$로 바뀌므로 함수 $f(x)$는 $x=a$에서 극대이면서 최대이다.

그런데 최댓값이 $f(a)=32$이므로

$f(a)=\int_0^a (a-t)e^t\,dt$ — $u(t)=a-t$, $v'(t)=e^t$으로 놓고 부분적분법을 이용한다.

$$=\Big[(a-t)e^t\Big]_0^a-\int_0^a(-1)e^t\,dt$$

$$=-a+\Big[e^t\Big]_0^a$$

$$=-a+e^a-1$$

$\therefore e^a-a-1=32$ $\cdots\cdots$ ㉠

STEP 2 곡선 $y=3e^x$과 직선 $y=3$이 오른쪽 그림과 같이 점 $(0, 3)$에서 만난다.

따라서 양수 a에 대하여 구하는 넓이는 오른쪽 그림의 색칠한 부분과 같으므로

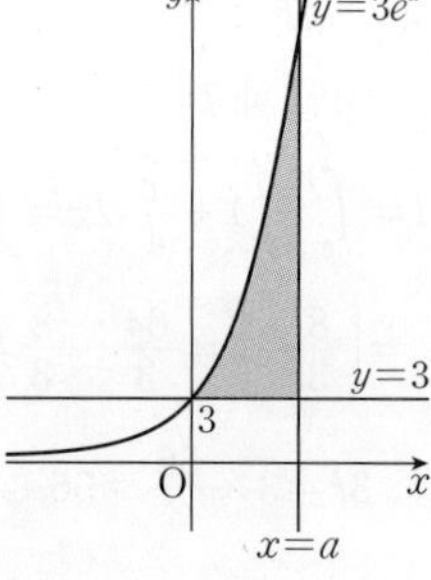

$$\int_0^a(3e^x-3)\,dx=\Big[3e^x-3x\Big]_0^a$$

$$=3(e^a-a-1)$$

$$=3\times32=96\ (\because ㉠)$$

827 답 ①

해결 각 잡기

- 세 점 A, B, C의 좌표를 t에 관한 식으로 나타낸 후, 삼각형의 넓이를 구한다. 이때 주어진 삼각형의 넓이와 비교하여 $f(x)$의 식을 구한다.
- 서로 수직인 두 직선의 기울기의 곱은 -1이다.

STEP 1 곡선 $y=f(x)$ 위의 점 $A(t, f(t))$를 지나는 접선의 기울기는 $f'(t)$이므로 점 A를 지나고 점 A에서의 접선과 수직인 직선의 방정식은

$y-f(t)=-\frac{1}{f'(t)}(x-t)$ $\cdots\cdots$ ㉠

직선 ㉠과 x축이 만나는 점이 C이므로 $y=0$일 때

$x=t+f'(t)f(t)$에서

$C(t+f'(t)f(t), 0)$

STEP 2 세 점 $A(t, f(t))$, $B(t, 0)$, $C(t+f'(t)f(t), 0)$에 대하여

$\overline{AB}=f(t)$

$\overline{BC}=\overline{OC}-\overline{OB}=t+f'(t)f(t)-t=f'(t)f(t)$

$$\therefore \triangle ABC=\frac{1}{2}\times\overline{AB}\times\overline{BC}$$

$$=\frac{1}{2}\times f(t)\times f'(t)f(t)$$

$$=\frac{1}{2}f'(t)\{f(t)\}^2$$

즉, $\frac{1}{2}f'(t)\{f(t)\}^2=\frac{1}{2}(e^{3t}-2e^{2t}+e^t)$이므로

$f'(t)\{f(t)\}^2=e^{3t}-2e^{2t}+e^t$

STEP 3 이때 $\frac{d}{dt}\{f(t)\}^3=3f'(t)\{f(t)\}^2$에서

$f'(t)\{f(t)\}^2=\frac{d}{dt}\left[\frac{1}{3}\{f(t)\}^3\right]$이므로

$$\frac{d}{dt}\left[\frac{1}{3}\{f(t)\}^3\right]=e^{3t}-2e^{2t}+e^t$$

$\therefore \frac{1}{3}\{f(t)\}^3=\frac{1}{3}e^{3t}-e^{2t}+e^t+C$ (단, C는 적분상수)

$f(0)=0$이므로

$\frac{1}{3}-1+1+C=0$ $\quad\therefore C=-\frac{1}{3}$

따라서

$\frac{1}{3}\{f(t)\}^3=\frac{1}{3}e^{3t}-e^{2t}+e^t-\frac{1}{3}$

이므로

$\{f(t)\}^3=e^{3t}-3e^{2t}+3e^t-1=(e^t-1)^3$

$\therefore f(x)=e^x-1$

STEP 4 따라서 구하는 넓이는

$$\int_0^1(e^x-1)dx=\left[e^x-x\right]_0^1=(e-1)-1=e-2$$

828 답 ②

해결 각 잡기

- 주어진 두 함수 $y=\sin x$, $y=a\tan x$의 교점의 x좌표를 구한 후, 두 함수의 그래프를 그려서 구해야 하는 넓이를 정적분을 이용하여 구한다.
- **치환적분법을 이용한 정적분**
  함수 $f(x)$가 닫힌구간 $[a, b]$에서 연속이고 미분가능한 함수 $x=g(t)$에 대하여 $a=g(\alpha)$, $b=g(\beta)$일 때 도함수 $g'(t)$가 α, β를 포함하는 구간에서 연속이면
  $$\int_a^b f(x)\,dx=\int_\alpha^\beta f(g(t))g'(t)\,dt$$

STEP 1 $\sin x=a\tan x$에서 ($\tan x=\frac{\sin x}{\cos x}$)

$\sin x=\frac{a\sin x}{\cos x}$

$\sin x-\frac{a\sin x}{\cos x}=0$

$\sin x\left(1-\frac{a}{\cos x}\right)=0$

$\therefore \sin x=0$ 또는 $\cos x=a$

구간 $\left[0, \frac{\pi}{2}\right)$에서

(i) $\sin x=0$일 때, $x=0$

(ii) $\cos x=a$일 때

구간 $\left[0, \frac{\pi}{2}\right)$에서 곡선 $y=\cos x$와 직선 $y=a$ $(0<a<1)$의 그래프의 교점은 1개이다.

이를 만족시키는 x의 값을 k $\left(0\le k<\frac{\pi}{2}\right)$라 하면

$\cos k=a$ ...... ㉠

(i), (ii)에서 두 함수 $y=\sin x$, $y=a\tan x$의 그래프의 두 교점의 x좌표는 0, k이므로 두 함수의 그래프는 오른쪽 그림과 같다.

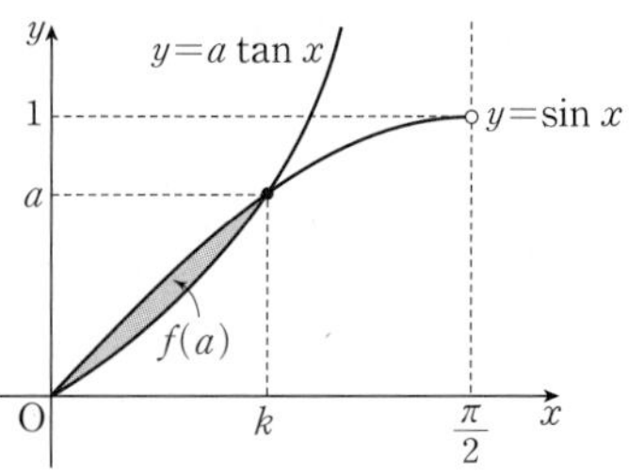

따라서 두 함수 $y=\sin x$, $y=a\tan x$의 그래프로 둘러싸인 부분의 넓이는

$$f(a)=\int_0^k(\sin x-a\tan x)\,dx$$

STEP 2 $\cos x=t$로 놓으면 $-\sin x=\frac{dt}{dx}$

$x=0$일 때 $t=1$, $x=k$일 때 $t=a$ ($\because$ ㉠)이므로

$$\begin{aligned}f(a)&=\int_0^k(\sin x-a\tan x)\,dx\\&=\int_0^k\sin x\,dx+a\int_0^k(-\tan x)\,dx\\&=\left[-\cos x\right]_0^k+a\int_0^k\left(-\frac{\sin x}{\cos x}\right)dx\\&=-\cos k-(-1)+a\int_1^a\frac{1}{t}\,dt\\&=-a+1+a\left[\ln t\right]_1^a\\&=-a+1+a\ln a\end{aligned}$$

STEP 3 $f(a)=-a+1+a\ln a$의 양변을 a에 대하여 미분하면

$f'(a)=-1+\ln a+a\times\frac{1}{a}=\ln a$

$\therefore f'\left(\frac{1}{e^2}\right)=\ln\frac{1}{e^2}=\ln e^{-2}=-2$

829 답 9

해결 각 잡기

- 주어진 조건을 만족시키는 두 함수 $f(x)$, $g(x)$의 그래프의 개형을 그려 보면 점 $(a, f(a))$가 곡선 $y=f(x)$의 변곡점임을 알 수 있다.
- a의 값을 구한 후, 점 $(a, f(a))$가 두 함수 $f(x)$, $g(x)$의 그래프 위의 점임을 이용하여 함수 $g(x)$의 식을 구한다.

STEP 1 두 함수 $f(x)$, $g(x)$가 주어진 조건을 만족시키려면 다음 그림과 같이 점 $(a, f(a))$가 곡선 $y=f(x)$의 변곡점이어야 한다.

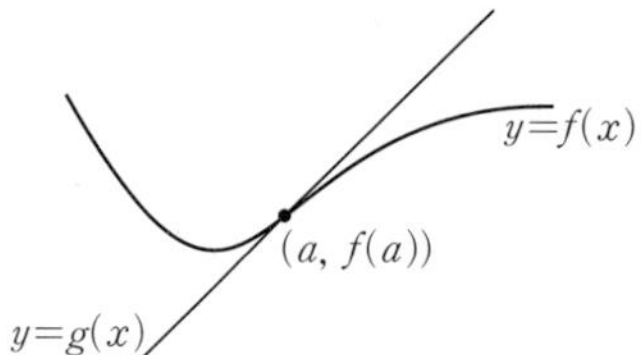

$f(x)=-xe^{2-x}$에서

$f'(x)=-e^{2-x}+xe^{2-x}=e^{2-x}(x-1)$

$\therefore f''(x)=-e^{2-x}(x-1)+e^{2-x}=e^{2-x}(2-x)$

x	$\cdots$	1	$\cdots$	2	$\cdots$
$f'(x)$	$-$	0	$+$	$+$	$+$
$f''(x)$	$+$	$+$	$+$	0	$-$
$f(x)$	↘	극소	↗	변곡	↗

즉, 점 $(2, f(2))$는 곡선 $y=f(x)$의 변곡점이므로

$a=2$

STEP 2 이때 점 $(2, f(2))$는 두 함수 $y=f(x)$, $y=g(x)$의 그래프 위의 점이고, $f(2)=-2$, $f'(2)=1$이므로

$g(2)=-2$, $g'(2)=1$

즉, 직선 $y=g(x)$는 점 $(2, -2)$를 지나고 기울기가 1인 직선이므로

$g(x)=x-4$

STEP 3

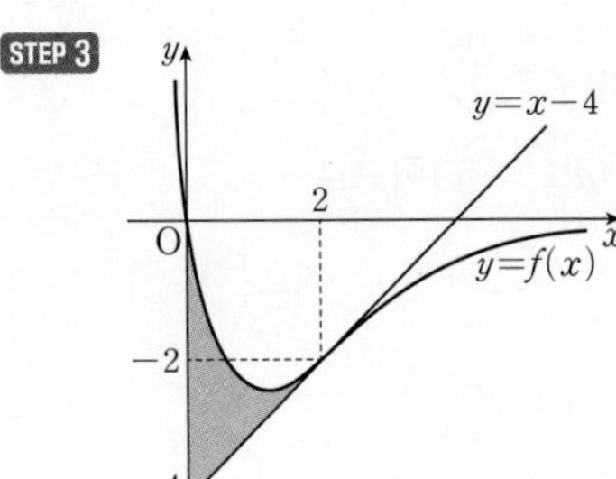

따라서 두 함수 $y=f(x)$, $y=g(x)$의 그래프는 위의 그림과 같으므로 구하는 넓이는

$$\int_0^2 \{-xe^{2-x}-(x-4)\}\,dx=\int_0^2(-xe^{2-x})\,dx-\int_0^2(x-4)\,dx$$
$$=\left[xe^{2-x}\right]_0^2-\int_0^2 e^{2-x}\,dx-\left[\frac{1}{2}x^2-4x\right]_0^2$$
$$=\left[xe^{2-x}\right]_0^2+\left[e^{2-x}\right]_0^2-\left[\frac{1}{2}x^2-4x\right]_0^2$$
$$=\left[xe^{2-x}+e^{2-x}-\frac{1}{2}x^2+4x\right]_0^2$$
$$=(2+1-2+8)-e^2$$
$$=9-e^2$$

$\therefore k=9$

830 답 ②

해결 각 잡기

- 양수 x에 대하여 $f''(x)$의 값의 부호를 구한 후, 곡선 $y=f(x)$ $(x>0)$의 개형을 그려 본다.
  → 곡선 $y=f(x)$와 곡선 위의 점 $(t,\ f(t))$ $(t>0)$에서의 접선의 위치 관계를 확인한 후 $g(t)$를 구한다.
- 미분가능한 함수 $f(x)$에 대하여 곡선 $y=f(x)$ 위의 점 $(a,\ f(a))$에서의 접선의 방정식은
  $y=f'(a)(x-a)+f(a)$
- 치환적분법과 부분적분법을 이용하여 $g(1)$, $g'(1)$의 값을 구한다.

STEP 1 $f'(x)=-x+e^{1-x^2}$에서

$f''(x)=-1-2xe^{1-x^2}$

양수 x에 대하여 $f''(x)<0$이므로 곡선 $y=f(x)$는 $x>0$에서 위로 볼록하다.

따라서 양수 t에 대하여 곡선 $y=f(x)$ 위의 점 $(t,\ f(t))$에서의 접선과 곡선 $y=f(x)$ $(x>0)$의 교점은 점 $(t,\ f(t))$뿐이고, 접선은 곡선의 위쪽에 위치하므로 모든 양수 x에 대하여 부등식

$f'(t)(x-t)+f(t)\ge f(x)$ $(t>0)$

가 항상 성립한다. └ 곡선 $y=f(x)$ 위의 점 $(t,\ f(t))$에서의 접선의 방정식

$$\therefore g(t)=\int_0^t\{f'(t)(x-t)+f(t)-f(x)\}\,dx$$
$$=f'(t)\int_0^t x\,dx-t^2f'(t)+tf(t)-\int_0^t f(x)\,dx$$
$$=\frac{1}{2}t^2f'(t)-t^2f'(t)+tf(t)-\int_0^t f(x)\,dx$$
$$=-\frac{1}{2}t^2f'(t)+tf(t)-\int_0^t f(x)\,dx \quad \cdots\cdots ㉠$$

STEP 2 $t=1$을 ㉠에 대입하면

$$g(1)=-\frac{1}{2}f'(1)+f(1)-\int_0^1 f(x)\,dx$$

$f'(1)=-1+e^0=0$이므로

$$g(1)=f(1)-\int_0^1 f(x)\,dx \quad \cdots\cdots ㉡$$

이때 ┌ $u(x)=f(x)$, $v'(x)=1$로 놓고 부분적분법을 이용한다.

$$\int_0^1 f(x)\,dx=\left[xf(x)\right]_0^1-\int_0^1 xf'(x)\,dx$$
$$=f(1)-\int_0^1(-x^2+xe^{1-x^2})\,dx$$
$$=f(1)+\int_0^1 x^2\,dx-\int_0^1 xe^{1-x^2}\,dx$$
$$=f(1)+\left[\frac{1}{3}x^3\right]_0^1-\int_0^1 xe^{1-x^2}\,dx$$
$$=f(1)+\frac{1}{3}-\int_0^1 xe^{1-x^2}\,dx$$

$1-x^2=u$로 놓으면 $-2x=\frac{du}{dx}$

$x=0$일 때 $u=1$, $x=1$일 때 $u=0$이므로

$$\int_0^1 xe^{1-x^2}\,dx=\int_1^0 e^u\left(-\frac{1}{2}\right)du=\frac{1}{2}\int_0^1 e^u\,du$$
$$=\frac{1}{2}\left[e^u\right]_0^1=\frac{1}{2}e-\frac{1}{2}$$

따라서

$$\int_0^1 f(x)\,dx=f(1)+\frac{1}{3}-\left(\frac{1}{2}e-\frac{1}{2}\right)$$
$$=f(1)-\frac{1}{2}e+\frac{5}{6}$$

이므로 ㉡에서

$$g(1)=f(1)-\left\{f(1)-\frac{1}{2}e+\frac{5}{6}\right\}=\frac{1}{2}e-\frac{5}{6}$$

STEP 3 ㉠의 양변을 t에 대하여 미분하면

$$g'(t)=-tf'(t)-\frac{1}{2}t^2f''(t)+f(t)+tf'(t)-f(t)$$
$$=-\frac{1}{2}t^2f''(t)$$

이고 $f''(1)=-1-2=-3$이므로

$$g'(1)=-\frac{1}{2}\times1\times(-3)=\frac{3}{2}$$

STEP 4 $\therefore g(1)+g'(1)=\frac{1}{2}e-\frac{5}{6}+\frac{3}{2}=\frac{1}{2}e+\frac{2}{3}$